普通高等教育电气工程与自动化类“十一五”规划教材

# 现代控制理论

赵光宙　编著
郑大钟　主审



机械工业出版社

本书介绍现代控制理论最基本的知识和方法，内容以线性系统理论基本知识为基础，以系统状态空间描述、线性系统结构特性分析、线性定常系统状态反馈综合为重点，并适当介绍了非线性系统分析及最优控制、最优估计的初步知识。本书力求基本知识结构的完整，注重知识内容与物理概念的结合，并关注理论的工程应用，还融入了 Matlab 及 Simulink 的应用。

本书配有免费电子课件，欢迎选用本书作教材的老师登录 www．cmpedu. com 注册下载或发邮件到 jinacmp@ 163. com 索取。

本书较适用于“研究主导型”及“工程研究应用型”自动化类专业本科生，也可供其他相关专业本科生或研究生及相关领域的工程技术人员使用。

**图书在版编目（CIP）数据**

现代控制理论/赵光宙编著．—北京：机械工业出版社，2009. 9
（2026. 1 重印）
普通高等教育电气工程与自动化类“十一五”规划教材
ISBN 978-7-111-27831-3

Ⅰ. 现… Ⅱ. 赵… Ⅲ. 现代控制理论—高等学校—教材 Ⅳ. O231

中国版本图书馆 CIP 数据核字(2009)第 125316 号

机械工业出版社(北京市百万庄大街 22 号 邮政编码 100037)
策划编辑：王保家 责任编辑：王保家 吉 玲 王 琪
版式设计：霍永明 责任校对：陈延翔
封面设计：王洪流 责任印制：郜 敏
河北虎彩印刷有限公司印刷
2026 年 1 月第 1 版第 10 次印刷
184mm×260mm · 26 印张 · 643 千字
标准书号：ISBN 978-7-111-27831-3
定价：59. 80 元

电话服务
客服电话：010-88361066
010-88379833
010-68326294

网络服务
机 工 官 网：www. cmpbook. com
机 工 官 博：weibo. com/cmp1952
金 书 网：www. golden-book. com
机工教育服务网：www. cmpedu. com

# 全国高等学校电气工程与自动化系列教材
# 编 审 委 员 会

# 序

随着科学技术的不断进步，电气工程与自动化技术正以令人瞩目的发展速度，改变着我国工业的整体面貌。同时，对社会的生产方式、人们的生活方式和思想观念也产生了重大的影响，并在现代化建设中发挥着越来越重要的作用。随着与信息科学、计算机科学和能源科学等相关学科的交叉融合，它正在向智能化、网络化和集成化的方向发展。

教育是培养人才和增强民族创新能力的基础，高等学校作为国家培养人才的主要基地，肩负着教书育人的神圣使命。在实际教学中，根据社会需求，构建具有时代特征、反映最新科技成果的知识体系是每个教育工作者义不容辞的光荣任务。

教书育人，教材先行。机械工业出版社几十年来出版了大量的电气工程与自动化类教材，有些教材十几年、几十年长盛不衰，有着很好的基础。为了适应我国目前高等学校电气工程与自动化类专业人才培养的需要，配合各高等学校的教学改革进程，满足不同类型、不同层次的学校在课程设置上的需求，由中国机械工业教育协会电气工程及自动化学科教育委员会、中国电工技术学会高校工业自动化教育专业委员会、机械工业出版社共同发起成立了“全国高等学校电气工程与自动化系列教材编审委员会”，组织出版新的电气工程与自动化类系列教材。这类教材基于**“加强基础，削枝强干，循序渐进，力求创新”**的原则，通过对传统课程内容的整合、交融和改革，以不同的模块组合来满足各类学校特色办学的需要。并力求做到：

1. **适用性**：结合电气工程与自动化类专业的培养目标、专业定位，按技术基础课、专业基础课、专业课和教学实践等环节，进行选材组稿。对有的具有特色的教材采取一纲多本的方法。注重课程之间的交叉与衔接，在满足系统性的前提下，尽量减少内容上的重复。

2. **示范性**：力求教材中展现的教学理念、知识体系、知识点和实施方案在本领域中具有广泛的辐射性和示范性，代表并引导教学发展的趋势和方向。

3. **创新性**：在教材编写中强调与时俱进，对原有的知识体系进行实质性的改革和发展，鼓励教材涵盖新体系、新内容、新技术，注重教学理论创新和实践创新，以适应新形势下的教学规律。

4. **权威性**：本系列教材的编委由长期工作在教学第一线的知名教授和学者组成。他们知识渊博，经验丰富，组稿过程严谨细致，对书目确定、主编征集、资料申报和专家评审等都有明确的规范和要求，为确保教材的高质量提供了有力保障。

此套教材的顺利出版，先后得到全国数十所高校相关领导的大力支持和广大骨干教师的积极参与，在此谨表示衷心的感谢，并欢迎广大师生提出宝贵的意见和建议。

此套教材的出版如能在转变教学思想、推动教学改革、更新专业知识体系、创造适应学生个性和多样化发展的学习环境、培养学生的创新能力等方面收到成效，我们将会感到莫大的欣慰。

**全国高等学校电气工程与自动化系列教材编审委员会**

# 前　言

自动控制理论是自动化科学与自动控制技术的理论基础，而作为第二代自动控制理论的现代控制理论在航天航空、先进武器、先进工业生产控制等领域都起到了重要的作用，已经成为自动化类专业本科生和研究生的必修内容。

本书比较适合注重学科性的高等学校自动化类专业本科生学习，这类专业主要指教育部高等学校自动化专业教学指导分委员会所完成的《自动化学科专业发展战略研究报告》和《自动化指导性专业规范》对我国自动化专业分类中的“研究主导型”及“工程研究应用型”自动化类专业。这类自动化专业的本科生毕业后大部分会进一步深造或从事科学研究、工程设计等工作。

现代控制理论的内容十分丰富，涉及范围很广，包含了诸多分支，不可能在有限的教学学时及教材篇幅中包罗一切。为适应上述学生毕业后工作或深造的需要，本书重点介绍现代控制理论的一些最基本的内容和方法，即以线性系统理论的基本内容为基础，以系统的状态空间描述、线性系统的结构特性分析、线性定常系统的状态反馈综合为主要内容，适当介绍一些非线性系统分析及最优控制、最优估计的内容，这些内容都是在自动化领域进行科学研究及进一步学习深造的基础。本书也可作为其他相关专业本科生或研究生学习之用，还可供自动化及相关领域的工程技术人员参考。当然，选用本书时，可以根据各学校和各个读者的特点及需求，对其中内容进行适当选择。

为适应教学改革及自动化学科专业人才培养的新形势，在本书编写中，作者力求形成以下特点：

1）尽量保证基本知识结构完整，对重要结论给出适当推导或说明，便于学生对重要内容的科学化理解和系统化掌握。

2）注重知识内容与物理概念、物理背景的结合，避免因为现代控制理论比较强调数学描述及处理而陷入抽象枯燥的数学怪圈。

3）现代控制理论的应用对象是实际工程问题，因此初学者往往会面临如何将理论付诸实践的难题。所以，本书除了在各章节中注重基本内容的工程背景外，还专门增加了第七章来介绍现代控制理论的实际应用。

4）鉴于 Matlab 的控制系统工具箱及 Simulink 仿真软件包已经成为控制系统建模、分析、设计的重要工具，本书在每章都引入了适合该章内容的 Matlab 或 Simulink 工具，用于一些例题的解答及应用实例的分析、设计。

5）本书中每章都提供了思考题、练习题及上机练习题，便于读者加深对基本知识的理解、基本问题的解决，以及对控制系统计算机辅助分析和设计能力的提高。

本书由赵光宙编著，清华大学郑大钟教授主审。郑大钟教授认真地审阅了书稿，提出了许多建设性的意见，作者在此深表感谢。作者还要感谢裘君博士等在图表绘制等方面所做出的辛勤劳动，也要感谢机械工业出版社在本书出版过程中的支持、帮助。本书在编写过程中，参阅了国内外许多学者的有关教材和著作，在此一并表示感谢。

本书配有免费电子课件，欢迎选用本书作教材的老师登录 www. cmpedu. com 注册下载或发邮件到 wbj@ cmpbook. com 索取。

由于学识所限，本书在内容选取、知识阐述、文字表达等方面的不妥之处在所难免，敬请读者批评指正。

作　者

# 目 录

# 绪　论

## 一、控制理论的发展回顾

"自动化"是现代化的显著标志之一，它可以理解为一个设备、一个系统或者一个过程采用一系列特定的技术，在没有人参与或尽量少人参与的情况下实现预期目标的运行过程或运行状态。其中所采用的技术就是自动控制技术，而这一技术的理论基础是自动控制理论。

自动控制系统是指能够实现"自动化"任务的设备，它是工程技术领域的人造系统。通常自动控制系统是一个动态系统，即系统的输出不仅与同一时刻的输入有关，还与该时刻以前的积累有关。自动控制系统一般由控制器和控制对象组成，为了实现自动控制的目的，控制器要遵循一定的控制规律，这就是自动控制理论所研究和阐述的内容。自动控制理论从三个方面对自动控制系统进行研究和阐述：

1. 系统的模型　系统是一个广义的概念，它无处不在、无时不有，大到宇宙、小到一个原子都可以看做系统。系统物理形态的多样性要求在研究具体系统时能抛开它的物理属性，而用一种抽象化的表示，即称为系统模型的形式表示出来。通常，可以把一个动态系统所处的状态分为运动和静止两种，运动状态是指系统中变化的量尚处于变化过程的状态，而静止状态是指系统中的变量已达到某一定值并不再变化的状态。各种系统的动态和静态都会满足一定的规律，如果这些规律可以用数学方程式的形式表示出来，就得到系统的数学模型。从形式化的角度来看，系统的数学模型只描述了系统中各个变量之间的相互关系，而完全不再理会它们的物理特征，如一个机械—力学系统和一个电网络系统可以用同一个数学方程式描述。自动控制系统中较受关注的是系统的动态，所以描述系统动态的动态方程是控制理论研究的主要对象。

2. 系统的分析　已知一个自动控制系统的结构组成，即给出了表示系统运动规律的数学模型，研究这个自动控制系统具有什么样的特性，是自动控制理论所研究的第二方面的问题，即系统的分析。

3. 控制系统的综合　已知对控制系统性能指标的要求，确定控制系统应具有怎样的结构组成才能满足该要求，这是系统分析的逆命题。因为自动控制系统中被控对象、测量环节等都是确定的，可变的只有控制环节，所以控制系统所应具有的结构组成只能落实到控制环节中实现。这时也可以理解为控制器应采用什么样的控制规律去满足控制系统的性能指标要求。这就是控制器的设计问题，它是自动控制系统设计的基础。这里要说明的是，自动控制理论所关注的是控制器应具有什么样的形式（主要指应具有什么样的数学描述），而不关心它的具体物理实现，例如采用什么样的电路，由哪些元器件组成，这些元器件如何布排等，所以称之为"综合"比"设计"更合适。

尽管自动控制技术的应用可以追溯到公元前我国古代指南车的发明和工业革命时期瓦特蒸汽机中离心式调速器的使用等方面，但是自动控制理论作为一门系统的技术科学的建立和完善还是20世纪中期的事情。1922年，迈纳斯基（N. Minorsky）研制出了船舶操纵自动控制器，并在发表的论文《关于船舶自动操舵的稳定性》中讨论了从描述系统的微分方程中确定系统稳定性的问题；1932 年，奈奎斯特（H. Nyquist）提出了根据对稳态正弦输入信号的开环响应确定闭环系统稳定性的判据；1940 年，博德（H. Bode）进一步提出了更适合工程应用的频域响应对数坐标系描述方法。这些工作和成果奠定了控制系统频率法分析和综合的基础。1948 年，伊万思（W. R. Evans）提出并完善了表明系统某些参数变化与闭环系统动态特性关系的根轨迹法。这样，以频率法和根轨迹法为基本特征的自动控制理论（后来通常把这部分内容称之为经典控制理论）得以建立。它在（复）频域方便地、工程化地分析和综合自动控制系统，特别是很好地解决了反馈控制系统的稳定性问题，适应了当时对自动化的需求。所以，它在第二次世界大战期间的武器和通信系统及以后的工业生产设备中得到了广泛的应用，而且至今仍大量地应用在一些相对简单的控制系统分析和设计中。

但是，经典控制理论也存在着明显的不足之处：

1）它描述系统的数学模型是由高阶线性常微分方程演变而来的传递函数，所以仅适合于单变量的（一个输入一个输出）、线性的、定常的系统。

2）它的输入—输出的系统描述方式不关心系统内部的运行及变量的变化，本质上忽略了系统结构的内在特性。

3）在系统综合中所采用的工程化方法，对设计者的经验有一定的依赖性，不具有最优的控制性能。

20 世纪五、六十年代，航空航天技术蓬勃兴起，多变量系统（多输入、多输出）、非线性系统、变参数系统等一些复杂系统的优化控制，随机干扰的处理等问题摆在控制科学家的面前，而这一时期，现代数学的发展为这些复杂系统的定量化研究奠定了数学基础，数字电子计算机的出现和飞速发展又为这些复杂系统的分析和控制提供了有力工具。于是，控制理论又进入一个蓬勃发展的时期，并在 1960 年前后取得了重大突破和创新。在此期间，庞德里亚金（L. S. Pontryagin）于 1956 年提出的极大值原理和贝尔曼（R. Bellman）于 1957 年提出的动态规划法为系统的最优控制提供了基本原理和方法；特别是之后的卡尔曼（R. E. Kalman）系统地引入了状态空间描述法，并提出了关于系统的能控性、能观性概念和新的滤波理论，他于 1960 年发表的著名论文《控制系统的一般理论》及随后与布西（R. S. Bucy）合作发表的论文《线性过滤和预测问题的新结果》，标志着控制理论进入了一个崭新的历史阶段，即建立了现代控制理论的新体系。现代控制理论以能揭示系统内部状态特性的状态空间描述方法替代了传统的输入—输出外部描述方法，将系统的分析和综合直接在时间域内进行。原则上，它可同时适合于单输入单输出和多输入单输出系统、线性和非线性系统、定常和时变系统及连续和离散系统，并通过系统内部稳定性、能控性、能观性的分析，真正揭示了系统的内部基本特性。它通过以状态反馈为主要特征的系统综合，实现在一定意义下的系统优化控制。因此，现代控制理论的基本特点在于用“系统内部研究”代替了经典控制理论的“系统外部研究”，从而较大程度上克服了工程化的影响，使系统的研究建立在严格的理论基础上。

20 世纪 70 年代，在状态空间方法蓬勃发展的同时，以罗森布劳克（H. H. Rosenbrock）为代表的学者致力于将频域方法推广到多变量系统，提出了一整套关于多输入多输出系统频域分析和综合的方法和技术。这种多变量频域方法的主要研究对象是线性定常多变量系统，可以视为现代控制理论在频域的推广。

现代控制理论在航空、航天、制导和军事武器等控制领域中取得了巨大成功，在工业生产过程控制中也得到了一定的应用，但是它的致命弱点是系统分析和控制规律的确定都严格地建立在系统精确的数学模型基础之上，并且由此设计出来的控制器往往过于复杂。这一时期以来，自动化科学与技术也面临着来源于全球经济发展给自动化领域提出新需求的极大挑战。大规模工业自动化的要求，使自动化系统从局部自动化走向综合自动化，自动控制问题不再局限于一个明确的被控量，而延伸至一个设备、一个工段、一个车间甚至一个工厂的全盘自动化，这时，自动化科学和技术所面对的是一个复杂的系统，其复杂性表现为系统结构的复杂性（包括系统模型的不确定性、强烈的非线性、变量过多、维数太大等），系统任务的复杂性（除稳定性、平稳性、快速性、精确性等控制性能指标外，还有高产量、低消耗等指标，同时还要求系统能有监控、预警等功能，并能够完成协调、调度等任务），以及系统运行环境的复杂性（考虑外部环境对开放的控制系统的制约和影响）。面对以上问题，20世纪70年代开始，控制理论向着“广度”和“深度”两个方面发展和开拓，前者形成了所谓的“大系统理论”，后者则产生了至今尚处于形成和发展之中的“智能控制技术”。

大系统理论所针对的对象是规模庞大、结构复杂的大系统、巨系统，例如大型钢铁企业的自动化、大电网的调度及管理自动化等。大系统理论的基础是现代控制理论，为了解决大系统、巨系统的“维数灾难”（变量数量的庞大），将一个包含巨大维数的系统分解为只包含有限维数的多个子系统，每个子系统仍然按现代控制理论进行分析和综合，各个子系统之间由一个“协调控制器”进行协调控制，以达到整体系统优化控制的目的。大系统理论应用控制和信息的观点，研究各种大系统的结构方案及总体设计中的分解方法和协调等问题。

智能控制技术针对的是难以建立精确、有效的数学模型，从而无法应用经典控制理论或现代控制理论进行分析、综合的复杂对象。对于这些对象，一些有经验的专家或熟练工人能给出有效的控制，他们不去推导对象的数学模型和推算控制算法，而是凭借他们对系统状态的观察和所掌握的经验进行推理。智能控制以人工智能技术为基础，模仿人类智能活动在控制、信息处理中的行为过程，使人的经验知识与思维方式参与其中，从而对系统实现有效的控制。智能控制一经出现就表现出了强大的生命力，从20世纪80年代以来，智能控制从理论、方法、技术直至应用等方面都得到了广泛的研究，逐渐形成了一些理论和方法，并被许多人认为可能是继经典控制理论、现代控制理论之后，控制理论发展的又一个里程碑。但是智能控制是一门新兴的、尚不成熟的理论和技术，现有的成果大多是从各有关学科出发，与其他学科相互交叉、渗透和融合的结果。也就是说，智能控制还未形成系统化的理论体系，它还只是由一些相对独立的理论、方法和技术所构成，其中模糊逻辑控制、人工神经网络控制、专家控制是比较成熟并且应用最广的三个分支。

随着信息科学、生命科学等新兴科学技术的发展以及对复杂系统分析与控制需求的提高，控制理论不断面临着新的挑战，当然这种挑战也给控制理论的创新和发展带来了无穷的动力。

## 二、现代控制理论的主要内容

现代控制理论是关于控制系统状态的分析和综合的理论，它从系统建模、系统分析、系统优化控制，一直到系统对随机干扰的扼制，所包含的内容非常全面、丰富。概括起来，它主要由以下几个分支组成。

1. 线性多变量系统理论　这是现代控制理论中最基础、最成熟、应用最广泛的分支。其内容包括系统的状态空间描述方法，动态系统在状态空间的定量分析（即研究系统状态、系统输出在不同输入信号下的动态响应）和定性分析（主要有内部稳定性分析和系统的能控性、能观性分析），以状态反馈为主要手段、以系统极点配置为主要目的的系统基本综合方法等。它通过系统的能控性、能观性两个概念的引入，充分揭示了系统的内部结构特性。李雅普诺夫稳定性理论虽然早在1892年就已提出，但由于在现代控制理论出现以前控制界关注的对象主要是线性定常系统，而对于这类系统应用劳斯判据、奈奎斯特判据等更为方便、有效，只有在研究对象扩大到多变量的、非线性的、时变的等系统时，具有普适性的李雅普诺夫稳定性理论才展示出了显著的优势，并在最优控制、自适应控制及滤波器的设计中得到有效的应用，所以通常也将该理论作为现代控制理论的一个重要组成部分。

2. 最优控制理论　这是现代控制理论的核心内容，优化控制正是现代控制所追求的目标。所谓最优控制指的是在一系列限制条件下，寻求使系统性能在一定意义下为最优的控制规律。所以，最优控制实质上就是在给定系统的约束条件和性能指标评价函数情况下的系统综合问题。其中，庞德里亚金的“极大值原理”和贝尔曼的“动态规划法”是解决这一问题的两种最重要的方法，它们以不同的形式给出了问题的解决方案。

3. 最优估计理论　最优估计理论也称最优滤波理论。在被控系统遭受随机因素的作用或者状态量的测量受到随机噪声污染的情况下，往往得不到系统全部状态的精确信息，使得以系统状态为基础的控制规律难以实现。最优估计理论研究的是从被随机噪声污染的观测数据中确定系统状态量的方法。针对随机噪声，要获得按某种判别规则为最优的状态信息，通常采用统计的方法。卡尔曼滤波是用状态空间法设计的按均方差最小为判别规则的滤波算法，它采用的递推算法利用前一时刻的状态估计值和新的观测值来获得状态估计值，这样不仅提高了估计的实时性，也使它能跟踪信号统计特性的非平稳变化，适用于非平稳过程。卡尔曼滤波及其扩展算法是最优估计理论中最主要的方法。

4. 系统辨识　通过分析系统动态过程的物理机理可以建立系统的数学模型，但是当系统较复杂或系统的物理机理不甚明确时，这种解析法建模不再适用，而应采用以实验研究为基础的系统辨识方法。系统辨识方法是根据系统的输入输出试验数据，在一定的准则下，建立一个与所研究系统本质特性等价的数学模型，包括模型的结构和参数。如果系统模型的结构是明确的，仅需确定其参数，则为参数估计问题。

除了上述内容外，在这些分支基础上拓展起来的自适应控制、鲁棒控制、分布参数系统控制、随机系统控制、非线性系统控制等也都可以列入现代控制理论的框架范围。

## 三、Matlab 控制系统工具箱简介

Matlab（Matrix Laboratory，矩阵实验室）是 Math Works 公司于20世纪80年代推出的高性能数值计算软件。经过二十多年的不断开发和扩充，该软件的版本已经升级到 Matlab7. x，由最初的主要用于求解线性方程和特征值问题，发展为包含有几十个工具箱、功能非常强大的实时工程计算软件，被广泛地用于各个领域。下面罗列一些该软件包含的工具箱：宇航、生物信息、通信、系统控制、曲线拟合、数据库、经济计量、滤波器设计、财政金融、模糊逻辑、优化、并行计算、偏微分方程、模型预测控制、神经网络、射频、鲁棒控制、信号处理、矩阵不等式、电力系统仿真、参数估计、统计、符号数学、系统辨识、非线性控制设

计、系统测试、虚拟现实、小波等，其涉及的学科及领域之宽可见一斑。此外，由于它的良好的可扩展性，任何人都可以将自己的工作成果生成 Matlab 工具箱，所以还有成百上千个各式各样的 Matlab 工具箱放在 Internet 上，供大家使用。Matlab 之所以能得到如此大的发展和应用，在于它具有一系列重要的特性，其中最主要的特点有：

1. 强大的计算功能 Matlab 不仅能方便地进行向量、矩阵、复数、微积分运算，还能进行求解代数方程、常微分方程，插值与拟合，更有特色的是还具有符号计算功能。

2. 高的编程效率 Matlab 的基本运算要素是矩阵，数组的操作如同单个数据操作一样简单方便，给运算编程工作带来方便。此外，Matlab 提供了丰富的库函数供直接调用，也极大地提高了编程效率。

3. 友好的用户界面 Matlab 把程序的编辑、编译、连接、执行、调试等多个步骤融为一体，并具有良好的交互功能。它的语法规则贴近人的思维方式，用 Matlab 编写程序，犹如在一张演算纸上书写解题过程，使用十分方便。

此外，Matlab 提供的 help 浏览器使用户可以查找和查看 Matlab 大家族里所有函数的功能和用法，还可以查询函数的路径及子目录的函数集合，从而以最快的速度给出任何帮助信息。

4. 方便的图形功能 Matlab 包含了一系列绘图函数，适用于线性、对数、极坐标等不同的坐标系。它还提供了具有各种高级功能的图形函数，可实现二维及三维图形的绘制、平面或空间图形的填充、图形的缩放等功能。

5. 强大的扩充能力 Matlab 除内部函数外，所有的基本函数和工具箱库函数都是可读、可改的源文件，用户可以对它们按需要进行修改，也可以自行建立新的库函数。这些被修改或新建立的函数可以和 Matlab 提供的库函数一样保存、调用，还可以根据需要构成新的工具箱。

此外，通过建立 Mex 文件形式，Matlab 还可以方便地调用其他语言（如 Basic、Fortran、C 语言等）编写的子程序，实现混合编程。

6. 方便的智能化使用 Matlab 可以自动选择最佳的绘图坐标、按计算精度自动选择数值积分的步长、自动检测并提示程序错误等，这些智能化的功能极大地方便了用户的使用。

总之，Matlab 易学易用，不要求使用者具有很高的数学及程序语言知识，也不需要使用者详细了解具体算法及编程技巧。这些优点使 Matlab 成为当今科学计算、工程设计、辅助教学的有力工具。

控制系统工具箱（Control System Toolbox）是 Matlab 的重要组成部分，是 Matlab 诸多工具箱中最早开发的工具箱之一，它集成了在 Matlab 环境下对线性定常连续系统和离散系统的建模、分析、综合、设计及仿真等功能，包含了经典控制理论和现代控制理论中关于线性系统的大部分内容，它与其他相关的工具箱（如系统辨识、非线性控制设计、模型预测控制、模糊逻辑、鲁棒控制、神经网络等）一起已经成为控制理论研究及工程应用不可或缺的有力工具。本书主要应用其中解决现代控制理论建模、分析、综合等问题的一部分内容，作为辅助教学的一种手段。

Simulink 是 Matlab 提供的交互式仿真工具，用于在 Matlab 环境下对动态系统的建模、分析和仿真，适用于线性、非线性、连续、离散等多种系统。它提供了非常友好的图形用户界面（Graphical User Intenface，GUI），只需用鼠标拖动方式就能快速地建立起系统的框图模型，就像在纸上绘图一样简单。Simulink 的仿真过程是交互的，可以很容易地随时修改图形和参数，并立即看到仿真结果。它能充分利用 Matlab 丰富的资源，并与 Matlab、C 语言程序、Fortran 语言程序，甚至硬件之间实现数据交换。它不但可以对系统进行仿真研究，还可以对系统进行模型分析和控制器设计等。

## 四、关于本书

本书比较适用于注重学科性的高等学校自动化专业本科生学习现代控制理论的需要，这些专业也就是教育部高等学校自动化专业教学指导分委员会所完成的《自动化学科专业发展战略研究报告》和《自动化指导性专业规范》对我国自动化专业分类中的“研究主导型”及“工程研究应用型”自动化类专业。因此，本书根据教学大纲的基本要求，结合自动化类专业本科生的知识结构和今后科学研究、工程设计的需要，也考虑较多学生进一步深造的需要，介绍了现代控制理论的一些最基本的内容和方法。教材以线性系统理论的基本内容为基础，以系统的状态空间描述、线性系统的结构特性分析（包括定量的和定性的）、线性定常系统的状态反馈综合为主要内容，适当介绍一些非线性系统分析及最优控制、最优估计的内容。各高校和读者可以根据自身的特点及需求，对本书的内容进行适当选择。

自动化专业毕竟是一个工科专业，为适合自动化类专业使用，本书力求在不严重影响内容系统性和理论严谨性的前提下，尽量简化或避免过多的数学推导，而注重系统的物理概念，强调它的工程应用背景，列举一些结合实际的工程应用实例。鉴于 Matlab 的控制系统工具箱（还有其他有关的工具箱）及 Simulink 仿真软件包已经成为控制系统建模、分析、设计的重要工具，本书在每章都引入了适合该章控制系统计算机辅助分析和设计内容的 Matlab 工具，作为基础理论学习以后分析、解决问题的补充内容，并用于一些例题的解答，希望以此加深学习者对所学知识的理解并提高利用计算机进行系统分析和设计的能力。Matlab 计算功能强、编程方便，通过编制合适的程序几乎可以解决线性定常系统的所有计算问题，但是限于篇幅，本书重点介绍与各章节计算问题相关的 Matlab 函数，读者可以在此基础上结合所掌握的 Matlab 编程能力，编制出能解决相关问题的程序。

## 思考题

1. 简述自动控制理论与自动化的关系。
2. 自动控制理论从哪些方面对自动控制系统进行研究？它们之间的关系如何？
3. 什么是系统的数学模型？什么是系统的静态模型？什么是系统的动态模型？
4. 系统分析主要包含什么内容？为什么要进行系统分析？
5. 系统综合主要做什么？它与系统设计有什么区别？
6. 经典控制理论的研究对象是什么？它存在哪些局限性？
7. 现代控制理论具有哪些特点？它是否也存在局限性？
8. 现代控制理论主要包括哪些内容？它们各解决什么问题？
9. 你认为自动控制理论的发展方向是什么？
10. 你熟悉 Matlab 和 Simulink 吗？它们在控制理论课程中的作用是什么？

# 第一章　动态系统的状态空间描述

系统的数学模型是研究系统、进行系统分析或综合的基础。在经典控制理论中，通常用高阶常微分方程或由它演变来的传递函数作为描述系统动态的数学模型，这种模型表达了系统的输入量和输出量之间的关系，完全不理会系统内部各变量的变化，所以它只是描述了系统的外部特性，没有包含系统的全部信息。此外，传递函数又仅仅是零初始条件下的描述形式，从而不足以揭示系统的全部运动特征。

实际上，系统除了输入量、输出量之外，还包含有其他相互独立的中间变量，而这些系统内部的中间变量往往更加能体现系统动态过程的基本特性。例如，系统输出量对输入量的响应变化过程实质上是这时系统内部各变量相互作用和变化的结果。

状态空间法描述系统的基础是由系统的一组独立变量（包括系统内部中间变量）构成的一阶微分方程组，它能反映系统全部独立变量的变化，从而描述了系统内部变量、输出变量与输入变量之间的关系，既揭示了系统内部的运动规律，也反映了系统的外部特性。所以，这种描述形式既能反映系统的全部信息，也可以方便地处理初始条件的作用，揭示出系统的全部运动特征。同时，在设计控制系统时，状态空间法能从系统的全部变量出发，全局考虑系统的特性，为提高控制系统的性能提供保障。更重要的是，这种描述方式是一种直接在时域的数学表达式，可以很容易地从线性定常系统拓展到对非线性系统、时变系统、多输入多输出系统甚至随机系统等的描述。

状态空间法最终需用向量—矩阵表达式描述系统，而现代数学已经提供了一整套关于矩阵的运算规则和方法，并可利用数字计算机方便地求解问题，从而使这种系统描述形式更具强大的生命力。

## 第一节　状态空间描述的基本概念

在介绍状态空间描述的一些基本概念之前，先看一个关于电路网络的例子。图 1-1 是一个简单的 *RLC* 串联电路，根据电路理论可以容易地得到关于该电路的两个方程式，即

$$u_{\mathrm{i}}(t) = L\frac{\mathrm{d}i}{\mathrm{d}t} + Ri + u_{\mathrm{c}}(t) \tag{1-1}$$

和

$$i(t) = C\frac{\mathrm{d}u_{\mathrm{c}}(t)}{\mathrm{d}t} \tag{1-2}$$

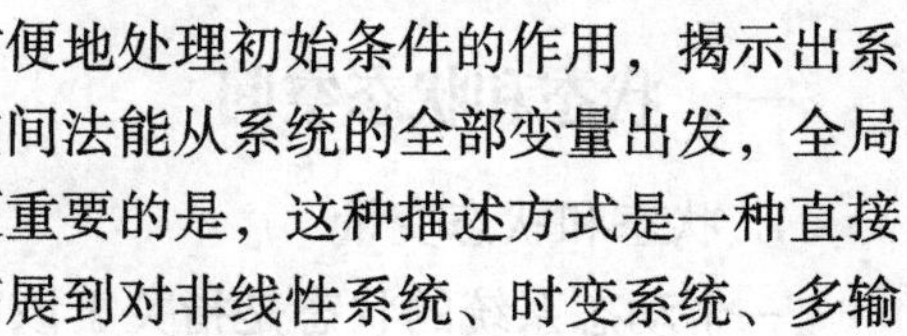

图 1-1　*RLC* 串联电路

式中，$i(t)$为回路电流；$u_{\mathrm{i}}(t)$为回路电压；$u_{\mathrm{c}}(t)$为电容两端电压。

如果视 $u_{\mathrm{i}}(t)$为系统输入量，$u_{\mathrm{c}}(t)$为系统输出量，则通过消去中间变量 $i(t)$，可以得到描述该电路系统的高阶微分方程

$$LC\frac{\mathrm{d}^2u_c}{\mathrm{d}t^2}+RC\frac{\mathrm{d}u_c}{\mathrm{d}t}+u_c=u_i \tag{1-3}$$

设 $u_i(t)$、$u_c(t)$ 的初始条件为零，对式（1-3）实施拉普拉斯变换，并写成输出与输入之比的形式，则可以得出上述电路系统的传递函数为

$$\frac{U_c(s)}{U_i(s)}=\frac{1}{LCs^2+RCs+1} \tag{1-4}$$

式（1-3）和式（1-4）都仅仅通过输入量和输出量的关系来表示系统的动态行为，它们不关心回路电流 $i(t)$ 的变化情况。

该系统还可以有另外一种表示形式，即把式（1-1）和式（1-2）这两个系统的原始方程式整理为如下一阶微分方程组的形式：

$$\begin{cases}\dfrac{\mathrm{d}i}{\mathrm{d}t}=-\dfrac{R}{L}i-\dfrac{1}{L}u_c+\dfrac{1}{L}u_i\\[2ex]\dfrac{\mathrm{d}u_c}{\mathrm{d}t}=\dfrac{1}{C}i\end{cases} \tag{1-5}$$

这个微分方程组保留了对系统描述的全部信息，以这种形式为基础的系统描述方法是现代控制理论中最基本的系统描述形式。状态及状态空间是这种描述形式的基本概念。

## 一、状态和状态空间

1. 状态和状态变量

一个动态系统的状态是指关于该系统运动信息的集合，它由一组能完全表征系统运动信息的独立变量表示，这组变量称为系统的状态变量。系统在某一时刻的状态就是这组状态变量在该时刻的取值。这里，“一组能完全表征系统运动信息的独立变量”是指：

（1）这组变量表征系统运动信息的完全性　即只要这组变量在某时刻($t=t_0$)的值及从这一时刻起系统的输入量确定了，则系统在此时刻和以后的运动都唯一地确定了。而减少其中任何一个变量都将破坏对系统运动信息表征的完全性。

（2）这组变量的相互独立性　即在能完全表征系统运动信息的变量组中这组变量的数目是最小的，增加系统的任何一个其他变量都是表征系统运动信息所不需要的。因此这组变量之间必然线性无关。

一个系统的状态变量个数是由该系统的内部结构决定的。对于物理系统而言，通常状态变量的个数与系统独立储能元件的个数一致。

系统中状态变量的选取不是唯一的，只要能保证它们之间的独立性即可。如图 1-1 所示的例子中，$i(t)$ 和 $u_c(t)$ 可以选为系统的两个状态变量，因为由式（1-1）、式（1-2）可知，如果已知它们的初始值 $i(t_0)$、$u_c(t_0)$ 及 $u_i(t)$ $(t\geqslant t_0)$，则该电路所有的变量在 $t\geqslant t_0$ 的变化情况都可以得到。当然也可选取其他变量如电阻两端的电压 $u_r(t)$ 和 $u_c(t)$ 为状态变量，但不能选回路电流 $i(t)$ 和 $u_r(t)$ 为状态变量，因为它们之间不是线性无关的。

2. 状态向量和状态空间

如果系统的 $n$ 个状态变量表示为 $x_1(t)$、$x_2(t)$、…、$x_n(t)$，则由这些状态变量作为分量所构成的列向量称为系统的状态向量，记为

$$\boldsymbol{x}(t)=\begin{bmatrix}x_1(t)\\x_2(t)\\\vdots\\x_n(t)\end{bmatrix}=[x_1(t)x_2(t)\cdots x_n(t)]^{\mathrm{T}}$$

由这 $n$ 个状态变量为坐标轴所形成的一个欧氏空间称为状态空间，显然该状态空间的维数为 $n$，与状态变量的个数一致。于是，状态向量的端点在状态空间中的位置代表了某一特定时刻系统的状态，如图 1-2 中的 $\boldsymbol{x}(t_1)$ 等。如果已知系统的初始状态 $\boldsymbol{x}(t_0)$，就确定了状态空间中的一个初始点，随着时间的推移，状态向量的端点不断移动，在状态空间得到一条从初始点出发的轨线，这条称为系统状态轨迹的轨线表示了系统的运动过程，即包含了系统的所有运动信息。

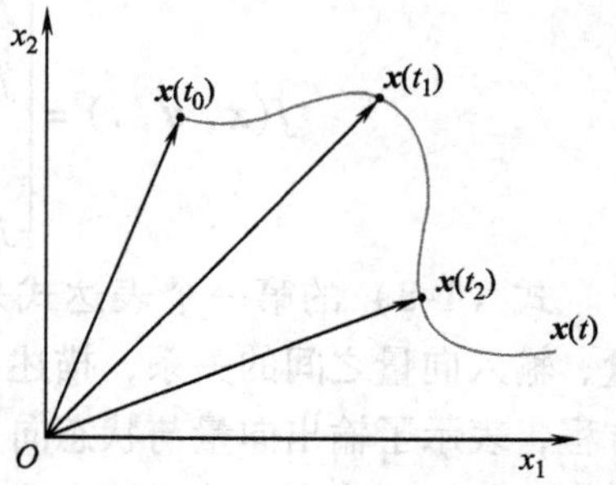

图 1-2　二维状态空间及系统状态轨迹

如图 1-1 所示的例子中，设 $x_1(t)=i(t)$、$x_2(t)=u_c(t)$，则

$$\boldsymbol{x}(t)=\begin{bmatrix}x_1(t)\\x_2(t)\end{bmatrix}=\begin{bmatrix}i(t)\\u_c(t)\end{bmatrix}$$

就是该系统的状态向量，而由 $x_1$ 和 $x_2$ 作为坐标轴构成的二维欧氏空间就是该系统的状态空间。

## 二、系统的状态空间表达式

前面已提到，式（1-5）描述了图 1-1 中串联电路系统的动态特性，如果采用 $x_1$ 和 $x_2$ 表示状态变量 $i(t)$ 和 $u_c(t)$，用 $u(t)$ 表示输入量 $u_i(t)$，并用状态向量的形式来表示状态，显然可将式（1-5）表示为

$$\begin{bmatrix}\dot{x}_1(t)\\\dot{x}_2(t)\end{bmatrix}=\begin{bmatrix}-\dfrac{R}{L} & -\dfrac{1}{L}\\\dfrac{1}{C} & 0\end{bmatrix}\begin{bmatrix}x_1(t)\\x_2(t)\end{bmatrix}+\begin{bmatrix}\dfrac{1}{L}\\0\end{bmatrix}u(t)$$

或

$$\dot{\boldsymbol{x}}=\begin{bmatrix}-\dfrac{R}{L} & -\dfrac{1}{L}\\\dfrac{1}{C} & 0\end{bmatrix}\boldsymbol{x}+\begin{bmatrix}\dfrac{1}{L}\\0\end{bmatrix}u \tag{1-6}$$

同时，用 $y$ 替代输出量 $u_c(t)$，则系统的输出量可表示为

$$y=[0\quad 1]\begin{bmatrix}x_1\\x_2\end{bmatrix} \tag{1-7}$$

式（1-6）称为电路系统的状态方程；式（1-7）称为系统的输出方程。

1. 一般系统的状态空间描述

将上述关于系统的状态方程和输出方程的表达形式推广至一般的系统，则可得出一般系统的状态空间描述式为

$$\begin{cases}\dot{\boldsymbol{x}}=\boldsymbol{f}(\boldsymbol{x},\boldsymbol{u},t)\\ \boldsymbol{y}=\boldsymbol{g}(\boldsymbol{x},\boldsymbol{u},t)\end{cases} \tag{1-8}$$

式中，$\boldsymbol{x}$ 为 $n$ 维状态向量；$\boldsymbol{u}$ 为 $p$ 维输入向量；$\boldsymbol{y}$ 为 $q$ 维输出向量；$\boldsymbol{f}$、$\boldsymbol{g}$ 分别是 $n$ 维、$q$ 维的任意向量函数，即

$$\boldsymbol{f}(\boldsymbol{x},\boldsymbol{u},t)=\begin{bmatrix}f_1(\boldsymbol{x},\boldsymbol{u},t)\\ f_2(\boldsymbol{x},\boldsymbol{u},t)\\ \vdots\\ f_n(\boldsymbol{x},\boldsymbol{u},t)\end{bmatrix},\ \boldsymbol{g}(\boldsymbol{x},\boldsymbol{u},t)=\begin{bmatrix}g_1(\boldsymbol{x},\boldsymbol{u},t)\\ g_2(\boldsymbol{x},\boldsymbol{u},t)\\ \vdots\\ g_q(\boldsymbol{x},\boldsymbol{u},t)\end{bmatrix}$$

式（1-8）的第一个表达式是向量的一阶微分方程，表示了状态向量的变化与状态向量、输入向量之间的关系，描述了系统的动态特性；式（1-8）的第二个表达式是向量代数方程，表示了输出向量与状态向量、输入向量之间的关系，提供了人们对系统需要着重关注的量的信息，或者可从系统中通过测量得到的信息。

如果$\boldsymbol{f}$、$\boldsymbol{g}$ 的元素中至少一个是状态变量 $x_1$、$x_2$、…、$x_n$ 和输入变量 $u_1$、$u_2$、…、$u_p$ 的非线性函数，则由式（1-8）描述的系统为非线性系统；如果$\boldsymbol{f}$、$\boldsymbol{g}$ 中不显含时间变量 $t$，即上述向量函数为$\boldsymbol{f}(\boldsymbol{x},\boldsymbol{u})$ 和 $\boldsymbol{g}(\boldsymbol{x},\boldsymbol{u})$，为定常系统，否则为时变系统。

2. 线性系统的状态空间描述

如果式（1-8）中向量函数$\boldsymbol{f}$、$\boldsymbol{g}$ 的所有元素都是状态变量 $x_1$、$x_2$、…、$x_n$ 和输入变量 $u_1$、$u_2$、…、$u_p$ 的线性函数，则相应的系统就是线性系统，这时式（1-8）可以表示为

$$\begin{cases}\dot{\boldsymbol{x}}=\boldsymbol{A}(t)\boldsymbol{x}+\boldsymbol{B}(t)\boldsymbol{u}\\ \boldsymbol{y}=\boldsymbol{C}(t)\boldsymbol{x}+\boldsymbol{D}(t)\boldsymbol{u}\end{cases} \tag{1-9}$$

式中，$\boldsymbol{A}(t)$为 $n\times n$ 维系统矩阵，表示了系统内部状态变量之间的联系，由系统的内部结构和作用机理决定；$\boldsymbol{B}(t)$ 为 $n\times p$ 维输入矩阵，表示了输入变量对状态的作用；$\boldsymbol{C}(t)$ 为 $q\times n$ 维输出矩阵，表示了状态对系统输出的映射关系；$\boldsymbol{D}(t)$ 为 $q\times p$ 维直接传输矩阵，表示了系统输入不经系统内部作用而直接传输到系统输出的关系。

$\boldsymbol{A}(t)$、$\boldsymbol{B}(t)$、$\boldsymbol{C}(t)$和$\boldsymbol{D}(t)$为参数矩阵，它们都不依赖于状态向量 $\boldsymbol{x}$ 和输入向量 $\boldsymbol{u}$，而且这 4 个矩阵中的某些元素或全部元素是时间变量 $t$ 的函数，所以它所表示的是线性时变系统。如果上述 4 个参数矩阵的所有元素都是常量，表明构成线性系统的所有元件、部件的量值不随时间而变化，这样的系统是线性定常系统，对应的状态方程、输出方程为

$$\begin{cases}\dot{\boldsymbol{x}}=\boldsymbol{A}\boldsymbol{x}+\boldsymbol{B}\boldsymbol{u}\\ \boldsymbol{y}=\boldsymbol{C}\boldsymbol{x}+\boldsymbol{D}\boldsymbol{u}\end{cases} \tag{1-10}$$

由于 4 个参数矩阵表征了线性系统的结构特征，系统的特性也完全由它们所决定，所以也可以用$\sum(\boldsymbol{A}(t),\boldsymbol{B}(t),\boldsymbol{C}(t),\boldsymbol{D}(t))$ 和$\sum(\boldsymbol{A},\boldsymbol{B},\boldsymbol{C},\boldsymbol{D})$ 分别表示线性时变系统和线性定常系统。在工程中，系统输入不经系统内部作用而直接传输到系统输出的情况是不多见的，即大多情况下有 $\boldsymbol{D}(t)=0$ 或 $\boldsymbol{D}=0$，所以通常线性时变系统和线性定常系统的表示形式为$\sum(\boldsymbol{A}(t),\boldsymbol{B}(t),\boldsymbol{C}(t))$ 或$\sum(\boldsymbol{A},\boldsymbol{B},\boldsymbol{C})$，它们对应的状态空间描述式分别为

$$\begin{cases}\dot{\boldsymbol{x}}=\boldsymbol{A}(t)\boldsymbol{x}+\boldsymbol{B}(t)\ \boldsymbol{u}\\ \boldsymbol{y}=\boldsymbol{C}(t)\ \boldsymbol{x}\end{cases} \tag{1-11}$$

和

$$\begin{cases}\dot{\boldsymbol{x}}=\boldsymbol{A}\boldsymbol{x}+\boldsymbol{B}\boldsymbol{u}\\ \boldsymbol{y}=\boldsymbol{C}\boldsymbol{x}\end{cases}\tag{1-12}$$

3. 单输入单输出线性定常系统的状态空间描述

单输入单输出线性定常系统是经典控制理论讨论的对象，对应至状态空间法描述时，只要把它看做是上面多输入多输出线性定常系统在 $p=q=1$ 时的特例即可。这时，一个 $n$ 阶系统的状态空间描述式为

$$\begin{cases}\dot{\boldsymbol{x}}=\boldsymbol{A}\boldsymbol{x}+\boldsymbol{b}u\\ y=\boldsymbol{c}\boldsymbol{x}+du\end{cases}\tag{1-13}$$

式中，$\boldsymbol{x}$ 为 $n$ 维状态向量；$u$ 和 $y$ 都是标量；$\boldsymbol{A}=\begin{bmatrix}a_{11}&\cdots&a_{1n}\\ \vdots&&\vdots\\ a_{n1}&\cdots&a_{nn}\end{bmatrix}$仍为 $n\times n$ 维系统矩阵；$\boldsymbol{b}=\begin{bmatrix}b_1\\ \vdots\\ b_n\end{bmatrix}$是 $n\times1$ 维输入矩阵，实际上它是一个列向量；$\boldsymbol{c}=[c_1\quad\cdots\quad c_n]$是 $1\times n$ 维输出矩阵，这时它是一个行向量；$d$ 是标量，这时也称直接传输系数。

图 1-1 所示的 *RLC* 串联电路是一个单输入单输出线性定常系统，用式（1-13）表示它时，有

$$\boldsymbol{x}=\begin{bmatrix}x_1\\ x_2\end{bmatrix}=\begin{bmatrix}i(t)\\ u_c(t)\end{bmatrix},\quad \boldsymbol{A}=\begin{bmatrix}-\dfrac{R}{L}&-\dfrac{1}{L}\\ \dfrac{1}{C}&0\end{bmatrix},\quad \boldsymbol{b}=\begin{bmatrix}\dfrac{1}{L}\\ 0\end{bmatrix},\quad \boldsymbol{c}=[0\quad 1]。$$

这里 $d=0$，表示系统没有直接传输到系统输出的输入量。

## 三、系统状态空间描述的图示形式

1. 状态空间表达式的系统框图

线性系统状态空间表达式可用框图的形式形象地表示出来，图 1-3a、b 分别为由式

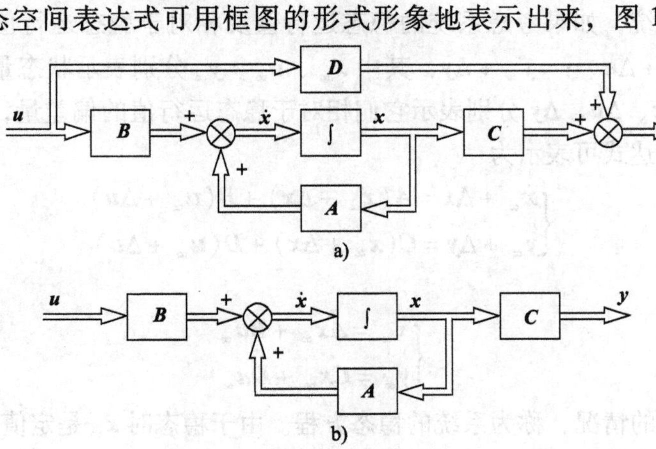


图 1-3　线性定常系统框图

a）式（1-10）所描述的线性定常系统　b）式（1-12）所描述的线性定常系统

(1-10)和式（1-12）所描述的线性定常系统的框图，图中双线箭头表示了向量信号（这里用双线箭头特别强调向量信号，在以后的图中，在不产生误解的情况下简化为用单线箭头表示向量信号），而且对于框图中每一方框的输入输出关系规定为：输出信号 = 方框所示传递关系 × 输入信号。系统框图明确地表明了系统输入、状态、输出的组合关系，说明系统的状态空间描述形式既表示了系统的外部特性，也反映了系统的内部关系。

2. 状态空间表达式的状态变量图

状态变量图是系统框图的详细解释，它反映了系统各个变量之间的信息传递关系。状态变量图来源于模拟计算机的模拟结构图，它描述出了系统的详细结构，有助于对系统的理解。

状态变量图由积分器（用内含积分符号的方框表示）、加法器（用符号⊗表示）和比例器（用内含比例系数的方框表示）组成，其绘制步骤是：在适当的位置画上积分器，它的数目等于系统状态变量数，各个积分器的输出表示相应的状态变量；根据状态方程和输出方程所表达的运算关系，画上对应的加法器和比例器；用带箭头的直线将这些元件连接起来，其中箭头的方向表示信号的传递方向。图 1-1 所示串联电路系统的状态变量图如图 1-4 所示。

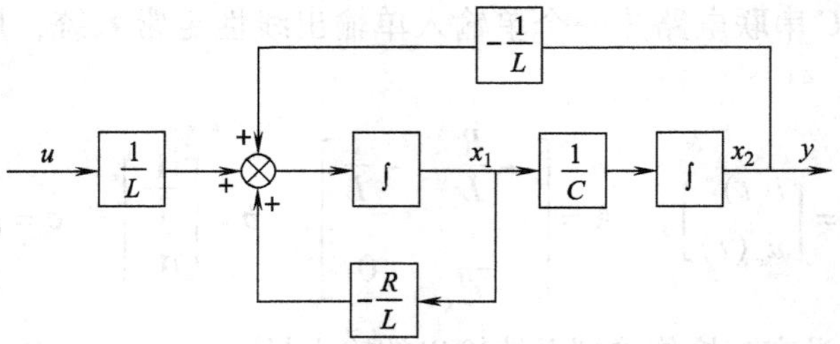


图 1-4　图 1-1 所示串联电路系统的状态变量图

## 四、稳态方程和偏差量方程

对于线性定常系统，如果考虑系统的稳态运行值及相对于稳态运行值的偏差量，即令 $\boldsymbol{x}=\boldsymbol{x}_\infty+\Delta\boldsymbol{x}$、$\boldsymbol{u}=\boldsymbol{u}_\infty+\Delta\boldsymbol{u}$、$\boldsymbol{y}=\boldsymbol{y}_\infty+\Delta\boldsymbol{y}$，其中 $\boldsymbol{x}_\infty$、$\boldsymbol{u}_\infty$、$\boldsymbol{y}_\infty$ 分别表示状态量、输入量、输出量的稳态运行值，$\Delta\boldsymbol{x}$、$\Delta\boldsymbol{u}$、$\Delta\boldsymbol{y}$ 分别表示它们相对于稳态运行值的偏差量，则式（1-10）所示的线性定常系统表达式可表示为

$$\begin{cases}\dot{\boldsymbol{x}}_\infty+\Delta\dot{\boldsymbol{x}}=\boldsymbol{A}(\boldsymbol{x}_\infty+\Delta\boldsymbol{x})+\boldsymbol{B}(\boldsymbol{u}_\infty+\Delta\boldsymbol{u})\\ \boldsymbol{y}_\infty+\Delta\boldsymbol{y}=\boldsymbol{C}(\boldsymbol{x}_\infty+\Delta\boldsymbol{x})+\boldsymbol{D}(\boldsymbol{u}_\infty+\Delta\boldsymbol{u})\end{cases} \tag{1-14}$$

其中

$$\begin{cases}\dot{\boldsymbol{x}}_\infty=\boldsymbol{A}\boldsymbol{x}_\infty+\boldsymbol{B}\boldsymbol{u}_\infty\\ \boldsymbol{y}_\infty=\boldsymbol{C}\boldsymbol{x}_\infty+\boldsymbol{D}\boldsymbol{u}_\infty\end{cases} \tag{1-15}$$

表示了系统稳态运行的情况，称为系统的稳态方程。由于稳态时 $\boldsymbol{x}_\infty$ 是定值向量，有 $\dot{\boldsymbol{x}}_\infty=0$，所以由式（1-15）可得

$$\begin{cases}\boldsymbol{x}_\infty=-\boldsymbol{A}^{-1}\boldsymbol{B}\boldsymbol{u}_\infty\\ \boldsymbol{y}_\infty=(\boldsymbol{D}-\boldsymbol{C}\boldsymbol{A}^{-1}\boldsymbol{B})\boldsymbol{u}_\infty\end{cases} \tag{1-16}$$

即只要 $\boldsymbol{A}^{-1}$ 存在且系统的输入量稳态值 $\boldsymbol{u}_{\infty}$ 已知，便可以确定出状态量稳态值 $\boldsymbol{x}_{\infty}$ 和输出量稳态值 $\boldsymbol{y}_{\infty}$。

由式（1-14）和式（1-15）可得

$$\begin{cases}\Delta\dot{\boldsymbol{x}}=\boldsymbol{A}\Delta\boldsymbol{x}+\boldsymbol{B}\Delta\boldsymbol{u}\\ \Delta\boldsymbol{y}=\boldsymbol{C}\Delta\boldsymbol{x}+\boldsymbol{D}\Delta\boldsymbol{u}\end{cases} \tag{1-17}$$

式（1-17）表示的是系统相对于稳态运行值的偏差量的动态行为，称为系统的偏差量方程。如果在表示形式上用 $\boldsymbol{x}$、$\boldsymbol{u}$、$\boldsymbol{y}$ 分别替代 $\Delta\boldsymbol{x}$、$\Delta\boldsymbol{u}$、$\Delta\boldsymbol{y}$，则上述偏差量方程式（1-17）与线性定常系统的表达式（1-10）完全一样，为

$$\begin{cases}\dot{\boldsymbol{x}}=\boldsymbol{A}\boldsymbol{x}+\boldsymbol{B}\boldsymbol{u}\\ \boldsymbol{y}=\boldsymbol{C}\boldsymbol{x}+\boldsymbol{D}\boldsymbol{u}\end{cases} \tag{1-18}$$

但这时要将方程式中的变量 $\boldsymbol{x}$、$\boldsymbol{u}$、$\boldsymbol{y}$ 看做是在系统稳态值附近变化的量（即偏差量）。由此可见，对于线性定常系统，式（1-10）既可视为系统实际瞬时值方程，又可视为偏差量方程，在以后关于线性定常系统的分析与综合时应注意到这一点。

# 第二节　状态空间表达式的建立

要对一个系统建立它的状态空间描述，根据对系统的认知条件，通常可以从 4 种途径进行，它们分别是从系统的运行机理出发建立状态空间表达式、由所给出的系统结构图写出状态空间表达式、由描述系统的高阶微分方程出发建立状态空间表达式，以及由系统的传递函数演化出状态空间表达式。后面两种途径主要是针对单输入单输出线性定常系统的。

## 一、从系统的运行机理出发建立状态空间表达式

工程领域研究的控制系统一般都是物理系统，任何一个物理系统的运行过程都必定遵循一定的物理规律。从这些物理规律出发就能够建立起系统的状态方程，当指定系统的输出量后，也就能写出系统的输出方程。这种直接从系统运行机理出发的建模方法也叫机理分析法，上面写出的串联电路系统的状态空间表达式（1-6）、式（1-7）就是采用这种方法得到的。下面通过一些例子来进一步说明状态空间表达式的机理分析法。

**例 1-1**　考察图 1-5 所示的电路网络系统，令输入端电压 $u$ 为系统输入量，输出端的两个空载电压 $u_1$ 和 $u_2$ 为输出量，写出系统的状态空间表达式。

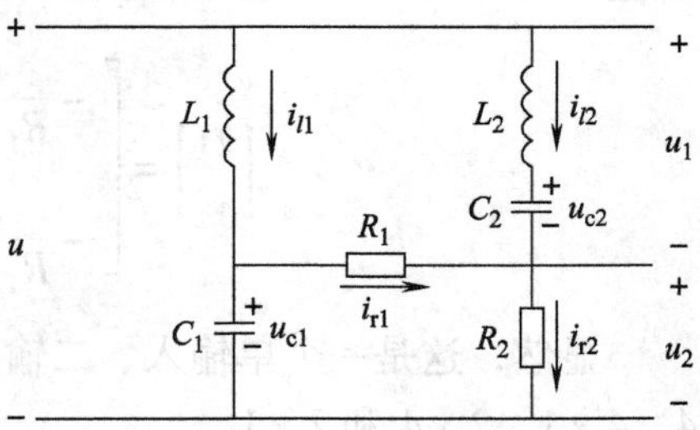


图 1-5　例 1-1 的电路网络

**解**　这是一个比较复杂的电路网络，对于 $RLC$ 电路网络，首选设定的状态变量可以是电容两端的电压和流过电感的电流。为此，根据电路的相关定律（基尔霍夫电流定律，基尔霍夫电压定律，欧姆定律等）可写出下列方程式：

$$C_1\frac{\mathrm{d}u_{c1}}{\mathrm{d}t}=i_{l1}-i_{r1} \tag{1-19}$$

$$C_2 \frac{\mathrm{d}u_{c2}}{\mathrm{d}t} = i_{l2} \tag{1-20}$$

$$L_1 \frac{\mathrm{d}i_{l1}}{\mathrm{d}t} + u_{c1} = u \tag{1-21}$$

$$L_2 \frac{\mathrm{d}i_{l2}}{\mathrm{d}t} + u_{c2} + R_2 i_{r2} = u \tag{1-22}$$

上面 4 个方程式中 $i_{r1}$ 和 $i_{r2}$ 是多余的变量，为了消去它们列出如下等式：

$$R_1 i_{r1} + R_2 i_{r2} = u_{c1} \tag{1-23}$$

$$i_{r2} = i_{l2} + i_{r1} \tag{1-24}$$

式（1-23）、式（1-24）联立可得

$$i_{r1} = \frac{1}{R_1 + R_2} u_{c1} - \frac{R_2}{R_1 + R_2} i_{l2} \tag{1-25}$$

$$i_{r2} = \frac{1}{R_1 + R_2} u_{c1} + \frac{R_1}{R_1 + R_2} i_{l2} \tag{1-26}$$

代入到式（1-19）~式（1-22）中，并令 $x_1 = u_{c1}$、$x_2 = u_{c2}$、$x_3 = i_{l1}$、$x_4 = i_{l2}$，写出上述电路网络的状态方程为

$$\begin{bmatrix} \dot{x}_1 \\ \dot{x}_2 \\ \dot{x}_3 \\ \dot{x}_4 \end{bmatrix} = \begin{bmatrix} -\dfrac{1}{C_1(R_1+R_2)} & 0 & \dfrac{1}{C_1} & \dfrac{R_2}{C_1(R_1+R_2)} \\ 0 & 0 & 0 & \dfrac{1}{C_2} \\ -\dfrac{1}{L_1} & 0 & 0 & 0 \\ -\dfrac{R_2}{L_2(R_1+R_2)} & -\dfrac{1}{L_2} & 0 & -\dfrac{R_1 R_2}{L_2(R_1+R_2)} \end{bmatrix} \begin{bmatrix} x_1 \\ x_2 \\ x_3 \\ x_4 \end{bmatrix} + \begin{bmatrix} 0 \\ 0 \\ \dfrac{1}{L_1} \\ \dfrac{1}{L_2} \end{bmatrix} u \tag{1-27}$$

为了得到系统的输出方程，先写出如下等式：

$$u_1 = u - u_2 \tag{1-28}$$

$$u_2 = R_2 i_{r2} \tag{1-29}$$

令 $y_1 = u_1$、$y_2 = u_2$，将式（1-26）代入式（1-28）与式（1-29），并用相应的状态变量表示变量，可得出系统的输出方程为

$$\begin{bmatrix} y_1 \\ y_2 \end{bmatrix} = \begin{bmatrix} -\dfrac{R_2}{R_1+R_2} & 0 & 0 & -\dfrac{R_1 R_2}{R_1+R_2} \\ -\dfrac{R_2}{R_1+R_2} & 0 & 0 & -\dfrac{R_1 R_2}{R_1+R_2} \end{bmatrix} \begin{bmatrix} x_1 \\ x_2 \\ x_3 \\ x_4 \end{bmatrix} + \begin{bmatrix} 1 \\ 0 \end{bmatrix} u \tag{1-30}$$

显然，这是一个单输入、二输出的四阶系统，系统的 $\boldsymbol{A}$、$\boldsymbol{b}$、$\boldsymbol{C}$、$\boldsymbol{d}$ 矩阵维数分别为 $4 \times 4$、$4 \times 1$、$2 \times 4$ 和 $2 \times 1$。

**例 1-2**　磁场控制的直流电动机原理如图 1-6 所示，$R_f$、$L_f$ 分别为励磁回路的电阻和电感，$\omega$、$\theta$ 分别为电动机的角速度和角位移，$J$ 是电动机轴上的等效总转动惯量，$B$ 为传动粘性摩擦系数，电枢电流 $I_a$ 为常数。建立以励磁回路端电压 $e_f$ 为输入变量、电动机角速度 $\omega$ 为输出变量的系统状态空间表达式。

**解** 对于励磁回路，设回路电流为 $i_f$，则有

$$L_f \frac{di_f}{dt} + R_f i_f = e_f \tag{1-31}$$

对于磁场控制的直流电动机，其电磁转矩 $T_m$ 与励磁电流成正比，即 $T_m = k_m i_f$，所以电动机轴上的转矩平衡方程式为

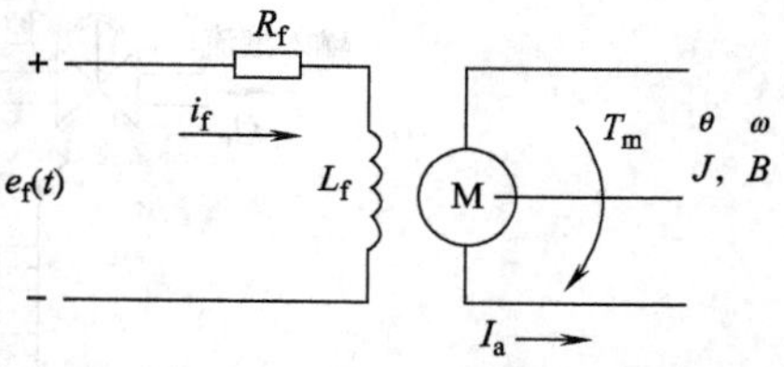


图 1-6 磁场控制的直流电动机原理

$$J \frac{d\omega}{dt} = k_m i_f - B\omega \tag{1-32}$$

令 $x_1 = i_f$、$x_2 = \omega$ 为系统状态变量，$u = e_f$ 为输入变量，$y = \omega$ 为输出变量，得出系统的状态方程为

$$\begin{bmatrix} \dot{x}_1 \\ \dot{x}_2 \end{bmatrix} = \begin{bmatrix} -\frac{R_f}{L_f} & 0 \\ \frac{k_m}{J} & -\frac{B}{J} \end{bmatrix} \begin{bmatrix} x_1 \\ x_2 \end{bmatrix} + \begin{bmatrix} \frac{1}{L_f} \\ 0 \end{bmatrix} u \tag{1-33}$$

输出方程为

$$y = [0 \quad 1] \begin{bmatrix} x_1 \\ x_2 \end{bmatrix} \tag{1-34}$$

将电动机角速度 $\omega$ 作为系统的输出变量表示关心对电动机角速度的调节或测量，即构建的是调速系统。如果要构建一个伺服系统，关心的是电动机的角位移 $\theta$ 的调节或测量，这时要设电动机角位移 $\theta$ 为输出变量，并在式（1-31）和式（1-32）的基础上增加一个动态方程式：

$$\frac{d\theta}{dt} = \omega \tag{1-35}$$

除了上面的两个状态变量外，还要增加一个状态变量 $x_3 = \theta$，因此系统的状态方程为

$$\begin{bmatrix} \dot{x}_1 \\ \dot{x}_2 \\ \dot{x}_3 \end{bmatrix} = \begin{bmatrix} -\frac{R_f}{L_f} & 0 & 0 \\ \frac{k_m}{J} & -\frac{B}{J} & 0 \\ 0 & 1 & 0 \end{bmatrix} \begin{bmatrix} x_1 \\ x_2 \\ x_3 \end{bmatrix} + \begin{bmatrix} \frac{1}{L_f} \\ 0 \\ 0 \end{bmatrix} u \tag{1-36}$$

输出方程为

$$y = [0 \quad 0 \quad 1] \begin{bmatrix} x_1 \\ x_2 \\ x_3 \end{bmatrix} \tag{1-37}$$

**例 1-3** 图 1-7 为双水槽液位系统。设水槽 1 的截面积为 $S_1$，稳态液位为 $H_{10}$，水槽 2 的截面积为 $S_2$，稳态液位为 $H_{20}$；系统的输入流量为 $Q_i$，通过节流阀 1 流向水槽 2 的流量为 $Q_1$，通过节流阀 2 流出系统的流量为 $Q_o$。试建立以 $Q_i$ 为系统输入变量、水槽 1 液位 $H_1$ 和水槽 2 液位 $H_2$ 为系统输出变量的系统状态空间表达式。

**解** 对于水槽 1，设在很小的时间段 d$t$ 内，液位高度的变化为 d$H_1$，根据物质守恒定律有

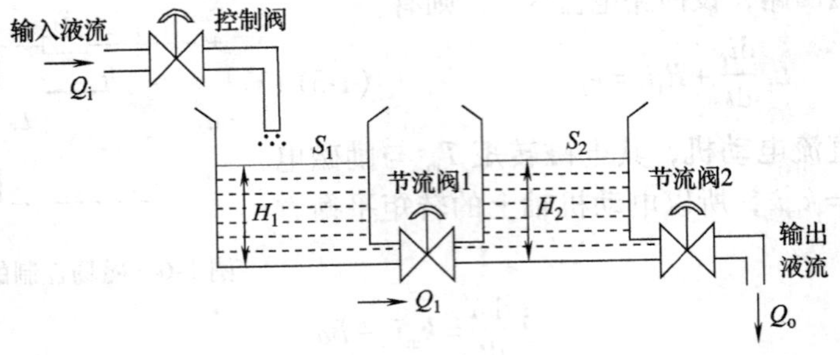


图 1-7　例 1-3 的双水槽液位系统

$$S_1 dH_1 = (Q_i - Q_1)\ dt \tag{1-38}$$

或

$$\frac{dH_1}{dt} = \frac{1}{S_1}Q_i - \frac{1}{S_1}Q_1 \tag{1-39}$$

利用节流阀的流出流量与液位高度的平方根成正比这一流量规律，有

$$Q_1 = \alpha\sqrt{H_1} \tag{1-40}$$

式中，$\alpha$ 为比例系数，当 $Q_1$ 和 $H_1$ 为稳态值时，它为常量；当 $Q_1$、$H_1$ 值变化不大时，它为近似常量。

将式（1-40）代入式（1-39），得到

$$\frac{dH_1}{dt} + \frac{\alpha}{S_1}\sqrt{H_1} = \frac{1}{S_1}Q_i \tag{1-41}$$

在建立水槽 1 动态方程式的过程中，已经做了简化与近似处理（如将 $\alpha$ 视为常量），但得到的仍是如式（1-41）所示的非线性微分方程。对于这样一个非线性微分方程，处理起来较为困难，为此需对它作进一步的简化和近似处理。首先将 $\sqrt{H_1}$ 在平衡点液位 $H_{10}$ 附近展成泰勒级数，有

$$\sqrt{H_1} = \sqrt{H_{10}} + \frac{1}{2\sqrt{H_{10}}}\Delta H_1 + \cdots\cdots \tag{1-42}$$

式中，$\Delta H_1$ 为实际液位对平衡点液位 $H_{10}$ 的增量，$\Delta H_1 = H_1 - H_{10}$。

泰勒级数只写出了前两项，后面包含的是 $\Delta H_1$ 的高次项。假如水槽的实际液位在平衡点液位 $H_{10}$ 的上下波动范围很小，即 $\Delta H_1$ 取值很小，则可以忽略它的高次项不计，用 $\sqrt{H_{10}} + \frac{1}{2\sqrt{H_{10}}}\Delta H_1$ 近似表示 $\sqrt{H_1}$，并代入式（1-41），得

$$\frac{d(H_{10} + \Delta H_1)}{dt} + \frac{\alpha}{S_1}\left(\sqrt{H_{10}} + \frac{1}{2\sqrt{H_{10}}}\Delta H_1\right) = \frac{1}{S_1}(Q_{i0} + \Delta Q_i) \tag{1-43}$$

式中，$\Delta Q_i$ 表示输入流量对平衡点流量 $Q_{i0}$ 的增量。

由平衡点时的静态方程 $\frac{\alpha}{S_1}\sqrt{H_{10}} = \frac{1}{S_1}Q_{i0}$，式（1-43）可以写为

$$\frac{d\Delta H_1}{dt} + \frac{\alpha}{S_1}\frac{1}{2\sqrt{H_{10}}}\Delta H_1 = \frac{1}{S_1}\Delta Q_i \tag{1-44}$$

它是一个描述水槽液位增量与输入流量增量之间关系的增量方程式。根据前文关于偏差量方程的描述，可用 $H_1$ 和 $Q_i$ 表示平衡点液位 $H_{10}$、平衡点流量 $Q_{i0}$ 附近变化的液位和输入流量的

增量 $\Delta H_1$ 和 $\Delta Q_i$，则式（1-44）可写为

$$\frac{dH_1}{dt}+\frac{\alpha}{S_1}\frac{1}{2\sqrt{H_{10}}}H_1=\frac{1}{S_1}Q_i \tag{1-45}$$

同理，可写出水槽 2 的方程式为

$$\frac{dH_2}{dt}+\frac{\alpha}{S_2}\frac{1}{2\sqrt{H_{20}}}H_2=\frac{1}{S_2}Q_1 \tag{1-46}$$

由式（1-40）、式（1-42）及增量方程式的概念，可将 $Q_1$ 表示成

$$Q_1=\frac{\alpha}{2\sqrt{H_{10}}}H_1 \tag{1-47}$$

代入式（1-46）得

$$\frac{dH_2}{dt}+\frac{\alpha}{S_2}\frac{1}{2\sqrt{H_{20}}}H_2=\frac{1}{S_2}\frac{\alpha}{2\sqrt{H_{10}}}H_1 \tag{1-48}$$

令 $x_1=H_1$、$x_2=H_2$ 为系统状态变量，$u=Q_i$ 为输入变量，$y_1=H_1$、$y_2=H_2$ 为输出变量，可得系统的状态方程为

$$\begin{bmatrix}\dot{x}_1\\ \dot{x}_2\end{bmatrix}=\begin{bmatrix}-\frac{\alpha}{S_1}\frac{1}{2\sqrt{H_{10}}} & 0\\ \frac{\alpha}{S_2}\frac{1}{2\sqrt{H_{10}}} & -\frac{\alpha}{S_2}\frac{1}{2\sqrt{H_{20}}}\end{bmatrix}\begin{bmatrix}x_1\\ x_2\end{bmatrix}+\begin{bmatrix}\frac{1}{S_1}\\ 0\end{bmatrix}u \tag{1-49}$$

系统的输出方程为

$$\begin{bmatrix}y_1\\ y_2\end{bmatrix}=\begin{bmatrix}1 & 0\\ 0 & 1\end{bmatrix}\begin{bmatrix}x_1\\ x_2\end{bmatrix} \tag{1-50}$$

从该例可看出，在建立系统的数学模型时往往需要经过非线性特性线性化等方法使模型简化，但是这些简化方法是有条件的，如非线性特性线性化只适用于非线性特性不强烈或者变量在平衡点附近小范围变化的情况。

## 二、由经典控制理论中的系统运动方程式建立状态空间表达式

前面已提到，在经典控制理论中，通常用高阶常微分方程或者由它演变来的传递函数作为描述系统动态变化的数学模型，这种模型适合描述单输入单输出线性定常系统，它表达了系统的输入变量和输出变量之间的关系。为了在现代控制理论的框架下研究这类系统，有必要在给出系统高阶常微分方程或传递函数的情况下，通过数学处理得出系统的状态空间表达式。在现代控制理论中，由描述系统输入、输出动态关系的高阶微分方程或传递函数（包括后面要讲到的传递函数矩阵）建立系统状态空间表达式的问题称为实现问题，实现问题通过所建立的状态空间表达式在保持原系统的输入、输出关系不变的前提下，揭示出系统的内部结构特性。实现问题的复杂性在于一个系统的输入、输出关系对应了无数个不同的内部结构，而且状态变量的非唯一性导致了系统状态空间表达式的非唯一性。

设单输入单输出线性定常系统的运动方程是一个 $n$ 阶线性常微分方程：

$$y^{(n)}+a_{n-1}y^{(n-1)}+\cdots+a_1\dot{y}+a_0y=b_mu^{(m)}+b_{m-1}u^{(m-1)}+\cdots+b_1\dot{u}+b_0u \tag{1-51}$$

相应的传递函数为

$$g(s) = \frac{b_m s^m + b_{m-1}s^{m-1} + \cdots + b_1 s + b_0}{s^n + a_{n-1}s^{n-1} + \cdots + a_1 s + a_0} \tag{1-52}$$

除了式（1-52）要求系统初始条件（$y(t)$、$u(t)$ 及它们各阶导数的初值）为零外，式（1-51）与式（1-52）分别在时域和频域描述了同一个系统，它们的参数也是相同的，可以将它们结合在一起来考虑实现问题。对于单输入单输出线性定常系统来说，实现问题就是根据上面两式得出系统的状态空间表达式

$$\begin{cases} \dot{x} = Ax + bu \\ y = cx + du \end{cases} \tag{1-53}$$

即由参数 $a_i(i=0,1,2,\cdots,n-1)$ 和 $b_j(j=0,1,2,\cdots,m-1,m)$ 得出状态空间表达式的参数矩阵 $\boldsymbol{A}$、$\boldsymbol{b}$、$\boldsymbol{c}$、$d$。

对于式（1-51）及式（1-52），从物理存在性角度一般有 $m \leqslant n$。当 $m=n$ 时，式（1-52）可表示为

$$g(s) = b_m + \frac{\beta_{n-1}s^{n-1} + \cdots + \beta_1 s + \beta_0}{s^n + a_{n-1}s^{n-1} + \cdots + a_1 s + a_0} \tag{1-54}$$

由传递函数的概念可得

$$y(s) = b_m u(s) + \frac{\beta_{n-1}s^{n-1} + \cdots + \beta_1 s + \beta_0}{s^n + a_{n-1}s^{n-1} + \cdots + a_1 s + a_0}u(s) \tag{1-55}$$

表明当 $m=n$ 时有 $d=b_m$，系统存在直接传输系数 $d$；$m<n$ 时系统对应的状态空间表达式为

$$\begin{cases} \dot{x} = Ax + bu \\ y = cx \end{cases} \tag{1-56}$$

系统不存在直接传输系数，这是最常见的情况。为了不失一般性，下面讨论由 $n$ 阶线性常微分方程式

$$y^{(n)} + a_{n-1}y^{(n-1)} + \cdots + a_1\dot{y} + a_0 y = b_{n-1}u^{(n-1)} + \cdots + b_1\dot{u} + b_0 u \tag{1-57}$$

或相应的传递函数表达式

$$g(s) = \frac{b_{n-1}s^{n-1} + \cdots + b_1 s + b_0}{s^n + a_{n-1}s^{n-1} + \cdots + a_1 s + a_0} \tag{1-58}$$

所表述的系统，其中 $a_i(i=0,1,2,\cdots,n-1)$ 和 $b_j(j=0,1,2,\cdots,n-1)$ 为实常数。

对于式（1-57）或式（1-58）所表述的 $n$ 阶系统，虽然实现是非唯一的，但只要传递函数中分子、分母没有公因子，即不出现零极点对消，则必可选取 $n$ 个独立的状态变量。下面讨论三种不同的状态变量选取及所得出的状态空间表达式。

**（一）能控规范型实现**

在式（1-58）的基础上引入中间量 $v(s)$，并将式（1-58）写为

$$g(s) = \frac{N(s)}{D(s)} = \frac{y(s)}{u(s)} = \frac{y(s)/v(s)}{u(s)/v(s)} \tag{1-59}$$

式中，$D(s)$、$N(s)$ 分别是传递函数表达式（1-58）的分母多项式和分子多项式。因此有

$$\frac{y(s)}{v(s)} = N(s) = b_{n-1}s^{n-1} + \cdots + b_1 s + b_0 \tag{1-60}$$

即

$$y(s) = b_{n-1}s^{n-1}v(s) + \cdots + b_1 s v(s) + b_0 v(s) \tag{1-61}$$

假设 $v(t)$ 及它的 $n-1$ 阶以下导数的初值为零，对上面等式两边实施拉普拉斯反变换可得

$$y(t)=b_{n-1}v^{(n-1)}(t)+\cdots+b_1\dot{v}(t)+b_0v(t) \tag{1-62}$$

及

$$\frac{u(s)}{v(s)}=D(s)=s^n+a_{n-1}s^{n-1}+\cdots+a_1s+a_0 \tag{1-63}$$

即

$$u(s)=s^nv(s)+a_{n-1}s^{n-1}v(s)+\cdots+a_1sv(s)+a_0v(s) \tag{1-64}$$

同样，等式两边实施拉普拉斯反变换，得

$$u(t)=v^{(n)}(t)+a_{n-1}v^{(n-1)}(t)+\cdots+a_1\dot{v}(t)+a_0v(t) \tag{1-65}$$

选取状态变量为 $x_1=v$、$x_2=\dot{v}$、$x_3=\ddot{v}$、…、$x_{n-1}=v^{(n-2)}$、$x_n=v^{(n-1)}$，其中 $v(s)=\frac{1}{D(s)}u(s)$ 或 $v(s)=\frac{1}{N(s)}y(s)$，所以有 $v(t)=L^{-1}\left[\frac{1}{D(s)}u(s)\right]$ 或 $v(t)=L^{-1}\left[\frac{1}{N(s)}y(s)\right]$。可得到如下等式：

$$\begin{aligned}
\dot{x}_1&=\dot{v}=x_2\\
\dot{x}_2&=\ddot{v}=x_3\\
&\vdots\\
\dot{x}_{n-1}&=v^{(n-1)}=x_n\\
\dot{x}_n&=v^{(n)}=-a_{n-1}v^{(n-1)}(t)-\cdots-a_1\dot{v}(t)-a_0v(t)+u(t)\\
&=-a_0x_1-a_1x_2-\cdots-a_{n-1}x_n+u(t)
\end{aligned} \tag{1-66}$$

其中式（1-66）的最下面一个等式可由式（1-65）得到。同时，式（1-62）可写为

$$y(t)=b_{n-1}x_n+\cdots+b_1x_2+b_0x_1 \tag{1-67}$$

将式（1-66）和式（1-67）写成向量方程的形式，就得到上述 $n$ 阶系统的状态空间表达式为

$$\begin{cases}
\begin{bmatrix}\dot{x}_1\\ \dot{x}_2\\ \vdots\\ \dot{x}_{n-1}\\ \dot{x}_n\end{bmatrix}=\begin{bmatrix}0&1&0&\cdots&0\\0&0&1&\cdots&0\\ \vdots&\vdots&\vdots&&\vdots\\0&0&0&\cdots&1\\-a_0&-a_1&-a_2&\cdots&-a_{n-1}\end{bmatrix}\begin{bmatrix}x_1\\x_2\\ \vdots\\x_{n-1}\\x_n\end{bmatrix}+\begin{bmatrix}0\\0\\ \vdots\\0\\1\end{bmatrix}u\\
y=\begin{bmatrix}b_0&b_1&\cdots&b_{n-2}&b_{n-1}\end{bmatrix}\begin{bmatrix}x_1\\x_2\\ \vdots\\x_{n-1}\\x_n\end{bmatrix}
\end{cases} \tag{1-68}$$

由式（1-68）可以看出，参数矩阵 $\boldsymbol{A}$ 的特点是主对角线上方的元素均为1，最后一行的元素按系统特征多项式系数反号升幂排列［见式（1-58），系统的特征多项式即系统传递函数的分母多项式为 $\varphi(s)=D(s)=s^n+a_{n-1}s^{n-1}+\cdots+a_1s+a_0$］，其余元素均为0；参数矩阵 $\boldsymbol{b}$ 是其最后元素为1其余元素均为0的列向量。具有以上特点的参数矩阵 $\boldsymbol{A}$、$\boldsymbol{b}$ 的状态空间表达式称为能控规范型状态空间表达式，这一名称的意义在后面第4章中解释。数学上，

也把具有如参数矩阵 $\boldsymbol{A}$ 特点的矩阵称为“友矩阵”。

**例 1-4** 设系统传递函数为 $g(s)=\dfrac{5s+1}{s^3+5s^2+8s+4}$，试写出它的能控规范型状态空间表达式。

**解** 对照式（1-58），有 $b_2=0$，$b_1=5$，$b_0=1$；$a_2=5$，$a_1=8$，$a_0=4$。由此利用式（1-68）即可写出系统的能控规范型表达式：

$$\begin{cases}\begin{bmatrix}\dot{x}_1\\ \dot{x}_2\\ \dot{x}_3\end{bmatrix}=\begin{bmatrix}0 & 1 & 0\\ 0 & 0 & 1\\ -4 & -8 & -5\end{bmatrix}\begin{bmatrix}x_1\\ x_2\\ x_3\end{bmatrix}+\begin{bmatrix}0\\ 0\\ 1\end{bmatrix}u\\ y=\begin{bmatrix}1 & 5 & 0\end{bmatrix}\begin{bmatrix}x_1\\ x_2\\ x_3\end{bmatrix}\end{cases}$$

**例 1-5** 试写出由常微分方程 $\dddot{y}+16\ddot{y}+194\dot{y}+640y=4\ddot{u}+160\dot{u}+720u$ 表示的系统的能控规范型状态空间表达式。

**解** 设系统的各初始值均为零，则通过拉普拉斯变换，题示的微分方程可写为传递函数形式

$$\bar{g}(s)=\frac{y(s)}{u(s)}=\frac{4s^3+160s+720}{s^3+16s^2+194s+640}=4+\frac{-64s^2-616s-1840}{s^3+16s^2+194s+640}=4+g(s)$$

即

$$y=g\ (s)\ u+4u$$

对于 $g(s)=\dfrac{-64s^2-616s-1840}{s^3+16s^2+194s+640}$，对照式（1-58），有 $b_2=-64$，$b_1=-616$，$b_0=-1840$；$a_2=16$，$a_1=194$，$a_0=640$。利用式（1-68）可写出系统的能控规范型状态空间表达式为

$$\begin{cases}\begin{bmatrix}\dot{x}_1\\ \dot{x}_2\\ \dot{x}_3\end{bmatrix}=\begin{bmatrix}0 & 1 & 0\\ 0 & 0 & 1\\ -640 & -194 & -16\end{bmatrix}\begin{bmatrix}x_1\\ x_2\\ x_3\end{bmatrix}+\begin{bmatrix}0\\ 0\\ 1\end{bmatrix}u\\ y=\begin{bmatrix}-1840 & -616 & -64\end{bmatrix}\begin{bmatrix}x_1\\ x_2\\ x_3\end{bmatrix}+4u\end{cases}$$

### （二）能观规范型实现

由式（1-58）可写出

$$s^ny(s)+a_{n-1}s^{n-1}y(s)+\cdots+a_1sy(s)+a_0y(s)=b_{n-1}s^{n-1}u(s)+b_{n-2}s^{n-2}u(s)+\cdots+b_1su(s)+b_0u(s) \tag{1-69}$$

等式两边同除以 $s^n$，有

$$y(s)+\frac{a_{n-1}}{s}y(s)+\cdots+\frac{a_1}{s^{n-1}}y(s)+\frac{a_0}{s^n}y(s)=\frac{b_{n-1}}{s}u(s)+\frac{b_{n-2}}{s^2}u(s)+\cdots+\frac{b_1}{s^{n-1}}u(s)+\frac{b_0}{s^n}u(s) \tag{1-70}$$

或者

$$y(s)=\frac{1}{s}[b_{n-1}u(s)-a_{n-1}y(s)]+\frac{1}{s^2}[b_{n-2}u(s)-a_{n-2}y(s)]+\cdots+\frac{1}{s^{n-1}}[b_1u(s)-a_1y(s)]+\frac{1}{s^n}[b_0u(s)-a_0y(s)]$$

$$=\frac{1}{s}\left\{[b_{n-1}u(s)-a_{n-1}y(s)]+\frac{1}{s}\left[[b_{n-2}u(s)-a_{n-2}y(s)]+\cdots+\frac{1}{s}\langle[b_1u(s)-a_1y(s)]+\frac{1}{s}[b_0u(s)-a_0y(s)]\rangle\right]\right\} \tag{1-71}$$

现将式（1-71）等号右边从里向外的括号中的表达式（连同积分运算）选择为状态变量，即

$$x_1(s)=\frac{1}{s}[b_0u(s)-a_0y(s)]$$

$$x_2(s)=\frac{1}{s}\langle[b_1u(s)-a_1y(s)]+\frac{1}{s}[b_0u(s)-a_0y(s)]\rangle=\frac{1}{s}[b_1u(s)-a_1y(s)+x_1(s)]$$

$$\vdots$$

$$x_{n-1}(s)=\frac{1}{s}\left[[b_{n-2}u(s)-a_{n-2}y(s)]+\cdots+\frac{1}{s}\langle[b_1u(s)-a_1y(s)]+\frac{1}{s}[b_0u(s)-a_0y(s)]\rangle\right]$$

$$=\frac{1}{s}[b_{n-2}u(s)-a_{n-2}y(s)+x_{n-2}(s)]$$

$$x_n(s)=\frac{1}{s}\left\{[b_{n-1}u(s)-a_{n-1}y(s)]+\frac{1}{s}\left[[b_{n-2}u(s)-a_{n-2}y(s)]+\cdots+\frac{1}{s}\langle[b_1u(s)-a_1y(s)]+\frac{1}{s}[b_0u(s)-a_0y(s)]\rangle\right]\right\}$$

$$=\frac{1}{s}[b_{n-1}u(s)-a_{n-1}y(s)+x_{n-1}(s)]=y(s)$$

再将最后一个等式的 $y(s)=x_n(s)$ 代入前面的等式，则有

$$x_1(s)=\frac{1}{s}\left[b_0u(s)-a_0x_n(s)\right]$$

$$x_2(s)=\frac{1}{s}\left[b_1u(s)-a_1x_n(s)+x_1(s)\right]$$

$$\vdots$$

$$x_{n-1}(s)=\frac{1}{s}\left[b_{n-2}u(s)-a_{n-2}x_n(s)+x_{n-2}(s)\right]$$

$$x_n(s)=\frac{1}{s}\left[b_{n-1}u(s)-a_{n-1}x_n(s)+x_{n-1}(s)\right]$$

上面各式等号两边乘以 $s$ 并取拉普拉斯反变换，即为

$$\dot{x}_1=-a_0x_n+b_0u$$

$$\dot{x}_2=x_1-a_1x_n+b_1u$$

$$\vdots$$

$$\dot{x}_{n-1}=x_{n-2}-a_{n-2}x_n+b_{n-2}u$$

$$\dot{x}_n=x_{n-1}-a_{n-1}x_n+b_{n-1}u$$

写成向量方程的形式，得

$$\begin{bmatrix}\dot{x}_1\\ \dot{x}_2\\ \vdots\\ \dot{x}_{n-1}\\ \dot{x}_n\end{bmatrix}=\begin{bmatrix}0 & 0 & \cdots & 0 & -a_0\\ 1 & 0 & \cdots & 0 & -a_1\\ \vdots & \vdots & \ddots & \vdots & \vdots\\ 0 & 0 & \cdots & 0 & -a_{n-2}\\ 0 & 0 & \cdots & 1 & -a_{n-1}\end{bmatrix}\begin{bmatrix}x_1\\ x_2\\ \vdots\\ x_{n-1}\\ x_n\end{bmatrix}+\begin{bmatrix}b_0\\ b_1\\ \vdots\\ b_{n-2}\\ b_{n-1}\end{bmatrix}u \tag{1-72}$$

此式即为系统的状态方程，再由 $y(s)=x_n(s)$，得 $y=x_n$，写成向量方程形式为

$$y=[0\quad 0\quad \cdots\quad 0\quad 1]\begin{bmatrix}x_1\\ x_2\\ \vdots\\ x_{n-1}\\ x_n\end{bmatrix} \tag{1-73}$$

此式即为系统的输出方程。式（1-72）和式（1-73）构成了系统的状态空间表达式，而具有式（1-72）中 $\boldsymbol{A}$ 矩阵形式和式（1-73）中 $\boldsymbol{c}$ 矩阵形式的状态空间表达形式称为能观规范型，这一名称的意义也将在第 4 章中解释。

**例 1-6**　写出例 1-4 所示系统的能观规范型状态空间表达式。

**解**　例 1-4 的系统传递函数为

$$g(s)=\frac{5s+1}{s^3+5s^2+8s+4}$$

对照式（1-58），有 $b_2=0$，$b_1=5$，$b_0=1$；$a_2=5$，$a_1=8$，$a_0=4$。由此利用式（1-72）和式（1-73）可写出系统的能观规范型表达式为

$$\begin{cases}\begin{bmatrix}\dot{x}_1\\ \dot{x}_2\\ \dot{x}_3\end{bmatrix}=\begin{bmatrix}0 & 0 & -4\\ 1 & 0 & -8\\ 0 & 1 & -5\end{bmatrix}\begin{bmatrix}x_1\\ x_2\\ x_3\end{bmatrix}+\begin{bmatrix}1\\ 5\\ 0\end{bmatrix}u\\ y=[0\quad 0\quad 1]\begin{bmatrix}x_1\\ x_2\\ x_3\end{bmatrix}\end{cases}$$

### （三）特征值规范型实现

上面两种规范型实现的方法都是建立在状态空间表达式的 $\boldsymbol{A}$、$\boldsymbol{b}$、$\boldsymbol{c}$ 矩阵与系统传递函数的分母、分子多项式系数 $a_i(i=0,1,2,\cdots,n-1)$ 和 $b_j(j=0,1,2,\cdots,n-1)$ 对应关系的基础上；特征值规范型实现的方法则建立在可以求出系统极点（传递函数分母多项式的根，也即系统特征多项式的根，所以也称系统的特征值）的基础上。下面分单极点和重极点两种情况讨论。

1. 传递函数只含单极点的情况　对于 $n$ 阶系统的传递函数

$$g(s)=\frac{y(s)}{u(s)}=\frac{N(s)}{D(s)} \tag{1-74}$$

式中，$D(s)$、$N(s)$分别是传递函数 $g(s)$的分母多项式和分子多项式。

当该系统的 $n$ 个极点全部为单极点时，分母多项式 $D(s)$ 可以分解为

$$D(s)=(s-\lambda_1)(s-\lambda_2)\cdots(s-\lambda_n) \tag{1-75}$$

且 $\lambda_i(i=1, 2, \cdots, n)$ 互不相同时，可通过部分分式法将式（1-74）展成部分分式之和，即

$$g(s)=\frac{c_1}{s-\lambda_1}+\frac{c_2}{s-\lambda_2}+\cdots+\frac{c_n}{s-\lambda_n}=\sum_{i=1}^{n}\frac{c_i}{s-\lambda_i} \tag{1-76}$$

式中，$c_i$ 为 $g(s)$ 对应于极点 $\lambda_i$ 的留数，有

$$c_i=\lim_{s\to\lambda_i}(s-\lambda_i)g(s) \quad i=1,2,\cdots,n \tag{1-77}$$

这样，$y(s)$ 就可以表示为

$$y(s)=\frac{c_1}{s-\lambda_1}u(s)+\frac{c_2}{s-\lambda_2}u(s)+\cdots+\frac{c_n}{s-\lambda_n}u(s)=\sum_{i=1}^{n}\frac{c_i}{s-\lambda_i}u(s) \tag{1-78}$$

现按下式选取系统的状态变量

$$x_i(s)=\frac{1}{s-\lambda_i}u(s) \qquad i=1,2,\cdots,n \tag{1-79}$$

经整理，并取拉普拉斯反变换，有

$$\dot{x}_i(t)=\lambda_i x_i(t)+u(t) \qquad i=1,2,\cdots,n \tag{1-80}$$

再将式（1-79）代入式（1-78），有

$$y(s)=c_1x_1(s)+c_2x_2(s)+\cdots+c_nx_n(s)=\sum_{i=1}^{n}c_ix_i(s) \tag{1-81}$$

取拉普拉斯反变换得

$$y(t)=c_1x_1(t)+c_2x_2(t)+\cdots+c_nx_n(t)=\sum_{i=1}^{n}c_ix_i(t) \tag{1-82}$$

将式（1-80）和式（1-82）写成向量方程形式，就是系统的状态空间表达式

$$\begin{cases}\begin{bmatrix}\dot{x}_1\\ \dot{x}_2\\ \vdots\\ \dot{x}_n\end{bmatrix}=\begin{bmatrix}\lambda_1 & 0 & \cdots & 0\\ 0 & \lambda_2 & \cdots & 0\\ \vdots & \vdots & & \vdots\\ 0 & 0 & \cdots & \lambda_n\end{bmatrix}\begin{bmatrix}x_1\\ x_2\\ \vdots\\ x_n\end{bmatrix}+\begin{bmatrix}1\\ 1\\ \vdots\\ 1\end{bmatrix}u\\ y=\begin{bmatrix}c_1 & c_2 & \cdots & c_n\end{bmatrix}\begin{bmatrix}x_1\\ x_2\\ \vdots\\ x_n\end{bmatrix}\end{cases} \tag{1-83}$$

式（1-83）中系统矩阵 $\boldsymbol{A}$ 是一个对角矩阵，对角线上的 $n$ 个元素即为系统的 $n$ 个单极点（特征值），所以通常也称具有式（1-83）形式的状态空间表达式为对角线规范型，它是特征值规范型的一种。对角线规范型具有简单的结构形式，特别是方程中一个状态变量的导数只与该状态变量有关，而与其他 $n-1$ 个状态变量无关，这种特性通常称为系统的状态解耦，它有时会对系统的分析和研究带来便利。

2. 传递函数具有重极点的情况　为简单起见，先考虑 $n$ 重极点的情况，即 $n$ 阶系统的传递函数 $g(s)$ 的 $n$ 个极点全部为 $\lambda$。这时，采用部分分式法可将 $g(s)$ 分解为

$$g(s)=\frac{y(s)}{u(s)}=\frac{c_{11}}{(s-\lambda)^n}+\frac{c_{12}}{(s-\lambda)^{n-1}}+\cdots+\frac{c_{1n}}{s-\lambda} \tag{1-84}$$

根据留数定理，式中的 $c_{1i}(i=1, 2, \cdots, n)$ 为

$$c_{1i}=\lim_{s\to\lambda}\frac{1}{(i-1)!}\frac{\mathrm{d}^{i-1}}{\mathrm{d}s^{i-1}}[(s-\lambda)^n g(s)] \qquad i=1,2,\cdots,n \tag{1-85}$$

这时 $y(s)$ 可写为

$$y(s)=\frac{c_{11}}{(s-\lambda)^n}u(s)+\frac{c_{12}}{(s-\lambda)^{n-1}}u(s)+\cdots+\frac{c_{1n}}{s-\lambda}u(s) \tag{1-86}$$

选取状态变量为

$$\begin{cases} x_1(s)=\dfrac{1}{(s-\lambda)^n}u(s) \\ x_2(s)=\dfrac{1}{(s-\lambda)^{n-1}}u(s) \\ \vdots \\ x_n(s)=\dfrac{1}{s-\lambda}u(s) \end{cases} \tag{1-87}$$

可得

$$\begin{cases} x_1(s)=\dfrac{1}{s-\lambda}x_2(s) \\ x_2(s)=\dfrac{1}{s-\lambda}x_3(s) \\ \vdots \\ x_n(s)=\dfrac{1}{s-\lambda}u(s) \end{cases} \tag{1-88}$$

及

$$y(s)=c_{11}x_1(s)+c_{12}x_2(s)+\cdots+c_{1n}x_n(s) \tag{1-89}$$

将上面两式稍加整理并取拉普拉斯反变换，即可得到系统的状态空间表达式：

$$\begin{cases} \begin{bmatrix} \dot{x}_1 \\ \dot{x}_2 \\ \vdots \\ \dot{x}_{n-1} \\ \dot{x}_n \end{bmatrix} = \begin{bmatrix} \lambda & 1 & 0 & \cdots & 0 \\ 0 & \lambda & 1 & \cdots & 0 \\ \vdots & \vdots & & & \vdots \\ 0 & 0 & 0 & \cdots & 1 \\ 0 & 0 & 0 & \cdots & \lambda \end{bmatrix} \begin{bmatrix} x_1 \\ x_2 \\ \vdots \\ x_{n-1} \\ x_n \end{bmatrix} + \begin{bmatrix} 0 \\ 0 \\ \vdots \\ 0 \\ 1 \end{bmatrix} u \\ y=\begin{bmatrix} c_{11} & c_{12} & \cdots & c_{1n-1} & c_{1n} \end{bmatrix} \begin{bmatrix} x_1 \\ x_2 \\ \vdots \\ x_{n-1} \\ x_n \end{bmatrix} \end{cases} \tag{1-90}$$

式（1-90）中系统矩阵 $\boldsymbol{A}$ 是一个约当阵（对角线元素相同并为系统的重极点，对角线上方的元素均为 1），输入矩阵 $\boldsymbol{b}$ 是最后元素为 1 且其余元素均为 0 的列向量，所以通常也称具有式（1-90）形式的状态空间表达式为约当规范型，它也是特征值规范型的一种。约当规范型虽然不再具有完全的状态解耦，但仍是一种相对简单的结构形式，因为状态变量之间的耦

合关系是单方向的，即有 $x_n \to x_{n-1} \to \cdots \to x_2 \to x_1$。

当系统传递函数同时具有多个单极点和多个重极点时，将上述关于单极点和重极点的情况进行推广，就可写出系统的特征值规范形式的状态空间表达式。例如，设系统有 $k$ 个单极点 $\lambda_1$、$\lambda_2$、…、$\lambda_k$，并有 $l_1$ 重极点 $\lambda_{k+1}$，$l_2$ 重极点 $\lambda_{k+2}$，…，$l_m$ 重极点 $\lambda_{k+m}$，且 $k+l_1+l_2+\cdots+l_m=n$。利用上面关于单极点和重极点的状态空间表达式构造，可以得出系统的状态方程为

$$\begin{bmatrix} \dot{x}_1 \\ \vdots \\ \dot{x}_k \\ \hdashline \dot{x}_{k+1} \\ \vdots \\ \dot{x}_{k+l_1} \\ \hdashline \vdots \\ \hdashline \dot{x}_{n-l_m+1} \\ \vdots \\ \dot{x}_n \end{bmatrix} = \left[\begin{array}{ccc:ccc:c:ccc} \lambda_1 & & & & & & & & & \\ & \ddots & & & & & & & & \\ & & \lambda_k & & & & & & & \\ \hdashline & & & \lambda_{k+1} & 1 & & & & & \\ & & & & \ddots & 1 & & & & \\ & & & & & \lambda_{k+1} & & & & \\ \hdashline & & & & & & \ddots & & & \\ \hdashline & & & & & & & \lambda_{k+m} & 1 & \\ & & & & & & & & \ddots & 1 \\ & & & & & & & & & \lambda_{k+m} \end{array}\right] \begin{bmatrix} x_1 \\ \vdots \\ x_k \\ \hdashline x_{k+1} \\ \vdots \\ x_{k+l_1} \\ \hdashline \vdots \\ \hdashline x_{n-l_m+1} \\ \vdots \\ x_n \end{bmatrix} + \begin{bmatrix} 1 \\ \vdots \\ 1 \\ \hdashline 0 \\ \vdots \\ 1 \\ \hdashline \vdots \\ \hdashline 0 \\ \vdots \\ 1 \end{bmatrix} u \tag{1-91}$$

输出方程为

$$y = \left[\begin{array}{ccc:ccc:c:ccc} c_1 & \cdots & c_k & c_{k+1,1} & \cdots & c_{k+1,l_1} & \cdots & c_{k+m,1} & \cdots & c_{k+m,l_m} \end{array}\right] \begin{bmatrix} x_1 \\ \vdots \\ x_k \\ \hdashline x_{k+1} \\ \vdots \\ x_{k+l_1} \\ \hdashline \vdots \\ \hdashline x_{n-l_m+1} \\ \vdots \\ x_n \end{bmatrix} \tag{1-92}$$

**例 1-7**　求出传递函数为 $g(s)=\dfrac{s^2+3s+2}{s\ (s^2+7s+12)}$ 的系统的特征值规范型状态空间表达式。

**解**　由系统的特征方程

$$s(s^2+7s+12)=0$$

求得系统的特征值为 $\lambda_1=0$、$\lambda_2=-3$、$\lambda_3=-4$，则可将系统传递函数写成部分分式之和的形式：

$$g(s)=\frac{c_1}{s}+\frac{c_2}{s+3}+\frac{c_3}{s+4}$$

式中，$c_1=\lim\limits_{s\to\lambda_1}(s-\lambda_1)g(s)=\lim\limits_{s\to 0} s\dfrac{s^2+3s+2}{s(s^2+7s+12)}=\dfrac{1}{6}$；

$$c_2=\lim_{s\to\lambda_2}(s-\lambda_2)g(s)=\lim_{s\to-3}(s+3)\frac{s^2+3s+2}{s(s^2+7s+12)}=-\frac{2}{3};$$

$$c_3=\lim_{s\to\lambda_3}(s-\lambda_3)g(s)=\lim_{s\to-4}(s+4)\frac{s^2+3s+2}{s(s^2+7s+12)}=\frac{3}{2}。$$

根据式（1-83），系统特征值规范型状态空间表达式为

$$\begin{cases}\begin{bmatrix}\dot{x}_1\\ \dot{x}_2\\ \dot{x}_3\end{bmatrix}=\begin{bmatrix}0&0&0\\0&-3&0\\0&0&-4\end{bmatrix}\begin{bmatrix}x_1\\x_2\\x_3\end{bmatrix}+\begin{bmatrix}1\\1\\1\end{bmatrix}u\\[2ex] y=\begin{bmatrix}\frac{1}{6}&-\frac{2}{3}&\frac{3}{2}\end{bmatrix}\begin{bmatrix}x_1\\x_2\\x_3\end{bmatrix}\end{cases}$$

由于系统的特征值都是相异的，所以这时的状态空间表达式为对角线规范型。

**例 1-8** 写出例 1-4 所示系统的特征值规范型状态空间表达式。

**解** 例 1-4 的系统传递函数为

$$g(s)=\frac{5s+1}{s^3+5s^2+8s+4}$$

解它的特征方程式 $s^3+5s^2+8s+4=(s+1)(s+2)^2=0$ 可得到它的 1 个单特征值 $\lambda_1=-1$ 和 1 个二重特征值 $\lambda_2=\lambda_3=-2$，系统传递函数的部分分式之和形式可写为

$$g(s)=\frac{c_1}{s+1}+\frac{c_{11}}{(s+2)^2}+\frac{c_{12}}{s+2}$$

式中，$c_1=\lim_{s\to\lambda_1}(s-\lambda_1)g(s)=\lim_{s\to-1}(s+1)\dfrac{5s+1}{s^3+5s^2+8s+4}=-4$；

$$c_{11}=\lim_{s\to\lambda_2}(s-\lambda_2)^2g(s)=\lim_{s\to-2}(s+2)^2\frac{5s+1}{s^3+5s^2+8s+4}=9;$$

$$c_{12}=\lim_{s\to\lambda_2}\frac{1}{(2-1)!}\frac{d^{2-1}}{ds^{2-1}}[(s-\lambda_2)^2g(s)]=\lim_{s\to-2}\frac{d}{ds}\left[(s+2)^2\frac{5s+1}{s^3+5s^2+8s+4}\right]=4。$$

根据式（1-91）和式（1-92），系统的特征值规范型状态空间表达式为

$$\begin{cases}\begin{bmatrix}\dot{x}_1\\ \dot{x}_2\\ \dot{x}_3\end{bmatrix}=\begin{bmatrix}-1&0&0\\0&-2&1\\0&0&-2\end{bmatrix}\begin{bmatrix}x_1\\x_2\\x_3\end{bmatrix}+\begin{bmatrix}1\\0\\1\end{bmatrix}u\\[2ex] y=\begin{bmatrix}-4&9&4\end{bmatrix}\begin{bmatrix}x_1\\x_2\\x_3\end{bmatrix}\end{cases}$$

上面介绍的三种实现形式都是规范型，具有规范形式的状态空间表达式会给系统分析和综合带来方便。但是正如前面所说的，一个系统的输入输出关系可以对应无数个不同的实现形式，只是一般的状态变量选取方法得到的是具有非规范形式的一般表达式。例如，对于式（1-57）所示的 $n$ 阶线性定常系统，当微分方程中不含输入量各阶导数时，即系统为

$$y^{(n)}+a_{n-1}y^{(n-1)}+\cdots+a_1\dot{y}+a_0y=b_0u \tag{1-93}$$

根据微分方程理论，当给出输出变量 $y(t)$ 和它的各阶导数初始值以及输入变量 $u(t)$ 时，则方程的解可唯一确定，即系统的运动状态完全确定。因此，可以将输出变量及其各阶导数选为系统的状态变量，即

$$\begin{cases} x_1 = y \\ x_2 = \dot{y} \\ \vdots \\ x_n = y^{(n-1)} \end{cases} \tag{1-94}$$

很容易由式(1-93)得到

$$\begin{cases} \dot{x}_1 = x_2 \\ \dot{x}_2 = x_3 \\ \vdots \\ \dot{x}_n = -a_0x_1 - a_1x_2 - \cdots - a_{n-1}x_n + b_0u \end{cases} \tag{1-95}$$

而输出变量为

$$y = x_1 \tag{1-96}$$

将上两式写成向量方程形式，就是式（1-93）所示系统的状态空间表达式

$$\begin{cases} \begin{bmatrix} \dot{x}_1 \\ \dot{x}_2 \\ \vdots \\ \dot{x}_{n-1} \\ \dot{x}_n \end{bmatrix} = \begin{bmatrix} 0 & 1 & 0 & \cdots & 0 \\ 0 & 0 & 1 & \cdots & 0 \\ \vdots & \vdots & \vdots & & \vdots \\ 0 & 0 & 0 & \cdots & 1 \\ -a_0 & -a_1 & -a_2 & \cdots & -a_{n-1} \end{bmatrix} \begin{bmatrix} x_1 \\ x_2 \\ \vdots \\ x_{n-1} \\ x_n \end{bmatrix} + \begin{bmatrix} 0 \\ 0 \\ \vdots \\ 0 \\ b_0 \end{bmatrix} u \\ y = \begin{bmatrix} 1 & 0 & \cdots & 0 & 0 \end{bmatrix} \begin{bmatrix} x_1 \\ x_2 \\ \vdots \\ x_{n-1} \\ x_n \end{bmatrix} \end{cases} \tag{1-97}$$

当微分方程中含有输入变量各阶导数并且阶次与输出变量相同时，系统的微分方程为

$$y^{(n)} + a_{n-1}y^{(n-1)} + \cdots + a_1\dot{y} + a_0y = b_nu^{(n)} + b_{n-1}u^{(n-1)} + \cdots + b_1\dot{u} + b_0u \tag{1-98}$$

确定状态变量时为了避免状态方程不出现 $u$ 的导数项，可以选取状态变量为 $y$ 和 $u$ 的各项导数的组合，即

$$\begin{cases} x_1 = y - \beta_0u \\ x_2 = \dot{y} - \beta_0\dot{u} - \beta_1u \\ x_3 = \ddot{y} - \beta_0\ddot{u} - \beta_1\dot{u} - \beta_2u \\ \vdots \\ x_{n-1} = y^{(n-2)} - \beta_0u^{(n-2)} - \beta_1u^{(n-3)} - \cdots - \beta_{n-3}\dot{u} - \beta_{n-2}u \\ x_n = y^{(n-1)} - \beta_0u^{(n-1)} - \beta_1u^{(n-2)} - \cdots - \beta_{n-2}\dot{u} - \beta_{n-1}u \end{cases} \tag{1-99}$$

式中，$\beta_i$（$i=0$，1，…，$n-1$）为 $n$ 个待定参数。

式（1-99）中的前面 $n-1$ 个方程有

$$\dot{x}_i = x_{i+1} + \beta_i u \quad i=1,2,\cdots,n-1 \tag{1-100}$$

而对于最后一个方程，引入中间变量

$$x_{n+1} = y^{(n)} - \beta_0 u^{(n)} - \beta_1 u^{(n-1)} - \cdots - \beta_{n-1}\dot{u} - \beta_n u = \dot{x}_n - \beta_n u \tag{1-101}$$

式中，$\beta_n$ 为第 $n+1$ 个待定参数。

将式（1-99）和式（1-101）的 $y$ 及其各阶导数代入式（1-98），并经整理可得

$$\begin{aligned}&(x_{n+1} + a_{n-1}x_n + \cdots + a_1x_2 + a_0x_1) + \beta_0 u^{(n)} + (\beta_1 + a_{n-1}\beta_0)u^{(n-1)} + (\beta_2 + a_{n-1}\beta_1 + a_{n-2}\beta_0)u^{(n-2)} + \\ &\quad \cdots + (\beta_{n-1} + a_{n-1}\beta_{n-2} + \cdots + a_1\beta_0)\dot{u} + (\beta_n + a_{n-1}\beta_{n-1} + \cdots + a_0\beta_0)u \\ &= b_n u^{(n)} + b_{n-1}u^{(n-1)} + b_{n-2}u^{(n-2)} + \cdots + b_1\dot{u} + b_0 u\end{aligned} \tag{1-102}$$

等式两边 $u$ 的各阶导数系数应相等，因此有

$$\begin{aligned}&x_{n+1} + a_{n-1}x_n + \cdots + a_1x_2 + a_0x_1 = 0 \\ &\beta_0 = b_n \\ &\beta_1 = b_{n-1} - a_{n-1}\beta_0 \\ &\beta_2 = b_{n-2} - a_{n-1}\beta_1 - a_{n-2}\beta_0 \\ &\quad\vdots \\ &\beta_n = b_0 - a_{n-1}\beta_{n-1} - \cdots - a_1\beta_1 - a_0\beta_0\end{aligned} \tag{1-103}$$

由式(1-100)、式(1-101)及式(1-103)的第一式可写出系统的状态方程：

$$\begin{cases}\dot{x}_1 = x_2 + \beta_1 u \\ \dot{x}_2 = x_3 + \beta_2 u \\ \quad\vdots \\ \dot{x}_{n-1} = x_n + \beta_{n-1}u \\ \dot{x}_n = -a_0x_1 - a_1x_2 - \cdots - a_{n-1}x_n + \beta_n u\end{cases} \tag{1-104}$$

系统的输出为

$$y = x_1 + \beta_0 u \tag{1-105}$$

将上两式写成向量方程的形式，即得到系统的状态空间表达式：

$$\begin{cases}\begin{bmatrix}\dot{x}_1 \\ \dot{x}_2 \\ \vdots \\ \dot{x}_{n-1} \\ \dot{x}_n\end{bmatrix} = \begin{bmatrix}0 & 1 & 0 & \cdots & 0 \\ 0 & 0 & 1 & \cdots & 0 \\ \vdots & \vdots & \vdots & & \vdots \\ 0 & 0 & 0 & \cdots & 1 \\ -a_0 & -a_1 & -a_2 & \cdots & -a_{n-1}\end{bmatrix}\begin{bmatrix}x_1 \\ x_2 \\ \vdots \\ x_{n-1} \\ x_n\end{bmatrix} + \begin{bmatrix}\beta_1 \\ \beta_2 \\ \vdots \\ \beta_{n-1} \\ \beta_n\end{bmatrix}u \\ y = \begin{bmatrix}1 & 0 & \cdots & 0 & 0\end{bmatrix}\begin{bmatrix}x_1 \\ x_2 \\ \vdots \\ x_{n-1} \\ x_n\end{bmatrix} + \beta_0 u\end{cases} \tag{1-106}$$

待定参数 $\beta_i (i=0, 1, \cdots, n-1, n)$ 由式（1-103）求得，为了便于记忆，可将其求取计算式写为矩阵形式：

$$\begin{bmatrix} 1 & 0 & \cdots & 0 & 0 \\ a_{n-1} & 1 & \cdots & 0 & 0 \\ \vdots & \vdots & & \vdots & \vdots \\ a_1 & a_2 & \cdots & 1 & 0 \\ a_0 & a_1 & \cdots & a_{n-1} & 1 \end{bmatrix} \begin{bmatrix} \beta_0 \\ \beta_1 \\ \vdots \\ \beta_{n-1} \\ \beta_n \end{bmatrix} = \begin{bmatrix} b_n \\ b_{n-1} \\ \vdots \\ b_1 \\ b_0 \end{bmatrix} \tag{1-107}$$

式（1-98）中，当输入变量的微分阶次低于输出变量的微分阶次时，显然有 $b_n=0$，对应到式（1-106）有 $\beta_0=0$，即系统不存在直接传输系数 $d$，这与前面的讨论是一致的。上面两种状态空间表达式的系统矩阵 $\boldsymbol{A}$ 也是友矩阵，但参数矩阵 $\boldsymbol{b}$ 不具有能控规范型的形式。

**例 1-9** 已知系统的微分方程为

$$\dddot{y}+18\ddot{y}+192\dot{y}+640y=160\dot{u}+640u$$

试写出它的状态空间表达式。

**解** 设待定系数 $\beta_0$、$\beta_1$、$\beta_2$，并设系统的三个状态变量为

$$x_1=y-\beta_0 u$$
$$x_2=\dot{y}-\beta_0\dot{u}-\beta_1 u$$
$$x_3=\ddot{y}-\beta_0\ddot{u}-\beta_1\dot{u}-\beta_2 u$$

由系统的微分方程已知 $a_2=18$，$a_1=192$，$a_0=640$，$b_3=0$，$b_2=0$，$b_1=160$，$b_0=640$。可列出求解待定系数的方程：

$$\begin{bmatrix} 1 & 0 & 0 & 0 \\ 18 & 1 & 0 & 0 \\ 192 & 18 & 1 & 0 \\ 640 & 192 & 18 & 1 \end{bmatrix} \begin{bmatrix} \beta_0 \\ \beta_1 \\ \beta_2 \\ \beta_3 \end{bmatrix} = \begin{bmatrix} 0 \\ 0 \\ 160 \\ 640 \end{bmatrix}$$

求得 $\beta_0=0$，$\beta_1=0$，$\beta_2=160$，$\beta_3=-2240$。所以有

$$x_1=y-\beta_0 u=y$$
$$x_2=\dot{y}-\beta_0\dot{u}-\beta_1 u=\dot{y}$$
$$x_3=\ddot{y}-\beta_0\ddot{u}-\beta_1\dot{u}-\beta_2 u=\ddot{y}-160u$$

于是可写出

$$\begin{aligned} \dot{x}_1 &= \dot{y}=x_2 \\ \dot{x}_2 &= \ddot{y}=x_3+160u \\ \dot{x}_3 &= \dddot{y}-160\dot{u}=(-18\ddot{y}-192\dot{y}-640y+160\dot{u}+640u)-160\dot{u} \\ &= -18\ddot{y}-192\dot{y}-640y+640u=-640x_1-192x_2-18x_3-2240u \end{aligned}$$

且有

$$y=x_1$$

将上面的等式写成向量方程形式，就是系统的状态空间表达式：

$$
\begin{cases}
\begin{bmatrix}\dot{x}_1\\ \dot{x}_2\\ \dot{x}_3\end{bmatrix}=\begin{bmatrix}0&1&0\\0&0&1\\-640&-192&-18\end{bmatrix}\begin{bmatrix}x_1\\x_2\\x_3\end{bmatrix}+\begin{bmatrix}0\\160\\-2240\end{bmatrix}u\\
y=[1\quad 0\quad 0]\begin{bmatrix}x_1\\x_2\\x_3\end{bmatrix}
\end{cases}
$$

从上面的讨论和例题可以清楚知道，一个系统可以用多个状态空间表达式进行描述，而其中任意一个状态空间表达式都是建立在特定的状态变量设定的基础上。所以，在建立一个系统的状态空间表达式时，通常要明确地设定状态变量。由于上面所述的三种规范形式具有明确的状态变量设定，所以在列写规范形式的状态空间表达式时可以不再特别设定。

## 三、由系统结构图建立状态空间表达式

当给出的是由一些环节所组成的系统结构图时，当然可以通过运算得出系统的传递函数，然后按上一小节的方法列写系统的状态空间表达式。但是在许多情况下直接由结构图建立状态空间描述往往会更方便，而且具有较大的实用意义。这种方法首先将各环节变换成状态变量图形式，然后在各个积分器的输出端设定状态变量，最后按整个系统的状态变量图写出系统的状态空间表达式。

为此，首先介绍几个典型环节的状态变量图。

1. 积分环节　如图 1-8a 所示的积分环节很容易变换为如图 1-8b 所示的状态变量图。

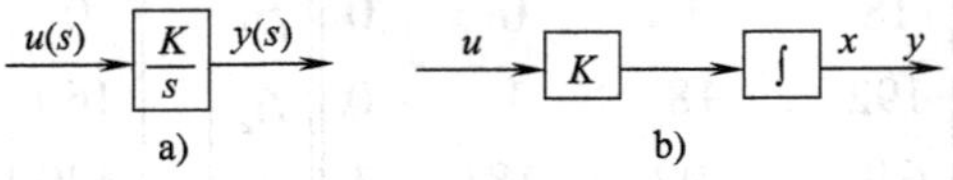


图 1-8　积分环节及其状态变量图
a）积分环节　b）状态变量图

2. 一阶惯性环节　在如图 1-9a 所示的一阶惯性环节中，首先将 $K$ 作为比例器提出，而对于 $\dfrac{y(s)}{u_1(s)}=\dfrac{1}{s+a}$，有 $\dot{y}+ay=u_1$，即 $\dot{y}=-ay+u_1$。可以得到如图 1-9b 所示的状态变量图。

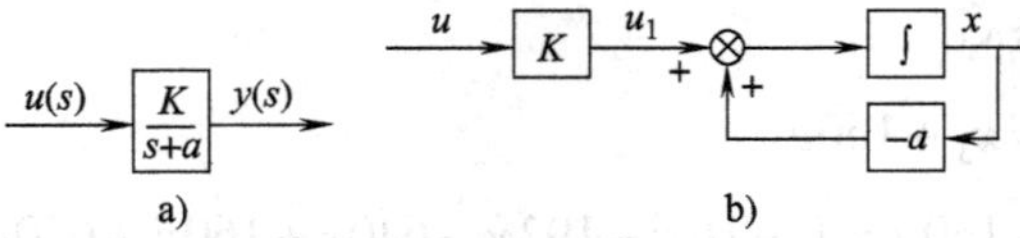


图 1-9　一阶惯性环节及其状态变量图
a）一阶惯性环节　b）状态变量图

3. 一阶微分惯性环节　一阶微分惯性环节如图 1-10a 所示，它是具有一个极点和一个零点的环节，环节的传递函数为

$$
g(s)=\frac{y(s)}{u(s)}=\frac{K(s+d)}{s+a} \tag{1-108}
$$

首先将 $K$ 作为比例器提出，对于$\dfrac{y(s)}{u_1(s)}=\dfrac{s+d}{s+a}=1+\dfrac{d-a}{s+a}$，而对于$\dfrac{y_1(s)}{u_1(s)}=\dfrac{d-a}{s+a}$，有 $\dot{y}_1+ay_1=(d-a)u_1$，即 $\dot{y}_1=-ay_1+(d-a)u_1$。可以得到如图 1-10b 所示的状态变量图。

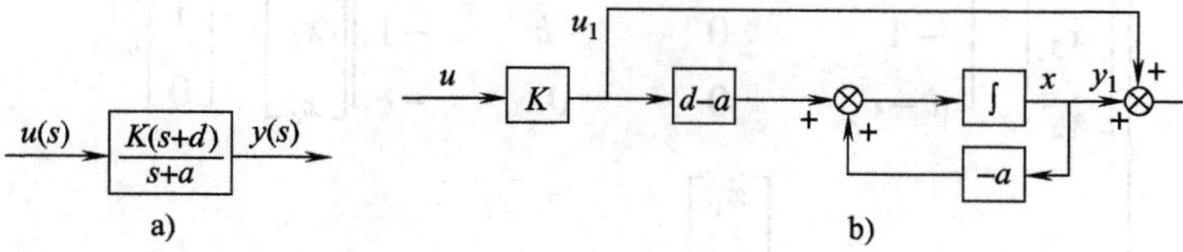


图 1-10　一阶微分惯性环节及其状态变量图

a）一阶微分惯性环节　b）状态变量图

4. 二阶环节　如图 1-11a 所示的二阶环节传递函数为

$$g(s)=\frac{y(s)}{u(s)}=\frac{K}{s^2+a_1s+a_0}=\frac{K}{a_0}\,\frac{a_0}{s^2+a_1s+a_0} \tag{1-109}$$

同样先将$\dfrac{K}{a_0}$作为比例器提出，对于 $g_1(s)=\dfrac{a_0}{s^2+a_1s+a_0}$可表示为

$$g_1(s)=\frac{a_0}{s^2+a_1s+a_0}=\frac{a_0/(s^2+a_1s)}{1+a_0/(s^2+a_1s)} \tag{1-110}$$

它是前向通道为$\dfrac{a_0}{s(s+a_1)}$的单位负反馈系统，而前向通道传递函数又可分解为比例器 $a_0$、积分器$\dfrac{1}{s}$和一阶惯性环节$\dfrac{1}{s+a_1}$三部分。于是，二阶环节的状态变量图可以表示成如图 1-11b 所示的形式。

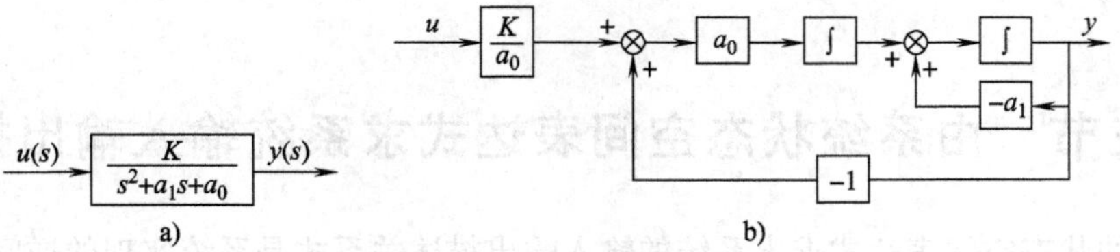


图 1-11　二阶环节及其状态变量图

a）二阶环节　b）状态变量图

其他典型环节对应的状态变量图也同样可以得到。值得注意的是上述环节的状态变量图并不是唯一的。

**例 1-10**　设图 1-12 是一个控制系统的结构图，试写出它的状态空间表达式。

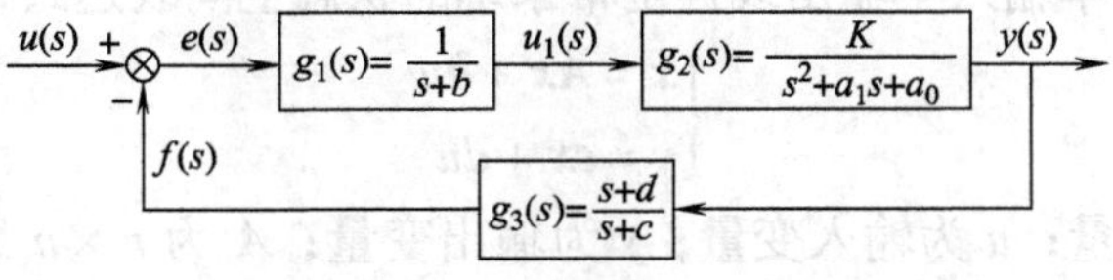


图 1-12　例 1-10 的控制系统结构图

**解**　该系统由 3 个环节组成，它们分别是一阶惯性环节、二阶环节和一阶微分惯性环节，按上述典型环节的分解方法分别画出它们的状态变量图，则可得到系统的状态变量图如图 1-13 所示，并在 4 个积分器的输出端设定状态变量 $x_1\sim x_4$，然后根据系统状态变量图的

结构就能很方便地写出系统的状态空间表达式

$$\begin{cases}\begin{bmatrix}\dot{x}_1\\ \dot{x}_2\\ \dot{x}_3\\ \dot{x}_4\end{bmatrix}=\begin{bmatrix}-a_1 & 1 & 0 & 0\\ -a_0 & 0 & k & 0\\ -1 & 0 & -b & -1\\ d-c & 0 & 0 & -c\end{bmatrix}\begin{bmatrix}x_1\\ x_2\\ x_3\\ x_4\end{bmatrix}+\begin{bmatrix}0\\ 0\\ 1\\ 0\end{bmatrix}u\\ y=\begin{bmatrix}1 & 0 & 0 & 0\end{bmatrix}\begin{bmatrix}x_1\\ x_2\\ x_3\\ x_4\end{bmatrix}\end{cases}$$

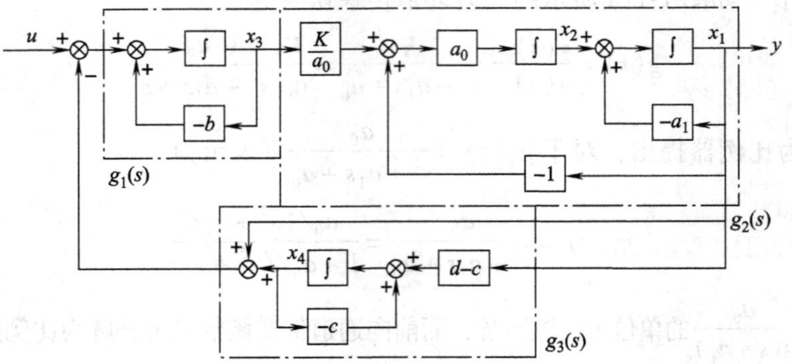


图 1-13　图 1-12 所示系统的状态变量图

## 第三节　由系统状态空间表达式求系统输入输出描述

由系统的状态空间表达式求出系统的输入输出描述关系式是系统实现的逆问题。如前所述，系统实现是一个比较复杂的问题，其复杂性在于它的非唯一性。但是它的逆问题却简单得多，因为由系统的状态空间表达式求它的输入输出描述关系式的解是唯一的，这也符合一个系统的输入输出关系总是唯一的这样一个事实。

### 一、单输入单输出的情况

式（1-13）给出了单输入单输出线性定常系统的状态空间表达式，现重写如下：

$$\begin{cases}\dot{\boldsymbol{x}}=\boldsymbol{A}\boldsymbol{x}+\boldsymbol{b}u\\ y=\boldsymbol{c}\boldsymbol{x}+du\end{cases}\tag{1-111}$$

式中，$\boldsymbol{x}$ 为 $n$ 维状态向量；$u$ 为输入变量；$y$ 为输出变量；$\boldsymbol{A}$ 为 $n\times n$ 维常数系统矩阵；$\boldsymbol{b}$ 为 $n\times 1$ 维常数输入矩阵；$\boldsymbol{c}$ 为 $1\times n$ 维常数输出矩阵；$d$ 为直接传输系数。

假设系统的初始条件为零，对式（1-111）进行拉普拉斯变换并作整理，可得

$$\begin{cases}\boldsymbol{x}(s)=(s\boldsymbol{I}-\boldsymbol{A})^{-1}\boldsymbol{b}u(s)\\ y(s)=\boldsymbol{c}\boldsymbol{x}(s)+du(s)\end{cases}\tag{1-112}$$

式中，$\boldsymbol{I}$ 是 $n\times n$ 单位矩阵（有时为了表示出单位矩阵的维数，也可表示为 $\boldsymbol{I}_n$ 的形式）。

矩阵$(s\boldsymbol{I}-\boldsymbol{A})$ 称为特征矩阵，它作为多项式矩阵必定是非奇异的，其逆矩阵$(s\boldsymbol{I}-\boldsymbol{A})^{-1}$称为预解矩阵。由此可写出系统状态 $\boldsymbol{x}(s)$对输入 $u(s)$的关系式为

$$\boldsymbol{g}_{ux}(s)=\frac{\boldsymbol{x}(s)}{u(s)}=(s\boldsymbol{I}-\boldsymbol{A})^{-1}\boldsymbol{b} \tag{1-113}$$

它是 $n\times 1$ 的矩阵函数。系统输出 $y(s)$对输入 $u(s)$的关系式就是传递函数，即

$$g(s)=\frac{y(s)}{u(s)}=\boldsymbol{c}\,(s\boldsymbol{I}-\boldsymbol{A})^{-1}\boldsymbol{b}+d \tag{1-114}$$

它是一个标量函数。当系统没有直接传输到系统输出的输入变量（即 $d=0$）时，有

$$g(s)=\boldsymbol{c}\,(s\boldsymbol{I}-\boldsymbol{A})^{-1}\boldsymbol{b}=\frac{\boldsymbol{c}\cdot\mathrm{adj}(s\boldsymbol{I}-\boldsymbol{A})\cdot\boldsymbol{b}}{\det(s\boldsymbol{I}-\boldsymbol{A})} \tag{1-115}$$

式中，$\det(s\boldsymbol{I}-\boldsymbol{A})$ 是特征矩阵 $(s\boldsymbol{I}-\boldsymbol{A})$ 的行列式；$\mathrm{adj}(s\boldsymbol{I}-\boldsymbol{A})$ 是特征矩阵的伴随矩阵。

根据线性代数的矩阵理论，$\det(s\boldsymbol{I}-\boldsymbol{A})$ 是系统矩阵 $\boldsymbol{A}$ 的特征多项式，它的根是系统矩阵 $\boldsymbol{A}$ 的特征值。可见，系统矩阵 $\boldsymbol{A}$ 的特征多项式等同于传递函数的分母多项式，也即系统的特征多项式，而系统矩阵 $\boldsymbol{A}$ 的特征值就是系统的极点（前提是系统无零、极点相消情况存在）。由经典控制理论可知，系统的动态特性主要由系统的极点决定，所以状态空间表达式中的系统矩阵 $\boldsymbol{A}$ 也主要体现了系统的动态特性。

**例 1-11**　写出例 1-2 所示磁场控制直流电动机的传递函数。

**解**　例 1-2 已经给出了系统的状态空间表达式为

$$\begin{cases}\begin{bmatrix}\dot{x}_1\\ \dot{x}_2\end{bmatrix}=\begin{bmatrix}-\dfrac{R_f}{L_f} & 0\\ \dfrac{k_m}{J} & -\dfrac{B}{J}\end{bmatrix}\begin{bmatrix}x_1\\ x_2\end{bmatrix}+\begin{bmatrix}\dfrac{1}{L_f}\\ 0\end{bmatrix}u\\ y=[0\quad 1]\begin{bmatrix}x_1\\ x_2\end{bmatrix}\end{cases}$$

将上面的 $\boldsymbol{A}$、$\boldsymbol{b}$、$\boldsymbol{c}$ 矩阵分别代入式(1-115)，可求得系统的传递函数为

$$g(s)=\boldsymbol{c}(s\boldsymbol{I}-\boldsymbol{A})^{-1}\boldsymbol{b}=\frac{\boldsymbol{c}\cdot\mathrm{adj}(s\boldsymbol{I}-\boldsymbol{A})\cdot\boldsymbol{b}}{\det\,(s\boldsymbol{I}-\boldsymbol{A})}=[0\quad 1]\frac{\mathrm{adj}\begin{bmatrix}s+\dfrac{R_f}{L_f} & 0\\ -\dfrac{k_m}{J} & s+\dfrac{B}{J}\end{bmatrix}}{\det\begin{bmatrix}s+\dfrac{R_f}{L_f} & 0\\ -\dfrac{k_m}{J} & s+\dfrac{B}{J}\end{bmatrix}}\begin{bmatrix}\dfrac{1}{L_f}\\ 0\end{bmatrix}$$

$$=\frac{1}{s^2+(\dfrac{R_f}{L_f}+\dfrac{B}{J})s+\dfrac{R_f}{L_f}\dfrac{B}{J}}[0\quad 1]\begin{bmatrix}s+\dfrac{B}{J} & 0\\ \dfrac{k_m}{J} & s+\dfrac{R_f}{L_f}\end{bmatrix}\begin{bmatrix}\dfrac{1}{L_f}\\ 0\end{bmatrix}=\frac{\dfrac{k_m}{L_fJ}}{s^2+(\dfrac{R_f}{L_f}+\dfrac{B}{J})s+\dfrac{R_f}{L_f}\dfrac{B}{J}}$$

这是一个二阶系统，所得结果应与例 1-2 得出的输入输出描述关系式一致，读者可自行检验。

**例 1-12** 写出如下状态空间表达式所表示的系统的传递函数。

(1) $\begin{cases}\begin{bmatrix}\dot{x}_1\\ \dot{x}_2\\ \dot{x}_3\end{bmatrix}=\begin{bmatrix}0 & 1 & 0\\ 0 & 0 & 1\\ -4 & -8 & -5\end{bmatrix}\begin{bmatrix}x_1\\ x_2\\ x_3\end{bmatrix}+\begin{bmatrix}0\\ 0\\ 1\end{bmatrix}u\\ y=\begin{bmatrix}1 & 5 & 0\end{bmatrix}\begin{bmatrix}x_1\\ x_2\\ x_3\end{bmatrix}\end{cases}$

(2) $\begin{cases}\begin{bmatrix}\dot{x}_1\\ \dot{x}_2\\ \dot{x}_3\end{bmatrix}=\begin{bmatrix}-1 & 0 & 0\\ 0 & -2 & 1\\ 0 & 0 & -2\end{bmatrix}\begin{bmatrix}x_1\\ x_2\\ x_3\end{bmatrix}+\begin{bmatrix}1\\ 0\\ 1\end{bmatrix}u\\ y=\begin{bmatrix}-4 & 9 & 4\end{bmatrix}\begin{bmatrix}x_1\\ x_2\\ x_3\end{bmatrix}\end{cases}$

**解** (1) 将 $\boldsymbol{A}$、$\boldsymbol{b}$、$\boldsymbol{c}$ 矩阵分别代入式（1-115），得

$$g(s)=\boldsymbol{c}(s\boldsymbol{I}-\boldsymbol{A})^{-1}\boldsymbol{b}=\frac{\boldsymbol{c}\cdot\mathrm{adj}(s\boldsymbol{I}-\boldsymbol{A})\cdot\boldsymbol{b}}{\det(s\boldsymbol{I}-\boldsymbol{A})}=\begin{bmatrix}1 & 5 & 0\end{bmatrix}\frac{\mathrm{adj}\begin{bmatrix}s & -1 & 0\\ 0 & s & -1\\ 4 & 8 & s+5\end{bmatrix}}{\det\begin{bmatrix}s & -1 & 0\\ 0 & s & -1\\ 4 & 8 & s+5\end{bmatrix}}\begin{bmatrix}0\\ 0\\ 1\end{bmatrix}$$

$$=\frac{1}{s^3+5s^2+8s+4}\begin{bmatrix}1 & 5 & 0\end{bmatrix}\begin{bmatrix}s^2+5s+8 & s+5 & 1\\ -4 & s(s+5) & s\\ -4s & -(8s+4) & s^2\end{bmatrix}\begin{bmatrix}0\\ 0\\ 1\end{bmatrix}=\frac{5s+1}{s^3+5s^2+8s+4}$$

(2) 同样将 $\boldsymbol{A}$、$\boldsymbol{b}$、$\boldsymbol{c}$ 矩阵分别代入式（1-115），得

$$g(s)=\boldsymbol{c}(s\boldsymbol{I}-\boldsymbol{A})^{-1}\boldsymbol{b}=\frac{\boldsymbol{c}\,\mathrm{adj}(s\boldsymbol{I}-\boldsymbol{A})\boldsymbol{b}}{\det(s\boldsymbol{I}-\boldsymbol{A})}=\begin{bmatrix}-4 & 9 & 4\end{bmatrix}\frac{\mathrm{adj}\begin{bmatrix}s+1 & 0 & 0\\ 0 & s+2 & -1\\ 0 & 0 & s+2\end{bmatrix}}{\det\begin{bmatrix}s+1 & 0 & 0\\ 0 & s+2 & -1\\ 0 & 0 & s+2\end{bmatrix}}\begin{bmatrix}1\\ 0\\ 1\end{bmatrix}$$

$$=\frac{1}{s^3+5s^2+8s+4}\begin{bmatrix}-4 & 9 & 4\end{bmatrix}\begin{bmatrix}s^2+4s+4 & 0 & 0\\ 0 & s^2+3s+2 & s+1\\ 0 & 0 & s^2+3s+2\end{bmatrix}\begin{bmatrix}1\\ 0\\ 1\end{bmatrix}=\frac{5s+1}{s^3+5s^2+8s+4}$$

实际上，（1）和（2）分别是同一个系统的能控规范型实现和特征值规范型实现（分别对应于例 1-4 和例 1-8），所以它们具有相同的系统传递函数。

## 二、多输入多输出的情况

一个多输入多输出的线性定常系统可以表示成如图 1-14 所示的示意图形式，可看出，

它是一个具有 $p$ 个输入变量和 $q$ 个输出变量的 $n$ 阶系统。其状态空间表达式为

$$\begin{cases}\dot{\boldsymbol{x}} = \boldsymbol{Ax} + \boldsymbol{Bu} \\ \boldsymbol{y} = \boldsymbol{Cx} + \boldsymbol{Du}\end{cases} \tag{1-116}$$

式中，$\boldsymbol{x}$ 为 $n$ 维状态向量；$\boldsymbol{u}$ 为 $p$ 维输入向量；$\boldsymbol{y}$ 为 $q$ 维输出向量；$\boldsymbol{A}$ 为 $n\times n$ 维常数系统矩阵；$\boldsymbol{B}$ 为 $n\times p$ 维常数输入矩阵；$\boldsymbol{C}$ 为 $q\times n$ 维常数输出矩阵；$\boldsymbol{D}$ 为 $q\times p$ 维直接传输矩阵。

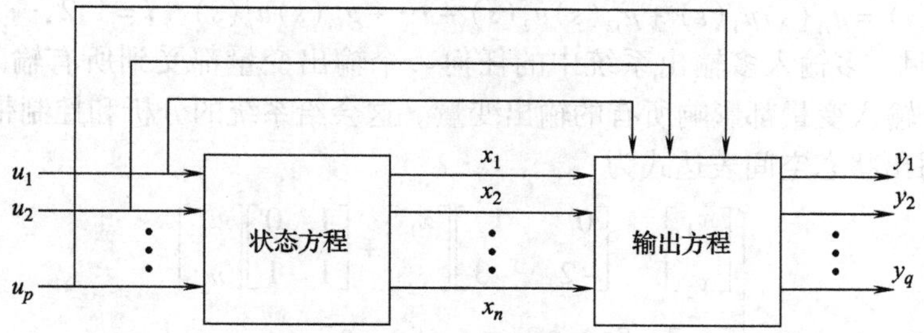


图 1-14　多输入多输出系统示意图

假设系统的初始条件为零，对式（1-116）进行拉普拉斯变换（这里指分别对向量施加拉普拉斯变换），与单输入单输出系统的情况一样，可以得到

$$\boldsymbol{y}(s) = [\boldsymbol{C}(s\boldsymbol{I}-\boldsymbol{A})^{-1}\boldsymbol{B}+\boldsymbol{D}]\boldsymbol{u}(s) \tag{1-117}$$

式中，$\boldsymbol{y}(s)$ 为 $q$ 维输出向量的拉普拉斯变换，$\boldsymbol{y}(s) = \begin{bmatrix} y_1(s) \\ y_2(s) \\ \vdots \\ y_q(s)\end{bmatrix}$；

$\boldsymbol{u}(s)$ 为 $p$ 维输入向量的拉普拉斯变换，$\boldsymbol{u}(s) = \begin{bmatrix} u_1(s) \\ u_2(s) \\ \vdots \\ u_p(s)\end{bmatrix}$。

定义一个 $q\times p$ 矩阵

$$\boldsymbol{G}(s) = \boldsymbol{C}(s\boldsymbol{I}-\boldsymbol{A})^{-1}\boldsymbol{B}+\boldsymbol{D} = \begin{bmatrix} g_{11}(s) & g_{12}(s) & \cdots & g_{1p}(s) \\ g_{21}(s) & g_{22}(s) & \cdots & g_{2p}(s) \\ \vdots & \vdots & & \vdots \\ g_{q1}(s) & g_{q2}(s) & \cdots & g_{qp}(s)\end{bmatrix} \tag{1-118}$$

则有

$$\boldsymbol{y}(s) = \boldsymbol{G}(s)\boldsymbol{u}(s) \tag{1-119}$$

或写为

$$\begin{bmatrix} y_1(s) \\ y_2(s) \\ \vdots \\ y_q(s)\end{bmatrix} = \begin{bmatrix} g_{11}(s) & g_{12}(s) & \cdots & g_{1p}(s) \\ g_{21}(s) & g_{22}(s) & \cdots & g_{2p}(s) \\ \vdots & \vdots & & \vdots \\ g_{q1}(s) & g_{q2}(s) & \cdots & g_{qp}(s)\end{bmatrix}\begin{bmatrix} u_1(s) \\ u_2(s) \\ \vdots \\ u_p(s)\end{bmatrix} \tag{1-120}$$

矩阵 $\boldsymbol{G}(s)$ 表示了输出向量 $\boldsymbol{y}(s)$ 对输入向量 $\boldsymbol{u}(s)$ 的关系，称为传递函数矩阵。它的元素

$g_{ij}(s)(i=1,2,\cdots,q;\ j=1,2,\cdots,p)$通常为有理分式，表示了系统的第$j$个输入变量对第$i$个输出变量的传递关系，即

$$g_{ij}(s)=\frac{y_i(s)}{u_j(s)}(i=1,2,\cdots,q;j=1,2,\cdots p) \tag{1-121}$$

由式（1-120）有

$$y_i(s)=g_{i1}(s)u_1(s)+g_{i2}(s)u_2(s)+\cdots+g_{ip}(s)u_p(s)\quad i=1,2,\cdots,q \tag{1-122}$$

式（1-122）表明，多输入多输出系统中的任何一个输出变量都受到所有输入变量的影响，或者说任何一个输入变量都影响所有的输出变量。这会给系统的分析和控制带来诸多不便。

**例 1-13** 写出状态空间表达式为

$$\begin{cases}\begin{bmatrix}\dot{x}_1\\ \dot{x}_2\end{bmatrix}=\begin{bmatrix}0 & 1\\ -2 & -3\end{bmatrix}\begin{bmatrix}x_1\\ x_2\end{bmatrix}+\begin{bmatrix}1 & 0\\ 1 & 1\end{bmatrix}\begin{bmatrix}u_1\\ u_2\end{bmatrix}\\ \begin{bmatrix}y_1\\ y_2\\ y_3\end{bmatrix}=\begin{bmatrix}1 & 0\\ 1 & 1\\ 0 & 2\end{bmatrix}\begin{bmatrix}x_1\\ x_2\end{bmatrix}+\begin{bmatrix}0 & 0\\ 1 & 0\\ 0 & 1\end{bmatrix}\begin{bmatrix}u_1\\ u_2\end{bmatrix}\end{cases}$$

所表示的系统的传递函数矩阵。

**解** 这是一个二输入三输出的系统，按题意有

$$(s\boldsymbol{I}-\boldsymbol{A})^{-1}=\begin{bmatrix}s & -1\\ 2 & s+3\end{bmatrix}^{-1}=\frac{1}{s(s+3)+2}\begin{bmatrix}s+3 & 1\\ -2 & s\end{bmatrix}=\begin{bmatrix}\frac{s+3}{(s+1)(s+2)} & \frac{1}{(s+1)(s+2)}\\ \frac{-2}{(s+1)(s+2)} & \frac{s}{(s+1)(s+2)}\end{bmatrix}$$

系统的传递函数矩阵为

$$\boldsymbol{G}(s)=\boldsymbol{C}(s\boldsymbol{I}-\boldsymbol{A})^{-1}\boldsymbol{B}+\boldsymbol{D}$$

$$=\frac{1}{(s+1)(s+2)}\begin{bmatrix}1 & 0\\ 1 & 1\\ 0 & 2\end{bmatrix}\begin{bmatrix}s+3 & 1\\ -2 & s\end{bmatrix}\begin{bmatrix}1 & 0\\ 1 & 1\end{bmatrix}+\begin{bmatrix}0 & 0\\ 1 & 0\\ 0 & 1\end{bmatrix}=\begin{bmatrix}\frac{s+4}{(s+1)(s+2)} & \frac{1}{(s+1)(s+2)}\\ \frac{s+4}{s+2} & \frac{1}{s+2}\\ \frac{2(s-2)}{(s+1)(s+2)} & \frac{s^2+5s+2}{(s+1)(s+2)}\end{bmatrix}$$

## 三、组合系统

组合系统是指由若干个子系统按一定方式（并联、串联、反馈）连接而成的系统。为简单起见，下面仅讨论由两个子系统组成的系统，当已知子系统的状态空间表达式和传递函数矩阵时如何求得整个系统的状态空间表达式与传递函数矩阵。

设两个子系统 $\boldsymbol{\Sigma}_1(\boldsymbol{A}_1, \boldsymbol{B}_1, \boldsymbol{C}_1, \boldsymbol{D}_1)$ 和 $\boldsymbol{\Sigma}_2(\boldsymbol{A}_2, \boldsymbol{B}_2, \boldsymbol{C}_2, \boldsymbol{D}_2)$ 的状态空间表达式分别为

$$\begin{cases}\dot{\boldsymbol{x}}_1=\boldsymbol{A}_1\boldsymbol{x}_1+\boldsymbol{B}_1\boldsymbol{u}_1\\ \boldsymbol{y}_1=\boldsymbol{C}_1\boldsymbol{x}_1+\boldsymbol{D}_1\boldsymbol{u}_1\end{cases} \tag{1-123}$$

和

$$\begin{cases}\dot{\boldsymbol{x}}_2=\boldsymbol{A}_2\boldsymbol{x}_2+\boldsymbol{B}_2\boldsymbol{u}_2\\ \boldsymbol{y}_2=\boldsymbol{C}_2\boldsymbol{x}_2+\boldsymbol{D}_2\boldsymbol{u}_2\end{cases} \tag{1-124}$$

它们对应的传递函数矩阵分别为

$$G_1(s)=C_1(sI-A_1)^{-1}B_1+D_1 \tag{1-125}$$

和

$$G_2(s)=C_2(sI-A_2)^{-1}B_2+D_2 \tag{1-126}$$

并且假定相互连接时各子系统间无负载效应且各子系统各变量的维数都满足相应连接的要求。

1. 并联连接　两个子系统 $\Sigma_1(A_1, B_1, C_1, D_1)$ 和 $\Sigma_2(A_2, B_2, C_2, D_2)$ 并联如图1-15所示，这时有

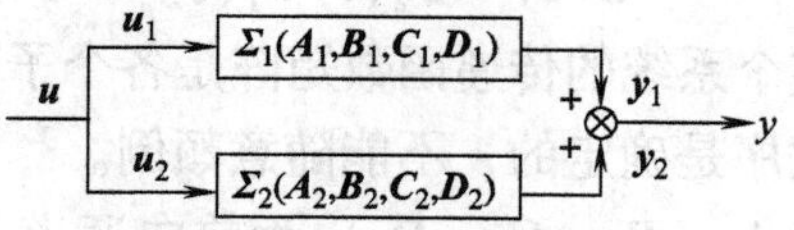


图 1-15　两个子系统并联

$u_1=u_2=u$ 和 $y_1+y_2=y$，很容易就能得到整个系统的状态空间表达式

$$\begin{cases}\begin{bmatrix}\dot{x}_1\\ \dot{x}_2\end{bmatrix}=\begin{bmatrix}A_1 & 0\\ 0 & A_2\end{bmatrix}\begin{bmatrix}x_1\\ x_2\end{bmatrix}+\begin{bmatrix}B_1\\ B_2\end{bmatrix}u\\ y=[C_1 \;\vdots\; C_2]\begin{bmatrix}x_1\\ x_2\end{bmatrix}+(D_1+D_2)u\end{cases} \tag{1-127}$$

其传递函数矩阵为

$$\begin{aligned}G(s)&=C(sI-A)^{-1}B+D\\ &=[C_1 \quad C_2]\begin{bmatrix}sI-A_1 & 0\\ 0 & sI-A_2\end{bmatrix}^{-1}\begin{bmatrix}B_1\\ B_2\end{bmatrix}+[D_1+D_2]\\ &=C_1(sI-A_1)^{-1}B_1+D_1+C_2(sI-A_2)^{-1}B_2+D_2\\ &=G_1(s)+G_2(s)\end{aligned} \tag{1-128}$$

可见当子系统相互并联时，整个系统的传递函数矩阵是各个子系统传递函数矩阵的代数和。

2. 串联连接　两个子系统 $\Sigma_1(A_1,B_1,C_1,D_1)$ 和 $\Sigma_2(A_2,B_2,C_2,D_2)$ 串联如图 1-16 所示，这时有

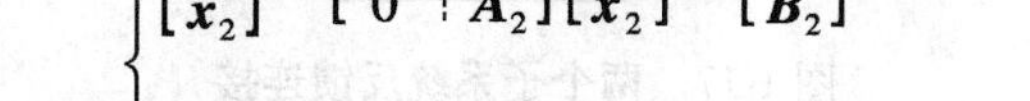


图 1-16　两个子系统串联

$u_1=u, u_2=y_1, y=y_2$，显然可以写出

$$\dot{x}_1=A_1x_1+B_1u_1=A_1x_1+B_1u$$
$$y_1=C_1x_1+D_1u_1=C_1x_1+D_1u$$
$$\dot{x}_2=A_2x_2+B_2y_1=A_2x_2+B_2C_1x_1+B_2D_1u$$
$$y=y_2=C_2x_2+D_2y_1=C_2x_2+D_2C_1x_1+D_2D_1u$$

写成向量—矩阵方程即为整个系统的状态空间表达式

$$\begin{cases}\begin{bmatrix}\dot{x}_1\\ \dot{x}_2\end{bmatrix}=\begin{bmatrix}A_1 & 0\\ B_2C_1 & A_2\end{bmatrix}\begin{bmatrix}x_1\\ x_2\end{bmatrix}+\begin{bmatrix}B_1\\ B_2D_1\end{bmatrix}u\\ y=[D_2C_1 \ \ C_2]\begin{bmatrix}x_1\\ x_2\end{bmatrix}+D_2D_1u\end{cases} \tag{1-129}$$

又有

$$y(s)=y_2(s)=G_2(s)u_2(s)=G_2(s)y_1(s)=G_2(s)G_1(s)u_1(s)=G_2(s)G_1(s)u(s)$$

所以系统的传递函数矩阵为

$$G(s)=G_2(s)G_1(s) \tag{1-130}$$

可见当子系统相互串联时，整个系统的传递函数矩阵是各个子系统传递函数矩阵的乘积。但应注意的是，其相乘矩阵的次序是确定的，不能随意颠倒。

3. 反馈连接　子系统 $\Sigma_1(A_1, B_1, C_1, D_1)$ 为前向通道，$\Sigma_2(A_2, B_2, C_2, D_2)$ 为反馈通道的具有输出负反馈的系统如图 1-17 所示，按图意显然有 $u_1=u-y_2$，$u_2=y$，$y=y_1$。

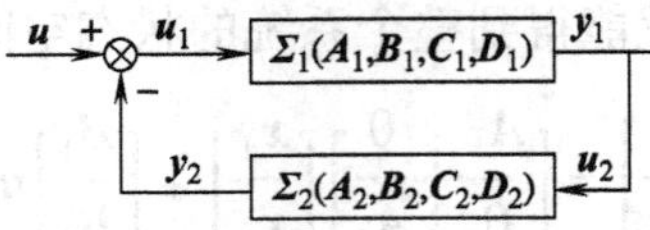

图 1-17　两个子系统反馈连接

为简单起见，设 $D_1=D_2=0$，则可得到

$$\dot{x}_1=A_1x_1+B_1(u-y_2)=A_1x_1+B_1u-B_1C_2x_2$$

$$\dot{x}_2=A_2x_2+B_2y_1=A_2x_2+B_2C_1x_1$$

$$y=C_1x_1$$

写成向量—矩阵方程即为整个系统的状态空间表达式

$$\begin{cases}\begin{bmatrix}\dot{x}_1\\ \dot{x}_2\end{bmatrix}=\begin{bmatrix}A_1 & -B_1C_2\\ B_2C_1 & A_2\end{bmatrix}\begin{bmatrix}x_1\\ x_2\end{bmatrix}+\begin{bmatrix}B_1\\ 0\end{bmatrix}u\\ y=[C_1 \ \ 0]\begin{bmatrix}x_1\\ x_2\end{bmatrix}\end{cases} \tag{1-131}$$

又由图 1-17 可得

$$\begin{aligned}y(s)&=y_1(s)=G_1(s)u_1(s)=G_1(s)[u(s)-y_2(s)]=G_1(s)u(s)-G_1(s)G_2(s)u_2(s)\\&=G_1(s)u(s)-G_1(s)G_2(s)y(s)\end{aligned}$$

即

$$[I+G_1(s)G_2(s)]y(s)=G_1(s)u(s)$$

所以系统的传递函数矩阵为

$$G(s)=[I+G_1(s)G_2(s)]^{-1}G_1(s) \tag{1-132}$$

或者

$$G(s)=G_1(s)[I+G_2(s)G_1(s)]^{-1} \tag{1-133}$$

式（1-133）读者可自行推出。

## 第四节　状态空间的线性变换

本章第一节中已指出，在建立系统的状态空间描述时，系统的状态变量选取不是唯一的，从而所列写出来的状态空间表达式也不同。这样，对于同一个系统，仅仅由于选取了不同的状态变量而得到了不同的状态空间表达式，因此有理由认为，这些不同的状态空间表达式之间一定存在着某种联系。

### 一、状态变量的线性变换

设 $\boldsymbol{x}=[x_1\ x_2\cdots x_n]^{\mathrm{T}}$ 是系统的由 $n$ 个状态变量构成的一个状态向量，根据状态变量的定义，只要这组变量在任一初始时刻 $t_0$ 的值 $\{x_1(t_0)\ x_2(t_0)\cdots x_n(t_0)\}$ 以及从这一时刻起系统的输入向量 $\boldsymbol{u}(t)$ 确定了，则该系统从此时刻起的状态值 $\boldsymbol{x}(t)=[x_1(t)\ x_2(t)\cdots x_n(t)]^{\mathrm{T}}$ 都唯一地确定了。设有另一组变量构成的向量 $\bar{\boldsymbol{x}}=[\bar{x}_1\ \bar{x}_2\cdots\bar{x}_n]^{\mathrm{T}}$，它们由 $\boldsymbol{x}=[x_1\ x_2\cdots x_n]^{\mathrm{T}}$ 线性组合而成，即

$$\begin{cases}\bar{x}_1=q_{11}x_1+q_{12}x_2+\cdots+q_{1n}x_n\\ \bar{x}_2=q_{21}x_1+q_{22}x_2+\cdots+q_{2n}x_n\\ \vdots\\ \bar{x}_n=q_{n1}x_1+q_{n2}x_2+\cdots+q_{nn}x_n\end{cases}\tag{1-134}$$

由式（1-134），已知 $\{x_1(t_0)\ x_2(t_0)\cdots x_n(t_0)\}$ 即也已知 $\{\bar{x}_1(t_0)\ \bar{x}_2(t_0)\cdots\bar{x}_n(t_0)\}$，唯一确定 $\boldsymbol{x}(t)=[x_1(t)x_2(t)\cdots x_n(t)]^{\mathrm{T}}$ 的值即也唯一确定了 $\bar{\boldsymbol{x}}(t)=[\bar{x}_1(t)\ \bar{x}_2(t)\cdots\bar{x}_n(t)]^{\mathrm{T}}$ 的值，条件是式(1-134)中的各式线性无关。可见，向量 $\bar{\boldsymbol{x}}=[\bar{x}_1\ \bar{x}_2\cdots\bar{x}_n]^{\mathrm{T}}$ 也是该系统的状态向量。将上式写成向量形式即为

$$\bar{\boldsymbol{x}}=\boldsymbol{Q}\boldsymbol{x}\tag{1-135}$$

式中，$\boldsymbol{Q}$ 是 $n\times n$ 非奇异矩阵。

同理，也可以有

$$\boldsymbol{x}=\boldsymbol{P}\bar{\boldsymbol{x}}\tag{1-136}$$

式中，$\boldsymbol{P}$ 是 $n\times n$ 非奇异矩阵。

显然可得出

$$\boldsymbol{PQ}=\boldsymbol{I}\tag{1-137}$$

$$\boldsymbol{P}^{-1}=\boldsymbol{Q}\ 或\ \boldsymbol{Q}^{-1}=\boldsymbol{P}\tag{1-138}$$

上面的讨论表明，同一个系统的不同状态变量组之间存在线性变换的关系，而且必是非奇异变换。

对于线性定常系统，在选取 $\boldsymbol{x}=[x_1\ x_2\cdots x_n]^{\mathrm{T}}$ 为状态向量时有状态空间表达式

$$\begin{cases}\dot{\boldsymbol{x}}=\boldsymbol{Ax}+\boldsymbol{Bu}\\ \boldsymbol{y}=\boldsymbol{Cx}+\boldsymbol{Du}\end{cases}\tag{1-139}$$

在求取通过非奇异变换 $\boldsymbol{x}=\boldsymbol{P}\bar{\boldsymbol{x}}$ 的 $\bar{\boldsymbol{x}}=[\bar{x}_1\ \bar{x}_2\cdots\bar{x}_n]^{\mathrm{T}}$ 为状态向量的状态空间表达式时，将式（1-136）代入式（1-139），稍加整理即可得

$$\begin{cases}\dot{\bar{x}} = P^{-1}AP\bar{x} + P^{-1}Bu = \bar{A}\bar{x} + \bar{B}u \\ y = CP\bar{x} + Du = \bar{C}\bar{x} + \bar{D}u\end{cases} \tag{1-140}$$

可见，非奇异变换后新状态空间表达式的系统矩阵、输入矩阵、输出矩阵及直接传输矩阵与原状态空间表达式相应的矩阵之间存在如下关系：

$$\begin{cases}\bar{A} = P^{-1}AP \\ \bar{B} = P^{-1}B \\ \bar{C} = CP \\ \bar{D} = D\end{cases} \tag{1-141}$$

如把由 $\bar{x} = [\bar{x}_1\ \bar{x}_2 \cdots \bar{x}_n]^{\mathrm{T}}$ 构成的状态空间视为原状态空间，而把由 $x = [x_1\ x_2 \cdots x_n]^{\mathrm{T}}$ 构成的状态空间视为通过非奇异变换 $\bar{x} = Qx = P^{-1}x$ 得到的新状态空间，则它们的相应矩阵之间有如下关系：

$$\begin{cases}A = P\bar{A}P^{-1} \\ B = P\bar{B} \\ C = \bar{C}P^{-1} \\ D = \bar{D}\end{cases} \tag{1-142}$$

式（1-141）和式（1-142）表示了两个状态空间互相变换时各系数矩阵之间的关系。后面章节会看到不同场合采用不同的非奇异变换（即采用 $x = P\bar{x}$ 变换还是采用 $\bar{x} = Qx$ 变换）会给运算带来方便，但为了统一起见，本书将 $x = [x_1\ x_2 \cdots x_n]^{\mathrm{T}}$ 视为原状态空间的状态向量，将 $\bar{x} = [\bar{x}_1 \bar{x}_2 \cdots \bar{x}_n]^{\mathrm{T}}$ 视为新状态空间的状态向量，采用 $x = P\bar{x}$ 的非奇异变换方式，新状态空间表达式与原状态空间表达式相应的系数矩阵之间的关系为式（1-141）。

## 二、系统特征结构的不变性

式（1-139）和式（1-140）在不同的状态空间中描述同一个系统，它们表达了系统相同的运动信息。所以，从系统描述的角度看，它们是等价的，有时也称式（1-135）或式（1-136）的变换为等价变换，称系统（1-139）和（1-140）为等价系统。实际上，也可从数学上证明它们的等价性。

1. 系统特征值的不变性　可以证明系统在经过非奇异变换后，其特征多项式不变，即系统的特征值不变。式(1-139)经非奇异变换 $x = P\bar{x}$ 后得到如式（1-140）所示的新的状态空间表达式，系统在新的状态空间的特征多项式为

$$\begin{aligned}\det(sI - \bar{A}) &= \det(sI - P^{-1}AP) = \det(sP^{-1}P - P^{-1}AP) = \det[P^{-1}(sI - A)P] \\ &= \det P^{-1} \cdot \det(sI - A) \cdot \det P = \det(sI - A)\end{aligned} \tag{1-143}$$

它与系统在原状态空间的特征多项式是一样的。更进一步，如果系统的特征多项式表示为

$$\varphi(s) = s^n + a_{n-1}s^{n-1} + \cdots + a_1 s + a_0 \tag{1-144}$$

那么在任意一个状态空间中，参数 $\{a_{n-1}\quad a_{n-2}\quad \cdots\quad a_1\quad a_0\}$ 是不变的，特征多项式的根即系统的特征值也没有变化。前面已说过，系统的特征值表征了系统的动态特性，可见一个系统在不同的状态空间其动态特性并不发生变化。

2. 系统传递关系的不变性　可以证明，系统在经过非奇异变换后，其传递函数矩阵也不会改变。系统在非奇异变换后的状态空间的传递函数矩阵为

$$
\begin{aligned}
\bar{G}(s) &= \bar{C}(sI-\bar{A})^{-1}\bar{B}+\bar{D} = CP(sI-P^{-1}AP)^{-1}P^{-1}B+D \\
&= CP(sP^{-1}P-P^{-1}AP)^{-1}P^{-1}B+D = CP[P^{-1}(sI-A)P]^{-1}P^{-1}B+D \\
&= CP[P^{-1}(sI-A)^{-1}P]P^{-1}B+D = C(sI-A)^{-1}B+D = G(s)
\end{aligned}
\tag{1-145}
$$

它与系统在原状态空间的传递函数矩阵是一样的，这表明一个系统在不同的状态空间其输入输出关系不发生变化。其实这一点也是显然的，因为状态空间的变换只涉及系统内部表达形式的改变，系统的外特性（系统的输入变量、输出变量及它们之间的关系）并没有改变。

系统经过非奇异变换，其基本特性不发生变化（后面还会讨论到另外一些特性也不发生变化），这使非奇异变换在系统分析与系统综合时可以被放心地使用。因为通过状态空间变换，在一些特定的状态空间，特别是状态空间描述是某种规范型的状态空间，能方便地揭示系统的某些特性或者给系统分析、综合带来极大方便。但应注意的是，当系统通过状态空间变换，在新的状态空间完成系统分析或综合工作后，一般应该将结果重新变换回原来的状态空间，这是因为问题的提出是在原状态空间，问题解决的结果也往往应该体现在原状态空间。这样，状态空间的变换可理解为只是解决问题的一种手段。

## 三、将系统的一般状态空间描述变换为特征值规范型

特征值规范型具有状态量之间最简单的结构形式（完全解耦或单向耦合），因此经常会要求通过非奇异变换将系统状态空间表达式变换为特征值规范型形式。讨论状态空间的变换问题应主要解决变换矩阵的构成方法，这里介绍怎样构造一个变换矩阵，将系统的一般状态空间表达式变换为特征值规范形式。

1. 线性代数的几个有关概念和结论

在讨论构造将一般状态空间表达式变换为特征值规范形式的变换矩阵及变换算法之前，先介绍几个线性代数中的有关概念和结论。

（1）对于 $n\times n$ 维矩阵 $\boldsymbol{A}$，其特征矩阵的行列式 $\varphi(s)=\det(s\boldsymbol{I}-\boldsymbol{A})$ 为矩阵 $\boldsymbol{A}$ 的特征多项式，特征多项式的根 $\lambda_i$ 为矩阵 $\boldsymbol{A}$ 的特征值，而满足 $\boldsymbol{A}\boldsymbol{v}_i=\lambda_i\boldsymbol{v}_i$（或 $(\lambda_i\boldsymbol{I}-\boldsymbol{A})\ \boldsymbol{v}_i=0$）的 $n$ 维非零向量 $\boldsymbol{v}_i$ 是矩阵 $\boldsymbol{A}$ 的属于特征值 $\lambda_i$ 的特征向量。

（2）矩阵 $\boldsymbol{A}$ 的互不相同的特征值所对应的特征向量线性无关。

（3）矩阵 $\boldsymbol{A}$ 的重特征值 $\lambda_j$ 的重数 $\mu_j$ 称为特征值 $\lambda_j$ 的代数重数；特征矩阵的降秩数 $\gamma_j=n-\mathrm{rank}\ (\lambda_j\boldsymbol{I}-\boldsymbol{A})$ 称为特征值 $\lambda_j$ 的几何重数。对于重特征值 $\lambda_j$，必有 $1\leqslant\gamma_j\leqslant\mu_j$ 成立。单特征值 $\lambda_i$ 的代数重数 $\mu_i$ 和几何重数 $\gamma_i$ 之间满足 $1=\gamma_i=\mu_i$，是重特征值的特殊情况。

（4）一个特征值的几何重数 $\gamma_j$ 表示了属于该特征值的线性无关特征向量的个数。单特征值只对应一个独立的特征向量；重特征值有可能对应多个独立的特征向量。

2. 变换为对角线规范型

设非奇异变换 $\boldsymbol{x}=\boldsymbol{P}\bar{\boldsymbol{x}}$ 将系统 $\boldsymbol{\Sigma}(\boldsymbol{A},\ \boldsymbol{B},\ \boldsymbol{C},\ \boldsymbol{D})$ 化为对角线规范型 $\bar{\boldsymbol{\Sigma}}(\bar{\boldsymbol{A}},\ \bar{\boldsymbol{B}},\ \bar{\boldsymbol{C}},\ \bar{\boldsymbol{D}})$，而变换矩阵写为由 $n$ 个列向量组成的形式，即

$$\boldsymbol{P}=[\boldsymbol{v}_1\ \boldsymbol{v}_2\cdots\boldsymbol{v}_n] \tag{1-146}$$

式中，$\boldsymbol{v}_i=\begin{bmatrix}v_{1i}\\v_{2i}\\\vdots\\v_{ni}\end{bmatrix}(i=1,2,\cdots,n)$。

由式（1-141）有

$$\overline{\boldsymbol{A}}=\boldsymbol{P}^{-1}\boldsymbol{A}\boldsymbol{P}=\begin{bmatrix}\lambda_1&0&\cdots&0\\0&\lambda_2&\cdots&0\\\vdots&\vdots&&\vdots\\0&0&\cdots&\lambda_n\end{bmatrix}\tag{1-147}$$

所以有

$$\boldsymbol{A}\boldsymbol{P}=\boldsymbol{P}\begin{bmatrix}\lambda_1&0&\cdots&0\\0&\lambda_2&\cdots&0\\\vdots&\vdots&&\vdots\\0&0&\cdots&\lambda_n\end{bmatrix}\tag{1-148}$$

即

$$\boldsymbol{A}[\boldsymbol{v}_1\ \boldsymbol{v}_2\cdots\boldsymbol{v}_n]=[\boldsymbol{v}_1\ \boldsymbol{v}_2\cdots\boldsymbol{v}_n]\begin{bmatrix}\lambda_1&0&\cdots&0\\0&\lambda_2&\cdots&0\\\vdots&\vdots&&\vdots\\0&0&\cdots&\lambda_n\end{bmatrix}\tag{1-149}$$

根据矩阵乘法法则，可得 $n$ 个向量等式

$$\boldsymbol{A}\boldsymbol{v}_i=\lambda_i\boldsymbol{v}_i\quad i=1,\ 2,\ \cdots,\ n\tag{1-150}$$

按上面关于特征值、特征向量的描述，$\boldsymbol{v}_i$ 就是矩阵 $\boldsymbol{A}$ 属于特征值 $\lambda_i$ 的特征向量。可见，由系统矩阵 $\boldsymbol{A}$ 的 $n$ 个线性无关的特征向量组成的变换矩阵 $\boldsymbol{P}$ 可将系统 $\boldsymbol{\Sigma}(\boldsymbol{A},\ \boldsymbol{B},\ \boldsymbol{C},\ \boldsymbol{D})$ 变换成对角线规范型。或者说，将系统 $\boldsymbol{\Sigma}(\boldsymbol{A},\ \boldsymbol{B},\ \boldsymbol{C},\ \boldsymbol{D})$ 变换成对角线规范型的变换矩阵 $\boldsymbol{P}$ 是由系统矩阵 $\boldsymbol{A}$ 的 $n$ 个线性无关的特征向量组成。

根据上面的有关结论，系统矩阵 $\boldsymbol{A}$ 具有 $n$ 个线性无关特征向量有两种情况：

（1）系统矩阵 $\boldsymbol{A}$ 具有 $n$ 个互不相同的特征值 $\lambda_1$，$\lambda_2$，$\cdots$，$\lambda_n$。因为矩阵 $\boldsymbol{A}$ 的互不相同的特征值所对应的特征向量线性无关。

（2）对于具有重特征值的系统矩阵 $\boldsymbol{A}$，其重特征值 $\lambda_j$ 的代数重数 $\mu_j$ 等于几何重数 $\gamma_j$。这是因为一个特征值的几何重数就是属于该特征值的线性无关特征向量的个数，当它与代数重数相等时，就保证了系统矩阵 $\boldsymbol{A}$ 具有 $n$ 个线性无关特征向量。

**例 1-14** 将下列系统的表达式变换为特征值规范型。

$$\begin{cases}\dot{\boldsymbol{x}}=\begin{bmatrix}2&-1&-1\\0&-1&0\\0&2&1\end{bmatrix}\boldsymbol{x}+\begin{bmatrix}7\\2\\3\end{bmatrix}u\\y=[1\quad0\quad0]\boldsymbol{x}\end{cases}$$

**解** （1）确定系统的特征值。由

$$|s\boldsymbol{I}-\boldsymbol{A}|=\begin{vmatrix}s-2 & 1 & 1\\0 & s+1 & 0\\0 & -2 & s-1\end{vmatrix}=(s-2)(s+1)(s-1)=0$$

可求得系统的特征值为 $\lambda_1=2$，$\lambda_2=1$，$\lambda_3=-1$。

（2）确定属于各个特征值的特征向量。对于特征值 $\lambda_1=2$，根据 $\boldsymbol{A}\boldsymbol{v}_1=\lambda_1\boldsymbol{v}_1$，有

$$\begin{bmatrix}2 & -1 & -1\\0 & -1 & 0\\0 & 2 & 1\end{bmatrix}\begin{bmatrix}v_{11}\\v_{21}\\v_{31}\end{bmatrix}=\begin{bmatrix}2v_{11}\\2v_{21}\\2v_{31}\end{bmatrix}$$

即

$$\begin{cases}2v_{11}-v_{21}-v_{31}=2v_{11}\\-v_{21}=2v_{21}\\2v_{21}+v_{31}=2v_{31}\end{cases}\quad 或\quad \begin{cases}v_{21}+v_{31}=0\\3v_{21}=0\\2v_{21}-v_{31}=0\end{cases}$$

求得 $v_{21}=0$，$v_{31}=0$，而 $v_{11}$ 任取，为保证 $\boldsymbol{v}_1$ 非零，取 $v_{11}=1$，即得 $\boldsymbol{v}_1=\begin{bmatrix}1\\0\\0\end{bmatrix}$。同理可求得

$$\boldsymbol{v}_2=\begin{bmatrix}1\\0\\1\end{bmatrix},\boldsymbol{v}_3=\begin{bmatrix}0\\1\\-1\end{bmatrix}$$

(3)构造变换矩阵并求逆。3 个特征值两两相异,它们对应的特征向量必线性无关,将它们构造为变换矩阵 $\boldsymbol{P}$,即

$$\boldsymbol{P}=\begin{bmatrix}1 & 1 & 0\\0 & 0 & 1\\0 & 1 & -1\end{bmatrix}$$

求得其逆为

$$\boldsymbol{P}^{-1}=\begin{bmatrix}1 & -1 & -1\\0 & 1 & 1\\0 & 1 & 0\end{bmatrix}$$

（4）求出新状态空间的相应矩阵。由式（1-141），可求得

$$\overline{\boldsymbol{A}}=\boldsymbol{P}^{-1}\boldsymbol{A}\boldsymbol{P}=\begin{bmatrix}1 & -1 & -1\\0 & 1 & 1\\0 & 1 & 0\end{bmatrix}\begin{bmatrix}2 & -1 & -1\\0 & -1 & 0\\0 & 2 & 1\end{bmatrix}\begin{bmatrix}1 & 1 & 0\\0 & 0 & 1\\0 & 1 & -1\end{bmatrix}=\begin{bmatrix}2 & 0 & 0\\0 & 1 & 0\\0 & 0 & -1\end{bmatrix}$$

$$\overline{\boldsymbol{b}}=\boldsymbol{P}^{-1}\boldsymbol{b}=\begin{bmatrix}1 & -1 & -1\\0 & 1 & 1\\0 & 1 & 0\end{bmatrix}\begin{bmatrix}7\\2\\3\end{bmatrix}=\begin{bmatrix}2\\5\\2\end{bmatrix}$$

$$\overline{\boldsymbol{c}}=\boldsymbol{c}\boldsymbol{P}=[1\quad 0\quad 0]\begin{bmatrix}1 & 1 & 0\\0 & 0 & 1\\0 & 1 & -1\end{bmatrix}=[1\quad 1\quad 0]$$

（5）写出对角线规范型的状态空间表达式。

$$\begin{cases}\dot{\overline{x}}=\begin{bmatrix}2&0&0\\0&1&0\\0&0&-1\end{bmatrix}\overline{x}+\begin{bmatrix}2\\5\\2\end{bmatrix}u\\ y=[1\quad 1\quad 0]\overline{x}\end{cases}$$

在上面求取属于各个特征值的特征向量时可以体会到，对应于某个特征值 $\lambda_i$ 的特征向量 $\boldsymbol{v}_i$ 并不是唯一的，导致由它们所构成的变换矩阵 $\boldsymbol{P}$ 也不是唯一的，但是变换后的系统矩阵 $\overline{\boldsymbol{A}}$ 是对角线矩阵且是唯一的，而变换后的输入矩阵 $\overline{\boldsymbol{B}}$ 和输出矩阵 $\overline{\boldsymbol{C}}$ 不是唯一的。

**例 1-15** 写出下列系统的特征值规范型。

$$\begin{cases}\dot{\boldsymbol{x}}=\begin{bmatrix}1&0&-1\\0&1&0\\0&0&2\end{bmatrix}\boldsymbol{x}+\begin{bmatrix}0\\0\\1\end{bmatrix}u\\ y=[1\quad 0\quad 0]\boldsymbol{x}\end{cases}$$

**解** 由矩阵 $\boldsymbol{A}$ 的特征多项式

$$|s\boldsymbol{I}-\boldsymbol{A}|=\begin{vmatrix}s-1&0&1\\0&s-1&0\\0&0&s-2\end{vmatrix}=(s-1)^2(s-2)$$

可求得它的特征值为 $\lambda_1=\lambda_2=1$，$\lambda_3=2$。对于二重特征值 $\lambda_1=\lambda_2=1$，它对应的特征矩阵的秩为

$$\text{rank}(\lambda_1\boldsymbol{I}-\boldsymbol{A})=\text{rank}\begin{bmatrix}0&0&1\\0&0&0\\0&0&-1\end{bmatrix}=1$$

所以其几何重数 $\gamma_1=n-1=2$，存在两个属于该特征值的线性无关特征向量。根据 $\boldsymbol{A}\boldsymbol{v}_i=\lambda_i\boldsymbol{v}_i$，有

$$\begin{bmatrix}1&0&-1\\0&1&0\\0&0&2\end{bmatrix}\begin{bmatrix}v_{1i}\\v_{2i}\\v_{3i}\end{bmatrix}=\begin{bmatrix}v_{1i}\\v_{2i}\\v_{3i}\end{bmatrix}\quad i=1,2$$

即

$$\begin{cases}v_{1i}-v_{3i}=v_{1i}\\v_{2i}=v_{2i}\\2v_{3i}=v_{3i}\end{cases}\quad \text{或}\quad \begin{cases}v_{3i}=0\\v_{2i}=v_{2i}\\v_{3i}=0\end{cases}\quad i=1,2$$

可得 $v_{3i}=0$（$i=1$，2），而 $v_{1i}$和 $v_{2i}$任取。为保证特征向量非零，可以分别取$v_{11}=1$ 和 $v_{22}=1$，得到两个属于二重特征值 $\lambda_1=\lambda_2=1$ 的特征向量 $\boldsymbol{v}_1=\begin{bmatrix}1\\0\\0\end{bmatrix}$和 $\boldsymbol{v}_2=\begin{bmatrix}0\\1\\0\end{bmatrix}$。对于单特征值 $\lambda_3=2$，由 $\boldsymbol{A}\boldsymbol{v}_3=\lambda_3\boldsymbol{v}_3$，有

$$\begin{bmatrix}1&0&-1\\0&1&0\\0&0&2\end{bmatrix}\begin{bmatrix}v_{13}\\v_{23}\\v_{33}\end{bmatrix}=\begin{bmatrix}2v_{13}\\2v_{23}\\2v_{33}\end{bmatrix}$$

可得到属于它的特征向量为 $v_3=\begin{bmatrix}-1\\0\\1\end{bmatrix}$。由以上三个线性无关的特征向量可以构造成变换矩阵 $P$，即

$$P=\begin{bmatrix}1&0&-1\\0&1&0\\0&0&1\end{bmatrix}$$

并求得其逆为

$$P^{-1}=\begin{bmatrix}1&0&1\\0&1&0\\0&0&1\end{bmatrix}$$

根据式（1-141），求得新状态空间的各相应矩阵为

$$\overline{A}=P^{-1}AP=\begin{bmatrix}1&0&1\\0&1&0\\0&0&1\end{bmatrix}\begin{bmatrix}1&0&-1\\0&1&0\\0&0&2\end{bmatrix}\begin{bmatrix}1&0&-1\\0&1&0\\0&0&1\end{bmatrix}=\begin{bmatrix}1&0&0\\0&1&0\\0&0&2\end{bmatrix}$$

$$\overline{b}=P^{-1}b=\begin{bmatrix}1&0&1\\0&1&0\\0&0&1\end{bmatrix}\begin{bmatrix}0\\0\\1\end{bmatrix}=\begin{bmatrix}1\\0\\1\end{bmatrix}$$

$$\overline{c}=cP=[1\quad 0\quad 0]\begin{bmatrix}1&0&-1\\0&1&0\\0&0&1\end{bmatrix}=[1\quad 0\quad -1]$$

系统的特征值规范型状态空间表达式为

$$\begin{cases}\dot{\overline{x}}=\begin{bmatrix}1&0&0\\0&1&0\\0&0&2\end{bmatrix}\overline{x}+\begin{bmatrix}1\\0\\1\end{bmatrix}u\\ y=[1\quad 0\quad -1]\overline{x}\end{cases}$$

本例虽然具有二重特征值 $\lambda_1=\lambda_2=1$，但由于其对应的几何重数与代数重数相等，使得系统矩阵 $A$ 的总代数重数与总几何重数也相等，保证了系统矩阵 $A$ 具有与系统维数相同的独立特征向量数，它们所构成的变换矩阵一定能将原状态空间表达式变换为对角线规范型状态空间表达式。

3. 变换为约当规范型　对于具有重特征值的系统矩阵 $A$，当重特征值 $\lambda_j$ 的代数重数 $\mu_j$ 大于它的几何重数 $\gamma_j$ 时，显然系统矩阵 $A$ 的线性无关特征向量个数少于 $n$，无法通过非奇异变换将原状态空间描述化为对角线规范型表达式，只能化为约当规范型表达形式。为简单起见，这里仅讨论重特征值 $\lambda_j$ 的几何重数 $\gamma_j=1$ 的情况。

设 $n$ 维系统 $\boldsymbol{\Sigma}(A,\ B,\ C,\ D)$ 有 $n$ 重特征值 $\lambda$，非奇异变换 $x=P\overline{x}$ 将该系统化为约当规范型，变换矩阵为

$$P=[v_1\ v_2\cdots v_n]\tag{1-151}$$

则有

$$\overline{A}=P^{-1}AP=\begin{bmatrix}\lambda & 1 & & \mathbf{0}\\ & \lambda & \ddots & \\ & & \ddots & 1\\ \mathbf{0} & & & \lambda\end{bmatrix} \tag{1-152}$$

所以有

$$A[v_1\ v_2\cdots v_n]=[v_1\ v_2\cdots v_n]\begin{bmatrix}\lambda & 1 & & \mathbf{0}\\ & \lambda & \ddots & \\ & & \ddots & 1\\ \mathbf{0} & & & \lambda\end{bmatrix} \tag{1-153}$$

可得 $n$ 个向量等式

$$\begin{cases}Av_1=\lambda v_1\\ Av_2=\lambda v_2+v_1\\ Av_3=\lambda v_3+v_2\\ \quad\vdots\\ Av_n=\lambda v_n+v_{n-1}\end{cases} \tag{1-154}$$

其中第一个等式就是属于特征值 $\lambda$ 的特征向量应满足的等式，即 $v_1$ 是系统矩阵 $A$ 的一个特征向量。由于重特征值 $\lambda$ 的几何重数为 1，系统矩阵 $A$ 只具有一个独立特征向量，其余$n-1$ 个列向量 $v_2$，$v_3$，…，$v_n$ 可以由式（1-154）的后 $n-1$ 个等式递推得到，它们被称为矩阵 $A$ 的属于特征值 $\lambda$ 的广义特征向量。由特征向量 $v_1$ 和 $n-1$ 个广义特征向量 $v_2$，$v_3$，…，$v_n$ 构成的变换矩阵 $P$ 将系统变换成约当规范型。

**例 1-16** 将下列状态方程变换成特征值规范型。

$$\dot{x}=\begin{bmatrix}0 & 1 & 0\\ 0 & 0 & 1\\ 8 & -12 & 6\end{bmatrix}x+\begin{bmatrix}5\\ 1\\ 5\end{bmatrix}u$$

**解** 由矩阵 $A$ 的特征多项式

$$|sI-A|=\begin{vmatrix}s & -1 & 0\\ 0 & s & -1\\ -8 & 12 & s-6\end{vmatrix}=s^3-6s^2+12s-8=(s-2)^3$$

解得它的特征值为 $\lambda_1=\lambda_2=\lambda_3=\lambda=2$，是一个三重特征值。其特征矩阵的秩为

$$\operatorname{rank}(\lambda I-A)=\operatorname{rank}\begin{bmatrix}2 & -1 & 0\\ 0 & 2 & -1\\ -8 & 12 & -4\end{bmatrix}=2$$

所以其几何重数 $\gamma=n-2=1$，系统矩阵 $A$ 只具有一个独立特征向量，可由 $Av_1=\lambda v_1$ 求得，即

$$\begin{bmatrix}0 & 1 & 0\\ 0 & 0 & 1\\ 8 & -12 & 6\end{bmatrix}\begin{bmatrix}v_{11}\\ v_{21}\\ v_{31}\end{bmatrix}=\begin{bmatrix}2v_{11}\\ 2v_{21}\\ 2v_{31}\end{bmatrix}$$

得

$$\begin{cases} v_{21}=2v_{11} \\ v_{31}=2v_{21} \\ 8v_{11}-12v_{21}+6v_{31}=2v_{31} \end{cases} \quad 或 \begin{cases} 2v_{11}-v_{21}=0 \\ 2v_{21}-v_{31}=0 \\ 8v_{11}-12v_{21}+4v_{31}=0 \end{cases}$$

可得一个独立特征向量为 $\boldsymbol{v}_1=\begin{bmatrix}1\\2\\4\end{bmatrix}$。

由 $\boldsymbol{Av}_2=\lambda\boldsymbol{v}_2+\boldsymbol{v}_1$，即（$\lambda\boldsymbol{I}-\boldsymbol{A}$）$\boldsymbol{v}_2=-\boldsymbol{v}_1$ 得

$$\begin{bmatrix}2 & -1 & 0\\0 & 2 & -1\\-8 & 12 & -4\end{bmatrix}\begin{bmatrix}v_{12}\\v_{22}\\v_{32}\end{bmatrix}=\begin{bmatrix}-1\\-2\\-4\end{bmatrix} \quad 或 \begin{cases} 2v_{12}-v_{22}=-1 \\ 2v_{22}-v_{32}=-2 \\ -8v_{12}+12v_{22}-4v_{32}=-4 \end{cases}$$

可得到一个独立的广义特征向量 $\boldsymbol{v}_2=\begin{bmatrix}0\\1\\4\end{bmatrix}$。

再由（$\lambda\boldsymbol{I}-\boldsymbol{A}$）$\boldsymbol{v}_3=-\boldsymbol{v}_2$ 得

$$\begin{bmatrix}2 & -1 & 0\\0 & 2 & -1\\-8 & 12 & -4\end{bmatrix}\begin{bmatrix}p_{13}\\p_{23}\\p_{33}\end{bmatrix}=\begin{bmatrix}0\\-1\\-4\end{bmatrix} \quad 或 \begin{cases} 2v_{13}-v_{23}=0 \\ 2v_{23}-v_{33}=-1 \\ -8v_{13}+12v_{23}-4v_{33}=-4 \end{cases}$$

可得另一独立的广义状态向量 $\boldsymbol{v}_3=\begin{bmatrix}0\\0\\1\end{bmatrix}$。

于是变换矩阵 $\boldsymbol{P}$ 为

$$\boldsymbol{P}=\begin{bmatrix}1 & 0 & 0\\2 & 1 & 0\\4 & 4 & 1\end{bmatrix}$$

其逆为

$$\boldsymbol{P}^{-1}=\begin{bmatrix}1 & 0 & 0\\-2 & 1 & 0\\4 & -4 & 1\end{bmatrix}$$

经变换后得新状态空间的各相应矩阵为

$$\overline{\boldsymbol{A}}=\boldsymbol{P}^{-1}\boldsymbol{AP}=\begin{bmatrix}1 & 0 & 0\\-2 & 1 & 0\\4 & -4 & 1\end{bmatrix}\begin{bmatrix}0 & 1 & 0\\0 & 0 & 1\\8 & -12 & 6\end{bmatrix}\begin{bmatrix}1 & 0 & 0\\2 & 1 & 0\\4 & 4 & 1\end{bmatrix}=\begin{bmatrix}2 & 1 & 0\\0 & 2 & 1\\0 & 0 & 2\end{bmatrix}$$

$$\overline{\boldsymbol{b}}=\boldsymbol{P}^{-1}\boldsymbol{b}=\begin{bmatrix}1 & 0 & 0\\-2 & 1 & 0\\4 & -4 & 1\end{bmatrix}\begin{bmatrix}5\\1\\5\end{bmatrix}=\begin{bmatrix}5\\-9\\21\end{bmatrix}$$

所以状态方程的特征值规范型为

$$\dot{\bar{x}} = \begin{bmatrix} 2 & 1 & 0 \\ 0 & 2 & 1 \\ 0 & 0 & 2 \end{bmatrix} \bar{x} + \begin{bmatrix} 5 \\ -9 \\ 21 \end{bmatrix} u$$

显然，这是一个约当规范型的表达式。

当系统矩阵 $\boldsymbol{A}$ 具有多个重特征值，并且每个重特征值对应的几何重数都为 1 时，如矩阵 $\boldsymbol{A}$ 有 $\mu_1$ 重特征值 $\lambda_1$、$\mu_2$ 重特征值 $\lambda_2$、…、$\mu_p$ 重特征值 $\lambda_p$，且重特征值间两两相异，即 $\lambda_i \neq \lambda_j$（$i, j=1, 2, \cdots, p$），显然有 $\mu_1+\mu_2+\cdots+\mu_p=n$，则一定可以经过非奇异变换将系统矩阵 $\boldsymbol{A}$ 化为具有如下形式的约当规范型：

$$\bar{\boldsymbol{A}} = \boldsymbol{P}^{-1}\boldsymbol{A}\boldsymbol{P} = \begin{bmatrix} \boldsymbol{J}_1 & & & \boldsymbol{0} \\ & \boldsymbol{J}_2 & & \\ & & \ddots & \\ \boldsymbol{0} & & & \boldsymbol{J}_p \end{bmatrix} \tag{1-155}$$

式中，$\boldsymbol{J}_i$ 为如式（1-152）所示的 $\mu_i \times \mu_i$ 约当块，对角线元素为对应的特征值 $\lambda_i$。

变换矩阵 $\boldsymbol{P}$ 也有与 $\bar{\boldsymbol{A}}$ 相应的分块，即

$$\boldsymbol{P} = [\boldsymbol{P}_1 \quad \boldsymbol{P}_2 \quad \cdots \quad \boldsymbol{P}_p] \tag{1-156}$$

每一块相当于式(1-151)的形式,同上面一样的方法求取,即对于第 $i$ 块,由 $\mu_i$ 个列向量组成,即

$$\boldsymbol{P}_i = [\boldsymbol{v}_{i1} \ \boldsymbol{v}_{i2} \cdots \boldsymbol{v}_{i\mu_i}] \tag{1-157}$$

式中，$\boldsymbol{v}_{i1}$是矩阵 $\boldsymbol{A}$ 的属于特征值 $\lambda_i$ 的独立特征向量；$\boldsymbol{v}_{i2}$，$\boldsymbol{v}_{i3}$，…，$\boldsymbol{v}_{i\mu_i}$是特征值 $\lambda_i$ 的 $(\mu_i-1)$个广义特征向量。它们分别由式（1-154）的第一个等式和后面的（$\mu_i-1$）个等式决定。

当系统矩阵 $\boldsymbol{A}$ 为具有重特征值，而且重特征值的几何重数大于 1 的情况，这时通过非奇异变换得到的是由一些约当小块组成的对角线分块矩阵。变换矩阵 $\boldsymbol{P}$ 的求取以及 $\bar{\boldsymbol{A}}$ 矩阵的形式都比较复杂，这里不加表述，有兴趣的读者可阅读有关书籍。

当系统矩阵 $\boldsymbol{A}$ 既具有重特征值，又具有单特征值时，是上面两种情况的组合，即变换后的状态空间，矩阵 $\boldsymbol{A}$ 由约当块和对角块组合而成。

4. 由能控规范型、能观规范型变换为特征值规范型

当系统矩阵 $\boldsymbol{A}$ 具有能控或能观规范型形式时，可以有更直接的方法构造变换矩阵。

（1）$\boldsymbol{A}$ 矩阵具有能控规范型形式（$\boldsymbol{A}$ 为友矩阵）且它的特征值两两相异时，变换矩阵 $\boldsymbol{P}$ 也应该由相应的 $n$ 个独立特征向量构成，即 $\boldsymbol{P}=[\boldsymbol{v}_1 \ \boldsymbol{v}_2 \cdots \boldsymbol{v}_n]$。其中，$\boldsymbol{v}_i$（$i=1, 2, \cdots, n$）是 $\boldsymbol{A}$ 的属于特征值 $\lambda_i$（$i=1, 2, \cdots, n$）的特征向量，根据它们应满足方程 $\boldsymbol{A}\boldsymbol{v}_i=\lambda_i\boldsymbol{v}_i$，可得

$$\begin{bmatrix} & 1 & 0 & \cdots & 0 \\ & & 1 & \cdots & 0 \\ 0 & 0 & 0 & \ddots & \vdots \\ \vdots & \vdots & \vdots & & 1 \\ -a_0 & -a_1 & -a_2 & \cdots & -a_{n-1} \end{bmatrix} \begin{bmatrix} v_{1i} \\ v_{2i} \\ \vdots \\ v_{ni} \end{bmatrix} = \lambda_i \begin{bmatrix} v_{1i} \\ v_{2i} \\ \vdots \\ v_{ni} \end{bmatrix} \tag{1-158}$$

即

$$\begin{cases}v_{2i}=\lambda_i v_{1i}\\ v_{3i}=\lambda_i v_{2i}=\lambda_i^2 v_{1i}\\ \vdots\\ v_{ni}=\lambda_i v_{(n-1)i}=\lambda_i^{n-1}v_{1i}\\ -a_0v_{1i}-a_1v_{2i}-\cdots-a_{n-1}v_{ni}=\lambda_i v_{ni}\end{cases}\tag{1-159}$$

将式（1-159）的前 $n-1$ 个等式代入第 $n$ 个等式，可得

$$(\lambda_i^n+a_{n-1}\lambda_i^{n-1}+\cdots+a_1\lambda_i+a_0)v_{1i}=0\tag{1-160}$$

注意到特征值 $\lambda_i$ 是系统特征多项式 $\varphi(s)=s^n+a_{n-1}s^{n-1}+\cdots+a_1s+a_0$ 的根，即 $\lambda_i^n+a_{n-1}\lambda_i^{n-1}+\cdots+a_1\lambda_i+a_0=0$。所以，式（1-160）中特征向量 $\boldsymbol{\nu}_i$ 的第一个元素 $v_{1i}$ 为任意非零实数，为简单起见取为 1，则由式（1-159）可得到特征向量为 $\boldsymbol{\nu}_i=\begin{bmatrix}\nu_{1i}\\ \nu_{2i}\\ \vdots\\ \nu_{ni}\end{bmatrix}=\begin{bmatrix}1\\ \lambda_i\\ \vdots\\ \lambda_i^{n-1}\end{bmatrix}$。

因此可知，$\boldsymbol{A}$ 矩阵具有能控规范型形式且它的特征值两两相异时，化为特征值规范型（这时是对角线规范型）的变换矩阵 $\boldsymbol{P}$ 是由特征值所组成的范德蒙德（Vandermonde）矩阵：

$$\boldsymbol{P}=\begin{bmatrix}1 & 1 & \cdots & 1\\ \lambda_1 & \lambda_2 & \cdots & \lambda_n\\ \vdots & \vdots & & \vdots\\ \lambda_1^{n-1} & \lambda_2^{n-1} & \cdots & \lambda_n^{n-1}\end{bmatrix}\tag{1-161}$$

或者说，由特征值所组成的范德蒙德矩阵 $\boldsymbol{P}$［式（1-161）］将特征值两两相异的友矩阵 $\boldsymbol{A}$ 变换为特征值规范型（这时是对角线规范型）。

（2）$\boldsymbol{A}$ 矩阵为能控规范型形式（$\boldsymbol{A}$ 为友矩阵）且具有相同的特征值 $\lambda$ 时，可以证明，化为特征值规范型（这时是约当规范型）的变换矩阵 $\boldsymbol{P}$ 为特征向量和广义特征向量组成的范德蒙德矩阵

$$\boldsymbol{P}=\left[\begin{bmatrix}1\\ \lambda\\ \lambda^2\\ \vdots\\ \lambda^{n-1}\end{bmatrix}\quad \frac{\mathrm{d}}{\mathrm{d}\lambda}\begin{bmatrix}1\\ \lambda\\ \lambda^2\\ \vdots\\ \lambda^{n-1}\end{bmatrix}\quad \frac{1}{2!}\frac{\mathrm{d}^2}{\mathrm{d}\lambda^2}\begin{bmatrix}1\\ \lambda\\ \lambda^2\\ \vdots\\ \lambda^{n-1}\end{bmatrix}\quad\cdots\quad \frac{1}{(n-1)!}\frac{\mathrm{d}^{n-1}}{\mathrm{d}\lambda^{n-1}}\begin{bmatrix}1\\ \lambda\\ \lambda^2\\ \vdots\\ \lambda^{n-1}\end{bmatrix}\right]\tag{1-162}$$

值得指出的是，对于能控规范型形式的 $\boldsymbol{A}$ 矩阵，其重特征值对应的几何重数总为 1，即一个特征值只对应一个特征向量，所以不会出现相同特征值对应多个约当块的情况。

当 $\boldsymbol{A}$ 矩阵为能控规范型形式（$\boldsymbol{A}$ 为友矩阵）并且既具有重特征值又具有单特征值时，化为特征值规范型（这时是对角块和约当块的组合）的变换矩阵 $\boldsymbol{P}$ 是（1）和（2）两种情况的组合。

（3）$\boldsymbol{A}$ 矩阵具有能观规范型形式且它的特征值两两相异时，由于它与能控规范型的系统矩阵（为便于讨论记为 $\boldsymbol{A}_c$）互为转置［见式（1-68）和式（1-72）］，化为特征值规范型（这时是对角线规范型）的变换矩阵 $\boldsymbol{Q}$ 的逆阵为式（1-161）所示范德蒙德矩阵 $\boldsymbol{P}$ 的转置。即

$$
Q^{-1}=P^{\mathrm{T}}=\begin{bmatrix}1 & \lambda_1 & \cdots & \lambda_1^{\ n-1}\\ 1 & \lambda_2 & \cdots & \lambda_2^{\ n-1}\\ \vdots & \vdots & & \vdots\\ 1 & \lambda_n & \cdots & \lambda_n^{\ n-1}\end{bmatrix} \tag{1-163}
$$

这是因为，$\boldsymbol{P}$ 矩阵将 $\boldsymbol{A}_{\mathrm{c}}$ 变换为对角线矩阵 $\boldsymbol{A}_{\Lambda}$，即

$$
\boldsymbol{A}_{\Lambda}=\boldsymbol{P}^{-1}\boldsymbol{A}_{\mathrm{c}}\boldsymbol{P} \tag{1-164}
$$

由于对角线矩阵 $\boldsymbol{A}_{\Lambda}$ 的转置仍为 $\boldsymbol{A}_{\Lambda}$，将式（1-164）两边转置，有

$$
\boldsymbol{A}_{\Lambda}=(\boldsymbol{P}^{-1}\boldsymbol{A}_{\mathrm{c}}\boldsymbol{P})^{\mathrm{T}}=\boldsymbol{P}^{\mathrm{T}}\boldsymbol{A}_{\mathrm{c}}^{\ \mathrm{T}}(\boldsymbol{P}^{-1})^{\mathrm{T}}=\boldsymbol{Q}^{-1}\boldsymbol{A}\boldsymbol{Q} \tag{1-165}
$$

所以有 $\boldsymbol{Q}^{-1}=\boldsymbol{P}^{\mathrm{T}}$。

（4）$\boldsymbol{A}$ 矩阵为能观规范型形式且具有相同的特征值时，化为特征值规范型（这时是约当规范型）的变换矩阵 $\boldsymbol{Q}$ 的逆阵为式（1-162）所示范德蒙德矩阵 $\boldsymbol{P}$ 的转置的行向量顺序倒置，即

$$
Q^{-1}=\begin{bmatrix}\dfrac{1}{(n-1)!}\dfrac{\mathrm{d}^{n-1}}{\mathrm{d}\lambda^{n-1}}[1\quad \lambda\quad \lambda^2\quad \cdots\quad \lambda^{n-1}]\\ \dfrac{1}{(n-2)!}\dfrac{\mathrm{d}^{n-2}}{\mathrm{d}\lambda^{n-2}}[1\quad \lambda\quad \lambda^2\quad \cdots\quad \lambda^{n-1}]\\ \vdots\\ \dfrac{\mathrm{d}}{\mathrm{d}\lambda}[1\quad \lambda\quad \lambda^2\quad \cdots\quad \lambda^{n-1}]\\ 1\quad \lambda\quad \lambda^2\quad \cdots\quad \lambda^{n-1}\end{bmatrix} \tag{1-166}
$$

这是因为，仅仅将式（1-162）转置再求逆得到的变换矩阵将把 $\boldsymbol{A}$ 变换为下约当阵（前面所述约当阵的转置），为了得到与前一致的上约当阵，变换矩阵的逆阵 $\boldsymbol{Q}^{-1}$ 必须为将式（1-162）所示的 $\boldsymbol{P}$ 矩阵转置再进行行向量顺序倒置。同样地，对于能观规范型形式的 $\boldsymbol{A}$ 矩阵，其重特征值对应的几何重数也总是 1，即一个特征值只对应一个特征向量，所以也不会出现相同特征值对应多个约当块的情况。

当 $\boldsymbol{A}$ 矩阵为能观规范型形式并且同时具有重特征值和单特征值时，化为特征值规范型（这时是对角块和约当块的组合）的变换矩阵的逆阵 $\boldsymbol{Q}^{-1}$ 是（3）和（4）两种情况的组合。

**例 1-17**　将下列状态方程变换成特征值规范型。

$$
\dot{\boldsymbol{x}}=\begin{bmatrix}0 & 1 & 0\\ 0 & 0 & 1\\ 2 & 3 & 0\end{bmatrix}\boldsymbol{x}+\begin{bmatrix}0\\ 0\\ 1\end{bmatrix}u
$$

**解**　系统矩阵 $\boldsymbol{A}$ 为能控规范型形式（友矩阵），可直接写出它的特征多项式

$$
\varphi(s)=s^3+a_2s^2+a_1s+a_0=s^3-3s-2=(s+1)^2(s-2)
$$

系统具有二重特征值 $\lambda_1=\lambda_2=-1$ 和单特征值 $\lambda_3=2$，变换矩阵 $\boldsymbol{P}$ 应是式（1-161）与式（1-162）的组合，即

$$
\boldsymbol{P}=\begin{bmatrix}1 & \dfrac{\mathrm{d}}{\mathrm{d}\lambda}\begin{bmatrix}1\\ \lambda_1\\ \lambda_1^2\end{bmatrix} & \begin{matrix}1\\ \lambda_3\\ \lambda_3^2\end{matrix}\\ \lambda_1 & & \\ \lambda_1^2 & & \end{bmatrix}=\begin{bmatrix}1 & 0 & 1\\ -1 & 1 & 2\\ 1 & -2 & 4\end{bmatrix}
$$

其逆为

$$P^{-1}=\frac{1}{9}\begin{bmatrix}8 & -2 & -1\\ 6 & 3 & -3\\ 1 & 2 & 1\end{bmatrix}$$

经变换后得新状态空间的各相应矩阵为

$$\overline{A}=P^{-1}AP=\frac{1}{9}\begin{bmatrix}8 & -2 & -1\\ 6 & 3 & -3\\ 1 & 2 & 1\end{bmatrix}\begin{bmatrix}0 & 1 & 0\\ 0 & 0 & 1\\ 2 & 3 & 0\end{bmatrix}\begin{bmatrix}1 & 0 & 1\\ -1 & 1 & 2\\ 1 & -2 & 4\end{bmatrix}=\begin{bmatrix}-1 & 1 & 0\\ 0 & -1 & 0\\ 0 & 0 & 2\end{bmatrix}$$

$$\overline{b}=P^{-1}b=\frac{1}{9}\begin{bmatrix}8 & -2 & -1\\ 6 & 3 & -3\\ 1 & 2 & 1\end{bmatrix}\begin{bmatrix}0\\ 0\\ 1\end{bmatrix}=\begin{bmatrix}-1/9\\ -1/3\\ 1/9\end{bmatrix}$$

所以状态方程的特征值规范型为

$$\dot{\overline{x}}=\begin{bmatrix}-1 & 1 & 0\\ 0 & -1 & 0\\ 0 & 0 & 2\end{bmatrix}\overline{x}+\begin{bmatrix}-1/9\\ -1/3\\ 1/9\end{bmatrix}u$$

显然，这时系统矩阵由 $2\times2$ 的约当块和 $1\times1$ 的对角块组合而成。

**例 1-18**　将下列系统变换成特征值规范型。

$$\begin{cases}\dot{x}=\begin{bmatrix}0 & 0 & 8\\ 1 & 0 & -12\\ 0 & 1 & 6\end{bmatrix}x+\begin{bmatrix}1\\ 0\\ 1\end{bmatrix}u\\ y=\begin{bmatrix}0 & 0 & 1\end{bmatrix}x\end{cases}$$

**解**　该系统为能观规范型表达形式,由其特点可直接写出它的特征多项式

$$\varphi(s)=s^3+a_2s^2+a_1s+a_0=s^3-6s^2+12s-8=(s-2)^3$$

系统具有三重特征值 $\lambda=2$，由式（1-166）可得变换矩阵的逆阵为

$$Q^{-1}=\begin{bmatrix}\frac{1}{2!}\frac{\mathrm{d}^2}{\mathrm{d}\lambda^2}[1 \quad \lambda \quad \lambda^2]\\ \frac{\mathrm{d}}{\mathrm{d}\lambda}[1 \quad \lambda \quad \lambda^2]\\ 1 \quad \lambda \quad \lambda^2\end{bmatrix}=\begin{bmatrix}0 & 0 & 1\\ 0 & 1 & 2\lambda\\ 1 & \lambda & \lambda^2\end{bmatrix}=\begin{bmatrix}0 & 0 & 1\\ 0 & 1 & 4\\ 1 & 2 & 4\end{bmatrix}$$

则变换矩阵为

$$Q=\begin{bmatrix}4 & -2 & 1\\ -4 & 1 & 0\\ 1 & 0 & 0\end{bmatrix}$$

根据变换算式，新状态空间的各相应矩阵为

$$\overline{A}=Q^{-1}AQ=\begin{bmatrix}0 & 0 & 1\\ 0 & 1 & 4\\ 1 & 2 & 4\end{bmatrix}\begin{bmatrix}0 & 0 & 8\\ 1 & 0 & -12\\ 0 & 1 & 6\end{bmatrix}\begin{bmatrix}4 & -2 & 1\\ -4 & 1 & 0\\ 1 & 0 & 0\end{bmatrix}=\begin{bmatrix}2 & 1 & 0\\ 0 & 2 & 1\\ 0 & 0 & 2\end{bmatrix}$$

$$\bar{b}=Q^{-1}b=\begin{bmatrix}0&0&1\\0&1&4\\1&2&4\end{bmatrix}\begin{bmatrix}1\\0\\1\end{bmatrix}=\begin{bmatrix}1\\4\\5\end{bmatrix}$$

$$\bar{c}=cQ=[0\quad 0\quad 1]\begin{bmatrix}4&-2&1\\-4&1&0\\1&0&0\end{bmatrix}=[1\quad 0\quad 0]$$

所以，系统的特征值规范型（这里是约当规范型）状态空间表达式为

$$\begin{cases}\dot{\bar{x}}=\begin{bmatrix}2&1&0\\0&2&1\\0&0&2\end{bmatrix}\bar{x}+\begin{bmatrix}1\\4\\5\end{bmatrix}u\\ y=[1\quad 0\quad 0]\bar{x}\end{cases}$$

5. 特征值中存在共轭复数时的实数化处理

当系统矩阵 $A$ 的特征值中存在有共轭复数对 $\lambda_{i,i+1}=\sigma\pm\mathrm{j}\omega$ 时，由于它们为不同的特征值，可以按照前面所述的方法化为对角线规范型。但是在具体计算时将出现具有复数形式的特征向量、变换矩阵及变换结果的各个矩阵，这给系统分析和综合带来不便，解决的办法是对它们进行实数化处理。下面以一个例子来说明该问题及解决方法。

考虑要变换的系统矩阵 $A=\begin{bmatrix}-2&1\\-17&-4\end{bmatrix}$，其特征多项式为

$$\varphi(s)=|sI-A|=\begin{vmatrix}s+2&-1\\17&s+4\end{vmatrix}=s^2+6s+25$$

可得特征值为 $\lambda_1=-3+\mathrm{j}4$，$\lambda_2=-3-\mathrm{j}4$，根据 $Av_i=\lambda_i v_i$（$i=1$，$2$）分别求得对应的特征向量为

$$v_1=\begin{bmatrix}1\\-1+\mathrm{j}4\end{bmatrix},\quad v_2=\begin{bmatrix}1\\-1-\mathrm{j}4\end{bmatrix}$$

变换矩阵及其逆阵分别为

$$P=[v_1\quad v_2]=\begin{bmatrix}1&1\\-1+\mathrm{j}4&-1-\mathrm{j}4\end{bmatrix},\quad P^{-1}=\frac{1}{8}\begin{bmatrix}4-\mathrm{j}&-\mathrm{j}\\4+\mathrm{j}&\mathrm{j}\end{bmatrix}$$

变换后的系统矩阵为

$$\bar{A}=P^{-1}AP=\frac{1}{8}\begin{bmatrix}4-\mathrm{j}&-\mathrm{j}\\4+\mathrm{j}&\mathrm{j}\end{bmatrix}\begin{bmatrix}-2&1\\-17&-4\end{bmatrix}\begin{bmatrix}1&1\\-1+\mathrm{j}4&-1-\mathrm{j}4\end{bmatrix}=\begin{bmatrix}-3+\mathrm{j}4&0\\0&-3-\mathrm{j}4\end{bmatrix}$$

显然这是带有复数元素的对角矩阵。

为了对这一问题进行实数化处理，将原来变换后的带有复数的对角矩阵

$$\bar{A}=\begin{bmatrix}\lambda_1&0\\0&\lambda_2\end{bmatrix}=\begin{bmatrix}\sigma+\mathrm{j}\omega&0\\0&\sigma-\mathrm{j}\omega\end{bmatrix}$$表示为另一种形式

$$\bar{A}=P^{-1}AP=\begin{bmatrix}\sigma&\omega\\-\omega&\sigma\end{bmatrix}\tag{1-167}$$

它以特征值的实部和虚部系数为矩阵元素。由后面章节的讨论可知道，这种表示形式虽然不再是对角矩阵，但在系统分析和综合中与对角矩阵具有同样的结果，而且避免了麻烦的复数运算。下面讨论如何得出将 $A$ 矩阵变换为式（1-167）形式的 $\bar{A}$ 矩阵的变换矩阵 $P$。

设 $A$ 矩阵的属于共轭复数对特征值 $\lambda_{i,i+1}=\sigma\pm j\omega$ 的特征向量为 $v_{i,i+1}=\alpha\pm j\beta$，其中 $\alpha$、$\beta$ 都是 2 维实数向量（因为 $A$ 为 $2\times2$ 矩阵）。根据特征向量的定义，取其中的一个特征值 $\sigma+j\omega$ 和对应的特征向量 $\alpha+j\beta$，它们应满足

$$A(\alpha+j\beta)=(\sigma+j\omega)(\alpha+j\beta) \tag{1-168}$$

令等式两边的实部、虚部分别相等，则有

$$\begin{cases}A\alpha=\sigma\alpha-\omega\beta\\A\beta=\omega\alpha+\sigma\beta\end{cases} \tag{1-169}$$

写成矩阵方程形式，即为

$$A[\alpha\quad\beta]=[\alpha\quad\beta]\begin{bmatrix}\sigma & \omega\\-\omega & \sigma\end{bmatrix} \tag{1-170}$$

与式（1-167）比较可知，将 $A$ 变换为式（1-167）形式的 $\bar{A}$ 矩阵的变换矩阵 $P$ 应为

$$P=[\alpha\quad\beta] \tag{1-171}$$

它是 $A$ 矩阵的属于共轭复数对特征值 $\lambda_{i,i+1}=\sigma\pm j\omega$ 的特征向量 $v_{i,i+1}=\alpha\pm j\beta$ 的实部和虚部列向量构成的矩阵。

上面例子中已求得对应于共轭复数特征值对 $\lambda_{1,2}=-3\pm j4$ 的一对特征向量为

$$v_{1,2}=\begin{bmatrix}1\\-1\pm j4\end{bmatrix}=\begin{bmatrix}1\\-1\end{bmatrix}\pm j\begin{bmatrix}0\\4\end{bmatrix}=\alpha\pm j\beta$$

由式（1-171）可得变换矩阵 $P$ 为

$$P=[\alpha\quad\beta]=\begin{bmatrix}1 & 0\\-1 & 4\end{bmatrix}$$

其逆为

$$P^{-1}=\begin{bmatrix}1 & 0\\-1 & 4\end{bmatrix}^{-1}=\begin{bmatrix}1 & 0\\1/4 & 1/4\end{bmatrix}$$

在变换后的状态空间中的系统矩阵为

$$\bar{A}=P^{-1}AP=\begin{bmatrix}1 & 0\\1/4 & 1/4\end{bmatrix}\begin{bmatrix}-2 & 1\\-17 & -4\end{bmatrix}\begin{bmatrix}1 & 0\\-1 & 4\end{bmatrix}=\begin{bmatrix}-3 & 4\\-4 & -3\end{bmatrix}$$

它就是实数化处理后的变换结果，具有如式（1-167）所示的形式。

**例 1-19**　将下列状态方程变换成特征值规范型。

$$\dot{x}=\begin{bmatrix}0 & 1 & 0\\0 & 0 & 1\\-2 & -4 & -3\end{bmatrix}x+\begin{bmatrix}1\\0\\1\end{bmatrix}u$$

**解**　系统矩阵 $A$ 具有能控规范型形式（友矩阵），可直接写出它的特征多项式为

$$\varphi(s)=s^3+a_2s^2+a_1s+a_0=s^3+3s^2+4s+2=(s+1)(s^2+2s+2)$$

解得特征值为 $\lambda_1=-1$，$\lambda_{2,3}=-1\pm j$。其中包含 1 个实数特征值，1 对共轭复数特征值。由式（1-161）可写出将矩阵 $A$ 变换成对角线规范型的变换矩阵 $P$ 为

$$P=\begin{bmatrix}1 & 1 & 1\\\lambda_1 & \lambda_2 & \lambda_3\\\lambda_1^2 & \lambda_2^2 & \lambda_3^2\end{bmatrix}=\begin{bmatrix}1 & 1 & 1\\-1 & -1+j & -1-j\\1 & -2j & 2j\end{bmatrix}=[v_1\quad v_2\quad v_3]$$

其中，$\boldsymbol{v}_1=\begin{bmatrix}1\\-1\\1\end{bmatrix}$是实数向量，$\boldsymbol{v}_2=\begin{bmatrix}1\\-1+\mathrm{j}\\-2\mathrm{j}\end{bmatrix}$和$\boldsymbol{v}_3=\begin{bmatrix}1\\-1-\mathrm{j}\\2\mathrm{j}\end{bmatrix}$为复数向量，写成$\boldsymbol{v}_{2,3}=\boldsymbol{\alpha}\pm\mathrm{j}\boldsymbol{\beta}$的形式，即有$\boldsymbol{\alpha}=\begin{bmatrix}1\\-1\\0\end{bmatrix}$，　$\boldsymbol{\beta}=\begin{bmatrix}0\\1\\-2\end{bmatrix}$。于是可按式（1-171）将变换矩阵$\boldsymbol{P}$重写为

$$\boldsymbol{P}=[\boldsymbol{v}_1\quad\boldsymbol{\alpha}\quad\boldsymbol{\beta}]=\begin{bmatrix}1&1&0\\-1&-1&1\\1&0&-2\end{bmatrix}$$

并求得其逆阵为

$$\boldsymbol{P}^{-1}=\begin{bmatrix}2&2&1\\-1&-2&-1\\1&1&0\end{bmatrix}$$

可求得变换后各相应矩阵为

$$\overline{\boldsymbol{A}}=\boldsymbol{P}^{-1}\boldsymbol{AP}=\begin{bmatrix}2&2&1\\-1&-2&-1\\1&1&0\end{bmatrix}\begin{bmatrix}0&1&0\\0&0&1\\-2&-4&-3\end{bmatrix}\begin{bmatrix}1&1&0\\-1&-1&1\\1&0&-2\end{bmatrix}=\begin{bmatrix}-1&0&0\\0&-1&1\\0&-1&-1\end{bmatrix}$$

$$\overline{\boldsymbol{b}}=\boldsymbol{P}^{-1}\boldsymbol{b}=\begin{bmatrix}2&2&1\\-1&-2&-1\\1&1&0\end{bmatrix}\begin{bmatrix}1\\0\\1\end{bmatrix}=\begin{bmatrix}3\\-2\\1\end{bmatrix}$$

可见，在变换后的状态空间里，系统矩阵$\overline{\boldsymbol{A}}$包含了对角元素（对应了实数特征值$\lambda_1=-1$）和式（1-166）所示的实数化了的共轭复数特征值（对应了共轭复数特征值$\lambda_{2,3}=-1\pm\mathrm{j}$）。

# 第五节　离散时间系统的状态空间描述

离散时间系统（或称离散系统）是其中的变量（输入变量、状态变量和输出变量）只在离散的时间点取值的系统，这类系统可以是自然存在的（如社会、经济、工程等领域中的只在离散时间点取值的动态系统），也可以是通过对连续系统采样而得出的离散化系统。在现代控制理论中，离散系统的系统描述、系统分析及系统综合方法与连续系统非常类似，因此本书除了介绍离散系统的一些特殊点外，不再重复展开对离散系统的讨论，读者完全能够通过对连续系统的学习将一些概念和方法拓展至离散系统。

## 一、离散系统的状态空间表达式

与连续系统类似，在状态空间描述形式中，离散系统也有状态变量、状态向量、状态方程和输出方程的概念和表达形式。不同的是，离散系统用一阶向量差分方程作为状态方程。所以，线性定常离散系统的状态空间表达式为

$$\begin{cases}\boldsymbol{x}(k+1)=\boldsymbol{Gx}(k)+\boldsymbol{Hu}(k)\\\boldsymbol{y}(k)=\boldsymbol{Cx}(k)+\boldsymbol{Du}(k)\end{cases}\tag{1-172}$$

式中，$\boldsymbol{x}(k)$为$n$维状态向量；$\boldsymbol{u}(k)$为$p$维输入向量；$\boldsymbol{y}(k)$为$q$维输出向量；$\boldsymbol{G}$、$\boldsymbol{H}$、$\boldsymbol{C}$、$\boldsymbol{D}$

分别为相应维数的系统矩阵、输入矩阵、输出矩阵和直接传输矩阵。

以上各量表示了 $t=kT(k=0,1,2,\cdots)$ 时刻的取值，$T$ 为前后两次取值的间隔（采样周期），为简便表示，$T$ 不在各量中出现。式（1-172）的第一式是状态方程，描述了 $(k+1)T$ 时刻的状态变量与 $kT$ 时刻的状态变量及输入变量之间的关系；第二式是输出方程，描述了 $kT$ 时刻的输出变量与 $kT$ 时刻的状态变量及输入变量之间的关系。

线性定常离散系统也可用如图 1-18 所示的形式形象地表示出来，其中 $z^{-1}$ 表示了 1 个单位时间的延迟。

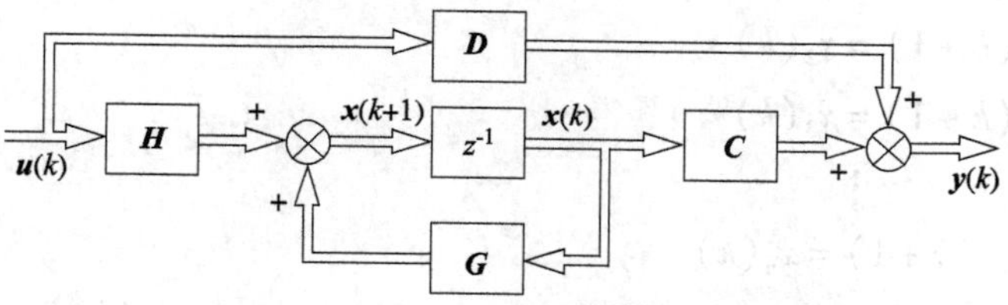


图 1-18　线性定常离散系统框图

其他离散系统，如非线性离散系统、线性时变离散系统等也有与连续系统类似的表达式，这里不再一一细列。

## 二、由差分方程或脉冲传递函数化为状态空间表达式

离散系统状态空间表达式的建立与连续系统完全类似，既可以由系统的物理机理出发建立，也可以由经典控制理论中的差分方程或脉冲传递函数变化而来。这里仅介绍一种建立表达式的方法，意在使大家对离散系统的状态空间描述有所了解，相信读者在掌握连续系统状态空间表达式建立的基础上很容易地就能建立离散系统的状态空间表达式。

设系统的差分方程为

$$\begin{aligned}&y(k+n)+a_{n-1}y(k+n-1)+\cdots+a_1y(k+1)+a_0y(k)\\&=b_nu(k+n)+b_{n-1}u(k+n-1)+\cdots+b_1u(k+1)+b_0u(k)\end{aligned}\tag{1-173}$$

当满足初始条件为零时，有 z 变换 $Z[y(k+i)]=z^iy(z)$。将式（1-173）实施 z 变换并稍加整理即可得系统的脉冲传递函数：

$$g(z)=\frac{y(z)}{u(z)}=\frac{b_nz^n+b_{n-1}z^{n-1}+\cdots+b_1z+b_0}{z^n+a_{n-1}z^{n-1}+\cdots+a_1z+a_0}=b_n+\frac{\beta_{n-1}z^{n-1}+\cdots+\beta_1z+\beta_0}{z^n+a_{n-1}z^{n-1}+\cdots+a_1z+a_0}=b_n+g'(z)\tag{1-174}$$

其中

$$g'(z)=\frac{\beta_{n-1}z^{n-1}+\cdots+\beta_1z+\beta_0}{z^n+a_{n-1}z^{n-1}+\cdots+a_1z+a_0}\tag{1-175}$$

是 $z$ 的有理分式。引入中间量 $v(z)$，并将式（1-175）写为

$$g'(z)=\frac{N(z)}{D(z)}=\frac{y'(z)}{u(z)}=\frac{y'(z)/v(z)}{u(z)/v(z)}\tag{1-176}$$

其中 $D(z)$、$N(z)$ 分别是式（1-175）的分母多项式和分子多项式，即有

$$\frac{u(z)}{v(z)}=D(z)=z^n+a_{n-1}z^{n-1}+\cdots+a_1z+a_0\tag{1-177}$$

按如下形式取状态变量

$$\begin{cases} x_1(z)=v(z) \\ x_2(z)=zv(z)=zx_1(z) \\ x_3(z)=z^2v(z)=zx_2(z) \\ \vdots \\ x_n(z)=z^{n-1}v(z)=zx_{n-1}(z) \end{cases} \tag{1-178}$$

将上面各式取 z 反变换，可得

$$\begin{cases} x_1(k+1)=x_2(k) \\ x_2(k+1)=x_3(k) \\ \vdots \\ x_{n-1}(k+1)=x_n(k) \\ x_n(k+1)=-a_{n-1}x_n(k)-a_{n-2}x_{n-1}(k)-\cdots-a_0x_1(k)+u(k) \end{cases} \tag{1-179}$$

其中最后一式由 $z^nv(z)=zx_n(z)$ 及结合式（1-177）得到。将式（1-179）写成向量方程的形式，即

$$\begin{bmatrix} x_1(k+1) \\ x_2(k+1) \\ \vdots \\ x_n(k+1) \end{bmatrix}=\begin{bmatrix} 0 & 1 & 0 & \cdots & 0 \\ 0 & 0 & 1 & & \\ 0 & 0 & 0 & \ddots & \vdots \\ \vdots & \vdots & \vdots & & 1 \\ -a_0 & -a_1 & -a_2 & & -a_{n-1} \end{bmatrix}\begin{bmatrix} x_1(k) \\ x_2(k) \\ \vdots \\ x_n(k) \end{bmatrix}+\begin{bmatrix} 0 \\ 0 \\ \vdots \\ 0 \\ 1 \end{bmatrix}u(k) \tag{1-180}$$

这就是系统的状态方程。又由式（1-176）有

$$\frac{y'(z)}{v(z)}=N(z)=\beta_{n-1}z^{n-1}+\cdots+\beta_1z+\beta_0 \tag{1-181}$$

即

$$y'(z)=\beta_{n-1}z^{n-1}v(z)+\cdots+\beta_1zv(z)+\beta_0v(z)=\beta_{n-1}x_n(z)+\cdots+\beta_1x_2(z)+\beta_0x_1(z) \tag{1-182}$$

取 z 反变换得

$$y'(k)=\beta_{n-1}x_n(k)+\cdots+\beta_1x_2(k)+\beta_0x_1(k) \tag{1-183}$$

根据式（1-174），应有 $y(k)=y'(k)+b_nu(k)$，所以

$$y(k)=\beta_0x_1(k)+\beta_1x_2(k)+\cdots+\beta_{n-1}x_n(k)+b_nu(k) \tag{1-184}$$

写成向量方程的形式，得

$$y(k)=\begin{bmatrix} \beta_0 & \beta_1 & \cdots & \beta_{n-1} \end{bmatrix}\begin{bmatrix} x_1(k) \\ x_2(k) \\ \vdots \\ x_n(k) \end{bmatrix}+b_nu(k) \tag{1-185}$$

这就是系统的输出方程。式（1-180）和式（1-185）合在一起构成了离散系统的状态空间表达式，这显然具有能控规范型形式。

## 三、由状态空间表达式求脉冲传递函数矩阵

已知线性定常离散系统的状态空间表达式如式（1-172）所示，对它实施 z 变换，可得

$$\begin{cases} zx(z) - zx(0) = Gx(z) + Hu(z) \\ y(z) = Cx(z) + Du(z) \end{cases} \tag{1-186}$$

令系统初始条件为零，则有

$$x(z) = (zI - G)^{-1}Hu(z) \tag{1-187}$$

以及

$$y(z) = Cx(z) + Du(z) = [C\ (zI - G)^{-1}H + D]u(z) = G(z)u(z) \tag{1-188}$$

式中

$$G(z) = C\ (zI - G)^{-1}H + D \tag{1-189}$$

是一个 $q \times p$ 矩阵，表示了离散系统输出向量 $y(z)$ 对输入向量 $u(z)$ 的关系，称为离散系统的脉冲传递函数矩阵。对于单输入单输出离散系统，则为脉冲传递函数。

## 第六节 应用 Matlab 的模型处理

### 一、系统模型的表示

对于一个线性定常系统，通常有传递函数（矩阵）模型、零极点模型、状态空间模型三种表示方法。

1. 应用 Matlab 的 tf( ) 函数实现传递函数模型的表示

（1）单输入单输出线性定常连续系统的情况。设单输入单输出线性定常连续系统的传递函数为

$$g(s) = \frac{b_m s^m + b_{m-1}s^{m-1} + \cdots + b_1 s + b_0}{s^n + a_{n-1}s^{n-1} + \cdots + a_1 s + a_0} \tag{1-190}$$

在 Matlab 中，可按降幂排列的形式将传递函数的分子多项式和分母多项式表示成两个行向量，即

$$num = [b_m \quad b_{m-1} \quad \cdots \quad b_0]$$
$$den = [1 \quad a_{n-1} \quad \cdots \quad a_0]$$

调用 tf( ) 函数的格式为

$$sys = \mathrm{tf}(num,\ den)$$

变量 *sys* 表示了式（1-190）所示系统的传递函数。另外，也可以直接调用含两个向量的 tf( ) 函数得出传递函数的表示式，其格式为

$$sys = \mathrm{tf}([b_m \quad b_{m-1} \quad \cdots \quad b_0],\ [1 \quad a_{n-1} \quad \cdots \quad a_0])$$

**例 1-20** 应用 Matlab 表示出例 1-4 给出的传递函数，即

$$g(s) = \frac{5s + 1}{s^3 + 5s^2 + 8s + 4}$$

**解**

```
>>num = [5 1]
>> den = [1 5 8 4]
>> sys =tf(num, den)
Transfer function:
        5 s + 1
```

```
---------------------
s^3 + 5 s^2 + 8 s + 4
```

对已建立好的传递函数 *sys*，它的分子多项式和分母多项式可分别通过 *sys. num* {1} 和 *sys. den* {1} 得以表示。如上例有

```
>> sys.num {1}
ans =    0    0    5    1
>> sys.den {1}
ans =    1    5    8    4
```

（2）单输入单输出线性定常离散系统的情况。类似地，对于单输入单输出线性定常离散系统，同样可以调用 tf( ) 函数实现脉冲传递函数的表示，但必须在两个多项式后面表示出采样周期。设单输入单输出线性定常离散系统的脉冲传递函数为

$$g(z)=\frac{b_m z^m+b_{m-1}z^{m-1}+\cdots+b_1 z+b_0}{z^n+a_{n-1}z^{n-1}+\cdots+a_1 z+a_0} \tag{1-191}$$

在 Matlab 中，同样可按降幂排列的形式将脉冲传递函数的分子多项式和分母多项式表示成两个行向量，即

$$num=[b_m \quad b_{m-1} \quad \cdots \quad b_0]$$

$$den=[1 \quad a_{n-1} \quad \cdots \quad a_0]$$

调用 tf( ) 函数的格式为

$$sys=\mathrm{tf}(num,\ den,\ T_s)$$

变量 sys 表示了式（1-191）所示离散系统的脉冲传递函数。当然，也可以直接调用含两个向量和采样周期的 tf( ) 函数得出脉冲传递函数的表示式，即

$$sys=\mathrm{tf}([b_m \quad b_{m-1} \quad \cdots \quad b_0],\quad [1 \quad a_{n-1} \quad \cdots \quad a_0],\ T_s)$$

如果不指明具体的采样周期，可取 $T_s=-1$ 或 $T_s=[\ ]$。

**例 1-21**　应用 Matlab 表示出如下离散系统的脉冲传递函数：

$$g(z)=\frac{z^2+2z+1}{z^2+5z+6}$$

**解**

```
>> num = [1 2 1]
>> den = [1 5 6]
>> sys =tf(num, den, -1)
Transfer function:
z^2 + 2 z + 1
-------------
z^2 + 5 z + 6
```

（3）多输入单输出的情况。这种情况下的传递函数矩阵 $\boldsymbol{G}(s)$ 也可以调用 tf( ) 函数来表示，设 $\boldsymbol{G}(s)$ 为

$$\boldsymbol{G}(s)=\begin{bmatrix} g_{11}(s) & g_{12}(s) & \cdots & g_{1p}(s) \\ g_{21}(s) & g_{22}(s) & \cdots & g_{2p}(s) \\ \vdots & \vdots & & \vdots \\ g_{q1}(s) & g_{q2}(s) & \cdots & g_{qp}(s) \end{bmatrix} \tag{1-192}$$

式中，$g_{ij}(s)$描述第$j$个输入对第$i$个输出的传递关系，$g_{ij}(s)=n_{ij}(s)/d_{ij}(s)$（i=1，2，…，$q$；$j$=1，2，…，$p$）；$n_{ij}(s)$和$d_{ij}(s)$分别为它的分子多项式与分母多项式。

在 Matlab 中，传递函数矩阵的分子多项式表示格式为

$$
\begin{aligned}
num = \{\ &[num_{11}]\ [num_{12}]\ \cdots\ [num_{1p}];\\
&[num_{21}]\ [num_{22}]\ \cdots\ [num_{2p}];\\
&\qquad\vdots\\
&[num_{q1}]\ [num_{q2}]\ \cdots\ [num_{qp}]\}
\end{aligned}
$$

其中，$[num_{ij}]$ 是传递函数元$g_{ij}(s)$的分子多项式的行向量表示形式。传递函数矩阵的分母多项式用同样的格式表示，调用 tf( )函数 $sys$ = tf($num$，$den$) 就可得出传递函数矩阵。

**例 1-22**　应用 Matlab 表示出如下多输入多输出系统的传递函数矩阵：

$$
\boldsymbol{G}(s)=\begin{bmatrix}\dfrac{s^2+2s+1}{s^2+5s+6} & \dfrac{s+5}{s+2}\\ \dfrac{2s+3}{s^3+6s^2+11s+6} & \dfrac{6}{2s+7}\end{bmatrix}
$$

**解**

```
>> num = { [1 2 1] [1 5]; [2 3] [6]}
>> den = { [1 5 6] [1 2]; [ 1 6 11 6] [2 7]}
>> sys = tf(num, den)
Transfer function from input 1 to output...
     s^2 + 2 s + 1
 #1: -------------
     s^2 + 5 s + 6
         2 s + 3
 #2: ---------------------
     s^3 + 6 s^2 + 11 s + 6
Transfer function from input 2 to output...
     s + 5
 #1: -----
     s + 2
       6
 #2: -------
     2 s + 7
```

2. 应用 Matlab 的 zpk( ) 函数实现传递函数零极点模型的表示

设单输入单输出线性定常连续系统的传递函数零极点形式为

$$
g(s)=\frac{k(s-z_1)(s-z_2)\cdots(s-z_m)}{(s-p_1)(s-p_2)\cdots(s-p_n)}\tag{1-193}
$$

在 Matlab 中，可表示出传递函数的零点向量$\boldsymbol{z}$、极点向量$\boldsymbol{p}$及增益$k$，即

$$
\boldsymbol{z}=[z_1,\ z_2,\ \cdots,\ z_m]
$$

$$
\boldsymbol{p}=[p_1,\ p_2,\ \cdots,\ p_n]
$$

$$
k=k
$$

调用 zpk( ) 函数的格式为

$$sys = \mathrm{zpk}(\boldsymbol{z},\boldsymbol{p},k)$$

变量 *sys* 表示了式（1-193）所示系统的传递函数零极点模型。

**例 1-23** 应用 Matlab 表示出下列系统的传递函数零极点形式：

$$g(s)=\frac{7(s-3)}{(s-1)(s+2)(s+4)}$$

**解**
```
>> z = [3]
>> p = [1, -2, -4]
>> k =7
>> sys = zpk (z, p, k)
Zero/pole/gain:
 7 (s -3)
-------------------
(s -1) (s +2) (s +4)
```

3. 应用 Matlab 的 ss( ) 函数实现状态空间模型的表示

设线性定常连续系统的状态空间表达式为

$$\begin{cases}\dot{\boldsymbol{x}}=\boldsymbol{Ax}+\boldsymbol{Bu}\\ \boldsymbol{y}=\boldsymbol{Cx}+\boldsymbol{Du}\end{cases} \tag{1-194}$$

在 Matlab 中，按矩阵输入方式建立系统的系数矩阵 $\boldsymbol{A}$、$\boldsymbol{B}$、$\boldsymbol{C}$、$\boldsymbol{D}$，调用 ss( ) 函数的格式为

$$sys = \mathrm{ss}(\boldsymbol{A},\boldsymbol{B},\boldsymbol{C},\boldsymbol{D})$$

执行以上语句，就可建立式（1-194）所示系统的状态空间模型。

**例 1-24** 应用 Matlab 表示出例 1-13 所示系统的状态空间模型。

**解** 例 1-13 给出的系统表达式为

$$\begin{cases}\dot{\boldsymbol{x}}=\begin{bmatrix}0 & 1\\ -2 & -3\end{bmatrix}\boldsymbol{x}+\begin{bmatrix}1 & 0\\ 1 & 1\end{bmatrix}\boldsymbol{u}\\ \boldsymbol{y}=\begin{bmatrix}1 & 0\\ 1 & 1\\ 0 & 2\end{bmatrix}\boldsymbol{x}+\begin{bmatrix}0 & 0\\ 1 & 0\\ 0 & 1\end{bmatrix}\boldsymbol{u}\end{cases}$$

```
>> A = [0 1; -2 -3]
>> B = [1 0; 1 1]
>> C = [1 0; 1 1; 0 2]
>> D = [0 0; 1 0; 0 1]
>> sys = ss (A, B, C, D)
a =
        x1  x2
    x1   0   1
    x2  -2  -3
```

```
b =
        u1  u2
   x1    1   0
   x2    1   1
c =
        x1  x2
   y1    1   0
   y2    1   1
   y3    0   2
d =
        u1  u2
   y1    0   0
   y2    1   0
   y3    0   1
```

## 二、传递函数模型与状态空间模型的相互转换

1. 由状态空间表达式向传递函数模型转换　可应用 ss2tf( ) 函数实现由状态空间表达式向传递函数模型转换。

（1）实现单输入单输出系统转换的函数格式是

$$[num,\ den]=\mathrm{ss2tf}(\boldsymbol{A},\boldsymbol{B},\boldsymbol{C},\boldsymbol{D})$$

执行以上语句，可将系数矩阵为 $\boldsymbol{A}$、$\boldsymbol{B}$、$\boldsymbol{C}$、$\boldsymbol{D}$ 的状态空间表达式转换为分子多项式系数行向量为 *num*、分母多项式系数行向量为 *den* 的传递函数模型。

**例 1-25**　应用 Matlab 完成例 1-12（1）的状态空间模型向传递函数模型的转换。

**解**　按题意，系统的状态空间表达式为

$$\begin{cases}\begin{bmatrix}\dot{x}_1\\ \dot{x}_2\\ \dot{x}_3\end{bmatrix}=\begin{bmatrix}0 & 1 & 0\\ 0 & 0 & 1\\ -4 & -8 & -5\end{bmatrix}\begin{bmatrix}x_1\\ x_2\\ x_3\end{bmatrix}+\begin{bmatrix}0\\ 0\\ 1\end{bmatrix}u\\ y=\begin{bmatrix}1 & 5 & 0\end{bmatrix}\begin{bmatrix}x_1\\ x_2\\ x_3\end{bmatrix}\end{cases}$$

```
>> A = [0 1 0; 0 0 1; -4 -8 -5]
>> B = [0; 0; 1]
>> C = [1 5 0]
>> D = [0]
>> [num, den] = ss2tf(A, B, C, D)
Num =
```

```
      0    -0.0000    5.0000    1.0000
Den =
1.0000    5.0000    8.0000    4.0000
```

即系统的传递函数为

$$g(s)=\frac{5s+1}{s^3+5s^2+8s+4}$$

（2）实现多输入多输出系统转换的函数格式是

$$[num,\ den]=\mathrm{ss2tf}(\boldsymbol{A},\ \boldsymbol{B},\ \boldsymbol{C},\ \boldsymbol{D},\ iu)$$

其中，$iu$ 表示输入变量的序号，表明多输入多输出系统实现向传递函数模型转换时，只能逐个地对输入变量得出传递函数子矩阵，最后整合到一起得出整个系统的传递函数矩阵。

**例 1-26** 应用 Matlab 完成例 1-24 所示状态空间模型向传递函数模型的转换。

**解** 例 1-24 已给出系统各系数矩阵的表示，可在例 1-24 的基础上完成状态空间模型向传递函数模型的转换。

```
>> [num1, den1] =ss2tf(A, B, C, D, 1)
num1 =
        0    1.0000    4.0000
   1.0000    5.0000    4.0000
        0    2.0000   -4.0000
den1 =
     1     3     2
>> [num2, den2] =ss2tf(A, B, C, D, 2)
num2 =
        0    0.0000    1.0000
        0    1.0000    1.0000
   1.0000    5.0000    2.0000
den2 =
     1     3     2
```

可见，对应于 $u_1$ 的各传递函数元为

$$g_{11}(s)=\frac{s+4}{s^2+3s+2},\quad g_{21}(s)=\frac{s^2+5s+4}{s^2+3s+2},\quad g_{31}(s)=\frac{2s-4}{s^2+3s+2}$$

而对应于 $u_2$ 的各传递函数元为

$$g_{12}(s)=\frac{1}{s^2+3s+2},\ g_{22}(s)=\frac{s+1}{s^2+3s+2},\ g_{32}(s)=\frac{s^2+5s+2}{s^2+3s+2}$$

所以，系统的传递函数矩阵为

$$G(s)=\begin{bmatrix}\frac{s+4}{s^2+3s+2} & \frac{1}{s^2+3s+2}\\ \frac{s^2+5s+4}{s^2+3s+2} & \frac{s+1}{s^2+3s+2}\\ \frac{2s-4}{s^2+3s+2} & \frac{s^2+5s+2}{s^2+3s+2}\end{bmatrix}$$

此外，还可类似地实现由状态空间表达式向传递函数零极点模型的转换，单输入单输出系统的函数格式是

$$[\boldsymbol{z},\boldsymbol{p},k]=\mathrm{ss2zp}(\boldsymbol{A},\boldsymbol{B},\boldsymbol{C},\boldsymbol{D})$$

多输入多输出系统的函数格式是

$$[\boldsymbol{z},\boldsymbol{p},k]=\mathrm{ss2zp}(\boldsymbol{A},\boldsymbol{B},\boldsymbol{C},\boldsymbol{D},iu)$$

2. 由传递函数模型向状态空间表达式的转换

由传递函数模型向状态空间表达式转换可应用 tf2ss（）函数实现，其函数格式是

$$[\boldsymbol{A},\boldsymbol{B},\boldsymbol{C},\boldsymbol{D}]=\mathrm{tf2ss}(num,den)$$

执行以上语句，可将分子多项式系数行向量为 *num*、分母多项式系数行向量为 *den* 的传递函数模型转换为系数矩阵为 $\boldsymbol{A}$、$\boldsymbol{B}$、$\boldsymbol{C}$、$\boldsymbol{D}$ 的状态空间表达式。

**例 1-27**　应用 Matlab 完成例 1-20 所示传递函数模型向状态空间模型的转换。

**解**　例 1-20 已给出系统分子多项式系数行向量和分母多项式系数行向量的表示，可在例 1-20 的基础上完成传递函数模型向状态空间模型的转换。

```
>> [A, B, C, D] =tf2ss (num, den)
A =
      -5     -8     -4
      1      0      0
      0      1      0
B =
      1
      0
      0
C =
      0      5      1
D =
      0
```

即系统的状态空间表达式为

$$\begin{cases}\begin{bmatrix}\dot{x}_1\\ \dot{x}_2\\ \dot{x}_3\end{bmatrix}=\begin{bmatrix}-5 & -8 & -4\\ 1 & 0 & 0\\ 0 & 1 & 0\end{bmatrix}\begin{bmatrix}x_1\\ x_2\\ x_3\end{bmatrix}+\begin{bmatrix}1\\ 0\\ 0\end{bmatrix}u\\ y=[0\quad 5\quad 1]\begin{bmatrix}x_1\\ x_2\\ x_3\end{bmatrix}\end{cases}$$

此外，还可类似地实现由传递函数零极点模型向状态空间表达式的转换，其函数格式是

$$[\boldsymbol{A},\boldsymbol{B},\boldsymbol{C},\boldsymbol{D}]=\text{zp2ss}(z,\boldsymbol{p},k)$$

## 三、线性变换

1. 矩阵特征值、特征向量的计算

Matlab 提供了直接计算矩阵特征值和特征向量的函数 eig( )。仅计算特征值的函数调用格式是

$$\boldsymbol{d}=\text{eig}(\boldsymbol{A})$$

$\boldsymbol{d}$ 即为矩阵 $\boldsymbol{A}$ 的所有特征值排列而成的向量。同时，得出特征值和特征向量的函数调用格式为

$$[\boldsymbol{V},\ \boldsymbol{D}]=\text{eig}(\boldsymbol{A})$$

$\boldsymbol{D}$ 是由 $\boldsymbol{A}$ 的所有特征值为对角线元素的对角线矩阵，而 $\boldsymbol{V}$ 是由 $\boldsymbol{A}$ 的所有特征向量组成的矩阵。

**例 1-28** 应用 Matlab 求出下面 $\boldsymbol{A}$ 矩阵的特征值和特征向量

$$\boldsymbol{A}=\begin{bmatrix}2 & -1 & -1\\ 0 & -1 & 0\\ 0 & 2 & 1\end{bmatrix}$$

**解** (1) 可以单独求取特征值，函数调用及结果为

```
>> A= [2 -1 -1; 0 -1 0; 0 2 1]
>> d=eig (A)
d =
     2
     1
    -1
```

可以得到 $\boldsymbol{A}$ 矩阵的 3 个特征值分别为 2、1、$-1$。

(2) 可以同时求取特征值和特征向量，函数调用及结果为

```
>> [V, D] =eig (A)
V =
    1.0000    0.7071         0
         0         0    0.7071
         0    0.7071   -0.7071
```

```
D =
    2    0    0
    0    1    0
    0    0   -1
```

同样可得 $A$ 矩阵的3个特征值分别为2、1、-1，它们对应的3个特征向量分别为

$$v_1=\begin{bmatrix}1\\0\\0\end{bmatrix},\ v_2=\begin{bmatrix}0.7071\\0\\0.7071\end{bmatrix},\ v_3=\begin{bmatrix}0\\0.7071\\-0.7071\end{bmatrix}$$

当矩阵 $A$ 具有重特征值时，有时会要求求取重特征值对应的广义特征向量，而函数eig( )不具有直接计算广义特征向量的功能，这时可以借助符号计算工具箱的 jordan( ) 函数，其调用格式为

$$[V,J]=\mathrm{jordan}(A)$$

$J$ 是与 $A$ 矩阵对应的约当阵，而 $V$ 是由 $A$ 的所有特征向量（包括广义特征向量）组成的矩阵。如果仅求取 $A$ 矩阵对应的约当阵 $J$ 时，函数的调用格式可为

$$J=\mathrm{jordan}\ (A)$$

**例 1-29**　应用 Matlab 求出下面 $A$ 矩阵的特征值和特征向量。

$$A=\begin{bmatrix}0&1&0\\0&0&1\\8&-12&6\end{bmatrix}$$

**解**　同时求取特征值和特征向量，函数调用及结果为

```
>> A = [0 1 0; 0 0 1; 8 -12 6]
>> [V, J] =jordan (A)
V =
    4    -2    1
    8     0    0
   16     8    0
J =
    2    1    0
    0    2    1
    0    0    2
```

可得 $A$ 矩阵的3个特征值都是2，它对应的3个特征向量（包括2个广义特征向量）分别为

$$v_1=\begin{bmatrix}4\\8\\16\end{bmatrix},\ v_2=\begin{bmatrix}-2\\0\\8\end{bmatrix},\ v_3=\begin{bmatrix}1\\0\\0\end{bmatrix}$$

2. 线性变换　Matlab 提供了在给定变换矩阵条件下实现系统非奇异变换的函数 ss2ss( )，其调用格式为

$$GP=\mathrm{ss2ss}(G,Q)$$

其中，$G$、$GP$ 分别为变换前、后的系统状态空间模型，$Q$ 为给定的实现非奇异变换 $\bar{x}=Qx$ 的变换矩阵，即 $GP=\mathrm{ss2ss}(G,Q)$ 通过线性变换 $\bar{x}=Qx$ 将原状态空间模型 $G=\Sigma(A,B,C,D)$ 变换为新状态空间模型 $GP=\Sigma(\bar{A},\bar{B},\bar{C},\bar{D})$。这种变换与本书介绍的线性变换 $x=P\bar{x}$ 为互逆关系，即 $P=Q^{-1}$。所以在本书中，如果给定变换矩阵 $P$，应采用 $GP=\mathrm{ss2ss}(G,\mathrm{inv}(P))$ 的函数调用格式。

**例 1-30** 已知非奇异矩阵

$$P=\begin{bmatrix}1 & 1 & 1\\ -1 & -2 & -3\\ 1 & 4 & 9\end{bmatrix}$$

应用 Matlab 使下面状态空间模型表示的系统实现 $x=P\bar{x}$ 非奇异线性变换。

$$\begin{cases}\begin{bmatrix}\dot{x}_1\\ \dot{x}_2\\ \dot{x}_3\end{bmatrix}=\begin{bmatrix}0 & 1 & 0\\ 0 & 0 & 1\\ -6 & -11 & 6\end{bmatrix}\begin{bmatrix}x_1\\ x_2\\ x_3\end{bmatrix}+\begin{bmatrix}0\\ 0\\ 6\end{bmatrix}u\\ y=\begin{bmatrix}1 & 0 & 0\end{bmatrix}\begin{bmatrix}x_1\\ x_2\\ x_3\end{bmatrix}\end{cases}$$

**解** ss2ss() 函数的调用及结果为

```
>>A = [0 1 0; 0 0 1; -6 -11 -6]
>> B = [0; 0; 6]
>> C = [1 0 0]
>> D =0
>>sys_ in=ss (A, B, C, D)
>>P = [1 1 1; -1 -2 -3; 1 4 9]
>> GP=ss2ss (sys_ in, inv (P))
a =
                x1          x2          x3
  x1            -1   8.882e-016           0
  x2   -1.11e-015           -2   3.553e-015
  x3  7.772e-016   8.882e-016          -3
b =
       u1
  x1    3
  x2   -6
  x3    3
 c =
       x1  x2  x3
  y1    1   1   1
 d =
```

```
        u1
   y1   0
```

线性变换后得到的状态空间表达式为

$$\begin{cases}\begin{bmatrix}\dot{x}_1\\ \dot{x}_2\\ \dot{x}_3\end{bmatrix}=\begin{bmatrix}-1&0&0\\0&-2&0\\0&0&-3\end{bmatrix}\begin{bmatrix}x_1\\x_2\\x_3\end{bmatrix}+\begin{bmatrix}3\\-6\\3\end{bmatrix}u\\ y=\begin{bmatrix}1&1&1\end{bmatrix}\begin{bmatrix}x_1\\x_2\\x_3\end{bmatrix}\end{cases}$$

实际上，变换后的状态空间表达式是对角线规范型，这是由于原状态空间的系统矩阵 $\boldsymbol{A}$ 为友矩阵，具有 3 个特征值 -1、-2、-3。按前面的讨论，将其化为特征值规范型的变换矩阵是由特征值组成的范德蒙德矩阵，而该题所给出的变换矩阵 $\boldsymbol{P}$ 正是友矩阵 $\boldsymbol{A}$ 对应的范德蒙德矩阵，所以得出了对角线规范型的变换结果。另外，实现原状态空间模型 $\boldsymbol{G}=\boldsymbol{\Sigma}(\boldsymbol{A},\boldsymbol{B},\boldsymbol{C},\boldsymbol{D})$ 到新状态空间模型 $\boldsymbol{GP}=\boldsymbol{\Sigma}(\overline{\boldsymbol{A}},\overline{\boldsymbol{B}},\overline{\boldsymbol{C}},\overline{\boldsymbol{D}})$ 的变换，也可采用如下的函数调用格式

$$[\overline{\boldsymbol{A}},\overline{\boldsymbol{B}},\overline{\boldsymbol{C}},\overline{\boldsymbol{D}}]=\mathrm{ss2ss}(\boldsymbol{A},\boldsymbol{B},\boldsymbol{C},\boldsymbol{D},\mathrm{inv}(\boldsymbol{P}))$$

求得将原状态空间模型变换为某个规范型状态空间模型的变换矩阵 $\boldsymbol{P}$ 后，都可以采用上述函数调用方法实现线性变换。

**例 1-31**　应用 Matlab 将下面系统变换成特征值规范型。

$$\begin{cases}\dot{\boldsymbol{x}}=\begin{bmatrix}0&1&0\\0&0&1\\8&-12&6\end{bmatrix}\boldsymbol{x}+\begin{bmatrix}5\\1\\5\end{bmatrix}u\\ y=\begin{bmatrix}1&0&1\end{bmatrix}\boldsymbol{x}\end{cases}$$

**解**　由例 1-29 已求得 $\boldsymbol{A}$ 矩阵的 3 个独立特征向量（包括 2 个广义特征向量）分别为

$$\boldsymbol{v}_1=\begin{bmatrix}4\\8\\16\end{bmatrix},\ \boldsymbol{v}_2=\begin{bmatrix}-2\\0\\8\end{bmatrix},\ \boldsymbol{v}_3=\begin{bmatrix}1\\0\\0\end{bmatrix}$$

将它们构成变换矩阵 $\boldsymbol{P}$ 为

$$\boldsymbol{P}=\begin{bmatrix}4&-2&1\\8&0&0\\16&8&0\end{bmatrix}$$

ss2ss( ) 函数的调用及结果为

```
>> A = [0 1 0; 0 0 1; 8  -12 6]
>> B = [5; 1; 5]
>> C = [1 0 1]
>> D =0
>> P = [4  -2 1; 8 0 0; 16 8 0]
>> [Ap, Bp, Cp, Dp]  =ss2ss (A, B, C, D, inv (P))
```

```
Ap =
     2     1     0
     0     2     1
     0     0     2

Bp =
    0.1250
    0.3750
    5.2500

Cp =
    20     6     1
Dp =
     0
```

线性变换后得到的状态空间表达式为

$$\begin{cases}\begin{bmatrix}\dot{x}_1\\ \dot{x}_2\\ \dot{x}_3\end{bmatrix}=\begin{bmatrix}2 & 1 & 0\\ 0 & 2 & 1\\ 0 & 0 & 2\end{bmatrix}\begin{bmatrix}x_1\\ x_2\\ x_3\end{bmatrix}+\begin{bmatrix}0.1250\\ 0.3750\\ 5.2500\end{bmatrix}u\\ y=[20 \quad 6 \quad 1]\begin{bmatrix}x_1\\ x_2\\ x_3\end{bmatrix}\end{cases}$$

为约当规范型。

## 四、组合系统的模型

Matlab 提供了可直接计算组合系统模型的函数。

1. 并联连接　计算并联连接系统模型的函数为 parallel( )，其调用格式是

$$sys = \text{parallel}(sys\_1,\ sys\_2)$$

其中，*sys*、*sys*_ 1、*sys*_ 2 可以是状态空间模型，也可以是传递函数模型。当 *sys*、*sys*_ 1、*sys*_ 2 是状态空间模型时，调用格式还可以为

$$[\boldsymbol{A},\ \boldsymbol{B},\ \boldsymbol{C},\ \boldsymbol{D}] = \text{parallel}(\boldsymbol{A}_1,\ \boldsymbol{B}_1,\ \boldsymbol{C}_1,\ \boldsymbol{D}_1,\ \boldsymbol{A}_2,\ \boldsymbol{B}_2,\ \boldsymbol{C}_2,\ \boldsymbol{D}_2)$$

当 *sys*、*sys*_ 1、*sys*_ 2 是传递函数模型时，调用格式还可以为

$$[num, den] = \text{parallel}(num_1, den_1, num_2, den_2)$$

**例 1-32**　已知两个系统的传递函数分别为

$$g_1(s)=\frac{3s+1}{s^2+3s+2},\quad g_2(s)=\frac{s+4}{s+2}$$

应用 Matlab 求出它们并联组合系统的传递函数。

**解**　parallel（）函数调用格式及结果为

```
>> [num, den] =parallel ( [3 1], [1 3 2], [1 4], [1 2])
num =
    1    10    21    10
den =
    1    5    8    4
>> sys =tf(num, den)
 Transfer function:
s^3 + 10 s^2 + 21 s + 10
-------------------------
 s^3 + 5 s^2 + 8 s + 4
```

2. 串联连接　计算串联连接系统模型的函数为 series( )，其调用格式是

$$sys = \text{series}(sys\_1,\ sys\_2)$$

其中，*sys*、*sys*_ 1、*sys*_ 2 的含义与并联连接相同，所以也有调用格式

$$[\boldsymbol{A},\boldsymbol{B},\boldsymbol{C},\boldsymbol{D}] = \text{series}(\boldsymbol{A}_1,\boldsymbol{B}_1,\boldsymbol{C}_1,\boldsymbol{D}_1,\boldsymbol{A}_2,\boldsymbol{B}_2,\boldsymbol{C}_2,\boldsymbol{D}_2)$$

和

$$[num,den] = \text{series}(num_1,den_1,num_2,den_2)$$

3. 反馈连接　计算反馈连接系统模型的函数为 feedback( )，其调用格式是

$$sys = \text{feedback}\ (sys\_1,\ sys\_2,\ sign)$$

其中，*sys*、*sys*_ 1、*sys*_ 2 的含义与并联连接相同，*sign* 表示反馈极性（正反馈取 1，负反馈取 -1 或默认），所以也有调用格式

$$[\boldsymbol{A},\boldsymbol{B},\boldsymbol{C},\boldsymbol{D}] = \text{feedback}(\boldsymbol{A}_1,\boldsymbol{B}_1,\boldsymbol{C}_1,\boldsymbol{D}_1,\boldsymbol{A}_2,\boldsymbol{B}_2,\boldsymbol{C}_2,\boldsymbol{D}_2,sign)$$

和

$$[num,den] = \text{feedback}(num_1,den_1,num_2,den_2,sign)$$

**例 1-33**　已知两个系统 $\boldsymbol{\Sigma}_1(\boldsymbol{A}_1,\boldsymbol{B}_1,\boldsymbol{C}_1,\boldsymbol{D}_1)$、$\boldsymbol{\Sigma}_2(\boldsymbol{A}_2,\boldsymbol{B}_2,\boldsymbol{C}_2,\boldsymbol{D}_2)$ 的状态空间模型分别为

$$\begin{cases}\dot{\boldsymbol{x}}_1 = \begin{bmatrix}0 & 1 & 0\\0 & 0 & 1\\-4 & -8 & -5\end{bmatrix}\boldsymbol{x}_1 + \begin{bmatrix}0\\0\\1\end{bmatrix}u_1\\ y_1 = [1\quad 0\quad 0]\boldsymbol{x}_1\end{cases}$$

和

$$\begin{cases}\dot{\boldsymbol{x}}_2 = \begin{bmatrix}0 & 1\\-2 & -3\end{bmatrix}\boldsymbol{x}_2 + \begin{bmatrix}0\\1\end{bmatrix}u_2\\ y_2 = [1\quad 0]\boldsymbol{x}_2\end{cases}$$

应用 Matlab 求出 $\boldsymbol{\Sigma}_1(\boldsymbol{A}_1,\boldsymbol{B}_1,\boldsymbol{C}_1,\boldsymbol{D}_1)$ 为前向通道、$\boldsymbol{\Sigma}_2(\boldsymbol{A}_2,\boldsymbol{B}_2,\boldsymbol{C}_2,\boldsymbol{D}_2)$ 为负反馈通道的组合系统的状态空间模型。

**解**　feedback( ) 函数调用格式及结果为

```
>> A_1 = [0 1 0; 0 0 1; -4 -8 -5]
>> B_1 = [0; 0; 1]
>> C_1 = [1 0 0]
>> D_1 =0
```

```
>> A_2 = [0 1; -2 -3]
>> B_2 = [0; 1]
>>  C_2 = [1 0]
>> D_2 =0
>> [A, B, C, D] =feedback (A_1, B_1, C_1, D_1, A_2, B_2, C_2, D_2, -1)
A =
     0     1     0     0     0
     0     0     1     0     0
    -4    -8    -5    -1     0
     0     0     0     0     1
     1     0     0    -2    -3
B =
     0
     0
     1
     0
     0
C =
     1     0     0     0     0
D =
     0
```

组合系统的状态空间表达式为

$$\begin{cases}\dot{x}=\begin{bmatrix}0 & 1 & 0 & 0 & 0\\ 0 & 0 & 1 & 0 & 0\\ -4 & -8 & -5 & -1 & 0\\ 0 & 0 & 0 & 0 & 1\\ 1 & 0 & 0 & -2 & -3\end{bmatrix}x+\begin{bmatrix}0\\0\\1\\0\\0\end{bmatrix}u\\ y=[1\quad 0\quad 0\quad 0\quad 0]x\end{cases}$$

对于模型的处理，Matlab 并不限于上面介绍的函数及方法，读者可以参照有关资料，得出更多更方便的方法。

## 本 章 要 点

(1) 状态空间表达式是现代控制理论对控制系统的数学模型描述形式，它由状态方程和输出方程组成。状态方程建立了状态向量的一阶微分与状态向量及输入向量之间的关系，是向量的一阶微分方程，表述了系统的动态行为；输出方程建立了输出向量与状态向量及输入向量之间的关系，是向量的代数方程，表述了系统的测量信息。

(2) 状态空间描述注重系统的内部结构及特性，相对于输入输出描述形式，它是一种更完善的系统描述形式。而且它不仅适用于描述线性的、定常的、连续的系统，也适用于描述非线性的、时变的、离散的系统。

（3）系统状态空间描述的建立通常有两种方法：一种是从系统的运动机理出发的“机理方法”，另一种是从其他形式数学模型（包括时域的、频域的、结构图的等）出发的“实现方法”。无论哪种方法，都必须设定系统的一组状态变量，即状态空间描述建立在一组明确的状态变量基础上。

（4）从系统的状态空间表达式出发可以得出系统的输入输出描述形式，即系统的传递函数矩阵。

（5）系统的状态空间表达式可以通过线性非奇异变换变换至另一个状态空间，这种变换往往是为了使系统在新的状态空间成为便于分析和综合的一些规范型。线性变换下系统的一些固有特性（如特征值、传递函数矩阵等）保持不变。

## 思　考　题

1. 什么是状态变量、状态向量、状态空间？
2. 系统的状态空间表达式包括哪些内容？
3. 非线性系统与线性系统的状态空间表达式有什么区别？
4. 线性定常系统与线性时变系统的状态空间表达式有什么区别？
5. 单输入单输出线性定常系统与多输入多输出线性定常系统的状态空间表达式有什么区别？
6. 什么是系统的状态变量图？如何绘制一个系统的状态变量图？
7. 什么是系统的偏差量方程？它与系统方程有什么关系？
8. 怎样建立一个物理系统的状态空间模型？为什么称它为机理模型？
9. 一个单输入单输出线性定常系统有哪三种规范型实现形式？它们各具有什么特点？
10. 状态空间描述与传递函数（矩阵）描述有什么本质性区别？
11. 状态空间线性变换的本质是什么？为什么要对系统的状态空间表达式进行线性变换？

## 练　习　题

1. 考察图 1-19 所示电路，取电压源 $u$ 为输入变量，电阻 $R_1$ 上的电压 $u_o$ 为输出变量，试建立该电路网络的状态空间表达式。

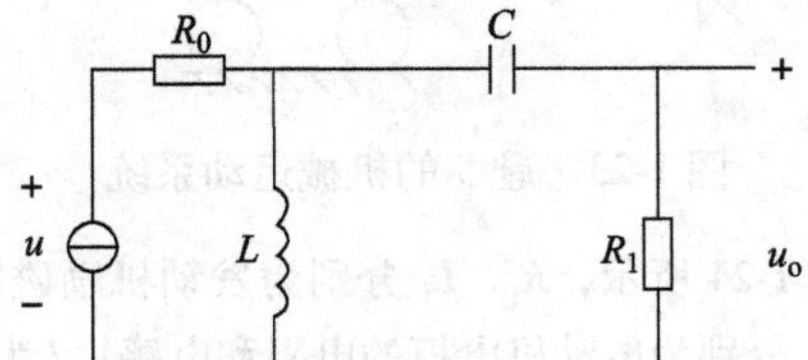


图 1-19　题 1 的电网络

2. 有 $RLC$ 网络如图 1-20 所示，设 $u_i$、$u_o$ 分别为输入变量和输出变量，试写出该电网络的状态空间表达式。

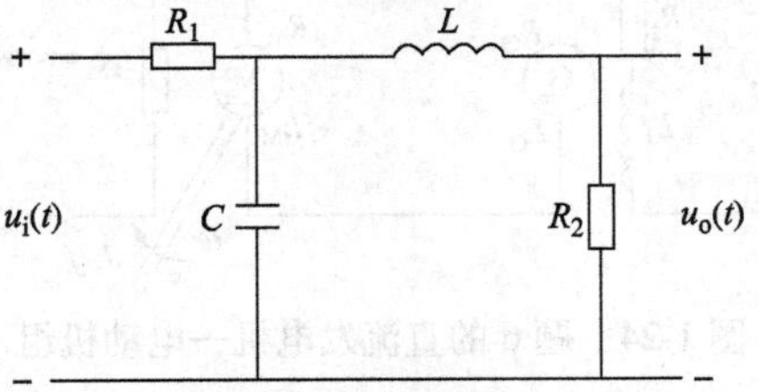


图 1-20　题 2 的电网络

3. 考察图 1-21 所示电路，取 $u_1$、$u_2$ 为输入变量，$u_A$ 为输出变量，并选 $i_1$ 和 $i_2$ 为状态变量，试建立该电网络的状态空间表达式。

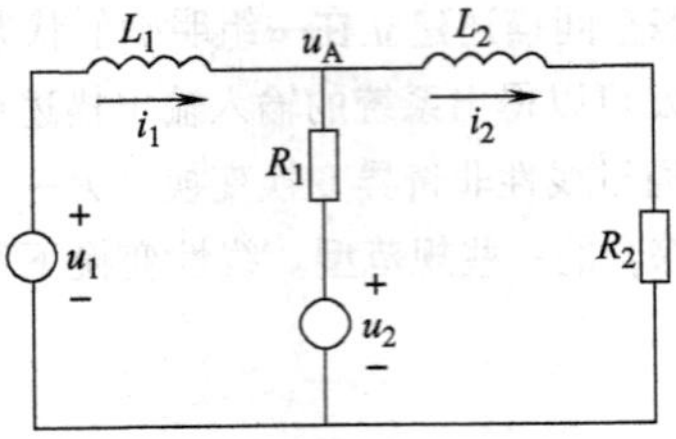


图 1-21　题 3 的电网络

4. 图 1-22 为电枢控制直流他励电动机工作原理示意图，励磁电流 $i_f$ 为恒定，通过调节电枢供电电压 $u$ 实现调速。其中，$R$、$L$ 分别为电动机电枢回路的电阻和电感；$J$ 为电动机轴上的等效总转动惯量；$f$ 为电动机轴上的等效总粘性摩擦系数；$\omega$ 为电动机角速度；电动机的电动势常数和转矩常数分别表示为 $K_e$、$K_m$。试建立电动机的状态空间模型。

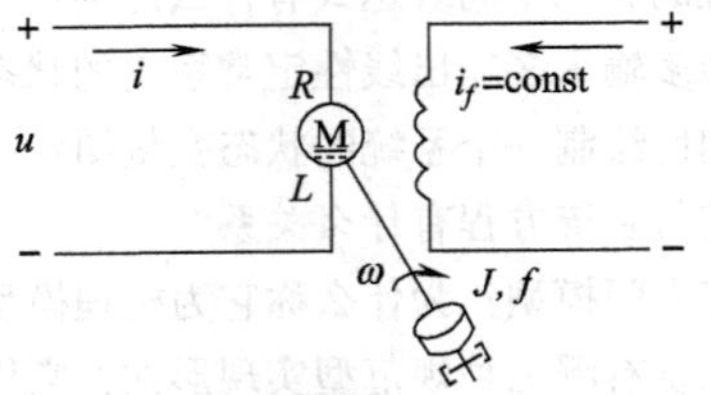


图 1-22　题 4 的电动机工作原理示意图

5. 一机械运动系统如图 1-23 所示，如忽略小车与地面的摩擦力，并设弹簧的线性弹性系数为 $k$，小车质量为 $m$。试写出在外力 $F$ 作用下，以位移 $y$ 为输出变量的系统状态空间表达式。

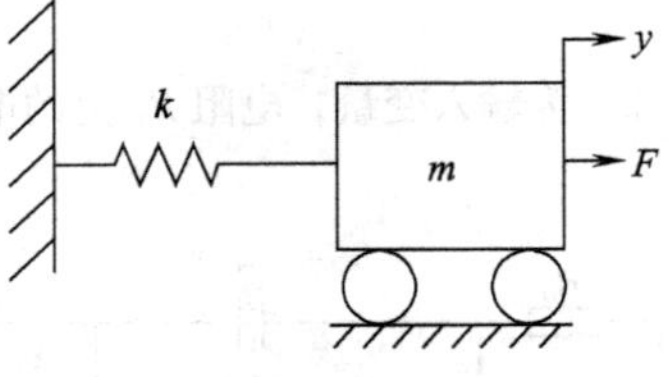


图 1-23　题 5 的机械运动系统

6. 直流发电机—电动机组如图 1-24 所示，$R_f$、$L_f$ 分别为发动机励磁回路电阻和电感；$R_G$、$L_G$ 分别为发电机电枢的电阻和电感；$R_M$、$L_M$ 分别为电动机电枢的电阻和电感；$J$ 为电动机轴上的等效总转动惯量；$f$ 为电动机轴上的等效总粘性摩擦系数。设电动机励磁电流为恒定，输入变量为发电机激磁电压 $u_f(t)$，输出变量为电动机的角速度 $\omega(t)$。

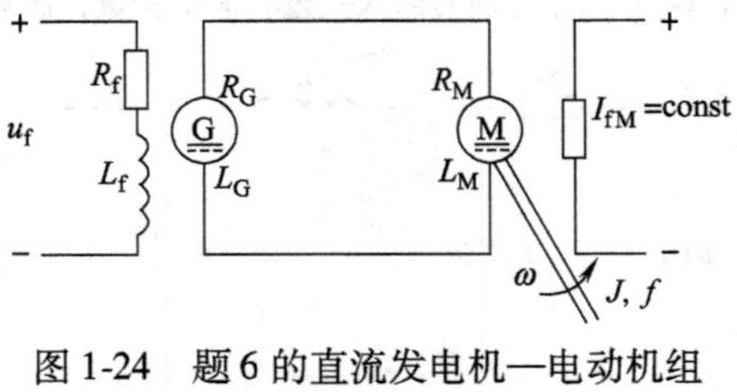


图 1-24　题 6 的直流发电机—电动机组

（1）列出该机组的微分方程式；

（2）列出该机组的状态空间表达式；

（3）画出系统的状态变量图；

（4）分别由微分方程式、状态空间表达式求出系统的传递函数。

7. 已知描述系统的微分方程如下列等式：

（1）$\dddot{y}+9\ddot{y}+5\dot{y}+3y=\ddot{u}+4\dot{u}+u$

（2）$\dddot{y}+7\ddot{y}+3y=\dot{u}+2u$

试各写出三种不同的状态空间表达式。

8. 已知系统的传递函数为

（1）$g(s)=\dfrac{s+3}{s^2+3s+2}$

(2) $g(s)=\dfrac{4}{s(s+1)^2(s+3)}$

试写出它们的能控规范型、能观规范型、特征值规范型状态空间表达式，并分别画出状态变量图。

9. 已知电枢控制直流伺服电动机的运动方程为

$$\begin{cases} u_a=R_a i_a+L_a\dfrac{\mathrm{d}i_a}{\mathrm{d}t}+E_b \\ E_b=K_b\dfrac{\mathrm{d}\theta_m}{\mathrm{d}t} \\ M_m=C_m i_a \\ M_m=J_m\dfrac{\mathrm{d}^2\theta_m}{\mathrm{d}t^2}+f_m\dfrac{\mathrm{d}\theta_m}{\mathrm{d}t} \end{cases}$$

其传递函数为

$$\frac{\Theta_m(s)}{U_a(s)}=\frac{C_m}{s[L_aJ_ms^2+(L_af_m+J_mR_a)s+(R_af_m+K_bC_m)]}$$

（1）设状态变量 $x_1=\theta_m$，$x_2=\dot{\theta}_m$，$x_3=\ddot{\theta}_m$，输出变量 $y=\theta_m$，建立系统的状态空间表达式；

（2）设状态变量 $\bar{x}_1=i_a$，$\bar{x}_2=\theta_m$，$\bar{x}_3=\dot{\theta}_m$，输出变量 $y=\theta_m$，建立系统的状态空间表达式；

（3）设 $\boldsymbol{x}=\boldsymbol{P}\bar{\boldsymbol{x}}$，试确定上述两组状态变量之间的变换矩阵 $\boldsymbol{P}$。

10. 设描述系统的微分方程为

$$\ddot{x}+3\dot{x}+2x=u$$

（1）设状态变量 $x_1=x$，$x_2=\dot{x}$，输出变量 $y=x$，建立系统的状态空间表达式；

（2）设有状态变量的变换 $x_1=\bar{x}_1+\bar{x}_2$，$x_2=-\bar{x}_1-2\bar{x}_2$，试确定变换矩阵 $\boldsymbol{P}$ 并建立变换后的状态空间表达式。

11. 根据图 1-25 所示的控制系统框图，分别画出系统的状态变量图，并建立其状态空间表达式。

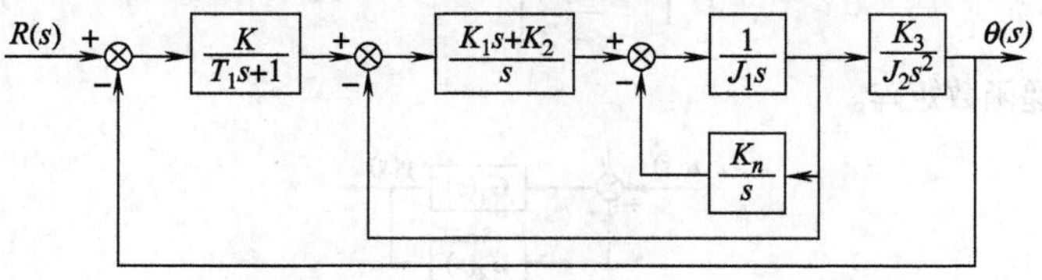


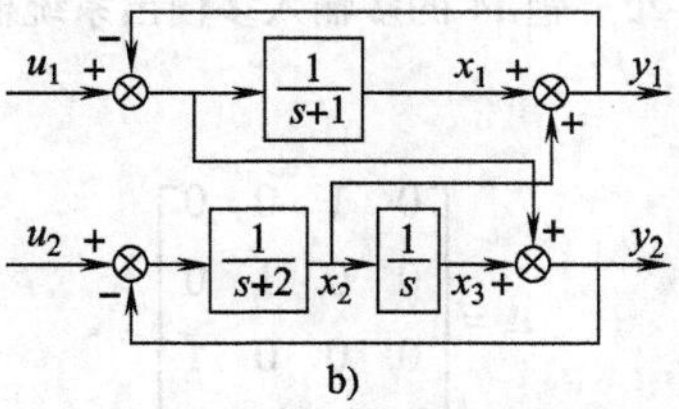


图 1-25 题 11 的控制系统框图

12. 已知系统的状态空间表达式为

(1) $\begin{cases} \begin{bmatrix} \dot{x}_1 \\ \dot{x}_2 \end{bmatrix} = \begin{bmatrix} 3 & 2 \\ -4 & -4 \end{bmatrix} \begin{bmatrix} x_1 \\ x_2 \end{bmatrix} + \begin{bmatrix} 4 \\ 3 \end{bmatrix} u \\ y = \begin{bmatrix} 2 & 2 \end{bmatrix} \begin{bmatrix} x_1 \\ x_2 \end{bmatrix} + u \end{cases}$

(2) $\begin{cases} \begin{bmatrix} \dot{x}_1 \\ \dot{x}_2 \\ \dot{x}_3 \end{bmatrix} = \begin{bmatrix} 3 & 0 & 0 \\ 1 & 5 & 2 \\ 0 & 2 & 1 \end{bmatrix} \begin{bmatrix} x_1 \\ x_2 \\ x_3 \end{bmatrix} + \begin{bmatrix} 1 & 0 \\ 2 & 0 \\ 0 & 5 \end{bmatrix} \begin{bmatrix} u_1 \\ u_2 \end{bmatrix} \\ \begin{bmatrix} y_1 \\ y_2 \end{bmatrix} = \begin{bmatrix} 2 & 0 & 1 \\ 6 & 2 & 0 \end{bmatrix} \begin{bmatrix} x_1 \\ x_2 \\ x_3 \end{bmatrix} \end{cases}$

求系统的传递函数矩阵。

13. (1) 已知两个子系统的传递函数矩阵分别为

$$\boldsymbol{G}_1(s) = \begin{bmatrix} \dfrac{1}{s+1} & \dfrac{1}{s+2} \\ 0 & \dfrac{s+1}{s+2} \end{bmatrix},\ \boldsymbol{G}_2(s) = \begin{bmatrix} \dfrac{1}{s+3} & \dfrac{1}{s+4} \\ \dfrac{1}{s+1} & 0 \end{bmatrix}$$

试求出两系统串联、并联连接的传递函数矩阵。

(2)已知两个子系统的系数矩阵分别为

$$\boldsymbol{\Sigma}_1 : \boldsymbol{A}_1 = \begin{bmatrix} 0 & 1 \\ -2 & -3 \end{bmatrix},\ \boldsymbol{B}_1 = \begin{bmatrix} 0 \\ 1 \end{bmatrix},\ \boldsymbol{C}_1 = \begin{bmatrix} 1 & 0 \end{bmatrix}$$

$$\boldsymbol{\Sigma}_2 : \boldsymbol{A}_2 = \begin{bmatrix} 0 & 1 \\ -4 & -4 \end{bmatrix},\ \boldsymbol{B}_2 = \begin{bmatrix} 0 \\ 1 \end{bmatrix},\ \boldsymbol{C}_2 = \begin{bmatrix} 1 & 2 \end{bmatrix}$$

试求出：

1) 两系统并联连接的系统矩阵、输入矩阵和输出矩阵；

2) $\boldsymbol{\Sigma}_1$ 在前、$\boldsymbol{\Sigma}_2$ 在后的串联系统的系统矩阵、输入矩阵和输出矩阵；

3) $\boldsymbol{\Sigma}_1$ 为前向通道、$\boldsymbol{\Sigma}_2$ 为反馈通道的负反馈联接系统的系统矩阵、输入矩阵和输出矩阵。

14. 一个多输入多输出系统如图 1-26 所示，图中

$$\boldsymbol{G}_1(s) = \begin{bmatrix} \dfrac{2}{s} & \dfrac{5}{s+1} \\ 1 & \dfrac{1}{s+2} \end{bmatrix},\ \boldsymbol{G}_2(s) = \begin{bmatrix} 1 & -1 \\ 0 & 1 \end{bmatrix}$$

试求该系统的传递函数矩阵。

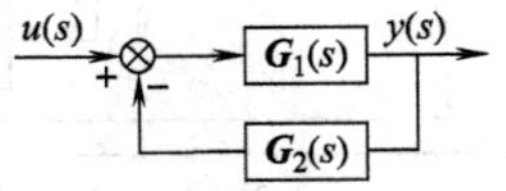


图 1-26　题 14 的多输入多输出系统框图

15. 已知矩阵

$$\boldsymbol{A} = \begin{bmatrix} 0 & 1 & 0 & 0 \\ 0 & 0 & 1 & 0 \\ 0 & 0 & 0 & 1 \\ 1 & 0 & 0 & 0 \end{bmatrix}$$

试求矩阵 $\boldsymbol{A}$ 的特征方程、特征值、特征向量，并求出将矩阵 $\boldsymbol{A}$ 变换为对角阵（或约旦阵）的变换矩阵。

16. 试将下列系统方程变换为特征值规范型：

(1) $\begin{cases}\dot{\boldsymbol{x}}=\begin{bmatrix}0 & 1 & -1\\ -6 & -11 & 6\\ -6 & -11 & 5\end{bmatrix}\boldsymbol{x}+\begin{bmatrix}0\\0\\1\end{bmatrix}u\\ y=[1\quad 0\quad 0]\,\boldsymbol{x}\end{cases}$　　(2) $\begin{cases}\dot{\boldsymbol{x}}=\begin{bmatrix}0 & 1 & 0\\ 0 & 0 & 1\\ -6 & -11 & -6\end{bmatrix}\boldsymbol{x}+\begin{bmatrix}0\\0\\1\end{bmatrix}u\\ y=[1\quad 2\quad 0]\boldsymbol{x}\end{cases}$

(3) $\begin{cases}\dot{\boldsymbol{x}}=\begin{bmatrix}0 & 1 & 0\\ 0 & 0 & 1\\ 2 & -1 & 2\end{bmatrix}\boldsymbol{x}+\begin{bmatrix}0\\0\\1\end{bmatrix}u\\ y=[1\quad 2\quad 0]\,\boldsymbol{x}\end{cases}$　　(4) $\begin{cases}\dot{\boldsymbol{x}}=\begin{bmatrix}0 & 0 & -2\\ 1 & 0 & -4\\ 0 & 1 & -3\end{bmatrix}\boldsymbol{x}+\begin{bmatrix}1\\0\\0\end{bmatrix}u\\ y=[1\quad 0\quad 1]\,\boldsymbol{x}\end{cases}$

17. 试将下列系统的状态方程变换为特征值规范型。

(1) $\dot{\boldsymbol{x}}(t)=\begin{bmatrix}0 & 1 & 0\\ 0 & 0 & 1\\ 2 & -5 & 4\end{bmatrix}\boldsymbol{x}(t)+\begin{bmatrix}0\\0\\1\end{bmatrix}u(t)$

(2) $\dot{\boldsymbol{x}}(t)=\begin{bmatrix}4 & 1 & -2\\ 1 & 0 & 2\\ 1 & -1 & 3\end{bmatrix}\boldsymbol{x}(t)+\begin{bmatrix}3 & 1\\ 2 & 7\\ 5 & 3\end{bmatrix}\begin{bmatrix}u_1(t)\\ u_2(t)\end{bmatrix}$

18. 已知离散系统的差分方程为

$$y(k+3)+3y(k+2)+5y(k+1)+y(k)=u(k+1)+2u(k)$$

试写出该系统的状态空间表达式，并画出系统结构图（状态变量图）。

19. 已知离散系统状态空间表达式为

$$\begin{cases}\begin{bmatrix}x_1(k+1)\\ x_2(k+1)\end{bmatrix}=\begin{bmatrix}0 & 1\\ 1 & 3\end{bmatrix}\begin{bmatrix}x_1(k)\\ x_2(k)\end{bmatrix}+\begin{bmatrix}0\\1\end{bmatrix}u(t)\\ y(k)=[1\quad 1]\begin{bmatrix}x_1(k)\\ x_2(k)\end{bmatrix}\end{cases}$$

试求出该系统的脉冲传递函数。

## 上机练习题

1. 试用 Matlab 求出练习题 7 中系统的状态空间表达式。
2. 试用 Matlab 求出练习题 8 中系统的状态空间表达式。
3. 已知系统的传递函数为

$$g(s)=\frac{2s+1}{s^3+7s^2+14s+8}$$

试用 Matlab 求出系统的特征值规范型状态空间表达式。

4. 已知系统的传递函数为

$$g(s)=\frac{2s^2+5s+1}{(s-2)^3}$$

试用 Matlab 求出系统的特征值规范型状态空间表达式。

5. 给定系统的状态空间表达式为

$$\begin{cases}\dot{\boldsymbol{x}}=\begin{bmatrix}0 & 0 & -2\\ 1 & 0 & -4\\ 0 & 1 & -3\end{bmatrix}\boldsymbol{x}+\begin{bmatrix}1\\ 0\\ 0\end{bmatrix}u\\ y=\begin{bmatrix}1 & 0 & 1\end{bmatrix}\boldsymbol{x}\end{cases}$$

试用 Matlab 求出系统的传递函数。

6. 给定系统的状态空间表达式为

$$\begin{cases}\begin{bmatrix}\dot{x}_1\\ \dot{x}_2\\ \dot{x}_3\end{bmatrix}=\begin{bmatrix}3 & 0 & 0\\ 1 & 5 & 2\\ 0 & 2 & 1\end{bmatrix}\begin{bmatrix}x_1\\ x_2\\ x_3\end{bmatrix}+\begin{bmatrix}1 & 0\\ 2 & 0\\ 0 & 5\end{bmatrix}\begin{bmatrix}u_1\\ u_2\end{bmatrix}\\ \begin{bmatrix}y_1\\ y_2\end{bmatrix}=\begin{bmatrix}2 & 0 & 1\\ 6 & 2 & 0\end{bmatrix}\begin{bmatrix}x_1\\ x_2\\ x_3\end{bmatrix}\end{cases}$$

试用 Matlab 求出系统的传递函数矩阵。

7. 给定系统的状态空间表达式为

$$\begin{cases}\dot{\boldsymbol{x}}=\begin{bmatrix}0 & 1 & -1\\ -6 & -11 & 6\\ -6 & -11 & 5\end{bmatrix}\boldsymbol{x}+\begin{bmatrix}0\\ 0\\ 1\end{bmatrix}u\\ y=\begin{bmatrix}1 & 0 & 0\end{bmatrix}\boldsymbol{x}\end{cases}$$

试用 Matlab 将其变换为特征值规范型形式。

8. 试用 Matlab 将下面的状态方程变换为特征值规范型形式。

$$\dot{\boldsymbol{x}}(t)=\begin{bmatrix}4 & 1 & -2\\ 1 & 0 & 2\\ 1 & -1 & 3\end{bmatrix}\boldsymbol{x}(t)+\begin{bmatrix}3 & 1\\ 2 & 7\\ 5 & 3\end{bmatrix}\begin{bmatrix}u_1(t)\\ u_2(t)\end{bmatrix}$$

9. 试用 Matlab 完成练习题 13。

# 第二章　线性动态系统的运动分析

系统的运动分析就是研究动态系统的行为和特性。第一章中讨论了动态系统的状态空间描述，指出一个动态系统的表达式由状态方程与输出方程组成。其中，状态方程是一个一阶向量微分（差分）方程，它描述了系统的动态行为，系统的状态表征了系统运动的完全信息；而输出方程是一个向量代数方程，表示了人们希望从系统中获取的信息如何由状态量和输入量变换得到。可见，动态系统的运动分析就是在已知系统状态空间描述的基础上研究由输入激励和初始状态影响所引起的系统状态运动或输出响应，实质上就是求解系统的状态方程并分析解的性质，以解析形式或数值形式得出系统状态的变化规律，进而得到系统输出的变化规律。由于是在时域直接解得状态向量 $x(t)$ 或输出向量 $y(t)$，所以这种分析方法属于定量分析。

## 第一节　线性定常系统的运动分析

### 一、线性定常系统齐次状态方程的解

线性定常系统齐次状态方程是指系统输入量为零时的状态方程，所以它描述了系统只受初始状态影响的系统状态的演变情况，也即系统自由运动的情况。这时系统的状态方程表示为

$$\dot{\boldsymbol{x}} = \boldsymbol{A}\boldsymbol{x} \tag{2-1}$$

式中，$\boldsymbol{A}$ 为 $n \times n$ 维系统矩阵；$\boldsymbol{x}$ 为 $n$ 维状态向量，并且具有初始状态值

$$\boldsymbol{x}(t)\big|_{t=t_0} = \boldsymbol{x}(t_0) \tag{2-2}$$

设式（2-1）的解为向量幂级数

$$\boldsymbol{x}(t) = \boldsymbol{b}_0 + \boldsymbol{b}_1(t-t_0) + \boldsymbol{b}_2(t-t_0)^2 + \cdots + \boldsymbol{b}_k(t-t_0)^k + \cdots \tag{2-3}$$

将它代入方程（2-1），得

$$\begin{aligned}&\boldsymbol{b}_1 + 2\boldsymbol{b}_2(t-t_0) + 3\boldsymbol{b}_3(t-t_0)^2 + \cdots + k\boldsymbol{b}_k(t-t_0)^{k-1} + \cdots \\ &= \boldsymbol{A}[\boldsymbol{b}_0 + \boldsymbol{b}_1(t-t_0) + \boldsymbol{b}_2(t-t_0)^2 + \cdots + \boldsymbol{b}_k(t-t_0)^k + \cdots]\end{aligned} \tag{2-4}$$

等式两边同幂次项的系数应相等，即

$$\begin{cases}\boldsymbol{b}_1 = \boldsymbol{A}\boldsymbol{b}_0 \\ \boldsymbol{b}_2 = \dfrac{1}{2}\boldsymbol{A}\boldsymbol{b}_1 = \dfrac{1}{2!}\boldsymbol{A}^2\boldsymbol{b}_0 \\ \boldsymbol{b}_3 = \dfrac{1}{3}\boldsymbol{A}\boldsymbol{b}_2 = \dfrac{1}{3!}\boldsymbol{A}^3\boldsymbol{b}_0 \\ \quad\vdots \\ \boldsymbol{b}_k = \dfrac{1}{k!}\boldsymbol{A}^k\boldsymbol{b}_0\end{cases} \tag{2-5}$$

将初始条件式（2-2）代入式（2-3），有 $\boldsymbol{b}_0=\boldsymbol{x}(t_0)$。所以式（2-1）的解为

$$\boldsymbol{x}(t)=[\boldsymbol{I}+\boldsymbol{A}(t-t_0)+\frac{1}{2!}\boldsymbol{A}^2(t-t_0)^2+\cdots+\frac{1}{k!}\boldsymbol{A}^k(t-t_0)^k+\cdots]\boldsymbol{x}(t_0) \tag{2-6}$$

仿照标量指数函数 $e^{a(t-t_0)}=1+a(t-t_0)+\frac{1}{2!}a^2(t-t_0)^2+\cdots+\frac{1}{k!}a^k(t-t_0)^k+\cdots=\sum_{k=0}^{\infty}\frac{1}{k!}a^k(t-t_0)^k$ 的级数表示形式，将式（2-6）右端方括号内的矩阵级数记为矩阵指数表达式，即

$$e^{\boldsymbol{A}(t-t_0)}=\boldsymbol{I}+\boldsymbol{A}(t-t_0)+\frac{1}{2!}\boldsymbol{A}^2(t-t_0)^2+\cdots+\frac{1}{k!}\boldsymbol{A}^k(t-t_0)^k+\cdots=\sum_{k=0}^{\infty}\frac{1}{k!}\boldsymbol{A}^k(t-t_0)^k \tag{2-7}$$

式中，规定 $\boldsymbol{A}^0=\boldsymbol{I}$，并可证明，对于任意的矩阵 $\boldsymbol{A}$ 该矩阵级数绝对收敛。而对于 $\boldsymbol{A}=0$，有 $e^{\boldsymbol{A}t}=e^0=\boldsymbol{I}$。这样，式（2-1）的解可用系统矩阵 $\boldsymbol{A}$ 的矩阵指数表示，即为

$$\boldsymbol{x}(t)=e^{\boldsymbol{A}(t-t_0)}\boldsymbol{x}(t_0) \tag{2-8}$$

式（2-8）表明，线性定常系统自由运动的状态 $\boldsymbol{x}(t)$ 可视为是由它的初始状态 $\boldsymbol{x}(t_0)$ 通过矩阵指数 $e^{\boldsymbol{A}(t-t_0)}$ 的转移作用而得到的，因此又将矩阵指数 $e^{\boldsymbol{A}(t-t_0)}$ 称为线性定常系统的状态转移矩阵，记作 $\boldsymbol{\Phi}(t-t_0)$。于是式（2-8）又可表示为

$$\boldsymbol{x}(t)=\boldsymbol{\Phi}(t-t_0)\boldsymbol{x}(t_0) \tag{2-9}$$

式（2-9）是关于定常系统状态解的更一般化的表示形式，它不仅表示了系统状态转移矩阵对系统状态的转移作用，而且还表达了状态转移矩阵仅与所转移状态的时间间隔有关这一定常系统的基本属性。

式（2-9）的物理意义是明显的，即系统的自由运动可理解为在状态转移矩阵作用下的状态转移，那么，状态转移矩阵包含了系统自由运动的全部信息，也即求得了系统的状态转移矩阵，则该系统的自由运动情况就完全掌握了。式（2-9）又表示了状态转移的数学意义，即 $t$ 时刻的状态 $\boldsymbol{x}(t)$ 可视为初始状态 $\boldsymbol{x}(t_0)$ 经状态转移矩阵 $e^{\boldsymbol{A}(t-t_0)}$ 为变换阵的线性变换的结果。

当初始时刻 $t_0=0$ 时，初始条件成为

$$\boldsymbol{x}(t)|_{t=0}=\boldsymbol{x}(0) \tag{2-10}$$

由式（2-8）和式（2-9），可得自由运动的解为

$$\boldsymbol{x}(t)=\boldsymbol{\Phi}(t)\boldsymbol{x}(0)=e^{\boldsymbol{A}t}\boldsymbol{x}(0) \tag{2-11}$$

而

$$e^{\boldsymbol{A}t}=\boldsymbol{I}+\boldsymbol{A}t+\frac{1}{2!}\boldsymbol{A}^2t^2+\cdots+\frac{1}{k!}\boldsymbol{A}^kt^k+\cdots=\sum_{k=0}^{\infty}\frac{1}{k!}\boldsymbol{A}^kt^k \tag{2-12}$$

为表达简便，后面的讨论中若不作说明，均为初始时刻 $t_0=0$ 的情况。

## 二、状态转移矩阵的性质

线性定常系统状态转移矩阵 $\boldsymbol{\Phi}(t)=e^{\boldsymbol{A}t}$ 具有一系列重要的性质，它们对于 $e^{\boldsymbol{A}t}$ 的计算及分析系统的运动特性都有重要作用。

1. $\dot{\boldsymbol{\Phi}}(t)=\boldsymbol{A}\cdot\boldsymbol{\Phi}(t)=\boldsymbol{\Phi}(t)\cdot\boldsymbol{A}$ (2-13)

**证明** 由线性定常系统状态转移矩阵的定义

$$\boldsymbol{\Phi}(t)=\boldsymbol{I}+\boldsymbol{A}t+\frac{1}{2}\boldsymbol{A}^2t^2+\cdots+\frac{\boldsymbol{A}^k}{k!}t^k+\cdots$$

对上式求导得

$$\dot{\boldsymbol{\Phi}}(t)=\boldsymbol{A}+\boldsymbol{A}^2t+\cdots+\frac{1}{(k-1)!}\boldsymbol{A}^kt^{k-1}+\cdots=\boldsymbol{A}(\boldsymbol{I}+\boldsymbol{A}t+\cdots+\frac{\boldsymbol{A}^{k-1}}{(k-1)!}t^{k-1}+\cdots)=\boldsymbol{A}\cdot\boldsymbol{\Phi}(t)$$

又有

$$\dot{\boldsymbol{\Phi}}(t)=\boldsymbol{A}+\boldsymbol{A}^2t+\cdots+\frac{1}{(k-1)!}\boldsymbol{A}^kt^{k-1}+\cdots=(\boldsymbol{I}+\boldsymbol{A}t+\cdots+\frac{\boldsymbol{A}^{k-1}}{(k-1)!}t^{k-1}+\cdots)\boldsymbol{A}=\boldsymbol{\Phi}(t)\cdot\boldsymbol{A}$$

性质得证。该性质也表明了系统矩阵 $\boldsymbol{A}$ 与状态转移矩阵 $\boldsymbol{\Phi}(t)$ 满足乘法交换律。

2. $\boldsymbol{\Phi}(0)=\boldsymbol{I}$ (2-14)

**证明** 将 $t=0$ 代入 $\boldsymbol{\Phi}(t)=\boldsymbol{I}+\boldsymbol{A}t+\frac{1}{2}\boldsymbol{A}^2t^2+\cdots+\frac{\boldsymbol{A}^k}{k!}t^k+\cdots$ 即可得证。该性质结合性质1还可得出 $\dot{\boldsymbol{\Phi}}(0)=\boldsymbol{A}$。

3. $\boldsymbol{\Phi}(t_1\pm t_2)=\boldsymbol{\Phi}(t_1)\cdot\boldsymbol{\Phi}(\pm t_2)=\boldsymbol{\Phi}(\pm t_2)\cdot\boldsymbol{\Phi}(t_1)$ (2-15)

**证明** 按 $\boldsymbol{\Phi}(t)=\mathrm{e}^{\boldsymbol{A}t}$ 的定义，得

$$\begin{aligned}\boldsymbol{\Phi}(t_1)\cdot\boldsymbol{\Phi}(t_2)&=(\boldsymbol{I}+\boldsymbol{A}t_1+\frac{1}{2}\boldsymbol{A}^2t_1^2+\cdots+\frac{\boldsymbol{A}^k}{k!}t_1^k+\cdots)(\boldsymbol{I}+\boldsymbol{A}t_2+\frac{1}{2}\boldsymbol{A}^2t_2^2+\cdots+\frac{\boldsymbol{A}^k}{k!}t_2^k+\cdots)\\&=\boldsymbol{I}+\boldsymbol{A}(t_1+t_2)+\boldsymbol{A}^2\left(\frac{t_1^2}{2!}+t_1t_2+\frac{t_2^2}{2!}\right)+\boldsymbol{A}^3\left(\frac{t_1^3}{3!}+\frac{1}{2!}t_1^2t_2+\frac{1}{2!}t_1t_2^2+\frac{t_2^3}{3!}\right)+\cdots\\&=\boldsymbol{I}+\boldsymbol{A}(t_1+t_2)+\frac{1}{2!}\boldsymbol{A}^2(t_1+t_2)^2+\frac{1}{3!}\boldsymbol{A}^3(t_1+t_2)^3+\cdots=\boldsymbol{\Phi}(t_1+t_2)\end{aligned}$$

同理可证该性质的其他表达式。这一性质表明了状态转移矩阵的分解性，并由此易推得 $(\boldsymbol{\Phi}(t))^k=\boldsymbol{\Phi}(kt)$。

4. $(\boldsymbol{\Phi}(t))^{-1}=\boldsymbol{\Phi}(-t)$ (2-16)

**证明** 由性质3和性质2，有 $\boldsymbol{\Phi}(t)\cdot\boldsymbol{\Phi}(-t)=\boldsymbol{\Phi}(t-t)=\boldsymbol{\Phi}(0)=\boldsymbol{I}$，即 $\boldsymbol{\Phi}(t)$ 和 $\boldsymbol{\Phi}(-t)$ 互为逆矩阵。该性质也表明了线性定常系统的状态转移矩阵（或矩阵指数函数 $\mathrm{e}^{\boldsymbol{A}t}$）的逆阵总是存在的，因此它必是非奇异矩阵，即使矩阵 $\boldsymbol{A}$ 是奇异矩阵。

5. $\boldsymbol{\Phi}(t_2-t_0)=\boldsymbol{\Phi}(t_2-t_1)\boldsymbol{\Phi}(t_1-t_0)$ (2-17)

**证明** 由式（2-9）有 $\boldsymbol{x}(t_2)=\boldsymbol{\Phi}(t_2-t_1)\boldsymbol{x}(t_1)$、$\boldsymbol{x}(t_1)=\boldsymbol{\Phi}(t_1-t_0)\boldsymbol{x}(t_0)$ 及 $\boldsymbol{x}(t_2)=\boldsymbol{\Phi}(t_2-t_0)\boldsymbol{x}(t_0)$，所以可得等式

$$\boldsymbol{\Phi}(t_2-t_0)\boldsymbol{x}(t_0)=\boldsymbol{\Phi}(t_2-t_1)\boldsymbol{\Phi}(t_1-t_0)\boldsymbol{x}(t_0)$$

性质得证。该性质表明系统的状态转移具有传递性，即 $t_0\sim t_2$ 的状态转移，可分段为 $t_0\sim t_1$ 的转移与 $t_1\sim t_2$ 的转移两部分。

6. 当且仅当 $\boldsymbol{AB}=\boldsymbol{BA}$，即矩阵 $\boldsymbol{A}$ 和 $\boldsymbol{B}$ 可交换时，有

$$\mathrm{e}^{\boldsymbol{A}t}\mathrm{e}^{\boldsymbol{B}t}=\mathrm{e}^{(\boldsymbol{A}+\boldsymbol{B})t} \tag{2-18}$$

**证明** 当矩阵 $\boldsymbol{A}$ 和 $\boldsymbol{B}$ 的维数相同时，有

$$\mathrm{e}^{\boldsymbol{A}t}\mathrm{e}^{\boldsymbol{B}t}=(\boldsymbol{I}+\boldsymbol{A}t+\frac{1}{2!}\boldsymbol{A}^2t^2+\frac{1}{3!}\boldsymbol{A}^3t^3+\cdots+\frac{\boldsymbol{A}^k}{k!}t^k+\cdots)(\boldsymbol{I}+\boldsymbol{B}t+\frac{1}{2!}\boldsymbol{B}^2t^2+\frac{1}{3!}\boldsymbol{B}^3t^3+\cdots+\frac{\boldsymbol{B}^k}{k!}t^k+\cdots)$$

$$=\boldsymbol{I}+(\boldsymbol{A}+\boldsymbol{B})t+(\frac{1}{2!}\boldsymbol{A}^2+\boldsymbol{AB}+\frac{1}{2!}\boldsymbol{B}^2)t^2+(\frac{1}{3!}\boldsymbol{A}^3+\frac{1}{2!}\boldsymbol{A}^2\boldsymbol{B}+\frac{1}{2!}\boldsymbol{AB}^2+\frac{1}{3!}\boldsymbol{B}^3)t^3+\cdots$$

而

$$\begin{aligned}\mathrm{e}^{(\boldsymbol{A}+\boldsymbol{B})t}&=\boldsymbol{I}+(\boldsymbol{A}+\boldsymbol{B})t+\frac{1}{2!}(\boldsymbol{A}+\boldsymbol{B})^2t^2+\frac{1}{3!}(\boldsymbol{A}+\boldsymbol{B})^3t^3+\cdots\\&=\boldsymbol{I}+(\boldsymbol{A}+\boldsymbol{B})t+\frac{1}{2!}(\boldsymbol{A}^2+\boldsymbol{AB}+\boldsymbol{BA}+\boldsymbol{B}^2)t^2\\&\quad+\frac{1}{3!}(\boldsymbol{A}^3+\boldsymbol{ABA}+\boldsymbol{BA}^2+\boldsymbol{A}^2\boldsymbol{B}+\boldsymbol{AB}^2+\boldsymbol{B}^2\boldsymbol{A}+\boldsymbol{BAB}+\boldsymbol{B}^3)t^3+\cdots\end{aligned}$$

比较上面两式可以看出，当且仅当 $\boldsymbol{AB}=\boldsymbol{BA}$ 时，有 $\mathrm{e}^{\boldsymbol{A}t}\mathrm{e}^{\boldsymbol{B}t}=\mathrm{e}^{(\boldsymbol{A}+\boldsymbol{B})t}$。

7. $\mathscr{L}(\mathrm{e}^{\boldsymbol{A}t})=(s\boldsymbol{I}-\boldsymbol{A})^{-1}$ (2-19)

**证明** 对状态转移矩阵取拉普拉斯变换，可得

$$\mathscr{L}(\mathrm{e}^{\boldsymbol{A}t})=\mathscr{L}(\sum_{k=0}^{\infty}\frac{\boldsymbol{A}^k}{k!}t^k)=\sum_{k=0}^{\infty}\frac{\boldsymbol{A}^k}{k!}\mathscr{L}(t^k)=\sum_{k=0}^{\infty}\frac{\boldsymbol{A}^k}{k!}\frac{k!}{s^{k+1}}=\sum_{k=0}^{\infty}\frac{\boldsymbol{A}^k}{s^{k+1}}$$

用 $(s\boldsymbol{I}-\boldsymbol{A})$ 左乘上式两边，得

$$(s\boldsymbol{I}-\boldsymbol{A})\mathscr{L}(\mathrm{e}^{\boldsymbol{A}t})=(s\boldsymbol{I}-\boldsymbol{A})\sum_{k=0}^{\infty}\frac{\boldsymbol{A}^k}{s^{k+1}}=\sum_{k=0}^{\infty}\frac{\boldsymbol{A}^k}{s^k}-\sum_{k=0}^{\infty}\frac{\boldsymbol{A}^{k+1}}{s^{k+1}}=\frac{\boldsymbol{A}^0}{s^0}=\boldsymbol{I}$$

显然有 $\mathscr{L}(\mathrm{e}^{\boldsymbol{A}t})=(s\boldsymbol{I}-\boldsymbol{A})^{-1}$。该性质也表明，无论系统矩阵 $\boldsymbol{A}$ 是否奇异，多项式矩阵 $(s\boldsymbol{I}-\boldsymbol{A})$ 必非奇异。

8. 非奇异变换 $\boldsymbol{x}=\boldsymbol{P}\bar{\boldsymbol{x}}$ 将系统矩阵 $\boldsymbol{A}$ 变换为 $\bar{\boldsymbol{A}}=\boldsymbol{P}^{-1}\boldsymbol{AP}$，状态转移矩阵 $\boldsymbol{\Phi}(t)$ 有同样的变换，即

$$\bar{\boldsymbol{\Phi}}(t)=\boldsymbol{P}^{-1}\boldsymbol{\Phi}(t)\boldsymbol{P} \tag{2-20}$$

式中，$\bar{\boldsymbol{\Phi}}(t)$ 为在新状态空间的状态转移矩阵，即 $\bar{\boldsymbol{\Phi}}(t)=\mathrm{e}^{\bar{\boldsymbol{A}}t}$。

**证明** 由 $\bar{\boldsymbol{A}}=\boldsymbol{P}^{-1}\boldsymbol{AP}$ 和 $\bar{\boldsymbol{\Phi}}(t)=\mathrm{e}^{\bar{\boldsymbol{A}}t}$，并由 $(\boldsymbol{P}^{-1}\boldsymbol{AP})^k=\boldsymbol{P}^{-1}\boldsymbol{A}^k\boldsymbol{P}$，可得

$$\bar{\boldsymbol{\Phi}}(t)=\mathrm{e}^{\bar{\boldsymbol{A}}t}=\mathrm{e}^{\boldsymbol{P}^{-1}\boldsymbol{AP}t}=\sum_{k=0}^{\infty}\frac{t^k}{k!}(\boldsymbol{P}^{-1}\boldsymbol{AP})^k=\sum_{k=0}^{\infty}\frac{t^k}{k!}(\boldsymbol{P}^{-1}\boldsymbol{A}^k\boldsymbol{P})=\boldsymbol{P}^{-1}(\sum_{k=0}^{\infty}\frac{t^k}{k!}\boldsymbol{A}^k)\boldsymbol{P}=\boldsymbol{P}^{-1}\boldsymbol{\Phi}(t)\boldsymbol{P}$$

9. 对应于对角阵 $\boldsymbol{A}=\mathrm{diag}(\lambda_1,\lambda_2,\cdots,\lambda_n)$ 的状态转移矩阵也是对角矩阵，为

$$\mathrm{e}^{\boldsymbol{A}t}=\mathrm{diag}(\mathrm{e}^{\lambda_1 t},\mathrm{e}^{\lambda_2 t},\cdots\mathrm{e}^{\lambda_n t}) \tag{2-21}$$

**证明** 对于对角矩阵 $\boldsymbol{A}=\mathrm{diag}(\lambda_1,\lambda_2,\cdots,\lambda_n)$，显然有

$$\boldsymbol{A}^k=\mathrm{diag}(\lambda_1^k,\lambda_2^k,\cdots,\lambda_n^k)$$

代入到 $\mathrm{e}^{\boldsymbol{A}t}=\sum_{k=0}^{\infty}\frac{1}{k!}\boldsymbol{A}^kt^k$，即得

$$\mathrm{e}^{\boldsymbol{A}t}=\sum_{k=0}^{\infty}\frac{1}{k!}[\mathrm{diag}(\lambda_1^k,\lambda_2^k,\cdots,\lambda_n^k)]\boldsymbol{t}^k=\mathrm{diag}(\sum_{k=0}^{\infty}\frac{1}{k!}\lambda_1^k\boldsymbol{t}^k,\sum_{k=0}^{\infty}\frac{1}{k!}\lambda_2^k\boldsymbol{t}^k,\cdots,\sum_{k=0}^{\infty}\frac{1}{k!}\lambda_n^k\boldsymbol{t}^k)$$

对于标量无穷级数，有 $\mathrm{e}^{\lambda_i t}=\sum_{k=0}^{\infty}\frac{1}{k!}\lambda_i^kt^k$，所以有

$$\mathrm{e}^{\boldsymbol{A}t}=\mathrm{diag}(\mathrm{e}^{\lambda_1 t},\mathrm{e}^{\lambda_2 t},\cdots\mathrm{e}^{\lambda_n t})$$

10. 对应于约当矩阵 $\boldsymbol{A}=\begin{bmatrix}\lambda & 1 & & 0\\ & \lambda & \ddots & \\ & & \ddots & 1\\ 0 & & & \lambda\end{bmatrix}$ 的状态转移矩阵是一个右上三角阵

$$e^{At}=\begin{bmatrix} e^{\lambda t} & te^{\lambda t} & \frac{1}{2!}t^2e^{\lambda t} & \cdots & \frac{t^{n-1}}{(n-1)!}e^{\lambda t} \\ & e^{\lambda t} & te^{\lambda t} & \cdots & \frac{t^{n-2}}{(n-2)!}e^{\lambda t} \\ & & \ddots & \ddots & \vdots \\ & 0 & & & te^{\lambda t} \\ & & & & e^{\lambda t} \end{bmatrix} \tag{2-22}$$

该性质也可与性质 9 类似地根据矩阵指数 $e^{At}$ 的定义得以证明。

## 三、状态运动模态

状态转移矩阵 $e^{At}$ 包含了系统自由运动的全部信息，这与第一章中所指出的“系统矩阵 $A$ 体现了系统的动态特性”是一致的。实际上，系统的动态特性是由系统矩阵 $A$ 的特征值决定的，因为系统矩阵 $A$ 的特征值决定了系统状态运动的模式，称之为运动模态。

第一章中已经讨论了对于具有 $n$ 个互不相同的特征值 $\lambda_1$，$\lambda_2$，…，$\lambda_n$ 的系统矩阵 $A$，可由它们所对应的线性无关的 $n$ 个特征向量构成的变换矩阵 $P$，通过非奇异变换，在新的状态空间得到对角线形式的系统矩阵 $\bar{A}$。

由式（1-146），变换矩阵 $P$ 为

$$P=[v_1\ v_2\cdots\ v_n] \tag{2-23}$$

式中，列向量 $v_i$（$i=1$，2，…，$n$）是矩阵 $A$ 属于特征值 $\lambda_i$（$i=1$，2，…，$n$）的特征向量。

还可有

$$P^{-1}=Q=\begin{bmatrix} q_1 \\ q_2 \\ \vdots \\ q_n \end{bmatrix} \tag{2-24}$$

式中，$q_i(i=1$，2，…，$n)$ 是矩阵 $P^{-1}$ 的行向量。

于是有

$$\bar{A}=P^{-1}AP=QAP=\mathrm{diag}(\lambda_1,\lambda_2,\cdots,\lambda_n)$$

由上面状态转移矩阵的性质 9（即式（2-21））可得

$$e^{\bar{A}t}=\mathrm{diag}(e^{\lambda_1 t},e^{\lambda_2 t},\cdots e^{\lambda_n t}) \tag{2-25}$$

进一步得到新的状态空间中的状态解

$$\bar{x}(t)=e^{\bar{A}t}\bar{x}(0)=\mathrm{diag}(e^{\lambda_1 t},e^{\lambda_2 t},\cdots,e^{\lambda_n t})\bar{x}(0) \tag{2-26}$$

上式两边左乘变换矩阵 $P$，等式左边就是原状态空间的状态解，所以有

$$x(t)=[v_1\ v_2\cdots v_n]\mathrm{diag}(e^{\lambda_1 t},e^{\lambda_2 t},\cdots,e^{\lambda_n t})\bar{x}(0)=[v_1e^{\lambda_1 t}\ v_2e^{\lambda_2 t}\cdots\ v_ne^{\lambda_n t}]\bar{x}(0) \tag{2-27}$$

注意到初始状态也满足变换关系，即

$$\bar{x}(0)=P^{-1}x(0)=Qx(0)=\begin{bmatrix} q_1 \\ q_2 \\ \vdots \\ q_n \end{bmatrix}x(0) \tag{2-28}$$

代入式（2-27），则状态解 $\boldsymbol{x}(t)$ 可表示为

$$\boldsymbol{x}(t) = [\boldsymbol{v}_1 e^{\lambda_1 t}\ \boldsymbol{v}_2 e^{\lambda_2 t}\ \cdots\ \boldsymbol{v}_n e^{\lambda_n t}]\begin{bmatrix}\boldsymbol{q}_1\\ \boldsymbol{q}_2\\ \vdots\\ \boldsymbol{q}_n\end{bmatrix}\boldsymbol{x}(0) = \sum_{i=1}^{n}\boldsymbol{v}_i\boldsymbol{q}_i e^{\lambda_i t}\boldsymbol{x}(0) \tag{2-29}$$

可见，线性定常系统的状态解 $\boldsymbol{x}(t)$ 是由系统的 $n$ 个特征值（即系统矩阵 $\boldsymbol{A}$ 的特征值）$\lambda_i(i=1,2,\cdots,n)$决定的指数函数 $e^{\lambda_i t}(i=1,2,\cdots,n)$ 的线性组合。把一个由 $e^{\lambda_i t}(i=1,2,\cdots,n)$ 决定的运动称为一个运动模态，则对于具有 $n$ 个互不相同的特征值 $\lambda_1$，$\lambda_2$，$\cdots$，$\lambda_n$ 的系统有 $n$ 个运动模态组成，它们决定了系统状态的运动。例如，当 $n$ 个特征值都具有负实部时，系统的状态运动是收敛的；具有绝对值较大负实部的特征值对应的运动模态有较大的衰减速率等。并且可以证明，对应于特征值 $\lambda_i$ 的运动模态 $e^{\lambda_i t}$是以相应特征向量 $\boldsymbol{v}_i$ 的方向运动的。当所有特征值都具有负实部时，由于衰减快的运动模态花费较短的时间，所以系统的状态将最后以绝对值最小负实部的特征值对应的运动模态沿着它对应的特征向量方向趋向状态空间原点。当初始状态恰好落在某个特征向量方向时，则系统的状态就仅以对应的运动模态沿该特征向量方向运动。

**例 2-1**　讨论如下线性定常系统自由运动的形态：

$$\dot{\boldsymbol{x}} = \begin{bmatrix}0 & -3\\ 1 & -4\end{bmatrix}\boldsymbol{x}$$

**解**　容易求得系统的两个特征值及其对应的特征向量为

$$\lambda_1 = -3,\ \lambda_2 = -1,\ \boldsymbol{v}_1 = \begin{bmatrix}1\\1\end{bmatrix},\ \boldsymbol{v}_2 = \begin{bmatrix}3\\1\end{bmatrix}$$

于是得到将系统矩阵 $\boldsymbol{A}$ 变换为对角阵 $\overline{\boldsymbol{A}}$ 的变换阵 $\boldsymbol{P}$ 及其逆阵 $\boldsymbol{Q}$ 为

$$\boldsymbol{P} = [\boldsymbol{v}_1\ \boldsymbol{v}_2] = \begin{bmatrix}1 & 3\\ 1 & 1\end{bmatrix},\ \boldsymbol{Q} = \boldsymbol{P}^{-1} = \begin{bmatrix}\boldsymbol{q}_1\\ \boldsymbol{q}_2\end{bmatrix} = \begin{bmatrix}-\frac{1}{2} & \frac{3}{2}\\ \frac{1}{2} & -\frac{1}{2}\end{bmatrix}$$

即有

$$\boldsymbol{q}_1 = \begin{bmatrix}-\frac{1}{2} & \frac{3}{2}\end{bmatrix},\ \boldsymbol{q}_2 = \begin{bmatrix}\frac{1}{2} & -\frac{1}{2}\end{bmatrix}$$

根据上面的讨论，系统的状态运动由 $e^{-3t}$和 $e^{-t}$两个运动模态组成。由式（2-29）可得出

$$\boldsymbol{x}(t) = \sum_{i=1}^{2}\boldsymbol{v}_i\boldsymbol{q}_i e^{\lambda_i t}\boldsymbol{x}(0) = (\boldsymbol{v}_1\boldsymbol{q}_1 e^{\lambda_1 t} + \boldsymbol{v}_2\boldsymbol{q}_2 e^{\lambda_2 t})\boldsymbol{x}(0)$$

其中

$$\boldsymbol{v}_1\boldsymbol{q}_1 e^{\lambda_1 t} = \begin{bmatrix}1\\1\end{bmatrix}\begin{bmatrix}-\frac{1}{2} & \frac{3}{2}\end{bmatrix}e^{-3t} = \begin{bmatrix}-\frac{1}{2} & \frac{3}{2}\\ -\frac{1}{2} & \frac{3}{2}\end{bmatrix}e^{-3t}$$

$$\boldsymbol{v}_2\boldsymbol{q}_2 e^{\lambda_2 t} = \begin{bmatrix}3\\1\end{bmatrix}\begin{bmatrix}\frac{1}{2} & -\frac{1}{2}\end{bmatrix}e^{-t} = \begin{bmatrix}\frac{3}{2} & -\frac{3}{2}\\ \frac{1}{2} & -\frac{1}{2}\end{bmatrix}e^{-t}$$

所以有

$$\boldsymbol{x}(t)=\left(\begin{bmatrix}-\frac{1}{2} & \frac{3}{2}\\ -\frac{1}{2} & \frac{3}{2}\end{bmatrix}\mathrm{e}^{-3t}+\begin{bmatrix}\frac{3}{2} & -\frac{3}{2}\\ \frac{1}{2} & -\frac{1}{2}\end{bmatrix}\mathrm{e}^{-t}\right)\boldsymbol{x}(0)=\begin{bmatrix}-\frac{1}{2}\mathrm{e}^{-3t}+\frac{3}{2}\mathrm{e}^{-t} & \frac{3}{2}\mathrm{e}^{-3t}-\frac{3}{2}\mathrm{e}^{-t}\\ -\frac{1}{2}\mathrm{e}^{-3t}+\frac{1}{2}\mathrm{e}^{-t} & \frac{3}{2}\mathrm{e}^{-3t}-\frac{1}{2}\mathrm{e}^{-t}\end{bmatrix}\boldsymbol{x}(0)$$

如果初始状态为 $\boldsymbol{x}(0)=\begin{bmatrix}4\\10\end{bmatrix}$，则系统的状态运动为

$$\begin{bmatrix}x_1(t)\\x_2(t)\end{bmatrix}=\begin{bmatrix}-\frac{1}{2}\mathrm{e}^{-3t}+\frac{3}{2}\mathrm{e}^{-t} & \frac{3}{2}\mathrm{e}^{-3t}-\frac{3}{2}\mathrm{e}^{-t}\\ -\frac{1}{2}\mathrm{e}^{-3t}+\frac{1}{2}\mathrm{e}^{-t} & \frac{3}{2}\mathrm{e}^{-3t}-\frac{1}{2}\mathrm{e}^{-t}\end{bmatrix}\begin{bmatrix}4\\10\end{bmatrix}=\begin{bmatrix}13\mathrm{e}^{-3t}-9\mathrm{e}^{-t}\\13\mathrm{e}^{-3t}-3\mathrm{e}^{-t}\end{bmatrix}$$

由于 $\mathrm{e}^{-3t}$ 比 $\mathrm{e}^{-t}$ 衰减得快，随着时间得增长，系统状态以接近 $\mathrm{e}^{-t}$ 的运动模态沿着特征向量 $\boldsymbol{v}_2$ 的方向趋向状态空间原点。

而当初始状态为 $\boldsymbol{x}(0)=\begin{bmatrix}6\\6\end{bmatrix}$ 时，系统的状态运动为

$$\begin{bmatrix}x_1(t)\\x_2(t)\end{bmatrix}=\begin{bmatrix}-\frac{1}{2}\mathrm{e}^{-3t}+\frac{3}{2}\mathrm{e}^{-t} & \frac{3}{2}\mathrm{e}^{-3t}-\frac{3}{2}\mathrm{e}^{-t}\\ -\frac{1}{2}\mathrm{e}^{-3t}+\frac{1}{2}\mathrm{e}^{-t} & \frac{3}{2}\mathrm{e}^{-3t}-\frac{1}{2}\mathrm{e}^{-t}\end{bmatrix}\begin{bmatrix}6\\6\end{bmatrix}=\begin{bmatrix}6\mathrm{e}^{-3t}\\6\mathrm{e}^{-3t}\end{bmatrix}$$

系统状态仅以 $\mathrm{e}^{-3t}$ 的运动模态沿着特征向量 $\boldsymbol{v}_1$ 的方向趋向状态空间原点。

第一章中曾指出，当存在共轭复数对特征值 $\lambda_{i,i+1}=\sigma\pm\mathrm{j}\omega$ 时，为了避开复杂的复数运算，对它们采用实数化处理的方法，这时取变换矩阵为 $\boldsymbol{P}=[\boldsymbol{\alpha}\quad\boldsymbol{\beta}]$，其中 $\boldsymbol{\alpha}$ 和 $\boldsymbol{\beta}$ 分别是共轭复数对特征值对应的特征向量 $\boldsymbol{v}_{i,i+1}=\boldsymbol{\alpha}\pm\mathrm{j}\boldsymbol{\beta}$ 的实部和虚部列向量，这时得到变换后的系统矩阵为 $\overline{\boldsymbol{A}}=\begin{bmatrix}\sigma & \omega\\-\omega & \sigma\end{bmatrix}$。为了运算方便，将 $\overline{\boldsymbol{A}}$ 表示为

$$\overline{\boldsymbol{A}}=\begin{bmatrix}\sigma & \omega\\-\omega & \sigma\end{bmatrix}=\begin{bmatrix}\sigma & 0\\0 & \sigma\end{bmatrix}+\begin{bmatrix}0 & \omega\\-\omega & 0\end{bmatrix}=\overline{\boldsymbol{A}}_1+\overline{\boldsymbol{A}}_2 \tag{2-30}$$

由于 $\overline{\boldsymbol{A}}_1\overline{\boldsymbol{A}}_2=\begin{bmatrix}\sigma & 0\\0 & \sigma\end{bmatrix}\begin{bmatrix}0 & \omega\\-\omega & 0\end{bmatrix}=\begin{bmatrix}0 & \sigma\omega\\-\sigma\omega & 0\end{bmatrix}=\overline{\boldsymbol{A}}_2\overline{\boldsymbol{A}}_1$，根据状态转移矩阵性质6，有

$$\mathrm{e}^{(\overline{A}_1+\overline{A}_2)t}=\mathrm{e}^{\overline{A}_1t}\mathrm{e}^{\overline{A}_2t} \tag{2-31}$$

其中，$\overline{\boldsymbol{A}}_1=\begin{bmatrix}\sigma & 0\\0 & \sigma\end{bmatrix}$ 为对角阵，由状态转移矩阵性质9（即式（2-21）），有

$$\mathrm{e}^{\overline{A}_1t}=\begin{bmatrix}\mathrm{e}^{\sigma t} & 0\\0 & \mathrm{e}^{\sigma t}\end{bmatrix} \tag{2-32}$$

对于 $\overline{\boldsymbol{A}}_2=\begin{bmatrix}0 & \omega\\-\omega & 0\end{bmatrix}$，有

$$\begin{aligned}\mathrm{e}^{\overline{A}_2t}&=\boldsymbol{I}+\overline{\boldsymbol{A}}_2t+\frac{1}{2!}\overline{\boldsymbol{A}}_2^2t^2+\frac{1}{3!}\overline{\boldsymbol{A}}_3^3t^3+\cdots+\frac{1}{k!}\boldsymbol{A}^kt^k+\cdots\\&=\begin{bmatrix}1 & 0\\0 & 1\end{bmatrix}+\begin{bmatrix}0 & \omega\\-\omega & 0\end{bmatrix}t+\frac{1}{2!}\begin{bmatrix}0 & \omega\\-\omega & 0\end{bmatrix}^2t^2+\frac{1}{3!}\begin{bmatrix}0 & \omega\\-\omega & 0\end{bmatrix}^3t^3+\cdots\end{aligned}$$

$$=\begin{bmatrix}1&0\\0&1\end{bmatrix}+\begin{bmatrix}0&\omega\\-\omega&0\end{bmatrix}t+\frac{1}{2!}\begin{bmatrix}-\omega^2&0\\0&-\omega^2\end{bmatrix}t^2+\frac{1}{3!}\begin{bmatrix}0&-\omega^3\\\omega^3&0\end{bmatrix}t^3+\frac{1}{4!}\begin{bmatrix}\omega^4&0\\0&\omega^4\end{bmatrix}t^4+\frac{1}{5!}\begin{bmatrix}0&\omega^5\\-\omega^5&0\end{bmatrix}t^5+\cdots$$

$$=\begin{bmatrix}1-\frac{1}{2!}\omega^2t^2+\frac{1}{4!}\omega^4t^4+\cdots & \omega t-\frac{1}{3!}\omega^3t^3+\frac{1}{5!}\omega^5t^5+\cdots\\ -\omega t+\frac{1}{3!}\omega^3t^3-\frac{1}{5!}\omega^5t^5+\cdots & 1-\frac{1}{2!}\omega^2t^2+\frac{1}{4!}\omega^4t^4+\cdots\end{bmatrix}=\begin{bmatrix}\cos\omega t&\sin\omega t\\-\sin\omega t&\cos\omega t\end{bmatrix}$$

(2-33)

其中最后一步是应用泰勒级数公式的结果。将式（2-32）和式（2-33）代入式（2-31），就得到在新的状态空间中的状态转移矩阵

$$e^{\bar{A}t}=e^{(\bar{A}_1+\bar{A}_2)t}=e^{\bar{A}_1t}e^{\bar{A}_2t}=\begin{bmatrix}e^{\sigma t}&0\\0&e^{\sigma t}\end{bmatrix}\begin{bmatrix}\cos\omega t&\sin\omega t\\-\sin\omega t&\cos\omega t\end{bmatrix}=\begin{bmatrix}e^{\sigma t}\cos\omega t&e^{\sigma t}\sin\omega t\\-e^{\sigma t}\sin\omega t&e^{\sigma t}\cos\omega t\end{bmatrix}\quad(2\text{-}34)$$

可见，对应于共轭复数对特征值 $\lambda_{i,i+1}=\sigma\pm j\omega$ 的状态运动模态是以 $e^{\sigma t}$ 为包络线的正弦型谐振运动，谐振频率为 $\omega$。

现在从第一章的例子出发，说明这种实数化处理方法在系统分析中与复数对角矩阵具有同样的结果。

如第一章所讨论的，考虑要变换的系统矩阵 $\boldsymbol{A}=\begin{bmatrix}-2&1\\-17&-4\end{bmatrix}$，其特征多项式为

$$\varphi(s)=|s\boldsymbol{I}-\boldsymbol{A}|=\begin{vmatrix}s+2&-1\\17&s+4\end{vmatrix}=s^2+6s+25$$

可得特征值为 $\lambda_1=-3+j4$，$\lambda_2=-3-j4$，根据 $\boldsymbol{A}\boldsymbol{v}_i=\lambda_i\boldsymbol{v}_i(i=1,2)$ 分别求得对应的特征向量为

$$\boldsymbol{v}_1=\begin{bmatrix}1\\-1+j4\end{bmatrix},\ \boldsymbol{v}_2=\begin{bmatrix}1\\-1-j4\end{bmatrix}$$

得变换矩阵及其逆阵分别为

$$\boldsymbol{P}=[\boldsymbol{v}_1\quad\boldsymbol{v}_2]=\begin{bmatrix}1&1\\-1+j4&-1-j4\end{bmatrix},\ \boldsymbol{P}^{-1}=\frac{1}{8}\begin{bmatrix}4-j&-j\\4+j&j\end{bmatrix}$$

变换后的系统矩阵为

$$\bar{\boldsymbol{A}}=\boldsymbol{P}^{-1}\boldsymbol{A}\boldsymbol{P}=\frac{1}{8}\begin{bmatrix}4-j&-j\\4+j&j\end{bmatrix}\begin{bmatrix}-2&1\\-17&-4\end{bmatrix}\begin{bmatrix}1&1\\-1+j4&-1-j4\end{bmatrix}=\begin{bmatrix}-3+j4&0\\0&-3-j4\end{bmatrix}$$

显然这是带有复数元素的对角矩阵。根据状态转移矩阵性质9，并应用欧拉公式，在新的状态空间中系统的状态转移矩阵为

$$e^{\bar{A}t}=\begin{bmatrix}e^{(-3+j4)t}&0\\0&e^{(-3-j4)t}\end{bmatrix}=\begin{bmatrix}\cos 4t+j\sin 4t&0\\0&\cos 4t-j\sin 4t\end{bmatrix}e^{-3t}$$

再根据状态转移矩阵性质8（即式（2-20）），可得到在原状态空间中的系统状态转移矩阵为

$$e^{At}=\boldsymbol{P}e^{\bar{A}t}\boldsymbol{P}^{-1}=\frac{1}{8}\begin{bmatrix}1&1\\-1+j4&-1-j4\end{bmatrix}\begin{bmatrix}\cos 4t+j\sin 4t&0\\0&\cos 4t-j\sin 4t\end{bmatrix}\begin{bmatrix}4-j&-j\\4+j&j\end{bmatrix}e^{-3t}$$

$$=\begin{bmatrix}\cos 4t+\frac{1}{4}\sin 4t&\frac{1}{4}\sin 4t\\-\frac{17}{4}\sin 4t&\cos 4t-\frac{1}{4}\sin 4t\end{bmatrix}e^{-3t}$$

采用实数化处理方法，对于共轭复数对特征值 $\lambda_{1,2}=\sigma\pm \mathrm{j}\omega=-3\pm \mathrm{j}4$ 及对应的特征向量 $\boldsymbol{v}_{1,2}=\boldsymbol{\alpha}\pm \mathrm{j}\,\boldsymbol{\beta}=\begin{bmatrix}1\\-1\end{bmatrix}\pm \mathrm{j}\begin{bmatrix}0\\4\end{bmatrix}$，由式（1-171）可得变换矩阵 $\boldsymbol{P}$ 及其逆阵分别为

$$\boldsymbol{P}=\begin{bmatrix}1 & 0\\-1 & 4\end{bmatrix},\ \boldsymbol{P}^{-1}=\begin{bmatrix}1 & 0\\ \dfrac{1}{4} & \dfrac{1}{4}\end{bmatrix}$$

在新的状态空间中的系统矩阵为 $\overline{\boldsymbol{A}}=\begin{bmatrix}\sigma & \omega\\-\omega & \sigma\end{bmatrix}=\begin{bmatrix}-3 & 4\\-4 & -3\end{bmatrix}$，根据式（2-34），新的状态空间中的状态转移矩阵为

$$\mathrm{e}^{\overline{A}t}=\begin{bmatrix}\cos\omega t & \sin\omega t\\-\sin\omega t & \cos\omega t\end{bmatrix}\mathrm{e}^{\sigma t}=\begin{bmatrix}\cos 4t & \sin 4t\\-\sin 4t & \cos 4t\end{bmatrix}\mathrm{e}^{-3t}$$

由状态转移矩阵性质8，得到原状态空间中的系统状态转移矩阵为

$$\mathrm{e}^{At}=\boldsymbol{P}\mathrm{e}^{\overline{A}t}\boldsymbol{P}^{-1}=\begin{bmatrix}1 & 0\\-1 & 4\end{bmatrix}\begin{bmatrix}\cos 4t & \sin 4t\\-\sin 4t & \cos 4t\end{bmatrix}\begin{bmatrix}1 & 0\\ \dfrac{1}{4} & \dfrac{1}{4}\end{bmatrix}\mathrm{e}^{-3t}=\begin{bmatrix}\cos 4t+\dfrac{1}{4}\sin 4t & \dfrac{1}{4}\sin 4t\\ -\dfrac{17}{4}\sin 4t & \cos 4t-\dfrac{1}{4}\sin 4t\end{bmatrix}\mathrm{e}^{-3t}$$

显然与先化为复数对角矩阵，然后再得出系统状态转移矩阵具有相同的结果。

## 四、矩阵指数 $\mathrm{e}^{At}$ 的计算方法

线性定常系统的状态转移矩阵 $\mathrm{e}^{At}$ 决定了系统状态的运动，所以在线性定常系统的运动分析中计算 $\mathrm{e}^{At}$ 是非常重要的一步，下面介绍几种 $\mathrm{e}^{At}$ 的计算方法。

1. 按定义求解　直接根据矩阵指数的定义式（2-12）求解，即

$$\mathrm{e}^{At}=\boldsymbol{I}+\boldsymbol{A}t+\frac{1}{2!}\boldsymbol{A}^2t^2+\cdots+\frac{1}{k!}\boldsymbol{A}^kt^k+\cdots=\sum_{k=0}^{\infty}\frac{1}{k!}\boldsymbol{A}^kt^k \tag{2-35}$$

值得注意的是，式（2-35）是关于无穷级数的和，通常情况下不能得到它的解析表达式，但适合采用计算机进行数值求解。

**例 2-2**　已知 $\boldsymbol{A}=\begin{bmatrix}0 & 1\\-2 & -3\end{bmatrix}$，利用矩阵指数的定义求出状态转移矩阵 $\mathrm{e}^{At}$。

**解**　将 $\boldsymbol{A}=\begin{bmatrix}0 & 1\\-2 & -3\end{bmatrix}$ 代入式（2-35），得

$$\begin{aligned}\mathrm{e}^{At}&=\boldsymbol{I}+\boldsymbol{A}t+\frac{1}{2!}\boldsymbol{A}^2t^2+\cdots+\frac{1}{k!}\boldsymbol{A}^kt^k+\cdots\\
&=\begin{bmatrix}1 & 0\\0 & 1\end{bmatrix}+\begin{bmatrix}0 & 1\\-2 & -3\end{bmatrix}t+\frac{1}{2!}\begin{bmatrix}0 & 1\\-2 & -3\end{bmatrix}^2t^2+\frac{1}{3!}\begin{bmatrix}0 & 1\\-2 & -3\end{bmatrix}^3t^3+\cdots\\
&=\begin{bmatrix}1 & 0\\0 & 1\end{bmatrix}+\begin{bmatrix}0 & 1\\-2 & -3\end{bmatrix}t+\frac{1}{2!}\begin{bmatrix}-2 & -3\\6 & 7\end{bmatrix}t^2+\frac{1}{3!}\begin{bmatrix}6 & 7\\-14 & -15\end{bmatrix}t^3+\frac{1}{4!}\begin{bmatrix}-14 & -15\\30 & 31\end{bmatrix}t^4\\
&\quad+\frac{1}{5!}\begin{bmatrix}30 & 31\\-62 & -63\end{bmatrix}t^5+\cdots\end{aligned}$$

$$=\begin{bmatrix} 1-\frac{1}{2!}2t^2+\frac{1}{3!}6t^3-\frac{1}{4!}14t^4+\frac{1}{5!}30t^5+\cdots & t-\frac{1}{2!}3t^2+\frac{1}{3!}7t^3-\frac{1}{4!}15t^4+\frac{1}{5!}31t^5+\cdots \\ -2t+\frac{1}{2!}6t^2-\frac{1}{3!}14t^3+\frac{1}{4!}30t^4-\frac{1}{5!}62t^5+\cdots & 1-3t+\frac{1}{2!}7t^2-\frac{1}{3!}15t^3+\frac{1}{4!}31t^4-\frac{1}{5!}63t^5+\cdots \end{bmatrix}$$

2. 频域法求解　由线性定常系统状态转移矩阵的性质 7（即式（2-19））有 $\mathscr{L}(\mathrm{e}^{\boldsymbol{A}t})=(s\boldsymbol{I}-\boldsymbol{A})^{-1}$，表示系统的预解矩阵 $(s\boldsymbol{I}-\boldsymbol{A})^{-1}$ 为矩阵指数 $\mathrm{e}^{\boldsymbol{A}t}$ 的拉普拉斯变换形式，这是在复频域的等式。如对上式实施拉普拉斯反变换，则得到时域的矩阵指数 $\mathrm{e}^{\boldsymbol{A}t}$，即

$$\mathrm{e}^{\boldsymbol{A}t}=\mathscr{L}[(s\boldsymbol{I}-\boldsymbol{A})^{-1}] \tag{2-36}$$

该方法在求解系统的预解矩阵 $(s\boldsymbol{I}-\boldsymbol{A})^{-1}$ 时要求非常数矩阵的逆，所以不适合较高阶次系统的矩阵指数的求取。

**例 2-3**　利用频域法求例 2-2 的 $\mathrm{e}^{\boldsymbol{A}t}$。

**解**　已知 $\boldsymbol{A}=\begin{bmatrix}0 & 1\\ -2 & -3\end{bmatrix}$，对应的特征矩阵为 $s\boldsymbol{I}-\boldsymbol{A}=\begin{bmatrix}s & -1\\ 2 & s+3\end{bmatrix}$，求逆得预解矩阵

$$(s\boldsymbol{I}-\boldsymbol{A})^{-1}=\frac{1}{(s+1)(s+2)}\begin{bmatrix}s+3 & 1\\ -2 & s\end{bmatrix}=\begin{bmatrix}\frac{2}{s+1}-\frac{1}{s+2} & \frac{1}{s+1}-\frac{1}{s+2}\\ \frac{-2}{s+1}+\frac{2}{s+2} & \frac{-1}{s+1}+\frac{2}{s+2}\end{bmatrix}$$

所以有

$$\mathrm{e}^{\boldsymbol{A}t}=\mathscr{L}^{-1}[(s\boldsymbol{I}-\boldsymbol{A})^{-1}]=\begin{bmatrix}2\mathrm{e}^{-t}-\mathrm{e}^{-2t} & \mathrm{e}^{-t}-\mathrm{e}^{-2t}\\ -2\mathrm{e}^{-t}+2\mathrm{e}^{-2t} & -\mathrm{e}^{-t}+2\mathrm{e}^{-2t}\end{bmatrix}$$

3. 利用特征值规范型求解　根据线性定常系统状态转移矩阵的性质 9，对角线规范型的系统矩阵对应了对角线型的矩阵指数。可以通过非奇异变换，先将系统矩阵变换成对角矩阵形式，在新状态空间中就可得到具有对角线型的矩阵指数，然后再根据线性定常系统状态转移矩阵的性质 8 实施反变换，得到原状态空间的状态转移矩阵。图 2-1 表示了利用特征值规范型求解矩阵指数 $\mathrm{e}^{\boldsymbol{A}t}$ 的原理。

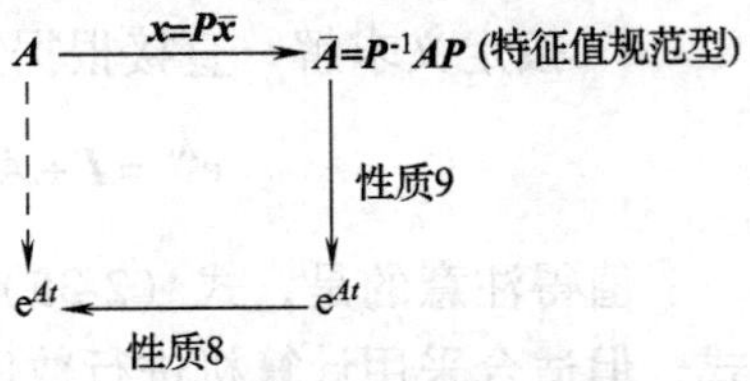

图 2-1　利用特征值规范型求解矩阵指数 $\mathrm{e}^{\boldsymbol{A}t}$

**例 2-4**　利用特征值规范型求例 2-2 的 $\mathrm{e}^{\boldsymbol{A}t}$。

**解**　已知 $\boldsymbol{A}=\begin{bmatrix}0 & 1\\ -2 & -3\end{bmatrix}$，求得它的两个特征值为 $\lambda_1=-2$，$\lambda_2=-1$。由于 $\boldsymbol{A}$ 矩阵具有能控规范型形式，所以立刻可以得出由特征值组成的范德蒙德矩阵为变换矩阵 $\boldsymbol{P}$，并求出其逆阵 $\boldsymbol{P}^{-1}$，即

$$\boldsymbol{P}=\begin{bmatrix}1 & 1\\ \lambda_1 & \lambda_2\end{bmatrix}=\begin{bmatrix}1 & 1\\ -2 & -1\end{bmatrix},\quad \boldsymbol{P}^{-1}=\begin{bmatrix}-1 & -1\\ 2 & 1\end{bmatrix}$$

在新的状态空间中，系统矩阵为

$$\overline{\boldsymbol{A}}=\boldsymbol{P}^{-1}\boldsymbol{A}\boldsymbol{P}=\begin{bmatrix}\lambda_1 & 0\\ 0 & \lambda_1\end{bmatrix}=\begin{bmatrix}-2 & 0\\ 0 & -1\end{bmatrix}$$

由线性定常系统状态转移矩阵的性质 9，立即可得到新状态空间中的状态转移矩阵为

$$e^{\bar{A}t}=\begin{bmatrix}e^{\lambda_1 t} & 0\\ 0 & e^{\lambda_2 t}\end{bmatrix}=\begin{bmatrix}e^{-2t} & 0\\ 0 & e^{-t}\end{bmatrix}$$

再根据线性定常系统状态转移矩阵的性质8，得到原状态空间的状态转移矩阵为

$$e^{At}=\boldsymbol{P}e^{\bar{A}t}\boldsymbol{P}^{-1}=\begin{bmatrix}1 & 1\\ -2 & -1\end{bmatrix}\begin{bmatrix}e^{-2t} & 0\\ 0 & e^{-t}\end{bmatrix}\begin{bmatrix}-1 & -1\\ 2 & 1\end{bmatrix}=\begin{bmatrix}2e^{-t}-e^{-2t} & e^{-t}-e^{-2t}\\ -2e^{-t}+2e^{-2t} & -e^{-t}+2e^{-2t}\end{bmatrix}$$

4. 应用凯莱-哈密顿（Cayley-Hamilton）定理求解

（1）凯莱-哈密顿定理指出，$n\times n$ 矩阵 $\boldsymbol{A}$ 满足其自身的特征方程，即如果矩阵 $\boldsymbol{A}$ 的特征多项式为 $\varphi(s)=s^n+a_{n-1}s^{n-1}+\cdots+a_1 s+a_0$，则有

$$\varphi(\boldsymbol{A})=\boldsymbol{A}^n+a_{n-1}\boldsymbol{A}^{n-1}+\cdots+a_1\boldsymbol{A}+a_0\boldsymbol{I}=0 \tag{2-37}$$

于是，$\boldsymbol{A}^n$ 可表示为 $\boldsymbol{A}^{n-1}$、…、$\boldsymbol{A}$、$\boldsymbol{I}$ 的线性组合，即

$$\boldsymbol{A}^n=-a_{n-1}\boldsymbol{A}^{n-1}-a_{n-2}\boldsymbol{A}^{n-2}-\cdots-a_1\boldsymbol{A}-a_0\boldsymbol{I} \tag{2-38}$$

同理，对于 $\boldsymbol{A}^{n+1}$ 有

$$\begin{aligned}\boldsymbol{A}^{n+1}&=\boldsymbol{A}\cdot\boldsymbol{A}^n=-a_{n-1}\boldsymbol{A}^n-a_{n-2}\boldsymbol{A}^{n-1}-\cdots-a_1\boldsymbol{A}^2-a_0\boldsymbol{A}\\&=-a_{n-1}(-a_{n-1}\boldsymbol{A}^{n-1}-a_{n-2}\boldsymbol{A}^{n-2}-\cdots-a_1\boldsymbol{A}-a_0\boldsymbol{I})-a_{n-2}\boldsymbol{A}^{n-1}-\cdots-a_1\boldsymbol{A}^2-a_0\boldsymbol{A}\\&=(a_{n-1}^2-a_{n-2})\boldsymbol{A}^{n-1}+(a_{n-1}a_{n-2}-a_{n-2})\boldsymbol{A}^{n-2}+\cdots+(a_{n-1}a_1-a_0)\boldsymbol{A}+a_{n-1}a_0\boldsymbol{I}\end{aligned} \tag{2-39}$$

即 $\boldsymbol{A}^{n+1}$ 也可表示为 $\boldsymbol{A}^{n-1}$、…、$\boldsymbol{A}$、$\boldsymbol{I}$ 的线性组合。依此类推，$\boldsymbol{A}^k$（$k\geqslant n$）都可表示为 $\boldsymbol{A}^{n-1}$、…、$\boldsymbol{A}$、$\boldsymbol{I}$ 的线性组合。所以，在 $e^{At}=\boldsymbol{I}+\boldsymbol{A}t+\frac{1}{2!}\boldsymbol{A}^2t^2+\cdots+\frac{1}{k!}\boldsymbol{A}^kt^k+\cdots$ 中，可以用 $\boldsymbol{A}^{n-1}$、…、$\boldsymbol{A}$、$\boldsymbol{I}$ 的线性组合替代所有 $\boldsymbol{A}^k$（$k\geqslant n$），使 $e^{At}$ 的无穷项级数和成为 $\boldsymbol{A}^{n-1}$、…、$\boldsymbol{A}$、$\boldsymbol{I}$ 的有限项和的表达式，即

$$e^{At}=\alpha_0(t)\boldsymbol{I}+\alpha_1(t)\boldsymbol{A}+\cdots+\alpha_{n-1}(t)\boldsymbol{A}^{n-1} \tag{2-40}$$

其中各项系数为时间 $t$ 的函数。

（2）当矩阵 $\boldsymbol{A}$ 的 $n$ 个特征值 $\lambda_1$，$\lambda_2$，…，$\lambda_n$ 为两两相异时，式（2-40）的各项系数由下式决定：

$$\begin{bmatrix}\alpha_0(t)\\ \alpha_1(t)\\ \vdots\\ \alpha_{n-1}(t)\end{bmatrix}=\begin{bmatrix}1 & \lambda_1 & \lambda_1^2 & \cdots & \lambda_1^{n-1}\\ 1 & \lambda_2 & \lambda_2^2 & \cdots & \lambda_2^{n-1}\\ \vdots & \vdots & \vdots & & \vdots\\ 1 & \lambda_n & \lambda_n^2 & \cdots & \lambda_n^{n-1}\end{bmatrix}^{-1}\begin{bmatrix}e^{\lambda_1 t}\\ e^{\lambda_2 t}\\ \vdots\\ e^{\lambda_n t}\end{bmatrix} \tag{2-41}$$

这是由于当矩阵 $\boldsymbol{A}$ 的 $n$ 个特征值 $\lambda_1$，$\lambda_2$，…，$\lambda_n$ 为两两相异时，由式（1-147），有

$$\boldsymbol{A}=\boldsymbol{P}\bar{\boldsymbol{A}}\boldsymbol{P}^{-1}=\boldsymbol{P}\begin{bmatrix}\lambda_1 & 0 & \cdots & 0\\ 0 & \lambda_2 & \cdots & 0\\ \vdots & \vdots & & \vdots\\ 0 & 0 & \cdots & \lambda_n\end{bmatrix}\boldsymbol{P}^{-1} \tag{2-42}$$

注意到 $\boldsymbol{A}^k=(\boldsymbol{P}\bar{\boldsymbol{A}}\boldsymbol{P}^{-1})^k=\boldsymbol{P}\bar{\boldsymbol{A}}^k\boldsymbol{P}^{-1}$ 的事实，由式（2-40），有

$$\begin{aligned}e^{At}&=\alpha_0(t)\boldsymbol{I}+\alpha_1(t)\boldsymbol{A}+\cdots+\alpha_{n-1}(t)\boldsymbol{A}^{n-1}\\&=\alpha_0(t)\boldsymbol{P}\boldsymbol{P}^{-1}+\alpha_1(t)\boldsymbol{P}\bar{\boldsymbol{A}}\boldsymbol{P}^{-1}+\cdots+\alpha_{n-1}(t)\boldsymbol{P}\bar{\boldsymbol{A}}^{n-1}\boldsymbol{P}^{-1}\end{aligned} \tag{2-43}$$

另一方面，由线性定常系统状态转移矩阵性质 8 和性质 9 有

$$
e^{At}=P\begin{bmatrix} e^{\lambda_1 t} & 0 & \cdots & 0\\ 0 & e^{\lambda_2 t} & \cdots & 0\\ \vdots & \vdots & & \vdots\\ 0 & 0 & \cdots & e^{\lambda_n t}\end{bmatrix}P^{-1} \tag{2-44}
$$

对照上面式（2-43）和式（2-44）可得

$$
\begin{bmatrix} e^{\lambda_1 t} & 0 & \cdots & 0\\ 0 & e^{\lambda_2 t} & \cdots & 0\\ \vdots & \vdots & & \vdots\\ 0 & 0 & \cdots & e^{\lambda_n t}\end{bmatrix}=\alpha_0(t)\begin{bmatrix} 1 & 0 & \cdots & 0\\ 0 & 1 & \cdots & 0\\ \vdots & \vdots & & \vdots\\ 0 & 0 & \cdots & 1\end{bmatrix}+\alpha_1(t)\begin{bmatrix} \lambda_1 & 0 & \cdots & 0\\ 0 & \lambda_2 & \cdots & 0\\ \vdots & \vdots & & \vdots\\ 0 & 0 & \cdots & \lambda_n\end{bmatrix}+
$$

$$
\cdots+\alpha_{n-1}(t)\begin{bmatrix} \lambda_1^{n-1} & 0 & \cdots & 0\\ 0 & \lambda_2^{n-1} & \cdots & 0\\ \vdots & \vdots & & \vdots\\ 0 & 0 & \cdots & \lambda_n^{n-1}\end{bmatrix} \tag{2-45}
$$

即

$$
\begin{cases} e^{\lambda_1 t}=\alpha_0(t)+\alpha_1(t)\lambda_1+\cdots+\alpha_{n-1}(t)\lambda_1^{n-1}\\ e^{\lambda_2 t}=\alpha_0(t)+\alpha_1(t)\lambda_2+\cdots+\alpha_{n-1}(t)\lambda_2^{n-1}\\ \cdots\\ e^{\lambda_n t}=\alpha_0(t)+\alpha_1(t)\lambda_n+\cdots+\alpha_{n-1}(t)\lambda_n^{n-1}\end{cases} \tag{2-46}
$$

或写成列向量形式

$$
\begin{bmatrix} 1 & \lambda_1 & \lambda_1^2 & \cdots & \lambda_1^{n-1}\\ 1 & \lambda_2 & \lambda_2^2 & \cdots & \lambda_2^{n-1}\\ \vdots & \vdots & \vdots & & \vdots\\ 1 & \lambda_n & \lambda_n^2 & \cdots & \lambda_n^{n-1}\end{bmatrix}\begin{bmatrix}\alpha_0(t)\\ \alpha_1(t)\\ \vdots\\ \alpha_{n-1}(t)\end{bmatrix}=\begin{bmatrix} e^{\lambda_1 t}\\ e^{\lambda_2 t}\\ \vdots\\ e^{\lambda_n t}\end{bmatrix} \tag{2-47}
$$

两边左乘方阵的逆阵，即得式（2-41）所示的求取系数的计算式。

（3）当矩阵 $\boldsymbol{A}$ 具有 $n$ 个相同的特征值 $\lambda$，且其几何重数 $\gamma_j=1$ 时，式（2-40）的各项系数由下式决定：

$$
\begin{bmatrix}\alpha_0(t)\\ \alpha_1(t)\\ \vdots\\ \alpha_{n-2}(t)\\ \alpha_{n-1}(t)\end{bmatrix}=\begin{bmatrix} & & & & 0 & 1\\ & 0 & & 0 & 1 & \dfrac{(n-1)\cdots 2}{(n-2)!}\lambda\\ & & & \iddots & \iddots & \vdots\\ & 0 & 1 & & \cdots & \dfrac{(n-1)(n-2)}{2!}\lambda^{n-3}\\ 0 & 1 & 2\lambda & & \cdots & (n-1)\lambda^{n-2}\\ 1 & \lambda & \lambda^2 & & \cdots & \lambda^{n-1}\end{bmatrix}^{-1}\begin{bmatrix}\dfrac{1}{(n-1)!}t^{n-1}e^{\lambda t}\\ \dfrac{1}{(n-2)!}t^{n-2}e^{\lambda t}\\ \vdots\\ \dfrac{1}{2!}t^2e^{\lambda t}\\ te^{\lambda t}\\ e^{\lambda t}\end{bmatrix} \tag{2-48}
$$

因为 $\overline{\boldsymbol{A}}$ 矩阵是约当阵，这一计算式可以利用状态转移矩阵的性质 10（即式（2-22）），类似

式（2-41）的推导过程得到，这里不再详细展开。

当矩阵 $\boldsymbol{A}$ 既具有重特征值又具有单特征值时，可由上面两种情况的组合求得 $e^{\boldsymbol{A}t}$。

**例 2-5**　应用凯莱-哈密顿定理求例 2-2 的 $e^{\boldsymbol{A}t}$。

**解**　已知 $\boldsymbol{A}=\begin{bmatrix}0 & 1\\ -2 & -3\end{bmatrix}$，求得它的两个特征值为 $\lambda_1=-2$，$\lambda_2=-1$。由式(2-41)有

$$\begin{bmatrix}\alpha_0(t)\\ \alpha_1(t)\end{bmatrix}=\begin{bmatrix}1 & \lambda_1\\ 1 & \lambda_2\end{bmatrix}^{-1}\begin{bmatrix}e^{\lambda_1 t}\\ e^{\lambda_2 t}\end{bmatrix}=\begin{bmatrix}1 & -2\\ 1 & -1\end{bmatrix}^{-1}\begin{bmatrix}e^{\lambda_1 t}\\ e^{\lambda_2 t}\end{bmatrix}=\begin{bmatrix}-1 & 2\\ -1 & 1\end{bmatrix}\begin{bmatrix}e^{-2t}\\ e^{-t}\end{bmatrix}=\begin{bmatrix}2e^{-t}-e^{-2t}\\ e^{-t}-e^{-2t}\end{bmatrix}$$

再根据式（2-40），可求得

$$e^{\boldsymbol{A}t}=\alpha_0(t)\boldsymbol{I}+\alpha_1(t)\boldsymbol{A}=\begin{bmatrix}2e^{-t}-e^{2t} & 0\\ 0 & 2e^{-t}-e^{-2t}\end{bmatrix}+\begin{bmatrix}0 & e^{-t}-e^{-2t}\\ -2e^{-t}+2e^{-2t} & -3e^{-t}+3e^{-2t}\end{bmatrix}$$

$$=\begin{bmatrix}2e^{-t}-e^{-2t} & e^{-t}-e^{-2t}\\ -2e^{-t}+2e^{-2t} & -e^{-t}+2e^{-2t}\end{bmatrix}$$

**例 2-6**　应用凯莱-哈密顿定理求 $\boldsymbol{A}=\begin{bmatrix}-1 & 1 & 0\\ -4 & 3 & 0\\ 1 & 0 & 2\end{bmatrix}$ 的状态转移矩阵 $e^{\boldsymbol{A}t}$。

**解**　由矩阵 $A$ 的特征多项式

$$|s\boldsymbol{I}-\boldsymbol{A}|=\begin{vmatrix}s+1 & -1 & 0\\ 4 & s-3 & 0\\ -1 & 0 & s-2\end{vmatrix}=(s-2)(s-1)^2$$

解得它具有单特征值 $\lambda_1=2$ 和二重特征值 $\lambda_2=\lambda_3=1$。组合式（2-41）和式（2-48），有

$$\begin{bmatrix}\alpha_0(t)\\ \alpha_1(t)\\ \alpha_2(t)\end{bmatrix}=\begin{bmatrix}1 & \lambda_1 & \lambda_1^2\\ 0 & 1 & 2\lambda_2\\ 1 & \lambda_2 & \lambda_2^2\end{bmatrix}^{-1}\begin{bmatrix}e^{\lambda_1 t}\\ te^{\lambda_2 t}\\ e^{\lambda_2 t}\end{bmatrix}=\begin{bmatrix}1 & 2 & 4\\ 0 & 1 & 2\\ 1 & 1 & 1\end{bmatrix}^{-1}\begin{bmatrix}e^{2t}\\ te^{t}\\ e^{t}\end{bmatrix}=\begin{bmatrix}1 & -2 & 0\\ -2 & 3 & 2\\ 1 & -1 & -1\end{bmatrix}\begin{bmatrix}e^{2t}\\ te^{t}\\ e^{t}\end{bmatrix}$$

$$=\begin{bmatrix}e^{2t}-2te^{t}\\ -2e^{2t}+3te^{t}+2e^{t}\\ e^{2t}-te^{t}-e^{t}\end{bmatrix}$$

再根据式（2-40），可求得

$$e^{\boldsymbol{A}t}=\alpha_0(t)\boldsymbol{I}+\alpha_1(t)\boldsymbol{A}+\alpha_2(t)\boldsymbol{A}^2=(e^{2t}-2te^{t})\begin{bmatrix}1 & 0 & 0\\ 0 & 1 & 0\\ 0 & 0 & 1\end{bmatrix}+(-2e^{2t}+3te^{t}+2e^{t})\begin{bmatrix}-1 & 1 & 0\\ -4 & 3 & 0\\ 1 & 0 & 2\end{bmatrix}+$$

$$(e^{2t}-te^{t}-e^{t})\begin{bmatrix}-3 & 2 & 0\\ -8 & 5 & 0\\ 1 & 1 & 4\end{bmatrix}=\begin{bmatrix}-2te^{t}+e^{t} & te^{t} & 0\\ -4te^{t} & 2te^{t}+e^{t} & 0\\ -e^{2t}+2te^{t}+e^{t} & e^{2t}-te^{t}-e^{t} & e^{2t}\end{bmatrix}$$

## 五、线性定常系统非齐次状态方程的解

线性定常系统非齐次状态方程是指系统输入变量不为零时的状态方程，它描述系统在输入变量作用下系统状态的演变情况，也即系统强迫运动的情况。这时系统的状态方程

表示为

$$\dot{\boldsymbol{x}} = \boldsymbol{A}\boldsymbol{x} + \boldsymbol{B}\boldsymbol{u} \tag{2-49}$$

按上面的约定，设初始时刻 $t_0 = 0$，初始状态为 $\boldsymbol{x}(0)$。将式（2-49）改写为 $\dot{\boldsymbol{x}} - \boldsymbol{A}\boldsymbol{x} = \boldsymbol{B}\boldsymbol{u}$，并在等式两边左乘 $\mathrm{e}^{-\boldsymbol{A}t}$，得

$$\mathrm{e}^{-\boldsymbol{A}t}(\dot{\boldsymbol{x}} - \boldsymbol{A}\boldsymbol{x}) = \mathrm{e}^{-\boldsymbol{A}t}\boldsymbol{B}\boldsymbol{u} \tag{2-50}$$

由微分运算法则，并利用状态转移矩阵的性质 1，式（2-50）的左边即为 $\frac{\mathrm{d}}{\mathrm{d}t}(\mathrm{e}^{-\boldsymbol{A}t}\boldsymbol{x})$，所以有

$$\frac{\mathrm{d}}{\mathrm{d}t}(\mathrm{e}^{-\boldsymbol{A}t}\boldsymbol{x}) = \mathrm{e}^{-\boldsymbol{A}t}\boldsymbol{B}\boldsymbol{u} \tag{2-51}$$

对式（2-51）在 $0 \sim t$ 区间积分，可得

$$\mathrm{e}^{-\boldsymbol{A}t}\boldsymbol{x}(t) - \boldsymbol{x}(0) = \int_0^t \mathrm{e}^{-\boldsymbol{A}\tau}\boldsymbol{B}\boldsymbol{u}(\tau)\mathrm{d}\tau \tag{2-52}$$

即

$$\boldsymbol{x}(t) = \mathrm{e}^{\boldsymbol{A}t}\boldsymbol{x}(0) + \int_0^t \mathrm{e}^{\boldsymbol{A}(t-\tau)}\boldsymbol{B}\boldsymbol{u}(\tau)\mathrm{d}\tau \tag{2-53}$$

其中用到了状态转移矩阵的性质 4。此式就是线性定常系统非齐次状态方程的解，也可写成

$$\boldsymbol{x}(t) = \boldsymbol{\Phi}(t)\boldsymbol{x}(0) + \int_0^t \boldsymbol{\Phi}(t-\tau)\boldsymbol{B}\boldsymbol{u}(\tau)\mathrm{d}\tau \tag{2-54}$$

当初始时刻为 $t_0$、初始状态为 $\boldsymbol{x}(t_0)$ 时，显然有非齐次状态方程解的更一般形式

$$\boldsymbol{x}(t) = \mathrm{e}^{\boldsymbol{A}(t-t_0)}\boldsymbol{x}(t_0) + \int_{t_0}^t \mathrm{e}^{\boldsymbol{A}(t-\tau)}\boldsymbol{B}\boldsymbol{u}(\tau)\mathrm{d}\tau = \boldsymbol{\Phi}(t-t_0)\boldsymbol{x}(t_0) + \int_{t_0}^t \boldsymbol{\Phi}(t-\tau)\boldsymbol{B}\boldsymbol{u}(\tau)\mathrm{d}\tau \tag{2-55}$$

从线性定常系统非齐次状态方程的解（2-55）可知，系统在输入变量作用下的运动由两部分组成，一部分是与式（2-9）一致的由系统初始状态决定的自由运动，称为系统状态的零输入响应；另一部分则是零初始状态下源于系统输入变量作用的强迫运动，称为状态的零状态响应。第一部分响应是系统固有的，它能体现系统的本质特性——稳定性；而第二部分响应是可以人为干预的，因为系统的输入变量 $\boldsymbol{u}(t)$ 是可以人为设置的，正是由于这一部分响应的存在，使系统的运动受控成为可能。

当输入变量为几种特定信号时，状态运动的表示式可以简单化，下面分别给出输入变量为脉冲函数、阶跃函数、斜坡函数情况下的系统状态运动解。

（1）$\boldsymbol{u}(t) = \boldsymbol{u}_{\mathrm{r}}\delta(t)$（$\boldsymbol{u}_{\mathrm{r}}$ 为 $p$ 维常数向量）时的脉冲响应。这时有

$$\int_0^t \mathrm{e}^{\boldsymbol{A}(t-\tau)}\boldsymbol{B}\boldsymbol{u}(\tau)\mathrm{d}\tau = \mathrm{e}^{\boldsymbol{A}t}\int_{0_-}^{0_+}\mathrm{e}^{-\boldsymbol{A}\tau}\boldsymbol{B}\boldsymbol{u}_{\mathrm{r}}\delta(\tau)\mathrm{d}\tau = \mathrm{e}^{\boldsymbol{A}t}\mathrm{e}^{-\boldsymbol{A}0}\left(\int_{0_-}^{0_+}\delta(\tau)\mathrm{d}\tau\right)\boldsymbol{B}\boldsymbol{u}_{\mathrm{r}} = \mathrm{e}^{\boldsymbol{A}t}\boldsymbol{B}\boldsymbol{u}_{\mathrm{r}}$$

所以得

$$\boldsymbol{x}(t) = \mathrm{e}^{\boldsymbol{A}t}[\boldsymbol{x}(0) + \boldsymbol{B}\boldsymbol{u}_{\mathrm{r}}] \tag{2-56}$$

（2）$\boldsymbol{u}(t) = \boldsymbol{u}_{\mathrm{r}}h(t)$（$\boldsymbol{u}_{\mathrm{r}}$ 同上，$h(t)$ 为单位阶跃函数）时的阶跃响应。这时有

$$\begin{aligned}\int_0^t \mathrm{e}^{\boldsymbol{A}(t-\tau)}\boldsymbol{B}\boldsymbol{u}(\tau)\mathrm{d}\tau &= \mathrm{e}^{\boldsymbol{A}t}\int_0^t \mathrm{e}^{-\boldsymbol{A}\tau}\boldsymbol{B}\boldsymbol{u}_{\mathrm{r}}h(\tau)\mathrm{d}\tau = \mathrm{e}^{\boldsymbol{A}t}\left(\int_0^t \mathrm{e}^{-\boldsymbol{A}\tau}h(\tau)\mathrm{d}\tau\right)\boldsymbol{B}\boldsymbol{u}_{\mathrm{r}} \\ &= \mathrm{e}^{\boldsymbol{A}t}\left(\int_0^t \mathrm{e}^{-\boldsymbol{A}\tau}\mathrm{d}\tau\right)\boldsymbol{B}\boldsymbol{u}_{\mathrm{r}} = \mathrm{e}^{\boldsymbol{A}t}[(-\boldsymbol{A})^{-1}\mathrm{e}^{-\boldsymbol{A}\tau}]_0^t\boldsymbol{B}\boldsymbol{u}_{\mathrm{r}} \\ &= \mathrm{e}^{\boldsymbol{A}t}(-\boldsymbol{A})^{-1}(\mathrm{e}^{-\boldsymbol{A}t} - \boldsymbol{I})\boldsymbol{B}\boldsymbol{u}_{\mathrm{r}} = \boldsymbol{A}^{-1}(\mathrm{e}^{\boldsymbol{A}t} - \boldsymbol{I})\boldsymbol{B}\boldsymbol{u}_{\mathrm{r}}\end{aligned}$$

所以有

$$x(t) = e^{At}x(0) + A^{-1}(e^{At} - I)Bu_r \tag{2-57}$$

这时要求 $A$ 矩阵的逆阵存在。

(3) $u(t) = u_r r(t)$（$u_r$ 同上，$r(t) = t$ 为单位斜坡函数）时的斜坡响应　这时有

$$\begin{aligned}\int_0^t e^{A(t-\tau)}Bu(\tau)d\tau &= e^{At}\int_0^t e^{-A\tau}Bu_r r(\tau)d\tau = e^{At}\left(\int_0^t \tau e^{-A\tau}d\tau\right)Bu_r\\ &= e^{At}\{[(-A)^2]^{-1}e^{-A\tau}(-A\tau - I)\}\big|_0^t Bu_r = e^{At}[A^{-2}e^{-A\tau}(-A\tau - I)]_0^t Bu_r\\ &= e^{At}A^{-2}[e^{-At}(-At - I) - (-I)]Bu_r = [A^{-2}(e^{At} - I) - A^{-1}t]Bu_r\end{aligned}$$

所以

$$x(t) = e^{At}x(0) + [A^{-2}(e^{At} - I) - A^{-1}t]Bu_r \tag{2-58}$$

显然，这时也要求 $A$ 矩阵的逆阵存在。

**例 2-7**　已知线性定常系统为

$$\begin{bmatrix}\dot{x}_1\\ \dot{x}_2\end{bmatrix} = \begin{bmatrix}0 & 1\\ -2 & -3\end{bmatrix}\begin{bmatrix}x_1\\ x_2\end{bmatrix} + \begin{bmatrix}0\\ 1\end{bmatrix}u$$

求系统状态在 $x(0) = [x_1(0) \quad x_2(0)]^T$ 初始条件下的单位阶跃响应。

**解**　系统的状态转移矩阵已在例 2-2 中求得，为

$$e^{At} = \begin{bmatrix}2e^{-t} - e^{-2t} & e^{-t} - e^{-2t}\\ -2e^{-t} + 2e^{-2t} & -e^{-t} + 2e^{-2t}\end{bmatrix}$$

又因为

$$\begin{aligned}x(t) &= \Phi(t)x(0) + \int_0^t \Phi(t-\tau)bu(\tau)d\tau \xlongequal{u(\tau)=1} \Phi(t)x(0) + \int_0^t \Phi(t-\tau)bd\tau\\ &\xlongequal{\tau' = t-\tau} \Phi(t)x(0) + \int_t^0 \Phi(\tau')bd(-\tau') = \Phi(t)x(0) + \int_0^t \Phi(\tau')bd\tau'\end{aligned}$$

而

$$\begin{aligned}\int_0^t \Phi(\tau')bd\tau' &= \int_0^t \begin{bmatrix}2e^{-\tau'} - e^{-2\tau'} & e^{-\tau'} - e^{2\tau'}\\ -2e^{-\tau'} + 2e^{-2\tau'} & -e^{-\tau'} + 2e^{-2\tau'}\end{bmatrix}\begin{bmatrix}0\\ 1\end{bmatrix}d\tau'\\ &= \int_0^t \begin{bmatrix}e^{-\tau'} - e^{-2\tau'}\\ -e^{-\tau'} + 2e^{-2\tau'}\end{bmatrix}d\tau' = \begin{bmatrix}-e^{-\tau'} + \frac{1}{2}e^{-2\tau'}\\ e^{-\tau'} - e^{2\tau'}\end{bmatrix}\Bigg|_0^t\\ &= \begin{bmatrix}-e^{-t} + 1 + \frac{1}{2}e^{-2t} - \frac{1}{2}\\ e^{-t} - 1 - e^{-2t} + 1\end{bmatrix} = \begin{bmatrix}\frac{1}{2} - e^{-t} + \frac{1}{2}e^{-2t}\\ e^{-t} - e^{-2t}\end{bmatrix}\end{aligned}$$

所以有

$$\begin{aligned}x(t) &= \Phi(t)x(0) + \int_0^t \Phi(\tau')bd\tau' = \begin{bmatrix}2e^{-t} - e^{-2t} & e^{-t} - e^{-2t}\\ -2e^{-t} + 2e^{-2t} & -e^{-t} + 2e^{-2t}\end{bmatrix}\begin{bmatrix}x_1(0)\\ x_2(0)\end{bmatrix} + \begin{bmatrix}\frac{1}{2} - e^{-t} + \frac{1}{2}e^{-2t}\\ e^{-t} - e^{-2t}\end{bmatrix}\\ &= \begin{bmatrix}\frac{1}{2} + [2x_1(0) + x_2(0) - 1]e^{-t} - [x_1(0) + x_2(0) - \frac{1}{2}]e^{-2t}\\ -[2x_1(0) + x_2(0) - 1]e^{-t} + [2x_1(0) + 2x_2(0) - 1]e^{-2t}\end{bmatrix}\end{aligned}$$

当初始状态为零时，则系统的状态运动仅仅取决于输入变量，成为

$$\boldsymbol{x}(t)=\begin{bmatrix}\frac{1}{2}-\mathrm{e}^{-t}+\frac{1}{2}\mathrm{e}^{-2t}\\ \mathrm{e}^{-t}-\mathrm{e}^{-2t}\end{bmatrix}$$

由于是求单位阶跃响应，当然也可以直接应用式（2-57）。这时，先求出矩阵 $\boldsymbol{A}$ 的逆

$$\boldsymbol{A}^{-1}=\begin{bmatrix}0 & 1\\ -2 & -3\end{bmatrix}^{-1}=\begin{bmatrix}-\frac{3}{2} & -\frac{1}{2}\\ 1 & 0\end{bmatrix}$$

于是有

$$\boldsymbol{x}(t)=\mathrm{e}^{\boldsymbol{A}t}\boldsymbol{x}(0)+\boldsymbol{A}^{-1}(\mathrm{e}^{\boldsymbol{A}t}-\boldsymbol{I})\boldsymbol{B}\boldsymbol{u}_{\mathrm{r}}$$

$$=\begin{bmatrix}2\mathrm{e}^{-t}-\mathrm{e}^{-2t} & \mathrm{e}^{-t}-\mathrm{e}^{-2t}\\ -2\mathrm{e}^{-t}+2\mathrm{e}^{-2t} & -\mathrm{e}^{-t}+2\mathrm{e}^{-2t}\end{bmatrix}\begin{bmatrix}x_1(0)\\ x_2(0)\end{bmatrix}+\begin{bmatrix}-\frac{3}{2} & -\frac{1}{2}\\ 1 & 0\end{bmatrix}\begin{bmatrix}2\mathrm{e}^{-t}-\mathrm{e}^{-2t}-1 & \mathrm{e}^{-t}-\mathrm{e}^{-2t}\\ -2\mathrm{e}^{-t}+2\mathrm{e}^{-2t} & -\mathrm{e}^{-t}+2\mathrm{e}^{-2t}-1\end{bmatrix}\begin{bmatrix}0\\ 1\end{bmatrix}$$

$$=\begin{bmatrix}2\mathrm{e}^{-t}-\mathrm{e}^{-2t} & \mathrm{e}^{-t}-\mathrm{e}^{-2t}\\ -2\mathrm{e}^{-t}+2\mathrm{e}^{-2t} & -\mathrm{e}^{-t}+2\mathrm{e}^{-2t}\end{bmatrix}\begin{bmatrix}x_1(0)\\ x_2(0)\end{bmatrix}+\begin{bmatrix}\frac{1}{2}-\mathrm{e}^{-t}+\frac{1}{2}\mathrm{e}^{-2t}\\ \mathrm{e}^{-t}-\mathrm{e}^{-2t}\end{bmatrix}$$

$$=\begin{bmatrix}\frac{1}{2}+[2x_1(0)+x_2(0)-1]\mathrm{e}^{-t}-[x_1(0)+x_2(0)-\frac{1}{2}]\mathrm{e}^{-2t}\\ -[2x_1(0)+x_2(0)-1]\mathrm{e}^{-t}+[2x_1(0)+2x_2(0)-1]\mathrm{e}^{-2t}\end{bmatrix}$$

## 第二节 线性时变系统的运动分析

线性时变系统的运动形态和分析方法较定常系统要复杂，但其运动表达式的形式与定常系统类似。可按线性定常系统运动分析的思路来讨论线性时变系统的运动规律，即从求解齐次状态方程入手，引出状态转移矩阵概念，最后讨论非齐次状态方程的解。

### 一、线性时变齐次状态方程的解

具有初始状态值 $\boldsymbol{x}(t_0)$ 的线性时变齐次状态方程为

$$\begin{cases}\dot{\boldsymbol{x}}(t)=\boldsymbol{A}(t)\boldsymbol{x}(t)\\ \boldsymbol{x}(t)\big|_{t=t_0}=\boldsymbol{x}(t_0)\end{cases}\tag{2-59}$$

式中，$\boldsymbol{x}$ 为 $n$ 维状态向量；$\boldsymbol{A}(t)$ 为 $n\times n$ 维具有时变元素的实值矩阵。

当上述状态方程的状态向量维数为 1 时，即成为标量时变齐次微分方程为

$$\begin{cases}\dot{x}(t)=a(t)x(t)\\ x(t)\big|_{t=t_0}=x(t_0)\end{cases}\tag{2-60}$$

对标量时变齐次微分方程分离变量，得

$$\frac{\mathrm{d}x(t)}{x(t)}=a(t)\mathrm{d}t\tag{2-61}$$

二边取 $t_0\sim t$ 的积分，解得

$$x(t)=\exp\left(\int_{t_0}^{t}a(\tau)\mathrm{d}\tau\right)x(t_0)\tag{2-62}$$

参照线性定常系统的运动，该解表明，$x(t)$也可以视为由初值$x(t_0)$通过$\exp\left(\int_{t_0}^{t} a(\tau)\mathrm{d}\tau\right)$的转移作用而得到。记转移函数为

$$\Phi(t,t_0) = \exp\left(\int_{t_0}^{t} a(\tau)\mathrm{d}\tau\right) \tag{2-63}$$

显然，这时的转移函数不仅与$a(t)$及$t$有关，还与初始时刻$t_0$有关。

对于线性时变齐次状态方程（2-59），仿照标量时变齐次微分方程解（2-62），设解为

$$\boldsymbol{x}(t) = \boldsymbol{\Phi}(t,t_0)\boldsymbol{x}(t_0) \tag{2-64}$$

式中，$\boldsymbol{\Phi}(t,t_0) = \exp\left(\int_{t_0}^{t} \boldsymbol{A}(\tau)\mathrm{d}\tau\right)$为线性时变系统的状态转移矩阵，它与线性定常系统状态转移矩阵的不同点在于它既是所转移状态的初始时刻$t_0$的函数，又是所转移状态的终止时刻$t$的函数，而不是由所转移状态的时间间隔$(t-t_0)$决定。将式(2-64)代入式(2-59)，得

$$\begin{cases}\dot{\boldsymbol{\Phi}}(t,t_0) = \boldsymbol{A}(t)\boldsymbol{\Phi}(t,t_0)\\ \boldsymbol{\Phi}(t_0,t_0) = \boldsymbol{I}\end{cases} \tag{2-65}$$

解方程（2-65）即可求得时变系统的状态转移矩阵$\boldsymbol{\Phi}(t,t_0)$，进而得到线性时变齐次状态方程的解。

线性时变系统状态转移矩阵$\boldsymbol{\Phi}(t,t_0)$不像线性定常系统可以简单地表示为矩阵指数的形式，下面分两种情况讨论式（2-65）的解$\boldsymbol{\Phi}(t,t_0)$。

（1）当$\boldsymbol{A}(t)$和$\int_{t_0}^{t}\boldsymbol{A}(\tau)\mathrm{d}\tau$满足矩阵乘法可交换条件时，$\boldsymbol{\Phi}(t,t_0)$可表示为矩阵指数及其幂级数展开形式

$$\boldsymbol{\Phi}(t,t_0) = \exp\left(\int_{t_0}^{t}\boldsymbol{A}(\tau)\mathrm{d}\tau\right) = \boldsymbol{I} + \int_{t_0}^{t}\boldsymbol{A}(\tau)\mathrm{d}\tau + \frac{1}{2!}\left[\int_{t_0}^{t}\boldsymbol{A}(\tau)\mathrm{d}\tau\right]^2 + \frac{1}{3!}\left[\int_{t_0}^{t}\boldsymbol{A}(\tau)\mathrm{d}\tau\right]^3 + \cdots \tag{2-66}$$

这一结果只要把它代入式（2-65）就能得以证明，即将上式两边对$t$求导数，有

$$\begin{aligned}\dot{\boldsymbol{\Phi}}(t,t_0) = {}& \boldsymbol{A}(t) + \frac{1}{2!}\left[\boldsymbol{A}(t)\int_{t_0}^{t}\boldsymbol{A}(\tau)\mathrm{d}\tau + \left(\int_{t_0}^{t}\boldsymbol{A}(\tau)\mathrm{d}\tau\right)\boldsymbol{A}(t)\right]\\ & + \frac{1}{3!}\left\{\boldsymbol{A}(t)\left(\int_{t_0}^{t}\boldsymbol{A}(\tau)\mathrm{d}\tau\right)^2 + \int_{t_0}^{t}\boldsymbol{A}(\tau)\mathrm{d}\tau\left[\boldsymbol{A}(t)\int_{t_0}^{t}\boldsymbol{A}(\tau)\mathrm{d}\tau + \left(\int_{t_0}^{t}\boldsymbol{A}(\tau)\mathrm{d}\tau\right)\boldsymbol{A}(t)\right]\right\} + \cdots\end{aligned} \tag{2-67}$$

若$\boldsymbol{A}(t)$和$\int_{t_0}^{t}\boldsymbol{A}(\tau)\mathrm{d}\tau$满足矩阵乘法可交换条件，即

$$\boldsymbol{A}(t)\int_{t_0}^{t}\boldsymbol{A}(\tau)\mathrm{d}\tau = \left(\int_{t_0}^{t}\boldsymbol{A}(\tau)\mathrm{d}\tau\right)\boldsymbol{A}(t) \tag{2-68}$$

则式（2-67）可写为

$$\begin{aligned}\dot{\boldsymbol{\Phi}}(t,t_0) &= \boldsymbol{A}(t) + \boldsymbol{A}(t)\int_{t_0}^{t}\boldsymbol{A}(\tau)\mathrm{d}\tau + \frac{1}{2!}\boldsymbol{A}(t)\left(\int_{t_0}^{t}\boldsymbol{A}(\tau)\mathrm{d}\tau\right)^2 + \cdots\\ &= \boldsymbol{A}(t)\left[\boldsymbol{I} + \int_{t_0}^{t}\boldsymbol{A}(\tau)\mathrm{d}\tau + \frac{1}{2!}\left(\int_{t_0}^{t}\boldsymbol{A}(\tau)\mathrm{d}\tau\right)^2 + \cdots\right] = \boldsymbol{A}(t)\boldsymbol{\Phi}(t,t_0)\end{aligned} \tag{2-69}$$

并且

$$\boldsymbol{\Phi}(t_0,t_0) = \boldsymbol{I}+\int_{t_0}^{t_0}\boldsymbol{A}(\tau)\mathrm{d}\tau+\frac{1}{2!}\left[\int_{t_0}^{t_0}\boldsymbol{A}(\tau)\mathrm{d}\tau\right]^2+\cdots=\boldsymbol{I} \tag{2-70}$$

所以式（2-66）即为 $\boldsymbol{A}(t)$ 与 $\int_{t_0}^{t}\boldsymbol{A}(\tau)\mathrm{d}\tau$ 满足矩阵乘法可交换条件时的时变系统状态转移矩阵。

(2) 当 $\boldsymbol{A}(t)$ 和 $\int_{t_0}^{t}\boldsymbol{A}(\tau)\mathrm{d}\tau$ 不满足矩阵乘法可交换条件时，对式(2-65)的矩阵微分方程两边取 $t_0\sim t$ 的积分，有

$$\int_{t_0}^{t}\mathrm{d}\boldsymbol{\Phi}(\tau,t_0)=\int_{t_0}^{t}\boldsymbol{A}(\tau)\boldsymbol{\Phi}(\tau,t_0)\mathrm{d}\tau \tag{2-71}$$

得

$$\boldsymbol{\Phi}(t,t_0)=\boldsymbol{I}+\int_{t_0}^{t}\boldsymbol{A}(\tau)\boldsymbol{\Phi}(\tau,t_0)\mathrm{d}\tau \tag{2-72}$$

这里，已经应用了式(2-65)的初始条件 $\boldsymbol{\Phi}(t_0,t_0)=\boldsymbol{I}$。反复应用式(2-72)，可求得 $\boldsymbol{A}(t)$ 和 $\int_{t_0}^{t}\boldsymbol{A}(\tau)\mathrm{d}\tau$ 不满足矩阵乘法可交换条件时的时变系统状态转移矩阵 $\boldsymbol{\Phi}(t,t_0)$ 的无穷级数形式，即

$$\begin{aligned}
\boldsymbol{\Phi}(t,t_0) &= \boldsymbol{I}+\int_{t_0}^{t}\boldsymbol{A}(\tau)\boldsymbol{\Phi}(\tau,t_0)\mathrm{d}\tau\\
&= \boldsymbol{I}+\int_{t_0}^{t}\boldsymbol{A}(\tau)\left[\boldsymbol{I}+\int_{t_0}^{\tau}\boldsymbol{A}(\tau_1)\boldsymbol{\Phi}(\tau_1,t_0)\mathrm{d}\tau_1\right]\mathrm{d}\tau\\
&= \boldsymbol{I}+\int_{t_0}^{t}\boldsymbol{A}(\tau)\mathrm{d}\tau+\int_{t_0}^{t}\boldsymbol{A}(\tau)\int_{t_0}^{\tau}\boldsymbol{A}(\tau_1)\left[\boldsymbol{I}+\int_{t_0}^{\tau_1}\boldsymbol{A}(\tau_2)\boldsymbol{\Phi}(\tau_2,t_0)\mathrm{d}\tau_2\right]\mathrm{d}\tau_1\mathrm{d}\tau \qquad (2\text{-}73)\\
&= \cdots\cdots\\
&= \boldsymbol{I}+\int_{t_0}^{t}\boldsymbol{A}(\tau)\mathrm{d}\tau+\int_{t_0}^{t}\boldsymbol{A}(\tau)\int_{t_0}^{\tau}\boldsymbol{A}(\tau_1)\mathrm{d}\tau_1\mathrm{d}\tau+\int_{t_0}^{t}\boldsymbol{A}(\tau)\int_{t_0}^{\tau}\boldsymbol{A}(\tau_1)\int_{t_0}^{\tau_1}\boldsymbol{A}(\tau_2)\mathrm{d}\tau_2\mathrm{d}\tau_1\mathrm{d}\tau+\cdots\cdots
\end{aligned}$$

式（2-73）所示级数称为 Peano-Baker 级数，若 $\boldsymbol{A}(t)$ 的元素在积分区间内有界，则该级数是收敛的，但一般情况下难以表示成闭合的解析表达式，可根据精度要求进行数值求解。

式（2-66）和式（2-73）分别表示了 $\boldsymbol{A}(t)$ 和 $\int_{t_0}^{t}\boldsymbol{A}(\tau)\mathrm{d}\tau$ 满足与不满足矩阵乘法可交换条件时的时变系统状态转移矩阵，因此，在计算 $\boldsymbol{\Phi}(t,t_0)$ 时，首先要判别 $\boldsymbol{A}(t)$ 和 $\int_{t_0}^{t}\boldsymbol{A}(\tau)\mathrm{d}\tau$ 是否满足矩阵乘法可交换条件。按式（2-68）的条件，即有

$$\int_{t_0}^{t}\left[\boldsymbol{A}(t)\boldsymbol{A}(\tau)-\boldsymbol{A}(\tau)\boldsymbol{A}(t)\right]\mathrm{d}\tau=0 \tag{2-74}$$

或者对于任意的 $t_1$、$t_2$ 有

$$\boldsymbol{A}(t_1)\boldsymbol{A}(t_2)=\boldsymbol{A}(t_2)\boldsymbol{A}(t_1) \tag{2-75}$$

这两个等式都可以用作判别 $\boldsymbol{A}(t)$ 和 $\int_{t_0}^{t}\boldsymbol{A}(\tau)\mathrm{d}\tau$ 是否满足矩阵乘法可交换条件。

**例 2-8**　试求线性时变系统状态方程

$$\begin{bmatrix}\dot{x}_1\\ \dot{x}_2\end{bmatrix}=\begin{bmatrix}0 & \dfrac{1}{(t+1)^2}\\ 0 & 0\end{bmatrix}\begin{bmatrix}x_1\\ x_2\end{bmatrix}$$

的状态转移矩阵 $\boldsymbol{\Phi}(t,t_0)$。

**解** 先判别 $\boldsymbol{A}(t)$ 和 $\int_{t_0}^{t}\boldsymbol{A}(\tau)\mathrm{d}\tau$ 是否满足矩阵乘法可交换条件，按式（2-75），因为

$$\boldsymbol{A}(t_1)\boldsymbol{A}(t_2)=\begin{bmatrix}0 & \dfrac{1}{(t_1+1)^2}\\ 0 & 0\end{bmatrix}\begin{bmatrix}0 & \dfrac{1}{(t_2+1)^2}\\ 0 & 0\end{bmatrix}=0$$

$$\boldsymbol{A}(t_2)\boldsymbol{A}(t_1)=\begin{bmatrix}0 & \dfrac{1}{(t_2+1)^2}\\ 0 & 0\end{bmatrix}\begin{bmatrix}0 & \dfrac{1}{(t_1+1)^2}\\ 0 & 0\end{bmatrix}=0$$

满足矩阵乘法可交换条件，所以按式（2-66）求解 $\boldsymbol{\Phi}(t, t_0)$，即

$$\boldsymbol{\Phi}(t,t_0)=\boldsymbol{I}+\int_{t_0}^{t}\boldsymbol{A}(\tau)\mathrm{d}\tau+\frac{1}{2!}\left[\int_{t_0}^{t}\boldsymbol{A}(\tau)\mathrm{d}\tau\right]^2+\frac{1}{3!}\left[\int_{t_0}^{t}\boldsymbol{A}(\tau)\mathrm{d}\tau\right]^3+\cdots$$

而

$$\int_{t_0}^{t}\boldsymbol{A}(\tau)\mathrm{d}\tau=\int_{t_0}^{t}\begin{bmatrix}0 & \dfrac{1}{(\tau+1)^2}\\ 0 & 0\end{bmatrix}\mathrm{d}\tau=\begin{bmatrix}0 & \dfrac{1}{t_0+1}-\dfrac{1}{t+1}\\ 0 & 0\end{bmatrix}$$

$$\left[\int_{t_0}^{t}\boldsymbol{A}(\tau)\mathrm{d}\tau\right]^2=\begin{bmatrix}0 & \dfrac{t-t_0}{(t+1)(t_0+1)}\\ 0 & 0\end{bmatrix}^2=0$$

……

所以，得

$$\boldsymbol{\Phi}(t,t_0)=\boldsymbol{I}+\begin{bmatrix}0 & \dfrac{t-t_0}{(t+1)(t_0+1)}\\ 0 & 0\end{bmatrix}=\begin{bmatrix}1 & \dfrac{t-t_0}{(t+1)(t_0+1)}\\ 0 & 1\end{bmatrix}$$

**例 2-9** 求解线性时变系统齐次状态方程

$$\dot{\boldsymbol{x}}=\begin{bmatrix}0 & 1\\ 0 & t\end{bmatrix}\boldsymbol{x}$$

其初始条件为 $\boldsymbol{x}(0)$。

**解** 由于

$$\boldsymbol{A}(t_1)\boldsymbol{A}(t_2)=\begin{bmatrix}0 & 1\\ 0 & t_1\end{bmatrix}\begin{bmatrix}0 & 1\\ 0 & t_2\end{bmatrix}=\begin{bmatrix}0 & t_2\\ 0 & t_1t_2\end{bmatrix}$$

$$\boldsymbol{A}(t_2)\boldsymbol{A}(t_1)=\begin{bmatrix}0 & 1\\ 0 & t_2\end{bmatrix}\begin{bmatrix}0 & 1\\ 0 & t_1\end{bmatrix}=\begin{bmatrix}0 & t_1\\ 0 & t_1t_2\end{bmatrix}$$

两式不等，说明 $\boldsymbol{A}(t)$ 和 $\int_{t_0}^{t}\boldsymbol{A}(\tau)\mathrm{d}\tau$ 不满足矩阵乘法可交换条件，必须按 Peano-Baker 级数求状态转移矩阵 $\boldsymbol{\Phi}(t,0)$。为此计算

$$\int_{0}^{t}\boldsymbol{A}(\tau)\mathrm{d}\tau=\int_{0}^{t}\begin{bmatrix}0 & 1\\ 0 & \tau\end{bmatrix}\mathrm{d}\tau=\begin{bmatrix}0 & t\\ 0 & \dfrac{1}{2}t^2\end{bmatrix}$$

$$\int_0^t A(\tau)\int_0^\tau A(\tau_1)\mathrm{d}\tau_1\mathrm{d}\tau=\int_0^t\begin{bmatrix}0&1\\0&\tau\end{bmatrix}\begin{bmatrix}0&\tau\\0&\frac{1}{2}\tau^2\end{bmatrix}\mathrm{d}\tau=\int_0^t\begin{bmatrix}0&\frac{1}{2}\tau^2\\0&\frac{1}{2}\tau^3\end{bmatrix}\mathrm{d}\tau=\begin{bmatrix}0&\frac{1}{2}\frac{1}{3}t^3\\0&\frac{1}{2}\frac{1}{4}t^4\end{bmatrix}$$

……

所以有

$$\boldsymbol{\Phi}(t,0)=\boldsymbol{I}+\begin{bmatrix}0&t\\0&\frac{1}{2}t^2\end{bmatrix}+\begin{bmatrix}0&\frac{1}{6}t^3\\0&\frac{1}{8}t^4\end{bmatrix}+\cdots=\begin{bmatrix}1&t+\frac{1}{6}t^3+\cdots\\0&1+\frac{1}{2}t^2+\frac{1}{8}t^4+\cdots\end{bmatrix}$$

最后，根据式（2-64）得状态解为

$$\begin{bmatrix}x_1(t)\\x_2(t)\end{bmatrix}=\boldsymbol{\Phi}(t,0)\boldsymbol{x}(0)=\begin{bmatrix}1&t+\frac{1}{6}t^3+\cdots\\0&1+\frac{1}{2}t^2+\frac{1}{8}t^4+\cdots\end{bmatrix}\begin{bmatrix}x_1(0)\\x_2(0)\end{bmatrix}=\begin{bmatrix}x_1(0)+[t+\frac{1}{6}t^3+\cdots]x_2(0)\\ [1+\frac{1}{2}t^2+\frac{1}{8}t^4+\cdots]x_2(0)\end{bmatrix}$$

## 二、线性时变系统状态转移矩阵的性质

线性时变系统的状态转移矩阵 $\boldsymbol{\Phi}(t,t_0)$ 具有下列重要性质。

1. $\boldsymbol{\Phi}(t_0,t_0)=\boldsymbol{I}$　　(2-76)

这在式（2-65）中已得以证明。

2. $\boldsymbol{\Phi}(t_2,t_0)=\boldsymbol{\Phi}(t_2,t_1)\boldsymbol{\Phi}(t_1,t_0)$　　(2-77)

**证明**　根据式（2-64），有 $\boldsymbol{x}(t_2)=\boldsymbol{\Phi}(t_2,t_0)\boldsymbol{x}(t_0)$ 以及 $\boldsymbol{x}(t_2)=\boldsymbol{\Phi}(t_2,t_1)x(t_1)=\boldsymbol{\Phi}(t_2,t_1)\boldsymbol{\Phi}(t_1,t_0)x(t_0)$，所以可得等式

$$\boldsymbol{\Phi}(t_2,t_0)\boldsymbol{x}(t_0)=\boldsymbol{\Phi}(t_2,t_1)\boldsymbol{\Phi}(t_1,t_0)x(t_0)$$

性质 2 得证。该性质表明线性时变系统的状态转移与线性定常系统一样，也具有传递性，即 $t_0\sim t_2$ 的状态转移，可分段为 $t_0\sim t_1$ 的转移与 $t_1\sim t_2$ 的转移两部分。

3. $\boldsymbol{\Phi}(t,t_0)=\boldsymbol{\Phi}^{-1}(t_0,t)$　　(2-78)

**证明**　令性质 2 的式（2-77）中的 $t_2=t_0$、$t_1=t$，并应用性质 1，有 $\boldsymbol{\Phi}(t_0,t_0)=\boldsymbol{\Phi}(t_0,t)\boldsymbol{\Phi}(t,t_0)=\boldsymbol{I}$，即 $\boldsymbol{\Phi}(t_0,t)$ 和 $\boldsymbol{\Phi}(t,t_0)$ 互为逆，性质 3 得证。该性质表明线性时变系统的状态转移与线性定常系统一样，也具有可逆性。

4. $\dot{\boldsymbol{\Phi}}(t,t_0)=\boldsymbol{A}(t)\boldsymbol{\Phi}(t,t_0)$　　(2-79)

该性质也已在式（2-65）中得以证明。

## 三、线性时变非齐次状态方程的解

线性时变非齐次状态方程表示为

$$\dot{\boldsymbol{x}}=\boldsymbol{A}(t)\boldsymbol{x}+\boldsymbol{B}(t)\boldsymbol{u}\tag{2-80}$$

并具有初始条件 $\boldsymbol{x}(t)\big|_{t=t_0}=\boldsymbol{x}(t_0)$。参照线性定常系统非齐次状态方程解式（2-55）的形式，设时变非齐次状态方程的解为

$$\boldsymbol{x}(t)=\boldsymbol{\Phi}(t,t_0)\boldsymbol{x}(t_0)+\boldsymbol{\Phi}(t,t_0)\boldsymbol{\xi}(t)=\boldsymbol{\Phi}(t,t_0)[\boldsymbol{x}(t_0)+\boldsymbol{\xi}(t)]\tag{2-81}$$

它应满足方程式（2-80），为此，将式（2-81）两边对 $t$ 求导，并利用式（2-79）得

$$\begin{aligned}\dot{\boldsymbol{x}}(t) &= \dot{\boldsymbol{\Phi}}(t,t_0)[\boldsymbol{x}(t_0)+\boldsymbol{\xi}(t)]+\boldsymbol{\Phi}(t,t_0)\dot{\boldsymbol{\xi}}(t)\\ &= \boldsymbol{A}(t)\boldsymbol{\Phi}(t,t_0)[\boldsymbol{x}(t_0)+\boldsymbol{\xi}(t)]+\boldsymbol{\Phi}(t,t_0)\dot{\boldsymbol{\xi}}(t)\\ &= \boldsymbol{A}(t)\boldsymbol{x}(t)+\boldsymbol{\Phi}(t,t_0)\dot{\boldsymbol{\xi}}(t)=\dot{\boldsymbol{x}}(t)-\boldsymbol{B}(t)\boldsymbol{u}(t)+\boldsymbol{\Phi}(t,t_0)\dot{\boldsymbol{\xi}}(t)\end{aligned} \tag{2-82}$$

于是有

$$\boldsymbol{\Phi}(t,t_0)\dot{\boldsymbol{\xi}}(t)=\boldsymbol{B}(t)\boldsymbol{u}(t) \tag{2-83}$$

应用$\boldsymbol{\Phi}(t, t_0)$的性质3，进而可得

$$\dot{\boldsymbol{\xi}}(t)=\boldsymbol{\Phi}^{-1}(t,t_0)\boldsymbol{B}(t)\boldsymbol{u}(t)=\boldsymbol{\Phi}(t_0,t)\boldsymbol{B}(t)\boldsymbol{u}(t) \tag{2-84}$$

对上式两边取$t_0 \sim t$的积分，得

$$\boldsymbol{\xi}(t)=\boldsymbol{\xi}(t_0)+\int_{t_0}^{t}\boldsymbol{\Phi}(t_0,\tau)\boldsymbol{B}(\tau)\boldsymbol{u}(\tau)\mathrm{d}\tau \tag{2-85}$$

代入式（2-81），得到

$$\begin{aligned}\boldsymbol{x}(t) &= \boldsymbol{\Phi}(t,t_0)\boldsymbol{x}(t_0)+\boldsymbol{\Phi}(t,t_0)\boldsymbol{\xi}(t)\\ &= \boldsymbol{\Phi}(t,t_0)\boldsymbol{x}(t_0)+\int_{t_0}^{t}\boldsymbol{\Phi}(t,t_0)\boldsymbol{\Phi}(t_0,\tau)\boldsymbol{B}(\tau)\boldsymbol{u}(\tau)\mathrm{d}\tau+\boldsymbol{\Phi}(t,t_0)\boldsymbol{\xi}(t_0)\\ &= \boldsymbol{\Phi}(t,t_0)\boldsymbol{x}(t_0)+\int_{t_0}^{t}\boldsymbol{\Phi}(t,\tau)\boldsymbol{B}(\tau)\boldsymbol{u}(\tau)\mathrm{d}\tau\end{aligned} \tag{2-86}$$

其中，可由初始条件$\boldsymbol{x}(t)\big|_{t=t_0}=\boldsymbol{x}(t_0)$确定出$\boldsymbol{\xi}(t_0)=0$。

式（2-86）表明，与线性定常系统在输入变量作用下的运动相类似，线性时变系统也由两部分组成：一部分是由系统初始状态决定的自由运动，称为零输入响应；另一部分是源于系统输入变量$\boldsymbol{u}(t)$作用的强迫运动，称为零状态响应。

**例 2-10** 设系统

$$\begin{cases}\dot{\boldsymbol{x}}(t)=\begin{bmatrix}0 & \dfrac{1}{(t+1)^2}\\ 0 & 0\end{bmatrix}\boldsymbol{x}(t)+\begin{bmatrix}1\\1\end{bmatrix}u(t)\\ y(t)=[1 \quad 1]\boldsymbol{x}(t)\end{cases}$$

的初始状态为$\begin{bmatrix}x_1(1)\\x_2(1)\end{bmatrix}=\begin{bmatrix}1\\2\end{bmatrix}$，求系统在单位阶跃信号$u(t)=1(t-1)$作用下的状态解和系统输出响应。

**解** 例2-8已经求得系统的状态转移矩阵为

$$\boldsymbol{\Phi}(t,t_0)=\begin{bmatrix}1 & \dfrac{t-t_0}{(t+1)(t_0+1)}\\ 0 & 1\end{bmatrix}$$

代入$t_0=1$，有

$$\boldsymbol{\Phi}(t,1)=\begin{bmatrix}1 & \dfrac{t-1}{2(t+1)}\\ 0 & 1\end{bmatrix}$$

根据单位阶跃信号的定义，有

$$\begin{cases}u(t)=1 & t\geqslant 1\\ u(t)=0 & t<1\end{cases}$$

先求得

$$\int_{t_0}^{t}\boldsymbol{\Phi}(t,\tau)\boldsymbol{B}(\tau)\boldsymbol{u}(\tau)\mathrm{d}\tau=\int_1^t\begin{bmatrix}1 & \dfrac{t-\tau}{(t+1)(\tau+1)}\\0 & 1\end{bmatrix}\begin{bmatrix}1\\1\end{bmatrix}\mathrm{d}\tau=\int_1^t\begin{bmatrix}1+\dfrac{t-\tau}{(t+1)(\tau+1)}\\1\end{bmatrix}\mathrm{d}\tau=\int_1^t\begin{bmatrix}\dfrac{t}{t+1}+\dfrac{1}{\tau+1}\\1\end{bmatrix}\mathrm{d}\tau$$

$$=\begin{bmatrix}\dfrac{t}{t+1}\tau+\ln(\tau+1)\\\tau\end{bmatrix}_1^t=\begin{bmatrix}\dfrac{t(t-1)}{t+1}+\ln\dfrac{t+1}{2}\\t-1\end{bmatrix}(t\geqslant 1)$$

代入式（2-86），得系统的状态解为

$$\boldsymbol{x}(t)=\boldsymbol{\Phi}(t,t_0)\boldsymbol{x}(t_0)+\int_{t_0}^{t}\boldsymbol{\Phi}(t,\tau)\boldsymbol{B}(\tau)\boldsymbol{u}(\tau)\mathrm{d}\tau=\begin{bmatrix}1 & \dfrac{t-1}{2(t+1)}\\0 & 1\end{bmatrix}\begin{bmatrix}1\\2\end{bmatrix}+\begin{bmatrix}\dfrac{t(t-1)}{t+1}+\ln\dfrac{t+1}{2}\\t-1\end{bmatrix}$$

$$=\begin{bmatrix}1+\dfrac{t-1}{t+1}\\2\end{bmatrix}+\begin{bmatrix}\dfrac{t(t-1)}{t+1}+\ln\dfrac{t+1}{2}\\t-1\end{bmatrix}=\begin{bmatrix}t+\ln\dfrac{t+1}{2}\\t+1\end{bmatrix}(t\geqslant 1)$$

由输出方程得到系统的输出响应

$$y(t)=[1\quad 1]\boldsymbol{x}(t)=[1\quad 1]\begin{bmatrix}t+\ln\dfrac{t+1}{2}\\t+1\end{bmatrix}=1+2t+\ln\frac{t+1}{2}(t\geqslant 1)$$

# 第三节　线性离散系统的运动分析

线性离散系统的运动分析就是求解一阶向量差分方程形式的离散系统状态方程，这类方程较向量微分方程更适合于采用计算机进行计算。通常，离散系统的状态方程有递推法和z变换法两种求解方法，前者既适用于定常系统，也适用于时变系统，后者仅适用于定常系统。

## 一、离散系统状态方程的解

### （一）递推法求解

1. 定常系统状态方程的求解　考虑线性定常离散系统

$$\boldsymbol{x}(k+1)=\boldsymbol{G}\boldsymbol{x}(k)+\boldsymbol{H}\boldsymbol{u}(k)\tag{2-87}$$

在给定初始状态 $\boldsymbol{x}(0)$ 和输入信号序列 $\boldsymbol{u}(0)$、$\boldsymbol{u}(1)$、$\boldsymbol{u}(2)$、…的前提下，分别取 $k=0$，1，2，…，显然有

$k=0$ 时　　$\boldsymbol{x}(1)=\boldsymbol{G}\boldsymbol{x}(0)+\boldsymbol{H}\boldsymbol{u}(0)$

$k=1$ 时　　$\boldsymbol{x}(2)=\boldsymbol{G}\boldsymbol{x}(1)+\boldsymbol{H}\boldsymbol{u}(1)=\boldsymbol{G}^2\boldsymbol{x}(0)+\boldsymbol{G}\boldsymbol{H}\boldsymbol{u}(0)+\boldsymbol{H}\boldsymbol{u}(1)$

$k=2$ 时　　$\boldsymbol{x}(3)=\boldsymbol{G}\boldsymbol{x}(2)+\boldsymbol{H}\boldsymbol{u}(2)=\boldsymbol{G}^3\boldsymbol{x}(0)+\boldsymbol{G}^2\boldsymbol{H}\boldsymbol{u}(0)+\boldsymbol{G}\boldsymbol{H}\boldsymbol{u}(1)+\boldsymbol{H}\boldsymbol{u}(2)$

…

$k=k-1$ 时　　$$\boldsymbol{x}(k)=\boldsymbol{G}\boldsymbol{x}(k-1)+\boldsymbol{H}\boldsymbol{u}(k-1)=\boldsymbol{G}^k\boldsymbol{x}(0)+\sum_{i=0}^{k-1}\boldsymbol{G}^{k-i-1}\boldsymbol{H}\boldsymbol{u}(i)\tag{2-88}$$

式（2-88）为线性定常离散系统的通解，$k$ 表示了给定问题的末时刻。对于线性定常离

散系统的状态解，作下面几点说明：

（1）式（2-88）是在初始时刻为零的条件下得出的，如果初始时刻设为 $k_0$，则状态解应为

$$x(k)=G^{k-k_0}x(k_0)+\sum_{i=k_0}^{k-1}G^{k-i-1}Hu(i) \tag{2-89}$$

（2）状态解 $x(k)$ 也是离散值，即只有在 $k=0,\ 1,\ 2,\ \cdots$ 时有意义。

（3）输入序列对于状态解有 1 个采样周期的滞后，即第 $k$ 个采样时刻的状态值只取决于此时刻之前的输入采样序列 $u(0)$、$u(1)$、$u(2)$、…、$u(k-1)$。

（4）离散系统状态解形式上与连续系统类似，也由两部分组成：一部分是由系统初始状态引起的零输入响应；另一部分是由系统输入变量作用引起的零状态响应。因此，类似地可定义 $G^k$（对应于初始时刻为零）或 $G^{k-k_0}$（对应于初始时刻为 $k_0$）为线性定常离散系统的状态转移矩阵，分别记为

$$\Phi(k)=G^k \tag{2-90}$$

$$\Phi(k-k_0)=G^{k-k_0} \tag{2-91}$$

而且它们具有与线性定常连续系统状态转移矩阵相似的性质，主要有：

1）满足下列矩阵差分方程及初始条件，即

$$\Phi(k+1)=G\Phi(k) \tag{2-92}$$

$$\Phi(0)=I \tag{2-93}$$

2）可传递性，即

$$\Phi(k_2-k_0)=\Phi(k_2-k_1)\Phi(k_1-k_0) \tag{2-94}$$

3）可逆性，即

$$\Phi^{-1}(k)=\Phi(-k) \tag{2-95}$$

（5）利用状态转移矩阵的概念，可将状态解的表示式（2-88）或式（2-89）分别写为

$$x(k)=\Phi(k)x(0)+\sum_{i=0}^{k-1}\Phi(k-i-1)Hu(i) \tag{2-96}$$

和

$$x(k)=\Phi(k-k_0)x(k_0)+\sum_{i=k_0}^{k-1}\Phi(k-i-1)Hu(i) \tag{2-97}$$

（6）离散系统的状态解是递推式，即 $x(0)\to x(1)\to x(2)\to\cdots\to x(k)$，非常适合计算机计算，缺点是会导致累积误差。

2. 时变系统状态方程的求解　考虑线性时变离散系统

$$x(k+1)=G(k)x(k)+H(k)u(k) \tag{2-98}$$

在给定初始状态 $x(0)$ 和输入信号序列 $u(0)$、$u(1)$、$u(2)$、…的前提下，显然有

$k=0$ 时　$x(1)=G(0)x(0)+H(0)u(0)$

$k=1$ 时　$x(2)=G(1)x(1)+H(1)u(1)$

$k=2$ 时　$x(3)=G(2)x(2)+H(2)u(2)$

…

$k=k-1$ 时　$x(k)=G(k-1)x(k-1)+H(k-1)u(k-1)$

这是一种递推算法，即 $x(0)\to x(1)\to x(2)\to\cdots\to x(k)$。与定常系统不同的是，为了求得 $k$

时刻的状态值 $\boldsymbol{x}(k)$，除了要知道初始状态 $\boldsymbol{x}(0)$ 和 $k$ 时刻以前的输入信号序列 $\boldsymbol{u}(0)$、$\boldsymbol{u}(1)$、$\boldsymbol{u}(2)$、…、$\boldsymbol{u}(k-1)$ 外，还应提供系统矩阵序列 $\boldsymbol{G}(0)$、$\boldsymbol{G}(1)$、$\boldsymbol{G}(2)$、…、$\boldsymbol{G}(k-1)$ 和输入矩阵序列 $\boldsymbol{H}(0)$、$\boldsymbol{H}(1)$、$\boldsymbol{H}(2)$、…、$\boldsymbol{H}(k-1)$ 的信息。如果定义线性时变离散系统的状态转移矩阵 $\boldsymbol{\Phi}(k,\ k_0)\ (k>k_0)$ 为

$$\boldsymbol{\Phi}(k,\ k_0)=\boldsymbol{G}(k-1)\boldsymbol{G}(k-2)\cdots\boldsymbol{G}(k_0+1)\boldsymbol{G}(k_0) \tag{2-99}$$

则状态解也表示为

$$\boldsymbol{x}(k)=\boldsymbol{\Phi}(k,\ k_0)\boldsymbol{x}(k_0)+\sum_{i=k_0}^{k-1}\boldsymbol{\Phi}(k,\ i+1)\boldsymbol{H}(i)\boldsymbol{u}(i) \tag{2-100}$$

当初始时刻 $k_0=0$ 时，则为

$$\boldsymbol{x}(k)=\boldsymbol{\Phi}(k,\ 0)\boldsymbol{x}(0)+\sum_{i=0}^{k-1}\boldsymbol{\Phi}(k,\ i+1)\boldsymbol{H}(i)\boldsymbol{u}(i) \tag{2-101}$$

线性时变离散系统的状态转移矩阵 $\boldsymbol{\Phi}(k,k_0)$ 也具有与线性时变连续系统的状态转移矩阵相类似的性质。

### （二）z 变换法求解

对于线性定常离散系统，在初始时刻 $k_0=0$ 情况下可以采用 z 变换法求解其状态方程。考虑线性定常离散系统状态方程

$$\boldsymbol{x}(k+1)=\boldsymbol{G}\boldsymbol{x}(k)+\boldsymbol{H}\boldsymbol{u}(k) \tag{2-102}$$

具有给定的初始状态 $\boldsymbol{x}(0)$ 和输入信号序列 $\boldsymbol{u}(0)$、$\boldsymbol{u}(1)$、$\boldsymbol{u}(2)$、…。对式（2-102）两边作 z 变换，得

$$z\boldsymbol{x}(z)-z\boldsymbol{x}(0)=\boldsymbol{G}\boldsymbol{x}(z)+\boldsymbol{H}\boldsymbol{u}(z) \tag{2-103}$$

整理后则为

$$\boldsymbol{x}(z)=(z\boldsymbol{I}-\boldsymbol{G})^{-1}z\boldsymbol{x}(0)+(z\boldsymbol{I}-\boldsymbol{G})^{-1}\boldsymbol{H}\boldsymbol{u}(z) \tag{2-104}$$

再取 z 反变换，得

$$\boldsymbol{x}(k)=\mathscr{Z}^{-1}[(z\boldsymbol{I}-\boldsymbol{G})^{-1}z]\boldsymbol{x}(0)+Z^{-1}[(z\boldsymbol{I}-\boldsymbol{G})^{-1}\boldsymbol{H}\boldsymbol{u}(z)] \tag{2-105}$$

对比式（2-88），由解的唯一性应该有

$$\begin{aligned}\boldsymbol{\Phi}(k)&=\boldsymbol{G}^k=\mathscr{Z}^{-1}[(z\boldsymbol{I}-\boldsymbol{G})^{-1}z]\\ \sum_{i=0}^{k-1}\boldsymbol{G}^{k-i-1}\boldsymbol{H}\boldsymbol{u}(i)&=\mathscr{Z}^{-1}[(z\boldsymbol{I}-\boldsymbol{G})^{-1}\boldsymbol{H}\boldsymbol{u}(z)]\end{aligned} \tag{2-106}$$

前一个等式就是基于 z 变换的线性定常离散系统状态转移矩阵表达式。

从上面的讨论可知，线性离散系统状态解的求取关键也在于求得其状态转移矩阵。与连续系统类似，对于线性定常离散系统的状态转移矩阵也有 4 种求取方法，它们分别是按定义直接求、z 变换法求、利用线性变换的特征值规范型求，以及化为有限项多项式求。

**例 2-11**　分别用(1)z 变换法；(2)利用线性变换的特征值规范型求状态转移矩阵的方法，求线性定常离散系统状态方程

$$\boldsymbol{x}(k+1)=\begin{bmatrix}0 & 1\\ -0.2 & -0.9\end{bmatrix}\boldsymbol{x}(k)+\begin{bmatrix}1\\ 1\end{bmatrix}u(k)$$

在初始状态 $\boldsymbol{x}(0)=\begin{bmatrix}1\\ -1\end{bmatrix}$ 和 $u(k)=1(k)$ 为单位阶跃序列时的解。

**解**　(1) 用 z 变换法求。先求出

$$(z\boldsymbol{I}-\boldsymbol{G})^{-1}=\begin{bmatrix} z & -1 \\ 0.2 & z+0.9 \end{bmatrix}^{-1}=\begin{bmatrix} \dfrac{z+0.9}{(z+0.4)(z+0.5)} & \dfrac{1}{(z+0.4)(z+0.5)} \\ \dfrac{-0.2}{(z+0.4)(z+0.5)} & \dfrac{z}{(z+0.4)(z+0.5)} \end{bmatrix}$$

对于单位阶跃序列 $u(k)=1(k)$，有 z 变换 $u(z)=z/(z-1)$。根据式（2-104），得

$$\begin{aligned}
\boldsymbol{x}(z) &= (z\boldsymbol{I}-\boldsymbol{G})^{-1}z\boldsymbol{x}(0)+(z\boldsymbol{I}-\boldsymbol{G})^{-1}\boldsymbol{H}u(z) \\
&= \begin{bmatrix} \dfrac{z+0.9}{(z+0.4)\ (z+0.5)} & \dfrac{1}{(z+0.4)\ (z+0.5)} \\ \dfrac{-0.2}{(z+0.4)\ (z+0.5)} & \dfrac{z}{(z+0.4)\ (z+0.5)} \end{bmatrix}\left(z\begin{bmatrix} 1 \\ -1 \end{bmatrix}+\begin{bmatrix} 1 \\ 1 \end{bmatrix}\frac{z}{z-1}\right) \\
&= \begin{bmatrix} \dfrac{z+0.9}{(z+0.4)\ (z+0.5)} & \dfrac{1}{(z+0.4)\ (z+0.5)} \\ \dfrac{-0.2}{(z+0.4)\ (z+0.5)} & \dfrac{z}{(z+0.4)\ (z+0.5)} \end{bmatrix}\begin{bmatrix} \dfrac{z^2}{z-1} \\ \dfrac{-z^2+2z}{z-1} \end{bmatrix} \\
&= \begin{bmatrix} \dfrac{z^3-0.1z^2+2z}{(z+0.4)\ (z+0.5)\ (z-1)} \\ \dfrac{-z^3+1.8z^2}{(z+0.4)\ (z+0.5)\ (z-1)} \end{bmatrix}=\begin{bmatrix} \dfrac{-\frac{110}{7}z}{z+0.4}+\dfrac{\frac{46}{3}z}{z+0.5}+\dfrac{\frac{29}{21}z}{z-1} \\ \dfrac{\frac{44}{7}z}{z+0.4}+\dfrac{-\frac{23}{3}z}{z+0.5}+\dfrac{\frac{8}{21}z}{z-1} \end{bmatrix}
\end{aligned}$$

取 z 反变换，得

$$\boldsymbol{x}(k)=\begin{bmatrix} -\dfrac{110}{7}(-0.4)^k+\dfrac{46}{3}(-0.5)^k+\dfrac{29}{21} \\ \dfrac{44}{7}(-0.4)^k-\dfrac{23}{3}(-0.5)^k+\dfrac{8}{21} \end{bmatrix}$$

（2）利用线性变换的特征值规范型法求。容易求得系统矩阵 $\boldsymbol{G}$ 的两个特征值 $\lambda_1=-0.4$、$\lambda_2=-0.5$，它们是互不相同的。根据第一章第四节中关于由能控规范型变换为特征值规范型的讨论，该系统的系统矩阵具有能控规范形式，所以可应用范德蒙德矩阵将其变换为对角线规范型，即变换矩阵为

$$\boldsymbol{P}=\begin{bmatrix} 1 & 1 \\ \lambda_1 & \lambda_2 \end{bmatrix}=\begin{bmatrix} 1 & 1 \\ -0.4 & -0.5 \end{bmatrix}$$

并求得其逆阵为

$$\boldsymbol{P}^{-1}=\begin{bmatrix} 1 & 1 \\ -0.4 & -0.5 \end{bmatrix}^{-1}=\begin{bmatrix} 5 & 10 \\ -4 & -10 \end{bmatrix}$$

则得新状态空间的系统矩阵为

$$\bar{\boldsymbol{G}}=\boldsymbol{P}^{-1}\boldsymbol{G}\boldsymbol{P}=\begin{bmatrix} 5 & 10 \\ -4 & -10 \end{bmatrix}\begin{bmatrix} 0 & 1 \\ -0.2 & -0.9 \end{bmatrix}\begin{bmatrix} 1 & 1 \\ -0.4 & -0.5 \end{bmatrix}=\begin{bmatrix} -0.4 & 0 \\ 0 & -0.5 \end{bmatrix}$$

于是有

$$\overline{\boldsymbol{\Phi}}(k)=\overline{\boldsymbol{G}}^k=\begin{bmatrix} -0.4 & 0 \\ 0 & -0.5 \end{bmatrix}^k=\begin{bmatrix} (-0.4)^k & 0 \\ 0 & (-0.5)^k \end{bmatrix}$$

根据线性定常系统状态转移矩阵的性质，有

$$\boldsymbol{\Phi}(k)=\boldsymbol{P}\overline{\boldsymbol{\Phi}}(k)\boldsymbol{P}^{-1}=\begin{bmatrix}1 & 1\\ -0.4 & -0.5\end{bmatrix}\begin{bmatrix}(-0.4)^k & 0\\ 0 & (-0.5)^k\end{bmatrix}\begin{bmatrix}5 & 10\\ -4 & -10\end{bmatrix}$$

$$=\begin{bmatrix}5(-0.4)^k-4(-0.5)^k & 10(-0.4)^k-10(-0.5)^k\\ -2(-0.4)^k+2(-0.5)^k & -4(-0.4)^k+5(-0.5)^k\end{bmatrix}$$

代入式（2-96）得到状态解为

$$\begin{aligned}\boldsymbol{x}(k) &= \boldsymbol{\Phi}(k)\boldsymbol{x}(0)+\sum_{i=0}^{k-1}\boldsymbol{\Phi}(k-i-1)\boldsymbol{H}\boldsymbol{u}(i)\\ &=\begin{bmatrix}5(-0.4)^k-4(-0.5)^k & 10(-0.4)^k-10(-0.5)^k\\ -2(-0.4)^k+2(-0.5)^k & -4(-0.4)^k+5(-0.5)^k\end{bmatrix}\begin{bmatrix}1\\ -1\end{bmatrix}\\ &\quad+\sum_{i=0}^{k-1}\begin{bmatrix}5(-0.4)^{k-i-1}-4(-0.5)^{k-i-1} & 10(-0.4)^{k-i-1}-10(-0.5)^{k-i-1}\\ -2(-0.4)^{k-i-1}+2(-0.5)^{k-i-1} & -4(-0.4)^{k-i-1}+5(-0.5)^{k-i-1}\end{bmatrix}\begin{bmatrix}1\\ 1\end{bmatrix}\\ &=\begin{bmatrix}-5(-0.4)^k+6(-0.5)^k\\ 2(-0.4)^k-3(-0.5)^k\end{bmatrix}+\sum_{i=0}^{k-1}\begin{bmatrix}15(-0.4)^{k-i-1}-14(-0.5)^{k-i-1}\\ -6(-0.4)^{k-i-1}+7(-0.5)^{k-i-1}\end{bmatrix}\end{aligned}$$

两种求法的结果是一致的，读者可以自行验证。区别在于第一种方法得到的是闭合形式的解析解，而第二种方法得到的是级数和形式。

## 二、线性连续系统的离散化

在连续系统中应用计算机求解问题或者实现控制时，由于数字计算机只能处理离散的数字量，有必要将连续系统的状态空间表达式化为等价的离散系统状态空间表达式，这就是连续系统的离散化问题。连续系统的离散化是通过按一定时间间隔的采样及一定形式的保持实现的，这里认为采样过程满足香农（Shannon）采样定理的要求且保持方式为零阶保持。常用的离散化方法有近似离散化和由连续系统状态解离散化两种。

### （一）近似离散化

考虑线性时变连续系统的状态方程

$$\dot{\boldsymbol{x}}(t)=\boldsymbol{A}(t)\boldsymbol{x}(t)+\boldsymbol{B}(t)\boldsymbol{u}(t) \tag{2-107}$$

当采样周期 $T$ 较小的情况下，可以用下式近似地表示状态变量的微分：

$$\dot{\boldsymbol{x}}(t)=\frac{\mathrm{d}x}{\mathrm{d}t}\approx\frac{\Delta x}{\Delta t}=\frac{\boldsymbol{x}[(k+1)T]-\boldsymbol{x}(kT)}{T} \tag{2-108}$$

将式（2-108）代入式（2-107），并令 $t=kT$，则有

$$\frac{\boldsymbol{x}[(k+1)T]-\boldsymbol{x}(kT)}{T}=\boldsymbol{A}(kT)\boldsymbol{x}(kT)+\boldsymbol{B}(kT)\boldsymbol{u}(kT) \tag{2-109}$$

整理后即为

$$\boldsymbol{x}[(k+1)T]=[\boldsymbol{I}+T\boldsymbol{A}(kT)]\boldsymbol{x}(kT)+T\boldsymbol{B}(kT)\boldsymbol{u}(kT) \tag{2-110}$$

或写成

$$\boldsymbol{x}(k+1)=[\boldsymbol{I}+T\boldsymbol{A}(kT)]\boldsymbol{x}(k)+T\boldsymbol{B}(kT)\boldsymbol{u}(k) \tag{2-111}$$

这就是离散化后的时变系统状态方程。显然，系统矩阵和输入矩阵分别为

$$\boldsymbol{G}(k)=\boldsymbol{I}+T\boldsymbol{A}(kT) \tag{2-112}$$

$$\boldsymbol{H}(k)=T\boldsymbol{B}(kT) \tag{2-113}$$

由于输出方程所描述的各量之间的关系并没有因离散化而改变，所以离散化结果只是用采样

时刻 $kT$ 替代连续时间 $t$，有

$$\boldsymbol{y}(k)=\boldsymbol{C}(kT)\boldsymbol{x}(kT)+\boldsymbol{D}(k)\boldsymbol{u}(k) \tag{2-114}$$

线性定常连续系统的近似离散化与时变系统没有两样，只要将系统的四个参数矩阵视为常数矩阵即可。

**例 2-12**　将下列系统用近似法离散化：

$$\begin{cases}\dot{\boldsymbol{x}}(t)=\begin{bmatrix}0 & 1\\ -2 & -3\end{bmatrix}\boldsymbol{x}(t)+\begin{bmatrix}0\\1\end{bmatrix}u(t)\\ y(t)=\begin{bmatrix}1 & 0\end{bmatrix}\boldsymbol{x}(t)\end{cases}$$

设采样周期 $T=0.1\text{s}$。

**解**　这是一个线性定常系统，由式（2-112）和式（2-113）可分别求得离散化后系统的系统矩阵及输入矩阵

$$\boldsymbol{G}=\boldsymbol{I}+T\boldsymbol{A}=\begin{bmatrix}1 & 0\\0 & 1\end{bmatrix}+\begin{bmatrix}0 & T\\-2T & -3T\end{bmatrix}=\begin{bmatrix}1 & 0.1\\-0.2 & 0.7\end{bmatrix}$$

$$\boldsymbol{H}=T\boldsymbol{b}=\begin{bmatrix}0\\T\end{bmatrix}=\begin{bmatrix}0\\0.1\end{bmatrix}$$

同时，输出方程离散化只要用采样时刻 $kT$ 替代连续时间 $t$ 即可，所以得到离散化后的系统动态方程为

$$\begin{cases}\boldsymbol{x}(k+1)\approx\begin{bmatrix}1 & 0.1\\-0.2 & 0.7\end{bmatrix}\boldsymbol{x}(k)+\begin{bmatrix}0\\0.1\end{bmatrix}u(k)\\ y(k)=\begin{bmatrix}1 & 0\end{bmatrix}\boldsymbol{x}(k)\end{cases}$$

**例 2-13**　已知线性时变连续系统的状态方程为

$$\dot{\boldsymbol{x}}(t)=\begin{bmatrix}1 & 0\\0 & t\end{bmatrix}\boldsymbol{x}(t)+\begin{bmatrix}1\\t\end{bmatrix}u(t)$$

系统的初始状态为 $\boldsymbol{x}(0)=\begin{bmatrix}1\\1\end{bmatrix}$，输入为单位阶跃信号 $u(t)=1(t)\,(t\geqslant 0)$。试采用近似离散化方法在采样周期 $T=0.1\text{s}$ 下将其离散化，并求出状态 $\boldsymbol{x}(t)$ 在各采样时刻的近似值。

**解**　这是线性时变系统，根据式（2-112）和式（2-113）可分别求得离散化后系统的系统矩阵及输入矩阵

$$\boldsymbol{G}(k)=\boldsymbol{I}+T\boldsymbol{A}(kT)=\begin{bmatrix}1 & 0\\0 & 1\end{bmatrix}+0.1\begin{bmatrix}1 & 0\\0 & 0.1k\end{bmatrix}=\begin{bmatrix}1.1 & 0\\0 & 1+0.01k\end{bmatrix}$$

$$\boldsymbol{H}(k)=T\boldsymbol{b}(kT)=0.1\begin{bmatrix}1\\0.1k\end{bmatrix}=\begin{bmatrix}0.1\\0.01k\end{bmatrix}$$

离散化后的系统状态方程为

$$\boldsymbol{x}(k+1)\approx\begin{bmatrix}1.1 & 0\\0 & 1.01k\end{bmatrix}\boldsymbol{x}(k)+\begin{bmatrix}0.1\\0.01k\end{bmatrix}u(k)$$

利用时变离散系统的递推算法，分别取 $k=0，1，2，3，\cdots$就可得到状态 $\boldsymbol{x}(t)$ 在各采样时刻的近似值

$$\boldsymbol{x}(1)\approx\boldsymbol{G}(0)\boldsymbol{x}(0)+\boldsymbol{H}(0)u(0)=\begin{bmatrix}1.1 & 0\\0 & 1\end{bmatrix}\begin{bmatrix}1\\1\end{bmatrix}+\begin{bmatrix}0.1\\0\end{bmatrix}=\begin{bmatrix}1.2\\1\end{bmatrix}$$

$$x(2)\approx G(1)x(1)+H(1)u(1)=\begin{bmatrix}1.1&0\\0&1.01\end{bmatrix}\begin{bmatrix}1.2\\1\end{bmatrix}+\begin{bmatrix}0.1\\0.01\end{bmatrix}=\begin{bmatrix}1.42\\1.02\end{bmatrix}$$

$$x(3)\approx G(2)x(2)+H(2)u(2)=\begin{bmatrix}1.1&0\\0&1.02\end{bmatrix}\begin{bmatrix}1.42\\1.02\end{bmatrix}+\begin{bmatrix}0.1\\0.02\end{bmatrix}=\begin{bmatrix}1.662\\1.0604\end{bmatrix}$$

…

### （二）由连续系统状态解离散化

1. 时变系统情况　已知式（2-86）为线性时变连续系统状态方程（2-107）的解，即

$$\boldsymbol{x}(t)=\boldsymbol{\Phi}(t,t_0)\boldsymbol{x}(t_0)+\int_{t_0}^{t}\boldsymbol{\Phi}(t,\tau)\boldsymbol{B}(\tau)\boldsymbol{u}(\tau)\mathrm{d}\tau \tag{2-115}$$

考虑 $t_0=kT$、$t=(k+1)T$，它们分别对应于第 $k$ 次和第 $k+1$ 次采样时刻，并按上面所述采用零阶保持器，即在 1 个采样周期内的取值都保持不变，于是有 $\boldsymbol{u}[kT\leqslant t<(k+1)T]=\boldsymbol{u}(kT)$。这样，上式就可写为

$$\begin{aligned}\boldsymbol{x}[(k+1)T]&=\boldsymbol{\Phi}[(k+1)T,kT]\boldsymbol{x}(kT)+\int_{kT}^{(k+1)T}\boldsymbol{\Phi}[(k+1)T,\tau]\boldsymbol{B}(\tau)\boldsymbol{u}(\tau)\mathrm{d}\tau\\&=\boldsymbol{\Phi}[(k+1)T,kT]\boldsymbol{x}(kT)+\int_{kT}^{(k+1)T}\boldsymbol{\Phi}[(k+1)T,\tau]\boldsymbol{B}(\tau)\mathrm{d}\tau\cdot\boldsymbol{u}(kT)\end{aligned} \tag{2-116}$$

对照线性时变离散系统的状态方程 $\boldsymbol{x}[(k+1)T]=\boldsymbol{G}(kT)\boldsymbol{x}(kT)+\boldsymbol{H}(kT)\boldsymbol{u}(kT)$，显然有

$$\boldsymbol{G}(kT)=\boldsymbol{\Phi}[(k+1)T,kT] \tag{2-117}$$

$$\boldsymbol{H}(kT)=\int_{kT}^{(k+1)T}\boldsymbol{\Phi}[(k+1)T,\tau]\boldsymbol{B}(\tau)\mathrm{d}\tau \tag{2-118}$$

式（2-116）就可表示成线性时变离散系统的标准形式

$$\boldsymbol{x}[(k+1)T]=\boldsymbol{G}(kT)\boldsymbol{x}(kT)+\boldsymbol{H}(kT)\boldsymbol{u}(kT) \tag{2-119}$$

或

$$\boldsymbol{x}(k+1)=\boldsymbol{G}(k)\boldsymbol{x}(k)+\boldsymbol{H}(k)\boldsymbol{u}(k) \tag{2-120}$$

其中，$\boldsymbol{G}(kT)$、$\boldsymbol{H}(kT)$ 由式（2-117）和式（2-118）确定。

2. 定常系统情况　上面讨论已得出式（2-55）是线性定常连续系统状态方程（2-49）的解，即

$$\boldsymbol{x}(t)=\boldsymbol{\Phi}(t-t_0)\boldsymbol{x}(t_0)+\int_{t_0}^{t}\boldsymbol{\Phi}(t-\tau)\boldsymbol{B}\boldsymbol{u}(\tau)\mathrm{d}\tau \tag{2-121}$$

同样考虑 $t_0=kT$、$t=(k+1)T$ 分别对应于第 $k$ 次和第 $k+1$ 次采样时刻，也按零阶保持器的约定，有 $\boldsymbol{u}[kT\leqslant t<(k+1)T]=\boldsymbol{u}(kT)$，式（2-121）可写为

$$\begin{aligned}\boldsymbol{x}[(k+1)T]&=\boldsymbol{\Phi}[(k+1)T-kT]\boldsymbol{x}(kT)+\int_{kT}^{(k+1)T}\boldsymbol{\Phi}[(k+1)T-\tau]\boldsymbol{B}\boldsymbol{u}(\tau)\mathrm{d}\tau\\&=\boldsymbol{\Phi}(T)\boldsymbol{x}(kT)+\int_{kT}^{(k+1)T}\boldsymbol{\Phi}[(k+1)T-\tau]\boldsymbol{B}\mathrm{d}\tau\boldsymbol{u}(kT)\end{aligned} \tag{2-122}$$

对照线性定常离散系统的状态方程 $\boldsymbol{x}[(k+1)T]=\boldsymbol{G}\boldsymbol{x}(kT)+\boldsymbol{H}\boldsymbol{u}(kT)$，有

$$\boldsymbol{G}=\boldsymbol{\Phi}(T)=\mathrm{e}^{AT} \tag{2-123}$$

$$\boldsymbol{H}=\int_{kT}^{(k+1)T}\boldsymbol{\Phi}[(k+1)T-\tau]\boldsymbol{B}\mathrm{d}\tau \tag{2-124}$$

作变量代换 $t=(k+1)T-\tau$，则原积分区间 $kT\sim(k+1)T$ 变为 $T\sim0$，$\mathrm{d}\tau$ 变为 $-\mathrm{d}t$，则式

（2-124）可改写为

$$H=\int_T^0 \boldsymbol{\Phi}(t)\boldsymbol{B}(-\mathrm{d}t)=\left(\int_0^T \mathrm{e}^{At}\mathrm{d}t\right)\boldsymbol{B} \tag{2-125}$$

式（2-122）写为线性定常离散系统标准形式

$$\boldsymbol{x}[(k+1)T]=\boldsymbol{G}\boldsymbol{x}(kT)+\boldsymbol{H}\boldsymbol{u}(kT) \tag{2-126}$$

或

$$\boldsymbol{x}(k+1)=\boldsymbol{G}\boldsymbol{x}(k)+\boldsymbol{H}\boldsymbol{u}(k) \tag{2-127}$$

其中，系统矩阵 $\boldsymbol{G}$ 和输入矩阵 $\boldsymbol{H}$ 由式（2-123）和式（2-125）确定。

**例 2-14**　已知线性定常连续系统为

$$\begin{cases}\dot{\boldsymbol{x}}(t)=\begin{bmatrix}0 & 1\\ -2 & -3\end{bmatrix}\boldsymbol{x}(t)+\begin{bmatrix}0\\1\end{bmatrix}u(t)\\ y(t)=[1\quad 1]\boldsymbol{x}(t)\end{cases}$$

试在采样周期 $T=0.02s$ 情况下将系统离散化，并求出当初始状态为 $\boldsymbol{x}(0)=\begin{bmatrix}1\\-1\end{bmatrix}$，输入为单位阶跃信号 $u(k)=1(k)$时，在各采样点状态响应及输出响应的值。

**解**　例 2-3 已得出系统的状态转移矩阵为

$$\boldsymbol{\Phi}(t)=\mathrm{e}^{At}=\begin{bmatrix}2\mathrm{e}^{-t}-\mathrm{e}^{-2t} & \mathrm{e}^{-t}-\mathrm{e}^{-2t}\\ -2\mathrm{e}^{-t}+2\mathrm{e}^{-2t} & -\mathrm{e}^{-t}+2\mathrm{e}^{-2t}\end{bmatrix}$$

由式（2-123）得到离散系统的系统矩阵

$$\boldsymbol{G}=\boldsymbol{\Phi}(t)\Big|_{t=T=0.02}=\begin{bmatrix}2\mathrm{e}^{-0.02}-\mathrm{e}^{-0.04} & \mathrm{e}^{-0.02}-\mathrm{e}^{-0.04}\\ -2\mathrm{e}^{-0.02}+2\mathrm{e}^{-0.04} & -\mathrm{e}^{-0.02}+2\mathrm{e}^{-0.04}\end{bmatrix}=\begin{bmatrix}0.9996 & 0.0194\\ -0.0388 & 0.9414\end{bmatrix}$$

由式（2-125）得离散系统的输入矩阵

$$\boldsymbol{H}=\left(\int_0^T \mathrm{e}^{At}\mathrm{d}t\right)\boldsymbol{B}=\int_0^{0.02}\begin{bmatrix}2\mathrm{e}^{-t}-\mathrm{e}^{-2t} & \mathrm{e}^{-t}-\mathrm{e}^{-2t}\\ -2\mathrm{e}^{-t}+2\mathrm{e}^{-2t} & -\mathrm{e}^{-t}+2\mathrm{e}^{-2t}\end{bmatrix}\begin{bmatrix}0\\1\end{bmatrix}\mathrm{d}t$$

$$=\int_0^{0.02}\begin{bmatrix}\mathrm{e}^{-t}-\mathrm{e}^{-2t}\\ -\mathrm{e}^{-t}+2\mathrm{e}^{-2t}\end{bmatrix}\mathrm{d}t=\begin{bmatrix}-\mathrm{e}^{-t}+\frac{1}{2}\mathrm{e}^{-2t}\\ \mathrm{e}^{-t}-\mathrm{e}^{-2t}\end{bmatrix}_0^{0.02}=\begin{bmatrix}\frac{1}{2}-\mathrm{e}^{-0.02}+\frac{1}{2}\mathrm{e}^{-0.04}\\ \mathrm{e}^{-0.02}-\mathrm{e}^{-0.04}\end{bmatrix}=\begin{bmatrix}0.0002\\0.0194\end{bmatrix}$$

而输出方程离散化只要用采样时刻 $kT$ 替代连续时间 $t$ 即可，所以得到离散化后的系统动态方程为

$$\begin{cases}\boldsymbol{x}(k+1)=\begin{bmatrix}0.9996 & 0.0194\\ -0.0388 & 0.9414\end{bmatrix}\boldsymbol{x}(k)+\begin{bmatrix}0.0002\\0.0194\end{bmatrix}u(k)\\ y(k)=[1\quad 1]\boldsymbol{x}(k)\end{cases}$$

由 $\boldsymbol{x}(0)=\begin{bmatrix}1\\-1\end{bmatrix}$和 $u(k)=1\quad(k=0,1,2,3,\cdots)$，用递推法可得到各采样点的状态值为

$$\boldsymbol{x}(1)=\boldsymbol{G}\boldsymbol{x}(0)+\boldsymbol{h}u(0)=\begin{bmatrix}0.9996 & 0.0194\\ -0.0388 & 0.9414\end{bmatrix}\begin{bmatrix}1\\-1\end{bmatrix}+\begin{bmatrix}0.0002\\0.0194\end{bmatrix}=\begin{bmatrix}0.9804\\-0.9608\end{bmatrix}$$

$$\boldsymbol{x}(2)=\boldsymbol{G}\boldsymbol{x}(1)+\boldsymbol{h}u(1)=\begin{bmatrix}0.9996 & 0.0194\\ -0.0388 & 0.9414\end{bmatrix}\begin{bmatrix}0.9804\\-0.9608\end{bmatrix}+\begin{bmatrix}0.0002\\0.0194\end{bmatrix}=\begin{bmatrix}0.9616\\-0.9231\end{bmatrix}$$

$$x(3)=Gx(2)+hu(2)=\begin{bmatrix}0.9996 & 0.0194\\ -0.0388 & 0.9414\end{bmatrix}\begin{bmatrix}0.9616\\ -0.9231\end{bmatrix}+\begin{bmatrix}0.0002\\ 0.0194\end{bmatrix}=\begin{bmatrix}0.9435\\ -0.8869\end{bmatrix}$$

$$x(4)=Gx(3)+hu(3)=\begin{bmatrix}0.9996 & 0.0194\\ -0.0388 & 0.9414\end{bmatrix}\begin{bmatrix}0.9435\\ -0.8869\end{bmatrix}+\begin{bmatrix}0.0002\\ 0.0194\end{bmatrix}=\begin{bmatrix}0.9261\\ -0.8521\end{bmatrix}$$

…

而根据输出方程，$y(k)=x_1(k)+x_2(k)$。所以各采样点的输出值为

$y(0)=0$，$y(1)=0.0196$，$y(2)=0.0385$，$y(3)=0.0566$，$y(4)=0.0566$，…

与例2-12相比可知，由连续系统状态解离散化的精度要比近似离散化高。对于有些连续系统，为了得到较高精度的离散化结果，可采用一阶保持器或更高阶的保持器。另外，减小采样周期（即提高采样频率）也是提高系统离散化精度的有效手段，这是不言而喻的。

## 第四节　应用 Matlab 的系统运动分析

系统运动分析主要涉及矩阵微分或差分方程的求解，Matlab 的控制系统工具箱提供了一系列相关的函数，可方便地实现对线性连续系统和线性离散系统的运动分析的计算。

### 一、线性定常连续系统的运动分析

1. 矩阵指数 $e^{At}$ 的计算

（1）Matlab 提供了 expm(　)函数计算矩阵指数 $e^{At}$ 的数值，其函数调用格式为

$$Y=\text{expm}(A)$$

式中，$A$ 为矩阵指数的指数矩阵。

**例 2-15**　应用 Matlab 计算下面矩阵 $A$ 对应的矩阵指数 $e^{At}$ 在 $t=1\text{s}$ 的值：

$$A=\begin{bmatrix}0 & 1\\ -2 & -3\end{bmatrix}$$

**解**　expm(　)函数的调用及结果如下：

```
>> A = [0, 1; -2, -3];
>> t =1;
>> eAt =expm (A*t)
eAt =
    0.6004    0.2325
   -0.4651   -0.0972
```

（2）调用 expm(　)函数也能求得矩阵指数 $e^{At}$ 的解析解，但这时时间 $t$ 作为一个自变量先要进行符号变量定义。

**例 2-16**　应用 Matlab 求取下面系统矩阵 $A$ 对应的矩阵指数函数 $e^{At}$：

$$A=\begin{bmatrix}0 & 1\\ -2 & -3\end{bmatrix}$$

**解**　expm(　)函数的调用及结果如下：

```
>> A =[0, 1; -2, -3];
>> syms t;
```

```
>> eAt = expm (A*t)
eAt =
[   -exp (-2*t) +2*exp (-t),      exp (-t) -exp (-2*t)]
[ -2*exp (-t) +2*exp (-2*t),    2*exp (-2*t) -exp (-t)]
```

其中，“syms t”定义了 $t$ 为符号变量。

2. 系统的零输入响应　Matlab 提供的 initial(　) 函数可用于计算系统状态空间模型 $\boldsymbol{\Sigma}(\boldsymbol{A},\boldsymbol{B},\boldsymbol{C},\boldsymbol{D})$ 的零输入响应，即系统在初始状态作用下的自由运动。其函数调用格式为

$$[y,\ t,\ x] = \mathrm{initial}(sys,\ x0,\ t)$$

式中，*sys* 为所研究的状态空间模型 $\boldsymbol{\Sigma}(\boldsymbol{A},\boldsymbol{B},\boldsymbol{C},\boldsymbol{D})$；*x*0 为给定的初始状态值；$t$ 为指定的计算时间区间，有如下三种格式：

① $t = T_i: \mathrm{d}t: T_f$　表示计算时间区间为 $[T_i,\ T_f]$，计算步长为 $\mathrm{d}t$；

② $t = T_i: T_f$　表示计算时间区间为 $[T_i,\ T_f]$，计算步长为默认值 1；

③ $t = T_f$　表示计算时间区间为 $[0,\ T_f]$，计算步长自动选择；

函数调用后返回的是以数组形式的输出变量响应值 $\boldsymbol{y}$、时间 $t$ 和状态变量响应值 $\boldsymbol{x}$。

**例 2-17**　应用 Matlab 求取下面系统在[0,5s]时间区间的状态零输入响应：

$$\begin{cases}\dot{\boldsymbol{x}}(t) = \begin{bmatrix}0 & 1\\ -2 & -3\end{bmatrix}\boldsymbol{x}(t)\\ \boldsymbol{x}(0) = \begin{bmatrix}1\\2\end{bmatrix}\end{cases}$$

**解**　可编写 Matlab 程序如下：

```
>> A = [0, 1; -2, -3];
>> B = [0; 0]; C = [0, 0]; D = [0];
>> x0 = [1; 2];
>> sys = ss (A, B, C, D);
>> [y, t, x] = initial (sys,
x0, 0: 0.02: 5);
>> plot (t, x)
```

其中，程序中最后一句语句“plot (t, x)”将数组形式的时间 $t$ 和状态变量响应值 $\boldsymbol{x}$ 绘制成 $\boldsymbol{x}$ 随时间变化的曲线，如图 2-2 所示。

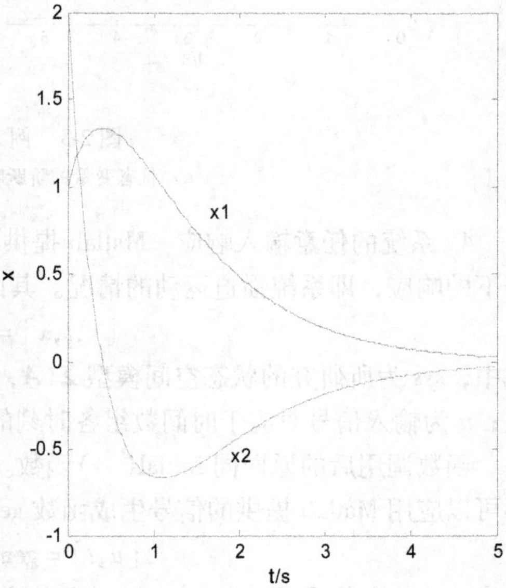

图 2-2　例 2-17 的状态零输入响应曲线

3. 系统的零状态响应　Matlab 提供了 step(　)、impulse(　) 函数用于计算系统状态空间模型 $\boldsymbol{\Sigma}(\boldsymbol{A},\boldsymbol{B},\boldsymbol{C},\boldsymbol{D})$ 的零初始状态情况下的单位阶跃响应和单位脉冲响应，其函数调用格式为

$$[y,t,x] = \mathrm{step}(sys,t),\ [y,t,x] = \mathrm{impulse}(sys,t)$$

式中，*sys* 为所研究的状态空间模型 $\boldsymbol{\Sigma}(\boldsymbol{A},\boldsymbol{B},\boldsymbol{C},\boldsymbol{D})$；$t$ 为指定的计算时间区间，其格式同 initial(　) 函数。

函数调用后的返回也同 initial( )函数。

**例 2-18** 应用 Matlab 求取下面系统在[0,6s]时间区间的单位阶跃响应。

$$\begin{cases}\dot{\boldsymbol{x}}(t)=\begin{bmatrix}0 & 1\\ -2 & -3\end{bmatrix}\boldsymbol{x}(t)+\begin{bmatrix}0\\1\end{bmatrix}u(t)\\ y(t)=[1 \quad 1]\boldsymbol{x}(t)\end{cases}$$

**解** 可编写 Matlab 程序如下：

```
>> A= [0, 1; -2, -3];
>> B= [0; 1]; C= [1, 1]; D= [0];
>> sys=ss (A, B, C, D);
>> t= [0: 0.02: 6];
>> [y, t, x] =step (sys, t);
>> plot (t, x)
>> plot (t, y)
```

图 2-3 绘制了状态变量 $\boldsymbol{x}$ 和输出变量 $\boldsymbol{y}$ 随时间变化的曲线。

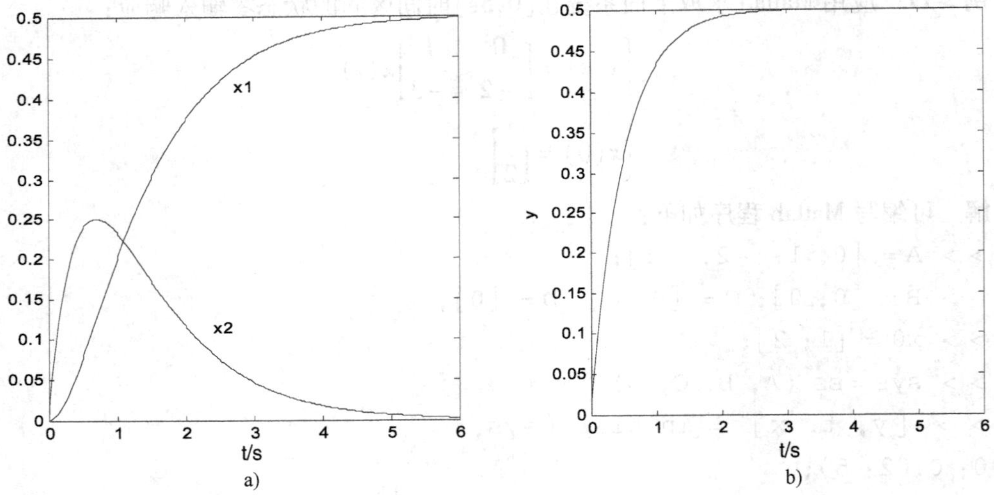


图 2-3 例 2-18 的阶跃响应曲线

a) 状态变量的阶跃响应 b) 输出变量的阶跃响应

4. 系统的任意输入响应 Matlab 提供的 lsim( )函数可用于计算系统在给定的输入信号下的响应，即系统强迫运动的情况。其函数调用格式为

$$[y,t,x]=\mathrm{lsim}(sys,u,t,x0)$$

式中，*sys* 为所研究的状态空间模型 $\boldsymbol{\Sigma}(\boldsymbol{A},\ \boldsymbol{B},\ \boldsymbol{C},\ \boldsymbol{D})$；*x*0 为给定的初始状态值；*t* 为时间数组；*u* 为输入信号对应于时间数组各时刻的采样值构成的输入数组。

函数调用后的返回同 initial( )函数。*u* 除了可以通过对任意输入函数进行采样获取外，还可以应用 Matlab 提供的信号生成函数 gensig( )产生。gensig( )函数的调用格式为

$$[u,t]=\mathrm{gensig}(type,tau,T_{\mathrm{f}},T_{\mathrm{s}})$$

式中，*type* 为信号类型；*tau* 为以秒为单位的信号周期；$T_{\mathrm{f}}$ 为信号时间长度；$T_{\mathrm{s}}$ 为采样周期。

**例 2-19**　应用 Matlab 求取下面系统在[0,5s]时间区间的状态响应，其中输入信号为 $u(t)=1+e^{-t}\cos 5t$。

$$\begin{cases}\dot{\boldsymbol{x}}(t)=\begin{bmatrix}0 & 1\\ -2 & -3\end{bmatrix}\boldsymbol{x}(t)+\begin{bmatrix}0\\1\end{bmatrix}u(t)\\ \boldsymbol{x}(0)=\begin{bmatrix}1\\2\end{bmatrix}\end{cases}$$

**解**　可编写 Matlab 程序如下：

```
>> A = [0, 1; -2, -3];
>> B = [0; 1]; C = [1, 1]; D = [0];
>> x0 = [1; 2];
>> sys = ss (A, B, C, D);
>> t = [0: 0.02: 5];
>> u = 1 + exp ( -t) .* cos (5 * t);
>> [y, t, x] = lsim (sys, u, t, x0);
>> plot (t, x)
```

图 2-4 为状态变量 $\boldsymbol{x}$ 随时间变化的曲线。

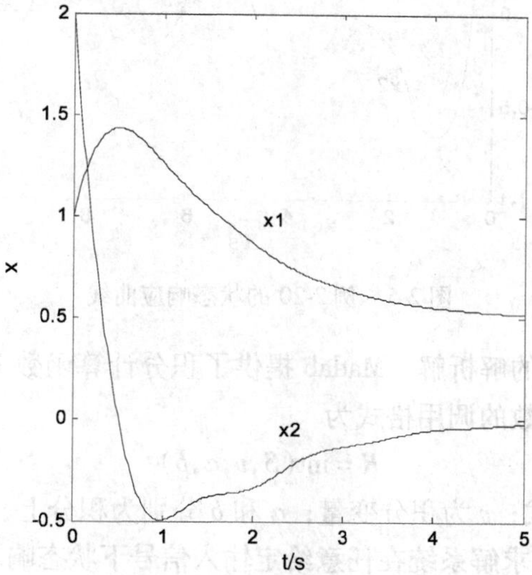


图 2-4　例 2-19 的状态响应曲线

**例 2-20**　应用 Matlab 求取下面系统在[0,10s]时间区间的状态响应，其中输入信号是周期为 3s 的单位方波信号。

$$\begin{cases}\dot{\boldsymbol{x}}(t)=\begin{bmatrix}0 & 1\\ -2 & -3\end{bmatrix}\boldsymbol{x}(t)+\begin{bmatrix}0\\1\end{bmatrix}u(t)\\ \boldsymbol{x}(0)=\begin{bmatrix}1\\2\end{bmatrix}\end{cases}$$

**解**　可编写 Matlab 程序如下：

```
>> A = [0, 1; -2, -3];
```

```
>> B = [0; 1]; C = [1, 1]; D = [0];
>> x0 = [1; 2];
>> sys = ss (A, B, C, D);
>> [u, t] = gensig ('square', 3, 10, 0.02);
>> [y, t, x] = lsim (sys, u, t, x0);
>> plot (t, u, t, x)
```

式中，gensig( )函数中的'square'为方波信号，周期为3s，采样周期为0.02s。图2-5为状态变量 $\boldsymbol{x}$ 和控制变量 $u$ 随时间变化的曲线。

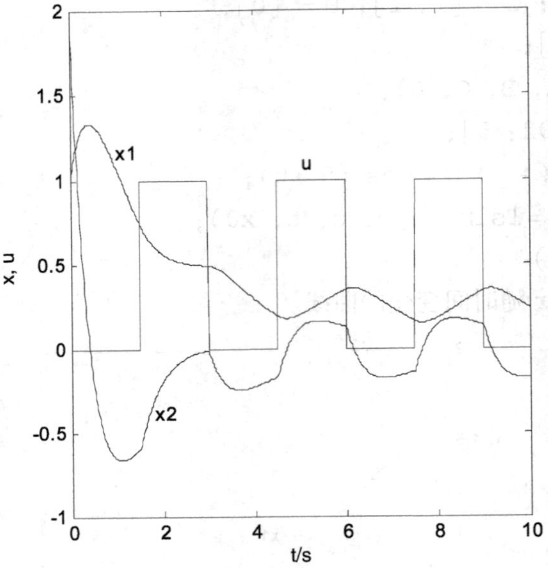


图2-5　例2-20的状态响应曲线

5. 系统在任意输入下的解析解　Matlab提供了积分计算函数int( )，可用于求得函数积分的解析解。int( )函数的调用格式为

$$R = \text{int}(S, v, a, b)$$

式中，$S$ 为被积函数表达式；$v$ 为积分变量；$a$ 和 $b$ 分别为积分上、下限。

应用int( )函数就可求解系统在任意给定输入信号下状态响应的解析解。

**例2-21**　应用Matlab求取下面系统在 $u(t)=2t$ 下的状态响应：

$$\begin{cases}\dot{\boldsymbol{x}}(t)=\begin{bmatrix}0 & 1\\ -2 & -3\end{bmatrix}\boldsymbol{x}(t)+\begin{bmatrix}0\\1\end{bmatrix}u(t)\\ \boldsymbol{x}(0)=\begin{bmatrix}1\\2\end{bmatrix}\end{cases}$$

**解**　可编写Matlab程序如下：

```
>> A = [0, 1; -2, -3];
>> B = [0; 1];
>> x0 = [1; 2];
>> syms t tau;
```

```
>> ut =2 * t;
>> xt =expm (A*t) *x0 +int (expm (A* (t -tau)) *B*ut, tau, 0, t)
```

程序执行结果为：

```
xt =
 -3 *exp ( -2 *t) +4 *exp ( -t) -2 *t *exp ( -t) +t *exp ( -2 *t) +t
 -4 *exp ( -t) +6 *exp ( -2 *t) +2 *t * (-exp ( -2 *t) +exp ( -t))
```

即系统的状态响应为

$$x(t)=\begin{bmatrix}4e^{-t}-3e^{-2t}-2te^{-t}+te^{-2t}+t\\-4e^{-t}+6e^{-2t}+2te^{-t}-2te^{-2t}\end{bmatrix}$$

## 二、连续系统的离散化

Matlab 提供了函数 c2d( )，用于将连续系统模型经采样变换为离散系统模型。c2d( )函数的调用格式为

$$sys\_d = \mathrm{c2d}(sys, Ts, method)$$

式中，*Ts* 为采样周期；*method* 为离散变换方式，取‘zoh’、‘foh’、‘tustin’分别表示输入端采用零阶保持器、一阶补偿器、采用双线性变换方法，默认为输入端采用零阶保持器。

**例 2-22** 应用 Matlab 将下面连续系统离散化：

$$\begin{cases}\dot{x}(t)=\begin{bmatrix}0&1\\-2&-3\end{bmatrix}x(t)+\begin{bmatrix}0\\1\end{bmatrix}u(t)\\ y(t)=[1\quad 1]x(t)\end{cases}$$

**解** 可编写 Matlab 程序如下：

```
>> A = [0, 1; -2, -3];
>> B = [0; 1]; C = [1, 1]; D = [0];
>> sys =ss (A, B, C, D)
>> Ts =0.02;
>> sys_ d =c2d (sys, Ts)
```

程序运行结果：

```
a =
             x1        x2
   x1    0.9996   0.01941
   x2  -0.03882    0.9414
b =
             u1
   x1  0.000196
   x2   0.01941
c =
        x1  x2
   y1    1   1
```

```
d =
        u1
   y1   0
```

表明上面连续系统在输入端采用零阶保持器、采用周期 0.02 时得到的离散系统为

$$\begin{cases}\boldsymbol{x}(k+1)=\begin{bmatrix}0.9996 & 0.01941\\ -0.03882 & 0.9414\end{bmatrix}\boldsymbol{x}(k)+\begin{bmatrix}0.000196\\ 0.01941\end{bmatrix}u(k)\\ y(k)=\begin{bmatrix}1 & 1\end{bmatrix}\boldsymbol{x}(k)\end{cases}$$

也可以采用形式为[$\boldsymbol{G}$,$\boldsymbol{H}$] = c2d($A$, $B$, $Ts$)的调用函数，这时返回离散系统的系统矩阵 $\boldsymbol{G}$ 和输入矩阵 $\boldsymbol{H}$，而输出矩阵和直接传输矩阵与连续系统相同。

当采样周期不指定具体值时，得到的是函数形式的系统矩阵和输入矩阵，可编写 Matlab 程序如下：

```
>> A = [0 1; -2  -3];
>> B = [0; 1];
>> syms Ts;
>> [G, H] = c2d (A, B, Ts)
```

程序运行结果：

```
G =
 [    2 * exp ( - Ts)  - exp ( - 2 * Ts),     exp ( - Ts) - exp ( - 2 * Ts)]
[ 2 * exp ( - 2 * Ts)  - 2 * exp ( - Ts),   - exp ( - Ts)  + 2 * exp ( - 2 * Ts)]
H =
  - exp ( - Ts)  + 1/2 * exp ( - 2 * Ts)  + 1/2
          exp ( - Ts)  - exp ( - 2 * Ts)
```

## 三、线性定常离散系统的运动分析

Matlab 提供了一系列与连续系统相对应的进行离散系统运动分析的函数，它们以字母 d 起头，如 dinitial( )、dstep( )、dimpulse( )、dlsim( ) 等。

1. 系统的零输入响应　Matlab 提供的 dinitial( ) 函数用于计算离散系统状态空间模型 $\boldsymbol{\Sigma}(\boldsymbol{G}, \boldsymbol{H}, \boldsymbol{C}, \boldsymbol{D})$的零输入响应，即离散系统在初始状态作用下的自由运动。其函数调用格式为

$$[y,x,n] = \mathrm{dinitial}(G,H,C,D,x0,n)$$

式中，输入 $x0$ 为给定的初始状态值；$n$ 为指定的时间轴点数。

函数调用后返回的是以数组形式的输出变量响应值 $\boldsymbol{y}$、时间轴点数 $n$ 和状态变量响应值 $\boldsymbol{x}$。

**例 2-23**　应用 Matlab 求取下面离散系统的状态零输入响应，计算点数为 250。

$$\begin{cases}\boldsymbol{x}(k+1)=\begin{bmatrix}1.0 & 0.02\\ -0.04 & 0.94\end{bmatrix}\boldsymbol{x}(k)\\ \boldsymbol{x}(0)=\begin{bmatrix}1\\ 2\end{bmatrix}\end{cases}$$

**解**　可编写 Matlab 程序如下：

```
>> G = [1, 0.02; -0.04, 0.94];
```

```
>> H = [0; 0]; C = [0, 0]; D = [0];
>> x0 = [1 2];
>> [y, x, n] =dinitial (G, H, C, D, x0, 250);
>> plot (x)
```

图 2-6 绘制了状态变量 $\boldsymbol{x}$ 随时间变化的曲线。

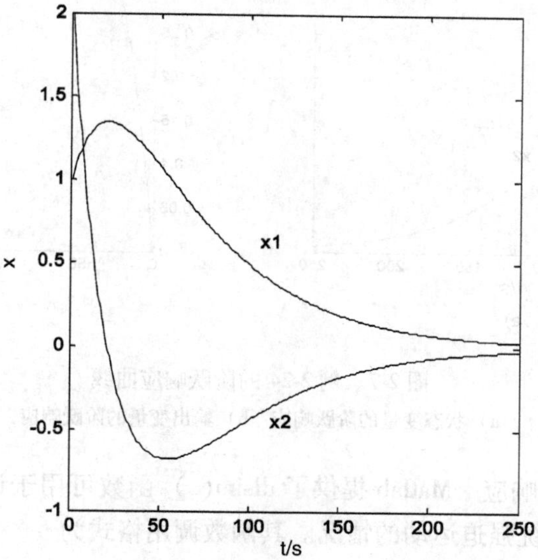


图 2-6　例 2-23 的状态响应曲线

2. 系统的零状态响应　Matlab 提供了 dstep( )、dimpulse( ) 等函数用于计算离散系统状态空间模型 $\boldsymbol{\Sigma}(\boldsymbol{G},\ \boldsymbol{H},\ \boldsymbol{C},\ \boldsymbol{D})$ 的单位阶跃响应和单位脉冲响应，其函数调用格式为

$[y,\ x,\ n]$ = dstep$(G,\ H,\ C,\ D,\ iu,\ n)$，$[y,\ x,\ n]$ = dimpulse$(G,\ H,\ C,\ D,\ iu,\ n)$

式中，$n$ 为指定的时间轴点数；$iu$ 指出输入变量（单位阶跃信号）的序号。

函数调用后的返回同 dinitial( ) 函数。

**例 2-24**　应用 Matlab 求取下面离散系统的单位阶跃响应：

$$\begin{cases} \boldsymbol{x}(k+1) = \begin{bmatrix} 1.0 & 0.02 \\ -0.04 & 0.94 \end{bmatrix}\boldsymbol{x}(k) + \begin{bmatrix} 0.0 \\ 0.02 \end{bmatrix}u(k) \\ y(k) = [1\quad 1]\boldsymbol{x}(k) \end{cases}$$

**解**　可编写 Matlab 程序如下：

```
>> G = [1, 0.02; -0.04, 0.94];
>> H = [0; 0.02]; C = [1, 1]; D = [0];
>> [y, x, n] =dstep (G, H, C, D, 1, 250);
>> plot (x)
>> plot (y)
```

图 2-7 绘制了状态变量 $\boldsymbol{x}$ 和输出变量 $\boldsymbol{y}$ 随时间变化的曲线。

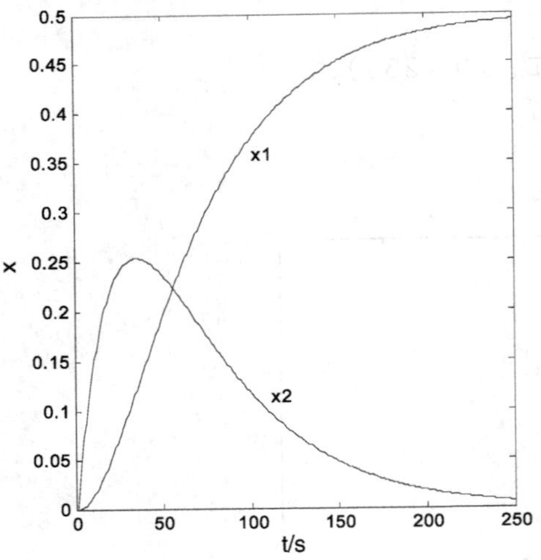

a)

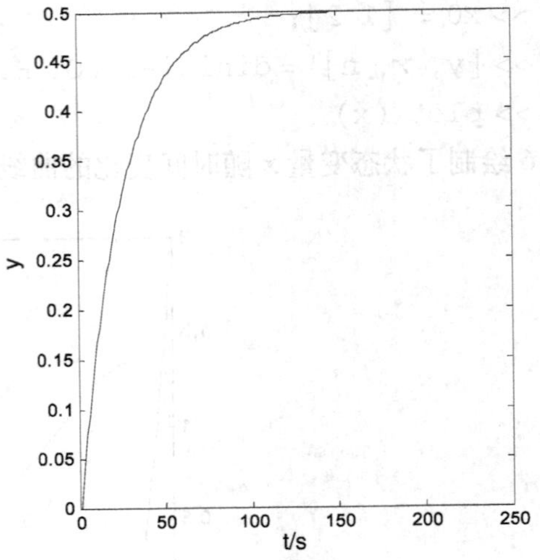

b)

图 2-7 例 2-24 的阶跃响应曲线

a）状态变量的阶跃响应 b）输出变量的阶跃响应

3. 系统的任意输入响应 Matlab 提供了 dlsim( ) 函数可用于计算离散系统在给定的输入信号下的响应，即系统强迫运动的情况。其函数调用格式为

$$[y,x]=\mathrm{dlsim}(sys,u,x0)$$

式中，$sys$ 为所研究的状态空间模型 $\boldsymbol{\Sigma}(\boldsymbol{G},\ \boldsymbol{H},\ \boldsymbol{C},\ \boldsymbol{D})$；$x0$ 为给定的初始状态值；$u$ 为输入信号对应于时间数组各时刻的采样值构成的输入数组。

函数调用后的返回同 dinitial( ) 函数。

**例 2-25** 应用 Matlab 求取下面离散系统在［0, 5s］时间区间的状态响应，其中输入信号为 $u(t)=1+\mathrm{e}^{-t}\cos 5t$。

$$\begin{cases}\boldsymbol{x}(k+1)=\begin{bmatrix}1.0 & 0.02\\ -0.04 & 0.94\end{bmatrix}\boldsymbol{x}(k)+\begin{bmatrix}0.0\\ 0.02\end{bmatrix}u(k)\\ \boldsymbol{x}(0)=\begin{bmatrix}1\\ 2\end{bmatrix}\end{cases}$$

**解** 可编写 Matlab 程序如下：

```
>> G = [1, 0.02; -0.04, 0.94];
>> H = [0; 0.02]; C = [0, 0]; D = [0];
x0 =[1; 2];
>> t = [0: 0.02: 5];
>> u =1 +exp (-t) .*cos (5*t);
>> [y, x] =dlsim (G, H, C, D, u, x0);
>> plot (x)
```

图 2-8 绘制了状态变量 $\boldsymbol{x}$ 随时间变化的曲线。

4. 系统在任意输入下的解析解 Matlab 提供了 z 变换计算函数 ztrans( ) 和 z 反变换计

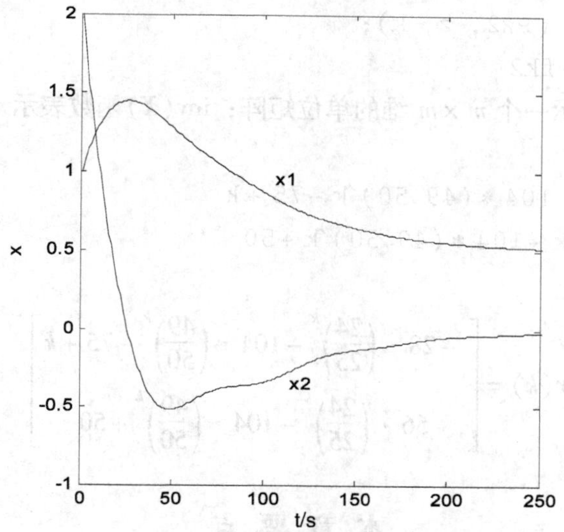


图 2-8　例 2-25 的状态响应曲线

算函数 iztrans( )，它们的调用格式为

$$Fz = \text{ztrans}(f,k,z);$$

$$fk = \text{iztrans}(F,z,k);$$

式中，$k$、$z$ 是事先定义的符合变量；$f$ 是以 $k$ 为自变量的时域函数；$F$ 是以 $z$ 为自变量的复频域函数。

函数调用后返回的分别为以 $z$ 为自变量的复频域函数 $Fz$ 和以 $k$ 为自变量的时域函数 $fk$。

z 变换法求解线性离散定常系统状态方程，其状态解为

$$\boldsymbol{x}(k) = \mathscr{Z}^{-1}[(z\boldsymbol{I}-\boldsymbol{G})^{-1}z]\boldsymbol{x}(0) + \mathscr{Z}^{-1}[(z\boldsymbol{I}-\boldsymbol{G})^{-1}\boldsymbol{Hu}(z)]$$

应用 ztrans( ) 和 iztrans( )，经适当编程即可求取线性离散定常系统在任意输入下的解析解。

**例 2-26**　应用 Matlab 求取下面离散系统在 $u(k)=2k$ 下的状态响应：

$$\begin{cases}\boldsymbol{x}(k+1) = \begin{bmatrix}1.0 & 0.02\\ -0.04 & 0.94\end{bmatrix}\boldsymbol{x}(k) + \begin{bmatrix}0.0\\ 0.02\end{bmatrix}u(k)\\ y(k) = [1\quad 1]\boldsymbol{x}(k)\end{cases}$$

其中初始状态为 $x(0) = \begin{bmatrix}1\\2\end{bmatrix}$。

**解**　可编写 Matlab 程序如下：

```
>> G = [1, 0.02; -0.04, 0.94];
>> H = [0; 0.02]; C = [1, 1]; D = [0];
>> x0 = [1; 2];
>> syms z k
>> Pz1 = (inv (z * eye (2) -G)) * z;
>> fk1 = iztrans (Pz1, z, k);
>> uz = ztrans (2 * k, k, z);
>> Pz2 = (inv (z * eye (2) -G)) * H * uz;
```

```
>> fk2 =iztrans (Pz2, z, k);
>> xk = fk1 * x0 + fk2
```

程序中，eye($m$)函数表示一个 $m\times m$ 维的单位矩阵；inv($X$)函数表示对矩阵 $\boldsymbol{X}$ 求逆。

程序执行结果为

```
-28 * (24/25)^k +104 * (49/50)^k -75 +k
   56 * (24/25)^k -104 * (49/50)^k +50
```

即系统的状态响应为

$$\boldsymbol{x}(k)=\begin{bmatrix}-28\cdot\left(\dfrac{24}{25}\right)^k+104\cdot\left(\dfrac{49}{50}\right)^k-75+k\\ 56\cdot\left(\dfrac{24}{25}\right)^k-104\cdot\left(\dfrac{49}{50}\right)^k+50\end{bmatrix}$$

## 本章要点

(1) 系统运动分析是通过求解系统的状态方程来实现的，得出状态解 $\boldsymbol{x}(t)$ 或 $\boldsymbol{x}(k)$，进而也就得出输出响应 $\boldsymbol{y}(t)$ 或 $\boldsymbol{y}(k)$，这是一种定量分析方法。

(2) 齐次状态方程的解得出的是系统的自由运动，仅有零输入响应；非齐次状态方程的解得出的是系统的强迫运动，它由零输入响应和零状态响应两部分组成。

(3) 状态转移矩阵在系统运动分析中起到了重要作用，掌握它的一系列性质及计算方法有助于对系统的运动分析。

(4) 线性系统的特征值在系统运动分析中扮演重要角色，它决定了系统的运动模态。因此，系统的特征值（或系统矩阵）描述了系统的动态行为。

(5) 连续系统离散化问题源于计算机应用于系统分析或作为控制器的需要。常用的离散化方法有近似离散化和由连续系统状态解离散化两种。

## 思 考 题

1. 在系统的状态空间描述形式中，对系统的运动分析主要指什么？

2. 线性定常系统的运动由哪两部分组成？它们各有什么特点？

3. 状态转移矩阵的含义是什么？它在系统运动分析中起什么作用？系统矩阵 $\boldsymbol{A}$ 以什么形式体现系统的动态特性？

4. 线性定常系统的状态转移矩阵 $e^{At}$ 有哪几种计算方法？它们各有什么特点？

5. 线性时变系统的运动分析与线性定常系统有什么不同？

6. 为什么要对连续系统进行离散化处理？线性定常连续系统的离散化有哪些方法？它们各自的特点是什么？

## 练 习 题

1. 线性定常系统齐次状态方程为 $\dot{\boldsymbol{x}}=\boldsymbol{A}\boldsymbol{x}$，其中矩阵 $\boldsymbol{A}$ 为

(1) $\boldsymbol{A}=\begin{bmatrix}0 & 1\\ -1 & -1\end{bmatrix}$

（2）$\boldsymbol{A}=\begin{bmatrix}2&2&1\\1&3&1\\1&2&2\end{bmatrix}$

试用频域法求出状态转移矩阵 $\boldsymbol{\Phi}(t)$。

2. 线性定常系统齐次状态方程为 $\dot{\boldsymbol{x}}=\boldsymbol{A}\boldsymbol{x}$，其中矩阵 $\boldsymbol{A}$ 为

（1）$\boldsymbol{A}=\begin{bmatrix}0&1\\-5&-6\end{bmatrix}$

（2）$\boldsymbol{A}=\begin{bmatrix}0&-5\\2&-2\end{bmatrix}$

（3）$\boldsymbol{A}=\begin{bmatrix}1&-1&0\\-1&1&0\\0&0&1\end{bmatrix}$

试利用特征值规范型方法求出状态转移矩阵 $\boldsymbol{\Phi}(t)$。

3. 应用凯莱-哈密顿定理计算下列线性定常系统的状态转移矩阵：

（1）$\dot{\boldsymbol{x}}=\begin{bmatrix}1&1\\0&-3\end{bmatrix}\boldsymbol{x}$

（2）$\dot{\boldsymbol{x}}=\begin{bmatrix}0&1&0\\0&0&1\\-6&-11&-6\end{bmatrix}\boldsymbol{x}$

4. 验证下列矩阵是否满足状态转移矩阵的条件，若满足，试求出相应系统的系统矩阵 $\boldsymbol{A}$：

（1）$\boldsymbol{\Phi}(t,0)=\begin{bmatrix}2e^{-t}-e^{-2t}&-2e^{-t}+2e^{-2t}\\e^{-t}-e^{-2t}&-e^{-t}+2e^{-2t}\end{bmatrix}$

（2）$\boldsymbol{\Phi}(t,0)=\begin{bmatrix}1&(1-2e^{-2t})/2\\0&e^{-2t}\end{bmatrix}$

（3）$\boldsymbol{\Phi}(t,0)=\begin{bmatrix}1&0&0\\0&\sin t&\cos t\\0&-\cos t&\sin t\end{bmatrix}$

（4）$\boldsymbol{\Phi}(t,0)=\begin{bmatrix}e^{-t}&0&0\\0&e^{-5t}&te^{-5t}\\0&0&e^{-5t}\end{bmatrix}$

5. 设系统矩阵 $\boldsymbol{A}=\begin{bmatrix}\sigma&\omega\\-\omega&\sigma\end{bmatrix}$，试证明

$$e^{At}=\begin{bmatrix}e^{\sigma t}\cos\omega t&e^{\sigma t}\sin\omega t\\-e^{\sigma t}\sin\omega t&e^{\sigma t}\cos\omega t\end{bmatrix}$$

6. 用4种方法计算以下矩阵 $\boldsymbol{A}$ 的矩阵指数 $e^{At}$：

（1）$\boldsymbol{A}=\begin{bmatrix}0&1\\0&-2\end{bmatrix}$

（2）$\boldsymbol{A}=\begin{bmatrix}0&-4\\1&-4\end{bmatrix}$

7. 求以下矩阵 $\boldsymbol{A}$ 的矩阵指数 $e^{At}$：

（1）$\boldsymbol{A}=\begin{bmatrix}0&1\\-1&-2\end{bmatrix}$　　（2）$\boldsymbol{A}=\begin{bmatrix}0&1\\-1&0\end{bmatrix}$

(3) $A=\begin{bmatrix}3 & 1 & 0\\ -4 & -1 & 0\\ 4 & -8 & -2\end{bmatrix}$　　(4) $A=\begin{bmatrix}0 & 1 & 0\\ 0 & 0 & 1\\ -25 & -35 & -11\end{bmatrix}$

(5) $A=\begin{bmatrix}1 & -1 & 0\\ -1 & 1 & 0\\ 0 & 0 & 1\end{bmatrix}$　　(6) $A=\begin{bmatrix}3 & 0 & 0 & 0\\ 0 & -2 & 1 & 0\\ 0 & 0 & -2 & 1\\ 0 & 0 & 0 & -2\end{bmatrix}$

8. 已知线性定常系统的状态转移矩阵为

$$\mathrm{e}^{At}=\begin{bmatrix}2\mathrm{e}^{-t}-\mathrm{e}^{-2t} & \mathrm{e}^{-t}-\mathrm{e}^{-2t}\\ -2\mathrm{e}^{-t}+2\mathrm{e}^{-2t} & -\mathrm{e}^{-t}+2\mathrm{e}^{-2t}\end{bmatrix}$$

试求该系统的系统矩阵 $A$。

9. 已知线性定常系统为

$$\begin{cases}\dot{x}=\begin{bmatrix}0 & 1\\ -6 & -5\end{bmatrix}x+\begin{bmatrix}1\\ 0\end{bmatrix}u\\ y=[1 \quad -1]x\end{cases}$$

试求出输入变量 $u(t)$ 和初始状态 $x(0)$ 为以下值时的状态响应及输出响应：

(1) $u(t)=0, x(0)=\begin{bmatrix}1\\ 1\end{bmatrix}$

(2) $u(t)=1(t), x(0)=\begin{bmatrix}0\\ 0\end{bmatrix}$

(3) $u(t)=1(t), x(0)=\begin{bmatrix}1\\ 0\end{bmatrix}$

(4) $u(t)=t\cdot 1(t), x(0)=\begin{bmatrix}0\\ 0\end{bmatrix}$

10. 已知线性定常系统的状态方程及初始条件为

$$\begin{cases}\dot{x}=\begin{bmatrix}-1 & 1 & 0\\ 0 & -1 & 0\\ 0 & 0 & -2\end{bmatrix}x+\begin{bmatrix}0\\ 1\\ 4\end{bmatrix}u\\ x(0)=\begin{bmatrix}1\\ 2\\ 1\end{bmatrix}\end{cases}$$

试求系统在单位阶跃信号下的状态响应。

11. 试求出下列线性时变系统的状态转移矩阵 $\boldsymbol{\Phi}(t,0)$：

(1) $\dot{x}(t)=\begin{bmatrix}1 & 0\\ 0 & 2t\end{bmatrix}x(t)$

(2) $\dot{x}(t)=\begin{bmatrix}0 & t\\ 0 & \mathrm{e}^{-t}\end{bmatrix}x(t)$

(3) $\dot{x}(t)=\begin{bmatrix}-2t & 1\\ 1 & -2t\end{bmatrix}x(t)$

12. 已知线性定常离散系统的状态方程式为

$$x(k+1)=\begin{bmatrix}0 & 1\\ -0.1 & -0.7\end{bmatrix}x(k)+\begin{bmatrix}0\\ 1\end{bmatrix}u(k)$$

试求出系统的状态转移矩阵。

13. 分别用递推法和 z 变换法求出下述线性定常离散系统在单位阶跃信号下的状态响应及输出响应：

$$\begin{cases} \boldsymbol{x}(k+1) = \begin{bmatrix} 0 & 1 \\ -0.16 & -1 \end{bmatrix}\boldsymbol{x}(k) + \begin{bmatrix} 1 \\ 1 \end{bmatrix}u(k) \\ y(k) = [1 \quad 1]\boldsymbol{x}(k) \end{cases}$$

系统的初始状态为 $\boldsymbol{x}(0) = \begin{bmatrix} 1 \\ -1 \end{bmatrix}$。

14. 试将下面线性定常连续系统按等采样周期 $\boldsymbol{T}$ 离散化：

$$\dot{\boldsymbol{x}} = \begin{bmatrix} 0 & 1 \\ 0 & -2 \end{bmatrix}\boldsymbol{x} + \begin{bmatrix} 0 \\ 1 \end{bmatrix}u$$

15. 系统结构如图 2-9 所示。

（1）求出系统离散化后的状态空间表达式；

（2）若采样周期 $T = 0.1\text{s}$，输入信号为单位阶跃函数，且初始状态为零，试求系统的输出响应 $y(kT)$。

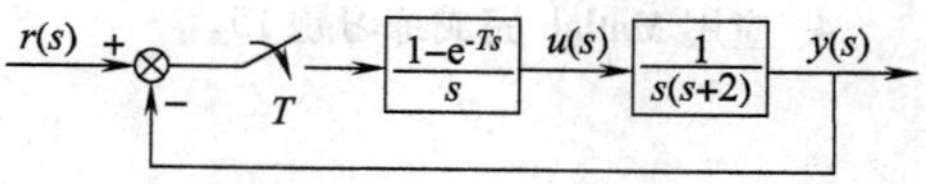


图 2-9　题 15 的系统结构

## 上机练习题

1. 试应用 Matlab 求以下矩阵 $\boldsymbol{A}$ 的矩阵指数 $\mathrm{e}^{\boldsymbol{A}t}$：

（1）$\boldsymbol{A} = \begin{bmatrix} 0 & 1 \\ -1 & -2 \end{bmatrix}$

（2）$\boldsymbol{A} = \begin{bmatrix} 3 & 1 & 0 \\ -4 & -1 & 0 \\ 4 & -8 & -2 \end{bmatrix}$

（3）$\boldsymbol{A} = \begin{bmatrix} 0 & 1 & 0 \\ 0 & 0 & 1 \\ -25 & -35 & -11 \end{bmatrix}$

2. 已知线性定常系统为

$$\begin{cases} \dot{\boldsymbol{x}} = \begin{bmatrix} 0 & 1 \\ -6 & -5 \end{bmatrix}\boldsymbol{x} + \begin{bmatrix} 1 \\ 0 \end{bmatrix}u \\ y = [1 \quad -1]\boldsymbol{x} \end{cases}$$

应用 Matlab 求出：

（1）系统的状态转移矩阵 $\boldsymbol{\Phi}(t)$；

（2）$u(t) = 1(t), \boldsymbol{x}(0) = \begin{bmatrix} 1 \\ 0 \end{bmatrix}$时系统的状态响应及输出响应，并画出相应的响应曲线；

（3）$u(t) = t \cdot 1(t), \boldsymbol{x}(0) = \begin{bmatrix} 0 \\ 0 \end{bmatrix}$时系统的状态响应及输出响应，并画出相应的响应曲线。

3. 已知线性连续系统为

$$\begin{cases} \dot{\boldsymbol{x}} = \begin{bmatrix} 0 & 1 & 0 \\ 0 & 0 & 1 \\ -2 & -2 & -3 \end{bmatrix}\boldsymbol{x} + \begin{bmatrix} 0 \\ 0 \\ 1 \end{bmatrix}u \\ y = [4 \quad 0 \quad 0]\boldsymbol{x} \end{cases}$$

试应用 Matlab 求出：

（1）采样周期为 $T = 0.2\text{s}$ 的离散化后的状态空间表达式；

（2）离散系统在 $x(0)=\begin{bmatrix}1\\2\\1\end{bmatrix}$ 下的零输入响应；

（3）离散系统在零初始状态下的单位阶跃响应；

（4）离散系统在 $x(0)=\begin{bmatrix}1\\2\\1\end{bmatrix}$ 下的单位阶跃响应。

4. 应用 Matlab 完成练习题 15。

# 第三章 动态系统的稳定性及李雅普诺夫分析方法

稳定性是动态系统的基本结构特性。一般情况下，稳定是控制系统正常工作的前提。因此，判别系统的稳定性和改善系统的稳定性是系统分析与综合的重要内容。系统稳定性的描述和分析方法有多种，本章主要介绍作为现代控制理论重要组成部分的李雅普诺夫稳定性理论。

## 第一节 稳定性基本概念

### 一、外部稳定性与内部稳定性

系统稳定性的描述主要分为外部稳定性和内部稳定性。

1. 外部稳定性　考虑一个以输入输出关系表征的线性因果系统，在零初始条件下，如果对任意的有界输入 $\boldsymbol{u}(t)$，即

$$\|\boldsymbol{u}(t)\| \leqslant k_1 < \infty \quad (t \geqslant t_0) \tag{3-1}$$

对应的输出 $\boldsymbol{y}(t)$ 均为有界，即

$$\|\boldsymbol{y}(t)\| \leqslant k_2 < \infty \quad (t \geqslant t_0) \tag{3-2}$$

则称该系统是外部稳定的。上两式中，$\|\boldsymbol{u}(t)\|$ 和 $\|\boldsymbol{y}(t)\|$ 分别表示了输入向量 $\boldsymbol{u}(t)$、输出向量 $\boldsymbol{y}(t)$ 的范数，它们也表示了向量的长度。上面表述中规定了零初始条件，这是为了保证系统输入输出关系描述的唯一性。

系统的外部稳定性也称有界输入—有界输出（BIBO）稳定性，它实质上关心的是一个系统在一定输入作用下的输出稳定性，较直观地满足稳定性的工程意义需求。外部稳定性主要由系统的结构属性决定，可以证明，对于线性定常连续系统，外部稳定的充要条件是系统传递函数的全部极点都具有负实部。可见，适合单输入单输出线性定常系统稳定性分析的经典控制理论中的一些方法，如劳斯—赫尔维茨代数判据、奈魁斯特频域判据等均通过间接确定系统特征根的分布情况来判别系统的稳定性，它们所依赖的系统模型是高阶线性微分方程或由此演变来的传递函数，因此属于外部稳定性的范畴。

2. 内部稳定性　考虑输入变量为零时的线性系统

$$\begin{cases} \dot{\boldsymbol{x}}(t) = \boldsymbol{A}(t)\boldsymbol{x}(t) \\ \boldsymbol{x}(t)_{t=t_0} = \boldsymbol{x}(t_0) = \boldsymbol{x}_0 \end{cases} \quad (t \geqslant t_0) \tag{3-3}$$

如果由非零初始状态 $\boldsymbol{x}_0$ 引起的系统自由运动 $\boldsymbol{x}(t)\,(t_0 \leqslant t < \infty)$ 有界，即

$$\|\boldsymbol{x}(t)\| \leqslant k < \infty \quad (t \geqslant t_0) \tag{3-4}$$

并满足渐近属性，即

$$\lim_{t\to\infty}\boldsymbol{x}(t) = 0 \tag{3-5}$$

则称该系统是内部稳定的。内部稳定性表达了在外界扰动消失后，系统由初始偏差状态恢复到原平衡状态的能力。

系统内部稳定性描述的是系统自由运动时的状态稳定性，一方面它能通过输出方程进一步体现系统的输出稳定性，更重要的是它更深刻地揭示出系统稳定性的本质属性。由于系统内部稳定性建立在系统状态空间描述基础上，因此，它是一种对单变量、多变量、线性、非线性、定常、时变、连续、离散等系统都适用的通用方法。

系统的外部稳定性和内部稳定性从不同角度表达系统的稳定性，但是它们都反映了稳定性的系统结构属性，实际上，在一定的条件下它们是完全等价的。

系统的内部稳定性理论主要由俄国学者李雅普诺夫（A. M. Lyapunov）建立。1892 年，李雅普诺夫在论文《运动稳定性的一般问题》中给出了关于系统运动稳定性的完整定义，提出了分析系统稳定性的两种方法，即李亚普诺夫第一法和李亚普诺夫第二法，在此基础上确立了李亚普诺夫稳定性理论框架。由于李亚普诺夫稳定性理论的普适性以及基于状态空间的描述，使它成为现代控制理论的重要基础和组成部分。

## 二、李雅普诺夫稳定性基本概念

### （一）系统运动及平衡状态

按照系统内部稳定性的思想，系统稳定性问题所要表述的是，系统偏离平衡状态的受扰运动能否只依靠系统内部的结构因素由初始偏差接近或恢复到原平衡状态的能力。为此，先要对有关系统运动的一些基本概念作出介绍。

1. 自治系统　自治系统是指不受任何外界影响即没有输入作用的动态系统。作为最一般的情况，自治系统可描述为

$$\begin{cases}\dot{\boldsymbol{x}}(t)=\boldsymbol{f}(\boldsymbol{x},t)\\ \boldsymbol{x}(t_0)=\boldsymbol{x}_0\end{cases}\quad (t\geqslant t_0) \tag{3-6}$$

式中，$\boldsymbol{x}(t)$ 为 $n$ 维状态向量；$\boldsymbol{f}(\boldsymbol{x},t)$ 为 $n$ 维向量函数；$\boldsymbol{x}_0$ 为系统的初始状态。

对于定常系统，则 $\boldsymbol{f}(\boldsymbol{x},t)$ 表示为不显含时间变量 $t$，上述方程写为 $\dot{\boldsymbol{x}}(t)=\boldsymbol{f}(\boldsymbol{x})$。更进一步，对于线性系统，则 $\boldsymbol{f}(\boldsymbol{x},t)$ 表示为 $\boldsymbol{x}(t)$ 的线性向量函数。即线性自治系统可表示成

$$\begin{cases}\dot{\boldsymbol{x}}(t)=\boldsymbol{A}(t)\boldsymbol{x}(t)\\ \boldsymbol{x}(t_0)=\boldsymbol{x}_0\end{cases}\quad (t\geqslant t_0) \tag{3-7}$$

而线性定常自治系统的方程可表示为 $\dot{\boldsymbol{x}}(t)=\boldsymbol{A}\boldsymbol{x}(t)$。

可见，自治系统实际上就是第二章所介绍的由齐次状态方程所描述的系统。

2. 受扰运动　将方程式（3-6）在初始状态 $\boldsymbol{x}(t_0)=\boldsymbol{x}_0$ 条件下的解称为受扰运动。这时，可以把非零的初始状态 $\boldsymbol{x}_0$ 视为零状态（平衡状态）的一个状态扰动。实际上，受扰运动就是系统的零输入响应。为了强调导致这一运动的初始状态 $\boldsymbol{x}_0$ 以及初始时刻 $t_0$，受扰运动通常表示为 $\boldsymbol{x}(t;\boldsymbol{x}_0,t_0)$。几何上，它是状态空间中从初始点 $\boldsymbol{x}_0$ 出发的一条状态轨线。

3. 平衡状态　如果在式（3-6）描述的自治系统中，对所有的 $t$ 总存在

$$\boldsymbol{f}(\boldsymbol{x}_e,t)=0 \tag{3-8}$$

则称 $\boldsymbol{x}_e$ 为该系统的平衡状态。由式（3-6）可知，平衡状态 $\boldsymbol{x}_e$ 就是满足方程 $\dot{\boldsymbol{x}}(t)\big|_{\boldsymbol{x}=\boldsymbol{x}_e}=\boldsymbol{f}(\boldsymbol{x}_e,t)=0$ 的解，意味着系统达到平衡状态时其状态不再发生变化。通常情况下，一个自治系统的平衡状态 $\boldsymbol{x}_e$ 不是唯一的。线性定常连续系统的平衡状态是方程 $\boldsymbol{A}\boldsymbol{x}_e=0$ 的解，当矩阵 $\boldsymbol{A}$ 非奇异时，系统存在唯一的平衡状态 $\boldsymbol{x}_e=0$；而当 $\boldsymbol{A}$ 为奇异矩阵时，则系统的平衡状态不

唯一，但 $x_e=0$ 是其中之一。如果平衡状态在状态空间中是彼此孤立的，则称它们为孤立平衡状态，任何一个孤立的平衡状态都可以通过坐标系移动转换成零平衡状态，所以讨论零平衡状态 $x_e=0$ 的稳定性具有普遍意义。

**例 3-1**　已知系统的状态方程为

$$\begin{cases}\dot{x}_1=-x_1+u^2\\ \dot{x}_2=x_1+x_2-x_2^3-3u\end{cases}$$

求系统的平衡状态 $x_e$。

**解**　平衡状态是自治系统 $\dot{x}(t)=f(x,t)=0$ 的解，令 $u=0$，得平衡状态应满足的方程为

$$\begin{cases}\dot{x}_1=-x_1=0\\ \dot{x}_2=x_1+x_2-x_2^3=0\end{cases}$$

解该方程，得到系统的三个平衡状态，它们分别是

$$x_{e1}=\begin{bmatrix}0\\0\end{bmatrix},x_{e2}=\begin{bmatrix}0\\1\end{bmatrix},x_{e3}=\begin{bmatrix}0\\-1\end{bmatrix}$$

**（二）稳定性定义**

从自治系统的受扰运动出发，可以定义出系统关于某一平衡状态的稳定性质。

1. 稳定　设 $x_e$ 为系统的一个平衡状态，如果对任意给定的一个实数 $\varepsilon>0$，都对应地存在另一实数 $\delta(\varepsilon,t_0)>0$，使得由满足

$$\|x_0-x_e\|\leqslant\delta(\varepsilon,t_0)\tag{3-9}$$

的任一初始状态 $x_0$ 出发的受扰运动都满足

$$\|x(t;x_0,t_0)-x_e\|\leqslant\varepsilon\quad(t\geqslant t_0)\tag{3-10}$$

则称平衡状态 $x_e$ 是稳定的。当 $x_e=0$ 时，可以将式（3-10）看做状态空间中以 $x_e=0$ 为球心、以 $\varepsilon$ 为半径的一个超球体，球域记为 $S(\varepsilon)$；把式（3-9）看做以 $x_e$为球心、以 $\delta(\varepsilon,t_0)$ 为半径的另一个超球体，球域表示为 $S(\delta)$。显然，球域 $S(\delta)$ 依赖于给定的实数 $\varepsilon$ 和初始时间 $t_0$。平衡状态 $x_e$ 稳定的几何解释就是：从球域 $S(\delta)$ 内任一点出发的运动 $x(t;x_0,t_0)$ 对所有的 $t\geqslant t_0$ 都不超越球域 $S(\varepsilon)$。二维状态空间中零平衡状态 $x_e=0$ 稳定的几何解释如图 3-1 所示。

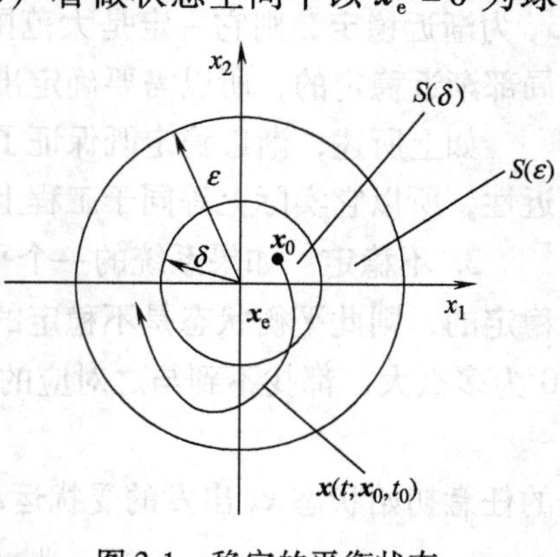


图 3-1　稳定的平衡状态

上面的论述中，特别强调了 $\delta$ 的选取依赖于给定的实数 $\varepsilon$ 和初始时间 $t_0$，如果 $\delta$ 的选取仅依赖于 $\varepsilon$ 而与 $t_0$ 无关，即满足式（3-9）的实数为 $\delta(\varepsilon)>0$，则上述平衡状态 $x_e$ 的稳定是一致稳定。一致稳定意味着一个系统平衡状态 $x_e$ 的稳定性与何时来讨论它没有关系。通常，一个定常系统的稳定和一致稳定是等价的，但对于时变系统，它们不是等价的，而一致稳定较之稳定更具实际意义。

上面所述的稳定保证了系统受扰运动的有界性，这与工程意义上的稳定有一定的差别。通常，工程意义上的稳定除了有界性，还应该具有对于平衡状态的渐近性。为此，通常将由式（3-9）和式（3-10）定义的稳定称为李雅普诺夫意义下的稳定。

2. 渐近稳定　如果平衡状态 $\boldsymbol{x}_e$ 是李雅普诺夫意义下稳定的，并且受扰运动对于平衡状态还具有渐近性，即

$$\lim_{t\to\infty} \|\boldsymbol{x}(t;\boldsymbol{x}_0,t_0)-\boldsymbol{x}_e\| = 0 \tag{3-11}$$

则称平衡状态 $\boldsymbol{x}_e$ 为渐近稳定。它的几何解释是，从上述球域 $S(\delta)$ 内任一点出发的运动 $\boldsymbol{x}(t;\boldsymbol{x}_0,t_0)$ 对所有的 $t\geqslant t_0$ 不仅不超越球域 $S(\varepsilon)$，而且当 $t\to\infty$ 时，$\boldsymbol{x}(t;\boldsymbol{x}_0,t_0)$ 最终收敛于平衡状态 $\boldsymbol{x}_e$。二维状态空间中零平衡状态 $\boldsymbol{x}_e=0$ 为渐近稳定的几何解释如图 3-2 所示。

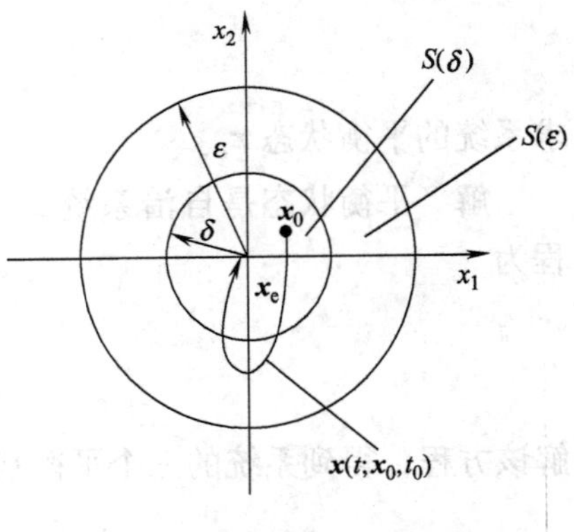

图 3-2　渐近稳定的平衡状态

类似地，当实数 $\varepsilon$ 确定后，如果对应存在的另一实数 $\delta(\varepsilon)>0$ 的选取仅依赖于 $\varepsilon$ 而与 $t_0$ 无关，则上述平衡状态 $\boldsymbol{x}_e$ 是一致渐近稳定的。一个定常系统的渐近稳定和一致渐近稳定是等价的，同样，对于时变系统，一致渐近稳定也更具有实际意义。

如果满足上述渐近稳定的球域 $S(\delta)$ 扩展至整个状态空间，即从状态空间的任一有限的非零初始状态 $\boldsymbol{x}_0$ 出发的受扰运动 $\boldsymbol{x}(t;\boldsymbol{x}_0,t_0)$ 都有界，并且当 $t\to\infty$ 时，最终都收敛于平衡状态 $\boldsymbol{x}_e$，则平衡状态 $\boldsymbol{x}_e$ 为大范围渐近稳定。显然，大范围渐近稳定的必要条件是整个状态空间中只有一个平衡状态。

与大范围渐近稳定不同的另一种情况是满足渐近稳定的球域 $S(\delta)$ 只是状态空间中的有限部分，这时称平衡状态 $\boldsymbol{x}_e$ 为局部渐近稳定，并且称 $S(\delta)$ 为渐近稳定吸引区，表示只有从该区域出发的受扰运动才能被"吸引"至平衡状态 $\boldsymbol{x}_e$。

在实际系统中确定渐近稳定的范围是一件重要的事情。对于线性系统而言，若平衡状态 $\boldsymbol{x}_e$ 为渐近稳定，则它一定是大范围渐近稳定的；而对于非线性系统，一个平衡状态常常是局部渐近稳定的，所以需要确定出它的吸引区。

如上所述，渐近稳定既保证了系统受扰运动的有界性，又满足了运动对于平衡状态的渐近性，所以它实际上等同于工程上稳定的概念。

3. 不稳定　如果系统的一个平衡状态 $\boldsymbol{x}_e$ 既不是李雅普诺夫意义下稳定的，更不是渐近稳定的，则此平衡状态是不稳定的。它表现为对于自治系统的平衡状态 $\boldsymbol{x}_e$，不管取实数 $\varepsilon>0$ 为多么大，都找不到与之对应的另一个实数 $\delta(\varepsilon,t_0)>0$，使得由满足不等式

$$\|\boldsymbol{x}_0-\boldsymbol{x}_e\| \leqslant \delta(\varepsilon,t_0) \tag{3-12}$$

的任意初始状态 $\boldsymbol{x}_0$ 出发的受扰运动满足不等式

$$\|\boldsymbol{x}(t;\boldsymbol{x}_0,t_0)-\boldsymbol{x}_e\| \leqslant \varepsilon \quad (t\geqslant t_0) \tag{3-13}$$

平衡状态 $\boldsymbol{x}_e$ 不稳定的几何意义可以理解为，无论球域 $S(\delta)$ 取得多么小，也无论球域 $S(\varepsilon)$ 取得多么大，在 $S(\delta)$ 内总存在非零点 $\boldsymbol{x}_0^*$，使得由 $\boldsymbol{x}_0^*$ 出发的运动超越球域 $S(\varepsilon)$。二维状态空间中零平衡状态 $\boldsymbol{x}_e=0$ 不稳定的几何解释如图 3-3 所示。

需要指出的是，不稳定平衡状态的运动超越了球域 $S(\varepsilon)$ 以后，对于线性系统，理论上它一定无限远离平衡状态，即具有发散性；而对于非线性系统而言，也有可能趋于 $S(\varepsilon)$ 以外的某个平衡点或某个极限环。

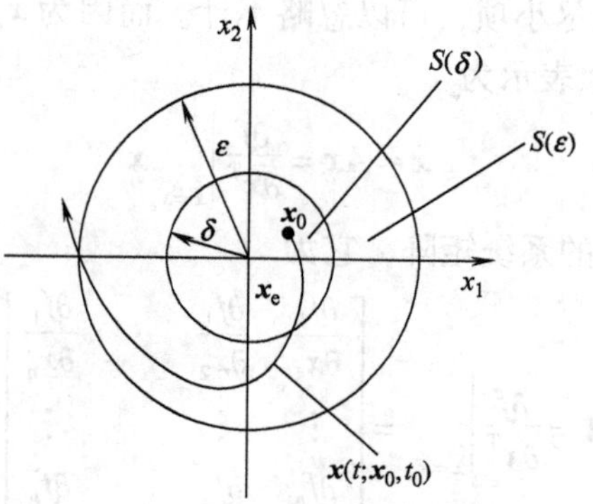


图 3-3　不稳定的平衡状态

# 第二节　李雅普诺夫稳定性分析方法

李雅普诺夫稳定性理论主要包括分别称为李雅普诺夫第一法和李雅普诺夫第二法的稳定性分析方法，其中李雅普诺夫第二法从系统受扰运动过程的内部能量（或相当于能量类型的量）变化来分析系统的稳定性，适应于各种类型的系统。所以，本章的重点是介绍李雅普诺夫第二法。

## 一、李雅普诺夫第一法

李雅普诺夫第一法又称间接法，它通过系统状态方程的解来分析系统的稳定性，比较适用于线性系统和可线性化的非线性系统。

1. 线性系统的情况　对于线性定常系统，第二章中已经指出系统的特征值决定了系统的运动模态，式（2-29）给出了由 $n$ 个互不相同的实数特征值 $\lambda_1$，$\lambda_2$，…，$\lambda_n$ 对应的运动模态所决定的系统状态运动为 $\boldsymbol{x}(t)=\sum_{i=1}^{n}\boldsymbol{v}_i\boldsymbol{q}_i\mathrm{e}^{\lambda_i t}\boldsymbol{x}(0)$，而对应于共轭复数对特征值 $\lambda_{i,i+1}=\sigma\pm\mathrm{j}\omega$ 的状态运动模态是以 $\mathrm{e}^{\sigma t}$ 为包络线、谐振频率为 $\omega$ 的正弦型谐振运动。所以，线性定常连续系统平衡状态 $\boldsymbol{x}_e=0$ 为渐近稳定的充要条件是系统矩阵 $\boldsymbol{A}$ 的所有特征值都具有负实部。线性定常离散系统有类似的结论，即离散系统在平衡状态 $\boldsymbol{x}_e=0$ 渐近稳定的充要条件是系统矩阵 $\boldsymbol{G}$ 的所有特征值的模都小于 1。以上结论与经典控制理论中关于线性定常系统稳定性的各种判据是一致的。

2. 非线性系统的情况　对于非本质性的非线性系统，可以在一定条件下用它的近似线性化模型来研究它在平衡点的稳定性。设非线性自治系统的状态方程为

$$\dot{\boldsymbol{x}}=\boldsymbol{f}(\boldsymbol{x}) \tag{3-14}$$

式中，$\boldsymbol{x}$ 为 $n$ 维状态向量；$\boldsymbol{f}(\boldsymbol{x})$ 为 $n$ 维非线性向量函数，并对各状态变量连续可微。

将 $\boldsymbol{f}(x)$ 在平衡点 $\boldsymbol{x}_e=0$ 邻域展成泰勒级数，得

$$\boldsymbol{f}(\boldsymbol{x})=\boldsymbol{f}(\boldsymbol{x}_e)+\left.\frac{\partial\boldsymbol{f}}{\partial\boldsymbol{x}^{\mathrm{T}}}\right|_{x=x_e}(\boldsymbol{x}-\boldsymbol{x}_e)+\boldsymbol{O}[(\boldsymbol{x}-\boldsymbol{x}_e)^2] \tag{3-15}$$

其中，$\boldsymbol{O}[(\boldsymbol{x}-\boldsymbol{x}_e)^2]$ 为高于一阶的所有高阶导数项之和，在 $\boldsymbol{x}_e=0$ 的一个小的邻域，有

$\boldsymbol{O}[(\boldsymbol{x}-\boldsymbol{x}_e)^2]\approx 0$，为高阶无尽小项，可以忽略不计。而因为 $\boldsymbol{x}_e=0$ 为平衡点，所以 $\boldsymbol{f}(\boldsymbol{x}_e)=0$。于是，式（3-14）可近似表示为

$$\dot{\boldsymbol{x}}\approx \boldsymbol{A}\boldsymbol{x}=\left.\frac{\partial \boldsymbol{f}}{\partial \boldsymbol{x}^{\mathrm{T}}}\right|_{\boldsymbol{x}=\boldsymbol{x}_e}\boldsymbol{x} \tag{3-16}$$

其中，$\boldsymbol{A}$ 是近似线性化模型的系统矩阵，它为

$$\boldsymbol{A}=\left.\frac{\partial \boldsymbol{f}}{\partial \boldsymbol{x}^{\mathrm{T}}}\right|_{\boldsymbol{x}=\boldsymbol{x}_e}=\begin{bmatrix}\frac{\partial f_1}{\partial x_1} & \frac{\partial f_1}{\partial x_2} & \cdots & \frac{\partial f_1}{\partial x_n}\\ \vdots & \vdots & & \vdots\\ \frac{\partial f_n}{\partial x_1} & \frac{\partial f_n}{\partial x_2} & \cdots & \frac{\partial f_n}{\partial x_n}\end{bmatrix}_{\boldsymbol{x}=\boldsymbol{x}_e} \tag{3-17}$$

式中，$f_1$，$f_2$，…，$f_n$ 是 $\boldsymbol{f}(\boldsymbol{x})$ 的 $n$ 个分量；$\boldsymbol{A}$ 矩阵是一个雅可比（Jacobian）矩阵。

线性化以后系统的稳定性可参照线性定常系统的稳定性判别规则，即矩阵 $\boldsymbol{A}$ 的所有特征值具有负实部，则非线性系统（3-14）的平衡状态 $\boldsymbol{x}_e$ 是渐近稳定的；当矩阵 $\boldsymbol{A}$ 的特征值中有一个或一个以上实部为正的特征值，则非线性系统（3-14）的平衡状态 $\boldsymbol{x}_e$ 是不稳定的；当矩阵 $\boldsymbol{A}$ 有实部为 0 的特征值，而其余均为具负实部的特征值时，则非线性系统（3-14）的平衡状态 $\boldsymbol{x}_e$ 的稳定性要由高阶导数项 $\boldsymbol{O}[(\boldsymbol{x}-\boldsymbol{x}_e)^2]$ 决定。

通过李雅普诺夫第一法来判定一个系统在平衡状态的稳定性，需要求出系统的全部特征值，这对于如高阶系统等的情况存在一定的困难。经典控制理论中针对线性定常系统提出了一些有效的工程方法，可把它们视为李雅普诺夫第一法在线性定常系统中的工程应用。

## 二、李雅普诺夫第二法

李雅普诺夫第二法又称直接法，它的主要结论的提出受启示于“一个自治系统在运动过程中总伴随着能量的变化”这样一个物理事实。如果系统在偏离平衡状态后的运动总伴随着内部能量的衰减，则运动最后终将到达能量的极小值点——平衡点；反之，在系统运动过程中系统所含的能量不断增加，则将形成远离平衡点的运动；如果系统运动过程不改变其内部能量，则会产生既不趋于平衡点又不远离平衡点的运动。它们分别对应了李雅普诺夫意义下的渐近稳定、不稳定和稳定。所以，李雅普诺夫第二法从伴随系统运动的能量变化状况出发，不需要求解系统的运动方程，直接分析、判断系统的稳定性能。由于能量变化的观点适用于所有的系统，所以，李雅普诺夫第二法具有很强的普适性，对于不适合应用传统方法分析系统稳定性的高阶系统、非线性系统、时变系统等复杂系统，则更能显示它的优越性。

但是，由于系统的复杂性和多样性，往往不能对任何系统都能找到能量函数来描述系统的能量关系。于是，李雅普诺夫引入了一个虚构的“广义能量”函数，它具备能量函数的基本属性——正的标量函数，又能给出随着系统运动反映其变化的信息，这样的“广义能量”函数称为李雅普诺夫函数。显然，李雅普诺夫函数比真正的能量函数更具一般性，应用也更加广泛。一般情况下，李雅普诺夫函数与状态向量 $\boldsymbol{x}$ 和时间 $t$ 有关，表示为 $V(\boldsymbol{x},t)$，如果不显含 $t$，则表示为 $V(\boldsymbol{x})$。

### （一）预备知识

李雅普诺夫第二法涉及函数的定号性，首先复习关于函数定号性的一些概念。

1. 标量函数的定号性　设 $V(\boldsymbol{x})$ 为关于 $n$ 维向量 $\boldsymbol{x}$ 的标量函数，并且在 $\boldsymbol{x}=0$ 处，有

$V(\boldsymbol{x})=0$。则对于任意的非零向量 $\boldsymbol{x}\neq 0$，有

(1) 若 $V(\boldsymbol{x})>0$,称 $V(\boldsymbol{x})$ 为正定,如 $V(\boldsymbol{x})=x_1^2+2x_2^2$;

(2) 若 $V(\boldsymbol{x})\geqslant 0$,称 $V(\boldsymbol{x})$ 为正半定,如 $V(\boldsymbol{x})=(x_1+x_2)^2$;

(3) 若 $V(\boldsymbol{x})<0$,称 $V(\boldsymbol{x})$ 为负定,如 $V(\boldsymbol{x})=-(x_1^2+2x_2^2)$;

(4) 若 $V(\boldsymbol{x})\leqslant 0$,称 $V(\boldsymbol{x})$ 为负半定,如 $V(\boldsymbol{x})=-(x_1+x_2)^2$;

(5) 若 $V(\boldsymbol{x})$ 既可大于0,又可小于0,称 $V(\boldsymbol{x})$ 为不定,如 $V(\boldsymbol{x})=x_1x_2+x_2^2$。

2. 二次型函数　设 $\boldsymbol{x}=[x_1\ \ x_2\ \ \cdots\ \ x_n]^{\mathrm{T}}$ 为 $n$ 个变量构成的向量，则称标量函数

$$V(\boldsymbol{x})=\boldsymbol{x}^{\mathrm{T}}\boldsymbol{P}\boldsymbol{x}=[x_1\ \ x_2\ \ \cdots\ \ x_n]\begin{bmatrix}p_{11} & p_{12} & \cdots & p_{1n}\\ p_{21} & p_{22} & \cdots & p_{2n}\\ \vdots & \vdots & & \vdots\\ p_{n1} & p_{n2} & \cdots & p_{nn}\end{bmatrix}\begin{bmatrix}x_1\\ x_2\\ \vdots\\ x_n\end{bmatrix}=\sum_{\substack{i=1\\ j=1}}^{n}p_{ij}x_ix_j$$

为 $\boldsymbol{x}$ 的二次型函数。其中，二次型函数的权矩阵 $\boldsymbol{P}$ 为 $n\times n$ 实对称矩阵，即 $p_{ij}=p_{ji}$，且全为实数。二次型函数 $V(\boldsymbol{x})=\boldsymbol{x}^{\mathrm{T}}\boldsymbol{P}\boldsymbol{x}$ 与其权矩阵 $\boldsymbol{P}$ 是一一对应的，它们的定号性完全一致。因此，判别 $V(\boldsymbol{x})$ 的定号性只要判别矩阵 $\boldsymbol{P}$ 的定号性，而一个矩阵的定号性由塞尔维斯特(Sylvester) 准则确定。

3. 塞尔维斯特准则　设实对称矩阵

$$\boldsymbol{P}=\begin{bmatrix}p_{11} & p_{12} & \cdots & p_{1n}\\ p_{21} & p_{22} & \cdots & p_{2n}\\ \vdots & \vdots & & \vdots\\ p_{n1} & p_{n2} & \cdots & p_{nn}\end{bmatrix}$$

的 1 ~ $n$ 阶顺序主子式为

$$\Delta_1=p_{11},\Delta_2=\begin{vmatrix}p_{11} & p_{12}\\ p_{21} & p_{22}\end{vmatrix},\cdots,\Delta_n=\begin{vmatrix}p_{11} & p_{12} & \cdots & p_{1n}\\ p_{21} & p_{22} & \cdots & p_{2n}\\ \vdots & \vdots & & \vdots\\ p_{n1} & p_{n2} & \cdots & p_{nn}\end{vmatrix}$$

则矩阵 $\boldsymbol{P}$ 的定号性的充要条件为

(1) 若 $\Delta_i>0\quad(i=1,\ 2,\ \cdots,\ n)$，矩阵 $\boldsymbol{P}$ 为正定;

(2) 若 $\begin{cases}\Delta_i>0 & i\text{ 为偶数时}\\ \Delta_i<0 & i\text{ 为奇数时}\end{cases}\quad(i=1,\ 2,\ \cdots,\ n)$，矩阵 $\boldsymbol{P}$ 为负定;

(3) 若 $\begin{cases}\Delta_i\geqslant 0 & (i=1,\ 2,\ \cdots,\ n-1)\\ \Delta_i=0 & (i=n)\end{cases}$，矩阵 $\boldsymbol{P}$ 为正半定;

(4) 若 $\begin{cases}\Delta_i\geqslant 0 & i\text{ 为偶数}\\ \Delta_i\leqslant 0 & i\text{ 为奇数}\\ \Delta_i=0 & (i=n)\end{cases}$，矩阵 $\boldsymbol{P}$ 为负半定。

**(二) 李雅普诺夫第二法稳定性判据**

用李雅普诺夫第二法分析系统的稳定性，主要有下面一些定理。

1. **定理 3-1**（渐近稳定基本判定定理）　设系统的状态方程为

$$\dot{\boldsymbol{x}} = \boldsymbol{f}(\boldsymbol{x}, t) \tag{3-18}$$

且其平衡状态为 $\boldsymbol{x}_e = 0$。如果存在一个具有连续一阶偏导数的标量函数 $V(\boldsymbol{x}, t)$，并且满足条件：

（1）$V(\boldsymbol{x}, t)$为正定。

（2）$\dot{V}(\boldsymbol{x}, t)$为负定。

则系统的平衡状态 $\boldsymbol{x}_e = 0$ 是渐近稳定的，并称 $V(\boldsymbol{x}, t)$是该系统的一个李雅普诺夫函数。进一步，如果 $V(\boldsymbol{x}, t)$还满足

（3）$\lim\limits_{\|x\| \to \infty} V(\boldsymbol{x}, t) = \infty$

则平衡状态 $\boldsymbol{x}_e = 0$ 是大范围渐近稳定的。

该定理不作严格的证明，但其物理意义是明显的。条件（1）保证了 $V(\boldsymbol{x}, t)$具备"广义能量"函数的特性。当 $V(\boldsymbol{x}, t) = C > 0$ 时，状态 $\boldsymbol{x}$ 处于 $n$ 维状态空间中"广义能量"为 $C$ 的特定超曲面（等"能量"面）上；如果 $C_2 > C_1 > 0$，则超曲面 $V(\boldsymbol{x}, t) = C_1$（"能量"为 $C_1$ 的等"能量"面）处于超曲面 $V(\boldsymbol{x}, t) = C_2$（"能量"为 $C_2$ 的等"能量"面）内。条件（2）表明该"能量"函数随着系统的运动不断衰减（沿着超曲面 $C_2$ 到超曲面 $C_1$ 的方向运动），则最终将导致"能量"达到它的最小值 $V(\boldsymbol{x}, t) = 0$，此时 $\boldsymbol{x}$ 也变为 $\boldsymbol{x} = \boldsymbol{x}_e = 0$，即达到系统的平衡状态，这意味着 $\boldsymbol{x}_e = 0$ 是渐近稳定的。条件（3）表示了满足渐近稳定的条件可扩展至整个状态空间，所以，$\boldsymbol{x}_e = 0$ 是大范围渐近稳定的。

2. **定理 3-2**（渐近稳定判定定理 2）　系统状态方程及平衡状态同上，如果存在一个具有连续一阶偏导数的标量函数 $V(\boldsymbol{x}, t)$，并且满足条件：

（1）$V(\boldsymbol{x}, t)$为正定。

（2）$\dot{V}(\boldsymbol{x}, t)$为负半定，但它在状态方程非零解运动轨线上不恒为零，即对于 $\boldsymbol{x} \neq 0$，$\dot{V}(\boldsymbol{x}, t) \neq 0$。

则系统的平衡状态 $\boldsymbol{x}_e = 0$ 是渐近稳定的。同样，如果 $V(\boldsymbol{x}, t)$还满足

（3）$\lim\limits_{\|x\| \to \infty} V(\boldsymbol{x}, t) = \infty$

则平衡状态 $\boldsymbol{x}_e = 0$ 是大范围渐近稳定的。

对于条件（2），由于 $\dot{V}(\boldsymbol{x}, t)$为负半定，表示在 $\boldsymbol{x} \neq 0$ 某处会出现 $\dot{V}(\boldsymbol{x}, t) = 0$ 但不恒为零的情况，这时系统向着"能量"越来越小的方向运动的过程中与某个特定的等"能量"面相切，但通过切点后并不停留而继续趋向于最小"能量"的平衡点 $\boldsymbol{x}_e = 0$，即该平衡状态仍然是渐近稳定的。

当 $\dot{V}(\boldsymbol{x}, t)$负半定，还会出现在 $\boldsymbol{x} \neq 0$ 某处有 $\dot{V}(\boldsymbol{x}, t) = 0$ 且恒为零的情况，这时系统向着小"能量"方向运动的过程中与某个特定的等"能量"面相切，并且不再离开该等"能量"面，形成类似于等幅振荡的运动状态，显然，这时系统的运动具有有界性，但不具有对于平衡状态的渐近性。此时的平衡状态是李雅普诺夫意义下稳定的，基此，可以得出关于李雅普诺夫意义下稳定的判定定理。

3. **定理 3-3**（李雅普诺夫意义下稳定判定定理）　系统状态方程及平衡状态同上，如果存在一个具有连续一阶偏导数的标量函数 $V(\boldsymbol{x}, t)$，并且满足条件：

（1）$V(\boldsymbol{x}, t)$为正定

（2）$\dot{V}(\boldsymbol{x},t)$为负半定

则系统的平衡状态 $\boldsymbol{x}_e=0$ 是李雅普诺夫意义下稳定的。

**4. 定理3-4**（不稳定判定定理）　系统状态方程及平衡状态同上，如果存在一个具有连续一阶偏导数的标量函数 $V(\boldsymbol{x},t)$，并且满足条件：

（1）$V(\boldsymbol{x},t)$为正定

（2）$\dot{V}(\boldsymbol{x},t)$也为正定

则系统的平衡状态 $\boldsymbol{x}_e=0$ 是不稳定的。

不稳定判定定理的物理意义也是明显的。条件（2）表明"能量"函数 $V(\boldsymbol{x},t)$随着系统的运动不断增大，即运动沿着越来越远离平衡点的大"能量"方向进行，可见，该平衡点是不稳定的。

如果定理3-4中的条件（2）改为 $\dot{V}(\boldsymbol{x},t)\geqslant 0$ 即正半定时，也可推论出两种情况：一种情况是 $\dot{V}(\boldsymbol{x},t)\geqslant 0$ 但 $\boldsymbol{x}\neq 0$ 时不恒为零，此时该平衡点不稳定；另一种情况是 $\dot{V}(\boldsymbol{x},t)\geqslant 0$ 但 $\boldsymbol{x}\neq 0$ 时存在恒为零，此时该平衡点是李雅普诺夫意义下稳定的。

**（三）关于李雅普诺夫第二法的讨论**

上面给出了李雅普诺夫第二法在分析系统稳定性时的一些基本结论以及它们的物理解释，但在应用这些结论时有一些问题值得注意，下面来讨论这些问题。

（1）上述结论适用于任何性质的系统，但针对定常系统时，李雅普诺夫函数一般地不显含时间变量 $t$，即为 $V(\boldsymbol{x})$。

（2）上述结论中关于系统平衡点稳定性的条件只是充分条件，而不是充要条件。其局限性在于，如果对给定系统找不到满足定理条件的李雅普诺夫函数 $V(\boldsymbol{x},t)$，并不能对系统的相应稳定性作出否定性结论。

（3）对于一个给定的系统，如果李雅普诺夫函数 $V(\boldsymbol{x},t)$是可找到的，那么通常它是非唯一的，但这并不影响结论的一致性。

（4）上述结论中除了明确指出稳定性的大范围特性（全局性）外，都只表示了系统在平衡状态附近某个邻域内的稳定性能，即局部稳定性能。有时确定所讨论稳定性能对应的范围（如渐近稳定的吸引区）是有意义的。

（5）李雅普诺夫第二法的显著优点在于它的普适性，对于任何性质的系统，只要能找到满足上述定理条件的李雅普诺夫函数，就能判别出该系统的稳定性能。所以，寻找合适的李雅普诺夫函数就成了分析系统稳定性的全部工作，但是这正是应用李雅普诺夫第二法的困难所在。在很大程度上，李雅普诺夫函数的构造依靠经验和技巧，缺乏一般性的有效方法。后面几节将介绍分别针对线性系统和非线性系统如何比较有效地构造李雅普诺夫函数。

**例3-2**　分析如下系统平衡状态的稳定性。

$$\dot{\boldsymbol{x}}=\begin{bmatrix}0 & 1\\ -1 & -1\end{bmatrix}\boldsymbol{x}$$

**解**　因为系统线性定常，而且系统矩阵 $\boldsymbol{A}=\begin{bmatrix}0 & 1\\ -1 & -1\end{bmatrix}$为非奇异，所以 $\boldsymbol{x}_e=0$ 是系统唯一的平衡状态。下面选取不同的 $V(\boldsymbol{x})$ 以分析系统在 $\boldsymbol{x}_e=0$ 的稳定性能。

（1）选 $V(\boldsymbol{x})=2x_1^2+x_2^2$，它是正定的。而 $V(\boldsymbol{x})$ 对时间的导数为

$$\begin{aligned}\dot{V}(\boldsymbol{x})&=4x_1\dot{x}_1+2x_2\dot{x}_2=4x_1x_2+2x_2(-x_1-x_2)\\&=2x_1x_2-2x_2^2=2x_2(x_1-x_2)\end{aligned}$$

可见，$\dot{V}(\boldsymbol{x})$是不定的。根据李雅普诺夫第二法的相关定理，不能作出关于 $\boldsymbol{x}_e=0$ 的稳定性能的判断。

(2) 选 $V(\boldsymbol{x})=x_1^2+x_2^2$，它也是正定的。求得

$$\dot{V}(\boldsymbol{x})=2x_1\dot{x}_1+2x_2\dot{x}_2=2x_1x_2+2x_2(-x_1-x_2)=-2x_2^2$$

$\dot{V}(\boldsymbol{x})$是负半定的。根据定理 3-3，$\boldsymbol{x}_e=0$ 是李雅普诺夫意义下稳定的。再进一步，考查一下 $\dot{V}(\boldsymbol{x})$在 $\boldsymbol{x}\neq0$ 的某处是否恒为零，为此，设 $\dot{V}(\boldsymbol{x})=-2x_2^2\equiv0$，则有 $x_2(t)\equiv0$，即有 $x_2(t)=0$ 和 $\dot{x}_2(t)=0$，代入系统状态方程得 $x_1(t)=0$。可见，只有在 $\boldsymbol{x}_e=0$ 才有 $\dot{V}(\boldsymbol{x})\equiv0$，系统其余非零解的运动轨线上 $\dot{V}(\boldsymbol{x})$不可能恒为零。根据定理 3-2，平衡状态 $\boldsymbol{x}_e=0$ 是渐近稳定的。又 $\|\boldsymbol{x}\|\to\infty$ 时，$V(\boldsymbol{x})\to\infty$，故平衡状态 $\boldsymbol{x}_e=0$ 是大范围渐近稳定的。

(3) 选 $V(\boldsymbol{x})$为如下二次型函数

$$V(\boldsymbol{x})=[x_1\quad x_2]\begin{bmatrix}3&1\\1&2\end{bmatrix}\begin{bmatrix}x_1\\x_2\end{bmatrix}=3x_1^2+x_1x_2+x_1x_2+2x_2^2=(x_1+x_2)^2+2x_1^2+x_2^2$$

它是正定的。求得

$$\begin{aligned}\dot{V}(\boldsymbol{x})&=2(x_1+x_2)(\dot{x}_1+\dot{x}_2)+4x_1\dot{x}_1+2x_2\dot{x}_2\\&=2(x_1+x_2)(x_2-x_1-x_2)+4x_1x_2+2x_2(-x_1-x_2)=-2(x_1^2+x_2^2)\end{aligned}$$

它是负定的。根据定理 3-1，平衡状态 $\boldsymbol{x}_e=0$ 是渐近稳定的。进一步，当 $\|\boldsymbol{x}\|\to\infty$ 时，$V(\boldsymbol{x})\to\infty$，故平衡状态 $\boldsymbol{x}_e=0$ 又是大范围渐近稳定的。

该例一方面表明了对于一个系统，李雅普诺夫函数的非唯一性；另一方面也说明李雅普诺夫函数的构造的确没有一般规律可循，而且它的构造会直接影响系统稳定性的判别。如第一种构造方式，虽然是正定的 $V(\boldsymbol{x})$，但不能对系统在平衡点的稳定性作出判断，显然这种构造方式是失败的；第二种构造方式，虽然能对系统在平衡点的稳定性作出了判断，说明它是成功的，但判别过程较复杂；第三种构造方式是最有效的，能较方便地对系统在平衡点的稳定性作出正确判断。

**例 3-3**　已知非线性定常系统为

$$\begin{cases}\dot{x}_1=-x_2+ax_1^3\\\dot{x}_2=x_1+ax_2^3\end{cases}$$

并有 $a<0$，试用李雅普诺夫第二法分析其平衡状态的稳定性。

**解**　由 $\dot{\boldsymbol{x}}=0$ 可求得系统的平衡状态为 $x_1=0$ 和 $x_2=0$，即原点为系统平衡点。设 $V(\boldsymbol{x})=x_1^2+x_2^2$，它是正定的标量函数。并求得

$$\dot{V}(\boldsymbol{x})=2x_1\dot{x}_1+2x_2\dot{x}_2=2x_1(-x_2+ax_1^3)+2x_2(x_1+ax_2^3)=2a(x_1^4+x_2^4)$$

由于 $a<0$，$\dot{V}(\boldsymbol{x})$是负定的，且当 $\|\boldsymbol{x}\|\to\infty$ 时，$V(\boldsymbol{x})\to\infty$，故平衡状态 $\boldsymbol{x}_e=0$ 是大范围渐近稳定的。

# 第三节　线性系统的李雅普诺夫稳定性分析方法

当应用李雅普诺夫第二法分析线性系统稳定性时，经常选取二次型函数作为李雅普诺夫函数，并由此得出一些较之上述基本判据更有效的判别定理。下面分别讨论针对不同类型线性系统的有关结论。

## 一、定常连续系统

线性定常连续自治系统的状态方程式为

$$\dot{\boldsymbol{x}}(t)=\boldsymbol{A}\boldsymbol{x}(t) \tag{3-19}$$

系统矩阵 $\boldsymbol{A}$ 为非奇异常数阵，系统具有唯一的平衡状态 $\boldsymbol{x}_e=0$。取二次型标量函数

$$V(\boldsymbol{x})=\boldsymbol{x}^{\mathrm{T}}\boldsymbol{P}\boldsymbol{x} \tag{3-20}$$

式中，$\boldsymbol{P}$ 为正定的实对称矩阵，即 $V(\boldsymbol{x})$正定。由定理3-1 可知，如果同时有 $\dot{V}(\boldsymbol{x})$负定，则系统在平衡状态 $\boldsymbol{x}_e=0$ 是渐近稳定的。为此求得

$$\begin{aligned}\dot{V}(\boldsymbol{x})&=\dot{\boldsymbol{x}}^{\mathrm{T}}\boldsymbol{P}\boldsymbol{x}+\boldsymbol{x}^{\mathrm{T}}\boldsymbol{P}\dot{\boldsymbol{x}}=\boldsymbol{x}^{\mathrm{T}}\boldsymbol{A}^{\mathrm{T}}\boldsymbol{P}\boldsymbol{x}+\boldsymbol{x}^{\mathrm{T}}\boldsymbol{P}\boldsymbol{A}\boldsymbol{x}\\&=\boldsymbol{x}^{\mathrm{T}}(\boldsymbol{A}^{\mathrm{T}}\boldsymbol{P}+\boldsymbol{P}\boldsymbol{A})\boldsymbol{x}\end{aligned} \tag{3-21}$$

这也是一个二次型函数，其权矩阵表示为

$$\boldsymbol{A}^{\mathrm{T}}\boldsymbol{P}+\boldsymbol{P}\boldsymbol{A}=-\boldsymbol{Q} \tag{3-22}$$

$\boldsymbol{Q}$ 矩阵也是实对称矩阵。可见，如果二次型函数 $\dot{V}(\boldsymbol{x})$ 的权矩阵（$\boldsymbol{A}^{\mathrm{T}}\boldsymbol{P}+\boldsymbol{P}\boldsymbol{A}$）为负定（即 $\boldsymbol{Q}$ 矩阵为正定），平衡状态 $\boldsymbol{x}_e=0$ 是渐近稳定的，如又有 $\lim\limits_{\|\boldsymbol{x}\|\to\infty}V(\boldsymbol{x})=\infty$，则该平衡点是大范围渐近稳定的。于是，有如下定理。

**定理 3-5**（线性定常连续系统渐近稳定判定定理）：

线性定常连续系统（3-19）的平衡状态 $\boldsymbol{x}_e=0$ 为大范围渐近稳定的充要条件是，对任意给定的正定实对称矩阵 $\boldsymbol{Q}$，必存在正定的实对称矩阵 $\boldsymbol{P}$，满足矩阵方程（3-22）。而式（3-20）所示的 $V(\boldsymbol{x})$是系统的一个李雅普诺夫函数。

要注意的是定理3-5 给出的是判别线性定常连续系统在平衡点大范围渐近稳定的充要条件。上面的讨论过程已经说明了条件的充分性，而证明条件的必要性，就是在已知 $\boldsymbol{x}_e=0$ 渐近稳定及正定实对称矩阵 $\boldsymbol{Q}$ 的情况下，证明满足矩阵方程（3-22）的 $\boldsymbol{P}$ 必为正定的实对称矩阵。为此，考虑矩阵方程

$$\begin{cases}\dot{\boldsymbol{Z}}=\boldsymbol{A}^{\mathrm{T}}\boldsymbol{Z}+\boldsymbol{Z}\boldsymbol{A}\\ \boldsymbol{Z}(0)=\boldsymbol{Q}\end{cases} \tag{3-23}$$

式中，$\boldsymbol{A}$ 即为系统（3-19）的系统矩阵；$\boldsymbol{Q}$ 为上述已知的正定实对称矩阵。

容易知道该矩阵方程的唯一解为

$$\boldsymbol{Z}(t)=\mathrm{e}^{\boldsymbol{A}^{\mathrm{T}}t}\boldsymbol{Q}\mathrm{e}^{\boldsymbol{A}t} \tag{3-24}$$

它是 $n\times n$ 维矩阵。对矩阵方程（3-23）两边在 $0\sim\infty$ 区间积分，得

$$\boldsymbol{Z}(\infty)-\boldsymbol{Z}(0)=\boldsymbol{A}^{\mathrm{T}}\left(\int_0^{\infty}\boldsymbol{Z}(t)\mathrm{d}t\right)+\left(\int_0^{\infty}\boldsymbol{Z}(t)\mathrm{d}t\right)\boldsymbol{A} \tag{3-25}$$

由于已知系统(3-19)在$x_e=0$是渐近稳定的,即$\lim\limits_{t\to\infty}x(t)=\lim\limits_{t\to\infty}e^{At}x(0)=0$,必有$\lim\limits_{t\to\infty}e^{At}=0$,进而有$\lim\limits_{t\to\infty}Z(t)=0$,将它连同$Z(0)=Q$代入上式,则有

$$A^{T}\left(\int_0^{\infty}Z(t)\mathrm{d}t\right)+\left(\int_0^{\infty}Z(t)\mathrm{d}t\right)A=-Q \tag{3-26}$$

记矩阵$P$为

$$P=\int_0^{\infty}Z(t)\mathrm{d}t \tag{3-27}$$

对照式(3-26)和式(3-22),$Z(t)$的唯一性表明了$P=\int_0^{\infty}Z(t)\mathrm{d}t$是矩阵方程(3-22)的唯一解。而由

$$\begin{aligned}P^{T}&=\left(\int_0^{\infty}Z(t)\mathrm{d}t\right)^{T}=\left(\int_0^{\infty}e^{A^{T}t}Qe^{At}\mathrm{d}t\right)^{T}=\int_0^{\infty}\left(e^{A^{T}t}Qe^{At}\right)^{T}\mathrm{d}t=\int_0^{\infty}e^{A^{T}t}Q^{T}e^{At}\mathrm{d}t\\&=\int_0^{\infty}e^{A^{T}t}Qe^{At}\mathrm{d}t=\int_0^{\infty}Z(t)\mathrm{d}t=P\end{aligned} \tag{3-28}$$

表明了矩阵$P$的对称性。再对任意取的非零初始状态$x(0)=x_0$,考察二次型函数

$$x_0^{T}Px_0=x_0^{T}\left(\int_0^{\infty}e^{A^{T}t}Qe^{At}\mathrm{d}t\right)x_0=\int_0^{\infty}(e^{At}x_0)^{T}Q(e^{At}x_0)\mathrm{d}t=\int_0^{\infty}x^{T}(t)Qx(t)\mathrm{d}t \tag{3-29}$$

式中,$x(t)=e^{At}x_0$在$[0,\infty)$时间区间内是非零的状态向量,又因为$Q$为正定的实对称矩阵,故式(3-29)中的被积函数是正定的二次型函数,使被积函数在积分区间$[0,\infty)$内都取正值,保证了积分的结果为正值,从而表明了矩阵$P$的正定性。

可见,若系统在$x_e=0$渐近稳定,则任取一个正定的实对称矩阵$Q$,必存在一个正定的实对称矩阵$P$满足矩阵方程(3-22)。综上可知,定理所述的条件是充分必要的。

在应用线性定常连续系统渐近稳定判定定理分析系统稳定性时,也有值得注意的几点:

(1)在上面讨论中,系统在平衡点渐近稳定时必有$\lim\limits_{t\to\infty}e^{At}=0$,隐含了系统矩阵$A$的特征值都具有负实部的系统状态运动模态。所以,定理所表达的条件与系统矩阵$A$的特征值都具有负实部的条件是等价的。当矩阵方程(3-22)不能解得正定的实对称矩阵$P$时,系统在平衡点或是李雅普诺夫意义下稳定的(对应了具有零实部特征值的情况),或是不稳定的(对应了具有正实部特征值的情况)。

(2)定理中正定的实对称矩阵$Q$是任意取的,但为了简化矩阵方程(3-22)的求解,常取它为正定对角阵或单位矩阵。

(3)由于定理所列是充要条件,所以对于给定的正定实对称矩阵$Q$,如能解得正定的实对称矩阵$P$,则可得到系统的一个李雅普诺夫函数$V(x)=x^{T}Px$;反之,若取一个正定的实对称矩阵$P$,通过矩阵方程$A^{T}P+PA=-Q$求得矩阵$Q$,那么即使系统在平衡点是渐近稳定的,也不能保证矩阵$Q$的正定性。因为这样的分析过程又回到前面的充分条件了。

(4)与上面注意点类似,当取矩阵$Q$为正半定时,如果能够通过矩阵方程(3-22)解得正定的实对称矩阵$P$,则系统在平衡点是李雅普诺夫意义下稳定的。如果进一步,能确定$\dot{V}(x)=-x^{T}Qx$在$x\neq0$时$\dot{V}(x)\not\equiv0$,则系统在平衡点才是渐近稳定的。因为这时应用的是定理3-2(为充分条件)。

**例 3-4**　应用线性定常连续系统渐近稳定判定定理分析例 3-2 所示系统在平衡点的稳定性。

**解**　系统的系统矩阵为 $\boldsymbol{A}=\begin{bmatrix}0 & 1\\ -1 & -1\end{bmatrix}$，选取 $\boldsymbol{Q}$ 为单位矩阵 $\boldsymbol{I}$，得矩阵方程（3-22）为

$$\begin{bmatrix}0 & -1\\ 1 & -1\end{bmatrix}\begin{bmatrix}p_{11} & p_{12}\\ p_{12} & p_{22}\end{bmatrix}+\begin{bmatrix}p_{11} & p_{12}\\ p_{12} & p_{22}\end{bmatrix}\begin{bmatrix}0 & 1\\ -1 & -1\end{bmatrix}=\begin{bmatrix}-1 & 0\\ 0 & -1\end{bmatrix}$$

式中已经应用矩阵 $\boldsymbol{P}$ 是对称阵的性质。展开矩阵方程得到联立方程

$$\begin{cases}-2p_{12}=-1\\ p_{11}-p_{12}-p_{22}=0\\ 2p_{12}-2p_{22}=-1\end{cases}$$

解得

$$\boldsymbol{P}=\begin{bmatrix}p_{11} & p_{12}\\ p_{12} & p_{22}\end{bmatrix}=\begin{bmatrix}\frac{3}{2} & \frac{1}{2}\\ \frac{1}{2} & 1\end{bmatrix}$$

矩阵 $\boldsymbol{P}$ 的 1 ~2 阶顺序主子式为

$$\Delta_1=p_{11}=\frac{3}{2}>0,\Delta_2=\begin{vmatrix}p_{11} & p_{12}\\ p_{21} & p_{22}\end{vmatrix}=\begin{vmatrix}\frac{3}{2} & \frac{1}{2}\\ \frac{1}{2} & 1\end{vmatrix}=\frac{5}{4}>0$$

由塞尔维斯特准则，可确定矩阵 $\boldsymbol{P}$ 是正定的。根据线性定常连续系统渐近稳定判定定理，该系统的平衡状态 $\boldsymbol{x}_e=0$ 是渐近稳定的。而二次型函数

$$V(\boldsymbol{x})=\boldsymbol{x}^{\mathrm{T}}\boldsymbol{P}\boldsymbol{x}=[x_1\quad x_2]\begin{bmatrix}\frac{3}{2} & \frac{1}{2}\\ \frac{1}{2} & 1\end{bmatrix}\begin{bmatrix}x_1\\ x_2\end{bmatrix}=\frac{1}{2}(3x_1^2+2x_1x_2+2x_2^2)=x_1^2+\frac{1}{2}x_2^2+\frac{1}{2}(x_1+x_2)^2$$

是系统的一个李雅普诺夫函数，当 $\|\boldsymbol{x}\|\to\infty$ 时，有 $V(\boldsymbol{x})\to\infty$，所以平衡状态 $\boldsymbol{x}_e=0$ 是大范围渐近稳定的。结论与例 3-2 一致。

**例 3-5**　应用李雅普诺夫第二法分析如下系统平衡状态的稳定性。

$$\dot{\boldsymbol{x}}=\begin{bmatrix}0 & 1\\ 2 & -1\end{bmatrix}\boldsymbol{x}$$

**解**　易求得系统的平衡状态为 $\boldsymbol{x}_e=0$。选取 $\boldsymbol{Q}$ 为单位矩阵 $\boldsymbol{I}$，求解矩阵方程 $\boldsymbol{A}^{\mathrm{T}}\boldsymbol{P}+\boldsymbol{P}\boldsymbol{A}=-\boldsymbol{Q}$，即

$$\begin{bmatrix}0 & 2\\ 1 & -1\end{bmatrix}\begin{bmatrix}p_{11} & p_{12}\\ p_{12} & p_{22}\end{bmatrix}+\begin{bmatrix}p_{11} & p_{12}\\ p_{12} & p_{22}\end{bmatrix}\begin{bmatrix}0 & 1\\ 2 & -1\end{bmatrix}=\begin{bmatrix}-1 & 0\\ 0 & -1\end{bmatrix}$$

展开得到联立方程

$$\begin{cases}4P_{12}=-1\\ 2P_{22}+P_{11}-P_{12}=0\\ 2P_{12}-2P_{22}=-1\end{cases}$$

解得

$$P=\begin{bmatrix}-\frac{3}{4} & -\frac{1}{4}\\ -\frac{1}{4} & \frac{1}{4}\end{bmatrix}$$

矩阵 $P$ 的 1 ~2 阶顺序主子式为

$$\Delta_1=p_{11}=-\frac{3}{4}<0,\ \Delta_2=\begin{vmatrix}p_{11} & p_{12}\\ p_{21} & p_{22}\end{vmatrix}=\begin{vmatrix}-\frac{3}{4} & -\frac{1}{4}\\ -\frac{1}{4} & \frac{1}{4}\end{vmatrix}=-\frac{1}{4}<0$$

不满足塞尔维斯特准则关于矩阵定号性的要求，所以矩阵 $P$ 是不定的，进而根据线性定常连续系统渐近稳定判定定理，平衡状态 $x_e=0$ 为非渐近稳定。至于属于李雅普诺夫意义下的稳定还是不稳定，这个定理不能给出结论，要通过其他判据进行判别。

## 二、时变连续系统

线性时变连续自治系统的状态方程式为

$$\dot{x}(t)=A(t)x(t) \tag{3-30}$$

系统矩阵 $A(t)$ 满足解存在唯一性条件，其元素均为分段连续的一致有界实函数，$x_e=0$ 为系统唯一的平衡状态。取二次型标量函数

$$V(x,t)=x^{T}P(t)x \tag{3-31}$$

其中 $P(t)$ 为一致正定及一致有界的实对称矩阵，显然 $V(x,t)$ 为正定函数。由定理 3-1 可知，如果同时有 $\dot{V}(x,t)$ 负定，则系统在平衡状态 $x_e=0$ 是渐近稳定的。为此求得

$$\begin{aligned}\dot{V}(x,t)&=\dot{x}^{T}(t)P(t)x(t)+x^{T}(t)\dot{P}(t)x(t)+x^{T}(t)P(t)\dot{x}(t)\\&=x^{T}(t)A^{T}(t)P(t)x(t)+x^{T}(t)\dot{P}(t)x(t)+x^{T}(t)P(t)A(t)x(t)\\&=x^{T}(t)[A^{T}(t)P(t)+\dot{P}(t)+P(t)A(t)]x(t)\end{aligned} \tag{3-32}$$

这也是一个二次型函数，其权矩阵记为

$$A^{T}(t)P(t)+\dot{P}(t)+P(t)A(t)=-Q(t) \tag{3-33}$$

可见，如果二次型函数 $\dot{V}(x,t)$ 的权矩阵 $A^{T}(t)P(t)+\dot{P}(t)+P(t)A(t)$ 为负定（即 $Q(t)$ 矩阵为正定），平衡状态 $x_e=0$ 是渐近稳定的。进一步，当 $\|x\|\to\infty$ 时，有 $V(x,t)=x^{T}P(t)x\to\infty$，则平衡状态 $x_e=0$ 是大范围渐近稳定的。此外，通过类似地论证必要性，可以得出类似定理 3-5 的关于线性时变连续系统渐近稳定判定定理。

**定理 3-6**（线性时变连续系统渐近稳定判定定理）：

线性时变连续系统（3-30）的平衡状态 $x_e=0$ 为一致大范围渐近稳定的充要条件是，对任意给定的一致正定及一致有界的实对称时变矩阵 $Q(t)$，必存在一个一致正定及一致有界的实对称矩阵 $P(t)$，满足矩阵方程

$$\dot{P}(t)=-A^{T}(t)P(t)-P(t)A(t)-Q(t) \tag{3-34}$$

而式（3-31）所示的 $V(x,t)$ 是系统的一个李雅普诺夫函数。

解矩阵微分方程（3-34），可得到解

$$P(t) = \Phi^{T}(t_0,t)P(t_0)\Phi(t_0,t) - \int_{t_0}^{t}\Phi^{T}(\tau,t)Q(\tau)\Phi(\tau,t)\mathrm{d}\tau \tag{3-35}$$

式中，$\Phi(t,t_0)$是线性时变连续系统（3-30）的状态转移矩阵；$P(t_0)$是矩阵方程（3-34）的初始条件。

选取一个一致正定及一致有界的实对称时变矩阵$Q(t)$（如简单地选$Q(t)=I$），通过系统的状态转移矩阵$\Phi(t,t_0)$及初始条件$P(t_0)$，根据式（3-35）可解得$P(t)$，然后通过看它是否为一致正定、一致有界、实对称来判别系统在平衡点的渐近稳定性。

## 三、定常离散系统

线性定常离散自治系统的状态方程式为

$$x(k+1)=Gx(k) \tag{3-36}$$

系统矩阵$G$为非奇异常数阵，$x_e=0$为系统唯一的平衡状态。取二次型标量函数

$$V[x(k)]=x^{T}(k)Px(k) \tag{3-37}$$

其中，$P$为正定的实对称矩阵，即$V[x(k)]$为正定函数。对于离散系统，与$\dot{V}(x)$对应的是$V[x(k)]$函数的增量函数$\Delta V[x(k)]=V[x(k+1)]-V[x(k)]$，即如果同时有$\Delta V[x(k)]$负定，则系统在平衡状态$x_e=0$是渐近稳定的。为此求得

$$\begin{aligned}\Delta V[x(k)]&=V[x(k+1)]-V[x(k)]=x^{T}(k+1)Px(k+1)-x^{T}(k)Px(k)\\&=x^{T}(k)G^{T}PGx(k)-x^{T}(k)Px(k)=x^{T}(k)(G^{T}PG-P)x(k)\end{aligned} \tag{3-38}$$

这同样是一个二次型函数，其权矩阵表示为

$$G^{T}PG-P=-Q \tag{3-39}$$

$Q$矩阵也是实对称矩阵。可见，如果二次型函数$\Delta V[x(k)]$的权矩阵$(G^{T}PG-P)$为负定（即$Q$矩阵为正定），平衡状态$x_e=0$是渐近稳定的，如果又有$\lim\limits_{\|x\|\to\infty}V[x(k)]=\infty$，则该平衡点是大范围渐近稳定的。此外，通过类似地论证必要性，同样可以类似地得出关于线性定常离散系统渐近稳定判定定理。

**定理3-7**（线性定常离散系统渐近稳定判定定理）：

线性定常离散系统（3-36）的平衡状态$x_e=0$为大范围渐近稳定的充要条件是，对任意给定的正定实对称矩阵$Q$，必存在正定的实对称矩阵$P$，满足矩阵方程（3-39）。而式(3-37)所示的$V[x(k)]$是系统的一个李雅普诺夫函数。

应用线性定常离散系统渐近稳定判定定理的注意事项与应用线性定常连续系统的渐近稳定判定定理相似。

**例3-6** 判别线性离散系统

$$x(k+1)=\begin{bmatrix}0 & 1\\ \frac{1}{2} & 0\end{bmatrix}x(k)$$

在平衡点的渐近稳定性。

**解** 由于系统矩阵$G=\begin{bmatrix}0 & 1\\ 0.5 & 0\end{bmatrix}$非奇异，故$x_e=0$是系统唯一的平衡状态。

取$Q$为单位矩阵$Q=I$，解矩阵方程（3-39），即

$$\begin{bmatrix}0 & \frac{1}{2}\\1 & 0\end{bmatrix}\begin{bmatrix}P_{11} & P_{12}\\P_{21} & P_{22}\end{bmatrix}\begin{bmatrix}0 & 1\\\frac{1}{2} & 0\end{bmatrix}-\begin{bmatrix}P_{11} & P_{12}\\P_{21} & P_{22}\end{bmatrix}=-\begin{bmatrix}1 & 0\\0 & 1\end{bmatrix}$$

展开得联立方程

$$\begin{cases}-P_{11}+\frac{1}{4}P_{22}=-1\\-P_{12}+\frac{1}{2}P_{21}=0\\\frac{1}{2}P_{12}-P_{21}=0\\P_{11}-P_{22}=-1\end{cases}$$

解得

$$\boldsymbol{P}=\begin{bmatrix}\frac{5}{3} & 0\\0 & \frac{8}{3}\end{bmatrix}$$

矩阵 $\boldsymbol{P}$ 的 1 ~2 阶顺序主子式为

$$\Delta_1=p_{11}=\frac{5}{3}>0，\ \Delta_2=\begin{vmatrix}p_{11} & p_{12}\\p_{21} & p_{22}\end{vmatrix}=\begin{vmatrix}\frac{5}{3} & 0\\0 & \frac{8}{3}\end{vmatrix}=\frac{40}{9}>0$$

由塞尔维斯特准则，可确定矩阵 $\boldsymbol{P}$ 是正定的。根据线性定常离散系统渐近稳定判定定理，该系统的平衡状态 $\boldsymbol{x}_e=0$ 是渐近稳定的。而二次型函数

$$V[\boldsymbol{x}(k)]=\boldsymbol{x}^{\mathrm{T}}(k)\boldsymbol{P}\boldsymbol{x}(k)=[x_1(k)\quad x_2(k)]\begin{bmatrix}\frac{5}{3} & 0\\0 & \frac{8}{3}\end{bmatrix}\begin{bmatrix}x_1(k)\\x_2(k)\end{bmatrix}=\frac{5}{3}x_1^2(k)+\frac{8}{3}x_2^2(k)$$

是系统的一个李雅普诺夫函数。当 $\|\boldsymbol{x}\|\to\infty$ 时，有 $V[\boldsymbol{x}(k)]\to\infty$，所以平衡状态 $\boldsymbol{x}_e=0$ 是大范围渐近稳定的。

**例 3-7** 线性定常离散系统的状态方程为

$$\boldsymbol{x}(k+1)=\begin{bmatrix}\lambda_1 & 0\\0 & \lambda_2\end{bmatrix}\boldsymbol{x}(k)\quad(\lambda_1\text{和}\lambda_2\text{为非零常数})$$

试讨论系统在平衡点的渐近稳定性。

**解** 取 $\boldsymbol{Q}=\boldsymbol{I}$，代入矩阵方程（3-39），即

$$\begin{bmatrix}\lambda_1 & 0\\0 & \lambda_2\end{bmatrix}\begin{bmatrix}P_{11} & P_{12}\\P_{21} & P_{22}\end{bmatrix}\begin{bmatrix}\lambda_1 & 0\\0 & \lambda_2\end{bmatrix}-\begin{bmatrix}P_{11} & P_{12}\\P_{21} & P_{22}\end{bmatrix}=-\begin{bmatrix}1 & 0\\0 & 1\end{bmatrix}$$

展开得联立方程

$$\begin{cases}(\lambda_1^2-1)P_{11}=-1\\(\lambda_1\lambda_2-1)P_{12}=0\\(\lambda_1\lambda_2-1)P_{21}=0\\(\lambda_2^2-1)P_{22}=-1\end{cases}$$

解得

$$\boldsymbol{P}=\begin{bmatrix}\dfrac{1}{1-\lambda_1^2} & 0\\ 0 & \dfrac{1}{1-\lambda_2^2}\end{bmatrix}$$

由塞尔维斯特准则，为使 $\boldsymbol{P}$ 是正定矩阵，则要求

$$|\lambda_1|<1 \text{ 和 } |\lambda_2|<1$$

而这时二次型函数

$$V[\boldsymbol{x}(k)]=\boldsymbol{x}^{\mathrm{T}}(k)\boldsymbol{P}\boldsymbol{x}(k)=[x_1(k)\quad x_2(k)]\begin{bmatrix}\dfrac{1}{1-\lambda_1^2} & 0\\ 0 & \dfrac{1}{1-\lambda_2^2}\end{bmatrix}\begin{bmatrix}x_1(k)\\x_2(k)\end{bmatrix}=\frac{1}{1-\lambda_1^2}x_1^2(k)+\frac{1}{1-\lambda_2^2}x_2^2(k)>0$$

是系统的一个李雅普诺夫函数，且当 $\|\boldsymbol{x}\|\to\infty$ 时，有 $V[\boldsymbol{x}(k)]\to\infty$。又由系统的状态方程可知，$\lambda_1$ 和 $\lambda_2$ 是系统的两个特征值。所以，当且仅当系统的特征值均位于单位圆内时，系统的平衡状态 $\boldsymbol{x}_e=0$ 才是大范围渐近稳定的。这个结论与经典控制理论中关于采样控制系统的稳定性判据是一致的。

## 四、时变离散系统

设线性时变离散系统的状态方程式为

$$\boldsymbol{x}(k+1)=\boldsymbol{G}(k+1,k)\boldsymbol{x}(k) \tag{3-40}$$

系统矩阵 $\boldsymbol{G}(k+1,k)$ 满足解存在唯一性条件，则 $\boldsymbol{x}_e=0$ 为系统唯一的平衡状态。取二次型标量函数

$$V[\boldsymbol{x}(k),k]=\boldsymbol{x}^{\mathrm{T}}(k)\boldsymbol{P}(k)\boldsymbol{x}(k) \tag{3-41}$$

式中，$\boldsymbol{P}(k)$ 为一致正定的实对称时变矩阵。

如果同时有增量函数 $\Delta V[\boldsymbol{x}(k),k]=V[\boldsymbol{x}(k+1),k+1]-V[\boldsymbol{x}(k),k]$ 负定，则系统(3-40)在平衡状态 $\boldsymbol{x}_e=0$ 是渐近稳定的。为此求得

$$\begin{aligned}\Delta V[\boldsymbol{x}(k),k]&=V[\boldsymbol{x}(k+1),k+1]-V[\boldsymbol{x}(k),k]\\&=\boldsymbol{x}^{\mathrm{T}}(k+1)\boldsymbol{P}(k+1)\boldsymbol{x}(k+1)-\boldsymbol{x}^{\mathrm{T}}(k)\boldsymbol{P}(k)\boldsymbol{x}(k)\\&=\boldsymbol{x}^{\mathrm{T}}(k)\boldsymbol{G}^{\mathrm{T}}(k+1,k)\boldsymbol{P}(k+1)\boldsymbol{G}(k+1,k)\boldsymbol{x}(k)-\boldsymbol{x}^{\mathrm{T}}(k)\boldsymbol{P}(k)\boldsymbol{x}(k)\\&=\boldsymbol{x}^{\mathrm{T}}(k)[\boldsymbol{G}^{\mathrm{T}}(k+1,k)\boldsymbol{P}(k+1)\boldsymbol{G}(k+1,k)-\boldsymbol{P}(k)]\boldsymbol{x}(k)\end{aligned} \tag{3-42}$$

这也是一个二次型函数，其权矩阵表示为

$$\boldsymbol{G}^{\mathrm{T}}(k+1,k)\boldsymbol{P}(k+1)\boldsymbol{G}(k+1,k)-\boldsymbol{P}(k)=-\boldsymbol{Q}(k) \tag{3-43}$$

$\boldsymbol{Q}(k)$ 矩阵也是实对称矩阵。可见，如果二次型函数 $\Delta V[\boldsymbol{x}(k),k]$ 的权矩阵 $[\boldsymbol{G}^{\mathrm{T}}(k+1,k)\boldsymbol{P}(k+1)\boldsymbol{G}(k+1,k)-\boldsymbol{P}(k)]$ 为负定（即 $\boldsymbol{Q}(k)$ 矩阵为正定），系统的平衡状态 $\boldsymbol{x}_e=0$ 是渐近稳定的。

进一步，如果当 $\|x\|\to\infty$ 时，有 $V[x(k),k]=x^{T}(k)P(k)x(k)\to\infty$，则平衡状态 $x_e=0$ 是大范围渐近稳定的。同样通过类似地论证必要性，可以得出线性时变离散系统渐近稳定判定定理。

**定理 3-8**（线性时变离散系统渐近稳定判定定理）：

线性时变离散系统（3-40）的平衡状态 $x_e=0$ 为大范围渐近稳定的充要条件是，对于任意给定的正定实对称矩阵 $Q(k)$，必存在正定的实对称矩阵 $P(k+1)$，满足矩阵方程（3-43）。式（3-41）所示的 $V[x(k),k]$ 是系统的一个李雅普诺夫函数。

解矩阵差分方程（3-43），可得到

$$P(k+1)=G^{T}(0,k+1)P(0)G(0,k+1)-\sum_{i=0}^{k}G^{T}(i,k+1)Q(i)G(i,k+1) \tag{3-44}$$

式中，$P(0)$ 是矩阵方程（3-43）的初始条件。

因此，选取一个正定的实对称时变矩阵 $Q(k)$（如简单地选 $Q(k)=I$），根据式（3-44）可得 $P(k+1)$，然后看它是否为正定的实对称矩阵来判别系统在平衡点的渐近稳定性。

## 第四节　非线性系统的李雅普诺夫稳定性分析方法

非线性系统的多样性、复杂性使得其稳定性的分析要比线性系统复杂得多。首先，非线性系统的平衡状态可能不止一个，而且可能其中有的平衡状态是稳定的，有的是不稳定的；其次，非线性系统的渐近稳定的平衡状态往往会是局部渐近稳定的，因此，要讨论它的吸引区的问题；第三，对于非线性系统来说，构造满足李雅普诺夫第二法稳定性判据的李雅普诺夫函数更加困难，而且由于判据只提供充分条件，往往会因找不到合适的李雅普诺夫函数而无法对系统稳定性作出判断。这就促使有关学者们去研究各种构造李雅普诺夫函数及判定系统稳定性的实用方法。但是至今还没有提出一种适用于一切系统的通用方法，所提出的一些关于非线性系统稳定性的分析方法大都分别适合于一类特定的系统。

本节介绍两种相对简单实用的非线性系统稳定性分析方法，它们都是建立在李雅普诺夫第二法基础之上，因此也只是提供了充分条件。另外，两种方法的出发点都在于设法构造能给出非线性系统稳定性判别的合适的李雅普诺夫函数。

### 一、克拉索夫斯基法

为了判定非线性系统的稳定性，克拉索夫斯基(A. A. Krasovskii)给出了一种可能的李雅普诺夫函数形式。考虑 $n$ 维定常非线性自治系统

$$\dot{x}=f(x) \tag{3-45}$$

式中，$f(x)$ 是与 $x$ 同维的非线性向量函数，并假定对 $x$ 的每个元素都是可微的。

如果有 $f(0)=0$，那么 $x_e=0$ 是系统的一个平衡状态。克拉索夫斯基方法采用 $\dot{x}$ 替代 $x$ 来构造具有二次型形式的李雅普诺夫函数，并取单位矩阵为其权矩阵，即

$$V(x)=\dot{x}^{T}I\dot{x}=\dot{x}^{T}\dot{x}=f^{T}(x)\cdot f(x) \tag{3-46}$$

计算 $V(x)$ 的导数，得到

$$\dot{V}(x)=\dot{f}^{T}(x)f(x)+f^{T}(x)\dot{f}(x) \tag{3-47}$$

而

$$\dot{f}(x)=\frac{\partial f(x)}{\partial x^{\mathrm{T}}}\frac{\mathrm{d}x}{\mathrm{d}t}=J(x)f(x) \tag{3-48}$$

式中，$J(x)$称为系统的雅可比（Jacobian）矩阵，为

$$J(x)=\frac{\partial f(x)}{\partial x^{\mathrm{T}}}=\begin{bmatrix}\frac{\partial f_1}{\partial x_1} & \frac{\partial f_1}{\partial x_2} & \cdots & \frac{\partial f_1}{\partial x_n}\\ \frac{\partial f_2}{\partial x_1} & \frac{\partial f_2}{\partial x_2} & \cdots & \frac{\partial f_2}{\partial x_n}\\ \vdots & \vdots & & \vdots\\ \frac{\partial f_n}{\partial x_1} & \frac{\partial f_n}{\partial x_2} & \cdots & \frac{\partial f_n}{\partial x_n}\end{bmatrix} \tag{3-49}$$

将式（3-48）代入式（3-47）可得

$$\dot{V}(x)=f^{\mathrm{T}}(x)J^{\mathrm{T}}(x)f(x)+f^{\mathrm{T}}(x)J(x)f(x)=f^{\mathrm{T}}(x)[J^{\mathrm{T}}(x)+J(x)]f(x) \tag{3-50}$$

要使系统在平衡状态渐近稳定，必须二次型函数$\dot{V}(x)$的权矩阵负定，记其为

$$S(x)=J^{\mathrm{T}}(x)+J(x) \tag{3-51}$$

可以得到如下克拉索夫斯基定理。

**定理 3-9**（克拉索夫斯基定理）：

非线性系统（3-45）在所讨论的范围内有唯一的平衡状态$x_e=0$，如果在该范围内由式（3-51）所示雅可比矩阵构成的矩阵$S(x)$负定，那么$x_e=0$是渐近稳定的平衡状态。进一步，如果在全状态空间都有$S(x)$负定，且$\|x\|\to\infty$时，有$V(x)=f^{\mathrm{T}}(x)f(x)\to\infty$，那么$x_e=0$是大范围渐近稳定的。

应用该定理时必须注意：

（1）克拉索夫斯基定理提供的只是系统在平衡点渐近稳定的充分条件，因为上面的讨论过程是按定理 3-2 的思路进行的。

（2）$S(x)=J^{\mathrm{T}}(x)+J(x)$为负定的必要条件是雅可比矩阵$J(x)$对角线上的元素都为负值。这是因为，如果$J^{\mathrm{T}}(x)+J(x)$负定，取单位矩阵$I$的各列向量$e_i(i=1,2,\cdots,n)$构成二次型函数为$e_i^{\mathrm{T}}[J^{\mathrm{T}}(x)+J(x)]e_i=2j_{ii}<0\ (i=1,2,\cdots,n)$，所以必有$j_{ii}<0\ (i=1,2,\cdots,n)$。这就要求非线性向量函数$f(x)$的每个分量$f_i(x)\ (i=1,2,\cdots,n)$必须包含对应的$x$的元素$x_i$ $(i=1,2,\cdots,n)$，且偏导数$\partial f_i(x)/\partial x_i$对任意$x\neq 0$为负。这一点可以作为能否应用克拉索夫斯基方法判定非线性系统稳定性的前提条件，即在尝试应用克拉索夫斯基方法时，首先检验$f(x)$的每个分量$f_i(x\ (i=1,2,\cdots,n)$是否满足上述要求。

（3）如果雅可比矩阵$J(x)$本身具有对称性时，定理条件可以由$S(x)$负定简化为$J(x)$负定。

（4）克拉索夫斯基方法也可应用于线性定常系统$\dot{x}=Ax$，此时雅可比矩阵$J$即为系统矩阵$A$，即判别矩阵$S=A^{\mathrm{T}}+A$负定是线性定常系统大范围渐近稳定的充分条件。

**例 3-8**　用克拉索夫斯基方法分析下列系统在平衡状态$x_e=0$的稳定性。

$$\dot{x}=\begin{bmatrix}-x_1\\ x_1-x_2-x_2^3\end{bmatrix}$$

**解**　首先检验$f(x)$的各个分量$f_i(x)\ (i=1,2)$是否适合应用克拉索夫斯基方法。对于

$f_1(\boldsymbol{x})=-x_1$，它包含了对应的元素 $x_1$，且$\partial f_1(\boldsymbol{x})/\partial x_1=-1<0$；对于$f_2(\boldsymbol{x})=x_1-x_2-x_2^3$，它也包含了对应元素 $x_2$，且$\partial f_2(\boldsymbol{x})/\partial x_2=-1-3x_2^2<0$。可见，可以尝试应用克拉索夫斯基方法来分析系统的稳定性。

根据式（3-49）求出系统的雅可比矩阵

$$\boldsymbol{J}(\boldsymbol{x})=\frac{\partial \boldsymbol{f}(\boldsymbol{x})}{\partial \boldsymbol{x}^{\mathrm{T}}}=\begin{bmatrix}-1 & 0\\ 1 & -1-3x_2^2\end{bmatrix}$$

并求得

$$\boldsymbol{S}(\boldsymbol{x})=\boldsymbol{J}^{\mathrm{T}}(\boldsymbol{x})+\boldsymbol{J}(\boldsymbol{x})=\begin{bmatrix}-1 & 1\\ 0 & -1-3x_2^2\end{bmatrix}+\begin{bmatrix}-1 & 0\\ 1 & -1-3x_2^2\end{bmatrix}=\begin{bmatrix}-2 & 1\\ 1 & -2-6x_2^2\end{bmatrix}$$

它的 1 ~ 2 阶顺序主子式分别为

$$\Delta_1=-2<0$$

$$\Delta_2=\begin{vmatrix}-2 & 1\\ 1 & -2-6x_2^2\end{vmatrix}=4+12x_2^2-1=3+12x_2^2>0$$

表明判别矩阵 $\boldsymbol{S}(\boldsymbol{x})$是负定的，又当 $\|\boldsymbol{x}\|\to\infty$ 时，有

$$V(\boldsymbol{x})=\boldsymbol{f}^{\mathrm{T}}(\boldsymbol{x})\boldsymbol{f}(\boldsymbol{x})=[-x_1\quad x_1-x_2-x_2^3]\begin{bmatrix}-x_1\\ x_1-x_2-x_2^3\end{bmatrix}=x_1^2+(x_1-x_2-x_2^3)^2\to\infty$$

所以，系统的平衡状态 $\boldsymbol{x}_e=0$ 是大范围渐近稳定的。

**例 3-9**　用克拉索夫斯基方法分析下列系统在平衡状态 $\boldsymbol{x}_e=0$ 的稳定性。

$$\dot{\boldsymbol{x}}=\begin{bmatrix}x_2-ax_1(x_1^2+x_2^2)\\ -x_1-ax_2(x_1^2+x_2^2)\end{bmatrix}\quad(a>0)$$

**解**　检验$\boldsymbol{f}(\boldsymbol{x})$ 的各个分量$f_i(\boldsymbol{x})$ $(i=1,2)$是否适合应用克拉索夫斯基方法。对于$f_1(\boldsymbol{x})=x_2-ax_1(x_1^2+x_2^2)$，它包含了对应的元素 $x_1$，且对任意 $\boldsymbol{x}\neq0$ 有$\partial f_1(\boldsymbol{x})/\partial x_1=-a(3x_1^2+x_2^2)<0$；对于$f_2(\boldsymbol{x})=-x_1-ax_2(x_1^2+x_2^2)$，它也包含了对应元素 $x_2$，且对任意 $\boldsymbol{x}\neq0$ 有$\partial f_2(\boldsymbol{x})/\partial x_2=-a(x_1^2+3x_2^2)<0$。可见，可以尝试应用克拉索夫斯基方法来分析系统的稳定性。

根据式（3-49）求出系统的雅可比矩阵

$$\boldsymbol{J}(\boldsymbol{x})=\frac{\partial \boldsymbol{f}(\boldsymbol{x})}{\partial \boldsymbol{x}^{\mathrm{T}}}=\begin{bmatrix}-a(3x_1^2+x_2^2) & 1-2ax_1x_2\\ -1-2ax_1x_2 & -a(x_1^2+3x_2^2)\end{bmatrix}$$

并求得

$$\boldsymbol{S}(\boldsymbol{x})=\boldsymbol{J}^{\mathrm{T}}(\boldsymbol{x})+\boldsymbol{J}(\boldsymbol{x})=\begin{bmatrix}-a(3x_1^2+x_2^2) & -1-2ax_1x_2\\ 1-2ax_1x_2 & -a(x_1^2+3x_2^2)\end{bmatrix}+\begin{bmatrix}-a(3x_1^2+x_2^2) & 1-2ax_1x_2\\ -1-2ax_1x_2 & -a(x_1^2+3x_2^2)\end{bmatrix}$$

$$=-2\begin{bmatrix}a(3x_1^2+x_2^2) & 2ax_1x_2\\ 2ax_1x_2 & a(x_1^2+3x_2^2)\end{bmatrix}$$

它的 1 ~ 2 阶顺序主子式分别为

$$\Delta_1=-2a(3x_1^2+x_2^2)<0$$

$$\Delta_2=\begin{vmatrix}-2a(3x_1^2+x_2^2) & -4ax_1x_2\\ -4ax_1x_2 & -2a(x_1^2+3x_2^2)\end{vmatrix}=12a^2(x_1^2+x_2^2)^2>0$$

表明判别矩阵 $\boldsymbol{S}(\boldsymbol{x})$ 是负定的，又当 $\|\boldsymbol{x}\|\to\infty$ 时，有

$$V(\boldsymbol{x})=\boldsymbol{f}^{\mathrm{T}}(\boldsymbol{x})\cdot\boldsymbol{f}(\boldsymbol{x})=\left[x_2-ax_1(x_1^2+x_2^2)\quad -x_1-ax_2(x_1^2+x_2^2)\right]\begin{bmatrix}x_2-ax_1(x_1^2+x_2^2)\\ -x_1-ax_2(x_1^2+x_2^2)\end{bmatrix}$$

$$=\left[x_2-ax_1(x_1^2+x_2^2)\right]^2+\left[-x_1-ax_2(x_1^2+x_2^2)\right]^2=x_1^2+x_2^2+a^2(x_1^2+x_2^2)^3\to\infty$$

所以，系统的平衡状态 $\boldsymbol{x}_{\mathrm{e}}=0$ 是大范围渐近稳定的。

## 二、变量梯度法

变量梯度法是由舒尔茨(D. G. Schultz)和吉布森(J. E. Gibson)于 1962 年提出的一种比较实用的构造李雅普诺夫函数的方法。该方法建立在这样一个事实的基础上：对于一个给定的系统，如果存在某一能够证明其渐近稳定性的特定的李雅普诺夫函数，则这个李雅普诺夫函数的单值梯度也必存在。于是，首先根据 $\dot V(\boldsymbol{x})<0$ 的要求找出李雅普诺夫函数的导数函数，再由此通过积分计算出 $V(\boldsymbol{x})$，如果得到的 $V(\boldsymbol{x})$ 正定，就成功地获得了所需要的李雅普诺夫函数。

考虑 $n$ 维非线性系统

$$\dot{\boldsymbol{x}}=\boldsymbol{f}(\boldsymbol{x},t)\tag{3-52}$$

并设 $\boldsymbol{x}_{\mathrm{e}}=0$ 是系统的一个平衡状态，即有 $\boldsymbol{f}(0,t)=0$。假设 $V(\boldsymbol{x})$ 是系统的一个李雅普诺夫函数，它不是时间 $t$ 的显函数，则有

$$\dot V(\boldsymbol{x})=\frac{\partial V}{\partial x_1}\frac{\mathrm{d}x_1}{\mathrm{d}t}+\frac{\partial V}{\partial x_2}\frac{\mathrm{d}x_2}{\mathrm{d}t}+\cdots+\frac{\partial V}{\partial x_n}\frac{\mathrm{d}x_n}{\mathrm{d}t}=\left[\frac{\partial V}{\partial x_1}\quad\frac{\partial V}{\partial x_2}\quad\cdots\quad\frac{\partial V}{\partial x_n}\right]\begin{bmatrix}\dot x_1\\ \dot x_2\\ \vdots\\ \dot x_n\end{bmatrix}=(\nabla V)^{\mathrm{T}}\dot{\boldsymbol{x}}\tag{3-53}$$

其中 $\nabla V=[\nabla V_1\quad\nabla V_2\quad\cdots\quad\nabla V_n]^{\mathrm{T}}=\left[\frac{\partial V}{\partial x_1}\quad\frac{\partial V}{\partial x_2}\quad\cdots\quad\frac{\partial V}{\partial x_n}\right]^{\mathrm{T}}$ 是 $V(\boldsymbol{x})$ 的梯度，为单值的 $n$ 维向量，记作 $\mathrm{grad}V(\boldsymbol{x})$。由于它的单值性，李雅普诺夫函数 $V(\boldsymbol{x})$ 可通过下列积分计算得到：

$$V(\boldsymbol{x})=\int_0^t\dot V(\boldsymbol{x})\mathrm{d}t=\int_0^t(\nabla V)^{\mathrm{T}}\dot{\boldsymbol{x}}\mathrm{d}t=\int_0^x(\nabla V)^{\mathrm{T}}\mathrm{d}\boldsymbol{x}\tag{3-54}$$

为了从式（3-54）求得 $V(\boldsymbol{x})$，必须解决以下两个问题：

(1) 上式是梯度向量的转置 $(\nabla V)^{\mathrm{T}}$ 沿解曲线 $\boldsymbol{x}(t)$ 的线积分，通常情况下，线积分的结果与积分路径有关。但如果向量 $\nabla V(\boldsymbol{x})$ 的旋度为零，即 $\mathrm{rot}[\nabla V(\boldsymbol{x})]=0$，则式（3-54）的线积分就与积分路径无关。而 $\mathrm{rot}[\nabla V(\boldsymbol{x})]=0$ 的条件是梯度向量 $\nabla V(\boldsymbol{x})$ 的雅可比矩阵

$$\frac{\partial[\nabla V(\boldsymbol{x})]}{\partial\boldsymbol{x}^{\mathrm{T}}}=\begin{bmatrix}\frac{\partial\nabla V_1}{\partial x_1}&\frac{\partial\nabla V_1}{\partial x_2}&\cdots&\frac{\partial\nabla V_1}{\partial x_n}\\ \frac{\partial\nabla V_2}{\partial x_1}&\frac{\partial\nabla V_2}{\partial x_2}&\cdots&\frac{\partial\nabla V_2}{\partial x_n}\\ \vdots&\vdots&&\vdots\\ \frac{\partial\nabla V_n}{\partial x_1}&\frac{\partial\nabla V_n}{\partial x_2}&\cdots&\frac{\partial\nabla V_n}{\partial x_n}\end{bmatrix}\tag{3-55}$$

为对称矩阵，即

$$\frac{\partial \nabla V_i}{\partial x_j}=\frac{\partial \nabla V_j}{\partial x_i}\quad (i,j=1,2,\cdots,n) \tag{3-56}$$

这样的方程有 $n(n-1)/2$ 个。所以，当式（3-56）所示的条件满足时，式（3-54）所示求 $V(\boldsymbol{x})$ 的线积分与积分路径无关，选择依次沿各坐标轴方向分段积分的路径显然方便积分计算，即

$$\begin{aligned}V(\boldsymbol{x})&=\int_0^{x}[\nabla V(\boldsymbol{x})]^{\mathrm{T}}\mathrm{d}\boldsymbol{x}=\int_0^{x}(\nabla V_1\mathrm{d}x_1+\nabla V_2\mathrm{d}x_2+\cdots+\nabla V_n\mathrm{d}x_n)\\&=\int_0^{x_1(\text{其他为0})}\nabla V_1\mathrm{d}x_1+\int_0^{x_2(x_1\text{不变,其他为0})}\nabla V_2\mathrm{d}x_2+\cdots+\int_0^{x_n(x_1,x_2,\cdots,x_{n-1}\text{不变})}\nabla V_n\mathrm{d}x_n\end{aligned} \tag{3-57}$$

（2）确定梯度向量 $\nabla V(\boldsymbol{x})$，通常把 $\nabla V(\boldsymbol{x})$ 设定为是 $\boldsymbol{x}$ 的一个带待定系数的列向量，即

$$\nabla V(\boldsymbol{x})=\begin{bmatrix}\nabla V_1\\ \nabla V_2\\ \vdots\\ \nabla V_n\end{bmatrix}=\begin{bmatrix}a_{11}x_1+a_{12}x_2+\cdots+a_{1n}x_n\\ a_{21}x_1+a_{22}x_2+\cdots+a_{2n}x_n\\ \vdots\\ a_{n1}x_1+a_{n2}x_2+\cdots+a_{nn}x_n\end{bmatrix} \tag{3-58}$$

式中，$a_{ij}(i,j=1,2,\cdots,n)$ 是待定量，可以是常数、时间 $t$ 的函数、状态量 $\boldsymbol{x}$ 的函数等。

由 $\dot{V}(\boldsymbol{x})<0$ 和式（3-56）所列的 $n(n-1)/2$ 个方程这些限制条件可以确定出一些待定量，不够部分用试凑法解决。

这样，就能在 $\dot{V}(\boldsymbol{x})<0$ 的前提下，按简便的积分路径求出 $V(\boldsymbol{x})$，并判别它的符号特性决定它是否为所需要的李雅普诺夫函数，从而判定系统在平衡点的稳定性。根据上述思路，采用变量梯度法构造李雅普诺夫函数的步骤可以总结如下：

1）设李雅普诺夫函数 $V(\boldsymbol{x})$ 的梯度向量 $\nabla V(\boldsymbol{x})$ 如式（3-58）形式，并可试凑一些式中的待定量。

2）根据式（3-53）由 $\nabla V(\boldsymbol{x})$ 确定 $\dot{V}(\boldsymbol{x})$，并由 $\dot{V}(\boldsymbol{x})$ 负定或至少负半定的限制条件确定出式（3-58）的一部分待定量。

3）由式（3-56）所列的 $n(n-1)/2$ 个方程确定出另一些待定量。

4）验证 $\dot{V}(\boldsymbol{x})$ 的定号性，因为按步骤 3）确定待定量时有可能改变 $\dot{V}(\boldsymbol{x})$ 的定号性。

5）由式（3-57）计算得到 $V(\boldsymbol{x})$，并验证它的正定性。

6）确定平衡点渐近稳定性的范围。

**例 3-10** 非线性控制系统如图 3-4 所示，试用变量梯度法分析系统在平衡点的稳定性。

**解** 首先将框图变换成如图 3-5 所示的状态变量图，并得出系统的状态

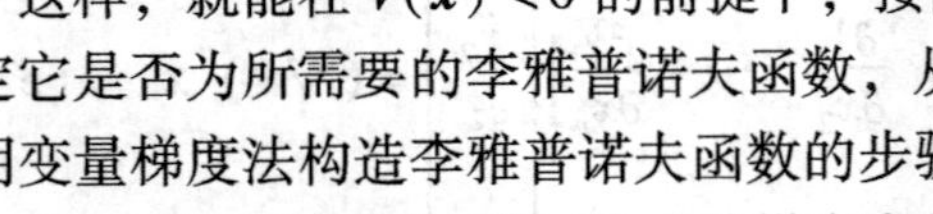


图 3-4 例 3-10 的系统框图

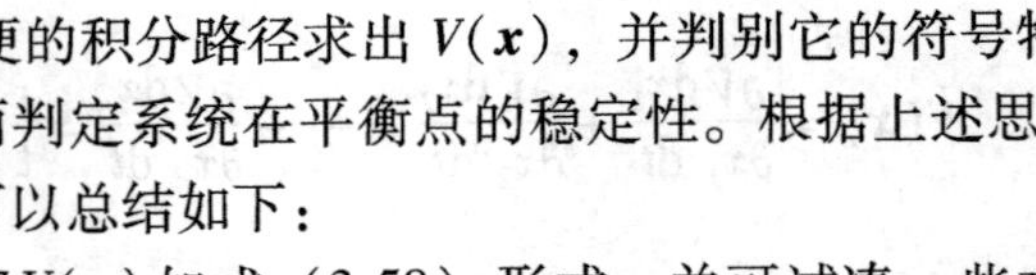


图 3-5 例 3-10 的系统状态变量图

方程为

$$\begin{bmatrix} \dot{x}_1 \\ \dot{x}_2 \end{bmatrix} = \begin{bmatrix} x_2 \\ -x_2 - x_1^3 \end{bmatrix}$$

显然，$\boldsymbol{x}_e=0$ 是系统的一个平衡状态，现应用变量梯度法讨论该平衡状态的渐近稳定性。为此，按如下步骤进行分析：

1）设 $V(\boldsymbol{x})$ 的梯度向量 $\nabla V(\boldsymbol{x})$ 为

$$\nabla V(\boldsymbol{x}) = \begin{bmatrix} \nabla V_1 \\ \nabla V_2 \end{bmatrix} = \begin{bmatrix} a_{11}x_1 + a_{12}x_2 \\ a_{21}x_1 + a_{22}x_2 \end{bmatrix}$$

2）计算 $\dot{V}(\boldsymbol{x})$，得

$$\begin{aligned} \dot{V}(\boldsymbol{x}) &= (\nabla V)^{\mathrm{T}}\dot{\boldsymbol{x}} = (a_{11}x_1 + a_{12}x_2)\dot{x}_1 + (a_{21}x_1 + a_{22}x_2)\dot{x}_2 \\ &= (a_{11}x_1 + a_{12}x_2)x_2 + (a_{21}x_1 + a_{22}x_2)(-x_2 - x_1^3) \\ &= x_1x_2(a_{11} - a_{21} - a_{22}x_1^2) + x_2^2(a_{12} - a_{22}) - a_{21}x_1^4 \end{aligned}$$

显然，当取 $a_{11} - a_{21} - a_{22}x_1^2 = 0$（即 $a_{11} = a_{21} + a_{22}x_1^2$），$a_{12} - a_{22} < 0$（即 $a_{12} < a_{22}$）及 $a_{21} > 0$ 时，可保证有 $\dot{V}(\boldsymbol{x}) < 0$。

3）由 $\dfrac{\partial \nabla V_1}{\partial x_2} = \dfrac{\partial \nabla V_2}{\partial x_1}$，有

$$\frac{\partial}{\partial x_2}(a_{11}x_1 + a_{12}x_2) = \frac{\partial}{\partial x_1}(a_{21}x_1 + a_{22}x_2)$$

将 $a_{11} = a_{21} + a_{22}x_1^2$ 代入上式，即有

$$\frac{\partial}{\partial x_2}(a_{21}x_1 + a_{22}x_1^3 + a_{12}x_2) = \frac{\partial}{\partial x_1}(a_{21}x_1 + a_{22}x_2)$$

得

$$a_{12} = a_{21}$$

结合步骤2）得出限制条件为

$$a_{22} > a_{12} = a_{21} > 0 \text{ 和 } a_{11} = a_{12} + a_{22}x_1^2$$

4）这时有

$$\dot{V}(\boldsymbol{x}) = -(a_{22} - a_{12})x_2^2 - a_{12}x_1^4 < 0$$

5）计算 $V(\boldsymbol{x})$，得

$$\begin{aligned} V(\boldsymbol{x}) &= \int_0^{x_1(x_2=0)} \nabla V_1 \mathrm{d}x_1 + \int_0^{x_2(x_1\text{不变})} \nabla V_2 \mathrm{d}x_2 = \int_0^{x_1(x_2=0)} (a_{11}x_1 + a_{12}x_2)\mathrm{d}x_1 + \int_0^{x_2(x_1\text{不变})} (a_{12}x_1 + a_{22}x_2)\mathrm{d}x_2 \\ &= \int_0^{x_1} (a_{12}x_1 + a_{22}x_1^3)\mathrm{d}x_1 + \int_0^{x_2} (a_{22}x_2)\mathrm{d}x_2 + a_{12}x_1x_2 = \frac{1}{2}a_{12}x_1^2 + \frac{1}{4}a_{22}x_1^4 + \frac{1}{2}a_{22}x_2^2 + a_{12}x_1x_2 \\ &= \frac{1}{2}\begin{bmatrix} x_1 & x_2 \end{bmatrix} \begin{bmatrix} a_{12} & a_{12} \\ a_{12} & a_{22} \end{bmatrix} \begin{bmatrix} x_1 \\ x_2 \end{bmatrix} + \frac{1}{4}a_{22}x_1^4 \end{aligned}$$

由于 $a_{22} > a_{12} > 0$，故函数 $V(\boldsymbol{x})$ 正定。

6）当 $\|\boldsymbol{x}\| \to \infty$ 时，有 $V(\boldsymbol{x}) \to \infty$，所以平衡状态 $\boldsymbol{x}_e = 0$ 是大范围渐近稳定的。

该例题应用李雅普诺夫第一法或克拉索夫斯基法，都不能有效地判别出平衡状态的渐近稳定性，而采用变量梯度法能方便地构造出有效的李雅普诺夫函数并给出渐近稳定的结论，可见该方法在系统稳定性分析中的有效性。此外，在时变系统的稳定性分析中，该方法也可

以被借用来构造合适的李雅普诺夫函数，详见例 3-11。

**例 3-11**　设时变系统状态方程为

$$\begin{bmatrix} \dot{x}_1 \\ \dot{x}_2 \end{bmatrix} = \begin{bmatrix} 0 & 1 \\ -\dfrac{1}{t+1} & -10 \end{bmatrix} \begin{bmatrix} x_1 \\ x_2 \end{bmatrix} \quad (t \geqslant 0)$$

试分析系统在平衡点 $\boldsymbol{x}_e = 0$ 的稳定性。

**解**　对于 $\boldsymbol{x} = 0$ 有 $\dot{\boldsymbol{x}} = 0$，所以 $\boldsymbol{x}_e = 0$ 是系统的平衡状态。

设 $V(\boldsymbol{x})$ 的梯度向量 $\nabla V(\boldsymbol{x})$ 为

$$\nabla V(\boldsymbol{x}) = \begin{bmatrix} \nabla V_1 \\ \nabla V_2 \end{bmatrix} = \begin{bmatrix} a_{11}x_1 + a_{12}x_2 \\ a_{21}x_1 + a_{22}x_2 \end{bmatrix}$$

则有

$$\begin{aligned} \dot{V}(\boldsymbol{x}) &= (\nabla V)^{\mathrm{T}} \dot{\boldsymbol{x}} = (a_{11}x_1 + a_{12}x_2)\dot{x}_1 + (a_{21}x_1 + a_{22}x_2)\dot{x}_2 \\ &= (a_{11}x_1 + a_{12}x_2)x_2 + (a_{21}x_1 + a_{22}x_2)\left(-\frac{1}{t+1}x_1 - 10x_2\right) \\ &= -\frac{1}{t+1}a_{21}x_1^2 + (a_{12} - 10a_{22})x_2^2 + \left(a_{11} - 10a_{21} - \frac{1}{t+1}a_{22}\right)x_1x_2 \end{aligned}$$

再由 $\dfrac{\partial \nabla V_1}{\partial x_2} = \dfrac{\partial \nabla V_2}{\partial x_1}$，有

$$a_{12} = a_{21}$$

综合考虑 $\dot{V}(\boldsymbol{x}) \leqslant 0$ 及上面限制条件，可取

$$a_{12} = a_{21} = 0, a_{22} = t+1, a_{11} = 1$$

得

$$\dot{V}(\boldsymbol{x}) = -10(t+1)x_2^2 \leqslant 0$$

但当 $\boldsymbol{x} \neq 0$ 时，$\dot{V}(\boldsymbol{x}) \not\equiv 0$。并计算得到

$$\begin{aligned} V(\boldsymbol{x}) &= \int_0^{x_1(x_2=0)} \nabla V_1 \mathrm{d}x_1 + \int_0^{x_2(x_1\text{不变})} \nabla V_2 \mathrm{d}x_2 = \int_0^{x_1(x_2=0)} x_1 \mathrm{d}x_1 + \int_0^{x_2(x_1\text{不变})} (t+1)x_2 \mathrm{d}x_2 \\ &= \frac{1}{2}x_1^2 + \frac{1}{2}(t+1)x_2^2 \quad (t \geqslant 0) \end{aligned}$$

显然，$V(\boldsymbol{x})$ 是正定的，并且当 $\|\boldsymbol{x}\| \to \infty$ 时，有 $V(\boldsymbol{x}) \to \infty$，所以平衡状态 $\boldsymbol{x}_e = 0$ 是大范围渐近稳定的。

上面两个例子都通过变量梯度法的应用有效地构造出了李雅普诺夫函数，使系统平衡点的稳定性得到判别。但正如前面所述的，对于一个系统，李雅普诺夫函数不是唯一的，不同的人会通过选择 $\nabla V(\boldsymbol{x})$ 的不同的待定量 $a_{ij}$ 得出不同的李雅普诺夫函数，然而，只要所找到的李雅普诺夫函数是满足李雅普诺夫稳定性判定定理的，系统平衡点的稳定性总能得到一致的判别，尽管有时所得出的渐近稳定的吸引区会有所不同。

李雅普诺夫稳定性理论除了有效地分析系统稳定性外，还在系统的动态特性（如响应快速性）分析、参数优化设计，甚至系统的鲁棒性设计、自适应控制设计等方面得到广泛的应用。

# 第五节　应用 Matlab 的系统稳定性分析

线性定常系统的稳定性分析也可应用 Matlab 来进行。系统稳定性分析的李雅普诺夫第一法主要涉及矩阵特征值的求取，而李雅普诺夫第二法主要涉及矩阵代数方程的求解。Matlab 的控制系统工具箱提供了一些相关的函数，可以用来方便地实现对线性定常系统的李雅普诺夫第一法或李雅普诺夫第二法稳定性分析。

## 一、基于李雅普诺夫第一法的稳定性分析

根据前面的讨论，线性定常连续系统平衡状态 $\boldsymbol{x}_e=0$ 为渐近稳定的充要条件是系统矩阵 $\boldsymbol{A}$ 的所有特征值都具有负实部；线性定常离散系统在平衡状态 $\boldsymbol{x}_e=0$ 渐近稳定的充要条件是系统矩阵 $\boldsymbol{G}$ 的所有特征值的模都小于 1。

第一章已经介绍了用于计算矩阵特征值的函数 eig( )，显然可用来通过求出系统矩阵的特征值，然后根据特征值的符号特性判别系统在平衡点的稳定性。

**例 3-12**　应用 Matlab 分析如下系统在平衡状态 $\boldsymbol{x}_e=0$ 的稳定性。

$$\dot{\boldsymbol{x}}=\begin{bmatrix}0 & 1\\ -1 & -1\end{bmatrix}\boldsymbol{x}$$

**解**　可以利用函数 eig( )求取系统矩阵 $\boldsymbol{A}$ 的特征值，函数调用及结果为

```
>>A = [0, 1; -1, -1];
>>eig (A)
ans =
   -0.5000 +0.8660i
   -0.5000 -0.8660i
```

可见，系统的两个特征值分别为 $-0.5\pm j0.866$，都具有负实部，所以系统在平衡状态 $\boldsymbol{x}_e=0$ 是渐近稳定的。

**例 3-13**　应用 Matlab 判别线性离散系统

$$\boldsymbol{x}(k+1)=\begin{bmatrix}0 & 1\\ \frac{1}{2} & 0\end{bmatrix}\boldsymbol{x}(k)$$

在平衡点的渐近稳定性。

**解**　同样可利用函数 eig( )求取系统矩阵 $\boldsymbol{G}$ 的特征值，函数调用及结果为

```
>>G = [0, 1; 0.5, 0];
>>eig (G)
ans =
    0.7071
   -0.7071
```

可见，系统的两个特征值分别为 $\pm0.7071$，其模都小于 1，所以系统在平衡状态 $\boldsymbol{x}_e=0$ 是渐近稳定的。

Matlab 控制系统工具箱还提供了类似功能的函数 poly( )和 roots( )。其中，poly( )函数

求得一个矩阵的特征多项式或对应于已知特征根的特征多项式；roots( )函数则可求出特征多项式的根。对应上例的编程及程序运行结果为

```
>> G = [0, 1; 0.5, 0];
>> P = poly (G);
>> roots (P)
ans =
    0.7071
   -0.7071
```

得到与上面一样的结果。

可以利用上述函数及符号判别函数通过编制合适的程序实现对线性定常系统平衡点稳定性能的判别。

## 二、基于李雅普诺夫第二法的稳定性分析

Matlab 控制系统工具箱提供了求解连续李雅普诺夫矩阵代数方程式（3-22）的函数 lyap( )和求解离散李雅普诺夫矩阵代数方程式（3-39）的函数 dlyap( )。它们的调用格式分别为

$$\boldsymbol{P} = \mathrm{lyap}(\boldsymbol{A}, \boldsymbol{Q})$$

和

$$\boldsymbol{P} = \mathrm{dlyap}(\boldsymbol{G}, \boldsymbol{Q})$$

式中，$\boldsymbol{Q}$ 为任意给定的正定实对称矩阵，通常可取单位阵；$\boldsymbol{A}$ 为连续系统的系统矩阵；$\boldsymbol{G}$ 为离散系统的系统矩阵。

调用返回李雅普诺夫矩阵代数方程的解矩阵 $\boldsymbol{P}$。求得矩阵 $\boldsymbol{P}$ 后可调用 det( )函数求取矩阵 $\boldsymbol{P}$ 的各阶顺序主子式。

**例 3-14** 应用 Matlab 判别如下线性定常连续系统在平衡点的渐近稳定性

$$\begin{cases} \dot{\boldsymbol{x}} = \begin{bmatrix} 1 & -3.5 & 4.5 \\ 2 & -4.5 & 4.5 \\ -1 & 1.5 & -2.5 \end{bmatrix} \boldsymbol{x} + \begin{bmatrix} -0.5 \\ -0.5 \\ -0.5 \end{bmatrix} u \\ y = [1 \quad 0 \quad 1] \boldsymbol{x} \end{cases}$$

**解** 基于求解连续李雅普诺夫矩阵代数方程的函数 lyap( )，可以编制如下程序

```
>> A = [1, -3.5, 4.5; 2, -4.5, 4.5; -1, 1.5, -2.5];
>> Q = eye (3, 3);
>> P = lyap (A, Q);
>> n = length (A);
>> fori =1: n
result_ det = det (P (1: i, 1: i));
disp (strcat ('det', num2str (i), '=', num2str (result_ det)))
end
```

其中，函数 det($\boldsymbol{P}$) 为求取矩阵 $\boldsymbol{P}$ 的行列式的值，语句 result_ det = det(P(1: i, 1: i)) 则求得 1 ~ $n$ 阶顺序主子式的值，函数 disp(strcat( )) 完成字符串打印功能。上面程序

的运行结果为

```
det1 =1.4825
det2 =0.6725
det3 =0.1169
```

表明 $\boldsymbol{P}$ 矩阵的 1 ~3 阶顺序主子式值分别为 1.4825，0.6725，0.1169，由塞尔维斯特准则可判定 $\boldsymbol{P}$ 矩阵正定，则上面系统在平衡状态 $\boldsymbol{x}_e=0$ 是渐近稳定的。

**例 3-15**　应用 Matlab 判别如下线性定常离散系统在平衡点的渐近稳定性

$$\boldsymbol{x}(k+1)=\begin{bmatrix}0 & 1\\ -0.5 & -1\end{bmatrix}\boldsymbol{x}(k)$$

**解**　基于求解离散李雅普诺夫矩阵代数方程的函数 dlyap( )，可以编制如下程序

```
>> G = [0, 1; -0.5, -1];
>> Q = eye (2, 2);
>> P = dlyap (G, Q);
>> n = length (G);
>> fori =1: n
result_ det = det (P (1: i, 1: i));
disp (strcat ('det', num2str (i), '=', num2str (result_ det)))
end
```

程序运行结果为

```
det1 =4
det2 =8
```

表明矩阵 $\boldsymbol{P}$ 的 1 ~2 阶顺序主子式值分别为 4 和 8，由塞尔维斯特准则可判定矩阵 $\boldsymbol{P}$ 正定，则上面系统在平衡状态 $\boldsymbol{x}_e=0$ 是渐近稳定的。

同样可以利用上述函数及符号判别函数通过编制合适的程序实现对线性定常系统平衡点稳定性能的判别。

## 本 章 要 点

(1) 李雅普诺夫稳定性理论从系统状态运动的角度给出了系统在平衡点的稳定、渐近稳定、不稳定的定义。它所描述的是系统的内部稳定性，更深刻地揭示出了系统稳定性的本质属性。

(2) 李雅普诺夫第二法给出了一系列判别系统在平衡点稳定性的基本定理，它是一种普适性的系统稳定性分析方法，但是这些定理所提出的判别条件都是充分条件。方法的核心是能找到一个满足条件的李雅普诺夫函数。

(3) 针对线性系统，李雅普诺夫函数选为二次型函数，进而可得出针对不同线性系统（包括定常连续、时变连续、定常离散、时变离散）的李雅普诺夫方程。这时定理所提出的判别条件是充要条件，而结论为系统在平衡点是否渐近稳定。

(4) 针对非线性系统，克拉索夫斯基法和变量梯度法是两种相对简单实用的分析方法，它们的出发点在于设法构造能给出非线性系统稳定性判别的合适的李雅普诺夫函数。它们都是建立在李雅普诺夫第二法基础之上的方法，因此也只是提供了充分条件。

## 思 考 题

1. 为什么要对系统进行稳定性分析？

2. 系统的外部稳定性和内部稳定性有什么区别和联系？李雅普诺夫稳定性理论讨论的是哪一种稳定性？

3. 为什么李雅普诺夫稳定性理论强调系统在某平衡点的稳定性？如何应用李雅普诺夫稳定性理论讨论一个非齐次状态方程的稳定性问题？

4. 李雅普诺夫稳定性理论如何定义一个平衡点的稳定性？它将一个平衡点的稳定性分为哪几种形式？

5. 在稳定性分析中，李雅普诺夫第一法和李雅普诺夫第二法有什么区别？

6. 李雅普诺夫函数有什么特点？它在线性系统和非线性系统中有些什么参考取法？

## 练 习 题

1. 试确定下列系统的平衡状态 $\boldsymbol{x}_e$：

（1）$\begin{cases}\dot{x}_1 = -x_1 + x_2 \\ \dot{x}_2 = -2x_1 + x_2\end{cases}$　　（2）$\begin{cases}\dot{x}_1 = -x_1 + x_2 \\ \dot{x}_2 = -2x_1 + x_2(x_2 - 1)\end{cases}$

2. 判定下列二次型函数是否为正定函数：

（1）$f(\boldsymbol{x}) = x_1^2 + 4x_2^2 + x_3^2 + 2x_1x_2 - 6x_2x_3 - 2x_1x_3$

（2）$f(\boldsymbol{x}) = -x_1^2 - 3x_2^2 - 11x_3^2 + 2x_1x_2 - x_2x_3 - 2x_1x_3$

（3）$f(\boldsymbol{x}) = x_1^2 + 5x_2^2 + x_3^2 + 4x_1x_2 + 2x_2x_3$

（4）$f(\boldsymbol{x}) = 8.2x_1^2 + 6.8x_2^2 + 3x_3^2 + 4.8x_1x_2$

（5）$f(\boldsymbol{x}) = x_1^2 + \dfrac{x_2^2}{1 + x_2^2}$

3. 试用 $V(\boldsymbol{x}) = x_1^2 + x_2^2$ 研究系统

$$\begin{cases}\dot{x}_1 = x_2 - x_1(x_1^2 + x_2^2) \\ \dot{x}_2 = -x_1 - x_2(x_1^2 + x_2^2)\end{cases}$$

在原点的稳定性。

4. 系统的状态方程为

$$\begin{cases}\dot{x}_1 = kx_2 \\ \dot{x}_2 = -x_1\end{cases}$$

式中，$k$ 为大于零的常数。

分析系统平衡状态的稳定性。

5. 系统的状态方程为

$$\begin{cases}\dot{x}_1 = x_2 \\ \dot{x}_2 = -x_1 + x_2\end{cases}$$

分析系统平衡状态的稳定性。

6. 系统的状态方程为

$$\begin{cases}\dot{x}_1 = -2x_1 + 2x_2^4 \\ \dot{x}_2 = -x_2\end{cases}$$

分析系统平衡状态的稳定性。

7. 系统的状态方程为

$$\begin{cases}\dot{x}_1 = x_2 + cx_1\ (x_1^2 + x_2^2)\\ \dot{x}_2 = -x_1 + cx_2\ (x_1^2 + x_2^2)\end{cases}$$

其中，$c$ 为常数。要求：

（1）求出平衡状态 $\boldsymbol{x}_e$；

（2）讨论 $c>0$，$c=0$，$c<0$ 情况下系统平衡状态的稳定性。

8. 系统的状态方程为

$$\begin{cases}\dot{x}_1 = x_2\\ \dot{x}_2 = -x_2 - e^{-t}x_1\end{cases}$$

请分别选择：

（1）$V(\boldsymbol{x}) = x_1^2 + x_2^2$

（2）$V(\boldsymbol{x},t) = x_1^2 + e^t x_2^2$

作为李雅普诺夫函数，分析系统平衡状态的稳定性。

9. 试用李雅普诺夫第二法判断下面离散系统在原点的稳定性

$$\begin{cases}x_1(k+1) = 0.8x_1(k) - 0.4x_2(k)\\ x_2(k+1) = 1.2x_1(k) + 0.2x_2(k)\end{cases}$$

10. 给定系统的状态方程为

$$\dot{\boldsymbol{x}} = \begin{bmatrix}0 & 1 & 0\\ 0 & -2 & 1\\ -k & 0 & -1\end{bmatrix}\boldsymbol{x} + \begin{bmatrix}0\\ 0\\ k\end{bmatrix}u$$

解李雅普诺夫方程 $\boldsymbol{A}^{\mathrm{T}}\boldsymbol{P} + \boldsymbol{P}\boldsymbol{A} = -\boldsymbol{Q}$，求出使系统平衡状态渐近稳定的 $k$ 值。

11. 设系统的状态方程为

$$\dot{\boldsymbol{x}} = \begin{bmatrix}-4k & 4k\\ 2k & -6k\end{bmatrix}x$$

其中，$k\neq 0$。

试用李雅普诺夫第二法确定使系统平衡状态渐近稳定的 $k$ 值取值范围。

12. 试用李雅普诺夫第二法判断下列线性定常系统的稳定性。

（1）$\begin{bmatrix}\dot{x}_1\\ \dot{x}_2\end{bmatrix} = \begin{bmatrix}0 & 1\\ -1 & -1\end{bmatrix}\begin{bmatrix}x_1\\ x_2\end{bmatrix}$　　（2）$\begin{bmatrix}\dot{x}_1\\ \dot{x}_2\end{bmatrix} = \begin{bmatrix}-1 & 1\\ 2 & -3\end{bmatrix}\begin{bmatrix}x_1\\ x_2\end{bmatrix}$

（3）$\begin{bmatrix}\dot{x}_1\\ \dot{x}_2\end{bmatrix} = \begin{bmatrix}-1 & 1\\ -1 & -1\end{bmatrix}\begin{bmatrix}x_1\\ x_2\end{bmatrix}$　　（4）$\begin{bmatrix}\dot{x}_1\\ \dot{x}_2\end{bmatrix} = \begin{bmatrix}1 & 0\\ 0 & -1\end{bmatrix}\begin{bmatrix}x_1\\ x_2\end{bmatrix}$

13. 求出下列离散系统的平衡状态，并用李雅普诺夫第二法判别系统在平衡状态的稳定性。

（1）$\boldsymbol{x}(k+1) = \begin{bmatrix}1 & 4 & 0\\ -3 & -2 & -3\\ 2 & 0 & 0\end{bmatrix}\boldsymbol{x}(k)$

（2）$\boldsymbol{x}(k+1) = \begin{bmatrix}a & 0 & 0\\ 0 & 1 & -1\\ 1 & 2 & 0\end{bmatrix}\boldsymbol{x}(k)$，其中 $a$ 为系统参量

14. 已知系统的状态方程为

$$\dot{\boldsymbol{x}}=\begin{bmatrix}-2 & -1-j\\ -1+j & -3\end{bmatrix}\boldsymbol{x}$$

试解系统的李雅普诺夫方程 $\boldsymbol{A}^{\mathrm{T}}\boldsymbol{P}+\boldsymbol{P}\boldsymbol{A}=-\boldsymbol{Q}$ 以确定系统在原点的稳定性。

15. 给定离散系统的状态方程为

$$\begin{cases}x_1(k+1)=x_1(k)+3x_2(k)\\ x_2(k+1)=-3x_1(k)-2x_2(k)-3x_3(k)\\ x_3(k+1)=x_1(k)\end{cases}$$

试解系统的李雅普诺夫方程 $\boldsymbol{G}^{\mathrm{T}}\boldsymbol{P}\boldsymbol{G}-\boldsymbol{P}=-\boldsymbol{Q}$ 以确定系统在原点的稳定性。

16. 试证明系统

$$\begin{cases}\dot{x}_1=x_2\\ \dot{x}_2=-(a_1x_1+a_2x_1^2x_2)\end{cases}$$

在 $a_1>0$，$a_2>0$ 时在平衡点是全局渐近稳定的。

17. 给定机械运动系统的状态方程为

$$\begin{cases}\dot{x}_1=x_2\\ \dot{x}_2=-\dfrac{k}{m}x_1-\dfrac{\mu}{m}x_2\end{cases}$$

式中，$k$ 为弹簧系数；$\mu$ 为粘性阻尼系数；$m$ 为质量；$x_1$ 为质点的位移。
试用李雅普诺夫第二法判定该系统在原点的稳定性。

18. 给定系统的状态方程为

$$\begin{cases}\dot{x}_1=ax_1+x_2\\ \dot{x}_2=x_1-x_2+bx_2^5\end{cases}$$

若要求系统在原点为大范围渐近稳定，试用克拉索夫斯基方法确定参数 $a$ 和 $b$ 的取值范围。

19. 应用克拉索夫斯基法判别下列系统平衡状态的稳定性。

(1) $\begin{bmatrix}\dot{x}_1\\ \dot{x}_2\end{bmatrix}=\begin{bmatrix}-x_1\\ -2x_2-2x_2^3\end{bmatrix}$

(2) $\begin{bmatrix}\dot{x}_1\\ \dot{x}_2\end{bmatrix}=\begin{bmatrix}-3x_1+x_2\\ x_1-x_2-x_2^3\end{bmatrix}$

20. 试用变量梯度法研究系统

$$\begin{cases}\dot{x}_1=-x_1+2x_1^2x_2\\ \dot{x}_2=-x_2\end{cases}$$

在原点的稳定性。

21. 试用变量梯度法研究系统 $\dot{\boldsymbol{x}}=\boldsymbol{A}(t)\boldsymbol{x}$ 在原点的稳定性。其中

$$\boldsymbol{A}(t)=\begin{bmatrix}0 & 1\\ -\dfrac{1}{t+1} & -10\end{bmatrix}\quad(t>0)$$

## 上机练习题

1. 应用 Matlab 计算如下系统的特征值，并分析系统在平衡状态 $\boldsymbol{x}_e=0$ 的稳定性。

(1) $\begin{bmatrix}\dot{x}_1\\ \dot{x}_2\end{bmatrix}=\begin{bmatrix}0 & 1\\ -1 & -1\end{bmatrix}\begin{bmatrix}x_1\\ x_2\end{bmatrix}$　　(2) $\begin{bmatrix}\dot{x}_1\\ \dot{x}_2\end{bmatrix}=\begin{bmatrix}-1 & 1\\ 2 & -3\end{bmatrix}\begin{bmatrix}x_1\\ x_2\end{bmatrix}$

(3) $\begin{bmatrix}\dot{x}_1\\ \dot{x}_2\end{bmatrix}=\begin{bmatrix}-1 & 1\\ -1 & -1\end{bmatrix}\begin{bmatrix}x_1\\ x_2\end{bmatrix}$　　(4) $\begin{bmatrix}\dot{x}_1\\ \dot{x}_2\end{bmatrix}=\begin{bmatrix}1 & 0\\ 0 & -1\end{bmatrix}\begin{bmatrix}x_1\\ x_2\end{bmatrix}$

2. 给定离散系统的状态方程为

$$\begin{cases}x_1(k+1)=x_1(k)+3x_2(k)\\ x_2(k+1)=-3x_1(k)-2x_2(k)-3x_3(k)\\ x_3(k+1)=x_1(k)\end{cases}$$

应用 Matlab 计算离散系统的特征值，并分析系统在原点的稳定性。

3. 给定线性定常系统的状态空间表达式为

$$\begin{cases}\dot{\boldsymbol{x}}=\begin{bmatrix}-5.7208 & 7.7362 & -3.0010 & 20.000\\ -0.7203 & -0.7270 & 0.4378 & 4.2001\\ -0.0492 & -1.1425 & 0.6429 & 1.7928\\ -1.3766 & -1.1387 & 1.0971 & 7.3219\end{bmatrix}\boldsymbol{x}+\begin{bmatrix}1.0\\ 0.7\\ 0.1\\ 0.3\end{bmatrix}u\\ y=[0 \quad 0 \quad 9 \quad -3]\boldsymbol{x}\end{cases}$$

试应用 Matlab 通过求解李雅普诺夫矩阵代数方程判别系统在平衡点的渐近稳定性。

4. 应用 Matlab 通过求解李雅普诺夫矩阵代数方程判别练习题 15 所示离散系统在平衡点的渐近稳定性。

# 第四章　线性系统的能控性与能观性分析

在系统的状态空间描述形式中，引入了表征系统运动信息的状态量，并在研究系统的时候一方面关注控制作用引起状态量的运动过程，另一方面又往往需测量状态量并用来构成控制量。因此，有两个问题必然会引起人们的关心，其一是系统能否在合适的控制量作用下在有限的时间间隔内从任意的初始状态运动到希望的终止状态；其二是根据有限时间间隔内的输出量的测量值能否确定出系统的状态值。这就是系统的能控性和能观性问题。

系统的能控性和能观性概念是卡尔曼（R. E. Kalman）在二十世纪 60 年代提出来的，它们分别揭示了系统的控制量对状态的支配能力和输出量对状态的测辨能力。在经典控制理论中，只关注输入量和输出量，限于讨论一个输入量对一个输出量的控制以及输出量作为反馈量参与控制，只要系统的传递函数不为零且系统稳定，系统的输出量总能接受输入量的支配，并且系统输出量作为被控量总是能测量的，所以不必去关心能控和能观问题。在现代控制理论中，状态量的引入以及它在系统描述和系统控制中的重要地位，能控性和能观性就成了系统重要的结构特性。实际上，它们不仅是系统分析和综合中必不可少的概念，也是最优控制、最优估计等问题的重要基础内容。

## 第一节　系统能控性和能观性的直观示例

为了对系统的能控性和能观性概念有一个初步理解，首先通过几个具体例子来直观地说明它们。

示例 1：考虑线性系统

$$\begin{cases}\dot{x}_1 = -x_1 \\ \dot{x}_2 = -2x_2 + u\end{cases}$$

可知，状态变量 $x_2$ 与控制变量 $u$ 有直接的联系，$u$ 可能能支配 $x_2$ 的运动；但是，状态变量 $x_1$ 与 $u$ 没有任何联系（直接的或间接的），所以 $u$ 不可能支配它的运动，实际上，$x_1$ 处于自由运动状态。

当线性系统为

$$\begin{cases}\dot{x}_1 = -x_1 + x_2 \\ \dot{x}_2 = -2x_2 + u\end{cases}$$

时，状态变量 $x_1$ 通过状态变量 $x_2$ 与控制变量 $u$ 建立起了间接联系，所以 $u$ 也有可能能支配 $x_1$ 的运动。

示例 2：考虑线性系统

$$\begin{cases}\dot{x}_1 = -5x_1 \\ \dot{x}_2 = -2x_2 \\ y = x_1\end{cases}$$

可知，输出变量 $y$ 就是状态变量 $x_1$，所以能够通过 $y$ 来观测 $x_1$；但是，状态变量 $x_2$ 与 $y$ 没有任何联系（直接的或间接的），从 $y$ 得不到关于 $x_2$ 的任何信息，显然不能通过 $y$ 来观测 $x_2$。

当线性系统为

$$\begin{cases}\dot{x}_1 = -5x_1 + x_2 \\ \dot{x}_2 = -2x_2 \\ y = x_1\end{cases}$$

时，状态变量 $x_1$ 是可以通过输出变量 $y$ 得到观测的，状态变量 $x_2$ 虽然与 $y$ 没有直接联系，但通过能观测的 $x_1$ 与 $y$ 建立了间接联系，所以 $x_2$ 也有可能能通过 $y$ 得到观测。

值得注意的是与控制变量 $u$ 有联系的状态变量不一定就能控，与输出变量 $y$ 有联系的状态变量也不一定就能观测，试想当这种联系存在两条以上通道时，各通道的联系作用有可能相互抵消，使状态变量不能控或不能观测。

示例 3：在图 4-1a 所示的电路中，选取两个电容上的电压分别为状态变量 $x_1$、$x_2$，可写出系统的状态方程为

$$\begin{cases}\dot{x}_1 = -\dfrac{2}{3RC}x_1 + x_2 + u \\ \dot{x}_2 = -\dfrac{2}{3RC}x_2 + x_1 + u\end{cases}$$

并画出系统的状态变量图如图 4-1b。

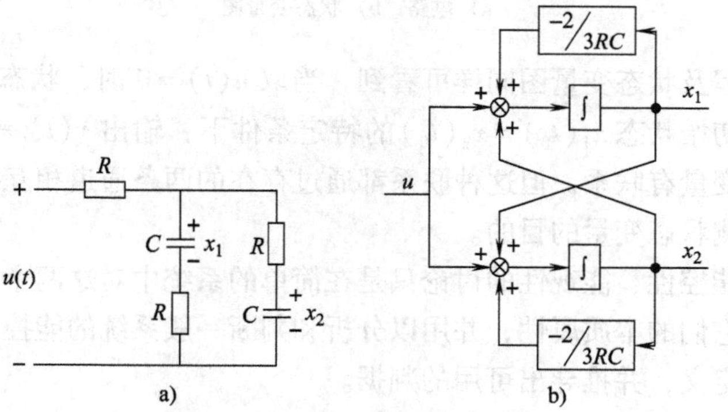


图 4-1　示例 3 的电路及其状态变量图
a）电路　b）状态变量图

由系统状态方程及状态变量图可看到，状态变量 $x_1$ 和 $x_2$ 是完全对称的，必有解 $x_1(t) = x_2(t)$。当初始状态 $x_1(t_0) = x_2(t_0)$ 时，总能找到控制作用 $u(t)$ 使系统的状态在有限的时间区间内运动到任意的 $x_1(t) = x_2(t)$ 的目标状态，但不可能运动到 $x_1(t) \neq x_2(t)$ 的目标状态。

该电路中，虽然每个状态变量都与控制变量有联系，但由于两条通道的联系作用会相互抵消，不能达到控制量任意支配状态变量的目的。另外可看到，特定条件下的状态变量（满足 $x_1(t) = x_2(t)$ 的状态）是可以受控制变量支配的。

示例 4：在图 4-2a 所示的电路中，选取状态变量 $x_1$、$x_2$ 分别为流过两个电感的电流，

输出变量是电阻 $R_0$ 上的电压，可写出系统的状态方程和输出方程分别为

$$\begin{cases}\dot{x}_1 = -\dfrac{R+R_0}{L}x_1 + \dfrac{R_0}{L}x_2 + \dfrac{1}{L}u \\ \dot{x}_2 = -\dfrac{R+R_0}{L}x_2 + \dfrac{R_0}{L}x_1\end{cases}$$

$$y = R_0 x_1 - R_0 x_2$$

并画出系统的状态变量图如图 4-2b 所示。

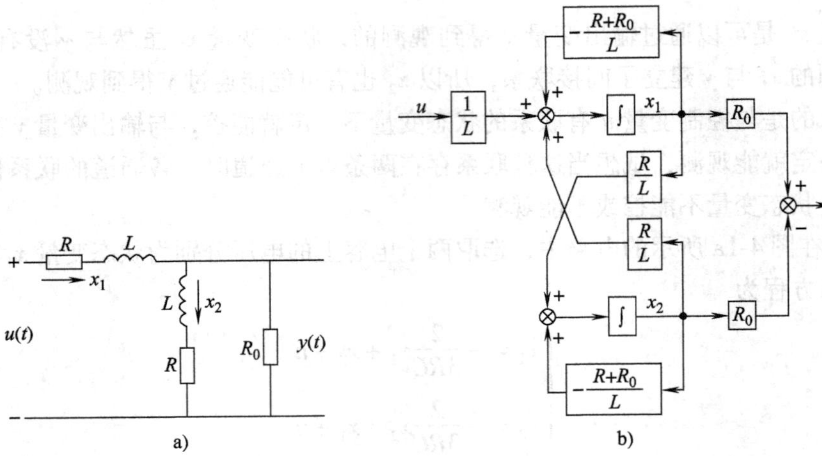


图 4-2　示例 4 的电路及其状态变量图

a）电路　b）状态变量图

由系统状态方程及状态变量图同样可看到，当取 $u(t)=0$ 时，状态变量 $x_1$ 和 $x_2$ 也是完全对称的，所以在初始状态 $x_1(t_0)=x_2(t_0)$ 的特定条件下，输出 $y(t)\equiv 0$。这时，虽然每个状态变量都与输出变量有联系，但这种联系都通过存在的两条通道相互抵消，从而不能达到通过输出变量来观测状态变量的目的。

上述关于系统能控性、能观性的讨论只是在简单的系统中对这两个概念的直观和不严密的说明，为了揭示它们的本质属性，并用以分析和判断一般系统的能控性和能观性，需要对它们作出较严格的定义，并推导出可用的判据。

# 第二节　连续系统能控性及其判据

前面已经指出，系统的能控性用来表示系统控制量对状态量的支配能力，所以与输出量是无关的，只需在状态方程的基础上讨论系统的能控性。首先从连续系统入手来讨论这个问题。

## 一、能控性定义

线性时变连续系统的状态方程为

$$\dot{\boldsymbol{x}} = \boldsymbol{A}(t)\boldsymbol{x} + \boldsymbol{B}(t)\boldsymbol{u} \tag{4-1}$$

式中，$\boldsymbol{x}$ 为 $n$ 维状态向量；$\boldsymbol{u}$ 为 $p$ 维输入向量；$\boldsymbol{A}(t)$ 为 $n\times n$ 维系统矩阵；$\boldsymbol{B}(t)$ 为 $n\times p$ 维输

入矩阵。

1. 状态能控　对于式（4-1）所示系统的指定初始时刻 $t_0$ 的非零初始状态 $\boldsymbol{x}(t_0)=\boldsymbol{x}_0$，如果能找到一个无约束的容许控制 $\boldsymbol{u}(t)$，使系统状态在有限的时间区间 $[t_0, t_f]$ 内在该控制向量的作用下运动到终止状态 $\boldsymbol{x}(t_f)=0$，则称该状态 $\boldsymbol{x}_0$ 在 $t_0$ 时刻是能控的，记作 $\boldsymbol{x}_c$。

2. 系统能控　对于式（4-1）所示系统，如果状态空间中所有初始状态 $\boldsymbol{x}_0\neq 0$ 在 $t_0$ 时刻都是能控的，则称系统在 $t_0$ 时刻是状态完全能控的，简称系统在 $t_0$ 时刻能控。

关于上面的状态能控及系统能控定义，有如下几点值得注意：

（1）控制量对状态量的支配能力应该表现在 $\boldsymbol{u}(t)$ 能在有限的时间区间 $[t_0, t_f]$ 内使任意指定的非零初始状态 $\boldsymbol{x}(t_0)=\boldsymbol{x}_0$ 运动到任意指定的终止状态 $\boldsymbol{x}(t_f)$。为了便于研究，在能控性的定义中将终止状态指定为零状态，即 $\boldsymbol{x}(t_f)=0$，这并不影响控制量对状态量支配能力的一般性讨论。与此相对应，将 $\boldsymbol{u}(t)$ 能使系统状态在有限时间区间 $[t_0, t_f]$ 内从初始状态 $\boldsymbol{x}(t_0)=0$ 运动到任意指定的非零终止状态 $\boldsymbol{x}(t_f)=\boldsymbol{x}_f$ 称为状态 $\boldsymbol{x}_f$ 在 $t_0$ 时刻是能达的，也把状态空间中所有的状态 $\boldsymbol{x}_f\neq 0$ 在 $t_0$ 时刻都是能达的系统称为系统在 $t_0$ 时刻是状态完全能达的，简称系统在 $t_0$ 时刻能达。

（2）根据状态能控性，将能控状态 $\boldsymbol{x}_c$ 及 $\boldsymbol{x}(t_f)=0$ 代入状态方程（4-1）的解（见式(2-86)），有

$$\boldsymbol{x}(t_f) = \boldsymbol{\Phi}(t_f,t_0)\boldsymbol{x}_c + \int_{t_0}^{t_f}\boldsymbol{\Phi}(t_f,t)\boldsymbol{B}(t)\boldsymbol{u}(t)\,\mathrm{d}t = 0 \tag{4-2}$$

式中，$\boldsymbol{\Phi}(t,t_0)$ 为线性时变系统的状态转移矩阵，从而得到能控状态 $\boldsymbol{x}_c$ 的表达式

$$\boldsymbol{x}_c = -\int_{t_0}^{t_f}\boldsymbol{\Phi}(t_0,t)\boldsymbol{B}(t)\boldsymbol{u}(t)\,\mathrm{d}t \tag{4-3}$$

其中，$t_0<t<t_f$。式（4-3）表示了能控状态与控制量之间的关系。同理，将能达状态 $\boldsymbol{x}_f$ 及 $\boldsymbol{x}(t_0)=0$ 代入状态方程（4-1）的解，可得 $\boldsymbol{x}_f$ 的表达式

$$\boldsymbol{x}_f = \int_{t_0}^{t_f}\boldsymbol{\Phi}(t_f,t)\boldsymbol{B}(t)\boldsymbol{u}(t)\,\mathrm{d}t \tag{4-4}$$

其中，$t_0<t<t_f$。式（4-3）和式（4-4）除了表明能控性、能达性由矩阵 $\boldsymbol{A}(t)$（即 $\boldsymbol{\Phi}(t, t_0)$）、$\boldsymbol{B}(t)$ 决定外，还可得出能控状态 $\boldsymbol{x}_c$ 与能达状态 $\boldsymbol{x}_f$ 之间的关系

$$\boldsymbol{x}_f = -\boldsymbol{\Phi}(t_f,t_0)\boldsymbol{x}_c \tag{4-5}$$

其中，$\boldsymbol{\Phi}(t_f,t_0)$ 为初始时刻 $t_0$ 到终止时刻 $t_f$ 的状态转移矩阵，是非奇异的常数矩阵，它表明能控状态 $\boldsymbol{x}_c$ 与能达状态 $\boldsymbol{x}_f$ 是线性非奇异变换关系。所以，线性连续系统的能控性与能达性是等价的，后面的讨论着重针对能控性。

（3）如上所述，线性时变连续系统强调了 $t_0$ 时刻的能控性，这是因为对于时变系统，一个状态的能控性一般与指定的初始时刻 $t_0$ 有关，若与初始时刻 $t_0$ 无关，则称该状态是一致能控的。定常系统的能控性与初始时刻 $t_0$ 无关，所以不必强调 $t_0$ 时刻的能控性，而称状态能控或系统能控。

## 二、能控性基本判据

1. 能控子空间　根据上述能控性定义，系统能控性考察的是状态空间中是否所有的非零状态都能控，即能控状态 $\boldsymbol{x}_c$ 是否充满整个状态空间。由此可知，对于能控性，最重要的

是能控状态 $\boldsymbol{x}_c$ 在状态空间的分布情况。对于一个状态不完全能控的系统，能控状态 $\boldsymbol{x}_c$ 一定不充满整个状态空间。把状态空间中全体能控状态的集合称为能控子空间，记作 $\boldsymbol{X}_c$，它是系统状态空间 $\boldsymbol{X}$ 的一个线性子空间。

另外，在状态空间 $\boldsymbol{X}$ 中可以得到能控子空间 $\boldsymbol{X}_c$ 的正交补空间，记作 $\boldsymbol{X}_{\bar{c}}$，它也是系统状态空间 $\boldsymbol{X}$ 的线性子空间。显然，状态空间 $\boldsymbol{X}$ 可以表示为两个正交子空间的直和，即

$$\boldsymbol{X}=\boldsymbol{X}_c\oplus\boldsymbol{X}_{\bar{c}} \tag{4-6}$$

于是，状态空间内的任一向量 $\boldsymbol{x}$ 都可以表示为在上述两个子空间的投影向量之和，即

$$\boldsymbol{x}=\boldsymbol{x}_c+\boldsymbol{x}_{\bar{c}} \tag{4-7}$$

式中，$\boldsymbol{x}_c$ 是状态 $\boldsymbol{x}$ 在能控子空间 $\boldsymbol{X}_c$ 上的投影向量，为状态 $\boldsymbol{x}$ 的能控分量；$\boldsymbol{x}_{\bar{c}}$ 是状态 $\boldsymbol{x}$ 在能控子空间的正交补空间 $\boldsymbol{X}_{\bar{c}}$ 上的投影向量，为状态 $\boldsymbol{x}$ 的不能控分量。

一个状态 $\boldsymbol{x}$ 的不能控分量 $\boldsymbol{x}_{\bar{c}}$ 不为零，则该状态 $\boldsymbol{x}$ 就是不能控的。这时，由于 $\boldsymbol{x}_c$ 和 $\boldsymbol{x}_{\bar{c}}$ 正交，它们的内积必为零，即

$$\langle\boldsymbol{x}_{\bar{c}},\boldsymbol{x}_c\rangle=\boldsymbol{x}_{\bar{c}}^{\mathrm{T}}\boldsymbol{x}_c=0 \tag{4-8}$$

示例 3 中，只有满足 $x_1=x_2$ 的状态是能控的，所以 $x_1$、$x_2$ 平面中过原点并与 $x_1$ 轴呈45°的直线就是系统的能控子空间 $\boldsymbol{X}_c$，如图 4-3 所示。而与它垂直的过原点并与 $x_1$ 轴呈135°的直线是系统能控子空间的正交补空间 $\boldsymbol{X}_{\bar{c}}$，也一并画在图 4-3 上。$\boldsymbol{X}_c$ 直线上的状态都是能控状态，它们在 $\boldsymbol{X}_{\bar{c}}$ 上的投影向量为零，而不位于 $\boldsymbol{X}_c$ 直线上的状态除了在 $\boldsymbol{X}_c$ 上的投影向量 $\boldsymbol{x}_c$ 外，还存在 $\boldsymbol{X}_{\bar{c}}$ 上的非零的投影向量 $\boldsymbol{x}_{\bar{c}}$，所以这些状态都是不能控的。

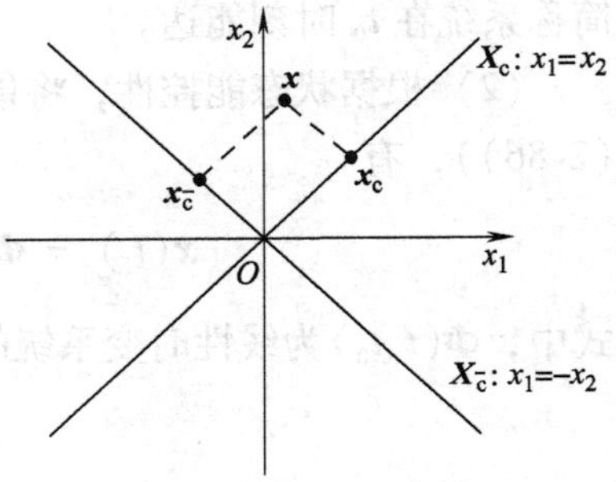


图 4-3　示例 3 的能控子空间

2. 能控性基本判据

将能控状态 $\boldsymbol{x}_c$ 的表达式（4-3）代入式（4-8），有

$$\boldsymbol{x}_{\bar{c}}^{\mathrm{T}}\boldsymbol{x}_c=-\int_{t_0}^{t_f}\boldsymbol{x}_{\bar{c}}^{\mathrm{T}}\boldsymbol{\Phi}(t_0,t)\boldsymbol{B}(t)\boldsymbol{u}(t)\,\mathrm{d}t=0 \tag{4-9}$$

其中，$t_0<t<t_f$。由于 $\boldsymbol{x}_c$ 是状态空间中的任意能控状态，它对应的控制向量 $\boldsymbol{u}(t)$ 也具任意性，所以可得

$$\boldsymbol{x}_{\bar{c}}^{\mathrm{T}}\boldsymbol{\Phi}(t_0,t)\boldsymbol{B}(t)=0 \tag{4-10}$$

$\boldsymbol{\Phi}(t_0,t)\boldsymbol{B}(t)$ 是 $n\times p$ 维时间函数矩阵。式（4-10）是矩阵 $\boldsymbol{\Phi}(t_0,t)\boldsymbol{B}(t)$ 的行向量组合表达式，$n$ 维行向量 $\boldsymbol{x}_{\bar{c}}^{\mathrm{T}}$ 的元素是其组合系数。根据向量组线性无关的概念，式（4-10）成立时，只有当 $\boldsymbol{x}_{\bar{c}}^{\mathrm{T}}$ 各元素全为 0，矩阵 $\boldsymbol{\Phi}(t_0,t)\boldsymbol{B}(t)$ 的行向量组为线性无关。而 $\boldsymbol{x}_{\bar{c}}^{\mathrm{T}}$ 等于 0 表示对应的状态能控，由于这里所指状态的任意性，所以可以得出系统状态完全能控的基本判据。

**定理 4-1**（能控性基本判据）：系统在 $t_0$ 时刻状态完全能控的充要条件是 $n\times p$ 维时间函数矩阵 $\boldsymbol{\Phi}(t_0,t)\boldsymbol{B}(t)$ 的 $n$ 个行向量线性无关，其中 $t_0<t<t_f$。

直接根据定理 4-1 通过判断矩阵 $\boldsymbol{\Phi}(t_0,t)\boldsymbol{B}(t)$ 的 $n$ 个行向量线性无关来判别系统的能控性比较困难，所以很少应用它，但它是后面一些判据的基础。

可以证明，$n\times p$ 维时间函数矩阵 $\boldsymbol{\Phi}(t_0,t)\boldsymbol{B}(t)$ 的 $n$ 个行向量线性无关与矩阵

$$\boldsymbol{G}_c(t_0,t_f)=\int_{t_0}^{t_f}\boldsymbol{\Phi}(t_0,t)\cdot\boldsymbol{B}(t)\cdot\boldsymbol{B}^{\mathrm{T}}(t)\cdot\boldsymbol{\Phi}^{\mathrm{T}}(t_0,t)\,\mathrm{d}t \tag{4-11}$$

非奇异完全等价，而矩阵 $\boldsymbol{G}_c(t_0,t_f)$ 称为能控性格拉姆（Gram）矩阵，于是可以有能控性基本判据的另一种表达形式。

**定理 4-2**（能控性格拉姆矩阵判据）：系统在 $t_0$ 时刻状态完全能控的充要条件是能控性格拉姆矩阵（4-11）非奇异，其中 $t_0 < t < t_f$。

根据定理 4-2 还可以得出使一个能控状态 $\boldsymbol{x}_c$ 在 $[t_0,\ t_f]$ 时间区间内运动到 $\boldsymbol{x}(t_f)=0$ 的控制向量为

$$\boldsymbol{u}(t) = -\boldsymbol{B}^{\mathrm{T}}(t)\boldsymbol{\Phi}^{\mathrm{T}}(t_0,t)\boldsymbol{G}_c^{-1}(t_0,t_f)\boldsymbol{x}_c \tag{4-12}$$

这一结果只要将上式的 $\boldsymbol{u}(t)$ 代入式（4-2）即可得到验证。

## 三、定常系统能控性判据

定常系统是时变系统的特例，所以上面关于时变系统能控性的判据也都适合定常系统，只是不再强调“某一时刻”，因为对于某时刻能控的定常系统，必在任意时刻都完全能控。

考虑线性定常系统的状态方程

$$\dot{\boldsymbol{x}} = \boldsymbol{A}\boldsymbol{x} + \boldsymbol{B}\boldsymbol{u} \tag{4-13}$$

式中，$\boldsymbol{x}$ 为 $n$ 维状态向量；$\boldsymbol{u}$ 为 $p$ 维输入向量；$\boldsymbol{A}$ 为 $n\times n$ 维常数系统矩阵；$\boldsymbol{B}$ 为 $n\times p$ 维常数输入矩阵。

1. 代数判据

将上述能控性基本判据应用到线性定常系统，则可表述为：线性定常系统 $\boldsymbol{\Sigma}(\boldsymbol{A},\ \boldsymbol{B})$ 状态完全能控的充要条件是 $n\times p$ 维时间函数矩阵 $\mathrm{e}^{-\boldsymbol{A}t}\boldsymbol{B}$ 的 $n$ 个行向量线性无关，即不存在非零向量 $\boldsymbol{x}_{\bar{c}}^{\mathrm{T}}$，使

$$\boldsymbol{x}_{\bar{c}}^{\mathrm{T}}\mathrm{e}^{-\boldsymbol{A}t}\boldsymbol{B} = 0 \tag{4-14}$$

成立。由凯莱—哈密顿定理，$\mathrm{e}^{-\boldsymbol{A}t}$ 可表示为

$$\mathrm{e}^{-\boldsymbol{A}t} = \alpha_0(t)\boldsymbol{I} + \alpha_1(t)\boldsymbol{A} + \cdots + \alpha_{n-1}(t)\boldsymbol{A}^{n-1} = \sum_{i=0}^{n-1}\alpha_i(t)\boldsymbol{A}^i \tag{4-15}$$

式中，$\alpha_i(t)$ 为时间 $t$ 的标量函数。

将上式代入式（4-14），得

$$\boldsymbol{x}_{\bar{c}}^{\mathrm{T}}[\alpha_0(t)\boldsymbol{B} + \alpha_1(t)\boldsymbol{A}\boldsymbol{B} + \cdots + \alpha_{n-1}(t)\boldsymbol{A}^{n-1}\boldsymbol{B}] = 0 \tag{4-16}$$

也即

$$\boldsymbol{x}_{\bar{c}}^{\mathrm{T}}[\boldsymbol{B}\quad \boldsymbol{A}\boldsymbol{B}\quad \boldsymbol{A}^2\boldsymbol{B}\quad \cdots\quad \boldsymbol{A}^{n-1}\boldsymbol{B}]\begin{bmatrix}\alpha_0(t)\boldsymbol{I}_p\\ \alpha_1(t)\boldsymbol{I}_p\\ \alpha_2(t)\boldsymbol{I}_p\\ \vdots\\ \alpha_{n-1}(t)\boldsymbol{I}_p\end{bmatrix} = 0 \tag{4-17}$$

$\alpha_i(t)$ $(i=0,1,2,\cdots,n-1)$ 由于矩阵指数 $\mathrm{e}^{-\boldsymbol{A}t}$ 的随意性也具随意性，所以有

$$\boldsymbol{x}_{\bar{c}}^{\mathrm{T}}[\boldsymbol{B}\quad \boldsymbol{A}\boldsymbol{B}\quad \boldsymbol{A}^2\boldsymbol{B}\quad \cdots\quad \boldsymbol{A}^{n-1}\boldsymbol{B}] = 0 \tag{4-18}$$

又因 $n$ 维行向量 $\boldsymbol{x}_{\bar{c}}^{\mathrm{T}}$ 是零向量，所以上式 $n\times(n\cdot p)$ 维矩阵 $[\boldsymbol{B}\quad \boldsymbol{A}\boldsymbol{B}\quad \boldsymbol{A}^2\boldsymbol{B}\quad \cdots\quad \boldsymbol{A}^{n-1}\boldsymbol{B}]$ 的 $n$ 个行向量线性无关，或者为满秩矩阵，其秩为 $n$。通常，将上述矩阵称为线性定常系统的能控性矩阵，记为 $\boldsymbol{Q}_c$。可得出如下判据：

**定理 4-3**（代数判据或秩判据）：线性定常连续系统（4-13）状态完全能控的充要条件是系统的能控性矩阵的秩为 $n$，即

$$\operatorname{rank}\boldsymbol{Q}_c=\operatorname{rank}[\boldsymbol{B}\quad \boldsymbol{AB}\quad \boldsymbol{A}^2\boldsymbol{B}\quad \cdots\quad \boldsymbol{A}^{n-1}\boldsymbol{B}]=n \tag{4-19}$$

由线性定常系统能控性代数判据可以证明，引入非奇异线性变换，不改变系统的能控性。这是因为，引入非奇异线性变换 $\boldsymbol{x}=\boldsymbol{P}\bar{\boldsymbol{x}}$ 后，新状态空间的系统矩阵和输入矩阵分别为

$$\bar{\boldsymbol{A}}=\boldsymbol{P}^{-1}\boldsymbol{AP}\text{ 和 }\bar{\boldsymbol{B}}=\boldsymbol{P}^{-1}\boldsymbol{B} \tag{4-20}$$

而在新状态空间中的能控性矩阵为

$$\begin{aligned}\bar{\boldsymbol{Q}}_c&=[\bar{\boldsymbol{B}}\quad \bar{\boldsymbol{A}}\bar{\boldsymbol{B}}\quad \bar{\boldsymbol{A}}^2\bar{\boldsymbol{B}}\quad \cdots\quad \bar{\boldsymbol{A}}^{n-1}\bar{\boldsymbol{B}}]=[\boldsymbol{P}^{-1}\boldsymbol{B}\ (\boldsymbol{P}^{-1}\boldsymbol{AP})\boldsymbol{P}^{-1}\boldsymbol{B}\ \cdots\ (\boldsymbol{P}^{-1}\boldsymbol{AP})^{n-1}\boldsymbol{P}^{-1}\boldsymbol{B}]\\&=[\boldsymbol{P}^{-1}\boldsymbol{B}\quad \boldsymbol{P}^{-1}\boldsymbol{AB}\quad \cdots\quad \boldsymbol{P}^{-1}\boldsymbol{A}^{n-1}\boldsymbol{B}]=\boldsymbol{P}^{-1}[\boldsymbol{B}\quad \boldsymbol{AB}\quad \cdots\quad \boldsymbol{A}^{n-1}\boldsymbol{B}]=\boldsymbol{P}^{-1}\boldsymbol{Q}_c\end{aligned} \tag{4-21}$$

由于非奇异变换，$\boldsymbol{P}^{-1}$存在并满秩，所以有

$$\operatorname{rank}\bar{\boldsymbol{Q}}_c=\operatorname{rank}\boldsymbol{Q}_c \tag{4-22}$$

表明非奇异变换不改变系统的能控性。

**例 4-1**　已知线性定常连续系统的状态方程为

$$\dot{\boldsymbol{x}}=\begin{bmatrix}-4 & 5\\ 1 & 0\end{bmatrix}\boldsymbol{x}+\begin{bmatrix}-2\\ 1\end{bmatrix}\boldsymbol{u}$$

试判别其能控性。

**解**　将 $\boldsymbol{A}=\begin{bmatrix}-4 & 5\\ 1 & 0\end{bmatrix}$和 $\boldsymbol{b}=\begin{bmatrix}-2\\ 1\end{bmatrix}$代入式（4-19），得

$$\boldsymbol{Q}_c=[\boldsymbol{b}\quad \boldsymbol{Ab}]=\begin{bmatrix}-2 & 13\\ 1 & -2\end{bmatrix}$$

其秩 $\operatorname{rank}\boldsymbol{Q}_c=2=n$，系统状态完全能控。

**例 4-2**　判别示例 3 所示电路系统的能控性。

**解**　示例 3 所示系统的状态方程为

$$\dot{\boldsymbol{x}}=\begin{bmatrix}-\dfrac{2}{3RC} & 1\\ 1 & -\dfrac{2}{3RC}\end{bmatrix}\boldsymbol{x}+\begin{bmatrix}1\\ 1\end{bmatrix}\boldsymbol{u}$$

其能控性矩阵为

$$\boldsymbol{Q}_c=[\boldsymbol{b}\quad \boldsymbol{Ab}]=\begin{bmatrix}1 & -\dfrac{2}{3RC}+1\\ 1 & -\dfrac{2}{3RC}+1\end{bmatrix}$$

其秩 $\operatorname{rank}\boldsymbol{Q}_c=1<n$，系统状态不完全能控，即系统不能控。结果与前面分析一致。

**例 4-3**　试判别下列状态方程所表示的线性定常连续系统的能控性：

$$\dot{\boldsymbol{x}}=\begin{bmatrix}-1 & -4 & -2\\ 0 & 6 & -1\\ 1 & 7 & -1\end{bmatrix}\boldsymbol{x}+\begin{bmatrix}2 & 0\\ 0 & 1\\ 1 & 1\end{bmatrix}\boldsymbol{u}$$

**解**　求得系统的能控性矩阵为

$$Q_c=[B \quad AB \quad A^2B]=\begin{bmatrix}2 & 0 & -4 & & & \\ 0 & 1 & -1 & * & * & * \\ 1 & 1 & 1 & & & \end{bmatrix}$$

由计算得到的前三列就可得出 $\mathrm{rank}Q_c=3=n$，判断系统完全能控，这种情况下就不必再计算出后三列的具体数值。

另外，在判别一个方矩阵是否满秩时，通过计算它的行列式是否等于零是较方便的方法。由于 $\mathrm{rank}Q_c=\mathrm{rank}\ (Q_cQ_c^{\mathrm{T}})$，所以，可以计算 $n\times n$ 维方矩阵 $Q_cQ_c^{\mathrm{T}}$ 的行列式来判别能控性矩阵 $Q_c$ 是否满秩，这在计算机辅助分析时会带来很大方便。

2. PBH 判据　PBH 判据由波波夫（V. M. Popov）、贝尔维奇（V. Belevitch）和豪塔斯（M. L. J. Hautus）等人提出，包括 PBH 秩判据和 PBH 特征向量判据两部分。本书仅介绍 PBH 秩判据。

**定理 4-4**（PBH 秩判据）：线性定常连续系统（4-13）状态完全能控的充要条件是系统矩阵 $A$ 的所有特征值 $\lambda_i(i=1,2,\cdots,n)$ 满足

$$\mathrm{rank}[\lambda_i I-A \quad B]=n \tag{4-23}$$

定理条件的充分性证明：采用反证法，假设系统（4-13）不能控，那么根据后面将要介绍的系统结构按能控性分解的结论可知，必存在非奇异变换 $x=P\tilde{x}$，使线性定常系统 $\Sigma(A,\ B)$ 变换为如下分解形式 $\Sigma(\tilde{A},\ \tilde{B})$：

$$\tilde{A}=P^{-1}AP=\begin{bmatrix}\tilde{A}_{11} & \tilde{A}_{12}\\ 0 & \tilde{A}_{22}\end{bmatrix} \tag{4-24}$$

及

$$\tilde{B}=P^{-1}B=\begin{bmatrix}\tilde{B}_1\\ 0\end{bmatrix} \tag{4-25}$$

其中子系统 $\Sigma(\tilde{A}_{11},\tilde{B}_1)$ 为能控部分，子系统 $\Sigma(\tilde{A}_{22},0)$ 为不能控部分。取 $\tilde{A}_{22}$ 的一个特征值 $\lambda_i$ 及 $\tilde{A}_{22}$ 的属于 $\lambda_i$ 的一个左特征向量 $\tilde{v}_i^{\mathrm{T}}$（满足 $\tilde{v}_i^{\mathrm{T}}(\lambda_i I-\tilde{A}_{22})=0$ 的非零行向量），可以构造出一个 $n$ 维的非零行向量 $v^{\mathrm{T}}=[0 \quad \tilde{v}_i^{\mathrm{T}}]P^{-1}$，显然有

$$v^{\mathrm{T}}B=[0 \quad \tilde{v}_i^{T}]P^{-1}\cdot P\begin{bmatrix}\tilde{B}_1\\ 0\end{bmatrix}=0 \tag{4-26}$$

以及

$$v^{\mathrm{T}}A=[0 \quad \tilde{v}_i^{\mathrm{T}}]P^{-1}\cdot P\begin{bmatrix}\tilde{A}_{11} & \tilde{A}_{12}\\ 0 & \tilde{A}_{22}\end{bmatrix}P^{-1}=[0 \quad \tilde{v}_i^{\mathrm{T}}\tilde{A}_{22}]P^{-1}$$

$$=[0 \quad \lambda_1\tilde{v}_i^{\mathrm{T}}]P^{-1}=\lambda_i[0 \quad \tilde{v}_i^{\mathrm{T}}]P^{-1}=\lambda_i v^{\mathrm{T}} \tag{4-27}$$

即

$$\boldsymbol{v}^{\mathrm{T}}(\lambda_i\boldsymbol{I}-\boldsymbol{A})=0 \tag{4-28}$$

综合式（4-26）和式（4-28）有

$$\boldsymbol{v}^{\mathrm{T}}[\lambda_i\boldsymbol{I}-\boldsymbol{A}\quad \boldsymbol{B}]=0 \tag{4-29}$$

由于$n$维行向量$\boldsymbol{v}^{\mathrm{T}}$非零，$n\times(n+p)$维矩阵［$\lambda_i\boldsymbol{I}-\boldsymbol{A}\quad \boldsymbol{B}$］的$n$个行向量必线性相关，也即

$$\mathrm{rank}[\lambda_i\boldsymbol{I}-\boldsymbol{A}\quad \boldsymbol{B}]<n \tag{4-30}$$

显然，由系统（4-13）不能控得出$\mathrm{rank}[\lambda_i\boldsymbol{I}-\boldsymbol{A}\quad \boldsymbol{B}]<n$的结论。反之，$\mathrm{rank}[\lambda_i\boldsymbol{I}-\boldsymbol{A}\quad \boldsymbol{B}]=n$，则系统（4-13）的状态应是完全能控的。

定理条件的必要性证明：也采用反证法，假设矩阵$\boldsymbol{A}$的某个特征值$\lambda_i$满足$\mathrm{rank}[\lambda_i\boldsymbol{I}-\boldsymbol{A}\quad \boldsymbol{B}]<n$，这表明$n\times(n+p)$维矩阵$[\lambda_i\boldsymbol{I}-\boldsymbol{A}\quad \boldsymbol{B}]$的$n$个行向量线性相关，必存在一个非零的行向量$\boldsymbol{\alpha}^{\mathrm{T}}$，使

$$\boldsymbol{\alpha}^{\mathrm{T}}[\lambda_i\boldsymbol{I}-\boldsymbol{A}\quad \boldsymbol{B}]=0 \tag{4-31}$$

考虑到问题的一般性，可得出

$$\boldsymbol{\alpha}^{\mathrm{T}}\boldsymbol{A}=\lambda_i\boldsymbol{\alpha}^{\mathrm{T}}\text{ 及 }\boldsymbol{\alpha}^{\mathrm{T}}\boldsymbol{B}=0 \tag{4-32}$$

进而可得

$$\left.\begin{aligned}&\boldsymbol{\alpha}^{\mathrm{T}}\boldsymbol{A}\boldsymbol{B}=\lambda_i\boldsymbol{\alpha}^{\mathrm{T}}\boldsymbol{B}=0\\&\boldsymbol{\alpha}^{\mathrm{T}}\boldsymbol{A}^2\boldsymbol{B}=\lambda_i\boldsymbol{\alpha}^{\mathrm{T}}\boldsymbol{A}\boldsymbol{B}=\lambda_i^2\boldsymbol{\alpha}^{\mathrm{T}}\boldsymbol{B}=0\\&\cdots\\&\boldsymbol{\alpha}^{\mathrm{T}}\boldsymbol{A}^{n-1}\boldsymbol{B}=0\end{aligned}\right. \tag{4-33}$$

写成矩阵形式即为

$$\boldsymbol{\alpha}^{\mathrm{T}}[\boldsymbol{B}\quad \boldsymbol{A}\boldsymbol{B}\quad \cdots\quad \boldsymbol{A}^{n-1}\boldsymbol{B}]=\boldsymbol{\alpha}^{\mathrm{T}}\boldsymbol{Q}_{\mathrm{c}}=0 \tag{4-34}$$

由于行向量$\boldsymbol{\alpha}^{\mathrm{T}}$非零，能控性矩阵$\boldsymbol{Q}_{\mathrm{c}}$的$n$个行向量线性相关，也即

$$\mathrm{rank}\boldsymbol{Q}_{\mathrm{c}}<n \tag{4-35}$$

可见，由$\mathrm{rank}[\lambda_i\boldsymbol{I}-\boldsymbol{A}\quad \boldsymbol{B}]<n$得出系统（4-13）不能控的结论。反之，系统（4-13）能控，必须$\mathrm{rank}[\lambda_i\boldsymbol{I}-\boldsymbol{A}\quad \boldsymbol{B}]=n$。

再注意到$s$域上除特征值$\lambda_i(i=1,2,\cdots,n)$外，都有$\mathrm{rank}(s\boldsymbol{I}-\boldsymbol{A})=n$，所以式（4-23）成立等价于

$$\mathrm{rank}[s\boldsymbol{I}-\boldsymbol{A}\quad \boldsymbol{B}]=n \tag{4-36}$$

即式（4-36）成立也是线性定常连续系统状态完全能控的充要条件。

**例 4-4**　线性定常系统的状态方程为

$$\dot{\boldsymbol{x}}=\begin{bmatrix}-4 & 5\\ 1 & 0\end{bmatrix}\boldsymbol{x}+\begin{bmatrix}-2\\ 1\end{bmatrix}\boldsymbol{u}$$

试应用 PBH 秩判据判别其能控性。

**解**　先求得系统的特征值为$\lambda_1=-5$，$\lambda_2=1$。

对于$\lambda_1=-5$有$[\lambda_1\boldsymbol{I}-\boldsymbol{A}\quad \boldsymbol{B}]=\begin{bmatrix}-1 & -5 & -2\\ -1 & -5 & 1\end{bmatrix}$,其秩为 2；

对于$\lambda_2=1$有$[\lambda_2\boldsymbol{I}-\boldsymbol{A}\quad \boldsymbol{B}]=\begin{bmatrix}5 & -5 & -2\\ -1 & 1 & 1\end{bmatrix}$，其秩也为 2；满足 PBH 秩判据条件，故系统的状态是完全能控的。

3. 特征值规范型判据　线性定常系统能控性的特征值规范型判据建立在系统控制量与状态量之间联系的基础上。由于具有特征值规范形式的系统，控制量与状态量之间的关系是显式的，所以可以直接通过它们之间的关系进行判别。

**定理 4-5**（对角线规范型判据）系统矩阵 $\boldsymbol{A}$ 为对角阵，且对角线上元素互异时，系统状态完全能控的充要条件是输入矩阵 $\boldsymbol{B}$ 不存在元素全为 0 的行。

这是由于当系统状态方程具有下面形式时

$$\dot{\boldsymbol{x}}=\begin{bmatrix}\lambda_1 & 0 & \cdots & 0\\ 0 & \lambda_2 & \cdots & 0\\ \vdots & \vdots & & \vdots\\ 0 & 0 & \cdots & \lambda_n\end{bmatrix}\boldsymbol{x}+\begin{bmatrix}\boldsymbol{b}_1\\ \boldsymbol{b}_2\\ \vdots\\ \boldsymbol{b}_n\end{bmatrix}\boldsymbol{u} \tag{4-37}$$

式中，$\boldsymbol{b}_i(i=1,2,\cdots,n)$为输入矩阵 $\boldsymbol{B}$ 的行向量。

应用 PBH 秩判据，有

$$[\lambda_i\boldsymbol{I}-\boldsymbol{A}\quad \boldsymbol{B}]=\begin{bmatrix}\lambda_i-\lambda_1 & 0 & \cdots & 0 & \boldsymbol{b}_1\\ 0 & \lambda_i-\lambda_2 & \cdots & 0 & \boldsymbol{b}_2\\ \vdots & \vdots & \ddots & \vdots & \vdots\\ 0 & 0 & \cdots & \lambda_i-\lambda_n & \boldsymbol{b}_n\end{bmatrix} \tag{4-38}$$

分别以不同的特征值$\lambda_i(i=1,2,\cdots,n)$代入上式，只有当$\boldsymbol{b}_i\neq 0$（$i=1，2，\cdots，n$）时，才能使 $\mathrm{rank}[\lambda_i\boldsymbol{I}-\boldsymbol{A}\quad \boldsymbol{B}]=n$。

由于非奇异变换不改变系统的能控性，定理 4-5 等价于：具有两两相异特征值的线性定常系统$\boldsymbol{\Sigma}(\boldsymbol{A},\boldsymbol{B})$，状态完全能控的充要条件是其对角线规范型$\boldsymbol{\Sigma}(\overline{\boldsymbol{A}},\overline{\boldsymbol{B}})$的输入矩阵$\overline{\boldsymbol{B}}$不存在元素全为 0 的行。

**例 4-5**　下列系统的能控性可直接应用定理 4-5 得以判别：

1）$\dot{\boldsymbol{x}}=\begin{bmatrix}-1 & 0\\ 0 & -2\end{bmatrix}\boldsymbol{x}+\begin{bmatrix}1\\ 2\end{bmatrix}\boldsymbol{u}$　　系统能控

2）$\dot{\boldsymbol{x}}=\begin{bmatrix}-2 & 0\\ 0 & -1\end{bmatrix}\boldsymbol{x}+\begin{bmatrix}1\\ 0\end{bmatrix}\boldsymbol{u}$　　系统不能控

3）$\dot{\boldsymbol{x}}=\begin{bmatrix}-1 & 0 & 0\\ 0 & -2 & 0\\ 0 & 0 & -3\end{bmatrix}\boldsymbol{x}+\begin{bmatrix}0 & 2\\ 5 & 0\\ 8 & 5\end{bmatrix}\boldsymbol{u}$　　系统能控

4）$\dot{\boldsymbol{x}}=\begin{bmatrix}-1 & 0 & 0\\ 0 & -2 & 0\\ 0 & 0 & -3\end{bmatrix}\boldsymbol{x}+\begin{bmatrix}0 & 0\\ 5 & 0\\ 8 & 5\end{bmatrix}\boldsymbol{u}$　　系统不能控

5）$\dot{\boldsymbol{x}}=\begin{bmatrix}-1 & 0\\ 0 & -1\end{bmatrix}\boldsymbol{x}+\begin{bmatrix}1\\ 2\end{bmatrix}u$，系统矩阵虽为对角阵，但由于对角线上元素不互异，所以不能用定理 4-5 判据。实际上，该系统的能控性矩阵为

$$\boldsymbol{Q}_{\mathrm{c}}=[\boldsymbol{b}\quad \boldsymbol{Ab}]=\begin{bmatrix}1 & -1\\ 2 & -2\end{bmatrix}$$

不是满秩阵，系统不能控。

**定理 4-6**（约当规范型判据 1）：系统矩阵 $\boldsymbol{A}$ 为约当阵且不同约当块具有不同对角元素时，系统状态完全能控的充要条件是输入矩阵 $\boldsymbol{B}$ 的与每个约当块末行对应的行元素不全为 0。

以只具有一个约当块的情况来说明该定理。这时系统的状态方程为

$$\dot{\boldsymbol{x}} = \begin{bmatrix} \lambda & 1 & & \boldsymbol{0} \\ & \lambda & \ddots & \\ & & \ddots & 1 \\ \boldsymbol{0} & & & \lambda \end{bmatrix} \boldsymbol{x} + \begin{bmatrix} \boldsymbol{b}_1 \\ \boldsymbol{b}_2 \\ \vdots \\ \boldsymbol{b}_n \end{bmatrix} \boldsymbol{u} \tag{4-39}$$

式中，$\boldsymbol{b}_i$（$i=1, 2, \cdots, n$）为输入矩阵 $\boldsymbol{B}$ 的行向量。

应用 PBH 秩判据，将系统唯一的 $n$ 重特征值 $\lambda$ 代入判别矩阵，有

$$[\lambda \boldsymbol{I} - \boldsymbol{A} \quad \boldsymbol{B}] = \begin{bmatrix} 0 & -1 & 0 & \cdots & 0 & \boldsymbol{b}_1 \\ 0 & 0 & -1 & \cdots & 0 & \boldsymbol{b}_2 \\ \vdots & \vdots & \vdots & \ddots & \vdots & \vdots \\ 0 & 0 & 0 & \ddots & -1 & \boldsymbol{b}_{n-1} \\ 0 & 0 & 0 & \cdots & 0 & \boldsymbol{b}_n \end{bmatrix} \tag{4-40}$$

显然，只有当 $\boldsymbol{b}_n \neq 0$ 时，才能使 $\operatorname{rank}[\lambda \boldsymbol{I} - \boldsymbol{A} \quad \boldsymbol{B}] = n$。

同样，定理 4-6 也等价于：具有多重特征值的线性定常系统 $\boldsymbol{\Sigma}(\boldsymbol{A},\boldsymbol{B})$，状态完全能控的充要条件是其约当规范型 $\boldsymbol{\Sigma}(\overline{\boldsymbol{A}},\overline{\boldsymbol{B}})$ 中不同约当块具有不同对角元素时，输入矩阵 $\boldsymbol{B}$ 的与每个约当块末行对应的行元素不全为 0。

**例 4-6** 下列系统的能控性可直接应用定理 4-6 得以判别：

1）$\dot{\boldsymbol{x}} = \begin{bmatrix} -4 & 1 \\ 0 & -4 \end{bmatrix} \boldsymbol{x} + \begin{bmatrix} 0 \\ 2 \end{bmatrix} \boldsymbol{u}$ 系统能控

2）$\dot{\boldsymbol{x}} = \begin{bmatrix} -2 & 1 \\ 0 & -2 \end{bmatrix} \boldsymbol{x} + \begin{bmatrix} 2 \\ 0 \end{bmatrix} \boldsymbol{u}$ 系统不能控

3）$\dot{\boldsymbol{x}} = \begin{bmatrix} -1 & 1 & 0 \\ 0 & -1 & 1 \\ 0 & 0 & -1 \end{bmatrix} \boldsymbol{x} + \begin{bmatrix} 0 & 0 \\ 1 & 0 \\ 0 & 1 \end{bmatrix} \boldsymbol{u}$ 系统能控

4）$\dot{\boldsymbol{x}} = \begin{bmatrix} -4 & 1 & 0 & 0 \\ 0 & -4 & 0 & 0 \\ 0 & 0 & -3 & 1 \\ 0 & 0 & 0 & -3 \end{bmatrix} \boldsymbol{x} + \begin{bmatrix} 0 & 0 \\ 0 & 1 \\ 2 & 0 \\ 0 & 2 \end{bmatrix} \boldsymbol{u}$ 系统能控

系统矩阵 $\boldsymbol{A}$ 为约当阵但不同约当块具有相同对角元素时，有下面定理。

**定理 4-7**（约当规范型判据 2）：系统矩阵 $\boldsymbol{A}$ 为约当阵，但不同约当块具有相同对角元素时，系统状态完全能控的充要条件是输入矩阵 $\boldsymbol{B}$ 的与每个约当块末行对应的那些行彼此线性无关。

以具有 2 个约当块的情况来说明该定理。设系统的状态方程为

$$\dot{\boldsymbol{x}}=\begin{bmatrix}\lambda & 1 & 0 & 0 & 0\\ 0 & \lambda & 0 & 0 & 0\\ 0 & 0 & \lambda & 1 & 0\\ 0 & 0 & 0 & \lambda & 1\\ 0 & 0 & 0 & 0 & \lambda\end{bmatrix}\boldsymbol{x}+\begin{bmatrix}\boldsymbol{b}_1\\ \boldsymbol{b}_2\\ \boldsymbol{b}_3\\ \boldsymbol{b}_4\\ \boldsymbol{b}_5\end{bmatrix}\boldsymbol{u} \tag{4-41}$$

式中，$\boldsymbol{b}_i$（$i=1，2，\cdots，5$）为输入矩阵 $\boldsymbol{B}$ 的行向量。

系统矩阵由两个约当块组成，并且约当块具有相同的对角线元素 $\lambda$。应用 PBH 秩判据，将系统唯一的特征值 $\lambda$ 代入判别矩阵，有

$$[\lambda\boldsymbol{I}-\boldsymbol{A}\quad \boldsymbol{B}]=\begin{bmatrix}0 & -1 & 0 & 0 & 0 & \boldsymbol{b}_1\\ 0 & 0 & 0 & 0 & 0 & \boldsymbol{b}_2\\ 0 & 0 & 0 & -1 & 0 & \boldsymbol{b}_3\\ 0 & 0 & 0 & 0 & -1 & \boldsymbol{b}_4\\ 0 & 0 & 0 & 0 & 0 & \boldsymbol{b}_5\end{bmatrix} \tag{4-42}$$

显然，只有当行向量 $\boldsymbol{b}_2$ 和 $\boldsymbol{b}_5$ 线性无关时，才能使 $\mathrm{rank}[\lambda\boldsymbol{I}-\boldsymbol{A}\quad \boldsymbol{B}]=n$。

定理 4-7 也等价于：具有多重特征值的线性定常系统 $\boldsymbol{\Sigma}(\boldsymbol{A},\boldsymbol{B})$，状态完全能控的充要条件是其约当规范型 $\boldsymbol{\Sigma}(\overline{\boldsymbol{A}},\overline{\boldsymbol{B}})$ 中不同约当块具有相同对角元素时，输入矩阵 $\overline{\boldsymbol{B}}$ 的与每个约当块末行对应的那些行彼此线性无关。

**例 4-7**　下列系统的能控性可直接应用定理 4-7 得以判别：

1）$\dot{\boldsymbol{x}}=\begin{bmatrix}3 & 1 & 0 & 0\\ 0 & 3 & 0 & 0\\ 0 & 0 & 3 & 1\\ 0 & 0 & 0 & 3\end{bmatrix}\boldsymbol{x}+\begin{bmatrix}1 & 2\\ 1 & 1\\ 1 & 0\\ 2 & 2\end{bmatrix}\boldsymbol{u}$，系统不能控，因为 $\boldsymbol{B}$ 矩阵的第 2、4 行线性相关。

2）$\dot{\boldsymbol{x}}=\begin{bmatrix}3 & 1 & 0 & 0\\ 0 & 3 & 0 & 0\\ 0 & 0 & 3 & 1\\ 0 & 0 & 0 & 3\end{bmatrix}\boldsymbol{x}+\begin{bmatrix}2 & 1\\ 2 & 1\\ 1 & 0\\ 0 & 1\end{bmatrix}\boldsymbol{u}$，系统能控，因为 $\boldsymbol{B}$ 矩阵的第 2、4 行线性无关。

一个对角元素也可视为阶次为 1 的约当块，据此，下列系统的能控性同样可直接应用定理 4-7 得以判别：

3）$\dot{\boldsymbol{x}}=\begin{bmatrix}-2 & 0\\ 0 & -2\end{bmatrix}\boldsymbol{x}+\begin{bmatrix}2\\ 1\end{bmatrix}\boldsymbol{u}$，系统不能控，因为 $\boldsymbol{b}$ 矩阵的两行线性相关。

4）$\dot{\boldsymbol{x}}=\begin{bmatrix}-1 & 1 & 0\\ 0 & -1 & 0\\ 0 & 0 & -1\end{bmatrix}\boldsymbol{x}+\begin{bmatrix}0\\ 1\\ 2\end{bmatrix}\boldsymbol{u}$，系统不能控，因为 $\boldsymbol{b}$ 矩阵的第 2、3 行线性相关。

5） $\dot{x}=\begin{bmatrix}-2 & 1 & & & & & \mathbf{0}\\ 0 & -2 & & & & & \\ & & -2 & & & & \\ & & & -2 & & & \\ & & & & 3 & 1 & \\ & & & & 0 & 3 & \\ \mathbf{0} & & & & & & 3\end{bmatrix}x+\begin{bmatrix}0 & 0 & 0\\ 1 & 0 & 0\\ 0 & 4 & 0\\ 0 & 0 & 7\\ 0 & 0 & 0\\ 1 & 1 & 0\\ 0 & 4 & 1\end{bmatrix}u$，系统能控，因为 $B$ 矩阵的第 2、3、4 行线性无关，第 6、7 行也线性无关。

当系统矩阵 $A$ 既有相异的对角元素，又有约当块时，可依据不同情况联合应用上述三个定理对系统能控性进行判别。

**例 4-8** 下列系统的能控性可通过联合应用定理 4-5、定理 4-6 和定理 4-7 得以判别：

1） $\dot{x}=\begin{bmatrix}-3 & 1 & 0\\ 0 & -3 & 0\\ 0 & 0 & 1\end{bmatrix}x+\begin{bmatrix}0 & 0\\ 2 & -1\\ 0 & 3\end{bmatrix}u$ ，联合应用定理 4-5、定理 4-6 可知，系统能控，因为 $B$ 矩阵的第 2 行元素不全为 0，第 3 行元素不全为 0。

2） $\dot{x}=\begin{bmatrix}-4 & 1 & & & & & \mathbf{0}\\ 0 & -4 & & & & & \\ & & 1 & & & & \\ & & & -2 & & & \\ & & & & 5 & 1 & \\ & & & & 0 & 5 & \\ \mathbf{0} & & & & & & 5\end{bmatrix}x+\begin{bmatrix}0 & 0 & 0\\ 1 & 0 & 0\\ 0 & 3 & 0\\ 0 & 0 & 7\\ 0 & 0 & 0\\ 2 & 0 & 1\\ 0 & 1 & 2\end{bmatrix}u$，联合应用定理 4-5、定理 4-6、定理 4-7，系统能控，因为 $B$ 矩阵的第 2 行元素不全为 0，第 3、4 行元素不全为 0，第 6、7 行线性无关。

## 四、定常系统的输出能控性

系统的输出能控性描述系统的控制量对输出量的支配能力。对于线性定常连续系统

$$\begin{cases}\dot{x}=Ax+Bu\\ y=Cx+Du\end{cases} \tag{4-43}$$

如果存在控制作用 $u(t)$，在有限的时间区间 $[t_0,\ t_f]$ 内，将任一给定的初始输出 $y(t_0)$ 推向所规定的任意终点输出 $y(t_f)$，则称系统是输出完全能控的，简称系统输出能控。

下面不加证明地给出线性定常系统输出能控性代数判据。

**定理 4-8**（输出能控性代数判据）：线性定常系统（4-43）输出完全能控的充要条件是 $q\times((n+1)\cdot p)$ 维输出能控性矩阵 $Q_s$ 的秩为 $q$，即

$$\mathrm{rank}Q_s=\mathrm{rank}[CB\quad CAB\quad\cdots\quad CA^{n-1}B\quad D]=q \tag{4-44}$$

当直接传输矩阵 $D=0$ 时，有

$$Q_s=[CB\quad CAB\quad\cdots\quad CA^{n-1}B]=CQ_c \tag{4-45}$$

$Q_c$ 是系统的能控性矩阵，当系统状态完全能控即 $Q_c$ 满秩时，有 $\mathrm{rank}Q_s=\mathrm{rank}C$。输出能控

性取决于输出矩阵 $\boldsymbol{C}$ 是否满秩；而系统状态不完全能控即 $\boldsymbol{Q}_c$ 不满秩时，输出能控性取决于 $q\times(n\cdot p)$ 维矩阵 $\boldsymbol{CQ}_c$ 的行向量线性相关情况。所以，输出能控性与状态能控性是两个没有必然联系的概念。

**例 4-9**　分析系统

$$\begin{cases}\dot{\boldsymbol{x}}=\begin{bmatrix}-2 & 2\\ 0 & 3\end{bmatrix}\boldsymbol{x}+\begin{bmatrix}1\\0\end{bmatrix}\boldsymbol{u}\\ y=[1\quad -1]\boldsymbol{x}\end{cases}$$

的状态能控性和输出能控性。

**解**　系统的状态能控性矩阵为

$$\boldsymbol{Q}_c=[\boldsymbol{b}\quad \boldsymbol{Ab}]=\begin{bmatrix}1 & -2\\ 0 & 0\end{bmatrix}$$

其秩为 $1<2=n$，所以系统状态不完全能控。而系统的输出能控性矩阵为

$$\boldsymbol{Q}_s=[\boldsymbol{cb}\quad \boldsymbol{cAb}]=[1\quad -2]$$

其秩为 $1=q$，所以系统是输出能控的。这是状态不能控但输出能控的情况。

**例 4-10**　分析系统

$$\begin{cases}\dot{\boldsymbol{x}}=\begin{bmatrix}-1 & 5\\ 0 & 2\end{bmatrix}\boldsymbol{x}+\begin{bmatrix}1\\0\end{bmatrix}\boldsymbol{u}\\ \boldsymbol{y}=\begin{bmatrix}1 & 0\\ 0 & 1\end{bmatrix}\boldsymbol{x}\end{cases}$$

的状态能控性和输出能控性。

**解**　系统的状态能控性矩阵为

$$\boldsymbol{Q}_c=[\boldsymbol{b}\quad \boldsymbol{Ab}]=\begin{bmatrix}1 & -1\\ 0 & 0\end{bmatrix}$$

其秩为 $1<2=n$，所以系统状态不完全能控。而系统的输出能控性矩阵为

$$\boldsymbol{Q}_s=[\boldsymbol{Cb}\quad \boldsymbol{CAb}]=\begin{bmatrix}1 & -1\\ 0 & 0\end{bmatrix}$$

其秩为 $1<2=q$，所以系统输出也是不完全能控的，这是状态不能控且输出也不能控的情况。

通常，输出不能控对应了系统输入到输出传递关系为 0 的情况，例 4-10 中，系统的传递函数矩阵为

$$\boldsymbol{G}(s)=\boldsymbol{C}(s\boldsymbol{I}-\boldsymbol{A})^{-1}\boldsymbol{b}=\begin{bmatrix}1 & 0\\ 0 & 1\end{bmatrix}\begin{bmatrix}s+1 & -5\\ 0 & s-2\end{bmatrix}^{-1}\begin{bmatrix}1\\0\end{bmatrix}=\begin{bmatrix}\dfrac{1}{s+1}\\ 0\end{bmatrix}$$

即 $\dfrac{y_1(s)}{u(s)}=\dfrac{1}{s+1}$，$\dfrac{y_2(s)}{u(s)}=0$。显然，$y_1$ 受 $u$ 控制，而 $y_2$ 是不受 $u$ 支配的，所以系统输出不完全能控。

## 第三节　连续系统能观性及其判据

系统的能观性也称能观测性，用来表示系统输出量对状态量的反映能力，回答系统是否

能够通过输出量的测量值来确定状态值的问题。之所以要讨论这个问题是由于，对于一个系统而言输出量总是可以直接测量的，而状态量的各个分量往往不能全部通过直接测量得到，但是在系统的分析与综合中，又需要状态量的信息，特别是在系统的状态反馈控制中，状态量的获得是反馈控制的前提条件。所以，在状态量不能直接测量的情况下，必须研究从能测量的输出量间接获取不能直接测量的状态量的问题，而首先要研究的是系统是否具备这种能力，即能观性。

能观性涉及系统的状态量和输出量，需要同时考虑系统的状态方程和输出方程。下面先从连续系统入手讨论。

## 一、能观性定义

能观性讨论输出量对状态量的反映能力，与系统的输入量无关，所以，令系统的输入 $\boldsymbol{u}(t)=0$，则线性时变连续系统表示为

$$\begin{cases}\dot{\boldsymbol{x}}=\boldsymbol{A}(t)\boldsymbol{x}\\ \boldsymbol{y}=\boldsymbol{C}(t)\boldsymbol{x}\end{cases} \tag{4-46}$$

式中，$\boldsymbol{x}$ 为 $n$ 维状态向量；$\boldsymbol{y}$ 为 $q$ 维输出向量；$\boldsymbol{A}(t)$为 $n\times n$ 维系统矩阵；$\boldsymbol{C}(t)$为 $q\times n$ 维输出矩阵。

1. 状态能观　对于系统（4-46）和指定的初始时刻 $t_0$，若能够根据有限的时间区间 $[t_0,\ t_f]$ 内测量到的输出量 $\boldsymbol{y}(t)$唯一地确定系统任意的非零初始状态 $\boldsymbol{x}(t_0)=\boldsymbol{x}_0$，则称该状态 $\boldsymbol{x}_0$ 在 $t_0$ 时刻是能观的。

如果输出量不能反映状态量的改变，即在一个时间区间内，无论状态量如何变化，而输出量始终不变，那么状态是不能观的。据此，可等价地给出状态不能观的定义。

2. 状态不能观　对于系统（4-46）和指定的初始时刻 $t_0$，如果存在非零初始状态 $\boldsymbol{x}(t_0)=\boldsymbol{x}_0$，使系统的输出响应在有限的时间区间 $[t_0,\ t_f]$ 内恒为零，即 $\boldsymbol{y}(t)\equiv 0(t_0<t<t_f)$，则称该状态 $\boldsymbol{x}_0$ 在 $t_0$ 时刻是不能观的，记作 $\boldsymbol{x}_{\bar{o}}$。

3. 系统能观　对于系统（4-46），如果状态空间中所有的非零状态在 $t_0$ 时刻都不是不能观的，则称系统在 $t_0$ 时刻是状态完全能观的，简称系统在 $t_0$ 时刻能观。

线性时变系统强调了"$t_0$ 时刻"的能观性，对于时变系统，一个状态的能观一般与指定的初始时刻 $t_0$ 有关，若与初始时刻 $t_0$ 无关，则称该状态是一致能观的。定常系统的能观性与初始时刻 $t_0$ 无关，所以系统状态完全能观，就意味着是一致能观的。

前面的讨论假设了 $\boldsymbol{u}(t)=0$，实际上，引入确定性的外部输入不影响系统状态的能观性。这是因为，如设输入 $\boldsymbol{u}(t)$存在，系统（4-46）改写为

$$\begin{cases}\dot{\boldsymbol{x}}=\boldsymbol{A}(t)\boldsymbol{x}+\boldsymbol{B}(t)\boldsymbol{u}\\ \boldsymbol{y}=\boldsymbol{C}(t)\boldsymbol{x}+\boldsymbol{D}(t)\boldsymbol{u}\end{cases} \tag{4-47}$$

由第二章关于线性时变系统运动分析可知，系统的状态解为

$$\boldsymbol{x}(t)=\boldsymbol{\Phi}(t,t_0)\boldsymbol{x}(t_0)+\int_{t_0}^{t}\boldsymbol{\Phi}(t,\tau)\boldsymbol{B}(\tau)\boldsymbol{u}(\tau)\mathrm{d}\tau \tag{4-48}$$

其中，$\boldsymbol{\Phi}(t,t_0)$是系统的状态转移矩阵。系统的输出响应为

$$\boldsymbol{y}(t)=\boldsymbol{C}(t)\boldsymbol{\Phi}(t,t_0)\boldsymbol{x}(t_0)+\boldsymbol{C}(t)\int_{t_0}^{t}\boldsymbol{\Phi}(t,\tau)\boldsymbol{B}(\tau)\boldsymbol{u}(\tau)\mathrm{d}\tau+\boldsymbol{D}(t)\boldsymbol{u}(t) \tag{4-49}$$

即

$$y(t)-C(t)\int_{t_0}^{t}\Phi(t,\tau)B(\tau)u(\tau)\mathrm{d}\tau-D(t)u(t)=C(t)\Phi(t,t_0)x(t_0) \tag{4-50}$$

在 $u(t)$ 确定的情况下，等式左边的后两项都可求得，所以可以用等效输出 $\tilde{y}(t)$ 表示等式左边的所有项，即

$$\tilde{y}(t)=C(t)\Phi(t,t_0)x(t_0) \tag{4-51}$$

与系统（4-46）的输出响应式

$$y(t)=C(t)\Phi(t,t_0)x(t_0) \tag{4-52}$$

具有一样的形式，可见引入确定性输入 $u(t)$ 不会影响系统状态的能观性。

## 二、能观性基本判据

1. 不能观子空间　根据上述能观性定义，系统能观性考察的是状态空间中是否所有的非零状态都能观。对于一个状态不完全能观的系统，必存在一些不能观的状态，把状态空间中全体不能观状态的集合称为不能观子空间，记作 $X_{\bar{o}}$，它是系统状态空间 $X$ 的一个线性子空间。另外，在状态空间 $X$ 中还可以得到不能观子空间 $X_{\bar{o}}$ 的正交补空间，记作 $X_o$，它也是系统状态空间 $X$ 的线性子空间。显然，状态空间 $X$ 可以表示为两个正交子空间的直和，即

$$X=X_o\oplus X_{\bar{o}} \tag{4-53}$$

于是，状态空间内的任一向量 $x$ 都可以表示为在上述两个子空间的投影向量之和，即

$$x=x_o+x_{\bar{o}} \tag{4-54}$$

式中，$x_{\bar{o}}$ 是状态 $x$ 在不能观子空间 $X_{\bar{o}}$ 上的投影向量，为状态 $x$ 的不能观分量；$x_o$ 是状态 $x$ 在不能观子空间的正交补空间 $X_o$ 上的投影向量，为状态 $x$ 的能观分量。

示例 4 中，只有满足 $x_1=x_2$ 的状态是不能观的，所以 $x_1-x_2$ 平面上过原点并与 $x_1$ 轴呈 45°的直线就是系统的不能观子空间 $X_{\bar{o}}$，如图 4-4 所示；而与它垂直的过原点并与 $x_1$ 轴呈 135°的直线是系统不能观子空间的正交补空间 $X_o$，也一并画在图 4-4 上。$X_{\bar{o}}$ 直线上的状态都是不能观状态，它们在 $X_o$ 上的投影向量为零；而不位于 $X_{\bar{o}}$ 直线上的状态点 $x$ 除了在 $X_{\bar{o}}$ 上的投影向量 $x_{\bar{o}}$ 外，还存在 $X_o$ 上的非零的投影向量 $x_o$。可见，由系统的输出测量值所确定的初始状态值是过状态点 $x$ 与 $X_{\bar{o}}$ 直线平行的一条直线（否则必存在与不能观子空间 $X_{\bar{o}}$ 的交点，与通过输出测量值来确定初始状态值相矛盾），即同样的输出测量值对应了无数个初始状态。但是如果要确定距离状态空间原点最近（范数最小）的初始状态，则只有唯一的一个，即为 $x_o$，位于正交补空间 $X_o$ 上。所以，一般意义下可以认为不能观子空间 $X_{\bar{o}}$ 以外的状态都是能观的，但在最小范数的意义下，将 $X_{\bar{o}}$ 的正交补空间 $X_o$ 称为能观子空间，其上的 $x_o$ 是最小范数意义下的能观状态，且这时都有 $x_{\bar{o}}=0$。

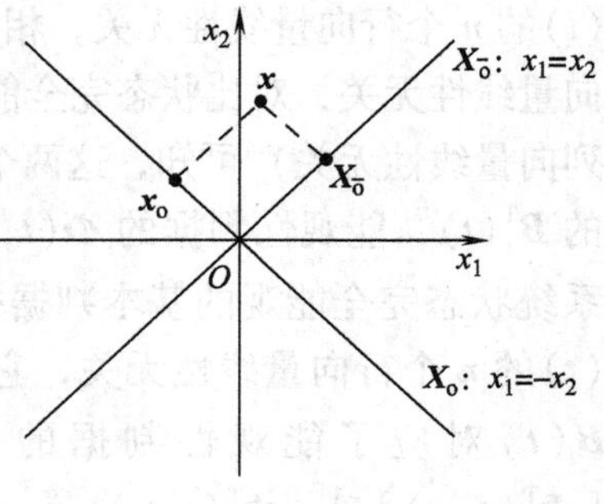

图 4-4　示例 4 的不能观子空间

2. 能观性基本判据　由第二章关于线性时变系统状态解的结果，系统（4-46）的输出

响应为

$$y(t)=C(t)\Phi(t,t_0)x(t_0) \tag{4-55}$$

其中，$t_0<t<t_f$。由不能观状态 $x_{\bar{o}}$ 的定义可得

$$C(t)\Phi(t,t_0)x_{\bar{o}}\equiv 0 \tag{4-56}$$

$C(t)\Phi(t,t_0)$是 $q\times n$ 维时间函数矩阵，式（4-56）可看成矩阵 $C(t)\Phi(t,t_0)$的列向量组合表达式，$n$ 维列向量 $x_{\bar{o}}$ 的元素是其组合系数。根据向量组线性无关的概念，式（4-56）成立时，只有当 $x_{\bar{o}}$ 各元素全为 0，矩阵 $C(t)\Phi(t,t_0)$的列向量组为线性无关。而 $x_{\bar{o}}$ 等于 0 表示状态是能观的，由于这里所指状态的任意性，所以可以得出系统状态完全能观的基本判据。

**定理 4-9**（能观性基本判据）：系统在 $t_0$ 时刻状态完全能观的充要条件是 $q\times n$ 维时间函数矩阵 $C(t)\Phi(t,t_0)$的 $n$ 个列向量线性无关，其中 $t_0<t<t_f$。

直接根据定理 4-9 通过判断矩阵 $C(t)\Phi(t,t_0)$的 $n$ 个列向量线性无关来判别系统的能观性比较困难，所以很少应用它，但它在后面一些判据的推导中起重要作用。

可以证明，$q\times n$ 维时间函数矩阵 $C(t)\Phi(t,t_0)$的 $n$ 个列向量线性无关与矩阵

$$G_o(t_0,t_f)=\int_{t_0}^{t_f}\Phi^T(t,t_0)C^T(t)C(t)\Phi(t,t_0)\mathrm{d}t \tag{4-57}$$

非奇异完全等价，而矩阵 $G_o(t_0,t_f)$称为能观性格拉姆（Gram）矩阵，于是可以有能观性基本判据的另一种表达形式。

**定理 4-10**（能观性格拉姆矩阵判据）：系统在 $t_0$ 时刻状态完全能观的充要条件是能观性格拉姆矩阵（4-57）非奇异，其中 $t_0<t<t_f$。

根据定理 4-10 还可以求出一个能观的初始状态 $x(t_0)$ 为

$$x(t_0)=G_o^{-1}(t_0,t_f)\int_{t_0}^{t_f}\Phi^T(t,t_0)C^T(t)y(t)\mathrm{d}t \tag{4-58}$$

这一结果只要将式（4-55）两边左乘 $\Phi^T(t,t_0)C^T(t)$，并在 $t_0\sim t_f$ 区间内积分即可得到。

## 三、能控性与能观性的对偶关系

从上面对系统能控性和能观性的讨论中，可以感觉到它们之间存在着某种相类似的现象。系统 $\Sigma[A(t),B(t),C(t)]$状态完全能控的基本判据是 $n\times p$ 维时间函数矩阵 $\Phi(t_0,t)B(t)$的 $n$ 个行向量线性无关，相当于 $p\times n$ 维矩阵$[\Phi(t_0,t)B(t)]^T=B^T(t)\Phi^T(t_0,t)$的 $n$ 个列向量线性无关，对比状态完全能观的基本判据（$q\times n$ 维时间函数矩阵 $C(t)\Phi(t,t_0)$的 $n$ 个列向量线性无关）可知，这两个判据极为相似，只是能观性判据的 $C(t)$对应了能控性判据的 $B^T(t)$，能观性判据的 $\Phi(t,t_0)$对应了能控性判据的$[\Phi^T(t,t_0)]^{-1}=\Phi^T(t_0,t)$。同样，系统状态完全能观的基本判据相当于 $n\times q$ 维时间函数矩阵$[C(t)\Phi(t,t_0)]^T=\Phi^T(t,t_0)C^T(t)$的 $n$ 个行向量线性无关，它与能控性判别矩阵 $\Phi(t_0,t)B(t)$的区别在于能控性判据的 $B(t)$对应了能观性判据的 $C^T(t)$，能控性判据的 $\Phi(t_0,t)$对应了能观性判据的$[\Phi^T(t_0,t)]^{-1}=\Phi^T(t,t_0)$。

1. 对偶系统　从上面的讨论可看出，如果有两个系统 $\Sigma_1$ 和 $\Sigma_2$，$\Sigma_1$ 的输入矩阵等于 $\Sigma_2$ 的输出矩阵的转置，$\Sigma_1$ 的输出矩阵等于 $\Sigma_2$ 的输入矩阵的转置，$\Sigma_1$ 的状态转移矩阵与 $\Sigma_2$ 的状态转移矩阵互为转置逆，那么，系统 $\Sigma_1$ 的能控性必定等价于 $\Sigma_2$ 的能观性，系统 $\Sigma_1$ 的能

观性也必定等价于 $\boldsymbol{\Sigma}_2$ 的能控性。称满足上述关系的两个系统 $\boldsymbol{\Sigma}_1$ 和 $\boldsymbol{\Sigma}_2$ 互为对偶系统。

为了得出两个互为对偶系统的系统矩阵之间的关系，设系统 $\boldsymbol{\Sigma}_1$ 为

$$\begin{cases}\dot{\boldsymbol{x}}=\boldsymbol{A}(t)\boldsymbol{x}+\boldsymbol{B}(t)\boldsymbol{u}\\ \boldsymbol{y}=\boldsymbol{C}(t)\boldsymbol{x}\end{cases} \tag{4-59}$$

式中，$\boldsymbol{x}$ 为 $n$ 维状态向量；$\boldsymbol{u}$ 为 $p$ 维输入向量；$\boldsymbol{y}$ 为 $q$ 维输出向量；$\boldsymbol{A}(t)$ 为 $n\times n$ 维系统矩阵；$\boldsymbol{B}(t)$ 为 $n\times p$ 维输入矩阵；$\boldsymbol{C}(t)$ 为 $q\times n$ 维输出矩阵。

由第二章关于时变系统运动分析可知，系统的状态转移矩阵 $\boldsymbol{\Phi}(t,t_0)$ 满足矩阵方程

$$\begin{cases}\dot{\boldsymbol{\Phi}}(t,t_0)=\boldsymbol{A}(t)\boldsymbol{\Phi}(t,t_0)\\ \boldsymbol{\Phi}(t_0,t_0)=\boldsymbol{I}\end{cases} \tag{4-60}$$

再按上面所述的对偶规则构造出系统 $\boldsymbol{\Sigma}_1$ 的对偶系统 $\boldsymbol{\Sigma}_2$

$$\begin{cases}\dot{\boldsymbol{z}}=\boldsymbol{A}^*(t)\boldsymbol{z}+\boldsymbol{C}^{\mathrm{T}}(t)\boldsymbol{v}\\ \boldsymbol{w}=\boldsymbol{B}^{\mathrm{T}}(t)\boldsymbol{z}\end{cases} \tag{4-61}$$

式中，$\boldsymbol{z}$ 为 $n$ 维状态向量；$\boldsymbol{v}$ 为 $q$ 维输入向量；$\boldsymbol{w}$ 为 $p$ 维输出向量；$\boldsymbol{A}^*(t)$ 为待确定的系统矩阵；$\boldsymbol{C}(t)$、$\boldsymbol{B}(t)$ 矩阵同上。

系统 $\boldsymbol{\Sigma}_2$ 的状态转移矩阵应是系统 $\boldsymbol{\Sigma}_1$ 状态转移矩阵 $\boldsymbol{\Phi}(t,t_0)$ 的转置逆，表为 $\boldsymbol{\Phi}^*(t,t_0)=[\boldsymbol{\Phi}^{\mathrm{T}}(t,t_0)]^{-1}$，它应满足矩阵方程（4-60），即

$$\begin{cases}\dot{\boldsymbol{\Phi}}^*(t,t_0)=\boldsymbol{A}^*(t)\boldsymbol{\Phi}^*(t,t_0)\\ \boldsymbol{\Phi}^*(t_0,t_0)=\boldsymbol{I}\end{cases} \tag{4-62}$$

代入 $\boldsymbol{\Phi}^*(t,t_0)=[\boldsymbol{\Phi}^{\mathrm{T}}(t,t_0)]^{-1}$，得

$$\begin{aligned}\frac{\mathrm{d}}{\mathrm{d}t}\{[\boldsymbol{\Phi}^{\mathrm{T}}(t,t_0)]^{-1}\}&=\{\frac{\mathrm{d}}{\mathrm{d}t}[\boldsymbol{\Phi}^{-1}(t,t_0)]\}^{\mathrm{T}}=\{-\boldsymbol{\Phi}^{-1}(t,t_0)\dot{\boldsymbol{\Phi}}(t,t_0)\boldsymbol{\Phi}^{-1}(t,t_0)\}^{\mathrm{T}}\\ &=\{-\boldsymbol{\Phi}^{-1}(t,t_0)\boldsymbol{A}(t)\boldsymbol{\Phi}(t,t_0)\boldsymbol{\Phi}^{-1}(t,t_0)\}^{\mathrm{T}}\\ &=\{-\boldsymbol{\Phi}^{-1}(t,t_0)\boldsymbol{A}(t)\}^{\mathrm{T}}=-\boldsymbol{A}^{\mathrm{T}}(t)[\boldsymbol{\Phi}^{\mathrm{T}}(t,t_0)]^{-1}\end{aligned} \tag{4-63}$$

又由 $\boldsymbol{\Phi}(t_0,t_0)=\boldsymbol{I}$，可得

$$\boldsymbol{\Phi}^*(t_0,t_0)=[\boldsymbol{\Phi}^{\mathrm{T}}(t_0,t_0)]^{-1}=\boldsymbol{I} \tag{4-64}$$

所以，对偶系统 $\boldsymbol{\Sigma}_2$ 的系统矩阵应为

$$\boldsymbol{A}^*(t)=-\boldsymbol{A}^{\mathrm{T}}(t) \tag{4-65}$$

即系统 $\boldsymbol{\Sigma}_1$ 的对偶系统 $\boldsymbol{\Sigma}_2$ 应为

$$\begin{cases}\dot{\boldsymbol{z}}=-\boldsymbol{A}^{\mathrm{T}}(t)\boldsymbol{z}+\boldsymbol{C}^{\mathrm{T}}(t)\boldsymbol{v}\\ \boldsymbol{w}=\boldsymbol{B}^{\mathrm{T}}(t)\boldsymbol{z}\end{cases} \tag{4-66}$$

系统 $\boldsymbol{\Sigma}_1$ 的系统矩阵 $\boldsymbol{A}(t)$ 对偶为系统 $\boldsymbol{\Sigma}_2$ 的系统矩阵 $-\boldsymbol{A}^{\mathrm{T}}(t)$，等价于系统 $\boldsymbol{\Sigma}_1$ 的状态转移矩阵 $\boldsymbol{\Phi}(t,t_0)$ 对偶为系统 $\boldsymbol{\Sigma}_2$ 的状态转移矩阵 $[\boldsymbol{\Phi}^{\mathrm{T}}(t,t_0)]^{-1}$，而 $[\boldsymbol{\Phi}^{\mathrm{T}}(t,t_0)]^{-1}=\boldsymbol{\Phi}^{\mathrm{T}}(t_0,t)$，表明系统 $\boldsymbol{\Sigma}_2$ 的状态转移矩阵除了对 $\boldsymbol{\Sigma}_1$ 的状态转移矩阵的转置外，还产生时间上的逆转。

系统 $\boldsymbol{\Sigma}_1$ 及其对偶系统 $\boldsymbol{\Sigma}_2$ 的框图分别表示在图 4-5a、b 中。

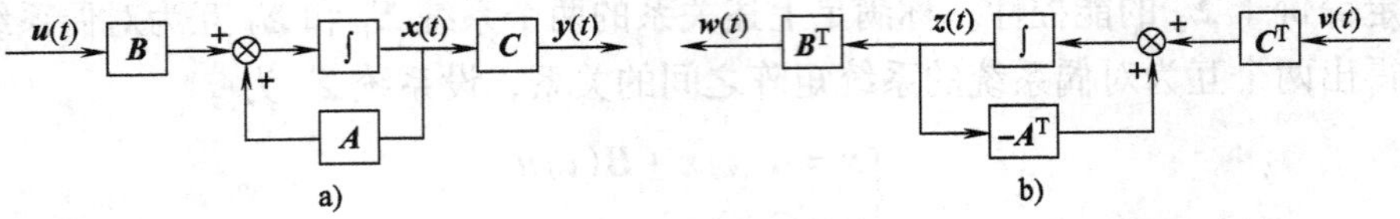


图 4-5　互为对偶系统的框图

a）系统 $\boldsymbol{\Sigma}_1$　b）$\boldsymbol{\Sigma}_1$ 的对偶系统 $\boldsymbol{\Sigma}_2$

2. 对偶性原理　满足互为对偶系统条件的两个系统的能控性、能观性也互为对偶关系，这通过对偶性原理表达。

**定理 4-11**（对偶性原理）：互为对偶的系统 $\boldsymbol{\Sigma}_1[\boldsymbol{A}(t),\boldsymbol{B}(t),\boldsymbol{C}(t)]$ 和 $\boldsymbol{\Sigma}_2[-\boldsymbol{A}^{\mathrm{T}}(t),\boldsymbol{C}^{\mathrm{T}}(t),\boldsymbol{B}^{\mathrm{T}}(t)]$，它们的能控性和能观性也成对偶关系，即系统 $\boldsymbol{\Sigma}_1$ 的能控性等价于系统 $\boldsymbol{\Sigma}_2$ 的能观性，系统 $\boldsymbol{\Sigma}_1$ 的能观性等价于系统 $\boldsymbol{\Sigma}_2$ 的能控性。

该定理很容易从系统能控性和能观性的基本判据得到证明。对偶性原理给系统的能控、能观性研究带来了很大方便，可以通过讨论系统 $\boldsymbol{\Sigma}_1$ 的能控性来研究系统 $\boldsymbol{\Sigma}_2$ 的能观性，同样，也可以通过讨论系统 $\boldsymbol{\Sigma}_1$ 的能观性来研究系统 $\boldsymbol{\Sigma}_2$ 的能控性，或者相反。

## 四、定常系统能观性判据

考虑线性定常系统 $\boldsymbol{\Sigma}_1$

$$\begin{cases}\dot{\boldsymbol{x}}=\boldsymbol{A}\boldsymbol{x}+\boldsymbol{B}\boldsymbol{u}\\ \boldsymbol{y}=\boldsymbol{C}\boldsymbol{x}\end{cases}\tag{4-67}$$

式中，$\boldsymbol{x}$ 为 $n$ 维状态向量；$\boldsymbol{u}$ 为 $p$ 维输入向量；$\boldsymbol{y}$ 为 $q$ 维输出向量；$\boldsymbol{A}$ 为 $n\times n$ 维常数系统矩阵；$\boldsymbol{B}$ 为 $n\times p$ 维常数输入矩阵；$\boldsymbol{C}$ 为 $q\times n$ 维常数输出矩阵。

已知线性定常系统的一系列能控性判据，应用对偶性原理可以方便地得出线性定常系统的能观性的对应判据。由于线性定常系统的能控性与能达性完全等价，所以将对偶系统的系统矩阵（$-\boldsymbol{A}^{\mathrm{T}}$）改为 $\boldsymbol{A}^{\mathrm{T}}$，不会影响它的能控性，下面的讨论把对偶系统写为 $\boldsymbol{\Sigma}_2(\boldsymbol{A}^{\mathrm{T}},\boldsymbol{C}^{\mathrm{T}},\boldsymbol{B}^{\mathrm{T}})$。

1. 代数判据

**定理 4-12**（代数判据或秩判据）：线性定常连续系统（4-67）状态完全能观的充要条件是系统的能观性矩阵的秩为 $n$，即

$$\operatorname{rank}\boldsymbol{Q}_{\mathrm{o}}=\operatorname{rank}\begin{bmatrix}\boldsymbol{C}\\ \boldsymbol{C}\boldsymbol{A}\\ \vdots\\ \boldsymbol{C}\boldsymbol{A}^{n-1}\end{bmatrix}=n\tag{4-68}$$

应用对偶性原理很容易证明该定理。因为若构造系统（4-67）的对偶系统 $\Sigma_2$ 为

$$\begin{cases}\dot{\boldsymbol{z}}=\boldsymbol{A}^{\mathrm{T}}\boldsymbol{z}+\boldsymbol{C}^{\mathrm{T}}\boldsymbol{v}\\ \boldsymbol{w}=\boldsymbol{B}^{\mathrm{T}}\boldsymbol{z}\end{cases}\tag{4-69}$$

其能控性矩阵为

$$\boldsymbol{Q}_{c2}=[\boldsymbol{C}^{\mathrm{T}}\quad \boldsymbol{A}^{\mathrm{T}}\boldsymbol{C}^{\mathrm{T}}\quad (\boldsymbol{A}^{\mathrm{T}})^2\boldsymbol{C}^{\mathrm{T}}\quad \cdots\quad (\boldsymbol{A}^{\mathrm{T}})^{n-1}\boldsymbol{C}^{\mathrm{T}}]\tag{4-70}$$

将其转置秩不变，即

$$Q_{c2}^{\mathrm{T}} = [C^{\mathrm{T}} \quad A^{\mathrm{T}}C^{\mathrm{T}} \quad \cdots \quad (A^{\mathrm{T}})^{n-1}C^{\mathrm{T}}]^{\mathrm{T}} = \begin{bmatrix} C \\ CA \\ \vdots \\ CA^{n-1} \end{bmatrix} \tag{4-71}$$

可见，$Q_{c2}^{\mathrm{T}}$ 的秩等于 $n$ 是系统 $\boldsymbol{\Sigma}_2$ 能控的充要条件，显然也是系统 $\boldsymbol{\Sigma}_1$ 能观的充要条件。$(nq \times n)$ 维矩阵 $\begin{bmatrix} C \\ CA \\ \vdots \\ CA^{n-1} \end{bmatrix}$ 称为线性定常系统 $\boldsymbol{\Sigma}_1$ 的能观性矩阵，记为 $Q_o$。

由线性定常系统能观性代数判据可以证明，引入非奇异线性变换，不改变系统的能观性。这是因为，引入非奇异线性变换 $x = P\overline{x}$ 后，新状态空间的系统矩阵和输出矩阵分别为

$$\overline{A} = P^{-1}AP, \overline{C} = CP \tag{4-72}$$

而在新状态空间中的能观性矩阵为

$$\overline{Q}_o = \begin{bmatrix} \overline{C} \\ \overline{C}\,\overline{A} \\ \vdots \\ \overline{C}\,\overline{A}^{n-1} \end{bmatrix} = \begin{bmatrix} CP \\ CPP^{-1}AP \\ \vdots \\ CP\,(P^{-1}AP)^{n-1} \end{bmatrix} = \begin{bmatrix} CP \\ CAP \\ \vdots \\ CA^{n-1}P \end{bmatrix} = \begin{bmatrix} C \\ CA \\ \vdots \\ CA^{n-1} \end{bmatrix} P \tag{4-73}$$

由于非奇异变换，$P$ 为满秩阵，所以有

$$\mathrm{rank}\overline{Q}_o = \mathrm{rank}Q_o \tag{4-74}$$

表明非奇异变换不改变系统的能观性。

**例 4-11** 已知线性定常连续系统的动态方程为

$$\begin{cases} \dot{x} = \begin{bmatrix} 2 & 1 \\ 1 & -3 \end{bmatrix} x + \begin{bmatrix} -1 \\ 1 \end{bmatrix} u \\ y = \begin{bmatrix} 1 & 0 \\ -1 & 0 \end{bmatrix} x \end{cases}$$

试判别其能观性。

**解** 将 $A = \begin{bmatrix} 2 & 1 \\ 1 & -3 \end{bmatrix}$ 和 $C = \begin{bmatrix} 1 & 0 \\ -1 & 0 \end{bmatrix}$ 代入式（4-68），得

$$Q_o = \begin{bmatrix} C \\ CA \end{bmatrix} = \begin{bmatrix} 1 & 0 \\ -1 & 0 \\ 2 & 1 \\ -2 & -1 \end{bmatrix}$$

其秩 $\mathrm{rank}Q_o = 2 = n$，系统状态完全能观。

**例 4-12** 判别示例 4 所示电路系统的能观性。

**解** 示例 4 所示系统的状态方程为

$$\begin{cases}\dot{\boldsymbol{x}} = \begin{bmatrix} -\dfrac{R+R_0}{L} & \dfrac{R_0}{L} \\ \dfrac{R_0}{L} & -\dfrac{R+R_0}{L} \end{bmatrix}\boldsymbol{x} + \begin{bmatrix} \dfrac{1}{L} \\ 0 \end{bmatrix}\boldsymbol{u} \\ y = [R_0 \quad -R_0]\boldsymbol{x} \end{cases}$$

它的能观性矩阵为

$$\boldsymbol{Q}_o = \begin{bmatrix} \boldsymbol{c} \\ \boldsymbol{cA} \end{bmatrix} = \begin{bmatrix} R_0 & -R_0 \\ -\dfrac{RR_0+2R_0^2}{L} & \dfrac{RR_0+2R_0^2}{L} \end{bmatrix}$$

其秩 $\text{rank}\boldsymbol{Q}_o = 1 < n$，系统不能观，结果与前面分析一致。

**例 4-13**　试判别下列线性定常连续系统的能观性：

$$\begin{cases}\dot{\boldsymbol{x}} = \begin{bmatrix} -1 & -4 & -2 \\ 0 & 6 & -1 \\ 1 & 7 & -1 \end{bmatrix}\boldsymbol{x} + \begin{bmatrix} 2 & 0 \\ 0 & 1 \\ 1 & 1 \end{bmatrix}\boldsymbol{u} \\ \boldsymbol{y} = \begin{bmatrix} 0 & 2 & 1 \\ 1 & 1 & 0 \end{bmatrix}\boldsymbol{x} \end{cases}$$

**解**　求得系统的能观性矩阵为

$$\boldsymbol{Q}_o = \begin{bmatrix} \boldsymbol{C} \\ \boldsymbol{CA} \\ \boldsymbol{CA}^2 \end{bmatrix} = \begin{bmatrix} 0 & 2 & 1 \\ 1 & 1 & 0 \\ 1 & 19 & -3 \\ & * & \\ & * & \\ & * & \end{bmatrix}$$

由计算得到的前三行就可得出 $\text{rank}\boldsymbol{Q}_o = 3 = n$，由此判断系统完全能观，这种情况下就不必再计算出后面行的具体数值。

另外，在判别一个方矩阵是否满秩时，通过计算它的行列式是否等于零是较方便的方法。由于 $\text{rank}\boldsymbol{Q}_o = \text{rank}$（$\boldsymbol{Q}_o^{\mathrm{T}}\boldsymbol{Q}_o$），所以可以通过计算 $n \times n$ 维方矩阵（$\boldsymbol{Q}_o^{\mathrm{T}}\boldsymbol{Q}_o$）的行列式来判别能控性矩阵 $\boldsymbol{Q}_o$ 是否满秩，这在计算机辅助分析时会带来很大方便。

2. PBH 判据

**定理 4-13**（PBH 秩判据）：线性定常连续系统（4-67）状态完全能观的充要条件是系统矩阵 $\boldsymbol{A}$ 的所有特征值 $\lambda_i(i=1,2,\cdots,n)$ 满足

$$\text{rank}\begin{bmatrix} \lambda_i \boldsymbol{I} - \boldsymbol{A} \\ \boldsymbol{C} \end{bmatrix} = n \tag{4-75}$$

应用对偶性原理，定理马上得以证明。与能控性的 PBH 秩判据类似，式（4-75）成立等价于

$$\text{rank}\begin{bmatrix} s\boldsymbol{I} - \boldsymbol{A} \\ \boldsymbol{C} \end{bmatrix} = n \tag{4-76}$$

即式（4-76）成立也是线性定常连续系统状态完全能观的充要条件。

**例 4-14**　线性定常系统为

$$\begin{cases}\dot{x}=\begin{bmatrix}-2 & 0\\ 0 & -5\end{bmatrix}x+\begin{bmatrix}1\\ 2\end{bmatrix}u\\ y=[0\quad 1]x\end{cases}$$

试应用 PBH 秩判据判别其能观性。

**解**　先求得系统的特征值为 $\lambda_1=-2$，$\lambda_2=-5$。

对于 $\lambda_1=-2$ 有 $\begin{bmatrix}\lambda_1 I-A\\ C\end{bmatrix}=\begin{bmatrix}0 & 0\\ 0 & 3\\ 0 & 1\end{bmatrix}$，其秩为 1；

对于 $\lambda_2=-5$ 有 $\begin{bmatrix}\lambda_2 I-A\\ C\end{bmatrix}=\begin{bmatrix}-3 & 0\\ 0 & 0\\ 0 & 1\end{bmatrix}$，其秩为 2。

显然，$\lambda_1$ 不满足 PBH 秩判据条件，故系统的状态是不完全能观的。

3. 特征值规范型判据　线性定常系统能观性的特征值规范型判据建立在系统输出量与状态量之间联系的基础上。由于具有特征值规范形式的系统，输出量与状态量之间的关系是显式的，所以可以直接通过它们之间的关系进行判别。

**定理 4-14**（对角线规范型判据）：系统矩阵 $A$ 为对角阵，且对角线上元素互异时，系统状态完全能观的充要条件是输出矩阵 $C$ 不存在元素全为 0 的列。

也可由对偶性原理证明该定理，或者应用 PBH 秩判据证明。因为当系统动态方程具有下面形式时

$$\begin{cases}\dot{x}=\begin{bmatrix}\lambda_1 & 0 & \cdots & 0\\ 0 & \lambda_2 & \cdots & 0\\ \vdots & \vdots & \ddots & \vdots\\ 0 & 0 & \cdots & \lambda_n\end{bmatrix}x+\begin{bmatrix}b_1\\ b_2\\ \vdots\\ b_n\end{bmatrix}u\\ y=[c_1\quad c_2\quad \cdots\quad c_n]x\end{cases}\tag{4-77}$$

式中，$c_i$（$i=1,2,\cdots,n$）为输出矩阵 $C$ 的列向量。

应用 PBH 秩判据，有

$$\begin{bmatrix}\lambda_i I-A\\ C\end{bmatrix}=\begin{bmatrix}\lambda_i-\lambda_1 & 0 & \cdots & 0\\ 0 & \lambda_i-\lambda_2 & \cdots & 0\\ \vdots & \vdots & \ddots & \vdots\\ 0 & 0 & \cdots & \lambda_i-\lambda_n\\ c_1 & c_2 & \cdots & c_n\end{bmatrix}\tag{4-78}$$

分别以不同的特征值 $\lambda_i(i=1,2,\cdots,n)$ 代入上式，只有当 $c_i\neq 0(i=1,2,\cdots,n)$ 时，才能使 $\mathrm{rank}\begin{bmatrix}\lambda_i I-A\\ C\end{bmatrix}=n$。

由于非奇异变换不改变系统的能观性，定理 4-14 等价于：具有两两相异特征值的线性定常系统 $\Sigma(A,B,C)$ 状态完全能观的充要条件是其对角线规范型 $\Sigma(\overline{A},\overline{B},\overline{C})$ 的输出矩阵 $\overline{C}$ 不存在元素全为 0 的列。

**例 4-15**　下列系统的能观性可直接应用定理 4-14 得以判别。

1) $\begin{cases}\dot{\boldsymbol{x}}=\begin{bmatrix}-1 & 0\\ 0 & -2\end{bmatrix}\boldsymbol{x}\\ y=[1\quad 0]\boldsymbol{x}\end{cases}$，系统不能观

2) $\begin{cases}\dot{\boldsymbol{x}}=\begin{bmatrix}-7 & 0 & 0\\ 0 & -5 & 0\\ 0 & 0 & -3\end{bmatrix}\boldsymbol{x}+\begin{bmatrix}0 & 2\\ 5 & 0\\ 8 & 5\end{bmatrix}\boldsymbol{u}\\ \boldsymbol{y}=\begin{bmatrix}1 & 2 & 3\\ 1 & 5 & 8\end{bmatrix}\boldsymbol{x}\end{cases}$，系统能观

3) $\begin{cases}\dot{\boldsymbol{x}}=\begin{bmatrix}1 & 0\\ 0 & 1\end{bmatrix}\boldsymbol{x}\\ y=[1\quad 1]\boldsymbol{x}\end{cases}$，系统矩阵虽为对角阵，但由于对角线上元素不互异，所以不能用定理4-14判断。实际上，该系统的能观性矩阵为

$$\boldsymbol{Q}_o=\begin{bmatrix}\boldsymbol{c}\\ \boldsymbol{cA}\end{bmatrix}=\begin{bmatrix}1 & 1\\ 1 & 1\end{bmatrix}$$

不是满秩阵，系统不能观。

**定理4-15**（约当规范型判据1）：系统矩阵$\boldsymbol{A}$为约当阵且不同约当块具有不同对角元素时，系统状态完全能观的充要条件是输出矩阵$\boldsymbol{C}$的与每个约当块首列对应的列元素不全为0。

以只具有一个约当块的情况来说明该定理。这时系统的动态方程为

$$\begin{cases}\dot{\boldsymbol{x}}=\begin{bmatrix}\lambda & 1 & & \boldsymbol{0}\\ & \lambda & \ddots & \\ & & \ddots & 1\\ \boldsymbol{0} & & & \lambda\end{bmatrix}\boldsymbol{x}+\begin{bmatrix}\boldsymbol{b}_1\\ \boldsymbol{b}_2\\ \vdots\\ \boldsymbol{b}_n\end{bmatrix}\boldsymbol{u}\\ \boldsymbol{y}=[\boldsymbol{c}_1\quad \boldsymbol{c}_2\quad \cdots\quad \boldsymbol{c}_n]\boldsymbol{x}\end{cases}\tag{4-79}$$

式中，$\boldsymbol{c}_i(i=1,2,\cdots,n)$为输出矩阵$\boldsymbol{C}$的列向量。

应用PBH秩判据，将系统唯一的$n$重特征值$\lambda$代入式（4-75）的判别矩阵，有

$$\begin{bmatrix}\lambda\boldsymbol{I}-\boldsymbol{A}\\ \boldsymbol{C}\end{bmatrix}=\begin{bmatrix}0 & -1 & 0 & \cdots & 0\\ 0 & 0 & -1 & \cdots & 0\\ \vdots & \vdots & \vdots & \ddots & \vdots\\ 0 & 0 & 0 & \ddots & -1\\ 0 & 0 & 0 & \cdots & 0\\ \boldsymbol{c}_1 & \boldsymbol{c}_2 & \boldsymbol{c}_3 & \cdots & \boldsymbol{c}_n\end{bmatrix}\tag{4-80}$$

显然，只有当$\boldsymbol{c}_1\neq 0$时，才能使$\operatorname{rank}\begin{bmatrix}\lambda\boldsymbol{I}-\boldsymbol{A}\\ \boldsymbol{C}\end{bmatrix}=n$。

同样，定理4-15也等价于：具有多重特征值的线性定常系统$\boldsymbol{\Sigma}(\boldsymbol{A},\boldsymbol{B},\boldsymbol{C})$，状态完全能观的充要条件是其约当规范型$\boldsymbol{\Sigma}(\overline{\boldsymbol{A}},\overline{\boldsymbol{B}},\overline{\boldsymbol{C}})$中不同约当块具有不同对角元素时，输出矩阵$\overline{\boldsymbol{C}}$的与每个约当块首列对应的列元素不全为0。

**例4-16** 下列系统的能观性可直接应用定理4-15得以判别：

1) $\begin{cases}\dot{\boldsymbol{x}}=\begin{bmatrix}-4 & 1\\ 0 & -4\end{bmatrix}\boldsymbol{x}+\begin{bmatrix}0\\2\end{bmatrix}\boldsymbol{u}\\ y=[1\quad 0]\boldsymbol{x}\end{cases}$，系统能观

2) $\begin{cases}\dot{\boldsymbol{x}}=\begin{bmatrix}-1 & 1 & 0\\ 0 & -1 & 1\\ 0 & 0 & -1\end{bmatrix}\boldsymbol{x}+\begin{bmatrix}0 & 0\\ 1 & 0\\ 0 & 1\end{bmatrix}\boldsymbol{u}\\ \boldsymbol{y}=\begin{bmatrix}0 & 1 & -2\\ 0 & 3 & 0\end{bmatrix}\boldsymbol{x}\end{cases}$，系统不能观

3) $\begin{cases}\dot{\boldsymbol{x}}=\begin{bmatrix}-4 & 1 & 0 & 0\\ 0 & -4 & 0 & 0\\ 0 & 0 & -3 & 1\\ 0 & 0 & 0 & -3\end{bmatrix}\boldsymbol{x}\\ \boldsymbol{y}=\begin{bmatrix}1 & 0 & 2 & 0\\ 0 & 0 & -1 & 1\end{bmatrix}\boldsymbol{x}\end{cases}$，系统能观

系统矩阵 $\boldsymbol{A}$ 为约当阵但不同约当块具有相同对角元素时，有下面定理。

**定理 4-16**（约当规范型判据 2）：系统矩阵 $\boldsymbol{A}$ 为约当阵，但不同约当块具有相同对角元素时，系统状态完全能观的充要条件是输出矩阵 $\boldsymbol{C}$ 的与每个约当块首列对应的那些列彼此线性无关。

以具有两个约当块的情况来说明该定理。设系统的动态方程为

$$\begin{cases}\dot{\boldsymbol{x}}=\begin{bmatrix}\lambda & 1 & 0 & 0 & 0\\ 0 & \lambda & 0 & 0 & 0\\ 0 & 0 & \lambda & 1 & 0\\ 0 & 0 & 0 & \lambda & 1\\ 0 & 0 & 0 & 0 & \lambda\end{bmatrix}\boldsymbol{x}+\begin{bmatrix}\boldsymbol{b}_1\\ \boldsymbol{b}_2\\ \boldsymbol{b}_3\\ \boldsymbol{b}_4\\ \boldsymbol{b}_5\end{bmatrix}\boldsymbol{u}\\ \boldsymbol{y}=[\boldsymbol{c}_1\quad \boldsymbol{c}_2\quad \boldsymbol{c}_3\quad \boldsymbol{c}_4\quad \boldsymbol{c}_5]\boldsymbol{x}\end{cases}\tag{4-81}$$

式中，$\boldsymbol{c}_i$（$i=1, 2, \cdots, 5$）为输出矩阵 $\boldsymbol{C}$ 的列向量。

系统矩阵由两个约当块组成，并且约当块具有相同的对角线元素 $\lambda$。应用 PBH 秩判据，将系统唯一的特征值 $\lambda$ 代入判别矩阵，有

$$\begin{bmatrix}\lambda\boldsymbol{I}-\boldsymbol{A}\\ \boldsymbol{C}\end{bmatrix}=\begin{bmatrix}0 & -1 & 0 & 0 & 0\\ 0 & 0 & 0 & 0 & 0\\ 0 & 0 & 0 & -1 & 0\\ 0 & 0 & 0 & 0 & -1\\ 0 & 0 & 0 & 0 & 0\\ \boldsymbol{c}_1 & \boldsymbol{c}_2 & \boldsymbol{c}_3 & \boldsymbol{c}_4 & \boldsymbol{c}_5\end{bmatrix}\tag{4-82}$$

显然，只有当列向量 $\boldsymbol{c}_1$ 和 $\boldsymbol{c}_3$ 线性无关时，才能使 $\mathrm{rank}\begin{bmatrix}\lambda\boldsymbol{I}-\boldsymbol{A}\\ \boldsymbol{C}\end{bmatrix}=n$。

定理 4-16 也等价于：具有多重特征值的线性定常系统 $\boldsymbol{\Sigma}(\boldsymbol{A}, \boldsymbol{B}, \boldsymbol{C})$，状态完全能观的充要条件是其约当规范型 $\boldsymbol{\Sigma}(\overline{\boldsymbol{A}}, \overline{\boldsymbol{B}}, \overline{\boldsymbol{C}})$ 中不同约当块具有相同对角元素时，输出矩阵 $\overline{\boldsymbol{C}}$ 的

与每个约当块首列对应的那些列彼此线性无关。

**例 4-17** 下列系统的能观性可直接应用定理 4-16 得以判别：

1）$\begin{cases}\dot{\boldsymbol{x}}=\begin{bmatrix}4&1&0&0\\0&4&0&0\\0&0&4&1\\0&0&0&4\end{bmatrix}\boldsymbol{x}+\begin{bmatrix}1&2\\1&1\\1&0\\2&2\end{bmatrix}\boldsymbol{u}\\ \boldsymbol{y}=\begin{bmatrix}1&1&1&2\\2&1&0&2\end{bmatrix}\end{cases}$，系统能观，因为 $\boldsymbol{C}$ 矩阵的第 1、3 列线性无关。

2）$\begin{cases}\dot{\boldsymbol{x}}=\begin{bmatrix}4&0&0&0\\0&4&0&0\\0&0&4&1\\0&0&0&4\end{bmatrix}\boldsymbol{x}+\begin{bmatrix}1&2\\0&0\\1&0\\2&1\end{bmatrix}\boldsymbol{u}\\ \boldsymbol{y}=\begin{bmatrix}1&1&2&1\\1&2&2&0\end{bmatrix}\end{cases}$，系统不能观，因为 $\boldsymbol{C}$ 矩阵的第 1、3 列线性相关。

这里把一个对角元素视为阶次为 1 的约当块。

3）$\begin{cases}\dot{\boldsymbol{x}}=\begin{bmatrix}-2&1&&&&&\boldsymbol{0}\\0&-2&&&&&\\&&-2&&&&\\&&&-2&&&\\&&&&3&1&\\&&&&0&3&\\\boldsymbol{0}&&&&&&3\end{bmatrix}\boldsymbol{x}\\ \boldsymbol{y}=\begin{bmatrix}1&0&0&0&1&0&0\\0&0&4&0&1&0&4\\0&0&0&7&0&0&1\end{bmatrix}\end{cases}$，系统能观，因为 $\boldsymbol{C}$ 矩阵的第 1、3、4 列线性无关，第 5、7 列也线性无关。这里也把一个对角元素视为阶次为 1 的约当块。

当系统矩阵 $\boldsymbol{A}$ 既有相异的对角元素，又有约当块时，可依据不同情况联合应用上述三个定理对系统能观性进行判别。

**例 4-18** 下列系统的能观性通过联合应用定理 4-14、定理 4-15 和定理 4-16 得以判别：

1）$\begin{cases}\dot{\boldsymbol{x}}=\begin{bmatrix}-3&1&0\\0&-3&0\\0&0&1\end{bmatrix}\boldsymbol{x}+\begin{bmatrix}0&0\\2&-1\\0&3\end{bmatrix}\boldsymbol{u}\\ \boldsymbol{y}=\begin{bmatrix}1&0&0\\0&0&1\end{bmatrix}\end{cases}$，联合应用定理 4-14、定理 4-15 可知，系统能观，因为 $\boldsymbol{C}$ 矩阵的第 1 列元素不全为 0，第 3 列元素也不全为 0。

2) $\begin{cases} \dot{x} = \begin{bmatrix} -4 & 1 & & & & & \mathbf{0} \\ 0 & -4 & & & & & \\ & & 1 & & & & \\ & & & -2 & & & \\ & & & & 5 & 1 & \\ & & & & 0 & 5 & \\ \mathbf{0} & & & & & & 5 \end{bmatrix} x \\ y = \begin{bmatrix} 0 & 0 & 1 & 0 & 1 & 0 & 0 \\ 0 & 0 & 2 & 2 & 0 & 0 & 1 \\ 1 & 0 & 0 & 1 & 0 & 0 & 2 \end{bmatrix} x \end{cases}$，联合应用定理4-14、定理4-15和定理4-16可知，系统能观，因为$C$矩阵的第1列元素不全为0，第3、4列元素不全为0，第5、7列线性无关。

## 第四节 线性离散系统的能控性与能观性

线性离散系统的能控性、能观性无论在概念上还是在判据上都类似于线性连续系统，为了不失代表性，本节的讨论中基于线性时变离散系统给出能控性和能观性描述，基于线性定常离散系统给出能控性、能观性判据。同时，主要强调离散系统有别于连续系统的地方。

### 一、能控性

1. 能控性定义 线性时变离散系统的动态方程为

$$\begin{cases} \boldsymbol{x}(k+1) = \boldsymbol{G}(k)\boldsymbol{x}(k) + \boldsymbol{H}(k)\boldsymbol{u}(k) \\ \boldsymbol{y}(k) = \boldsymbol{C}(k)\boldsymbol{x}(k) \end{cases} \tag{4-83}$$

式中，$\boldsymbol{x}$为$n$维状态向量；$\boldsymbol{u}$为$p$维输入向量；$\boldsymbol{y}$为$q$维输出向量；$\boldsymbol{G}(k)$为$n\times n$维系统矩阵；$\boldsymbol{H}(k)$为$n\times p$维输入矩阵；$\boldsymbol{C}(k)$为$q\times n$维输出矩阵。

对于系统（4-83）的指定初始时刻$h$及任意非零初始状态$\boldsymbol{x}(h)=\boldsymbol{x}_0$，如果能找到一个无约束的容许控制序列$\boldsymbol{u}(k)$，使系统状态在有限的时间区间$[h, l]$内运动到原点$\boldsymbol{x}(l)=0$，则称系统在$h$时刻是能控的。

与此相对应，也将控制序列$\boldsymbol{u}(k)$能使系统状态在有限时间区间$[h, l]$内从零初始状态$\boldsymbol{x}(h)=0$运动到任意指定的非零终止状态$\boldsymbol{x}(l)=\boldsymbol{x}_l$称为系统在$h$时刻是能达的。

这里初始时刻$h$和终止时刻$l$都是有定义的离散时刻，且$l>h$，控制序列$\boldsymbol{u}(k)$也在有定义的离散时刻取值。对于线性定常离散系统，由于其能控性与初始时刻无关，所以不再强调“$h$时刻”的能控性，而称系统能控。

2. 定常系统能控性判据 考虑状态方程为

$$\boldsymbol{x}(k+1) = \boldsymbol{G}\boldsymbol{x}(k) + \boldsymbol{H}\boldsymbol{u}(k) \tag{4-84}$$

的线性定常离散系统，其中$\boldsymbol{G}$、$\boldsymbol{H}$分别为常数系统矩阵和输入矩阵。由离散系统状态方程的通解式（2-88）得

$$\boldsymbol{x}(k) = \boldsymbol{G}^k\boldsymbol{x}(0) + \sum_{i=0}^{k-1}\boldsymbol{G}^{k-i-1}\boldsymbol{H}\boldsymbol{u}(i) \tag{4-85}$$

设通过 $l$ 步能使任意初始状态 $\boldsymbol{x}(0)$ 运动到终止的零状态 $\boldsymbol{x}(l)=0$，上式可写为

$$\boldsymbol{x}(l)=\boldsymbol{G}^l\boldsymbol{x}(0)+\sum_{i=0}^{l-1}\boldsymbol{G}^{l-i-1}\boldsymbol{H}\boldsymbol{u}(i)=0 \tag{4-86}$$

即

$$-\boldsymbol{G}^l\boldsymbol{x}(0)=\sum_{i=0}^{l-1}\boldsymbol{G}^{l-i-1}\boldsymbol{H}\boldsymbol{u}(i)=\boldsymbol{H}\boldsymbol{u}(l-1)+\boldsymbol{G}\boldsymbol{H}\boldsymbol{u}(l-2)+\cdots+\boldsymbol{G}^{l-2}\boldsymbol{H}\boldsymbol{u}(1)+\boldsymbol{G}^{l-1}\boldsymbol{H}\boldsymbol{u}(0) \tag{4-87}$$

写成向量形式即为

$$-\boldsymbol{G}^l\boldsymbol{x}(0)=[\boldsymbol{H}\quad \boldsymbol{G}\boldsymbol{H}\quad \cdots\quad \boldsymbol{G}^{l-1}\boldsymbol{H}]\begin{bmatrix}\boldsymbol{u}(l-1)\\ \boldsymbol{u}(l-2)\\ \vdots\\ \boldsymbol{u}(0)\end{bmatrix} \tag{4-88}$$

对于任意的 $\boldsymbol{x}(0)$ 能从上式求得控制序列 $\boldsymbol{u}(0)$、$\boldsymbol{u}(1)$、…、$\boldsymbol{u}(l-1)$，则系统能控。这是一个从 $n$ 个非齐次线性代数方程求解 $l\cdot p$ 个未知量的问题，根据线性方程解的存在理论，必须满足

$$\mathrm{rank}[\boldsymbol{H}\quad \boldsymbol{G}\boldsymbol{H}\quad \cdots\quad \boldsymbol{G}^{l-1}\boldsymbol{H}]=\mathrm{rank}[\boldsymbol{H}\quad \boldsymbol{G}\boldsymbol{H}\quad \cdots\quad \boldsymbol{G}^{l-1}\boldsymbol{H}\quad \vdots\quad -\boldsymbol{G}^l\boldsymbol{x}(0)]=n \tag{4-89}$$

对于单输入系统，等式左边矩阵为 $n\times l$ 维，右边矩阵为 $n\times(l+1)$ 维，当系统矩阵 $\boldsymbol{G}$ 非奇异时，必须有 $l\geqslant n$，所以 $l=n$ 是离散系统的最小拍控制。而对于多输入系统，等式左边矩阵为 $n\times lp$ 维，右边矩阵为 $n\times(lp+1)$ 维，显然可有 $l<n$。

当系统矩阵 $\boldsymbol{G}$ 非奇异时，$\boldsymbol{G}^l$ 也非奇异，式（4-89）成立对于能从式（4-88）中解出控制序列 $\boldsymbol{u}(0)$、$\boldsymbol{u}(1)$、…、$\boldsymbol{u}(l-1)$ 不仅是充分的，而且是必要的，所以式（4-89）是系统（4-84）能控的充要条件。

当系统矩阵 $\boldsymbol{G}$ 奇异时，$\boldsymbol{G}^l$ 也奇异，这时式（4-89）成立对于能从式（4-88）中解出控制序列 $\boldsymbol{u}(0)$、$\boldsymbol{u}(1)$、…、$\boldsymbol{u}(l-1)$ 只是充分的但不是必要的，因为此时等式（4-88）左边 $-\boldsymbol{G}^l\boldsymbol{x}(0)$ 的 $n$ 个分量不再独立。极端情况 $\boldsymbol{G}^l=0$ 时，$-\boldsymbol{G}^l\boldsymbol{x}(0)=0$，必能找到 $\boldsymbol{u}(0)=\boldsymbol{u}(1)=\cdots=\boldsymbol{u}(n-1)=0$ 使式（4-88）成立，而不管矩阵 $[\boldsymbol{H}\quad \boldsymbol{G}\boldsymbol{H}\quad \cdots\quad \boldsymbol{G}^{l-1}\boldsymbol{H}]$ 是否满秩。所以 $\boldsymbol{G}$ 奇异时，式（4-89）是系统（4-84）能控的充分条件。

综合上面的讨论，可以总结出关于线性定常离散系统（4-84）能控性的判据如下：

1）系统矩阵 $\boldsymbol{G}$ 非奇异时，系统状态完全能控的充要条件是

$$\mathrm{rank}[\boldsymbol{H}\quad \boldsymbol{G}\boldsymbol{H}\quad \cdots\quad \boldsymbol{G}^{n-1}\boldsymbol{H}]=n \tag{4-90}$$

而系统矩阵 $\boldsymbol{G}$ 奇异时，式（4-90）成立是系统状态完全能控的充分条件。上式判别矩阵也称线性定常离散系统的能控性矩阵，记作 $\boldsymbol{Q}_c$。

2）系统矩阵 $\boldsymbol{G}$ 非奇异时，多输入系统 $l$ 步（$l<n$）状态完全能控的充要条件是

$$\mathrm{rank}[\boldsymbol{H}\quad \boldsymbol{G}\boldsymbol{H}\quad \cdots\quad \boldsymbol{G}^{l-1}\boldsymbol{H}]=n \tag{4-91}$$

与式（4-88）对应，由离散系统能达性定义可得

$$\boldsymbol{x}(l)=[\boldsymbol{H}\quad \boldsymbol{G}\boldsymbol{H}\quad \cdots\quad \boldsymbol{G}^{l-1}\boldsymbol{H}]\begin{bmatrix}\boldsymbol{u}(l-1)\\ \boldsymbol{u}(l-2)\\ \vdots\\ \boldsymbol{u}(0)\end{bmatrix} \tag{4-92}$$

对于任意的非零终止状态 $\boldsymbol{x}(l)$，能从上式求得控制序列 $\boldsymbol{u}(0),\boldsymbol{u}(1),\cdots,\boldsymbol{u}(l-1)$，则系统能达。显然，系统能达的充要条件是

$$\operatorname{rank}[\boldsymbol{H} \quad \boldsymbol{GH} \quad \cdots \quad \boldsymbol{G}^{l-1}\boldsymbol{H}]=n \tag{4-93}$$

结合单输入时 $l=n$ 的情况，可以得出关于线性定常离散系统（4-84）能达性的判据如下：

1）系统状态完全能达的充要条件是

$$\operatorname{rank}[\boldsymbol{H} \quad \boldsymbol{GH} \quad \cdots \quad \boldsymbol{G}^{n-1}\boldsymbol{H}]=n \tag{4-94}$$

2）多输入系统 $l$ 步（$l<n$）状态能达的充要条件是

$$\operatorname{rank}[\boldsymbol{H} \quad \boldsymbol{GH} \quad \cdots \quad \boldsymbol{G}^{l-1}\boldsymbol{H}]=n \tag{4-95}$$

由此可见，在系统矩阵 $\boldsymbol{G}$ 非奇异条件下，离散系统的能控性等价于能达性，若系统矩阵 $\boldsymbol{G}$ 奇异，则不然。

参照连续系统能控性格拉姆矩阵判据，以及上面关于离散系统能控性、能达性的讨论，还可以得出关于线性定常离散系统能控性和能达性的格拉姆矩阵判据如下：

1）系统矩阵 $\boldsymbol{G}$ 非奇异时，系统状态完全能控的充要条件是格拉姆矩阵

$$\boldsymbol{G}_{\mathrm{c}}(0,l)=\sum_{k=0}^{l-1}\boldsymbol{G}^{k}\boldsymbol{H}\boldsymbol{H}^{\mathrm{T}}(\boldsymbol{G}^{\mathrm{T}})^{k} \tag{4-96}$$

为非奇异。而系统矩阵 $\boldsymbol{G}$ 奇异时，上述格拉姆矩阵非奇异是系统状态完全能控的充分条件。式中 $l>0$ 为有定义的离散时刻。

2）系统状态完全能达的充要条件是格拉姆矩阵

$$\boldsymbol{G}_{\mathrm{c}}(0,l)=\sum_{k=0}^{l-1}\boldsymbol{G}^{k}\boldsymbol{H}\boldsymbol{H}^{\mathrm{T}}(\boldsymbol{G}^{\mathrm{T}})^{k} \tag{4-97}$$

为非奇异，式中 $l>0$ 为有定义的离散时刻。能达性判据没有关于系统矩阵 $\boldsymbol{G}$ 非奇异性的要求，所以，在系统矩阵 $\boldsymbol{G}$ 非奇异条件下，能控性和能达性是等价的。

3. 时变系统能控性判据　与定常系统类似，线性时变离散系统也有关于能控性和能达性的格拉姆矩阵判据：

1）对于线性时变离散系统（4-67），若系统矩阵 $\boldsymbol{G}(k)$ 在时间区间［$h$，$l$）内非奇异，则系统在 $h$ 时刻状态完全能控的充要条件是格拉姆矩阵

$$\boldsymbol{G}_{\mathrm{c}}(h,l)=\sum_{k=h}^{l-1}\boldsymbol{\Phi}(l,k+1)\boldsymbol{H}(k)\boldsymbol{H}^{\mathrm{T}}(k)\boldsymbol{\Phi}^{\mathrm{T}}(l,k+1) \tag{4-98}$$

为非奇异。如果 $\boldsymbol{G}(k)$ 在时间区间［$h$，$l$）内存在奇异情况，那么上述格拉姆矩阵非奇异是系统在 $h$ 时刻状态完全能控的充分条件。式中，$\boldsymbol{\Phi}(k,k_0)$ 表示时变离散系统（4-83）的状态转移矩阵。

2）线性时变离散系统（4-83）在 $h$ 时刻状态完全能达的充要条件是格拉姆矩阵(4-98)为非奇异。

系统的能达性判据没有关于系统矩阵 $\boldsymbol{G}(k)$ 非奇异性的要求。

**例 4-19**　已知线性定常离散系统的状态方程为

$$\boldsymbol{x}(k+1)=\begin{bmatrix}3 & 2\\ 6 & 4\end{bmatrix}\boldsymbol{x}(k)+\begin{bmatrix}1\\ 2\end{bmatrix}u(k)$$

试判别其能控性和能达性。

**解** 因为 $\det G=0$，易知系统矩阵 $G$ 为奇异。现将 $G=\begin{bmatrix}3&2\\6&4\end{bmatrix}$ 和 $h=\begin{bmatrix}1\\2\end{bmatrix}$ 代入能控性矩阵，有

$$Q_c=[h \quad Gh]=\begin{bmatrix}1&7\\2&14\end{bmatrix}$$

其秩为 $1<2=n$，所以系统状态不完全能达（因不满足能达性充要条件），但不能确定系统状态的能控性（因为在系统矩阵为奇异的前提下，能控性矩阵满秩只是系统能控的充分条件）。事实上，由

$$0=x(1)=\begin{bmatrix}3&2\\6&4\end{bmatrix}x(0)+\begin{bmatrix}1\\2\end{bmatrix}u(0)$$

可以得到唯一等式

$$3x_1(0)+2x_2(0)+u(0)=0$$

从而在任意非零初始状态（$x_1(0)\neq 0$，$x_2(0)\neq 0$）下，必可构成输入

$$u(0)=-3x_1(0)-2x_2(0)$$

使系统状态在它的作用下运动到原点 $x(1)=0$。可见，系统状态是完全能控的，而且是 1 步能控。

该例说明，当系统矩阵为奇异时，确会存在能控不能达的情况。

**例 4-20** 试判别下面系统的能控性：

$$x(k+1)=\begin{bmatrix}-2&2&-1\\0&-2&0\\1&-4&0\end{bmatrix}x(k)+\begin{bmatrix}0&0\\0&1\\1&0\end{bmatrix}u(k)$$

**解** 系统矩阵为非奇异，因为

$$\det\begin{bmatrix}-2&2&-1\\0&-2&0\\1&-4&0\end{bmatrix}=-2\neq 0$$

系统的能控性矩阵的秩为

$$\operatorname{rank}[H \quad GH \quad G^2H]=\operatorname{rank}\begin{bmatrix}0&0&\vdots&-1&\\0&1&\vdots&0&\cdots\\1&0&\vdots&0&\end{bmatrix}=3=n$$

由式（4-90），系统是状态完全能控的。当取 $l=2$ 时，

$$\operatorname{rank}[H \quad GH \quad \cdots \quad G^{l-1}H]=\operatorname{rank}[H \quad GH]=\operatorname{rank}\begin{bmatrix}0&0&\vdots&-1&\\0&1&\vdots&0&\cdots\\1&0&\vdots&0&\end{bmatrix}=3=n$$

由式（4-91），系统是 2 步状态完全能控的。当取 $l=1$ 时，

$$\operatorname{rank}[H \quad GH \quad \cdots \quad G^{l-1}H]=\operatorname{rank}[H]=\operatorname{rank}\begin{bmatrix}0&0\\0&1\\1&0\end{bmatrix}=2\neq n$$

系统是 1 步状态不能控的。

## 二、能观性

1. 能观性定义　对于系统（4-83）的指定初始时刻 $h$，在已知输入向量序列 $\boldsymbol{u}(k)$ 的情况下，能够根据有限采样区间 $[h,\ l]$ 内测量到的输出向量序列 $\boldsymbol{y}(k)$，唯一地确定系统任意的非零初始状态 $\boldsymbol{x}(h)=\boldsymbol{x}_0$，则称系统在 $h$ 时刻是能观的。

这里初始时刻 $h$ 和终止时刻 $l$ 都是有定义的离散时刻，且 $l>h$。对于线性定常离散系统，由于其能观性与初始时刻无关，所以不再强调 $h$ 时刻的能观性，而称系统能观。

2. 定常系统能观性判据　考虑线性定常离散系统并令系统的输入 $\boldsymbol{u}(t)=0$，则系统为

$$\begin{cases}\boldsymbol{x}(k+1)=\boldsymbol{G}\boldsymbol{x}(k)\\ \boldsymbol{y}(k)=\boldsymbol{C}\boldsymbol{x}(k)\end{cases} \tag{4-99}$$

式中，$\boldsymbol{G}$、$\boldsymbol{C}$ 分别为常数系统矩阵、输出矩阵。

由离散系统状态方程的通解得到

$$\boldsymbol{y}(k)=\boldsymbol{C}\boldsymbol{x}(k)=\boldsymbol{C}\boldsymbol{G}^k\boldsymbol{x}(0) \tag{4-100}$$

设通过 $n$ 步能从测量到的输出向量序列 $\boldsymbol{y}(k)\,(k=0,1,2,\cdots,n-1)$ 唯一地确定出系统任意的非零初始状态 $\boldsymbol{x}(0)=\boldsymbol{x}_0$，由式（4-100）可得

$$\begin{bmatrix}\boldsymbol{y}(0)\\ \boldsymbol{y}(1)\\ \vdots\\ \boldsymbol{y}(n-1)\end{bmatrix}=\begin{bmatrix}\boldsymbol{C}\\ \boldsymbol{C}\boldsymbol{G}\\ \vdots\\ \boldsymbol{C}\boldsymbol{G}^{n-1}\end{bmatrix}\boldsymbol{x}_0 \tag{4-101}$$

这是 $qn$ 个方程求解出 $n$ 维未知量 $\boldsymbol{x}_0$ 的非齐次线性方程组，$\boldsymbol{x}_0$ 有唯一解的充要条件是其 $qn\times n$ 维系数矩阵 $\boldsymbol{Q}_{\rm o}=\begin{bmatrix}\boldsymbol{C}\\ \boldsymbol{C}\boldsymbol{G}\\ \vdots\\ \boldsymbol{C}\boldsymbol{G}^{n-1}\end{bmatrix}$ 满秩，即秩为 $n$。则可以得出关于线性定常离散系统（4-99）能观性的判据如下：

线性定常离散系统状态完全能观的充要条件是

$$\operatorname{rank}\boldsymbol{Q}_{\rm o}=\operatorname{rank}\begin{bmatrix}\boldsymbol{C}\\ \boldsymbol{C}\boldsymbol{G}\\ \vdots\\ \boldsymbol{C}\boldsymbol{G}^{n-1}\end{bmatrix}=n \tag{4-102}$$

式中，$\boldsymbol{Q}_{\rm o}$ 称为线性定常离散系统的能观性矩阵。

参照连续系统能观性格拉姆矩阵判据以及上面关于离散系统能观性的讨论，还可以得出关于线性定常离散系统能观性的格拉姆矩阵判据如下：

线性定常离散系统状态完全能观的充要条件是格拉姆矩阵

$$\boldsymbol{G}_{\rm o}(0,l)=\sum_{k=0}^{l-1}(\boldsymbol{G}^{\rm T})^k\boldsymbol{C}^{\rm T}\boldsymbol{C}\boldsymbol{G}^k \tag{4-103}$$

为非奇异，式中 $l>0$ 为有定义的离散时刻。

3. 时变系统能观性判据　与定常系统类似，线性时变离散系统也有关于能观性的格拉姆矩阵判据：

线性时变离散系统（4-83）在 $h$ 时刻状态完全能观的充要条件是格拉姆矩阵

$$G_o(h,l)=\sum_{k=h}^{l-1}\boldsymbol{\Phi}^{\mathrm{T}}(k,h)\boldsymbol{C}^{\mathrm{T}}(k)\cdot\boldsymbol{C}(k)\boldsymbol{\Phi}(k,h) \tag{4-104}$$

为非奇异。式（4-104）中，$\boldsymbol{\Phi}(k,k_0)$表示时变离散系统（4-83）的状态转移矩阵。

与系统能控性不同的是，系统的能观性判据没有关于系统矩阵 $\boldsymbol{G}(k)$非奇异性的要求。

线性离散系统的能观性及其判据也可方便地由能控性的对偶性原理得出。

## 三、连续系统离散化后的能控性和能观性

一个状态完全能控和能观的连续系统离散化后，其对应的离散系统是否仍然保持状态完全能控和能观的结构特性是采样控制系统或计算机控制系统要考虑的重要问题。

考虑线性定常连续系统 $\boldsymbol{\Sigma}(\boldsymbol{A},\boldsymbol{B},\boldsymbol{C})$

$$\begin{cases}\dot{\boldsymbol{x}}(t)=\boldsymbol{A}\boldsymbol{x}(t)+\boldsymbol{B}\boldsymbol{u}(t)\\ \boldsymbol{y}(t)=\boldsymbol{C}\boldsymbol{x}(t)\end{cases} \tag{4-105}$$

设系统的特征值为$\lambda_1$、$\lambda_2$、…、$\lambda_l$，其中$\lambda_i(i=1,2,\cdots,l)$可为实数或共轭复数对，可为单特征值或重特征值，有 $l\leqslant n$。经过采样周期为 $T$ 及采用零阶保持器离散化后的离散系统 $\boldsymbol{\Sigma}_T(\boldsymbol{G},\boldsymbol{H},\boldsymbol{C})$为

$$\begin{cases}\boldsymbol{x}(k+1)=\boldsymbol{G}\boldsymbol{x}(k)+\boldsymbol{H}\boldsymbol{u}(k)\\ \boldsymbol{y}(k)=\boldsymbol{C}\boldsymbol{x}(k)\end{cases} \tag{4-106}$$

式中，$\boldsymbol{G}$ 为离散化后系统的系统矩阵，$\boldsymbol{G}=\boldsymbol{\Phi}(T)=\mathrm{e}^{\boldsymbol{A}T}$；$\boldsymbol{H}$ 为离散化后系统的输入矩阵，$\boldsymbol{H}=(\int_0^T\mathrm{e}^{\boldsymbol{A}t}\mathrm{d}t)\boldsymbol{B}$ 为离散化后系统的系统矩阵和输入矩阵。

先看一个关于连续系统离散化后系统能控性、能观性的示例。

**例 4-21**　考察下面系统离散化前后的能控性和能观性：

$$\begin{cases}\dot{\boldsymbol{x}}=\begin{bmatrix}0&1\\-1&0\end{bmatrix}\boldsymbol{x}+\begin{bmatrix}1\\0\end{bmatrix}u\\ y=[0\quad 1]\boldsymbol{x}\end{cases}$$

**解**　先判别连续系统的能控性和能观性，连续系统 $\boldsymbol{\Sigma}(\boldsymbol{A},\boldsymbol{b},\boldsymbol{c})$ 的能控性矩阵和能观性矩阵分别为

$$\boldsymbol{Q}_c=[\boldsymbol{b}\quad \boldsymbol{A}\boldsymbol{b}]=\begin{bmatrix}1&0\\0&-1\end{bmatrix},\ \boldsymbol{Q}_o=\begin{bmatrix}\boldsymbol{c}\\ \boldsymbol{c}\boldsymbol{A}\end{bmatrix}=\begin{bmatrix}0&1\\-1&0\end{bmatrix}$$

它们都是满秩阵，所以连续系统状态完全能控、完全能观。另外，系统的状态转移矩阵为

$$\mathrm{e}^{\boldsymbol{A}t}=L^{-1}[(s\boldsymbol{I}-\boldsymbol{A})^{-1}]=L^{-1}\begin{bmatrix}s&-1\\1&s\end{bmatrix}^{-1}=L^{-1}\begin{bmatrix}\dfrac{s}{s^2+1}&\dfrac{1}{s^2+1}\\ \dfrac{-1}{s^2+1}&\dfrac{s}{s^2+1}\end{bmatrix}=\begin{bmatrix}\cos t&\sin t\\-\sin t&\cos t\end{bmatrix}$$

将连续系统离散化为离散系统 $\boldsymbol{\Sigma}_T(\boldsymbol{G},\boldsymbol{h},\boldsymbol{c})$时，系统矩阵和输入矩阵分别为

$$\boldsymbol{G}=\mathrm{e}^{\boldsymbol{A}T}=\begin{bmatrix}\cos T&\sin T\\-\sin T&\cos T\end{bmatrix}$$

$$\boldsymbol{h}=(\int_0^T\mathrm{e}^{\boldsymbol{A}t}\mathrm{d}t)\boldsymbol{b}=\int_0^T\begin{bmatrix}\cos t&\sin t\\-\sin t&\cos t\end{bmatrix}\begin{bmatrix}1\\0\end{bmatrix}\mathrm{d}t=\int_0^T\begin{bmatrix}\cos t\\-\sin t\end{bmatrix}\mathrm{d}t=\begin{bmatrix}\sin T\\\cos T-1\end{bmatrix}$$

离散系统的能控性矩阵和能观性矩阵分别为

$$\boldsymbol{Q}_{\mathrm{c}}=[\boldsymbol{h}\quad \boldsymbol{G}\boldsymbol{h}]=\begin{bmatrix}\sin T & 2\sin T\cos T-\sin T\\ \cos T-1 & \cos^2T-\sin^2T-\cos T\end{bmatrix}$$

$$\boldsymbol{Q}_{\mathrm{o}}=\begin{bmatrix}\boldsymbol{c}\\ \boldsymbol{c}\boldsymbol{G}\end{bmatrix}=\begin{bmatrix}0 & 1\\ -\sin T & \cos T\end{bmatrix}$$

它们的行列式分别为

$$\det\boldsymbol{Q}_{\mathrm{c}}=\det\begin{bmatrix}\sin T & 2\sin T\cos T-\sin T\\ \cos T-1 & \cos^2T-\sin^2T-\cos T\end{bmatrix}=2\sin T(\cos T-1)$$

$$\det\boldsymbol{Q}_{\mathrm{o}}=\det\begin{bmatrix}0 & 1\\ -\sin T & \cos T\end{bmatrix}=\sin T$$

显然，系统的能控性矩阵和能观性矩阵是否满秩，取决于采样周期。当 $T=k\pi(k=1,2,\cdots)$ 时，有 $\det\boldsymbol{Q}_{\mathrm{c}}=\det\boldsymbol{Q}_{\mathrm{o}}=0$，两个判别矩阵均不满秩，离散化后的系统不能控、不能观；当 $T\neq k\pi(k=1,2,\cdots)$ 时，两个判别矩阵都满秩，离散化后的系统能控、能观。

可见，连续系统 $\boldsymbol{\Sigma}(\boldsymbol{A},\ \boldsymbol{B},\ \boldsymbol{C})$ 经采样离散化为离散系统 $\boldsymbol{\Sigma}_T(\boldsymbol{G},\ \boldsymbol{H},\ \boldsymbol{C})$ 后，是否保持能控性、能观性是由与采样周期 $T$ 相关的条件决定的。这里，不加证明地给出关于连续系统离散化后的系统能控性和能观性的结论：

对于线性定常连续系统（4-105），其对应的离散系统（4-106）保持能控性和能观性的充要条件是，对满足

$$\mathrm{Re}\ (\lambda_i-\lambda_j)=0\quad (i,j=1,2,\cdots,l)\tag{4-107}$$

的系统矩阵 $\boldsymbol{A}$ 的一切特征值，使采样周期 $T$ 的值满足

$$T\neq\frac{2k\pi}{\mathrm{Im}\ (\lambda_i-\lambda_j)}\quad (k=\pm1,\pm2,\cdots)\tag{4-108}$$

该结论表示了系统矩阵 $\boldsymbol{A}$ 的所有实部相等的特征值的虚部与采样周期应满足的关系。当特征值是实数时，不论它们是单特征值或重特征值，采样周期的值都不受限制。只有当特征值不为实数并且其实部相等时，采样周期取值受式（4-108）的限制。例 4-21 中，系统矩阵 $\boldsymbol{A}$ 有一对共轭复数特征值 $\lambda_{1,2}=\pm\mathrm{j}$，按式（4-108），系统保持能控性、能观性的采样周期取值 $T\neq\dfrac{2k\pi}{\mathrm{Im}\ (\lambda_i-\lambda_j)}=\dfrac{2k\pi}{2}=k\pi(k=\pm1,\pm2,\cdots)$，与上面分析结果一致。

值得注意的是，系统矩阵 $\boldsymbol{A}$ 的所有实部相等的特征值都要按式（4-108）限制采样周期，而不仅仅是共轭复数特征值之间。例如，某系统有特征值 $\lambda_{1,2}=-3\pm\mathrm{j}$ 和 $\lambda_{3,4}=-3\pm2\mathrm{j}$，则采样周期 $T$ 的取值应受下列六个式子的限制：

$$T\neq\frac{2k\pi}{1-(-1)},\ T\neq\frac{2k\pi}{1-2},\ T\neq\frac{2k\pi}{1-(-2)},\ T\neq\frac{2k\pi}{-1-2},\ T\neq\frac{2k\pi}{-1-(-2)},\ T\neq\frac{2k\pi}{2-(-2)}$$

其中 $k=\pm1,\ \pm2,\ \cdots$。剔除无意义和重复的式子后，采样周期 $T$ 的取值应满足：

$$T\neq k\pi,T\neq\frac{2}{3}k\pi,T\neq\frac{1}{2}k\pi\quad (k=1,2,\cdots)$$

## 第五节　线性定常系统的能控规范型与能观规范型

第一章已经给出了单输入单输出线性定常系统的能控规范型和能观规范型实现，本节将

讨论它们的基本特性，并拓展到多输入多输出系统。

## 一、单输入单输出系统

$n$ 阶单输入单输出线性定常系统可用高阶微分方程表示为

$$y^n + a_{n-1}y^{n-1} + \cdots + a_1\dot{y} + a_0 y = b_m u^m + b_{m-1}u^{m-1} + \cdots + b_1\dot{u} + b_0 u \tag{4-109}$$

或用相应的传递函数表示为

$$g(s) = \frac{b_m s^m + b_{m-1}s^{m-1} + \cdots + b_1 s + b_0}{s^n + a_{n-1}s^{n-1} + \cdots + a_1 s + a_0} \tag{4-110}$$

其中，不妨取 $m = n-1$。根据第一章的讨论，其对应的能控规范型状态空间描述为

$$\begin{cases} \begin{bmatrix} \dot{x}_1 \\ \dot{x}_2 \\ \vdots \\ \dot{x}_{n-1} \\ \dot{x}_n \end{bmatrix} = \begin{bmatrix} 0 & 1 & 0 & \cdots & 0 \\ 0 & 0 & 1 & \cdots & 0 \\ \vdots & \vdots & \vdots & \ddots & \vdots \\ 0 & 0 & 0 & \cdots & 1 \\ -a_0 & -a_1 & -a_2 & \cdots & -a_{n-1} \end{bmatrix} \begin{bmatrix} x_1 \\ x_2 \\ \vdots \\ x_{n-1} \\ x_n \end{bmatrix} + \begin{bmatrix} 0 \\ 0 \\ \vdots \\ 0 \\ 1 \end{bmatrix} u \\ y = [b_0 \quad b_1 \quad \cdots \quad b_{n-2} \quad b_{n-1}] \begin{bmatrix} x_1 \\ x_2 \\ \vdots \\ x_{n-1} \\ x_n \end{bmatrix} \end{cases} \tag{4-111}$$

其中系统矩阵 $\boldsymbol{A}$ 为友矩阵。而能观规范型为

$$\begin{cases} \begin{bmatrix} \dot{x}_1 \\ \dot{x}_2 \\ \vdots \\ \dot{x}_{n-1} \\ \dot{x}_n \end{bmatrix} = \begin{bmatrix} 0 & 0 & \cdots & 0 & -a_0 \\ 1 & 0 & \cdots & 0 & -a_1 \\ \vdots & \vdots & & \vdots & \vdots \\ 0 & 0 & \cdots & 0 & -a_{n-2} \\ 0 & 0 & \cdots & 1 & -a_{n-1} \end{bmatrix} \begin{bmatrix} x_1 \\ x_2 \\ \vdots \\ x_{n-1} \\ x_n \end{bmatrix} + \begin{bmatrix} b_0 \\ b_1 \\ \vdots \\ b_{n-2} \\ b_{n-1} \end{bmatrix} u \\ y = [0 \quad 0 \quad \cdots \quad 0 \quad 1] \begin{bmatrix} x_1 \\ x_2 \\ \vdots \\ x_{n-1} \\ x_n \end{bmatrix} \end{cases} \tag{4-112}$$

1. 单输入系统的能控规范型　对于单输入线性定常系统的能控规范型，可以得出如下两点结论：

（1）状态方程为式（4-111）能控规范型的单输入线性定常系统一定是状态完全能控的。

该结论可以通过系统（4-111）的代数判据得出。很容易求出系统的能控性矩阵为

$$
Q_c = [b \quad Ab \quad A^2b \quad \cdots \quad A^{n-1}b] = \begin{bmatrix} 0 & 0 & 0 & \cdots & \cdots & 0 & 1 \\ 0 & 0 & 0 & \cdots & 0 & \iddots & -a_{n-1} \\ \vdots & \vdots & \vdots & & \iddots & \iddots & a_{n-1}^2 - a_{n-2} \\ \vdots & \vdots & \vdots & \iddots & \iddots & \iddots & \\ 0 & 0 & 1 & \iddots & \iddots & & \\ 0 & 1 & -a_{n-1} & \iddots & & & \\ 1 & -a_{n-1} & a_{n-1}^2 - a_{n-2} & & & & \end{bmatrix} \tag{4-113}
$$

这是一个主对角线元素均为 1 的右下三角阵，显然有 $\text{rank}Q_c = n$，所以系统一定是状态完全能控的。

（2）一个不具能控规范型形式的能控的 $n$ 阶单输入系统 $\Sigma(A, b, C)$，一定可以通过非奇异变换 $x = P\bar{x}$ 化为具有式（4-111）状态方程所表示的能控规范型形式，其中变换矩阵 $P$ 为

$$
P = [p_1 \quad p_2 \quad p_3 \quad \cdots \quad p_n] = [b \quad Ab \quad A^2b \quad \cdots \quad A^{n-1}b] \begin{bmatrix} a_1 & a_2 & \cdots & a_{n-1} & 1 \\ a_2 & a_3 & \cdots & 1 & 0 \\ \vdots & \vdots & \iddots & \vdots & \vdots \\ a_{n-1} & 1 & \cdots & 0 & 0 \\ 1 & 0 & \cdots & 0 & 0 \end{bmatrix} \tag{4-114}
$$

下面检验在具有式（4-114）所示的变换矩阵 $P$ 的作用下，新状态空间的系统表达式是否具有能控规范型形式。

由于已知系统 $\Sigma$（$A$，$b$，$C$）能控，其 $n \times n$ 维能控性矩阵 $Q_c = [b \quad Ab \quad A^2b \quad \cdots \quad A^{n-1}b]$ 满秩，即它的 $n$ 个列向量 $b$，$Ab$，$\cdots$，$A^{n-1}b$ 线性无关，由它们按式（4-114）线性组合成的 $n$ 个列向量 $p_1$，$p_2$，$\cdots$，$p_n$ 也线性无关，它们构成了非奇异变换矩阵 $P = [p_1 \quad p_2 \quad p_3 \quad \cdots \quad p_n]$。变换后的新状态空间表达式的系统矩阵、输入矩阵、输出矩阵分别为 $\bar{A} = P^{-1}AP$，$\bar{b} = P^{-1}b$，$\bar{C} = CP$。即有

$$
P\bar{A} = AP = [Ap_1 \quad Ap_2 \quad Ap_3 \quad \cdots \quad Ap_n] = [Ab \quad A^2b \quad A^3b \quad \cdots \quad A^nb] \begin{bmatrix} a_1 & a_2 & \cdots & a_{n-1} & 1 \\ a_2 & a_3 & \cdots & 1 & 0 \\ \vdots & \vdots & \iddots & \vdots & \vdots \\ a_{n-1} & 1 & \cdots & 0 & 0 \\ 1 & 0 & \cdots & 0 & 0 \end{bmatrix} \tag{4-115}
$$

式（4-115）中 $AP$ 的各列向量，利用凯莱—哈密顿定理 $\varphi(A) = A^n + a_{n-1}A^{n-1} + \cdots + a_1A + a_0I = 0$ 以及 $p_n = b$（由式（4-114）得到），可以得出

$$
\begin{aligned}
&Ap_1 = a_1Ab + a_2A^2b + \cdots + a_{n-1}A^{n-1}b + A^nb = \varphi(A)b - a_0b = -a_0p_n \\
&Ap_2 = a_2Ab + a_3A^2b + \cdots + A^{n-1}b = p_1 - a_1p_n \\
&\vdots \\
&Ap_{n-1} = a_{n-1}Ab + A^2b = p_{n-2} - a_{n-2}p_n \\
&Ap_n = Ab = p_{n-1} - a_{n-1}p_n
\end{aligned} \tag{4-116}
$$

代入式（4-115），得

$$P\bar{A}=[Ap_1\quad Ap_2\quad Ap_3\quad\cdots\quad Ap_n]=[-a_0p_n\quad p_1-a_1p_n\quad\cdots\quad p_{n-2}-a_{n-2}p_n\quad p_{n-1}-a_{n-1}p_n]$$

$$=[p_1\quad p_2\quad p_3\quad\cdots\quad p_n]\begin{bmatrix}0&1&0&\cdots&0\\0&0&1&\cdots&0\\\vdots&\vdots&\vdots&\ddots&\vdots\\0&0&0&\cdots&1\\-a_0&-a_1&-a_2&\cdots&-a_{n-1}\end{bmatrix}=P\begin{bmatrix}0&1&0&\cdots&0\\0&0&1&\cdots&0\\\vdots&\vdots&\vdots&\ddots&\vdots\\0&0&0&\cdots&1\\-a_0&-a_1&-a_2&\cdots&-a_{n-1}\end{bmatrix}\tag{4-117}$$

所以有

$$\bar{A}=P^{-1}AP=\begin{bmatrix}0&1&0&\cdots&0\\0&0&1&\cdots&0\\\vdots&\vdots&\vdots&\ddots&\vdots\\0&0&0&\cdots&1\\-a_0&-a_1&-a_2&\cdots&-a_{n-1}\end{bmatrix}\tag{4-118}$$

又由 $\bar{b}=P^{-1}b$ 及 $p_n=b$，可得

$$P\bar{b}=b=p_n=[p_1\quad p_2\quad\cdots\quad p_n]\begin{bmatrix}0\\0\\\vdots\\0\\1\end{bmatrix}=P\begin{bmatrix}0\\0\\\vdots\\0\\1\end{bmatrix}\tag{4-119}$$

所以有

$$\bar{b}=P^{-1}b=\begin{bmatrix}0\\0\\\vdots\\0\\1\end{bmatrix}\tag{4-120}$$

显然，在具有式（4-114）所示的变换矩阵 $P$ 的作用下，新状态空间表达式的系统矩阵(4-118)和输入矩阵（4-120）具有能控规范型形式。

按式（4-114）可以求取将一个不具能控规范型形式的能控系统变换为能控规范型的变换矩阵 $P$，并完成变换工作。

**例 4-22**　给定线性定常系统为

$$\begin{cases}\dot{x}=\begin{bmatrix}2&0&0\\0&4&1\\0&0&4\end{bmatrix}x+\begin{bmatrix}1\\0\\1\end{bmatrix}u\\ y=\begin{bmatrix}1&1&0\\0&1&1\end{bmatrix}x\end{cases}$$

试判断它的能控性，如能控则将它化为能控规范型。

**解**　系统的能控性矩阵为

$$Q_c=[b\quad Ab\quad A^2b]=\begin{bmatrix}1&2&4\\0&1&8\\1&4&16\end{bmatrix}$$

其秩为3，系统能控，可将它化为能控规范型。系统矩阵$A$是约当阵，由能控性的约当规范型判据也可判定系统能控。先求出系统的特征多项式为

$$\varphi(s)=|sI-A|=\begin{vmatrix}s-2&0&0\\0&s-4&-1\\0&0&s-4\end{vmatrix}=s^3-10s^2+32s-32$$

即$a_0=-32$，$a_1=32$，$a_2=-10$，按式（4-114）得出变换矩阵$P$为

$$P=Q_c\begin{bmatrix}a_1&a_2&1\\a_2&1&0\\1&0&0\end{bmatrix}=\begin{bmatrix}1&2&4\\0&1&8\\1&4&16\end{bmatrix}\begin{bmatrix}32&-10&1\\-10&1&0\\1&0&0\end{bmatrix}=\begin{bmatrix}16&-8&1\\-2&1&0\\8&-6&1\end{bmatrix}$$

其逆为

$$P^{-1}=\begin{bmatrix}16&-8&1\\-2&1&0\\8&-6&1\end{bmatrix}^{-1}=\frac{1}{4}\begin{bmatrix}1&2&-1\\2&8&-2\\4&32&0\end{bmatrix}$$

求得新状态空间表达式的系统矩阵、输入矩阵、输出矩阵分别为

$$\overline{A}=P^{-1}AP=\frac{1}{4}\begin{bmatrix}1&2&-1\\2&8&-2\\4&32&0\end{bmatrix}\begin{bmatrix}2&0&0\\0&4&1\\0&0&4\end{bmatrix}\begin{bmatrix}16&-8&1\\-2&1&0\\8&-6&1\end{bmatrix}=\begin{bmatrix}0&1&0\\0&0&1\\32&-32&10\end{bmatrix}$$

$$\overline{b}=P^{-1}b=\frac{1}{4}\begin{bmatrix}1&2&-1\\2&8&-2\\4&32&0\end{bmatrix}\begin{bmatrix}1\\0\\1\end{bmatrix}=\begin{bmatrix}0\\0\\1\end{bmatrix}$$

$$\overline{C}=CP=\begin{bmatrix}1&1&0\\0&1&1\end{bmatrix}\begin{bmatrix}16&-8&1\\-2&1&0\\8&-6&1\end{bmatrix}=\begin{bmatrix}14&-7&1\\6&-5&1\end{bmatrix}$$

显然是能控规范型形式。

除了按式（4-114）获取非奇异变换矩阵$P$外，还可以按下列方法求得变换矩阵$P$：

1）取$Q_c^{-1}$的最后一行为变换矩阵的逆阵$P^{-1}$的第1个行向量$q_1$；

2）求得变换矩阵的逆阵 $P^{-1}=\begin{bmatrix}q_1\\q_1A\\q_1A^2\\\vdots\\q_1A^{n-1}\end{bmatrix}$

这是因为，如设非奇异变换矩阵的逆矩阵$P^{-1}$为

$$P^{-1}=\begin{bmatrix} q_1 \\ q_2 \\ \vdots \\ q_n \end{bmatrix} \tag{4-121}$$

式中，$q_i(i=1,2,\cdots,n)$是矩阵$P^{-1}$的$n$个行向量。

线性变换$x=P\bar{x}$将原动态方程化为能控规范型，于是有

$$\bar{A}=P^{-1}AP=\begin{bmatrix} 0 & 1 & 0 & \cdots & 0 \\ 0 & 0 & 1 & \cdots & 0 \\ \vdots & \vdots & \vdots & \ddots & \vdots \\ 0 & 0 & 0 & \cdots & 1 \\ -a_0 & -a_1 & -a_2 & \cdots & -a_{n-1} \end{bmatrix} \tag{4-122}$$

及

$$\bar{b}=P^{-1}b=\begin{bmatrix} 0 \\ 0 \\ \vdots \\ 0 \\ 1 \end{bmatrix} \tag{4-123}$$

由式（4-122）可得

$$P^{-1}A=\begin{bmatrix} q_1A \\ q_2A \\ \vdots \\ q_{n-1}A \\ q_nA \end{bmatrix}=\begin{bmatrix} 0 & 1 & 0 & \cdots & 0 \\ 0 & 0 & 1 & \cdots & 0 \\ \vdots & \vdots & \vdots & \ddots & \vdots \\ 0 & 0 & 0 & \cdots & 1 \\ -a_0 & -a_1 & -a_2 & \cdots & -a_{n-1} \end{bmatrix}\begin{bmatrix} q_1 \\ q_2 \\ \vdots \\ q_{n-1} \\ q_n \end{bmatrix}=\begin{bmatrix} q_2 \\ q_3 \\ \vdots \\ q_n \\ -a_0q_1-a_1q_2\cdots-a_{n-1}q_n \end{bmatrix} \tag{4-124}$$

即逆矩阵$P^{-1}$可表示为

$$P^{-1}=\begin{bmatrix} q_1 \\ q_2 \\ q_3 \\ \vdots \\ q_n \end{bmatrix}=\begin{bmatrix} q_1 \\ q_1A \\ q_1A^2 \\ \vdots \\ q_1A^{n-1} \end{bmatrix} \tag{4-125}$$

于是式（4-123）可写成

$$P^{-1}b=\begin{bmatrix} q_1b \\ q_1Ab \\ q_1A^2b \\ \vdots \\ q_1A^{n-1}b \end{bmatrix}=\begin{bmatrix} 0 \\ 0 \\ \vdots \\ 0 \\ 1 \end{bmatrix} \tag{4-126}$$

也即

$$q_1[b \quad Ab \quad \cdots \quad A^{n-1}b] = q_1Q_c = [0 \quad 0 \quad \cdots \quad 0 \quad 1] \tag{4-127}$$

由于系统能控，其能控性矩阵 $Q_c$ 非奇异，于是可得

$$q_1 = [0 \quad 0 \quad \cdots \quad 0 \quad 1]Q_c^{-1} \tag{4-128}$$

即 $P^{-1}$ 矩阵的第 1 个行向量 $q_1$ 是能控性矩阵 $Q_c$ 的逆阵的最后一行，求得 $q_1$ 后就可以由式（4-125）得到非奇异变换矩阵的逆阵 $P^{-1}$。

上例中，已求得 $Q_c = \begin{bmatrix} 1 & 2 & 4 \\ 0 & 1 & 8 \\ 1 & 4 & 16 \end{bmatrix}$，可求得其逆阵 $Q_c^{-1}$ 为

$$Q_c^{-1} = \begin{bmatrix} 1 & 2 & 4 \\ 0 & 1 & 8 \\ 1 & 4 & 16 \end{bmatrix}^{-1} = \frac{1}{4}\begin{bmatrix} 16 & 16 & -12 \\ -8 & -12 & 8 \\ 1 & 2 & -1 \end{bmatrix}$$

取 $Q_c^{-1}$ 的最后一行为 $P^{-1}$ 矩阵的第 1 个行向量 $q_1$，即

$$q_1 = \frac{1}{4}[1 \quad 2 \quad -1]$$

由式（4-125）可求得非奇异变换矩阵的逆阵 $P^{-1}$ 为

$$P^{-1} = \begin{bmatrix} q_1 \\ q_1A \\ q_1A^2 \end{bmatrix} = \frac{1}{4}\begin{bmatrix} 1 & 2 & -1 \\ 2 & 8 & -2 \\ 4 & 32 & 0 \end{bmatrix}$$

进而求得非奇异变换矩阵 $P$ 为

$$P = \begin{bmatrix} \frac{1}{4} & \frac{1}{2} & -\frac{1}{4} \\ \frac{1}{2} & 2 & -\frac{1}{2} \\ 1 & 8 & 0 \end{bmatrix}^{-1} = \begin{bmatrix} 16 & -8 & 1 \\ -2 & 1 & 0 \\ 8 & -6 & 1 \end{bmatrix}$$

得到的变换矩阵 $P$ 与前面求出的一样，显然变换后得出同样的结果。

2. 单输出系统的能观规范型　对于单输出线性定常系统的能观规范型，应用对偶性原理，也可以得出如下两点结论：

（1）具有系统矩阵 $A$ 和输出矩阵 $c$ 如式（4-112）所示的能观规范型的线性定常系统一定是状态完全能观的。

这个结论只要明确式（4-112）所示的能观规范型系统是式（4-111）所示的能控规范型系统的对偶系统即可得出。

（2）一个不具能观规范型形式的能观的 $n$ 阶系统 $\boldsymbol{\Sigma}(A, B, c)$，一定可以通过非奇异变换 $x = P\bar{x}$ 化为其系统矩阵和输出矩阵具有式（4-112）所表示的能观规范型形式，其中变换矩阵 $P$ 的逆阵 $P^{-1}$ 为

$$P^{-1} = \begin{bmatrix} q_1 \\ q_2 \\ q_3 \\ \vdots \\ q_n \end{bmatrix} = \begin{bmatrix} a_1 & a_2 & \cdots & a_{n-1} & 1 \\ a_2 & a_3 & \cdots & 1 & 0 \\ \vdots & \vdots & \iddots & \vdots & \vdots \\ a_{n-1} & 1 & \cdots & 0 & 0 \\ 1 & 0 & \cdots & 0 & 0 \end{bmatrix}\begin{bmatrix} c \\ cA \\ cA^2 \\ \vdots \\ cA^{n-1} \end{bmatrix} \tag{4-129}$$

下面检验在其逆阵为具有式（4-129）形式的变换矩阵 $\boldsymbol{P}$ 的作用下，新状态空间的系统表达式是否具有能观规范型形式。

由于已知系统 $\boldsymbol{\Sigma}(\boldsymbol{A},\boldsymbol{B},\boldsymbol{c})$ 能观，其 $n\times n$ 维能观性矩阵 $\boldsymbol{Q}_o=\begin{bmatrix}\boldsymbol{c}\\ \boldsymbol{cA}\\ \boldsymbol{cA}^2\\ \vdots\\ \boldsymbol{cA}^{n-1}\end{bmatrix}$ 满秩，即它的 $n$ 个行向量 $\boldsymbol{c}$，$\boldsymbol{cA}$，…，$\boldsymbol{cA}^{n-1}$ 线性无关，由它们按式（4-129）线性组合成的 $n$ 个行向量 $\boldsymbol{q}_1$，$\boldsymbol{q}_2$，…，$\boldsymbol{q}_n$ 也必线性无关，它们构成的 $\boldsymbol{P}^{-1}$ 必非奇异，进而变换矩阵 $\boldsymbol{P}$ 也必非奇异。变换后的新状态空间表达式的系统矩阵、输入矩阵、输出矩阵也分别为 $\overline{\boldsymbol{A}}=\boldsymbol{P}^{-1}\boldsymbol{AP}$，$\overline{\boldsymbol{B}}=\boldsymbol{P}^{-1}\boldsymbol{B}$，$\overline{\boldsymbol{c}}=\boldsymbol{cP}$，即有

$$\overline{\boldsymbol{A}}\boldsymbol{P}^{-1}=\boldsymbol{P}^{-1}\boldsymbol{A}=\begin{bmatrix}\boldsymbol{q}_1\boldsymbol{A}\\ \boldsymbol{q}_2\boldsymbol{A}\\ \boldsymbol{q}_3\boldsymbol{A}\\ \vdots\\ \boldsymbol{q}_n\boldsymbol{A}\end{bmatrix}=\begin{bmatrix}a_1 & a_2 & \cdots & a_{n-1} & 1\\ a_2 & a_3 & \cdots & 1 & 0\\ \vdots & \vdots & \begin{smallmatrix}&&\cdot\\&\cdot&\\\cdot&&\end{smallmatrix} & \vdots & \vdots\\ a_{n-1} & 1 & \cdots & 0 & 0\\ 1 & 0 & \cdots & 0 & 0\end{bmatrix}\begin{bmatrix}\boldsymbol{cA}\\ \boldsymbol{cA}^2\\ \boldsymbol{cA}^3\\ \vdots\\ \boldsymbol{cA}^n\end{bmatrix}\tag{4-130}$$

式（4-130）中 $\boldsymbol{P}^{-1}\boldsymbol{A}$ 的各行向量，利用凯莱—哈密顿定理 $\varphi(\boldsymbol{A})=\boldsymbol{A}^n+a_{n-1}\boldsymbol{A}^{n-1}+\cdots+a_1\boldsymbol{A}+a_0\boldsymbol{I}=0$ 以及 $\boldsymbol{q}_n=\boldsymbol{c}$（由式（4-129）得到），可以得出

$$\begin{aligned}&\boldsymbol{q}_1\boldsymbol{A}=a_1\boldsymbol{cA}+a_2\boldsymbol{cA}^2+\cdots+a_{n-1}\boldsymbol{cA}^{n-1}+\boldsymbol{cA}^n=\boldsymbol{c}\varphi(\boldsymbol{A})-\boldsymbol{c}a_0=-a_0\boldsymbol{q}_n\\ &\boldsymbol{q}_2\boldsymbol{A}=a_2\boldsymbol{cA}+a_3\boldsymbol{cA}^2+\cdots+\boldsymbol{cA}^{n-1}=\boldsymbol{q}_1-a_1\boldsymbol{q}_n\\ &\vdots\\ &\boldsymbol{q}_{n-1}\boldsymbol{A}=a_{n-1}\boldsymbol{cA}+\boldsymbol{cA}^2=\boldsymbol{q}_{n-2}-a_{n-2}\boldsymbol{q}_n\\ &\boldsymbol{q}_n\boldsymbol{A}=\boldsymbol{cA}=\boldsymbol{q}_{n-1}-a_{n-1}\boldsymbol{q}_n\end{aligned}\tag{4-131}$$

代入式（4-130），得

$$\overline{\boldsymbol{A}}\boldsymbol{P}^{-1}=\begin{bmatrix}\boldsymbol{q}_1\boldsymbol{A}\\ \boldsymbol{q}_2\boldsymbol{A}\\ \vdots\\ \boldsymbol{q}_{n-1}\boldsymbol{A}\\ \boldsymbol{q}_n\boldsymbol{A}\end{bmatrix}=\begin{bmatrix}-a_0\boldsymbol{q}_n\\ \boldsymbol{q}_1-a_1\boldsymbol{q}_n\\ \vdots\\ \boldsymbol{q}_{n-2}-a_{n-2}\boldsymbol{q}_n\\ \boldsymbol{q}_{n-1}-a_{n-1}\boldsymbol{q}_n\end{bmatrix}=\begin{bmatrix}0 & 0 & \cdots & 0 & -a_0\\ 1 & 0 & \cdots & 0 & -a_1\\ \vdots & \vdots & & \vdots & \vdots\\ 0 & 0 & \cdots & 0 & -a_{n-2}\\ 0 & 0 & \cdots & 1 & -a_{n-1}\end{bmatrix}\begin{bmatrix}\boldsymbol{q}_1\\ \boldsymbol{q}_2\\ \vdots\\ \boldsymbol{q}_{n-1}\\ \boldsymbol{q}_n\end{bmatrix}\tag{4-132}$$

所以有

$$\overline{\boldsymbol{A}}=\boldsymbol{P}^{-1}\boldsymbol{AP}=\begin{bmatrix}0 & 0 & \cdots & 0 & -a_0\\ 1 & 0 & \cdots & 0 & -a_1\\ \vdots & \vdots & & \vdots & \vdots\\ 0 & 0 & \cdots & 0 & -a_{n-2}\\ 0 & 0 & \cdots & 1 & -a_{n-1}\end{bmatrix}\tag{4-133}$$

又由 $\overline{\boldsymbol{c}}=\boldsymbol{cP}$ 及 $\boldsymbol{q}_n=c$，可得

$$\bar{c}P^{-1}=c=q_n=[0\ \ 0\ \ \cdots\ \ 0\ \ 1]\begin{bmatrix}q_1\\q_2\\\vdots\\q_n\end{bmatrix}=[0\ \ 0\ \ \cdots\ \ 0\ \ 1]P^{-1} \tag{4-134}$$

所以有

$$\bar{c}=cP=[0\ \ 0\ \ \cdots\ \ 0\ \ 1] \tag{4-135}$$

可见，在具有逆阵为式（4-129）形式的变换矩阵 $P$ 的作用下，新状态空间表达式的系统矩阵（4-133）和输出矩阵（4-135）具有能观规范型形式。

按式（4-129）可以求取将一个不具能观规范型形式的能观系统变换为能观规范型的变换矩阵的逆阵 $P^{-1}$，并完成变换工作。

类似于上面能控规范型，也可以按下列方法求得将一个能观系统变换为能观规范型的变换矩阵 $P$：

1）取系统能观性矩阵的逆阵 $Q_o^{-1}$ 的最后一列为 $P$ 矩阵的第 1 个列向量 $p_1$；

2）按下式求取变换矩阵 $P$

$$P=[p_1\ \ Ap_1\ \ A^2p_1\ \ \cdots\ \ A^{n-1}p_1] \tag{4-136}$$

上述结论利用对偶性原理可直接得出。

**例 4-23**　给定线性定常系统为

$$\begin{cases}\dot{x}=\begin{bmatrix}1 & -1\\0 & 2\end{bmatrix}x+\begin{bmatrix}1\\1\end{bmatrix}u\\ y=\begin{bmatrix}-1 & -\frac{1}{2}\end{bmatrix}x\end{cases}$$

试判断它的能观性，如能观则将它化为能观规范型。

**解**　系统的能观性矩阵为

$$Q_o=\begin{bmatrix}c\\cA\end{bmatrix}=\begin{bmatrix}-1 & -\frac{1}{2}\\-1 & 0\end{bmatrix}$$

$Q_o$ 满秩，系统能观，可将它化为能观规范型。求出系统的特征多项式为

$$\varphi(s)=|sI-A|=\begin{vmatrix}s-1 & 1\\0 & s-2\end{vmatrix}=s^2-3s+2$$

即 $a_0=2$，$a_1=-3$，按式（4-129）得出变换矩阵的逆阵 $P^{-1}$ 为

$$P^{-1}=\begin{bmatrix}a_1 & 1\\1 & 0\end{bmatrix}\begin{bmatrix}c\\cA\end{bmatrix}=\begin{bmatrix}-3 & 1\\1 & 0\end{bmatrix}\begin{bmatrix}-1 & -\frac{1}{2}\\-1 & 0\end{bmatrix}=\begin{bmatrix}2 & \frac{3}{2}\\-1 & -\frac{1}{2}\end{bmatrix}$$

求逆得变换矩阵 $P$ 为

$$P=\begin{bmatrix}2 & \frac{3}{2}\\-1 & -\frac{1}{2}\end{bmatrix}^{-1}=\begin{bmatrix}-1 & -3\\2 & 4\end{bmatrix}$$

求得新状态空间表达式的系统矩阵、输入矩阵、输出矩阵分别为

$$\bar{A}=P^{-1}AP=\begin{bmatrix}2 & \frac{3}{2}\\ -1 & -\frac{1}{2}\end{bmatrix}\begin{bmatrix}1 & -1\\ 0 & 2\end{bmatrix}\begin{bmatrix}-1 & -3\\ 2 & 4\end{bmatrix}=\begin{bmatrix}0 & -2\\ 1 & 3\end{bmatrix}$$

$$\bar{b}=P^{-1}b=\begin{bmatrix}2 & \frac{3}{2}\\ -1 & -\frac{1}{2}\end{bmatrix}\begin{bmatrix}1\\ 1\end{bmatrix}=\begin{bmatrix}\frac{7}{2}\\ -\frac{3}{2}\end{bmatrix}$$

$$\bar{c}=cP=\begin{bmatrix}-1 & -\frac{1}{2}\end{bmatrix}\begin{bmatrix}-1 & -3\\ 2 & 4\end{bmatrix}=[0\quad 1]$$

显然是能观规范型形式。如果按另一种方法求变换矩阵 $P$，已求出能观性矩阵为 $Q_o=\begin{bmatrix}-1 & -\frac{1}{2}\\ -1 & 0\end{bmatrix}$，其逆阵为

$$Q_o^{-1}=\begin{bmatrix}-1 & -\frac{1}{2}\\ -1 & 0\end{bmatrix}^{-1}=\begin{bmatrix}0 & -1\\ -2 & 2\end{bmatrix}$$

取 $Q_o^{-1}$ 的最后一列为 $P$ 矩阵的第 1 个列向量 $p_1$，即

$$p_1=\begin{bmatrix}-1\\ 2\end{bmatrix}$$

按式（4-136）构造变换矩阵 $P=[p_1\quad Ap_1]=\begin{bmatrix}-1 & -3\\ 2 & 4\end{bmatrix}$，与前面求得的变换矩阵一样，显然变换后得出同样的结果，即为能观性规范型。

## 二、多输入多输出系统

多输入多输出系统的能控规范型和能观规范型较之单输入单输出系统在形式上和构造方法上都要复杂得多。这主要由于单输入系统的能控性矩阵或单输出系统的能观性矩阵都是 $n\times n$维的，在构造变换矩阵时，可方便地直接将它们的 $n$ 个列向量或行向量线性组合得到。而多输入系统的能控性矩阵为 $n\times(n\cdot p)$维，当系统能控时，其秩为 $n$，从（$n\cdot p$）个列向量中选取 $n$ 个线性无关的列向量的方案有很多种；同理，一个能观的多输出系统，从$(n\cdot q)\times n$ 维能观性矩阵的（$n\cdot q$）个行向量中选取 $n$ 个线性无关的行向量的方案也有很多种。为此，下面先介绍搜索线性无关列向量或行向量的方案，然后在此基础上再介绍多输入多输出系统化为能控规范型或能观规范型的方法。

### （一）搜索线性无关列向量（或行向量）的方案

对于能控的多输入线性定常系统，其 $n\times(n\cdot p)$维能控性矩阵为

$$Q_c=[B\quad AB\quad A^2B\quad \cdots\quad A^{n-1}B] \tag{4-137}$$

现在要从（$n\cdot p$）个列向量中选取 $n$ 个线性无关的列向量。首先，建立如图 4-6 所示的列向搜索格栅图，它由 $n$ 行和 $p$ 列组成，$n$ 行由上往下依次标为系统矩阵 $A$ 的各次幂 $A^0$、$A^1$、…、$A^{n-1}$，$p$ 列从左到右依次标为输入矩阵 $B$ 的各列 $b_1$、$b_2$、…、$b_p$，第 $i$ 行与第 $j$ 列的交汇格表示列向量 $A^{i-1}b_j$。根据对格栅图搜索方向的不同，有列向搜索和行向搜索两种选取 $n$

个线性无关的列向量的方案。

1. 列向搜索方案　其思路是从格栅图最左上格（对应 $\boldsymbol{A}^0\boldsymbol{b}_1$）开始，如 $\boldsymbol{A}^0\boldsymbol{b}_1$ 非零，将该格记上“×”，而后在该列自上而下搜索与打“×”列向量线性无关的列向量，如线性无关则记上“×”，如线性相关则记上“○”，并转入右邻列，在该列自上而下搜索与前面所有打“×”列向量线性无关的列向量，重复以上过程直至搜索到 $n$ 个线性无关的列向量为止。如果搜索过程到第 $l$ 列为止，并记第 $j$ 列的线性无关列向量数为 $v_j$，必有 $v_1+v_2+\cdots+v_l=n$，图 4-6 对于 $n=7$、$p=4$ 的系统搜索结果为：$v_1=3$、$v_2=2$、$v_3=1$、$v_4=1$，显然，7 个线性无关的列向量分别为：$\boldsymbol{b}_1$，$\boldsymbol{A}\boldsymbol{b}_1$，$\boldsymbol{A}^2\boldsymbol{b}_1$，$\boldsymbol{b}_2$，$\boldsymbol{A}\boldsymbol{b}_2$，$\boldsymbol{b}_3$，$\boldsymbol{b}_4$。

| | $\boldsymbol{b}_1$ | $\boldsymbol{b}_2$ | … | $\boldsymbol{b}_p$ |
|---|---|---|---|---|
| $\boldsymbol{A}^0$ | × | × | × | × |
| $\boldsymbol{A}^1$ | × | × | ○ | ○ |
| $\boldsymbol{A}^2$ | × | ○ | | |
| $\boldsymbol{A}^3$ | ○ | | | |
| ⋮ | | | | |
| | | | | |
| $\boldsymbol{A}^{n-1}$ | | | | |

图 4-6　列向搜索格栅图

2. 行向搜索方案　其思路是：从格栅图最左上格（对应 $\boldsymbol{A}^0\boldsymbol{b}_1$）开始，如 $\boldsymbol{A}^0\boldsymbol{b}_1$ 非零，将该格记上“×”，而后在该行从左到右搜索与打“×”列向量线性无关的列向量，如线性无关则记上“×”，如线性相关则记上“○”。当 $\mathrm{rank}\boldsymbol{B}=r$ 时，第 1 行必能得到 $r$ 个列向量线性无关，通过交换 $\boldsymbol{B}$ 矩阵的各列位置使这 $r$ 个线性无关的列向量排位 $\boldsymbol{b}_1$、$\boldsymbol{b}_2$、…、$\boldsymbol{b}_r$。然后转入下一行，从左到右搜索与前面所有打“×”列向量线性无关的列向量直到尽头，重复以上过程直至搜索到 $n$ 个线性无关的列向量为止。搜索过程中，如果某个格已打“○”，则同列该格以下的格所对应的列向量必定和先前搜索到的列向量线性相关，无需搜索。记格栅图中第 $j$ 列的线性无关列向量数为 $\mu_j$，必有 $\mu_1+\mu_2+\cdots+\mu_r=n$，图 4-7 为对于 $n=7$、$p=4$ 且 $r=3$ 的系统搜索结果：$\mu_1=3$、$\mu_2=2$、$\mu_3=2$。显然，7 个线性无关的列向量分别为：$\boldsymbol{b}_1$，$\boldsymbol{A}\boldsymbol{b}_1$，$\boldsymbol{A}^2\boldsymbol{b}_1$，$\boldsymbol{b}_2$，$\boldsymbol{A}\boldsymbol{b}_2$，$\boldsymbol{b}_3$，$\boldsymbol{A}\boldsymbol{b}_3$。

| | $\boldsymbol{b}_1$ | $\boldsymbol{b}_2$ | $\boldsymbol{b}_3$ | $\boldsymbol{b}_4$ |
|---|---|---|---|---|
| $\boldsymbol{A}^0$ | × | × | × | ○ |
| $\boldsymbol{A}^1$ | × | × | × | |
| $\boldsymbol{A}^2$ | × | ○ | ○ | |
| $\boldsymbol{A}^3$ | ○ | | | |
| $\boldsymbol{A}^4$ | | | | |
| $\boldsymbol{A}^5$ | | | | |
| $\boldsymbol{A}^6$ | | | | |

图 4-7　行向搜索格栅图

对于能观的多输出线性定常系统，其$(n\cdot q)\times n$ 维能观性矩阵为

$$\boldsymbol{Q}_o=\begin{bmatrix}\boldsymbol{C}\\ \boldsymbol{C}\boldsymbol{A}\\ \vdots\\ \boldsymbol{C}\boldsymbol{A}^{n-1}\end{bmatrix}\tag{4-138}$$

要从 $n\cdot q$ 个行向量中选取 $n$ 个线性无关的行向量，其选取的思路及搜索步骤可由对偶性原理导出，这里不再赘述。

### （二）多输入系统的能控规范型

考虑能控的多输入线性定常系统

$$\begin{cases}\dot{\boldsymbol{x}}=\boldsymbol{A}\boldsymbol{x}+\boldsymbol{B}\boldsymbol{u}\\ \boldsymbol{y}=\boldsymbol{C}\boldsymbol{x}\end{cases}\tag{4-139}$$

式中，$\boldsymbol{A}$、$\boldsymbol{B}$、$\boldsymbol{C}$ 分别为 $n\times n$、$n\times p$、$q\times n$ 维常数矩阵，$\mathrm{rank}\boldsymbol{B}=r$。

根据对能控性矩阵 $Q_c$ 的 $n$ 个线性无关列向量的搜索方案不同，可以得到两种不同的能控规范型。

1. 旺纳姆（Wonham）能控规范型 采用“列向搜索”方案在能控性矩阵 $Q_c$ 中选取 $n$ 个线性无关的列向量，如果搜索过程到格栅图的第 $l$ 列为止，并记第 $j$ 列的线性无关列向量数为 $v_j$，则有 $v_1+v_2+\cdots+v_l=n$。显然，$Q_c$ 的 $n$ 个线性无关的列向量应为 $\boldsymbol{b}_1$，$\boldsymbol{A}\boldsymbol{b}_1$，…，$\boldsymbol{A}^{v_1-1}\boldsymbol{b}_1$；$\boldsymbol{b}_2$，$\boldsymbol{A}\boldsymbol{b}_2$，…，$\boldsymbol{A}^{v_2-1}\boldsymbol{b}_2$；…；$\boldsymbol{b}_l$，$\boldsymbol{A}\boldsymbol{b}_l$，…，$\boldsymbol{A}^{v_l-1}\boldsymbol{b}_l$，并且，向量 $\boldsymbol{A}^{v_1}\boldsymbol{b}_1$ 可表示为 $v_1$ 个列向量 $\{\boldsymbol{b}_1, \boldsymbol{A}\boldsymbol{b}_1, \cdots, \boldsymbol{A}^{v_1-1}\boldsymbol{b}_1\}$ 的线性组合，向量 $\boldsymbol{A}^{v_2}\boldsymbol{b}_2$ 可表示为（$v_1+v_2$）个列向量 $\{\boldsymbol{b}_1, \boldsymbol{A}\boldsymbol{b}_1, \cdots, \boldsymbol{A}^{v_1-1}\boldsymbol{b}_1;\ \boldsymbol{b}_2, \boldsymbol{A}\boldsymbol{b}_2, \cdots, \boldsymbol{A}^{v_2-1}\boldsymbol{b}_2\}$ 的线性组合，……，向量 $\boldsymbol{A}^{v_l}\boldsymbol{b}_l$ 可表示为 $(v_1+v_2+\cdots+v_l=n)$ 个列向量 $\{\boldsymbol{b}_1, \boldsymbol{A}\boldsymbol{b}_1, \cdots, \boldsymbol{A}^{v_1-1}\boldsymbol{b}_1;\ \boldsymbol{b}_2, \boldsymbol{A}\boldsymbol{b}_2, \cdots, \boldsymbol{A}^{v_2-1}\boldsymbol{b}_2;\ \cdots;\ \boldsymbol{b}_l, \boldsymbol{A}\boldsymbol{b}_l, \cdots, \boldsymbol{A}^{v_l-1}\boldsymbol{b}_l\}$ 的线性组合。

对于向量 $\boldsymbol{A}^{v_1}\boldsymbol{b}_1$ 是 $v_1$ 个列向量 $\{\boldsymbol{b}_1, \boldsymbol{A}\boldsymbol{b}_1, \cdots, \boldsymbol{A}^{v_1-1}\boldsymbol{b}_1\}$ 的线性组合，可写成

$$\boldsymbol{A}^{v_1}\boldsymbol{b}_1 = -\sum_{j=0}^{v_1-1}\alpha_{1j}\boldsymbol{A}^j\boldsymbol{b}_1 \tag{4-140}$$

即

$$\boldsymbol{A}^{v_1}\boldsymbol{b}_1+\alpha_{1v_1-1}\boldsymbol{A}^{v_1-1}\boldsymbol{b}_1+\cdots+\alpha_{11}\boldsymbol{A}\boldsymbol{b}_1+\alpha_{10}\boldsymbol{b}_1=0 \tag{4-141}$$

由于 $\boldsymbol{b}_1\neq 0$，有

$$\boldsymbol{A}^{v_1}+\alpha_{1v_1-1}\boldsymbol{A}^{v_1-1}+\cdots+\alpha_{11}\boldsymbol{A}+\alpha_{10}\boldsymbol{I}=0 \tag{4-142}$$

它类似于凯莱—哈密顿定理 $\varphi(\boldsymbol{A})=\boldsymbol{A}^n+a_{n-1}\boldsymbol{A}^{n-1}+\cdots+a_1\boldsymbol{A}+a_0\boldsymbol{I}=0$，因此，也可类似单输入系统的式（4-116）确定出变换矩阵的 $v_1$ 个列向量

$$\begin{aligned}
\boldsymbol{p}_{11}&=\boldsymbol{A}^{v_1-1}\boldsymbol{b}_1+\alpha_{1v_1-1}\boldsymbol{A}^{v_1-2}\boldsymbol{b}_1+\cdots+\alpha_{12}\boldsymbol{A}\boldsymbol{b}_1+\alpha_{11}\boldsymbol{b}_1\\
\boldsymbol{p}_{12}&=\boldsymbol{A}^{v_1-2}\boldsymbol{b}_1+\alpha_{1v_1-1}\boldsymbol{A}^{v_1-3}\boldsymbol{b}_1+\cdots+\alpha_{13}\boldsymbol{A}\boldsymbol{b}_1+\alpha_{12}\boldsymbol{b}_1\\
&\ \vdots\\
\boldsymbol{p}_{1v_1-1}&=\boldsymbol{A}\boldsymbol{b}_1+\alpha_{1v_1-1}\boldsymbol{b}_1\\
\boldsymbol{p}_{1v_1}&=\boldsymbol{b}_1
\end{aligned} \tag{4-143}$$

对于向量 $\boldsymbol{A}^{v_2}\boldsymbol{b}_2$ 是（$v_1+v_2$）个列向量 $\{\boldsymbol{b}_1,\boldsymbol{A}\boldsymbol{b}_1,\cdots,\boldsymbol{A}^{v_1-1}\boldsymbol{b}_1;\boldsymbol{b}_2,\boldsymbol{A}\boldsymbol{b}_2,\cdots,\boldsymbol{A}^{v_2-1}\boldsymbol{b}_2\}$ 的线性组合，可写成

$$\boldsymbol{A}^{v_2}\boldsymbol{b}_2 = -\sum_{j=0}^{v_2-1}\alpha_{2j}\boldsymbol{A}^j\boldsymbol{b}_2+\sum_{i=1}^{1}\sum_{j=1}^{v_i}\gamma_{2ji}\boldsymbol{p}_{ij} \tag{4-144}$$

其中已把 $\{\boldsymbol{b}_1,\boldsymbol{A}\boldsymbol{b}_1,\cdots,\boldsymbol{A}^{v_1-1}\boldsymbol{b}_1\}$ 线性组合关系等价地表示在对变换矩阵的已有 $v_1$ 个列向量 $\{\boldsymbol{p}_{11},\boldsymbol{p}_{12},\cdots,\boldsymbol{p}_{1v_1}\}$ 线性组合关系中。所以，在这里确定变换矩阵的 $v_2$ 个列向量时，只需考虑 $\boldsymbol{A}^{v_2}\boldsymbol{b}_2=-\sum_{j=0}^{v_2-1}\alpha_{2j}\boldsymbol{A}^j\boldsymbol{b}_2$，它们可类似地确定出来

$$\begin{aligned}
\boldsymbol{p}_{21}&=\boldsymbol{A}^{v_2-1}\boldsymbol{b}_2+\alpha_{2v_2-1}\boldsymbol{A}^{v_2-2}\boldsymbol{b}_2+\cdots+\alpha_{22}\boldsymbol{A}\boldsymbol{b}_2+\alpha_{21}\boldsymbol{b}_2\\
\boldsymbol{p}_{22}&=\boldsymbol{A}^{v_2-2}\boldsymbol{b}_2+\alpha_{2v_2-1}\boldsymbol{A}^{v_2-3}\boldsymbol{b}_2+\cdots+\alpha_{23}\boldsymbol{A}\boldsymbol{b}_2+\alpha_{22}\boldsymbol{b}_2\\
&\ \vdots\\
\boldsymbol{p}_{2v_2-1}&=\boldsymbol{A}\boldsymbol{b}_2+\alpha_{2v_2-1}\boldsymbol{b}_2\\
\boldsymbol{p}_{2v_2}&=\boldsymbol{b}_2
\end{aligned} \tag{4-145}$$

依此类推，向量 $\boldsymbol{A}^{v_l}\boldsymbol{b}_l$ 是 $n$ 个列向量 $\{\boldsymbol{b}_1,\boldsymbol{A}\boldsymbol{b}_1,\cdots,\boldsymbol{A}^{v_1-1}\boldsymbol{b}_1;\boldsymbol{b}_2,\boldsymbol{A}\boldsymbol{b}_2,\cdots,\boldsymbol{A}^{v_2-1}\boldsymbol{b}_2;\cdots;\boldsymbol{b}_l,\boldsymbol{A}\boldsymbol{b}_l,\cdots,\boldsymbol{A}^{v_l-1}\boldsymbol{b}_l\}$ 的线性组合，可写成

$$\boldsymbol{A}^{v_l}\boldsymbol{b}_l = -\sum_{j=0}^{v_l-1}\alpha_{lj}\boldsymbol{A}^j\boldsymbol{b}_l + \sum_{i=1}^{l-1}\sum_{j=1}^{v_i}\gamma_{lji}\boldsymbol{p}_{ij} \tag{4-146}$$

其中已把对 $\{\boldsymbol{b}_1,\boldsymbol{A}\boldsymbol{b}_1,\cdots,\boldsymbol{A}^{v_1-1}\boldsymbol{b}_1;\boldsymbol{b}_2,\boldsymbol{A}\boldsymbol{b}_2,\cdots,\boldsymbol{A}^{v_2-1}\boldsymbol{b}_2;\cdots;\boldsymbol{b}_{l-1},\boldsymbol{A}\boldsymbol{b}_{l-1},\cdots,\boldsymbol{A}^{v_{l-1}-1}\boldsymbol{b}_{l-1}\}$ 线性组合关系等价地表示在对变换矩阵的已有 $v_1+v_2+\cdots+v_{l-1}$ 个列向量 $\{\boldsymbol{p}_{11},\boldsymbol{p}_{12},\cdots,\boldsymbol{p}_{1v_1};\boldsymbol{p}_{21},\boldsymbol{p}_{22},\cdots,\boldsymbol{p}_{2v_2};\cdots;\boldsymbol{p}_{l-11},\boldsymbol{p}_{l-12},\cdots,\boldsymbol{p}_{l-1v_{l-1}}\}$ 线性组合关系中。所以，当确定变换矩阵的 $v_l$ 个列向量时，只需考虑 $\boldsymbol{A}^{v_l}\boldsymbol{b}_l=-\sum\limits_{j=0}^{v_l-1}\alpha_{lj}\boldsymbol{A}^j\boldsymbol{b}_l$，它们可类似地确定出来

$$\begin{aligned}
\boldsymbol{p}_{l1} &= \boldsymbol{A}^{v_l-1}\boldsymbol{b}_l+\alpha_{lv_l-1}\boldsymbol{A}^{v_l-2}\boldsymbol{b}_l+\cdots+\alpha_{l2}\boldsymbol{A}\boldsymbol{b}_l+\alpha_{l1}\boldsymbol{b}_l\\
\boldsymbol{p}_{l2} &= \boldsymbol{A}^{v_l-2}\boldsymbol{b}_l+\alpha_{lv_l-1}\boldsymbol{A}^{v_l-3}\boldsymbol{b}_l+\cdots+\alpha_{l3}\boldsymbol{A}\boldsymbol{b}_l+\alpha_{l2}\boldsymbol{b}_l\\
&\vdots\\
\boldsymbol{p}_{lv_l-1} &= \boldsymbol{A}\boldsymbol{b}_l+\alpha_{lv_l-1}\boldsymbol{b}_l\\
\boldsymbol{p}_{lv_l} &= \boldsymbol{b}_l
\end{aligned} \tag{4-147}$$

由上面所确定得出的 $v_1+v_2+\cdots+v_l=n$ 个列向量组成非奇异变换矩阵 $\boldsymbol{P}$，即

$$\boldsymbol{P}=[\boldsymbol{p}_{11},\boldsymbol{p}_{12},\cdots,\boldsymbol{p}_{1v_1};\boldsymbol{p}_{21},\boldsymbol{p}_{22},\cdots,\boldsymbol{p}_{2v_2};\cdots;\boldsymbol{p}_{l1},\boldsymbol{p}_{l2},\cdots,\boldsymbol{p}_{lv_l}] \tag{4-148}$$

通过非奇异变换 $\boldsymbol{x}=\boldsymbol{P}\overline{\boldsymbol{x}}$，将原动态方程（4-139）化为旺纳姆能控规范型，即新状态空间中的系统矩阵为

$$\overline{\boldsymbol{A}}=\boldsymbol{P}^{-1}\boldsymbol{A}\boldsymbol{P}=\begin{bmatrix}\overline{\boldsymbol{A}}_{11} & \overline{\boldsymbol{A}}_{12} & \cdots & \overline{\boldsymbol{A}}_{1l}\\ & \overline{\boldsymbol{A}}_{22} & \cdots & \overline{\boldsymbol{A}}_{2l}\\ & & \ddots & \vdots\\ & & & \overline{\boldsymbol{A}}_{ll}\end{bmatrix} \tag{4-149}$$

其中

$$\overline{\boldsymbol{A}}_{ii}=\left[\begin{array}{c|ccc}0 & 1 & & \\ \vdots & & \ddots & \\ 0 & & & 1\\ \hline -\alpha_{i0} & -\alpha_{i1} & \cdots & -\alpha_{iv_i-1}\end{array}\right]\quad(i=1,2,\cdots,l) \tag{4-150}$$

为 $v_i\times v_i$ 维方阵，及

$$\overline{\boldsymbol{A}}_{ij}=\left[\begin{array}{c|ccc}\gamma_{j1i} & 0 & \cdots & 0\\ \vdots & \vdots & & \vdots\\ \gamma_{jv_ii} & 0 & \cdots & 0\end{array}\right]\quad(j=i+1,\cdots,l) \tag{4-151}$$

为 $v_i\times v_j$ 维矩阵。新状态空间中的输入矩阵为

$$\overline{\boldsymbol{B}}=\boldsymbol{P}^{-1}\boldsymbol{B}=\left[\begin{array}{ccc|ccc}\overline{\boldsymbol{b}}_1 & & & * & \cdots & *\\ & \ddots & & \vdots & & \vdots\\ & & \overline{\boldsymbol{b}}_l & * & \cdots & *\end{array}\right] \tag{4-152}$$

其中

$$\bar{\boldsymbol{b}}_i = \begin{bmatrix} 0 \\ \vdots \\ 0 \\ 1 \end{bmatrix} \quad (i = 1, 2, \cdots, l) \tag{4-153}$$

为 $v_i$ 维列向量。上面式中的“ * ”表示可能的非零实数。新状态空间中的输出矩阵为 $\bar{\boldsymbol{C}} = \boldsymbol{CP}$，无特殊形式。

上面结论的推导过程与单输入系统类似，具体过程不再赘述。

**例 4-24** 给定线性定常系统的 $\boldsymbol{A}$，$\boldsymbol{B}$，$\boldsymbol{C}$ 矩阵分别为

$$\boldsymbol{A} = \begin{bmatrix} 0 & 0 & 0 & 1 \\ 1 & 0 & 0 & -2 \\ -22 & -11 & -4 & 0 \\ -23 & -6 & 0 & -6 \end{bmatrix}, \ \boldsymbol{B} = \begin{bmatrix} 0 & 0 \\ 0 & 0 \\ 0 & 1 \\ 1 & 3 \end{bmatrix}, \ \boldsymbol{C} = \begin{bmatrix} 0 & 0 & 0 & 1 \\ 0 & 0 & 1 & 0 \end{bmatrix}$$

试将它化为旺纳姆能控规范型。

**解** 先求出系统的能控性矩阵

$$\boldsymbol{Q}_c = [\boldsymbol{B} \quad \boldsymbol{AB} \quad \boldsymbol{A}^2\boldsymbol{B} \quad \boldsymbol{A}^3\boldsymbol{B}] = \left[\begin{array}{cc:cc:cc:cc} 0 & 0 & 1 & 3 & -6 & -18 & 25 & 75 \\ 0 & 0 & -2 & -6 & 13 & 39 & -56 & -168 \\ 0 & 1 & 0 & -4 & 0 & 16 & -11 & -97 \\ 1 & 3 & -6 & -18 & 25 & 75 & -90 & -270 \end{array}\right]$$

按“列向搜索”方案搜索 $\boldsymbol{Q}_c$ 中四个线性无关的列向量，为此得格栅图如图 4-8 所示。

显然有 $v_1 = 4$、$v_2 = 0$，四个线性无关的列向量是

$$\boldsymbol{b}_1 = \begin{bmatrix} 0 \\ 0 \\ 0 \\ 1 \end{bmatrix}, \ \boldsymbol{Ab}_1 = \begin{bmatrix} 1 \\ -2 \\ 0 \\ -6 \end{bmatrix}, \ \boldsymbol{A}^2\boldsymbol{b}_1 = \begin{bmatrix} -6 \\ 13 \\ 0 \\ 25 \end{bmatrix}, \ \boldsymbol{A}^3\boldsymbol{b}_1 = \begin{bmatrix} 25 \\ -56 \\ -11 \\ -90 \end{bmatrix}$$

| | $\boldsymbol{b}_1$ | $\boldsymbol{b}_2$ |
|---|---|---|
| $\boldsymbol{A}^0$ | × | ○ |
| $\boldsymbol{A}^1$ | × | |
| $\boldsymbol{A}^2$ | × | |
| $\boldsymbol{A}^3$ | × | |

图 4-8 例 4-24 的格栅图

由

$$\boldsymbol{A}^4\boldsymbol{b}_1 = -\sum_{j=0}^{3} \alpha_{1j}\boldsymbol{A}^j\boldsymbol{b}_1 = -\alpha_{10}\boldsymbol{b}_1 - \alpha_{11}\boldsymbol{Ab}_1 - \alpha_{12}\boldsymbol{A}^2\boldsymbol{b}_1 - \alpha_{13}\boldsymbol{A}^3\boldsymbol{b}_1$$

求出 $\boldsymbol{A}^4\boldsymbol{b}_1$ 并将 $\boldsymbol{A}^j\boldsymbol{b}_1$（$j = 1, 2, 3, 4$）代入上式，得

$$\begin{bmatrix} -90 \\ 205 \\ 110 \\ 301 \end{bmatrix} = -\alpha_{10}\begin{bmatrix} 0 \\ 0 \\ 0 \\ 1 \end{bmatrix} - \alpha_{11}\begin{bmatrix} 1 \\ -2 \\ 0 \\ -6 \end{bmatrix} - \alpha_{12}\begin{bmatrix} -6 \\ 13 \\ 0 \\ 25 \end{bmatrix} - \alpha_{13}\begin{bmatrix} 25 \\ -56 \\ -11 \\ -90 \end{bmatrix}$$

可得方程

$$\begin{bmatrix} 0 & 1 & -6 & 25 \\ 0 & -2 & 13 & -56 \\ 0 & 0 & 0 & -11 \\ 1 & -6 & 25 & -90 \end{bmatrix}\begin{bmatrix} \alpha_{10} \\ \alpha_{11} \\ \alpha_{12} \\ \alpha_{13} \end{bmatrix} = \begin{bmatrix} 90 \\ -205 \\ -110 \\ -301 \end{bmatrix}$$

解得

$$\begin{bmatrix}\alpha_{10}\\ \alpha_{11}\\ \alpha_{12}\\ \alpha_{13}\end{bmatrix}=\begin{bmatrix}0 & 1 & -6 & 25\\ 0 & -2 & 13 & -56\\ 0 & 0 & 0 & -11\\ 1 & -6 & 25 & -90\end{bmatrix}^{-1}\begin{bmatrix}90\\ -205\\ -110\\ -301\end{bmatrix}=\begin{bmatrix}28 & 11 & -\frac{6}{11} & 1\\ 13 & 6 & -1 & 0\\ 2 & 1 & -\frac{6}{11} & 0\\ 0 & 0 & -\frac{1}{11} & 0\end{bmatrix}\begin{bmatrix}90\\ -205\\ -110\\ -301\end{bmatrix}=\begin{bmatrix}24\\ 50\\ 35\\ 10\end{bmatrix}$$

由式（4-143），可得

$$\boldsymbol{p}_{11}=\boldsymbol{A}^3\boldsymbol{b}_1+\alpha_{13}\boldsymbol{A}^2\boldsymbol{b}_1+\alpha_{12}\boldsymbol{A}\boldsymbol{b}_1+\alpha_{11}\boldsymbol{b}_1=\begin{bmatrix}25\\ -56\\ -11\\ -90\end{bmatrix}+10\begin{bmatrix}-6\\ 13\\ 0\\ 25\end{bmatrix}+35\begin{bmatrix}1\\ -2\\ 0\\ -6\end{bmatrix}+50\begin{bmatrix}0\\ 0\\ 0\\ 1\end{bmatrix}=\begin{bmatrix}0\\ 4\\ -11\\ 0\end{bmatrix}$$

$$\boldsymbol{p}_{12}=\boldsymbol{A}^2\boldsymbol{b}_1+\alpha_{13}\boldsymbol{A}\boldsymbol{b}_1+\alpha_{12}\boldsymbol{b}_1=\begin{bmatrix}-6\\ 13\\ 0\\ 25\end{bmatrix}+10\begin{bmatrix}1\\ -2\\ 0\\ -6\end{bmatrix}+35\begin{bmatrix}0\\ 0\\ 0\\ 1\end{bmatrix}=\begin{bmatrix}4\\ -7\\ 0\\ 0\end{bmatrix}$$

$$\boldsymbol{p}_{13}=\boldsymbol{A}\boldsymbol{b}_1+\alpha_{13}\boldsymbol{b}_1=\begin{bmatrix}1\\ -2\\ 0\\ -6\end{bmatrix}+10\begin{bmatrix}0\\ 0\\ 0\\ 1\end{bmatrix}=\begin{bmatrix}1\\ -2\\ 0\\ 4\end{bmatrix}$$

$$\boldsymbol{p}_{14}=\boldsymbol{b}_1=\begin{bmatrix}0\\ 0\\ 0\\ 1\end{bmatrix}$$

根据式（4-148）构造变换矩阵

$$\boldsymbol{P}=[\boldsymbol{p}_{11}\quad \boldsymbol{p}_{12}\quad \boldsymbol{p}_{13}\quad \boldsymbol{p}_{14}]=\begin{bmatrix}0 & 4 & 1 & 0\\ 4 & -7 & -2 & 0\\ -11 & 0 & 0 & 0\\ 0 & 0 & 4 & 1\end{bmatrix}$$

并求得其逆阵

$$\boldsymbol{P}^{-1}=\begin{bmatrix}0 & 4 & 1 & 0\\ 4 & -7 & -2 & 0\\ -11 & 0 & 0 & 0\\ 0 & 0 & 4 & 1\end{bmatrix}^{-1}=\begin{bmatrix}0 & 0 & -\frac{1}{11} & 0\\ 2 & 1 & \frac{4}{11} & 0\\ -7 & -4 & -\frac{16}{11} & 0\\ 28 & 16 & \frac{64}{11} & 1\end{bmatrix}$$

于是，得变换后系统的各系数矩阵为

$$\overline{A}=P^{-1}AP=\begin{bmatrix}0&0&-\frac{1}{11}&0\\2&1&\frac{4}{11}&0\\-7&-4&-\frac{16}{11}&0\\28&16&\frac{64}{11}&1\end{bmatrix}\begin{bmatrix}0&0&0&1\\1&0&0&-2\\-22&-11&-4&0\\-23&-6&0&-6\end{bmatrix}\begin{bmatrix}0&4&1&0\\4&-7&-2&0\\-11&0&0&0\\0&0&4&1\end{bmatrix}$$

$$=\begin{bmatrix}0&1&0&0\\0&0&1&0\\0&0&0&1\\-24&-50&-35&-10\end{bmatrix}$$

$$\overline{B}=P^{-1}B=\begin{bmatrix}0&0&-\frac{1}{11}&0\\2&1&\frac{4}{11}&0\\-7&-4&-\frac{16}{11}&0\\28&16&\frac{64}{11}&1\end{bmatrix}\begin{bmatrix}0&0\\0&0\\0&1\\1&3\end{bmatrix}=\begin{bmatrix}0&-\frac{1}{11}\\0&\frac{4}{11}\\0&-\frac{16}{11}\\1&\frac{97}{11}\end{bmatrix}$$

$$\overline{C}=CP=\begin{bmatrix}0&0&0&1\\0&0&1&0\end{bmatrix}\begin{bmatrix}0&4&1&0\\4&-7&-2&0\\-11&0&0&0\\0&0&4&1\end{bmatrix}=\begin{bmatrix}0&0&4&1\\-11&0&0&0\end{bmatrix}$$

显然，它们符合式（4-149）~式（4-153）的旺纳姆能控规范型形式。

2. 龙伯格（Luenberger）能控规范型　采用“行向搜索”方案在能控性矩阵 $Q_c$ 中选取 $n$ 个线性无关的列向量，记格栅图中第 $j$ 列的线性无关列向量数为 $\mu_j$，则有 $\mu_1+\mu_2+\cdots+\mu_r=n$，将它们组成非奇异矩阵 $S$，即

$$S=[b_1,Ab_1,\cdots,A^{\mu_1-1}b_1\vdots b_2,Ab_2,\cdots,A^{\mu_2-1}b_2\vdots\cdots\vdots b_r,Ab_r,\cdots,A^{\mu_r-1}b_r]\tag{4-154}$$

显然，$n\times n$ 维矩阵 $S$ 被分成 $r$ 块，分别为 $n\times\mu_1$、$n\times\mu_2$、…、$n\times\mu_r$ 维矩阵块。将 $S$ 求逆得到

$$Q=S^{-1}=\begin{bmatrix}q_{11}\\\vdots\\q_{1\mu_1}\\\hdashline\vdots\\\hdashline q_{r1}\\\vdots\\q_{r\mu_r}\end{bmatrix}\tag{4-155}$$

其中，$q_{ij}$为行向量，矩阵 $Q$ 也由 $r$ 个矩阵块组成，它们分别为 $\mu_1\times n$、$\mu_2\times n$、…、$\mu_r\times n$

维。在矩阵 $\boldsymbol{Q}$ 中，取出各个矩阵块的末行 $\boldsymbol{q}_{i\mu_i}(i=1,2,\cdots,r)$，按如下方式组成变换矩阵 $\boldsymbol{P}$ 的逆阵 $\boldsymbol{P}^{-1}$

$$\boldsymbol{P}^{-1}=\begin{bmatrix} \boldsymbol{q}_{1\mu_1} \\ \boldsymbol{q}_{1\mu_1}\boldsymbol{A} \\ \vdots \\ \boldsymbol{q}_{1\mu_1}\boldsymbol{A}^{\mu_1-1} \\ \hdashline \vdots \\ \hdashline \boldsymbol{q}_{r\mu_r} \\ \boldsymbol{q}_{r\mu_r}\boldsymbol{A} \\ \vdots \\ \boldsymbol{q}_{r\mu_r}\boldsymbol{A}^{\mu_r-1} \end{bmatrix} \tag{4-156}$$

通过非奇异变换 $\boldsymbol{x}=\boldsymbol{P}\overline{\boldsymbol{x}}$，将原动态方程（4-149）化为龙伯格能控规范型，即新状态空间中的系统矩阵为

$$\widetilde{\boldsymbol{A}}=\boldsymbol{P}^{-1}\boldsymbol{A}\boldsymbol{P}=\begin{bmatrix} \widetilde{\boldsymbol{A}}_{11} & \cdots & \widetilde{\boldsymbol{A}}_{1r} \\ \vdots & & \vdots \\ \widetilde{\boldsymbol{A}}_{r1} & \cdots & \widetilde{\boldsymbol{A}}_{rr} \end{bmatrix} \tag{4-157}$$

其中

$$\widetilde{\boldsymbol{A}}_{ii}=\begin{bmatrix} 0 & 1 & & \\ \vdots & & \ddots & \\ 0 & & & 1 \\ \hdashline * & * & \cdots & * \end{bmatrix}\quad (i=1,2,\cdots,r) \tag{4-158}$$

为 $\mu_i\times\mu_i$ 维方阵，及

$$\widetilde{\boldsymbol{A}}_{ij}=\begin{bmatrix} 0 & \cdots & 0 \\ \vdots & & \vdots \\ 0 & \cdots & 0 \\ \hdashline * & \cdots & * \end{bmatrix}\quad (i\neq j) \tag{4-159}$$

为 $\mu_i\times\mu_j$ 维矩阵。新状态空间中的输入矩阵为

$$\widetilde{\boldsymbol{B}}=\boldsymbol{P}^{-1}\boldsymbol{B}=\begin{bmatrix} \widetilde{\boldsymbol{B}}_1 \\ \widetilde{\boldsymbol{B}}_2 \\ \vdots \\ \widetilde{\boldsymbol{B}}_r \end{bmatrix} \tag{4-160}$$

其中

$$\tilde{\boldsymbol{B}}_i=\begin{bmatrix}0 & \cdots & 0 & 0 & 0 & \cdots & 0\\ \vdots & & \vdots & \vdots & \vdots & & \vdots\\ 0 & \cdots & 0 & 0 & 0 & \cdots & 0\\ \hdashline 0 & \cdots & 0 & 1 & * & \cdots & *\end{bmatrix}\quad (i=1,\ 2,\ \cdots,\ r) \tag{4-161}$$

（↑ 第 $i$ 列）

为 $\mu_i\times p$ 维矩阵。上面各式中的“ * ”表示可能的非零实数。新状态空间中的输出矩阵为 $\tilde{\boldsymbol{C}}=\boldsymbol{CP}$，无特殊形式。

由上可知，构建变换矩阵逆阵（4-156）的时候类似于单输入系统的式（4-125），上面结论的推导过程也与单输入系统类似，不再赘述。

**例 4-25** 给定线性定常系统的 $\boldsymbol{A}$，$\boldsymbol{B}$，$\boldsymbol{C}$ 矩阵分别为

$$\boldsymbol{A}=\begin{bmatrix}0 & 0 & 0 & 1\\ 1 & 0 & 0 & -2\\ -22 & -11 & -4 & 0\\ -23 & -6 & 0 & -6\end{bmatrix},\ \boldsymbol{B}=\begin{bmatrix}0 & 0\\ 0 & 0\\ 0 & 1\\ 1 & 3\end{bmatrix},\ \boldsymbol{C}=\begin{bmatrix}0 & 0 & 0 & 1\\ 0 & 0 & 1 & 0\end{bmatrix}$$

试将它化为龙伯格能控规范型。

**解** 先求出系统的能控性矩阵

$$\boldsymbol{Q}_c=[\boldsymbol{B}\quad \boldsymbol{AB}\quad \boldsymbol{A}^2\boldsymbol{B}\quad \boldsymbol{A}^3\boldsymbol{B}]=\left[\begin{array}{cc:cc:cc:cc}0 & 0 & 1 & 3 & -6 & -18 & 25 & 75\\ 0 & 0 & -2 & -6 & 13 & 39 & -56 & -168\\ 0 & 1 & 0 & -4 & 0 & 16 & -11 & -97\\ 1 & 3 & -6 & -18 & 25 & 75 & -90 & -270\end{array}\right]$$

按“行向搜索”方案搜索 $\boldsymbol{Q}_c$ 中 4 个线性无关的列向量，为此得格栅图如图 4-9 所示。

| | $\boldsymbol{b}_1$ | $\boldsymbol{b}_2$ |
|---|---|---|
| $\boldsymbol{A}^0$ | × | × |
| $\boldsymbol{A}^1$ | × | ○ |
| $\boldsymbol{A}^2$ | × | |
| $\boldsymbol{A}^3$ | ○ | |

图 4-9 例 4-25 的格栅图

显然有 $\mu_1=3$、$\mu_2=1$，4 个线性无关的列向量是 $\boldsymbol{b}_1$，$\boldsymbol{Ab}_1$，$\boldsymbol{A}^2\boldsymbol{b}_1$，$\boldsymbol{b}_2$，由它们组成的非奇异矩阵 $\boldsymbol{S}$ 为

$$\boldsymbol{S}=[\boldsymbol{b}_1\quad \boldsymbol{Ab}_1\quad \boldsymbol{A}^2\boldsymbol{b}_1\ \vdots\ \boldsymbol{b}_2]=\left[\begin{array}{ccc:c}0 & 1 & -6 & 0\\ 0 & -2 & 13 & 0\\ 0 & 0 & 0 & 1\\ 1 & -6 & 25 & 3\end{array}\right]$$

求出其逆阵

$$\boldsymbol{Q}=\boldsymbol{S}^{-1}=\left[\begin{array}{ccc:c}0 & 1 & -6 & 0\\ 0 & -2 & 13 & 0\\ 0 & 0 & 0 & 1\\ 1 & -6 & 25 & 3\end{array}\right]^{-1}=\left[\begin{array}{cccc}28 & 11 & -3 & 1\\ 13 & 6 & 0 & 0\\ 2 & 1 & 0 & 0\\ \hdashline 0 & 0 & 1 & 0\end{array}\right]$$

它由两个矩阵块组成，取出各个矩阵块的末行 $\boldsymbol{q}_{i\mu_i}(i=1,\ 2)$ 并按式（4-156）组成变换矩阵的逆阵 $\boldsymbol{P}^{-1}$，得

$$P^{-1}=\begin{bmatrix} q_{1\mu_1} \\ q_{1\mu_1}A \\ q_{1\mu_1}A^2 \\ q_{2\mu_2} \end{bmatrix}=\begin{bmatrix} 2 & 1 & 0 & 0 \\ 1 & 0 & 0 & 0 \\ 0 & 0 & 0 & 1 \\ 0 & 0 & 1 & 0 \end{bmatrix}$$

求出变换矩阵 $P$

$$P=\begin{bmatrix} 2 & 1 & 0 & 0 \\ 1 & 0 & 0 & 0 \\ 0 & 0 & 0 & 1 \\ 0 & 0 & 1 & 0 \end{bmatrix}^{-1}=\begin{bmatrix} 0 & 1 & 0 & 0 \\ 1 & -2 & 0 & 0 \\ 0 & 0 & 0 & 1 \\ 0 & 0 & 1 & 0 \end{bmatrix}$$

于是，得变换后系统的各系数矩阵为

$$\tilde{A}=P^{-1}AP=\begin{bmatrix} 2 & 1 & 0 & 0 \\ 1 & 0 & 0 & 0 \\ 0 & 0 & 0 & 1 \\ 0 & 0 & 1 & 0 \end{bmatrix}\begin{bmatrix} 0 & 0 & 0 & 1 \\ 1 & 0 & 0 & -2 \\ -22 & -11 & -4 & 0 \\ -23 & -6 & 0 & -6 \end{bmatrix}\begin{bmatrix} 0 & 1 & 0 & 0 \\ 1 & -2 & 0 & 0 \\ 0 & 0 & 0 & 1 \\ 0 & 0 & 1 & 0 \end{bmatrix}=\begin{bmatrix} 0 & 1 & 0 & 0 \\ 0 & 0 & 1 & 0 \\ -6 & -11 & -6 & 0 \\ -11 & 0 & 0 & -4 \end{bmatrix}$$

$$\tilde{B}=P^{-1}B=\begin{bmatrix} 2 & 1 & 0 & 0 \\ 1 & 0 & 0 & 0 \\ 0 & 0 & 0 & 1 \\ 0 & 0 & 1 & 0 \end{bmatrix}\begin{bmatrix} 0 & 0 \\ 0 & 0 \\ 0 & 1 \\ 1 & 3 \end{bmatrix}=\begin{bmatrix} 0 & 0 \\ 0 & 0 \\ 1 & 3 \\ 0 & 1 \end{bmatrix}$$

$$\tilde{C}=CP=\begin{bmatrix} 0 & 0 & 0 & 1 \\ 0 & 0 & 1 & 0 \end{bmatrix}\begin{bmatrix} 0 & 1 & 0 & 0 \\ 1 & -2 & 0 & 0 \\ 0 & 0 & 0 & 1 \\ 0 & 0 & 1 & 0 \end{bmatrix}=\begin{bmatrix} 0 & 0 & 1 & 0 \\ 0 & 0 & 0 & 1 \end{bmatrix}$$

显然，它们符合式（4-157）~式（4-161）的能控规范型形式。

**（三）多输出系统的能观规范型**

对于多输出线性定常系统（4-139），根据对能观性矩阵 $Q_o$ 的 $n$ 个线性无关行向量的搜索方案不同，也可以得出两种不同的能观规范型：按“列向搜索”方案得旺纳姆能观规范型，按“行向搜索”方案得龙伯格能观规范型。由于能控性与能观性的对偶关系，应用对偶性原理，则可由关于能控规范型的结论直接导出关于能观规范型的对应结论。

1. 旺纳姆（Wonham）能观规范型　采用“列向搜索”方案在能观性矩阵 $Q_o$ 中选取 $n$ 个线性无关的行向量，并按与化为旺纳姆能控规范型对应的方法构造非奇异变换矩阵，通过非奇异变换，将原动态方程（4-139）化为旺纳姆能观规范型，即新状态空间中的系统矩阵为

$$\hat{A}=\begin{bmatrix} \hat{A}_{11} & & & \\ \hat{A}_{21} & \hat{A}_{22} & & \\ \vdots & \vdots & \ddots & \\ \hat{A}_{m1} & \hat{A}_{m2} & \cdots & \hat{A}_{mm} \end{bmatrix} \tag{4-162}$$

其中

$$\hat{A}_{ii}=\left[\begin{array}{ccc:c}0 & \cdots & 0 & -\beta_{i0} \\ \hdashline 1 & & & -\beta_{i1} \\ & \ddots & & \vdots \\ & & 1 & -\beta_{i\xi_i-1}\end{array}\right] \quad (i=1,2,\cdots,m) \tag{4-163}$$

$$\hat{A}_{ij}=\left[\begin{array}{ccc}\rho_{i1j} & \cdots & \rho_{i\xi_{ij}} \\ \hdashline 0 & \cdots & 0 \\ \vdots & & \vdots \\ 0 & \cdots & 0\end{array}\right] \quad (j=1,2,\cdots,i-1) \tag{4-164}$$

新状态空间中的输出矩阵为

$$\hat{C}=CP=\left[\begin{array}{ccc}\hat{c}_1 & & \\ & \ddots & \\ & & \hat{c}_m \\ \hdashline * & \cdots & * \\ \vdots & & \vdots \\ * & \cdots & *\end{array}\right] \tag{4-165}$$

其中

$$\hat{c}_i=[0 \quad \cdots \quad 0 \quad 1] \quad (i=1,2,\cdots,m) \tag{4-166}$$

上面式中的“ * ”表示可能的非零实数。新状态空间中的输入矩阵为 $\hat{B}=P^{-1}B$，无特殊形式。

2. 龙伯格（Luenberger）能观规范型　采用“行向搜索”方案在能观性矩阵 $Q_o$ 中选取 $n$ 个线性无关的行向量，并按与化为龙伯格能控规范型相对应的方法构造非奇异变换矩阵，通过非奇异变换，将原动态方程（4-139）化为龙伯格能观规范型，即新状态空间中的系统矩阵为

$$\breve{A}=\begin{bmatrix}\breve{A}_{11} & \cdots & \breve{A}_{1k} \\ \vdots & & \vdots \\ \breve{A}_{k1} & \cdots & \breve{A}_{kk}\end{bmatrix} \tag{4-167}$$

其中

$$\breve{A}_{ii}=\left[\begin{array}{ccc:c}0 & \cdots & 0 & * \\ \hdashline 1 & & & * \\ & \ddots & & \vdots \\ & & 1 & *\end{array}\right] \quad (i=1,2,\cdots,k) \tag{4-168}$$

$$\breve{A}_{ij}=\left[\begin{array}{ccc:c}0 & \cdots & 0 & * \\ \vdots & & \vdots & \vdots \\ 0 & \cdots & 0 & *\end{array}\right] \quad (i\neq j) \tag{4-169}$$

新状态空间中的输出矩阵为

$$\breve{C}=CP=[\breve{C}_1 \quad \breve{C}_2 \quad \cdots \quad \breve{C}_k] \tag{4-170}$$

其中

$$\breve{C}_i=\left[\begin{array}{ccc|c}0&\cdots&0&0\\\vdots&&\vdots&\vdots\\0&\cdots&0&0\\0&\cdots&0&1\\0&\cdots&0&*\\\vdots&&\vdots&\vdots\\0&\cdots&0&*\end{array}\right]\begin{array}{l}\\\\\\\leftarrow\text{第 } i \text{ 行}\quad(i=1,2,\cdots,k)\\\\\\\\\end{array}\tag{4-171}$$

上面各式中的“$*$”表示可能的非零实数。新状态空间中的输入矩阵为 $\breve{\boldsymbol{B}}=\boldsymbol{P}^{-1}\boldsymbol{B}$，无特殊形式。

**例 4-26**　给定线性定常系统的 $\boldsymbol{A}$，$\boldsymbol{B}$，$\boldsymbol{C}$ 矩阵分别为

$$\boldsymbol{A}=\begin{bmatrix}0&0&0&1\\1&0&0&-2\\-22&-11&-4&0\\-23&-6&0&-6\end{bmatrix},\ \boldsymbol{B}=\begin{bmatrix}0&0\\0&0\\0&1\\1&3\end{bmatrix},\ \boldsymbol{C}=\begin{bmatrix}0&0&0&1\\0&0&1&0\end{bmatrix}$$

试将它化为龙伯格能观规范型。

**解**　先求出系统的能观性矩阵

$$\boldsymbol{Q}_o=\begin{bmatrix}\boldsymbol{C}\\\boldsymbol{CA}\\\boldsymbol{CA}^2\\\boldsymbol{CA}^3\end{bmatrix}=\left[\begin{array}{cccc}0&0&0&1\\0&0&1&0\\\hdashline -23&-6&0&-6\\-22&-11&-4&0\\\hdashline 132&36&0&25\\77&44&16&0\\\hdashline -539&-150&0&-90\\-308&-176&-64&-11\end{array}\right]$$

按“行向搜索”方案搜索 $\boldsymbol{Q}_o$ 中 4 个线性无关的行向量，为此得格栅图如图 4-10 所示。

显然有 $\mu_1=2$、$\mu_2=2$，4 个线性无关的行向量是 $\boldsymbol{c}_1$、$\boldsymbol{c}_1\boldsymbol{A}$、$\boldsymbol{c}_2$、$\boldsymbol{c}_2\boldsymbol{A}$，由它们组成的非奇异矩阵 $\boldsymbol{S}$ 为

| | $\boldsymbol{b}_1$ | $\boldsymbol{b}_2$ |
|---|---|---|
| $A^0$ | × | × |
| $A^1$ | × | × |
| $A^2$ | ○ | ○ |
| $A^3$ | | |

图 4-10　例 4-26 的格栅图

$$\boldsymbol{S}=\begin{bmatrix}\boldsymbol{c}_1\\\boldsymbol{c}_1\boldsymbol{A}\\\hdashline\boldsymbol{c}_2\\\boldsymbol{c}_2\boldsymbol{A}\end{bmatrix}=\left[\begin{array}{cccc}0&0&0&1\\-23&-6&0&-6\\\hdashline 0&0&1&0\\-22&-11&-4&0\end{array}\right]$$

求出其逆阵

$$\boldsymbol{Q}=\boldsymbol{S}^{-1}=\left[\begin{array}{cccc}0&0&0&1\\-23&-6&0&-6\\\hdashline 0&0&1&0\\-22&-11&-4&0\end{array}\right]^{-1}=\left[\begin{array}{cc:cc}-\frac{6}{11}&-\frac{1}{11}&\frac{24}{121}&\frac{6}{121}\\\frac{12}{11}&\frac{2}{11}&-\frac{92}{121}&-\frac{23}{121}\\0&0&1&0\\1&0&0&0\end{array}\right]$$

它由两个矩阵块组成，取出各个矩阵块的末列 $\boldsymbol{p}_{i\mu_i}(i=1,2)$ 并按下式组成变换矩阵 $\boldsymbol{P}$，得

$$\boldsymbol{P}=[\boldsymbol{p}_{1\mu_1}\quad \boldsymbol{A}\boldsymbol{p}_{1\mu_1}\quad \boldsymbol{p}_{2\mu_2}\quad \boldsymbol{A}\boldsymbol{p}_{2\mu_2}]=\begin{bmatrix}-\frac{1}{11} & 0 & \frac{6}{121} & 0\\ \frac{2}{11} & -\frac{1}{11} & -\frac{23}{121} & \frac{6}{121}\\ 0 & 0 & 0 & 1\\ 0 & 1 & 0 & 0\end{bmatrix}$$

求出逆矩阵 $\boldsymbol{P}^{-1}$：

$$\boldsymbol{P}^{-1}=\begin{bmatrix}-\frac{1}{11} & 0 & \frac{6}{121} & 0\\ \frac{2}{11} & -\frac{1}{11} & -\frac{23}{121} & \frac{6}{121}\\ 0 & 0 & 0 & 1\\ 0 & 1 & 0 & 0\end{bmatrix}^{-1}=\begin{bmatrix}-23 & -6 & \frac{36}{121} & -\frac{6}{11}\\ 0 & 0 & 0 & 1\\ -22 & -11 & \frac{6}{11} & -1\\ 0 & 0 & 1 & 0\end{bmatrix}$$

于是，得变换后系统的各系数矩阵为

$$\breve{\boldsymbol{A}}=\boldsymbol{P}^{-1}\boldsymbol{A}\boldsymbol{P}=\begin{bmatrix}-23 & -6 & \frac{36}{121} & -\frac{6}{11}\\ 0 & 0 & 0 & 1\\ -22 & -11 & \frac{6}{11} & -1\\ 0 & 0 & 1 & 0\end{bmatrix}\begin{bmatrix}0 & 0 & 0 & 1\\ 1 & 0 & 0 & -2\\ -22 & -11 & -4 & 0\\ -23 & -6 & 0 & -6\end{bmatrix}\begin{bmatrix}-\frac{1}{11} & 0 & \frac{6}{121} & 0\\ \frac{2}{11} & -\frac{1}{11} & -\frac{23}{121} & \frac{6}{121}\\ 0 & 0 & 0 & 1\\ 0 & 1 & 0 & 0\end{bmatrix}$$

$$=\begin{bmatrix}0 & -\frac{85}{11} & 0 & -\frac{144}{121}\\ 1 & -\frac{60}{11} & 0 & -\frac{36}{121}\\ 0 & 6 & 0 & -\frac{24}{11}\\ 0 & 1 & 1 & -\frac{50}{11}\end{bmatrix}$$

$$\breve{\boldsymbol{B}}=\boldsymbol{P}^{-1}\boldsymbol{B}=\begin{bmatrix}-23 & -6 & \frac{36}{121} & -\frac{6}{11}\\ 0 & 0 & 0 & 1\\ -22 & -11 & \frac{6}{11} & -1\\ 0 & 0 & 1 & 0\end{bmatrix}\begin{bmatrix}0 & 0\\ 0 & 0\\ 0 & 1\\ 1 & 3\end{bmatrix}=\begin{bmatrix}-\frac{6}{11} & -\frac{162}{121}\\ 1 & 3\\ -1 & -\frac{27}{11}\\ 0 & 1\end{bmatrix}$$

$$\breve{\boldsymbol{C}}=\boldsymbol{C}\boldsymbol{P}=\begin{bmatrix}0 & 0 & 0 & 1\\ 0 & 0 & 1 & 0\end{bmatrix}\begin{bmatrix}-\frac{1}{11} & 0 & \frac{6}{121} & 0\\ \frac{2}{11} & -\frac{1}{11} & -\frac{23}{121} & \frac{6}{121}\\ 0 & 0 & 0 & 1\\ 0 & 1 & 0 & 0\end{bmatrix}=\begin{bmatrix}0 & 1 & 0 & 0\\ 0 & 0 & 0 & 1\end{bmatrix}$$

显然，它们符合式（4-167）~式（4-171）的龙伯格能观规范型形式。

## 第六节　线性系统的结构分解

现在转而讨论不完全能控或不完全能观的系统。对于这类系统，一个重要的问题是研究其结构按能控性或能观性，或者同时按能控性能观性分解的方法和途径，而这种结构分解的目的在于深入了解系统的结构特性，揭示系统的状态空间描述与输入输出描述之间的关系。

当系统变换为特征值规范型时，可以判别出哪些状态变量能控，哪些状态变量不能控；哪些状态变量能观，哪些状态变量不能观。从而通过重新排列状态变量进行系统的结构分解。

可见系统结构分解的基本途径是通过引入非奇异线性变换，而且选取合适的非奇异变换，可以直接实现系统结构的有效分解。本节讨论通过非奇异变换实现系统结构分解的具体方法。

这里考虑的是多输入多输出线性定常系统

$$\begin{cases}\dot{\boldsymbol{x}} = \boldsymbol{A}\boldsymbol{x} + \boldsymbol{B}\boldsymbol{u} \\ \boldsymbol{y} = \boldsymbol{C}\boldsymbol{x}\end{cases} \tag{4-172}$$

式中，$\boldsymbol{x}$ 为 $n$ 维状态向量；$\boldsymbol{u}$ 为 $p$ 维输入向量；$\boldsymbol{y}$ 为 $q$ 维输出向量；$\boldsymbol{A}$ 为 $n\times n$ 维常数系统矩阵；$\boldsymbol{B}$ 为 $n\times p$ 维常数输入矩阵；$\boldsymbol{C}$ 为 $q\times n$ 维常数输出矩阵。

### 一、按能控性分解

考虑多输入多输出线性定常系统（4-172）状态不完全能控的情况。并设

$$\mathrm{rank}\boldsymbol{Q}_c = \mathrm{rank}[\boldsymbol{B} \quad \boldsymbol{A}\boldsymbol{B} \quad \boldsymbol{A}^2\boldsymbol{B} \quad \cdots \quad \boldsymbol{A}^{n-1}\boldsymbol{B}] = k < n \tag{4-173}$$

表明能控性矩阵 $\boldsymbol{Q}_c$ 中有且仅有 $k$ 个列向量线性无关。取 $\boldsymbol{Q}_c$ 中 $k$ 个线性无关的列向量 $\boldsymbol{p}_1$，$\boldsymbol{p}_2$，…，$\boldsymbol{p}_k$，再另外选取（$n-k$）个线性无关并与 $\boldsymbol{p}_1$，$\boldsymbol{p}_2$，…，$\boldsymbol{p}_k$ 线性无关的列向量 $\boldsymbol{p}_{k+1}$，$\boldsymbol{p}_{k+2}$，…，$\boldsymbol{p}_n$，构成非奇异变换矩阵 $\boldsymbol{P}$，即

$$\boldsymbol{P} = [\boldsymbol{p}_1 \quad \cdots \quad \boldsymbol{p}_k \,\vdots\, \boldsymbol{p}_{k+1} \quad \cdots \quad \boldsymbol{p}_n] \tag{4-174}$$

其逆矩阵 $\boldsymbol{P}^{-1}$ 则为

$$\boldsymbol{P}^{-1} = \boldsymbol{Q} = \begin{bmatrix} \boldsymbol{q}_1 \\ \vdots \\ \boldsymbol{q}_k \\ \hline \boldsymbol{q}_{k+1} \\ \vdots \\ \boldsymbol{q}_n \end{bmatrix} \tag{4-175}$$

式中，$\boldsymbol{q}_i(i=1,2,\cdots,n)$ 为行向量。

变换矩阵 $\boldsymbol{P}$ 及其逆阵 $\boldsymbol{Q}$ 具有如下性质：

（1）$\boldsymbol{q}_i\boldsymbol{p}_j = 0 \quad i=k+1,\cdots,n;\ j=1,2,\cdots,k$ （4-176）

这是因为 $\boldsymbol{Q}\boldsymbol{P}=\boldsymbol{I}$，对于 $i\neq j$ 有 $\boldsymbol{q}_i\boldsymbol{p}_j=0$。

（2）$\boldsymbol{q}_i\boldsymbol{A}\boldsymbol{p}_j = 0 \quad i=k+1,\cdots,n;\quad j=1,2,\cdots,k$ （4-177）

这是因为向量 $\boldsymbol{p}_1$，$\boldsymbol{p}_2$，…，$\boldsymbol{p}_k$ 线性无关，向量 $\boldsymbol{Ap}_1$，$\boldsymbol{Ap}_2$，…，$\boldsymbol{Ap}_k$ 也必线性无关，由式（4-176）可得式（4-177）。

(3) $\boldsymbol{q}_i\boldsymbol{B}=0 \quad i=k+1,\cdots,n$ (4-178)

这是因为由式（4-173）和式（4-174）可知，$\boldsymbol{B}$ 的列或者就是 $\boldsymbol{p}_1$，$\boldsymbol{p}_2$，…，$\boldsymbol{p}_k$ 中的列向量，或者是 $\boldsymbol{p}_1$，$\boldsymbol{p}_2$，…，$\boldsymbol{p}_k$ 的线性组合。

经过非奇异变换 $\boldsymbol{x}=\boldsymbol{P}\overline{\boldsymbol{x}}$，新状态空间的各系数矩阵分别为

$$\overline{\boldsymbol{A}}=\boldsymbol{P}^{-1}\boldsymbol{AP}=\begin{bmatrix}\boldsymbol{q}_1\\ \vdots\\ \boldsymbol{q}_k\\ \hdashline \boldsymbol{q}_{k+1}\\ \vdots\\ \boldsymbol{q}_n\end{bmatrix}\boldsymbol{A}[\boldsymbol{p}_1 \quad \cdots \quad \boldsymbol{p}_k \mid \boldsymbol{p}_{k+1} \quad \cdots \quad \boldsymbol{p}_n]$$

$$=\left[\begin{array}{ccc|ccc}\boldsymbol{q}_1\boldsymbol{Ap}_1 & \cdots & \boldsymbol{q}_1\boldsymbol{Ap}_k & \boldsymbol{q}_1\boldsymbol{Ap}_{k+1} & \cdots & \boldsymbol{q}_1\boldsymbol{Ap}_n\\ \vdots & & \vdots & \vdots & & \vdots\\ \boldsymbol{q}_k\boldsymbol{Ap}_1 & \cdots & \boldsymbol{q}_k\boldsymbol{Ap}_k & \boldsymbol{q}_k\boldsymbol{Ap}_{k+1} & \cdots & \boldsymbol{q}_k\boldsymbol{Ap}_n\\ \hline \boldsymbol{q}_{k+1}\boldsymbol{Ap}_1 & \cdots & \boldsymbol{q}_{k+1}\boldsymbol{Ap}_k & \boldsymbol{q}_{k+1}\boldsymbol{Ap}_{k+1} & \cdots & \boldsymbol{q}_{k+1}\boldsymbol{Ap}_n\\ \vdots & & \vdots & \vdots & & \vdots\\ \boldsymbol{q}_n\boldsymbol{Ap}_1 & \cdots & \boldsymbol{q}_n\boldsymbol{Ap}_k & \boldsymbol{q}_n\boldsymbol{Ap}_{k+1} & \cdots & \boldsymbol{q}_n\boldsymbol{Ap}_n\end{array}\right]=\begin{bmatrix}\overline{\boldsymbol{A}}_c & \overline{\boldsymbol{A}}_{12}\\ 0 & \overline{\boldsymbol{A}}_{\bar{c}}\end{bmatrix} \tag{4-179}$$

其中左下角矩阵块为0应用了性质（4-177）；

$$\overline{\boldsymbol{B}}=\boldsymbol{P}^{-1}\boldsymbol{B}=\begin{bmatrix}\boldsymbol{q}_1\boldsymbol{B}\\ \vdots\\ \boldsymbol{q}_k\boldsymbol{B}\\ \hdashline \boldsymbol{q}_{k+1}\boldsymbol{B}\\ \vdots\\ \boldsymbol{q}_n\boldsymbol{B}\end{bmatrix}=\begin{bmatrix}\overline{\boldsymbol{B}}_c\\ 0\end{bmatrix} \tag{4-180}$$

其中下矩阵块为0应用了性质（4-178）；

$$\overline{\boldsymbol{C}}=\boldsymbol{CP}=[\boldsymbol{Cp}_1 \quad \cdots \quad \boldsymbol{Cp}_k \mid \boldsymbol{Cp}_{k+1} \quad \cdots \quad \boldsymbol{Cp}_n]=[\overline{\boldsymbol{C}}_c \quad \overline{\boldsymbol{C}}_{\bar{c}}] \tag{4-181}$$

因此，可以得出结论，状态不完全能控的系统（4-172）在如式（4-174）所示的变换矩阵 $\boldsymbol{P}$ 的非奇异线性变换 $\boldsymbol{x}=\boldsymbol{P}\overline{\boldsymbol{x}}$ 下，可使系统实现按能控性的结构分解，即

$$\begin{cases}\dot{\overline{\boldsymbol{x}}}=\begin{bmatrix}\dot{\overline{\boldsymbol{x}}}_c\\ \dot{\overline{\boldsymbol{x}}}_{\bar{c}}\end{bmatrix}=\begin{bmatrix}\overline{\boldsymbol{A}}_c & \overline{\boldsymbol{A}}_{12}\\ 0 & \overline{\boldsymbol{A}}_{\bar{c}}\end{bmatrix}\begin{bmatrix}\overline{\boldsymbol{x}}_c\\ \overline{\boldsymbol{x}}_{\bar{c}}\end{bmatrix}+\begin{bmatrix}\overline{\boldsymbol{B}}_c\\ 0\end{bmatrix}\boldsymbol{u}\\ \boldsymbol{y}=[\overline{\boldsymbol{C}}_c \quad \overline{\boldsymbol{C}}_{\bar{c}}]\begin{bmatrix}\overline{\boldsymbol{x}}_c\\ \overline{\boldsymbol{x}}_{\bar{c}}\end{bmatrix}\end{cases} \tag{4-182}$$

式中，$\overline{\boldsymbol{x}}_c$ 为 $k$ 维能控分状态向量；$\overline{\boldsymbol{x}}_{\bar{c}}$ 为 $(n-k)$ 维不能控分状态向量。

通过按能控性分解，一个不完全能控的系统可以显式地表示为能控部分和不能控部分。其中能控部分是 $k$ 维能控子系统：

$$\begin{cases}\dot{\bar{x}}_c = \bar{A}_c\bar{x}_c + \bar{A}_{12}\bar{x}_{\bar{c}} + \bar{B}_c u \\ y_1 = \bar{C}_c\bar{x}_c\end{cases} \tag{4-183}$$

不能控部分是（$n-k$）维不能控子系统：

$$\begin{cases}\dot{\bar{x}}_{\bar{c}} = \bar{A}_{\bar{c}}\bar{x}_{\bar{c}} \\ y_2 = \bar{C}_{\bar{c}}\bar{x}_{\bar{c}}\end{cases} \tag{4-184}$$

并可画出按能控性分解后系统的框图如图 4-11 所示。由图可见，不能控部分不受输入 $u$ 的直接或间接影响。

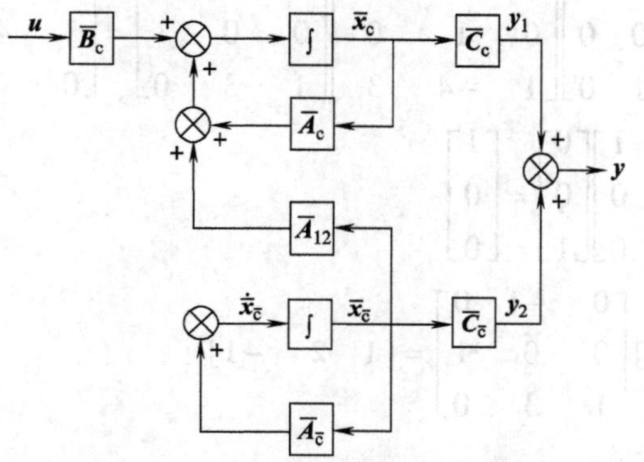


图 4-11　按能控性分解后的系统框图

关于按能控性分解，还有几点需要注意：

1）系统的特征值集合是由能控子系统的特征值集合和不能控子系统的特征值集合组成。这是因为

$$\det(sI-A)=\det(sI-\bar{A})=\det\begin{bmatrix} sI-\bar{A}_c & -\bar{A}_{12} \\ 0 & sI-\bar{A}_{\bar{c}}\end{bmatrix}=\det(sI-\bar{A}_c)\det(sI-\bar{A}_{\bar{c}}) \tag{4-185}$$

2）由于式（4-174）的变换矩阵 $P$ 的不唯一性，分解结果也是不唯一的，但是分解后的形式是唯一的。

3）一个系统状态完全能控的条件是其不能通过非奇异变换化为如式（4-182）所示的按能控性分解的表达形式。

**例 4-27**　给定线性定常系统为

$$\begin{cases}\dot{x} = \begin{bmatrix}1 & 2 & -1\\ 0 & 1 & 0 \\ 1 & -4 & 3\end{bmatrix}x + \begin{bmatrix}0\\0\\1\end{bmatrix}u \\ y = [1 \quad -1 \quad 1]x\end{cases}$$

如果系统状态不完全能控，试将它按能控性分解。

**解** $\text{rank}\boldsymbol{S}_c=\text{rank}\ [\boldsymbol{b}\quad \boldsymbol{Ab}\quad \boldsymbol{A}^2\boldsymbol{b}]=\text{rank}\begin{bmatrix}0 & -1 & -4\\ 0 & 0 & 0\\ 1 & 3 & 8\end{bmatrix}=2$

可知系统状态不完全能控，且分解后能控分状态向量为二维。按式（4-174）的原则构造非奇异变换矩阵 $\boldsymbol{P}$，并求出其逆阵，有

$$\boldsymbol{P}=\left[\begin{array}{cc:c}0 & -1 & 0\\ 0 & 0 & 1\\ 1 & 3 & 0\end{array}\right],\quad \boldsymbol{P}^{-1}=\begin{bmatrix}3 & 0 & 1\\ -1 & 0 & 0\\ 0 & 1 & 0\end{bmatrix}$$

在新状态空间中各系数矩阵分别为

$$\overline{\boldsymbol{A}}=\boldsymbol{P}^{-1}\boldsymbol{A}\boldsymbol{P}=\begin{bmatrix}3 & 0 & 1\\ -1 & 0 & 0\\ 0 & 1 & 0\end{bmatrix}\begin{bmatrix}1 & 2 & -1\\ 0 & 1 & 0\\ 1 & -4 & 3\end{bmatrix}\begin{bmatrix}0 & -1 & 0\\ 0 & 0 & 1\\ 1 & 3 & 0\end{bmatrix}=\begin{bmatrix}0 & -4 & 2\\ 1 & 4 & -2\\ 0 & 0 & 1\end{bmatrix}$$

$$\overline{\boldsymbol{b}}=\boldsymbol{P}^{-1}\boldsymbol{b}=\begin{bmatrix}3 & 0 & 1\\ -1 & 0 & 0\\ 0 & 1 & 0\end{bmatrix}\begin{bmatrix}0\\ 0\\ 1\end{bmatrix}=\begin{bmatrix}1\\ 0\\ 0\end{bmatrix}$$

$$\overline{\boldsymbol{c}}=\boldsymbol{c}\boldsymbol{P}=[1\quad -1\quad 1]\begin{bmatrix}0 & -1 & 0\\ 0 & 0 & 1\\ 1 & 3 & 0\end{bmatrix}=[1\quad 2\quad -1]$$

得到按能控性分解的表达式

$$\begin{cases}\dot{\overline{\boldsymbol{x}}}=\begin{bmatrix}\dot{\overline{\boldsymbol{x}}}_c\\ \hdashline \dot{\overline{\boldsymbol{x}}}_{\bar{c}}\end{bmatrix}=\left[\begin{array}{cc:c}0 & -4 & 2\\ 1 & 4 & -2\\ \hdashline 0 & 0 & 1\end{array}\right]\begin{bmatrix}\overline{\boldsymbol{x}}_c\\ \hdashline \overline{\boldsymbol{x}}_{\bar{c}}\end{bmatrix}+\begin{bmatrix}1\\ 0\\ \hdashline 0\end{bmatrix}u\\ y=[1\quad 2\ \vdots\ -1]\begin{bmatrix}\overline{\boldsymbol{x}}_c\\ \hdashline \overline{\boldsymbol{x}}_{\bar{c}}\end{bmatrix}\end{cases}$$

显然，它具有式（4-182）所示的表达形式。由此也能很容易地写出能控子系统和不能控子系统。

## 二、按能观性分解

系统按能观性分解对偶于按能控性分解，这里不加证明地给出按能观性分解的方法。

考虑多输入多输出线性定常系统（4-172）状态不完全能观的情况。并设

$$\text{rank}\boldsymbol{Q}_o=\text{rank}\begin{bmatrix}\boldsymbol{C}\\ \boldsymbol{CA}\\ \vdots\\ \boldsymbol{CA}^{n-1}\end{bmatrix}=m<n \tag{4-186}$$

表明能观性矩阵 $\boldsymbol{Q}_o$ 中有且仅有 $m$ 个行向量线性无关。取 $\boldsymbol{Q}_o$ 中 $m$ 个线性无关的行向量 $\boldsymbol{q}_1$，$\boldsymbol{q}_2$，…，$\boldsymbol{q}_m$，再另外选取 $n-m$ 个线性无关并与 $\boldsymbol{q}_1$，$\boldsymbol{q}_2$，…，$\boldsymbol{q}_m$ 线性无关的行向量 $\boldsymbol{q}_{m+1}$，$\boldsymbol{q}_{m+2}$，…，$\boldsymbol{q}_n$，构成非奇异变换矩阵 $\boldsymbol{P}$ 的逆阵 $\boldsymbol{P}^{-1}$，即

$$P^{-1}=Q=\begin{bmatrix} q_1 \\ \vdots \\ q_m \\ \hdashline q_{m+1} \\ \vdots \\ q_n \end{bmatrix} \tag{4-187}$$

求逆得变换矩阵 $P$ 为

$$P=[p_1 \quad \cdots \quad p_m \mid p_{m+1} \quad \cdots \quad p_n] \tag{4-188}$$

有对应结论：状态不完全能观的系统（4-172）在如式（4-188）所示的变换矩阵 $P$ 的非奇异线性变换 $x=P\bar{x}$ 下，可使系统实现按能观性的结构分解，即

$$\begin{cases} \dot{\bar{x}}=\begin{bmatrix} \dot{\bar{x}}_{o} \\ \dot{\bar{x}}_{\bar{o}} \end{bmatrix}=\begin{bmatrix} \bar{A}_{o} & 0 \\ \bar{A}_{21} & \bar{A}_{\bar{o}} \end{bmatrix}\begin{bmatrix} \bar{x}_{o} \\ \bar{x}_{\bar{o}} \end{bmatrix}+\begin{bmatrix} \bar{B}_{o} \\ \bar{B}_{\bar{o}} \end{bmatrix}u \\ y=[\bar{C}_{o} \quad 0]\begin{bmatrix} \bar{x}_{o} \\ \bar{x}_{\bar{o}} \end{bmatrix} \end{cases} \tag{4-189}$$

式中，$\bar{x}_{o}$ 为 $m$ 维能观分状态向量；$\bar{x}_{\bar{o}}$ 为（$n-m$）维不能观分状态向量。

通过按能观性分解，一个不完全能观的系统可以显式地表示为能观部分和不能观部分。其中能观部分是 $m$ 维能观子系统：

$$\begin{cases} \dot{\bar{x}}_{o}=\bar{A}_{o}\bar{x}_{o}+\bar{B}_{o}u \\ y_1=\bar{C}_{o}\bar{x}_{o} \end{cases} \tag{4-190}$$

不能观部分是（$n-m$）维不能观子系统：

$$\begin{cases} \dot{\bar{x}}_{\bar{o}}=\bar{A}_{\bar{o}}\bar{x}_{\bar{o}}+\bar{A}_{21}\bar{x}_{o}+\bar{B}_{\bar{o}}u \\ y_2=0 \end{cases} \tag{4-191}$$

同样可画出按能观性分解后系统的框图如图 4-12 所示。由图可见，不能观部分与系统输出 $y$ 既无直接又无间接联系。

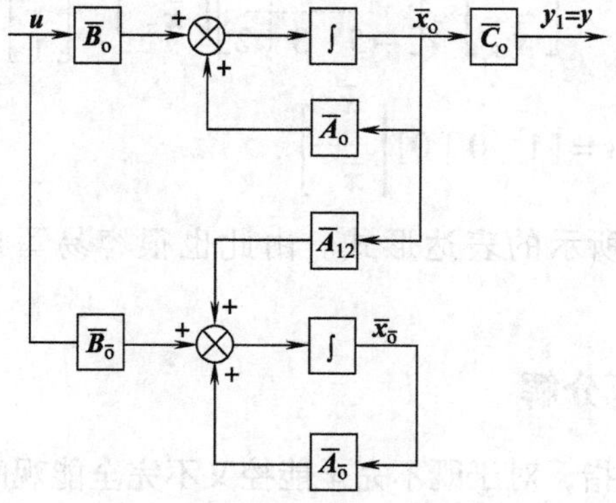


图 4-12 按能观性分解后的系统框图

对于按能控性分解提出的几个注意点也对应地适用于按能观性分解的情况。

**例 4-28**　给定线性定常系统为

$$\begin{cases}\dot{x}=\begin{bmatrix}1 & 2 & -1\\0 & 1 & 0\\1 & -4 & 3\end{bmatrix}x+\begin{bmatrix}0\\0\\1\end{bmatrix}u\\ y=\begin{bmatrix}1 & -1 & 1\end{bmatrix}x\end{cases}$$

如果系统不完全能观，试将它按能观性分解。

**解**　$\mathrm{rank}\boldsymbol{S}_{\mathrm{o}}=\mathrm{rank}\begin{bmatrix}c\\cA\\cA^2\end{bmatrix}=\mathrm{rank}\begin{bmatrix}1 & -1 & 1\\2 & -3 & 2\\4 & -7 & 4\end{bmatrix}=2$

可知系统不完全能观，且分解后能观分状态向量为二维。按式（4-187）的原则构成非奇异变换矩阵 $\boldsymbol{P}$ 的逆阵 $\boldsymbol{P}^{-1}$，并求逆得变换矩阵 $\boldsymbol{P}$，有

$$\boldsymbol{P}^{-1}=\begin{bmatrix}1 & -1 & 1\\2 & -3 & 2\\\hdashline 0 & 0 & 1\end{bmatrix},\quad \boldsymbol{P}=\begin{bmatrix}3 & -1 & -1\\2 & -1 & 0\\0 & 0 & 1\end{bmatrix}$$

在新状态空间中各系数矩阵分别为

$$\bar{\boldsymbol{A}}=\boldsymbol{P}^{-1}\boldsymbol{A}\boldsymbol{P}=\begin{bmatrix}1 & -1 & 1\\2 & -3 & 2\\0 & 0 & 1\end{bmatrix}\begin{bmatrix}1 & 2 & -1\\0 & 1 & 0\\1 & -4 & 3\end{bmatrix}\begin{bmatrix}3 & -1 & -1\\2 & -1 & 0\\0 & 0 & 1\end{bmatrix}=\begin{bmatrix}0 & 1 & 0\\-2 & 3 & 0\\-5 & 3 & 2\end{bmatrix}$$

$$\bar{\boldsymbol{b}}=\boldsymbol{P}^{-1}\boldsymbol{b}=\begin{bmatrix}1 & -1 & 1\\2 & -3 & 2\\0 & 0 & 1\end{bmatrix}\begin{bmatrix}0\\0\\1\end{bmatrix}=\begin{bmatrix}1\\2\\1\end{bmatrix}$$

$$\bar{\boldsymbol{c}}=\boldsymbol{c}\boldsymbol{P}=\begin{bmatrix}1 & -1 & 1\end{bmatrix}\begin{bmatrix}3 & -1 & -1\\2 & -1 & 0\\0 & 0 & 1\end{bmatrix}=\begin{bmatrix}1 & 0 & 0\end{bmatrix}$$

得到按能观性分解的表达式

$$\begin{cases}\dot{\bar{x}}=\begin{bmatrix}\dot{\bar{x}}_{\mathrm{o}}\\\hdashline\dot{\bar{x}}_{\bar{\mathrm{o}}}\end{bmatrix}=\left[\begin{array}{cc:c}0 & 1 & 0\\-2 & 3 & 0\\\hdashline -5 & 3 & 2\end{array}\right]\begin{bmatrix}\bar{x}_{\mathrm{o}}\\\hdashline\bar{x}_{\bar{\mathrm{o}}}\end{bmatrix}+\begin{bmatrix}1\\2\\\hdashline 1\end{bmatrix}u\\ y=\left[\begin{array}{cc:c}1 & 0 & 0\end{array}\right]\begin{bmatrix}\bar{x}_{\mathrm{o}}\\\hdashline\bar{x}_{\bar{\mathrm{o}}}\end{bmatrix}\end{cases}$$

显然，它具有式（4-189）所示的表达形式。由此也很容易写出能观子系统和不能观子系统。

## 三、系统结构的规范分解

系统结构的规范分解是指，对于既不完全能控又不完全能观的系统按能控性和能观性进行结构分解。

考虑多输入多输出线性定常系统（4-172）状态既不完全能控又不完全能观的情况。可

以先按能控性分解，然后再按能观性分解；也可以先按能观性分解，而后再按能控性分解。这里仅介绍先按能控性分解再按能观性分解的过程。

设 $n$ 维系统（4-172）的能控性矩阵有 $\text{rank}\boldsymbol{Q}_c = k < n$，根据前面的讨论，可以按式(4-174)的原则构造变换矩阵 $\boldsymbol{P}_1$，通过非奇异变换 $\boldsymbol{x} = \boldsymbol{P}_1\tilde{\boldsymbol{x}}$（其中 $\tilde{\boldsymbol{x}} = \begin{bmatrix} \tilde{\boldsymbol{x}}_c \\ \tilde{\boldsymbol{x}}_{\bar{c}} \end{bmatrix}$）将原系统按能控性分解成 $k$ 维能控子系统

$$\begin{cases} \dot{\tilde{\boldsymbol{x}}}_c = \tilde{\boldsymbol{A}}_c\tilde{\boldsymbol{x}}_c + \tilde{\boldsymbol{A}}_{12}\tilde{\boldsymbol{x}}_{\bar{c}} + \tilde{\boldsymbol{B}}_c\boldsymbol{u} \\ \boldsymbol{y}_1 = \tilde{\boldsymbol{C}}_c\tilde{\boldsymbol{x}}_c \end{cases} \tag{4-192}$$

和（$n-k$）维不能控子系统

$$\begin{cases} \dot{\tilde{\boldsymbol{x}}}_{\bar{c}} = \tilde{\boldsymbol{A}}_{\bar{c}}\tilde{\boldsymbol{x}}_{\bar{c}} \\ \boldsymbol{y}_2 = \tilde{\boldsymbol{C}}_{\bar{c}}\tilde{\boldsymbol{x}}_{\bar{c}} \end{cases} \tag{4-193}$$

设子系统（4-192）的能观性矩阵有 $\text{rank}\boldsymbol{Q}_o = m < k$，可以按式（4-187）的原则构造变换矩阵 $\boldsymbol{P}_2$ 的逆阵 $\boldsymbol{P}_2^{-1}$，通过非奇异变换 $\tilde{\boldsymbol{x}}_c = \boldsymbol{P}_2\bar{\boldsymbol{x}}_c$（其中 $\bar{\boldsymbol{x}}_c = \begin{bmatrix} \bar{\boldsymbol{x}}_{co} \\ \bar{\boldsymbol{x}}_{c\bar{o}} \end{bmatrix}$）将子系统（4-192）变换为

$$\begin{cases} \begin{bmatrix} \dot{\bar{\boldsymbol{x}}}_{co} \\ \dot{\bar{\boldsymbol{x}}}_{c\bar{o}} \end{bmatrix} = \begin{bmatrix} \bar{\boldsymbol{A}}_{co} & 0 \\ \bar{\boldsymbol{A}}_{c21} & \bar{\boldsymbol{A}}_{c\bar{o}} \end{bmatrix}\begin{bmatrix} \bar{\boldsymbol{x}}_{co} \\ \bar{\boldsymbol{x}}_{c\bar{o}} \end{bmatrix} + \begin{bmatrix} \bar{\boldsymbol{B}}_{co} \\ \bar{\boldsymbol{B}}_{c\bar{o}} \end{bmatrix}\boldsymbol{u} + \boldsymbol{P}_2^{-1}\tilde{\boldsymbol{A}}_{12}\tilde{\boldsymbol{x}}_{\bar{c}} \\ \boldsymbol{y}_1 = [\bar{\boldsymbol{C}}_{co} \quad 0]\begin{bmatrix} \bar{\boldsymbol{x}}_{co} \\ \bar{\boldsymbol{x}}_{c\bar{o}} \end{bmatrix} \end{cases} \tag{4-194}$$

设子系统（4-193）的能观性矩阵有 $\text{rank}\boldsymbol{Q}_o = l < n-k$，同样可以按式（4-187）的原则构造变换矩阵 $\boldsymbol{P}_3$ 的逆阵 $\boldsymbol{P}_3^{-1}$，通过非奇异变换 $\tilde{\boldsymbol{x}}_{\bar{c}} = \boldsymbol{P}_3\bar{\boldsymbol{x}}_{\bar{c}}$（其中 $\bar{\boldsymbol{x}}_{\bar{c}} = \begin{bmatrix} \bar{\boldsymbol{x}}_{\bar{c}o} \\ \bar{\boldsymbol{x}}_{\bar{c}\bar{o}} \end{bmatrix}$）将子系统(4-193)变换为

$$\begin{cases} \begin{bmatrix} \dot{\bar{\boldsymbol{x}}}_{\bar{c}o} \\ \dot{\bar{\boldsymbol{x}}}_{\bar{c}\bar{o}} \end{bmatrix} = \begin{bmatrix} \bar{\boldsymbol{A}}_{\bar{c}o} & 0 \\ \bar{\boldsymbol{A}}_{\bar{c}21} & \bar{\boldsymbol{A}}_{\bar{c}\bar{o}} \end{bmatrix}\begin{bmatrix} \bar{\boldsymbol{x}}_{\bar{c}o} \\ \bar{\boldsymbol{x}}_{\bar{c}\bar{o}} \end{bmatrix} \\ \boldsymbol{y}_2 = [\bar{\boldsymbol{C}}_{\bar{c}o} \quad 0]\begin{bmatrix} \bar{\boldsymbol{x}}_{\bar{c}o} \\ \bar{\boldsymbol{x}}_{\bar{c}\bar{o}} \end{bmatrix} \end{cases} \tag{4-195}$$

将 $\tilde{\boldsymbol{x}}_{\bar{c}} = \boldsymbol{P}_3\bar{\boldsymbol{x}}_{\bar{c}}$ 代入式（4-194）状态方程的最后一项，有 $\boldsymbol{P}_2^{-1}\tilde{\boldsymbol{A}}_{12}\tilde{\boldsymbol{x}}_{\bar{c}} = \boldsymbol{P}_2^{-1}\tilde{\boldsymbol{A}}_{12}\boldsymbol{P}_3\bar{\boldsymbol{x}}_{\bar{c}}$，

其中 $\bar{\boldsymbol{x}}_{\bar{c}}=\begin{bmatrix}\bar{x}_{\bar{c}o}\\ \bar{\boldsymbol{x}}_{\bar{c}\bar{o}}\end{bmatrix}$。可以证明，$\boldsymbol{P}_2^{-1}\tilde{\boldsymbol{A}}_{12}\boldsymbol{P}_3$ 具有 $\boldsymbol{P}_2^{-1}\tilde{\boldsymbol{A}}_{12}\boldsymbol{P}_3=\begin{bmatrix}\bar{\boldsymbol{A}}_{13} & 0\\ \bar{\boldsymbol{A}}_{23} & \bar{\boldsymbol{A}}_{24}\end{bmatrix}$的结构形式，所以，式(4-194)状态方程可写为

$$\begin{bmatrix}\dot{\bar{\boldsymbol{x}}}_{co}\\ \dot{\bar{\boldsymbol{x}}}_{c\bar{o}}\end{bmatrix}=\begin{bmatrix}\bar{\boldsymbol{A}}_{co} & 0\\ \bar{\boldsymbol{A}}_{c21} & \bar{\boldsymbol{A}}_{c\bar{o}}\end{bmatrix}\begin{bmatrix}\bar{\boldsymbol{x}}_{co}\\ \bar{\boldsymbol{x}}_{c\bar{o}}\end{bmatrix}+\begin{bmatrix}\bar{\boldsymbol{B}}_{co}\\ \bar{\boldsymbol{B}}_{c\bar{o}}\end{bmatrix}\boldsymbol{u}+\begin{bmatrix}\bar{\boldsymbol{A}}_{13} & 0\\ \bar{\boldsymbol{A}}_{23} & \bar{\boldsymbol{A}}_{24}\end{bmatrix}\begin{bmatrix}\bar{\boldsymbol{x}}_{\bar{c}o}\\ \bar{\boldsymbol{x}}_{\bar{c}\bar{o}}\end{bmatrix} \tag{4-196}$$

综合上面的分解过程，可得出多输入多输出线性定常系统（4-172）在状态既不完全能控又不完全能观的情况下的规范结构分解，即

$$\begin{cases}\dot{\bar{\boldsymbol{x}}}=\begin{bmatrix}\dot{\bar{\boldsymbol{x}}}_{co}\\ \dot{\bar{\boldsymbol{x}}}_{c\bar{o}}\\ \hdashline \dot{\bar{\boldsymbol{x}}}_{\bar{c}o}\\ \dot{\bar{\boldsymbol{x}}}_{\bar{c}\bar{o}}\end{bmatrix}=\begin{bmatrix}\bar{\boldsymbol{A}}_{co} & 0 & \bar{\boldsymbol{A}}_{13} & 0\\ \bar{\boldsymbol{A}}_{21} & \bar{\boldsymbol{A}}_{c\bar{o}} & \bar{\boldsymbol{A}}_{23} & \bar{\boldsymbol{A}}_{24}\\ 0 & 0 & \bar{\boldsymbol{A}}_{\bar{c}o} & 0\\ 0 & 0 & \bar{\boldsymbol{A}}_{43} & \bar{\boldsymbol{A}}_{\bar{c}\bar{o}}\end{bmatrix}\begin{bmatrix}\bar{\boldsymbol{x}}_{co}\\ \bar{\boldsymbol{x}}_{c\bar{o}}\\ \hdashline \bar{\boldsymbol{x}}_{\bar{c}o}\\ \bar{\boldsymbol{x}}_{\bar{c}\bar{o}}\end{bmatrix}+\begin{bmatrix}\bar{\boldsymbol{B}}_{co}\\ \bar{\boldsymbol{B}}_{c\bar{o}}\\ \hdashline 0\\ 0\end{bmatrix}\boldsymbol{u}\\ \boldsymbol{y}=\begin{bmatrix}\bar{\boldsymbol{C}}_{co} & 0 & \bar{\boldsymbol{C}}_{\bar{c}o} & 0\end{bmatrix}\begin{bmatrix}\bar{\boldsymbol{x}}_{co}\\ \bar{\boldsymbol{x}}_{c\bar{o}}\\ \hdashline \bar{\boldsymbol{x}}_{\bar{c}o}\\ \bar{\boldsymbol{x}}_{\bar{c}\bar{o}}\end{bmatrix}\end{cases} \tag{4-197}$$

式中，$\bar{\boldsymbol{x}}_{co}$为 $m$ 维能控能观分状态向量；$\bar{\boldsymbol{x}}_{c\bar{o}}$为（$k-m$）维能控不能观分状态向量；$\bar{\boldsymbol{x}}_{\bar{c}o}$为 $l$ 维不能控能观分状态向量；$\bar{\boldsymbol{x}}_{\bar{c}\bar{o}}$为（$n-k-l$）维不能控不能观分状态向量。

为统一起见，式（4-197）中 $\bar{\boldsymbol{A}}_{\bar{c}21}$、$\bar{\boldsymbol{A}}_{\bar{c}21}$分别表示为 $\bar{A}_{21}$ 和 $\bar{A}_{43}$。

可见，一个状态不完全能控又不完全能观的 $n$ 维线性定常系统，通过结构的规范分解可以分解为 4 个子系统，并可以显式地表示出来，它们分别是能控能观子系统：

$$\begin{cases}\dot{\bar{\boldsymbol{x}}}_{co}=\bar{\boldsymbol{A}}_{co}\bar{\boldsymbol{x}}_{co}+\bar{\boldsymbol{A}}_{13}\bar{\boldsymbol{x}}_{\bar{c}o}+\bar{\boldsymbol{B}}_{co}\boldsymbol{u}\\ \boldsymbol{y}_1=\bar{\boldsymbol{C}}_{co}\bar{\boldsymbol{x}}_{co}\end{cases} \tag{4-198}$$

能控不能观子系统：

$$\begin{cases}\dot{\bar{\boldsymbol{x}}}_{c\bar{o}}=\bar{\boldsymbol{A}}_{21}\bar{\boldsymbol{x}}_{co}+\bar{\boldsymbol{A}}_{c\bar{o}}\bar{\boldsymbol{x}}_{c\bar{o}}+\bar{\boldsymbol{A}}_{23}\bar{\boldsymbol{x}}_{\bar{c}o}+\bar{\boldsymbol{A}}_{24}\bar{\boldsymbol{x}}_{\bar{c}\bar{o}}+\bar{\boldsymbol{B}}_{c\bar{o}}\boldsymbol{u}\\ \boldsymbol{y}_2=0\end{cases} \tag{4-199}$$

不能控能观子系统：

$$\begin{cases}\dot{\bar{\boldsymbol{x}}}_{\bar{c}o}=\bar{\boldsymbol{A}}_{\bar{c}o}\bar{\boldsymbol{x}}_{\bar{c}o}\\ \boldsymbol{y}_3=\bar{\boldsymbol{C}}_{\bar{c}o}\bar{\boldsymbol{x}}_{\bar{c}o}\end{cases} \tag{4-200}$$

不能控不能观子系统：

$$\begin{cases}\dot{\bar{\boldsymbol{x}}}_{\bar{c}\bar{o}}=\bar{\boldsymbol{A}}_{43}\bar{\boldsymbol{x}}_{\bar{c}o}+\bar{\boldsymbol{A}}_{\bar{c}\bar{o}}\bar{\boldsymbol{x}}_{\bar{c}\bar{o}}\\ \boldsymbol{y}_4=0\end{cases} \tag{4-201}$$

系统规范分解后的框图如图4-13所示，图中$\boldsymbol{\Sigma}_{ij}$表示了积分器与相应子系统系统矩阵的组合。由图4-13可见，不能控的子系统不受输入$\boldsymbol{u}$的直接或间接影响，不能观的子系统与系统输出$\boldsymbol{y}$既无直接又无间接联系。

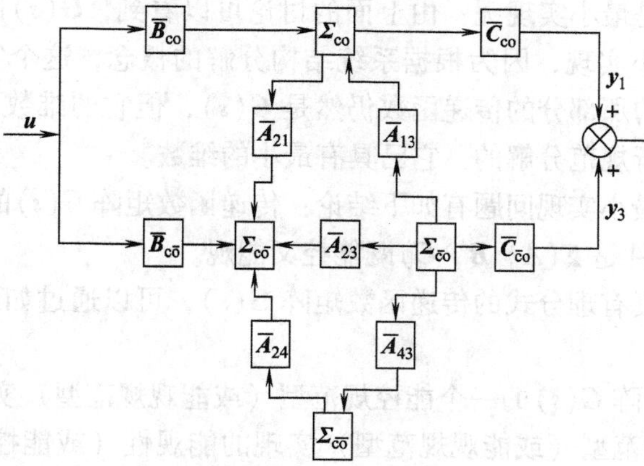

图4-13　系统结构规范分解框图

系统结构的规范分解由于变换次序和变换矩阵的不唯一性，分解结果也是不唯一的，但是，分解后的形式一定是如式（4-197）所表示的，是唯一的。而系统的特征值集合由上述4个子系统的特征值集合组成。

也可以得出结论：一个系统既能控又能观的条件是其不能通过非奇异变换化为如式(4-197)所示的规范分解形式。

## 四、线性系统的结构分解与传递函数矩阵

现在从系统结构规范分解的角度考察系统的传递函数矩阵。系统的传递函数矩阵描述了系统的输入—输出特性，即系统关于输入向量$\boldsymbol{u}$到输出向量$\boldsymbol{y}$的传递关系。从图4-13可以看到，对于一个既不能控又不能观的系统，只存在唯一的一条由$\boldsymbol{u}$到$\boldsymbol{y}$的传递通道，即$\boldsymbol{u}\rightarrow\overline{\boldsymbol{B}}_{co}\rightarrow\Sigma_{co}\rightarrow\overline{\boldsymbol{C}}_{co}\rightarrow\boldsymbol{y}$，或者说，4个子系统中，只有一个子系统（$m$维既能控又能观子系统）既与$\boldsymbol{u}$又与$\boldsymbol{y}$建立联系。所以，系统的传递函数矩阵可以表示为

$$\boldsymbol{G}(s)=\boldsymbol{C}(s\boldsymbol{I}-\boldsymbol{A})^{-1}\boldsymbol{B}=\overline{\boldsymbol{C}}_{co}(s\boldsymbol{I}-\overline{\boldsymbol{A}}_{co})\overline{\boldsymbol{B}}_{co}=\boldsymbol{G}_{co}(s) \tag{4-202}$$

即系统的传递函数矩阵与能控能观子系统的传递函数矩阵是等价的。可见，传递函数矩阵只反映了系统中既能控又能观的那部分，它是系统的一种不完全描述。而状态空间描述不仅反映系统的能控能观部分，还反映出系统能控不能观、不能控能观、不能控不能观各部分，是系统结构的一种完全描述。

再从系统实现的角度考察系统的传递函数矩阵。前面已经提到，系统实现问题是指根据给定的系统传递函数矩阵求其相应的状态空间表达式，而所求得的一个状态空间表达式就称是系统传递函数矩阵的一个实现。由于系统的传递函数矩阵只反映了系统中既能控又能观部分的动态特性，而系统的状态空间表达式除了反映系统的能控能观部分外，还反映系统能控不能观、不能控能观、不能控不能观各部分。因此，可以有无穷多个状态空间表达式对应一个给定的传递函数矩阵，而且它们的维数可以是不相同的，这就给求解系统实现问题带来困难和复杂性。

从工程的观点来看，寻求维数最小的一种实现具有重要意义，这种实现称为系统的最小实现。显然，系统的最小实现其结构最简单，其模拟的系统实现也是最方便、最经济的。

究竟什么样的实现是最小实现呢？由上面的讨论可以看到，$\boldsymbol{G}(s)$的一个不是既能控又能观的实现一定不是最小实现，因为根据系统结构分解的概念，这个实现可以进行结构分解，其中既能控又能观的那部分的传递函数仍然是$\boldsymbol{G}(s)$，但它的维数更低。而一个既能控又能观的实现是不能进行规范分解的，它已具有最小的维数。

因此，对于系统的最小实现问题有如下结论：传递函数矩阵$\boldsymbol{G}(s)$的一个实现$\boldsymbol{\Sigma}(\boldsymbol{A},\ \boldsymbol{B},\ \boldsymbol{C})$为最小实现的充要条件是$\boldsymbol{\Sigma}(\boldsymbol{A},\ \boldsymbol{B},\ \boldsymbol{C})$既能控又能观。

对于一个具有严格真有理分式的传递函数矩阵$\boldsymbol{G}(s)$，可以通过如下途径确定出它的最小实现：

1）求出传递函数矩阵$\boldsymbol{G}(s)$的一个能控规范型（或能观规范型）实现$\boldsymbol{\Sigma}(\boldsymbol{A},\ \boldsymbol{B},\ \boldsymbol{C})$。

2）判别上述能控规范型（或能观规范型）实现的能观性（或能控性），如已是既能控又能观，则必是最小实现；否则应对$\boldsymbol{\Sigma}(\boldsymbol{A},\ \boldsymbol{B},\ \boldsymbol{C})$按能观性（或能控性）分解，找出既能控又能观子系统，它就是$\boldsymbol{G}(s)$的最小实现。

求取系统最小实现的具体方法很多，读者可参阅有关书籍。需要指出的是，一个传递函数矩阵的实现不是唯一的，其最小实现也不是唯一的，只是最小实现的维数是唯一的。但是可以证明，同一传递函数矩阵的最小实现之间是非奇异线性变换关系，也即它们是代数等价的。

## 第七节　能控性、能观性与传递函数（矩阵）的关系

式（4-202）可重新表示为

$$\boldsymbol{C}(s\boldsymbol{I}-\boldsymbol{A})^{-1}\boldsymbol{B}=\boldsymbol{C}_{co}(s\boldsymbol{I}-\boldsymbol{A}_{co})^{-1}\boldsymbol{B}_{co} \tag{4-203}$$

或者

$$\frac{\boldsymbol{C}\mathrm{adj}(s\boldsymbol{I}-\boldsymbol{A})\boldsymbol{B}}{\det(s\boldsymbol{I}-\boldsymbol{A})}=\frac{\boldsymbol{C}_{co}\mathrm{adj}(s\boldsymbol{I}-\boldsymbol{A}_{co})\boldsymbol{B}_{co}}{\det(s\boldsymbol{I}-\boldsymbol{A}_{co})} \tag{4-204}$$

式中，$\boldsymbol{\Sigma}(\boldsymbol{A}_{co},\ \boldsymbol{B}_{co},\ \boldsymbol{C}_{co})$是$n$阶系统$\boldsymbol{\Sigma}(\boldsymbol{A},\ \boldsymbol{B},\ \boldsymbol{C})$中的$m$阶能控能观子系统。

式（4-204）的左边分母是$s$的$n$次多项式，而等式右边的分母是$s$的$m$次多项式，且$m\leqslant n$。当$m<n$时，表明系统一定不是既能控又能观的，而这时等式左边必发生分子、分母公因子相消（或称零极点相消）的现象。可见，系统的能控性、能观性与系统传递函数（矩阵）是否存在零极点相消现象有必然联系。下面分别对单输入单输出系统和多输入多输出系统对此问题进行讨论。

### 一、单输入单输出系统

对于线性定常单输入单输出系统$\boldsymbol{\Sigma}(\boldsymbol{A},\ \boldsymbol{b},\ \boldsymbol{c})$，有如下一些结论。

（1）单输入单输出系统$\boldsymbol{\Sigma}(\boldsymbol{A},\ \boldsymbol{b},\ \boldsymbol{c})$既能控又能观的充要条件是其传递函数$g(s)$不存在零极点相消现象。

由于非奇异变换不改变系统的传递函数，因此，可以仅讨论传递函数的特征值规范型实

现。于是，上述结论可以说明如下：

先讨论对角线规范型的情况，这时有

$$A=\begin{bmatrix}\lambda_1 & 0 & \cdots & 0\\ 0 & \lambda_2 & \cdots & 0\\ \vdots & \vdots & \ddots & \vdots\\ 0 & 0 & \cdots & \lambda_n\end{bmatrix},\ b=\begin{bmatrix}b_1\\ b_2\\ \vdots\\ b_n\end{bmatrix},\ c=[c_1\quad c_2\quad \cdots\quad c_n] \tag{4-205}$$

式中，$\lambda_i(i=1,2,\cdots,n)$为系统的互不相同的特征值。

系统对应的传递函数为

$$g(s)=c(sI-A)^{-1}b=\sum_{i=1}^{n}\frac{c_i b_i}{s-\lambda_i} \tag{4-206}$$

根据对角线规范型能控、能观性判据，系统既能控又能观的充要条件是$b_i(i=1,2,\cdots,n)$和$c_i(i=1,2,\cdots,n)$都不为0，这意味着传递函数$g(s)$不存在零极点相消现象，因为当传递函数$g(s)$存在零极点相消现象时，被消极点$\lambda_i$对应的$c_i b_i=0$。

再讨论约当规范型的情况。为讨论方便，这里具体地设定$\lambda$为3重特征值，即

$$A=\begin{bmatrix}\lambda & 1 & 0\\ 0 & \lambda & 1\\ 0 & 0 & \lambda\end{bmatrix},\ b=\begin{bmatrix}b_1\\ b_2\\ b_3\end{bmatrix},c=[c_1\quad c_2\quad c_3] \tag{4-207}$$

它对应的传递函数是

$$g(s)=c(sI-A)^{-1}b=\frac{c_1b_1+c_2b_2+c_3b_3}{s-\lambda}+\frac{c_1b_2+c_2b_3}{(s-\lambda)^2}+\frac{c_1b_3}{(s-\lambda)^3} \tag{4-208}$$

由约当规范型能控、能观性判据，系统既能控又能观的充要条件是$c_1b_3\neq 0$，这同样意味着传递函数$g(s)$不存在零极点相消现象，因为当传递函数$g(s)$存在零极点相消现象时，必有$c_1b_3=0$。

（2）单输入系统状态完全能控的充要条件是由控制到状态的传递关系$(sI-A)^{-1}b$不存在零极点相消现象。

对于对角线规范型（4-205）的情况，由控制到状态的传递关系是

$$(sI-A)^{-1}b=\begin{bmatrix}\frac{1}{s-\lambda_1} & & \\ & \ddots & \\ & & \frac{1}{s-\lambda_n}\end{bmatrix}\begin{bmatrix}b_1\\ \vdots\\ b_n\end{bmatrix}=\begin{bmatrix}\frac{b_1}{s-\lambda_1}\\ \vdots\\ \frac{b_n}{s-\lambda_n}\end{bmatrix} \tag{4-209}$$

根据对角线规范型能控性判据，系统状态完全能控的充要条件是$b_i\neq 0\quad(i=1,2,\cdots,n)$，这意味着由控制到状态的传递关系$(sI-A)^{-1}b$不存在零极点相消现象。因为由式（4-209）可知，当传递关系$(sI-A)^{-1}b$存在零极点相消现象时，被消极点$\lambda_i$对应的$b_i=0$。

对于约当规范型（4-207）的情况，由控制到状态的传递关系是

$$(sI-A)^{-1}b=\begin{bmatrix}\dfrac{b_1}{s-\lambda}+\dfrac{b_2}{(s-\lambda)^2}+\dfrac{b_3}{(s-\lambda)^3}\\ \dfrac{b_2}{s-\lambda}+\dfrac{b_3}{(s-\lambda)^2}\\ \dfrac{b_3}{s-\lambda}\end{bmatrix} \tag{4-210}$$

由约当规范型能控性判据，系统状态完全能控的充要条件是 $b_3\neq 0$，这同样意味着由控制到状态的传递关系 $(sI-A)^{-1}b$ 不存在零极点相消现象。因为由式（4-210）可知，当 $(sI-A)^{-1}b$ 存在零极点相消现象时，必有 $b_3=0$。

（3）单输出系统状态完全能观的充要条件是由状态到输出的传递关系 $c(sI-A)^{-1}$ 不存在零极点相消现象。

这一结论可由结论（2）的对偶关系得出。

（4）单输入单输出系统 $\Sigma(A,b,c)$ 既不能控又不能观的充分条件是其预解矩阵 $(sI-A)^{-1}$ 存在零极点相消现象。

该结论也可以用与上面类似的方法给以说明，这里不再详述。

**例 4-29**　已知系统的传递函数为

$$g(s)=\frac{y(s)}{u(s)}=\frac{(s-1)}{(s+2)(s-1)}$$

试分析系统的能控、能观性。

**解**　系统传递函数有零极点相消现象，相消的极点是 $s=1$，所以系统不是既能控又能观的。

将系统表示成如图 4-14a 所示的系统结构图，并按第 1 章的方法变换成系统状态变量图 4-14b，写出系统的状态空间表达式为

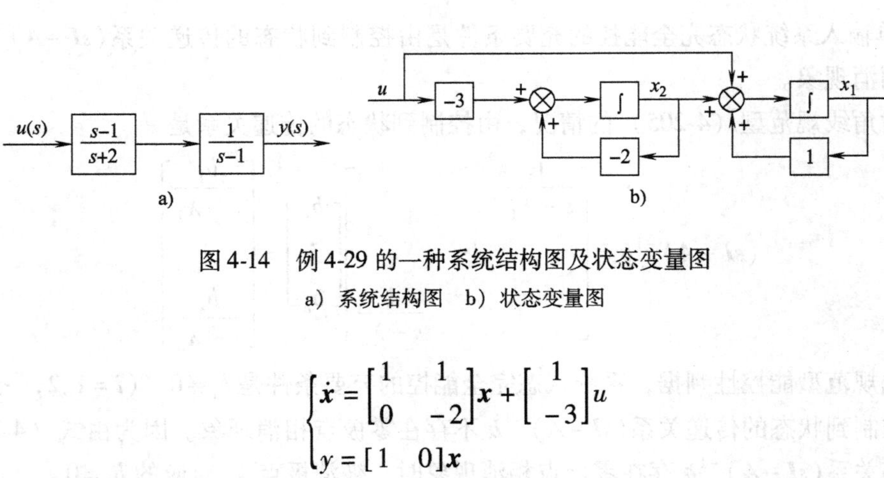


图 4-14　例 4-29 的一种系统结构图及状态变量图

a）系统结构图　b）状态变量图

$$\begin{cases}\dot{x}=\begin{bmatrix}1 & 1\\ 0 & -2\end{bmatrix}x+\begin{bmatrix}1\\ -3\end{bmatrix}u\\ y=\begin{bmatrix}1 & 0\end{bmatrix}x\end{cases}$$

考察系统从控制到状态的传递关系：

$$(sI-A)^{-1}b=\begin{bmatrix}s-1 & -1\\ 0 & s+2\end{bmatrix}^{-1}\begin{bmatrix}1\\ -3\end{bmatrix}=\frac{1}{(s-1)(s+2)}\begin{bmatrix}s+2 & 1\\ 0 & s-1\end{bmatrix}\begin{bmatrix}1\\ -3\end{bmatrix}=\frac{1}{(s-1)(s+2)}\begin{bmatrix}s-1\\ -3(s-1)\end{bmatrix}$$

存在零极点相消，系统不能控。从图 4-14a 可看出，相消的零点因子（$s-1$）在前，极点因

子（$s-1$）在后，该零点阻断了输入与相消极点所对应的状态变量 $x_1$ 的联系，使系统表现为状态不完全能控。

当然，也可将系统表示成如图 4-15a 所示的系统结构图，同样将其变换成系统状态变量图 4-15b，可写出系统的状态空间表达式为

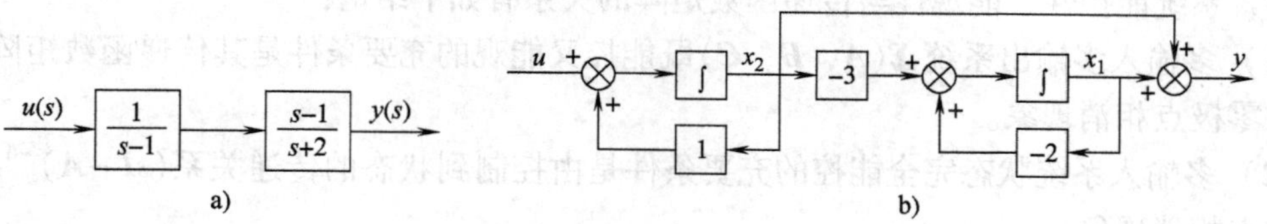


图 4-15　例 4-29 的另一种系统结构图及状态变量图

a）系统结构图　b）状态变量图

$$\begin{cases}\dot{\boldsymbol{x}}=\begin{bmatrix}-2 & -3\\ 0 & 1\end{bmatrix}\boldsymbol{x}+\begin{bmatrix}0\\1\end{bmatrix}u\\ y=[1\quad 1]\boldsymbol{x}\end{cases}$$

考察系统从状态到输出的传递关系：

$$\boldsymbol{c}(s\boldsymbol{I}-\boldsymbol{A})^{-1}=[1\quad 1]\begin{bmatrix}s+2 & 3\\ 0 & s-1\end{bmatrix}^{-1}=\frac{1}{(s-1)(s+2)}[1\quad 1]\begin{bmatrix}s-1 & -3\\ 0 & s+2\end{bmatrix}=\frac{1}{(s-1)(s+2)}[s-1\quad s-1]$$

存在零极点相消，系统不能观。从图 4-15a 可看出，相消的极点因子（$s-1$）在前，零点因子（$s-1$）在后，该零点阻断了相消极点所对应的状态变量 $x_2$ 与输出的联系，使系统表现为状态不完全能观。

通过上面的讨论可以得出值得注意的几点：

1）一个系统的传递函数如果存在零极点相消现象，则视状态变量的选取不同，系统可以是不能控或不能观的，还可以是既不能控又不能观的。

2）基于传递函数零极点相消的控制系统设计方法破坏了系统状态的能控性、能观性。相消的不能控部分在一些情况下会影响系统的性能指标，甚至引起系统不稳定，而不能观部分会影响系统状态量的重构。所以，不能随意采用这种设计方法。

## 二、多输入多输出系统

对于多输入多输出线性定常系统 $\boldsymbol{\Sigma}(\boldsymbol{A},\ \boldsymbol{B},\ \boldsymbol{C})$ 传递函数矩阵 $\boldsymbol{G}(s)$，如果将其分母多项式的根称为极点，分子多项式矩阵的最大公因式的根称为零点，那么，通过零极点相消来判断其能控、能观性较复杂，因为传递函数矩阵没有零极点相消现象只是系统最小实现的充分条件而非充要条件。下面结合传递函数矩阵的最小多项式表示形式，不加证明地给出多输入多输出系统能控性、能观性与传递函数矩阵关系的一些结论。

考察多输入多输出线性定常系统 $\boldsymbol{\Sigma}(\boldsymbol{A},\ \boldsymbol{B},\ \boldsymbol{C})$ 的传递函数矩阵

$$\boldsymbol{G}(s)=\boldsymbol{C}(s\boldsymbol{I}-\boldsymbol{A})^{-1}\boldsymbol{B}\tag{4-211}$$

其中预解矩阵 $(s\boldsymbol{I}-\boldsymbol{A})^{-1}$ 可表示为

$$(s\boldsymbol{I}-\boldsymbol{A})^{-1}=\frac{\mathrm{adj}(s\boldsymbol{I}-\boldsymbol{A})}{\det(s\boldsymbol{I}-\boldsymbol{A})}\tag{4-212}$$

根据预解矩阵是否存在分子、分母可以相消的公因子，分为两种情况进行讨论。

1. 不存在可以相消公因子的情况　这时，系统传递函数矩阵可表示为

$$\boldsymbol{G}(s)=\frac{\boldsymbol{C}\mathrm{adj}(s\boldsymbol{I}-\boldsymbol{A})\boldsymbol{B}}{\det(s\boldsymbol{I}-\boldsymbol{A})} \tag{4-213}$$

它已经是传递函数矩阵最小多项式表示形式，分母多项式就是特征多项式，阶次为 $n$。这种情况下，系统能控性、能观性与传递函数矩阵的关系有如下结论：

（1）多输入多输出系统 $\boldsymbol{\Sigma}(\boldsymbol{A},\ \boldsymbol{B},\ \boldsymbol{C})$ 既能控又能观的充要条件是其传递函数矩阵 $\boldsymbol{G}(s)$ 不存在零极点相消现象。

（2）多输入系统状态完全能控的充要条件是由控制到状态的传递关系 $(s\boldsymbol{I}-\boldsymbol{A})^{-1}\boldsymbol{B}$ 不存在零极点相消现象。

（3）多输出系统状态完全能观的充要条件是由状态到输出的传递关系 $\boldsymbol{C}(s\boldsymbol{I}-\boldsymbol{A})^{-1}$ 不存在零极点相消现象。

2. 存在可以相消公因子的情况　这时，预解矩阵 $(s\boldsymbol{I}-\boldsymbol{A})^{-1}$ 表示为

$$(s\boldsymbol{I}-\boldsymbol{A})^{-1}=\frac{\mathrm{adj}(s\boldsymbol{I}-\boldsymbol{A})}{\det(s\boldsymbol{I}-\boldsymbol{A})}=\frac{\boldsymbol{P}(s)}{\varphi(s)} \tag{4-214}$$

式中，$l$ 阶多项式 $\varphi(s)$ 为 $n$ 阶特征多项式 $\det(s\boldsymbol{I}-\boldsymbol{A})$ 与伴随矩阵 $\mathrm{adj}(s\boldsymbol{I}-\boldsymbol{A})$ 消去公因子后的部分，称为矩阵 $\boldsymbol{A}$ 的最小多项式，有 $l<n$；$\boldsymbol{P}(s)$ 为伴随矩阵 $\mathrm{adj}(s\boldsymbol{I}-\boldsymbol{A})$ 消去公因子后的 $n\times n$ 阶多项式矩阵。

于是，系统传递函数矩阵可表示为

$$\boldsymbol{G}(s)=\boldsymbol{C}(s\boldsymbol{I}-\boldsymbol{A})^{-1}\boldsymbol{B}=\frac{\boldsymbol{C}\boldsymbol{P}(s)\boldsymbol{B}}{\varphi(s)} \tag{4-215}$$

它是传递函数矩阵的最小多项式表示形式，分母多项式阶次为 $l<n$。这种情况下，系统能控性、能观性与传递函数矩阵的关系有如下结论：

（1）多输入多输出系统 $\boldsymbol{\Sigma}(\boldsymbol{A},\ \boldsymbol{B},\ \boldsymbol{C})$ 既能控又能观的必要条件是其传递函数矩阵最小多项式表示形式 $\dfrac{\boldsymbol{C}\boldsymbol{P}(s)\boldsymbol{B}}{\varphi(s)}$ 不存在零极点相消现象。

（2）多输入系统状态完全能控的必要条件是由控制到状态的传递关系最小多项式表示形式 $\dfrac{\boldsymbol{P}(s)\boldsymbol{B}}{\varphi(s)}$ 不存在零极点相消现象。

（3）多输出系统状态完全能观的必要条件是由状态到输出的传递关系最小多项式表示形式 $\dfrac{\boldsymbol{C}\boldsymbol{P}(s)}{\varphi(s)}$ 不存在零极点相消现象。

这些结论只能在有零极点相消时判定系统的不能控或（和）不能观，而不能因为不存在零极点相消现象就判定系统的能控或（和）能观。这是预解矩阵存在可以相消公因子情况时通过零极点相消现象判别系统能控、能观性的局限性。

一种类似但可以克服上述局限性的系统能控、能观性判别结论是：

（1）多输入线性定常系统状态完全能控的充要条件是由控制到状态的传递关系最小多项式表示形式 $\dfrac{\boldsymbol{P}(s)\boldsymbol{B}}{\varphi(s)}$ 的 $n$ 个行向量线性无关。

（2）多输出线性定常系统状态完全能观的充要条件是由状态到输出的传递关系最小多

项式表示形式$\dfrac{\boldsymbol{CP}(s)}{\varphi(s)}$的 $n$ 个列向量线性无关。

上述结论可以从系统能控性的基本判据（$\boldsymbol{\Phi}(t_0,t)\boldsymbol{B}(t)$的 $n$ 个行向量线性无关）和能观性的基本判据（$\boldsymbol{C}(t)\boldsymbol{\Phi}(t,t_0)$的 $n$ 个列向量线性无关）应用到线性定常系统中得出。由于是充要条件，所以给判定带来方便。实际上，这两个判别结论不仅仅针对预解矩阵存在可以相消公因子的情况，而是适用于所有的线性定常系统，这时不再强调预解矩阵的$\dfrac{\boldsymbol{P}(s)}{\varphi(s)}$表示形式。

**例 4-30**　已知线性定常系统

$$\begin{cases}\dot{\boldsymbol{x}}=\begin{bmatrix}-2 & 0\\0 & -1\end{bmatrix}\boldsymbol{x}+\begin{bmatrix}1 & 0\\0 & 1\end{bmatrix}\boldsymbol{u}\\ \boldsymbol{y}=\begin{bmatrix}1 & 0\\0 & 1\end{bmatrix}\boldsymbol{x}\end{cases}$$

试分析该系统的能控、能观性。

**解**　先求出预解矩阵为

$$(s\boldsymbol{I}-\boldsymbol{A})^{-1}=\frac{\mathrm{adj}(s\boldsymbol{I}-\boldsymbol{A})}{\det(s\boldsymbol{I}-\boldsymbol{A})}=\frac{1}{(s+2)(s+1)}\begin{bmatrix}s+1 & 0\\0 & s+2\end{bmatrix}$$

预解矩阵为不存在可以相消公因子的情况。

这时由于 $\boldsymbol{C}$ 矩阵、$\boldsymbol{B}$ 矩阵都是单位阵，系统传递函数矩阵 $\boldsymbol{G}(s)$、由控制到状态的传递关系$(s\boldsymbol{I}-\boldsymbol{A})^{-1}\boldsymbol{B}$、由状态到输出的传递关系 $\boldsymbol{C}(s\boldsymbol{I}-\boldsymbol{A})^{-1}$都等于预解矩阵$(s\boldsymbol{I}-\boldsymbol{A})^{-1}$，不存在零极点相消现象，根据上面结论，系统应是既能控又能观的。

实际上，该系统由对角线规范型的能控、能观性判据马上就能判定系统是既能控又能观的。

**例 4-31**　已知线性定常系统

$$\begin{cases}\dot{\boldsymbol{x}}=\begin{bmatrix}1 & 3 & 2\\0 & 4 & 2\\0 & 0 & 1\end{bmatrix}\boldsymbol{x}+\begin{bmatrix}0 & 1\\0 & 0\\1 & 0\end{bmatrix}\boldsymbol{u}\\ \boldsymbol{y}=\begin{bmatrix}1 & 0 & 0\\0 & 0 & 1\end{bmatrix}\boldsymbol{x}\end{cases}$$

试分析系统的能控性、能观性。

**解**　先求出预解矩阵为

$$(s\boldsymbol{I}-\boldsymbol{A})^{-1}=\begin{bmatrix}s-1 & -3 & -2\\0 & s-4 & -2\\0 & 0 & s-1\end{bmatrix}^{-1}=\frac{1}{(s-4)(s-1)^2}\begin{bmatrix}(s-4)(s-1) & 3(s-1) & 2(s-1)\\0 & (s-1)^2 & 2(s-1)\\0 & 0 & (s-1)(s-4)\end{bmatrix}$$

$$=\frac{1}{(s-4)(s-1)}\begin{bmatrix}s-4 & 3 & 2\\0 & s-1 & 2\\0 & 0 & s-4\end{bmatrix}=\frac{\boldsymbol{P}(s)}{\varphi(s)}$$

预解矩阵存在相消的公因子（$s-1$）。传递函数矩阵的最小多项式表示形式为

$$G(s)=\frac{\boldsymbol{CP}(s)\boldsymbol{B}}{\varphi(s)}=\frac{1}{(s-4)(s-1)}\begin{bmatrix}1&0&0\\0&0&1\end{bmatrix}\begin{bmatrix}s-4&3&2\\0&s-1&2\\0&0&s-4\end{bmatrix}\begin{bmatrix}0&1\\0&0\\1&0\end{bmatrix}$$

$$=\frac{1}{(s-4)(s-1)}\begin{bmatrix}2&s-4\\s-4&0\end{bmatrix}$$

由控制到状态的传递关系最小多项式表示形式为

$$\frac{\boldsymbol{P}(s)\boldsymbol{B}}{\varphi(s)}=\frac{1}{(s-4)(s-1)}\begin{bmatrix}s-4&3&2\\0&s-1&2\\0&0&s-4\end{bmatrix}\begin{bmatrix}0&1\\0&0\\1&0\end{bmatrix}=\frac{1}{(s-4)(s-1)}\begin{bmatrix}2&s-4\\2&0\\s-4&0\end{bmatrix}$$

由状态到输出的传递关系最小多项式表示形式为

$$\frac{\boldsymbol{CP}(s)}{\varphi(s)}=\frac{1}{(s-4)(s-1)}\begin{bmatrix}1&0&0\\0&0&1\end{bmatrix}\begin{bmatrix}s-4&3&2\\0&s-1&2\\0&0&s-4\end{bmatrix}=\frac{1}{(s-4)(s-1)}\begin{bmatrix}s-4&3&2\\0&0&s-4\end{bmatrix}$$

都不再存在零极点相消现象，但并不能得出关于系统能控性、能观性的结论。

由$\dfrac{\boldsymbol{P}(s)\boldsymbol{B}}{\varphi(s)}$的三个行向量线性无关和$\dfrac{\boldsymbol{CP}(s)}{\varphi(s)}$的 3 个列向量线性无关可以判定系统是状态完全能控、完全能观的。

### 三、能控、能观系统外部稳定性与内部稳定性的等价

第三章中提到系统的外部稳定性和内部稳定性在一定的条件下是等价的，对于线性定常系统，这个条件就是系统必须既能控又能观。下面仅就单输入单输出系统来解释这一结论。由李雅普诺夫第一法知道，线性定常连续系统平衡状态 $\boldsymbol{x}_e=0$ 为渐近稳定的充要条件是系统矩阵 $\boldsymbol{A}$ 的所有特征值都具有负实部，而系统外部稳定性又可等价地由系统传递函数的极点是否全部位于左半 $s$ 开平面来判定。由上面的讨论可知，线性定常系统传递函数的全部极点都包含在 $\boldsymbol{A}$ 的特征值中，所以系统的内部稳定性包含了系统的外部稳定性，即如果一个线性定常系统在平衡状态是渐近稳定的，则它也必是 BIBO 稳定的。

由于传递函数会出现零极点相消现象，因此传递函数的全部极点有时并不等价于系统矩阵 $\boldsymbol{A}$ 的所有特征值，这时，系统的外部稳定性也就有可能不等价于系统的内部稳定性了。因为这时传递函数只反映了既能控又能观子系统，系统的外部稳定性也只反映了既能控又能观子系统的稳定性，即如果一个线性定常系统是 BIBO 稳定的，只能保证既能控又能观子系统在平衡状态是渐近稳定的，而不能保证系统中其他部分在平衡状态的渐近稳定性。所以，系统的外部稳定不能保证系统的内部稳定。

当线性定常系统既能控又能观时，传递函数不会出现零极点相消现象，传递函数的全部极点等价于系统矩阵 $\boldsymbol{A}$ 的所有特征值。这时，如果系统在平衡状态是渐近稳定的，则它也必是 BIBO 稳定的，反之，如果系统是 BIBO 稳定的，则它在平衡状态也必是渐近稳定的。系统的外部稳定性完全等价于系统的内部稳定性。

## 第八节　应用 Matlab 的系统能控性、能观性分析

系统能控性、能观性分析主要涉及矩阵的运算及矩阵秩的求解等，Matlab 的控制系统工

具箱提供了一系列相关的函数，可方便地实现对线性连续系统和线性离散系统的能控性、能观性分析的计算。

## 一、系统能控性、能观性判别

1. 基于秩判据的 **Matlab** 判别　根据秩判据，线性定常连续系统或线性定常离散系统（系统矩阵 $\boldsymbol{G}$ 非奇异）能控的充要条件是它们的能控性矩阵满秩，线性定常连续系统或线性定常离散系统能观的充要条件是它们的能观性矩阵满秩。Matlab 提供了根据系统状态空间表达式直接生成能控性矩阵与能观性矩阵的函数 ctrb( ) 和 obsv( )，它们的调用格式分别为

$$\boldsymbol{Q}_c = \mathrm{ctrb}(\boldsymbol{A},\ \boldsymbol{B})$$

和

$$\boldsymbol{Q}_o = \mathrm{obsv}(\boldsymbol{A},\ \boldsymbol{C})$$

其中，$\boldsymbol{A}$、$\boldsymbol{B}$、$\boldsymbol{C}$ 分别为线性定常连续系统的系统矩阵、输入矩阵和输出矩阵。对于线性定常离散系统，它们对应了系统矩阵 $\boldsymbol{G}$、输入矩阵 $\boldsymbol{H}$ 和输出矩阵 $\boldsymbol{C}$，函数调用返回能控性矩阵 $\boldsymbol{Q}_c$ 和能观性矩阵 $\boldsymbol{Q}_o$。

Matlab 还提供了计算矩阵秩的函数 rank( )，其调用格式是

$$n = \mathrm{rank}(\boldsymbol{Q})$$

其中，$\boldsymbol{Q}$ 为被要求求秩的矩阵，返回值 $n$ 为矩阵 $\boldsymbol{Q}$ 的秩。

根据以上函数就可方便地应用秩判据实现系统的能控性、能观性分析。

**例 4-32**　应用 Matlab 判别如下线性定常连续系统的能控性和能观性

$$\begin{cases} \dot{\boldsymbol{x}} = \begin{bmatrix} 1 & 3 & 2 \\ 0 & 4 & 2 \\ 0 & 0 & 1 \end{bmatrix}\boldsymbol{x} + \begin{bmatrix} 0 & 1 \\ 0 & 0 \\ 1 & 0 \end{bmatrix}\boldsymbol{u} \\ \boldsymbol{y} = \begin{bmatrix} 1 & 0 & 0 \\ 0 & 0 & 1 \end{bmatrix}\boldsymbol{x} \end{cases}$$

**解**　利用上面介绍的 Matlab 函数可编程如下：

```
>> A = [1, 3, 2; 0, 4, 2; 0, 0, 1];
>> B = [0, 1; 0, 0; 1, 0];
>> C = [1, 0, 0; 0, 0, 1];
>> Qc = ctrb (A, B);
>> Qo = obsv (A, C);
>> nc = rank (Qc)
>> no = rank (Qo)
```

程序运行结果为

```
nc =
      3
no =
      3
```

表明系统能控性矩阵和能观性矩阵的秩均为 3（满秩），所以所讨论的线性定常连续系统是既能控又能观的。

**例 4-33**　应用 Matlab 判别如下线性定常离散系统的能控性和能观性

$$\begin{cases} \boldsymbol{x}(k+1)=\begin{bmatrix} 1 & 0 & 0 \\ 0 & 2 & -2 \\ -1 & 1 & 0 \end{bmatrix}\boldsymbol{x}(k)+\begin{bmatrix} 1 \\ 2 \\ 1 \end{bmatrix}u(k) \\ y(k)=\begin{bmatrix} 1 & 1 & 1 \end{bmatrix}\boldsymbol{x}(k) \end{cases}$$

**解**　由于线性定常离散系统能控性的秩判据要求系统矩阵 $\boldsymbol{G}$ 非奇异，因此，必须先判别 $\boldsymbol{G}$ 的非奇异性，最简单的方法是通过求 $\boldsymbol{G}$ 的秩来判定，可编程如下：

```
>> G = [1, 0, 0; 0, 2, -2; -1, 1, 0];
>> n = rank (G)
```

程序运行结果为

```
n =
     3
```

表明矩阵 $\boldsymbol{G}$ 满秩，即非奇异。然后利用上面介绍的 Matlab 函数可编程如下：

```
>> G = [1, 0, 0; 0, 2, -2; -1, 1, 0];
>> H = [1; 2; 1];
>> C = [1, 1, 1];
>> Qc = ctrb (G, H);
>> Qo = obsv (G, C);
>> nc = rank (Qc)
>> no = rank (Qo)
```

程序运行结果为

```
nc =
     1
no =
     3
```

表明系统能控性矩阵的秩为 1（不满秩），能观性矩阵的秩均为 3（满秩），所以所讨论的线性定常离散系统是不能控但能观的。

2. 基于格拉姆矩阵判据的 **Matlab** 判别　根据格拉姆矩阵判据，线性定常系统状态完全能控的充要条件是能控性格拉姆矩阵非奇异（对于线性定常离散系统有系统矩阵 $\boldsymbol{G}$ 非奇异的要求），系统状态完全能观的充要条件是能观性格拉姆矩阵非奇异。Matlab 提供了生成连续系统能控性、能观性格拉姆矩阵的函数 gram( ) 和生成离散系统能控性、能观性格拉姆矩阵的函数 dgram( )，它们的调用格式分别为

$$W=\mathrm{gram}(sys,'type')$$

和

$$W=\mathrm{dgram}(sys,'type')$$

其中，*sys* 为所研究的状态空间模型 $\boldsymbol{\Sigma}(\boldsymbol{A},\ \boldsymbol{B},\ \boldsymbol{C},\ \boldsymbol{D})$ 或 $\boldsymbol{\Sigma}(\boldsymbol{G},\ \boldsymbol{H},\ \boldsymbol{C},\ \boldsymbol{D})$；*type* 表示所求格拉姆矩阵的类型，'c' 为能控性矩阵，'o' 为能观性矩阵。函数调用返回所求的格拉姆矩阵。

由于格拉姆矩阵的生成是通过求解李雅普诺夫方程而实现的，所以这里有对系统稳定的要求。

**例 4-34**　应用 Matlab 判别如下线性定常系统的能控性和能观性：

$$\begin{cases}\dot{\boldsymbol{x}}=\begin{bmatrix}1 & -3.5 & 4.5\\ 2 & -4.5 & 4.5\\ -1 & 1.5 & -2.5\end{bmatrix}\boldsymbol{x}+\begin{bmatrix}-0.5\\ -0.5\\ -0.5\end{bmatrix}u\\ y=\begin{bmatrix}1 & 0 & 1\end{bmatrix}\boldsymbol{x}\end{cases}$$

**解**　第三章已判定上面系统在平衡点是渐近稳定的，利用上面介绍的 Matlab 函数可编程如下：

```
>> A = [1, -3.5, 4.5; 2, -4.5, 4.5; -1, 1.5, -2.5];
>> B = [ -0.5; -0.5; -0.5];
>> C = [1, 0, 1];
>> D = [0];
>> sys = ss (A, B, C, D);
>> Qc = gram (sys,'c');
>> nc = rank (Qc);
>> Qo = gram (sys,'o');
>> no = rank (Qo);
```

程序运行结果为

```
nc =
      2
no =
      3
```

表明系统能控性格拉姆矩阵不满秩，能观性格拉姆矩阵满秩，即能控性格拉姆矩阵为奇异，能观性格拉姆矩阵非奇异，所以所讨论的线性定常系统是不能控但能观的。

## 二、线性系统的结构分解

1. 按能控性分解　对于一个状态不完全能控的系统，可以通过非奇异变换实现按能控性分解，显式地表示出能控子系统和不能控子系统两部分。Matlab 提供了按能控性实现分解的函数 ctrbf( )，其调用格式为

$$[\boldsymbol{A}\mathrm{c},\boldsymbol{B}\mathrm{c},\boldsymbol{C}\mathrm{c},\boldsymbol{T}\mathrm{c}]=\mathrm{ctrbf}(\boldsymbol{A},\boldsymbol{B},\boldsymbol{C})$$

其中，$\boldsymbol{A}$、$\boldsymbol{B}$、$\boldsymbol{C}$ 为需要分解的线性系统状态空间模型的各相关矩阵，函数调用返回按能控性分解之后的状态空间模型的各相关矩阵 $\boldsymbol{A}$c、$\boldsymbol{B}$c、$\boldsymbol{C}$c，同时还返回实现非奇异变换 $\bar{\boldsymbol{x}}=\boldsymbol{T}_{\mathrm{c}}\boldsymbol{x}$ 的变换矩阵 $\boldsymbol{T}$c，它对应了第六节中通过非奇异变换 $\boldsymbol{x}=\boldsymbol{P}\bar{\boldsymbol{x}}$ 实现按能控性分解的 $\boldsymbol{P}$ 矩阵的逆阵 $\boldsymbol{P}^{-1}$。

**例 4-35**　应用 Matlab 将例 4-27 中的系统实现按能控性分解。

**解**　例 2-27 所讨论的系统为

$$\begin{cases}\dot{x}=\begin{bmatrix}1 & 2 & -1\\ 0 & 1 & 0\\ 1 & -4 & 3\end{bmatrix}x+\begin{bmatrix}0\\ 0\\ 1\end{bmatrix}u\\ y=\begin{bmatrix}1 & -1 & 1\end{bmatrix}x\end{cases}$$

已经判别该系统状态不完全能控。利用上面介绍的 Matlab 函数可编制按能控性分解的程序如下：

```
>> A = [1, 2, -1; 0, 1, 0; 1, -4, 3];
>> B = [0; 0; 1];
>> C = [1, -1, 1];
>> [Ac, Bc, Cc, Tc] =ctrbf (A, B, C)
```

程序运行结果为

```
Ac =
     1     0     0
    -2     1    -1
     4     1     3
Bc =
     0
     0
    -1
Cc =
    -1    -1    -1
Tc =
     0     1     0
    -1     0     0
     0     0    -1
```

即分解后的系统状态空间表达式为

$$\begin{cases}\dot{\bar{x}}=\begin{bmatrix}\dot{\bar{x}}_{\bar{c}}\\ \dot{\bar{x}}_{c}\end{bmatrix}=\left[\begin{array}{c|cc}1 & 0 & 0\\ \hline -2 & 1 & -1\\ 4 & 1 & 3\end{array}\right]\begin{bmatrix}\bar{x}_{\bar{c}}\\ \bar{x}_{c}\end{bmatrix}+\begin{bmatrix}0\\ 0\\ -1\end{bmatrix}u\\ y=\left[\begin{array}{c|cc}-1 & -1 & -1\end{array}\right]\begin{bmatrix}\bar{x}_{\bar{c}}\\ \bar{x}_{c}\end{bmatrix}\end{cases}$$

与例 4-27 的结果相比，能控子系统与不能控子系统的次序发生了变化，这是由 ctrbf( ) 函数的计算规则决定的。另外，分解后各子系统的各个相关矩阵也与例 4-27 的结果不同，这是由变换矩阵的不唯一性造成的。

2. 按能观性分解　类似地，对于一个状态不完全能观的系统，也可以通过非奇异变换实现按能观性分解，显式地表示出能观子系统和不能观子系统两部分。Matlab 提供了按能观性实现分解的函数 obsvf( )，其调用格式为

$$[\boldsymbol{A}o,\ \boldsymbol{B}o,\ \boldsymbol{C}o,\ \boldsymbol{T}o] = \mathrm{obsvf}\ (\boldsymbol{A},\ \boldsymbol{B},\ \boldsymbol{C})$$

其中，$\boldsymbol{A}$、$\boldsymbol{B}$、$\boldsymbol{C}$ 为需要分解的线性系统状态空间模型的各相关矩阵，函数调用返回按能观性分解之后的状态空间模型的各相关矩阵 $\boldsymbol{A}$o、$\boldsymbol{B}$o、$\boldsymbol{C}$o，同时还返回实现非奇异变换 $\bar{\boldsymbol{x}}=\boldsymbol{T}_o\boldsymbol{x}$ 的变换矩阵 $\boldsymbol{T}$o，它同样对应了第六节中通过非奇异变换 $\boldsymbol{x}=\boldsymbol{P}\bar{\boldsymbol{x}}$ 实现按能控性分解的 $\boldsymbol{P}$ 矩阵的逆阵 $\boldsymbol{P}^{-1}$。

**例 4-36**　应用 Matlab 将例 4－28 中的系统实现按能观性分解。

**解**　例 2-28 所讨论的系统为

$$\begin{cases}\dot{\boldsymbol{x}}=\begin{bmatrix}1&2&-1\\0&1&0\\1&-4&3\end{bmatrix}\boldsymbol{x}+\begin{bmatrix}0\\0\\1\end{bmatrix}u\\ y=[1\quad -1\quad 1]\boldsymbol{x}\end{cases}$$

已经判别该系统状态不完全能观。利用上面介绍的 Matlab 函数可编制按能控性分解的程序如下：

```
>> A = [1, 2, -1; 0, 1, 0; 1, -4, 3];
>> B = [0; 0; 1];
>> C = [1, -1, 1];
>> [Ao, Bo, Co, To] =obsvf (A, B, C)
```

程序运行结果为

```
Ao =
    2.0000    -2.3094    4.0825
    0.0000     0.6667    0.9428
    0.0000    -0.4714    2.3333
Bo =
   -0.7071
   -0.4082
   -0.5774
Co =
         0    0.0000    -1.7321
To =
    0.7071    0.0000    -0.7071
   -0.4082   -0.8165    -0.4082
   -0.5774    0.5774    -0.5774
```

即分解后的系统状态空间表达式为

$$\begin{cases}\dot{\bar{\boldsymbol{x}}}=\begin{bmatrix}\dot{\bar{\boldsymbol{x}}}_{\bar{o}}\\ \cdots\\ \dot{\bar{\boldsymbol{x}}}_{o}\end{bmatrix}=\left[\begin{array}{c:cc}2.00&-2.31&4.08\\ \hline 0&0.67&0.94\\0&-0.47&2.33\end{array}\right]\begin{bmatrix}\bar{\boldsymbol{x}}_{\bar{o}}\\ \cdots\\ \bar{\boldsymbol{x}}_{o}\end{bmatrix}+\begin{bmatrix}-0.71\\ \hline -0.41\\-0.58\end{bmatrix}u\\ y=[0\ \vdots\ 0\quad -1.73]\begin{bmatrix}\bar{\boldsymbol{x}}_{\bar{o}}\\ \cdots\\ \bar{\boldsymbol{x}}_{o}\end{bmatrix}\end{cases}$$

与例 4-28 的结果相比，能观子系统与不能观子系统的次序发生了变化。另外，由于变换矩阵的不唯一性，分解后各子系统的各个相关矩阵也与例4-28的结果不同。

## 本章要点

(1) 系统的能控性和能观性是线性系统的结构特性，它们分别揭示了线性系统的控制量对状态量的支配能力和输出量对状态量的测辨能力，是系统实现状态反馈控制或进行状态观测的前提。

(2) 本章介绍了一系列关于系统能控性、能观性的判据，针对不同的系统可应用不同的判据。对于线性定常系统，最经常用的是代数判据（秩判据）。

(3) 满足互为对偶系统条件的两个系统的能控性、能观性互为对偶关系，对偶性原理给研究系统的能控、能观性带来很大方便，可以通过讨论系统 $\boldsymbol{\Sigma}_1$ 的能控性（能观性）来研究系统 $\boldsymbol{\Sigma}_2$ 的能观性（能控性），或者相反。

(4) 系统状态空间表达式的能控规范型和能观规范型是显式反映系统完全能控和完全能观特性的规范形式，它们在控制器和观测器的综合中具有重要应用。它们可以通过对一般状态空间表达式的非奇异变换得出，多输入多输出系统的能控规范型和能观规范型在形式上和构造方法上都比较复杂，常用的有采用"列向搜索"的旺纳姆规范型和采用"行向搜索"的龙伯格规范型。

(5) 能控（能观）状态充斥整个状态空间的系统是能控（能观）系统，但一个不能控（不能观）的系统包含了能控（能观）和不能控（不能观）两部分，线性系统的结构分解能显式地把这些部分分开表示，从而更深刻地揭示系统的结构特性。线性系统的结构分解是通过合适的非奇异变换实现的。

(6) 线性系统结构的规范分解表明，系统的输入—输出表达形式（如传递函数矩阵）只是对系统中既能控又能观部分的描述，是一种不完全的系统描述形式，而状态空间表达形式包括了系统中的所有部分，是一种完全的系统描述形式。

## 思考题

1. 状态能控、能观与系统能控、能观的概念是否一致？为什么经典控制理论不讨论能控、能观问题？

2. 状态变量能控、能观与状态能控、能观有什么区别和联系？

3. 线性时变系统的能控、能观性概念与定常系统有什么不同？为什么线性时变连续系统要强调 $t_0$ 时刻的能控、能观性？

4. 线性定常系统的能控、能观性判据有哪些？它们各有什么特点？

5. 如何理解线性系统能控性和能观性的对偶关系？

6. 如何理解非奇异变换下系统能控性、能观性的不变性？这与第一章中一个系统可以有能控规范型实现或能观规范型实现是否矛盾？

7. 如何理解"状态空间描述是系统的完整描述，而传递函数描述不一定是系统的完整描述"这句话？一般情况下，能否采用零极点相消的方法综合系统？为什么？

8. 如何理解"可以有无穷多个状态空间表达式对应一个给定的传递函数矩阵，而且它们的维数可以是不相同的"这句话？什么是系统的最小实现？如何判别一个实现是最小实现？

## 练习题

1. 判断下列系统的状态能控性：

(1) $\dot{\boldsymbol{x}} = \begin{bmatrix} 1 & 0 \\ -1 & 0 \end{bmatrix}\boldsymbol{x} + \begin{bmatrix} 1 \\ 0 \end{bmatrix}u$　　(2) $\dot{\boldsymbol{x}} = \begin{bmatrix} 0 & 1 & 0 \\ 0 & 0 & 1 \\ -2 & -4 & -3 \end{bmatrix}\boldsymbol{x} + \begin{bmatrix} 1 & 0 \\ 0 & 1 \\ -1 & 1 \end{bmatrix}\boldsymbol{u}$

（3）$\dot{x}=\begin{bmatrix}\lambda & 1 & 0 & 0\\0 & \lambda & 0 & 0\\0 & 0 & \lambda & 0\\0 & 0 & 0 & \lambda\end{bmatrix}x+\begin{bmatrix}0\\1\\1\\1\end{bmatrix}u$

2. 判断下列系统的输出能控性：

（1）$\begin{cases}\dot{\boldsymbol{x}}=\begin{bmatrix}-3 & 1 & 0\\0 & -3 & 0\\0 & 0 & -1\end{bmatrix}\boldsymbol{x}+\begin{bmatrix}1 & -1\\0 & 0\\2 & 0\end{bmatrix}\boldsymbol{u}\\ \boldsymbol{y}=\begin{bmatrix}1 & 0 & 1\\-1 & 1 & 0\end{bmatrix}\boldsymbol{x}\end{cases}$

（2）$\begin{cases}\dot{\boldsymbol{x}}=\begin{bmatrix}0 & 1 & 0\\0 & 0 & 1\\-6 & -11 & -6\end{bmatrix}\boldsymbol{x}+\begin{bmatrix}0\\0\\1\end{bmatrix}u\\ y=[1 \quad 0 \quad 0]\boldsymbol{x}\end{cases}$

3. 判别下列系统的能控性：

（1）$\dot{\boldsymbol{x}}=\begin{bmatrix}0 & 1 & 0\\0 & 0 & 1\\-2 & -4 & -6\end{bmatrix}\boldsymbol{x}+\begin{bmatrix}1\\0\\1\end{bmatrix}u$　（2）$\dot{\boldsymbol{x}}=\begin{bmatrix}3 & 0 & 0 & 0\\0 & 2 & 0 & 0\\0 & 0 & 5 & 1\\0 & 0 & 0 & 5\end{bmatrix}\boldsymbol{x}+\begin{bmatrix}1 & 0\\0 & 2\\0 & 0\\1 & 0\end{bmatrix}\boldsymbol{u}$

（3）$\dot{\boldsymbol{x}}=\begin{bmatrix}6 & 1 & 0 & 0\\0 & 6 & 0 & 0\\0 & 0 & 6 & 1\\0 & 0 & 0 & 6\end{bmatrix}\boldsymbol{x}+\begin{bmatrix}0 & 0\\1 & 2\\0 & 0\\2 & 1\end{bmatrix}\boldsymbol{u}$

4. 判别下列线性时变连续系统的能控性：

（1）$\dot{\boldsymbol{x}}=\begin{bmatrix}0 & 1\\0 & t\end{bmatrix}\boldsymbol{x}+\begin{bmatrix}0\\1\end{bmatrix}u \quad (t\geqslant 0)$

（2）$\dot{\boldsymbol{x}}=\begin{bmatrix}0 & 0\\0 & 1\end{bmatrix}\boldsymbol{x}+\begin{bmatrix}1\\e^{-2t}\end{bmatrix}u \quad (t\geqslant 0)$

5. 给定系统

$$\dot{\boldsymbol{x}}=\begin{bmatrix}a & 1\\-1 & b\end{bmatrix}\boldsymbol{x}+\begin{bmatrix}b\\-1\end{bmatrix}u$$

求系统状态完全能控时，系数 $a$ 和 $b$ 的关系。

6. 给定系统

$$\begin{cases}\dot{\boldsymbol{x}}=\begin{bmatrix}a & 1\\0 & b\end{bmatrix}\boldsymbol{x}+\begin{bmatrix}1\\1\end{bmatrix}u\\ y=[1 \quad -1]\boldsymbol{x}\end{cases}$$

求系统状态完全能控和能观时，参数 $a$ 和 $b$ 之值。

7. 给定系统有关的参数矩阵为

$$\boldsymbol{A}=\begin{bmatrix}1 & 0 & -1\\0 & 1 & 0\\0 & 0 & 2\end{bmatrix},\ \boldsymbol{b}=\begin{bmatrix}a\\b\\c\end{bmatrix}$$

试证明无论参数 $a$，$b$ 和 $c$ 如何取值，系统都不是状态完全能控的。

8. 一个运行在赤道上空的人造地球卫星的数学模型为

$$\begin{cases}\dot{\boldsymbol{x}}=\begin{bmatrix}0&1&0&0\\3\omega^2&0&0&2\omega\\0&0&0&1\\0&-2\omega&0&0\end{bmatrix}\boldsymbol{x}+\begin{bmatrix}0&0\\1&0\\0&0\\0&1\end{bmatrix}\boldsymbol{u}\\ \boldsymbol{y}=\begin{bmatrix}1&0&0&0\\0&0&1&0\end{bmatrix}\boldsymbol{x}\end{cases}$$

式中，$\omega$ 为卫星绕地球转动的角速度；$\boldsymbol{x}$ 为系统状态向量，$\boldsymbol{x}=\begin{bmatrix}r\\\dot{r}\\\theta\\\dot{\theta}\end{bmatrix}$（$r$ 为卫星与地球间的距离，$\theta$ 为卫星在赤道平面上绕地球的旋转角度）；$\boldsymbol{u}$ 为系统的输入向量，$\boldsymbol{u}=\begin{bmatrix}u_r\\u_\theta\end{bmatrix}$（$u_r$ 和 $u_\theta$ 分别为卫星的径向和切向推力）。

试研究卫星在径向和切向推力同时存在以及径向推力、切向推力失效时的能控性。

9. 判断下列系统的能观性：

(1) $\begin{cases}\dot{\boldsymbol{x}}=\begin{bmatrix}0&1&0\\0&0&1\\-2&-4&-3\end{bmatrix}\boldsymbol{x}\\ y=[1\quad 4\quad 2]\boldsymbol{x}\end{cases}$　　(2) $\begin{cases}\dot{\boldsymbol{x}}=\begin{bmatrix}-4&0&0\\0&-4&0\\0&0&1\end{bmatrix}\boldsymbol{x}\\ y=[1\quad 1\quad 4]\boldsymbol{x}\end{cases}$

(3) $\begin{cases}\dot{\boldsymbol{x}}=\begin{bmatrix}0&1&0\\0&0&1\\-2&-4&-3\end{bmatrix}\boldsymbol{x}\\ \boldsymbol{y}=\begin{bmatrix}0&0&-1\\1&2&1\end{bmatrix}\boldsymbol{x}\end{cases}$　　(4) $\begin{cases}\dot{\boldsymbol{x}}=\begin{bmatrix}-3&1&0\\0&-3&0\\0&0&-3\end{bmatrix}\boldsymbol{x}\\ \boldsymbol{y}=\begin{bmatrix}1&0&4\\2&0&8\end{bmatrix}\boldsymbol{x}\end{cases}$

(5) $\begin{cases}\dot{\boldsymbol{x}}=\begin{bmatrix}1&3&2\\1&4&6\\2&1&7\end{bmatrix}\boldsymbol{x}\\ \boldsymbol{y}=\begin{bmatrix}1&0&0\\2&1&0\end{bmatrix}\boldsymbol{x}\end{cases}$

10. 判断下列线性定常离散系统的能控性和能观性：

(1) $\begin{cases}\boldsymbol{x}(k+1)=\begin{bmatrix}1&3\\2&1\end{bmatrix}\boldsymbol{x}(k)+\begin{bmatrix}1\\0\end{bmatrix}u(k)\\ y(k)=[0\quad 1]\boldsymbol{x}(k)\end{cases}$

(2) $\begin{cases}\boldsymbol{x}(k+1)=\begin{bmatrix}2&0&0\\-1&-2&0\\0&1&2\end{bmatrix}\boldsymbol{x}(k)+\begin{bmatrix}0\\0\\1\end{bmatrix}u(k)\\ \boldsymbol{y}(k)=\begin{bmatrix}1&0&1\\0&1&0\end{bmatrix}\boldsymbol{x}(k)\end{cases}$

(3) $\begin{cases}\boldsymbol{x}(k+1)=\begin{bmatrix}1&2&3\\1&4&6\\2&1&7\end{bmatrix}\boldsymbol{x}(k)+\begin{bmatrix}1&9\\0&0\\2&0\end{bmatrix}\boldsymbol{u}(k)\\ \boldsymbol{y}(k)=\begin{bmatrix}1&0&0\\2&1&0\end{bmatrix}\boldsymbol{x}(k)\end{cases}$

11. 线性定常连续系统的状态空间表达式为

$$\begin{cases}\begin{bmatrix}\dot{x}_1\\ \dot{x}_2\end{bmatrix}=\begin{bmatrix}0 & 1\\ -\omega^2 & 0\end{bmatrix}\begin{bmatrix}x_1\\ x_2\end{bmatrix}+\begin{bmatrix}0\\ 1\end{bmatrix}u\\ y=[1\quad 0]\begin{bmatrix}x_1\\ x_2\end{bmatrix}\end{cases}$$

（1）求出采样周期为 $T$ 的离散化系统的状态空间表达式。

（2）试确定使离散化系统能控、能观的采样周期 $T$ 值。

12. 给定连续系统的参数矩阵为

$$\boldsymbol{A}=\begin{bmatrix}0 & \pi\\ -\pi & 0\end{bmatrix},\ \boldsymbol{b}=\begin{bmatrix}0\\ 1\end{bmatrix},\ \boldsymbol{c}=[1\quad 2]$$

（1）判断系统的能控性、能观性、输出能控性。

（2）以采样周期 $T=1$ 将系统离散化，并判断离散化系统的能控性、能观性、输出能控性。

（3）以采样周期 $T=2$ 将系统离散化，并判断离散化系统的能控性、能观性、输出能控性。

13. 判断下列系统的能控性，若完全能控则将系统化为能控规范型；若不完全能控则将系统按能控性分解。

（1）$\boldsymbol{A}=\begin{bmatrix}-1 & 0\\ 0 & -2\end{bmatrix},\ \boldsymbol{b}=\begin{bmatrix}1\\ 1\end{bmatrix},\ \boldsymbol{c}=[0\quad 1]$　（2）$\boldsymbol{A}=\begin{bmatrix}-1 & 0\\ 1 & -2\end{bmatrix},\ \boldsymbol{b}=\begin{bmatrix}1\\ 1\end{bmatrix},\ \boldsymbol{c}=[0\quad 1]$

（3）$\boldsymbol{A}=\begin{bmatrix}1 & 0 & 0\\ 2 & 2 & 3\\ -1 & 0 & 1\end{bmatrix},\ \boldsymbol{b}=\begin{bmatrix}1\\ 2\\ -2\end{bmatrix},\ \boldsymbol{c}=[0\quad 1\quad 0]$

（4）$\boldsymbol{A}=\begin{bmatrix}2 & 0 & 0\\ 0 & 4 & 1\\ 0 & 0 & 4\end{bmatrix},\ \boldsymbol{b}=\begin{bmatrix}1\\ 0\\ 1\end{bmatrix},\ \boldsymbol{c}=[1\quad 1\quad 0]$

14. 判断下列系统的能观性，若完全能观则将系统化为能观规范型；若不完全能观，则将系统按能观性分解。

（1）$\boldsymbol{A}=\begin{bmatrix}1 & 0\\ -2 & 4\end{bmatrix},\ \boldsymbol{b}=\begin{bmatrix}1\\ 1\end{bmatrix},\ \boldsymbol{c}=[-1\quad 1]$　（2）$\boldsymbol{A}=\begin{bmatrix}-2 & 2\\ 0 & 24\end{bmatrix},\ \boldsymbol{b}=\begin{bmatrix}1\\ 0\end{bmatrix},\ \boldsymbol{c}=[1\quad 1]$

（3）$\boldsymbol{A}=\begin{bmatrix}1 & 2 & 0\\ 3 & -1 & 1\\ 0 & 2 & 0\end{bmatrix},\ \boldsymbol{b}=\begin{bmatrix}2\\ 1\\ 2\end{bmatrix},\ \boldsymbol{c}=[0\quad 0\quad 1]$

（4）$\boldsymbol{A}=\begin{bmatrix}-1 & 0 & 0\\ 0 & -2 & 0\\ 0 & 0 & -3\end{bmatrix},\ \boldsymbol{b}=\begin{bmatrix}2\\ 3\\ 4\end{bmatrix},\ \boldsymbol{c}=[1\quad -1\quad 2]$

15. 给定完全能控的线性定常系统状态方程为

$$\dot{\boldsymbol{x}}=\begin{bmatrix}1 & 0 & 1\\ 0 & 1 & 0\\ 1 & 1 & 0\end{bmatrix}\boldsymbol{x}+\begin{bmatrix}1 & 0\\ 0 & 1\\ 1 & 0\end{bmatrix}\boldsymbol{u}$$

试将它化为旺纳姆能控规范型和龙伯格能控规范型。

16. 将下面给定系统进行非奇异变换

$$\begin{cases}\begin{bmatrix}\dot{x}_1\\ \dot{x}_2\\ \dot{x}_3\end{bmatrix}=\begin{bmatrix}1&0&0\\2&2&3\\-2&0&1\end{bmatrix}\begin{bmatrix}x_1\\x_2\\x_3\end{bmatrix}+\begin{bmatrix}1\\2\\-2\end{bmatrix}u\\ y=\begin{bmatrix}1&1&2\end{bmatrix}\begin{bmatrix}x_1\\x_2\\x_3\end{bmatrix}\end{cases}$$

(1) 找出既能控又能观的分状态向量 $\boldsymbol{x}_{co}$，表示为 $x_1$、$x_2$ 和 $x_3$ 的组合形式。

(2) 找出不能控但能观的分状态向量 $\boldsymbol{x}_{\bar{c}o}$，表示为 $x_1$、$x_2$ 和 $x_3$ 的组合形式。

17. 给定系统有关的参数矩阵为

$$\boldsymbol{A}=\begin{bmatrix}-1&0&0&0\\2&-3&0&0\\1&0&-2&0\\4&-1&2&-4\end{bmatrix},\ \boldsymbol{b}=\begin{bmatrix}0\\0\\1\\2\end{bmatrix},\ \boldsymbol{c}=\begin{bmatrix}3&0&1&0\end{bmatrix}$$

(1) 分别找出属于能控能观、能控不能观、不能控但能观、不能控又不能观部分的状态分向量。

(2) 写出系统的传递函数。

18. 设系统的传递函数为

$$G(s)=\frac{s+a}{s^3+7s^2+14s+8}$$

(1) $a$ 取什么值时，系统状态不是既能控又能观的？

(2) 取 $a=1$，试选择一组状态变量将系统状态空间描述表示成能控但不能观的。

(3) 同样取 $a=1$，试选择一组状态变量将系统状态空间描述表示成不能控但能观的。

19. 设系统的传递函数为

$$G(s)=\frac{s^2+as+b}{s^3+7s^2+14s+8},\ a<b$$

(1) $a$、$b$ 为何值时 $G(s)$ 既能控又能观的实现阶次最低？试给出一个这样的实现。

(2) $b=6$ 时 $G(s)$ 最小实现的阶数 $n$ 是多少？写出这时 $G(s)$ 的所有能控的 $n$ 阶能观标准型实现。

20. 给定系统的传递函数矩阵为

$$\boldsymbol{G}(s)=\begin{bmatrix}\dfrac{s+2}{(s+1)^2}&\dfrac{1}{s+2}\\ \dfrac{1}{s+2}&\dfrac{1}{(s+1)(s+2)}\end{bmatrix}$$

(1) 写出其能控性实现。

(2) 写出其可观性实现。

(3) 写出其最小实现。

21. 设线性定常系统的状态空间描述为

$$\begin{cases}\dot{\boldsymbol{x}}=\begin{bmatrix}-1&0&0&0\\0&-2&0&0\\0&0&-3&0\\0&0&0&-4\end{bmatrix}\boldsymbol{x}+\begin{bmatrix}1\\0\\1\\0\end{bmatrix}u\\ y=\begin{bmatrix}0&0&2&1\end{bmatrix}\boldsymbol{x}\end{cases}$$

(1) 写出系统的规范分解表达式。

(2) 写出系统的不可约简传递函数。

## 上机练习题

1. 应用 Matlab 完成练习题 1。
2. 应用 Matlab 完成练习题 9。
3. 给定线性定常系统的状态空间表达式为

$$\begin{cases}\begin{bmatrix}\dot{x}_1\\ \dot{x}_2\end{bmatrix}=\begin{bmatrix}1 & 0\\ 0 & -2.5\end{bmatrix}\begin{bmatrix}x_1\\ x_2\end{bmatrix}+\begin{bmatrix}1\\ 0\end{bmatrix}u\\ y=\begin{bmatrix}1 & 0\end{bmatrix}\begin{bmatrix}x_1\\ x_2\end{bmatrix}\end{cases}$$

试应用 Matlab 分析系统的能控性和能观性。

4. 给定线性定常系统的状态空间表达式为

$$\begin{cases}\dot{\boldsymbol{x}}=\begin{bmatrix}4 & 1 & 0 & 0\\ 0 & 4 & 1 & 0\\ 0 & 0 & 4 & 1\\ 0 & 0 & 0 & 4\end{bmatrix}\boldsymbol{x}+\begin{bmatrix}0 & 0\\ 1 & 2\\ 0 & 0\\ 2 & 1\end{bmatrix}\boldsymbol{u}\\ \boldsymbol{y}=\begin{bmatrix}1 & 0 & 2 & 0\\ 2 & 0 & 4 & 2\end{bmatrix}\boldsymbol{x}\end{cases}$$

试应用 Matlab 分析系统的能控性和能观性。

5. 应用 Matlab 完成练习题 10。
6. 给定线性定常系统的状态空间表达式为

$$\begin{cases}\dot{\boldsymbol{x}}=\begin{bmatrix}-5.7208 & 7.7362 & -3.0010 & 20.000\\ -0.7203 & -0.7270 & 0.4378 & 4.2001\\ -0.0492 & -1.1425 & 0.6429 & -7.7928\\ -1.3766 & -1.1387 & 1.0971 & -7.3219\end{bmatrix}\boldsymbol{x}+\begin{bmatrix}1.0\\ 0.7\\ 0.1\\ 0.3\end{bmatrix}u\\ y=\begin{bmatrix}0 & 0 & 9 & -3\end{bmatrix}\boldsymbol{x}\end{cases}$$

能否应用格拉姆矩阵判据判别系统的能控能观性？若能，试应用 Matlab 通过格拉姆矩阵判别系统的能控性和能观性；若不能，则应用 Matlab 通过其他判别办法判别系统的能控性和能观性。

7. 给定线性定常离散系统的状态空间表达式为

$$\begin{cases}\boldsymbol{x}(k+1)=\begin{bmatrix}1 & 2 & 3\\ 1 & 4 & 6\\ 2 & 1 & 7\end{bmatrix}\boldsymbol{x}(k)+\begin{bmatrix}1 & 9\\ 0 & 0\\ 2 & 0\end{bmatrix}\boldsymbol{u}(k)\\ \boldsymbol{y}(k)=\begin{bmatrix}1 & 0 & 0\\ 2 & 1 & 0\end{bmatrix}\boldsymbol{x}(k)\end{cases}$$

能否应用格拉姆矩阵判据判别系统的能控能观性？若能，试应用 Matlab 通过格拉姆矩阵判别系统的能控性和能观性；若不能，则应用 Matlab 通过其他判别办法判别系统的能控性和能观性。

8. 给定线性定常系统的状态空间表达式为

$$\begin{cases}\dot{\boldsymbol{x}}=\begin{bmatrix}2 & 0 & 0\\ -1 & -2 & 0\\ 0 & 1 & 2\end{bmatrix}\boldsymbol{x}+\begin{bmatrix}0\\ 0\\ 1\end{bmatrix}u\\ \boldsymbol{y}=\begin{bmatrix}1 & 0 & 1\\ 0 & 1 & 0\end{bmatrix}\boldsymbol{x}\end{cases}$$

试应用 Matlab 分析系统的能控性和能观性。

9. 给定线性定常系统的状态空间表达式为

$$\begin{cases}\dot{\boldsymbol{x}}=\begin{bmatrix}-2 & 2 & -1\\ 0 & -2 & 0\\ 1 & -4 & 0\end{bmatrix}\boldsymbol{x}+\begin{bmatrix}0\\0\\1\end{bmatrix}u\\ y=\begin{bmatrix}1 & -1 & 1\end{bmatrix}\boldsymbol{x}\end{cases}$$

试应用 Matlab 分析系统的能控性，如系统不能控则将系统按能控性分解。

10. 给定线性定常系统的状态空间表达式为

$$\begin{cases}\dot{\boldsymbol{x}}=\begin{bmatrix}1 & 2 & -1\\ 0 & 1 & 0\\ 1 & -4 & 3\end{bmatrix}\boldsymbol{x}+\begin{bmatrix}0\\0\\1\end{bmatrix}u\\ y=\begin{bmatrix}1 & -1 & 1\end{bmatrix}\boldsymbol{x}\end{cases}$$

试应用 Matlab 分析系统的能观性，如系统不能观则将系统按能观性分解。

# 第五章　线性反馈控制系统的综合

系统的综合（或设计）是系统分析的逆命题。在前面的系统分析中，所面对的是已知系统的结构（包括系统的参数）及对系统施加的控制作用，所研究的是系统的定性行为（如系统的稳定性、能控性、能观性等）和定量的变化规律（如系统的状态运动轨迹、输出响应等）。而系统的综合（或设计）问题是在给定被控对象的情况下，根据对系统运动形式或性能指标的具体要求，研究如何通过确定系统的控制规律（包括确定控制器的结构及参数，或者确定施加于系统的控制作用等），来满足系统所预期的运动形式或性能指标要求。

一般地说，系统的综合和设计存在概念上的区别。系统综合主要考虑在工程可实现或可行的前提下确定控制规律，主要是原理性的；系统设计还必须考虑控制规律的实际物理实现问题，如控制器实际电路的选择，元器件参数及规格的选用等。这里主要讨论系统的综合问题。

由于反馈控制在抗扰动和抗参数变动等方面较无反馈控制具有明显的优势，所以这里主要介绍利用反馈控制的系统综合问题。

系统的综合问题中所要求的运动形式或性能指标一般可分为非优化型和优化型两种。对于非优化型性能指标，可以有很多提法，例如：

1）以一组期望的闭环系统极点作为目标，相应的综合问题称为极点配置问题。

2）以系统在平衡点渐近稳定作为目标，相应的综合问题称为镇定问题。

3）以使系统的输出无静差地跟踪外部给定信号作为性能指标，相应的综合问题称为渐近跟踪问题。

4）以使一个多输入多输出（MIMO）系统变成为“一个输入量只控制一个输出量，一个输出量只受一个输入量的控制”作为目标，相应的综合问题称为解耦控制问题。

所谓优化型性能指标，就是使得描述系统性能或品质的某些“指标”在一定意义下达到最优值，如最小时间控制使达到既定目标所花的时间最少，最少能耗控制使完成既定任务所消耗的能量最少等。系统综合的任务就是确定控制量，使对应的性能指标最优。

本章内容分别讨论系统的这些综合问题，而且给定的被控对象主要针对线性定常系统。

在系统综合中，除了为了满足系统所预期的性能指标确定系统的控制规律外，还有一些为了控制系统的工程实现而提出的问题，主要有

（1）状态反馈的实现问题。在现代控制理论框架下，几乎所有的系统综合问题都离不开状态反馈控制，但是往往很难在实际上通过直接测量获取系统的全部状态变量，从而形成了状态反馈的必要与实现困难之间的矛盾。通过状态观测器实现对状态的重构，是解决这一矛盾的重要方法。

（2）外部扰动影响的抑制问题。外部扰动信号对系统性能的影响是控制系统实际运行面临的重要问题，在跟踪系统中，扰动将对控制系统的跟踪精度产生直接的影响。因此如何

有效地抑制外部扰动信号对系统性能的影响，提高控制系统的控制精度是系统综合必须要考虑的问题。

（3）系统模型的不准确和系统参数的摄动问题。系统综合是在被控对象精确的数学模型的基础上进行的，但是在建模过程中不可避免的简化处理及环境变化等因素引起的模型参数的摄动，会使被控对象的数学模型与实际系统存在一定的差别，按此模型综合得到的系统控制作用有可能达不到预期的控制性能指标，严重的还会导致系统不能正常运行。通常，通过控制系统的鲁棒性分析及设计来解决这类问题。

# 第一节 状态反馈控制系统

状态反馈是以系统的状态量为反馈量的一种反馈控制形式，它是现代控制理论中最基本的控制形式，这种控制形式具有一系列优点。

## 一、状态反馈控制系统的构成

考虑被控对象（或开环系统）$\boldsymbol{\Sigma}_0(\boldsymbol{A},\boldsymbol{B},\boldsymbol{C})$为

$$\begin{cases}\dot{\boldsymbol{x}}=\boldsymbol{A}\boldsymbol{x}+\boldsymbol{B}\boldsymbol{u}\\ \boldsymbol{y}=\boldsymbol{C}\boldsymbol{x}\end{cases} \tag{5-1}$$

式中，$\boldsymbol{x}$为$n$维状态向量；$\boldsymbol{u}$为$p$维输入（控制）向量；$\boldsymbol{y}$为$q$维输出向量；$\boldsymbol{A}$为$n\times n$维系统矩阵；$\boldsymbol{B}$为$n\times p$维输入矩阵；$\boldsymbol{C}$为$q\times n$维输出矩阵。

取系统的控制量为

$$\boldsymbol{u}=-\boldsymbol{K}\boldsymbol{x}+\boldsymbol{v} \tag{5-2}$$

式中，$\boldsymbol{K}$为$p\times n$维状态反馈矩阵，它将$n$维状态向量$\boldsymbol{x}$负反馈至$p$维输入向量$\boldsymbol{u}$处；$\boldsymbol{v}$是$p$维参考输入向量。

当$\boldsymbol{v}=0$，系统属克服初始状态影响的调节问题；当$\boldsymbol{v}$为常值向量时，系统属恒值控制问题；当$\boldsymbol{v}$为时间函数向量时，系统属跟踪问题。状态反馈控制系统的结构如图 5-1 所示。

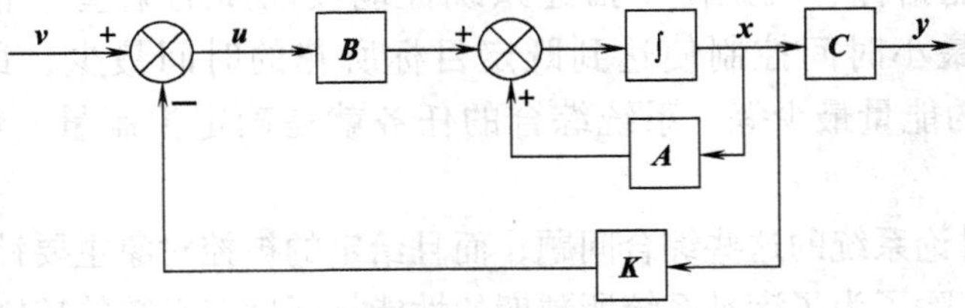


图 5-1 状态反馈控制系统的结构

将式（5-1）的控制量$\boldsymbol{u}$用式（5-2）代入，即得采用状态反馈控制后的闭环系统的状态空间表达式为

$$\begin{cases}\dot{\boldsymbol{x}}=(\boldsymbol{A}-\boldsymbol{B}\boldsymbol{K})\boldsymbol{x}+\boldsymbol{B}\boldsymbol{v}\\ \boldsymbol{y}=\boldsymbol{C}\boldsymbol{x}\end{cases} \tag{5-3}$$

其中，系统矩阵由开环系统的$\boldsymbol{A}$变为$(\boldsymbol{A}-\boldsymbol{B}\boldsymbol{K})$，状态反馈控制不改变系统的阶次，状态变

量个数不变，闭环系统记作 $\boldsymbol{\Sigma}_k$（$\boldsymbol{A}-\boldsymbol{BK}$，$\boldsymbol{B}$，$\boldsymbol{C}$）。根据第二章关于状态运动模态的讨论，系统状态的运动形式（进而通过输出方程得出的系统输出量的运动形式）是由系统的极点位置决定的，当系统矩阵由开环系统的 $\boldsymbol{A}$ 变为闭环系统的（$\boldsymbol{A}-\boldsymbol{BK}$）时，反馈矩阵 $\boldsymbol{K}$ 的选取将影响系统极点的分布，从而影响系统状态的运动形式，这就是状态反馈控制的基本原理。

一个控制性能优良的闭环系统应该是所有极点可以任意配置的，因为这样才能使系统的状态运动按设计者的意愿进行。为此，需要研究如下两个问题：

1）满足什么样条件的系统才能通过状态反馈控制实现系统极点的任意配置？

2）怎样实现系统极点的配置？

## 二、状态反馈控制系统极点任意配置的条件

对于线性定常系统 $\boldsymbol{\Sigma}_0(\boldsymbol{A},\boldsymbol{B},\boldsymbol{C})$，可通过状态反馈控制实现极点任意配置的条件有如下结论（极点配置定理）：线性定常系统可通过状态反馈控制实现全部 $n$ 个极点任意配置的充要条件是被控系统 $\boldsymbol{\Sigma}_0(\boldsymbol{A},\boldsymbol{B},\boldsymbol{C})$ 状态完全能控。

为使该结论的证明过程简化，下面仅就单输入单输出的情况进行讨论，而多输入多输出情况下的证明过程也类似。

对于单输入单输出线性定常系统 $\boldsymbol{\Sigma}_0(\boldsymbol{A},\boldsymbol{b},\boldsymbol{c})$，$p\times n$ 维状态反馈矩阵退化为 $1\times n$ 维行向量。上述结论的必要性采用反证法证明。反设系统 $\boldsymbol{\Sigma}_0(\boldsymbol{A},\boldsymbol{b},\boldsymbol{c})$ 不能控，则由第四章关于系统分解的论述，该系统必能通过非奇异变换 $\boldsymbol{x}=\boldsymbol{P}\bar{\boldsymbol{x}}$ 进行按能控性分解，在新状态空间中状态空间表达式为

$$\begin{cases}\dot{\bar{\boldsymbol{x}}}=\begin{bmatrix}\dot{\bar{\boldsymbol{x}}}_c\\ \dot{\bar{\boldsymbol{x}}}_{\bar{c}}\end{bmatrix}=\begin{bmatrix}\bar{\boldsymbol{A}}_c & \bar{\boldsymbol{A}}_{12}\\ 0 & \bar{\boldsymbol{A}}_{\bar{c}}\end{bmatrix}\begin{bmatrix}\bar{\boldsymbol{x}}_c\\ \bar{\boldsymbol{x}}_{\bar{c}}\end{bmatrix}+\begin{bmatrix}\bar{\boldsymbol{b}}_c\\ 0\end{bmatrix}u\\ y=\begin{bmatrix}\bar{\boldsymbol{c}}_c & \bar{\boldsymbol{c}}_{\bar{c}}\end{bmatrix}\begin{bmatrix}\bar{\boldsymbol{x}}_c\\ \bar{\boldsymbol{x}}_{\bar{c}}\end{bmatrix}\end{cases}\tag{5-4}$$

引入状态反馈

$$u=-\boldsymbol{kx}+v=-\boldsymbol{kp}\bar{\boldsymbol{x}}+v=-\begin{bmatrix}\bar{\boldsymbol{k}}_1 & \bar{\boldsymbol{k}}_2\end{bmatrix}\begin{bmatrix}\bar{\boldsymbol{x}}_c\\ \bar{\boldsymbol{x}}_{\bar{c}}\end{bmatrix}+v\tag{5-5}$$

式中，$[\bar{\boldsymbol{k}}_1\quad\bar{\boldsymbol{k}}_2]$ 表示新状态空间中的反馈行向量，$[\bar{\boldsymbol{k}}_1\quad\bar{\boldsymbol{k}}_2]=\boldsymbol{kp}=[\boldsymbol{k}_1\boldsymbol{p}\quad\boldsymbol{k}_2\boldsymbol{p}]$。

将式（5-5）代入式（5-4）得闭环系统的系统矩阵为

$$\bar{\boldsymbol{A}}-\bar{\boldsymbol{b}}\bar{\boldsymbol{k}}=\begin{bmatrix}\bar{\boldsymbol{A}}_c & \bar{\boldsymbol{A}}_{12}\\ 0 & \bar{\boldsymbol{A}}_{\bar{c}}\end{bmatrix}-\begin{bmatrix}\bar{\boldsymbol{b}}_c\\ 0\end{bmatrix}\begin{bmatrix}\bar{\boldsymbol{k}}_1 & \bar{\boldsymbol{k}}_2\end{bmatrix}=\begin{bmatrix}\bar{\boldsymbol{A}}_c-\bar{\boldsymbol{b}}_c\bar{\boldsymbol{k}}_1 & \bar{\boldsymbol{A}}_{12}-\bar{\boldsymbol{b}}_c\bar{\boldsymbol{k}}_2\\ 0 & \bar{\boldsymbol{A}}_{\bar{c}}\end{bmatrix}\tag{5-6}$$

相应的系统特征多项式为

$$\det\left[s\boldsymbol{I}-(\boldsymbol{A}-\boldsymbol{bk})\right]=\det\left[s\boldsymbol{I}-(\bar{\boldsymbol{A}}-\bar{\boldsymbol{b}}\bar{\boldsymbol{k}})\right]$$

$$=\det\begin{bmatrix}s\boldsymbol{I}-\bar{\boldsymbol{A}}_c+\bar{\boldsymbol{b}}_c\bar{\boldsymbol{k}}_1 & -\bar{\boldsymbol{A}}_{12}+\bar{\boldsymbol{b}}_c\bar{\boldsymbol{k}}_2\\ 0 & s\boldsymbol{I}-\bar{\boldsymbol{A}}_{\bar{c}}\end{bmatrix}=\det\left(s\boldsymbol{I}-\bar{\boldsymbol{A}}_c+\bar{\boldsymbol{b}}_c\bar{\boldsymbol{k}}_1\right)\cdot\det\left(s\boldsymbol{I}-\bar{\boldsymbol{A}}_{\bar{c}}\right)\tag{5-7}$$

表明状态反馈不能改变系统不能控部分的极点，即不能控的系统不能通过状态反馈任意

配置它的全部极点。或者说，系统要通过状态反馈配置其全部极点，它必须是状态完全能控的。

结论的充分性要证明一个状态完全能控的系统一定能通过状态反馈控制实现其极点的任意配置。为此设系统 $\boldsymbol{\Sigma}_0(\boldsymbol{A},\ \boldsymbol{b},\ \boldsymbol{c})$ 能控，并且对于 $n$ 个任意指定的期望极点 $\lambda_i^*(i=1,2,\cdots,n)$，可以得到对应的闭环系统特征多项式

$$\varphi^*(s)=\prod_{i=1}^{n}(s-\lambda_i^*)=s^n+a_{n-1}^*s^{n-1}+\cdots+a_1^*s+a_0^* \tag{5-8}$$

而由第四章关于能控规范型的描述，该系统一定可通过非奇异变换 $\boldsymbol{x}=\boldsymbol{P}\bar{\boldsymbol{x}}$ 化为能控规范型，即在新状态空间中系统的状态方程为

$$\dot{\bar{\boldsymbol{x}}}=\bar{\boldsymbol{A}}\bar{\boldsymbol{x}}+\bar{\boldsymbol{b}}u=\begin{bmatrix}0 & 1 & & \\ & \ddots & \ddots & \\ & & \ddots & 1\\ -a_0 & -a_1 & \cdots & -a_{n-1}\end{bmatrix}\bar{\boldsymbol{x}}+\begin{bmatrix}0\\ \vdots\\ 0\\ 1\end{bmatrix}u \tag{5-9}$$

引入状态反馈

$$u=-\boldsymbol{k}\boldsymbol{x}+v=-\boldsymbol{k}\boldsymbol{P}\bar{\boldsymbol{x}}+v=-\bar{\boldsymbol{k}}\bar{\boldsymbol{x}}+v \tag{5-10}$$

设状态反馈行向量取值为

$$\bar{\boldsymbol{k}}=\boldsymbol{k}\boldsymbol{P}=[\bar{k}_0\bar{k}_1\ \ \cdots\ \ \bar{k}_{n-1}]=[a_0^*-a_0\ \ \ a_1^*-a_1\ \ \cdots\ \ a_{n-1}^*-a_{n-1}] \tag{5-11}$$

得闭环系统的状态方程为

$$\dot{\bar{\boldsymbol{x}}}=(\bar{\boldsymbol{A}}-\bar{\boldsymbol{b}}\bar{\boldsymbol{k}})\bar{\boldsymbol{x}}+\bar{\boldsymbol{b}}u$$

$$=\left(\begin{bmatrix}0 & 1 & & \\ & \ddots & \ddots & \\ & & \ddots & 1\\ -a_0 & -a_1 & \cdots & -a_{n-1}\end{bmatrix}-\begin{bmatrix}0\\ \vdots\\ 0\\ 1\end{bmatrix}[a_0^*-a_0\ \ \ a_1^*-a_1\ \ \cdots\ \ a_{n-1}^*-a_{n-1}]\right)\bar{\boldsymbol{x}}+\begin{bmatrix}0\\ \vdots\\ 0\\ 1\end{bmatrix}u \tag{5-12}$$

$$=\begin{bmatrix}0 & 1 & & \\ & \ddots & \ddots & \\ & & \ddots & 1\\ -a_0^* & -a_1^* & \cdots & -a_{n-1}^*\end{bmatrix}\bar{\boldsymbol{x}}+\begin{bmatrix}0\\ \vdots\\ 0\\ 1\end{bmatrix}u$$

对应的闭环系统特征多项式为

$$\begin{aligned}\det[s\boldsymbol{I}-(\boldsymbol{A}-\boldsymbol{b}\boldsymbol{k})]&=\det[s\boldsymbol{I}-(\bar{\boldsymbol{A}}-\bar{\boldsymbol{b}}\bar{\boldsymbol{k}})]\\ &=s^n+a_{n-1}^*s^{n-1}+\cdots+a_1^*s+a_0^*=\varphi^*(s)\end{aligned} \tag{5-13}$$

与任意指定的 $n$ 个期望极点 $\lambda_i^*(i=1,2,\cdots,n)$ 所对应的闭环系统特征多项式（5-8）一致，即按式（5-11）取状态反馈行向量总能使闭环系统的 $n$ 个极点位于任意指定的位置上。所以，只要开环系统 $\boldsymbol{\Sigma}_0(\boldsymbol{A},\ \boldsymbol{b},\ \boldsymbol{c})$ 能控，总存在状态反馈可以任意地配置闭环系统的全部极点。

## 三、单输入系统极点配置算法

单输入系统极点配置算法就是在给定被控对象 $\boldsymbol{\Sigma}_0(\boldsymbol{A},\boldsymbol{b},\boldsymbol{c})$ 和一组任意期望极点 $\lambda_i^*(i=$

$1,2,\cdots,n)$的情况下，求解使系统在状态反馈 $u=-\boldsymbol{kx}+v$ 作用下系统闭环极点位于期望极点的状态反馈行向量 $\boldsymbol{k}$。通常，有三种方法可以求得 $\boldsymbol{k}$。

1. 方法一　这是通过解联立方程求状态反馈矩阵各元素的方法，该方法比较直观，适合于被控对象 $\boldsymbol{\Sigma}_0(\boldsymbol{A},\boldsymbol{b},\boldsymbol{c})$ 阶次较低时的情况。其具体步骤是：

（1）判断被控对象 $\boldsymbol{\Sigma}_0(\boldsymbol{A},\boldsymbol{b},\boldsymbol{c})$ 的能控性，若能控，则往下进行，否则结束计算，因为不符合极点任意配置的条件。

（2）由给定的一组期望极点 $\lambda_i^*\ (i=1,2,\cdots,n)$，求得期望的特征多项式

$$\varphi^*(s)=\prod_{i=1}^{n}(s-\lambda_i^*)=s^n+a_{n-1}^*s^{n-1}+\cdots+a_1^*s+a_0^*$$

（3）由闭环系统动态方程写出闭环系统的特征多项式

$$\varphi(s)=\det\left[s\boldsymbol{I}-(\boldsymbol{A}-\boldsymbol{bk})\right]=\varphi(s,k_0,k_1,\cdots,k_{n-1})$$

由于状态反馈行向量 $\boldsymbol{k}=[k_0\quad k_1\quad\cdots\quad k_{n-1}]$是待求量，所以 $\varphi\ (s)$ 中包含了 $\boldsymbol{k}$ 的各元素。

（4）由 $\varphi(s)=\varphi^*(s)$，利用两个多项式对应系数相等，可以得到 $n$ 个联立的代数方程，并解得 $n$ 个待定量 $k_0$，$k_1$，…，$k_{n-1}$，即求得状态反馈行向量 $\boldsymbol{k}=[k_0\quad k_1\quad\cdots\quad k_{n-1}]$。

**例 5-1**　已知被控对象状态方程为

$$\dot{\boldsymbol{x}}=\begin{bmatrix}0&0&0\\1&-6&0\\0&1&-12\end{bmatrix}\boldsymbol{x}+\begin{bmatrix}1\\0\\0\end{bmatrix}u$$

求出使系统极点位于 $\lambda_1^*=-2,\lambda_{2,3}^*=-1\pm\mathrm{j}$ 的状态反馈行向量 $\boldsymbol{k}$。

**解**　（1）由系统的能控性矩阵

$$\mathrm{rank}\boldsymbol{Q}_\mathrm{c}=\mathrm{rank}[\boldsymbol{b}\ \boldsymbol{Ab}\ \boldsymbol{A}^2\boldsymbol{b}]=\mathrm{rank}\begin{bmatrix}1&0&0\\0&1&-6\\0&0&1\end{bmatrix}=3$$

可判定被控对象能控，可以通过状态反馈控制实现极点任意配置。

（2）由给定的期望极点求得期望的特征多项式为

$$\varphi^*(s)=\prod_{i=1}^{3}(s-\lambda_i^*)=(s+2)(s+1-\mathrm{j})(s+1+\mathrm{j})=s^3+4s^2+6s+4$$

（3）闭环系统的特征多项式为

$$\varphi(s)=\det\left[s\boldsymbol{I}-(\boldsymbol{A}-\boldsymbol{bk})\right]=\det\left(\begin{bmatrix}s&0&0\\0&s&0\\0&0&s\end{bmatrix}-\begin{bmatrix}0&0&0\\1&-6&0\\0&1&-12\end{bmatrix}+\begin{bmatrix}1\\0\\0\end{bmatrix}[k_0\ k_1\ k_2]\right)$$

$$=\det\begin{bmatrix}s+k_0&k_1&k_2\\-1&s+6&0\\0&-1&s+12\end{bmatrix}=s^3+(18+k_0)s^2+(72+18k_0+k_1)s+(72k_0+12k_1+k_2)$$

（4）由 $\varphi(s)=\varphi^*(s)$，有

$$s^3+(18+k_0)s^2+(72+18k_0+k_1)s+(72k_0+12k_1+k_2)=s^3+4s^2+6s+4$$

得联立方程

$$\begin{cases}18 + k_0 = 4\\72 + 18k_0 + k_1 = 6\\72k_0 + 12k_1 + k_2 = 4\end{cases}$$

解联立方程，得 $k_0 = -14$，$k_1 = 186$，$k_2 = -1220$，即状态反馈行向量

$$\boldsymbol{k} = [\,-14 \quad 186 \quad -1220\,]$$

可画出闭环系统的状态变量图如图 5-2 所示。

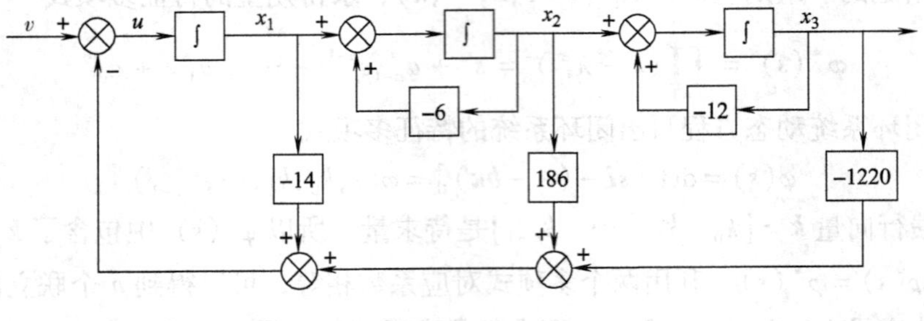


图 5-2　例 5-1 闭环系统的状态变量图

2. 方法二　由极点配置定理充分性的证明过程可知，对于单输入系统，先变换为能控规范型可以为求解状态反馈行向量 $\boldsymbol{k}$ 带来方便，其具体步骤是：

（1）同样要先判断被控对象 $\boldsymbol{\Sigma}_0(\boldsymbol{A},\ \boldsymbol{b},\ \boldsymbol{c})$ 的能控性，若能控，则往下进行，否则结束计算。

（2）求得开环系统的特征多项式

$$\det[s\boldsymbol{I} - \boldsymbol{A}] = s^n + a_{n-1}s^{n-1} + \cdots + a_1 s + a_0$$

（3）由给定的一组期望极点 $\lambda_i^*(i = 1,2,\cdots,n)$，求得期望的特征多项式

$$\varphi^*(s) = \prod_{i=1}^{n}(s - \lambda_i^*) = s^n + a_{n-1}^* s^{n-1} + \cdots + a_1^* s + a_0^*$$

（4）按式（5-11）求得被控对象具有能控规范形式的状态空间中的状态反馈行向量

$$\bar{\boldsymbol{k}} = [\bar{k}_0 \quad \bar{k}_1 \quad \cdots \quad \bar{k}_{n-1}] = [a_0^* - a_0 \quad a_1^* - a_1 \quad \cdots \quad a_{n-1}^* - a_{n-1}]$$

（5）求取将被控对象 $\boldsymbol{\Sigma}_0(\boldsymbol{A},\ \boldsymbol{b},\ \boldsymbol{c})$ 化为能控规范型 $\boldsymbol{\Sigma}_0(\bar{\boldsymbol{A}},\ \bar{\boldsymbol{b}},\ \bar{\boldsymbol{c}})$ 的变换矩阵 $\boldsymbol{P}$，它可以按式（4-114）求，也可以按式（4-125）和式（4-128）求得其逆 $\boldsymbol{P}^{-1}$。

（6）由 $\boldsymbol{k} = \bar{\boldsymbol{k}}P^{-1}$ 求得状态反馈行向量 $\boldsymbol{k}$。

对于例 5-1，用方法二求解的过程是：

（1）判别能控性。

（2）求得开环系统的特征多项式

$$\det(s\boldsymbol{I} - \boldsymbol{A}) = \det\begin{bmatrix} s & 0 & 0\\ -1 & s+6 & 0\\ 0 & -1 & s+12\end{bmatrix} = s^3 + 18s^2 + 72s$$

（3）期望的特征多项式已求，为

$$\varphi^*(s) = s^3 + 4s^2 + 6s + 4$$

（4）求得新状态空间中的状态反馈行向量为

$$\bar{k}=[\bar{k}_0\quad \bar{k}_1\quad \bar{k}_2]=[a_0^*-a_0\quad a_1^*-a_1\quad a_2^*-a_2]=[4-0\quad 6-72\quad 4-18]=[4\quad -66\quad -14]$$

（5）由式（4-114），变换矩阵为

$$P=[b\quad Ab\quad A^2b]\begin{bmatrix}a_1 & a_2 & 1\\ a_2 & 1 & 0\\ 1 & 0 & 0\end{bmatrix}=\begin{bmatrix}1 & 0 & 0\\ 0 & 1 & -6\\ 0 & 0 & 1\end{bmatrix}\begin{bmatrix}72 & 18 & 1\\ 18 & 1 & 0\\ 1 & 0 & 0\end{bmatrix}=\begin{bmatrix}72 & 18 & 1\\ 12 & 1 & 0\\ 1 & 0 & 0\end{bmatrix}$$

（6）求得状态反馈行向量为

$$k=\bar{k}P^{-1}=[4\quad -66\quad -14]\begin{bmatrix}72 & 18 & 1\\ 12 & 1 & 0\\ 1 & 0 & 0\end{bmatrix}^{-1}$$

$$=[4\quad -66\quad -14]\begin{bmatrix}0 & 0 & 1\\ 0 & 1 & -12\\ 1 & -18 & 144\end{bmatrix}=[-14\quad 186\quad -1220]$$

显然，与方法一求得的结果一样。

3. 方法三　由给定的一组期望极点 $\lambda_i^*\ (i=1,2,\cdots,n)$，可得期望的特征多项式

$$\varphi^*(s)=\prod_{i=1}^{n}(s-\lambda_i^*)=s^n+a_{n-1}^*s^{n-1}+\cdots+a_1^*s+a_0^* \tag{5-14}$$

再由前面讨论可知，闭环系统的系统矩阵为 $A_k=A-bk$，现构成 $A_k$ 的各次幂如下：

$$\begin{aligned}
&A_k^0=I\\
&A_k^1=A-bk\\
&A_k^2=(A-bk)(A-bk)=A^2-Abk-bkA_k\\
&A_k^3=(A-bk)(A^2-Abk-bkA_k)=A^3-A^2bk-AbkA_k-bkA_k^2\\
&\vdots\\
&A_k^n=A^n-A^{n-1}bk-A^{n-2}bkA_k-\cdots-bkA_k^{n-1}
\end{aligned} \tag{5-15}$$

将上述各式两边依次乘以式（5-14）中的对应系数 $a_i^*\ (i=0,1,\cdots,n-1,n)$，其中 $a_n^*=1$，则有

$$\begin{aligned}
&a_0^*A_k^0=a_0^*I\\
&a_1^*A_k^1=a_1^*A-a_1^*bk\\
&a_2^*A_k^2=a_2^*A^2-a_2^*Abk-a_2^*bkA_k\\
&a_3^*A_k^3=a_3^*A^3-a_3^*A^2bk-a_3^*AbkA_k-a_3^*bkA_k^2\\
&\vdots\\
&a_n^*A_k^n=A_k^n=A^n-A^{n-1}bk-A^{n-2}bkA_k-\cdots-bkA_k^{n-1}
\end{aligned}$$

再将上面各式的两边内容加到一起，可得

$$\varphi^*(A_k)=\varphi^*(A)-Q_cM \tag{5-16}$$

式中

$$\varphi^*(A_k)=(A_k)^n+a_{n-1}^*(A_k)^{n-1}+\cdots+a_1^*A_k+a_0^* \tag{5-17}$$

$$\varphi^*(A)=A^n+a_{n-1}^*A^{n-1}+\cdots+a_1^*A+a_0^* \tag{5-18}$$

$$Q_c=[b\quad Ab\quad A^2b\quad \cdots\quad A^{n-1}b] \tag{5-19}$$

$$M=\begin{bmatrix} kA_k^{n-1}+a_{n-1}^*kA_k^{n-2}+\cdots+a_1^*k \\ kA_k^{n-2}+a_{n-1}^*kA_k^{n-3}+\cdots+a_2^*k \\ kA_k^{n-3}+a_{n-1}^*kA_k^{n-4}+\cdots+a_3^*k \\ \vdots \\ kA_k+a_{n-1}^*k \\ k \end{bmatrix} \tag{5-20}$$

由凯莱—哈密顿定理，闭环系统矩阵 $A_k$ 应满足其闭环特征方程，即有 $\varphi^*(A_k)=0$。因此，由式（5-16）可得

$$M=Q_c^{-1}\varphi^*(A) \tag{5-21}$$

式中，$Q_c$ 为系统的能控性矩阵，$Q_c=[b \quad Ab \quad A^2b \quad \cdots \quad A^{n-1}b]$。

闭环极点可任意配置的前提条件是 $Q_c$ 非奇异，即其逆阵存在。又由式（5-20）可知，所要求解的状态反馈行向量 $k$ 是 $n\times n$ 维矩阵 $M$ 的最后一行，所以有

$$k=[0 \quad \cdots \quad 0 \quad 1]M=[0 \quad \cdots \quad 0 \quad 1]Q_c^{-1}\varphi^*(A) \tag{5-22}$$

如果记 $q_c$ 为系统能控性矩阵的逆阵的最后一行，即 $q_c=[0 \quad \cdots \quad 0 \quad 1]Q_c^{-1}$，并考虑式(5-18)，则式（5-22）又可写为

$$k=q_c\varphi^*(A)=\sum_{i=0}^{n}a_i^*q_cA^i \qquad (a_n^*=1) \tag{5-23}$$

式（5-22）或式（5-23）称为艾克曼（Ackermann）公式。显然，对于一个能控的系统 $\Sigma_0(A, b, c)$，一组期望的极点确定后（对应于 $\varphi^*(A_k)$ 或 $a_i^*(i=0,1,\cdots,n-1,n)$ 确定），就能利用艾克曼公式求得状态反馈行向量 $k$。其求解的步骤为：

（1）判别被控对象 $\Sigma_0(A,b,c)$ 的能控性，若能控，则往下进行。

（2）求出能控性矩阵 $Q_c$ 的逆阵 $Q_c^{-1}$，并取其最后一行 $q_c=[0 \quad \cdots \quad 0 \quad 1]Q_c^{-1}$。

（3）由给定的一组期望极点 $\lambda_i^*(i=1,2,\cdots,n)$，求得期望的闭环特征多项式

$$\varphi^*(s)=\prod_{i=1}^{n}(s-\lambda_i^*)=s^n+a_{n-1}^*s^{n-1}+\cdots+a_1^*s+a_0^*$$

（4）利用艾克曼公式（5-23）求得状态反馈行向量 $k$。

这种方法避免了方法一的求解联立方程，也避免了方法二的状态空间变换，当系统阶次较高时，节省了计算工作量。

对于例 5-1，用方法三求解的过程是：

（1）判别能控性。

（2）有 $Q_c=[b\ Ab\ A^2b]=\begin{bmatrix}1&0&0\\0&1&-6\\0&0&1\end{bmatrix}$，求得 $Q_c^{-1}=\begin{bmatrix}1&0&0\\0&1&-6\\0&0&1\end{bmatrix}^{-1}=\begin{bmatrix}1&0&0\\0&1&6\\0&0&1\end{bmatrix}$

取其最后一行 $q_c=[0 \quad 0 \quad 1]Q_c^{-1}=[0 \quad 0 \quad 1]$。

（3）由给定的期望极点求得期望的闭环特征多项式为

$$\varphi^*(s)=\prod_{i=1}^{3}(s-\lambda_i^*)=(s+2)(s+1-\mathrm{j})(s+1+\mathrm{j})=s^3+4s^2+6s+4$$

即有 $a_0^*=4$，$a_1^*=6$，$a_2^*=4$，$a_3^*=1$。

（4）利用艾克曼公式（5-23）求得状态反馈行向量 $\boldsymbol{k}$，即

$$\boldsymbol{k}=a_0^*\boldsymbol{q}_c\boldsymbol{A}^0+a_1^*\boldsymbol{q}_c\boldsymbol{A}^1+a_2^*\boldsymbol{q}_c\boldsymbol{A}^2+a_3^*\boldsymbol{q}_c\boldsymbol{A}^3$$

$$=4[0\quad 0\quad 1]+6[0\quad 0\quad 1]\begin{bmatrix}0&0&0\\1&-6&0\\0&1&-12\end{bmatrix}+4[0\quad 0\quad 1]\begin{bmatrix}0&0&0\\1&-6&0\\0&1&-12\end{bmatrix}^2+[0\quad 0\quad 1]\begin{bmatrix}0&0&0\\1&-6&0\\0&1&-12\end{bmatrix}^3$$

$$=[0\quad 0\quad 4]+[0\quad 6\quad -72]+[4\quad -72\quad 576]+[-18\quad 252\quad -1728]=[-14\quad 186\quad -1220]$$

得到与前面方法一样的结果。

## 四、多输入系统极点配置算法

相比于单输入系统，多输入系统的极点配置算法要复杂一些，主要原因是多输入系统的状态反馈矩阵 $\boldsymbol{K}$ 是 $p\times n$ 维矩阵，有 $p\times n$ 个元素可变，而系统只有 $n$ 个极点需配置（相当于闭环特征多项式只有 $n$ 个系数待调整），所以，一般状态反馈矩阵 $\boldsymbol{K}$ 不具唯一性。

这里介绍三种多输入系统的极点配置计算方法。

1. 化为单输入系统的极点配置算法　如果能控的多输入系统能够化为能控的单输入系统（即其中的一个输入量能够控制所有的状态变量），则可以利用单输入系统的极点配置算法进行极点配置。可以证明，当系统预解矩阵 $(s\boldsymbol{I}-\boldsymbol{A})^{-1}$ 不存在分子、分母可以相消的公因子时（等价于系统矩阵 $\boldsymbol{A}$ 的重特征值 $\lambda_j$ 的几何重数 $\gamma_j$ 为 1 或每个特征值仅对应 1 个约当块），能控的多输入系统能够化为能控的单输入系统。为此，能控的多输入系统的极点配置计算步骤为：

（1）判断系统矩阵 $\boldsymbol{A}$ 对应的预解矩阵 $(s\boldsymbol{I}-\boldsymbol{A})^{-1}$ 是否不存在分子、分母可以相消的公因子。若否，选取一个 $p\times n$ 维实常数矩阵 $\boldsymbol{K}_1$，令 $\overline{\boldsymbol{A}}=\boldsymbol{A}-\boldsymbol{B}\boldsymbol{K}_1$，则可以证明，$\overline{\boldsymbol{A}}$ 对应的预解矩阵 $(s\boldsymbol{I}-\overline{\boldsymbol{A}})^{-1}$ 必不存在分子、分母可以相消的公因子；若是，则 $\overline{\boldsymbol{A}}=\boldsymbol{A}$。

（2）选取 $p$ 维实数向量 $\boldsymbol{\rho}$，使所求得的 $\boldsymbol{b}=\boldsymbol{B}\boldsymbol{\rho}$ 有 $\{\overline{\boldsymbol{A}},\ \boldsymbol{b}\}$ 能控，$\{\overline{\boldsymbol{A}},\ \boldsymbol{b}\}$ 即为等价的单输入系统。

（3）利用前述关于单输入系统极点配置算法，求出 $n$ 维状态反馈行向量 $\boldsymbol{k}$。

（4）对于 $\overline{\boldsymbol{A}}=\boldsymbol{A}-\boldsymbol{B}\boldsymbol{K}_1$ 的情况，所求的状态反馈矩阵 $\boldsymbol{K}=\boldsymbol{\rho}\boldsymbol{k}+\boldsymbol{K}_1$；对于 $\overline{\boldsymbol{A}}=\boldsymbol{A}$ 的情况，所求的状态反馈矩阵 $\boldsymbol{K}=\boldsymbol{\rho}\boldsymbol{k}$。

**例 5-2**　设线性定常系统的状态方程为

$$\dot{\boldsymbol{x}}=\begin{bmatrix}1&1&0\\0&1&0\\0&0&1\end{bmatrix}\boldsymbol{x}+\begin{bmatrix}0&1\\1&0\\1&1\end{bmatrix}\boldsymbol{u}$$

用化为单输入系统的方法求状态反馈矩阵 $\boldsymbol{K}$，使闭环系统的极点为 $-2$，$-1\pm\mathrm{j}2$。

**解**　系统矩阵 $\boldsymbol{A}$ 是约当块矩阵，由输入矩阵的第 2、3 行不全为 0 可判定系统能控，可以实现极点的任意配置。应用化为单输入系统的极点配置方法，计算步骤如下。

（1）由 $\boldsymbol{A}$ 的特征值 $\lambda=1$ 不只对应 1 个约当块，试选 $2\times 3$ 维实常数矩阵

$$K_1 = \begin{bmatrix} 0 & 0 & 0 \\ 0 & 0 & -1 \end{bmatrix}$$

并令

$$\overline{A} = A - BK_1 = \begin{bmatrix} 1 & 1 & 0 \\ 0 & 1 & 0 \\ 0 & 0 & 1 \end{bmatrix} - \begin{bmatrix} 0 & 1 \\ 1 & 0 \\ 1 & 1 \end{bmatrix} \begin{bmatrix} 0 & 0 & 0 \\ 0 & 0 & -1 \end{bmatrix} = \begin{bmatrix} 1 & 1 & 1 \\ 0 & 1 & 0 \\ 0 & 0 & 2 \end{bmatrix}$$

可验证 $\overline{A}$ 对应的预解矩阵 $(sI - \overline{A})^{-1}$ 不存在分子、分母可以相消的公因子。

（2）选取二维实数向量 $\boldsymbol{\rho} = [1 \quad 1]^{\mathrm{T}}$，求得

$$b = B\rho = \begin{bmatrix} 0 & 1 \\ 1 & 0 \\ 1 & 1 \end{bmatrix} \begin{bmatrix} 1 \\ 1 \end{bmatrix} = \begin{bmatrix} 1 \\ 1 \\ 2 \end{bmatrix}$$

可验证 $\{\overline{A}, b\}$ 能控，因为其对应的能控性矩阵

$$Q_c = [b \quad \overline{A}b \quad \overline{A}^2 b] = \begin{bmatrix} 1 & 4 & 9 \\ 1 & 1 & 1 \\ 2 & 4 & 8 \end{bmatrix}$$

是满秩阵。

（3）按单输入系统极点配置算法，系统的期望特征多项式为

$$\varphi^*(s) = \prod_{i=1}^{3} (s - \lambda_i^*) = (s+2)(s+1-2\mathrm{j})(s+1+2\mathrm{j}) = s^3 + 4s^2 + 9s + 10$$

而闭环系统的特征多项式为

$$\varphi(s) = \det[sI - (\overline{A} - bk)] = \det\left(\begin{bmatrix} s & 0 & 0 \\ 0 & s & 0 \\ 0 & 0 & s \end{bmatrix} - \begin{bmatrix} 1 & 1 & 1 \\ 0 & 1 & 0 \\ 0 & 0 & 2 \end{bmatrix} + \begin{bmatrix} 1 \\ 1 \\ 2 \end{bmatrix} [k_0 \ k_1 \ k_2]\right)$$

$$= \det \begin{bmatrix} s-1+k_0 & -1+k_1 & -1+k_2 \\ k_0 & s-1+k_1 & k_2 \\ 2k_0 & 2k_1 & s-2+2k_2 \end{bmatrix}$$

$$= s^3 + (k_0 + k_1 + 2k_2 - 4)s^2 + (-3k_1 - 4k_2 + 5)s + (-2k_0 + 2k_1 + 2k_2 - 2)$$

由 $\varphi(s) = \varphi^*(s)$，解联立方程得

$$k = [k_0 \ k_1 \ k_2] = [-24 \quad -68 \ 50]$$

（4）所求的多输入系统状态反馈矩阵为

$$K = \rho k + K_1 = \begin{bmatrix} 1 \\ 1 \end{bmatrix} [-24 \quad -68 \ 50] + \begin{bmatrix} 0 & 0 & 0 \\ 0 & 0 & -1 \end{bmatrix} = \begin{bmatrix} -24 & -68 & 50 \\ -24 & -68 & 49 \end{bmatrix}$$

则在反馈控制作用 $u = -Kx + v$ 下的闭环系统状态方程为

$$\dot{x} = (A - BK)x + Bv = \left(\begin{bmatrix} 1 & 1 & 0 \\ 0 & 1 & 0 \\ 0 & 0 & 1 \end{bmatrix} - \begin{bmatrix} 0 & 1 \\ 1 & 0 \\ 1 & 1 \end{bmatrix} \begin{bmatrix} -24 & -68 & 50 \\ -24 & -68 & 49 \end{bmatrix}\right) x + \begin{bmatrix} 0 & 1 \\ 1 & 0 \\ 1 & 1 \end{bmatrix} v$$

$$= \begin{bmatrix} 25 & 69 & -49 \\ 24 & 69 & -50 \\ 48 & 136 & -98 \end{bmatrix} x + \begin{bmatrix} 0 & 1 \\ 1 & 0 \\ 1 & 1 \end{bmatrix} v$$

其闭环极点为 $-2$、$-1\pm j2$，符合题目要求。

2. 基于旺纳姆能控规范型的极点配置算法　第四章给出了将能控的多输入系统变换为旺纳姆能控规范型的方法，在此基础上，可以实现多输入系统的极点配置。为方便叙述，下面结合一个 $p=3$，$n=5$（并假设 $l=2$，其中 $v_1=3$、$v_2=2$）的系统介绍极点配置算法。

（1）按式（4-148）得到使多输入系统化为旺纳姆能控规范型的变换矩阵 $\boldsymbol{P}$，通过非奇异变换 $\boldsymbol{x}=\boldsymbol{P}\overline{\boldsymbol{x}}$，得旺纳姆能控规范型的系统矩阵 $\overline{\boldsymbol{A}}$ 和输入矩阵 $\overline{\boldsymbol{B}}$ 分别为

$$\overline{\boldsymbol{A}}=\boldsymbol{P}^{-1}\boldsymbol{A}\boldsymbol{P}=\left[\begin{array}{ccc:cc} 0 & 1 & 0 & \gamma_{21} & 0 \\ 0 & 0 & 1 & \gamma_{22} & 0 \\ -\alpha_{10} & -\alpha_{11} & -\alpha_{12} & \gamma_{23} & 0 \\ \hdashline 0 & 0 & 0 & 0 & 1 \\ 0 & 0 & 0 & -\alpha_{20} & -\alpha_{21} \end{array}\right] \tag{5-24}$$

$$\overline{\boldsymbol{B}}=\boldsymbol{P}^{-1}\boldsymbol{B}=\left[\begin{array}{cc:c} 0 & 0 & * \\ 0 & 0 & * \\ 1 & 0 & * \\ \hdashline 0 & 0 & * \\ 0 & 1 & * \end{array}\right] \tag{5-25}$$

（2）将给定的 5 个期望闭环极点分成 $l=2$ 组，第一组为 $v_1=3$ 个（假设是 $\lambda_1^*$、$\lambda_2^*$、$\lambda_3^*$），第二组为 $v_2=2$ 个（假设是 $\lambda_4^*$、$\lambda_5^*$），分别求得它们对应的子特征多项式

$$\varphi_1^*(s)=(s-\lambda_1^*)(s-\lambda_2^*)(s-\lambda_3^*)=s^3+\alpha_{12}^*s^2+\alpha_{11}^*s+\alpha_{10}^*$$

$$\varphi_2^*(s)=(s-\lambda_4^*)(s-\lambda_5^*)=s^2+\alpha_{21}^*s+\alpha_{20}^*$$

（3）在变换后的新状态空间取 $3\times5$ 维状态反馈矩阵

$$\overline{\boldsymbol{K}}=\left[\begin{array}{ccc:cc} \alpha_{10}^*-\alpha_{10} & \alpha_{11}^*-\alpha_{11} & \alpha_{12}^*-\alpha_{12} & 0 & 0 \\ 0 & 0 & 0 & \alpha_{20}^*-\alpha_{20} & \alpha_{21}^*-\alpha_{21} \\ \hdashline 0 & 0 & 0 & 0 & 0 \end{array}\right] \tag{5-26}$$

这时在新状态空间中闭环系统的系统矩阵为

$$\overline{\boldsymbol{A}}-\overline{\boldsymbol{B}}\,\overline{\boldsymbol{K}}=\left[\begin{array}{ccc:cc} 0 & 1 & 0 & \gamma_{21} & 0 \\ 0 & 0 & 1 & \gamma_{22} & 0 \\ -\alpha_{10}^* & -\alpha_{11}^* & -\alpha_{12}^* & \gamma_{23} & 0 \\ \hdashline 0 & 0 & 0 & 0 & 1 \\ 0 & 0 & 0 & -\alpha_{20}^* & -\alpha_{21}^* \end{array}\right] \tag{5-27}$$

显然符合极点配置要求。

（4）求得原状态空间的状态反馈矩阵

$$\boldsymbol{K}=\overline{\boldsymbol{K}}\boldsymbol{P}^{-1} \tag{5-28}$$

**例 5-3**　设线性定常系统的状态方程为

$$\dot{\boldsymbol{x}}=\begin{bmatrix}1&1&0\\0&1&0\\0&0&1\end{bmatrix}\boldsymbol{x}+\begin{bmatrix}0&1\\1&0\\1&1\end{bmatrix}\boldsymbol{u}$$

用基于旺纳姆能控规范型的极点配置算法求状态反馈矩阵 $\boldsymbol{K}$，使闭环系统的极点为 $-2$，$-1\pm \mathrm{j}2$。

**解** 例5-2中已经判定系统的能控性，可以实现极点任意配置。基于旺纳姆能控规范型的极点配置算法步骤如下。

（1）按“列向搜索”方案搜索系统能控性矩阵中3个线性无关的列向量，它们分别是

$$\boldsymbol{b}_1=\begin{bmatrix}0\\1\\1\end{bmatrix},\boldsymbol{A}\boldsymbol{b}_1=\begin{bmatrix}1\\1\\1\end{bmatrix},\boldsymbol{b}_2=\begin{bmatrix}1\\0\\1\end{bmatrix}$$

可见有 $v_1=2$，$v_2=1$。对于向量 $\boldsymbol{A}^2\boldsymbol{b}_1$ 是两个列向量 $\boldsymbol{b}_1$，$\boldsymbol{A}\boldsymbol{b}_1$ 的线性组合，可写成

$$\boldsymbol{A}^2\boldsymbol{b}_1=-\sigma_{10}\boldsymbol{b}_1-\sigma_{11}\boldsymbol{A}\boldsymbol{b}_1$$

即

$$\begin{bmatrix}2\\1\\1\end{bmatrix}=-\sigma_{10}\begin{bmatrix}0\\1\\1\end{bmatrix}-\sigma_{11}\begin{bmatrix}1\\1\\1\end{bmatrix}$$

解得 $\sigma_{10}=1$，$\sigma_{11}=-2$。对于向量 $\boldsymbol{A}\boldsymbol{b}_2$ 是1个列向量 $\boldsymbol{b}_2$ 的线性组合，可写成

$$\boldsymbol{A}\boldsymbol{b}_2=-\sigma_{20}\boldsymbol{b}_2$$

即

$$\begin{bmatrix}1\\0\\1\end{bmatrix}=-\sigma_{20}\begin{bmatrix}1\\0\\1\end{bmatrix}$$

解得 $\alpha_{20}=-1$。所以有

$$\boldsymbol{p}_{11}=\boldsymbol{A}\boldsymbol{b}_1+\sigma_{11}\boldsymbol{b}_1=\begin{bmatrix}1\\1\\1\end{bmatrix}-2\begin{bmatrix}0\\1\\1\end{bmatrix}=\begin{bmatrix}1\\-1\\-1\end{bmatrix}$$

$$\boldsymbol{p}_{12}=\boldsymbol{b}_1=\begin{bmatrix}0\\1\\1\end{bmatrix}$$

$$\boldsymbol{p}_{21}=\boldsymbol{b}_2=\begin{bmatrix}1\\0\\1\end{bmatrix}$$

按式（4-148）构成变换矩阵

$$\boldsymbol{P}=[\boldsymbol{p}_{11}\quad \boldsymbol{p}_{12}\quad \boldsymbol{p}_{21}]=\begin{bmatrix}1&0&1\\-1&1&0\\-1&1&1\end{bmatrix}$$

并求得其逆阵

$$P^{-1}=\begin{bmatrix}1&0&1\\-1&1&0\\-1&1&1\end{bmatrix}^{-1}=\begin{bmatrix}1&1&-1\\1&2&-1\\0&-1&1\end{bmatrix}$$

得到变换后系统的系统矩阵和输入矩阵分别为

$$\bar{A}=P^{-1}AP=\begin{bmatrix}1&1&-1\\1&2&-1\\0&-1&1\end{bmatrix}\begin{bmatrix}1&1&0\\0&1&0\\0&0&1\end{bmatrix}\begin{bmatrix}1&0&1\\-1&1&0\\-1&1&1\end{bmatrix}=\left[\begin{array}{cc:c}0&1&0\\-1&2&0\\ \hdashline 0&0&1\end{array}\right]$$

$$\bar{B}=P^{-1}B=\begin{bmatrix}1&1&-1\\1&2&-1\\0&-1&1\end{bmatrix}\begin{bmatrix}0&1\\1&0\\1&1\end{bmatrix}=\left[\begin{array}{c:c}0&0\\1&0\\ \hdashline 0&1\end{array}\right]$$

显然，它们符合旺纳姆能控规范形式。且有

$$\alpha_{10}=1,\alpha_{11}=-2,\alpha_{20}=-1$$

（2）将给定的三个期望闭环极点分成两组：第一组为 $v_1=2$ 个（是共轭复数对）；第二组为 $v_2=1$ 个（是单极点）。分别求得它们对应的子特征多项式

$$\varphi_1^*(s)=(s+1+\mathrm{j}2)(s+1-\mathrm{j}2)=s^2+2s+5$$

$$\varphi_2^*(s)=s+2$$

对应的系数为

$$\alpha_{10}^*=5,\alpha_{11}^*=2,\alpha_{20}^*=2$$

（3）在变换后的新状态空间取 $2\times3$ 维状态反馈矩阵

$$\bar{K}=\left[\begin{array}{cc:c}\alpha_{10}^*-\alpha_{10}&\alpha_{11}^*-\alpha_{11}&0\\ \hdashline 0&0&\alpha_{20}^*-\alpha_{20}\end{array}\right]=\left[\begin{array}{cc:c}4&4&0\\ \hdashline 0&0&3\end{array}\right]$$

（4）求得原状态空间的状态反馈矩阵

$$K=\bar{K}P^{-1}=\begin{bmatrix}4&4&0\\0&0&3\end{bmatrix}\begin{bmatrix}1&1&-1\\1&2&-1\\0&-1&1\end{bmatrix}=\begin{bmatrix}8&12&-8\\0&-3&3\end{bmatrix}$$

验证：新状态空间中闭环系统的系统矩阵为

$$\bar{A}-\bar{B}\bar{K}=\begin{bmatrix}0&1&0\\-1&2&0\\0&0&1\end{bmatrix}-\begin{bmatrix}0&0\\1&0\\0&1\end{bmatrix}\begin{bmatrix}4&4&0\\0&0&3\end{bmatrix}=\begin{bmatrix}0&1&0\\-5&-2&0\\0&0&-2\end{bmatrix}$$

对应的特征多项式为

$$\bar{\varphi}(s)=\det\left[sI-(\bar{A}-\bar{B}\bar{K})\right]=\det\begin{bmatrix}s&-1&0\\5&s+2&0\\0&0&s+2\end{bmatrix}=(s+2)(s^2+2s+5)$$

原状态空间中闭环系统的系统矩阵为

$$A-BK=\begin{bmatrix}1&1&0\\0&1&0\\0&0&1\end{bmatrix}-\begin{bmatrix}0&1\\1&0\\1&1\end{bmatrix}\begin{bmatrix}8&12&-8\\0&-3&3\end{bmatrix}=\begin{bmatrix}1&4&-3\\-8&-11&8\\-8&-9&6\end{bmatrix}$$

对应的特征多项式为

$$\varphi(s)=\det[s\boldsymbol{I}-(\boldsymbol{A}-\boldsymbol{BK})]=\det\begin{bmatrix}s-1 & -4 & 3\\ 8 & s+11 & -8\\ 8 & 9 & s-6\end{bmatrix}=(s+2)(s^2+2s+5)$$

显然符合极点配置要求。

3. 基于龙伯格能控规范型的极点配置算法　与基于旺纳姆能控规范型的极点配置算法类似，也可以在龙伯格能控规范型的基础上，实现多输入系统的极点配置。为方便叙述，下面结合一个 $p=3$，$n=6$（并假设 $r=3$，其中 $\mu_1=3$、$\mu_2=2$、$\mu_3=1$）的系统介绍其极点配置算法。

（1）按式（4-156）得到使多输入系统化为龙伯格能控规范型的变换矩阵的逆阵 $\boldsymbol{P}^{-1}$，通过非奇异变换 $\boldsymbol{x}=\boldsymbol{P}\tilde{\boldsymbol{x}}$，得到龙伯格能控规范型的系统矩阵 $\tilde{\boldsymbol{A}}$ 和输入矩阵 $\tilde{\boldsymbol{B}}$ 分别为

$$\tilde{\boldsymbol{A}}=\boldsymbol{P}^{-1}\boldsymbol{A}\boldsymbol{P}=\left[\begin{array}{ccc|cc|c}0 & 1 & 0 & 0 & 0 & 0\\ 0 & 0 & 1 & 0 & 0 & 0\\ -\alpha_{10} & -\alpha_{11} & -\alpha_{12} & \beta_{14} & \beta_{15} & \beta_{16}\\ \hline 0 & 0 & 0 & 0 & 1 & 0\\ \beta_{21} & \beta_{22} & \beta_{23} & -\alpha_{20} & -\alpha_{21} & \beta_{26}\\ \hline \beta_{31} & \beta_{32} & \beta_{33} & \beta_{34} & \beta_{35} & -\alpha_{30}\end{array}\right] \tag{5-29}$$

$$\tilde{\boldsymbol{B}}=\boldsymbol{P}^{-1}\boldsymbol{B}=\left[\begin{array}{ccc}0 & 0 & 0\\ 0 & 0 & 0\\ 1 & \gamma_{12} & \gamma_{13}\\ \hline 0 & 0 & 0\\ 0 & 1 & \gamma_{23}\\ \hline 0 & 0 & 1\end{array}\right] \tag{5-30}$$

（2）将给定的6个期望闭环极点分成 $r=3$ 组，第一组为 $\mu_1=3$ 个（假设是 $\lambda_1^*$、$\lambda_2^*$、$\lambda_3^*$），第二组为 $\mu_2=2$ 个（假设是 $\lambda_4^*$、$\lambda_5^*$），第三组为 $\mu_3=1$ 个（假设是 $\lambda_6^*$），分别求得它们对应的子特征多项式

$$\varphi_1^*(s)=(s-\lambda_1^*)(s-\lambda_2^*)(s-\lambda_3^*)=s^3+\alpha_{12}^*s^2+\alpha_{11}^*s+\alpha_{10}^*$$
$$\varphi_2^*(s)=(s-\lambda_4^*)(s-\lambda_5^*)=s^2+\alpha_{21}^*s+\alpha_{20}^*$$
$$\varphi_3^*(s)=s-\lambda_6^*=s+\alpha_{30}^*$$

（3）对龙伯格能控规范型，一定存在状态反馈矩阵 $\tilde{\boldsymbol{K}}$，使闭环系统的系统矩阵为

$$\tilde{\boldsymbol{A}}-\tilde{\boldsymbol{B}}\tilde{\boldsymbol{K}}=\left[\begin{array}{ccc|cc|c}0 & 1 & 0 & 0 & 0 & 0\\ 0 & 0 & 1 & 0 & 0 & 0\\ -\alpha_{10}^* & -\alpha_{11}^* & -\alpha_{12}^* & 0 & 0 & 0\\ \hline 0 & 0 & 0 & 0 & 1 & 0\\ 0 & 0 & 0 & -\alpha_{20}^* & -\alpha_{21}^* & 0\\ \hline 0 & 0 & 0 & 0 & 0 & -\alpha_{30}^*\end{array}\right] \tag{5-31}$$

所以有

$$\begin{bmatrix} 0 & 0 & 0 \\ 0 & 0 & 0 \\ 1 & \gamma_{12} & \gamma_{13} \\ 0 & 0 & 0 \\ 0 & 1 & \gamma_{23} \\ 0 & 0 & 1 \end{bmatrix} \tilde{\boldsymbol{K}} = \tilde{\boldsymbol{A}} - \left[\begin{array}{ccc:cc:c} 0 & 1 & 0 & 0 & 0 & 0 \\ 0 & 0 & 1 & 0 & 0 & 0 \\ -\alpha_{10}^* & -\alpha_{11}^* & -\alpha_{12}^* & 0 & 0 & 0 \\ \hdashline 0 & 0 & 0 & 0 & 1 & 0 \\ 0 & 0 & 0 & -\alpha_{20}^* & -\alpha_{21}^* & 0 \\ \hdashline 0 & 0 & 0 & 0 & 0 & -\alpha_{30}^* \end{array}\right]$$

$$= \left[\begin{array}{ccc:cc:c} 0 & 0 & 0 & 0 & 0 & 0 \\ 0 & 0 & 0 & 0 & 0 & 0 \\ \alpha_{10}^* - \alpha_{10} & \alpha_{11}^* - \alpha_{11} & \alpha_{12}^* - \alpha_{12} & \beta_{14} & \beta_{15} & \beta_{16} \\ \hdashline 0 & 0 & 0 & 0 & 0 & 0 \\ \beta_{21} & \beta_{22} & \beta_{23} & \alpha_{20}^* - \alpha_{20} & \alpha_{21}^* - \alpha_{21} & \beta_{26} \\ \hdashline \beta_{31} & \beta_{32} & \beta_{33} & \beta_{34} & \beta_{35} & \alpha_{30}^* - \alpha_{30} \end{array}\right] \tag{5-32}$$

由式（5-32）可得状态反馈矩阵 $\tilde{\boldsymbol{K}}$ 的方程

$$\begin{bmatrix} 1 & \gamma_{12} & \gamma_{13} \\ 0 & 1 & \gamma_{23} \\ 0 & 0 & 1 \end{bmatrix} \tilde{\boldsymbol{K}} = \begin{bmatrix} \alpha_{10}^* - \alpha_{10} & \alpha_{11}^* - \alpha_{11} & \alpha_{12}^* - \alpha_{12} & \beta_{14} & \beta_{15} & \beta_{16} \\ \beta_{21} & \beta_{22} & \beta_{23} & \alpha_{20}^* - \alpha_{20} & \alpha_{21}^* - \alpha_{21} & \beta_{26} \\ \beta_{31} & \beta_{32} & \beta_{33} & \beta_{34} & \beta_{35} & \alpha_{30}^* - \alpha_{30} \end{bmatrix} \tag{5-33}$$

可以求出状态反馈矩阵 $\tilde{\boldsymbol{K}}$。

（4）求得原状态空间的状态反馈矩阵

$$\boldsymbol{K} = \tilde{\boldsymbol{K}} \boldsymbol{P}^{-1} \tag{5-34}$$

**例 5-4**　设线性定常系统的状态方程为

$$\dot{\boldsymbol{x}} = \left[\begin{array}{ccc:cc} 0 & 1 & 0 & 0 & 0 \\ 0 & 0 & 1 & 0 & 0 \\ 3 & 1 & 0 & 1 & 2 \\ \hdashline 0 & 0 & 0 & 0 & 1 \\ 4 & 3 & 1 & -1 & -4 \end{array}\right] \boldsymbol{x} + \begin{bmatrix} 0 & 0 \\ 0 & 0 \\ 1 & 1 \\ 0 & 0 \\ 0 & 1 \end{bmatrix} \boldsymbol{u}$$

用基于龙伯格能控规范型的极点配置算法求状态反馈矩阵 $\boldsymbol{K}$，使闭环系统的极点为 $-1$、$-2 \pm \mathrm{j}$、$-1 \pm \mathrm{j}2$。

**解**　可以判定系统能控，所以可以实现极点任意配置。基于龙伯格能控规范型的极点配置算法步骤如下：

（1）按“行向搜索”方案搜索系统能控性矩阵中 5 个线性无关的列向量，它们分别是

$$\boldsymbol{b}_1 = \begin{bmatrix} 0 \\ 0 \\ 1 \\ 0 \\ 0 \end{bmatrix}, \quad \boldsymbol{b}_2 = \begin{bmatrix} 0 \\ 0 \\ 1 \\ 0 \\ 1 \end{bmatrix}, \quad \boldsymbol{A}\boldsymbol{b}_1 = \begin{bmatrix} 0 \\ 1 \\ 0 \\ 0 \\ 1 \end{bmatrix}, \quad \boldsymbol{A}\boldsymbol{b}_2 = \begin{bmatrix} 0 \\ 1 \\ 2 \\ 1 \\ -3 \end{bmatrix}, \quad \boldsymbol{A}^2\boldsymbol{b}_1 = \begin{bmatrix} 1 \\ 0 \\ 3 \\ 1 \\ -1 \end{bmatrix}$$

可见有 $v_1=3$，$v_2=2$。按式（4-154）将它们组成非奇异矩阵

$$
\boldsymbol{S}=[\boldsymbol{b}_1,\boldsymbol{A}\boldsymbol{b}_1,\boldsymbol{A}^2\boldsymbol{b}_1 \vdots \boldsymbol{b}_2,\boldsymbol{A}\boldsymbol{b}_2]=\left[\begin{array}{ccc|cc}
0 & 0 & 1 & 0 & 0\\
0 & 1 & 0 & 0 & 1\\
1 & 0 & 3 & 1 & 2\\
0 & 0 & 1 & 0 & 1\\
0 & 1 & -1 & 1 & -3
\end{array}\right]
$$

求逆得到

$$
\boldsymbol{Q}=\boldsymbol{S}^{-1}=\left[\begin{array}{ccc|cc}
0 & 0 & 1 & 0 & 0\\
0 & 1 & 0 & 0 & 1\\
1 & 0 & 3 & 1 & 2\\
0 & 0 & 1 & 0 & 1\\
0 & 1 & -1 & 1 & -3
\end{array}\right]^{-1}=\left[\begin{array}{ccccc}
2 & 1 & 1 & -6 & -1\\
1 & 1 & 0 & -1 & 0\\
1 & 0 & 0 & 0 & 0\\
\hline
-3 & -1 & 0 & 4 & 1\\
-1 & 0 & 0 & 1 & 0
\end{array}\right]=\left[\begin{array}{c}
\boldsymbol{q}_{11}\\
\boldsymbol{q}_{12}\\
\boldsymbol{q}_{13}\\
\hline
\boldsymbol{q}_{21}\\
\boldsymbol{q}_{22}
\end{array}\right]
$$

按式（4-156）组成变换矩阵 $\boldsymbol{P}$ 的逆阵 $\boldsymbol{P}^{-1}$ 为

$$
\boldsymbol{P}^{-1}=\left[\begin{array}{c}
\boldsymbol{q}_{13}\\
\boldsymbol{q}_{13}\boldsymbol{A}\\
\boldsymbol{q}_{13}\boldsymbol{A}^2\\
\hline
\boldsymbol{q}_{22}\\
\boldsymbol{q}_{22}\boldsymbol{A}
\end{array}\right]=\left[\begin{array}{ccccc}
1 & 0 & 0 & 0 & 0\\
0 & 1 & 0 & 0 & 0\\
0 & 0 & 1 & 0 & 0\\
\hline
-1 & 0 & 0 & 1 & 0\\
0 & -1 & 0 & 0 & 1
\end{array}\right]
$$

并求逆得变换矩阵 $\boldsymbol{P}$ 为

$$
\boldsymbol{P}=\left[\begin{array}{ccccc}
1 & 0 & 0 & 0 & 0\\
0 & 1 & 0 & 0 & 0\\
0 & 0 & 1 & 0 & 0\\
\hline
-1 & 0 & 0 & 1 & 0\\
0 & -1 & 0 & 0 & 1
\end{array}\right]^{-1}=\begin{bmatrix}
1 & 0 & 0 & 0 & 0\\
0 & 1 & 0 & 0 & 0\\
0 & 0 & 1 & 0 & 0\\
1 & 0 & 0 & 1 & 0\\
0 & 1 & 0 & 0 & 1
\end{bmatrix}
$$

得到变换后系统的系统矩阵和输入矩阵分别为

$$
\tilde{\boldsymbol{A}}=\boldsymbol{P}^{-1}\boldsymbol{A}\boldsymbol{P}=\begin{bmatrix}
1 & 0 & 0 & 0 & 0\\
0 & 1 & 0 & 0 & 0\\
0 & 0 & 1 & 0 & 0\\
-1 & 0 & 0 & 1 & 0\\
0 & -1 & 0 & 0 & 1
\end{bmatrix}\left[\begin{array}{ccc|cc}
0 & 1 & 0 & 0 & 0\\
0 & 0 & 1 & 0 & 0\\
3 & 1 & 0 & 1 & 2\\
\hline
0 & 0 & 0 & 0 & 1\\
4 & 3 & 1 & -1 & -4
\end{array}\right]\begin{bmatrix}
1 & 0 & 0 & 0 & 0\\
0 & 1 & 0 & 0 & 0\\
0 & 0 & 1 & 0 & 0\\
1 & 0 & 0 & 1 & 0\\
0 & 1 & 0 & 0 & 1
\end{bmatrix}=\left[\begin{array}{ccc|cc}
0 & 1 & 0 & 0 & 0\\
0 & 0 & 1 & 0 & 0\\
4 & 3 & 0 & 1 & 2\\
\hline
0 & 0 & 0 & 0 & 1\\
3 & -1 & 0 & -1 & -4
\end{array}\right]
$$

$$
\tilde{\boldsymbol{B}}=\boldsymbol{P}^{-1}B=\begin{bmatrix}
1 & 0 & 0 & 0 & 0\\
0 & 1 & 0 & 0 & 0\\
0 & 0 & 1 & 0 & 0\\
-1 & 0 & 0 & 1 & 0\\
0 & -1 & 0 & 0 & 1
\end{bmatrix}\left[\begin{array}{cc}
0 & 0\\
0 & 0\\
1 & 1\\
\hline
0 & 0\\
0 & 1
\end{array}\right]=\left[\begin{array}{cc}
0 & 0\\
0 & 0\\
1 & 1\\
\hline
0 & 0\\
0 & 1
\end{array}\right]
$$

显然，它们符合旺纳姆能控规范形式。且有

$$
\alpha_{10}=-4,\ \alpha_{11}=-3,\ \alpha_{12}=0,\ \beta_{14}=1,\ \beta_{15}=2
$$

$$
\beta_{21}=3,\ \beta_{22}=-1,\ \beta_{23}=0,\ \alpha_{20}=1,\ \alpha_{21}=4
$$

以及

$$\gamma_{12}=1$$

（2）将给定的5个期望闭环极点分成两组，第一组为$\mu_1=3$个（单极点$-1$和共轭复数极点$-2\pm j$），第二组为$\mu_2=2$个（共轭复数极点$-1\pm j2$），分别求得它们对应的子特征多项式

$$\varphi_1^*(s)=(s+1)(s+2+j)(s+2-j)=s^3+5s^2+9s+5$$
$$\varphi_2^*(s)=(s+1+j2)(s+1-j2)=s^2+2s+5$$

对应的系数为

$$\alpha_{10}^*=5,\alpha_{11}^*=9,\alpha_{12}^*=5$$
$$\alpha_{20}^*=5,\alpha_{21}^*=2$$

（3）由式（5-33）有

$$\begin{bmatrix}1 & \gamma_{12}\\0 & 1\end{bmatrix}\tilde{\boldsymbol{K}}=\begin{bmatrix}\alpha_{10}^*-\alpha_{10} & \alpha_{11}^*-\alpha_{11} & \alpha_{12}^*-\alpha_{12} & \beta_{14} & \beta_{15}\\ \beta_{21} & \beta_{22} & \beta_{23} & \alpha_{20}^*-\alpha_{20} & \alpha_{21}^*-\alpha_{21}\end{bmatrix}$$

即

$$\begin{bmatrix}1 & 1\\0 & 1\end{bmatrix}\tilde{\boldsymbol{K}}=\begin{bmatrix}9 & 12 & 5 & 1 & 2\\3 & -1 & 0 & 4 & -2\end{bmatrix}$$

解得

$$\tilde{\boldsymbol{K}}=\begin{bmatrix}1 & 1\\0 & 1\end{bmatrix}^{-1}\begin{bmatrix}9 & 12 & 5 & 1 & 2\\3 & -1 & 0 & 4 & -2\end{bmatrix}=\begin{bmatrix}6 & 13 & 5 & -3 & 4\\3 & -1 & 0 & 4 & -2\end{bmatrix}$$

（4）求得原状态空间的状态反馈矩阵

$$\boldsymbol{K}=\tilde{\boldsymbol{K}}\boldsymbol{P}^{-1}=\begin{bmatrix}6 & 13 & 5 & -3 & 4\\3 & -1 & 0 & 4 & -2\end{bmatrix}\begin{bmatrix}1 & 0 & 0 & 0 & 0\\0 & 1 & 0 & 0 & 0\\0 & 0 & 1 & 0 & 0\\-1 & 0 & 0 & 1 & 0\\0 & -1 & 0 & 0 & 1\end{bmatrix}=\begin{bmatrix}9 & 9 & 5 & -3 & 4\\-1 & 1 & 0 & 4 & -2\end{bmatrix}$$

验证：新状态空间中闭环系统的系统矩阵为

$$\tilde{\boldsymbol{A}}-\tilde{\boldsymbol{B}}\tilde{\boldsymbol{K}}=\left[\begin{array}{ccc|cc}0 & 1 & 0 & 0 & 0\\0 & 0 & 1 & 0 & 0\\4 & 3 & 0 & 1 & 2\\ \hline 0 & 0 & 0 & 0 & 1\\3 & -1 & 0 & -1 & -4\end{array}\right]-\begin{bmatrix}0 & 0\\0 & 0\\1 & 1\\0 & 0\\0 & 1\end{bmatrix}\begin{bmatrix}6 & 13 & 5 & -3 & 4\\3 & -1 & 0 & 4 & -2\end{bmatrix}$$
$$=\left[\begin{array}{ccc|cc}0 & 1 & 0 & 0 & 0\\0 & 0 & 1 & 0 & 0\\-5 & -9 & -5 & 0 & 0\\ \hline 0 & 0 & 0 & 0 & 1\\0 & 0 & 0 & -5 & -2\end{array}\right]$$

原状态空间中闭环系统的系统矩阵为

$$A-BK=\begin{bmatrix}0&1&0&0&0\\0&0&1&0&0\\3&1&0&1&2\\0&0&0&0&1\\4&3&1&-1&-4\end{bmatrix}-\begin{bmatrix}0&0\\0&0\\1&1\\0&0\\0&1\end{bmatrix}\begin{bmatrix}9&9&5&-3&4\\-1&1&0&4&-2\end{bmatrix}$$

$$=\begin{bmatrix}0&1&0&0&0\\0&0&1&0&0\\-5&-9&-5&0&0\\0&0&0&0&1\\5&2&1&-5&-2\end{bmatrix}$$

显然符合极点配置要求。

## 五、关于极点配置的几点说明

关于通过状态反馈控制实现系统闭环极点的配置问题，需要说明以下几点：

（1）实现多输入系统极点配置的状态反馈矩阵 $\boldsymbol{K}$ 不具唯一性，满足闭环极点期望值的状态反馈矩阵 $\boldsymbol{K}$ 都是极点配置的正确值，但是其元素取值较小的 $\boldsymbol{K}$ 矩阵更具工程意义。比较例 5-2和例 5-3 的计算结果，基于能控规范型的极点配置算法比化为单输入系统的极点配置算法要优越。

（2）在安排闭环极点位置时，既要考虑具有较大负实部的闭环极点（对开环极点作向左较大的移动）使过渡过程加快，也要考虑这将使所需的控制量幅值增大，导致系统响应的幅值增大。所以，应注意协调它们之间的关系。

（3）由经典控制理论可知，不仅闭环极点，闭环零点也会影响系统的动态特性。关于状态反馈控制在改变系统极点位置的同时，是否会对系统零点的位置也产生影响，有下面两点结论：

1）单输入单输出系统通过状态反馈实现系统极点配置的同时，一般不改变系统的零点，除非故意配置极点与零点相消。

第一章关于单输入单输出系统的能控规范型实现的讨论中可以看到，传递函数分子多项式的各项系数对应了输出矩阵 $\boldsymbol{c}$，若传递函数 $g(s)$ 的分子多项式为 $N(s)=b_{n-1}s^{n-1}+\cdots+b_1s+b_0$，则对应的输出矩阵为 $\boldsymbol{c}=[b_0\quad b_1\quad\cdots\quad b_{n-2}\quad b_{n-1}]$。由单输入单输出系统状态反馈控制可知，单输入单输出系统 $\boldsymbol{\Sigma}_0(\boldsymbol{A},\ \boldsymbol{b},\ \boldsymbol{c})$ 在状态反馈控制 $u=-\boldsymbol{kx}+v$ 作用下，成为闭环系统 $\boldsymbol{\Sigma}_k(\boldsymbol{A}-\boldsymbol{bk},\ \boldsymbol{b},\ \boldsymbol{c})$，其中输出矩阵并未改变，可见闭环系统传递函数的分子多项式等同于状态反馈前开环系统传递函数的分子多项式。但是当配置的闭环极点有与系统零点相消的情况时，闭环系统传递函数的零点当然发生了变化，而且这时所消去的极点对应了不能观的状态变量。

2）多输入多输出系统通过状态反馈实现系统极点配置的同时，传递函数矩阵各个元的零点可能会改变。例 5-5 可说明这一点。

**例 5-5** 考虑由如下系数矩阵决定的线性定常系统

$$A=\begin{bmatrix}1&0&0\\0&2&0\\0&0&3\end{bmatrix},\ B=\begin{bmatrix}1&0\\0&1\\1&1\end{bmatrix},\ C=\begin{bmatrix}1&0&2\\2&1&0\end{bmatrix}$$

为配置系统的极点，引入状态反馈矩阵

$$K=\begin{bmatrix}-6&-15&15\\0&3&0\end{bmatrix}$$

试比较状态反馈控制前后的系统极点及零点。

**解**　状态反馈控制前系统的传递函数矩阵为

$$G(s)=C\,(sI-A)^{-1}B=\begin{bmatrix}\dfrac{3s-5}{(s-1)(s-3)}&\dfrac{2}{s-3}\\\dfrac{2}{s-1}&\dfrac{1}{s-2}\end{bmatrix}$$

系统的极点为1、2、3。状态反馈控制后闭环系统的系统矩阵、输入矩阵、输出矩阵分别为

$$A-BK=\begin{bmatrix}7&15&-15\\0&-1&0\\6&12&-12\end{bmatrix},\ B=\begin{bmatrix}1&0\\0&1\\1&1\end{bmatrix},\ C=\begin{bmatrix}1&0&2\\2&1&0\end{bmatrix}$$

对应的传递函数矩阵为

$$G_k(s)=C\,(sI-A+BK)^{-1}B=\begin{bmatrix}\dfrac{3s-5}{(s+2)(s+3)}&\dfrac{2s^2+12s-7}{(s+1)(s+2)(s+3)}\\\dfrac{2(s-3)}{(s+2)(s+3)}&\dfrac{(s-3)(s+8)}{(s+1)(s+2)(s+3)}\end{bmatrix}$$

系统极点为-1、-2、-3，并且传递函数矩阵的大部分元的分子多项式发生了变化，表明对应的零点改变了。但是状态反馈控制前后传递函数矩阵各元的阶差（分母多项式和分子多项式最高幂阶次之差）是一个不变量。

（4）当被控系统$\boldsymbol{\Sigma}_0(A,\ B,\ C)$状态不完全能控时，不能通过状态反馈任意配置$n$个极点。但是，如果期望的$n$个极点中包含了所有不能控的极点时，仍然可以通过状态反馈实现对这样一组极点的配置。这时，被改变的只是能控的那部分极点。

## 六、状态反馈对系统能控性和能观性的影响

关于实行状态反馈控制的闭环系统的能控性和能观性，有如下结论：

（1）状态反馈不改变系统的能控性。即闭环系统$\boldsymbol{\Sigma}_K(A-BK,\ B,\ C)$的能控性与开环系统$\boldsymbol{\Sigma}_0(A,\ B,\ C)$的能控性一致。

这是因为，开环系统$\boldsymbol{\Sigma}_0(A,\ B,\ C)$和闭环系统$\boldsymbol{\Sigma}_K(A-BK,\ B,\ C)$的能控性矩阵可分别表示为

$$Q_c=[B\quad AB\quad A^2B\quad\cdots\quad A^{n-1}B]\tag{5-35}$$

和

$$Q_{cK}=[B\quad (A-BK)B\quad (A-BK)^2B\quad\cdots\quad (A-BK)^{n-1}B]\tag{5-36}$$

而$(A-BK)B$的各列可由$[B\quad AB]$的各列线性组合表示，$(A-BK)^2B$的各列可由$[B\quad AB\quad A^2B]$的各列线性组合表示。依此类推，$Q_{cK}$的各列都可由$Q_c$的各列线性组合表示。因此，$Q_{cK}$可视为由$Q_c$经初等变换得到，而初等变换不改变矩阵的秩，即

$$\text{rank}\boldsymbol{Q}_{cK} = \text{rank}\boldsymbol{Q}_c \tag{5-37}$$

（2）状态反馈有可能改变系统的能观性。以一个既能控又能观的单输入单输出系统为例，在状态反馈控制下，当配置的极点正好与不变的系统零点相消时，闭环系统不再是既能控又能观了，但前面已说明系统的能控性没有改变，所以只有系统的能观性改变了。见例5-6。

**例5-6**　线性定常系统

$$\begin{cases}\dot{\boldsymbol{x}} = \begin{bmatrix}1 & 2\\0 & 3\end{bmatrix}\boldsymbol{x} + \begin{bmatrix}0\\1\end{bmatrix}u\\ y = [1\quad 1]\boldsymbol{x}\end{cases}$$

分析系统在状态反馈控制 $u = -[0\quad 4]\boldsymbol{x} + v$ 下的能控性、能观性。

**解**　开环系统的能控性、能观性矩阵分别为

$$\boldsymbol{Q}_c = [\boldsymbol{b}\quad \boldsymbol{A}\boldsymbol{b}] = \begin{bmatrix}0 & 2\\1 & 3\end{bmatrix},\ \boldsymbol{Q}_o = \begin{bmatrix}\boldsymbol{c}\\ \boldsymbol{c}\boldsymbol{A}\end{bmatrix} = \begin{bmatrix}1 & 1\\1 & 5\end{bmatrix}$$

都是满秩阵，所以开环系统既能控又能观。而闭环系统的能控性、能观性矩阵分别为

$$\boldsymbol{Q}_{ck} = [\boldsymbol{b}\quad (\boldsymbol{A}-\boldsymbol{b}\boldsymbol{k})\boldsymbol{b}] = \begin{bmatrix}0 & 2\\1 & -1\end{bmatrix},\ \boldsymbol{Q}_{ok} = \begin{bmatrix}\boldsymbol{c}\\ \boldsymbol{c}(\boldsymbol{A}-\boldsymbol{b}\boldsymbol{k})\end{bmatrix} = \begin{bmatrix}1 & 1\\1 & 1\end{bmatrix}$$

$\boldsymbol{Q}_{ck}$满秩，闭环系统能控；$\boldsymbol{Q}_{ok}$不满秩，闭环系统不能观。实际上，可求得闭环系统的传递函数为

$$g_k(s) = \boldsymbol{c}(s\boldsymbol{I} - \boldsymbol{A} + \boldsymbol{b}\boldsymbol{k})^{-1}\boldsymbol{b} = \frac{s+1}{(s-1)(s+1)}$$

传递函数出现了零极点相消现象，消掉的极点（$-1$）对应的状态变量不能观。

## 第二节　输出反馈控制系统

输出反馈就是将系统的输出量通过反馈矩阵引入到系统输入端的一种控制形式，由此构成的控制系统称为输出反馈控制系统。经典控制理论中已经讨论了单输入单输出输出反馈控制系统，输出反馈控制的优点在于它的物理实现性，这是因为系统的输出量总是易测量的。

### 一、输出反馈控制系统的构成

考虑被控对象 $\boldsymbol{\Sigma}_0(\boldsymbol{A},\ \boldsymbol{B},\ \boldsymbol{C})$ 如式（5-1）所示。取系统的控制量为

$$\boldsymbol{u} = -\boldsymbol{H}\boldsymbol{y} + \boldsymbol{v} \tag{5-38}$$

式中，$\boldsymbol{H}$ 为 $p \times q$ 维输出反馈矩阵，它将 $q$ 维输出向量 $\boldsymbol{y}$ 负反馈至 $p$ 维输入向量 $\boldsymbol{u}$ 处；$\boldsymbol{v}$ 为 $p$ 维参考输入向量。

输出反馈控制系统的结构如图5-3所示。

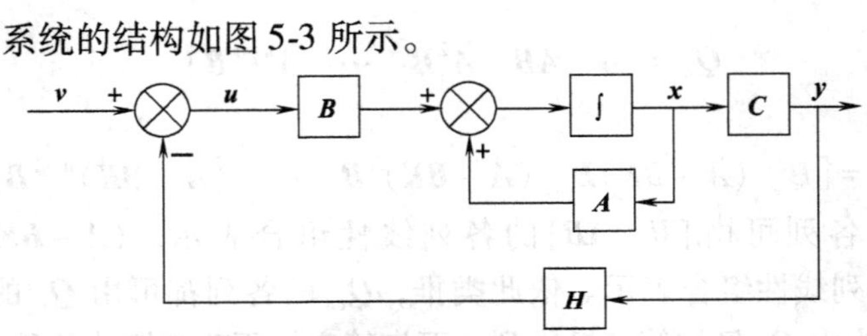


图5-3　输出反馈控制系统的结构

将式（5-1）的控制量用式（5-38）代入，并应用输出方程，即得采用输出反馈后的闭环系统的状态空间表达式为

$$\begin{cases}\dot{\boldsymbol{x}} = (\boldsymbol{A} - \boldsymbol{BHC})\boldsymbol{x} + \boldsymbol{Bv} \\ \boldsymbol{y} = \boldsymbol{Cx}\end{cases} \tag{5-39}$$

其中系统矩阵由开环系统的 $\boldsymbol{A}$ 变为（$\boldsymbol{A} - \boldsymbol{BHC}$），输出反馈控制也不改变系统的阶次，状态变量个数不变，闭环系统记为 $\boldsymbol{\Sigma}_H(\boldsymbol{A} - \boldsymbol{BHC},\ \boldsymbol{B},\ \boldsymbol{C})$。

## 二、输出反馈控制系统的极点配置

与状态反馈控制系统类似，输出反馈的引入改变了系统矩阵，而反馈矩阵 $\boldsymbol{H}$ 的选取将影响系统极点的分布，从而影响系统状态的运动形式。但输出反馈控制是否与状态反馈控制一样能够实现系统极点的任意配置呢？回答是否定的。

首先，直观地来比较一下输出反馈与状态反馈。对照式（5-39）和式（5-3），如果两者是等价的，则必须有

$$\boldsymbol{K} = \boldsymbol{HC} \tag{5-40}$$

式中，$\boldsymbol{K}$ 为 $p \times n$ 维状态反馈矩阵；$\boldsymbol{H}$ 为 $p \times q$ 维输出反馈矩阵；$\boldsymbol{C}$ 为 $q \times n$ 维输出矩阵。

如果已知 $\boldsymbol{H}$ 求 $\boldsymbol{K}$，则由式（5-40）必可求得 $\boldsymbol{K}$ 矩阵，即状态反馈可以替代任何输出反馈。反之，如果已知 $\boldsymbol{K}$ 求 $\boldsymbol{H}$，则式（5-40）表示了 $p \times n$ 个方程中求解 $p \times q$ 个待定量，而且一般有 $n > q$，即待定量个数少于方程个数。根据代数方程组理论，方程（5-40）一般无解，即一般情况下输出反馈不能替代状态反馈。可见，输出反馈不能像状态反馈那样能够实现系统极点的任意配置。

对此，有如下结论：输出反馈控制一般不能任意配置系统的全部极点。

以单输入单输出系统为例，可以更清楚地说明输出反馈控制系统极点配置的局限性。由单输入单输出反馈控制系统

$$\begin{cases}\dot{\boldsymbol{x}} = (\boldsymbol{A} - \boldsymbol{bhc})\boldsymbol{x} + \boldsymbol{b}v \\ y = \boldsymbol{cx}\end{cases} \tag{5-41}$$

可得系统的闭环传递函数为

$$g_h(s) = \boldsymbol{c}\ (s\boldsymbol{I} - \boldsymbol{A} + \boldsymbol{bhc})^{-1}\boldsymbol{b} \tag{5-42}$$

而闭环系统的特征多项式为

$$\varphi_h(s) = \det\ (s\boldsymbol{I} - \boldsymbol{A} + \boldsymbol{bhc}) \tag{5-43}$$

注意到

$$(s\boldsymbol{I} - \boldsymbol{A} + \boldsymbol{bhc}) = (s\boldsymbol{I} - \boldsymbol{A})[\boldsymbol{I} + (s\boldsymbol{I} - \boldsymbol{A})^{-1}\boldsymbol{bhc}] \tag{5-44}$$

并利用关系式

$$\det\ [\boldsymbol{I} + \boldsymbol{G}_2(s)\boldsymbol{G}_1(s)] = \det\ [\boldsymbol{I} + \boldsymbol{G}_1(s)\boldsymbol{G}_2(s)] \tag{5-45}$$

可得

$$\begin{aligned}\varphi_h(s) &= \det\ (s\boldsymbol{I} - \boldsymbol{A})\det\ [\boldsymbol{I} + (s\boldsymbol{I} - \boldsymbol{A})^{-1}\boldsymbol{bhc}] \\ &= \det\ (s\boldsymbol{I} - \boldsymbol{A})\det\ [1 + h\boldsymbol{c}(s\boldsymbol{I} - \boldsymbol{A})^{-1}\boldsymbol{b}] \\ &= \det\ (s\boldsymbol{I} - \boldsymbol{A})[1 + h\boldsymbol{c}(s\boldsymbol{I} - \boldsymbol{A})^{-1}\boldsymbol{b}]\end{aligned} \tag{5-46}$$

记式（5-46）中的

$$\det(s\boldsymbol{I}-\boldsymbol{A})=\alpha(s) \tag{5-47}$$

是开环系统的特征多项式，$\alpha(s)=0$ 的根是开环极点；并且

$$\boldsymbol{c}(s\boldsymbol{I}-\boldsymbol{A})^{-1}\boldsymbol{b}=g(s)=\beta(s)/\alpha(s) \tag{5-48}$$

是开环系统的传递函数，则 $\beta(s)$ 是开环系统传递函数的分子多项式，$\beta(s)=0$ 的根是开环零点。式（5-46）可改写为

$$\varphi_h(s)=\alpha(s)\left[1+h\frac{\beta(s)}{\alpha(s)}\right]=\alpha(s)+h\beta(s) \tag{5-49}$$

这表明，闭环极点是方程

$$\alpha(s)+h\beta(s)=0 \tag{5-50}$$

的根。而式（5-50）是经典控制理论中根轨迹的基本方程式，可见，当输出反馈矩阵（这里是标量 $h$）变化时，系统的闭环极点只能在以开环极点为“始点”，以开环零点或无穷远处为“终点”的一组有限的线段（根轨迹）上变化，而不能使闭环极点落在这些线段以外的期望位置上。

从系统的输出方程 $\boldsymbol{y}=\boldsymbol{Cx}$ 也可看出，输出反馈是将状态变量按一定规则组合以后的反馈控制，它减小了状态反馈的自由度。因此可以说，输出反馈是系统结构信息的不完全反馈，对应地，状态反馈是系统结构信息的完全反馈。

正因为输出反馈控制易于物理实现的优点，尽管它的控制特性不如状态反馈控制，但仍然是诸多研究者关注的目标。20 世纪 70 年代后期，输出反馈系统的极点配置问题曾经是控制理论的一个热点，其中得到一些可供参考的结论：

（1）对 $n$ 维能控能观的线性定常系统，如果 $\mathrm{rank}\boldsymbol{B}=p$，$\mathrm{rank}\boldsymbol{C}=q$，则在输出反馈 $\boldsymbol{u}=-\boldsymbol{Hy}+\boldsymbol{v}$ 作用下，可对 $\min(n,p+q-1)$ 个闭环极点进行“任意接近”地配置。

（2）研究表明，如要使输出反馈达到全部极点任意配置的目标，可以采用如图 5-4 所示的动态输出反馈的方案，即在输出反馈控制基础上引入串联补偿器，或者采用并联补偿器替代输出反馈。补偿器的引入提高了系统的阶次，通常采用复频域的综合方法设计补偿器的结构及特性。

对于能够实现将极点配置到期望位置的输出反馈，其极点配置算法与状态反馈极点配置算法相似。

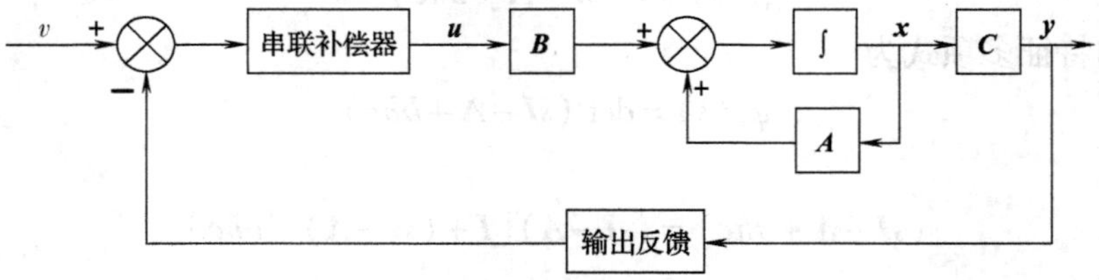


图 5-4　动态输出反馈系统的结构

## 三、输出反馈对系统能控性和能观性的影响

下面讨论实行输出反馈控制的闭环系统的能控性和能观性，有如下结论。

（1）输出反馈不改变系统的能控性。只要将输出反馈视为特定的状态反馈，即 $\boldsymbol{K}=\boldsymbol{HC}$ 的状态反馈，而状态反馈是不改变系统能控性的，于是该结论成立。

（2）输出反馈也不改变系统的能观性。这是因为，开环系统 $\boldsymbol{\Sigma}_0(\boldsymbol{A},\ \boldsymbol{B},\ \boldsymbol{C})$ 和闭环系统 $\boldsymbol{\Sigma}_H(\boldsymbol{A}-\boldsymbol{BHC},\ \boldsymbol{B},\ \boldsymbol{C})$ 的能观性矩阵可分别表示为

$$\boldsymbol{Q}_o=\begin{bmatrix}\boldsymbol{C}\\ \boldsymbol{CA}\\ \boldsymbol{CA}^2\\ \vdots\\ \boldsymbol{CA}^{n-1}\end{bmatrix} \tag{5-51}$$

和

$$\boldsymbol{Q}_{oH}=\begin{bmatrix}\boldsymbol{C}\\ \boldsymbol{C}(\boldsymbol{A}-\boldsymbol{BHC})\\ \boldsymbol{C}(\boldsymbol{A}-\boldsymbol{BHC})^2\\ \vdots\\ \boldsymbol{C}(\boldsymbol{A}-\boldsymbol{BHC})^{n-1}\end{bmatrix} \tag{5-52}$$

而 $\boldsymbol{C}(\boldsymbol{A}-\boldsymbol{BHC})$ 的各行可由 $[\boldsymbol{C}^{\mathrm{T}}\quad \boldsymbol{A}^{\mathrm{T}}\boldsymbol{C}^{\mathrm{T}}]^{\mathrm{T}}$ 的各行线性组合表示，$\boldsymbol{C}(\boldsymbol{A}-\boldsymbol{BHC})^2$ 的各行可由 $[\boldsymbol{C}^{\mathrm{T}}\quad \boldsymbol{A}^{\mathrm{T}}\boldsymbol{C}^{\mathrm{T}}\quad (\boldsymbol{A}^{\mathrm{T}})^2\boldsymbol{C}^{\mathrm{T}}]^{\mathrm{T}}$ 的各行线性组合表示。依此类推，$\boldsymbol{Q}_{oH}$ 的各行都可由 $\boldsymbol{Q}_o$ 的各行线性组合表示。因此，$\boldsymbol{Q}_{oH}$ 可视为由 $\boldsymbol{Q}_o$ 经初等变换得到，而初等变换不改变矩阵的秩，即

$$\mathrm{rank}\boldsymbol{Q}_{oH}=\mathrm{rank}\boldsymbol{Q}_o \tag{5-53}$$

## 第三节　系统镇定问题

被控对象 $\boldsymbol{\Sigma}_0(\boldsymbol{A},\ \boldsymbol{B},\ \boldsymbol{C})$ 在状态反馈（或输出反馈）作用下，使闭环系统达到渐近稳定，则称系统是状态反馈（或输出反馈）可镇定的。从系统极点的角度看，系统镇定就是通过状态反馈（或输出反馈）使闭环系统的全部极点都具有负实部，或都位于左半开 $s$ 平面。所以，系统镇定问题是系统极点配置问题的一个特殊情况，它只要求将系统全部极点配置在左半开 $s$ 平面，而不必将它们配置到具体指定的位置上。可见，系统镇定问题的思路与系统极点配置的思路是一致的。

### 一、状态反馈镇定

状态反馈镇定是指被控对象 $\boldsymbol{\Sigma}_0(\boldsymbol{A},\ \boldsymbol{B},\ \boldsymbol{C})$ 在状态反馈 $\boldsymbol{u}=-\boldsymbol{Kx}+\boldsymbol{v}$ 作用下，通过设计合适的状态反馈矩阵 $\boldsymbol{K}$，使闭环系统 $\boldsymbol{\Sigma}_K(\boldsymbol{A}-\boldsymbol{BK},\ \boldsymbol{B},\ \boldsymbol{C})$ 的全部极点都具有负实部。

1. 状态反馈可镇定条件　一个系统具有什么条件才能通过状态反馈实现系统镇定呢？结论是：线性定常系统 $\boldsymbol{\Sigma}_0(\boldsymbol{A},\ \boldsymbol{B},\ \boldsymbol{C})$ 状态反馈可镇定的充要条件是其不能控部分渐近稳定。

这个结论是很明显的，因为如果系统 $\boldsymbol{\Sigma}_0(\boldsymbol{A},\ \boldsymbol{B},\ \boldsymbol{C})$ 不完全能控，则必存在非奇异变换 $\boldsymbol{x}=\boldsymbol{P}\bar{\boldsymbol{x}}$，将其按能控性分解为

$$\begin{cases} \dot{\bar{x}} = \begin{bmatrix} \dot{\bar{x}}_c \\ \dot{\bar{x}}_{\bar{c}} \end{bmatrix} = \begin{bmatrix} \bar{A}_c & \bar{A}_{12} \\ 0 & \bar{A}_{\bar{c}} \end{bmatrix} \begin{bmatrix} \bar{x}_c \\ \bar{x}_{\bar{c}} \end{bmatrix} + \begin{bmatrix} \bar{B}_c \\ 0 \end{bmatrix} u \\ y = [\bar{C}_c \quad \bar{C}_{\bar{c}}] \begin{bmatrix} \bar{x}_c \\ \bar{x}_{\bar{c}} \end{bmatrix} \end{cases} \tag{5-54}$$

对于原状态空间的状态反馈矩阵 $K$，在新状态空间对应为 $\bar{K} = KP^{-1} = [\bar{K}_1 \quad \bar{K}_2]$，又由于非奇异变换不改变系统的特征多项式，所以有

$$\begin{aligned} \det(sI - A + BK) &= \det(sI - \bar{A} + \bar{B}\bar{K}) = \det \begin{bmatrix} sI - \bar{A}_c + \bar{B}_c\bar{K}_1 & -\bar{A}_{12} + \bar{B}_c\bar{K}_2 \\ 0 & sI - \bar{A}_{\bar{c}} \end{bmatrix} \\ &= \det(sI - \bar{A}_c + \bar{B}_c\bar{K}_1)\det(sI - \bar{A}_{\bar{c}}) \end{aligned} \tag{5-55}$$

由子系统 $\Sigma_c(\bar{A}_c, \bar{B}_c, \bar{C}_c)$能控，必存在 $\bar{K}_1$ 使 $\det(sI - \bar{A}_c + \bar{B}_c\bar{K}_1) = 0$ 的根具有负实部，但不能控子系统 $\Sigma_{\bar{c}}(\bar{A}_{\bar{c}}, 0, \bar{C}_{\bar{c}})$的极点，即 $\det(sI - \bar{A}_{\bar{c}}) = 0$ 的根不受状态反馈控制 $\bar{K}$ 的影响。因此，当且仅当系统的不能控部分原本是渐近稳定时，系统是状态反馈可镇定的。

当被控系统 $\Sigma_0(A, B, C)$是状态完全能控时，系统的全部极点都能在状态反馈控制作用下实现任意配置，当然能保证闭环极点都具有负实部。可见，系统能控是状态反馈可镇定的充分条件，即能控的系统一定是状态反馈可镇定的，而可镇定的系统不一定要求是状态完全能控的。

2. 状态反馈镇定算法

目的是通过状态反馈矩阵的计算，使原位于右半闭 $s$ 平面上的极点移动到左半开 $s$ 平面。按此思路，一个严密的算法步骤应该是：

（1）把状态不完全能控的被控系统 $\Sigma_0(A, B, C)$经非奇异变换 $x = P\bar{x}$ 按能控性分解为式(5-54)的形式，得出能控子系统和不能控子系统，并按状态反馈可镇定条件判别其可镇定性。

（2）若系统是状态反馈可镇定的，对能控子系统进行非奇异变换 $\bar{x}_c = Q\tilde{x}_c$，化为特征值规范型，即得

$$\tilde{A}_c = Q^{-1}\bar{A}_cQ = \begin{bmatrix} \tilde{A}_1 & 0 \\ 0 & \tilde{A}_2 \end{bmatrix}, \quad \tilde{B}_c = Q^{-1}\bar{B}_c = \begin{bmatrix} \tilde{B}_1 \\ \tilde{B}_2 \end{bmatrix}$$

式中，$\tilde{A}_1$ 为 $n_1 \times n_1$ 维方阵，且全部特征值实部都大于等于 0；$\tilde{A}_2$ 为 $n_2 \times n_2$ 维方阵，且全部特征值实部都小于 0。

（3）利用极点配置算法，求出 $p \times n_1$ 维状态反馈矩阵 $\tilde{K}_1$ 使$(\tilde{A}_1 - \tilde{B}_1\tilde{K}_1)$的特征值均具有负实部（位于左半开 $s$ 平面）。

（4）通过反变换求出原状态空间的状态反馈矩阵

$$K = [\tilde{K}_1 \quad 0]Q^{-1}P^{-1}$$

**例 5-7**　试通过状态反馈镇定状态方程如下式的系统：

$$\dot{x}=\begin{bmatrix}1&0&0\\0&2&0\\0&0&-5\end{bmatrix}x+\begin{bmatrix}1\\1\\0\end{bmatrix}u$$

**解**　(1) 由能控性的对角线规范型判据可知系统不能控，且状态方程已经具有按能控性分解的形式（相当于$\boldsymbol{P}=\boldsymbol{I}$），其中

$$\boldsymbol{A}_c=\begin{bmatrix}1&0\\0&2\end{bmatrix},\ \boldsymbol{A}_{\bar{c}}=-5,\ \boldsymbol{b}_c=\begin{bmatrix}1\\1\end{bmatrix}$$

不能控部分的特征值为 $-5$，表明不能控部分渐近稳定，故系统是状态反馈可镇定的。

(2) 能控子系统已经为对角线规范型（相当于$\boldsymbol{Q}=\boldsymbol{I}$），且两个特征值都大于0（分别为1、2），所以必须将它们都调整到左半开 $s$ 平面。

(3) 为保证系统渐近稳定，设期望的子系统极点为：$\lambda_{1,2}^*=-2\pm \mathrm{j}2$，利用极点配置算法，系统期望的特征多项式为

$$\varphi^*(s)=(s+2-\mathrm{j}2)(s+2+\mathrm{j}2)=s^2+4s+8$$

而根据闭环系统状态方程得出的特征多项式为

$$\varphi(s)=\det\left[s\boldsymbol{I}-(\boldsymbol{A}_c-\boldsymbol{b}_c\boldsymbol{k}_1)\right]=\det\left\{\begin{bmatrix}s&0\\0&s\end{bmatrix}-\left(\begin{bmatrix}1&0\\0&2\end{bmatrix}-\begin{bmatrix}1\\1\end{bmatrix}[k_1\quad k_2]\right)\right\}$$

$$=\det\begin{bmatrix}s-1+k_1&k_2\\k_1&s-2+k_2\end{bmatrix}=s^2+(k_1+k_2-3)s+(2-2k_1-k_2)$$

由 $\varphi(s)=\varphi^*(s)$ 解得

$$k_1=-13,\ k_2=20$$

(4) 由于 $\boldsymbol{P}=\boldsymbol{I}$，$\boldsymbol{Q}=\boldsymbol{I}$，所以原状态空间的状态反馈矩阵为

$$\boldsymbol{k}=[\boldsymbol{k}_1\quad 0]=[-13\quad 20\quad 0]$$

容易验证，在 $\boldsymbol{k}=[-13\quad 20\quad 0]$ 的状态反馈控制作用下，闭环系统的极点为 $\lambda_{1,2}=-2\pm \mathrm{j}2$，$\lambda_3=-5$。

上述状态镇定算法需化为特征值规范型，导致了计算的复杂化。实际上，把镇定问题视为将系统极点配置在左半开 $s$ 平面的极点配置问题，会大大简化计算过程。这时，状态反馈镇定算法的步骤为：

(1) 判别系统的能控性，若能控直接进行步骤 (5)，若不能控则进入下一步。

(2) 把状态不完全能控的被控系统 $\boldsymbol{\Sigma}_0(\boldsymbol{A},\boldsymbol{B},\boldsymbol{C})$ 经非奇异变换 $\boldsymbol{x}=\boldsymbol{P}\bar{\boldsymbol{x}}$ 按能控性分解为式 (5-54) 的形式，得出能控子系统和不能控子系统，并按状态反馈可镇定条件判别其可镇定性。

(3) 若系统是状态反馈可镇定的，则对能控子系统任意指定个数对应于能控子系统维数的位于左半开 $s$ 平面的期望极点，并按状态反馈极点配置算法求出状态反馈矩阵 $\bar{\boldsymbol{K}}_1$。

(4) 通过反变换求出原状态空间的状态反馈矩阵：$\boldsymbol{K}=[\bar{\boldsymbol{K}}_1\quad 0]\boldsymbol{P}^{-1}$，结束计算。

(5) 若系统能控，任意指定 $n$ 个位于左半开 $s$ 平面的期望极点，并按输出反馈极点配置算法求出状态反馈矩阵 $\boldsymbol{K}$，结束计算。

## 二、输出反馈镇定

输出反馈镇定是指被控对象 $\boldsymbol{\Sigma}_0(\boldsymbol{A},\boldsymbol{B},\boldsymbol{C})$ 在输出反馈 $\boldsymbol{u}=-\boldsymbol{H}\boldsymbol{y}+\boldsymbol{v}$ 作用下，通过设计

合适的输出反馈矩阵 $\boldsymbol{H}$，使闭环系统 $\boldsymbol{\Sigma}_H(\boldsymbol{A}-\boldsymbol{BHC},\ \boldsymbol{B},\ \boldsymbol{C})$ 的全部极点都具有负实部。

1. 输出反馈可镇定条件　一个系统能够通过输出反馈实现系统镇定的条件，有如下结论：线性定常系统 $\boldsymbol{\Sigma}_0(\boldsymbol{A},\boldsymbol{B},\boldsymbol{C})$ 输出反馈可镇定的充要条件是其能控不能观、不能控能观和不能控不能观三部分都是渐近稳定的，并且其能控能观部分是可按镇定配置极点的。

这是因为，根据线性系统结构分解理论，一个不能控不能观的系统 $\boldsymbol{\Sigma}_0(\boldsymbol{A},\boldsymbol{B},\boldsymbol{C})$，通过非奇异变换可将其分解为规范形式，其各系数矩阵为

$$\overline{\boldsymbol{A}}=\left[\begin{array}{cc:cc}\overline{\boldsymbol{A}}_{co} & 0 & \overline{\boldsymbol{A}}_{13} & 0\\ \overline{\boldsymbol{A}}_{21} & \overline{\boldsymbol{A}}_{c\bar{o}} & \overline{\boldsymbol{A}}_{23} & \overline{\boldsymbol{A}}_{24}\\ \hdashline 0 & 0 & \overline{\boldsymbol{A}}_{\bar{c}o} & 0\\ 0 & 0 & \overline{\boldsymbol{A}}_{43} & \overline{\boldsymbol{A}}_{\bar{c}\bar{o}}\end{array}\right],\quad \overline{\boldsymbol{B}}=\left[\begin{array}{c}\overline{\boldsymbol{B}}_{co}\\ \overline{\boldsymbol{B}}_{c\bar{o}}\\ \hdashline 0\\ 0\end{array}\right],\quad \overline{\boldsymbol{C}}=\left[\begin{array}{cc:cc}\overline{\boldsymbol{C}}_{co} & 0 & \overline{\boldsymbol{C}}_{\bar{c}o} & 0\end{array}\right]$$

引入输出反馈矩阵 $\overline{\boldsymbol{H}}$，显然在变换后的状态空间中，输出反馈系统的系统矩阵为

$$\overline{\boldsymbol{A}}-\overline{\boldsymbol{B}}\,\overline{\boldsymbol{H}}\,\overline{\boldsymbol{C}}=\begin{bmatrix}\overline{\boldsymbol{A}}_{co}-\overline{\boldsymbol{B}}_{co}\overline{\boldsymbol{H}}\,\overline{\boldsymbol{C}}_{co} & 0 & \overline{\boldsymbol{A}}_{13}-\overline{\boldsymbol{B}}_{co}\overline{\boldsymbol{H}}\,\overline{\boldsymbol{C}}_{\bar{c}o} & 0\\ \overline{\boldsymbol{A}}_{21}-\overline{\boldsymbol{B}}_{c\bar{o}}\overline{\boldsymbol{H}}\,\overline{\boldsymbol{C}}_{co} & \overline{\boldsymbol{A}}_{c\bar{o}} & \overline{\boldsymbol{A}}_{23}-\overline{\boldsymbol{B}}_{c\bar{o}}\overline{\boldsymbol{H}}\,\overline{\boldsymbol{C}}_{\bar{c}o} & \overline{\boldsymbol{A}}_{24}\\ 0 & 0 & \overline{\boldsymbol{A}}_{\bar{c}o} & 0\\ 0 & 0 & \overline{\boldsymbol{A}}_{43} & \overline{\boldsymbol{A}}_{\bar{c}\bar{o}}\end{bmatrix}$$

非奇异变换不改变系统的特征多项式，故有

$$\det(s\boldsymbol{I}-\boldsymbol{A}+\boldsymbol{BHC})=\det(s\boldsymbol{I}-\overline{\boldsymbol{A}}+\overline{\boldsymbol{B}}\,\overline{\boldsymbol{H}}\,\overline{\boldsymbol{C}})$$

$$=\det\begin{bmatrix}s\boldsymbol{I}-\overline{\boldsymbol{A}}_{co}+\overline{\boldsymbol{B}}_{co}\overline{\boldsymbol{H}}\,\overline{\boldsymbol{C}}_{co} & 0 & -\overline{\boldsymbol{A}}_{13}-\overline{\boldsymbol{B}}_{co}\overline{\boldsymbol{H}}\,\overline{\boldsymbol{C}}_{\bar{c}o} & 0\\ -\overline{\boldsymbol{A}}_{21}-\overline{\boldsymbol{B}}_{c\bar{o}}\overline{\boldsymbol{H}}\,\overline{\boldsymbol{C}}_{co} & s\boldsymbol{I}-\overline{\boldsymbol{A}}_{c\bar{o}} & -\overline{\boldsymbol{A}}_{23}-\overline{\boldsymbol{B}}_{c\bar{o}}\overline{\boldsymbol{H}}\,\overline{\boldsymbol{C}}_{\bar{c}o} & -\overline{\boldsymbol{A}}_{24}\\ 0 & 0 & s\boldsymbol{I}-\overline{\boldsymbol{A}}_{\bar{c}o} & 0\\ 0 & 0 & -\overline{\boldsymbol{A}}_{43} & s\boldsymbol{I}-\overline{\boldsymbol{A}}_{\bar{c}\bar{o}}\end{bmatrix}$$

$$=\det(s\boldsymbol{I}-\overline{\boldsymbol{A}}_{co}+\overline{\boldsymbol{B}}_{co}\overline{\boldsymbol{H}}\,\overline{\boldsymbol{C}}_{co})\det(s\boldsymbol{I}-\overline{\boldsymbol{A}}_{c\bar{o}})\det(s\boldsymbol{I}-\overline{\boldsymbol{A}}_{\bar{c}o})\det(s\boldsymbol{I}-\overline{\boldsymbol{A}}_{\bar{c}\bar{o}})$$

即闭环系统的极点集合包括 $\det(s\boldsymbol{I}-\overline{\boldsymbol{A}}_{c\bar{o}})=0$ 的根集合（能控不能观部分的极点集合），$\det(s\boldsymbol{I}-\overline{\boldsymbol{A}}_{\bar{c}o})=0$ 的根集合（不能控能观部分的极点集合），$\det(s\boldsymbol{I}-\overline{\boldsymbol{A}}_{\bar{c}\bar{o}})=0$ 的根集合（不能控不能观部分的极点集合），以及 $\det(s\boldsymbol{I}-\overline{\boldsymbol{A}}_{co}+\overline{\boldsymbol{B}}_{co}\overline{\boldsymbol{H}}\,\overline{\boldsymbol{C}}_{co})=0$ 的根集合。所以，当且仅当系统的能控不能观、不能控能观、不能控不能观三部分所有的极点都具有负实部，而且能控能观部分可以通过设计输出反馈矩阵 $\overline{\boldsymbol{H}}$ 使 $\det(s\boldsymbol{I}-\overline{\boldsymbol{A}}_{co}+\overline{\boldsymbol{B}}_{co}\overline{\boldsymbol{H}}\,\overline{\boldsymbol{C}}_{co})=0$ 的所有根（闭环极点）具有负实部时，闭环系统才能渐近稳定。

2. 输出反馈镇定计算　通过输出反馈矩阵的计算，使原位于右半闭 $s$ 平面上的极点移动到左半开 $s$ 平面，输出反馈镇定的计算同样可参照状态反馈极点配置算法进行。

**例 5-8**　已知线性定常系统 $\boldsymbol{\Sigma}_0(\boldsymbol{A},\ \boldsymbol{B},\ \boldsymbol{C})$ 各系数矩阵为

$$\boldsymbol{A}=\begin{bmatrix}0 & 0 & 5\\ 1 & 0 & -1\\ 0 & 1 & -3\end{bmatrix},\quad \boldsymbol{B}=\begin{bmatrix}-2 & 0\\ 1 & -2\\ 0 & 1\end{bmatrix},\quad \boldsymbol{C}=[0\ \ 0\ \ 1]$$

分析系统的输出反馈可镇定性。

**解**　由系统的能控性、能观性判据，系统是既能控又能观的。因此，系统通过输出反馈

可镇定的条件为整个系统是可按镇定配置极点的。

开环系统的特征多项式为

$$\varphi(s)=\det(s\boldsymbol{I}-\boldsymbol{A})=\det\begin{bmatrix}s & 0 & -5\\ -1 & s & 1\\ 0 & -1 & s+3\end{bmatrix}=s^3+3s^2+s-5$$

由劳斯判据，开环系统不是渐近稳定的。设输出反馈矩阵为 $\boldsymbol{h}=[h_1\quad h_2]^{\mathrm{T}}$，则闭环系统的系统矩阵为

$$\boldsymbol{A}-\boldsymbol{Bhc}=\begin{bmatrix}0 & 0 & 5\\ 1 & 0 & -1\\ 0 & 1 & -3\end{bmatrix}-\begin{bmatrix}-2 & 0\\ 1 & -2\\ 0 & 1\end{bmatrix}\begin{bmatrix}h_1\\ h_2\end{bmatrix}[0\quad 0\quad 1]=\begin{bmatrix}0 & 0 & 5+2h_1\\ 1 & 0 & -1-h_1+2h_2\\ 0 & 1 & -3-h_2\end{bmatrix}$$

对应的闭环系统特征多项式为

$$\varphi(s)=\det(s\boldsymbol{I}-\boldsymbol{A}+\boldsymbol{Bhc})=\det\begin{bmatrix}s & 0 & -5-2h_1\\ -1 & s & 1+h_1-2h_2\\ 0 & -1 & s+3+h_2\end{bmatrix}=s^3+(3+h_2)s^2+(1+h_1-2h_2)s-(5+2h_1)$$

由劳斯判据，得出闭环系统渐近稳定的 $\boldsymbol{h}$ 取值范围为

$$h_1<-5/2,\ h_2>-3,\ h_1-2h_2>-1$$

即 $\boldsymbol{h}=[h_1\quad h_2]^{\mathrm{T}}$ 在上述范围内取值，系统是输出反馈可镇定的。例如，取值 $h_1=-3$，$h_2=-2$，显然满足上述取值范围，这时闭环特征多项式为

$$\varphi(s)=s^3+s^2+2s+1$$

对应的三个闭环极点分别为 $-0.57$、$-0.22\pm \mathrm{j}1.3$，达到了输出反馈镇定的目的。

# 第四节　跟踪控制与扰动抑制问题

跟踪控制和扰动抑制是工程实际中存在的一类基本控制问题，其控制目标是保证系统的输出量无静差地跟踪外部给定的参考信号，同时还要抑制外部扰动信号对系统性能的影响。由于外部扰动信号和外部给定参考信号都是外部信号，在这里统一地考虑它们。

## 一、问题的描述

考虑具有外部给定参考信号和外部扰动信号的线性定常系统为

$$\begin{cases}\dot{\boldsymbol{x}}=\boldsymbol{Ax}+\boldsymbol{Bu}+\boldsymbol{B}_w\boldsymbol{w}\\ \boldsymbol{y}=\boldsymbol{Cx}+\boldsymbol{Du}+\boldsymbol{D}_w\boldsymbol{w}\end{cases}\tag{5-56}$$

式中，$\boldsymbol{x}$ 为 $n$ 维状态向量；$\boldsymbol{u}$ 为 $p$ 维控制向量；$\boldsymbol{y}$ 为 $q$ 维输出向量；$\boldsymbol{w}$ 为 $q$ 维确定的持续性扰动信号向量；$\boldsymbol{A}$、$\boldsymbol{B}$、$\boldsymbol{C}$、$\boldsymbol{D}$、$\boldsymbol{B}_w$、$\boldsymbol{D}_w$ 分别为对应维数的矩阵；$\boldsymbol{B}_w\boldsymbol{w}$ 和 $\boldsymbol{D}_w\boldsymbol{w}$ 分别是由外界加予原系统的装置扰动和测量输出量时产生的测量扰动。

设系统能控且能观，令系统输出 $\boldsymbol{y}$ 跟踪外部给定参考信号 $\boldsymbol{y}_{\mathrm{r}}$，跟踪误差为

$$\boldsymbol{e}=\boldsymbol{y}_{\mathrm{r}}-\boldsymbol{y}\tag{5-57}$$

于是，可画出具有外部扰动的跟踪系统的结构框图如图5-5所示。

上述问题可分为以下三种情况：

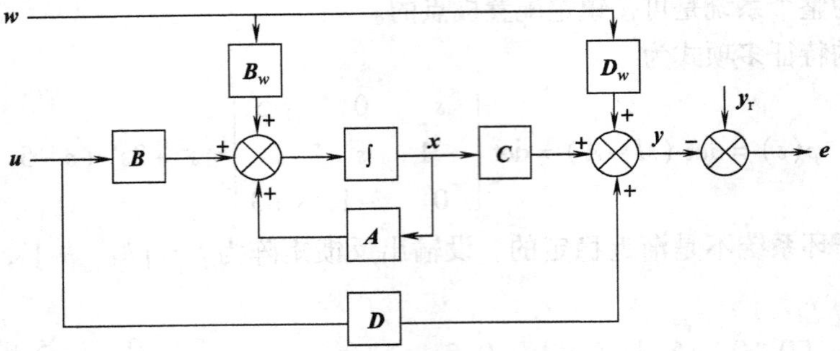


图 5-5　具有外部扰动的跟踪系统结构框图

（1）若 $w=0$，表示寻求控制作用 $u$ 使系统的跟踪误差（5-57）满足

$$\lim_{t\to\infty} e(t) = \lim_{t\to\infty}[y_r(t) - y(t)] = 0 \tag{5-58}$$

这时，称为渐近跟踪问题。

（2）若 $y_r=0$，表示寻求控制作用 $u$ 使系统的输出量 $y$ 不受外部扰动 $w$ 的影响，这时，称为扰动抑制问题。

（3）若 $y_r$ 和 $w$ 都不为 0，这时要寻求控制作用 $u$ 在外扰存在情况下使系统的跟踪误差满足

$$\lim_{t\to\infty} e(t) = \lim_{t\to\infty}[y_r(t) - y(t)] = 0 \tag{5-59}$$

这时，称为具有扰动抑制的渐近跟踪问题（或抗扰动跟踪问题）。

由于抗扰动跟踪问题包括了渐近跟踪和扰动抑制，更具一般性。所以，本节重点讨论这个问题。必须注意的是，在控制量 $u$ 的作用下，除了使系统满足渐近跟踪外，保证系统稳定且具有满意的动态性能也是抗扰动跟踪控制问题的基本要求。

## 二、具有扰动抑制的渐近跟踪控制系统

1. 控制系统的构成　为了实现在控制量 $u$ 的作用下，控制系统稳定且具有满意的动态性能，并且在外部扰动信号 $w$ 存在的情况下，系统输出 $y$ 能渐近跟踪外部给定参考信号 $y_r$，即满足式（5-59），根据状态反馈控制和内模控制原理，抗扰动跟踪控制系统原理如图 5-6 所示。

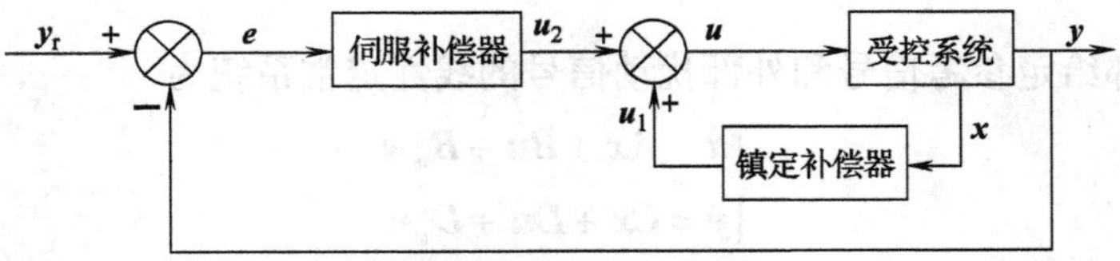


图 5-6　抗扰动跟踪控制系统原理

图 5-6 中，控制作用由两部分组成，其中 $u_1$ 为状态反馈控制作用，其功能是使系统稳定且具有满意的动态性能，它由一个称为镇定补偿器的静态补偿器产生；而 $u_2$ 由伺服补偿器产生，其功能是实现跟踪控制和扰动抑制。

2. 伺服补偿器模型　伺服补偿器是一个动态补偿器，它可由下面动态方程描述

$$\begin{cases}\dot{\boldsymbol{x}}_c = \boldsymbol{A}_c\boldsymbol{x}_c + \boldsymbol{B}_c\boldsymbol{e} \\ \boldsymbol{y}_c = \boldsymbol{K}_c\boldsymbol{x}_c\end{cases} \tag{5-60}$$

式中，$\boldsymbol{e}$ 为 $q$ 维误差向量，$\boldsymbol{e}=\boldsymbol{y}_r-\boldsymbol{y}$，是补偿器的输入；$\boldsymbol{y}_c$ 为补偿器的 $p$ 维输出向量，就是 $p$ 维控制量 $\boldsymbol{u}_2$。

根据内模控制原理，为了实现无静差控制和扰动抑制，伺服补偿器中必需“植入”外部给定参考信号 $\boldsymbol{y}_r(t)$ 和外部扰动信号 $\boldsymbol{w}(t)$ 的模型。由于上述信号中稳定的部分当 $t\to\infty$ 时趋于0，对系统的稳态不产生影响，所以仅需“植入” $\boldsymbol{y}_r(t)$ 和 $\boldsymbol{w}(t)$ 模型中的共同不稳定部分。设 $\boldsymbol{y}_r(t)$ 的特征多项式和 $\boldsymbol{w}(t)$ 的特征多项式中不稳定部分的最小公倍式为 $\varphi(s)$，令

$$\varphi(s)=s^l+\alpha_{l-1}s^{l-1}+\cdots+\alpha_1 s+\alpha_0 \tag{5-61}$$

于是，式（5-60）中的系数矩阵可表示为

$$\boldsymbol{A}_c=\begin{bmatrix}\boldsymbol{\Gamma} & & \\ & \ddots & \\ & & \boldsymbol{\Gamma}\end{bmatrix} \tag{5-62}$$

$$\boldsymbol{B}_c=\begin{bmatrix}\boldsymbol{\beta} & & \\ & \ddots & \\ & & \boldsymbol{\beta}\end{bmatrix} \tag{5-63}$$

式中，$\boldsymbol{A}_c$ 为 $ql\times ql$ 方阵；$\boldsymbol{B}_c$ 为 $ql\times q$ 维矩阵。其中

$$\boldsymbol{\Gamma}=\begin{bmatrix}0 & 1 & 0 & \cdots & 0 \\ 0 & 0 & 1 & \cdots & 0 \\ \vdots & \vdots & \vdots & \ddots & \vdots \\ 0 & 0 & 0 & \cdots & 1 \\ -\alpha_0 & -\alpha_1 & -\alpha_2 & \cdots & -\alpha_{l-1}\end{bmatrix} \tag{5-64}$$

为 $l\times l$ 维方阵块，且

$$\boldsymbol{\beta}=\begin{bmatrix}0 \\ \vdots \\ 0 \\ 1\end{bmatrix} \tag{5-65}$$

为 $l\times 1$ 维矩阵。可见，伺服补偿器的动态方程式（5-60）具有能控规范型形式，它是状态完全能控的。

3. 实现跟踪控制和扰动抑制的条件　综合受控系统（5-56）和伺服补偿器的动态方程式（5-60），可得出具有扰动抑制的渐近跟踪系统的状态方程式为

$$\begin{bmatrix}\dot{\boldsymbol{x}} \\ \dot{\boldsymbol{x}}_c\end{bmatrix}=\begin{bmatrix}\boldsymbol{A} & 0 \\ -\boldsymbol{B}_c\boldsymbol{C} & \boldsymbol{A}_c\end{bmatrix}\begin{bmatrix}\boldsymbol{x} \\ \boldsymbol{x}_c\end{bmatrix}+\begin{bmatrix}\boldsymbol{B} \\ -\boldsymbol{B}_c\boldsymbol{D}\end{bmatrix}\boldsymbol{u}+\begin{bmatrix}\boldsymbol{B}_w \\ -\boldsymbol{B}_c\boldsymbol{D}_w\end{bmatrix}\boldsymbol{w}+\begin{bmatrix}0 \\ \boldsymbol{B}_c\end{bmatrix}\boldsymbol{y}_r \tag{5-66}$$

而控制作用 $\boldsymbol{u}$ 为

$$\boldsymbol{u}=\boldsymbol{u}_1+\boldsymbol{u}_2=[-\boldsymbol{K}\quad \boldsymbol{K}_c]\begin{bmatrix}\boldsymbol{x} \\ \boldsymbol{x}_c\end{bmatrix} \tag{5-67}$$

其中，$\boldsymbol{u}_1=-\boldsymbol{K}\boldsymbol{x}$ 为状态反馈控制，$\boldsymbol{u}_2=\boldsymbol{K}_c\boldsymbol{x}_c$ 为伺服补偿控制，它们实际上就是具有扰动抑制的渐近跟踪系统（5-66）的状态反馈控制。具有外部扰动的跟踪控制系统结构框图如

图 5-7所示。

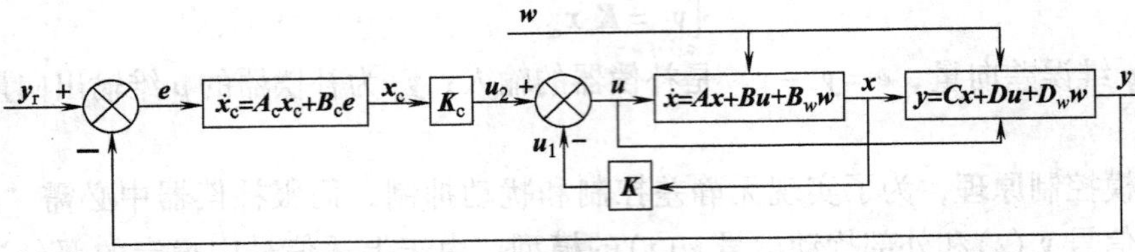


图 5-7 具有外部扰动的跟踪控制系统结构框图

关于扰动抑制渐近跟踪控制的存在性有如下结论：

对于具有扰动抑制的渐近跟踪系统（5-66），存在状态反馈控制作用（见式（5-67）），使系统实现抗扰动渐近跟踪的充分条件是：

（1）$\dim \boldsymbol{u} \geqslant \dim \boldsymbol{y}$，其中，$\dim \boldsymbol{u}$、$\dim \boldsymbol{y}$ 分别为受控系统的输入量维数和输出量维数。

（2）对外部给定参考信号和外部扰动信号共同不稳定部分（见式（5-61））的每个根 $\lambda_i$ $(i=1,2,\cdots,l)$，都有

$$\operatorname{rank}\begin{bmatrix}\lambda_i\boldsymbol{I}-\boldsymbol{A} & \boldsymbol{B}\\ -\boldsymbol{C} & \boldsymbol{D}\end{bmatrix}=n+q \tag{5-68}$$

该结论的证明分两步进行，首先证明上述两个条件是系统（5-66）为能控的充要条件。由能控性 PBH 判据（见式（4-36）），系统（5-66）能控的充要条件是

$$\operatorname{rank}\left[\begin{array}{cc:c}s\boldsymbol{I}-\boldsymbol{A} & 0 & \boldsymbol{B}\\ \boldsymbol{B}_c\boldsymbol{C} & s\boldsymbol{I}-\boldsymbol{A}_c & -\boldsymbol{B}_c\boldsymbol{D}\end{array}\right]=n+ql \tag{5-69}$$

而

$$\operatorname{rank}\left[\begin{array}{cc:c}s\boldsymbol{I}-\boldsymbol{A} & 0 & \boldsymbol{B}\\ \boldsymbol{B}_c\boldsymbol{C} & s\boldsymbol{I}-\boldsymbol{A}_c & -\boldsymbol{B}_c\boldsymbol{D}\end{array}\right]=\operatorname{rank}\left[\begin{array}{cc:c}s\boldsymbol{I}-\boldsymbol{A} & \boldsymbol{B} & 0\\ \boldsymbol{B}_c\boldsymbol{C} & -\boldsymbol{B}_c\boldsymbol{D} & s\boldsymbol{I}-\boldsymbol{A}_c\end{array}\right] \tag{5-70}$$

由于系统（5-56）能控，有

$$\operatorname{rank}[s\boldsymbol{I}-\boldsymbol{A}\quad \boldsymbol{B}]=n \tag{5-71}$$

再由伺服补偿器系统矩阵 $\boldsymbol{A}_c$ 的结构，对于 $\varphi(s)$ 的根以外的所有 $s$，有

$$\operatorname{rank}(s\boldsymbol{I}-\boldsymbol{A}_c)=ql \tag{5-72}$$

所以，对于 $\varphi(s)$ 的根以外的所有 $s$，式（5-69）成立。进而，对于 $\varphi(s)$ 的根 $\lambda_i(i=1,2,\cdots,l)$，式（5-69）的判别矩阵可表示为

$$\begin{bmatrix}\lambda_i\boldsymbol{I}-\boldsymbol{A} & 0 & \boldsymbol{B}\\ \boldsymbol{B}_c\boldsymbol{C} & \lambda_i\boldsymbol{I}-\boldsymbol{A}_c & -\boldsymbol{B}_c\boldsymbol{D}\end{bmatrix}=\begin{bmatrix}\boldsymbol{I}_n & 0 & 0\\ 0 & -\boldsymbol{B}_c & -(\lambda_i\boldsymbol{I}-\boldsymbol{A}_c)\end{bmatrix}\begin{bmatrix}\lambda_i\boldsymbol{I}-\boldsymbol{A} & 0 & \boldsymbol{B}\\ -\boldsymbol{C} & 0 & \boldsymbol{D}\\ 0 & -\boldsymbol{I}_{ql} & 0\end{bmatrix} \tag{5-73}$$

由于伺服补偿器的动态方程式（5-60）能控，有

$$\operatorname{rank}\begin{bmatrix}\boldsymbol{I}_n & 0 & 0\\ 0 & -\boldsymbol{B}_c & -(\lambda_i\boldsymbol{I}-\boldsymbol{A}_c)\end{bmatrix}=n+ql \tag{5-74}$$

求秩矩阵为 $(n+ql)\times(n+q+ql)$ 维矩阵，而

$$\operatorname{rank}\begin{bmatrix}\lambda_i\boldsymbol{I}-\boldsymbol{A} & 0 & \boldsymbol{B}\\ -\boldsymbol{C} & 0 & \boldsymbol{D}\\ 0 & -\boldsymbol{I}_{ql} & 0\end{bmatrix}=\operatorname{rank}\begin{bmatrix}\lambda_i\boldsymbol{I}-\boldsymbol{A} & \boldsymbol{B} & 0\\ -\boldsymbol{C} & \boldsymbol{D} & 0\\ 0 & 0 & -\boldsymbol{I}_{ql}\end{bmatrix} \tag{5-75}$$

由上面条件（1）和（2），对 $\varphi(s)$ 的根，有

$$\operatorname{rank}\begin{bmatrix}\lambda_i \boldsymbol{I}-\boldsymbol{A} & 0 & \boldsymbol{B}\\ -\boldsymbol{C} & 0 & \boldsymbol{D}\\ 0 & -\boldsymbol{I}_{ql} & 0\end{bmatrix}=n+q+ql \tag{5-76}$$

求秩矩阵为 $(n+q+ql)\times(n+p+ql)$ 维矩阵。应用塞尔维斯特（Sylvester）不等式，即对于任意的（$\alpha\times\beta$）维矩阵 $\boldsymbol{P}$ 和（$\beta\times k$）维矩阵 $\boldsymbol{Q}$，有不等式

$$\operatorname{rank}\boldsymbol{P}+\operatorname{rank}\boldsymbol{Q}-\beta\leqslant\operatorname{rank}\boldsymbol{PQ}\leqslant\min\left(\operatorname{rank}\boldsymbol{P},\operatorname{rank}\boldsymbol{Q}\right)$$

所以，对于 $\varphi(s)$ 的根 $\lambda_i(i=1,2,\cdots,l)$，有

$$(n+ql)+(n+q+ql)-(n+q+ql)\leqslant\operatorname{rank}\begin{bmatrix}\lambda_i \boldsymbol{I}-\boldsymbol{A} & 0 & \boldsymbol{B}\\ \boldsymbol{B}_c\boldsymbol{C} & \lambda_i \boldsymbol{I}-\boldsymbol{A}_c & -\boldsymbol{B}_c\boldsymbol{D}\end{bmatrix}\leqslant\min\left(n+ql,n+q+ql\right)$$

即对于 $\varphi(s)$ 的根 $\lambda_i(i=1,2,\cdots,l)$，有

$$\operatorname{rank}\begin{bmatrix}\lambda_i \boldsymbol{I}-\boldsymbol{A} & 0 & \boldsymbol{B}\\ \boldsymbol{B}_c\boldsymbol{C} & \lambda_i \boldsymbol{I}-\boldsymbol{A}_c & -\boldsymbol{B}_c\boldsymbol{D}\end{bmatrix}=n+ql \tag{5-77}$$

可见，对于 $\varphi(s)$ 的根 $\lambda_i(i=1,2,\cdots,l)$，式（5-69）也成立。所以，对于 $s$ 平面的一切值，式（5-69）均成立。因此，上述两个条件是系统（5-66）为能控的充要条件。

第二步，要证明上述两个条件是使系统（5-66）能实现抗扰动渐近跟踪的充分条件。上面已讨论过，系统能控是状态反馈可镇定的充分条件，因此，上述两个条件是系统（5-66）状态反馈可镇定的充分条件。即系统（5-66）在满足上述两个条件的前提下，必能找到状态反馈控制（5-67），使闭环系统渐近稳定，从而使 $\lim\limits_{t\to\infty}\begin{bmatrix}\dot{\boldsymbol{x}}\\ \dot{\boldsymbol{x}}_c\end{bmatrix}=0$。由式（5-60）及其参数矩阵形式，可以证明这时能保证当 $t\to\infty$ 时有 $\boldsymbol{e}(t)\to 0$，即对于 $\boldsymbol{y}_r$ 和 $\boldsymbol{w}$ 都不为 0 时，有

$$\lim_{t\to\infty}\boldsymbol{e}(t)=\lim_{t\to\infty}\left[\boldsymbol{y}_r(t)-\boldsymbol{y}(t)\right]=0 \tag{5-78}$$

实现了抗扰动渐近跟踪控制。结论得证。

4. 实现跟踪控制和扰动抑制的算法　综合上面的讨论过程，得出实现跟踪控制和扰动抑制的计算步骤如下：

（1）判别条件 $\dim\boldsymbol{u}\geqslant\dim\boldsymbol{y}$，若满足则进入下一步。

（2）判别受控系统（5-56）的能控性，若能控则进入下一步。

（3）取外部给定参考信号 $\boldsymbol{y}_r(t)$ 的特征多项式和外部扰动信号 $\boldsymbol{w}(t)$ 的特征多项式中不稳定部分的最小公倍式，得出

$$\varphi(s)=s^l+\alpha_{l-1}s^{l-1}+\cdots+\alpha_1 s+\alpha_0$$

并按式（5-62）～式（5-65）确定伺服补偿器模型参数 $\boldsymbol{A}_c$ 和 $\boldsymbol{B}_c$。

（4）求出 $\varphi(s)$ 的根 $\lambda_i(i=1,2,\cdots,l)$，并对每个根判别

$$\operatorname{rank}\begin{bmatrix}\lambda_i \boldsymbol{I}-\boldsymbol{A} & \boldsymbol{B}\\ -\boldsymbol{C} & \boldsymbol{D}\end{bmatrix}=n+q$$

若成立则进入下一步。

（5）写出具有扰动抑制的渐近跟踪系统的状态方程式

$$\begin{bmatrix}\dot{\boldsymbol{x}}\\ \dot{\boldsymbol{x}}_c\end{bmatrix}=\begin{bmatrix}\boldsymbol{A} & 0\\ -\boldsymbol{B}_c\boldsymbol{C} & \boldsymbol{A}_c\end{bmatrix}\begin{bmatrix}\boldsymbol{x}\\ \boldsymbol{x}_c\end{bmatrix}+\begin{bmatrix}\boldsymbol{B}\\ -\boldsymbol{B}_c\boldsymbol{D}\end{bmatrix}\boldsymbol{u}+\begin{bmatrix}\boldsymbol{B}_w\\ -\boldsymbol{B}_c\boldsymbol{D}_w\end{bmatrix}\boldsymbol{w}+\begin{bmatrix}0\\ \boldsymbol{B}_c\end{bmatrix}\boldsymbol{y}_r$$

(6) 按要求的动态性能指定$(n+ql)$个期望闭环极点$\lambda_i^*(i=1,2,\cdots,n+ql)$。

(7) 由$\boldsymbol{u}=[-\boldsymbol{K}\quad \boldsymbol{K}_c]\begin{bmatrix}\boldsymbol{x}\\ \boldsymbol{x}_c\end{bmatrix}$，根据极点配置算法求出$\boldsymbol{K}=[-\boldsymbol{K}\quad \boldsymbol{K}_c]$；得出镇定补偿器为

$$\boldsymbol{u}_1=-\boldsymbol{K}\boldsymbol{x}$$

伺服补偿器为

$$\begin{cases}\dot{\boldsymbol{x}}_c=\boldsymbol{A}_c\boldsymbol{x}_c+\boldsymbol{B}_c\boldsymbol{e}\\ \boldsymbol{u}_2=\boldsymbol{K}_c\boldsymbol{x}_c\end{cases}$$

**例 5-9** 给定线性定常系统为

$$\begin{cases}\dot{\boldsymbol{x}}=\begin{bmatrix}0&1&0&0\\0&0&-1&0\\0&0&0&1\\0&0&11&0\end{bmatrix}\boldsymbol{x}+\begin{bmatrix}0\\1\\0\\-1\end{bmatrix}u+\begin{bmatrix}0\\4\\0\\6\end{bmatrix}w\\ y=[1\quad 0\quad 0\quad 0]\boldsymbol{x}\end{cases}$$

其中扰动信号$w$是单位阶跃函数，试确定使系统对给定的单位阶跃参考信号$y_r$实现渐近跟踪和对扰动实现抑制的镇定补偿器与伺服补偿器。

**解** 按题意，被控对象具有装置扰动而不存在测量扰动，且$n=4$，$p=1$，$q=1$。

(1) 有$\dim \boldsymbol{u}=\dim \boldsymbol{y}=1$，满足判别条件1。

(2) 容易判定受控系统是能控的。

(3) 由于$y_r$和$w$都是单位阶跃函数，其特征多项式都为$s$且不稳定，所以它们不稳定部分的最小公倍式为$\varphi(s)=s$；并按式(5-62)～式(5-65)确定出伺服补偿器的模型为

$$\begin{cases}\dot{x}_c=0x_c+e\\ y_c=k_cx_c\end{cases}$$

(4) 对于$\varphi(s)=s=0$的根$\lambda=0$，有

$$\operatorname{rank}\begin{bmatrix}\lambda\boldsymbol{I}-\boldsymbol{A}&\boldsymbol{b}\\-\boldsymbol{c}&\boldsymbol{D}\end{bmatrix}=\operatorname{rank}\begin{bmatrix}-\boldsymbol{A}&\boldsymbol{b}\\-\boldsymbol{c}&0\end{bmatrix}=\operatorname{rank}\left[\begin{array}{cccc:c}0&-1&0&0&0\\0&0&1&0&1\\0&0&0&-1&0\\0&0&-11&0&-1\\ \hdashline -1&0&0&0&0\end{array}\right]=5=n+q$$

满足判别条件2。所以，系统能实现抗扰动渐近跟踪控制。

(5) 写出具有扰动抑制的渐近跟踪系统状态方程式为

$$\begin{bmatrix}\dot{\boldsymbol{x}}\\ \dot{x}_c\end{bmatrix}=\begin{bmatrix}\boldsymbol{A}&0\\-b_c\boldsymbol{c}&0\end{bmatrix}\begin{bmatrix}\boldsymbol{x}\\ x_c\end{bmatrix}+\begin{bmatrix}\boldsymbol{b}\\0\end{bmatrix}u+\begin{bmatrix}\boldsymbol{b}_w\\0\end{bmatrix}w+\begin{bmatrix}0\\b_c\end{bmatrix}y_r$$

$$=\left[\begin{array}{cccc:c}0&1&0&0&0\\0&0&-1&0&0\\0&0&0&1&0\\0&0&11&0&0\\ \hdashline -1&0&0&0&0\end{array}\right]\begin{bmatrix}\boldsymbol{x}\\ x_c\end{bmatrix}+\left[\begin{array}{c}0\\1\\0\\-1\\ \hdashline 0\end{array}\right]u+\left[\begin{array}{c}0\\4\\0\\6\\ \hdashline 0\end{array}\right]w+\left[\begin{array}{c}0\\0\\0\\0\\ \hdashline 1\end{array}\right]y_r$$

（6）设 5 个期望闭环极点为

$$\lambda_1^* = -1,\ \lambda_2^* = -1,\ \lambda_{3,4}^* = -1 \pm \mathrm{j},\ \lambda_5^* = -2$$

（7）对应的闭环特征多项式为

$$\varphi^*(s) = (s+1)^2(s+1+\mathrm{j})(s+1-\mathrm{j})(s+2) = s^5 + 6s^4 + 15s^3 + 20s^2 + 14s + 4$$

而对具有扰动抑制的渐近跟踪系统的状态反馈控制 $u$ 为

$$u = \begin{bmatrix} -\boldsymbol{k} & k_c \end{bmatrix} \begin{bmatrix} \boldsymbol{x} \\ x_c \end{bmatrix} = \begin{bmatrix} -k_1 & -k_2 & -k_3 & -k_4 & \vdots & k_c \end{bmatrix} \begin{bmatrix} \boldsymbol{x} \\ x_c \end{bmatrix}$$

对应的闭环系统的系统矩阵为

$$\boldsymbol{A}_{kk_c} = \begin{bmatrix} \boldsymbol{A} & 0 \\ -b_c\boldsymbol{c} & 0 \end{bmatrix} + \begin{bmatrix} \boldsymbol{b} \\ 0 \end{bmatrix} \begin{bmatrix} -\boldsymbol{k} & k_c \end{bmatrix} = \begin{bmatrix} \boldsymbol{A}-\boldsymbol{bk} & \boldsymbol{b}k_c \\ -b_c c & 0 \end{bmatrix} = \left[\begin{array}{cccc:c} 0 & 1 & 0 & 0 & 0 \\ -k_1 & -k_2 & -k_3-1 & -k_4 & k_c \\ 0 & 0 & 0 & 1 & 0 \\ k_1 & k_2 & k_3+11 & k_4 & -k_c \\ \hdashline -1 & 0 & 0 & 0 & 0 \end{array}\right]$$

对应的特征多项式为

$$\varphi(s) = \det(s\boldsymbol{I} - \boldsymbol{A}_{kk_c}) = s^5 + (k_2 - k_4)s^4 + (k_1 - k_3 - 11)s^3 + (k_c - 10k_2)s^2 - 10k_1 s - 10k_c$$

由 $\varphi^*(s) = \varphi(s)$，解得

$$k_1 = -1.4,\ k_2 = -2.04,\ k_3 = -27.4,\ k_4 = -8.04,\ k_c = -0.4$$

可定出镇定补偿器为

$$u_1 = -\boldsymbol{kx} = -\begin{bmatrix} -1.4 & -2.04 & -27.4 & -8.04 \end{bmatrix}\boldsymbol{x}$$

伺服补偿器为

$$\begin{cases} \dot{x}_c = [0]x_c + [1]e = e \\ u_2 = k_c x_c = -0.4x_c \end{cases}$$

可画出本例实现渐近跟踪和扰动抑制的控制系统状态变量图如图 5-8 所示。其中控制作用的意义是明显的：首先，镇定补偿器实际上就是状态反馈控制，它的控制作用 $u_1 = -\boldsymbol{kx}$ 按极点配置设计保证了闭环系统稳定并具有期望的动态特性；其次，伺服补偿器是一个偏差信号的 1 阶积分控制器，它的控制作用 $u_2 = k_c\int e\mathrm{d}t$ 能消除外部信号为阶跃信号时的静态误差，这正是在伺服补偿器中“植入”了 $\boldsymbol{y}_r(t)$ 和 $\boldsymbol{w}(t)$（本例中它们均为阶跃信号）的共同不稳定

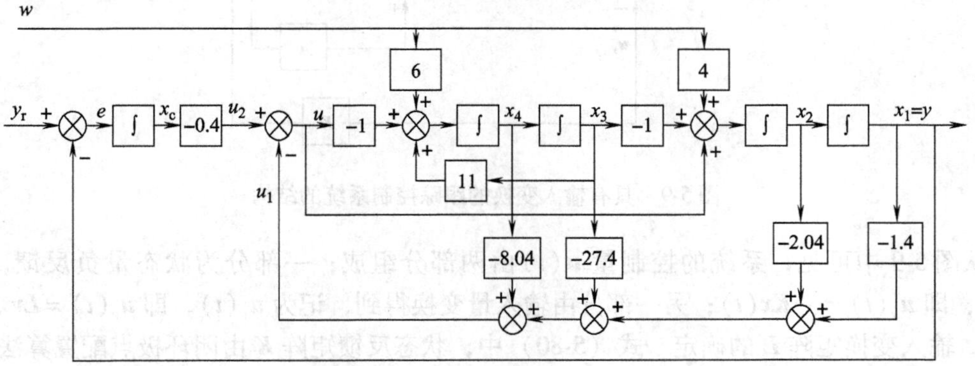


图 5-8　例 5-9 实现渐近跟踪和扰动抑制的控制系统的状态变量图

部分，即内模控制的结果。

应用内模控制原理设计的控制系统，不仅使具有外部扰动的系统实现了渐近跟踪，而且对除内模以外的受控系统和补偿器的参数摄动具有很强的鲁棒性。当除内模以外的受控系统和补偿器的参数发生变化时，只要能保证住闭环系统是渐近稳定的，则系统一定是跟踪控制和扰动抑制的。内模控制的这一特性使它在控制工程中得到了广泛的应用。

内模控制对于内模参数的变化不具鲁棒性。这是因为内模控制的实质在于“植入”于伺服补偿器中的 $\varphi(s)$ 的根精确地对消了 $\boldsymbol{y}_r(t)$ 和 $\boldsymbol{w}(t)$ 的不稳定部分的运动形式，内模参数的任何摄动，都将直接破坏这种精确对消，从而破坏了渐近跟踪和扰动抑制的机理。但是，对于大多数工程实际问题，由于 $\boldsymbol{y}_r(t)$ 和 $\boldsymbol{w}(t)$ 有界，即使内模参数发生了变化，系统仍能以有限的静态误差实现跟踪，达到较好的跟踪控制和扰动抑制的目的。

## 三、具有输入变换的跟踪控制

当外部给定参考信号为定值，并仅以消除输出量对外部给定参考信号的静态误差为目标，即要求系统具有良好的稳态性能时，还可以在一些假设条件下通过在状态反馈控制的基础上加上输入变换来达到。

1. 系统结构　考虑线性定常系统

$$\begin{cases}\dot{\boldsymbol{x}} = \boldsymbol{A}\boldsymbol{x} + \boldsymbol{B}\boldsymbol{u} \\ \boldsymbol{y} = \boldsymbol{C}\boldsymbol{x}\end{cases} \tag{5-79}$$

式中，$\boldsymbol{x}$ 为 $n$ 维状态向量；$\boldsymbol{u}$ 为 $p$ 维控制向量；$\boldsymbol{y}$ 为 $q$ 维输出向量；$\boldsymbol{A}$、$\boldsymbol{B}$、$\boldsymbol{C}$ 分别为相应维数的实常数矩阵。

取系统的控制量为

$$\boldsymbol{u} = -\boldsymbol{K}\boldsymbol{x} + \boldsymbol{L}\boldsymbol{v} \tag{5-80}$$

式中，$\boldsymbol{K}$ 为 $p\times n$ 维状态反馈矩阵，它将 $n$ 维状态向量 $\boldsymbol{x}$ 负反馈至 $p$ 维输入向量 $\boldsymbol{u}$ 处；$\boldsymbol{v}$ 限定为定值参考输入向量，在跟踪控制中通常应与输出向量维数相同，即为 $q$ 维；$\boldsymbol{L}$ 为 $p\times q$ 维输入变换矩阵。

具有输入变换的跟踪控制系统的结构如图 5-9 所示。

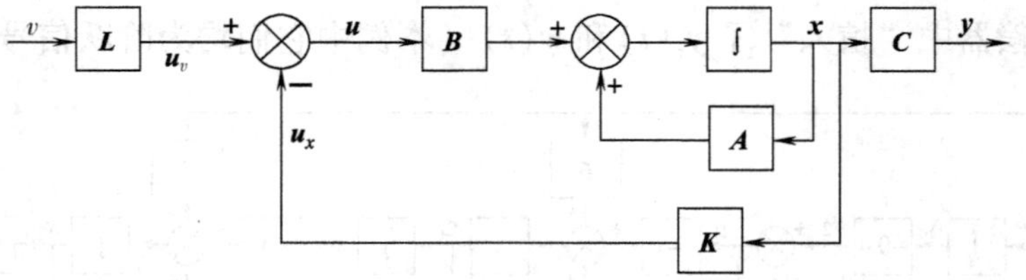


图 5-9　具有输入变换的跟踪控制系统的结构

从图 5-9 中可见，系统的控制量 $\boldsymbol{u}(t)$ 由两部分组成：一部分为状态量负反馈，记为 $\boldsymbol{u}_x(t)$，即 $\boldsymbol{u}_x(t) = -\boldsymbol{K}\boldsymbol{x}(t)$；另一部分由输入量变换得到，记为 $\boldsymbol{u}_v(t)$，即 $\boldsymbol{u}_v(t) = \boldsymbol{L}\boldsymbol{v}$。

2. 输入变换矩阵 $\boldsymbol{L}$ 的确定　式（5-80）中，状态反馈矩阵 $\boldsymbol{K}$ 由闭环极点配置算法确定，这里主要讨论输入变换矩阵 $\boldsymbol{L}$ 的确定算法。

当系统稳态运行（即$t\to\infty$）时，由式（5-79）可得

$$\begin{cases}\dot{\boldsymbol{x}}_\infty=\boldsymbol{A}\boldsymbol{x}_\infty+\boldsymbol{B}\boldsymbol{u}_\infty\\ \boldsymbol{y}_\infty=\boldsymbol{C}\boldsymbol{x}_\infty\end{cases} \tag{5-81}$$

因为稳态时$\dot{\boldsymbol{x}}_\infty=0$，故有

$$\boldsymbol{A}\boldsymbol{x}_\infty+\boldsymbol{B}\boldsymbol{u}_\infty=0 \tag{5-82}$$

又由式（5-80），有$\boldsymbol{u}_\infty=\boldsymbol{u}_{x\infty}+\boldsymbol{u}_{v\infty}=-\boldsymbol{K}\boldsymbol{x}_\infty+\boldsymbol{L}\boldsymbol{v}_\infty$。代入式（5-82），得

$$\boldsymbol{A}\boldsymbol{x}_\infty+\boldsymbol{B}(-\boldsymbol{K}\boldsymbol{x}_\infty+\boldsymbol{L}\boldsymbol{v}_\infty)=0 \tag{5-83}$$

即

$$\boldsymbol{x}_\infty=(\boldsymbol{B}\boldsymbol{K}-\boldsymbol{A})^{-1}\boldsymbol{B}\boldsymbol{L}\boldsymbol{v}_\infty \tag{5-84}$$

这里假设了$n\times n$维矩阵$(\boldsymbol{B}\boldsymbol{K}-\boldsymbol{A})$的逆阵存在。将式（5-84）再代入输出方程，有

$$\boldsymbol{y}_\infty=\boldsymbol{C}\boldsymbol{x}_\infty=\boldsymbol{C}(\boldsymbol{B}\boldsymbol{K}-\boldsymbol{A})^{-1}\boldsymbol{B}\boldsymbol{L}\boldsymbol{v}_\infty \tag{5-85}$$

考虑到稳态时系统的输出量$\boldsymbol{y}_\infty$与参考输入量$\boldsymbol{v}_\infty$应相等的要求，即$\boldsymbol{y}_\infty=\boldsymbol{v}_\infty$，故得到

$$\boldsymbol{C}(\boldsymbol{B}\boldsymbol{K}-\boldsymbol{A})^{-1}\boldsymbol{B}\boldsymbol{L}=\boldsymbol{I} \tag{5-86}$$

从而解得

$$\boldsymbol{L}=[\boldsymbol{C}(\boldsymbol{B}\boldsymbol{K}-\boldsymbol{A})^{-1}\boldsymbol{B}]^{-1} \tag{5-87}$$

这里又假设了$p=q$，即矩阵$\boldsymbol{C}(\boldsymbol{B}\boldsymbol{K}-\boldsymbol{A})^{-1}\boldsymbol{B}$为$q\times q$维方阵，且假设其逆阵存在。

可见，输入变换矩阵$\boldsymbol{L}$不仅与系统的参数矩阵$\boldsymbol{A}$、$\boldsymbol{B}$、$\boldsymbol{C}$有关，还与状态反馈矩阵$\boldsymbol{K}$有关。因此在计算矩阵$\boldsymbol{L}$之前应先确定状态反馈矩阵$\boldsymbol{K}$。

对于单输入单输出系统，显然有$p=q=1$，式（5-87）变为

$$l=\frac{1}{\boldsymbol{c}(\boldsymbol{b}\boldsymbol{k}-\boldsymbol{A})^{-1}\boldsymbol{b}} \tag{5-88}$$

式中，$\boldsymbol{A}$为$n\times n$维系统矩阵；$\boldsymbol{b}$为$n\times 1$维输入矩阵；$\boldsymbol{c}$为$1\times n$维输出矩阵；$\boldsymbol{k}$为$1\times n$维状态反馈矩阵；输入变换矩阵$l$退化为标量。

3. 系统的动态调节　系统稳态运行时，出现初始状态$\boldsymbol{x}(0)$后，系统进入动态调节过程。此时状态量由$\boldsymbol{x}_\infty$变为$\boldsymbol{x}_\infty+\boldsymbol{x}(0)$，进而变为$\boldsymbol{x}_\infty+\boldsymbol{x}(t)$，对应地，反馈量由$\boldsymbol{u}_{x\infty}$变为$\boldsymbol{u}_{x\infty}+\boldsymbol{u}_x(t)$，控制量由$\boldsymbol{u}_\infty$变为$\boldsymbol{u}_\infty+\boldsymbol{u}(t)$。由于此时参考输入向量仍为$\boldsymbol{v}_\infty$，对应地由输入变换产生的控制量仍为$\boldsymbol{u}_{v\infty}$。故有

$$\boldsymbol{u}_\infty+\boldsymbol{u}(t)=\boldsymbol{u}_{v\infty}+[\boldsymbol{u}_{x\infty}+\boldsymbol{u}_x(t)] \tag{5-89}$$

由$\boldsymbol{u}_\infty=\boldsymbol{u}_{x\infty}+\boldsymbol{u}_{v\infty}$，可得到这时系统的控制量为

$$\boldsymbol{u}(t)=\boldsymbol{u}_x(t)=-\boldsymbol{K}\boldsymbol{x}(t) \tag{5-90}$$

可见，尽管这时输入量变换通道仍存在，但系统的控制作用仅限于通过状态反馈控制实现对初始状态产生的影响，即等同于$\boldsymbol{v}=0$的调节问题。

**例 5-10**　给定线性定常系统为

$$\begin{cases}\dot{\boldsymbol{x}}=\begin{bmatrix}0&1&0&0\\0&0&-1&0\\0&0&0&1\\0&0&11&0\end{bmatrix}\boldsymbol{x}+\begin{bmatrix}0\\1\\0\\-1\end{bmatrix}u\\ y=[1\quad 0\quad 0\quad 0]\boldsymbol{x}\end{cases}$$

试设计使系统输出对给定的单位阶跃参考信号 $y_r$ 实现跟踪控制的具有输入变换的状态反馈控制系统。

**解**　(1) 先按极点配置算法设计状态反馈控制。例 5-9 中已经判断系统能控，假设期望的闭环极点为 $\lambda_1^* = -1$、$\lambda_2^* = -1$、$\lambda_{3,4}^* = -1 \pm \mathrm{j}$，则期望的闭环特征多项式为

$$\varphi^*(s) = (s+1)^2(s+1+\mathrm{j})(s+1-\mathrm{j}) = s^4 + 4s^3 + 7s^2 + 6s + 2$$

而状态反馈控制系统的系统矩阵为

$$\boldsymbol{A} - \boldsymbol{bk} = \begin{bmatrix} 0 & 1 & 0 & 0 \\ 0 & 0 & -1 & 0 \\ 0 & 0 & 0 & 1 \\ 0 & 0 & 11 & 0 \end{bmatrix} - \begin{bmatrix} 0 \\ 1 \\ 0 \\ -1 \end{bmatrix} [k_1 \quad k_2 \quad k_3 \quad k_4] = \begin{bmatrix} 0 & 1 & 0 & 0 \\ -k_1 & -k_2 & -1-k_3 & -k_4 \\ 0 & 0 & 0 & 1 \\ k_1 & k_2 & 11+k_3 & k_4 \end{bmatrix}$$

对应的特征多项式为

$$\varphi(s) = \det(s\boldsymbol{I} - \boldsymbol{A} + \boldsymbol{bk}) = s^4 + (k_2 - k_4)s^3 + (k_1 - k_3 - 11)s^2 - 10k_2 s - 10k_1$$

由 $\varphi^*(s) = \varphi(s)$，解得

$$k_1 = -0.2,\quad k_2 = -0.6,\quad k_3 = -18.2,\quad k_4 = -4.6$$

(2) 因为系统为单输入单输出，由式 (5-88) 可求出输入变换系数为

$$l = \frac{1}{\boldsymbol{c}(\boldsymbol{bk} - \boldsymbol{A})^{-1}\boldsymbol{b}} = -0.2$$

可画出具有输入变换的跟踪控制系统状态变量图如图 5-10 所示。

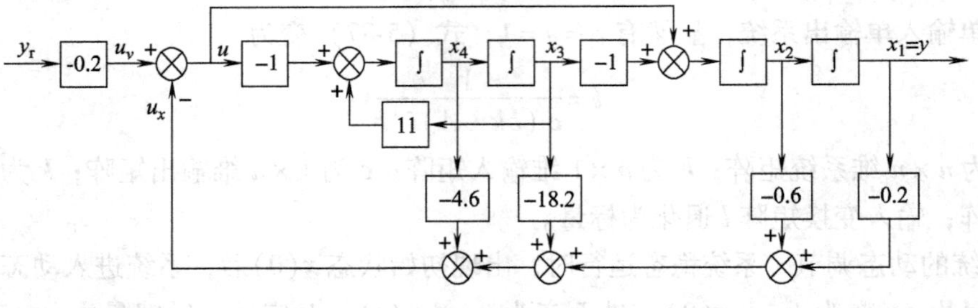


图 5-10　例 5-10 中具有输入变换的跟踪控制系统状态变量图

# 第五节　解耦控制问题

解耦控制问题是多输入多输出系统综合的重要内容，因为多输入多输出系统中，输入量和输出量存在着复杂的关联关系，即每一个输入量会影响多个输出量，而每一个输出量将受到多个输入量的作用。如果能使多输入多输出系统做到每一个输入量仅影响一个输出量，每一个输出量只受到一个输入量的作用，将极大地有利于系统设计和调试。系统中这种输入量和输出量的相互关联关系称为耦合，而解耦控制问题就是寻求合适的控制规律使系统解除复杂的关联，达到一个输入量仅影响一个输出量，一个输出量只受到一个输入量作用的目的。

## 一、问题的描述

考虑多输入多输出线性定常系统 $\boldsymbol{\Sigma}_0(\boldsymbol{A}, \boldsymbol{B}, \boldsymbol{C})$

$$\begin{cases}\dot{\boldsymbol{x}} = \boldsymbol{A}\boldsymbol{x} + \boldsymbol{B}\boldsymbol{u} \\ \boldsymbol{y} = \boldsymbol{C}\boldsymbol{x}\end{cases} \tag{5-91}$$

式中，$\boldsymbol{x}$ 为 $n$ 维状态向量；$\boldsymbol{u}$ 为 $p$ 维输入向量；$\boldsymbol{y}$ 为 $q$ 维输出向量；$\boldsymbol{A}$、$\boldsymbol{B}$、$\boldsymbol{C}$ 分别为相应维数的实常数矩阵。

在初始条件为 0 的情况下，可以得出系统输入到输出的传递关系式

$$\boldsymbol{G}(s) = \boldsymbol{C}(s\boldsymbol{I}-\boldsymbol{A})^{-1}\boldsymbol{B} = \begin{bmatrix} g_{11}(s) & g_{12}(s) & \cdots & g_{1p}(s) \\ g_{21}(s) & g_{22}(s) & \cdots & g_{2p}(s) \\ \vdots & \vdots & & \vdots \\ g_{q1}(s) & g_{q2}(s) & \cdots & g_{qp}(s) \end{bmatrix} \tag{5-92}$$

即有

$$\begin{bmatrix} y_1(s) \\ y_2(s) \\ \vdots \\ y_q(s) \end{bmatrix} = \begin{bmatrix} g_{11}(s) & g_{12}(s) & \cdots & g_{1p}(s) \\ g_{21}(s) & g_{22}(s) & \cdots & g_{2p}(s) \\ \vdots & \vdots & & \vdots \\ g_{q1}(s) & g_{q2}(s) & \cdots & g_{qp}(s) \end{bmatrix} \begin{bmatrix} u_1(s) \\ u_2(s) \\ \vdots \\ u_p(s) \end{bmatrix} \tag{5-93}$$

一般情况下，有

$$y_i(s) = g_{i1}(s)u_1(s) + g_{i2}(s)u_2(s) + \cdots + g_{ip}(s)u_p(s) \quad i = 1,2,\cdots,q \tag{5-94}$$

解耦控制的目标是在合适的控制量 $\boldsymbol{u}$ 的作用下，改变传递函数矩阵 $\boldsymbol{G}(s)$ 为 $\boldsymbol{G}'(s)$，使

$$y_i(s) = g'_{ii}(s)u_i(s) \quad i = 1,2,\cdots,q \tag{5-95}$$

即让递函数矩阵为一对角阵

$$\boldsymbol{G}'(s) = \begin{bmatrix} g'_{11}(s) & 0 & \cdots & 0 \\ 0 & g'_{22}(s) & \cdots & 0 \\ \vdots & \vdots & \ddots & \vdots \\ 0 & 0 & \cdots & g'_{pp}(s) \end{bmatrix} \tag{5-96}$$

为此，系统必须满足两个必要条件：

1）$p = q$，即输入向量维数与输出向量维数一致。

2）式（5-96）中 $g'_{ii}(s) \neq 0 \quad (i = 1,2,\cdots,p)$。

可以有多种办法实现系统的解耦，下面介绍两种最主要的系统解耦控制方法。

## 二、串联补偿解耦

这是一种频域综合方法，其结构框图如图 5-11 所示。图中，$\boldsymbol{G}_{\mathrm{p}}(s)$ 为被控对象（5-91）的频域表示形式，$\boldsymbol{G}_{\mathrm{c}}(s)$ 为串联补偿器，并设输出反馈矩阵为 $\boldsymbol{I}$，即全部是单位负反馈。所谓串联补偿解耦就是寻求合适的串联补偿器 $\boldsymbol{G}_{\mathrm{c}}(s)$，使闭环系统的传递函数矩阵为对角阵。由第一章串联连接组合与反馈连接组合系统的传递函数矩阵表示式，闭环系统前向通道的传递函数矩阵为

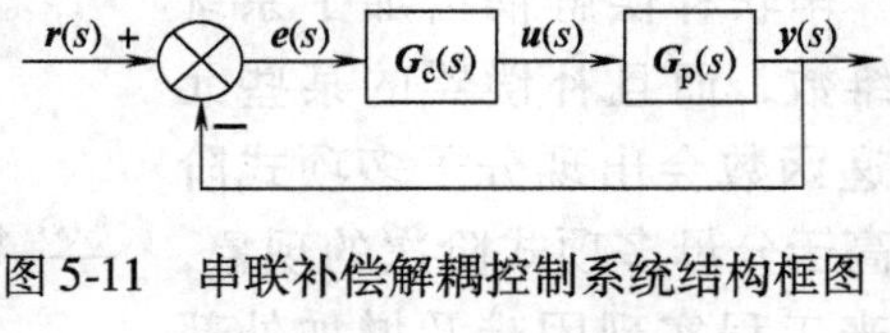


图 5-11　串联补偿解耦控制系统结构框图

$$\boldsymbol{G}_{\mathrm{f}}(s)=\boldsymbol{G}_{\mathrm{p}}(s)\boldsymbol{G}_{\mathrm{c}}(s) \tag{5-97}$$

闭环系统的传递函数矩阵为

$$\boldsymbol{\Phi}(s)=[\boldsymbol{I}+\boldsymbol{G}_{\mathrm{p}}(s)\boldsymbol{G}_{\mathrm{c}}(s)]^{-1}\boldsymbol{G}_{p}(s)\boldsymbol{G}_{\mathrm{c}}(s) \tag{5-98}$$

两边左乘$[\boldsymbol{I}+\boldsymbol{G}_{\mathrm{p}}(s)\boldsymbol{G}_{\mathrm{c}}(s)]$，得

$$[\boldsymbol{I}+\boldsymbol{G}_{\mathrm{p}}(s)\boldsymbol{G}_{\mathrm{c}}(s)]\boldsymbol{\Phi}(s)=\boldsymbol{G}_{\mathrm{p}}(s)\boldsymbol{G}_{\mathrm{c}}(s) \tag{5-99}$$

即

$$\boldsymbol{G}_{\mathrm{p}}(s)\boldsymbol{G}_{\mathrm{c}}(s)[\boldsymbol{I}-\boldsymbol{\Phi}(s)]=\boldsymbol{\Phi}(s) \tag{5-100}$$

假设$\boldsymbol{G}_{\mathrm{p}}(s)$和$[\boldsymbol{I}-\boldsymbol{\Phi}(s)]$ 的逆阵都存在，则可得出串联补偿器为

$$\boldsymbol{G}_{\mathrm{c}}(s)=\boldsymbol{G}_{\mathrm{p}}^{-1}(s)\boldsymbol{\Phi}(s)[\boldsymbol{I}-\boldsymbol{\Phi}(s)]^{-1} \tag{5-101}$$

由上式可知，当要求闭环传递函数矩阵$\boldsymbol{\Phi}(s)$为对角阵（即实现了解耦）时，前向通道的传递函数矩阵$\boldsymbol{G}_{\mathrm{f}}(s)=\boldsymbol{G}_{\mathrm{p}}(s)\boldsymbol{G}_{\mathrm{c}}(s)$也必须为对角阵。并可由式（5-101）求得串联补偿器的传递函数矩阵。

**例 5-11** 已知受控对象的传递函数矩阵为

$$\boldsymbol{G}_{\mathrm{p}}(s)=\begin{bmatrix}\dfrac{1}{2s+1} & 0\\ 1 & \dfrac{1}{s+1}\end{bmatrix}$$

试设计一串联补偿器$\boldsymbol{G}_{\mathrm{c}}(s)$，使串联补偿解耦系统的传递函数矩阵为

$$\boldsymbol{\Phi}(s)=\begin{bmatrix}\dfrac{1}{s+1} & 0\\ 0 & \dfrac{1}{5s+1}\end{bmatrix}$$

**解** 由式（5-100），得

$$\boldsymbol{G}_{\mathrm{p}}(s)\boldsymbol{G}_{\mathrm{c}}(s)=\boldsymbol{\Phi}(s)[\boldsymbol{I}-\boldsymbol{\Phi}(s)]^{-1}=\begin{bmatrix}\dfrac{1}{s+1} & 0\\ 0 & \dfrac{1}{5s+1}\end{bmatrix}\begin{bmatrix}\dfrac{s}{s+1} & 0\\ 0 & \dfrac{5s}{5s+1}\end{bmatrix}^{-1}=\begin{bmatrix}\dfrac{1}{s} & 0\\ 0 & \dfrac{1}{5s}\end{bmatrix}$$

再由式（5-101）求得

$$\boldsymbol{G}_{\mathrm{c}}(s)=\boldsymbol{G}_{\mathrm{p}}^{-1}(s)\boldsymbol{\Phi}(s)[\boldsymbol{I}-\boldsymbol{\Phi}(s)]^{-1}=\begin{bmatrix}\dfrac{1}{2s+1} & 0\\ 1 & \dfrac{1}{s+1}\end{bmatrix}^{-1}\begin{bmatrix}\dfrac{1}{s} & 0\\ 0 & \dfrac{1}{5s}\end{bmatrix}=\begin{bmatrix}\dfrac{2s+1}{s} & 0\\ -\dfrac{2s^2+3s+1}{s} & \dfrac{s+1}{5s}\end{bmatrix}$$

由此可画出如图 5-12 所示的串联补偿解耦系统框图。

串联补偿解耦增加了系统的维数，而且补偿器的某些元传递函数会出现分子多项式阶次高于分母多项式阶次的现象，带来工程实现困难及增加外部扰动作用等问题。

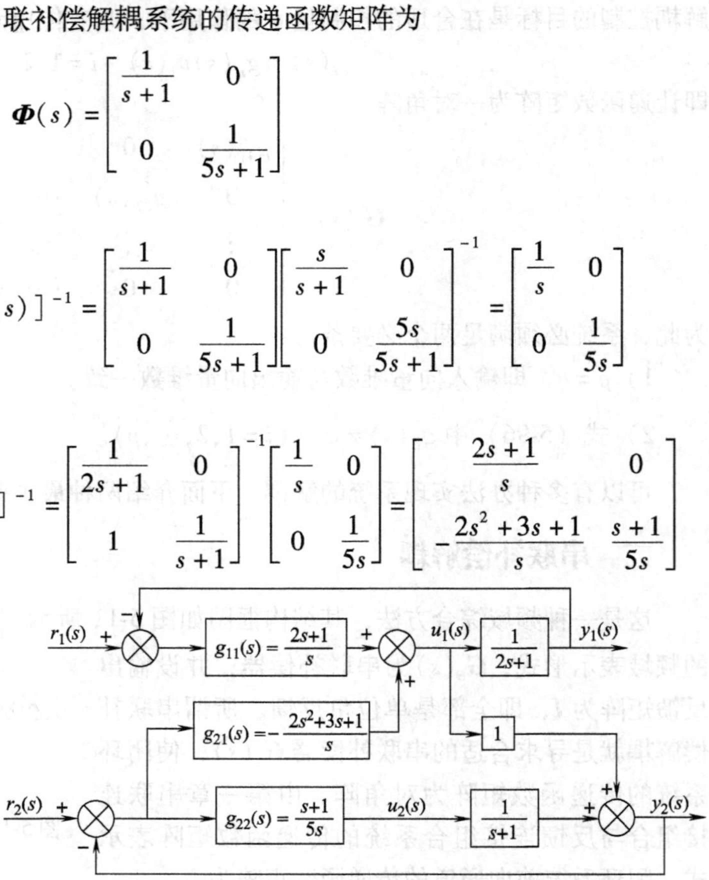


图 5-12 例 5-11 的串联补偿解耦系统框图

## 三、状态反馈动态解耦

### （一）状态反馈解耦问题

状态反馈动态解耦（简称状态反馈解耦）是一种时域综合方法。考虑多输入多输出线性定常系统（5-91），控制采用状态反馈与输入变换相结合的方案，即

$$\boldsymbol{u}=-\boldsymbol{K}\boldsymbol{x}+\boldsymbol{L}\boldsymbol{v} \tag{5-102}$$

式中，$\boldsymbol{K}$ 为 $p\times n$ 维状态反馈矩阵；$\boldsymbol{L}$ 为 $p\times p$ 维输入变换矩阵；$\boldsymbol{v}$ 为 $p$ 维参考输入向量。状态反馈解耦控制系统结构框图如图 5-13 所示。

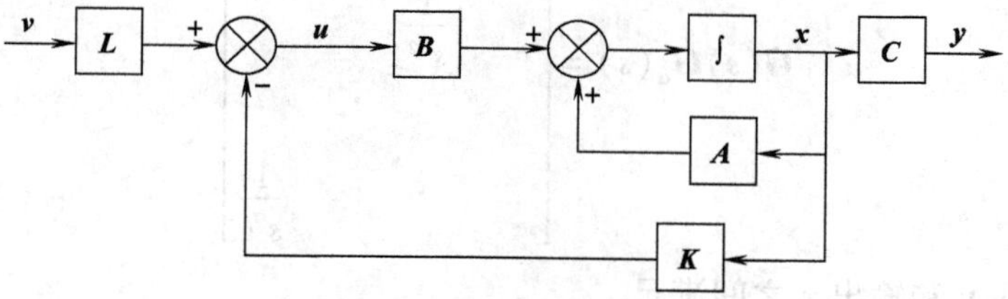


图 5-13　状态反馈解耦控制系统结构框图

易知状态反馈解耦控制系统的状态空间表达式为

$$\begin{cases}\dot{\boldsymbol{x}}=(\boldsymbol{A}-\boldsymbol{B}\boldsymbol{K})\boldsymbol{x}+\boldsymbol{B}\boldsymbol{L}\boldsymbol{v}\\ \boldsymbol{y}=\boldsymbol{C}\boldsymbol{x}\end{cases} \tag{5-103}$$

对应的传递函数矩阵为

$$\boldsymbol{G}_{KL}(s)=\boldsymbol{C}(s\boldsymbol{I}-\boldsymbol{A}+\boldsymbol{B}\boldsymbol{K})^{-1}\boldsymbol{B}\boldsymbol{L} \tag{5-104}$$

所谓状态反馈解耦控制就是寻求合适的矩阵对 $\{\boldsymbol{K},\ \boldsymbol{L}\}$，使闭环传递函数矩阵为非奇异的对角有理分式矩阵，即

$$\boldsymbol{G}_{KL}(s)=\boldsymbol{C}(s\boldsymbol{I}-\boldsymbol{A}+\boldsymbol{B}\boldsymbol{K})^{-1}\boldsymbol{B}\boldsymbol{L}=\begin{bmatrix}g'_{11}(s) & & \\ & \ddots & \\ & & g'_{pp}(s)\end{bmatrix} \tag{5-105}$$

式中，$g'_{ii}(s)\neq 0\ (i=1,2,\cdots,p)$。

讨论状态反馈解耦控制，除了前面提到的输入向量维数与输出向量维数一致，即 $p=q$ 外，还有两条限制条件：

1）$\mathrm{rank}\boldsymbol{B}=\mathrm{rank}\boldsymbol{C}=p$，表明系统中控制向量 $\boldsymbol{u}$ 及输出向量 $\boldsymbol{y}$ 的 $p$ 个分量都是线性无关的。

2）$\det\boldsymbol{L}\neq 0$，输入变换矩阵非奇异，保证了闭环系统参考输入向量 $\boldsymbol{v}$ 的 $p$ 个分量线性无关。

状态反馈解耦的讨论要解决两个基本问题：

1）一个受控系统的状态反馈可解耦性，即建立使受控系统可通过状态反馈与输入变换实现动态解耦所应满足的条件。

2）实现系统状态反馈解耦的算法，即建立求解矩阵对 $\{\boldsymbol{K},\ \boldsymbol{L}\}$ 的综合算法。

### （二）可解耦条件

1. $\alpha$ 阶积分逆系统解耦　对于频域表示形式为 $\boldsymbol{G}(s)$ 的被控对象（5-91），最简单的解耦

设想是在被控对象前面串联一个原系统的逆系统 $\boldsymbol{G}^{-1}(s)$，则串联后系统的传递函数矩阵为单位阵 $\boldsymbol{I}_p$，显然实现了理想的解耦。但是逆系统 $\boldsymbol{G}^{-1}(s)$ 通常是物理上不可实现的，所以这种解耦设想实际上行不通。按此思路，如果 $\boldsymbol{G}(s)$ 的逆系统存在，在被控对象 $\boldsymbol{G}(s)$ 前面串联一个补偿器 $\boldsymbol{G}_\alpha(s)$，其结构如图 5-14 所示，使串联后系统的传递函数矩阵为

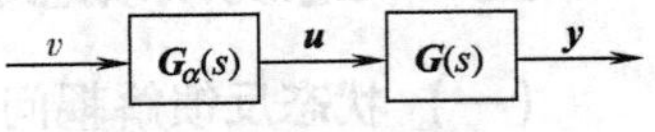


图 5-14　α 阶积分逆系统解耦结构框图

$$\boldsymbol{G}(s)\boldsymbol{G}_\alpha(s)=\begin{bmatrix}\frac{1}{s^{\alpha_1}} & & & \\ & \frac{1}{s^{\alpha_2}} & & \\ & & \ddots & \\ & & & \frac{1}{s^{\alpha_p}}\end{bmatrix} \tag{5-106}$$

即在时域上，输入 $\boldsymbol{v}$ 和输出 $\boldsymbol{y}$ 之间满足

$$v_i(t)=y_i^{(\alpha_i)}(t)\quad i=1,2,\cdots,p \tag{5-107}$$

输出分量 $y_i(t)$ 是对应的输入分量 $v_i(t)$ 对时间的 $\alpha_i$ 阶积分，补偿器 $\boldsymbol{G}_\alpha(s)$ 被称为系统 $\boldsymbol{G}(s)$ 的 $\alpha$ 阶积分逆系统，这种解耦形式称为 $\alpha$ 阶积分逆系统解耦。

2. 基于状态反馈和输入变换的 $\alpha$ 阶积分解耦　采用状态反馈和输入变换相结合的方法也能实现结果具有式（5-106）形式的解耦，称为基于状态反馈和输入变换的 $\alpha$ 阶积分解耦。

受控系统（5-91）的输出方程可写为

$$y_i=\boldsymbol{c}_i\boldsymbol{x}\quad i=1,2,\cdots,p \tag{5-108}$$

式中，$y_i$ 是输出量 $\boldsymbol{y}$ 的第 $i$ 个分量；$\boldsymbol{c}_i$ 为输出矩阵 $\boldsymbol{C}$ 的第 $i$ 个行向量。

将上式对时间 $t$ 求导，得

$$\dot{y}_i=\boldsymbol{c}_i\dot{\boldsymbol{x}}=\boldsymbol{c}_i\boldsymbol{A}\boldsymbol{x}+\boldsymbol{c}_i\boldsymbol{B}\boldsymbol{u}$$

如果 $\boldsymbol{c}_i\boldsymbol{B}\neq 0$，上式显含 $\boldsymbol{u}$，则令对应的 $\alpha_i=1$，并停止求导运算；否则，继续进行求导，得

$$\ddot{y}_i=\boldsymbol{c}_i\boldsymbol{A}\dot{\boldsymbol{x}}=\boldsymbol{c}_i\boldsymbol{A}^2\boldsymbol{x}+\boldsymbol{c}_i\boldsymbol{A}\boldsymbol{B}\boldsymbol{u}$$

同样，如果 $\boldsymbol{c}_i\boldsymbol{A}\boldsymbol{B}\neq 0$，上式显含 $\boldsymbol{u}$，则令对应的 $\alpha_i=2$，并停止求导运算；否则，继续进行求导，直至 $\boldsymbol{c}_i\boldsymbol{A}^{\alpha_i-1}\boldsymbol{B}\neq 0$ 为止。这时，$y_i$ 对时间 $t$ 的 $\alpha_i$ 阶导数是

$$y_i^{(\alpha_i)}=\boldsymbol{c}_i\boldsymbol{A}^{\alpha_i}\boldsymbol{x}+\boldsymbol{c}_i\boldsymbol{A}^{\alpha_i-1}\boldsymbol{B}\boldsymbol{u} \tag{5-109}$$

由式（5-109）的求导运算过程可以得出 $p$ 个常数 $\alpha_i(i=1,2,\cdots,p)$，它们被称为解耦阶常数。其定义为

$$\alpha_i=\min\{k\mid \boldsymbol{c}_i\boldsymbol{A}^{k-1}\boldsymbol{B}\neq 0\}\quad i=1,2,\cdots,p \tag{5-110}$$

表示 $\alpha_i$ 是使 $\boldsymbol{c}_i\boldsymbol{A}^{k-1}\boldsymbol{B}\neq 0$ 的最小 $k$ 值，其中 $1\leqslant k\leqslant n$。有了 $p$ 个常数 $\alpha_i$，式（5-109）可表示为向量形式

$$\boldsymbol{y}^{(\alpha)}=\begin{bmatrix}y_1^{(\alpha_1)}\\ \vdots\\ y_p^{(\alpha_p)}\end{bmatrix}=\begin{bmatrix}\boldsymbol{c}_1\boldsymbol{A}^{\alpha_1}\\ \vdots\\ \boldsymbol{c}_p\boldsymbol{A}^{\alpha_p}\end{bmatrix}\boldsymbol{x}+\begin{bmatrix}\boldsymbol{c}_1\boldsymbol{A}^{\alpha_1-1}\boldsymbol{B}\\ \vdots\\ \boldsymbol{c}_p\boldsymbol{A}^{\alpha_p-1}\boldsymbol{B}\end{bmatrix}\boldsymbol{u}=\boldsymbol{F}\boldsymbol{x}+\boldsymbol{E}\boldsymbol{u} \tag{5-111}$$

其中

$$F=\begin{bmatrix} c_1A^{\alpha_1} \\ \vdots \\ c_pA^{\alpha_p} \end{bmatrix} \tag{5-112}$$

为 $p\times n$ 维矩阵，而

$$E=\begin{bmatrix} c_1A^{\alpha_1-1}B \\ \vdots \\ c_pA^{\alpha_p-1}B \end{bmatrix} \tag{5-113}$$

为 $p\times p$ 维方阵，称为可解耦性矩阵。并可由此得出关于系统可解耦性判据。

结论：线性定常系统 $\sum_0(A, B, C)$ 能通过状态反馈和输入变换 $\{K, L\}$ 实现解耦的充要条件是系统的可解耦性矩阵（5-113）非奇异。

这是因为，为了通过状态反馈和输入变换相结合的方法能实现 $\alpha$ 阶积分解耦，即在 $u=-Kx+Lv$ 的作用下，使闭环系统传递函数矩阵 $G_{KL}(s)$ 具有式（5-106）所示的形式，根据式（5-107），这时，在时域上必须满足

$$v=y^{(\alpha)}=Fx+Eu \tag{5-114}$$

可见，当且仅当系统的可解耦性矩阵 $E$ 非奇异，系统在状态反馈 $K=E^{-1}F$ 和输入变换 $L=E^{-1}$ 联合作用下的 $u=-Kx+Lv$ 使式（5-114）成立，即实现 $\alpha$ 阶积分解耦。

3. 解耦阶常数的性质　解耦阶常数 $\alpha_i$ 在系统解耦理论及计算中具有重要意义，下面讨论它的一些重要性质。

（1）解耦阶常数 $\alpha_i$ 是传递函数矩阵 $G(s)$ 的第 $i$ 个行向量 $g_i(s)$ 各元素阶差（分母多项式与分子多项式 $s$ 最高阶次的差值）的最小值。

这是由于预解矩阵 $(sI-A)^{-1}$ 的级数表达式可表示为

$$(sI-A)^{-1}=\sum_{k=0}^{\infty}\frac{A^k}{s^{k+1}}=\frac{1}{s}I+\frac{1}{s^2}A+\frac{1}{s^3}A^2+\cdots \tag{5-115}$$

传递函数矩阵 $G(s)$ 的第 $i$ 个行向量 $g_i(s)$ 可表为

$$g_i(s)=c_i(sI-A)^{-1}B=\frac{1}{s}c_iB+\frac{1}{s^2}c_iAB+\frac{1}{s^3}c_iA^2B+\cdots \tag{5-116}$$

按解耦阶常数 $\alpha_i$ 的定义（5-110），有

$$c_iA^{k-1}B\begin{cases} =0 & k<\alpha_i \\ \neq 0 & k\geqslant\alpha_i \end{cases} \tag{5-117}$$

则式（5-116）可改写为

$$g_i(s)=\frac{1}{s^{\alpha_i}}c_iA^{\alpha_i-1}B+\frac{1}{s^{\alpha_i+1}}c_iA^{\alpha_i}B+\cdots \tag{5-118}$$

可见，$g_i(s)$ 各元素的分母多项式与分子多项式的 $s$ 幂次差的最小值是 $\alpha_i$。由于传递函数矩阵 $G(s)$ 的各元素通常为物理上可实现的有理分式，所以，解耦阶常数的取值范围应为 $1\leqslant\alpha_i\leqslant n$。

（2）讨论解耦阶常数 $\alpha_i$ 所对应的一个 $1\times p$ 维行向量 $e_i=c_iA^{\alpha_i-1}B$，由式（5-118）可得出

$$e_i=c_iA^{\alpha_i-1}B=\lim_{s\to\infty}s^{\alpha_i}g_i(s) \tag{5-119}$$

实际上，它由 $g_i(s)$ 各元素的分子多项式中分母多项式与其阶差为 $\alpha_i$ 的幂次项系数构成。可

见，系统的可解耦性矩阵 $\boldsymbol{E}$（见式（5-113））由 $p$ 个 $\alpha_i$ 对应的行向量 $\boldsymbol{e}_i$（$i=1, 2, \cdots, p$）构成，即

$$\boldsymbol{E}=\begin{bmatrix}\boldsymbol{c}_1\boldsymbol{A}^{\alpha_1-1}\boldsymbol{B}\\ \vdots \\ \boldsymbol{c}_p\boldsymbol{A}^{\alpha_p-1}\boldsymbol{B}\end{bmatrix}=\begin{bmatrix}\boldsymbol{e}_1\\ \vdots \\ \boldsymbol{e}_p\end{bmatrix} \tag{5-120}$$

（3）在矩阵对 $\{\boldsymbol{K}, \boldsymbol{L}\}$ 作用下的闭环系统的解耦阶常数 $\alpha_i'$ 及对应的行向量 $\boldsymbol{e}_i'$ 有：$\alpha_i'=\alpha_i$，$\boldsymbol{e}_i'=\boldsymbol{e}_i\boldsymbol{L}$。这是因为，对于 $\{\boldsymbol{K}, \boldsymbol{L}\}$ 作用下的闭环系统有状态空间表达式

$$\begin{cases}\dot{\boldsymbol{x}}=(\boldsymbol{A}-\boldsymbol{BK})\boldsymbol{x}+\boldsymbol{BLv}\\ \boldsymbol{y}=\boldsymbol{Cx}\end{cases} \tag{5-121}$$

由式（5-117）可以得出

$$\boldsymbol{c}_i\boldsymbol{BL}=0$$

$$\boldsymbol{c}_i(\boldsymbol{A}-\boldsymbol{BK})\boldsymbol{BL}=(\boldsymbol{c}_i\boldsymbol{AB})\boldsymbol{L}-(\boldsymbol{c}_i\boldsymbol{B})\boldsymbol{KBL}=0$$

$$\boldsymbol{c}_i(\boldsymbol{A}-\boldsymbol{BK})^2\boldsymbol{BL}=(\boldsymbol{c}_i\boldsymbol{A}^2\boldsymbol{B})\boldsymbol{L}-(\boldsymbol{c}_i\boldsymbol{AB})\boldsymbol{KBL}-(\boldsymbol{c}_i\boldsymbol{B})\boldsymbol{KABL}+(\boldsymbol{c}_i\boldsymbol{B})\boldsymbol{KBKBL}=0$$

$$\cdots$$

$$\boldsymbol{c}_i(\boldsymbol{A}-\boldsymbol{BK})^{\alpha_i-2}\boldsymbol{BL}=(\boldsymbol{c}_i\boldsymbol{A}^{\alpha_i-2}\boldsymbol{B})\boldsymbol{L}-(\boldsymbol{c}_i\boldsymbol{A}^{\alpha_i-3}\boldsymbol{B})\boldsymbol{KBL}-\cdots-(-1)^{\alpha_i-2}(\boldsymbol{c}_i\boldsymbol{B})\boldsymbol{K}(\boldsymbol{BK})^{\alpha_i-3}\boldsymbol{BL}=0$$

$$\begin{aligned}\boldsymbol{c}_i(\boldsymbol{A}-\boldsymbol{BK})^{\alpha_i-1}\boldsymbol{BL}&=(\boldsymbol{c}_i\boldsymbol{A}^{\alpha_i-1}\boldsymbol{B})\boldsymbol{L}-(\boldsymbol{c}_i\boldsymbol{A}^{\alpha_i-2}\boldsymbol{B})\boldsymbol{KBL}-\cdots-(-1)^{\alpha_i-1}(\boldsymbol{c}_i\boldsymbol{B})\boldsymbol{K}(\boldsymbol{BK})^{\alpha_i-2}\boldsymbol{BL}\\&=(\boldsymbol{c}_i\boldsymbol{A}^{\alpha_i-1}\boldsymbol{B})\boldsymbol{L}\neq 0\end{aligned} \tag{5-122}$$

对照闭环系统的解耦阶常数 $\alpha_i'$ 的定义

$$\boldsymbol{c}_i(\boldsymbol{A}-\boldsymbol{BK})^{k-1}\boldsymbol{BL}\begin{cases}=0 & k<\alpha_i'\\ \neq 0 & k\geqslant\alpha_i'\end{cases} \tag{5-123}$$

显然有 $\alpha_i'=\alpha_i$。对照对应的行向量 $\boldsymbol{e}_i'=\boldsymbol{c}_i(\boldsymbol{A}-\boldsymbol{BK})^{\alpha_i-1}\boldsymbol{BL}$，显然有 $\boldsymbol{e}_i'=\boldsymbol{e}_i\boldsymbol{L}$。

**（三）$\alpha$ 阶积分解耦算法**

总结前面的讨论，可以得出求解实现 $\alpha$ 阶积分解耦的矩阵对 $\{\boldsymbol{K}, \boldsymbol{L}\}$ 的算法如下：

（1）计算受控系统的解耦阶常数 $\alpha_i(i=1,2,\cdots,p)$ 及其对应的行向量 $\boldsymbol{e}_i(i=1,2,\cdots,p)$。$\alpha_i$ 的求解有两种方法，如果给出的是系统状态空间表达式，则按其定义式（5-110）或式（5-117）求，其对应的行向量 $\boldsymbol{e}_i$ 则按 $\boldsymbol{e}_i=\boldsymbol{c}_i\boldsymbol{A}^{\alpha_i-1}\boldsymbol{B}$ 求取；如果给出的是系统传递函数矩阵，$\alpha_i$ 按 $\boldsymbol{G}(s)$ 的第 $i$ 个行向量 $\boldsymbol{g}_i(s)$ 各元素阶差的最小值求得，对应的行向量 $\boldsymbol{e}_i$ 则按 $\boldsymbol{e}_i=\lim\limits_{s\to\infty}s^{\alpha_i}\boldsymbol{g}_i(s)$ 求取。

（2）按下式构造系统的可解耦性矩阵 $\boldsymbol{E}$ 并判别它的非奇异性：

$$\boldsymbol{E}=\begin{bmatrix}\boldsymbol{e}_1\\ \boldsymbol{e}_2\\ \vdots \\ \boldsymbol{e}_p\end{bmatrix}$$

若非奇异，则进入下一步。

（3）按 $\boldsymbol{K}=\boldsymbol{E}^{-1}\boldsymbol{F}$，$\boldsymbol{L}=\boldsymbol{E}^{-1}$ 确定控制律 $\boldsymbol{u}=-\boldsymbol{Kx}+\boldsymbol{Lv}$，其中

$$F=\begin{bmatrix} c_1A^{\alpha_1} \\ c_2A^{\alpha_2} \\ \vdots \\ c_pA^{\alpha_p} \end{bmatrix}$$

（4）得出实现 $\alpha$ 阶积分解耦的闭环系统：

$$\begin{cases} \dot{x}=(A-BK)x+BLv \\ y=Cx \end{cases}$$

其闭环传递函数矩阵为

$$G_{KL}(s)=\begin{bmatrix} \frac{1}{s^{\alpha_1}} & & & \\ & \frac{1}{s^{\alpha_2}} & & \\ & & \ddots & \\ & & & \frac{1}{s^{\alpha_p}} \end{bmatrix}$$

**例 5-12** 已知双输入双输出线性定常系统

$$\begin{cases} \dot{x}=\begin{bmatrix} 0 & 1 & 0 & 0 \\ 3 & 0 & 0 & 2 \\ 0 & 0 & 0 & 1 \\ 0 & -2 & 0 & 0 \end{bmatrix}x+\begin{bmatrix} 0 & 0 \\ 1 & 0 \\ 0 & 0 \\ 0 & 1 \end{bmatrix}u \\ y=\begin{bmatrix} 1 & 0 & 0 & 0 \\ 0 & 0 & 1 & 0 \end{bmatrix}x \end{cases}$$

试求出将上述系统实现 $\alpha$ 阶积分解耦的矩阵对 $\{K, L\}$。

**解** （1）计算受控系统的解耦阶常数 $\alpha_i(i=1,2)$ 及其对应的行向量 $e_i(i=1,2)$。因为给出的是系统状态空间表达式，所以按式（5-117）求 $\alpha_i$。

$$c_1B=[1\quad 0\quad 0\quad 0]\begin{bmatrix} 0 & 0 \\ 1 & 0 \\ 0 & 0 \\ 0 & 1 \end{bmatrix}=[0\quad 0]$$

$$c_1AB=[1\quad 0\quad 0\quad 0]\begin{bmatrix} 0 & 1 & 0 & 0 \\ 3 & 0 & 0 & 2 \\ 0 & 0 & 0 & 1 \\ 0 & -2 & 0 & 0 \end{bmatrix}\begin{bmatrix} 0 & 0 \\ 1 & 0 \\ 0 & 0 \\ 0 & 1 \end{bmatrix}=[0\quad 1\quad 0\quad 0]\begin{bmatrix} 0 & 0 \\ 1 & 0 \\ 0 & 0 \\ 0 & 1 \end{bmatrix}=[1\quad 0]$$

可得 $\alpha_1=2$（因为使 $c_iA^{k-1}B\neq 0$ 的最小 $k$ 值为 2），同理

$$c_2B=[0\quad 0\quad 1\quad 0]\begin{bmatrix} 0 & 0 \\ 1 & 0 \\ 0 & 0 \\ 0 & 1 \end{bmatrix}=[0\quad 0]$$

$$c_2AB = [0 \quad 0 \quad 1 \quad 0]\begin{bmatrix}0 & 1 & 0 & 0\\3 & 0 & 0 & 2\\0 & 0 & 0 & 1\\0 & -2 & 0 & 0\end{bmatrix}\begin{bmatrix}0 & 0\\1 & 0\\0 & 0\\0 & 1\end{bmatrix} = [0 \quad 0 \quad 0 \quad 1]\begin{bmatrix}0 & 0\\1 & 0\\0 & 0\\0 & 1\end{bmatrix} = [0 \quad 1]$$

可得 $\alpha_2 = 2$。而对应的行向量 $e_i$ 则按 $e_i = c_iA^{\alpha_i-1}B$ 求取，即

$$e_1 = c_1A^{\alpha_1-1}B = c_1AB = [1 \quad 0]$$

$$e_2 = c_2A^{\alpha_2-1}B = c_2AB = [0 \quad 1]$$

（2）系统的可解耦性矩阵 $E$ 为

$$E = \begin{bmatrix}e_1\\e_2\end{bmatrix} = \begin{bmatrix}1 & 0\\0 & 1\end{bmatrix}$$

是单位阵，非奇异，系统满足可解耦条件，进入下一步。

（3）求得 $F$ 矩阵为

$$F = \begin{bmatrix}c_1A^{\alpha_1}\\c_2A^{\alpha_2}\end{bmatrix} = \begin{bmatrix}c_1A^2\\c_2A^2\end{bmatrix} = \begin{bmatrix}3 & 0 & 0 & 2\\0 & -2 & 0 & 0\end{bmatrix}$$

取状态反馈矩阵 $K$ 为

$$K = E^{-1}F = F = \begin{bmatrix}3 & 0 & 0 & 2\\0 & -2 & 0 & 0\end{bmatrix}$$

取输入变换阵 $L$ 为

$$L = E^{-1} = \begin{bmatrix}1 & 0\\0 & 1\end{bmatrix}$$

（4）闭环系统的各系数矩阵分别为：

$$A - BK = A - BE^{-1}F = \begin{bmatrix}0 & 1 & 0 & 0\\3 & 0 & 0 & 2\\0 & 0 & 0 & 1\\0 & -2 & 0 & 0\end{bmatrix} - \begin{bmatrix}0 & 0\\1 & 0\\0 & 0\\0 & 1\end{bmatrix}\begin{bmatrix}1 & 0\\0 & 1\end{bmatrix}\begin{bmatrix}3 & 0 & 0 & 2\\0 & -2 & 0 & 0\end{bmatrix} = \begin{bmatrix}0 & 1 & 0 & 0\\0 & 0 & 0 & 0\\0 & 0 & 0 & 1\\0 & 0 & 0 & 0\end{bmatrix}$$

$$BL = BE^{-1} = \begin{bmatrix}0 & 0\\1 & 0\\0 & 0\\0 & 1\end{bmatrix}$$

$$C = \begin{bmatrix}1 & 0 & 0 & 0\\0 & 0 & 1 & 0\end{bmatrix}$$

闭环系统的传递函数矩阵为

$$G_{KL}(s) = C\,(sI - A + BK)^{-1}BL = \begin{bmatrix}1 & 0 & 0 & 0\\0 & 0 & 1 & 0\end{bmatrix}\begin{bmatrix}s & -1 & 0 & 0\\0 & s & 0 & 0\\0 & 0 & s & -1\\0 & 0 & 0 & s\end{bmatrix}^{-1}\begin{bmatrix}0 & 0\\1 & 0\\0 & 0\\0 & 1\end{bmatrix} = \begin{bmatrix}\dfrac{1}{s^2} & 0\\0 & \dfrac{1}{s^2}\end{bmatrix}$$

实现了 $\alpha_1 = 2$、$\alpha_2 = 2$ 的 $\alpha$ 阶积分解耦。

**（四）具有期望闭环极点的动态解耦**

上述解耦算法得到的是 $\alpha$ 阶积分解耦，解耦系统的每个子系统都由多重积分器组成，即在频域有

$$y_i(s)=\frac{1}{s^{\alpha_i}}\times v_i(s)\quad i=1,2,\cdots,p \tag{5-124}$$

显然不能满足系统的动态要求。如果对第 $i$ 个子系统提出极点配置要求，其期望的 $\alpha_i$ 个极点为 $\lambda_{ij}^*(j=1,2,\cdots,\alpha_i)$，对应的特征多项式为

$$\varphi_i^*(s)=\prod_{j=1}^{\alpha_i}(s-\lambda_{ij}^*)=s^{\alpha_i}+\beta_{i(\alpha_i-1)}^*s^{\alpha_i-1}+\cdots+\beta_{i1}^*s+\beta_{i0}^* \tag{5-125}$$

则输出表达式应为

$$y_i(s)=\frac{1}{\varphi_i^*(s)}\times v_i(s)=\frac{1}{s^{\alpha_i}+\beta_{i(\alpha_i-1)}^*s^{\alpha_i-1}+\cdots+\beta_{i1}^*s+\beta_{i0}^*}\times v_i(s) \tag{5-126}$$

参考输入的第 $i$ 个分量应为

$$v_i(t)=y_i^{(\alpha_i)}(t)+\beta_{i\alpha_i-1}^*y_i^{(\alpha_i-1)}(t)+\cdots+\beta_{i1}^*\dot{y}_i(t)+\beta_{i0}^*y_i(t) \tag{5-127}$$

按照式（5-109）的推导过程，把 $y_i^{(\alpha_i)}$、$y_i^{(\alpha_i-1)}$、…、$\dot{y}_i$、$y_i$ 代入上式，得

$$v_i=\boldsymbol{c}_i\boldsymbol{A}^{\alpha_i}\boldsymbol{x}+\beta_{i(\alpha_i-1)}^*\boldsymbol{c}_i\boldsymbol{A}^{\alpha_i-1}\boldsymbol{x}+\cdots+\beta_{i1}^*\boldsymbol{c}_i\boldsymbol{A}\boldsymbol{x}+\beta_{i0}^*\boldsymbol{c}_i\boldsymbol{x}+\boldsymbol{c}_i\boldsymbol{A}^{\alpha_i-1}\boldsymbol{B}\boldsymbol{u} \tag{5-128}$$

仍按式（5-114）将 $p$ 个参考输入分量写成向量形式，即

$$\boldsymbol{v}=\boldsymbol{F}\boldsymbol{x}+\boldsymbol{E}\boldsymbol{u} \tag{5-129}$$

显然这时 $\boldsymbol{F}$ 矩阵变为

$$\boldsymbol{F}=\begin{bmatrix}\boldsymbol{c}_1\boldsymbol{A}^{\alpha_1}+\beta_{1(\alpha_1-1)}^*\boldsymbol{c}_1\boldsymbol{A}^{\alpha_1-1}+\cdots+\beta_{11}^*\boldsymbol{c}_1\boldsymbol{A}+\beta_{10}^*\boldsymbol{c}_1\\ \vdots \\ \boldsymbol{c}_p\boldsymbol{A}^{\alpha_p}+\beta_{p(\alpha_p-1)}^*\boldsymbol{c}_p\boldsymbol{A}^{\alpha_p-1}+\cdots+\beta_{p1}^*\boldsymbol{c}_p\boldsymbol{A}+\beta_{p0}^*\boldsymbol{c}_p\end{bmatrix}=\begin{bmatrix}\boldsymbol{c}_1\varphi_1^*(\boldsymbol{A})\\ \vdots \\ \boldsymbol{c}_p\varphi_p^*(\boldsymbol{A})\end{bmatrix} \tag{5-130}$$

其中，$\varphi_i^*(\boldsymbol{A})=\boldsymbol{A}^{\alpha_i}+\beta_{i(\alpha_i-1)}^*\boldsymbol{A}^{\alpha_i-1}+\cdots+\beta_{i1}^*\boldsymbol{A}+\beta_{i0}^*(i=1,2,\cdots,p)$。而可解耦性矩阵 $\boldsymbol{E}$ 仍为

$$\boldsymbol{E}=\begin{bmatrix}\boldsymbol{c}_1\boldsymbol{A}^{\alpha_1-1}\boldsymbol{B}\\ \vdots \\ \boldsymbol{c}_p\boldsymbol{A}^{\alpha_p-1}\boldsymbol{B}\end{bmatrix}=\begin{bmatrix}\boldsymbol{e}_1\\ \vdots \\ \boldsymbol{e}_p\end{bmatrix} \tag{5-131}$$

与上面的讨论类似，这时，当系统的可解耦性矩阵 $\boldsymbol{E}$ 非奇异，且原受控系统能控，则取状态反馈 $\boldsymbol{K}=\boldsymbol{E}^{-1}\boldsymbol{F}$ 和输入变换 $\boldsymbol{L}=\boldsymbol{E}^{-1}$，在控制 $\boldsymbol{u}=-\boldsymbol{K}\boldsymbol{x}+\boldsymbol{L}\boldsymbol{v}$ 作用下，系统实现了 $\alpha$ 阶极点配置的解耦。

根据前面的讨论，在求解实现 $\alpha$ 阶极点配置解耦的矩阵对 $\{\boldsymbol{K},\boldsymbol{L}\}$ 时，要注意如下几点：

（1）系统能否通过矩阵对 $\{\boldsymbol{K},\boldsymbol{L}\}$ 实现解耦，仍由解耦阶常数 $\alpha_i$ 确定的可解耦性矩阵 $\boldsymbol{E}$ 决定。表面上看系统能否通过矩阵对 $\{\boldsymbol{K},\boldsymbol{L}\}$ 实现解耦与系统的能控性无关，但是为了保证实现 $\alpha$ 阶极点配置的解耦，使闭环系统能正常运行并具有良好的动态性能，受控系统为能控仍是需要的。

（2）实现 $\alpha$ 阶极点配置解耦的控制作用 $\boldsymbol{u}=-\boldsymbol{K}\boldsymbol{x}+\boldsymbol{L}\boldsymbol{v}$ 中，仍为 $\boldsymbol{K}=\boldsymbol{E}^{-1}\boldsymbol{F}$ 和 $\boldsymbol{L}=\boldsymbol{E}^{-1}$。其中可解耦性矩阵 $\boldsymbol{E}$ 仍与 $\alpha$ 阶积分解耦一样（见式（5-131）），而 $\boldsymbol{F}$ 矩阵变为式（5-130），式中多项式 $\varphi_i^*(s)=s^{\alpha_i}+\beta_{i(\alpha_i-1)}^*s^{\alpha_i-1}+\cdots+\beta_{i1}^*s+\beta_{i0}^*(i=1,2,\cdots,p)$ 由分配给该子系统的 $\alpha_i$ 个

期望极点 $\lambda_{ij}^*$ （$j=1, 2, \cdots, \alpha_i$）确定。

**例 5-13**　试求出将例 5-12 所示系统实现 $\alpha$ 阶极点配置解耦的矩阵对 $\{\boldsymbol{K}, \boldsymbol{L}\}$，要求闭环系统极点位于 $\lambda_1^* = -2$、$\lambda_2^* = -4$、$\lambda_{3,4}^* = -2 \pm \mathrm{j}$ 处。

**解**　例 5-12 中第（1）、（2）步已求得 $\boldsymbol{E} = \begin{bmatrix} \boldsymbol{e}_1 \\ \boldsymbol{e}_2 \end{bmatrix} = \begin{bmatrix} 1 & 0 \\ 0 & 1 \end{bmatrix}$，并根据其非奇异判定系统能实现解耦控制，且容易判定系统能控。

（3）将期望极点 $\lambda_1^* = -2$、$\lambda_2^* = -4$ 安排给子系统 1，$\lambda_{3,4}^* = -2 \pm \mathrm{j}$ 安排给子系统 2，则有

$$\varphi_1^*(s) = (s+2)(s+4) = s^2 + 6s + 8$$

$$\varphi_2^*(s) = (s+2+\mathrm{j})(s+2-\mathrm{j}) = s^2 + 4s + 5$$

求得对应的 $\varphi_1^*(\boldsymbol{A})$ 和 $\varphi_2^*(\boldsymbol{A})$ 分别为：

$$\varphi_1^*(\boldsymbol{A}) = \boldsymbol{A}^2 + 6\boldsymbol{A} + 8\boldsymbol{I} = \begin{bmatrix} 11 & 6 & 0 & 2 \\ 18 & 7 & 0 & 12 \\ 0 & -2 & 8 & 6 \\ -6 & -12 & 0 & 4 \end{bmatrix}$$

$$\varphi_2^*(\boldsymbol{A}) = \boldsymbol{A}^2 + 4\boldsymbol{A} + 5\boldsymbol{I} = \begin{bmatrix} 8 & 4 & 0 & 2 \\ 12 & 4 & 0 & 8 \\ 0 & -2 & 5 & 4 \\ -6 & -8 & 0 & 1 \end{bmatrix}$$

代入式（5-130），得

$$\boldsymbol{F} = \begin{bmatrix} \boldsymbol{c}_1\varphi_1^*(\boldsymbol{A}) \\ \boldsymbol{c}_2\varphi_2^*(\boldsymbol{A}) \end{bmatrix} = \begin{bmatrix} 11 & 6 & 0 & 2 \\ 0 & -2 & 5 & 4 \end{bmatrix}$$

取状态反馈矩阵 $\boldsymbol{K}$ 为

$$\boldsymbol{K} = \boldsymbol{E}^{-1}\boldsymbol{F} = \boldsymbol{F} = \begin{bmatrix} 11 & 6 & 0 & 2 \\ 0 & -2 & 5 & 4 \end{bmatrix}$$

取输入变换阵 $\boldsymbol{L}$ 为

$$\boldsymbol{L} = \boldsymbol{E}^{-1} = \begin{bmatrix} 1 & 0 \\ 0 & 1 \end{bmatrix}$$

（4）闭环系统的各系数矩阵分别为：

$$\boldsymbol{A} - \boldsymbol{BK} = \boldsymbol{A} - \boldsymbol{BE}^{-1}F = \begin{bmatrix} 0 & 1 & 0 & 0 \\ 3 & 0 & 0 & 2 \\ 0 & 0 & 0 & 1 \\ 0 & -2 & 0 & 0 \end{bmatrix} - \begin{bmatrix} 0 & 0 \\ 1 & 0 \\ 0 & 0 \\ 0 & 1 \end{bmatrix} \begin{bmatrix} 1 & 0 \\ 0 & 1 \end{bmatrix} \begin{bmatrix} 11 & 6 & 0 & 2 \\ 0 & -2 & 5 & 4 \end{bmatrix} = \begin{bmatrix} 0 & 1 & 0 & 0 \\ -8 & -6 & 0 & 0 \\ 0 & 0 & 0 & 1 \\ 0 & 0 & -5 & -4 \end{bmatrix}$$

$$\boldsymbol{BL} = \boldsymbol{BE}^{-1} = \begin{bmatrix} 0 & 0 \\ 1 & 0 \\ 0 & 0 \\ 0 & 1 \end{bmatrix}$$

$$C=\begin{bmatrix}1&0&0&0\\0&0&1&0\end{bmatrix}$$

闭环系统的传递函数矩阵为

$$G_{KL}(s)=C(sI-A+BK)^{-1}BL$$

$$=\begin{bmatrix}1&0&0&0\\0&0&1&0\end{bmatrix}\begin{bmatrix}s&-1&0&0\\8&s+6&0&0\\0&0&s&-1\\0&0&5&s+4\end{bmatrix}^{-1}\begin{bmatrix}0&0\\1&0\\0&0\\0&1\end{bmatrix}=\begin{bmatrix}\dfrac{1}{s^2+6s+8}&0\\0&\dfrac{1}{s^2+4s+5}\end{bmatrix}$$

显然实现了极点位于期望位置的 $\alpha$ 阶极点配置解耦。

## 四、状态反馈静态解耦

上面所讨论的是严格意义上的解耦，解耦系统完全按独立的子系统运行。但是这种解耦对系统模型的依赖性很强，任何模型误差和参数摄动都有可能破坏系统的解耦。从工程需求角度提出的静态解耦对模型误差和参数摄动的敏感性要小得多。

1. 静态解耦问题　仍然考虑多输入多输出线性定常系统（5-91），并类似地引入三个假设条件：

（1）$p=q$，即系统控制向量 $\boldsymbol{u}$ 维数和输出向量 $\boldsymbol{y}$ 维数相等。

（2）控制采用状态反馈与输入变换相结合的方案，即 $\boldsymbol{u}=-\boldsymbol{K}\boldsymbol{x}+\boldsymbol{L}\boldsymbol{v}$。其中，$\boldsymbol{K}$ 为 $p\times n$ 维状态反馈矩阵；$\boldsymbol{L}$ 为 $p\times p$ 维输入变换矩阵；$\boldsymbol{v}$ 为 $p$ 维参考输入向量。

（3）$\det\boldsymbol{L}\neq 0$，输入变换矩阵非奇异。

所谓静态解耦问题就是寻求合适的矩阵对 $\{\boldsymbol{K},\boldsymbol{L}\}$，使闭环系统满足：

（1）闭环系统为渐近稳定。

（2）闭环传递函数矩阵当 $s\to 0$ 时为非奇异对角常数矩阵，即

$$\lim_{s\to 0}G_{KL}(s)=\begin{bmatrix}g'_{11}(0)&&\\&\ddots&\\&&g'_{pp}(0)\end{bmatrix}\tag{5-132}$$

式中，$g'_{ii}(s)\neq 0\ (i=1,2,\cdots,p)$。

式（5-132）表明，对于静态解耦，闭环系统在 $t\to\infty$ 时（系统运行在稳态时）实现了解耦，而系统在动态过程中并不解耦。与此相对应，把上面讨论的系统任何时候（包括动态、静态）都运行在解耦状态的系统解耦问题称为动态解耦。

需要指出的是，静态解耦只适用于参考输入 $\boldsymbol{v}$ 是阶跃信号向量（各分量为阶跃信号）的情况。这时，有

$$\boldsymbol{v}(t)=\begin{bmatrix}\beta_1 1(t)\\\vdots\\\beta_p 1(t)\end{bmatrix}\tag{5-133}$$

式中，$\beta_i(i=1,2,\cdots,p)$ 为非零常数；$1(t)$ 表示单位阶跃函数。

在系统渐近稳定的前提下，利用拉普拉斯变换的终值定理，可得出闭环系统的稳态输出为

$$\lim_{t\to\infty}\boldsymbol{y}(t)=\lim_{s\to 0}s\boldsymbol{G}_{KL}(s)\begin{bmatrix}\beta_1\\ \vdots\\ \beta_p\end{bmatrix}\frac{1}{s}=\lim_{s\to 0}\boldsymbol{G}_{KL}(s)\begin{bmatrix}\beta_1\\ \vdots\\ \beta_p\end{bmatrix}$$

$$=\begin{bmatrix}g_{11}'(0) & & \\ & \ddots & \\ & & g_{pp}'(0)\end{bmatrix}\begin{bmatrix}\beta_1\\ \vdots\\ \beta_p\end{bmatrix}=\begin{bmatrix}g_{11}'(0)\beta_1\\ \vdots\\ g_{pp}'(0)\beta_p\end{bmatrix} \tag{5-134}$$

表明静态解耦系统对于阶跃参考输入信号的输出响应 $\boldsymbol{y}(t)$，在稳态时其每个分量只受对应输入分量的影响。当然，在过渡过程中，输入输出之间的耦合关系并未消除。

2. 可解耦条件　对于受控系统（5-91），如果是状态反馈可镇定的，则必存在状态反馈和输入变换矩阵对 $\{\boldsymbol{K},\boldsymbol{L}\}$ 使闭环系统 $\boldsymbol{\Sigma}_{KL}(\boldsymbol{A}-\boldsymbol{BK},\boldsymbol{BL},\boldsymbol{C})$ 渐近稳定，闭环传递函数矩阵为

$$\boldsymbol{G}_{KL}(s)=\boldsymbol{C}(s\boldsymbol{I}-\boldsymbol{A}+\boldsymbol{BK})^{-1}\boldsymbol{BL} \tag{5-135}$$

由闭环系统渐近稳定，则必存在稳态增益矩阵

$$\boldsymbol{G}_{KL}(0)=\boldsymbol{G}_{KL}(s)|_{s=0}=-\boldsymbol{C}(\boldsymbol{A}-\boldsymbol{BK})^{-1}\boldsymbol{BL} \tag{5-136}$$

表明 $(\boldsymbol{A}-\boldsymbol{BK})$ 非奇异。若令

$$\boldsymbol{G}_{KL}(0)=\boldsymbol{D}_0 \tag{5-137}$$

式中，$\boldsymbol{D}_0$ 为 $p\times p$ 维非奇异对角常数矩阵，表示了期望的稳态时输入输出传递关系。

可见，只要取输入变换矩阵 $\boldsymbol{L}$ 为

$$\boldsymbol{L}=-[\boldsymbol{C}(\boldsymbol{A}-\boldsymbol{BK})^{-1}\boldsymbol{B}]^{-1}\boldsymbol{D}_0 \tag{5-138}$$

就有

$$\boldsymbol{G}_{KL}(0)=\boldsymbol{D}_0 \tag{5-139}$$

显然，这时闭环系统的稳态输入输出传递关系为期望的解耦关系，即实现了静态解耦。

但是，由式（5-138）可知，矩阵 $\boldsymbol{L}$ 按静态解耦取值的前提是 $p\times p$ 维矩阵 $\boldsymbol{C}(\boldsymbol{A}-\boldsymbol{BK})^{-1}\boldsymbol{B}$ 为非奇异。注意到 $(\boldsymbol{A}-\boldsymbol{BK})$ 非奇异，有等式

$$\begin{bmatrix}\boldsymbol{I}_n & 0\\ 0 & \boldsymbol{C}(\boldsymbol{A}-\boldsymbol{BK})^{-1}\boldsymbol{B}\end{bmatrix}$$

$$=\begin{bmatrix}\boldsymbol{I}_n & 0\\ \boldsymbol{C}(\boldsymbol{A}-\boldsymbol{BK})^{-1} & -\boldsymbol{I}_p\end{bmatrix}\begin{bmatrix}\boldsymbol{A}-\boldsymbol{BK} & \boldsymbol{B}\\ \boldsymbol{C} & 0\end{bmatrix}\begin{bmatrix}(\boldsymbol{A}-\boldsymbol{BK})^{-1} & -(\boldsymbol{A}-\boldsymbol{BK})^{-1}\boldsymbol{B}\\ 0 & \boldsymbol{I}_p\end{bmatrix} \tag{5-140}$$

和

$$\begin{bmatrix}\boldsymbol{A}-\boldsymbol{BK} & \boldsymbol{B}\\ \boldsymbol{C} & 0\end{bmatrix}=\begin{bmatrix}\boldsymbol{A} & \boldsymbol{B}\\ \boldsymbol{C} & 0\end{bmatrix}\begin{bmatrix}\boldsymbol{I}_n & 0\\ -\boldsymbol{K} & \boldsymbol{I}_p\end{bmatrix} \tag{5-141}$$

并且有

$$\operatorname{rank}\begin{bmatrix}\boldsymbol{I}_n & 0\\ 0 & \boldsymbol{C}(\boldsymbol{A}-\boldsymbol{BK})^{-1}\boldsymbol{B}\end{bmatrix}=\operatorname{rank}\begin{bmatrix}\boldsymbol{A}-\boldsymbol{BK} & \boldsymbol{B}\\ \boldsymbol{C} & 0\end{bmatrix}=\operatorname{rank}\begin{bmatrix}\boldsymbol{A} & \boldsymbol{B}\\ \boldsymbol{C} & 0\end{bmatrix} \tag{5-142}$$

即 $p\times p$ 维矩阵 $\boldsymbol{C}(\boldsymbol{A}-\boldsymbol{BK})^{-1}\boldsymbol{B}$ 为非奇异等价于 $(n+p)\times(n+p)$ 维矩阵 $\begin{bmatrix}\boldsymbol{A} & \boldsymbol{B}\\ \boldsymbol{C} & 0\end{bmatrix}$ 满秩，即

$$\operatorname{rank}\begin{bmatrix} A & B \\ C & 0 \end{bmatrix} = n + p \tag{5-143}$$

综上，可得出受控系统（5-91）可实现静态解耦的充要条件是：

（1）系统为状态反馈可镇定。

（2）系统系数矩阵满足关系式（5-143）。

3. 静态解耦算法　静态解耦算法是求解矩阵对 $\{K, L\}$，使系统在状态反馈与输入变换 $u = -Kx + Lv$ 作用下，其闭环传递函数矩阵满足

$$G_{KL}(0) = G_{KL}(s)\mid_{s=0} = -C(A-BK)^{-1}BL = D_0 \tag{5-144}$$

式中，$D_0$ 是给定的期望稳态输入输出传递关系，有

$$D_0 = \begin{bmatrix} d_{11} & & & \\ & d_{22} & & \\ & & \ddots & \\ & & & d_{pp} \end{bmatrix} \tag{5-145}$$

其中，$d_{ii} \neq 0\ (i=1, 2, \cdots, p)$，为静态解耦后第 $i$ 个单输入单输出系统的静态增益。

综合上面的讨论，可以得出静态解耦算法如下：

（1）按静态可解耦条件判别系统的可解耦性。

（2）对于能静态解耦的系统，按镇定算法确定状态反馈矩阵 $K$，使 $A-BK$ 的特征值均具有负实部。

（3）对静态解耦后各单输入单输出系统，按要求确定静态增益值 $d_{ii}(i=1,2,\cdots,p)$，并按式（5-145）组成矩阵 $D_0$。

（4）取输入变换矩阵 $L = -[C(A-BK)^{-1}B]^{-1}D_0$。

**例 5-14**　试求出将下面系统实现静态解耦的矩阵对 $\{K, L\}$，给定 $d_{11} = d_{22} = 1$。

$$\begin{cases} \dot{x} = \begin{bmatrix} 1 & 1 & 0 \\ 0 & 1 & 0 \\ 0 & 0 & 1 \end{bmatrix} x + \begin{bmatrix} 0 & 1 \\ 1 & 0 \\ 1 & 1 \end{bmatrix} u \\ y = \begin{bmatrix} 1 & 0 & 0 \\ 0 & 0 & 1 \end{bmatrix} x \end{cases}$$

**解**　（1）例 5-2 中已经判定系统是能控的（必能镇定），且

$$\operatorname{rank}\begin{bmatrix} A & B \\ C & 0 \end{bmatrix} = 5 = n + p$$

系统满足可解耦性条件。

（2）设闭环系统极点为 $-2$，$-1 \pm j2$，例 5-3 中基于旺纳姆能控规范型的极点配置算法已求得

$$K = \begin{bmatrix} 8 & 12 & -8 \\ 0 & -3 & 3 \end{bmatrix}$$

（3）由 $d_{11} = d_{22} = 1$，按式（5-145）组成矩阵 $D_0$ 为

$$D_0 = \begin{bmatrix} 1 & 0 \\ 0 & 1 \end{bmatrix} = I_2$$

(4) 输入变换矩阵为

$$L=-[C(A-BK)^{-1}B]^{-1}D_0=-\left\{\begin{bmatrix}1&0&0\\0&0&1\end{bmatrix}\left(\begin{bmatrix}1&1&0\\0&1&0\\0&0&1\end{bmatrix}-\begin{bmatrix}0&1\\1&0\\1&1\end{bmatrix}\begin{bmatrix}8&12&-8\\0&-3&3\end{bmatrix}\right)^{-1}\begin{bmatrix}0&1\\1&0\\1&1\end{bmatrix}\right\}^{-1}I_2$$

$$=-\left\{\begin{bmatrix}1&0&0\\0&0&1\end{bmatrix}\begin{bmatrix}-0.6&-0.3&0.1\\1.6&1.8&-1.6\\1.6&2.3&-2.1\end{bmatrix}\begin{bmatrix}0&1\\1&0\\1&1\end{bmatrix}\right\}^{-1}I_2=\begin{bmatrix}2.5&-2.5\\1&1\end{bmatrix}I_2=\begin{bmatrix}2.5&-2.5\\1&1\end{bmatrix}$$

(5) 闭环系统的各系数矩阵分别为：

$$A-BK=\begin{bmatrix}1&1&0\\0&1&0\\0&0&1\end{bmatrix}-\begin{bmatrix}0&1\\1&0\\1&1\end{bmatrix}\begin{bmatrix}8&12&-8\\0&-3&3\end{bmatrix}=\begin{bmatrix}1&4&-3\\-8&-11&8\\-8&-9&6\end{bmatrix}$$

$$BL=\begin{bmatrix}0&1\\1&0\\1&1\end{bmatrix}\begin{bmatrix}2.5&-2.5\\1&1\end{bmatrix}=\begin{bmatrix}1&1\\2.5&-2.5\\3.5&-1.5\end{bmatrix}$$

$$C=\begin{bmatrix}1&0&0\\0&0&1\end{bmatrix}$$

闭环系统的传递函数矩阵为

$$G_{KL}(s)=C(sI-A+BK)^{-1}BL=\begin{bmatrix}1&0&0\\0&0&1\end{bmatrix}\begin{bmatrix}s-1&-4&3\\8&s+11&-8\\8&9&s-6\end{bmatrix}^{-1}\begin{bmatrix}1&1\\2.5&-2.5\\3.5&-1.5\end{bmatrix}$$

$$=\begin{bmatrix}\dfrac{s^2+4.5s+10}{s^3+4s^2+9s+10}&\dfrac{s^2-0.5s}{s^3+4s^2+9s+10}\\\dfrac{3.5s^2+4.5s}{s^3+4s^2+9s+10}&\dfrac{-1.5s^2-0.5s+10}{s^3+4s^2+9s+10}\end{bmatrix}$$

可见，闭环传递函数矩阵动态时（$s\neq0$）并不是对角阵，即没有实现解耦，但当静态时（$s=0$）有

$$G_{KL}(0)=G_{KL}(s)|_{s=0}=\begin{bmatrix}\dfrac{s^2+4.5s+10}{s^3+4s^2+9s+10}&\dfrac{s^2-0.5s}{s^3+4s^2+9s+10}\\\dfrac{3.5s^2+4.5s}{s^3+4s^2+9s+10}&\dfrac{-1.5s^2-0.5s+10}{s^3+4s^2+9s+10}\end{bmatrix}_{s=0}=\begin{bmatrix}1&0\\0&1\end{bmatrix}$$

这时，闭环传递函数矩阵为对角阵，实现了解耦，而且等于由给定静态增益值组成的矩阵 $D_0$。

## 第六节 线性二次型最优控制

本章开头已经提到系统的优化型性能指标及最优控制综合问题，下面在阐述最优控制基本概念的基础上，讨论基于线性二次型最优控制的系统综合。

### 一、线性二次型最优控制问题

最优控制作为现代控制理论的重要内容，讨论的是根据被控对象的数学模型，选择一个

容许的控制律，使系统按一定的要求运行的同时，并使描述系统性能或品质的某个“指标”在一定意义下达到最优值。

使系统能达到一定性能的控制都是有效控制，但是，就所关心的特定性能而言，这些有效控制的控制效果有优劣之分，最优控制就是追求对应于特定性能具有最好控制效果的控制。这种用来衡量控制效果好坏或评价控制品质优劣的数学表达式称为性能指标，性能指标是一个标量，它是某些量（状态量、控制量等）的函数，所以也称为性能指标函数或目标函数。

性能指标的形式和内容取决于最优控制问题的任务，通常有三种对应最优控制基本问题的性能指标类型，它们是：

（1）积分型性能指标

$$J = \int_{t_0}^{t_f} L[\boldsymbol{x}(t), \boldsymbol{u}(t), t]\,\mathrm{d}t \tag{5-146}$$

表示状态向量和控制向量在整个动态过程（$t_0 \sim t_f$）总体满足优化要求，这类问题称为拉格朗日（Lagrange）问题。

（2）终值型性能指标

$$J = \boldsymbol{\Phi}[\boldsymbol{x}(t_f), t_f] \tag{5-147}$$

表示系统在动态过程结束后终端状态 $\boldsymbol{x}(t_f)$ 应满足优化要求，而对系统整个演变过程中的任何量不做要求，这类问题称为迈耶尔（Mayer）问题。

（3）复合型性能指标

$$J = \boldsymbol{\Phi}[\boldsymbol{x}(t_f), t_f] + \int_{t_0}^{t_f} L[\boldsymbol{x}(t), \boldsymbol{u}(t), t]\,\mathrm{d}t \tag{5-148}$$

这一性能指标对系统的动态过程和终端状态都提出了要求，是上面两种情况的综合，是更一般化的形式，这类问题称为波尔扎（Bolza）问题。

如果一个最优控制问题有解，则求得的控制量称为最优控制量 $\boldsymbol{u}^*(t)$，对应的状态运动轨线称为最优轨线 $\boldsymbol{x}^*(t)$。这时，性能指标函数必为极值（最小值或最大值），称为最优性能指标 $J^*[\boldsymbol{x}^*(t), \boldsymbol{u}^*(t)]$。

在数学上，求解最优控制问题是对一个数学表达式求极值，但这里被求极值的数学表达式（即性能指标函数）不是一般意义上的函数，而是一个其自变量又是另一自变量函数的函数，这在数学上被称作为“泛函”。所以，上面的各种性能指标都具有泛函的形式，求解最优控制问题就是求泛函的极值问题。

线性二次型最优控制问题（$LQ$ 最优控制问题）是指已知系统的状态空间表达式为

$$\begin{cases}\dot{\boldsymbol{x}}(t) = \boldsymbol{A}(t)\boldsymbol{x}(t) + \boldsymbol{B}(t)\boldsymbol{u}(t)\\ \boldsymbol{y}(t) = \boldsymbol{C}(t)\boldsymbol{x}(t)\end{cases} \tag{5-149}$$

以及性能指标具有线性二次型形式，即

$$J = \frac{1}{2}\boldsymbol{x}^{\mathrm{T}}(t_f)\boldsymbol{S}\boldsymbol{x}(t_f) + \frac{1}{2}\int_{t_0}^{t_f}[\boldsymbol{x}^{\mathrm{T}}(t)\boldsymbol{Q}(t)\boldsymbol{x}(t) + \boldsymbol{u}^{\mathrm{T}}(t)\boldsymbol{R}(t)\boldsymbol{u}(t)]\,\mathrm{d}t \tag{5-150}$$

式（5-149）中，$\boldsymbol{x}(t)$ 为 $n$ 维状态向量；$\boldsymbol{u}(t)$ 为满足解存在唯一性条件的 $p$ 维容许控制向量；$\boldsymbol{y}(t)$ 为 $q$ 维输出向量；$\boldsymbol{A}(t)$、$\boldsymbol{B}(t)$、$\boldsymbol{C}(t)$ 分别是满足解存在唯一性条件的相应维数的系统矩阵、输入矩阵和输出矩阵。并有 $\boldsymbol{x}(t_0) = \boldsymbol{x}_0$ 为系统初始状态，$\boldsymbol{x}(t_f) = \boldsymbol{x}_f$ 为系统的终端状态。式（5-150）中，加权矩阵 $\boldsymbol{S}$ 为 $n \times n$ 维正半定对称矩阵；$\boldsymbol{Q}(t)$ 是 $n \times n$ 维正半定对称矩

阵；$\boldsymbol{R}(t)$是$p\times p$维正定对称矩阵。系统综合的任务是寻找一个容许控制$\boldsymbol{u}^*(t)$，使沿着由初始状态$\boldsymbol{x}_0$出发的状态最优运动轨线$\boldsymbol{x}^*(t)$所对应的性能指标函数（5-150）达到最小值，即有

$$J^*(\boldsymbol{u}^*(t))=\min_{\boldsymbol{u}(t)}J(\boldsymbol{u}(t)) \tag{5-151}$$

可见，线性二次型最优控制问题实质上就是在系统状态方程（5-149）已知的条件下，对给定的性能指标泛函（5-150）求条件极值以确定最优控制$\boldsymbol{u}^*(t)$。

性能指标泛函（5-150）的物理意义是明显的，第一部分$\frac{1}{2}\boldsymbol{x}^{\mathrm{T}}(t_{\mathrm{f}})\boldsymbol{S}\boldsymbol{x}(t_{\mathrm{f}})$称为终端代价，用来限制终端偏差以保证终端状态$\boldsymbol{x}(t_{\mathrm{f}})$的准确性，体现了终端状态精度的要求；第二部分$\frac{1}{2}\int_{t_0}^{t_{\mathrm{f}}}\boldsymbol{x}^{\mathrm{T}}(t)\boldsymbol{Q}(t)\boldsymbol{x}(t)\mathrm{d}t$称为过程代价，用来限制控制过程中的状态偏差，以保证系统动态过程的平滑性和具有适当的快速性；第三部分$\frac{1}{2}\int_{t_0}^{t_{\mathrm{f}}}\boldsymbol{u}^{\mathrm{T}}(t)\boldsymbol{R}(t)\boldsymbol{u}(t)\mathrm{d}t$称为控制代价，用来限制控制量$\boldsymbol{u}(t)$的幅值及能量，以保证系统安全运行并具有适当的节能性。所以，可以把上述性能指标理解为优化控制使终端偏差和动态过程中的动态偏差总和与控制消耗的能量按既定的权重总体最小。

对于线性二次型最优控制问题，按运动过程末时刻$t_{\mathrm{f}}$的情况，可分为有限时间$LQ$问题和无限时间$LQ$问题。在有限时间$LQ$问题中，末时刻$t_{\mathrm{f}}$是固定的并为有限值；而在无限时间$LQ$问题中，末时刻$t_{\mathrm{f}}\to\infty$。两类$LQ$问题的求解及最优控制属性都有较大区别。

此外，从工程问题的角度，线性二次型最优控制问题还有“最优调节问题”和“最优跟踪问题”的区别。最优调节问题是求解最优控制$\boldsymbol{u}^*(t)$，在满足性能指标$J(\boldsymbol{u}(t))$为最优值的同时，使系统由初始状态$\boldsymbol{x}_0$运动到零平衡状态$\boldsymbol{x}_{\mathrm{e}}=0$；而最优跟踪问题是指求解最优控制$\boldsymbol{u}^*(t)$，在满足性能指标$J(\boldsymbol{u}(t))$为最优值的同时，使系统输出$\boldsymbol{y}(t)$跟踪某个已知或未知的参考输入信号$\boldsymbol{y}_{\mathrm{r}}(t)$。

线性二次型最优控制问题在工程实际中得到了广泛的应用，这是因为这类问题具有一系列优点：

1）被控对象是线性的，最优解可以写成统一的解析表达式。

2）性能指标具有明确的物理意义，较易与实际系统的设计结合。

3）所得到的最优控制规律通常具有状态反馈形式，易于实现。

## 二、最优状态调节器

下面分别按有限时间状态调节器问题和无限时间状态调节器问题讨论它们的求解。

1. 有限时间状态调节器问题的解　给定线性时变系统的状态方程

$$\begin{cases}\dot{\boldsymbol{x}}(t)=\boldsymbol{A}(t)\boldsymbol{x}(t)+\boldsymbol{B}(t)\boldsymbol{u}(t)\\ \boldsymbol{x}(t_0)=\boldsymbol{x}_0\end{cases} \tag{5-152}$$

以及性能指标函数

$$J=\frac{1}{2}\boldsymbol{x}^{\mathrm{T}}(t_{\mathrm{f}})\boldsymbol{S}\boldsymbol{x}(t_{\mathrm{f}})+\frac{1}{2}\int_{t_0}^{t_{\mathrm{f}}}[\boldsymbol{x}^{\mathrm{T}}(t)\boldsymbol{Q}(t)\boldsymbol{x}(t)+\boldsymbol{u}^{\mathrm{T}}(t)\boldsymbol{R}(t)\boldsymbol{u}(t)]\mathrm{d}t \tag{5-153}$$

问题是要在方程（5-152）的约束下求得满足性能指标（见式（5-153））为最小的最优控制

$\boldsymbol{u}^*(t)$，并使系统由初始状态 $\boldsymbol{x}_0$ 运动到平衡状态 $\boldsymbol{x}_e=0$。为求解该问题，首先将上述条件极值问题化为无条件极值问题。为此，按变分法求解有约束条件泛函极值的思路，引入拉格朗日乘子 $\boldsymbol{\lambda}(t)$（为 $n$ 维向量函数），将性能指标函数（5-153）表示为

$$J=\frac{1}{2}\boldsymbol{x}^{\mathrm{T}}(t_f)\boldsymbol{S}\boldsymbol{x}(t_f)+\int_{t_0}^{t_f}\left\{\frac{1}{2}[\boldsymbol{x}^{\mathrm{T}}\boldsymbol{Q}(t)\boldsymbol{x}+\boldsymbol{u}^{\mathrm{T}}\boldsymbol{R}(t)\boldsymbol{u}]+\boldsymbol{\lambda}^{\mathrm{T}}(t)[\boldsymbol{A}(t)\boldsymbol{x}+\boldsymbol{B}(t)\boldsymbol{u}-\dot{\boldsymbol{x}}]\right\}\mathrm{d}t \tag{5-154}$$

其次，引入哈密顿函数

$$H(\boldsymbol{x},\boldsymbol{u},\boldsymbol{\lambda},t)=\frac{1}{2}\boldsymbol{x}^{\mathrm{T}}\boldsymbol{Q}(t)\boldsymbol{x}+\frac{1}{2}\boldsymbol{u}^{\mathrm{T}}\boldsymbol{R}(t)\boldsymbol{u}+\boldsymbol{\lambda}^{\mathrm{T}}(t)[\boldsymbol{A}(t)\boldsymbol{x}+\boldsymbol{B}(t)\boldsymbol{u}] \tag{5-155}$$

进一步把性能指标函数表示为

$$\begin{aligned}J&=\frac{1}{2}\boldsymbol{x}^{\mathrm{T}}(t_f)\boldsymbol{S}\boldsymbol{x}(t_f)+\int_{t_0}^{t_f}[H(\boldsymbol{x},\boldsymbol{u},\boldsymbol{\lambda},t)-\boldsymbol{\lambda}^{\mathrm{T}}\dot{\boldsymbol{x}}]\mathrm{d}t\\&=\frac{1}{2}\boldsymbol{x}^{\mathrm{T}}(t_f)\boldsymbol{S}\boldsymbol{x}(t_f)+\int_{t_0}^{t_f}[H(\boldsymbol{x},\boldsymbol{u},\boldsymbol{\lambda},t)-\frac{\mathrm{d}}{\mathrm{d}t}(\boldsymbol{\lambda}^{\mathrm{T}}\boldsymbol{x})+\dot{\boldsymbol{\lambda}}^{\mathrm{T}}\boldsymbol{x}]\mathrm{d}t\\&=\frac{1}{2}\boldsymbol{x}^{\mathrm{T}}(t_f)\boldsymbol{S}\boldsymbol{x}(t_f)-\boldsymbol{\lambda}^{\mathrm{T}}(t_f)\boldsymbol{x}(t_f)+\boldsymbol{\lambda}^{\mathrm{T}}(t_0)\boldsymbol{x}(t_0)+\int_{t_0}^{t_f}[H(\boldsymbol{x},\boldsymbol{u},\boldsymbol{\lambda},t)+\dot{\boldsymbol{\lambda}}^{\mathrm{T}}\boldsymbol{x}]\mathrm{d}t\end{aligned} \tag{5-156}$$

为求出上式取极小时的 $\boldsymbol{u}^*(t)$，应先找出由 $\boldsymbol{u}(t)$ 的增量 $\delta\boldsymbol{u}(t)$（即 $\boldsymbol{u}(t)$ 的变分）引起的 $J(\boldsymbol{u}(t))$ 的增量的主部 $\delta J(\boldsymbol{u}(t))$（即 $J(\boldsymbol{u}(t))$ 的变分）。由于末时刻 $\boldsymbol{x}_f$ 为固定，并由状态方程知 $\boldsymbol{u}(t)$ 的变化将引起 $\boldsymbol{x}(t)$ 的变化，即 $\delta\boldsymbol{u}(t)$ 将产生 $\delta\boldsymbol{x}(t)$ 和 $\delta\boldsymbol{x}(t_f)$。可见，在确定 $\delta J(\boldsymbol{u}(t))$ 时应同时考虑 $\delta\boldsymbol{u}(t)$、$\delta\boldsymbol{x}(t)$ 和 $\delta\boldsymbol{x}(t_f)$ 的影响，于是有

$$\begin{aligned}\delta J(\boldsymbol{u}(t))=&\left\{\frac{\partial}{\partial\boldsymbol{x}(t_f)}\left[\frac{1}{2}\boldsymbol{x}^{\mathrm{T}}(t_f)\boldsymbol{S}\boldsymbol{x}(t_f)\right]-\frac{\partial}{\partial\boldsymbol{x}(t_f)}[\boldsymbol{x}^{\mathrm{T}}(t_f)\boldsymbol{\lambda}(t_f)]\right\}^{\mathrm{T}}\delta\boldsymbol{x}(t_f)+\\&\int_{t_0}^{t_f}\left\{\left[\frac{\partial}{\partial\boldsymbol{x}}H(\boldsymbol{x},\boldsymbol{u},\boldsymbol{\lambda},t)+\frac{\partial}{\partial\boldsymbol{x}}\boldsymbol{x}^{\mathrm{T}}\dot{\boldsymbol{\lambda}}\right]^{\mathrm{T}}\delta\boldsymbol{x}+\left[\frac{\partial}{\partial\boldsymbol{u}}H(\boldsymbol{x},\boldsymbol{u},\boldsymbol{\lambda},t)\right]^{\mathrm{T}}\delta\boldsymbol{u}\right\}\mathrm{d}t\end{aligned} \tag{5-157}$$

即

$$\delta J(\boldsymbol{u}(t))=[\boldsymbol{S}\boldsymbol{x}(t_f)-\boldsymbol{\lambda}(t_f)]^{\mathrm{T}}\delta\boldsymbol{x}(t_f)+\int_{t_0}^{t_f}\left\{\left[\frac{\partial H}{\partial\boldsymbol{x}}+\dot{\boldsymbol{\lambda}}\right]^{\mathrm{T}}\delta\boldsymbol{x}+\left[\frac{\partial H}{\partial\boldsymbol{u}}\right]^{\mathrm{T}}\delta\boldsymbol{u}\right\}\mathrm{d}t \tag{5-158}$$

根据变分法基本原理，$J(\boldsymbol{u}(t))$ 取极小值的必要条件是 $\delta J(\boldsymbol{u}(t))=0$，则由此可得出最优控制 $\boldsymbol{u}^*(t)$ 应满足：

$$\dot{\boldsymbol{\lambda}}=-\frac{\partial}{\partial\boldsymbol{x}}H(\boldsymbol{x},\boldsymbol{u}^*,\boldsymbol{\lambda},t) \tag{5-159}$$

$$\boldsymbol{\lambda}(t_f)=\frac{\partial}{\partial\boldsymbol{x}(t_f)}\left[\frac{1}{2}\boldsymbol{x}^{\mathrm{T}}(t_f)\boldsymbol{S}\boldsymbol{x}(t_f)\right]=\boldsymbol{S}\boldsymbol{x}(t_f) \tag{5-160}$$

$$\frac{\partial}{\partial\boldsymbol{u}}H(\boldsymbol{x},\boldsymbol{u}^*,\boldsymbol{\lambda},t)=0 \tag{5-161}$$

式（5-159）和式（5-160）称为伴随方程及其边值条件，式（5-161）称为控制方程。将哈密顿函数（5-155）代入式（5-161）可得

$$\begin{aligned}\frac{\partial}{\partial\boldsymbol{u}}H(\boldsymbol{x},\boldsymbol{u}^*,\boldsymbol{\lambda},t)&=\frac{\partial}{\partial\boldsymbol{u}}\left\{\frac{1}{2}[\boldsymbol{x}^{\mathrm{T}}\boldsymbol{Q}(t)\boldsymbol{x}+\boldsymbol{u}^{*\mathrm{T}}\boldsymbol{R}(t)\boldsymbol{u}^*]+\boldsymbol{\lambda}^{\mathrm{T}}[\boldsymbol{A}(t)\boldsymbol{x}+\boldsymbol{B}(t)\boldsymbol{u}^*]\right\}\\&=\boldsymbol{R}(t)\boldsymbol{u}^*+\boldsymbol{B}^{\mathrm{T}}(t)\boldsymbol{\lambda}=0\end{aligned} \tag{5-162}$$

进而得到最优控制 $\boldsymbol{u}^*(t)$ 为

$$u^*(t) = -R^{-1}(t)B^{\mathrm{T}}(t)\lambda(t) \tag{5-163}$$

将式（5-163）代入系统状态方程（5-152），得到最优状态运动轨线 $x^*(t)$ 及其边值条件

$$\begin{cases} \dot{x}^*(t) = A(t)x^*(t) - B(t)R^{-1}(t)B^{\mathrm{T}}(t)\lambda(t) \\ x^*(t_0) = x_0 \end{cases} \tag{5-164}$$

将式（5-163）代入式（5-159）和式（5-160），得到伴随方程及其边值条件

$$\begin{cases} \dot{\lambda}(t) = -A^{\mathrm{T}}(t)\lambda(t) - Q(t)x^*(t) \\ \lambda(t_f) = Sx^*(t_f) \end{cases} \tag{5-165}$$

由上述伴随方程和边值条件可知，$\lambda(t)$ 与 $x^*(t)$ 为线性关系，从而可以将拉格朗日乘子 $\lambda(t)$ 表示为

$$\lambda(t) = P(t)x^*(t) \tag{5-166}$$

其中 $P(t)$ 为 $n \times n$ 维实对称正半定矩阵，求得 $P(t)$ 即可求得 $\lambda(t)$。将上式代入式（5-165）可得

$$\dot{\lambda} = -A^{\mathrm{T}}(t)P(t)x^*(t) - Q(t)x^*(t) \tag{5-167}$$

由式（5-166）又进一步可得到

$$\begin{aligned} \dot{\lambda} &= \dot{P}(t)x^*(t) + P(t)\dot{x}^*(t) \\ &= \dot{P}(t)x^*(t) + P(t)A(t)x^*(t) - P(t)B(t)R^{-1}(t)B^{\mathrm{T}}(t)P(t)x^*(t) \end{aligned} \tag{5-168}$$

由式（5-167）和式（5-168），有

$$[\dot{P}(t) + P(t)A(t) - P(t)B(t)R^{-1}(t)B^{\mathrm{T}}(t)P(t) + A^{\mathrm{T}}(t)P(t) + Q(t)]x^*(t) = 0 \tag{5-169}$$

考虑到 $x^*(t) \neq 0$，显然 $P(t)$ 应满足方程

$$-\dot{P}(t) = P(t)A(t) + A^{\mathrm{T}}(t)P(t) + Q(t) - P(t)B(t)R^{-1}(t)B^{\mathrm{T}}(t)P(t) \tag{5-170}$$

式（5-170）是一个被称为黎卡提（Riccati）矩阵方程的非线性微分方程，求解它所需的边界条件可由式（5-165）和式（5-166）得出，为

$$P(t_f) = S \tag{5-171}$$

通过上面的讨论可知，求解线性系统（5-152）在二次型性能指标（见式（5-153））下的有限时间状态调节器问题时，首先由黎卡提方程（5-170）和终端条件（见式（5-171））求解得 $P(t)$，然后将解得的 $P(t)$ 代入最优控制 $u^*(t)$，即

$$u^*(t) = -R^{-1}(t)B^{\mathrm{T}}(t)P(t)x^*(t) \tag{5-172}$$

显然最优控制 $u^*(t)$ 具有状态反馈的形式，可表示为

$$u^*(t) = -K(t)x^*(t) \tag{5-173}$$

状态反馈矩阵为

$$K(t) = R^{-1}(t)B^{\mathrm{T}}(t)P(t) \tag{5-174}$$

而系统的状态最优运动轨线 $x^*(t)$ 是方程

$$\begin{cases} \dot{x}^*(t) = [A(t) - B(t)R^{-1}(t)B^{\mathrm{T}}(t)P(t)]x^*(t) \\ x^*(t_0) = x_0 \end{cases} \tag{5-175}$$

的解。

当系统控制量 $u(t)$ 按式（5-172）取最优值时，系统具有最优性能指标值

$$J^*(\boldsymbol{u}^*(t)) = \frac{1}{2}\boldsymbol{x}^{\mathrm{T}}(t_0)\boldsymbol{P}(t_0)\boldsymbol{x}(t_0) = \frac{1}{2}\boldsymbol{x}_0^{\mathrm{T}}\boldsymbol{P}(t_0)\boldsymbol{x}_0 \tag{5-176}$$

这是因为，由终端条件（见式（5-171））可将性能指标函数（5-153）写为

$$\begin{aligned} J &= \frac{1}{2}\boldsymbol{x}^{\mathrm{T}}(t_f)\boldsymbol{S}\boldsymbol{x}(t_f) + \frac{1}{2}\int_{t_0}^{t_f}[\boldsymbol{x}^{\mathrm{T}}(t)\boldsymbol{Q}(t)\boldsymbol{x}(t) + \boldsymbol{u}^{\mathrm{T}}(t)\boldsymbol{R}(t)\boldsymbol{u}(t)]\mathrm{d}t \\ &= \frac{1}{2}\boldsymbol{x}^{\mathrm{T}}(t_f)\boldsymbol{P}(t_f)\boldsymbol{x}(t_f) + \frac{1}{2}\int_{t_0}^{t_f}[\boldsymbol{x}^{\mathrm{T}}(t)\boldsymbol{Q}(t)\boldsymbol{x}(t) + \boldsymbol{u}^{\mathrm{T}}(t)\boldsymbol{R}(t)\boldsymbol{u}(t)]\mathrm{d}t \end{aligned} \tag{5-177}$$

而其中的$\frac{1}{2}\boldsymbol{x}^{\mathrm{T}}(t_f)\boldsymbol{P}(t_f)\boldsymbol{x}(t_f)$可表示为

$$\begin{aligned} \frac{1}{2}\boldsymbol{x}^{\mathrm{T}}(t_f)\boldsymbol{P}(t_f)\boldsymbol{x}(t_f) &= \frac{1}{2}\int_{t_0}^{t_f}\frac{\mathrm{d}}{\mathrm{d}t}[\boldsymbol{x}^{\mathrm{T}}(t)\boldsymbol{P}(t)\boldsymbol{x}(t)]\mathrm{d}t + \frac{1}{2}\boldsymbol{x}^{\mathrm{T}}(t_0)\boldsymbol{P}(t_0)\boldsymbol{x}(t_0) \\ &= \frac{1}{2}\int_{t_0}^{t_f}[\dot{\boldsymbol{x}}^{\mathrm{T}}(t)\boldsymbol{P}(t)\boldsymbol{x}(t) + \boldsymbol{x}^{\mathrm{T}}(t)\dot{\boldsymbol{P}}(t)\boldsymbol{x}(t) + \boldsymbol{x}^{\mathrm{T}}(t)\boldsymbol{P}(t)\dot{\boldsymbol{x}}(t)]\mathrm{d}t + \frac{1}{2}\boldsymbol{x}^{\mathrm{T}}(t_0)\boldsymbol{P}(t_0)\boldsymbol{x}(t_0) \end{aligned} \tag{5-178}$$

将状态方程和黎卡提方程代入上式的被积函数，有

$$\begin{aligned} &[\boldsymbol{A}(t)\boldsymbol{x}(t) + \boldsymbol{B}(t)\boldsymbol{u}(t)]^{\mathrm{T}}\boldsymbol{P}(t)\boldsymbol{x}(t) - \boldsymbol{x}^{\mathrm{T}}(t)[\boldsymbol{P}(t)\boldsymbol{A}(t) + \boldsymbol{A}^{\mathrm{T}}(t)\boldsymbol{P}(t) + \boldsymbol{Q}(t) - \boldsymbol{P}(t)\boldsymbol{B}(t) \\ &\boldsymbol{R}^{-1}(t)\boldsymbol{B}^{\mathrm{T}}(t)\boldsymbol{P}(t)]\boldsymbol{x}(t) + \boldsymbol{x}^{\mathrm{T}}(t)\boldsymbol{P}(t)[\boldsymbol{A}(t)\boldsymbol{x}(t) + \boldsymbol{B}(t)\boldsymbol{u}(t)] \\ &= -\boldsymbol{x}^{\mathrm{T}}(t)\boldsymbol{Q}(t)\boldsymbol{x}(t) + \boldsymbol{x}^{\mathrm{T}}(t)\boldsymbol{P}(t)\boldsymbol{B}(t)\boldsymbol{R}^{-1}(t)\boldsymbol{B}^{\mathrm{T}}(t)\boldsymbol{P}(t)\boldsymbol{x}(t) + \boldsymbol{u}^{\mathrm{T}}(t)\boldsymbol{B}^{\mathrm{T}}(t)\boldsymbol{P}(t)\boldsymbol{x}(t) + \boldsymbol{x}^{\mathrm{T}}(t)\boldsymbol{P}(t)\boldsymbol{B}(t)\boldsymbol{u}(t) \\ &= -\boldsymbol{x}^{\mathrm{T}}(t)\boldsymbol{Q}(t)\boldsymbol{x}(t) - \boldsymbol{u}^{\mathrm{T}}(t)\boldsymbol{R}(t)\boldsymbol{u}(t) + [\boldsymbol{u}(t) + \boldsymbol{R}^{-1}(t)\boldsymbol{B}^{\mathrm{T}}(t)\boldsymbol{P}(t)\boldsymbol{x}(t)]^{\mathrm{T}}\boldsymbol{R}(t)[\boldsymbol{u}(t) + \boldsymbol{R}^{-1}(t)\boldsymbol{B}^{\mathrm{T}}(t)\boldsymbol{P}(t)\boldsymbol{x}(t)] \end{aligned} \tag{5-179}$$

再由最优控制量$\boldsymbol{u}^*(t) = -\boldsymbol{R}^{-1}(t)\boldsymbol{B}^{\mathrm{T}}(t)\boldsymbol{P}(t)\boldsymbol{x}^*(t)$，上式为$-\boldsymbol{x}^{\mathrm{T}}(t)\boldsymbol{Q}(t)\boldsymbol{x}(t) - \boldsymbol{u}^{\mathrm{T}}(t)\boldsymbol{R}(t)\boldsymbol{u}(t)$，即式（5-178）可表示为

$$\frac{1}{2}\boldsymbol{x}^{\mathrm{T}}(t_f)\boldsymbol{P}(t_f)\boldsymbol{x}(t_f) = \frac{1}{2}\int_{t_0}^{t_f}[-\boldsymbol{x}^{\mathrm{T}}(t)\boldsymbol{Q}(t)\boldsymbol{x}(t) - \boldsymbol{u}^{\mathrm{T}}(t)\boldsymbol{R}(t)\boldsymbol{u}(t)]\mathrm{d}t + \frac{1}{2}\boldsymbol{x}^{\mathrm{T}}(t_0)\boldsymbol{P}(t_0)\boldsymbol{x}(t_0) \tag{5-180}$$

所以最优控制时的性能指标函数值为

$$\begin{aligned} J^* &= \frac{1}{2}\int_{t_0}^{t_f}[-\boldsymbol{x}^{\mathrm{T}}(t)\boldsymbol{Q}(t)\boldsymbol{x}(t) - \boldsymbol{u}^{\mathrm{T}}(t)\boldsymbol{R}(t)\boldsymbol{u}(t)]\mathrm{d}t + \frac{1}{2}\boldsymbol{x}^{\mathrm{T}}(t_0)\boldsymbol{P}(t_0)\boldsymbol{x}(t_0) \\ &\quad + \frac{1}{2}\int_{t_0}^{t_f}[\boldsymbol{x}^{\mathrm{T}}(t)\boldsymbol{Q}(t)\boldsymbol{x}(t) + \boldsymbol{u}^{\mathrm{T}}(t)\boldsymbol{R}(t)\boldsymbol{u}(t)]\mathrm{d}t = \frac{1}{2}\boldsymbol{x}^{\mathrm{T}}(t_0)\boldsymbol{P}(t_0)\boldsymbol{x}(t_0) \end{aligned} \tag{5-181}$$

可见，上面所讨论的状态调节器问题的解是最优状态调节器的充要条件，即式（5-172）所示的最优控制对于有解的状态调节器问题是唯一的。最优状态调节器的系统结构图如图5-15所示。

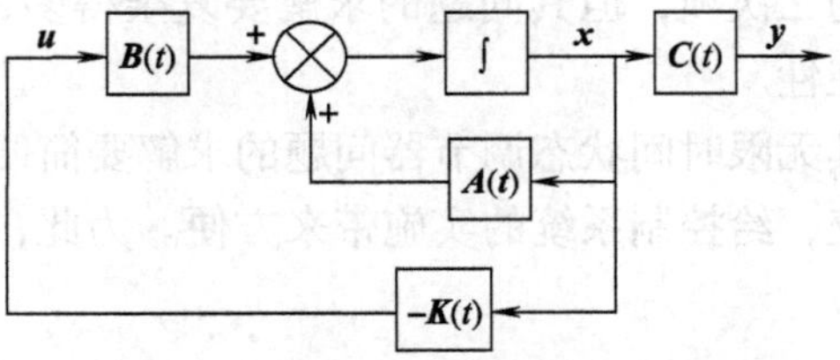


图5-15　最优状态调节器系统结构图

线性定常系统有限时间状态调节器的有关结论可参照时变系统得出，即对于线性定常系统

$$\begin{cases}\dot{\boldsymbol{x}}(t)=\boldsymbol{A}\boldsymbol{x}(t)+\boldsymbol{B}\boldsymbol{u}(t)\\ \boldsymbol{x}(t_0)=\boldsymbol{x}_0\end{cases} \tag{5-182}$$

以及性能指标函数

$$J=\frac{1}{2}\boldsymbol{x}^{\mathrm{T}}(t_{\mathrm{f}})\boldsymbol{S}\boldsymbol{x}(t_{\mathrm{f}})+\frac{1}{2}\int_{t_0}^{t_{\mathrm{f}}}[\boldsymbol{x}^{\mathrm{T}}(t)\boldsymbol{Q}\boldsymbol{x}(t)+\boldsymbol{u}^{\mathrm{T}}(t)\boldsymbol{R}\boldsymbol{u}(t)]\mathrm{d}t \tag{5-183}$$

式（5-182）中，$\boldsymbol{x}(t)$为$n$维状态向量；$\boldsymbol{u}(t)$为$p$维控制向量；$\boldsymbol{A}$、$\boldsymbol{B}$分别是相应维数的常数矩阵。式（5-183）中，加权矩阵$\boldsymbol{S}$、$\boldsymbol{Q}$、$\boldsymbol{R}$都是相应维数的常数对称矩阵。最优控制$\boldsymbol{u}^*(t)$具有状态反馈的形式，表示为

$$\boldsymbol{u}^*(t)=-\boldsymbol{K}(t)\boldsymbol{x}^*(t) \tag{5-184}$$

其中状态反馈矩阵是时变的，为

$$\boldsymbol{K}(t)=\boldsymbol{R}^{-1}\boldsymbol{B}^{\mathrm{T}}\boldsymbol{P}(t) \tag{5-185}$$

式中，$\boldsymbol{P}(t)$是黎卡提方程和终端条件

$$\begin{cases}-\dot{\boldsymbol{P}}(t)=\boldsymbol{P}(t)\boldsymbol{A}+\boldsymbol{A}^{\mathrm{T}}\boldsymbol{P}(t)+\boldsymbol{Q}-\boldsymbol{P}(t)\boldsymbol{B}\boldsymbol{R}^{-1}\boldsymbol{B}^{\mathrm{T}}\boldsymbol{P}(t)\\ \boldsymbol{P}(t_{\mathrm{f}})=\boldsymbol{S}\end{cases} \tag{5-186}$$

的解。而系统的状态最优运动轨线$\boldsymbol{x}^*(t)$是方程

$$\begin{cases}\dot{\boldsymbol{x}}^*(t)=[\boldsymbol{A}-\boldsymbol{B}\boldsymbol{R}^{-1}\boldsymbol{B}^{\mathrm{T}}\boldsymbol{P}(t)]\boldsymbol{x}^*(t)\\ \boldsymbol{x}^*(t_0)=\boldsymbol{x}_0\end{cases} \tag{5-187}$$

的解。这时，系统的最优性能值为

$$J^*(\boldsymbol{u}^*(t))=\frac{1}{2}\boldsymbol{x}^{\mathrm{T}}(t_0)\boldsymbol{P}(t_0)\boldsymbol{x}(t_0)=\frac{1}{2}\boldsymbol{x}_0^{\mathrm{T}}\boldsymbol{P}(t_0)\boldsymbol{x}_0 \tag{5-188}$$

可见，对于线性定常系统的有限时间状态调节器问题，尽管受控系统是定常的，但其最优控制系统是时变的。

2. 无限时间状态调节器问题的解　无限时间状态调节器问题是指末时刻$t_{\mathrm{f}}\to\infty$的$LQ$状态调节器问题，它不仅要考虑在有限时间内系统过渡过程的最优运行，还要考虑系统趋于平衡状态时的最优行为。由于这种情况下系统的终端状态总是被要求达到某一平衡状态$\boldsymbol{x}(t_{\mathrm{f}})=\boldsymbol{x}_{\mathrm{e}}=0$，所以性能指标函数(5-153)中终端状态的二次项不再被考虑，即性能指标函数为

$$J=\frac{1}{2}\int_{t_0}^{\infty}[\boldsymbol{x}^{\mathrm{T}}(t)\boldsymbol{Q}(t)\boldsymbol{x}(t)+\boldsymbol{u}^{\mathrm{T}}(t)\boldsymbol{R}(t)\boldsymbol{u}(t)]\mathrm{d}t \tag{5-189}$$

与有限时间状态调节器问题相比较，虽然仅仅是将性能指标函数中的积分上限由$t_{\mathrm{f}}$改为$\infty$，而且去除了终端状态的二次项，但其问题的求解要复杂得多，关键是式（5-189）所表示的积分型性能指标的存在性。

对于线性定常系统，其无限时间状态调节器问题的求解要简便得多，更重要的是得到的最优控制系统也是定常系统，给控制系统的实施带来方便。为此，对于无限时间状态调节器问题，考虑线性定常系统

$$\begin{cases}\dot{\boldsymbol{x}}(t)=\boldsymbol{A}\boldsymbol{x}(t)+\boldsymbol{B}\boldsymbol{u}(t)\\ \boldsymbol{x}(0)=\boldsymbol{x}_0\end{cases} \tag{5-190}$$

以及性能指标函数

$$J = \frac{1}{2}\int_0^\infty [\boldsymbol{x}^{\mathrm{T}}(t)\boldsymbol{Q}\boldsymbol{x}(t) + \boldsymbol{u}^{\mathrm{T}}(t)\boldsymbol{R}\boldsymbol{u}(t)]\mathrm{d}t \tag{5-191}$$

式（5-190）中，$\boldsymbol{x}(t)$为$n$维状态向量；$\boldsymbol{u}(t)$为$p$维控制向量；$\boldsymbol{A}$、$\boldsymbol{B}$分别是相应维数的常数矩阵。式（5-191）中，加权矩阵$\boldsymbol{Q}$、$\boldsymbol{R}$都是相应维数的常数对称矩阵，且$\boldsymbol{R}$为正定，$\boldsymbol{Q}$为正半定。由上面的讨论可知，这时所对应的黎卡提方程和终端条件应为

$$\begin{cases} -\dot{\boldsymbol{P}}(t) = \boldsymbol{P}(t)\boldsymbol{A} + \boldsymbol{A}^{\mathrm{T}}\boldsymbol{P}(t) + \boldsymbol{Q} - \boldsymbol{P}(t)\boldsymbol{B}\boldsymbol{R}^{-1}\boldsymbol{B}^{\mathrm{T}}\boldsymbol{P}(t) \\ \boldsymbol{P}(t_{\mathrm{f}}) = 0 \quad t_{\mathrm{f}} \to \infty \end{cases} \tag{5-192}$$

卡尔曼证明了上面黎卡提方程的解$\boldsymbol{P}(t)$当$t_{\mathrm{f}}\to\infty$时的极限必定存在，且为常数矩阵，即

$$\lim_{t_{\mathrm{f}}\to\infty}\boldsymbol{P}(t) = \boldsymbol{P} \tag{5-193}$$

因此，当$t_{\mathrm{f}}\to\infty$时，黎卡提方程中的导数项消失，变成为一个矩阵代数方程，称为代数黎卡提方程，即为

$$\boldsymbol{P}\boldsymbol{A} + \boldsymbol{A}^{\mathrm{T}}\boldsymbol{P} + \boldsymbol{Q} - \boldsymbol{P}\boldsymbol{B}\boldsymbol{R}^{-1}\boldsymbol{B}^{\mathrm{T}}\boldsymbol{P} = 0 \tag{5-194}$$

沿用有限时间状态调节器问题解的结论及$t_{\mathrm{f}}\to\infty$时的极限，线性定常系统（5-190）在性能指标函数（5-191）下的最优控制$\boldsymbol{u}^*(t)$是状态反馈的形式，表示为

$$\boldsymbol{u}^*(t) = -\boldsymbol{K}\boldsymbol{x}^*(t) \tag{5-195}$$

其中状态反馈矩阵是常数矩阵，为

$$\boldsymbol{K} = \boldsymbol{R}^{-1}\boldsymbol{B}^{\mathrm{T}}\boldsymbol{P} \tag{5-196}$$

式中，正定对称的常数矩阵$\boldsymbol{P}$是代数黎卡提方程

$$\boldsymbol{P}\boldsymbol{A} + \boldsymbol{A}^{\mathrm{T}}\boldsymbol{P} + \boldsymbol{Q} - \boldsymbol{P}\boldsymbol{B}\boldsymbol{R}^{-1}\boldsymbol{B}^{\mathrm{T}}\boldsymbol{P} = 0 \tag{5-197}$$

的解。而系统的状态最优运动轨线$\boldsymbol{x}^*(t)$是方程

$$\begin{cases} \dot{\boldsymbol{x}}^*(t) = [\boldsymbol{A} - \boldsymbol{B}\boldsymbol{R}^{-1}\boldsymbol{B}^{\mathrm{T}}\boldsymbol{P}]\boldsymbol{x}^*(t) \\ \boldsymbol{x}^*(0) = \boldsymbol{x}_0 \end{cases} \tag{5-198}$$

的解。这时，系统的最优性能值为

$$J^*(\boldsymbol{u}^*(t)) = \frac{1}{2}\boldsymbol{x}^{\mathrm{T}}(0)\boldsymbol{P}\boldsymbol{x}(0) = \frac{1}{2}\boldsymbol{x}_0^{\mathrm{T}}\boldsymbol{P}\boldsymbol{x}_0 \tag{5-199}$$

可见，对于线性定常系统的无限时间状态调节器问题，其最优控制系统也是定常的。

关于无限时间状态调节器问题的解，有如下几点需要注意。

（1）前面的讨论已经涉及被控对象的能镇定要求，即为了得到线性二次型最优状态调节器的解，被控对象至少是能镇定的。当然，更理想的情况是被控对象能控。

（2）可以证明，要保证状态调节器的$\boldsymbol{P}$矩阵正定，必须满足$\{\boldsymbol{A}, \boldsymbol{H}\}$为能观的条件，其中$\boldsymbol{H}$是正半定对称权矩阵$\boldsymbol{Q} = \boldsymbol{H}^{\mathrm{T}}\boldsymbol{H}$的分解结果。

（3）满足上面条件的最优状态调节器系统（5-198）必定是大范围渐近稳定的。这是因为，这时$\boldsymbol{P}$矩阵为正定，可设李雅普诺夫函数为

$$V(\boldsymbol{x}) = \boldsymbol{x}^{\mathrm{T}}\boldsymbol{P}\boldsymbol{x} \tag{5-200}$$

$V(\boldsymbol{x})$对时间$t$的导数为

$$\begin{aligned} \dot{V}(x) &= \frac{\mathrm{d}}{\mathrm{d}t}\boldsymbol{x}^{\mathrm{T}}\boldsymbol{P}\boldsymbol{x} = \dot{\boldsymbol{x}}^{\mathrm{T}}\boldsymbol{P}\boldsymbol{x} + \boldsymbol{x}^{\mathrm{T}}\boldsymbol{P}\dot{\boldsymbol{x}} = \boldsymbol{x}^{\mathrm{T}}(\boldsymbol{A} - \boldsymbol{B}\boldsymbol{R}^{-1}\boldsymbol{B}^{\mathrm{T}}\boldsymbol{P})^{\mathrm{T}}\boldsymbol{P}\boldsymbol{x} + \boldsymbol{x}^{\mathrm{T}}\boldsymbol{P}(\boldsymbol{A} - \boldsymbol{B}\boldsymbol{R}^{-1}\boldsymbol{B}^{\mathrm{T}}\boldsymbol{P})\boldsymbol{x} \\ &= \boldsymbol{x}^{\mathrm{T}}(\boldsymbol{A}^{\mathrm{T}}\boldsymbol{P} + \boldsymbol{P}\boldsymbol{A} - 2\boldsymbol{P}\boldsymbol{B}\boldsymbol{R}^{-1}\boldsymbol{B}^{\mathrm{T}}\boldsymbol{P})\boldsymbol{x} = \boldsymbol{x}^{\mathrm{T}}(-\boldsymbol{Q} - \boldsymbol{P}\boldsymbol{B}\boldsymbol{R}^{-1}\boldsymbol{B}^{\mathrm{T}}\boldsymbol{P})\boldsymbol{x} \\ &= -\boldsymbol{x}^{\mathrm{T}}(\boldsymbol{Q} + \boldsymbol{K}^{\mathrm{T}}\boldsymbol{R}\boldsymbol{K})\boldsymbol{x} \end{aligned} \tag{5-201}$$

上式利用了黎卡提方程 $PA+A^{T}P+Q-PBR^{-1}B^{T}P=0$ 和状态反馈矩阵 $K=R^{-1}B^{T}P$。由 $Q$ 正半定和 $R$ 正定，有 $Q+K^{T}RK$ 为正定矩阵，故 $\dot{V}(x)$ 负定。且 $\|x\|\to\infty$ 时有 $V(x)\to\infty$，即最优状态调节器系统（5-198）大范围渐近稳定。

**例 5-15** 设线性定常系统的状态方程和初始条件为

$$\begin{cases}\dot{x}=\begin{bmatrix}0 & 0\\1 & 0\end{bmatrix}x+\begin{bmatrix}1\\0\end{bmatrix}u\\ x(0)=\begin{bmatrix}0\\1\end{bmatrix}\end{cases}$$

性能指标为

$$J=\int_{0}^{\infty}\left[\frac{1}{2}x_2^2(t)+\frac{1}{8}u^2(t)\right]\mathrm{d}t$$

试求最优控制 $u^*(t)$ 及最优性能指标值 $J^*$。

**解** 由性能指标的式子可得权矩阵 $Q$ 和 $R$ 分别为

$$Q=\begin{bmatrix}0 & 0\\0 & 1\end{bmatrix},\ R=\frac{1}{4}。$$

可将 $Q$ 分解为 $Q=H^{T}H$，其中 $H$ 为

$$H=\begin{bmatrix}0 & 0\\0 & 1\end{bmatrix}$$

可判定 $\{A,\ b\}$ 能控，$\{A,\ H\}$ 能观，所以可以求得使闭环系统渐近稳定的最优控制。按题意，黎卡提方程为

$$\begin{bmatrix}0 & 1\\0 & 0\end{bmatrix}\begin{bmatrix}p_{11} & p_{12}\\p_{12} & p_{22}\end{bmatrix}+\begin{bmatrix}p_{11} & p_{12}\\p_{12} & p_{22}\end{bmatrix}\begin{bmatrix}0 & 0\\1 & 0\end{bmatrix}+\begin{bmatrix}0 & 0\\0 & 1\end{bmatrix}-\begin{bmatrix}p_{11} & p_{12}\\p_{12} & p_{22}\end{bmatrix}\begin{bmatrix}1\\0\end{bmatrix}4[1\quad 0]\begin{bmatrix}p_{11} & p_{12}\\p_{12} & p_{22}\end{bmatrix}=0$$

得方程组

$$\begin{cases}2p_{12}-4p_{11}^2=0\\ p_{22}-4p_{11}p_{12}=0\\ 1-4p_{12}^2=0\end{cases}$$

解得正定的 $P$ 矩阵为

$$P=\frac{1}{2}\begin{bmatrix}1 & 1\\1 & 2\end{bmatrix}$$

于是，可得最优控制为

$$u^*(t)=-R^{-1}B^{T}Px(t)=-4[1\quad 0]\frac{1}{2}\begin{bmatrix}1 & 1\\1 & 2\end{bmatrix}x(t)=-[2\quad 2]x(t)$$

最优性能指标值为

$$J^*[u^*(t)]=\frac{1}{2}x^{T}(0)Px(0)=\frac{1}{2}[0\quad 1]\frac{1}{2}\begin{bmatrix}1 & 1\\1 & 2\end{bmatrix}\begin{bmatrix}0\\1\end{bmatrix}=\frac{1}{2}$$

还可得出具有最优控制的闭环系统状态方程为

$$\dot{x}^*(t)=[A-BR^{-1}B^{T}P]x^*(t)=\begin{bmatrix}-2 & -2\\1 & 0\end{bmatrix}x^*(t)$$

对应的特征值为 $-1\pm j$，显然具有最优控制的闭环系统是渐近稳定的。可画出最优状态调节器的状态变量图如图 5-16 所示。

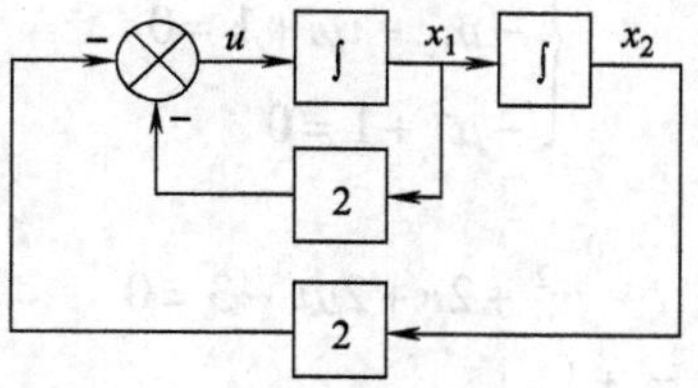


图 5-16　例 5-15 最优状态调节器的状态变量图

**例 5-16**　设被控系统的状态空间表达式为

$$\begin{cases}\dot{\boldsymbol{x}}=\begin{bmatrix}-1&0\\0&0\end{bmatrix}\boldsymbol{x}+\begin{bmatrix}1\\1\end{bmatrix}u\\ y=[1\quad 1]\boldsymbol{x}\end{cases}$$

性能指标为

$$J=\frac{1}{2}\int_0^\infty (y^2+u^2)\mathrm{d}t$$

试求初始状态为 $\boldsymbol{x}(0)=\begin{bmatrix}0\\1\end{bmatrix}$ 时的最优控制 $\boldsymbol{u}^*(t)$ 及最优性能指标 $J^*$。

**解**　性能指标函数可表示为

$$J=\frac{1}{2}\int_0^\infty (y^2+u^2)\mathrm{d}t=\frac{1}{2}\int_0^\infty [(x_1+x_2)^2+u^2]\mathrm{d}t=\frac{1}{2}\int_0^\infty [(x_1^2+2x_1x_2+x_2^2)+u^2]\mathrm{d}t$$

$$=\frac{1}{2}\int_0^\infty \left([x_1\quad x_2]\begin{bmatrix}1&1\\1&1\end{bmatrix}\begin{bmatrix}x_1\\x_2\end{bmatrix}+u^2\right)\mathrm{d}t$$

所以权矩阵 $\boldsymbol{Q}$ 和 $\boldsymbol{R}$ 分别为

$\boldsymbol{Q}=\begin{bmatrix}1&1\\1&1\end{bmatrix}$为正半定，$\boldsymbol{R}=1$ 为正定，且 $\boldsymbol{Q}$ 矩阵可分解为

$\boldsymbol{Q}=\boldsymbol{H}^{\mathrm{T}}\boldsymbol{H}$，其中 $\boldsymbol{H}$ 为

$$\boldsymbol{H}=\begin{bmatrix}0&0\\1&1\end{bmatrix}$$

可判定 $\{\boldsymbol{A},\ \boldsymbol{b}\}$ 能控、$\{\boldsymbol{A},\ \boldsymbol{H}\}$ 能观，所以可以求得使闭环系统渐近稳定的最优控制。按题意，黎卡提方程为

$$\begin{bmatrix}-1&0\\0&0\end{bmatrix}\begin{bmatrix}p_{11}&p_{12}\\p_{12}&p_{22}\end{bmatrix}+\begin{bmatrix}p_{11}&p_{12}\\p_{12}&p_{22}\end{bmatrix}\begin{bmatrix}-1&0\\0&0\end{bmatrix}+\begin{bmatrix}1&1\\1&1\end{bmatrix}-\begin{bmatrix}p_{11}&p_{12}\\p_{12}&p_{22}\end{bmatrix}\begin{bmatrix}1\\1\end{bmatrix}1[1\quad 1]\begin{bmatrix}p_{11}&p_{12}\\p_{12}&p_{22}\end{bmatrix}=0$$

得方程组

$$\begin{cases}-2p_{11}-(p_{11}+p_{12})^2+1=0\\ -p_{12}-(p_{11}+p_{12})(p_{12}+p_{22})+1=0\\ -(p_{12}+p_{22})^2+1=0\end{cases}$$

直接解上述方程组较麻烦，可以先设中间变量：

$$v=p_{11}+p_{12},\ \mu=p_{12}+p_{22}$$

于是，上面方程组可改写为

$$\begin{cases} -2p_{11}-v^2+1=0 \\ -p_{12}-v\mu+1=0 \\ -\mu^2+1=0 \end{cases}$$

由方程组的上两式可得

$$v^2+2v+2\mu v-3=0$$

又由方程组的最后一式可解得 $\mu=\pm 1$。

当 $\mu=1$，代入上式有 $v^2+4v-3=0$，解得 $v_{1,2}=-2\pm\sqrt{7}$；当 $\mu=-1$，代入上式有 $v^2-3=0$，解得 $v_{2,4}=\pm\sqrt{3}$。

由方程组的第一式，有 $p_{11}=\frac{1}{2}(1-v^2)$，为了保证 $\boldsymbol{P}$ 矩阵的正定性，必须 $p_{11}>0$，即 $v^2<1$，或 $|v|<1$。因此，在多个 $v$ 值中只能取

$$v=-2+\sqrt{7}$$

对应的 $\mu$ 值为

$$\mu=1$$

此时有

$$p_{11}=\frac{1}{2}(1-v^2)=\frac{1}{2}[1-(-2+\sqrt{7})^2]=2\sqrt{7}-5$$

$$p_{12}=1-v\mu=1-(-2+\sqrt{7})\times 1=3-\sqrt{7}$$

$$p_{22}=\mu-p_{12}=1-(3-\sqrt{7})=\sqrt{7}-2$$

即 $\boldsymbol{P}$ 矩阵为

$$\boldsymbol{P}=\begin{bmatrix} 2\sqrt{7}-5 & 3-\sqrt{7} \\ 3-\sqrt{7} & \sqrt{7}-2 \end{bmatrix}$$

由于 $p_{11}>0$，又 $|\boldsymbol{P}|=(2\sqrt{7}-5)(\sqrt{7}-2)-(3-\sqrt{7})^2=8-3\sqrt{7}=0.063>0$，$\boldsymbol{P}$ 矩阵的正定性得以验证。于是，可得最优控制为

$$\boldsymbol{u}^*(t)=-\boldsymbol{R}^{-1}\boldsymbol{B}^{\mathrm{T}}\boldsymbol{P}\boldsymbol{x}(t)=-1\times[1\quad 1]\begin{bmatrix} 2\sqrt{7}-5 & 3-\sqrt{7} \\ 3-\sqrt{7} & \sqrt{7}-2 \end{bmatrix}\boldsymbol{x}(t)=-[\sqrt{7}-2\quad 1]\boldsymbol{x}(t)$$

最优性能指标为

$$J^*[\boldsymbol{u}^*(t)]=\frac{1}{2}\boldsymbol{x}^{\mathrm{T}}(0)\boldsymbol{P}\boldsymbol{x}(0)=\frac{1}{2}[0\quad 1]\begin{bmatrix} 2\sqrt{7}-5 & 3-\sqrt{7} \\ 3-\sqrt{7} & \sqrt{7}-2 \end{bmatrix}\begin{bmatrix} 0 \\ 1 \end{bmatrix}=\frac{1}{2}\sqrt{7}-1$$

同样也可得出具有最优控制的闭环系统状态方程为

$$\dot{\boldsymbol{x}}^*(t)=[\boldsymbol{A}-\boldsymbol{B}\boldsymbol{R}^{-1}\boldsymbol{B}^{\mathrm{T}}\boldsymbol{P}]\boldsymbol{x}^*(t)=\begin{bmatrix} 1-\sqrt{7} & -1 \\ 2-\sqrt{7} & -1 \end{bmatrix}\boldsymbol{x}^*(t)$$

进一步可求得闭环系统的特征多项式为

$$s^2+\sqrt{7}s+1=0$$

对应的特征值为 $-\frac{\sqrt{7}}{2}\pm\frac{\sqrt{3}}{2}$，显然二个特征值都是负实数，即具有最优控制的闭环系统是渐近

稳定的。同样，可画出最优状态调节器的状态变量图如图 5-17 所示。

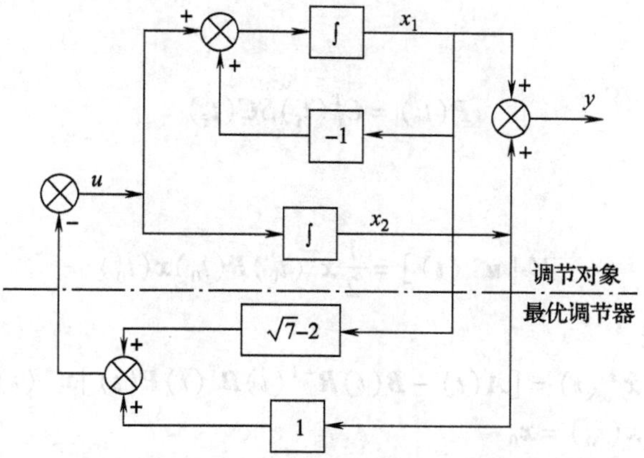


图 5-17　例 5-16 最优状态调节器的状态变量图

## 三、最优输出调节器

如果考虑的是对输出量的“最优调节”，即系统综合的任务是寻找最优控制量 $\boldsymbol{u}^*(t)$，使控制过程中的输出量动态偏差总和与控制消耗的能量按既定的权重总体最小，则为最优输出调节器问题。下面也分别按有限时间和无限时间进行讨论。

1. 有限时间输出调节器问题的解　给定线性时变系统的状态方程

$$\begin{cases}\dot{\boldsymbol{x}}(t)=\boldsymbol{A}(t)\boldsymbol{x}(t)+\boldsymbol{B}(t)\boldsymbol{u}(t) & \boldsymbol{x}(t_0)=\boldsymbol{x}_0\\ \boldsymbol{y}(t)=\boldsymbol{C}(t)\boldsymbol{x}(t)\end{cases}\tag{5-202}$$

以及性能指标函数

$$J[\boldsymbol{u}(t)]=\frac{1}{2}\boldsymbol{y}^{\mathrm{T}}(t_{\mathrm{f}})\boldsymbol{S}\boldsymbol{y}(t_{\mathrm{f}})+\frac{1}{2}\int_{t_0}^{t_{\mathrm{f}}}[\boldsymbol{y}^{\mathrm{T}}(t)\boldsymbol{Q}(t)\boldsymbol{y}(t)+\boldsymbol{u}^{\mathrm{T}}(t)\boldsymbol{R}(t)\boldsymbol{u}(t)]\mathrm{d}t\tag{5-203}$$

式中，$\boldsymbol{S}$ 为 $q\times q$ 维正半定对称矩阵，是对系统终端输出偏差的限制，体现了对末时刻精度的要求；$\boldsymbol{Q}(t)$ 为 $q\times q$ 维正半定对称矩阵，是对控制过程中输出偏差的限制，体现了动态过程中系统输出的平滑性要求；$\boldsymbol{R}(t)$ 为 $p\times p$ 维正定对称矩阵，是对控制量 $\boldsymbol{u}(t)$ 的能量的限制，体现系统的节能性。

将系统的输出方程 $\boldsymbol{y}(t)=\boldsymbol{C}(t)\boldsymbol{x}(t)$ 代入性能指标函数，得

$$J[\boldsymbol{u}(t)]=\frac{1}{2}\boldsymbol{x}^{\mathrm{T}}(t_{\mathrm{f}})\boldsymbol{C}^{\mathrm{T}}(t_{\mathrm{f}})\boldsymbol{S}\boldsymbol{C}(t_{\mathrm{f}})\boldsymbol{x}(t_{\mathrm{f}})+\frac{1}{2}\int_{t_0}^{t_{\mathrm{f}}}[\boldsymbol{x}^{\mathrm{T}}(t)\boldsymbol{C}^{\mathrm{T}}(t)\boldsymbol{Q}(t)\boldsymbol{C}(t)\boldsymbol{x}(t)+\boldsymbol{u}^{\mathrm{T}}(t)\boldsymbol{R}(t)\boldsymbol{u}(t)]\mathrm{d}t\tag{5-204}$$

与有限时间状态调节器问题的性能指标函数（5-153）相比，上式只是用 $\boldsymbol{C}^{\mathrm{T}}(t_{\mathrm{f}})\boldsymbol{S}\boldsymbol{C}(t_{\mathrm{f}})$、$\boldsymbol{C}^{\mathrm{T}}(t)\boldsymbol{Q}(t)\boldsymbol{C}(t)$ 替代了式（5-153）中的 $\boldsymbol{S}$ 和 $\boldsymbol{Q}(t)$。可见，输出调节器实际上就是状态调节器问题，上面关于最优状态调节器解的结论可以方便地移植过来，即输出调节器的最优控制为

$$\boldsymbol{u}^*(t)=-\boldsymbol{R}^{-1}(t)\boldsymbol{B}^{\mathrm{T}}(t)\boldsymbol{P}(t)\boldsymbol{x}(t)\tag{5-205}$$

式中，$\boldsymbol{P}(t)$ 为正定的对称矩阵，是矩阵黎卡提微分方程

$$-\dot{\boldsymbol{P}}(t)=\boldsymbol{A}^{\mathrm{T}}(t)\boldsymbol{P}(t)+\boldsymbol{P}(t)\boldsymbol{A}(t)+\boldsymbol{C}^{\mathrm{T}}(t)\boldsymbol{Q}(t)\boldsymbol{C}(t)-\boldsymbol{P}(t)\boldsymbol{B}(t)\boldsymbol{R}^{-1}(t)\boldsymbol{B}^{\mathrm{T}}(t)\boldsymbol{P}(t) \tag{5-206}$$

在终端条件

$$\boldsymbol{P}(t_{\mathrm{f}})=\boldsymbol{C}^{\mathrm{T}}(t_{\mathrm{f}})\boldsymbol{S}\boldsymbol{C}(t_{\mathrm{f}}) \tag{5-207}$$

下的解。

最优性能指标为

$$J^{*}[\boldsymbol{u}^{*}(t)]=\frac{1}{2}\boldsymbol{x}^{\mathrm{T}}(t_0)\boldsymbol{P}(t_0)\boldsymbol{x}(t_0) \tag{5-208}$$

对应的状态最优轨线是

$$\begin{cases}\dot{\boldsymbol{x}}^{*}(t)=[\boldsymbol{A}(t)-\boldsymbol{B}(t)\boldsymbol{R}^{-1}(t)\boldsymbol{B}^{\mathrm{T}}(t)\boldsymbol{P}(t)]\boldsymbol{x}^{*}(t)\\ \boldsymbol{x}(t_0)=\boldsymbol{x}_0\end{cases} \tag{5-209}$$

的解。

2. 无限时间输出调节器问题的解　当末时刻 $t_{\mathrm{f}}\to\infty$ 时，考虑线性定常系统

$$\begin{cases}\dot{\boldsymbol{x}}(t)=\boldsymbol{A}\boldsymbol{x}(t)+\boldsymbol{B}\boldsymbol{u}(t)\quad \boldsymbol{x}(0)=\boldsymbol{x}_0\\ \boldsymbol{y}(t)=\boldsymbol{C}\boldsymbol{x}(t)\end{cases} \tag{5-210}$$

与无限时间状态调节器问题对应，性能指标函数去除了末时刻输出量的二次项，且加权矩阵 $\boldsymbol{Q}$、$\boldsymbol{R}$ 都为常数矩阵，即性能指标函数为

$$J(\boldsymbol{u}(t))=\frac{1}{2}\int_0^{\infty}[\boldsymbol{y}^{\mathrm{T}}(t)\boldsymbol{Q}\boldsymbol{y}(t)+\boldsymbol{u}^{\mathrm{T}}(t)\boldsymbol{R}\boldsymbol{u}(t)]\mathrm{d}t \tag{5-211}$$

类似地，将系统的输出方程 $\boldsymbol{y}(t)=\boldsymbol{C}\boldsymbol{x}(t)$ 代入性能指标函数，可得

$$J(\boldsymbol{u}(t))=\frac{1}{2}\int_0^{\infty}[\boldsymbol{x}^{\mathrm{T}}(t)\boldsymbol{C}^{\mathrm{T}}\boldsymbol{Q}\boldsymbol{C}\boldsymbol{x}(t)+\boldsymbol{u}^{\mathrm{T}}(t)\boldsymbol{R}\boldsymbol{u}(t)]\mathrm{d}t \tag{5-212}$$

将 $\boldsymbol{C}^{\mathrm{T}}\boldsymbol{Q}\boldsymbol{C}$ 取代无限时间状态调节器问题中的 $\boldsymbol{Q}$，就可得到无限时间输出调节器问题的解，即其最优控制为

$$\boldsymbol{u}^{*}(t)=-\boldsymbol{R}^{-1}\boldsymbol{B}^{\mathrm{T}}\boldsymbol{P}\boldsymbol{x}(t) \tag{5-213}$$

式中，$\boldsymbol{P}$ 为正定对称的常数矩阵，是矩阵黎卡提代数方程

$$\boldsymbol{A}^{\mathrm{T}}\boldsymbol{P}+\boldsymbol{P}\boldsymbol{A}+\boldsymbol{C}^{\mathrm{T}}\boldsymbol{Q}\boldsymbol{C}-\boldsymbol{P}\boldsymbol{B}\boldsymbol{R}^{-1}\boldsymbol{B}^{\mathrm{T}}\boldsymbol{P}=0 \tag{5-214}$$

的解。

最优性能指标为

$$J^{*}[\boldsymbol{u}^{*}(t)]=\frac{1}{2}\boldsymbol{x}^{\mathrm{T}}(0)\boldsymbol{P}\boldsymbol{x}(0) \tag{5-215}$$

对应的状态最优轨线是

$$\begin{cases}\dot{\boldsymbol{x}}^{*}(t)=[\boldsymbol{A}-\boldsymbol{B}\boldsymbol{R}^{-1}\boldsymbol{B}^{\mathrm{T}}\boldsymbol{P}]\boldsymbol{x}^{*}(t)\\ \boldsymbol{x}(0)=\boldsymbol{x}_0\end{cases} \tag{5-216}$$

的解。

上面状态调节器问题解的有关能控性、能观性要求也适用于输出调节器。

**例 5-17**　设被控系统的状态空间表达式为

$$\begin{cases}\dot{\boldsymbol{x}}=\begin{bmatrix}0&1\\0&0\end{bmatrix}\boldsymbol{x}+\begin{bmatrix}0\\1\end{bmatrix}u\\ y=[1\quad 0]\boldsymbol{x}\end{cases}$$

性能指标为

$$J = \int_0^\infty \left[ \frac{1}{2}y^2 + \frac{1}{8}u^2 \right] dt$$

试求初始状态为 $\boldsymbol{x}(0) = \begin{bmatrix} 0 \\ 1 \end{bmatrix}$ 时的最优控制 $\boldsymbol{u}^*(t)$ 及最优性能指标 $J^*$。

**解**　由性能指标的表达式可得权矩阵 $\boldsymbol{Q}$ 和 $\boldsymbol{R}$ 分别为

$$\boldsymbol{Q} = 1, \boldsymbol{R} = \frac{1}{4}, \text{都为正定,且}$$

$$\boldsymbol{C}^{\mathrm{T}}\boldsymbol{Q}\boldsymbol{C} = \begin{bmatrix} 1 \\ 0 \end{bmatrix} 1 \begin{bmatrix} 1 & 0 \end{bmatrix} = \begin{bmatrix} 1 & 0 \\ 0 & 0 \end{bmatrix}$$

可分解为 $\boldsymbol{C}^{\mathrm{T}}\boldsymbol{Q}\boldsymbol{C} = \boldsymbol{H}^{\mathrm{T}}\boldsymbol{H}$，其中 $\boldsymbol{H}$ 为

$$\boldsymbol{H} = \begin{bmatrix} 1 & 0 \\ 0 & 0 \end{bmatrix}$$

可判定 $\{\boldsymbol{A}, \boldsymbol{b}\}$ 能控，$\{\boldsymbol{A}, \boldsymbol{H}\}$ 能观，所以可以求得使闭环系统渐近稳定的最优控制。按题意，黎卡提方程为

$$\begin{bmatrix} 0 & 0 \\ 1 & 0 \end{bmatrix}\begin{bmatrix} p_{11} & p_{12} \\ p_{12} & p_{22} \end{bmatrix} + \begin{bmatrix} p_{11} & p_{12} \\ p_{12} & p_{22} \end{bmatrix}\begin{bmatrix} 0 & 1 \\ 0 & 0 \end{bmatrix} + \begin{bmatrix} 1 & 0 \\ 0 & 0 \end{bmatrix} - \begin{bmatrix} p_{11} & p_{12} \\ p_{12} & p_{22} \end{bmatrix}\begin{bmatrix} 0 \\ 1 \end{bmatrix} 4 \begin{bmatrix} 0 & 1 \end{bmatrix}\begin{bmatrix} p_{11} & p_{12} \\ p_{12} & p_{22} \end{bmatrix} = 0$$

得方程组

$$\begin{cases} 1 - 4p_{12}^2 = 0 \\ p_{11} - 4p_{12}p_{22} = 0 \\ 2p_{12} - 4p_{22}^2 = 0 \end{cases}$$

解得正定的 $\boldsymbol{P}$ 矩阵为

$$\boldsymbol{P} = \begin{bmatrix} 1 & \frac{1}{2} \\ \frac{1}{2} & \frac{1}{2} \end{bmatrix}$$

于是，可得最优控制为

$$\boldsymbol{u}^*(t) = -\boldsymbol{R}^{-1}\boldsymbol{B}^{\mathrm{T}}\boldsymbol{P}\boldsymbol{x}(t) = -4\begin{bmatrix} 0 & 1 \end{bmatrix}\begin{bmatrix} 1 & \frac{1}{2} \\ \frac{1}{2} & \frac{1}{2} \end{bmatrix}\boldsymbol{x}(t) = -\begin{bmatrix} 2 & 2 \end{bmatrix}\boldsymbol{x}(t) = -2x_1 - 2x_2$$

最优性能指标为

$$J^*[\boldsymbol{u}^*(t)] = \frac{1}{2}\boldsymbol{x}^{\mathrm{T}}(0)\boldsymbol{P}\boldsymbol{x}(0) = \frac{1}{2}\begin{bmatrix} 0 & 1 \end{bmatrix}\begin{bmatrix} 1 & \frac{1}{2} \\ \frac{1}{2} & \frac{1}{2} \end{bmatrix}\begin{bmatrix} 0 \\ 1 \end{bmatrix} = \frac{1}{4}$$

同样可得出具有最优控制的闭环系统状态方程为

$$\dot{\boldsymbol{x}}^*(t) = [\boldsymbol{A} - \boldsymbol{B}\boldsymbol{R}^{-1}\boldsymbol{B}^{\mathrm{T}}\boldsymbol{P}]\boldsymbol{x}^*(t) = \begin{bmatrix} 0 & 1 \\ -2 & -2 \end{bmatrix}\boldsymbol{x}^*(t)$$

对应的特征值为 $-1 \pm \mathrm{j}$，显然具有最优控制的闭环系统是渐近稳定的。

## 四、最优输出跟踪器

最优输出跟踪器问题是指求解最优控制 $\boldsymbol{u}^*(t)$，在满足性能指标泛函 $J(\boldsymbol{u}(t))$ 为最优值的同时，使系统输出 $\boldsymbol{y}(t)$ 跟踪某个已知或未知的参考输入信号 $\boldsymbol{y}_r(t)$，$\boldsymbol{y}_r(t)$ 也称为系统的给定输出量。最优输出跟踪器问题同样可分为有限时间最优输出跟踪器问题和无限时间最优输出跟踪器问题。

1. 有限时间输出跟踪器问题的解　给定线性时变系统的状态方程

$$\begin{cases}\dot{\boldsymbol{x}}(t)=\boldsymbol{A}(t)\boldsymbol{x}(t)+\boldsymbol{B}(t)\boldsymbol{u}(t) & \boldsymbol{x}(t_0)=\boldsymbol{x}_0\\ \boldsymbol{y}(t)=\boldsymbol{C}(t)\boldsymbol{x}(t)\end{cases} \tag{5-217}$$

以及性能指标函数

$$J[\boldsymbol{u}(t)]=\frac{1}{2}\boldsymbol{e}^{\mathrm{T}}(t_f)\boldsymbol{S}\boldsymbol{e}(t_f)+\frac{1}{2}\int_{t_0}^{t_f}[\boldsymbol{e}^{\mathrm{T}}(t)\boldsymbol{Q}(t)\boldsymbol{e}(t)+\boldsymbol{u}^{\mathrm{T}}(t)\boldsymbol{R}(t)\boldsymbol{u}(t)]\mathrm{d}t \tag{5-218}$$

式中，$\boldsymbol{S}$ 为 $q\times q$ 维正半定对称矩阵；$\boldsymbol{Q}(t)$ 为 $q\times q$ 维正半定对称矩阵；$\boldsymbol{R}(t)$ 为 $p\times p$ 维正定对称矩阵；$\boldsymbol{e}(t)$ 为输出向量跟踪偏差，表示系统的给定输出量 $\boldsymbol{y}_r(t)$ 与系统实际输出量 $\boldsymbol{y}(t)$ 之间的差值，$\boldsymbol{e}(t)=\boldsymbol{y}_r(t)-\boldsymbol{y}(t)$。

可见，输出跟踪器最优控制的目的是在不过多消耗控制能量的前提下，使系统输出量 $\boldsymbol{y}(t)$ 尽量紧地跟随给定量 $\boldsymbol{y}_r(t)$。

仿照调节器问题的求解方法，将性能指标函数（5-218）写为

$$\begin{aligned}J(\boldsymbol{u}(t))&=\frac{1}{2}[\boldsymbol{y}_r(t_f)-\boldsymbol{y}(t_f)]^{\mathrm{T}}\boldsymbol{S}[\boldsymbol{y}_r(t_f)-\boldsymbol{y}(t_f)]\\&\quad+\frac{1}{2}\int_{t_0}^{t_f}\{[\boldsymbol{y}_r(t)-\boldsymbol{y}(t)]^{\mathrm{T}}\boldsymbol{Q}(t)[\boldsymbol{y}_r(t)-\boldsymbol{y}(t)]+\boldsymbol{u}^{\mathrm{T}}(t)\boldsymbol{R}(t)\boldsymbol{u}(t)\}\mathrm{d}t\\&=\frac{1}{2}[\boldsymbol{y}_r(t_f)-\boldsymbol{C}(t_f)\boldsymbol{x}(t_f)]^{\mathrm{T}}\boldsymbol{S}[\boldsymbol{y}_r(t_f)-\boldsymbol{C}(t_f)\boldsymbol{x}(t_f)]+\\&\quad\frac{1}{2}\int_{t_0}^{t_f}\{[\boldsymbol{y}_r(t)-\boldsymbol{C}(t)\boldsymbol{x}(t)]^{\mathrm{T}}\boldsymbol{Q}(t)[\boldsymbol{y}_r(t)-\boldsymbol{C}(t)\boldsymbol{x}(t)]+\boldsymbol{u}^{\mathrm{T}}(t)\boldsymbol{R}(t)\boldsymbol{u}(t)\}\mathrm{d}t\end{aligned} \tag{5-219}$$

引入拉格朗日乘子 $\boldsymbol{\lambda}(t)$，并构造哈密顿函数

$$H=\frac{1}{2}\{[\boldsymbol{y}_r(t)-\boldsymbol{C}(t)\boldsymbol{x}(t)]^{\mathrm{T}}\boldsymbol{Q}(t)[\boldsymbol{y}_r(t)-\boldsymbol{C}(t)\boldsymbol{x}(t)]+\boldsymbol{u}^{\mathrm{T}}(t)\boldsymbol{R}(t)\boldsymbol{u}(t)\}+\boldsymbol{\lambda}^{\mathrm{T}}(t)[\boldsymbol{A}(t)\boldsymbol{x}(t)+\boldsymbol{B}(t)\boldsymbol{u}(t)] \tag{5-220}$$

由控制方程 $\dfrac{\partial H}{\partial \boldsymbol{u}}=0$，得

$$\boldsymbol{u}^*(t)=-\boldsymbol{R}^{-1}(t)\boldsymbol{B}^{\mathrm{T}}(t)\boldsymbol{\lambda}(t) \tag{5-221}$$

由伴随方程 $\dot{\boldsymbol{\lambda}}=-\dfrac{\partial H}{\partial \boldsymbol{x}}$，得

$$\dot{\boldsymbol{\lambda}}(t)=-\boldsymbol{C}^{\mathrm{T}}(t)\boldsymbol{Q}(t)\boldsymbol{C}(t)\boldsymbol{x}(t)-\boldsymbol{A}^{\mathrm{T}}(t)\boldsymbol{\lambda}(t)+\boldsymbol{C}^{\mathrm{T}}(t)\boldsymbol{Q}(t)\boldsymbol{y}_r(t) \tag{5-222}$$

由边值条件 $\boldsymbol{\lambda}(t_f)=\dfrac{\partial}{\partial \boldsymbol{x}(t_f)}\left[\dfrac{1}{2}\boldsymbol{e}^{\mathrm{T}}(t_f)\boldsymbol{S}\boldsymbol{e}(t_f)\right]$，得

$$\boldsymbol{\lambda}(t_f)=\boldsymbol{C}^{\mathrm{T}}(t_f)\boldsymbol{S}\boldsymbol{C}(t_f)\boldsymbol{x}(t_f)-\boldsymbol{C}^{\mathrm{T}}(t_f)\boldsymbol{S}\boldsymbol{y}_r(t_f) \tag{5-223}$$

进一步由伴随方程（5-222）和边值条件（5-223）可知，$\boldsymbol{\lambda}(t)$ 除了有一项与 $\boldsymbol{x}(t)$ 成线性关

系外，还有一项与 $\boldsymbol{y}_r(t)$ 成线性关系。从而可以将拉格朗日乘子 $\boldsymbol{\lambda}(t)$ 表示为

$$\boldsymbol{\lambda}(t)=\boldsymbol{P}(t)\boldsymbol{x}(t)-\boldsymbol{\xi}(t) \tag{5-224}$$

式中，$\boldsymbol{P}(t)$ 为 $n\times n$ 维实对称正半定矩阵；$\boldsymbol{\xi}(t)$ 为与 $\boldsymbol{\lambda}(t)$ 同维数的待定向量。显然，求得 $\boldsymbol{P}(t)$ 和 $\boldsymbol{\xi}(t)$ 就求得了 $\boldsymbol{\lambda}(t)$。

将式（5-224）代入式（5-222）可得

$$\dot{\boldsymbol{\lambda}}(t)=[-\boldsymbol{C}^{\mathrm{T}}(t)\boldsymbol{Q}(t)\boldsymbol{C}(t)-\boldsymbol{A}^{\mathrm{T}}(t)\boldsymbol{P}(t)]\boldsymbol{x}(t)+\boldsymbol{A}^{\mathrm{T}}(t)\boldsymbol{\xi}(t)+\boldsymbol{C}^{\mathrm{T}}(t)\boldsymbol{Q}(t)\boldsymbol{y}_r(t) \tag{5-225}$$

由式（5-224）和式（5-221）又进一步可得到

$$\begin{aligned}\dot{\boldsymbol{\lambda}}(t)&=\dot{\boldsymbol{P}}(t)\boldsymbol{x}(t)+\boldsymbol{P}(t)\dot{\boldsymbol{x}}(t)-\dot{\boldsymbol{\xi}}(t)\\&=[\dot{\boldsymbol{P}}(t)+\boldsymbol{P}(t)\boldsymbol{A}(t)-\boldsymbol{P}(t)\boldsymbol{B}(t)\boldsymbol{R}^{-1}(t)\boldsymbol{B}^{\mathrm{T}}(t)\boldsymbol{P}(t)]\boldsymbol{x}(t)+\\&\quad\boldsymbol{P}(t)\boldsymbol{B}(t)\boldsymbol{R}^{-1}(t)\boldsymbol{B}^{\mathrm{T}}(t)\boldsymbol{\xi}(t)-\dot{\boldsymbol{\xi}}(t)\end{aligned} \tag{5-226}$$

由式（5-225）和式（5-226），有

$$\begin{aligned}&[\dot{\boldsymbol{P}}(t)+\boldsymbol{P}(t)\boldsymbol{A}(t)+\boldsymbol{A}^{\mathrm{T}}(t)\boldsymbol{P}(t)-\boldsymbol{P}(t)\boldsymbol{B}(t)\boldsymbol{R}^{-1}(t)\boldsymbol{B}^{\mathrm{T}}(t)\boldsymbol{P}(t)+\boldsymbol{C}^{\mathrm{T}}(t)\boldsymbol{Q}(t)\boldsymbol{C}(t)]\boldsymbol{x}(t)+\\&[\boldsymbol{P}(t)\boldsymbol{B}(t)\boldsymbol{R}^{-1}(t)\boldsymbol{B}^{\mathrm{T}}(t)-\boldsymbol{A}^{\mathrm{T}}(t)]\boldsymbol{\xi}(t)-\dot{\boldsymbol{\xi}}(t)-\boldsymbol{C}^{\mathrm{T}}(t)\boldsymbol{Q}(t)\boldsymbol{y}_r(t)=0\end{aligned} \tag{5-227}$$

考虑到上式对任意的 $\boldsymbol{x}(t)$、$\boldsymbol{y}_r(t)$ 均应成立，于是可得

$$-\dot{\boldsymbol{P}}(t)=\boldsymbol{P}(t)\boldsymbol{A}(t)+\boldsymbol{A}^{\mathrm{T}}(t)\boldsymbol{P}(t)-\boldsymbol{P}(t)\boldsymbol{B}(t)\boldsymbol{R}^{-1}(t)\boldsymbol{B}^{\mathrm{T}}(t)\boldsymbol{P}(t)+\boldsymbol{C}^{\mathrm{T}}(t)\boldsymbol{Q}(t)\boldsymbol{C}(t) \tag{5-228}$$

和

$$\dot{\boldsymbol{\xi}}(t)=[\boldsymbol{P}(t)\boldsymbol{B}(t)\boldsymbol{R}^{-1}(t)\boldsymbol{B}^{\mathrm{T}}(t)-\boldsymbol{A}^{\mathrm{T}}(t)]\boldsymbol{\xi}(t)-\boldsymbol{C}^{\mathrm{T}}(t)\boldsymbol{Q}(t)\boldsymbol{y}_r(t) \tag{5-229}$$

式（5-228）就是求解 $\boldsymbol{P}(t)$ 的黎卡提矩阵微分方程，式（5-229）是求解待定向量 $\boldsymbol{\xi}(t)$ 的微分方程。由式（5-223）和式（5-224）可知，它们的边值条件分别为

$$\boldsymbol{P}(t_f)=\boldsymbol{C}^{\mathrm{T}}(t_f)\boldsymbol{S}\boldsymbol{C}(t_f) \tag{5-230}$$

和

$$\boldsymbol{\xi}(t_f)=\boldsymbol{C}^{\mathrm{T}}(t_f)\boldsymbol{S}\boldsymbol{y}_r(t_f) \tag{5-231}$$

总结上面的讨论，线性系统（5-217）在二次型性能指标（5-218）下的有限时间输出跟踪器的最优控制 $\boldsymbol{u}^*(t)$ 为

$$\boldsymbol{u}^*(t)=-\boldsymbol{R}^{-1}(t)\boldsymbol{B}^{\mathrm{T}}(t)[\boldsymbol{P}(t)\boldsymbol{x}^*(t)-\boldsymbol{\xi}(t)] \tag{5-232}$$

式中，$\boldsymbol{P}(t)$ 是黎卡提方程及其边值条件

$$\begin{cases}-\dot{\boldsymbol{P}}(t)=\boldsymbol{P}(t)\boldsymbol{A}(t)+\boldsymbol{A}^{\mathrm{T}}(t)\boldsymbol{P}(t)-\boldsymbol{P}(t)\boldsymbol{B}(t)\boldsymbol{R}^{-1}(t)\boldsymbol{B}^{\mathrm{T}}(t)\boldsymbol{P}(t)+\boldsymbol{C}^{\mathrm{T}}(t)\boldsymbol{Q}(t)\boldsymbol{C}(t)\\\boldsymbol{P}(t_f)=\boldsymbol{C}^{\mathrm{T}}(t_f)\boldsymbol{S}\boldsymbol{C}(t_f)\end{cases} \tag{5-233}$$

的解；$\boldsymbol{\xi}(t)$ 是微分方程及其边值条件

$$\begin{cases}\dot{\boldsymbol{\xi}}(t)=[\boldsymbol{P}(t)\boldsymbol{B}(t)\boldsymbol{R}^{-1}(t)\boldsymbol{B}^{\mathrm{T}}(t)-\boldsymbol{A}^{\mathrm{T}}(t)]\boldsymbol{\xi}(t)-\boldsymbol{C}^{\mathrm{T}}(t)\boldsymbol{Q}(t)\boldsymbol{y}_r(t)\\\boldsymbol{\xi}(t_f)=\boldsymbol{C}^{\mathrm{T}}(t_f)\boldsymbol{S}\boldsymbol{y}_r(t_f)\end{cases} \tag{5-234}$$

的解。

系统的状态最优运动轨线 $\boldsymbol{x}^*(t)$ 是方程

$$\begin{cases}\dot{\boldsymbol{x}}^*(t)=[\boldsymbol{A}(t)-\boldsymbol{B}(t)\boldsymbol{R}^{-1}(t)\boldsymbol{B}^{\mathrm{T}}(t)\boldsymbol{P}(t)]\boldsymbol{x}^*(t)+\boldsymbol{B}(t)\boldsymbol{R}^{-1}(t)\boldsymbol{B}^{\mathrm{T}}(t)\boldsymbol{\xi}(t)\\ \boldsymbol{x}^*(t_0)=\boldsymbol{x}_0\end{cases}\tag{5-235}$$

的解。

类似地可以证明，式（5-232）所示的最优控制对于有解的输出跟踪器问题也是唯一的。这时，系统的最优性能值为

$$J^*(\boldsymbol{u}^*(t))=\frac{1}{2}\boldsymbol{x}^{\mathrm{T}}(t_0)\boldsymbol{P}(t_0)\boldsymbol{x}(t_0)-\boldsymbol{\xi}^{\mathrm{T}}(t_0)\boldsymbol{x}(t_0)+\varphi(t_0)\tag{5-236}$$

式中，$\varphi(t)$是方程

$$\begin{cases}\dot{\varphi}(t)=-\dfrac{1}{2}[\boldsymbol{y}_{\mathrm{r}}^{\mathrm{T}}(t)\boldsymbol{Q}(t)\boldsymbol{y}_{\mathrm{r}}(t)-\boldsymbol{\xi}^{\mathrm{T}}(t)\boldsymbol{B}(t)\boldsymbol{R}^{-1}(t)\boldsymbol{B}^{\mathrm{T}}(t)\boldsymbol{\xi}(t)]\\ \varphi(t_{\mathrm{f}})=\boldsymbol{y}_{\mathrm{r}}^{\mathrm{T}}(t_{\mathrm{f}})\boldsymbol{P}(t_{\mathrm{f}})\boldsymbol{y}_{\mathrm{r}}(t_{\mathrm{f}})\end{cases}\tag{5-237}$$

的解。

在式（5-219）中，当给定输出量$\boldsymbol{y}_{\mathrm{r}}(t)=0$时，最优输出跟踪器问题完全等价为最优输出调节器问题。可想而知，最优输出跟踪器问题具有与最优输出调节器类似的解，仅仅还需考虑到给定输出量$\boldsymbol{y}_{\mathrm{r}}(t)$的驱动作用。上面的结果证明了这一点。

2. 无限时间输出跟踪器问题的解　当末时刻为无限时，在一定的假设条件下，通过对有限时间输出跟踪器问题求取$t_{\mathrm{f}}\to\infty$极限的办法处理。这时类似地，性能指标函数中无终值项，即

$$J(\boldsymbol{u}(t))=\frac{1}{2}\int_{t_0}^{\infty}[\boldsymbol{e}^{\mathrm{T}}(t)\boldsymbol{Q}(t)\boldsymbol{e}(t)+\boldsymbol{u}^{\mathrm{T}}(t)\boldsymbol{R}(t)\boldsymbol{u}(t)]\mathrm{d}t\tag{5-238}$$

最优控制的表达式仍为

$$\boldsymbol{u}^*(t)=-\boldsymbol{R}^{-1}(t)\boldsymbol{B}^{\mathrm{T}}(t)[\boldsymbol{P}(t)\boldsymbol{x}^*(t)-\boldsymbol{\xi}(t)]\tag{5-239}$$

式中，$\boldsymbol{P}(t)$是黎卡提方程及其边值条件

$$\begin{cases}-\dot{\boldsymbol{P}}(t)=\boldsymbol{P}(t)\boldsymbol{A}(t)+\boldsymbol{A}^{\mathrm{T}}(t)\boldsymbol{P}(t)-\boldsymbol{P}(t)\boldsymbol{B}(t)\boldsymbol{R}^{-1}(t)\boldsymbol{B}^{\mathrm{T}}(t)\boldsymbol{P}(t)+\boldsymbol{C}^{\mathrm{T}}(t)\boldsymbol{Q}(t)\boldsymbol{C}(t)\\ \boldsymbol{P}(t_{\mathrm{f}})=0\end{cases}\tag{5-240}$$

的解；$\boldsymbol{\xi}(t)$是微分方程及其边值条件

$$\begin{cases}\dot{\boldsymbol{\xi}}(t)=[\boldsymbol{P}(t)\boldsymbol{B}(t)\boldsymbol{R}^{-1}(t)\boldsymbol{B}^{\mathrm{T}}(t)-\boldsymbol{A}^{\mathrm{T}}(t)]\boldsymbol{\xi}(t)-\boldsymbol{C}^{\mathrm{T}}(t)\boldsymbol{Q}(t)\boldsymbol{y}_{\mathrm{r}}(t)\\ \boldsymbol{\xi}(t_{\mathrm{f}})=0\end{cases}\tag{5-241}$$

的解。系统的状态最优运动轨线$\boldsymbol{x}^*(t)$是方程

$$\begin{cases}\dot{\boldsymbol{x}}^*(t)=[\boldsymbol{A}(t)-\boldsymbol{B}(t)\boldsymbol{R}^{-1}(t)\boldsymbol{B}^{\mathrm{T}}(t)\boldsymbol{P}(t)]\boldsymbol{x}^*(t)+\boldsymbol{B}(t)\boldsymbol{R}^{-1}(t)\boldsymbol{B}^{\mathrm{T}}(t)\boldsymbol{\xi}(t)\\ \boldsymbol{x}^*(t_0)=\boldsymbol{x}_0\end{cases}\tag{5-242}$$

的解。

可见，当$t_{\mathrm{f}}\to\infty$时，输出跟踪器问题的解除了黎卡提方程和待定向量$\boldsymbol{\xi}(t)$微分方程的边值条件发生变化外，其余各项结果与有限时间一样。

3. 线性定常系统的输出跟踪问题　对于线性定常系统

$$\begin{cases}\dot{\boldsymbol{x}}(t)=\boldsymbol{A}\boldsymbol{x}(t)+\boldsymbol{B}\boldsymbol{u}(t)\quad \boldsymbol{x}(t_0)=\boldsymbol{x}_0\\ \boldsymbol{y}(t)=\boldsymbol{C}\boldsymbol{x}(t)\end{cases}\tag{5-243}$$

如果给定输出量 $\boldsymbol{y}_r(t)=\boldsymbol{y}_r$ 为常数向量，末时刻 $t_f$ 很大时，可在上面结论的基础上推导出一个具有实用意义的最优输出跟踪器问题的近似解。这时，性能指标函数中也去除了终值项，且加权矩阵 $\boldsymbol{Q}$、$\boldsymbol{R}$ 都为正定常数矩阵，即为

$$J(\boldsymbol{u}(t))=\frac{1}{2}\int_{t_0}^{\infty}[\boldsymbol{e}^{\mathrm{T}}(t)\boldsymbol{Q}\boldsymbol{e}(t)+\boldsymbol{u}^{\mathrm{T}}(t)\boldsymbol{R}\boldsymbol{u}(t)]\mathrm{d}t \tag{5-244}$$

最优控制为

$$\boldsymbol{u}^*(t)=-\boldsymbol{R}^{-1}\boldsymbol{B}^{\mathrm{T}}[\boldsymbol{P}\boldsymbol{x}^*(t)-\boldsymbol{\xi}] \tag{5-245}$$

其中正定矩阵 $\boldsymbol{P}$ 满足矩阵黎卡提代数方程

$$\boldsymbol{A}^{\mathrm{T}}\boldsymbol{P}+\boldsymbol{P}\boldsymbol{A}+\boldsymbol{C}^{\mathrm{T}}\boldsymbol{Q}\boldsymbol{C}-\boldsymbol{P}\boldsymbol{B}\boldsymbol{R}^{-1}\boldsymbol{B}^{\mathrm{T}}\boldsymbol{P}=0 \tag{5-246}$$

而待定向量 $\boldsymbol{\xi}$ 为

$$\boldsymbol{\xi}\approx(\boldsymbol{P}\boldsymbol{B}\boldsymbol{R}^{-1}\boldsymbol{B}^{\mathrm{T}}-\boldsymbol{A}^{\mathrm{T}})^{-1}\boldsymbol{C}^{\mathrm{T}}\boldsymbol{Q}\boldsymbol{y}_{\mathrm{r}} \tag{5-247}$$

系统对应的状态最优轨线是方程

$$\begin{cases}\dot{\boldsymbol{x}}^*(t)=[\boldsymbol{A}-\boldsymbol{B}\boldsymbol{R}^{-1}\boldsymbol{B}^{\mathrm{T}}\boldsymbol{P}]\boldsymbol{x}^*(t)+\boldsymbol{B}\boldsymbol{R}^{-1}\boldsymbol{B}^{\mathrm{T}}\boldsymbol{\xi}\\ \boldsymbol{x}(t_0)=\boldsymbol{x}_0\end{cases} \tag{5-248}$$

的解。

从上面的讨论可知，线性二次型输出跟踪器的最优控制 $\boldsymbol{u}^*(t)$ 由两部分组成：一部分是状态量的反馈，完全等同于输出调节器的最优控制；另一部分与给定输出量 $\boldsymbol{y}_{\mathrm{r}}(t)$ 相关，可以认为是由 $\boldsymbol{y}_{\mathrm{r}}(t)$ 形成的前馈控制。线性定常系统最优输出跟踪器的系统结构如图 5-18 所示，从控制系统的结构上看，其控制形式与具有输入变换的跟踪控制是一致的。

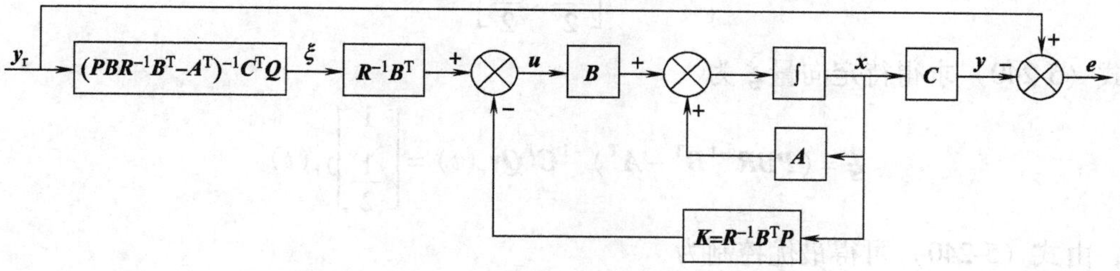


图 5-18　线性定常系统最优输出跟踪器的系统结构

另外，由式（5-234）或式（5-241）可知，当求解待定向量 $\boldsymbol{\xi}(t)$ 时需要预知给定输出量 $\boldsymbol{y}_r(t)$ 的变化规律，这在许多实际工程问题中往往是困难的。解决的办法，一种是用预估的典型函数（如阶跃函数、斜坡函数、三角函数等）代替它；另一种则把给定输出量视为随机函数，求解时使跟踪偏差的期望值最小，从而达到平均意义下的最优。

**例 5-18**　设被控系统的状态空间表达式为

$$\begin{cases}\dot{\boldsymbol{x}}=\begin{bmatrix}0&1\\0&0\end{bmatrix}\boldsymbol{x}+\begin{bmatrix}0\\2\end{bmatrix}u\\ y=[1\quad 0]\boldsymbol{x}\end{cases}$$

性能指标为

$$J=\frac{1}{2}\int_0^{\infty}[(y-y_{\mathrm{r}})^2+u^2]\mathrm{d}t$$

试求最优控制 $\boldsymbol{u}^*(t)$。

**解** 由性能指标的表达式可得权矩阵 $\boldsymbol{Q}$ 和 $\boldsymbol{R}$ 分别为 $\boldsymbol{Q}=1$、$\boldsymbol{R}=1$，都为正定，且

$$\boldsymbol{C}^{\mathrm{T}}\boldsymbol{Q}\boldsymbol{C}=\begin{bmatrix}1\\0\end{bmatrix}1[1\quad 0]=\begin{bmatrix}1&0\\0&0\end{bmatrix}$$

可分解为 $\boldsymbol{C}^{\mathrm{T}}\boldsymbol{Q}\boldsymbol{C}=\boldsymbol{H}^{\mathrm{T}}\boldsymbol{H}$，其中 $\boldsymbol{H}$ 为

$$\boldsymbol{H}=\begin{bmatrix}1&0\\0&0\end{bmatrix}$$

可判定 $\{\boldsymbol{A},\ \boldsymbol{b}\}$ 能控、$\{\boldsymbol{A},\ \boldsymbol{H}\}$ 能观，所以可以求得使闭环系统渐近稳定的最优控制。由题意可得黎卡提方程为

$$\begin{bmatrix}0&0\\1&0\end{bmatrix}\begin{bmatrix}p_{11}&p_{12}\\p_{12}&p_{22}\end{bmatrix}+\begin{bmatrix}p_{11}&p_{12}\\p_{12}&p_{22}\end{bmatrix}\begin{bmatrix}0&1\\0&0\end{bmatrix}+\begin{bmatrix}1&0\\0&0\end{bmatrix}-\begin{bmatrix}p_{11}&p_{12}\\p_{12}&p_{22}\end{bmatrix}\begin{bmatrix}0\\2\end{bmatrix}1[0\quad 2]\begin{bmatrix}p_{11}&p_{12}\\p_{12}&p_{22}\end{bmatrix}=0$$

得方程组

$$\begin{cases}1-4p_{12}^2=0\\p_{11}-4p_{12}p_{22}=0\\2p_{12}-4p_{22}^2=0\end{cases}$$

解得正定的 $\boldsymbol{P}$ 矩阵为

$$\boldsymbol{P}=\begin{bmatrix}1&\dfrac{1}{2}\\\dfrac{1}{2}&\dfrac{1}{2}\end{bmatrix}$$

并按式（5-240）求得待定向量 $\boldsymbol{\xi}$ 为

$$\boldsymbol{\xi}=(\boldsymbol{P}\boldsymbol{B}\boldsymbol{R}^{-1}\boldsymbol{B}^{\mathrm{T}}-\boldsymbol{A}^{\mathrm{T}})^{-1}\boldsymbol{C}^{\mathrm{T}}\boldsymbol{Q}\boldsymbol{y}_{\mathrm{r}}(t)=\begin{bmatrix}1\\\dfrac{1}{2}\end{bmatrix}y_{\mathrm{r}}(t)$$

于是，由式（5-240）可得最优控制为

$$\boldsymbol{u}^*(t)=-\boldsymbol{R}^{-1}\boldsymbol{B}^{\mathrm{T}}\boldsymbol{P}\boldsymbol{x}(t)+\boldsymbol{R}^{-1}\boldsymbol{B}^{\mathrm{T}}\boldsymbol{\xi}=-[0\quad 2]\begin{bmatrix}1&\dfrac{1}{2}\\\dfrac{1}{2}&\dfrac{1}{2}\end{bmatrix}\boldsymbol{x}(t)+[0\quad 2]\begin{bmatrix}1\\\dfrac{1}{2}\end{bmatrix}y_{\mathrm{r}}(t)=-[1\quad 1]\boldsymbol{x}(t)+y_{\mathrm{r}}(t)$$

可得出具有最优控制的闭环系统状态方程为

$$\begin{aligned}\dot{\boldsymbol{x}}^*(t)&=\boldsymbol{A}\boldsymbol{x}^*(t)+\boldsymbol{B}\boldsymbol{u}^*(t)=\begin{bmatrix}0&1\\0&0\end{bmatrix}\boldsymbol{x}^*(t)+\begin{bmatrix}0\\1\end{bmatrix}\{-[1\quad 1]\boldsymbol{x}(t)+\boldsymbol{y}_{\mathrm{r}}(t)\}\\&=\begin{bmatrix}0&1\\-1&-1\end{bmatrix}\boldsymbol{x}^*(t)+\begin{bmatrix}0\\1\end{bmatrix}y_{\mathrm{r}}(t)\end{aligned}$$

对应的特征值为 $-\dfrac{1}{2}\pm\mathrm{j}\dfrac{\sqrt{3}}{2}$，显然具有最优控制的闭环系统是渐近稳定的，并且其特征值与给定输出量 $y_{\mathrm{r}}(t)$ 无关。

# 第七节　应用 Matlab 的线性反馈控制系统综合

## 一、状态反馈极点配置

状态反馈控制是现代控制理论中的基本控制形式，状态反馈极点配置也是最基本的系统综合计算。Matlab 针对单输入系统和多输入系统提供了不同的调用函数。

1. 单输入系统状态反馈极点配置　Matlab 提供了求解单输入线性定常系统极点配置问题的函数 acker( )，其调用格式为

$$\boldsymbol{k} = \mathrm{acker}(\boldsymbol{A},\boldsymbol{b},\boldsymbol{p})$$

式中，$\boldsymbol{A}$、$\boldsymbol{b}$ 分别为所讨论系统的系统矩阵和输入矩阵；$\boldsymbol{p}$ 为所给定的一组期望极点，表示为行向量形式。

由于是单输入，函数调用返回求得的状态反馈矩阵 $\boldsymbol{k}$ 实际上也是行向量。值得注意的是，acker( ) 函数不适用于阶次太高的系统，通常系统阶次限制在 10 阶，但它适应多重极点的配置。

**例 5-19**　应用 Matlab 求解例 5-1 的状态反馈极点配置问题。

**解**　例 5-1 给出的被控对象状态方程为

$$\dot{\boldsymbol{x}} = \begin{bmatrix} 0 & 0 & 0 \\ 1 & -6 & 0 \\ 0 & 1 & -12 \end{bmatrix}\boldsymbol{x} + \begin{bmatrix} 1 \\ 0 \\ 0 \end{bmatrix}u$$

系统的期望极点为 $\lambda_1^* = -2$，$\lambda_{2,3}^* = -1 \pm \mathrm{j}$。利用 Matlab 的 acker( ) 函数可编程如下：

```
>> A= [0, 0, 0; 1, -6, 0; 0, 1, -12];
>> B= [1; 0; 0];
>> P= [-2, -1+i, -1-i];
>> K=acker (A, B, P)
```

程序运行结果为

```
K =

        -14          186       -1220
```

得到与例 5-1 一致的结果。

2. 多输入系统状态反馈极点配置　Matlab 提供了求解多输入线性定常系统极点配置问题的函数 place( )，其调用格式为

$$\boldsymbol{K} = \mathrm{place}(\boldsymbol{A},\boldsymbol{B},\boldsymbol{P})$$

式中，$\boldsymbol{A}$、$\boldsymbol{B}$ 分别为所讨论系统的系统矩阵和输入矩阵；$\boldsymbol{P}$ 为所给定的一组期望极点，表示为行向量形式；$\boldsymbol{K}$ 为函数调用返回的状态反馈矩阵。

值得注意的是 place( ) 函数不适用于含有多重期望极点的配置问题。

**例 5-20**　应用 Matlab 求解例 5-2 的状态反馈极点配置问题。

**解**　例 5-2 给出的被控对象状态方程为

$$\dot{\boldsymbol{x}}=\begin{bmatrix}1&1&0\\0&1&0\\0&0&1\end{bmatrix}\boldsymbol{x}+\begin{bmatrix}0&1\\1&0\\1&1\end{bmatrix}\boldsymbol{u}$$

系统的期望极点为 $\lambda_1^*=-2$，$\lambda_{2,3}^*=-1\pm j2$。利用 Matlab 的 place( ) 函数可编程如下：

```
>> A= [1, 1, 0; 0, 1, 0; 0, 0, 1];
>> B= [0, 1;1, 0; 1, 1];
>> P= [-2, -1+2i, -1-2i];
>> K=place (A, B, P)
```

程序运行结果为

```
K =
    7.9982  12.0000   -8.0018
   -2.4957   -5.4983   5.4976
```

得到的结果与例 5-2 不一致。前面已经说明，实现多输入系统极点配置的状态反馈矩阵 $\boldsymbol{K}$ 不具唯一性。可以通过如下编程验证状态反馈矩阵 $\boldsymbol{K}$ 的正确性：

```
>> Ak=A-B* K;
>> eig (Ak)
ans =
  -1.0000 + 2.0000i
  -1.0000 - 2.0000i
  -2.0000
```

表明闭环系统的系统矩阵特征值符合预先给定的期望极点。

## 二、求解线性二次型最优控制

线性二次型最优控制问题主要解决最优状态调节器和最优输出调节器的设计，Matlab 为此提供了不同的调用函数。

1. 最优状态调节器的设计　Matlab 提供了直接求解线性定常连续系统无限时间状态调节器问题的函数 lqr( )，其调用格式为

$$[\boldsymbol{K},\boldsymbol{P},\boldsymbol{l}]=\mathrm{lqr}(\boldsymbol{A},\boldsymbol{B},\boldsymbol{Q},\boldsymbol{R})$$

式中，$\boldsymbol{A}$、$\boldsymbol{B}$ 分别为所讨论系统的系统矩阵和输入矩阵；$\boldsymbol{Q}$、$\boldsymbol{R}$ 分别为二次型性能指标函数 $J=\dfrac{1}{2}\int_0^\infty[\boldsymbol{x}^T(t)\boldsymbol{Q}\boldsymbol{x}(t)+\boldsymbol{u}^T(t)\boldsymbol{R}\boldsymbol{u}(t)]\mathrm{d}t$ 中相应的加权矩阵；$\boldsymbol{K}=\boldsymbol{R}^{-1}\boldsymbol{B}^T\boldsymbol{P}$ 为函数调用返回的最优控制状态反馈矩阵；$\boldsymbol{P}$ 为函数调用返回的代数黎卡提矩阵方程 $\boldsymbol{PA}+\boldsymbol{A}^T\boldsymbol{P}+\boldsymbol{Q}-\boldsymbol{PBR}^{-1}\boldsymbol{B}^T\boldsymbol{P}=0$ 的解矩阵；$\boldsymbol{l}$ 为函数调用返回的闭环系统的极点组。

**例 5-21**　应用 Matlab 求解例 5-15 的最优状态调节器问题。

**解**　例 5-15 给出线性定常系统的状态方程和初始条件为

$$\begin{cases}\dot{\boldsymbol{x}}=\begin{bmatrix}0&0\\1&0\end{bmatrix}\boldsymbol{x}+\begin{bmatrix}1\\0\end{bmatrix}u\\ \boldsymbol{x}(0)=\begin{bmatrix}0\\1\end{bmatrix}\end{cases}$$

性能指标为

$$J=\int_0^{\infty}\left[\frac{1}{2}x_2^2(t)+\frac{1}{8}u^2(t)\right]\mathrm{d}t$$

由性能指标的式子可得权矩阵 $\boldsymbol{Q}$ 和 $\boldsymbol{R}$ 分别为

$$\boldsymbol{Q}=\begin{bmatrix}0&0\\0&1\end{bmatrix},\boldsymbol{R}=\frac{1}{4}$$

利用 Matlab 的 lqr( ) 函数可编程如下

```
>> A= [0, 0; 1, 0];
>> B= [1; 0];
>> Q= [0, 0; 0, 1];
>> R= [0. 25];
>> [K, P, l] =lqr (A, B, Q, R)
```

程序运行结果为

```
K =
2.0000   2.0000
P =
   0.5000   0.5000
   0.5000   1.0000
l =
  -1.0000 + 1.0000i
  -1.0000 - 1.0000i
```

即解得代数黎卡提矩阵方程的解矩阵 $\boldsymbol{P}$ 为

$$\boldsymbol{P}=\begin{bmatrix}0.5&0.5\\0.5&1\end{bmatrix}$$

是正定对称的常数矩阵，最优控制的状态反馈矩阵为

$$\boldsymbol{K}=[2\quad 2]$$

最优控制为

$$\boldsymbol{u}^*(t)=-\boldsymbol{K}\boldsymbol{x}(t)=-[2\quad 2]\boldsymbol{x}(t)$$

闭环系统的极点为 $-1\pm\mathrm{j}$。结果与例 5-15 是一致的。

Matlab 还提供了另一个求解线性定常连续系统无限时间状态调节器问题的函数care( )，其调用格式为

$$[\boldsymbol{P},\boldsymbol{l},\boldsymbol{K}]=\mathrm{care}(\boldsymbol{A},\boldsymbol{B},\boldsymbol{Q},\boldsymbol{R})$$

函数调用格式中的各矩阵意义同 $[\boldsymbol{K},\ \boldsymbol{P},\ \boldsymbol{l}]=\mathrm{lqr}(\boldsymbol{A},\ \boldsymbol{B},\ \boldsymbol{Q},\ \boldsymbol{R})$，只是调用返回值的次序有了变化。

2. 最优输出调节器的设计　Matlab 也提供了直接求解线性定常连续系统无限时间输出调节器问题的函数 lqry( )，其调用格式为

$$[\boldsymbol{K},\boldsymbol{P},\boldsymbol{l}]=\mathrm{lqry}(\boldsymbol{A},\boldsymbol{B},\boldsymbol{C},\boldsymbol{D},\boldsymbol{Q},\boldsymbol{R})$$

式中增加了所讨论系统的输出矩阵 $\boldsymbol{C}$ 和前馈矩阵 $\boldsymbol{D}$，其余各矩阵意义同 $[\boldsymbol{K},\ \boldsymbol{P},\ \boldsymbol{l}]=\mathrm{lqr}\ (\boldsymbol{A},\ \boldsymbol{B},\ \boldsymbol{Q},\ \boldsymbol{R})$。

**例 5-22** 应用 Matlab 求解例 5-17 的最优输出调节器问题。

**解** 例 5-17 给出线性定常系统的状态空间表达式为

$$\begin{cases}\dot{\boldsymbol{x}} = \begin{bmatrix}0 & 1\\0 & 0\end{bmatrix}\boldsymbol{x} + \begin{bmatrix}0\\1\end{bmatrix}u \\ y = [1 \quad 0]\boldsymbol{x}\end{cases}$$

性能指标为

$$J = \int_0^\infty \left[\frac{1}{2}y^2 + \frac{1}{8}u^2\right]\mathrm{d}t$$

由性能指标的式子可得权矩阵 $\boldsymbol{Q}$ 和 $\boldsymbol{R}$ 分别为

$$\boldsymbol{Q}=1,\ \boldsymbol{R}=\frac{1}{4}$$

利用 Matlab 的 lqry( ) 函数可编程如下：

```
>> A = [0, 1; 0, 0];
>> B = [0; 1];
>> C = [1, 0];
>> D = [0];
>> Q = [1];
>> R = [0.25];
>> [K, P, l] =lqry (A, B, C, D, Q, R)
```

程序运行结果为

```
K =
    2.0000    2.0000
P =
    1.0000    0.5000
    0.5000    0.5000
l =
   -1.0000 + 1.0000i
   -1.0000 - 1.0000i
```

即代数黎卡提矩阵方程的解矩阵 $\boldsymbol{P}$ 为

$$\boldsymbol{P}=\begin{bmatrix}1 & 0.5\\0.5 & 0.5\end{bmatrix}$$

是正定对称的常数矩阵，最优控制的状态反馈矩阵为

$$\boldsymbol{k}=[2 \quad 2]$$

最优控制为

$$\boldsymbol{u}^*(t) = -\boldsymbol{k}\boldsymbol{x}(t) = -[2 \quad 2]\boldsymbol{x}(t)$$

闭环系统的极点为 $-1\pm \mathrm{j}$。结果与例 5-17 完全一致。

Matlab 没有提供直接求解系统镇定问题、系统跟踪控制问题、系统解耦控制问题等的函数，但利用前面所介绍的 Matlab 函数及矩阵运算法则，读者可以编制出相应的求解上述问题的程序。

## 本章要点

（1）系统综合问题是寻求合适的控制器（或控制规律），使综合后的系统满足事先所提出的系统性能要求。状态反馈控制是现代控制理论中最基本的控制形式，它是系统结构信息的完全反馈。输出反馈控制具有工程易实现的优势，但由于它属于系统结构信息的不完全反馈，一般不能任意配置系统的所有极点。通过加入动态补偿器（串联的、并联的）可以改善输出反馈控制系统的性能。

（2）极点的位置分布与系统的动态性能存在明确的对应关系，闭环极点能任意配置的充要条件是被控对象能控。极点配置算法是在给定极点位置分布的前提下求解状态反馈矩阵。对应单输入系统介绍了三种极点配置算法，它们分别是求解联立方程法、化为能控规范型法和应用艾克曼公式法。对应多输入系统的极点配置算法较复杂，本章介绍了化为单输入系统、基于旺纳姆能控规范型和基于龙伯格能控规范型三种极点配置算法。

（3）以渐近稳定为性能指标的镇定问题是一类极点位置区域限制的特殊极点配置问题，参照状态反馈极点配置条件及算法可类似地解决。

（4）跟踪控制（或具有扰动抑制的跟踪控制）分为两种情况：跟踪定值参考输入信号的控制和具有扰动抑制的跟踪任意参考输入信号的控制。这两种情况的控制作用都由两部分组成：一部分是按极点配置设计的保证系统稳定并具有期望动态特性的状态反馈控制；另一部分对应前一种情况是输入信号的线性变换控制作用，对应后一种情况是伺服补偿控制作用。

（5）解耦控制使系统的传递函数矩阵对角化，具有很强的工程应用背景。动态解耦指系统的传递函数矩阵自始至终都对角化，静态解耦指系统稳态运行后传递函数矩阵对角化。两种解耦形式都可以通过状态反馈与输入变换相结合的控制方式实现。本章分别给出了系统可实现动态解耦和静态解耦的条件，分别给出了实现它们的算法，即求解状态反馈矩阵 $\boldsymbol{K}$ 和输入变换矩阵 $\boldsymbol{L}$ 的计算方法。

（6）最优控制是现代控制理论的重要组成部分，包含的内容很丰富。本章仅介绍了相对简单但工程应用广泛的线性二次型最优控制问题。它是在给定被控系统状态空间表达式和二次型性能指标的情况下，求取使性能指标取极值（极小值或极大值）的控制量，通常该控制量具有状态反馈的控制形式。最优控制问题分为有限时间和无限时间两类情况，每类情况又分别讨论了状态调节器、输出调节器及输出跟踪器问题。

## 思考题

1. 系统综合中的非优化型性能指标有哪些提法？如何理解最优控制？最优控制基本问题的性能指标有哪几类？

2. 为什么在设计状态反馈控制系统时首先要判别被控系统的能控性？

3. 单输入系统与多输入系统实现极点配置时，其状态反馈矩阵 $\boldsymbol{K}$ 的唯一性有什么不同？

4. 状态反馈控制与输出反馈控制各有什么特点？

5. 系统的能控性条件与可镇定条件有什么区别和联系？

6. 为什么一般渐近跟踪控制的伺服补偿器都包含偏差信号的积分作用？

7. 为什么要实现解耦控制？什么是动态解耦？什么是静态解耦？动态解耦有哪些方法？

8. 什么是线性二次型最优控制问题？为什么它能在工程实际中得到广泛应用？

9. 如何理解线性二次型最优控制的性能指标函数？哪些问题的性能指标函数不存在末状态的二次项？为什么？

# 练 习 题

1. 受控系统 $\boldsymbol{\Sigma}_0(\boldsymbol{A},\ \boldsymbol{b})$ 的系数矩阵为

$$\boldsymbol{A}=\begin{bmatrix}-2 & -3\\ 4 & -9\end{bmatrix},\quad \boldsymbol{b}=\begin{bmatrix}3\\ 1\end{bmatrix}$$

试求状态反馈矩阵，使闭环系统的极点配置在 $\lambda_{1,2}=-1\pm \mathrm{j}2$。

2. 已知系统的开环传递函数为

$$G_0(s)=\frac{20}{s^3+4s^2+3s}$$

（1）写出系统的状态方程。

（2）求出状态反馈矩阵，使闭环系统的极点为 $-5$ 和 $-2\pm \mathrm{j}2$。

（3）画出反馈系统状态变量图。

3. 已知系统的传递函数为

$$G(s)=\frac{(s-1)(s+2)}{(s+1)(s-2)(s+3)}$$

试问能否利用状态反馈将系统的传递函数变为

$$G_K(s)=\frac{(s-1)}{(s+2)(s+3)}\text{和 } G_K(s)=\frac{(s+2)}{(s+1)(s+3)}$$

若可能，试分别求出状态反馈矩阵 $K$，并画出相应的状态变量图。

4. 单输入单输出系统极点配置算法二是先在能控规范型状态空间求出状态反馈行向量 $\bar{\boldsymbol{k}}$，然后再反变换求得原状态空间的状态反馈行向量 $\boldsymbol{k}$。按此思路也能推导出如式（5-23）所表示的艾克曼公式，说明方法二与方法三是相通的。试从方法二出发推导出艾克曼公式。

5. 已知系统状态方程为

$$\dot{\boldsymbol{x}}=\begin{bmatrix}1 & 0\\ 0 & 1\end{bmatrix}\boldsymbol{x}+\begin{bmatrix}1 & 1\\ 0 & 1\end{bmatrix}\boldsymbol{u}$$

试计算状态反馈矩阵，使闭环系统的极点为 $-1$ 和 $-2$，并画出反馈控制系统的状态变量图。

6. 已知系统状态方程为

$$\dot{\boldsymbol{x}}=\begin{bmatrix}1 & 1 & 0\\ 0 & 1 & 0\\ 0 & 0 & 2\end{bmatrix}\boldsymbol{x}+\begin{bmatrix}0 & 0\\ 1 & 0\\ 0 & -2\end{bmatrix}\boldsymbol{u}$$

求出状态反馈矩阵，使闭环系统的极点为 $-2$ 和 $-1\pm \mathrm{j}2$，并画出反馈控制系统的状态变量图。

7. 双输入单输出系统的系数矩阵分别为

$$\boldsymbol{A}=\begin{bmatrix}0 & 0 & 5\\ 1 & 0 & -1\\ 0 & 1 & 3\end{bmatrix},\ \boldsymbol{B}=\begin{bmatrix}-2 & 0\\ 1 & -4\\ 0 & 2\end{bmatrix},\ \boldsymbol{c}=[0\ \ 0\ \ 1]$$

（1）验证系统是不稳定的，$\{\boldsymbol{A},\ \boldsymbol{B}\}$ 完全可控，$\{\boldsymbol{A},\ \boldsymbol{c}\}$ 完全可观。

（2）试设计输出反馈 $\begin{bmatrix}u_1\\ u_2\end{bmatrix}=\begin{bmatrix}h_1\\ h_2\end{bmatrix}y$，使闭环系统渐近稳定。

（3）利用（2）的结果证明，输出反馈不能任意配置闭环极点。

8. 双输入单输出系统的系数矩阵分别为

$$\boldsymbol{A}=\begin{bmatrix}0 & 0 & 5\\ 1 & 0 & -1\\ 0 & 1 & -3\end{bmatrix},\ \boldsymbol{B}=\begin{bmatrix}-2 & 0\\ 1 & -2\\ 0 & 1\end{bmatrix},\ \boldsymbol{c}=[0\ \ 0\ \ 1]$$

（1）验证系统状态完全可观测，且对每一个输入分量均可控。

（2）试设计输出反馈$\begin{bmatrix}u_1\\u_2\end{bmatrix}=\begin{bmatrix}h_1\\h_2\end{bmatrix}y$，使闭环系统具有渐近稳定的特征多项式

$$\varphi^*(s)=s^3+s^2+2s+1$$

9. 已知受控系统的传递函数为

$$G_0(s)=\frac{10}{s(s+2)^2}$$

设计状态反馈和输入变换控制律$u=-\boldsymbol{kx}+lv$，使系统的闭环极点为$-1$、$-2$和$-3$，且闭环静态放大倍数为1。

10. 已知系统的传递函数为

$$G(s)=\frac{(s+1)}{s^2(s+3)}$$

试设计一个状态反馈阵，将闭环系统的极点配置在$-2$，$-2$和$-1$，并说明所得闭环系统的能观性。

11. 试判别下列系统的状态反馈可镇定性。如果可镇定，求出状态反馈矩阵。

（1）$\boldsymbol{A}=\begin{bmatrix}-1&0&0\\0&0&1\\0&1&3\end{bmatrix}$，$\boldsymbol{b}=\begin{bmatrix}0\\0\\1\end{bmatrix}$

（2）$\boldsymbol{A}=\begin{bmatrix}1&0&-1\\0&-2&0\\-1&0&2\end{bmatrix}$，$\boldsymbol{b}=\begin{bmatrix}0\\0\\1\end{bmatrix}$

12. 已知系统的状态空间表达式为

$$\begin{cases}\dot{\boldsymbol{x}}=\begin{bmatrix}0&1&0\\0&0&-1\\-1&0&0\end{bmatrix}\boldsymbol{x}+\begin{bmatrix}0\\1\\0\end{bmatrix}u\\ \boldsymbol{y}=\begin{bmatrix}1&0&0\\0&0&1\end{bmatrix}\boldsymbol{x}\end{cases}$$

试分析系统的输出反馈可镇定性。

13. 已知受控系统的系数矩阵为

$$\boldsymbol{A}=\begin{bmatrix}-1&0&0\\0&-2&-3\\1&0&1\end{bmatrix},\ \boldsymbol{B}=\begin{bmatrix}1&0\\0&1\\0&-1\end{bmatrix},\ \boldsymbol{C}=\begin{bmatrix}1&0&0\\0&1&1\end{bmatrix}$$

试判断是否存在合适的矩阵对$\{\boldsymbol{K},\boldsymbol{L}\}$，使系统实现状态反馈解耦？

14. 已知受控系统的系数矩阵为

$$\boldsymbol{A}=\begin{bmatrix}0&1&0&0\\3&0&0&2\\0&0&0&1\\0&-2&0&0\end{bmatrix},\ \boldsymbol{B}=\begin{bmatrix}0&0\\1&0\\0&0\\0&1\end{bmatrix},\ \boldsymbol{C}=\begin{bmatrix}1&0&0&0\\0&0&1&0\end{bmatrix}$$

（1）可否采用状态反馈解耦控制律实现闭环解耦？

（2）如果可以采用状态反馈解耦控制律解耦，闭环系统的每个解耦子系统可以配置几个极点？

（3）求合适的矩阵对$\{\boldsymbol{K},\boldsymbol{L}\}$，实现状态反馈解耦控制，且每一个子系统的极点都为$-1$。

15. 两个连通储液槽系统的状态空间表达式为

$$\begin{cases}\dot{\boldsymbol{x}}=\begin{bmatrix}-2 & 1\\ 2 & -4\end{bmatrix}\boldsymbol{x}+\begin{bmatrix}1 & 0\\ 0 & 2\end{bmatrix}\boldsymbol{u}\\ \boldsymbol{y}=\begin{bmatrix}1 & 0\\ 0 & 1\end{bmatrix}\boldsymbol{x}\end{cases}$$

试求状态反馈解耦控制律，使 $u_1$ 和 $u_2$ 对两个液面高度 $y_1$ 和 $y_2$ 实现解耦控制，并使闭环极点为 $\mu_1$ 和 $\mu_2$。

16. 已知受控系统的系数矩阵为

$$\boldsymbol{A}=\begin{bmatrix}-1 & 0 & 0\\ 0 & -2 & -3\\ 1 & 0 & 1\end{bmatrix},\ \boldsymbol{B}=\begin{bmatrix}1 & 0\\ 0 & 1\\ 0 & -1\end{bmatrix},\ \boldsymbol{C}=\begin{bmatrix}1 & 0 & 0\\ 0 & 1 & 1\end{bmatrix}$$

（1）试判断系统是否可实现静态解耦。

（2）如果可以实现静态解耦，求出实现静态解耦的 $\{\boldsymbol{K},\ \boldsymbol{L}\}$ 矩阵对。

17. 给定系统 $\dot{x}=-x+u$，求最优控制，使性能指标

$$J=\frac{1}{2}\int_{t_0}^{T}(x^2+u^2)\mathrm{d}t$$

取最小值，其中 $T$ 为有限值。

18. 给定系统为

$$\begin{cases}\dot{x}_1=x_2\\ \dot{x}_2=u\end{cases}$$

求最优控制，使性能指标

$$J=\frac{1}{2}\int_0^{\infty}(\boldsymbol{x}^{\mathrm{T}}\boldsymbol{Q}\boldsymbol{x}+ru^2)\mathrm{d}t$$

取最小值，其中 $\boldsymbol{Q}=\mathrm{diag}(1,\ 1)$，$r=1$。

19. 给定系统同练习题 17，求最优控制 $\boldsymbol{u}^*(t)$ 使性能指标

$$J=\frac{1}{2}[x_1^2(3)+2x_2^2(3)]+\frac{1}{2}\int_0^3[2x_1^2(t)+4x_2^2(t)+2x_1(t)x_2(t)+\frac{1}{2}u^2(t)]\mathrm{d}t$$

取最小值。

20. 给定系统 $\dot{x}=x+u$。求最优控制，使性能指标

$$J=\frac{1}{2}\int_0^{\infty}u^2\mathrm{d}t$$

取最小值。

21. 设系统状态方程为

$$\begin{cases}\dot{x}_1(t)=x_2(t)\\ \dot{x}_2(t)=u(t)\end{cases}$$

初始状态为 $x_1(0)=1$，$x_2(0)=0$。试求最优控制使性能指标

$$J=\frac{1}{2}\int_0^{t_f}[x_1^2(t)+u^2(t)]\mathrm{d}t$$

取最小值，式中 $t_f$ 为给定值。

22. 设系统状态空间表达式为

$$\begin{cases}\dot{x}_1(t)=x_2(t)\\ \dot{x}_2(t)=u(t)\\ y(t)=x_1(t)\end{cases}$$

性能指标为

$$J = \frac{1}{4}\int_0^\infty [y^2(t) + u^2(t)]\,\mathrm{d}t$$

试求出使性能指标为极小的输出调节器。

23. 已知线性定常系统为

$$\begin{cases} \dot{\boldsymbol{x}} = \begin{bmatrix} 0 & 1 & 0 \\ -\omega_0^2 & 0 & \omega_0^2 \\ 0 & 0 & 0 \end{bmatrix}\boldsymbol{x} + \begin{bmatrix} 0 \\ 0 \\ 1 \end{bmatrix}u \\ y = [1 \quad 0 \quad -1]\boldsymbol{x} \end{cases}$$

试求最优控制 $u^*(t)$，使性能指标

$$J = \int_0^\infty [qy^2(t) + ru^2(t)]\,\mathrm{d}t$$

取极小值，其中 $q$ 和 $r$ 均为正常数。

24. 设轮船操纵系统的传递函数为

$$g(s) = \frac{y(s)}{u(s)} = \frac{4}{s^2}$$

式中，$u(t)$ 为控制信号；$y(t)$ 为轮船实际航向。试设计最优控制信号使性能指标

$$J = \int_0^\infty \{[y_r(t) - y(t)]^2 + u^2(t)\}\,\mathrm{d}t$$

取最小值，式中 $y_r(t) = 1(t)$ 为给定输出。

25. 已知系统动态方程为

$$\begin{cases} \dot{x}(t) = ax(t) + u(t) \\ y(t) = x(t) \end{cases}$$

其中，$a$ 为常数，初始状态为 $x(0) = x_0$。试求最优控制 $u^*(t)$，使性能指标

$$J = \frac{1}{2}fe^2(t_f) + \frac{1}{2}\int_0^{t_f}[qe^2(t) + ru^2(t)]\,\mathrm{d}t$$

取最小值，其中 $f \geqslant 0$，$q > 0$，$r > 0$；$e(t) = y_r(t) - y(t)$ 为系统输出量 $y(t)$ 对于期望输出量 $y_r(t)$ 的跟踪偏差。

## 上机练习题

1. 应用 Matlab 完成练习题 1。
2. 应用 Matlab 完成练习题 6。
3. 设被控系统的状态方程为

$$\dot{\boldsymbol{x}} = \begin{bmatrix} 2 & 1 & 0 & 0 \\ 0 & 2 & 0 & 0 \\ 0 & 0 & -1 & 0 \\ 0 & 0 & 0 & -1 \end{bmatrix}\boldsymbol{x} + \begin{bmatrix} 0 \\ 1 \\ 1 \\ 1 \end{bmatrix}u$$

试应用 Matlab 分析能否采用状态反馈控制使系统的全部极点都配置为 $-2$。若能，用 Matlab 求出满足要求的状态反馈矩阵 $\boldsymbol{K}$。

4. 设被控系统的状态空间表达式为

$$\begin{cases} \dot{\boldsymbol{x}} = \begin{bmatrix} -1 & 0 & 1 \\ 1 & -2 & 1 \\ 0 & 0 & 3 \end{bmatrix}\boldsymbol{x} + \begin{bmatrix} 1 \\ -1 \\ 0 \end{bmatrix}u \\ y = [1 \quad 0 \quad 1]\boldsymbol{x} \end{cases}$$

试应用 Matlab 分析系统能否通过状态反馈控制实现镇定。

5. 设被控系统的状态空间表达式为

$$\begin{cases} \dot{\boldsymbol{x}} = \begin{bmatrix} -1 & 0 & 0 & 0 \\ 2 & -3 & 0 & 0 \\ 0 & 0 & 2 & 0 \\ 4 & -1 & 2 & -4 \end{bmatrix}\boldsymbol{x} + \begin{bmatrix} 0 \\ 0 \\ 1 \\ 2 \end{bmatrix}u \\ y = [3 \quad 0 \quad 1 \quad 0]\boldsymbol{x} \end{cases}$$

试应用 Matlab 求解：

（1）判别系统的稳定性。

（2）判别系统的能控性和能观性，并分别按能控性和能观性进行结构分解。

（3）求解能控子系统和不能控子系统的极点，进而判断系统能否通过状态反馈控制实现镇定。

（4）若能镇定，求出满足要求的状态反馈矩阵 $\boldsymbol{K}$。

6. 已知系统的状态空间表达式为

$$\begin{cases} \dot{\boldsymbol{x}} = \begin{bmatrix} 0 & 1 & 0 \\ 0 & 0 & 1 \\ 0 & -2 & -3 \end{bmatrix}\boldsymbol{x} + \begin{bmatrix} 0 \\ 0 \\ 1 \end{bmatrix}u \\ y = [1 \quad 0 \quad 0]\boldsymbol{x} \end{cases}$$

求状态反馈最优控制，使性能指标

$$J = \int_0^\infty [\boldsymbol{x}^{\mathrm{T}}(t)\boldsymbol{Q}\boldsymbol{x}(t) + u^{\mathrm{T}}(t)Ru(t)]\mathrm{d}t$$

为最小值。其中

$$\boldsymbol{Q} = \begin{bmatrix} 100 & 0 & 0 \\ 0 & 1 & 0 \\ 0 & 0 & 1 \end{bmatrix}, R = 1$$

7. 对于上题所给系统，求最优控制 $u^*(t)$，使性能指标

$$J = \int_0^\infty [y^{\mathrm{T}}(t)Qy(t) + u^{\mathrm{T}}(t)Ru(t)]\mathrm{d}t$$

为最小值。其中

$$Q = 100, \ R = 1$$

# 第六章　状态观测与状态最优估计

第五章说明了状态反馈控制是现代控制理论中系统综合的重要手段，它较之其他控制方法具有明显的优越性。但是状态变量组中的某些量，或者由于不具明确的物理意义，或者由于量测手段在经济性或适用性上的限制，在工程实际中往往不能直接通过量测获取它们，形成了状态获取的必要性与不可实现性之间的矛盾。通过状态观测器实现对状态的重构，是解决这一矛盾的重要方法。对于存在随机噪声和干扰的系统，直接量测或观测器重构都不能得到状态量的精确值，必须利用统计方法对状态量实现最优估计。

## 第一节　状态重构与状态观测器

### 一、状态重构问题

状态重构就是通过间接的手段获取状态量信息。考虑线性定常系统 $\boldsymbol{\Sigma}(\boldsymbol{A},\ \boldsymbol{B},\ \boldsymbol{C})$

$$\begin{cases}\dot{\boldsymbol{x}}=\boldsymbol{A}\boldsymbol{x}+\boldsymbol{B}\boldsymbol{u}\\ \boldsymbol{y}=\boldsymbol{C}\boldsymbol{x}\end{cases} \tag{6-1}$$

式中，$\boldsymbol{x}$ 为 $n$ 维状态向量；$\boldsymbol{u}$ 为 $p$ 维输入向量；$\boldsymbol{y}$ 为 $q$ 维输出向量；$\boldsymbol{A}$ 为 $n\times n$ 维系统矩阵；$\boldsymbol{B}$ 为 $n\times p$ 维输入矩阵；$\boldsymbol{C}$ 为 $q\times n$ 维输出矩阵。

通常，输入量 $\boldsymbol{u}$ 和输出量 $\boldsymbol{y}$ 总是可以直接量测的，因此可以考虑能否通过可直接量测的输入量 $\boldsymbol{u}$ 和输出量 $\boldsymbol{y}$ 间接获取状态量的信息。为此，对输出方程进行逐次微分运算，并代之以状态方程，可得

$$\begin{cases}\boldsymbol{y}=\boldsymbol{C}\boldsymbol{x}\\ \dot{\boldsymbol{y}}=\boldsymbol{C}\dot{\boldsymbol{x}}=\boldsymbol{C}\boldsymbol{A}\boldsymbol{x}+\boldsymbol{C}\boldsymbol{B}\boldsymbol{u}\\ \ddot{\boldsymbol{y}}=\boldsymbol{C}\boldsymbol{A}\dot{\boldsymbol{x}}+\boldsymbol{C}\boldsymbol{B}\dot{\boldsymbol{u}}=\boldsymbol{C}\boldsymbol{A}^2\boldsymbol{x}+\boldsymbol{C}\boldsymbol{A}\boldsymbol{B}\boldsymbol{u}+\boldsymbol{C}\boldsymbol{B}\dot{\boldsymbol{u}}\\ \vdots\\ \boldsymbol{y}^{(n-1)}=\boldsymbol{C}\boldsymbol{A}^{(n-1)}\boldsymbol{x}+\boldsymbol{C}\boldsymbol{A}^{(n-2)}\boldsymbol{B}\boldsymbol{u}+\boldsymbol{C}\boldsymbol{A}^{(n-3)}\boldsymbol{B}\dot{\boldsymbol{u}}+\cdots+\boldsymbol{C}\boldsymbol{B}\boldsymbol{u}^{(n-2)}\end{cases} \tag{6-2}$$

为了解出状态量 $\boldsymbol{x}$，将上面表达式写成矩阵方程形式，即

$$\begin{bmatrix}\boldsymbol{y}\\ \dot{\boldsymbol{y}}-\boldsymbol{C}\boldsymbol{B}\boldsymbol{u}\\ \vdots\\ \boldsymbol{y}^{(n-1)}-\boldsymbol{C}\boldsymbol{A}^{(n-2)}\boldsymbol{B}\boldsymbol{u}-\boldsymbol{C}\boldsymbol{A}^{(n-3)}\boldsymbol{B}\dot{\boldsymbol{u}}-\cdots-\boldsymbol{C}\boldsymbol{B}\boldsymbol{u}^{(n-2)}\end{bmatrix}=\begin{bmatrix}\boldsymbol{C}\\ \boldsymbol{C}\boldsymbol{A}\\ \vdots\\ \boldsymbol{C}\boldsymbol{A}^{(n-1)}\end{bmatrix}\boldsymbol{x} \tag{6-3}$$

如果 $\{\boldsymbol{A},\ \boldsymbol{C}\}$ 能观，即矩阵 $\begin{bmatrix}\boldsymbol{C}\\ \boldsymbol{C}\boldsymbol{A}\\ \vdots\\ \boldsymbol{C}\boldsymbol{A}^{(n-1)}\end{bmatrix}$ 满秩，上面方程中的 $\boldsymbol{x}$ 有唯一解。这样，可以由系统

的输入量及其各阶导数、系统的输出量及其各阶导数求得状态量 $\boldsymbol{x}$，实现了状态重构。但是，这种理论上可行的状态重构思想在实际应用中却不可取，因为它对输入量、输出量采用了大量的微分运算，必将极大地增大输入量、输出量的测量噪声，以致无法正常实行状态重构计算。

但是，从上面的讨论中可以得到启示：如果系统满足一定的条件（如能观性要求等），可以利用系统能直接量测的输入量 $\boldsymbol{u}(t)$、输出量 $\boldsymbol{y}(t)$，得到原系统 $\boldsymbol{\Sigma}(\boldsymbol{A},\ \boldsymbol{B},\ \boldsymbol{C})$ 状态量 $\boldsymbol{x}(t)$的间接计算值 $\hat{\boldsymbol{x}}(t)$，它在一定的指标下与 $\boldsymbol{x}(t)$等价。通常称 $\hat{\boldsymbol{x}}(t)$为状态量 $\boldsymbol{x}(t)$的重构值，而将得到重构状态 $\hat{\boldsymbol{x}}(t)$的系统称为状态观测器，表示为 $\hat{\boldsymbol{\Sigma}}$。

状态 $\boldsymbol{x}(t)$和重构状态 $\hat{\boldsymbol{x}}(t)$ 的等价性指标一般采用渐近等价，即

$$\lim_{t\to\infty}\hat{\boldsymbol{x}}(t) = \lim_{t\to\infty}\boldsymbol{x}(t) \tag{6-4}$$

或

$$\lim_{t\to\infty}\tilde{\boldsymbol{x}}(t) = \lim_{t\to\infty}[\boldsymbol{x}(t) - \hat{\boldsymbol{x}}(t)] = 0 \tag{6-5}$$

式中，$\tilde{\boldsymbol{x}}(t)$为状态的观测误差，$\tilde{\boldsymbol{x}}(t) = \boldsymbol{x}(t) - \hat{\boldsymbol{x}}(t)$。

如果状态观测器 $\hat{\boldsymbol{\Sigma}}$ 的维数与原系统 $\boldsymbol{\Sigma}(\boldsymbol{A},\ \boldsymbol{B},\ \boldsymbol{C})$ 的维数相同，表示原系统的 $n$ 个状态变量都由状态观测器间接得到，把它称为全维状态观测器；如果 $\hat{\boldsymbol{\Sigma}}$ 的维数小于 $\boldsymbol{\Sigma}(\boldsymbol{A},\ \boldsymbol{B},\ \boldsymbol{C})$ 的维数，则称为降维状态观测器。此外，还可以有其他不同用途的观测器及不同结构原理的观测器。总之，观测器理论及应用已经是现代控制理论的重要组成部分，本书仅介绍它们的基本结构原理和应用。

## 二、全维状态观测器

全维状态观测器是最基本的状态观测器，也是其他观测器设计的基础。

1. 全维状态观测器的构成　考虑线性定常系统（6-1），人为地构造一个结构、参数与原系统 $\boldsymbol{\Sigma}(\boldsymbol{A},\ \boldsymbol{B},\ \boldsymbol{C})$ 相同，并与原系统具有相同输入量 $\boldsymbol{u}(t)$的系统 $\hat{\boldsymbol{\Sigma}}(\boldsymbol{A},\boldsymbol{B},\boldsymbol{C})$

$$\begin{cases}\dot{\hat{\boldsymbol{x}}} = \boldsymbol{A}\hat{\boldsymbol{x}} + \boldsymbol{B}\boldsymbol{u}\\ \hat{\boldsymbol{y}} = \boldsymbol{C}\hat{\boldsymbol{x}}\end{cases} \tag{6-6}$$

其中，$\hat{\boldsymbol{x}}$ 对应了原系统的 $n$ 维状态向量 $\boldsymbol{x}$，$\hat{\boldsymbol{y}}$ 对应了原系统的 $q$ 维输出向量 $\boldsymbol{y}$。当存在 $\hat{\boldsymbol{x}}(0) = \boldsymbol{x}(0)$时，由解的唯一性，必有 $\hat{\boldsymbol{x}}(t) = \boldsymbol{x}(t)$，理论上可以认为 $\hat{\boldsymbol{x}}(t)$是 $\boldsymbol{x}(t)$的重构值，系统（6-6）是系统（6-1）的全维状态观测器。由于这种全维状态观测器不存在任何反馈，所以称为开环型全维状态观测器。

比较式（6-1）和式（6-6），可得

$$\dot{\tilde{\boldsymbol{x}}} = \dot{\boldsymbol{x}} - \dot{\hat{\boldsymbol{x}}} = \boldsymbol{A}(\boldsymbol{x} - \hat{\boldsymbol{x}}) = \boldsymbol{A}\tilde{\boldsymbol{x}} \tag{6-7}$$

式中，$\tilde{\boldsymbol{x}}$ 为状态观测误差，$\tilde{\boldsymbol{x}} = \boldsymbol{x} - \hat{\boldsymbol{x}}$。

方程（6-7）的解为

$$\tilde{\boldsymbol{x}}(t) = \mathrm{e}^{\boldsymbol{A}t}\tilde{\boldsymbol{x}}(0) = \mathrm{e}^{\boldsymbol{A}t}[\boldsymbol{x}(0) - \hat{\boldsymbol{x}}(0)] \tag{6-8}$$

由式（6-8）可知，在实际应用中这种开环型全维状态观测器存在如下问题：

（1）$\tilde{x}(t)$的动态过程由原系统的系统矩阵$A$决定。当$A$包含有不稳定的特征值时，即使很小的初始偏差$\tilde{x}(0)$，也会使$\tilde{x}(t)$发散，即$\hat{x}(t)$远离$x(t)$，不能达到渐近等价目标；当$A$的特征值全部为稳定时，尽管$\hat{x}(t)$与$x(t)$最终达到渐近等价，但其收敛速度完全由系统矩阵$A$决定，而不能进行设计。

（2）开环型全维状态观测器参数对原系统参数的任何偏离或摄动都会对状态观测产生不利影响。

解决上述问题的办法是利用输出偏差$\tilde{y}(t)=y(t)-\hat{y}(t)$进行反馈，反馈矩阵为$M$（$n\times q$维的常数矩阵）。所构成的闭环型全维状态观测器$\Sigma_M$结构如图6-1所示。全维状态观测器的状态方程式为

$$\dot{\hat{x}}=A\hat{x}+Bu+M\tilde{y}=A\hat{x}+Bu+M(y-C\hat{x})=(A-MC)\hat{x}+Bu+My \tag{6-9}$$

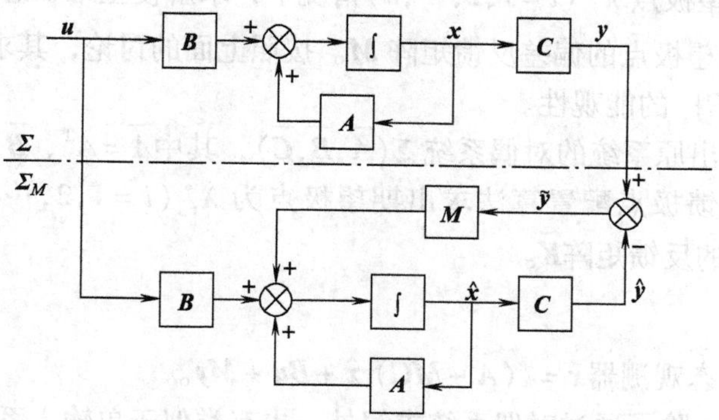


图6-1　全维状态观测器结构

这时，状态观测误差的方程由式（6-7）变为

$$\dot{\tilde{x}}=(A-MC)\tilde{x} \tag{6-10}$$

方程的解为

$$\tilde{x}(t)=e^{(A-MC)t}\tilde{x}(0) \tag{6-11}$$

显然，有望通过设计合适的偏差反馈矩阵$M$来调整全维状态观测器系统矩阵$A-MC$的特征值（也称为全维状态观测器的极点），实现渐近等价指标下的状态重构。

全维状态观测器的结构也可等价地表示成图6-2的形式。图6-2中直观地表示出了全维状态观测器具有两个输入量$u$和$y$，它们是原系统的输入量和输出量，显然是可量测的，全维状态观测器的输出量就是状态重构值$\hat{x}(t)$。

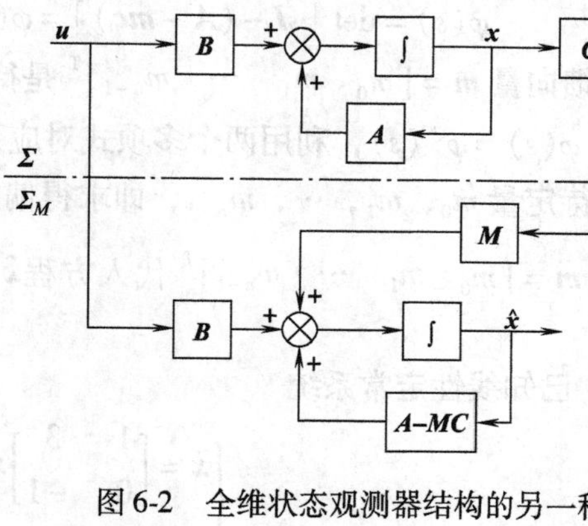


图6-2　全维状态观测器结构的另一种形式

2. 极点任意配置条件　全维状态观测器极点的位置决定了观测器的输出对

原系统状态量渐近等价的可能性及其收敛速度，一个性能优良的全维状态观测器应该是所有极点可以任意配置的。因此，也需要研究满足什么样条件的系统才能构成极点任意配置的全维状态观测器的问题。对此，有如下结论：系统能采用全维状态观测器（见式（6-9））重构其状态，并通过偏差反馈矩阵 $\boldsymbol{M}$ 任意配置全维状态观测器极点的充要条件是原系统完全能观。

该结论通过对偶性原理很容易得以证明。因为 $\{\boldsymbol{A},\ \boldsymbol{C}\}$ 能观性等价于 $\{\boldsymbol{A}^{\mathrm{T}},\ \boldsymbol{C}^{\mathrm{T}}\}$ 能控性，$\{\boldsymbol{A}^{\mathrm{T}},\ \boldsymbol{C}^{\mathrm{T}}\}$ 能控是闭环系统 $\boldsymbol{\Sigma}_K(\boldsymbol{A}^{\mathrm{T}}-\boldsymbol{C}^{\mathrm{T}}\boldsymbol{K},\ \boldsymbol{C}^{\mathrm{T}},\ \boldsymbol{B}^{\mathrm{T}})$ 极点任意配置的充要条件，即 $(\boldsymbol{A}^{\mathrm{T}}-\boldsymbol{C}^{\mathrm{T}}\boldsymbol{K})$ 的特征值可通过 $\boldsymbol{K}$ 矩阵得以任意配置，取 $\boldsymbol{M}=\boldsymbol{K}^{\mathrm{T}}$，则 $(\boldsymbol{A}^{\mathrm{T}}-\boldsymbol{C}^{\mathrm{T}}\boldsymbol{K})^{\mathrm{T}}=\boldsymbol{A}-\boldsymbol{K}^{\mathrm{T}}\boldsymbol{C}=\boldsymbol{A}-\boldsymbol{MC}$ 的特征值可通过 $\boldsymbol{M}$ 矩阵得以任意配置。表示了 $\{\boldsymbol{A},\ \boldsymbol{C}\}$ 能观是全维状态观测器（见式（6-9））极点任意配置的充要条件。

3. 极点配置算法　全维状态观测器的极点配置算法就是在给定被观测系统 $\boldsymbol{\Sigma}(\boldsymbol{A},\boldsymbol{B},\boldsymbol{C})$ 和一组任意指定的期望极点 $\lambda_i^*\ (i=1,2,\cdots,n)$ 情况下，求解使全维状态观测器 $\dot{\hat{\boldsymbol{x}}}=(\boldsymbol{A}-\boldsymbol{MC})\hat{\boldsymbol{x}}+\boldsymbol{Bu}+\boldsymbol{My}$ 极点为期望极点的偏差反馈矩阵 $\boldsymbol{M}$。按照上面的讨论，其求解步骤为

（1）判定 $\{\boldsymbol{A},\ \boldsymbol{C}\}$ 的能观性。

（2）如能观，写出原系统的对偶系统 $\boldsymbol{\Sigma}(\overline{\boldsymbol{A}},\overline{\boldsymbol{B}},\overline{\boldsymbol{C}})$，其中 $\overline{\boldsymbol{A}}=\boldsymbol{A}^{\mathrm{T}}$、$\overline{\boldsymbol{B}}=\boldsymbol{C}^{\mathrm{T}}$、$\overline{\boldsymbol{C}}=\boldsymbol{B}^{\mathrm{T}}$。

（3）利用状态反馈极点配置算法求出期望极点为 $\lambda_i^*\ (i=1,2,\cdots,n)$ 的状态反馈系统 $\boldsymbol{\Sigma}_K(\overline{\boldsymbol{A}}-\overline{\boldsymbol{B}}\,\overline{\boldsymbol{K}},\ \overline{\boldsymbol{B}},\ \overline{\boldsymbol{C}})$ 的反馈矩阵 $\overline{\boldsymbol{K}}$。

（4）取 $\boldsymbol{M}=\overline{\boldsymbol{K}}^{\mathrm{T}}$。

（5）得到全维状态观测器 $\dot{\hat{\boldsymbol{x}}}=(\boldsymbol{A}-\boldsymbol{MC})\hat{\boldsymbol{x}}+\boldsymbol{Bu}+\boldsymbol{My}$。

对于单输出系统，除了通过对偶系统求解外，也有类似于单输入系统状态反馈极点配置的两种算法，这时 $n\times q$ 维偏差反馈矩阵 $\boldsymbol{M}$ 退化为 $n$ 维列向量 $\boldsymbol{m}$。

方法一：通过解联立方程求 $n$ 维偏差反馈列向量 $\boldsymbol{m}$ 的各元素，其具体步骤是

（1）判断 $\{\boldsymbol{A},\ \boldsymbol{c}\}$ 的能观性。

（2）由给定的一组期望极点 $\lambda_i^*\ (i=1,\ 2,\ \cdots,\ n)$，求得期望的特征多项式

$$\varphi^*(s)=\prod_{i=1}^{n}(s-\lambda_i^*)=s^n+a_{n-1}^*s^{n-1}+\cdots+a_1^*s+a_0^*$$

（3）由全维状态观测器方程 $\dot{\hat{\boldsymbol{x}}}=(\boldsymbol{A}-\boldsymbol{mc})\hat{\boldsymbol{x}}+\boldsymbol{Bu}+\boldsymbol{my}$ 写出观测器的特征多项式

$$\varphi(s)=\det\left[s\boldsymbol{I}-(\boldsymbol{A}-\boldsymbol{mc})\right]=\varphi(s,\ m_0,\ m_1,\ \cdots,\ m_{n-1})$$

由于偏差反馈向量 $\boldsymbol{m}=[m_0\quad m_1\quad\cdots\quad m_{n-1}]^{\mathrm{T}}$ 是待求量，所以 $\varphi(s)$ 中包含了 $\boldsymbol{m}$ 的各元素。

（4）由 $\varphi(s)=\varphi^*(s)$，利用两个多项式对应系数相等，可以得到 $n$ 个联立的代数方程，并解得 $n$ 个待定量 $m_0,\ m_1,\ \cdots,\ m_{n-1}$，即求得偏差反馈向量 $\boldsymbol{m}=[m_0\quad m_1\quad\cdots\quad m_{n-1}]^{\mathrm{T}}$。

（5）将 $\boldsymbol{m}=[m_0\quad m_1\quad\cdots\quad m_{n-1}]^{\mathrm{T}}$ 代入方程 $\dot{\hat{\boldsymbol{x}}}=(\boldsymbol{A}-\boldsymbol{mc})\hat{\boldsymbol{x}}+\boldsymbol{Bu}+\boldsymbol{my}$，得出全维状态观测器。

**例 6-1**　已知线性定常系统

$$\begin{cases}\dot{\boldsymbol{x}}=\begin{bmatrix}1 & 3\\ 0 & -1\end{bmatrix}\boldsymbol{x}+\begin{bmatrix}0\\ 1\end{bmatrix}u\\ y=[1\quad 1]\boldsymbol{x}\end{cases}$$

试设计一个极点为 -2，-2 的全维状态观测器。

**解**　(1) 系统的能观性矩阵为

$$\boldsymbol{Q}_o = \begin{bmatrix} \boldsymbol{c} \\ \boldsymbol{cA} \end{bmatrix} = \begin{bmatrix} 1 & 1 \\ 1 & 2 \end{bmatrix}$$

满秩，系统能观，所以能设计极点任意配置的全维状态观测器。

(2) 由给定的期望极点 $\lambda_1^* = -2$，$\lambda_2^* = -2$，求得期望的特征多项式为

$$\varphi^*(s) = (s-\lambda_1^*)(s-\lambda_2^*) = (s+2)^2 = s^2+4s+4$$

(3) 由全维状态观测器方程 $\dot{\hat{\boldsymbol{x}}} = (\boldsymbol{A}-\boldsymbol{mc})\hat{\boldsymbol{x}}+\boldsymbol{Bu}+\boldsymbol{my}$ 写出观测器的特征多项式

$$\varphi(s) = \det\left[s\boldsymbol{I}-(\boldsymbol{A}-\boldsymbol{mc})\right] = \det\left\{\begin{bmatrix} s & 0 \\ 0 & s \end{bmatrix} - \left(\begin{bmatrix} 1 & 3 \\ 0 & -1 \end{bmatrix} - \begin{bmatrix} m_0 \\ m_1 \end{bmatrix}[1 \quad 1]\right)\right\}$$

$$= \det\begin{bmatrix} s-1+m_0 & -3+m_0 \\ m_1 & s+1+m_1 \end{bmatrix} = s^2+(m_0+m_1)s+(m_0+2m_1-1)$$

(4) 由 $\varphi(s) = \varphi^*(s)$，得到联立方程

$$\begin{cases} m_0+m_1 = 4 \\ m_0+2m_1-1 = 4 \end{cases}$$

解得：$m_0 = 3$，$m_1 = 1$。

(5) 代入 $\boldsymbol{m} = \begin{bmatrix} 3 \\ 1 \end{bmatrix}$，得全维状态观测器为

$$\dot{\hat{\boldsymbol{x}}} = (\boldsymbol{A}-\boldsymbol{mc})\hat{\boldsymbol{x}}+\boldsymbol{Bu}+\boldsymbol{my} = \left(\begin{bmatrix} 1 & 3 \\ 0 & -1 \end{bmatrix} - \begin{bmatrix} 3 \\ 1 \end{bmatrix}[1 \quad 1]\right)\hat{\boldsymbol{x}} + \begin{bmatrix} 0 \\ 1 \end{bmatrix}u + \begin{bmatrix} 3 \\ 1 \end{bmatrix}y$$

即

$$\dot{\hat{\boldsymbol{x}}} = \begin{bmatrix} -2 & 0 \\ -1 & -2 \end{bmatrix}\hat{\boldsymbol{x}} + \begin{bmatrix} 0 \\ 1 \end{bmatrix}u + \begin{bmatrix} 3 \\ 1 \end{bmatrix}y$$

可画出被观测系统及全维状态观测器的状态变量图如图 6-3 所示。

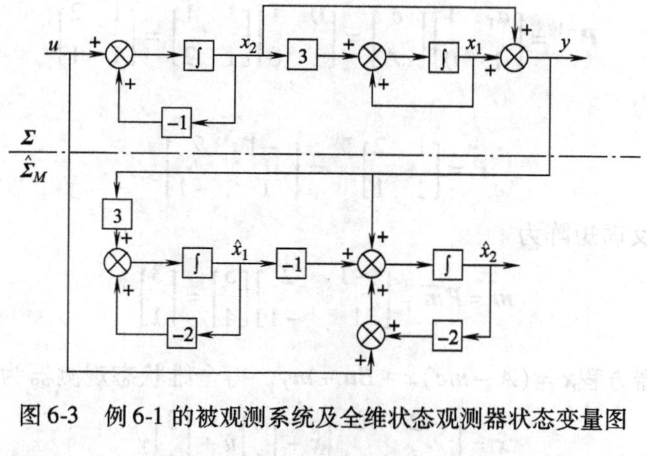


图 6-3　例 6-1 的被观测系统及全维状态观测器状态变量图

方法二：先将单输出系统变换为能观规范型，然后求偏差反馈向量 $\boldsymbol{m}$，其具体步骤是

(1) 同样要先判断 $\{\boldsymbol{A}, \boldsymbol{c}\}$ 的能观性，若能观，则往下进行，否则结束计算。

（2）求得开环系统的特征多项式

$$\det[sI-A]=s^n+a_{n-1}s^{n-1}+\cdots+a_1s+a_0$$

（3）由给定的一组期望极点 $\lambda_i^*(i=1,2,\cdots,n)$，求得期望的特征多项式

$$\varphi^*(s)=\prod_{i=1}^{n}(s-\lambda_i^*)=s^n+a_{n-1}^*s^{n-1}+\cdots+a_1^*s+a_0^*$$

（4）按下式求取被观测对象具有能观规范型形式的状态空间中的偏差反馈向量$\overline{m}$

$$\overline{m}=\begin{bmatrix}\overline{m}_0\\\overline{m}_1\\\vdots\\\overline{m}_{n-1}\end{bmatrix}=\begin{bmatrix}a_0^*-a_0\\a_1^*-a_1\\\vdots\\a_{n-1}^*-a_{n-1}\end{bmatrix}$$

（5）求取将被控对象 $\Sigma(A,\ B,\ c)$ 化为能观规范型 $\Sigma(\overline{A},\ \overline{B},\ \overline{c})$ 的变换矩阵 $P$，它可以按式（4-129）求其逆 $P^{-1}$，也可以按式（4-136）求 $P$。

（6）由 $m=P\overline{m}$求得偏差反馈向量 $m$，并代入全维状态观测器方程（6-9）。

对于例6-1，用方法二求解的过程是

（1）同上，能观性可作判别。

（2）求得开环系统的特征多项式

$$\det(sI-A)=\det\begin{bmatrix}s-1&-3\\0&s+1\end{bmatrix}=s^2-1$$

（3）期望的特征多项式已求，为

$$\varphi^*(s)=s^2+4s+4$$

（4）求得新状态空间中的偏差反馈矩阵为

$$\overline{m}=\begin{bmatrix}\overline{m}_0\\\overline{m}_1\end{bmatrix}=\begin{bmatrix}a_0^*-a_0\\a_1^*-a_1\end{bmatrix}=\begin{bmatrix}4-(-1)\\4-0\end{bmatrix}=\begin{bmatrix}5\\4\end{bmatrix}$$

（5）由式（4-129），变换矩阵的逆阵为

$$P^{-1}=\begin{bmatrix}a_1&1\\1&0\end{bmatrix}\begin{bmatrix}c\\cA\end{bmatrix}=\begin{bmatrix}0&1\\1&0\end{bmatrix}\begin{bmatrix}1&1\\1&2\end{bmatrix}=\begin{bmatrix}1&2\\1&1\end{bmatrix}$$

并求得变换矩阵 $P$ 为

$$P=\begin{bmatrix}1&2\\1&1\end{bmatrix}^{-1}=\begin{bmatrix}-1&2\\1&-1\end{bmatrix}$$

（6）求得状态反馈矩阵为

$$m=P\overline{m}=\begin{bmatrix}-1&2\\1&-1\end{bmatrix}\begin{bmatrix}5\\4\end{bmatrix}=\begin{bmatrix}3\\1\end{bmatrix}$$

代入全维状态观测器方程$\dot{\hat{x}}=(A-mc)\hat{x}+Bu+my$，得全维状态观测器为

$$\dot{\hat{x}}=\begin{bmatrix}-2&0\\-1&-2\end{bmatrix}\hat{x}+\begin{bmatrix}0\\1\end{bmatrix}u+\begin{bmatrix}3\\1\end{bmatrix}y$$

显然，与第一法求得的结果一样。

前面已经提到，全维状态观测器的极点位置决定了 $\hat{x}(t)$ 对 $x(t)$ 的渐近收敛速度，单从

这一特性看，显然希望极点尽量远离虚轴。但是，如果极点太远离虚轴，会使全维状态观测器频带过宽，不利于扼制观测器输入量（系统输入量和输出量）的高频干扰。所以，全维状态观测器极点位置的选择需要在快速性与抗干扰性之间根据工程实际折衷考虑。

## 三、降维状态观测器

实际上，系统的 $n$ 个状态变量一般并不是都不能直接量测，另一方面，也可以利用能量测的输出量 $\boldsymbol{y}$ 直接得到一部分状态变量。可见，对一个系统而言，完全有可能存在一部分状态变量，它们不需要通过观测器重构的办法得出，从而只需构造维数小于 $n$ 的观测器来得出另一部分状态变量，这就是降维状态观测器的基本思想。观测器维数的减少为其工程实现带来方便。

对于状态完全能观的系统，如果有 $\text{rank}\boldsymbol{C}=q$，则 $q$ 个输出变量是相互独立的，那么根据输出方程就应当从中得出 $q$ 个状态变量。例如，极端情况 $\boldsymbol{C}=[0\quad \boldsymbol{I}_q]$，则有 $\boldsymbol{y}=[x_{n-q+1}\quad \cdots\quad x_{n-1}\quad x_n]^{\mathrm{T}}$，后 $q$ 个状态变量可由输出量得到，只需重构前 $n-q$ 个状态变量 $x_1\sim x_{n-q}$。一般情况下，降维状态观测器的最小维数为 $n-\text{rank}\boldsymbol{C}$。

按此思路，对于一个 $\text{rank}\boldsymbol{C}=q$ 的状态完全能观的系统 $\boldsymbol{\Sigma}(\boldsymbol{A},\ \boldsymbol{B},\ \boldsymbol{C})$，引入非奇异变换，使新状态空间的状态量为

$$\bar{\boldsymbol{x}}=\begin{bmatrix}\bar{\boldsymbol{x}}_1\\ \bar{\boldsymbol{x}}_2\end{bmatrix}=\begin{bmatrix}\bar{\boldsymbol{x}}_1\\ \boldsymbol{y}\end{bmatrix}=\begin{bmatrix}\boldsymbol{D}\\ \boldsymbol{C}\end{bmatrix}\boldsymbol{x}=\boldsymbol{Q}\boldsymbol{x}\tag{6-12}$$

非奇异变换矩阵的逆阵 $\boldsymbol{P}^{-1}$（即矩阵 $\boldsymbol{Q}$）中，$\boldsymbol{C}$ 为 $q\times n$ 维系统输出矩阵，$\boldsymbol{D}$ 为 $(n-q)\times n$ 维保证 $\boldsymbol{Q}$ 非奇异的任意矩阵，实际选取时当然应尽量简单。这样的非奇异变换使新状态空间的输出矩阵为

$$\bar{\boldsymbol{C}}=\boldsymbol{C}\boldsymbol{P}=[0\quad \boldsymbol{I}_q]\tag{6-13}$$

这是因为，$\boldsymbol{C}=\bar{\boldsymbol{C}}\boldsymbol{P}^{-1}=\bar{\boldsymbol{C}}\boldsymbol{Q}=\bar{\boldsymbol{C}}\begin{bmatrix}\boldsymbol{D}\\ \boldsymbol{C}\end{bmatrix}$，而又有 $\boldsymbol{C}=[0\quad \boldsymbol{I}_q]\begin{bmatrix}\boldsymbol{D}\\ \boldsymbol{C}\end{bmatrix}$。

于是得出系统在新状态空间的表达式为

$$\begin{cases}\dot{\bar{\boldsymbol{x}}}=\begin{bmatrix}\dot{\bar{\boldsymbol{x}}}_1\\ \dot{\bar{\boldsymbol{x}}}_2\end{bmatrix}=\begin{bmatrix}\bar{\boldsymbol{A}}_{11} & \bar{\boldsymbol{A}}_{12}\\ \bar{\boldsymbol{A}}_{21} & \bar{\boldsymbol{A}}_{22}\end{bmatrix}\begin{bmatrix}\bar{\boldsymbol{x}}_1\\ \bar{\boldsymbol{x}}_2\end{bmatrix}+\begin{bmatrix}\bar{\boldsymbol{B}}_1\\ \bar{\boldsymbol{B}}_2\end{bmatrix}\boldsymbol{u}\\ \boldsymbol{y}=[0\quad \boldsymbol{I}_q]\begin{bmatrix}\bar{\boldsymbol{x}}_1\\ \bar{\boldsymbol{x}}_2\end{bmatrix}=\bar{\boldsymbol{x}}_2\end{cases}\tag{6-14}$$

在新状态空间中，$q$ 维分状态向量 $\bar{\boldsymbol{x}}_2$ 直接由输出量 $\boldsymbol{y}$ 得出，$(n-q)$ 维分状态向量 $\bar{\boldsymbol{x}}_1$ 需要通过观测器重构。由 $\bar{\boldsymbol{x}}_2=\boldsymbol{y}$，式（6-14）的第一式又可写为

$$\begin{cases}\dot{\bar{\boldsymbol{x}}}_1=\bar{\boldsymbol{A}}_{11}\bar{\boldsymbol{x}}_1+\bar{\boldsymbol{A}}_{12}\boldsymbol{y}+\bar{\boldsymbol{B}}_1\boldsymbol{u}\\ \dot{\boldsymbol{y}}=\bar{\boldsymbol{A}}_{21}\bar{\boldsymbol{x}}_1+\bar{\boldsymbol{A}}_{22}\boldsymbol{y}+\bar{\boldsymbol{B}}_2\boldsymbol{u}\end{cases}\tag{6-15}$$

式（6-15）可视为以 $\bar{\boldsymbol{x}}_1$ 为状态量的 $(n-q)$ 维子系统的状态空间表达式，子系统的输入量 $\boldsymbol{v}$、输出量 $\boldsymbol{w}$ 分别是

$$\boldsymbol{v}=\bar{\boldsymbol{A}}_{12}\boldsymbol{y}+\bar{\boldsymbol{B}}_1\boldsymbol{u}\tag{6-16}$$

和

$$w = \dot{y} - \overline{A}_{22}y - \overline{B}_2u \tag{6-17}$$

即子系统表示为

$$\begin{cases} \dot{\overline{x}}_1 = \overline{A}_{11}\overline{x}_1 + v \\ w = \overline{A}_{21}\overline{x}_1 \end{cases} \tag{6-18}$$

为了重构 $(n-q)$ 维分状态向量$\overline{x}_1$，只需构造子系统（6-18）的全维状态观测器即可。由于系统$\boldsymbol{\Sigma}(A,B,C)$状态完全能观，非奇异变换后$\boldsymbol{\Sigma}(\overline{A},\ \overline{B},\ \overline{C})$ 状态仍完全能观，由其中的部分状态变量构成的子系统当然也是状态完全能观的，所以对子系统（6-18）确能构造极点可任意配置的全维状态观测器。根据式（6-9），该观测器的方程为

$$\begin{aligned} \dot{\hat{\overline{x}}}_1 &= (\overline{A}_{11} - M\overline{A}_{21})\hat{\overline{x}}_1 + v + Mw \\ &= (\overline{A}_{11} - M\overline{A}_{21})\hat{\overline{x}}_1 + (\overline{A}_{12}y + \overline{B}_1u) + M(\dot{y} - \overline{A}_{22}y - \overline{B}_2u) \\ &= (\overline{A}_{11} - M\overline{A}_{21})\hat{\overline{x}}_1 + (\overline{B}_1 - M\overline{B}_2)u + (\overline{A}_{12} - M\overline{A}_{22})y + M\dot{y} \end{aligned} \tag{6-19}$$

该观测器由原系统的输入量 $u$ 和输出量 $y$ 及其导数 $\dot{y}$ 作为输入，输出为$\overline{x}_1$ 的重构值$\hat{\overline{x}}_1$。考虑到导数 $\dot{y}$ 会增大原系统输出的高频噪声，为此，采用变量替换

$$z = \hat{\overline{x}}_1 - My \tag{6-20}$$

代入到式（6-19），得出在新状态空间中降维状态观测器的方程为

$$\dot{z} = (\overline{A}_{11} - M\overline{A}_{21})z + (\overline{B}_1 - M\overline{B}_2)u + [\overline{A}_{12} - M\overline{A}_{22} + (\overline{A}_{11} - M\overline{A}_{21})M]y \tag{6-21}$$

或者写为

$$\dot{z} = (\overline{A}_{11} - M\overline{A}_{21})(z + My) + (\overline{B}_1 - M\overline{B}_2)u + (\overline{A}_{12} - M\overline{A}_{22})y \tag{6-22}$$

在此基础上，可得出新状态空间中状态量$\overline{x}$的重构值为

$$\hat{\overline{x}} = \begin{bmatrix} \hat{\overline{x}}_1 \\ \hat{\overline{x}}_2 \end{bmatrix} = \begin{bmatrix} z + My \\ y \end{bmatrix} \tag{6-23}$$

如将非奇异变换矩阵表示为 $P = Q^{-1} = [P_1 \quad P_2]$（其中 $P_1$ 为 $n\times(n-q)$ 维块矩阵，$P_2$ 为 $n\times q$ 维块矩阵），则在原状态空间中状态量 $x$ 的重构值为

$$\hat{x} = P\hat{\overline{x}} = [P_1 \quad P_2]\begin{bmatrix} z + My \\ y \end{bmatrix} = P_1(z + My) + P_2y \tag{6-24}$$

于是，得出降维状态观测器的结构如图 6-4 所示。

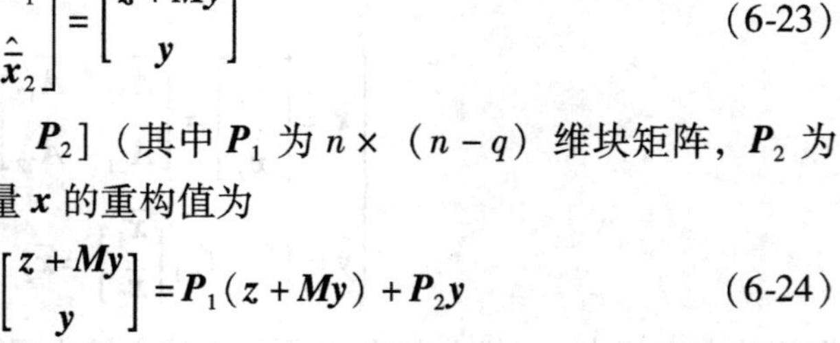


图 6-4 降维状态观测器的结构

总结上面的讨论，可得出降维状态观测器的设计步骤为：

（1）判别被观测系统 $\boldsymbol{\Sigma}(A,\ B,\ C)$ 的能观性，并根据 $\text{rank}C = q$ 确定观测器的维数$n-q$。

（2）构造非奇异变换阵的逆阵$P^{-1}=Q=\begin{bmatrix}D\\C\end{bmatrix}$（其中$D$为$(n-q)\times n$维保证$Q$非奇异的任意矩阵），并求出$P=Q^{-1}=[P_1\quad P_2]$。

（3）对被观测系统$\Sigma(A,B,C)$实施非奇异变换$x=P\bar{x}=Q^{-1}\bar{x}$，在新状态空间中的各系数矩阵为

$$\bar{A}=P^{-1}AP=\begin{bmatrix}\bar{A}_{11} & \bar{A}_{12}\\ \bar{A}_{21} & \bar{A}_{22}\end{bmatrix},\ \bar{B}=P^{-1}B=\begin{bmatrix}\bar{B}_1\\ \bar{B}_2\end{bmatrix},\ \bar{C}=CP=[0\quad I_q]$$

式中，$\bar{A}_{11}$为$(n-q)\times(n-q)$维块矩阵；$\bar{A}_{12}$为$(n-q)\times q$维块矩阵；$\bar{A}_{21}$为$q\times(n-q)$维块矩阵；$\bar{A}_{22}$为$q\times q$维块矩阵；$\bar{B}_1$为$(n-q)\times p$维块矩阵；$\bar{B}_2$为$q\times p$维块矩阵。

（4）对于降维观测器方程（6-21），按极点配置算法求出矩阵$M$，并得出降维观测器的方程式。

（5）对于新状态空间中状态量$\bar{x}$的重构值

$$\hat{\bar{x}}=\begin{bmatrix}\hat{\bar{x}}_1\\ \hat{\bar{x}}_2\end{bmatrix}=\begin{bmatrix}z+My\\ y\end{bmatrix}$$

代入矩阵$M$，得出重构值的具体表达式。

（6）经反变换得出原状态空间中状态量$x$的重构值

$$\hat{x}=[P_1\quad P_2]\begin{bmatrix}z+My\\ y\end{bmatrix}=P_1(z+My)+P_2y$$

**例 6-2**　已知线性定常系统

$$\begin{cases}\dot{x}=\begin{bmatrix}-1 & 0 & 0\\ 0 & 1 & 1\\ 0 & 0 & 1\end{bmatrix}x+\begin{bmatrix}1 & 0\\ 0 & 1\\ 0 & 1\end{bmatrix}u\\ y=\begin{bmatrix}1 & 0 & 0\\ 0 & 1 & 1\end{bmatrix}x\end{cases}$$

试设计一个期望极点为$-3$的降维状态观测器。

**解**　（1）由系统的能观性矩阵满秩可判定其能观，并由$\mathrm{rank}C=2$可知降维观测器的维数为1。

（2）构造非奇异变换矩阵的逆阵为

$$P^{-1}=Q=\begin{bmatrix}D\\C\end{bmatrix}=\begin{bmatrix}0 & 0 & 1\\ \hdashline 1 & 0 & 0\\ 0 & 1 & 1\end{bmatrix}$$

并求出

$$P=Q^{-1}=\begin{bmatrix}0 & 0 & 1\\ \hdashline 1 & 0 & 0\\ 0 & 1 & 1\end{bmatrix}^{-1}=\begin{bmatrix}0 & 1 & 0\\ -1 & 0 & 1\\ 1 & 0 & 0\end{bmatrix}=[P_1\quad P_2]$$

（3）对被观测系统实施非奇异变换$x=P\bar{x}=Q^{-1}\bar{x}$，在新状态空间中的各系数矩阵分别为

$$\bar{A}=P^{-1}AP=\begin{bmatrix}0&0&1\\1&0&0\\0&1&1\end{bmatrix}\begin{bmatrix}-1&0&0\\0&1&1\\0&0&1\end{bmatrix}\begin{bmatrix}0&1&0\\-1&0&1\\1&0&0\end{bmatrix}=\begin{bmatrix}1&0&0\\0&-1&0\\1&0&1\end{bmatrix}$$

$$\bar{B}=P^{-1}B=\begin{bmatrix}0&0&1\\1&0&0\\0&1&1\end{bmatrix}\begin{bmatrix}1&0\\0&1\\0&1\end{bmatrix}=\begin{bmatrix}0&1\\1&0\\0&2\end{bmatrix}$$

$$\bar{C}=CP=\begin{bmatrix}1&0&0\\0&1&1\end{bmatrix}\begin{bmatrix}0&1&0\\-1&0&1\\1&0&0\end{bmatrix}=\begin{bmatrix}0&1&0\\0&0&1\end{bmatrix}$$

其中，$\bar{A}_{11}=1$，$\bar{A}_{12}=[0\quad 0]$，$\bar{A}_{21}=\begin{bmatrix}0\\1\end{bmatrix}$，$\bar{A}_{22}=\begin{bmatrix}-1&0\\0&1\end{bmatrix}$；$\bar{B}_1=[0\quad 1]$，$\bar{B}_2=\begin{bmatrix}1&0\\0&2\end{bmatrix}$。

（4）降维状态观测器方程为

$$\begin{aligned}\dot{z}&=(\bar{A}_{11}-m\bar{A}_{21})z+(\bar{B}_1-m\bar{B}_2)u+[\bar{A}_{12}-m\bar{A}_{22}+(\bar{A}_{11}-m\bar{A}_{21})m]y\\&=(1-[m_0\quad m_1]\begin{bmatrix}0\\1\end{bmatrix})z+([0\quad 1]-[m_0\quad m_1]\begin{bmatrix}1&0\\0&2\end{bmatrix})u\\&\quad+\{[0\quad 0]-[m_0\quad m_1]\begin{bmatrix}-1&0\\0&1\end{bmatrix}+(1-[m_0\quad m_1]\begin{bmatrix}0\\1\end{bmatrix})[m_0\quad m_1]\}y\\&=(1-m_1)z+[-m_0\quad 1-2m_1]\begin{bmatrix}u_1\\u_2\end{bmatrix}+(2m_0-m_0m_1-m_1^2)\begin{bmatrix}y_1\\y_2\end{bmatrix}\end{aligned}$$

由 $\varphi(s)=\varphi^*(s)$ 得 $s-1+m_1=s+3$，解得 $m_1=4$，而 $m_0$ 是任取的，如取 $m_0=0$，则有

$$m=[0\quad 4]$$

可写出降维状态观测器方程为

$$\dot{z}=-3z+[0\quad -7]\begin{bmatrix}u_1\\u_2\end{bmatrix}+[0\quad -16]\begin{bmatrix}y_1\\y_2\end{bmatrix}=-3z-7u_2-16y_2$$

（5）新状态空间中状态量 $\bar{x}$ 的重构值为

$$\hat{\bar{x}}=\begin{bmatrix}\hat{\bar{x}}_1\\\hat{\bar{x}}_2\end{bmatrix}=\begin{bmatrix}z+my\\y\end{bmatrix}=\begin{bmatrix}z+[0\quad 4]\begin{bmatrix}y_1\\y_2\end{bmatrix}\\\begin{bmatrix}y_1\\y_2\end{bmatrix}\end{bmatrix}=\begin{bmatrix}z+4y_2\\y_1\\y_2\end{bmatrix}$$

（6）原状态空间中状态量 $x$ 的重构值为

$$\hat{x}=P_1(z+my)+P_2y=\begin{bmatrix}0\\-1\\1\end{bmatrix}(z+4y_2)+\begin{bmatrix}1&0\\0&1\\0&0\end{bmatrix}\begin{bmatrix}y_1\\y_2\end{bmatrix}=\begin{bmatrix}y_1\\-z-3y_2\\z+4y_2\end{bmatrix}$$

可画出降维状态观测器的状态变量图如图 6-5 所示。

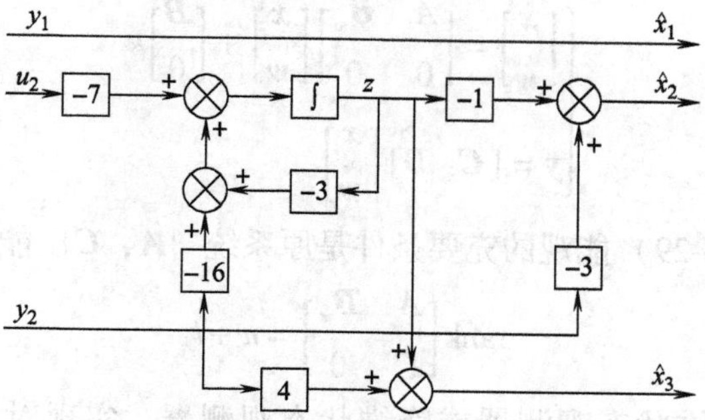


图 6-5　例 6-2 的降维状态观测器状态变量图

## 四、扰动观测器

第五章关于跟踪控制和扰动抑制一节中，如果仅考虑装置扰动而不考虑测量扰动，则具有外部扰动的系统可表示为

$$\begin{cases}\dot{x} = Ax + Bu + B_w w \\ y = Cx\end{cases} \tag{6-25}$$

当外部扰动量 $w$ 不能直接量测时，也可以通过扰动观测器对它进行重构。对于持续性扰动信号 $w(t)$，可以认为是由线性定常系统

$$\begin{cases}\dot{x}_w = A_w x_w \\ w = C_w x_w\end{cases} \tag{6-26}$$

产生的，其中 $A_w$ 和 $C_w$ 由扰动信号类型及特性决定。将系统（6-25）与系统（6-26）组合在一起，构成一个增广系统

$$\begin{cases}\dot{x}_\Sigma = A_\Sigma x_\Sigma + B_\Sigma u \\ y_\Sigma = C_\Sigma x_\Sigma\end{cases} \tag{6-27}$$

式中，增广系统的输入向量仍是原系统的输入向量 $u$，状态向量和输出向量分别为

$$x_\Sigma = \begin{bmatrix} x \\ x_w \end{bmatrix} 和 y_\Sigma = \begin{bmatrix} y \\ w \end{bmatrix};$$

相应的系统矩阵、输入矩阵和输出矩阵分别为

$$A_\Sigma = \begin{bmatrix} A & B_w C_w \\ 0 & A_w \end{bmatrix},\ B_\Sigma = \begin{bmatrix} B \\ 0 \end{bmatrix},\ C_\Sigma = \begin{bmatrix} C & 0 \\ 0 & C_w \end{bmatrix}。$$

如果增广系统 $\{A_\Sigma,\ C_\Sigma\}$ 能观，就可以按上面的讨论，根据需要构成全维状态观测器或降维状态观测器。全维状态观测器将原系统的状态量 $x$ 和扰动量 $w$（通过方程 $w = C_w x_w$）实现了重构；而降维状态观测器根据问题要求，可以重构部分状态量和部分扰动量，也可以仅仅重构扰动量。

当系统（6-25）中 $w$ 为阶跃性质的 $l$ 维外部扰动量（如突加、减负载等）时，有

$$\dot{w}(t) = 0 \tag{6-28}$$

可将系统（6-25）与系统（6-28）直接组合在一起构成增广系统

$$
\begin{cases}
\begin{bmatrix} \dot{\boldsymbol{x}} \\ \dot{\boldsymbol{w}} \end{bmatrix} = \begin{bmatrix} \boldsymbol{A} & \boldsymbol{B}_w \\ 0 & 0 \end{bmatrix} \begin{bmatrix} \boldsymbol{x} \\ \boldsymbol{w} \end{bmatrix} + \begin{bmatrix} \boldsymbol{B} \\ 0 \end{bmatrix} \boldsymbol{u} \\
\boldsymbol{y} = [\boldsymbol{C} \quad 0] \begin{bmatrix} \boldsymbol{x} \\ \boldsymbol{w} \end{bmatrix}
\end{cases}
\tag{6-29}
$$

可以证明，增广系统（6-29）能观的充要条件是原系统 $\{\boldsymbol{A},\ \boldsymbol{C}\}$ 能观，且

$$
\operatorname{rank}\begin{bmatrix} \boldsymbol{A} & \boldsymbol{B}_w \\ \boldsymbol{C} & 0 \end{bmatrix} = n + l \tag{6-30}
$$

然后，根据需要构成全维状态观测器或降维状态观测器，实现对系统状态量及扰动量的重构。

## 第二节　引入观测器的状态反馈控制系统

观测器的引入解决了系统的状态重构问题，为不能直接量测的状态变量实行状态反馈控制提供了可能性。但是，采用重构的状态量实现状态反馈控制的系统从结构上、特性上具有什么特点，它与直接采用状态量实现状态反馈控制的系统有什么区别，都是需要进一步讨论的问题。

### 一、系统的构成

从结构上看，引入观测器的状态反馈控制系统由三部分组成，它们分别是

（1）被控对象（或开环系统）$\boldsymbol{\Sigma}_0(\boldsymbol{A},\boldsymbol{B},\boldsymbol{C})$

$$
\begin{cases}
\dot{\boldsymbol{x}} = \boldsymbol{A}\boldsymbol{x} + \boldsymbol{B}\boldsymbol{u} \\
\boldsymbol{y} = \boldsymbol{C}\boldsymbol{x}
\end{cases}
\tag{6-31}
$$

式中，$\boldsymbol{x}$ 为 $n$ 维状态向量；$\boldsymbol{u}$ 为 $p$ 维输入（控制）向量；$\boldsymbol{y}$ 为 $q$ 维输出向量；$\boldsymbol{A}$ 为 $n \times n$ 维系统矩阵；$\boldsymbol{B}$ 为 $n \times p$ 维输入矩阵；$\boldsymbol{C}$ 为 $q \times n$ 维输出矩阵。

（2）观测器。为讨论方便取全维状态观测器 $\hat{\boldsymbol{\Sigma}}_M$，其表达式为

$$
\dot{\hat{\boldsymbol{x}}} = (\boldsymbol{A} - \boldsymbol{M}\boldsymbol{C})\hat{\boldsymbol{x}} + \boldsymbol{B}\boldsymbol{u} + \boldsymbol{M}\boldsymbol{y} \tag{6-32}
$$

（3）状态反馈控制作用。这里被反馈的状态量是由全维状态观测器提供的状态量重构值，即

$$
\boldsymbol{u} = \boldsymbol{v} - \boldsymbol{K}\hat{\boldsymbol{x}} \tag{6-33}
$$

将上述三部分组合到一起，得到引入观测器的状态反馈控制系统 $\boldsymbol{\Sigma}_{KM}$ 的结构如图 6-6 所示。系统的表达式是上面三个表达式的组合，即

$$
\begin{cases}
\begin{bmatrix} \dot{\boldsymbol{x}} \\ \dot{\hat{\boldsymbol{x}}} \end{bmatrix} = \begin{bmatrix} \boldsymbol{A} & -\boldsymbol{B}\boldsymbol{K} \\ \boldsymbol{M}\boldsymbol{C} & \boldsymbol{A} - \boldsymbol{M}\boldsymbol{C} - \boldsymbol{B}\boldsymbol{K} \end{bmatrix} \begin{bmatrix} \boldsymbol{x} \\ \hat{\boldsymbol{x}} \end{bmatrix} + \begin{bmatrix} \boldsymbol{B} \\ \boldsymbol{B} \end{bmatrix} \boldsymbol{v} \\
\boldsymbol{y} = [\boldsymbol{C} \quad 0] \begin{bmatrix} \boldsymbol{x} \\ \hat{\boldsymbol{x}} \end{bmatrix}
\end{cases}
\tag{6-34}
$$

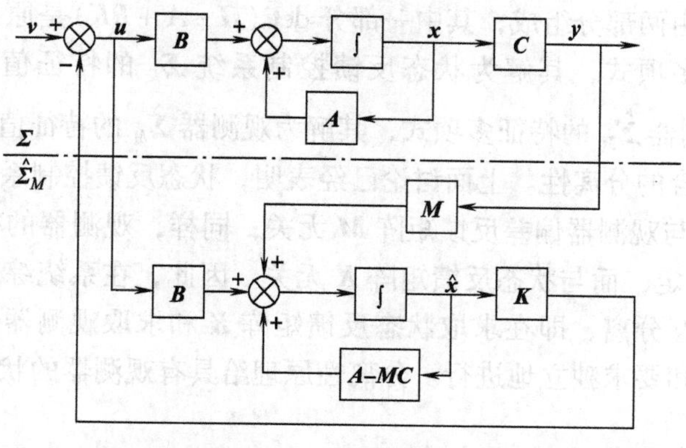


图6-6　引入观测器的状态反馈控制系统的结构

## 二、系统的特性

引入观测器的状态反馈控制系统$\boldsymbol{\Sigma}_{KM}$具有一系列重要的特性，它们对于认识及设计这类系统具有重要意义。这里仍然以全维状态观测器为基础讨论引入观测器的状态反馈控制系统的特性，可以证明，对于降维状态观测器也可得出同样的结论。

(1) 系统$\boldsymbol{\Sigma}_{KM}$的维数是原系统$\boldsymbol{\Sigma}_0(\boldsymbol{A},\ \boldsymbol{B},\ \boldsymbol{C})$的维数与观测器$\hat{\boldsymbol{\Sigma}}_M$维数的和，并且$\boldsymbol{\Sigma}_{KM}$的特征值（极点）集合是状态反馈控制系统$\boldsymbol{\Sigma}_K$与$\hat{\boldsymbol{\Sigma}}_M$的特征值（极点）的集合。

$\boldsymbol{\Sigma}_{KM}$的维数是原系统$\boldsymbol{\Sigma}_0(\boldsymbol{A},\ \boldsymbol{B},\ \boldsymbol{C})$的维数与$\hat{\boldsymbol{\Sigma}}_M$维数的和，这一结论只要考察系统(6-34)的状态方程即可得出。可见，引入全维状态观测器的状态反馈控制系统$\boldsymbol{\Sigma}_{KM}$的维数为$2n$。

$\boldsymbol{\Sigma}_{KM}$的特征值（极点）集合是$\boldsymbol{\Sigma}_K$与$\hat{\boldsymbol{\Sigma}}_M$的特征值（极点）的集合，这是因为，由式(6-34)，系统$\boldsymbol{\Sigma}_{KM}$的系统矩阵是

$$\boldsymbol{A}_{KM}=\begin{bmatrix}\boldsymbol{A} & -\boldsymbol{BK}\\ \boldsymbol{MC} & \boldsymbol{A}-\boldsymbol{MC}-\boldsymbol{BK}\end{bmatrix} \tag{6-35}$$

引入非奇异变换$\boldsymbol{P}=\begin{bmatrix}\boldsymbol{I}_n & 0\\ \boldsymbol{I}_n & -\boldsymbol{I}_n\end{bmatrix}$，显然其逆为$\boldsymbol{P}^{-1}=\begin{bmatrix}\boldsymbol{I}_n & 0\\ \boldsymbol{I}_n & -\boldsymbol{I}_n\end{bmatrix}$，则新状态空间系统$\boldsymbol{\Sigma}_{KM}$的系统矩阵为

$$\begin{aligned}\overline{\boldsymbol{A}}_{KM}=\boldsymbol{P}^{-1}\boldsymbol{A}_{KM}\boldsymbol{P}&=\begin{bmatrix}\boldsymbol{I}_n & 0\\ \boldsymbol{I}_n & -\boldsymbol{I}_n\end{bmatrix}\begin{bmatrix}\boldsymbol{A} & -\boldsymbol{BK}\\ \boldsymbol{MC} & \boldsymbol{A}-\boldsymbol{MC}-\boldsymbol{BK}\end{bmatrix}\begin{bmatrix}\boldsymbol{I}_n & 0\\ \boldsymbol{I}_n & -\boldsymbol{I}_n\end{bmatrix}\\ &=\begin{bmatrix}\boldsymbol{A}-\boldsymbol{BK} & \boldsymbol{BK}\\ 0 & \boldsymbol{A}-\boldsymbol{MC}\end{bmatrix}\end{aligned} \tag{6-36}$$

非奇异变换不改变系统的特征多项式，则有

$$\begin{aligned}\det\ (s\boldsymbol{I}-\boldsymbol{A}_{KM})&=\det\ (s\boldsymbol{I}-\overline{\boldsymbol{A}}_{KM})=\det\begin{bmatrix}s\boldsymbol{I}-\boldsymbol{A}+\boldsymbol{BK} & -\boldsymbol{BK}\\ 0 & s\boldsymbol{I}-\boldsymbol{A}+\boldsymbol{MC}\end{bmatrix}\\ &=\det\ (s\boldsymbol{I}-\boldsymbol{A}+\boldsymbol{BK})\det(s\boldsymbol{I}-\boldsymbol{A}+\boldsymbol{MC})\end{aligned} \tag{6-37}$$

式中，$\det\ (s\boldsymbol{I}-\boldsymbol{A}_{KM})$是引入观测器的状态反馈控制系统$\boldsymbol{\Sigma}_{KM}$的特征多项式，其解为系统$\boldsymbol{\Sigma}_{KM}$

的特征值集合。它是由两部分组成，其中一部分 det $(s\boldsymbol{I}-\boldsymbol{A}+\boldsymbol{BK})$ 是原系统施加状态反馈后闭环系统 $\boldsymbol{\Sigma}_K$ 的特征多项式，其解为状态反馈控制系统 $\boldsymbol{\Sigma}_K$ 的特征值集合；另一部分 det $(s\boldsymbol{I}-\boldsymbol{A}+\boldsymbol{MC})$ 是观测器 $\hat{\boldsymbol{\Sigma}}_M$ 的特征多项式，其解为观测器 $\hat{\boldsymbol{\Sigma}}_M$ 的特征值集合。

（2）系统 $\boldsymbol{\Sigma}_{KM}$ 综合的分离性。上面讨论已经表明，状态反馈控制系统的极点集合由状态反馈矩阵 $\boldsymbol{K}$ 确定，而与观测器偏差反馈矩阵 $\boldsymbol{M}$ 无关；同样，观测器的极点集合完全由观测器偏差反馈矩阵 $\boldsymbol{M}$ 确定，而与状态反馈矩阵 $\boldsymbol{K}$ 无关。因此，在系统综合时，状态反馈综合与观测器综合之间相互分离，即在求取状态反馈矩阵 $\boldsymbol{K}$ 和求取观测器偏差反馈矩阵 $\boldsymbol{M}$ 时，分别依照各自的条件和要求独立地进行。分离性原理给具有观测器的状态反馈控制系统的综合带来极大的方便。

（3）观测器的引入不改变原状态反馈控制系统的传递函数矩阵。式（6-36）已经给出系统 $\boldsymbol{\Sigma}_{KM}$ 在新状态空间的系统矩阵，按非奇异变换计算规则，系统 $\boldsymbol{\Sigma}_{KM}$ 在新状态空间的输入矩阵和输出矩阵分别为

$$\overline{\boldsymbol{B}}_{KM}=\boldsymbol{P}^{-1}\boldsymbol{B}_{KM}=\begin{bmatrix}\boldsymbol{I}_n & 0\\ \boldsymbol{I}_n & -\boldsymbol{I}_n\end{bmatrix}\begin{bmatrix}\boldsymbol{B}\\ \boldsymbol{B}\end{bmatrix}=\begin{bmatrix}\boldsymbol{B}\\ 0\end{bmatrix}\tag{6-38}$$

和

$$\overline{\boldsymbol{C}}_{KM}=\boldsymbol{C}_{KM}\boldsymbol{P}=[\boldsymbol{C}\quad 0]\begin{bmatrix}\boldsymbol{I}_n & 0\\ \boldsymbol{I}_n & -\boldsymbol{I}_n\end{bmatrix}=[\boldsymbol{C}\quad 0]\tag{6-39}$$

非奇异变换不改变系统传递函数矩阵，所以有

$$\begin{aligned}\boldsymbol{G}_{KM}(s)&=\boldsymbol{C}_{KM}(s\boldsymbol{I}-\boldsymbol{A}_{KM})^{-1}\boldsymbol{B}_{KM}=\overline{\boldsymbol{C}}_{KM}(s\boldsymbol{I}-\overline{\boldsymbol{A}}_{KM})^{-1}\overline{\boldsymbol{B}}_{KM}\\&=[\boldsymbol{C}\quad 0]\begin{bmatrix}s\boldsymbol{I}-\boldsymbol{A}+\boldsymbol{BK} & -\boldsymbol{BK}\\ 0 & s\boldsymbol{I}-\boldsymbol{A}+\boldsymbol{MC}\end{bmatrix}^{-1}\begin{bmatrix}\boldsymbol{B}\\ 0\end{bmatrix}\\&=[\boldsymbol{C}\quad 0]\begin{bmatrix}(s\boldsymbol{I}-\boldsymbol{A}+\boldsymbol{BK})^{-1} & -(s\boldsymbol{I}-\boldsymbol{A}+\boldsymbol{BK})^{-1}(-\boldsymbol{BK})(s\boldsymbol{I}-\boldsymbol{A}+\boldsymbol{MC})^{-1}\\ 0 & (s\boldsymbol{I}-\boldsymbol{A}+\boldsymbol{MC})^{-1}\end{bmatrix}\begin{bmatrix}\boldsymbol{B}\\ 0\end{bmatrix}\\&=\boldsymbol{C}(s\boldsymbol{I}-\boldsymbol{A}+\boldsymbol{BK})^{-1}\boldsymbol{B}=\boldsymbol{G}_K(s)\end{aligned}\tag{6-40}$$

上式推导过程用到分块矩阵的求逆公式

$$\begin{bmatrix}\boldsymbol{P} & \boldsymbol{Q}\\ 0 & \boldsymbol{R}\end{bmatrix}^{-1}=\begin{bmatrix}\boldsymbol{P}^{-1} & -\boldsymbol{P}^{-1}\boldsymbol{Q}\boldsymbol{R}^{-1}\\ 0 & \boldsymbol{R}^{-1}\end{bmatrix}$$

式（6-40）表明，$2n$ 维的系统 $\boldsymbol{\Sigma}_{KM}$ 的传递函数矩阵 $\boldsymbol{G}_{KM}(s)$ 只存在 $n$ 个极点，它必发生了零极点相消现象，并且相消的 $n$ 个极点是属于观测器 $\hat{\boldsymbol{\Sigma}}_M$ 的。由于观测器设计保证了其极点的渐近稳定性，所以被对消的极点是渐近稳定的，零极点相消不影响闭环系统的正常运行。

进一步分析可知，在新的状态空间中，$\{\overline{\boldsymbol{A}}_{KM},\ \overline{\boldsymbol{B}}_{KM},\ \overline{\boldsymbol{C}}_{KM}\}$ 具有按能控性分解的形式，其能控子系统为 $\{\boldsymbol{A}-\boldsymbol{BK},\ \boldsymbol{B},\ \boldsymbol{C}\}$，即为不具有观测器的状态反馈控制系统 $\boldsymbol{\Sigma}_K$，而观测器部分是不能控的。所以，观测器的引入使状态反馈控制系统不再保持能控性，即系统 $\boldsymbol{\Sigma}_{KM}$ 是状态不完全能控的。

（4）引入观测器的状态反馈与直接状态反馈的等效性讨论。观测器的引入不改变原

状态反馈控制系统的传递函数矩阵，似乎闭环系统的动态行为不受观测器的影响，其实不然。传递函数矩阵是在初始条件为零的前提下求得的，所以在求取传递函数矩阵时有 $\hat{\boldsymbol{x}}(0)=\boldsymbol{x}(0)=0$，这意味着对所有的 $t$，都存在 $\hat{\boldsymbol{x}}(t)=\boldsymbol{x}(t)$，表明 $\hat{\boldsymbol{x}}(t)$ 与 $\boldsymbol{x}(t)$ 完全等价，引入观测器的状态反馈与直接状态反馈也完全等价，体现了观测器的引入不改变原状态反馈控制系统的传递函数矩阵。实际上，正如前面所述，不可能真正存在 $\hat{\boldsymbol{x}}(0)=\boldsymbol{x}(0)$，所以可以通过设计合适的偏差反馈矩阵 $\boldsymbol{M}$ 来实现 $\hat{\boldsymbol{x}}(t)$ 对 $\boldsymbol{x}(t)$ 的渐近等价。可见，观测器的动态特性势必影响闭环系统的动态特性，而要求观测器的动态过程快于闭环系统的动态过程显然是合理的。在工程中，通常把观测器特征值的负实部取为状态反馈系统特征值的负实部的 2~3 倍。

基于同样的原因，一般地，观测器的引入会使状态反馈控制系统的鲁棒性变坏，但可以采用回路传递函数矩阵恢复技术等方法加以改善。对此问题这里不作展开，有兴趣的读者可参阅有关文献。

**例 6-3**　已知线性定常系统

$$\begin{cases}\dot{\boldsymbol{x}}=\begin{bmatrix}0&1&0&0\\0&0&-2&0\\0&0&0&1\\0&0&4&0\end{bmatrix}\boldsymbol{x}+\begin{bmatrix}0\\1\\0\\-1\end{bmatrix}u\\ y=[1\quad 0\quad 0\quad 0]\boldsymbol{x}\end{cases}$$

试设计具有降维状态观测器的状态反馈控制系统，要求观测器的极点为 −3、−3 ± j2，闭环系统的极点为 −1、−2、−1 ± j。

**解**　（1）独立设计降维状态观测器：

1）系统的能观性矩阵 $\boldsymbol{Q}_o=\begin{bmatrix}1&0&0&0\\0&1&0&0\\0&0&-2&0\\0&0&0&-2\end{bmatrix}$，系统能观，可以设计极点任意配置的观测器；由 $\mathrm{rank}\boldsymbol{C}=1$、$n=4$，确定观测器的维数为 3。

2）构造非奇异变换，使被观测系统在新状态空间中的各系数矩阵为 $\overline{\boldsymbol{A}}=\boldsymbol{P}^{-1}\boldsymbol{A}\boldsymbol{P}=\begin{bmatrix}\overline{\boldsymbol{A}}_{11}&\overline{\boldsymbol{A}}_{12}\\\overline{\boldsymbol{A}}_{21}&\overline{\boldsymbol{A}}_{22}\end{bmatrix}$，$\overline{\boldsymbol{B}}=\boldsymbol{P}^{-1}B=\begin{bmatrix}\overline{\boldsymbol{B}}_1\\\overline{\boldsymbol{B}}_2\end{bmatrix}$，$\overline{\boldsymbol{C}}=\boldsymbol{C}\boldsymbol{P}=[0\quad \boldsymbol{I}_q]$。对于本例，通过倒序安排状态变量即可实现，即状态方程写为

$$\begin{bmatrix}\dot{x}_4\\\dot{x}_3\\\dot{x}_2\\\dot{x}_1\end{bmatrix}=\begin{bmatrix}0&4&0&0\\1&0&0&0\\0&-2&0&0\\0&0&1&0\end{bmatrix}\begin{bmatrix}x_4\\x_3\\x_2\\x_1\end{bmatrix}+\begin{bmatrix}-1\\0\\1\\0\end{bmatrix}u$$

输出方程写为

$$y=\begin{bmatrix}0 & 0 & 0 & 1\end{bmatrix}\begin{bmatrix}x_4\\x_3\\x_2\\x_1\end{bmatrix}$$

即$\bar{x}_1=\begin{bmatrix}x_4\\x_3\\x_2\end{bmatrix}$是需要重构的分状态向量，$\bar{x}_2=x_1$ 是不需要重构的分状态向量。且有

$$\bar{A}_{11}=\begin{bmatrix}0 & 4 & 0\\1 & 0 & 0\\0 & -2 & 0\end{bmatrix},\ \bar{A}_{12}=\begin{bmatrix}0\\0\\0\end{bmatrix},\ \bar{A}_{21}=\begin{bmatrix}0 & 0 & 1\end{bmatrix},\ \bar{A}_{22}=0,\ \bar{B}_1=\begin{bmatrix}-1\\0\\1\end{bmatrix},\ \bar{B}_2=0$$

3）降维状态观测器的方程为

$$\dot{z}=(\bar{A}_{11}-m\bar{A}_{21})z+(\bar{B}_1-m\bar{B}_2)u+[\bar{A}_{12}-m\bar{A}_{22}+(\bar{A}_{11}-m\bar{A}_{21})m]y$$

$$=\left(\begin{bmatrix}0 & 4 & 0\\1 & 0 & 0\\0 & -2 & 0\end{bmatrix}-\begin{bmatrix}m_0\\m_1\\m_2\end{bmatrix}\begin{bmatrix}0 & 0 & 1\end{bmatrix}\right)z+\left(\begin{bmatrix}-1\\0\\1\end{bmatrix}-\begin{bmatrix}m_0\\m_1\\m_2\end{bmatrix}0\right)u+$$

$$\left(\begin{bmatrix}0\\0\\0\end{bmatrix}-\begin{bmatrix}m_0\\m_1\\m_2\end{bmatrix}0+\left(\begin{bmatrix}0 & 4 & 0\\1 & 0 & 0\\0 & -2 & 0\end{bmatrix}-\begin{bmatrix}m_0\\m_1\\m_2\end{bmatrix}\begin{bmatrix}0 & 0 & 1\end{bmatrix}\right)\begin{bmatrix}m_0\\m_1\\m_2\end{bmatrix}\right)y$$

$$=\begin{bmatrix}0 & 4 & -m_0\\1 & 0 & -m_1\\0 & -2 & -m_2\end{bmatrix}z+\begin{bmatrix}-1\\0\\1\end{bmatrix}u+\begin{bmatrix}4m_1-m_0m_2\\m_0-m_1m_2\\-2m_1-m_2^2\end{bmatrix}y$$

观测器的特征多项式为

$$\varphi(s)=\det\begin{bmatrix}s & -4 & m_0\\-1 & s & m_1\\0 & 2 & s+m_2\end{bmatrix}=s^3+m_2s^2+(-2m_1-4)s+(-2m_0-4m_2)$$

而根据给定的观测器极点，其期望的特征多项式应为

$$\varphi^*(s)=(s+3)(s+3+2\mathrm{j})(s+3-2\mathrm{j})=s^3+9s^2+31s+39$$

由 $\varphi(s)=\varphi^*(s)$，求得

$$m_0=-37.5,m_1=-17.5,m_2=9$$

4）将 $m$ 代入降维状态观测器方程，得到降维状态观测器的具体表达式为

$$\begin{bmatrix}\dot{z}_1\\\dot{z}_2\\\dot{z}_3\end{bmatrix}=\begin{bmatrix}0 & 4 & 37.5\\1 & 0 & 17.5\\0 & -2 & -9\end{bmatrix}\begin{bmatrix}z_1\\z_2\\z_3\end{bmatrix}+\begin{bmatrix}-1\\0\\1\end{bmatrix}u+\begin{bmatrix}267.5\\120\\-46\end{bmatrix}y$$

5）状态量$\bar{x}=\begin{bmatrix}\bar{x}_1\\\bar{x}_2\end{bmatrix}$的重构值为

$$\hat{\boldsymbol{x}} = \begin{bmatrix} \hat{\bar{\boldsymbol{x}}}_1 \\ \hat{\bar{\boldsymbol{x}}}_2 \end{bmatrix} = \begin{bmatrix} \boldsymbol{z} + \boldsymbol{m}\boldsymbol{y} \\ \boldsymbol{y} \end{bmatrix} = \begin{bmatrix} \begin{bmatrix} z_1 \\ z_2 \\ z_3 \end{bmatrix} + \begin{bmatrix} -37.5 \\ -17.5 \\ 9 \end{bmatrix} y \\ y \end{bmatrix} = \begin{bmatrix} z_1 - 37.5y \\ z_2 - 17.5y \\ z_3 + 9y \\ y \end{bmatrix}$$

即

$$\begin{bmatrix} \hat{x}_4 \\ \hat{x}_3 \\ \hat{x}_2 \\ \hat{x}_1 \end{bmatrix} = \begin{bmatrix} z_1 - 37.5y \\ z_2 - 17.5y \\ z_3 + 9y \\ y \end{bmatrix}$$

6）再顺序安排状态变量，得状态量 $\boldsymbol{x}$ 的重构值

$$\hat{\boldsymbol{x}} = \begin{bmatrix} \hat{x}_1 \\ \hat{x}_2 \\ \hat{x}_3 \\ \hat{x}_4 \end{bmatrix} = \begin{bmatrix} y \\ z_3 + 9y \\ z_2 - 17.5y \\ z_1 - 37.5y \end{bmatrix}$$

（2）独立设计状态反馈控制：

1）系统的能控性矩阵为 $\boldsymbol{Q}_c = \begin{bmatrix} 0 & 1 & 0 & 2 \\ 1 & 0 & 2 & 0 \\ 0 & -1 & 0 & -4 \\ -1 & 0 & -4 & 0 \end{bmatrix}$，系统能控，可以设计极点任意配置的状态反馈控制。

2）由给定的期望闭环极点求得期望的闭环系统特征多项式为

$$\varphi^*(s) = (s+1)(s+2)(s+1-\mathrm{j})(s+1+\mathrm{j}) = s^4 + 5s^3 + 10s^2 + 10s + 4$$

3）由闭环系统动态方程写出的闭环系统特征多项式为

$$\varphi(s) = \det(s\boldsymbol{I} - \boldsymbol{A} + \boldsymbol{b}\boldsymbol{k}) = \det \begin{bmatrix} s & -1 & 0 & 0 \\ k_0 & s+k_1 & 2+k_2 & k_3 \\ 0 & 0 & s & -1 \\ -k_0 & -k_1 & -4-k_2 & s-k_3 \end{bmatrix}$$

$$= s \begin{vmatrix} s+k_1 & 2+k_2 & k_3 \\ 0 & s & -1 \\ -k_1 & -4-k_2 & s-k_3 \end{vmatrix} + \begin{vmatrix} k_0 & 2+k_2 & k_3 \\ 0 & s & -1 \\ -k_0 & -4-k_2 & s-k_3 \end{vmatrix}$$

$$= s^4 + (k_1 - k_3)s^3 + (k_0 - k_2 - 4)s^2 - 2k_1 s - 2k_0$$

4）由 $\varphi(s) = \varphi^*(s)$，求得

$$k_0 = -2,\ k_1 = -5,\ k_2 = -16,\ k_3 = -10$$

即状态反馈矩阵为

$$\boldsymbol{k} = [-2 \quad -5 \quad -16 \quad -10]$$

（3）引入状态观测器的状态反馈控制为

$$u = v - \boldsymbol{k}\hat{\boldsymbol{x}} = v - [\,-2 \quad -5 \quad -16 \quad -10\,]\hat{\boldsymbol{x}}$$

综合上面求得的三部分内容，可画出如图 6-7 所示的引入观测器的状态反馈控制系统 $\boldsymbol{\Sigma}_{KM}$ 的状态变量图。

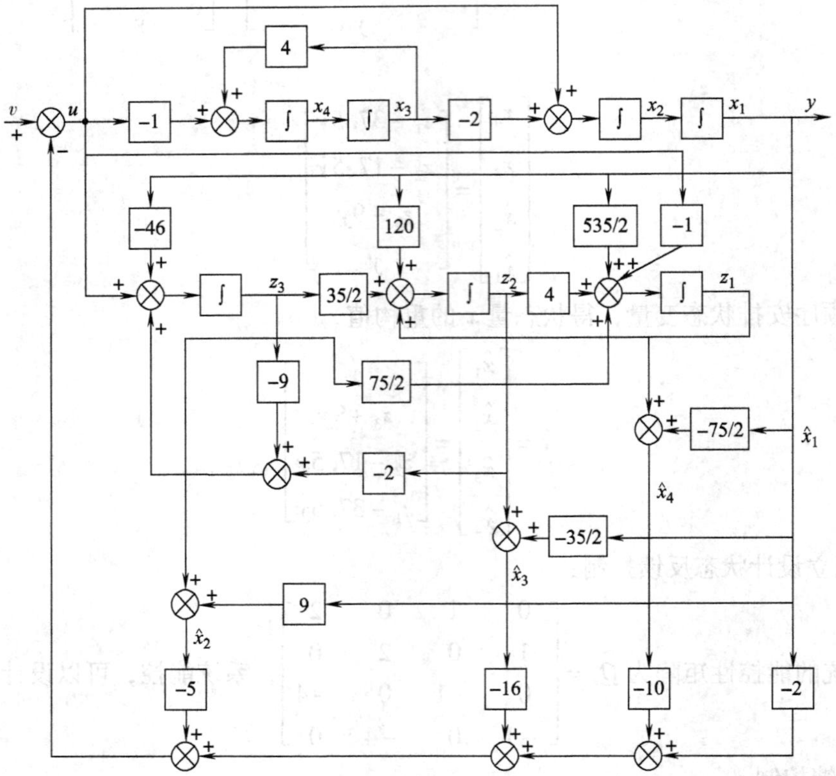


图 6-7　例 6-3 引入观测器的状态反馈控制系统的状态变量图

## 三、状态重构反馈与带补偿器输出反馈的等价

第五章提出了动态输出反馈方案（见图 5-4），实际上，从系统传递关系的角度，具有补偿器的动态输出反馈控制系统与引入观测器的状态反馈控制系统是等价的，即它们具有一致的传递特性。

对于受控系统 $\boldsymbol{\Sigma}_0(\boldsymbol{A},\boldsymbol{B},\boldsymbol{C})$，有传递函数矩阵

$$\boldsymbol{G}_0(s) = \boldsymbol{C}(s\boldsymbol{I} - \boldsymbol{A})^{-1}\boldsymbol{B} \tag{6-41}$$

如果考虑的是全维状态观测器

$$\dot{\hat{\boldsymbol{x}}} = (\boldsymbol{A} - \boldsymbol{M}\boldsymbol{C})\hat{\boldsymbol{x}} + \boldsymbol{B}u + \boldsymbol{M}y \tag{6-42}$$

则可得出状态重构值的拉普拉斯变换形式为

$$\hat{\boldsymbol{x}}(s) = [s\boldsymbol{I} - (\boldsymbol{A} - \boldsymbol{M}\boldsymbol{C})]^{-1}\boldsymbol{B}u(s) + [s\boldsymbol{I} - (\boldsymbol{A} - \boldsymbol{M}\boldsymbol{C})]^{-1}\boldsymbol{M}y(s) \tag{6-43}$$

引入观测器的状态反馈控制系统中，其反馈量可表示为

$$\boldsymbol{K}\hat{\boldsymbol{x}}(s) = \boldsymbol{G}_1(s)\boldsymbol{u}(s) + \boldsymbol{G}_2(s)\boldsymbol{y}(s) \tag{6-44}$$

显然，有

$$G_1(s)=K[sI-(A-MC)]^{-1}B \tag{6-45}$$

表示了由控制量到系统反馈量的传递关系，以及

$$G_2(s)=K[sI-(A-MC)]^{-1}M \tag{6-46}$$

表示了由系统输出量到系统反馈量的传递关系。由此，可以画出引入观测器的状态反馈控制系统结构如图 6-8a 所示，显然又可等价得出图 6-8b 及图 6-8c。图 6-8c 中的 $G_3(s)$ 为

$$G_3(s)=[I+G_1(s)]^{-1} \tag{6-47}$$

图 6-8c 就是带串联补偿器的输出反馈控制，其中输出反馈也具有补偿器性质，称为并联补偿器。这种同时采用串联补偿和并联补偿的系统结构上偏复杂，通常采用串联补偿器和输出反馈矩阵控制的系统就能达到期望的控制性能要求。

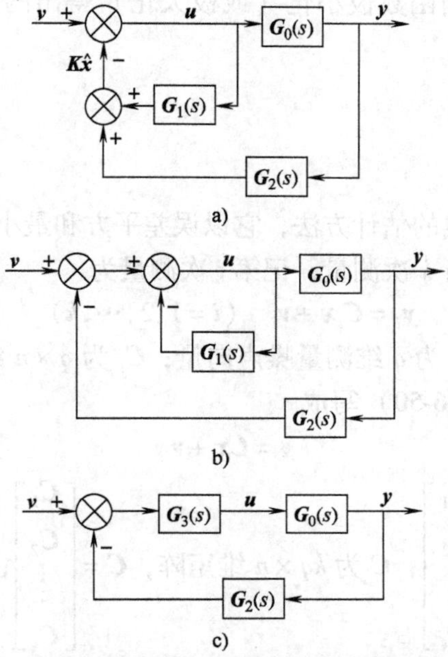


图 6-8　引入观测器的状态反馈控制系统结构及其等价结构图

a）引入观测器的状态反馈控制系统结构　b）图 6-8a 的等价结构图一　c）图 6-8a 的等价结构图二

# 第三节　状态最优估计

确定性系统的状态量可以通过直接量测或构造状态观测器的方法获取，但是如果系统存在随机干扰（包括系统输入噪声和测量噪声），那么直接量测或通过观测器重构都不能得到精确的状态量信息。由于随机干扰信号的描述建立在概率统计的基础之上，故随机干扰下系统状态量的确定也必须建立在概率统计的基础上。

## 一、状态估计问题的描述

考虑系统的状态方程为

$$\dot{x}(t)=A(t)x(t)+B(t)u(t)+F(t)w(t) \tag{6-48}$$

式中，$x(t)$ 为 $n$ 维状态向量；$u(t)$ 为 $p$ 维状态向量；$w(t)$ 为 $m$ 维随机干扰（噪声）向量，它是施加于系统的，称为系统（输入）噪声；$A(t)$、$B(t)$、$F(t)$ 分别为对应维数的系统矩

阵、输入矩阵和干扰矩阵。

为了强调系统的被测量，这里将系统的输出方程改称为测量方程：

$$y(t)=C(t)x(t)+v(t) \tag{6-49}$$

式中，$y(t)$为$q$维测量向量；$v(t)$为$q$维随机干扰（噪声）向量，它施加在系统的测量中，称为测量噪声；$C(t)$为$q\times n$维测量矩阵。

所谓状态估计就是根据测量值$y(t)$及随机干扰的统计特性，对系统的状态量进行估计，得出尽量接近状态量真实值$x(t)$的估计值$\hat{x}(t)$。

为了衡量估计的好坏，必须设立衡量准则，通常用准则函数（或指标函数）的形式表示。一般总是希望在一个明确的衡量准则下所作出的估计是最好的，也即所谓的最优估计问题，最优估计的解是通过准则函数极小化（或极大化）得出的。显然，不同的准则函数对应得出不同的估计方法。

## 二、最小二乘估计

### （一）静态最小二乘估计

最小二乘估计是一种经典的估计方法，它以误差平方和最小作为准则函数。为了得到状态量$x$的估计值，对系统进行$k$次测量，记第$i$次测量为

$$y_i=C_i x+v_i \quad (i=1,2,\cdots,k) \tag{6-50}$$

式中，$y_i$为$q$维测量向量；$v_i$为$q$维测量噪声向量；$C_i$为$q\times n$维测量矩阵。

$k$次测量后，可以将式（6-50）写成

$$y=Cx+v \tag{6-51}$$

式中，$y$为$kq$维向量，$y=\begin{bmatrix}y_1\\y_2\\\vdots\\y_k\end{bmatrix}$；$C$为$kq\times n$维矩阵，$C=\begin{bmatrix}C_1\\C_2\\\vdots\\C_k\end{bmatrix}$；$v$为$kq$维向量，$v=\begin{bmatrix}v_1\\v_2\\\vdots\\v_k\end{bmatrix}$。

如以加权误差平方和（按测量值的精度分配权值）最小作为准则函数，则有

$$J(\hat{x})=(y-C\hat{x})^{\mathrm{T}}W(y-C\hat{x}) \tag{6-52}$$

其中，$W$为正定对称的权矩阵。如$W=I$，则为基本最小二乘估计。

为求得最小二乘估计，将准则函数$J$对$\hat{x}$求偏导并令其为零，即

$$\frac{\partial J}{\partial \hat{x}}=-2C^{\mathrm{T}}Wy+2C^{\mathrm{T}}WC\hat{x}=0 \tag{6-53}$$

得状态量$x$的估计值$\hat{x}$为

$$\hat{x}=(C^{\mathrm{T}}WC)^{-1}C^{\mathrm{T}}Wy \tag{6-54}$$

上式得出了状态量的最小二乘估计值$\hat{x}$，但在应用最小二乘估计时必须注意以下几点：

（1）最小二乘估计仅仅根据一定数量的测量值就能得出状态量的估计值，而且不需要关于测量噪声的统计特性，特别适用于测量噪声统计规律未知的情况。

（2）如果测量噪声是零均值的，即其均值$E[v]=0$，则最小二乘估计是无偏估计。这是因为

$$\begin{aligned}E[\hat{x}]&=E[(C^{\mathrm{T}}WC)^{-1}C^{\mathrm{T}}Wy]=(C^{\mathrm{T}}WC)^{-1}C^{\mathrm{T}}WE[Cx+v]\\&=(C^{\mathrm{T}}WC)^{-1}C^{\mathrm{T}}WCE[x]+(C^{\mathrm{T}}WC)^{-1}C^{\mathrm{T}}WE[v]=E[x]=x\end{aligned} \tag{6-55}$$

估计的无偏性保证了由不同测量值序列得出的估计值 $\hat{\boldsymbol{x}}$ 总是在状态量 $\boldsymbol{x}$ 附近波动，而多次估计值的平均值应无限接近 $\boldsymbol{x}$。

（3）设测量噪声的方差阵为 $Var[\boldsymbol{v}]=E[\boldsymbol{vv}^{\mathrm{T}}]=\boldsymbol{R}$，则最小二乘估计的方差阵为

$$\begin{aligned}Var[\hat{\boldsymbol{x}}]&=E[(\hat{\boldsymbol{x}}-\boldsymbol{x})(\hat{\boldsymbol{x}}-\boldsymbol{x})^{\mathrm{T}}]=E\{[(\boldsymbol{C}^{\mathrm{T}}\boldsymbol{WC})^{-1}\boldsymbol{C}^{\mathrm{T}}\boldsymbol{Wy}-\boldsymbol{x}][\boldsymbol{y}^{\mathrm{T}}\boldsymbol{W}^{\mathrm{T}}\boldsymbol{C}(\boldsymbol{C}^{\mathrm{T}}\boldsymbol{W}^{\mathrm{T}}\boldsymbol{C})^{-1}-\boldsymbol{x}^{\mathrm{T}}]\}\\&=(\boldsymbol{C}^{\mathrm{T}}\boldsymbol{WC})^{-1}\boldsymbol{C}^{\mathrm{T}}\boldsymbol{W}E[\boldsymbol{yy}^{\mathrm{T}}]\boldsymbol{W}^{\mathrm{T}}\boldsymbol{C}(\boldsymbol{C}^{\mathrm{T}}\boldsymbol{W}^{\mathrm{T}}\boldsymbol{C})^{-1}-(\boldsymbol{C}^{\mathrm{T}}\boldsymbol{WC})^{-1}\boldsymbol{C}^{\mathrm{T}}\boldsymbol{W}E[\boldsymbol{yx}^{\mathrm{T}}]-\\&\quad E[\boldsymbol{xy}^{\mathrm{T}}]\boldsymbol{W}^{\mathrm{T}}\boldsymbol{C}(\boldsymbol{C}^{\mathrm{T}}\boldsymbol{W}^{\mathrm{T}}\boldsymbol{C})^{-1}+E[\boldsymbol{xx}^{\mathrm{T}}]=(\boldsymbol{C}^{\mathrm{T}}\boldsymbol{WC})^{-1}\boldsymbol{C}^{\mathrm{T}}\boldsymbol{WRW}^{\mathrm{T}}\boldsymbol{C}(\boldsymbol{C}^{\mathrm{T}}\boldsymbol{W}^{\mathrm{T}}\boldsymbol{C})^{-1}\end{aligned}\tag{6-56}$$

其中用到 $E[\boldsymbol{yy}^{\mathrm{T}}]=E[\boldsymbol{vv}^{\mathrm{T}}]=\boldsymbol{R},E[\boldsymbol{xx}^{\mathrm{T}}]=0,E[\boldsymbol{xy}^{\mathrm{T}}]=E[\boldsymbol{yx}^{\mathrm{T}}]=E[\boldsymbol{v}]=0$。可以证明，当权矩阵取 $\boldsymbol{W}=\boldsymbol{R}^{-1}$ 时最小二乘估计的方差达到最小。这时估计值 $\hat{\boldsymbol{x}}$ 及其方差阵分别为

$$\hat{\boldsymbol{x}}=(\boldsymbol{C}^{\mathrm{T}}\boldsymbol{R}^{-1}\boldsymbol{C})^{-1}\boldsymbol{C}^{\mathrm{T}}\boldsymbol{R}^{-1}\boldsymbol{y}\tag{6-57}$$

和

$$Var[\hat{\boldsymbol{x}}]=(\boldsymbol{C}^{\mathrm{T}}\boldsymbol{R}^{-1}\boldsymbol{C})^{-1}\tag{6-58}$$

估计的方差用来表示各估计值 $\hat{\boldsymbol{x}}$ 对其平均值（即状态量 $\boldsymbol{x}$）的偏离程度。所以当 $\boldsymbol{W}=\boldsymbol{R}^{-1}$ 时，不仅估计的误差平方和最小，而且估计值对状态量的偏离程度最小。此时的估计也称为马尔可夫估计。

（4）上面关于状态量的估计值 $\hat{\boldsymbol{x}}$ 由系统的 $k$ 次测量值估计运算得出，这里假设了 $k$ 次测量过程中系统状态量 $\boldsymbol{x}$ 不变这样一个前提，所以，这是对静态状态值的估计。

### （二）动态最小二乘估计

实际的控制系统是动态的，即状态量总是随时间而变化，其变化规律由系统的状态方程决定。所以有必要讨论应用最小二乘估计实现对变化的状态量的估计问题。

考虑线性定常离散系统的状态空间表达式

$$\begin{cases}\boldsymbol{x}_{i+1}=\boldsymbol{Gx}_i+\boldsymbol{Hu}_i+\boldsymbol{Fw}_i\\\boldsymbol{y}_i=\boldsymbol{Cx}_i+\boldsymbol{v}_i\end{cases}\tag{6-59}$$

式中，下标表示时间；$\boldsymbol{x}_i$ 为 $i$ 时刻的 $n$ 维状态向量；$\boldsymbol{u}_i$ 为 $i$ 时刻的 $p$ 维控制向量；$\boldsymbol{w}_i$ 为 $i$ 时刻的 $m$ 维系统噪声向量；$\boldsymbol{y}_i$ 为 $i$ 时刻的 $q$ 维测量向量；$\boldsymbol{v}_i$ 为 $i$ 时刻的 $q$ 维测量噪声向量；$\boldsymbol{G}$、$\boldsymbol{H}$、$\boldsymbol{F}$、$\boldsymbol{C}$ 分别为对应维数的系统矩阵、控制矩阵、干扰矩阵和测量矩阵。当系统输入为确定性输入时，可设 $\boldsymbol{u}=0$，此时线性定常离散系统的状态空间表达式写为

$$\begin{cases}\boldsymbol{x}_{i+1}=\boldsymbol{Gx}_i+\boldsymbol{Fw}_i\\\boldsymbol{y}_i=\boldsymbol{Cx}_i+\boldsymbol{v}_i\end{cases}\tag{6-60}$$

设上述系统状态能观，状态估计的任务就是由 $k$ 次测量所得的测量序列 $\{\boldsymbol{y}_1,\boldsymbol{y}_2,\cdots\boldsymbol{y}_k\}$ 求得 $\boldsymbol{x}_k$ 的最小二乘估计值 $\hat{\boldsymbol{x}}_k$。分两种情况讨论 $\hat{\boldsymbol{x}}_k$ 的估计运算。

1. 系统噪声 $\boldsymbol{w}_i=0$，测量噪声 $\boldsymbol{v}_i\neq0$ 时　这时系统方程可写为

$$\begin{cases}\boldsymbol{x}_{i+1}=\boldsymbol{Gx}_i\\\boldsymbol{y}_i=\boldsymbol{Cx}_i+\boldsymbol{v}_i\end{cases}\tag{6-61}$$

其中，线性定常离散齐次状态方程的解为 $\boldsymbol{x}_i=\boldsymbol{G}^{i-k}\boldsymbol{x}_k=\boldsymbol{G}^i\boldsymbol{x}_0$，所以测量方程可表示为

$$\boldsymbol{y}_i=\boldsymbol{Cx}_i+\boldsymbol{v}_i=\boldsymbol{CG}^i\boldsymbol{x}_0+\boldsymbol{v}_i=\boldsymbol{CG}^{i-k}\boldsymbol{x}_k+\boldsymbol{v}_i\tag{6-62}$$

准则函数为误差平方和，考虑到 $\hat{\boldsymbol{y}}_i=\boldsymbol{C}\hat{\boldsymbol{x}}_i=\boldsymbol{CG}^{i-k}\hat{\boldsymbol{x}}_k$，有

$$J(\hat{\boldsymbol{x}}_k) = \sum_{i=1}^{k} (\boldsymbol{y}_i - \boldsymbol{C}\boldsymbol{G}^{i-k}\hat{\boldsymbol{x}}_k)^{\mathrm{T}}(\boldsymbol{y}_i - \boldsymbol{C}\boldsymbol{G}^{i-k}\hat{\boldsymbol{x}}_k) \tag{6-63}$$

这里没有考虑对测量值加权，或者设权矩阵 $\boldsymbol{W}=\boldsymbol{I}$。同样，将准则函数 $J$ 对 $\hat{\boldsymbol{x}}_k$ 求偏导并令其为零，即

$$\frac{\partial J}{\partial \hat{\boldsymbol{x}}_k} = -2\sum_{i=1}^{k} (\boldsymbol{G}^{i-k})^{\mathrm{T}}\boldsymbol{C}^{\mathrm{T}}(\boldsymbol{y}_i - \boldsymbol{C}\boldsymbol{G}^{i-k}\hat{\boldsymbol{x}}_k) = 0 \tag{6-64}$$

得 $\hat{\boldsymbol{x}}_k$ 的估计公式为

$$\hat{\boldsymbol{x}}_k = \left[\sum_{i=1}^{k} (\boldsymbol{G}^{i-k})^{\mathrm{T}}\boldsymbol{C}^{\mathrm{T}}\boldsymbol{C}\boldsymbol{G}^{i-k}\right]^{-1}\left[\sum_{i=1}^{k} (\boldsymbol{G}^{i-k})^{\mathrm{T}}\boldsymbol{C}^{\mathrm{T}}\boldsymbol{y}_i\right] \tag{6-65}$$

当考虑通过权矩阵 $\boldsymbol{W}$ 对测量值加权时，准则函数写为

$$J(\hat{\boldsymbol{x}}_k) = \sum_{i=1}^{k} (\boldsymbol{y}_i - \boldsymbol{C}\boldsymbol{G}^{i-k}\hat{\boldsymbol{x}}_k)^{\mathrm{T}}\boldsymbol{W}_i(\boldsymbol{y}_i - \boldsymbol{C}\boldsymbol{G}^{i-k}\hat{\boldsymbol{x}}_k) \tag{6-66}$$

$\hat{\boldsymbol{x}}_k$ 的估计公式变为

$$\hat{\boldsymbol{x}}_k = \left[\sum_{i=1}^{k} (\boldsymbol{G}^{i-k})^{\mathrm{T}}\boldsymbol{C}^{\mathrm{T}}\boldsymbol{W}_i\boldsymbol{C}\boldsymbol{G}^{i-k}\right]^{-1}\left[\sum_{i=1}^{k} (\boldsymbol{G}^{i-k})^{\mathrm{T}}\boldsymbol{C}^{\mathrm{T}}\boldsymbol{W}_i\boldsymbol{y}_i\right]$$

2. 系统噪声 $\boldsymbol{w}_i \neq 0$，测量噪声 $\boldsymbol{v}_i \neq 0$ 时　这时，可以定义广义状态量$\bar{\boldsymbol{x}}_i = \begin{bmatrix} \boldsymbol{x}_i \\ \boldsymbol{w}_i \end{bmatrix}$，线性定常离散系统（6-60）可写成广义系统形式，即

$$\begin{cases} \bar{\boldsymbol{x}}_{i+1} = \bar{\boldsymbol{G}}\,\bar{\boldsymbol{x}}_i \\ \boldsymbol{y}_i = \bar{\boldsymbol{C}}\,\bar{\boldsymbol{x}}_i + \boldsymbol{v}_i \end{cases} \tag{6-67}$$

式中，广义系统矩阵 $\bar{\boldsymbol{G}}$ 和广义测量矩阵$\bar{\boldsymbol{C}}$分别为

$$\bar{\boldsymbol{G}} = \begin{bmatrix} \boldsymbol{G} & \boldsymbol{F} \\ 0 & \boldsymbol{I}_m \end{bmatrix}, \bar{\boldsymbol{C}} = [\boldsymbol{C} \quad 0] \tag{6-68}$$

仿照系统（6-61）的讨论，可得广义系统（6－67）的广义状态量 $\hat{\bar{\boldsymbol{x}}}_k$ 的估计公式为

$$\hat{\bar{\boldsymbol{x}}}_k = \begin{bmatrix} \hat{\boldsymbol{x}}_k \\ \hat{\boldsymbol{w}}_k \end{bmatrix} = \left[\sum_{i=1}^{k} (\bar{\boldsymbol{G}}^{i-k})^{\mathrm{T}}\bar{\boldsymbol{C}}^{\mathrm{T}}\bar{\boldsymbol{C}}\bar{\boldsymbol{G}}^{i-k}\right]^{-1}\left[\sum_{i=1}^{k} (\bar{\boldsymbol{G}}^{i-k})^{\mathrm{T}}\bar{\boldsymbol{C}}^{\mathrm{T}}\boldsymbol{y}_i\right] \tag{6-69}$$

或者考虑权矩阵 $\boldsymbol{W}$，广义状态量 $\hat{\bar{\boldsymbol{x}}}_k$ 的估计公式为

$$\hat{\bar{\boldsymbol{x}}}_k = \begin{bmatrix} \hat{\boldsymbol{x}}_k \\ \hat{\boldsymbol{w}}_k \end{bmatrix} = \left[\sum_{i=1}^{k} (\bar{\boldsymbol{G}}^{i-k})^{\mathrm{T}}\bar{\boldsymbol{C}}^{\mathrm{T}}\boldsymbol{W}_i\bar{\boldsymbol{C}}\,\bar{\boldsymbol{G}}^{i-k}\right]^{-1}\left[\sum_{i=1}^{k} (\bar{\boldsymbol{G}}^{i-k})^{\mathrm{T}}\bar{\boldsymbol{C}}^{\mathrm{T}}\boldsymbol{W}_i\boldsymbol{y}_i\right] \tag{6-70}$$

与静态状态值估计类似，当系统噪声 $\boldsymbol{w}_i=0$ 时，如果 $E[v_k]=0$，则有 $E[\hat{\boldsymbol{x}}_k]=\boldsymbol{x}_k$；当 $\boldsymbol{w}_i \neq 0$ 时，如果 $E[\boldsymbol{w}_k]=0$ 和 $E[\boldsymbol{v}_k]=0$，则仍然有 $E[\hat{\boldsymbol{x}}_k]=\boldsymbol{x}_k$。

### （三）最小二乘估计的递推算法

前面所讨论的最小二乘估计算法，无论是静态的还是动态的，都同时用到测量值的全体值，当测量次数 $k$ 很大时，存储量和计算量都很大。特别在动态估计中，随着 $\hat{\boldsymbol{x}}_k$ 的 $k$ 的推移，存储量和计算量都将不断地增大，给估计带来困难。递推算法是由测量序列 $\{\boldsymbol{y}_1, \boldsymbol{y}_2,$

$\cdots y_k\}$ 求得估计值 $\hat{x}_k$ 的基础上，通过新测量值 $y_{k+1}$ 对 $\hat{x}_k$ 的修正得出新估计值 $\hat{x}_{k+1}$ 的算法，解决了存储量和计算量不断增大的问题。这里以动态估计式（6-65）为例讨论最小二乘递推算法。

由式（6-65），可得

$$\begin{aligned}\hat{x}_{k+1} &= [\sum_{i=1}^{k+1}(G^{i-k-1})^{\mathrm{T}}C^{\mathrm{T}}CG^{i-k-1}]^{-1}[\sum_{i=1}^{k+1}(G^{i-k-1})^{\mathrm{T}}C^{\mathrm{T}}y_i]\\ &= [\sum_{i=1}^{k}(G^{i-k-1})^{\mathrm{T}}C^{\mathrm{T}}CG^{i-k-1}+C^{\mathrm{T}}C]^{-1}[\sum_{i=1}^{k}(G^{i-k-1})^{\mathrm{T}}C^{\mathrm{T}}y_i+C^{\mathrm{T}}y_{k+1}]\\ &= [(G^{-1})^{\mathrm{T}}\sum_{i=1}^{k}(G^{i-k})^{\mathrm{T}}C^{\mathrm{T}}CG^{i-k}G^{-1}+C^{\mathrm{T}}C]^{-1}[(G^{-1})^{\mathrm{T}}\sum_{i=1}^{k}(G^{i-k})^{\mathrm{T}}C^{\mathrm{T}}y_i+C^{\mathrm{T}}y_{k+1}]\end{aligned} \tag{6-71}$$

令

$$\hat{x}_{k+1|K} = G\hat{x}_k \tag{6-72}$$

$$P_k = [\sum_{i=1}^{k}(G^{i-k})^{\mathrm{T}}C^{\mathrm{T}}CG^{i-k}]^{-1} \tag{6-73}$$

$$P_{k+1|K} = GP_kG^{\mathrm{T}} \tag{6-74}$$

考虑到 $y_i$ 可用 $\hat{y}_i = CG^{i-k}\hat{x}_k$ 替代，式（6-71）可写为

$$\hat{x}_{k+1} = [P_{k+1|K}^{-1}+C^{\mathrm{T}}C]^{-1}[P_{k+1|K}^{-1}\hat{x}_{k+1|K}+C^{\mathrm{T}}y_{k+1}] \tag{6-75}$$

进一步，应用矩阵求逆公式 $(A+BC)^{-1}=A^{-1}-A^{-1}B(I+CA^{-1}B)^{-1}CA^{-1}$，上式可写为

$$\hat{x}_{k+1} = \hat{x}_{k+1|K}+P_{k+1|K}C^{\mathrm{T}}[I+CP_{k+1|K}C^{\mathrm{T}}]^{-1}(y_{k+1}-C\hat{x}_{k+1|K}) \tag{6-76}$$

再令

$$K_{k+1} = P_{k+1|K}C^{\mathrm{T}}[I+CP_{k+1|K}C^{\mathrm{T}}]^{-1} \tag{6-77}$$

则有

$$\hat{x}_{k+1} = \hat{x}_{k+1|K}+K_{k+1}(y_{k+1}-C\hat{x}_{k+1|K}) \tag{6-78}$$

由式（6-73）还可推导出

$$P_{k+1} = [\sum_{i=1}^{k+1}(G^{i-k-1})^{\mathrm{T}}C^{\mathrm{T}}CG^{i-k-1}]^{-1} = [P_{k+1|K}^{-1}+C^{\mathrm{T}}C]^{-1} = [I-K_{k+1}C]P_{k+1|K} \tag{6-79}$$

式（6-72）、式（6-74）及式（6-77）~式（6-79）构成了最小二乘估计的递推算法。

## 三、线性最小方差估计

前面已经提到，方差用来表示各估计值 $\hat{x}$ 对其平均值（或状态量 $x$）的偏离程度，所以，当选用估计值的最小方差作为准则函数时，比最小二乘估计有更好的结果。但一般的最小方差估计需要关于系统噪声、测量噪声的概率密度及它们的联合概率密度的先验知识，这是一个较难满足的要求。如果估计值 $\hat{x}$ 是测量值 $y$ 的线性函数，则只需事先知道状态量 $x$ 和测量量 $y$（或者系统噪声 $w$ 和测量噪声 $v$）的一、二阶矩，极大地降低了对噪声统计特性先验知识的要求。这里仅介绍线性最小方差估计。

考虑线性最小方差估计的估计值是测量值的线性函数，即 $\hat{x}$ 可表示为

$$\hat{\boldsymbol{x}} = \boldsymbol{a} + \boldsymbol{B}\boldsymbol{y} \tag{6-80}$$

式中，$\boldsymbol{a}$、$\boldsymbol{B}$ 是相应维数的确定性向量和矩阵；$\boldsymbol{y}$ 为系统经 $k$ 次测量后得到的测量向量。$\boldsymbol{y}$ 的表达式同式（6-51），即为

$$\boldsymbol{y} = \boldsymbol{C}\boldsymbol{x} + \boldsymbol{v} \tag{6-81}$$

式中，$\boldsymbol{y}$ 为 $kq$ 维向量，$\boldsymbol{y} = \begin{bmatrix} \boldsymbol{y}_1 \\ \boldsymbol{y}_2 \\ \vdots \\ \boldsymbol{y}_k \end{bmatrix}$；$\boldsymbol{C}$ 为 $kq \times n$ 维矩阵，$\boldsymbol{C} = \begin{bmatrix} \boldsymbol{C}_1 \\ \boldsymbol{C}_2 \\ \vdots \\ \boldsymbol{C}_k \end{bmatrix}$；$\boldsymbol{v}$ 为 $kq$ 维向量，$\boldsymbol{v} = \begin{bmatrix} \boldsymbol{v}_1 \\ \boldsymbol{v}_2 \\ \vdots \\ \boldsymbol{v}_k \end{bmatrix}$；

$\boldsymbol{x}$ 为 $n$ 维状态向量。

最小方差估计是使估计值的方差最小，即

$$Var(\hat{\boldsymbol{x}}) = E[(\hat{\boldsymbol{x}} - \boldsymbol{x})(\hat{\boldsymbol{x}} - \boldsymbol{x})^{\mathrm{T}}] = E[(\boldsymbol{a} + \boldsymbol{B}\boldsymbol{y} - \boldsymbol{x})(\boldsymbol{a} + \boldsymbol{B}\boldsymbol{y} - \boldsymbol{x})^{\mathrm{T}}] \tag{6-82}$$

最小，这里认为最小方差估计是无偏估计，$\boldsymbol{x}$ 就是估计值 $\hat{\boldsymbol{x}}$ 的均值，这在后面将会得到证明。如令

$$\boldsymbol{b} = \boldsymbol{a} - E[\boldsymbol{x}] + \boldsymbol{B}E[\boldsymbol{y}] \tag{6-83}$$

则式（6-82）可写为

$$\begin{aligned} Var(\hat{\boldsymbol{x}}) &= E[(\boldsymbol{a} + \boldsymbol{B}\boldsymbol{y} - \boldsymbol{x})(\boldsymbol{a} + \boldsymbol{B}\boldsymbol{y} - \boldsymbol{x})^{\mathrm{T}}] \\ &= E\{[\boldsymbol{b} - (\boldsymbol{x} - E[\boldsymbol{x}]) + \boldsymbol{B}(\boldsymbol{y} - E[\boldsymbol{y}])][\boldsymbol{b} - (\boldsymbol{x} - E[\boldsymbol{x}]) + \boldsymbol{B}(\boldsymbol{y} - E[\boldsymbol{y}])]^{\mathrm{T}}\} \\ &= \boldsymbol{b}\boldsymbol{b}^{\mathrm{T}} + Var[\boldsymbol{x}] + \boldsymbol{B}Var[\boldsymbol{y}]\boldsymbol{B}^{\mathrm{T}} - Cov(\boldsymbol{x},\boldsymbol{y})\boldsymbol{B}^{\mathrm{T}} - \boldsymbol{B}Cov(\boldsymbol{y},\boldsymbol{x}) \end{aligned} \tag{6-84}$$

式中，$Var[\boldsymbol{x}] = E[(\boldsymbol{x} - E[\boldsymbol{x}])(\boldsymbol{x} - E[\boldsymbol{x}])^{\mathrm{T}}]$ 是 $\boldsymbol{x}$ 的方差阵；$Cov(\boldsymbol{x},\boldsymbol{y}) = E[(\boldsymbol{x} - E[\boldsymbol{x}])(\boldsymbol{y} - E[\boldsymbol{y}])^{\mathrm{T}}]$ 是 $\boldsymbol{x}$ 和 $\boldsymbol{y}$ 的协方差阵。

式（6-84）的右边加减 $Cov(\boldsymbol{x},\boldsymbol{y})(Var[\boldsymbol{y}])^{-1}Cov(\boldsymbol{y},\boldsymbol{x})$，则有

$$\begin{aligned} Var(\hat{\boldsymbol{x}}) &= \boldsymbol{B}Var[\boldsymbol{y}]\boldsymbol{B}^{\mathrm{T}} - Cov(\boldsymbol{x},\boldsymbol{y})\boldsymbol{B}^{\mathrm{T}} - \boldsymbol{B}Cov(\boldsymbol{y},\boldsymbol{x}) + Cov(\boldsymbol{x},\boldsymbol{y})(Var[\boldsymbol{y}])^{-1}Cov(\boldsymbol{y},\boldsymbol{x}) + \\ &\quad \boldsymbol{b}\boldsymbol{b}^{\mathrm{T}} + Var[\boldsymbol{x}] - Cov(\boldsymbol{x},\boldsymbol{y})(Var[\boldsymbol{y}])^{-1}Cov(\boldsymbol{y},\boldsymbol{x}) \\ &= [\boldsymbol{B} - Cov(\boldsymbol{x},\boldsymbol{y})(Var[\boldsymbol{y}])^{-1}](Var[\boldsymbol{y}])[\boldsymbol{B} - Cov(\boldsymbol{x},\boldsymbol{y})(Var[\boldsymbol{y}])^{-1}]^{\mathrm{T}} + \\ &\quad \boldsymbol{b}\boldsymbol{b}^{\mathrm{T}} + Var[\boldsymbol{x}] - Cov(\boldsymbol{x},\boldsymbol{y})(Var[\boldsymbol{y}])^{-1}Cov(\boldsymbol{y},\boldsymbol{x}) \end{aligned} \tag{6-85}$$

其中用到 $Var^{\mathrm{T}}[\boldsymbol{y}] = Var[\boldsymbol{y}], Cov^{\mathrm{T}}(\boldsymbol{x},\boldsymbol{y}) = Cov(\boldsymbol{y},\boldsymbol{x})$。式（6-85）中，若使 $Var(\hat{\boldsymbol{x}})$ 最小，必须有 $\boldsymbol{b} = 0$ 和 $\boldsymbol{B} = Cov(\boldsymbol{x},\boldsymbol{y})(Var[\boldsymbol{y}])^{-1}$。由此得 $\boldsymbol{x}$ 的线性最小方差估计值 $\hat{\boldsymbol{x}}$ 为

$$\hat{\boldsymbol{x}} = \boldsymbol{a} + \boldsymbol{B}\boldsymbol{y} = E[\boldsymbol{x}] - \boldsymbol{B}E[\boldsymbol{y}] + \boldsymbol{B}\boldsymbol{y} = E[\boldsymbol{x}] + Cov(\boldsymbol{x},\boldsymbol{y})(Var[\boldsymbol{y}])^{-1}(\boldsymbol{y} - E[\boldsymbol{y}]) \tag{6-86}$$

而其方差阵为

$$Var(\hat{\boldsymbol{x}}) = Var[\boldsymbol{x}] - Cov(\boldsymbol{x},\boldsymbol{y})(Var[\boldsymbol{y}])^{-1}Cov(\boldsymbol{y},\boldsymbol{x}) \tag{6-87}$$

显然，当已知状态量 $\boldsymbol{x}$ 和测量量 $\boldsymbol{y}$（或者系统噪声 $\boldsymbol{w}$ 和测量噪声 $\boldsymbol{v}$）的一、二阶矩时，线性最小方差估计值 $\hat{\boldsymbol{x}}$ 及其方差阵 $Var(\hat{\boldsymbol{x}})$ 就能根据式（6-86）和式（6-87）求得。线性最小方差估计值 $\hat{\boldsymbol{x}}$ 具有如下特性：

（1）无偏性。从式（6-86）直接可得出

$$E[\hat{\boldsymbol{x}}] = E[\boldsymbol{x}] \tag{6-88}$$

（2）估计误差 $\tilde{\boldsymbol{x}} = \boldsymbol{x} - \hat{\boldsymbol{x}}$ 与测量量 $\boldsymbol{y}$ 正交，即 $E[(\boldsymbol{x} - \hat{\boldsymbol{x}})\boldsymbol{y}^{\mathrm{T}}] = 0$。这是由于无偏性 $E[\boldsymbol{x} - \hat{\boldsymbol{x}}] = 0$，并代以式（6-86），所以有

$$
\begin{aligned}
E[(\boldsymbol{x}-\hat{\boldsymbol{x}})\boldsymbol{y}^{\mathrm{T}}] &= E[(\boldsymbol{x}-\hat{\boldsymbol{x}})\boldsymbol{y}^{\mathrm{T}}] - E[\boldsymbol{x}-\hat{\boldsymbol{x}}](E[\boldsymbol{y}])^{\mathrm{T}} = E[(\boldsymbol{x}-\hat{\boldsymbol{x}})(\boldsymbol{y}-E[\boldsymbol{y}])^{\mathrm{T}}] \\
&= E[\{\boldsymbol{x}-E[\boldsymbol{x}]-Cov(\boldsymbol{x},\boldsymbol{y})(Var[\boldsymbol{y}])^{-1}(\boldsymbol{y}-E[\boldsymbol{y}])\}(\boldsymbol{y}-E[\boldsymbol{y}])^{\mathrm{T}}] \\
&= E[(\boldsymbol{x}-E[\boldsymbol{x}])(\boldsymbol{y}-E[\boldsymbol{y}])^{\mathrm{T}}] - Cov(\boldsymbol{x},\boldsymbol{y})(Var[\boldsymbol{y}])^{-1}E[(\boldsymbol{y}-E[\boldsymbol{y}])(\boldsymbol{y}-E[\boldsymbol{y}])^{\mathrm{T}}] \\
&= Cov(\boldsymbol{x},\boldsymbol{y}) - Cov(\boldsymbol{x},\boldsymbol{y})(Var[\boldsymbol{y}])^{-1}Var[\boldsymbol{y}] = 0
\end{aligned}
\tag{6-89}
$$

正交性表明了线性最小方差估计值 $\hat{\boldsymbol{x}}$ 可视为被估计量 $\boldsymbol{x}$ 在测量量 $\boldsymbol{y}$ 上的正交投影，这时，估计误差 $\tilde{\boldsymbol{x}}=\boldsymbol{x}-\hat{\boldsymbol{x}}$ 最小，而且与测量量 $\boldsymbol{y}$ 无关。正交性的几何表示如图 6-9 所示。

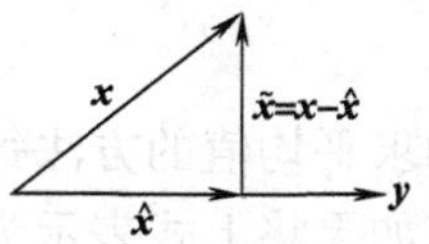

图 6-9　正交投影的几何表示

如果状态量 $\boldsymbol{x}$ 和测量量 $\boldsymbol{y}$（或者系统噪声 $\boldsymbol{w}$ 和测量噪声 $\boldsymbol{v}$）的一、二阶矩不是事先知道的，则可以通过测量数据的获取计算出它们的统计特性。因此，上面的估计仍然建立在大量数据的测量、存储及计算上，属于静态估计的范畴。结合系统状态方程 $\boldsymbol{x}_{i+1}=\boldsymbol{G}\boldsymbol{x}_i+\boldsymbol{F}\boldsymbol{w}_i$ 及系统噪声 $\boldsymbol{w}$、测量噪声 $\boldsymbol{v}$ 的一、二阶矩统计特性，也可推导出线性最小方差动态估计表达式，但仍然要遇到随着 $k$ 的增大计算量和存储量不断加大的困难。另一方面，对于统计特性随时间变化的非平稳噪声信号，无法确切知道它们的一、二阶矩的变化规律，使线性最小方差估计的实用性大为降低。

## 四、卡尔曼滤波

1960 年卡尔曼（R. E. Kalman）提出的基于线性最小方差估计的递推算法较好地解决了一般线性最小方差估计存在的问题，在此基础上构建了在现代控制理论中占有重要地位的卡尔曼滤波理论，并为状态最优估计的实际应用提供了极大的可能性。卡尔曼滤波理论包含了丰富的内容，这里仅介绍其最基本的部分。

### （一）卡尔曼滤波的基本方程

同样考虑系统输入为确定性输入时，可设 $\boldsymbol{u}=0$。为了便于卡尔曼滤波的讨论，将线性离散系统的状态空间表达式表示为

$$
\begin{cases}
\boldsymbol{x}_k = \boldsymbol{\Phi}_{k,k-1}\boldsymbol{x}_{k-1} + \boldsymbol{F}_{k,k-1}\boldsymbol{w}_{k-1} \\
\boldsymbol{y}_k = \boldsymbol{C}_k\boldsymbol{x}_k + \boldsymbol{v}_k
\end{cases}
\tag{6-90}
$$

式中，$\boldsymbol{x}_k$ 为 $k$ 时刻的 $n$ 维状态向量；$\boldsymbol{w}_k$ 为 $k$ 时刻的 $m$ 维系统噪声向量；$\boldsymbol{y}_k$ 为 $k$ 时刻的 $q$ 维测量向量；$\boldsymbol{v}_k$ 为 $k$ 时刻的 $q$ 维测量噪声向量；$\boldsymbol{\Phi}_{k,k-1}$ 为 $n\times n$ 维一步转移矩阵，表示把 $k-1$ 时刻的状态转移到 $k$ 时刻的状态；$\boldsymbol{F}_{k,k-1}$、$\boldsymbol{C}_k$ 分别为相应维数的矩阵。

设系统噪声 $\boldsymbol{w}_k$ 和测量噪声 $\boldsymbol{v}_k$ 都是零均值的白噪声，它们相互独立，并与状态量 $\boldsymbol{x}_k$ 也不相关，即具有如下统计特性：

$$
\begin{aligned}
&E[\boldsymbol{w}_k]=0, E[\boldsymbol{v}_k]=0, Cov(\boldsymbol{w}_k,\boldsymbol{v}_j)=E[\boldsymbol{w}_k\boldsymbol{v}_j^{\mathrm{T}}]=0, \\
&Cov(\boldsymbol{w}_k,\boldsymbol{w}_j)=E[\boldsymbol{w}_k\boldsymbol{w}_j^{\mathrm{T}}]=\boldsymbol{Q}_k\delta_{kj}, Cov(\boldsymbol{v}_k,\boldsymbol{v}_j)=E[\boldsymbol{v}_k\boldsymbol{v}_j^{\mathrm{T}}]=\boldsymbol{R}_k\delta_{kj}; \\
&Cov(\boldsymbol{x}_k,\boldsymbol{w}_j)=E[\boldsymbol{x}_k\boldsymbol{w}_j^{\mathrm{T}}]=0, Cov(\boldsymbol{x}_k,\boldsymbol{v}_j)=E[\boldsymbol{x}_k\boldsymbol{v}_j^{\mathrm{T}}]=0。
\end{aligned}
$$

为方便表述，记 $\hat{\boldsymbol{x}}_{j|k}$ 为由测量值序列 $\{\boldsymbol{y}_0, \boldsymbol{y}_1, \cdots, \boldsymbol{y}_k\}$ 对 $j$ 时刻状态量所作出的估计值。当 $j>k$ 时为预测，$j=k$ 时为滤波，$j<k$ 时为平滑。

1. 一步预测与新息　一步预测与新息是卡尔曼滤波的基本思想，为了对此有直观的了解，先看一个对动态数据序列求平均值的计算例子。对已有的数据序列 $\{a_1, a_2, \cdots, a_{k-1}\}$，

显然可容易地求出其平均值

$$\bar{a}_{k-1} = \frac{1}{k-1}\sum_{i=1}^{k-1} a_i \tag{6-91}$$

式中，$\bar{a}_{k-1}$表示由第 $k-1$ 个及其以前的数据得出的平均值。当取得第 $k$ 个数据 $a_k$ 后，由数据序列$\{a_1, a_2, \cdots, a_{k-1}, a_k\}$按式（6-91）同样可求得其平均值

$$\bar{a}_k = \frac{1}{k}\sum_{i=1}^{k} a_i$$

这种求平均值的方法每次都要做一些重复的加法，而且随着数据序列的增大计算量不断增大。如果将上式表示为

$$\bar{a}_k = \frac{1}{k}\sum_{i=1}^{k} a_i = \frac{1}{k}\sum_{i=1}^{k-1} a_i + \frac{1}{k}a_k = \frac{k-1}{k}\bar{a}_{k-1} + \frac{1}{k}a_k = \bar{a}_{k-1} + \frac{1}{k}(a_k - \bar{a}_{k-1}) \tag{6-92}$$

显然，只要有上一次的计算结果$\bar{a}_{k-1}$，就能很方便地求出这一次的结果。式（6-92）中，可以将$\bar{a}_{k-1}$理解为基于前 $k-1$ 个数据 $\{a_1, a_2, \cdots, a_{k-1}\}$ 对第 $k$ 个数据 $a_k$ 的预测值，称为一步预测；$(a_k - \bar{a}_{k-1})$则为一步预测误差，它是第 $k$ 个数据 $a_k$ 对计算提供的新信息，也称新息。$\bar{a}_k$ 则在一步预测$\bar{a}_{k-1}$的基础上由新息$(a_k - \bar{a}_{k-1})$加权修正得到，这里加权系数为$\frac{1}{k}$，其大小表示了计算中对新息的重视程度。式（6-92）就是建立在一步预测与新息修正思想上的递推计算式。

卡尔曼滤波将上述思想应用到对状态量的估计计算中，即将 $k$ 时刻的状态量估计值表示为

$$\hat{\boldsymbol{x}}_k = \hat{\boldsymbol{x}}_{k|k-1} + \boldsymbol{K}_k(\boldsymbol{y}_k - \boldsymbol{C}_k\hat{\boldsymbol{x}}_{k|k-1}) \tag{6-93}$$

其中，$\hat{\boldsymbol{x}}_{k|k-1}$是由测量值序列$\{\boldsymbol{y}_0, \boldsymbol{y}_1, \cdots, \boldsymbol{y}_{k-1}\}$对 $k$ 时刻状态量所作出的一步预测，由于 $\boldsymbol{w}_k$ 为零均值，故由式（6-90）的上一关系式，$k$ 时刻状态量的一步预测值可表示为

$$\hat{\boldsymbol{x}}_{k|k-1} = \boldsymbol{\Phi}_{k,k-1}\hat{\boldsymbol{x}}_{k-1} \tag{6-94}$$

同时，$\boldsymbol{v}_k$ 为零均值。由式（6-90）的下式，$k$ 时刻测量量的一步预测值可表示为

$$\hat{\boldsymbol{y}}_{k|k-1} = \boldsymbol{C}_k\hat{\boldsymbol{x}}_{k|k-1} \tag{6-95}$$

显然，$(\boldsymbol{y}_k - \boldsymbol{C}_k\hat{\boldsymbol{x}}_{k|k-1})$就是 $k$ 时刻测量量的一步预测误差，它是第 $k$ 个测量量 $\boldsymbol{y}_k$ 对状态估计提供的新息。矩阵 $\boldsymbol{K}_k$ 是 $k$ 时刻对新息的加权，表示了状态估计中对新息的重视程度，称为增益矩阵。将式（6-94）代入式（6-93），有

$$\hat{\boldsymbol{x}}_k = \boldsymbol{\Phi}_{k,k-1}\hat{\boldsymbol{x}}_{k-1} + \boldsymbol{K}_k(\boldsymbol{y}_k - \boldsymbol{C}_k\boldsymbol{\Phi}_{k,k-1}\hat{\boldsymbol{x}}_{k-1}) \tag{6-96}$$

可见，只要求得增益矩阵 $\boldsymbol{K}_k$，就能通过引入新测量值 $\boldsymbol{y}_k$ 递推得出这一时刻的状态估计值 $\hat{\boldsymbol{x}}_k$。

2. 估计误差方差阵的求取　由式（6-96）可将 $\boldsymbol{x}_k$ 的估计误差表示为

$$\begin{aligned}\tilde{\boldsymbol{x}}_k &= \boldsymbol{x}_k - \hat{\boldsymbol{x}}_k = \boldsymbol{x}_k - \boldsymbol{\Phi}_{k,k-1}\hat{\boldsymbol{x}}_{k-1} - \boldsymbol{K}_k\boldsymbol{y}_k + \boldsymbol{K}_k\boldsymbol{C}_k\boldsymbol{\Phi}_{k,k-1}\hat{\boldsymbol{x}}_{k-1} \\ &= (\boldsymbol{I} - \boldsymbol{K}_k\boldsymbol{C}_k)(\boldsymbol{x}_k - \boldsymbol{\Phi}_{k,k-1}\hat{\boldsymbol{x}}_{k-1}) + \boldsymbol{K}_k(\boldsymbol{C}_k\boldsymbol{x}_k - \boldsymbol{y}_k) \\ &= (\boldsymbol{I} - \boldsymbol{K}_k\boldsymbol{C}_k)(\boldsymbol{x}_k - \boldsymbol{\Phi}_{k,k-1}\hat{\boldsymbol{x}}_{k-1}) - \boldsymbol{K}_k\boldsymbol{v}_k\end{aligned} \tag{6-97}$$

式（6-97）推导中用到了测量方程 $\boldsymbol{y}_k = \boldsymbol{C}_k\boldsymbol{x}_k + \boldsymbol{v}_k$。按估计值的方差最小作为估计准则即为最小方差估计，为此写出估计误差的方差阵为

$$
\begin{aligned}
\boldsymbol{P}_k &= E[(\boldsymbol{x}_k-\hat{\boldsymbol{x}}_k)(\boldsymbol{x}_k-\hat{\boldsymbol{x}}_k)^{\mathrm{T}}] \\
&= E[((\boldsymbol{I}-\boldsymbol{K}_k\boldsymbol{C}_k)(\boldsymbol{x}_k-\boldsymbol{\Phi}_{k,k-1}\hat{\boldsymbol{x}}_{k-1})-\boldsymbol{K}_k\boldsymbol{v}_k)((\boldsymbol{x}_k-\boldsymbol{\Phi}_{k,k-1}\hat{\boldsymbol{x}}_{k-1})^{\mathrm{T}}(\boldsymbol{I}-\boldsymbol{K}_k\boldsymbol{C}_k)^{\mathrm{T}}-\boldsymbol{v}_k^{\mathrm{T}}\boldsymbol{K}_k^{\mathrm{T}})]
\end{aligned} \tag{6-98}
$$

由于 $\boldsymbol{v}_k$ 与 $\boldsymbol{x}_k$、$\hat{\boldsymbol{x}}_{k-1}$ 不相关，且有 $E[\boldsymbol{v}_k\boldsymbol{v}_k^{\mathrm{T}}]=\boldsymbol{R}_k$，式（6-98）又可写为

$$
\begin{aligned}
\boldsymbol{P}_k &= (\boldsymbol{I}-\boldsymbol{K}_k\boldsymbol{C}_k)E[(\boldsymbol{x}_k-\boldsymbol{\Phi}_{k,k-1}\hat{\boldsymbol{x}}_{k-1})(\boldsymbol{x}_k-\boldsymbol{\Phi}_{k,k-1}\hat{\boldsymbol{x}}_{k-1})^{\mathrm{T}}](\boldsymbol{I}-\boldsymbol{K}_k\boldsymbol{C}_k)^{\mathrm{T}}+\boldsymbol{K}_kE[\boldsymbol{v}_k\boldsymbol{v}_k^{\mathrm{T}}]\boldsymbol{K}_k^{\mathrm{T}} \\
&= (\boldsymbol{I}-\boldsymbol{K}_k\boldsymbol{C}_k)E[(\boldsymbol{x}_k-\boldsymbol{\Phi}_{k,k-1}\hat{\boldsymbol{x}}_{k-1})(\boldsymbol{x}_k-\boldsymbol{\Phi}_{k,k-1}\hat{\boldsymbol{x}}_{k-1})^{\mathrm{T}}](\boldsymbol{I}-\boldsymbol{K}_k\boldsymbol{C}_k)^{\mathrm{T}}+\boldsymbol{K}_k\boldsymbol{R}_k\boldsymbol{K}_k^{\mathrm{T}}
\end{aligned} \tag{6-99}
$$

上式中，令

$$
\boldsymbol{P}_{k|k-1}=E[(\boldsymbol{x}_k-\boldsymbol{\Phi}_{k,k-1}\hat{\boldsymbol{x}}_{k-1})(\boldsymbol{x}_k-\boldsymbol{\Phi}_{k,k-1}\hat{\boldsymbol{x}}_{k-1})^{\mathrm{T}}]=E[(\boldsymbol{x}_k-\hat{\boldsymbol{x}}_{k|k-1})(\boldsymbol{x}_k-\hat{\boldsymbol{x}}_{k|k-1})^{\mathrm{T}}] \tag{6-100}
$$

它是状态值一步预测误差的方差阵，代入式（6-99），得

$$
\begin{aligned}
\boldsymbol{P}_k &= (\boldsymbol{I}-\boldsymbol{K}_k\boldsymbol{C}_k)\boldsymbol{P}_{k|k-1}(\boldsymbol{I}-\boldsymbol{K}_k\boldsymbol{C}_k)^{\mathrm{T}}+\boldsymbol{K}_k\boldsymbol{R}_k\boldsymbol{K}_k^{\mathrm{T}} \\
&= \boldsymbol{P}_{k|k-1}-\boldsymbol{K}_k\boldsymbol{C}_k\boldsymbol{P}_{k|k-1}-\boldsymbol{P}_{k|k-1}\boldsymbol{C}_k^{\mathrm{T}}\boldsymbol{K}_k^{\mathrm{T}}+\boldsymbol{K}_k\boldsymbol{C}_k\boldsymbol{P}_{k|k-1}\boldsymbol{C}_k^{\mathrm{T}}\boldsymbol{K}_k^{\mathrm{T}}+\boldsymbol{K}_k\boldsymbol{R}_k\boldsymbol{K}_k^{\mathrm{T}}
\end{aligned} \tag{6-101}
$$

进一步计算一步预测误差方差阵 $\boldsymbol{P}_{k|k-1}$，代入 $\boldsymbol{x}_k=\boldsymbol{\Phi}_{k,k-1}\boldsymbol{x}_{k-1}+\boldsymbol{F}_{k,k-1}\boldsymbol{w}_{k-1}$，并考虑 $\boldsymbol{w}_{k-1}$ 与 $\boldsymbol{x}_{k-1}$、$\hat{\boldsymbol{x}}_{k-1}$ 不相关，且有 $E[\boldsymbol{w}_{k-1},\boldsymbol{w}_{k-1}{}^{\mathrm{T}}]=\boldsymbol{Q}_{k-1}$，可得

$$
\begin{aligned}
\boldsymbol{P}_{k|k-1} &= E[(\boldsymbol{\Phi}_{k,k-1}\boldsymbol{x}_{k-1}+\boldsymbol{F}_{k,k-1}\boldsymbol{w}_{k-1}-\boldsymbol{\Phi}_{k,k-1}\hat{\boldsymbol{x}}_{k-1})(\boldsymbol{\Phi}_{k,k-1}\boldsymbol{x}_{k-1}+\boldsymbol{F}_{k,k-1}\boldsymbol{w}_{k-1}-\boldsymbol{\Phi}_{k,k-1}\hat{\boldsymbol{x}}_{k-1})^{\mathrm{T}}] \\
&= E[(\boldsymbol{\Phi}_{k,k-1}(\boldsymbol{x}_{k-1}-\hat{\boldsymbol{x}}_{k-1})+\boldsymbol{F}_{k,k-1}\boldsymbol{w}_{k-1})((\boldsymbol{x}_{k-1}-\hat{\boldsymbol{x}}_{k-1})^{\mathrm{T}}\boldsymbol{\Phi}_{k,k-1}^{\mathrm{T}}+\boldsymbol{w}_{k-1}^{\mathrm{T}}\boldsymbol{F}_{k,k-1}^{\mathrm{T}})] \\
&= \boldsymbol{\Phi}_{k,k-1}E[(\boldsymbol{x}_{k-1}-\hat{\boldsymbol{x}}_{k-1})(\boldsymbol{x}_{k-1}-\hat{\boldsymbol{x}}_{k-1})^{\mathrm{T}}]\boldsymbol{\Phi}_{k,k-1}^{\mathrm{T}}+\boldsymbol{F}_{k,k-1}\boldsymbol{Q}_{k-1}\boldsymbol{F}_{k,k-1}^{\mathrm{T}} \\
&= \boldsymbol{\Phi}_{k,k-1}\boldsymbol{P}_{k-1}\boldsymbol{\Phi}_{k,k-1}^{\mathrm{T}}+\boldsymbol{F}_{k,k-1}\boldsymbol{Q}_{k-1}\boldsymbol{F}_{k,k-1}^{\mathrm{T}}
\end{aligned} \tag{6-102}
$$

式中，$\boldsymbol{P}_{k-1}$ 为 $k-1$ 时刻的估计误差方差阵，$\boldsymbol{P}_{k-1}=E[(\boldsymbol{x}_{k-1}-\hat{\boldsymbol{x}}_{k-1})(\boldsymbol{x}_{k-1}-\hat{\boldsymbol{x}}_{k-1})^{\mathrm{T}}]$。

3. 增益矩阵 $\boldsymbol{K}_k$ 的求取　式（6-101）中，由于 $\boldsymbol{P}_{k|k-1}$ 可由前一时刻的估计误差方差阵 $\boldsymbol{P}_{k-1}$ 求得，估计误差的方差阵 $\boldsymbol{P}_k$ 仅由增益矩阵 $\boldsymbol{K}_k$ 决定，而估计误差方差最小等价于误差方差阵的迹最小。因此，将估计误差方差阵 $\boldsymbol{P}_k$ 的迹对 $\boldsymbol{K}_k$ 求偏导并令其为零，即

$$
\frac{\partial}{\partial \boldsymbol{K}_k}tr(\boldsymbol{P}_k)=0 \tag{6-103}
$$

式中，$tr(\boldsymbol{A})$ 表示矩阵 $\boldsymbol{A}$ 的迹，是方阵 $\boldsymbol{A}$ 的对角元之和。

对于式（6-101），有

$$
tr\boldsymbol{P}_k=tr\boldsymbol{P}_{k|k-1}-tr(\boldsymbol{K}_k\boldsymbol{C}_k\boldsymbol{P}_{k|k-1})-tr(\boldsymbol{P}_{k|k-1}\boldsymbol{C}_k^{\mathrm{T}}\boldsymbol{K}_k^{\mathrm{T}})+tr(\boldsymbol{K}_k\boldsymbol{C}_k\boldsymbol{P}_{k|k-1}\boldsymbol{C}_k^{\mathrm{T}}\boldsymbol{K}_k^{\mathrm{T}})+tr(\boldsymbol{K}_k\boldsymbol{R}_k\boldsymbol{K}_k^{\mathrm{T}}) \tag{6-104}
$$

应用对矩阵迹的求导公式

$$
\frac{\partial}{\partial \boldsymbol{X}}tr(\boldsymbol{A}^{\mathrm{T}}\boldsymbol{X}^{\mathrm{T}})=\frac{\partial}{\partial \boldsymbol{X}}tr(\boldsymbol{X}\boldsymbol{A})=\boldsymbol{A}^{\mathrm{T}}
$$

$$
\frac{\partial}{\partial \boldsymbol{X}}tr(\boldsymbol{X}\boldsymbol{A}\boldsymbol{X}^{\mathrm{T}})=\boldsymbol{X}(\boldsymbol{A}+\boldsymbol{A}^{\mathrm{T}})
$$

可得

$$
\frac{\partial}{\partial \boldsymbol{K}_k}tr(\boldsymbol{P}_k)=-\boldsymbol{P}_{k|k-1}^{\mathrm{T}}\boldsymbol{C}_k^{\mathrm{T}}-\boldsymbol{P}_{k|k-1}\boldsymbol{C}_k^{\mathrm{T}}+\boldsymbol{K}_k(\boldsymbol{C}_k\boldsymbol{P}_{k|k-1}\boldsymbol{C}_k^{\mathrm{T}}+\boldsymbol{C}_k\boldsymbol{P}_{k|k-1}^{\mathrm{T}}\boldsymbol{C}_k^{\mathrm{T}})+\boldsymbol{K}_k(\boldsymbol{R}_k+\boldsymbol{R}_k^{\mathrm{T}})
$$

考虑到 $\boldsymbol{P}_{k|k-1}$、$\boldsymbol{R}_k$ 均为对称矩阵，上式则为

$$
\frac{\partial}{\partial \boldsymbol{K}_k}tr(\boldsymbol{P}_k)=-2\boldsymbol{P}_{k|k-1}\boldsymbol{C}_k^{\mathrm{T}}+2\boldsymbol{K}_k\boldsymbol{C}_k\boldsymbol{P}_{k|k-1}\boldsymbol{C}_k^{\mathrm{T}}+2\boldsymbol{K}_k\boldsymbol{R}_k \tag{6-105}
$$

令上式为零，解得

$$K_k = P_{k|k-1}C_k^{\mathrm{T}}(C_kP_{k|k-1}C_k^{\mathrm{T}}+R_k)^{-1} \tag{6-106}$$

于是，式（6-101）又可表示为

$$\begin{aligned}P_k &= P_{k|k-1}-K_kC_kP_{k|k-1}-P_{k|k-1}C_k^{\mathrm{T}}K_k^{\mathrm{T}}+K_kC_kP_{k|k-1}C_k^{\mathrm{T}}K_k^{\mathrm{T}}+K_kR_kK_k^{\mathrm{T}}\\&=P_{k|k-1}-K_kC_kP_{k|k-1}-P_{k|k-1}C_k^{\mathrm{T}}K_k^{\mathrm{T}}+K_k(C_kP_{k|k-1}C_k^{\mathrm{T}}+R_k)K_k^{\mathrm{T}}\\&=P_{k|k-1}-K_kC_kP_{k|k-1}-P_{k|k-1}C_k^{\mathrm{T}}K_k^{\mathrm{T}}+P_{k|k-1}C_k^{\mathrm{T}}(C_kP_{k|k-1}C_k^{\mathrm{T}}+R_k)^{-1}(C_kP_{k|k-1}C_k^{\mathrm{T}}+R_k)K_k^{\mathrm{T}}\\&=P_{k|k-1}-K_kC_kP_{k|k-1}-P_{k|k-1}C_k^{\mathrm{T}}K_k^{\mathrm{T}}+P_{k|k-1}C_k^{\mathrm{T}}K_k^{\mathrm{T}}=P_{k|k-1}-K_kC_kP_{k|k-1}\\&=(I-K_kC_k)P_{k|k-1}\end{aligned} \tag{6-107}$$

4. 卡尔曼滤波基本方程　总结上面的讨论，可列出卡尔曼滤波算法由 4 个基本方程组成，它们是

（1）一步预测误差方差阵，即式（6-102）：

$$P_{k|k-1}=\Phi_{k,k-1}P_{k-1}\Phi_{k,k-1}^{\mathrm{T}}+F_{k,k-1}Q_{k-1}F_{k,k-1}^{\mathrm{T}}$$

（2）最优滤波增益阵，即式（6-106）：

$$K_k = P_{k|k-1}C_k^{\mathrm{T}}(C_kP_{k|k-1}C_k^{\mathrm{T}}+R_k)^{-1}$$

（3）状态最优估计方程，即式（6-93）：

$$\hat{x}_k=\hat{x}_{k|k-1}+K_k(y_k-C_k\hat{x}_{k|k-1})$$

其中一步预测方程，即式（6-94）：

$$\hat{x}_{k|k-1}=\Phi_{k,k-1}\hat{x}_{k-1}$$

（4）估计误差方差阵，即式（6-107）：

$$P_k=(I-K_kC_k)P_{k|k-1}$$

由此，可画出如图 6-10 所示的卡尔曼滤波示意图。

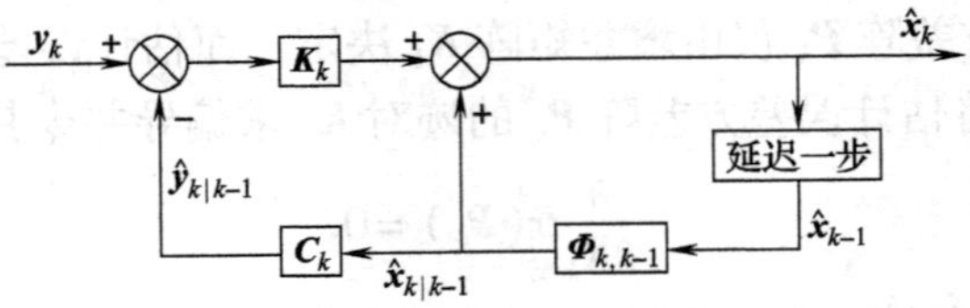


图 6-10　卡尔曼滤波示意图

### （二）卡尔曼滤波基本方程的几点说明

1. 卡尔曼滤波的稳定性　卡尔曼滤波的稳定性问题讨论初值对滤波结果的影响。对于卡尔曼滤波器方程（6-93），由于以估计误差的方差最小作为准则函数，所以，只要初始估计值和初始误差方差阵分别为 $\hat{x}_0=E[x_0]$ 和 $P_0=Var[x_0]$，则估计从一开始就是无偏的，而且估计的误差方差最小。但是在大多数实际问题中，往往不能得到 $\hat{x}_0$ 和 $P_0$ 的真实值，只能用假定初值替代它们。借助系统稳定性概念，将假定的 $\hat{x}_0$ 和 $P_0$ 值对真实值的偏离看成是滤波器受到外界扰动所引起的，那么，如果随着时间的增长，滤波器的输出 $\hat{x}_k$ 及误差方差阵 $P_k$ 能趋于它们的真实值，即 $E[\hat{x}_k]=E[x_k]$ 及 $P_k$ 为最小方差阵，则称此滤波器是稳定的，否则就是不稳定的。一个稳定的卡尔曼滤波器能够消除不确切的初始值 $\hat{x}_0$ 和 $P_0$ 对滤波结果的影响。

卡尔曼从原系统出发，证明了滤波稳定性定理：如果原系统（6-90）是一致完全能控和

一致完全能观的，则其卡尔曼滤波器是一致渐近稳定的。

对于线性定常系统

$$\begin{cases} x_{k+1} = \Phi x_k + F w_k \\ y_k = C x_k + v_k \end{cases} \tag{6-108}$$

一致完全能控和一致完全能观等价于完全能控和完全能观。所以，系统相应的卡尔曼滤波器

$$\hat{x}_k = (I - K_k C)\Phi \hat{x}_{k-1} + K_k y_k \tag{6-109}$$

渐近稳定的条件是

$$\operatorname{rank}[F \quad \Phi F \quad \cdots \quad \Phi^{n-1}F] = n \tag{6-110}$$

和

$$\operatorname{rank}\begin{bmatrix} C \\ C\Phi \\ \vdots \\ C\Phi^{n-1} \end{bmatrix} = n \tag{6-111}$$

其中，$n$ 是状态量 $x_k$ 的维数。

2. 初值的选取　卡尔曼滤波是一种递推算法，如果已知状态量初值的统计特性 $E[x_0] = m_0$ 和 $Var(x_0) = E[(x_0 - m_0)(x_0 - m_0)^{\mathrm{T}}] = D_0$，则显然可取 $\hat{x}_0 = m_0$、$P_0 = D_0$，可证明这时计算过程中的估计是无偏的。如果不了解初始状态的统计特性，只要滤波器是一致渐近稳定的，可以任意选取它们，一般设 $\hat{x}_0 = 0$、$P_0 = aI$，其中 $a$ 为很大的正数。上面已说明，随着递推步数的增加，初值的影响将逐渐减弱直至消失，估计也逐渐趋于无偏。

3. 系统噪声 $w_{k-1}$ 或测量噪声 $v_k$ 很小的情况　当系统噪声 $w_{k-1}$（对应的 $Q_{k-1}$ 各元素）很小时，一步预测误差 $P_{k|k-1}$ 各元素很小，由式（6-106）有 $K_k \approx 0$，再由式（6-93）有 $\hat{x}_k \approx \Phi_{k,k-1}\hat{x}_{k-1}$，即状态量估计由状态方程直接计算，无需考虑测量值 $y_k$。

而当测量噪声 $v_k$（对应的 $R_k$ 各元素）很小时，由式（6-106）可得 $K_k \approx C_k^{-1}$，再由式（6-93）有 $\hat{x}_k \approx C_k^{-1} y_k$，即状态量估计由输出方程直接计算，无需考虑状态方程。

4. 估计误差方差阵 $P_k$ 的等价形式　估计误差方差阵 $P_k$ 已有计算式（6-101）和式（6-107），重新列出如下：

$$P_k = (I - K_k C_k) P_{k|k-1} (I - K_k C_k)^{\mathrm{T}} + K_k R_k K_k^{\mathrm{T}}$$

$$P_k = (I - K_k C_k) P_{k|k-1}$$

此外，还可推导出

$$P_k^{-1} = P_{k|k-1}^{-1} + C_k^{\mathrm{T}} R_k^{-1} C_k \tag{6-112}$$

式（6-107）形式简单、计算量小，但计算的积累误差容易使其失去正定性甚至对称性，所以实际使用中常用式（6-101）。但是，在对被估计量的统计特性缺乏了解时，初值 $P_0$ 往往取得很大，会对 $P_{1|0}$ 和 $K_1$ 的计算带来困难，这时宜采用式（6-112）。

5. $P_{k|k-1}$、$K_k$ 和 $P_k$ 的离线计算　由卡尔曼滤波基本方程可知，$P_{k|k-1}$、$K_k$ 和 $P_k$ 只与系统的模型参数有关，而与测量值 $y_k$ 无关，所以在条件允许情况下，可将它们事先离线算好，这样实时滤波计算只要计算式（6-93）即可。

6. 滤波的发散问题　滤波发散指的是在实际的递推估计过程中，估计误差及其方差阵可能变得很大，甚至趋于无穷。显然，这种现象是实际应用中所不允许的，必须予以克服。

值得注意的是，滤波发散问题与滤波稳定问题并不是同一个问题，即滤波器稳定不等同于滤波不发散，这是因为滤波发散通常不是由于初始值选取不准确所引起。归结起来，引起滤波发散的主要原因有以下两个方面：

（1）系统的数学模型和噪声的统计模型不准确，不能真实地反映物理过程，从而使模型与测量值不能很好地匹配。

（2）数字计算因字长限制产生计算误差，在递推过程中计算误差的积累可以导致估计误差方差阵失去正定性甚至对称性，使增益矩阵失去合适的加权作用。

克服滤波发散的方法有多种，通常采用的有

（1）衰减记忆法滤波。该法考虑到无论上述何种原因，在递推滤波估计时旧测量值对计算影响太大，新测量值对计算影响太小将会引起计算发散。因此，可通过加大当前测量值的权重，相应地减小陈旧测量值的权重来克服滤波发散。具体地，将一步预测误差方差阵(6-102)改为

$$\boldsymbol{P}_{k|k-1}=\boldsymbol{\Phi}_{k,k-1}(\boldsymbol{P}_{k-1}\alpha)\boldsymbol{\Phi}_{k,k-1}^{\mathrm{T}}+\boldsymbol{F}_{k,k-1}\boldsymbol{Q}_{k-1}\boldsymbol{F}_{k,k-1}^{\mathrm{T}} \tag{6-113}$$

其中，$\alpha>1$，且与 $k$ 有关。于是在每次计算一步预测误差方差阵时，都将前次的估计误差方差阵 $\boldsymbol{P}_{k-1}$ 乘上大于 1 的因子 $\alpha$，增大 $\boldsymbol{P}_{k|k-1}$ 值，并增大增益阵 $\boldsymbol{K}_k$，从而加大对新息的权重。衰减记忆法滤波牺牲了滤波的最优性，它只是次优滤波。

（2）限定记忆法滤波。此法在进行滤波估计计算过程中截去陈旧测量值，只保留有限个最新的测量值，从而更直接地削弱陈旧测量值对滤波估计的影响，有效克服滤波发散。限定记忆法滤波也是次优滤波。

（3）平方根滤波。递推过程中计算误差的积累会导致估计误差方差阵 $\boldsymbol{P}_k$ 失去正定性甚至对称性，从而引起滤波发散，平方根滤波将 $\boldsymbol{P}_k$ 分解为

$$\boldsymbol{P}_k=\boldsymbol{S}_k\boldsymbol{S}_k^{\mathrm{T}}$$

即 $\boldsymbol{S}_k$ 相当于 $\boldsymbol{P}_k$ 的平方根。一个大于 1 的数的平方根将减小，而小于 1 的数的平方根将增大，从而有利于扼制计算误差及其积累，克服由计算误差积累引起的滤波发散。平方根滤波中一般可选 $\boldsymbol{S}_k$ 为下三角阵，然后用 $\boldsymbol{S}_k$ 的递推计算替代 $\boldsymbol{P}_k$ 的递推计算。

（4）自适应滤波。系统数学模型和噪声统计模型的不准确表现在 $\boldsymbol{\Phi}$、$\boldsymbol{C}$、$\boldsymbol{Q}$、$\boldsymbol{R}$ 等不能确切知道。自适应滤波是在利用测量值进行滤波的同时，不断地对 $\boldsymbol{\Phi}$、$\boldsymbol{C}$、$\boldsymbol{Q}$、$\boldsymbol{R}$ 等进行估计或修正，力求滤波的最优性，从而克服滤波发散。例如，新息相关自适应滤波通过不断调整增益阵 $\boldsymbol{K}_k$，以保证每一步滤波的新息

$$\tilde{\boldsymbol{y}}_{k|k-1}=\boldsymbol{y}_k-\boldsymbol{C}_k\hat{\boldsymbol{x}}_{k|k-1}=\boldsymbol{C}_k(\boldsymbol{x}_k-\hat{\boldsymbol{x}}_{k|k-1})+\boldsymbol{v}_k=\boldsymbol{C}_k\tilde{\boldsymbol{x}}_{k|k-1}+\boldsymbol{v}_k$$

为白噪声，从而获得最优滤波。因为可以证明，如果滤波是最优的，则新息 $\tilde{\boldsymbol{y}}_{k|k-1}$ 一定是均值为零的白噪声。

**例 6-4** 已知具有系统噪声 $\boldsymbol{w}_k$ 和测量噪声 $v_k$ 的系统为

$$\begin{cases}\boldsymbol{x}_k=\begin{bmatrix}1&1\\0&1\end{bmatrix}\boldsymbol{x}_{k-1}+\boldsymbol{w}_{k-1}\\ y_k=[1\quad 0]\boldsymbol{x}_k+v_k\end{cases}$$

其中，$E[\boldsymbol{w}_k]=0, Cov(\boldsymbol{w}_k,\boldsymbol{w}_j)=E[\boldsymbol{w}_k\boldsymbol{w}_j^{\mathrm{T}}]=\begin{bmatrix}0&0\\0&1\end{bmatrix}\delta_{kj}$；

$$E[v_k]=0, Cov(v_k,v_j)=[2+(-1)^k]\delta_{kj};$$

求增益矩阵 $\boldsymbol{K}_k$ 和滤波方程。

**解**　系统的参数矩阵为定常，即

$$\boldsymbol{\Phi}_{k,k-1}=\boldsymbol{\Phi}=\begin{bmatrix}1 & 1\\0 & 1\end{bmatrix}, \boldsymbol{C}_k=\boldsymbol{C}=[1\quad 0]$$

噪声参数为

$$\boldsymbol{Q}_k=\boldsymbol{Q}=\begin{bmatrix}0 & 0\\0 & 1\end{bmatrix}, R_k=2+(-1)^k$$

设估计误差方差阵的初始值为

$$\boldsymbol{P}_0=\begin{bmatrix}10 & 0\\0 & 10\end{bmatrix}$$

由式（6-102），一步预测误差方差阵的递推公式为

$$\boldsymbol{P}_{k|k-1}=\boldsymbol{\Phi}\boldsymbol{P}_{k-1}\boldsymbol{\Phi}^{\mathrm{T}}+\boldsymbol{Q}=\begin{bmatrix}1 & 1\\0 & 1\end{bmatrix}\boldsymbol{P}_{k-1}\begin{bmatrix}1 & 0\\1 & 1\end{bmatrix}+\begin{bmatrix}0 & 0\\0 & 1\end{bmatrix}$$

由式（6-106），最优滤波增益阵的递推公式为

$$\boldsymbol{K}_k=\boldsymbol{P}_{k|k-1}\boldsymbol{C}^{\mathrm{T}}(\boldsymbol{C}\boldsymbol{P}_{k|k-1}\boldsymbol{C}^{\mathrm{T}}+\boldsymbol{R}_k)^{-1}=\boldsymbol{P}_{k|k-1}\begin{bmatrix}1\\0\end{bmatrix}\frac{1}{[1\quad 0]\boldsymbol{P}_{k|k-1}\begin{bmatrix}1\\0\end{bmatrix}+2+(-1)^k}$$

由式（6-107），估计误差方差阵的递推公式为

$$\boldsymbol{P}_k=(\boldsymbol{I}-\boldsymbol{K}_k\boldsymbol{C})\boldsymbol{P}_{k|k-1}=(\boldsymbol{I}-\boldsymbol{K}_k[1\quad 0])\boldsymbol{P}_{k|k-1}$$

用初始值 $\boldsymbol{P}_0$ 和上面三个递推公式计算得前 10 步的结果见表 6-1，前 10 步的滤波增益阵值如图 6-11 所示。

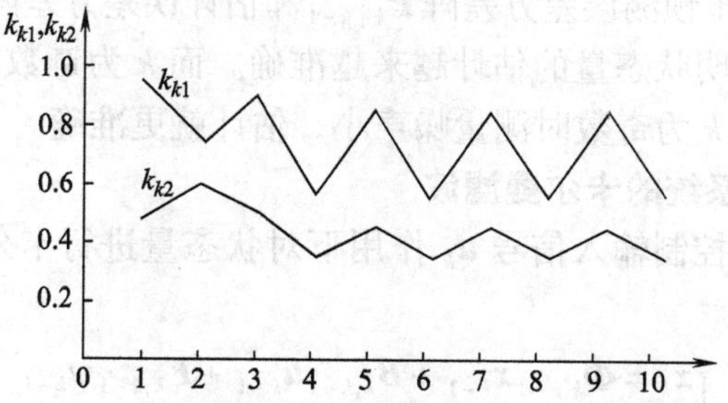


图 6-11　例 6-4 卡尔曼滤波前 10 步的滤波增益阵值

**表 6-1　例 6-4 卡尔曼滤波的前 10 步计算结果**

| $k$ | 0 | 1 | 2 | 3 | 4 | 5 |
|---|---|---|---|---|---|---|
| $\boldsymbol{P}_{k\mid k-1}$ | — | $\begin{bmatrix}20 & 10\\10 & 11\end{bmatrix}$ | $\begin{bmatrix}8.14 & 6.71\\6.71 & 7.24\end{bmatrix}$ | $\begin{bmatrix}9.0 & 5.0\\5.0 & 4.19\end{bmatrix}$ | $\begin{bmatrix}3.59 & 2.19\\2.19 & 2.69\end{bmatrix}$ | $\begin{bmatrix}5.59 & 2.96\\2.96 & 2.96\end{bmatrix}$ |
| $\boldsymbol{K}_k$ | — | $\begin{bmatrix}0.95\\0.48\end{bmatrix}$ | $\begin{bmatrix}0.73\\0.60\end{bmatrix}$ | $\begin{bmatrix}0.90\\0.50\end{bmatrix}$ | $\begin{bmatrix}0.54\\0.33\end{bmatrix}$ | $\begin{bmatrix}0.85\\0.45\end{bmatrix}$ |
| $\boldsymbol{P}_k$ | $\begin{bmatrix}10 & 0\\0 & 10\end{bmatrix}$ | $\begin{bmatrix}0.95 & 0.48\\0.48 & 6.24\end{bmatrix}$ | $\begin{bmatrix}2.19 & 1.81\\1.81 & 3.19\end{bmatrix}$ | $\begin{bmatrix}0.90 & 0.50\\0.50 & 1.69\end{bmatrix}$ | $\begin{bmatrix}1.63 & 1.0\\1.0 & 1.96\end{bmatrix}$ | $\begin{bmatrix}0.85 & 0.45\\0.45 & 1.63\end{bmatrix}$ |

（续）

| $k$ | 6 | 7 | 8 | 9 | 10 |
|---|---|---|---|---|---|
| $P_{k\mid k-1}$ | $\begin{bmatrix}3.38 & 2.08\\2.08 & 2.63\end{bmatrix}$ | $\begin{bmatrix}5.50 & 2.93\\2.93 & 2.95\end{bmatrix}$ | $\begin{bmatrix}3.37 & 2.08\\2.08 & 2.63\end{bmatrix}$ | $\begin{bmatrix}5.50 & 2.93\\2.93 & 2.95\end{bmatrix}$ | $\begin{bmatrix}3.38 & 2.08\\2.08 & 2.63\end{bmatrix}$ |
| $K_k$ | $\begin{bmatrix}0.53\\0.33\end{bmatrix}$ | $\begin{bmatrix}0.85\\0.45\end{bmatrix}$ | $\begin{bmatrix}0.53\\0.33\end{bmatrix}$ | $\begin{bmatrix}0.85\\0.45\end{bmatrix}$ | $\begin{bmatrix}0.53\\0.33\end{bmatrix}$ |
| $P_k$ | $\begin{bmatrix}1.59 & 0.98\\0.98 & 1.95\end{bmatrix}$ | $\begin{bmatrix}0.85 & 0.45\\0.45 & 1.63\end{bmatrix}$ | $\begin{bmatrix}1.59 & 0.98\\0.98 & 2.95\end{bmatrix}$ | $\begin{bmatrix}0.85 & 0.45\\0.45 & 1.63\end{bmatrix}$ | $\begin{bmatrix}1.59 & 0.98\\0.98 & 1.95\end{bmatrix}$ |

由图6-11可见，增益阵值是波动的，这是由测量噪声方差波动造成的。另外，当 $k$ 为奇数时增益阵各元素数值较 $k$ 为偶数时大，这表明 $k$ 为奇数时状态估计中对新息的重视程度高，而这与 $k$ 为奇数时测量噪声较小，新息可信度高相对应。由计算还可知，当 $k \geqslant 4$ 时增益阵 $\boldsymbol{K}_k$ 趋于稳定的周期性序列，即

$$\boldsymbol{K}_k=\begin{bmatrix}k_{k1}\\k_{k2}\end{bmatrix}\approx\begin{cases}\begin{bmatrix}0.53\\0.33\end{bmatrix} & k=4,6,\cdots\\ \begin{bmatrix}0.85\\0.45\end{bmatrix} & k=5,7,\cdots\end{cases}$$

所以，由式（6-93）可得 $k \geqslant 4$ 的状态值估计递推公式为

$$\hat{\boldsymbol{x}}_k=\begin{cases}\begin{bmatrix}1 & 1\\0 & 1\end{bmatrix}\hat{\boldsymbol{x}}_{k-1}+\begin{bmatrix}0.53\\0.33\end{bmatrix}(\boldsymbol{y}_k-[1\quad 1]\hat{\boldsymbol{x}}_{k-1}) & k=4,6,\cdots\\ \begin{bmatrix}1 & 1\\0 & 1\end{bmatrix}\hat{\boldsymbol{x}}_{k-1}+\begin{bmatrix}0.85\\0.45\end{bmatrix}(\boldsymbol{y}_k-[1\quad 1]\hat{\boldsymbol{x}}_{k-1}) & k=5,7,\cdots\end{cases}$$

由表6-1还可见，一步预测误差方差阵 $\boldsymbol{P}_{k\mid k-1}$ 和估计误差方差阵 $\boldsymbol{P}_k$ 都随着 $k$ 的增加而逐渐减小，并趋于稳定，说明状态量的估计越来越准确。而 $k$ 为奇数时的两个误差方差阵比 $k$ 为偶数时更小，这是由于 $k$ 为奇数时测量噪声小，估计就更准确。

**（三）带控制作用项系统的卡尔曼滤波**

当考虑系统在确定性控制输入信号 $\boldsymbol{u}_k$ 作用下对状态量进行卡尔曼滤波估计时，系统的状态空间表达式为

$$\begin{cases}\boldsymbol{x}_k=\boldsymbol{\Phi}_{k,k-1}\boldsymbol{x}_{k-1}+\boldsymbol{B}_{k,k-1}\boldsymbol{u}_{k-1}+\boldsymbol{F}_{k,k-1}\boldsymbol{w}_{k-1}\\ \boldsymbol{y}_k=\boldsymbol{C}_k\boldsymbol{x}_k+\boldsymbol{v}_k\end{cases}\tag{6-114}$$

由于 $\boldsymbol{u}_k$ 是确定性序列，所以这时的卡尔曼滤波方程只要在基本方程的基础上稍加改进即可，它们是

（1）一步预测误差方差阵，同式（6-102）：

$$\boldsymbol{P}_{k\mid k-1}=\boldsymbol{\Phi}_{k,k-1}\boldsymbol{P}_{k-1}\boldsymbol{\Phi}_{k,k-1}^{\mathrm{T}}+\boldsymbol{F}_{k,k-1}\boldsymbol{Q}_{k-1}\boldsymbol{F}_{k,k-1}^{\mathrm{T}}$$

（2）最优滤波增益阵，同式（6-106）：

$$\boldsymbol{K}_k=\boldsymbol{P}_{k\mid k-1}\boldsymbol{C}_k^{\mathrm{T}}(\boldsymbol{C}_k\boldsymbol{P}_{k\mid k-1}\boldsymbol{C}_k^{\mathrm{T}}+\boldsymbol{R}_k)^{-1}$$

（3）状态最优估计方程，同式（6-93）：

$$\hat{\boldsymbol{x}}_k=\hat{\boldsymbol{x}}_{k\mid k-1}+\boldsymbol{K}_k(\boldsymbol{y}_k-\boldsymbol{C}_k\hat{\boldsymbol{x}}_{k\mid k-1})$$

其中一步预测方程在式（6-94）的基础上增加了输入信号项，为

$$\hat{\boldsymbol{x}}_{k|k-1} = \boldsymbol{\Phi}_{k,k-1}\hat{\boldsymbol{x}}_{k-1} + \boldsymbol{B}_{k,k-1}\boldsymbol{u}_{k-1} \tag{6-115}$$

（4）估计误差方差阵，同式（6-107）：

$$\boldsymbol{P}_k = (\boldsymbol{I} - \boldsymbol{K}_k\boldsymbol{C}_k)\boldsymbol{P}_{k|k-1}$$

**（四）系统噪声与测量噪声相关的卡尔曼滤波**

当系统噪声 $\boldsymbol{w}_k$ 与测量噪声 $\boldsymbol{v}_k$ 具有相关性时，卡尔曼滤波估计计算比它们不相关时复杂，下面也分两种情况进行讨论。

1. 不考虑输入信号 $\boldsymbol{u}_k$ 的情况　这时，线性离散系统仍然如式（6-90）所示，系统噪声 $\boldsymbol{w}_k$ 和测量噪声 $\boldsymbol{v}_k$ 仍为零均值的白噪声，但它们相关，即它们具有如下统计特性：

$$\begin{aligned}
&E[\boldsymbol{w}_k] = 0, E[\boldsymbol{v}_k] = 0,\\
&Cov(\boldsymbol{w}_k, \boldsymbol{w}_j) = E[\boldsymbol{w}_k\boldsymbol{w}_j^{\mathrm{T}}] = \boldsymbol{Q}_k\delta_{kj},\\
&Cov(\boldsymbol{v}_k, \boldsymbol{v}_j) = E[\boldsymbol{v}_k\boldsymbol{v}_j^{\mathrm{T}}] = \boldsymbol{R}_k\delta_{kj},\\
&Cov(\boldsymbol{w}_k, \boldsymbol{v}_j) = E[\boldsymbol{w}_k\boldsymbol{v}_j^{\mathrm{T}}] = \boldsymbol{M}_k\delta_{kj}。
\end{aligned}$$

将式（6-90）的状态方程改写为

$$\begin{aligned}
\boldsymbol{x}_k &= \boldsymbol{\Phi}_{k,k-1}\boldsymbol{x}_{k-1} + \boldsymbol{F}_{k,k-1}\boldsymbol{w}_{k-1} + \boldsymbol{J}_{k-1}(\boldsymbol{y}_{k-1} - \boldsymbol{C}_{k-1}\boldsymbol{x}_{k-1} - \boldsymbol{v}_{k-1})\\
&= (\boldsymbol{\Phi}_{k,k-1} - \boldsymbol{J}_{k-1}\boldsymbol{C}_{k-1})\boldsymbol{x}_{k-1} + \boldsymbol{J}_{k-1}\boldsymbol{y}_{k-1} + \boldsymbol{F}_{k,k-1}\boldsymbol{w}_{k-1} - \boldsymbol{J}_{k-1}\boldsymbol{v}_{k-1}
\end{aligned} \tag{6-116}$$

引入辅助矩阵 $\boldsymbol{J}_k$ 的目的是使新状态方程（6-116）中的系统噪声与测量方程中的测量噪声不相关。为此，令

$$\overline{\boldsymbol{\Phi}}_{k,k-1} = \boldsymbol{\Phi}_{k,k-1} - \boldsymbol{J}_{k-1}\boldsymbol{C}_{k-1} \tag{6-117}$$

和

$$\overline{\boldsymbol{w}}_{k-1} = \boldsymbol{F}_{k,k-1}\boldsymbol{w}_{k-1} - \boldsymbol{J}_{k-1}\boldsymbol{v}_{k-1} \tag{6-118}$$

可见，$\overline{\boldsymbol{w}}_{k-1}$是 $\boldsymbol{w}_{k-1}$和 $\boldsymbol{v}_{k-1}$的线性组合，仍为零均值的白噪声。于是系统的状态空间表达式就可表示为

$$\begin{cases}
\boldsymbol{x}_k = \overline{\boldsymbol{\Phi}}_{k,k-1}\boldsymbol{x}_{k-1} + \boldsymbol{J}_{k-1}\boldsymbol{y}_{k-1} + \overline{\boldsymbol{w}}_{k-1}\\
\boldsymbol{y}_k = \boldsymbol{C}_k\boldsymbol{x}_k + \boldsymbol{v}_k
\end{cases} \tag{6-119}$$

状态方程可视为原状态方程的变形，其中的 $\boldsymbol{J}_{k-1}\boldsymbol{y}_{k-1}$视为控制作用项，$\overline{\boldsymbol{w}}_{k-1}$视为系统噪声。为使新的系统状态空间表达式中系统噪声 $\overline{\boldsymbol{w}}_k$ 与测量噪声 $\boldsymbol{v}_k$ 不相关，则应有

$$Cov(\overline{\boldsymbol{w}}_{k-1}, \boldsymbol{v}_{j-1}) = E[\overline{\boldsymbol{w}}_{k-1}\boldsymbol{v}_{j-1}^{\mathrm{T}}] = 0 \tag{6-120}$$

将式（6-118）代入，则有

$$\begin{aligned}
E[\overline{\boldsymbol{w}}_{k-1}\boldsymbol{v}_{j-1}^{\mathrm{T}}] &= E[(\boldsymbol{F}_{k,k-1}\boldsymbol{w}_{k-1} - \boldsymbol{J}_{k-1}\boldsymbol{v}_{k-1})\boldsymbol{v}_{j-1}^{\mathrm{T}}]\\
&= \boldsymbol{F}_{k,k-1}E[\boldsymbol{w}_{k-1}\boldsymbol{v}_{j-1}^{\mathrm{T}}] - \boldsymbol{J}_{k-1}E[\boldsymbol{v}_{k-1}\boldsymbol{v}_{j-1}^{\mathrm{T}}]\\
&= \boldsymbol{F}_{k,k-1}\boldsymbol{M}_{k-1} - \boldsymbol{J}_{k-1}\boldsymbol{R}_{k-1} = 0
\end{aligned} \tag{6-121}$$

所以，可确定辅助矩阵 $\boldsymbol{J}_{k-1}$应为

$$\boldsymbol{J}_{k-1} = \boldsymbol{F}_{k,k-1}\boldsymbol{M}_{k-1}\boldsymbol{R}_{k-1}^{-1} \tag{6-122}$$

类似于式（6-115），系统（6-119）的状态量的一步预测值可表示为

$$\hat{\boldsymbol{x}}_{k|k-1} = \overline{\boldsymbol{\Phi}}_{k,k-1}\hat{\boldsymbol{x}}_{k-1} + \boldsymbol{J}_{k-1}\boldsymbol{y}_{k-1} \tag{6-123}$$

将式（6-117）代入，则有

$$\hat{x}_{k|k-1}=(\Phi_{k,k-1}-J_{k-1}C_{k-1})\hat{x}_{k-1}+J_{k-1}y_{k-1}=\Phi_{k,k-1}\hat{x}_{k-1}+J_{k-1}(y_{k-1}-C_{k-1}\hat{x}_{k-1}) \quad (6\text{-}124)$$

一步预测误差为

$$\begin{aligned}\tilde{x}_{k|k-1}&=x_k-\hat{x}_{k|k-1}=\bar{\Phi}_{k,k-1}x_{k-1}+J_{k-1}y_{k-1}+\bar{w}_{k-1}-\bar{\Phi}_{k,k-1}\hat{x}_{k-1}-J_{k-1}y_{k-1}\\&=\bar{\Phi}_{k,k-1}\tilde{x}_{k-1}+\bar{w}_{k-1}\end{aligned} \quad (6\text{-}125)$$

其中，$\tilde{x}_{k-1}=x_{k-1}-\hat{x}_{k-1}$为估计误差；$\bar{w}_{k-1}$是零均值的白噪声，且与$x_{k-1}$、$\hat{x}_{k-1}$不相关。所以，一步预测误差的方差阵为

$$\begin{aligned}P_{k|k-1}&=E[\tilde{x}_{k|k-1}\hat{x}^{\mathrm{T}}_{k|k-1}]=E[(\bar{\Phi}_{k,k-1}\tilde{x}_{k-1}+\bar{w}_{k-1})(\bar{\Phi}_{k,k-1}\tilde{x}_{k-1}+\bar{w}_{k-1})^{\mathrm{T}}]\\&=\bar{\Phi}_{k,k-1}E[\tilde{x}_{k-1}\tilde{x}^{\mathrm{T}}_{k-1}]\bar{\Phi}^{\mathrm{T}}_{k,k-1}+E[\bar{w}_{k-1}\bar{w}^{\mathrm{T}}_{k-1}]=\bar{\Phi}_{k,k-1}P_{k-1}\bar{\Phi}^{\mathrm{T}}_{k,k-1}+E[\bar{w}_{k-1}\bar{w}^{\mathrm{T}}_{k-1}]\end{aligned} \quad (6\text{-}126)$$

式中，$P_{k-1}=E[\tilde{x}_{k-1}\tilde{x}^{\mathrm{T}}_{k-1}]=E[(x_{k-1}-\hat{x}_{k-1})(x_{k-1}-\hat{x}_{k-1})^{\mathrm{T}}]$为估计误差的方差阵，而

$$\begin{aligned}E[\bar{w}_{k-1}\bar{w}^{\mathrm{T}}_{k-1}]&=E[(F_{k,k-1}w_{k-1}-J_{k-1}v_{k-1})(F_{k,k-1}w_{k-1}-J_{k-1}v_{k-1})^{\mathrm{T}}]\\&=F_{k,k-1}Q_{k-1}F^{\mathrm{T}}_{k,k-1}+J_{k-1}R_{k-1}J^{\mathrm{T}}_{k-1}-F_{k,k-1}M_{k-1}J^{\mathrm{T}}_{k-1}-J_{k-1}M^{\mathrm{T}}_{k-1}F^{\mathrm{T}}_{k,k-1}\end{aligned} \quad (6\text{-}127)$$

推导中应用了$E[w_{k-1}w^{\mathrm{T}}_{k-1}]=Q_{k-1}$，$E[v_{k-1}v^{\mathrm{T}}_{k-1}]=R_{k-1}$，$E[w_{k-1}v^{\mathrm{T}}_{k-1}]=M^{\mathrm{T}}_{k-1}$及$E[v_{k-1}w^{\mathrm{T}}_{k-1}]=M^{\mathrm{T}}_{k-1}$。又由于式（6-122），有

$$J_{k-1}R_{k-1}J^{\mathrm{T}}_{k-1}=F_{k,k-1}M_{k-1}R^{-1}_{k-1}R_{k-1}J^{\mathrm{T}}_{k-1}=F_{k,k-1}M_{k-1}J^{\mathrm{T}}_{k-1} \quad (6\text{-}128)$$

代入式（6-126），一步预测误差的方差阵为

$$P_{k|k-1}=(\Phi_{k,k-1}-J_{k-1}C_{k-1})P_{k-1}(\Phi_{k,k-1}-J_{k-1}C_{k-1})^{\mathrm{T}}+F_{k,k-1}Q_{k-1}F^{\mathrm{T}}_{k,k-1}-J_{k-1}M^{\mathrm{T}}_{k-1}F^{\mathrm{T}}_{k,k-1} \quad (6\text{-}129)$$

其他方程类似于带控制作用项系统的卡尔曼滤波，所以，系统噪声与测量噪声相关的卡尔曼滤波方程为

（1）一步预测误差方差阵，见式（6-129）：

$$P_{k|k-1}=(\Phi_{k,k-1}-J_{k-1}C_{k-1})P_{k-1}(\Phi_{k,k-1}-J_{k-1}C_{k-1})^{\mathrm{T}}+F_{k,k-1}Q_{k-1}F^{\mathrm{T}}_{k,k-1}-J_{k-1}M^{\mathrm{T}}_{k-1}F^{\mathrm{T}}_{k,k-1}$$

其中辅助矩阵由式（6-122）确定，即

$$J_{k-1}=F_{k,k-1}M_{k-1}R^{-1}_{k-1}$$

（2）最优滤波增益阵，见式（6-106）

$$K_k=P_{k|k-1}C^{\mathrm{T}}_k(C_kP_{k|k-1}C^{\mathrm{T}}_k+R_k)^{-1}$$

（3）状态最优估计方程，见式（6-93）

$$\hat{x}_k=\hat{x}_{k|k-1}+K_k(y_k-C_k\hat{x}_{k|k-1})$$

其中一步预测方程为式（6-124），即

$$\hat{x}_{k|k-1}=\Phi_{k,k-1}\hat{x}_{k-1}+J_{k-1}(y_{k-1}-C_{k-1}\hat{x}_{k-1})$$

（4）估计误差方差阵，见式（6-107）：

$$P_k=(I-K_kC_k)P_{k|k-1}$$

2. 考虑输入信号 $u_k$ 的情况　这时系统的表达式如式（6-114）所示，其中 $u_k$ 是确定性控制输入序列，系统噪声 $w_k$ 和测量噪声 $v_k$ 相关，即有 $Cov(w_k, v_j)=E[w_kv^{\mathrm{T}}_j]=M_k\delta_{kj}$。这时的卡尔曼滤波方程只要在上面所讨论的系统噪声与测量噪声相关的卡尔曼滤波方程基础上增加相应项即可，它们是：

（1）一步预测误差方差阵，见式（6-129）：

$$P_{k|k-1}=(\Phi_{k,k-1}-J_{k-1}C_{k-1})P_{k-1}(\Phi_{k,k-1}-J_{k-1}C_{k-1})^{T}+F_{k,k-1}Q_{k-1}F_{k,k-1}^{T}-J_{k-1}M_{k-1}^{T}F_{k,k-1}^{T}$$

其中辅助矩阵同式（6-122），即

$$J_{k-1}=F_{k,k-1}M_{k-1}R_{k-1}^{-1}$$

（2）最优滤波增益阵，见式（6-106）：

$$K_k=P_{k|k-1}C_k^{T}(C_kP_{k|k-1}C_k^{T}+R_k)^{-1}$$

（3）状态最优估计方程，见式（6-93）：

$$\hat{x}_k=\hat{x}_{k|k-1}+K_k(y_k-C_k\hat{x}_{k|k-1})$$

其中一步预测方程在式（6-124）的基础上增加了输入信号项，为

$$\hat{x}_{k|k-1}=\Phi_{k,k-1}\hat{x}_{k-1}+B_{k,k-1}u_{k-1}+J_{k-1}(y_{k-1}-C_{k-1}\hat{x}_{k-1})$$

（4）估计误差方差阵见式（6-107）：

$$P_k=(I-K_kC_k)P_{k|k-1}$$

上面内容都假设系统噪声 $w_k$ 和测量噪声 $v_k$ 为零均值的白噪声，当系统噪声 $w_k$ 和测量噪声 $v_k$ 是有色噪声时的卡尔曼滤波等问题，读者可参阅其他有关著作。

**（五）连续系统的卡尔曼滤波**

前面讨论的卡尔曼滤波方程针对线性离散系统，为了得出连续系统的卡尔曼滤波方程，采用卡尔曼 1962 年提出的极限法，将连续系统视为采样间隔为零的离散系统，因此，离散系统卡尔曼滤波方程在采样周期 $\Delta t\to 0$ 下的极限即认为是连续系统的卡尔曼滤波方程。

类似于离散系统，连续系统的卡尔曼滤波基本方程是在不考虑控制输入信号，且系统噪声和测量噪声为相互独立的零均值白噪声的情况下得出的卡尔曼滤波方程。此时，系统表达式为

$$\begin{cases}\dot{x}(t)=A(t)x(t)+F(t)w(t)\\ y(t)=C(t)x(t)+v(t)\end{cases}\tag{6-130}$$

系统噪声 $w(t)$ 和测量噪声 $v(t)$ 具有如下统计特性：

$$Cov[w(t),w(\tau)]=E[w(t)w^{T}(\tau)]=Q(t)\delta(t-\tau)$$

$$Cov[v(t),v(\tau)]=E[v(t)v^{T}(\tau)]=R(t)\delta(t-\tau)$$

$$Cov[w(t),v(\tau)]=E[w(t)v^{T}(\tau)]=0$$

设离散系统的采样周期为 $\Delta t$，且有 $k=t+\Delta t$、$k-1=t$，并将时间下标恢复为函数表示形式，则由式（6-93）

$$\hat{x}_k=\hat{x}_{k|k-1}+K_k(y_k-C_k\hat{x}_{k|k-1})$$

和式（6-94）

$$\hat{x}_{k|k-1}=\Phi_{k,k-1}\hat{x}_{k-1}$$

得

$$\hat{x}(t+\Delta t)=\Phi(t+\Delta t,t)\hat{x}(t)+K(t+\Delta t)[y(t+\Delta t)-C(t+\Delta t)\Phi(t+\Delta t,t)\hat{x}(t)]\tag{6-131}$$

转移矩阵 $\Phi(t+\Delta t,t)$ 可近似表示为 $\Phi(t+\Delta t,t)\approx I+A(t)\Delta t$，上式则可表示为

$$\hat{x}(t+\Delta t)=[I+A(t)\Delta t]\hat{x}(t)+K(t+\Delta t)\{y(t+\Delta t)-C(t+\Delta t)[I+A(t)\Delta t]\hat{x}(t)\}$$

整理得

$$\frac{\hat{\boldsymbol{x}}(t+\Delta t)-\hat{\boldsymbol{x}}(t)}{\Delta t}=\boldsymbol{A}(t)\hat{\boldsymbol{x}}(t)+\frac{\boldsymbol{K}(t+\Delta t)}{\Delta t}\{\boldsymbol{y}(t+\Delta t)-\boldsymbol{C}(t+\Delta t)[\boldsymbol{I}+\boldsymbol{A}(t)\Delta t]\hat{\boldsymbol{x}}(t)\}$$

二边取 $\Delta t\to 0$ 的极限，并记

$$\boldsymbol{K}(t)=\lim_{\Delta t\to 0}\frac{\boldsymbol{K}(t+\Delta t)}{\Delta t} \tag{6-132}$$

则得滤波方程

$$\dot{\hat{\boldsymbol{x}}}(t)=\boldsymbol{A}(t)\hat{\boldsymbol{x}}(t)+\boldsymbol{K}(t)[\boldsymbol{y}(t)-\boldsymbol{C}(t)\hat{\boldsymbol{x}}(t)] \tag{6-133}$$

再由式（6-106）

$$\boldsymbol{K}_k=\boldsymbol{P}_{k|k-1}\boldsymbol{C}_k^{\mathrm{T}}(\boldsymbol{C}_k\boldsymbol{P}_{k|k-1}\boldsymbol{C}_k^{\mathrm{T}}+\boldsymbol{R}_k)^{-1}$$

并考虑到$\dfrac{\boldsymbol{R}(t+\Delta t)}{\Delta t}=\boldsymbol{R}_k$，得

$$\begin{aligned}\boldsymbol{K}(t+\Delta t)&=\boldsymbol{P}(t+\Delta t,t)\boldsymbol{C}^{\mathrm{T}}(t+\Delta t)\left[\boldsymbol{C}(t+\Delta t)\boldsymbol{P}(t+\Delta t,t)\boldsymbol{C}^{\mathrm{T}}(t+\Delta t)+\frac{\boldsymbol{R}(t+\Delta t)}{\Delta t}\right]^{-1}\\&=\boldsymbol{P}(t+\Delta t,t)\boldsymbol{C}^{\mathrm{T}}(t+\Delta t)[\boldsymbol{C}(t+\Delta t)\boldsymbol{P}(t+\Delta t,t)\boldsymbol{C}^{\mathrm{T}}(t+\Delta t)\Delta t+\boldsymbol{R}(t+\Delta t)]^{-1}\Delta t\end{aligned} \tag{6-134}$$

两边同除 $\Delta t$，并取 $\Delta t\to 0$ 的极限，得增益方程

$$\boldsymbol{K}(t)=\boldsymbol{P}(t)\boldsymbol{C}^{\mathrm{T}}(t)\boldsymbol{R}^{-1}(t) \tag{6-135}$$

由式（6-102）

$$\boldsymbol{P}_{k|k-1}=\boldsymbol{\Phi}_{k,k-1}\boldsymbol{P}_{k-1}\boldsymbol{\Phi}_{k,k-1}^{\mathrm{T}}+\boldsymbol{F}_{k,k-1}\boldsymbol{Q}_{k-1}\boldsymbol{F}_{k,k-1}^{\mathrm{T}}$$

并考虑到$\dfrac{\boldsymbol{Q}(t)}{\Delta t}=\boldsymbol{Q}_{k-1}$、$\boldsymbol{F}_{k,k-1}=\boldsymbol{F}(t+\Delta t,t)\approx\boldsymbol{F}(t)\Delta t$，得

$$\begin{aligned}\boldsymbol{P}(t+\Delta t,t)&=\boldsymbol{\Phi}(t+\Delta t,t)\boldsymbol{P}(t)\boldsymbol{\Phi}^{\mathrm{T}}(t+\Delta t,t)+\boldsymbol{F}(t+\Delta t,t)\frac{\boldsymbol{Q}(t)}{\Delta t}\boldsymbol{F}^{\mathrm{T}}(t+\Delta t,t)\\&=[\boldsymbol{I}+\boldsymbol{A}(t)\Delta t]\boldsymbol{P}(t)[\boldsymbol{I}+\boldsymbol{A}(t)\Delta t]^{\mathrm{T}}+\boldsymbol{F}(t)\Delta t\frac{\boldsymbol{Q}(t)}{\Delta t}\boldsymbol{F}^{T}(t)\Delta t\\&=\boldsymbol{P}(t)+[\boldsymbol{A}(t)\boldsymbol{P}(t)+\boldsymbol{P}(t)\boldsymbol{A}^{\mathrm{T}}(t)+\boldsymbol{F}(t)\boldsymbol{Q}(t)\boldsymbol{F}^{\mathrm{T}}(t)]\Delta t+\boldsymbol{A}(t)\boldsymbol{P}(t)\boldsymbol{A}^{\mathrm{T}}(t)(\Delta t)^2\end{aligned} \tag{6-136}$$

由式（6-107）

$$\boldsymbol{P}_k=(\boldsymbol{I}-\boldsymbol{K}_k\boldsymbol{C}_k)\boldsymbol{P}_{k|k-1}$$

得

$$\boldsymbol{P}(t+\Delta t)=[\boldsymbol{I}-\boldsymbol{K}(t+\Delta t)\boldsymbol{C}(t+\Delta t)]\boldsymbol{P}(t+\Delta t,t) \tag{6-137}$$

将式（6-136）代入式（6-137），得

$$\begin{aligned}\boldsymbol{P}(t+\Delta t)&=\boldsymbol{P}(t+\Delta t,t)-\boldsymbol{K}(t+\Delta t)\boldsymbol{C}(t+\Delta t)\boldsymbol{P}(t+\Delta t,t)\\&=\boldsymbol{P}(t)+[\boldsymbol{A}(t)\boldsymbol{P}(t)+\boldsymbol{P}(t)\boldsymbol{A}^{\mathrm{T}}(t)+\boldsymbol{F}(t)\boldsymbol{Q}(t)\boldsymbol{F}^{\mathrm{T}}(t)]\Delta t+\boldsymbol{A}(t)\boldsymbol{P}(t)\boldsymbol{A}^{\mathrm{T}}(t)(\Delta t)^2-\\&\quad\boldsymbol{K}(t+\Delta t)\boldsymbol{C}(t+\Delta t)\boldsymbol{P}(t+\Delta t,t)\end{aligned} \tag{6-138}$$

整理得

$$\begin{aligned}\frac{\boldsymbol{P}(t+\Delta t)-\boldsymbol{P}(t)}{\Delta t}&=\boldsymbol{A}(t)\boldsymbol{P}(t)+\boldsymbol{P}(t)\boldsymbol{A}^{\mathrm{T}}(t)+\boldsymbol{F}(t)\boldsymbol{Q}(t)\boldsymbol{F}^{\mathrm{T}}(t)-\frac{\boldsymbol{K}(t+\Delta t)}{\Delta t}\boldsymbol{C}(t+\Delta t)\boldsymbol{P}(t+\Delta t,t)\\&\quad+\boldsymbol{A}(t)\boldsymbol{P}(t)\boldsymbol{A}^{\mathrm{T}}(t)(\Delta t)\end{aligned} \tag{6-139}$$

两边取 $\Delta t\to 0$ 的极限，得滤波误差的方差方程

$$\dot{\boldsymbol{P}}(t)=\boldsymbol{A}(t)\boldsymbol{P}(t)+\boldsymbol{P}(t)\boldsymbol{A}^{\mathrm{T}}(t)+\boldsymbol{F}(t)\boldsymbol{Q}(t)\boldsymbol{F}^{\mathrm{T}}(t)-\boldsymbol{K}(t)\boldsymbol{C}(t)\boldsymbol{P}(t) \tag{6-140}$$

式（6-140）也称最优估计的矩阵黎卡提微分方程，它与滤波方程（6-133）、增益方程(6-135)共同构成了连续系统的卡尔曼滤波基本方程。图 6-12 为连续系统的卡尔曼滤波示意图。

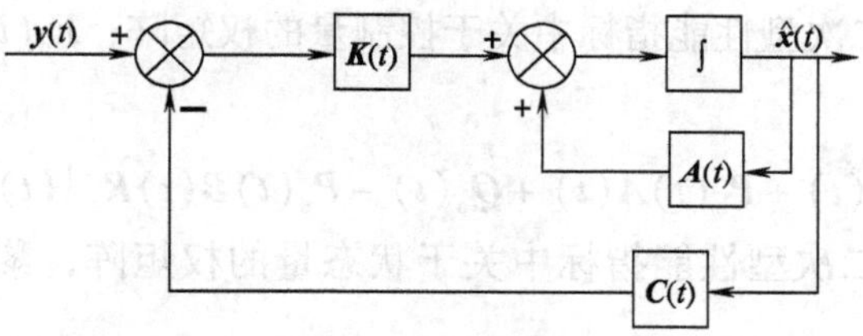


图 6-12　连续系统的卡尔曼滤波示意图

可以证明，当初始条件选为 $E[\hat{\boldsymbol{x}}(t_0)]=E[\boldsymbol{x}(t_0)]$时，则上述连续系统卡尔曼滤波估计是无偏的。

对于带控制作用且系统噪声与测量噪声相关时的情况，读者可按上述讨论过程自行推导得出，或参阅有关文献资料。

## 五、随机线性系统的最优控制

通过上面关于状态最优估计理论的讨论可知，含随机噪声的随机系统的状态量可以由状态最优估计计算获得，为这类系统的最优控制方案的实施提供了可能性。但是，一般随机系统的最优控制实施仍然存在诸多困难，因为全面解决状态估计和最优控制的结合问题并不是简单的事情。但是，其中的线性二次型高斯问题是能得到较好解决的一类系统。这类问题考虑线性连续系统

$$\begin{cases}\dot{\boldsymbol{x}}(t)=\boldsymbol{A}(t)\boldsymbol{x}(t)+\boldsymbol{B}(t)\boldsymbol{u}(t)+\boldsymbol{F}(t)\boldsymbol{w}(t)\\ \boldsymbol{y}(t)=\boldsymbol{C}(t)\boldsymbol{x}(t)+\boldsymbol{v}(t)\end{cases} \tag{6-141}$$

在获得测量值$\boldsymbol{y}(\tau)(0\leqslant\tau\leqslant t_f)$的情况下，求使二次型性能指标

$$J=E\left[\boldsymbol{x}^{\mathrm{T}}(t_{\mathrm{f}})\boldsymbol{S}\boldsymbol{x}(t_{\mathrm{f}})+\int_0^{t_{\mathrm{f}}}[\boldsymbol{x}^{\mathrm{T}}(t)\boldsymbol{Q}_{\mathrm{c}}(t)\boldsymbol{x}(t)+\boldsymbol{u}^{\mathrm{T}}(t)\boldsymbol{R}_{\mathrm{c}}(t)\boldsymbol{u}(t)]\mathrm{d}t\right] \tag{6-142}$$

取极小值的最优控制量$\boldsymbol{u}^*(t)$，其中系统噪声$\boldsymbol{w}(t)$和测量噪声$\boldsymbol{v}(t)$为互不相关的高斯白噪声。

可以证明，线性二次型高斯问题可分离为随机性线性系统的状态最优滤波估计问题和确定性线性系统的最优控制问题，即最优控制的解为

$$\boldsymbol{u}^*(t)=-\boldsymbol{K}_{\mathrm{c}}(t)\hat{\boldsymbol{x}}(t) \tag{6-143}$$

其中，$\hat{\boldsymbol{x}}(t)$是状态量$\boldsymbol{x}(t)$的最优估计值，为卡尔曼滤波方程

$$\dot{\hat{\boldsymbol{x}}}(t)=\boldsymbol{A}(t)\hat{\boldsymbol{x}}(t)+\boldsymbol{K}_k(t)[\boldsymbol{y}(t)-\boldsymbol{C}(t)\hat{\boldsymbol{x}}(t)] \tag{6-144}$$

的解。

式中，$\boldsymbol{K}_k(t)$是卡尔曼滤波增益矩阵，由增益方程

$$\boldsymbol{K}_k(t)=\boldsymbol{P}_k(t)\boldsymbol{C}^{\mathrm{T}}(t)\boldsymbol{R}^{-1}(t) \tag{6-145}$$

求得。式中，$\boldsymbol{R}(t)$是测量噪声的方差阵，$\boldsymbol{P}_k(t)$是最优估计的矩阵黎卡提微分方程

$$\dot{\boldsymbol{P}}_k(t)=\boldsymbol{A}(t)\boldsymbol{P}_k(t)+\boldsymbol{P}_k(t)\boldsymbol{A}^{\mathrm{T}}(t)+\boldsymbol{F}(t)\boldsymbol{Q}(t)\boldsymbol{F}^{\mathrm{T}}(t)-\boldsymbol{K}_k(t)\boldsymbol{C}(t)\boldsymbol{P}_k(t) \tag{6-146}$$

的解。式中，$\boldsymbol{Q}(t)$是系统噪声的方差阵。

式（6-143）中，$\boldsymbol{K}_c(t)$为状态反馈矩阵，可通过

$$\boldsymbol{K}_c(t)=\boldsymbol{R}_c^{-1}(t)\boldsymbol{B}^T(t)\boldsymbol{P}_c(t) \tag{6-147}$$

求得。式中，$\boldsymbol{R}_c(t)$是二次型性能指标中关于控制量的权矩阵；$\boldsymbol{P}_c(t)$是最优控制的矩阵黎卡提微分方程

$$-\dot{\boldsymbol{P}}_c(t)=\boldsymbol{A}^T(t)\boldsymbol{P}_c(t)+\boldsymbol{P}_c(t)\boldsymbol{A}(t)+\boldsymbol{Q}_c(t)-\boldsymbol{P}_c(t)\boldsymbol{B}(t)\boldsymbol{R}_c^{-1}(t)\boldsymbol{B}^T(t)\boldsymbol{P}_c(t) \tag{6-148}$$

的解。式中，$\boldsymbol{Q}_c(t)$是二次型性能指标中关于状态量的权矩阵，黎卡提微分方程的终端条件是

$$\boldsymbol{P}(t_f)=\boldsymbol{S} \tag{6-149}$$

可见，线性二次型高斯问题的求解分两步进行，首先求解系统状态量的最优估计，即卡尔曼滤波；第二步以状态的估计量作为状态量，求解确定性系统的最优控制律。所以，随机线性系统的最优控制由卡尔曼滤波器和确定性最优控制器两部分组成。

**例 6-5**　已知一阶随机线性定常系统为

$$\begin{cases}\dot{x}(t)=-x(t)+u(t)+w(t)\\ y(t)=x(t)+v(t)\end{cases}$$

式中，系统噪声 $w(t)$和测量噪声 $v(t)$具有如下统计特性：$E[w(t)]=0, E[w(t)w^T(\tau)]=2\delta(t-\tau); E[v(t)]=0, E[v(t)v^T(\tau)]=\delta(t-\tau); E[w(t)v^T(\tau)]=0$。初始条件为 $x(0)=x_0$、$Var\ [x\ (0)]\ =P_0=0$。求使二次型性能指标

$$J=E\left[\frac{1}{2}x^2(t_f)+\frac{1}{2}\int_0^{t_f}[x^2(t)+u^2(t)]dt\right]$$

取最小值的最优控制 $u^*(t)$。

**解**　这是一个线性二次型高斯问题，分两步进行求解。

(1) 首先应用卡尔曼滤波理论，求解系统状态量的最优估计。

按题意有 $A=-1$，$F=1$，$B=1$，$C=1$，$Q_k=2$，$R_k=1$。所以卡尔曼滤波方程式(6-144)为

$$\begin{cases}\dot{\hat{x}}(t)=-\hat{x}(t)+u(t)+K_k(t)[y(t)-\hat{x}(t)]\\ \hat{x}(0)=x(0)=x_0\end{cases}$$

卡尔曼滤波的增益方程式（6-145）为

$$K_k(t)=P_k(t)$$

最优估计的黎卡提方程式（6-146）为

$$\begin{cases}\dot{P}_k(t)=-2P_k(t)+2-P_k^2(t)\\ P_k(0)=P_0=0\end{cases}$$

应用分离变量法求解黎卡提方程，可得

$$P_k(t)=\frac{2(1-e^{-2\sqrt{3}t})}{(\sqrt{3}+1)+(\sqrt{3}-1)e^{-2\sqrt{3}t}}$$

即卡尔曼滤波增益为

$$K_k(t)=P_k(t)=\frac{2(1-\mathrm{e}^{-2\sqrt{3}t})}{(\sqrt{3}+1)+(\sqrt{3}-1)\mathrm{e}^{-2\sqrt{3}t}}$$

而状态量的最优估计由式

$$\begin{cases}\dot{\hat{x}}(t)=-\hat{x}(t)+u(t)+K_k(t)[y(t)-\hat{x}(t)]\\ \hat{x}(0)=x(0)=x_0\end{cases}$$

确定。

（2）第二步求解确定性系统的最优控制律。按题意有 $A=-1$，$B=1$，$Q_c=1$，$R_c=1$，$S=1$。这时系统的状态方程为

$$\begin{cases}\dot{x}(t)=-x(t)+u(t)\\ x(0)=x_0\end{cases}$$

满足二次型性能指标的最优控制（6-143）为

$$u^*(t)=-K_c(t)\hat{x}(t)$$

状态反馈矩阵（6-147）为

$$K_c(t)=P_c(t)$$

最优控制的黎卡提微分方程（6-148）为

$$\begin{cases}\dot{P}_c(t)=2P_c(t)-1+P_c^2(t)\\ P_c(t_f)=S=1\end{cases}$$

同样应用分离变量法求解黎卡提方程，可得

$$P_c=\frac{\sqrt{2}+\sqrt{2}\mathrm{e}^{-2\sqrt{2}(t_f-t)}}{(2+\sqrt{2})-(2-\sqrt{2})\mathrm{e}^{-2\sqrt{2}(t_f-t)}}$$

即状态反馈系数为

$$K_c(t)=P_c(t)=\frac{\sqrt{2}+\sqrt{2}\mathrm{e}^{-2\sqrt{2}(t_f-t)}}{(2+\sqrt{2})-(2-\sqrt{2})\mathrm{e}^{-2\sqrt{2}(t_f-t)}}$$

最优控制律为

$$u^*(t)=-K_c(t)\hat{x}(t)$$

最优控制律是将卡尔曼滤波得出的状态最优估计值 $\hat{x}(t)$ 通过系数 $K_c(t)$ 实现状态负反馈，最优控制的系统框图如图 6-13 所示。

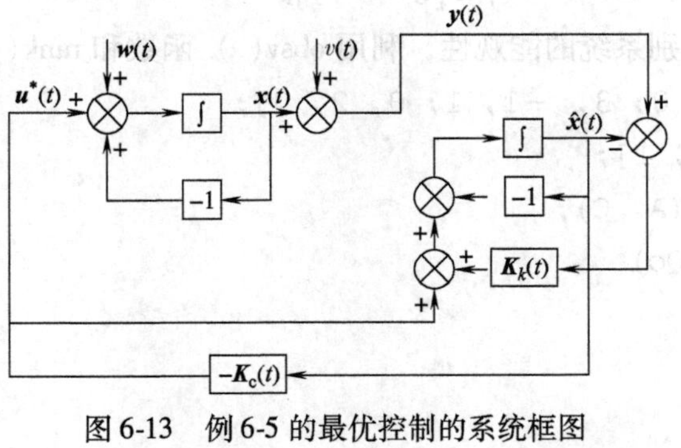


图 6-13　例 6-5 的最优控制的系统框图

上面的例子较简单，可以计算得出最优估计和最优控制的解析解，通常情况下，只能由计算机求解。

## 第四节　应用 Matlab 的状态观测及状态估计

在状态反馈控制系统中，有时需要通过设计状态观测器实现对状态的重构，而对于存在随机噪声和干扰的系统，则必须利用统计方法对状态量实现最优估计。应用 Matlab 的相关函数，可以通过编程实现状态观测器的设计或卡尔曼滤波器的设计。

### 一、状态观测器设计

1. 全维状态观测器设计　状态观测器的设计是在已知系统状态空间模型和一组期望极点的前提下求解观测器反馈矩阵 $\boldsymbol{M}$，即所谓的观测器极点配置问题。Matlab 没有提供直接设计状态观测器的函数，根据前面的讨论，一个全维状态观测器的设计步骤为：

1）判定 $\{\boldsymbol{A}, \boldsymbol{C}\}$ 的能观性。

2）如能观，写出原系统的对偶系统 $\boldsymbol{\Sigma}(\overline{\boldsymbol{A}}, \overline{\boldsymbol{B}}, \overline{\boldsymbol{C}})$，其中：$\overline{\boldsymbol{A}}=\boldsymbol{A}^{\mathrm{T}}$，$\overline{\boldsymbol{B}}=\boldsymbol{C}^{\mathrm{T}}$，$\overline{\boldsymbol{C}}=\boldsymbol{B}^{\mathrm{T}}$。

3）利用状态反馈极点配置算法求出期望极点为 $\lambda_i^*(i=1,2,\cdots,n)$ 的状态反馈系统 $\boldsymbol{\Sigma}_K(\overline{\boldsymbol{A}}-\overline{\boldsymbol{B}\boldsymbol{K}},\overline{\boldsymbol{B}},\overline{\boldsymbol{C}})$ 的反馈矩阵 $\overline{\boldsymbol{K}}$。

4）取 $\boldsymbol{M}=\overline{\boldsymbol{K}}^{\mathrm{T}}$。

5）得到观测器

$$\dot{\hat{\boldsymbol{x}}}=(\boldsymbol{A}-\boldsymbol{M}\boldsymbol{C})\hat{\boldsymbol{x}}+\boldsymbol{B}u+\boldsymbol{M}y \tag{6-150}$$

可见，状态观测器的设计完全可以通过设计相应的状态反馈控制来进行，而第五章中介绍了求解线性定常系统极点配置问题的 Matlab 函数 acker( ) 和 place( )，显然，可以利用这些函数实现对状态观测器的极点配置。下面仅通过具体例子来给以说明。

**例 6-6**　应用 Matlab 设计下面线性定常系统的全维状态观测器，使其具有 −3、−4、−5三个极点。

$$\begin{cases}\dot{\boldsymbol{x}}=\begin{bmatrix}1 & 0 & 0\\ 3 & -1 & 1\\ 0 & 2 & 0\end{bmatrix}\boldsymbol{x}+\begin{bmatrix}2\\ 1\\ 1\end{bmatrix}u\\ y=[0\quad 0\quad 1]\boldsymbol{x}\end{cases}$$

**解**　(1) 首先判别系统的能观性，利用 obsv( ) 函数和 rank( ) 函数可编程如下：

```
>>A= [1, 0, 0; 3, -1, 1; 0, 2, 0];
>> C= [0, 0, 1];
>> Qo=obsv (A, C);
>>no=rank (Qo)
```

程序运行结果为

```
no =

       3
```

系统能观性矩阵满秩，系统能观，可以设计极点任意配置的状态观测器。

（2）根据期望极点实现极点配置，按对偶系统的状态反馈控制极点配置方法，可编程如下：

```
>> Ao=A';
>> Bo=C';
>> P=[-3, -4, -5];
>> K=acker (Ao, Bo, P);
>> M=K';
```

程序运行结果为

```
M =
      20
      25
      12
```

表明状态观测器的反馈矩阵为

$$M=\begin{bmatrix}20\\25\\12\end{bmatrix}$$

（3）由式（6-150）写出全维状态观测器为

$$\dot{\hat{x}}=\begin{bmatrix}1&0&-20\\3&-1&-24\\0&2&-12\end{bmatrix}\hat{x}+\begin{bmatrix}2\\1\\1\end{bmatrix}u+\begin{bmatrix}20\\25\\12\end{bmatrix}y$$

可对观测器的极点进行验证，程序及运行结果为

```
>> A1=A-M*C
>> eig (A1)
A1 =
      1      0     -20
      3     -1     -24
      0      2     -12

ans =
      -3.0000
      -4.0000
      -5.0000
```

显然符合预先给定的期望极点。

2. 降维状态观测器的设计　对于 $\mathrm{rank}\boldsymbol{C}=q$ 的能观系统，只需设计一个维数为 $n-q$ 的降维状态观测器。其设计步骤为：

1）构造非奇异变换阵的逆阵 $\boldsymbol{P}^{-1}=\boldsymbol{Q}=\begin{bmatrix}\boldsymbol{D}\\\boldsymbol{C}\end{bmatrix}$（其中 $\boldsymbol{D}$ 为（$n-q$）$\times n$ 维保证 $\boldsymbol{Q}$ 非奇异的任意矩阵），并求出 $\boldsymbol{P}=\boldsymbol{Q}^{-1}=[\boldsymbol{P}_1\quad\boldsymbol{P}_2]$。

2）对被观测系统 $\boldsymbol{\Sigma}(\boldsymbol{A},\boldsymbol{B},\boldsymbol{C})$ 实施非奇异变换 $\boldsymbol{x}=\boldsymbol{P}\bar{\boldsymbol{x}}$，得

$$\bar{A}=P^{-1}AP=\begin{bmatrix}\bar{A}_{11} & \bar{A}_{12}\\ \bar{A}_{21} & \bar{A}_{22}\end{bmatrix},\ \bar{B}=P^{-1}B=\begin{bmatrix}\bar{B}_1\\ \bar{B}_2\end{bmatrix},\ \bar{C}=CP=[0\quad I_q] \tag{6-151}$$

3）对于降维状态观测器方程

$$\dot{z}=(\bar{A}_{11}-M\bar{A}_{21})z+(\bar{B}_1-M\bar{B}_2)u+[\bar{A}_{12}-M\bar{A}_{22}+(\bar{A}_{11}-M\bar{A}_{21})M]y \tag{6-152}$$

按极点配置算法求出反馈矩阵 $M$，并写出降维状态观测器的具体表达式。

4）代入 $M$，得出状态量 $\bar{x}$ 的重构值

$$\hat{\bar{x}}=\begin{bmatrix}\hat{\bar{x}}_1\\ \hat{\bar{x}}_2\end{bmatrix}=\begin{bmatrix}z+My\\ y\end{bmatrix} \tag{6-153}$$

5）经反变换得出原状态空间中状态量 $x$ 的重构值

$$\hat{x}=[P_1\quad P_2]\begin{bmatrix}z+My\\ y\end{bmatrix}=P_1(z+My)+P_2y \tag{6-154}$$

显然，与全维状态观测器类似，也可以利用先前介绍过的一些 Matlab 函数对降维状态观测器的极点进行配置并设计出符合要求的状态观测器。下面也通过一个具体的例子说明其设计过程。

**例 6-7** 已知线性定常系统

$$\begin{cases}\dot{x}=\begin{bmatrix}0 & 1 & 0 & 0\\ 0 & 0 & -2 & 0\\ 0 & 0 & 0 & 1\\ 0 & 0 & 4 & 0\end{bmatrix}x+\begin{bmatrix}0\\ 1\\ 0\\ -1\end{bmatrix}u\\ y=[1\quad 0\quad 0\quad 0]x\end{cases}$$

试应用 Matlab 设计具有极点为 $-3$，$-3\pm j2$ 的降维状态观测器。

**解** （1）首先判别系统的能观性，可编程如下：

```
>> A= [0, 1, 0, 0; 0, 0, -2, 0; 0, 0, 0, 1; 0, 0, 4, 0];
>> B= [0; 1; 0; -1];
>> C= [1, 0, 0, 0];
>> D= [0];
>> Qo=obsv (A, C);
>> no=rank (Qo)
```

程序运行结果为

```
no =
     4
```

系统能观性矩阵满秩，系统能观，可以设计极点任意配置的状态观测器，当然也可以设计极点任意配置的降维状态观测器。

（2）由于 $q=\mathrm{rank}C=1$，所以所设计的降维状态观测器为 $n-q=3$ 维。构造非奇异变换阵的逆阵 $P^{-1}=Q=\begin{bmatrix}D\\ C\end{bmatrix}$（其中 $D$ 为 $(n-q)\times n$ 维保证 $Q$ 非奇异的任意矩阵），并求出 $P=Q^{-1}=[P_1\quad P_2]$。可编程如下：

```
>> n=length (A);
>> p=size (B, 2);
>> q=rank (C);
>> r=n-q;
>>R= [0, 0, 0, 1; 0, 0, 1, 0; 0, 1, 0, 0];
>> Q= [R; C];
>> P=inv (Q);
>> P1= [P (1: n, 1: r)];
>> P2= [P (1: n, r+1: n)];
```

程序运行结果为

```
n =
    4
p =
    1
q =
    1
r =
    3
Q =
    0    0    0    1
    0    0    1    0
    0    1    0    0
    1    0    0    0
P =
    0    0    0    1
    0    0    1    0
    0    1    0    0
    1    0    0    0
P1 =
    0    0    0
    0    0    1
    0    1    0
    1    0    0
P2 =
    1
    0
    0
    0
```

(3) 对被观测系统$\boldsymbol{\Sigma}(\boldsymbol{A},\boldsymbol{B},\boldsymbol{C})$实施非奇异变换$\boldsymbol{x}=\boldsymbol{P}\bar{\boldsymbol{x}}$，应用 Matlab 的 ss2ss( ) 函数可

编程如下：

```
>> [A1, B1, C1, D1] =ss2ss (A, B, C, D, Q);
```

程序运行结果为

```
A1 =
    0     4     0     0
    1     0     0     0
    0    -2     0     0
    0     0     1     0
B1 =
   -1
    0
    1
    0
C1 =
    0     0     0     1
D1 =
    0
```

此即为新状态空间系统模型 $\boldsymbol{\Sigma}(\overline{\boldsymbol{A}}, \overline{\boldsymbol{B}}, \overline{\boldsymbol{C}}, \overline{\boldsymbol{D}})$ 相应的各矩阵。显然符合式（6-151）给定的格式，即

$$\begin{cases} \dot{\overline{\boldsymbol{x}}} = \begin{bmatrix} 0 & 4 & 0 & 0 \\ 1 & 0 & 0 & 0 \\ 0 & -2 & 0 & 0 \\ 0 & 0 & 1 & 0 \end{bmatrix} \overline{\boldsymbol{x}} + \begin{bmatrix} -1 \\ 0 \\ 1 \\ 0 \end{bmatrix} u \\ y = [0 \quad 0 \quad 0 \quad 1] \overline{\boldsymbol{x}} \end{cases}$$

（4）对于降维状态观测器方程（6-152）

$$\dot{\boldsymbol{z}} = (\overline{\boldsymbol{A}}_{11} - \boldsymbol{M}\overline{\boldsymbol{A}}_{21})\boldsymbol{z} + (\overline{\boldsymbol{B}}_1 - \boldsymbol{M}\overline{\boldsymbol{B}}_2)\boldsymbol{u} + [\overline{\boldsymbol{A}}_{12} - \boldsymbol{M}\overline{\boldsymbol{A}}_{22} + (\overline{\boldsymbol{A}}_{11} - \boldsymbol{M}\overline{\boldsymbol{A}}_{21})\boldsymbol{M}]\boldsymbol{y}$$

按极点配置算法求出反馈矩阵 $\boldsymbol{M}$。需先得出上面表达式的各相应矩阵，可编程如下

```
>> A11 = [A1 (1: r, 1: r)];
>> A12 = [A1 (1: r, r+1: n)];
>> A21 = [A1 (r+1: n, 1: r)];
>> A22 = [A1 (r+1: n, r+1: n)];
>> B11 = [B1 (1: r, 1: p)];
>> B12 = [B1 (r+1: n, 1: p)];
```

程序运行结果为

```
A11 =
        0     4     0
        1     0     0
        0    -2     0
A12 =
```

```
A21 =

     0
     0
     0
     0     0     1

A22 =

     0

B11 =

    -1
     0
     1

B12 =

     0
```

然后按对偶系统的状态反馈控制极点配置方法，可编程如下：

```
>> Po= [-3, -3+2i, -3-2i];
>> K=acker (A11', A21', Po);
>> M=K';
```

程序运行结果为

```
M =

  -37.5000
  -17.5000
    9.0000
```

即降维状态观测器的反馈矩阵为

$$M=\begin{bmatrix}-37.5\\-17.5\\9\end{bmatrix}$$

代入式（6-152），得降维状态观测器的方程式为

$$\begin{bmatrix}\dot{z}_1\\\dot{z}_2\\\dot{z}_3\end{bmatrix}=\begin{bmatrix}0&4&37.5\\1&0&17.5\\0&-2&-9\end{bmatrix}\begin{bmatrix}z_1\\z_2\\z_3\end{bmatrix}+\begin{bmatrix}-1\\0\\1\end{bmatrix}u+\begin{bmatrix}267.5\\120\\-46\end{bmatrix}y$$

（5）由式（6-153）得出新状态空间中状态量$\bar{x}$的重构值：

$$\hat{\bar{x}}=\begin{bmatrix}\hat{\bar{x}}_1\\\hat{\bar{x}}_2\end{bmatrix}=\begin{bmatrix}z+My\\y\end{bmatrix}=\begin{bmatrix}z_1-37.5y\\z_2-17.5y\\z_3+9y\\y\end{bmatrix}$$

（6）由式（6-154）得出原状态空间中状态量 $x$ 的重构值：

$$\hat{x}=[P_1\quad P_2]\begin{bmatrix}z+My\\y\end{bmatrix}=P_1(z+My)+P_2y=P_1z+(P_1M+P_2)y$$

即

$$\hat{\boldsymbol{x}} = \begin{bmatrix} \hat{x}_1 \\ \hat{x}_2 \\ \hat{x}_3 \\ \hat{x}_4 \end{bmatrix} = \boldsymbol{P}_1 z + (\boldsymbol{P}_1 \boldsymbol{M} + \boldsymbol{P}_2) y = \begin{bmatrix} 0 & 0 & 0 \\ 0 & 0 & 1 \\ 0 & 1 & 0 \\ 1 & 0 & 0 \end{bmatrix} \begin{bmatrix} z_1 \\ z_2 \\ z_3 \end{bmatrix} + \left( \begin{bmatrix} 0 & 0 & 0 \\ 0 & 0 & 1 \\ 0 & 1 & 0 \\ 1 & 0 & 0 \end{bmatrix} \begin{bmatrix} -37.5 \\ -17.5 \\ 9 \end{bmatrix} + \begin{bmatrix} 1 \\ 0 \\ 0 \\ 0 \end{bmatrix} \right) y = \begin{bmatrix} y \\ z_3 + 9y \\ z_2 - 17.5y \\ z_1 - 37.5y \end{bmatrix}$$

得出的结果与例 6-3 一致。

## 二、应用 Matlab 的状态估计

卡尔曼滤波是行之有效的状态最优估计方法，尽管前面的讨论给出了卡尔曼滤波的一系列方程式，而且这些方程式从形式看并不复杂，但是由于它是一种矩阵递推计算方法，很难由人工计算完成。Matlab 提供了专用的函数 kalman( ) 用于卡尔曼滤波计算，其基本调用格式为

$$[\boldsymbol{KALM},\ \boldsymbol{J},\ \boldsymbol{Z},\ \boldsymbol{K},\ \boldsymbol{P}] = \mathrm{kalman}(sys,\ \boldsymbol{Q},\ \boldsymbol{R},\ \boldsymbol{M})$$

该函数针对具有系统噪声和测量噪声的一般性线性定常系统

$$\begin{cases} \boldsymbol{x}_k = \boldsymbol{A}\boldsymbol{x}_{k-1} + \boldsymbol{B}\boldsymbol{u}_{k-1} + \boldsymbol{F}\boldsymbol{w}_{k-1} \\ \boldsymbol{y}_k = \boldsymbol{C}\boldsymbol{x}_k + \boldsymbol{D}\boldsymbol{u}_k + \boldsymbol{H}\boldsymbol{w}_k + \boldsymbol{v}_k \end{cases} \tag{6-155}$$

所以，函数 kalman( ) 的调用格式中，$\boldsymbol{Q}$ 为系统噪声的方差阵；$\boldsymbol{R}$ 为测量噪声的方差阵；$\boldsymbol{M}$ 为系统噪声与测量噪声的协方差阵；*sys* 为系统的状态空间模型。

由于这时系统模型中包含了系统噪声和测量噪声，这时系统模型的表示形式为

$$sys = ss(\boldsymbol{A}, [\boldsymbol{B}\ \boldsymbol{F}], \boldsymbol{C}, [\boldsymbol{D}\ \boldsymbol{H}], T)$$

式中，$\boldsymbol{A}$、$\boldsymbol{B}$、$\boldsymbol{C}$、$\boldsymbol{D}$、$\boldsymbol{F}$、$\boldsymbol{H}$ 是上面具有系统噪声和测量噪声的线性定常系统状态空间模型的各相应矩阵；$T$ 是离散系统对应的采样周期，默许值时取值 −1。函数调用返回最优滤波增益阵 $\boldsymbol{K}$、滤波误差方差阵 $\boldsymbol{P}$、辅助矩阵 $\boldsymbol{J}$、预测误差方差阵 $\boldsymbol{Z}$ 及卡尔曼最优估计器 $\boldsymbol{KALM}$。

**例 6-8**　给定具有系统噪声 $\boldsymbol{w}_k$ 和测量噪声 $v_k$ 的系统为

$$\begin{cases} \boldsymbol{x}_k = \begin{bmatrix} 0.5 & 0.3 & 0.4 \\ 0.5 & -0.4 & 0.4 \\ -0.1 & 0.4 & 0.3 \end{bmatrix} \boldsymbol{x}_{k-1} + \boldsymbol{w}_{k-1} \\ y_k = [0.2\quad 0.8\quad 1]\boldsymbol{x}_k + v_k \end{cases}$$

系统的初始状态为

$$\boldsymbol{x}_1 = \begin{bmatrix} 8.54 \\ 12.50 \\ -3.79 \end{bmatrix}$$

系统噪声 $\boldsymbol{w}_k$ 和测量噪声 $\boldsymbol{v}_k$ 为互不相关的白噪声。试应用 Matlab 实现对系统状态的卡尔曼滤波估计。

**解**　应用 Matlab 实现卡尔曼滤波估计的编程如下：

(1) 系统描述。为后面计算状态量的估计值 $\boldsymbol{x}_e$，赋予任意初值。

```
>> x (:, 1) = [8.54; 12.50; -3.79];
>> x_ e (:, 1) = [15; 4; 11];
```

```
>> A= [0.5, 0.3, 0.4; 0.5, -0.4, 0.4; -0.1, 0.4, 0.3];
>> B=zeros (3, 3);
>> F=eye (3, 3);
>> C= [0. 2, 0. 8, 1];
>> D= [0, 0, 0];
>> H=zeros (1, 3);
sys=ss (A, [B F], C, [D H], -1);
```

(2) 调用 randn( ) 函数，产生服从 $N$ (0, 1) 正态分布的系统噪声 $\boldsymbol{w}_k$ 和测量噪声 $\boldsymbol{v}_k$，并据此模拟产生状态量的理论值 $\boldsymbol{x}$、叠加上系统噪声的状态量值 $\boldsymbol{x}1$ 和叠加上测量噪声的输出量值 $\boldsymbol{y}$，每个量都包含了 20 个离散值（包括初始值）。

```
>> Q=eye (2, 2);
>> R=1;
>> M=0;
>> for i=2: 20
w=randn (3, 1);
v=randn (1, 1);
x (:, i) =A*x (:, i-1);
x1 (:, i) =x (:, i) +w;
y (:, i) =C*x1 (:, i) +v;
```

(3) 调用 kalman( ) 函数，利用上面模拟得出的输出量值进行滤波处理，得到卡尔曼滤波器，并求出状态量的滤波估计值 $\boldsymbol{x}_e$。

```
[KALM, J, Z, K, P] =kalman (sys, Q, R, M);
x_ e (:, i) =A*x_ e (:, i-1) +K* (y (:, i) -C*A*x_ e (:, i-1));
end;
```

(4) 为说明滤波估计的效果，打印出状态量的理论值和估计值。

```
>> t=1: 20;
>> subplot(2,2,1),plot(t,x(1,:),'b',t,x_ e(1,:),'r');
>> subplot(2,2,2),plot(t,x(2,:),'b',t,x_ e(2,:),'r');
>> subplot(2,2,3),plot(t,x(3,:),'b',t,x_ e(3,:),'r');
```

程序运行结果如图 6-14 所示，图 6-14a、b、c 分别表示出了三个状态变量 $x_1$、$x_2$ 和 $x_3$ 的理论值与估计值，表明通过不到 10 个数据点的卡尔曼滤波，各状态变量的估计值对真实值（未加噪声的理论值）已有很好的接近。

**例 6-9** 应用 Matlab 求解例 6-4 的最优滤波增益阵 $\boldsymbol{K}$ 并实现对系统状态的卡尔曼滤波估计。

**解** 例 6-4 给出具有系统噪声 $\boldsymbol{w}_k$ 和测量噪声 $\boldsymbol{v}_k$ 的系统为

$$\begin{cases} \boldsymbol{x}_k = \begin{bmatrix} 1 & 1 \\ 0 & 1 \end{bmatrix} \boldsymbol{x}_{k-1} + \boldsymbol{w}_{k-1} \\ y_k = [1 \quad 0] \boldsymbol{x}_k + v_k \end{cases}$$

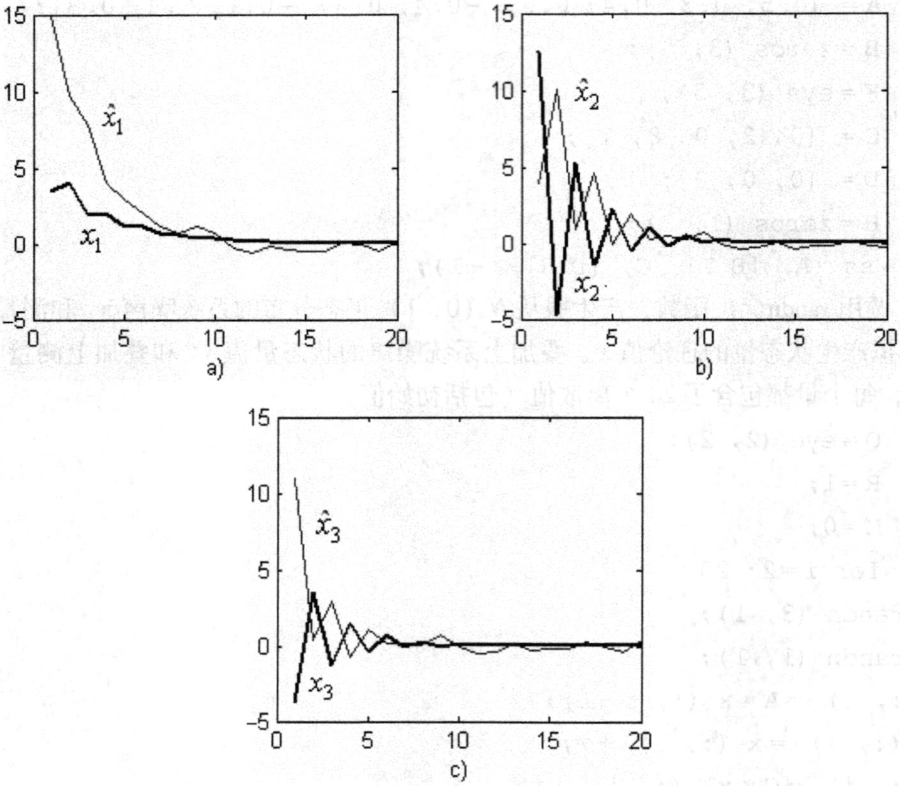


图 6-14 例 6-8 的状态量滤波估计效果

a) $x_1$ 的理论值与估计值 b) $x_2$ 的理论值与估计值 c) $x_3$ 的理论值与估计值

其中，$E[\boldsymbol{w}_k]=0, Cov(\boldsymbol{w}_k,\boldsymbol{w}_j)=E[\boldsymbol{w}_k\boldsymbol{w}_j^{\mathrm{T}}]=\begin{bmatrix}0 & 0\\0 & 1\end{bmatrix}\delta_{kj}$；

$E[v_k]=0, Cov(v_k,v_j)=[2+(-1)^k]\delta_{kj}$。

应用 kalman( ) 函数，可编制程序如下：

```
>> x (:, 1) = [5; -3.924];
>> x_ e (:, 1) = [12, 7];
>> A= [1, 1; 0, 1];
>> B=zeros (2, 2);
>> F=eye (2, 2);
>> C= [1, 0];
>> D= [0, 0];
>> H=zeros (1, 2);
>> for i=2: 20
w=randn (2, 1);
v=randn (1, 1);
x (:, i) =A*x (:, i-1);
x1 (:, i) =x (:, i) +w;
Q= [0, 0; 0, 1];
```

```
    R=2+ (-1) ^i;
    M=0;
    y (:, i) =C*x1 (:, i) +v;
    sys=ss (A, [B F], C, [D H], -1);
    [KEST, J, Z, K, P] =kalman (sys, Q, R, M);
    x_ e (:, i) =A*x_ e (:, i-1) +K* (y (:, i) -C*A*x_ e (:, i-
1));
    KK (i, 1) =K (1);
    KK (i, 2) =K (2);
    end;
    t=1: 20;
    >> subplot (2, 2, 1), plot (t, x (1,:), 'b', t, x_ e (1,:), 'r');
    >> subplot (2, 2, 2), plot (t, x (2,:), 'b', t, x_ e (2,:), 'r');
    >> subplot (2, 2, 3), plot (KK);
```

程序运行结果如图 6-15 所示，图 6-15a、b 分别表示出了两个状态变量 $x_1$ 和 $x_2$ 的理论值与估计值；图 6-15c 表示了滤波增益阵值 $\boldsymbol{K}$ 随数据点增长的变化情况，结果与例 6-4 的计算结果是一致的。

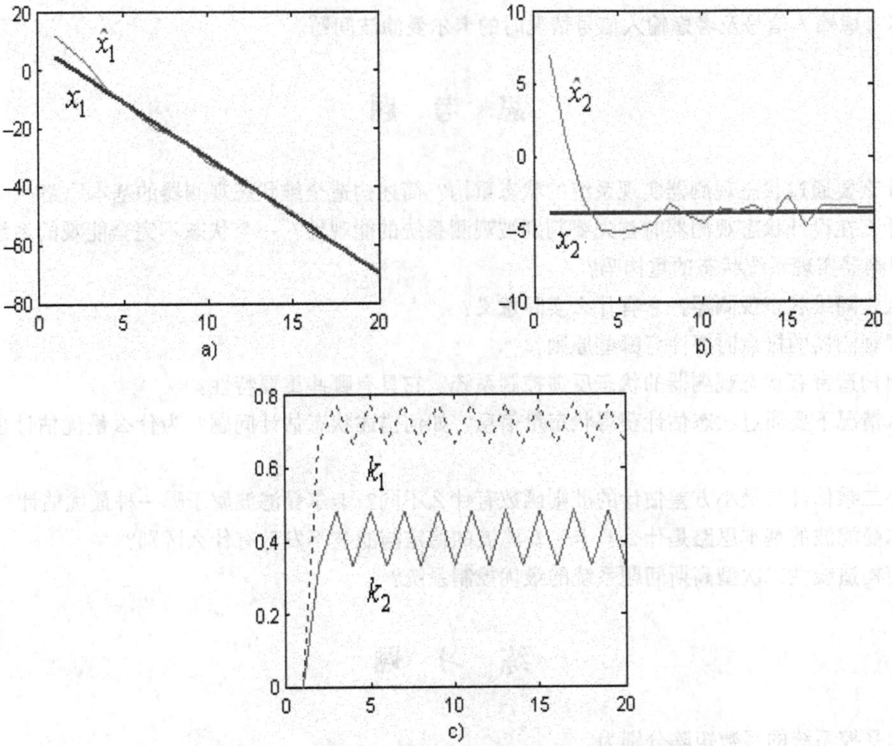


图 6-15　例 6-9 的状态滤波及滤波增益矩阵值

a）$x_1$ 的理论值与估计值　b）$x_2$ 的理论值与估计值　c）滤波增益阵值 $\boldsymbol{K}$ 随数据点增长的变化情况

## 本 章 要 点

（1）状态量的获取是实现基于状态反馈控制综合的基础，存在两种不能直接获取状态量的情况：一种是状态变量组中的某些量，或者由于不具明确的物理意义，或者由于直接量测在经济性或适用性上的限制，不能通过量测手段获取它们；另一种是系统运行时存在较严重的随机系统噪声和随机测量噪声，从而不能得到状态量的精确值。针对第一种情况，通过设计状态观测器对状态量实现重构的办法解决；针对第二种情况，通过状态最优估计的办法解决。

（2）状态观测器主要有全维状态观测器和降维状态观测器两类，观测器的极点决定了其稳定性及响应速度。观测器的极点配置问题对偶于状态反馈极点配置，观测器极点任意配置的充要条件是被观测系统完全能观，而极点配置算法可以通过状态反馈极点配置算法的对偶完成。

（3）由状态观测器间接得到的状态量重构值实现状态反馈控制就构成了具有观测器的状态反馈控制系统。分离性原理使状态反馈控制与状态观测器的设计可以独立地分别进行，给设计工作带来方便。但通常要求观测器的响应速度比状态反馈控制系统的响应速度要快三倍以上。

（4）状态最优估计解决被随机噪声污染的状态量的获取问题，所以也可称为“滤波”问题。由于随机噪声的描述建立在概率统计基础上，所以状态最优估计也是建立在概率统计的基础上。本章简要介绍了最小二乘估计、线性最小方差估计和卡尔曼滤波的基本思想。

（5）卡尔曼滤波是基于线性最小方差估计的一种递推算法，是得到广泛实际应用的状态最优估计方法。本章从一步预测和新息出发推导出卡尔曼滤波的基本方程，并分别讨论了系统噪声与测量噪声不相关及相关、不考虑输入信号及考虑输入信号情况时的卡尔曼滤波问题。

## 思 考 题

1. 为什么要通过状态观测器实现系统的状态重构？简述构造全维状态观测器的基本思路？

2. 为什么在设计状态观测器时首先要判别被观测系统的能观性？一个状态不完全能观的系统一定不能构造状态观测器实现系统状态的重构吗？

3. 什么是降维状态观测器？它有什么实际意义？

4. 配置观测器的极点时要注意哪些原则？

5. 如何构造带有状态观测器的状态反馈控制系统？它具有哪些重要特性？

6. 什么情况下要通过状态估计获得状态量信息？如何描述状态估计问题？为什么最优估计也可称最优滤波？

7. 最小二乘估计与最小方差估计的准则函数有什么不同？卡尔曼滤波属于哪一种最优估计？

8. 卡尔曼滤波的基本思路是什么？卡尔曼滤波的稳定与滤波不发散有什么区别？

9. 如何构造线性二次型高斯问题系统的最优控制系统？

## 练 习 题

1. 已知受控系统的系数矩阵分别为

$$\boldsymbol{A}=\begin{bmatrix}1 & 0\\0 & 0\end{bmatrix},\quad \boldsymbol{b}=\begin{bmatrix}1\\1\end{bmatrix},\quad \boldsymbol{c}=[2\quad -1]$$

试设计受控系统的全维状态观测器，使观测器具有重极点 $-1$。

2. 已知受控系统的系数矩阵分别为

$$A=\begin{bmatrix}0 & 1\\ -2 & -3\end{bmatrix},\quad b=\begin{bmatrix}0\\1\end{bmatrix},\quad c=[2\quad 0]$$

试设计受控系统的全维状态观测器，使观测器具有重极点 $-10$。

3. 已知系统的状态空间表达式为

$$\begin{cases}\dot{x}=\begin{bmatrix}0 & 1\\ 0 & 0\end{bmatrix}x+\begin{bmatrix}0\\1\end{bmatrix}u\\ y=[1\quad 0]x\end{cases}$$

试设计系统的全维状态观测器，使观测器的极点为 $-r$ 和 $-2r$（其中 $r>0$），并画出系统状态变量图。

4. 已知受控系统的传递函数为

$$G_0(s)=\frac{1}{s(s+1)}$$

试设计系统的全维状态观测器，使观测器的极点为 $-8$ 和 $-10$。

5. 设计下列系统的降维状态观测器，并使观测器的极点为给定值。

（1）$\begin{cases}\dot{x}=\begin{bmatrix}-1 & 0\\ 1 & -2\end{bmatrix}x+\begin{bmatrix}1\\0\end{bmatrix}u\\ y=[0\quad 1]x\end{cases}$，极点为 $\lambda=-3$；

（2）$\begin{cases}\dot{x}=\begin{bmatrix}2 & 1 & 1\\ 1 & -1 & 1\\ 0 & 0 & 0\end{bmatrix}x+\begin{bmatrix}1\\0\\0\end{bmatrix}u\\ y=[1\quad 0\quad 0]x\end{cases}$，极点为 $\lambda=-1,\ -2$；

（3）$\begin{cases}\dot{x}=\begin{bmatrix}0 & 1 & 0\\ 0 & 0 & 1\\ -6 & -11 & -6\end{bmatrix}x+\begin{bmatrix}0\\0\\1\end{bmatrix}u\\ y=\begin{bmatrix}1 & 0 & 0\\ 0 & 1 & 0\end{bmatrix}x\end{cases}$，极点为 $\lambda=-5$。

6. 伺服电动机的传递函数为

$$G_0(s)=\frac{50}{s(s+2)}$$

（1）采用降维状态观测器重构其速度值，观测器极点为 $-15$。

（2）采用状态反馈，使闭环传递函数为 $50/(s^2+10s+50)$（阻尼比 $\xi=0.707$）。

（3）画出整个系统的状态变量图。

7. 设被控系统的传递函数为

$$G_0(s)=\frac{4}{s^2-4}$$

试设计闭环极点位于 $-2\pm \mathrm{j}2$ 的状态反馈控制；设计状态量的重构误差不慢于 $\mathrm{e}^{-5t}$ 的规律衰减的全维及降维状态观测器；构成带有状态观测器的状态反馈控制系统，并画出系统状态变量图。

8. 设被控系统的传递函数为

$$G_0(s)=\frac{1}{s^3}$$

（1）试设计状态反馈控制，使闭环系统具有 $-3$、$-\frac{1}{2}\pm \mathrm{j}\sqrt{\frac{3}{2}}$ 的极点。

（2）如令 $y=x_3$，试设计极点为 $-5$、$-5$ 的降维状态观测器。

（3）画出带有状态观测器的状态反馈控制系统的状态变量图。

9. 已知系统的状态空间表达式为

$$\begin{cases}\dot{x}=\begin{bmatrix}1&2&0\\3&-1&1\\0&2&0\end{bmatrix}x+\begin{bmatrix}0\\0\\1\end{bmatrix}u\\y=[1\quad1\quad1]x\end{cases}$$

（1）能否通过状态反馈将系统的闭环极点配置在 -3、-4、-5 处？若能，则求出状态反馈矩阵。

（2）能否设计该系统的状态观测器？若能，则设计出一个极点位于 -3、-4、-5 处的全维状态观测器。

（3）系统的最小阶状态观测器是几阶？设计一个所有极点均位于 -5 处的最小阶状态观测器。

（4）分别以（1）、（2）的结果和（1）、（3）的结果画出带有状态观测器的状态反馈控制系统的状态变量图。

（5）分别写出（4）中带有状态观测器的状态反馈控制系统的表达式。

10. 给定系统的状态空间表达式为

$$\begin{cases}\dot{x}=\begin{bmatrix}0&1\\-1&0\end{bmatrix}x+\begin{bmatrix}1\\0\end{bmatrix}u\\y=[0\quad1]x\end{cases}$$

（1）验证其极点在复数平面的虚轴上（由于无阻尼，故称之谐波振荡器）。

（2）判别能否采用纯输出反馈实现镇定。

（3）设计一个输出激励的二阶动态补偿器，使闭环极点为 -1、-2、-3 和 -3。

11. 给定测量方程为

$$z_i=\boldsymbol{H}\boldsymbol{x}+\boldsymbol{e}_i\quad i=1,2,\cdots$$

式中，$\boldsymbol{x}$ 是 $n$ 维未知向量；$\boldsymbol{H}$ 是 $n\times n$ 维测量矩阵。试证明 $\boldsymbol{x}$ 的最小二乘估计存在递推公式

$$\hat{\boldsymbol{x}}_{i+1}=\hat{\boldsymbol{x}}_i+\frac{\boldsymbol{H}^{-1}}{i+1}(z_i-\boldsymbol{H}\hat{\boldsymbol{x}}_i)$$

12. 对某一电压量用不同精度的电压表测量两次，第一次测量值为 10V，测量误差的方差为 $2^2$；第二次测量值为 11V，测量误差的方差为 1。试用最小二乘法及加权最小二乘法（权矩阵取 $\boldsymbol{W}=\boldsymbol{R}^{-1}$，$\boldsymbol{R}$ 为测量噪声的方差阵）估计电压量的真实值。

13. 某一未知量 $x$ 与测量值 $y$ 的联合分布见表 6-2，试求 $x$ 的线性最小方差估计。

**表 6-2　未知量 $x$ 与测量值 $y$ 的联合分布**

| $\rho$ \ $x$ / $y$ | -1 | -2 | -3 | 2 | 4 |
|---|---|---|---|---|---|
| -2 | 0.2 | 0.2 | 0.2 | 0 | 0 |
| 2 | 0 | 0 | 0 | 0.2 | 0.2 |

14. 设 $\hat{\boldsymbol{x}}_1$ 和 $\hat{\boldsymbol{x}}_2$ 分别是未知二维向量 $\boldsymbol{x}$ 的两次独立无偏估计，对应的方差阵分别为 $\boldsymbol{Q}$ 和 $\boldsymbol{R}$，现给定

$$\hat{\boldsymbol{x}}_1=\begin{bmatrix}5/2\\5/2\end{bmatrix},\boldsymbol{Q}=\begin{bmatrix}2&1\\1&2\end{bmatrix};\hat{\boldsymbol{x}}_2=\begin{bmatrix}2\\3\end{bmatrix},\boldsymbol{R}=\begin{bmatrix}3&0\\0&3\end{bmatrix}$$

试求 $\boldsymbol{x}$ 的线性最小方差估计。

15. 给定二阶系统

$$\begin{cases}x_1(k)=0.9x_1(k-1)+0.1x_2(k-1)+w(k-1)\\x_2(k)=-0.1x_1(k-1)+0.8x_2(k-1)\\y(k)=x_2(k)+v(k)\end{cases}$$

系统噪声 $w_k$ 和测量噪声 $v_k$ 都是零均值的白噪声，它们相互独立，并与状态量 $x_k$ 也不相关，即具有如下统

计特性：

$E[\boldsymbol{w}_k]=0$，$Cov(\boldsymbol{w}_k,\ \boldsymbol{w}_j)=\boldsymbol{Q}_k\delta_{kj}$；

$E[\boldsymbol{v}_k]=0$，$Cov(\boldsymbol{v}_k,\ \boldsymbol{v}_j)=\boldsymbol{R}_k\delta_{kj}$；

$Cov(\boldsymbol{w}_k,\ \boldsymbol{v}_j)=0$，$Cov(\boldsymbol{x}_k,\ \boldsymbol{w}_j)=0$，$Cov(\boldsymbol{x}_k,\ \boldsymbol{v}_j)=0$；

$E[\boldsymbol{x}_0]=\boldsymbol{m}_0, Var(\boldsymbol{x}_0)=E[(\boldsymbol{x}_0-\boldsymbol{m}_0)(\boldsymbol{x}_0-\boldsymbol{m}_0)^{\mathrm{T}}]=\boldsymbol{D}_0$。

现已知

$$\boldsymbol{m}_0=\begin{bmatrix}3\\-3\end{bmatrix},\ \boldsymbol{P}_0=\boldsymbol{D}_0=\begin{bmatrix}4&0\\0&0\end{bmatrix},\ \boldsymbol{Q}_k=\begin{bmatrix}1&0\\0&0\end{bmatrix},\ \boldsymbol{R}_k=1,\ y(1)=-2$$

（1）试求最优线性滤波 $\hat{x}_1$（1）、$\hat{x}_2$（1）及滤波误差方差阵 $\boldsymbol{P}_1$。

（2）如设

$$\boldsymbol{P}_0=\begin{bmatrix}3.06&-0.52\\-0.52&0.19\end{bmatrix}$$

其余数据不变，试计算一步预测误差方差阵 $\boldsymbol{P}_{1|0}$ 和滤波误差方差阵 $\boldsymbol{P}_1$，并说明计算结果的含义。

16. 给定系统为

$$\begin{cases}x_{k+1}=2.0x_k+w_k\\y_k=x_k+v_k\end{cases}$$

其中，$w_k$、$v_k$ 为零均值白噪声且互不相关，已知 $Cov(w_k,w_j)=2\delta_{kj}$，$Cov(v_k,v_j)=\delta_{kj}$，初始状态 $x_0$ 的均值为 0，方差为 $P_0=4$。测量数据为 $y=\{2,4,3,2\}$，试求状态量的估计值 $\hat{x}_k$。

17. 给定系统为

$$\begin{cases}x_{k+1}=2.0x_k+w_k\\y_k=x_k+v_k\end{cases}$$

其中，$v_k$ 为零均值白噪声，且有 $Var[v]=R=0.1$，测量数据为 $y(0)=100$，$y(1)=97.9$，$y(2)=94.4$，$y(3)=92.7$，并给定初值

$$E[x_0]=\begin{bmatrix}95\\1\end{bmatrix},\boldsymbol{P}(0)=\begin{bmatrix}10&0\\0&1\end{bmatrix}$$

试求状态量的估计值 $\hat{x}_k$。

18. 设一维连续系统为

$$\begin{cases}\dot{x}(t)=-2.5x(t)+w(t)\\y(t)=3x(t)+v(t)\end{cases}$$

其中，$w(t)$ 和 $v(t)$ 均为零均值的白噪声，且有

$$E[w(t)w(\tau)]=1\delta(t-\tau),E[v(t)v(\tau)]=2\delta(t-\tau),E[w(t)v(\tau)]=1\delta(t-\tau)$$

并设 $E[x(0)]=1,P(0)=1$。测量间隔为 0.1s，相应的测量值为

$$y(0)=1,y(0.1)=0.9,y(0.2)=0.8,y(0.3)=0.7,y(0.4)=0.6,y(0.5)=0.5$$

试求状态量的估计值。

## 上机练习题

1. 已知受控系统的系数矩阵分别为

$$\boldsymbol{A}=\begin{bmatrix}0&1&0\\0&0&1\\-6&-11&-6\end{bmatrix},\ \boldsymbol{b}=\begin{bmatrix}0\\0\\1\end{bmatrix},\ \boldsymbol{c}=[1\quad 0\quad 0]$$

试应用 Matlab 设计受控系统的全维状态观测器，使观测器的极点为 $-5$，$-2\pm j2\sqrt{3}$。

2. 受控系统上机练习题 1，试应用 Matlab 设计受控系统的降维状态观测器，使观测器的极点为 $-2\pm j2\sqrt{3}$。

3. 给定受控系统的状态空间表达式为

$$\begin{cases}\dot{\boldsymbol{x}}=\begin{bmatrix}0 & 1 & 0\\ 0 & 0 & 1\\ -2 & -4 & -3\end{bmatrix}\boldsymbol{x}+\begin{bmatrix}0\\ 0\\ 1\end{bmatrix}u\\ y=[1 \quad 4 \quad 2]\boldsymbol{x}\end{cases}$$

试应用 Matlab 设计：

（1）闭环极点位于 $-1$、$-2$、$-3$ 的状态反馈控制系统。

（2）极点位于 $-5$、$-7$、$-8$ 的全维状态观测器。

4. 给定线性定常系统的状态空间表达式为

$$\begin{cases}\dot{\boldsymbol{x}}=\begin{bmatrix}-5 & 0\\ 1 & 0\end{bmatrix}\boldsymbol{x}+\begin{bmatrix}100\\ 0\end{bmatrix}u\\ y=[0 \quad 1]\boldsymbol{x}\end{cases}$$

试应用 Matlab 设计：

（1）极点为 $-10$ 的降维状态观测器。

（2）具有一对共轭复数闭环极点 $-2\pm j3$ 的状态反馈系统。

5. 应用 Matlab 完成练习题 16、17、18。

# 第七章　现代控制理论的应用举例

20 世纪 60 年代现代控制理论在航空航天领域取得巨大成功以来，随着电子计算机的进步、普及和各个领域对自动化技术的需求，现代控制理论得以不断的完善和发展，其应用已经渗透到经济社会的许多领域，成为工程技术领域实现自动化的重要理论基础。但是，如何将它与实际问题相结合，如何应用它的基本概念、基本理论结论和基本方法解决工程技术中的控制问题对于初学者来说是面临的一个难题。当然，要很好地解决这一问题，一方面要深刻领会现代控制理论各个基本内容的工程背景，另一方面还要通过不断地实践，不断地积累实际经验。这里，仅列举几个实际例子，通过对它们进行原理性分析及计算机仿真，将所学的现代控制理论基本知识用于实际被控对象的分析与综合，希望读者能从中体会现代控制理论在实际工程中的应用。

## 第一节　现代控制理论实际应用中的一些问题

绪论中已指出，现代控制理论对系统的研究是从系统模型、系统分析和系统综合三个方面展开的，这体现了实际问题的需求。

### 一、系统数学模型的建立

因为现代控制理论中系统分析和控制规律的确立都严格地建立在系统的数学模型基础之上，因此，为系统建立一个合适的数学模型是研究系统最基本、最首要的任务。现代控制理论的状态空间描述形式为系统模型的建立提供了广阔的空间，它能适合于各种系统的数学表达。

1. 状态空间模型的建立渠道　一个系统的状态空间表达式主要可以通过三个渠道获得：

（1）由系统的运动机理出发建立系统的状态空间表达式。这是一种最基本的系统数学模型建立方法。由于各个领域的系统都要遵循本领域的运动规律，而这些运动规律大多在领域内得到了较充分的研究和认识，所以一般情况下都能用数学方程式描述出系统的运动。只要按一定规则选取系统的输入量、状态量和输出量，就能得出系统的状态空间表达式。

（2）在系统已知的其他数学模型基础上通过模型转换得到。系统的数学模型已经按其他形式得以建立，这时，系统的状态空间表达式只要通过模型形式的转换就能得到。本书的第一章中介绍了由经典控制理论的运动方程式（高阶微分方程、传递函数等）转换成状态空间表达式的方法，提出了几种系统实现的形式。

（3）通过系统辨识得到。当系统较复杂或者系统的物理机理不甚明了时，通过采用实验研究的方法获得系统的状态空间模型。这就是系统辨识。它把系统看作一个“黑箱”，不去理会系统真正的运动规律，只是由系统的输入输出试验数据，建立一个与系统外部运动特性等价或接近的数学表达式代替系统的状态空间表达式。系统辨识是现代控制理论的一个重要分支，读者在进一步的学习和深造中将会接触到。

2. 模型的简化处理　按上面方法得到的系统数学模型有时是很复杂的，往往还要经过进一步的处理，才能成为适用于系统分析和系统控制规律设计的模型。处理的原则有两条，一是要保持系统的本质特性基本不变，二是要使模型尽量简单。简化系统模型是模型处理的目的，因为一个过于复杂的系统模型会使系统分析和设计工作非常困难甚至无法进行，或者得出非常复杂甚至难以实施的控制器。但是模型简化要在不改变系统本质特性的前提下进行，否则简化了的系统模型已经不符合原系统的运动规律，就不能作为系统分析和设计的依据了。从前面对于系统的基本研究可知，线性定常系统是所有系统中最简单、最易分析设计的系统，所以，模型处理通常从以下几方面入手：

（1）非线性特性的线性化处理。线性系统的分析和设计已有一套成熟易行的理论基础，所以尽量地将系统元件、部件等所含有的非线性特性做线性化处理，使系统模型成为线性表达式。第一章中双水槽液位系统的例子已经说明了线性化的过程和注意点，即线性化适用于非线性特性不强或变量在平衡点附近小范围变化的情况。

（2）系统模型的降阶。当系统模型阶次很高时即使是线性系统也会带来“维数灾难”，使系统分析与综合的工作量很大，有时甚至难以进行，因此往往需要经过降阶处理得到阶次合适的模型。多高的阶次算是合适的呢？这要视具体系统需解决的问题及采用的解决方法而异。例如，对于调节系统的分析和综合，阶次为5~6时是较合适的，利用最优控制的黎卡提方法设计时，阶次可以高一些，而采用模态鲁棒调节方法时，阶次必须低一些。系统模型降阶处理的具体方法较多，下面将给出介绍。

此外，系统中一些时变的参数在允许的情况下当作定常参数处理，也能给系统的分析与综合工作带来便利，因为时变系统的研究要比定常系统麻烦得多。

3. 系统模型降阶处理方法　为降低系统的阶次，最简单的方法是在利用系统运动规律时略去一些次要因素，建立起低阶的简化模型。这种方法有时不能满足问题的要求，因为这种简化无法考察简化模型对原系统模型的近似的精度。

比较有效的方法是先将原系统的 $n$ 维状态变量 $\boldsymbol{x}$ 分为两部分，一部分取自系统中起重要作用的状态变量（记为 $\boldsymbol{x}_1$，并设有 $m$ 个），它应包含：①被调量，即系统研究的目的所确定的那些状态变量，它们应具有我们所需要的动态变化特性；②可测量，即无需太大花费就可进行测量的状态变量，它们可以方便地用来实行反馈控制；③对系统运行至关重要的状态变量，即必须随时进行监控的状态变量，它们的变化将影响系统运行状况，能导致系统处于不正常运行状态。其余的状态变量则作为另一部分（记为 $\boldsymbol{x}_2$，则是 $n-m$ 个）。如将 $m$ 个重要状态变量视为系统的输出量，则原系统的状态空间表达式为

$$\begin{cases}\dot{\boldsymbol{x}}=\boldsymbol{A}\boldsymbol{x}+\boldsymbol{B}\boldsymbol{u}\\ \boldsymbol{y}=\boldsymbol{C}\boldsymbol{x}=[\boldsymbol{I}_m\quad 0]\boldsymbol{x}\end{cases}\tag{7-1}$$

其中，$\boldsymbol{x}=\begin{bmatrix}\boldsymbol{x}_1\\ \boldsymbol{x}_2\end{bmatrix}$。而降阶处理后的系统状态空间表达式可表示为

$$\begin{cases}\dot{\tilde{\boldsymbol{x}}}_1=\tilde{\boldsymbol{A}}\,\tilde{\boldsymbol{x}}_1+\tilde{\boldsymbol{B}}\boldsymbol{u}\\ \boldsymbol{y}=\tilde{\boldsymbol{C}}\,\tilde{\boldsymbol{x}}_1\end{cases}\tag{7-2}$$

系统的降阶模型（7-2）为合理的原则是：式（7-2）的状态量 $\tilde{x}_1$ 的动态特性尽可能高精度地近似于原系统（7-1）中 $x_1$ 的动态特性。

为了使系统降阶模型合理，引入"主导度"的概念。首先通过非奇异变换使系统对角化[设 $\lambda_i(i=1,2,\cdots,n)$ 均为负实数]，则在新状态空间有

$$\begin{cases}\dot{\bar{x}}=\begin{bmatrix}\lambda_1 & 0 & \cdots & 0\\ 0 & \lambda_2 & \cdots & 0\\ \vdots & \vdots & & \vdots\\ 0 & 0 & \cdots & \lambda_n\end{bmatrix}\bar{x}+\begin{bmatrix}\bar{b}_{11} & \bar{b}_{12} & \cdots & \bar{b}_{1p}\\ \bar{b}_{21} & \bar{b}_{22} & \cdots & \bar{b}_{2p}\\ \vdots & \vdots & & \vdots\\ \bar{b}_{n1} & \bar{b}_{n2} & \cdots & \bar{b}_{np}\end{bmatrix}u\\ y=\begin{bmatrix}\bar{c}_{11} & \bar{c}_{12} & \cdots & \bar{c}_{1n}\\ \bar{c}_{21} & \bar{c}_{22} & \cdots & \bar{c}_{2n}\\ \vdots & \vdots & & \vdots\\ \bar{c}_{q1} & \bar{c}_{q2} & \cdots & \bar{c}_{qn}\end{bmatrix}\bar{x}\end{cases}\tag{7-3}$$

对于单输入单输出系统，当输入量为单位阶跃信号时，输出量的零状态响应可表示为

$$y(t)=\sum_{i=1}^{n}y_i(t)=\sum_{i=1}^{n}\bar{c}_{1i}\bar{x}_i(t)=\sum_{i=1}^{n}\frac{\bar{b}_{i1}\bar{c}_{1i}}{\lambda_i}(e^{\lambda_i t}-1)\tag{7-4}$$

即系统输出量包含了 $n$ 个分量，其中每个分量 $y_i(t)(i=1,2,\cdots,n)$ 对应了系统的一个特征值 $\lambda_i$，它在整体输出量 $y(t)$ 中所起作用的重要程度可由它所对应的系数决定，由此可以定义特征值 $\lambda_i$ 的主导度为

$$D_i=\left|\frac{\bar{b}_{i1}\bar{c}_{1i}}{\lambda_i}\right|\tag{7-5}$$

它可用来衡量特征值 $\lambda_i$ 对系统特性的影响程度，也即它所对应的状态变量在系统中所起作用的重要程度。

对于多输入多输出系统，设 $p$ 个输入量均为单位阶跃信号，第 $j$ 个输出分量的零状态响应可表示为

$$y_j(t)=\sum_{i=1}^{n}y_{ji}(t)=\sum_{i=1}^{n}\bar{c}_{ji}\bar{x}_i(t)=\sum_{i=1}^{n}\sum_{k=1}^{p}\frac{\bar{b}_{ik}\bar{c}_{ji}}{\lambda_i}(e^{\lambda_i t}-1)\quad j=1,2,\cdots,q\tag{7-6}$$

即第 $j$ 个输出分量 $y_j(t)$ 由 $n$ 个分支量 $y_{ji}(t)(i=1,2,\cdots,n)$ 组成，而每个分支量又由 $p$ 个分分支量 $\frac{\bar{b}_{ik}\bar{c}_{ji}}{\lambda_i}(e^{\lambda_i t}-1)(k=1,2,\cdots,p)$ 组成，每个分分支量是对一个输入量 $u_k(t)$ 作用的响应。可见，每个分支量 $y_{ji}(t)$ 由 $p$ 个输入量共同作用而产生，但只与一个特征值相联系。而系统的每个特征值 $\lambda_i$ 对每个输出分量 $y_j(t)(j=1,2,\cdots,q)$ 都产生如上的影响。类似于式（7-6），对于每个分分支量可以定义出其对应的子主导度

$$D_{jk}^{i}=\left|\frac{\bar{b}_{ik}\bar{c}_{ji}}{\lambda_i}\right| \quad i=1,\ 2,\ \cdots,\ n;\ j=1,\ 2,\ \cdots,\ q;\ k=1,\ 2,\ \cdots,\ p \tag{7-7}$$

系统的一个特征值 $\lambda_i$ 对应了 $p\times q$ 个子主导度 $D_{jk}^{i}(j=1,\ 2,\ \cdots,\ q;\ k=1,\ 2,\ \cdots,\ p)$。为了衡量一个特征值 $\lambda_i$ 对系统特性的影响程度，进一步定义与特征值 $\lambda_i$ 相对应的主导度为

$$D^{i}=\max(D_{jk}^{i})=\max_{jk}\left|\frac{\bar{b}_{ik}\bar{c}_{ji}}{\lambda_i}\right| \tag{7-8}$$

根据 $n$ 个特征值对应的主导度的大小，可以从中取出 $m$ 个作为对系统特性影响大的主导特征值，由它们构成系统降阶模型。对于多输入多输出系统，有时为了提高对主导特征值的判别力，除了它所对应的主导度 $D^i$ 外，还附以另一参数 $S^i$，其定义为

$$S^{i}=\sum_{j=1}^{q}\sum_{k=1}^{p}D_{jk}^{i} \tag{7-9}$$

它表示了该特征值所对应的 $p\times q$ 个子主导度的和。实例表明，不同特征值的主导度 $D^i$ 相差不大时，对应的 $S^i$ 会相差很大，可以用来确定这种情况的主导特征值。

上面的讨论只涉及负实数特征值的情况，当系统特征值中存在具有负实部的共轭复数对时，可以仅取实部加以讨论。对于正实数或正实部的共轭复数对，由于对系统特性的影响极大，可直接列为主导特征值。

确定主导特征值以后，可以构造如式（7-2）所示的系统降阶模型。为了保证式（7-2）状态量 $\tilde{\boldsymbol{x}}_1$ 的动态特性与原系统（7-1）中 $\boldsymbol{x}_1$ 的动态特性满足一定的精度，有多种方法用来确定式（7-2）中的系数矩阵 $\tilde{\boldsymbol{A}}$、$\tilde{\boldsymbol{B}}$、$\tilde{\boldsymbol{C}}$，其中模态摄动降阶法、模态最优线性组合降阶法和方程误差最小降阶法等都是实用的有效方法。

## 二、系统分析

本书的第二~四章介绍了动态系统的特性（主要有稳定性、能控性、能观性等），以及对它们的分析方法。系统分析是在系统数学模型的基础上通过数学处理以获得对系统特性的认识，包括了系统运动的定量分析和系统结构特性的定性分析。系统分析是对系统的研究所必需的，通过系统分析才能了解系统的动态特性，判断所研究的系统是否满足预期的特性要求，也才能判断能否在不满足预期性能要求时进一步地设计控制作用。所以，系统分析工作应贯穿系统研究的始终。现代控制理论的系统分析方法除了本书及一般教科书所介绍的常用方法外，针对不同的系统还有一些专门的方法，可参阅有关专著。值得注意的是基于计算机的数字仿真技术已经成为系统分析的有力工具，如 Matlab 提供的 Simulink 仿真软件可用于对控制系统的仿真，方便地对线性、非线性、连续、离散等多种动态系统进行仿真分析，可以在系统分析中加以应用。但要注意的是，仿真环境应尽量符合实际系统，过于理想化的仿真环境会使分析结果与实际有很大的差距，以致得不到对系统特性正确的认识。在条件允许的情况下，还应尽量通过实际物理系统的实验来达到认识系统特性的目的。

## 三、系统综合与设计

所谓设计，是指为达到特定目的而构思或创建系统的结构、组成和技术细节的过程。对

于控制系统来说，第一步的工作是构思能达到预期控制性能的系统结构配置，即确定包括被控对象、检测装置、执行机构、控制器等的控制系统结构框架，明确采用开环控制还是闭环控制，采用状态反馈控制还是输出反馈控制，采用单闭环控制还是多闭环控制等；第二步是选定合适的执行机构和传感器，保证被控对象工作性能的有效调节及所需检测量的精确测量；第三步就是确定合适的控制器，使系统在控制器的作用下满足预期控制性能的要求。完成以上工作后，还需要通过构建实际系统，调试系统以检验设计工作的正确性，如果通过调试系统确实稳定地达到了期望的性能指标，则设计工作可告结束，否则就需要重复上面设计步骤的几步或全部，直到系统达到了设计指标的要求。必要的时候，也可以先通过计算机仿真对系统设计工作进行验证，这又等同于基于计算机数字仿真技术的系统分析。

上面的设计过程中，控制器确定是核心的工作，而完成这一工作也需要经过总体构思、理论研究、具体实现等一系列步骤。

第一步是根据被控量的特点、性能指标要求及系统运行的环境等因素，考虑拟采用什么类型的控制器，即选择何种控制理论意义下的控制规律。控制理论的极大发展，针对不同的控制对象及运行特点，提出了许多不同的控制策略和技术。从大类看，有以PID控制为代表的经典控制，以状态反馈和优化控制为代表的现代控制，还有以模糊控制、神经网络控制、专家控制为代表的智能控制等，每一类又包括了许多种类的控制技术。以现代控制理论意义下的控制技术为例，它包括了状态反馈极点配置、输出反馈极点配置、二次型最优控制、最小时间控制、最少能量控制、鲁棒控制、自适应控制、预测控制、变结构控制、解耦控制、随机控制等，不胜枚举。而每一控制技术又可分为不同的控制方法，如预测控制技术包括了模型算法控制（MAC）、动态矩阵控制（DMC）、广义预测控制（GPC）等。不同的控制技术之间还互相渗透和结合，产生新的控制方法，如以PID为基础的有自适应PID控制、预测PID控制、模糊PID控制、神经网络PID控制、专家PID控制等。往往一个问题可以有多个解，即分别采用几种不同的控制策略都能实现使控制系统达到预期性能指标的目的。可见，选择控制器类型工作有赖于对各种控制方法的了解，对所设计系统的深刻理解，以及对控制系统研究、设计的经验积累。

第二步是在选定控制技术类型的基础上应用相关控制理论提供的方法求取针对具体问题的控制规律，也即确定控制器的数学描述。这一步主要是理论研究或理论层面上的设计，被称为系统“综合”。

第三步是将控制器的数学描述转化为具体实现，构成真正意义上的控制器，通常可分为硬件实现和软件实现。硬件实现包括电路设计、结构设计、工艺设计等；软件实现则通过编制对应的计算机程序完成。

综上所述，控制系统的设计是一个较复杂的过程，往往需经过多次反复的理论研究和实际试验才能很好地完成。其中，控制理论的应用主要体现在控制律的综合上。

本书作为基础性教材，仅仅介绍了现代控制理论最基本的内容和方法，所以，通过下面应用例子的介绍只是提供了一些应用现代控制理论解决实际问题的思路，包括系统模型的建立和简化，系统基本性能的分析，系统控制规律的综合，并不涉及实际物理系统的设计和构建。另外，只是应用了Simulink工具对系统进行仿真研究。所以，下面的应用例子还远未达到解决实际工程问题的程度，读者只有在进一步通过物理实验和工程化研究才能真正解决工程实际问题。

# 第二节　单倒立摆控制系统

倒立摆控制系统是许多实际运动系统中抽象出来的典型运动控制系统，它起源于20世纪50年代在美国MIT实验室中对火箭发射助推器姿态控制的原理性实验研究，而后作为实验装置成为控制界公认的验证控制理论方法或技术的典型方案。对倒立摆的有效控制可以延伸至运动机器人的平衡控制、飞行器飞行的姿态控制、海上钻井平台的稳定控制、火箭发射的垂直度控制，甚至工业生产过程的控制等。倒立摆控制系统中最简单的是单倒立摆的控制，此外还有双节倒立摆等系统，这里仅介绍单倒立摆控制系统。倒立摆控制系统的核心问题是稳定问题，本节主要介绍单倒立摆系统的建模、性能分析，以及使倒立摆稳定运行的控制系统综合。

单倒立摆装置的模型如图7-1a所示，它有一倒立摆杆用铰链安装在由伺服电动机牵引的滑块上，滑块在导轨上做左右运动，可将它归结为如图7-1b所示的带倒立摆的小车运动模型。在图7-1b中，设小车质量为$M$，摆杆质量为$m$，摆杆长度为$2l$，摆杆质心在$O_l$处。伺服电动机系统由直流电动机和放大器组成，电动机的牵引力与加在放大器上的控制电压之比为$K$，并为简化不考虑伺服电动机的惯性。这是一个本质上不稳定的系统，如果不给小车施加牵引力以使小车做适当运动，倒立摆必不能保持倒立位置而向左或向右倾倒。系统控制的目的是使摆杆保持倒立垂直。

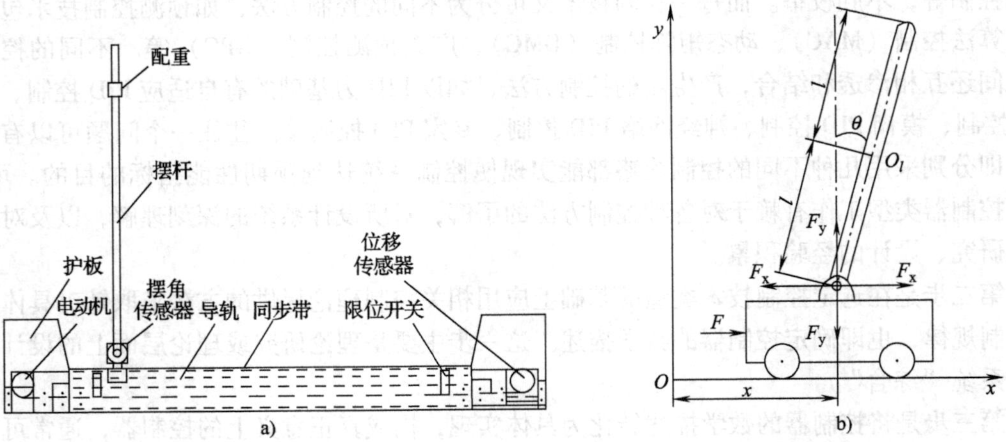


图7-1　倒立摆运动控制系统示意图

a）单倒立摆装置的模型　b）带倒立摆的小车运动模型

## 一、系统的数学模型

首先参照图7-1b根据运动力学的相关定律建立倒立摆系统的数学模型。

（1）小车水平方向的运动方程为

$$M\frac{d^2}{dt^2}x(t)+\eta\frac{d}{dt}x(t)=Ku(t)-F_x \tag{7-10}$$

式中，$x(t)$为小车的水平距离；$\eta$是水平传动系统总的粘性摩擦系数；$u(t)$为加在伺服电动机放大器上的控制电压；$F_x$ 是小车通过铰链对摆杆的作用力 $F$ 的水平分量。

（2）摆杆水平方向的运动方程为

$$m\frac{d^2}{dt^2}[x(t)+l\sin\theta(t)]=F_x \tag{7-11}$$

式中，$\theta(t)$为摆杆的垂直偏角。

（3）摆杆垂直方向的运动方程为

$$m\frac{d^2}{dt^2}[l\cos\theta(t)]=F_y-mg \tag{7-12}$$

式中，$F_y$ 是小车对摆杆作用力 $F$ 的垂直分量。

（4）摆杆的旋转运动方程为

$$J\frac{d^2}{dt^2}\theta(t)+\xi\frac{d}{dt}\theta(t)=F_y l\sin\theta(t)-F_x l\cos\theta(t) \tag{7-13}$$

式中，$J$ 为摆杆的转动惯量；$\xi$ 为摆杆转动的粘性摩擦系数。

消去上面各式中的 $F_x$ 和 $F_y$，得

$$\begin{cases}(M+m)\dfrac{d^2}{dt^2}x(t)+\eta\dfrac{d}{dt}x(t)=Ku(t)-ml\dfrac{d^2}{dt^2}[\sin\theta(t)]\\ ml\cos\theta(t)\dfrac{d^2}{dt^2}x(t)+J\dfrac{d^2}{dt^2}\theta(t)+\xi\dfrac{d}{dt}\theta(t)-mgl\sin\theta(t)\\ \qquad=-ml^2\cos\theta(t)\dfrac{d^2}{dt^2}[\sin\theta(t)]+ml^2\sin\theta(t)\dfrac{d^2}{dt^2}[\cos\theta(t)]\end{cases} \tag{7-14}$$

这是关于 $x(t)$和 $\theta(t)$的非线性方程组，若只考虑 $\theta(t)$在平衡点 $\theta_e=0$ 附近运动（由于控制的目的就是使摆杆尽可能地保持垂直，所以这一假设是合理的），则可认为有如下近似式：

$$\begin{cases}\sin\theta(t)\approx\theta(t)\\ \cos\theta(t)\approx 1\end{cases} \tag{7-15}$$

则式（7-14）可线性化为

$$\begin{cases}(M+m)\dfrac{d^2}{dt^2}x(t)+\eta\dfrac{d}{dt}x(t)=Ku(t)-ml\dfrac{d^2}{dt^2}\theta(t)\\ ml\dfrac{d^2}{dt^2}x(t)=-(J+ml^2)\dfrac{d^2}{dt^2}\theta(t)-\xi\dfrac{d}{dt}\theta(t)+mgl\theta(t)\end{cases} \tag{7-16}$$

根据系统的任务及所测量的变量，定义系统的状态量为

$$\boldsymbol{x}=\begin{bmatrix}x_1\\x_2\\x_3\\x_4\end{bmatrix}=\begin{bmatrix}x\\\dot{x}\\\theta\\\dot{\theta}\end{bmatrix} \tag{7-17}$$

可得出由式（7-16）所描述的倒立摆系统的状态空间表达式为

$$
\begin{cases}
\dot{\boldsymbol{x}}=\begin{bmatrix}0 & 1 & 0 & 0\\ 0 & -\dfrac{(J+ml^2)\eta}{\Delta} & -\dfrac{m^2l^2g}{\Delta} & \dfrac{ml\xi}{\Delta}\\ 0 & 0 & 0 & 1\\ 0 & \dfrac{ml\eta}{\Delta} & \dfrac{(M+m)mgl}{\Delta} & -\dfrac{(M+m)\xi}{\Delta}\end{bmatrix}\boldsymbol{x}+\begin{bmatrix}0\\ \dfrac{(J+ml^2)K}{\Delta}\\ 0\\ -\dfrac{mlK}{\Delta}\end{bmatrix}u\\
\boldsymbol{y}=\begin{bmatrix}1 & 0 & 0 & 0\\ 0 & 0 & 1 & 0\end{bmatrix}\boldsymbol{x}
\end{cases}
\tag{7-18}
$$

式中，$\Delta=(M+m)J+Mml^2$。

系统中，将加在伺服电动机放大器上的控制电压 $u(t)$ 作为控制量，将小车的水平距离 $x(t)$ 和摆杆的垂直偏角 $\theta(t)$ 作为输出量。

若摆杆转动的粘性摩擦系数和水平传动系统的粘性摩擦系数都不大，可取 $\xi=\eta=0$，则上述状态表达式进一步简化为

$$
\begin{cases}
\dot{\boldsymbol{x}}=\begin{bmatrix}0 & 1 & 0 & 0\\ 0 & 0 & -\dfrac{m^2l^2g}{\Delta} & 0\\ 0 & 0 & 0 & 1\\ 0 & 0 & \dfrac{(M+m)mgl}{\Delta} & 0\end{bmatrix}\boldsymbol{x}+\begin{bmatrix}0\\ \dfrac{(J+ml^2)K}{\Delta}\\ 0\\ -\dfrac{mlK}{\Delta}\end{bmatrix}u\\
\boldsymbol{y}=\begin{bmatrix}1 & 0 & 0 & 0\\ 0 & 0 & 1 & 0\end{bmatrix}\boldsymbol{x}
\end{cases}
\tag{7-19}
$$

把式（7-18）和式（7-19）分别称为系统模型和系统简化模型。对一个实际倒立摆装置的各参数进行测量及计算，得到它们的值分别为

$$M=1\text{kg},\ m=0.2\text{kg},\ l=0.3\text{m}$$
$$J=1.155\times10^{-4}\text{kg}\cdot\text{m}^2,\ \eta=0.04\text{kg/s},\ \xi=0.0001\text{kg}\cdot\text{m}^2/\text{s}$$
$$K=3\text{N/V}$$

代入式（7-18）及式（7-19），得到实际倒立摆的系统模型和简化模型的状态空间表达式分别为

$$
\begin{cases}
\dot{\boldsymbol{x}}=\begin{bmatrix}0 & 1 & 0 & 0\\ 0 & -0.0399 & -1.9450 & 3.3079\times10^{-4}\\ 0 & 0 & 0 & 1\\ 0 & 0.1323 & 38.9005 & -0.0066\end{bmatrix}\boldsymbol{x}+\begin{bmatrix}0\\ 2.9962\\ 0\\ -9.9236\end{bmatrix}u\\
\boldsymbol{y}=\begin{bmatrix}1 & 0 & 0 & 0\\ 0 & 0 & 1 & 0\end{bmatrix}\boldsymbol{x}
\end{cases}
\tag{7-20}
$$

$$
\begin{cases}
\dot{\boldsymbol{x}}=\begin{bmatrix}0 & 1 & 0 & 0\\ 0 & 0 & -1.9450 & 0\\ 0 & 0 & 0 & 1\\ 0 & 0 & 38.9005 & 0\end{bmatrix}\boldsymbol{x}+\begin{bmatrix}0\\ 2.9962\\ 0\\ -9.9236\end{bmatrix}u\\
\boldsymbol{y}=\begin{bmatrix}1 & 0 & 0 & 0\\ 0 & 0 & 1 & 0\end{bmatrix}\boldsymbol{x}
\end{cases}
\tag{7-21}
$$

下面将以简化模型入手对系统进行分析、综合，再对系统模型进行仿真研究。

## 二、系统的结构特性分析

分别判别系统的稳定性、能控性和能观性。

(1) 可根据李雅普诺夫第一法，调用 Matlab 的 eig( ) 函数求取系统矩阵的特征值，再根据特征值的符号特性判别系统的稳定性。编程及结果如下：

```
>> A= [0, 1, 0, 0; 0, 0, -1. 945, 0; 0, 0, 0, 1; 0, 0, 38. 9005, 0];
>> eig (A)
ans =
          0
          0
     6. 2370
    -6. 2370
```

可见，倒立摆系统本身在平衡点是不稳定的，即摆杆的垂直偏角 $\theta(t)$ 不能稳定在平衡点 $\theta_e=0$。

(2) 系统的能控性、能观性判别。可分别求出系统的能控性矩阵 $\boldsymbol{Q}_c$ 和能观性矩阵 $\boldsymbol{Q}_o$，并判别其是否满秩。当然也可应用 Matlab 的其他相关函数进行判别。编程及其结果如下：

```
>> A= [0, 1, 0, 0; 0, 0, -1. 945, 0; 0, 0, 0, 1; 0, 0, 38. 9005, 0];
>> B= [0; 2. 9962; 0; -9. 9236];
>> C= [1, 0, 0, 0; 0, 0, 1, 0];
>> Qc=ctrb (A, B);
>> Qo=obsv (A, C);
>> nc=rank (Qc);
>> no=rank (Qo);
nc = 4
no = 4
```

表明系统的能控性矩阵和能观性矩阵的秩都是4，系统是既能控又能观的。系统既可构成状态反馈控制，又可以设计状态观测器。

## 三、状态反馈控制系统设计

如果构造状态反馈控制系统，使闭环系统的极点位于 -1、-2、-1±j，极点的配置保证闭环系统在平衡点渐近稳定，即在状态反馈控制作用下摆杆的垂直偏角 $\theta(t)$ 能稳定在平衡点 $\theta_e=0$。应用第五章介绍的状态反馈极点配置算法可求出状态反馈矩阵 $\boldsymbol{K}$。应用 Matlab 编程也可方便地求得状态反馈矩阵，程序及运行结果如下：

```
>>A=[0,1,0,0;0,0,-1.945,0;0,0,0,1;0,0,38.9005,0];
>> B= [0; 2. 9962; 0; -9. 9236];
>> P= [-1, -2, -1+i, -1-i];
>> K=acker (A, B, P)
K =
```

-0.0411　-0.1028　-4.9401　-0.5349

应用 Simulink 对系统的动态过程进行仿真，其中被控对象采用系统模型（7-20），状态反馈控制系统仿真结构图如图 7-2 所示。

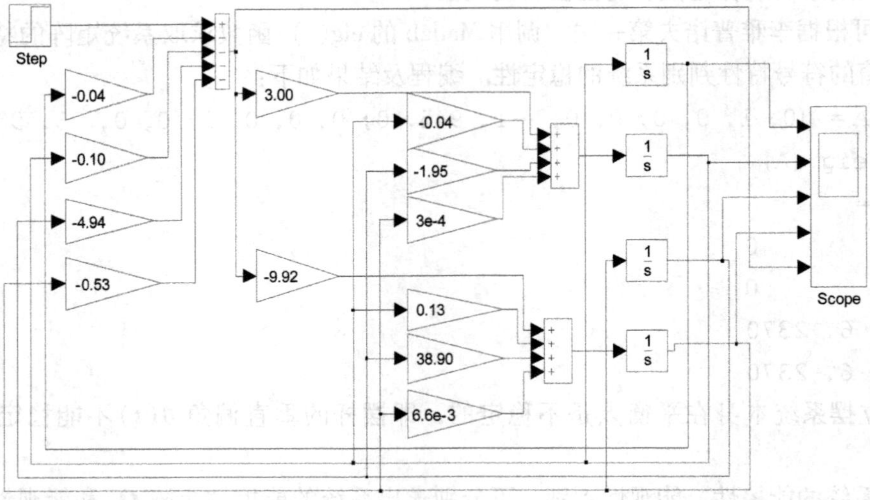


图 7-2　状态反馈控制系统仿真结构图

图 7-3 分别表示了 4 个状态变量和 1 个控制量的动态过程，其中给定输入 $v=1$，初始状态为

$$\boldsymbol{x}(0)=\begin{bmatrix} x(0) \\ \dot{x}(0) \\ \theta(0) \\ \dot{\theta}(0) \end{bmatrix}=\begin{bmatrix} 0.15 \\ 0 \\ 0.1 \\ 0 \end{bmatrix}$$

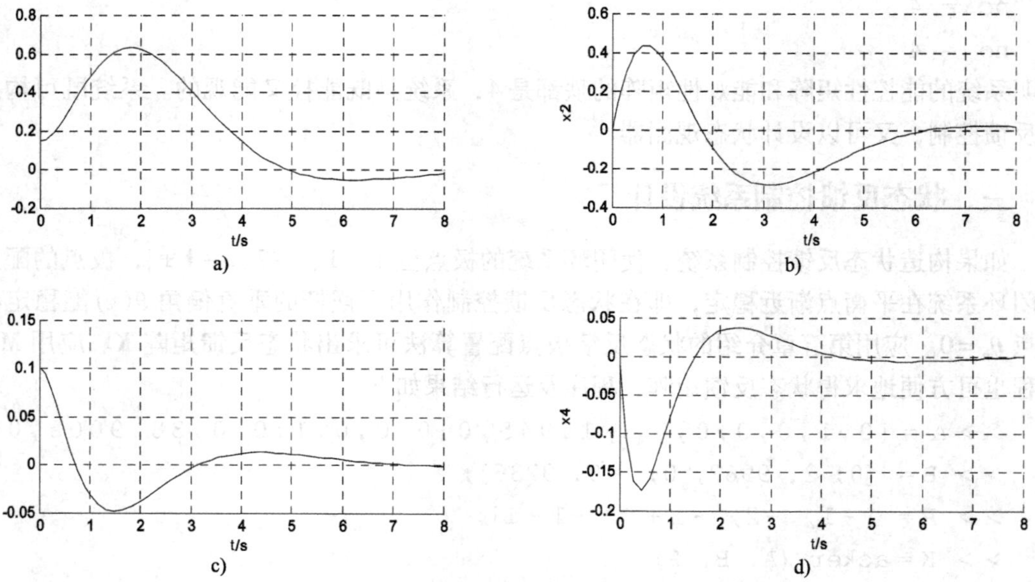


图 7-3　倒立摆状态反馈控制系统的动态过程

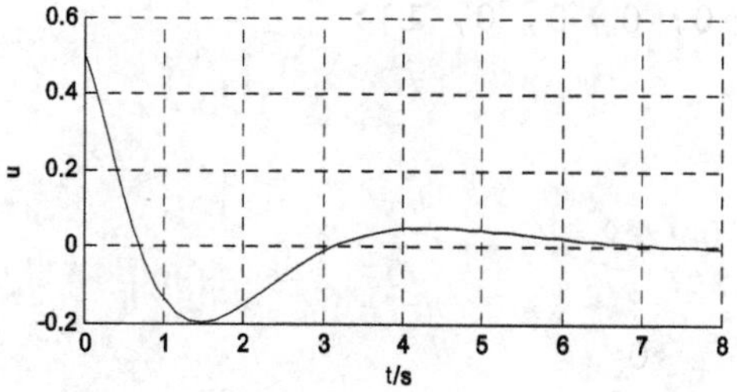

e)

图 7-3 倒立摆状态反馈控制系统的动态过程（续）

图 7-3 表明倒立摆摆杆通过 7s 时间保持了垂直倒立，其他状态变量也都趋于平衡点。可见，尽管有给定输入 $v=1$ 存在，但系统的控制仅限于通过状态反馈控制克服初始状态产生的影响，即为调节作用。

## 四、具有状态观测器的状态反馈控制系统设计

由式（7-21），输出量 $y_1(t)=x_1(t)=x(t)$、$y_2(t)=x_3(t)=\theta(t)$，分别为小车的水平位移和摆杆的垂直偏角，图 7-1a 中表示出它们分别由位移传感器和摆角传感器进行测量，所以它们是直接可以作为可测状态变量进行状态反馈的。此外，$x_2(t)=\dot{x}(t)$、$x_4(t)=\dot{\theta}(t)$ 分别是摆杆倾斜角度变化率和小车的水平运动速度，当然可以通过求导计算得到。如果利用状态观测器来得到它们，则结合上面的状态反馈极点配置就构成了具有状态观测器的状态反馈控制系统。

根据第六章第一节的介绍，对于被控系统（7-21），有 $\text{rank}C=2$，只需设计维数为 2 的降维状态观测器。根据观测器极点配置为离虚轴的距离是闭环极点的 2 ~ 3 倍的工程要求，将观测器极点安排为 $-6\pm j2$。应用 Matlab 设计降维状态观测器的步骤如下：

（1）输入系统模型的各对应矩阵及求出有关参数，编程如下：

```
>> A= [0, 1, 0, 0; 0, 0, -1. 945, 0; 0, 0, 0, 1; 0, 0, 38. 9005, 0];
>> B= [0; 2. 9962; 0; -9. 9236];
>> C= [1, 0, 0, 0; 0, 0, 1, 0];
>> D= [0; 0];
>> n=length (A);
>> p=size (B, 2);
>> q=rank (C);
>> r=n-q;
```

程序运行结果为

```
n =  4
p =  1
q =  2
r =  2
```

表明状态量为 4 维，输入量为 1 维，**C** 矩阵的秩为 2，所需设计的降维状态观测器维数为 2。

（2）确定非奇异变换矩阵及其逆阵，编程如下：

```
>> R= [0, 1, 0, 0; 0, 0, 0, 1];
>> Q= [R; C];
>> P=inv (Q);
```

程序运行结果为

```
Q =
     0     1     0     0
     0     0     0     1
     1     0     0     0
     0     0     1     0
P =
     0     0     1     0
     1     0     0     0
     0     0     0     1
     0     1     0     0
```

(3) 对被观测系统 (7-21) 实施非奇异变换 $\boldsymbol{x}=\boldsymbol{P}\bar{\boldsymbol{x}}$，并得出降维状态观测器方程式 $\dot{\boldsymbol{z}}=(\bar{\boldsymbol{A}}_{11}-\boldsymbol{M}\bar{\boldsymbol{A}}_{21})\boldsymbol{z}+(\bar{\boldsymbol{B}}_1-\boldsymbol{M}\bar{\boldsymbol{B}}_2)\boldsymbol{u}+[\bar{\boldsymbol{A}}_{12}-\boldsymbol{M}\bar{\boldsymbol{A}}_{22}+(\bar{\boldsymbol{A}}_{11}-\boldsymbol{M}\bar{\boldsymbol{A}}_{21})\boldsymbol{M}]\boldsymbol{y}$ 所需的各相应矩阵，可编程如下：

```
>> [A1, B1, C1, D1] =ss2ss (A, B, C, D, Q);
>> A11= [A1 (1: r, 1: r)];
>> A12= [A1 (1: r, r+1: n)];
>> A21= [A1 (r+1: n, 1: r)];
>> A22= [A1 (r+1: n, r+1: n)];
>> B11= [B1 (1: r, 1: p)];
>> B12= [B1 (r+1: n, 1: p)];
```

程序运行结果为

```
A11 =
      0     0
      0     0
A12 =
      0   -1.9450
      0    38.9005
A21 =
      1     0
      0     1
A22 =
      0     0
      0     0
B11 =
```

```
       2.9962
      -9.9236
B12 =
       0
       0
```

(4) 按对偶系统的状态反馈控制极点配置方法，求取状态观测器的反馈矩阵 $\boldsymbol{M}$，编程如下：

```
>> Po= [-6+2i, -6-2i];
>> K=place (A11', A21', Po);
>> M=K';
```

程序运行结果为

```
M =
     6    -2
     2     6
```

即降维状态观测器的反馈矩阵为

$$\boldsymbol{M}=\begin{bmatrix}6 & -2\\ 2 & 6\end{bmatrix}$$

(5) 代入降维状态观测器方程式，得出降维状态观测器的方程式为

$$\begin{aligned}\dot{\boldsymbol{z}} &= (\overline{\boldsymbol{A}}_{11}-\boldsymbol{M}\overline{\boldsymbol{A}}_{21})\boldsymbol{z}+(\overline{\boldsymbol{B}}_1-\boldsymbol{M}\overline{\boldsymbol{B}}_2)\boldsymbol{u}+[\overline{\boldsymbol{A}}_{12}-\boldsymbol{M}\overline{\boldsymbol{A}}_{22}+(\overline{\boldsymbol{A}}_{11}-\boldsymbol{M}\overline{\boldsymbol{A}}_{21})\boldsymbol{M}]\boldsymbol{y}\\ &=\begin{bmatrix}-6 & 2\\ -2 & -6\end{bmatrix}\boldsymbol{z}+\begin{bmatrix}2.9962\\ -9.9236\end{bmatrix}u+\begin{bmatrix}-32 & 22.055\\ -24 & 6.9005\end{bmatrix}\boldsymbol{y}\end{aligned}$$

(6) 由式 (6-153) 得出新状态空间中状态量 $\overline{\boldsymbol{x}}$ 的重构值：

$$\hat{\overline{\boldsymbol{x}}}=\begin{bmatrix}\hat{\overline{\boldsymbol{x}}}_1\\ \hat{\overline{\boldsymbol{x}}}_2\end{bmatrix}=\begin{bmatrix}\boldsymbol{z}+\boldsymbol{M}\boldsymbol{y}\\ \boldsymbol{y}\end{bmatrix}=\begin{bmatrix}z_1+6y_1-2y_2\\ z_2+2y_1+6y_2\\ y_1\\ y_2\end{bmatrix}$$

进一步由式 (6-154) 得出原状态空间中状态量 $\boldsymbol{x}$ 的重构值：

$$\hat{\boldsymbol{x}}=\begin{bmatrix}\hat{x}_1\\ \hat{x}_2\\ \hat{x}_3\\ \hat{x}_4\end{bmatrix}=\boldsymbol{P}\hat{\overline{\boldsymbol{x}}}=\begin{bmatrix}0&0&1&0\\ 1&0&0&0\\ 0&0&0&1\\ 0&1&0&0\end{bmatrix}\begin{bmatrix}z_1+6y_1-2y_2\\ z_2+2y_1+6y_2\\ y_1\\ y_2\end{bmatrix}=\begin{bmatrix}y_1\\ z_1+6y_1-2y_2\\ y_2\\ z_2+2y_1+6y_2\end{bmatrix}$$

根据图 6-6 构成具有观测器的状态反馈控制系统，应用 Simulink 对系统的动态过程进行仿真，其中被控对象仍采用系统模型 (7-20)，仿真结构图如图 7-4 所示。

图 7-5 分别表示了 4 个状态变量和 1 个控制量的动态过程，其中给定输入 $v=1$，初始状态为

$$\boldsymbol{x}(0)=\begin{bmatrix}x(0)\\ \dot{x}(0)\\ \theta(0)\\ \dot{\theta}(0)\end{bmatrix}=\begin{bmatrix}0.15\\ 0\\ 0.1\\ 0\end{bmatrix}$$

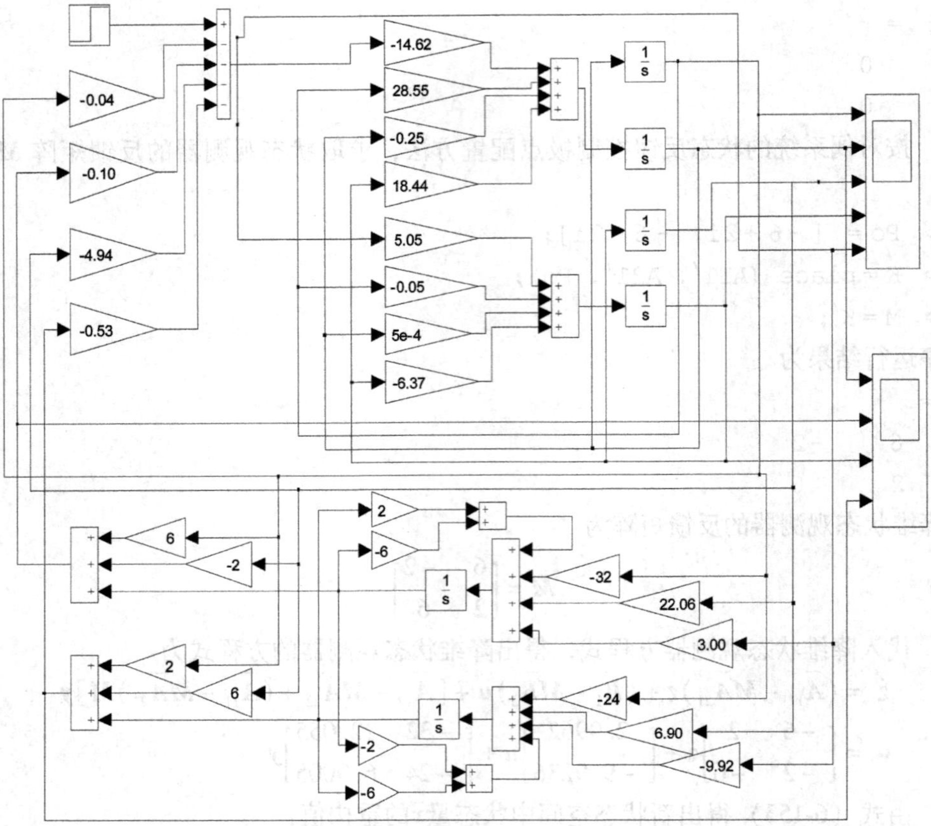


图 7-4　带降维状态观测器的倒立摆控制系统仿真结构图

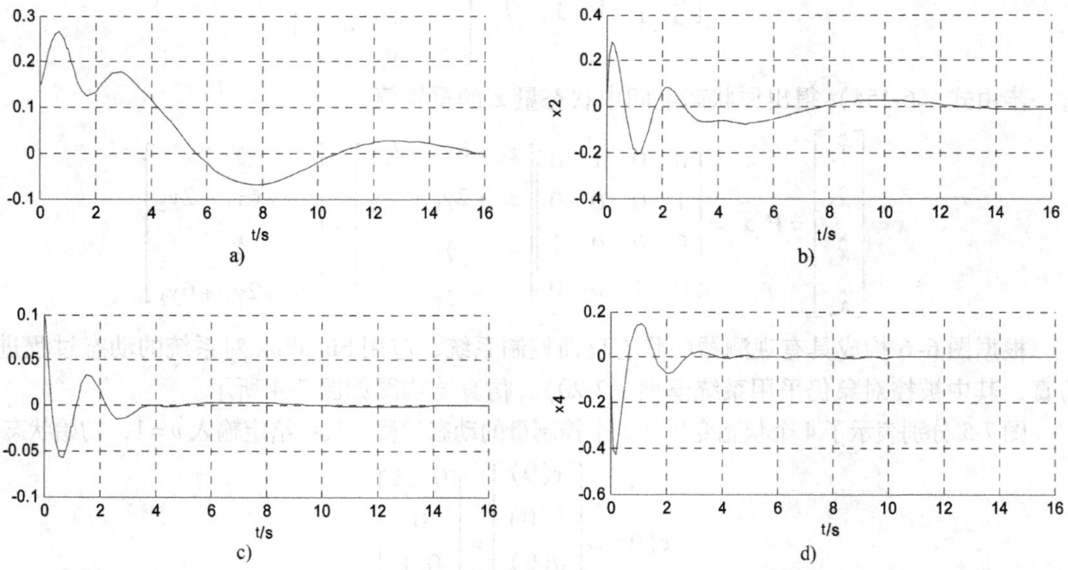


图 7-5　带降维状态观测器的倒立摆控制系统的动态过程

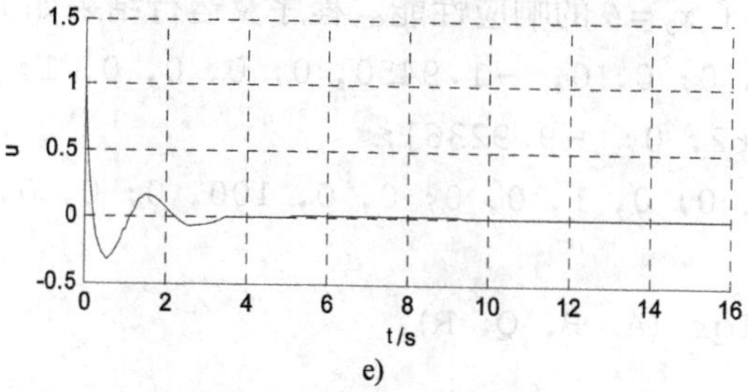

e)

图 7-5 带降维状态观测器的倒立摆控制系统的动态过程（续）

图 7-5 表明在带降维状态观测器的状态反馈控制作用下倒立摆摆杆通过 9s 时间保持了垂直倒立，其他状态变量也都趋于平衡点。但与直接状态反馈控制相比较，带降维状态观测器的状态反馈控制系统的动态过程要差一点，特别是小车的位移 $x_1$。图 7-6 表示出了所观测的两个状态变量的观测值 $\hat{x}_2$ 和 $\hat{x}_4$ 对真实值 $x_2$、$x_4$ 的跟踪情况，其中图 7-6a、b 分别为小车水平运动速度 $x_2$ 的真实值及观测值；图 7-6c、d 分别为摆杆垂直偏角变化率 $x_4$ 的真实值及观测值。

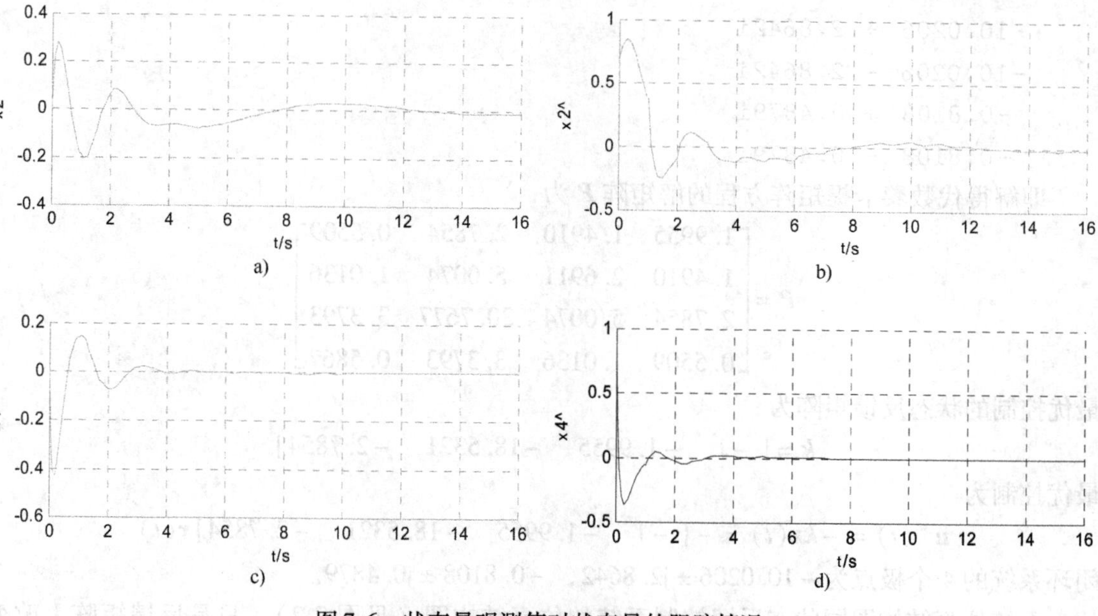


图 7-6 状态量观测值对状态量的跟踪情况

## 五、最优状态调节器设计

也可以按最优状态调节器设计系统，应用第五章介绍的线性二次型最优状态调节器算法可求出状态反馈矩阵 $\boldsymbol{K}$。应用 Matlab 编程能方便地求得最优状态调节器的状态反馈矩阵。性能指标函数 $J=\frac{1}{2}\int_0^\infty[\boldsymbol{x}^{\mathrm{T}}(t)\boldsymbol{Q}\boldsymbol{x}(t)+\boldsymbol{u}^{\mathrm{T}}(t)\boldsymbol{R}\boldsymbol{u}(t)]\mathrm{d}t$ 中的权矩阵分别取为

$$\boldsymbol{Q}=\begin{bmatrix}1&0&0&0\\0&1&0&0\\0&0&100&0\\0&0&0&1\end{bmatrix},\boldsymbol{R}=1$$

其中，$\boldsymbol{Q}$ 矩阵的取值突出了 $x_3=\theta$ 的响应性能。程序及运行结果如下：

```
>> A= [0, 1, 0, 0; 0, 0, -1.9450, 0; 0, 0, 0, 1; 0, 0, 38.9005, 0];
>> B= [0; 2.9962; 0; -9.9236];
>> Q= [1, 0, 0, 0; 0, 1, 0, 0; 0, 0, 100, 0; 0, 0, 0, 1];
>> R=1;
>> [K, P, l] =lqr (A, B, Q, R)
K =
    -1.0000  -1.9955   -18.5321  -2.7854
P =
    1.9955    1.4910    2.7854    0.5509
    1.4910    2.6911    5.0074    1.0136
    2.7854    5.0074   30.7677    3.3793
    0.5509    1.0136    3.3793    0.5867
l =
  -10.0206 + 2.8642i
  -10.0206 - 2.8642i
   -0.8108 + 0.4879i
   -0.8108 - 0.4879i
```

即解得代数黎卡提矩阵方程的解矩阵 $\boldsymbol{P}$ 为

$$\boldsymbol{P}=\begin{bmatrix}1.9955 & 1.4910 & 2.7854 & 0.5509\\ 1.4910 & 2.6911 & 5.0074 & 1.0136\\ 2.7854 & 5.0074 & 30.7677 & 3.3793\\ 0.5509 & 1.0136 & 3.3793 & 0.5867\end{bmatrix}$$

最优控制的状态反馈矩阵为

$$\boldsymbol{k}=[-1 \quad -1.9955 \quad -18.5321 \quad -2.7854]$$

最优控制为

$$\boldsymbol{u}^*(t)=-\boldsymbol{k}\boldsymbol{x}(t)=-[-1 \quad -1.9955 \quad -18.5321 \quad -2.7854]\boldsymbol{x}(t)$$

闭环系统的 4 个极点为 $-10.0206\pm \mathrm{j}2.8642$，$-0.8108\pm \mathrm{j}0.4879$。

系统仿真结构图同状态反馈控制系统的仿真结构图（见图 7-2），只是反馈矩阵 $\boldsymbol{k}$ 改变了。仿真结果如图 7-7 所示，其中给定输入和初始状态同状态反馈控制系统。

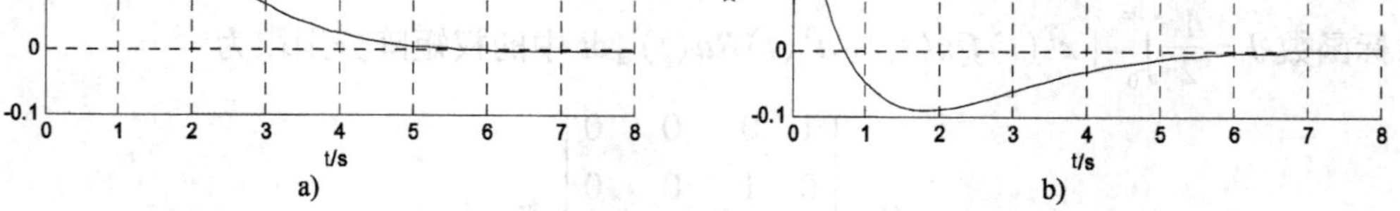


图 7-7 最优状态调节器控制系统动态过程

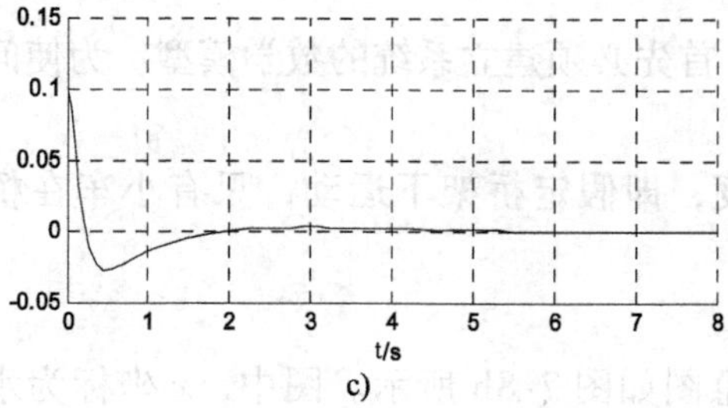


c)

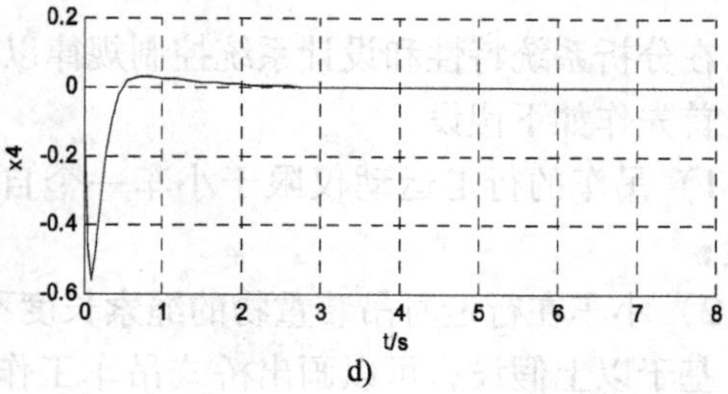


d)

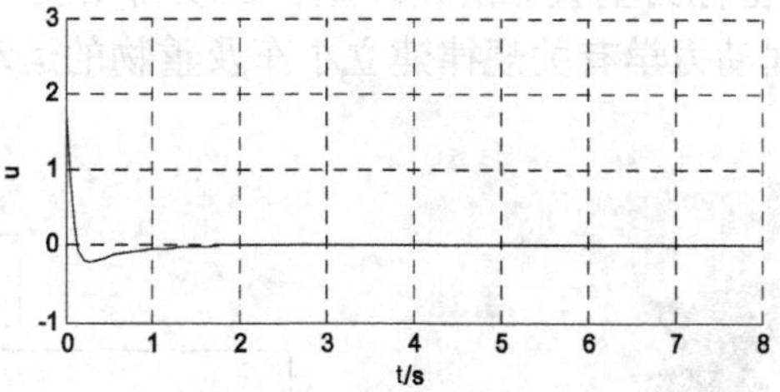


e)

图 7-7 最优状态调节器控制系统动态过程（续）

与一般的状态反馈控制系统动态过程（见图 7-3）比较，最优状态调节器控制具有更好的动态过程，特别是 $x_3=\theta$ 的动态过程，有更快的响应及更小的摆动。

也可以通过状态观测器构成最优状态调节器控制，得到比一般带状态观测器的状态反馈控制系统要好的动态特性，需要注意的是这时具有离虚轴较远的闭环极点，因此观测器极点也必须安排得离虚轴较远。读者可自行通过 Simulink 进行仿真。

## 第三节 桥式吊车控制系统

桥式吊车作为大型装卸搬运工具，广泛地应用在码头、车站、仓库及现代化工厂等场合。桥式吊车如图 7-8a 所示，其运动系统主要由桥架驱动系统、小车驱动系统及重物吊装系统组成。一般情况下，吊车的工作流程可分为三步：首先将重物从地面上吊至一个预先规定的高度，然后通过桥架驱动系统和小车驱动系统行走到某个规定位置的上方，最后将重物下卸在这一规定的位置上。其中重物吊装系统利用绳索等柔性物体吊装重物，使吊装工作轻便易行，但也带来了一个致命的缺点——吊车行走时使重物产生不希望的摆动，重物摆动不仅严重影响吊车对重物的定位下卸精度，还对重物装卸搬运的安全性构成威胁。因此，在吊车搬运重物时避免或尽量减小重物的摆动是提高吊车工作效率的关键。这一问题通过设计有效的控制规律（或者说借助于一定的调节手段）可以得到合理的解决。可见，桥式吊车控制系统的核心问题是减小重物的摆动及保证重物下卸的精确定位，本节主要介绍桥式吊车系统的建模、性能分析，以及使桥式吊车运行时具有尽量小的重物摆动和重物下卸时具有高定位精度的控制系统综合问题。

## 一、系统的数学模型

在分析系统特性和设计系统控制规律以前，首先必须建立系统的数学模型。为使问题简化，首先作如下假设：

1）吊车的行走运动仅限于小车一个自由度，即假定桥架不运动，只有小车在桥架上行走；

2）小车在行走时吊装重物的绳索长度不变。

基于以上假设，可以画出桥式吊车工作示意图如图 7-8b 所示。图中，$x$ 坐标为水平方向，即小车运动自由度，$z$ 坐标为垂直方向，即重物运动自由度。重物的摆动是由小车与重物的运动产生的，可以根据动力学有关规律建立小车及重物的运动方程式。

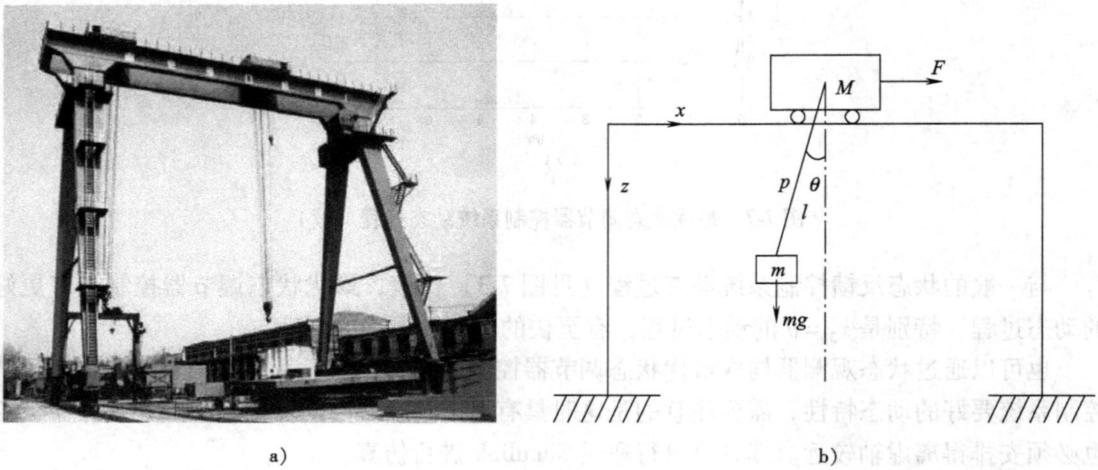


图 7-8　桥式吊车及其工作示意图

a）桥式吊车　b）桥式吊车工作示意图

（1）小车的运动方程为

$$M\ddot{x}_M(t) = F(t) - p\sin\theta(t) \tag{7-22}$$

式中，$M$ 为小车质量（包括了重物吊装机等）；$x_M$ 为小车的位移；$F$ 是驱动装置所产生的对小车的驱动力；$p$ 为重物通过绳索对小车产生的拉力；$\theta$ 为重物的摆动角度（即绳索与垂直方向之间的夹角）。

（2）重物的水平运动方程为

$$m\ddot{x}_m(t) = p\sin\theta(t) \tag{7-23}$$

式中，$m$ 为重物质量（包括了吊钩等）；$x_m$ 为重物的水平方向位移。

（3）重物的垂直运动方程为

$$m\ddot{z}_m(t) = mg - p\cos\theta(t) \tag{7-24}$$

式中，$z_m$ 为重物的垂直方向位移。

在图 7-8b 中，由小车在行走时吊装重物的绳索长度不变的假设可得出下面两个关系式：

$$x_m(t) + l\sin\theta(t) = x_M(t) \tag{7-25}$$

和

$$z_m(t)=l\cos\theta(t) \tag{7-26}$$

式中，$l$ 为绳索长度。

为了消去式（7-22）~式（7-24）中的中间变量 $p$（即小车与重物通过绳索产生的相互拉力），将式（7-22）与式（7-23）两边相加得到

$$M\ddot{x}_M(t)+m\ddot{x}_m(t)=F(t) \tag{7-27}$$

同时，将式（7-23）、式（7-24）两边分别乘以 $\cos\theta(t)$ 和 $\sin\theta(t)$ 然后相加，得

$$m\ddot{x}_m(t)\cos\theta(t)+m\ddot{z}_m(t)\sin\theta(t)=mg\sin\theta(t) \tag{7-28}$$

显然，式（7-27）和式（7-28）不再含变量 $p$。

进一步，由式（7-25）可得

$$\ddot{x}_m(t)=\ddot{x}_M(t)-l\cos\theta(t)\ddot{\theta}(t)+l\sin\theta(t)\dot{\theta}^2(t) \tag{7-29}$$

代入式（7-27）得

$$(M+m)\ddot{x}_M(t)-ml\cos\theta(t)\ddot{\theta}(t)+ml\sin\theta(t)\dot{\theta}^2(t)=F(t) \tag{7-30}$$

同样，由式（7-26）可得

$$\ddot{z}_m(t)=-l\sin\theta(t)\ddot{\theta}(t)-l\cos\theta(t)\dot{\theta}^2(t) \tag{7-31}$$

并与式（7-29）一起代入式（7-28），得

$$\ddot{x}_M(t)\cos\theta(t)-l\ddot{\theta}(t)-g\sin\theta(t)=0 \tag{7-32}$$

至此，小车和重物的运动由方程式（7-30）和式（7-32）给以描述。若只考虑 $\theta(t)$ 在平衡点 $\theta_e=0$ 附近运动（由于控制目的之一就是使重物的摆动角度 $\theta(t)$ 尽量小，所以这一假设是合理的），则可认为有如下近似式：

$$\sin\theta(t)\approx\theta(t),\cos\theta(t)\approx1,\sin\theta(t)\dot{\theta}^2(t)\approx0$$

于是，式（7-30）和式（7-32）又可分别线性化为

$$(M+m)\ddot{x}_M(t)-ml\ddot{\theta}(t)=F(t) \tag{7-33}$$

和

$$\ddot{x}_M(t)-l\ddot{\theta}(t)-g\theta(t)=0 \tag{7-34}$$

解由式（7-33）和式（7-34）组成的联立方程，可得到

$$\ddot{x}_M(t)=-\frac{mg}{M}\theta(t)+\frac{1}{M}F(t) \tag{7-35}$$

和

$$\ddot{\theta}(t)=-\frac{(M+m)g}{Ml}\theta(t)+\frac{1}{Ml}F(t) \tag{7-36}$$

（4）小车驱动装置的方程式。小车由电动机驱动，简化地认为电动机是一个时间常数为 $T_d$ 的一阶惯性环节，即它产生的驱动力 $F(t)$ 与其控制电压 $v(t)$ 之间满足方程式

$$T_d\dot{F}(t)+F(t)=Kv(t) \tag{7-37}$$

其中，$K$ 为放大系数。

选择 5 个状态变量分别为 $x_1=x_M$、$x_2=\dot{x}_M$、$x_3=\theta$、$x_4=\dot{\theta}$、$x_5=F$；控制量为 $u=v$；两个输出变量分别为 $y_1=x_M$、$y_2=\theta$。则可得出描述小车运动系统的状态空间表达式为

$$\begin{cases}\dot{\boldsymbol{x}}=\begin{bmatrix}0 & 1 & 0 & 0 & 0\\ 0 & 0 & -\dfrac{mg}{M} & 0 & \dfrac{1}{M}\\ 0 & 0 & 0 & 1 & 0\\ 0 & 0 & -\dfrac{(M+m)g}{Ml} & 0 & \dfrac{1}{Ml}\\ 0 & 0 & 0 & 0 & -\dfrac{1}{T_d}\end{bmatrix}\boldsymbol{x}+\begin{bmatrix}0\\0\\0\\0\\ \dfrac{K}{T_d}\end{bmatrix}u\\ \boldsymbol{y}=\begin{bmatrix}1 & 0 & 0 & 0 & 0\\ 0 & 0 & 1 & 0 & 0\end{bmatrix}\boldsymbol{x}\end{cases} \tag{7-38}$$

对一个实际的桥式吊车小车运动系统，假定具有如下各具体参数：$M=1000\text{kg}$，$m=4000\text{kg}$，$l=10\text{m}$，$T_d=1\text{s}$，$K=100\text{N/V}$。将它们代入式（7-38）得

$$\begin{cases}\dot{\boldsymbol{x}}=\begin{bmatrix}0 & 1 & 0 & 0 & 0\\ 0 & 0 & -39.2 & 0 & 10^{-3}\\ 0 & 0 & 0 & 1 & 0\\ 0 & 0 & -4.9 & 0 & 10^{-4}\\ 0 & 0 & 0 & 0 & -1\end{bmatrix}\boldsymbol{x}+\begin{bmatrix}0\\0\\0\\0\\100\end{bmatrix}u\\ \boldsymbol{y}=\begin{bmatrix}1 & 0 & 0 & 0 & 0\\ 0 & 0 & 1 & 0 & 0\end{bmatrix}\boldsymbol{x}\end{cases} \tag{7-39}$$

基于以上讨论，可以把桥式吊车小车运动过程自动控制系统的设计任务表述为，设计一个对小车驱动电机的合适控制 $v(t)$，使小车系统（7-39）在桥架上（即 $x$ 坐标轴上）从初始位置精确地运动到一个事先规定的位置 $x_M=r$，并保证具有良好的动态特性，特别是重物的摆动角度 $\theta(t)$ 尽量小，小车运动到规定位置时重物摆角 $\theta(t)$ 为零。

## 二、系统的结构特性分析

分别判别系统的稳定性、能控性和能观性。

（1）根据李雅普诺夫第一法，调用 Matlab 的 eig( ) 函数求取系统矩阵的特征值，再根据特征值的符号特性判别系统的稳定性。编程及结果如下：

```
>>A= [0, 1, 0, 0, 0; 0, 0, -39.2, 0, 10^-3; 0, 0, 0, 1, 0; 0,
0, -4.9, 0, 10^-4; 0, 0, 0, 0, -1];
>> eig (A)
ans =
          0
          0
          0 + 2.2136i
          0 - 2.2136i
  -1.0000
```

可见，矩阵 $\boldsymbol{A}$ 的 5 个特征值分别为：0、0、−1、±j2.2136，其中有 4 个特征值位于虚轴上，开环的吊车系统本身在平衡点是非渐近稳定的。

由式（7-39）画出桥式吊车小车运动开环系统的仿真结构图如图7-9所示；图7-10给出了该系统5个状态变量的动态过程，其中输入信号 $u=10$，初始状态为

$$x(0)=\begin{bmatrix}x_M(0)\\ \dot{x}_M(0)\\ \theta(0)\\ \dot{\theta}(0)\\ F(0)\end{bmatrix}=\begin{bmatrix}0\\0\\0\\0\\0\end{bmatrix}$$

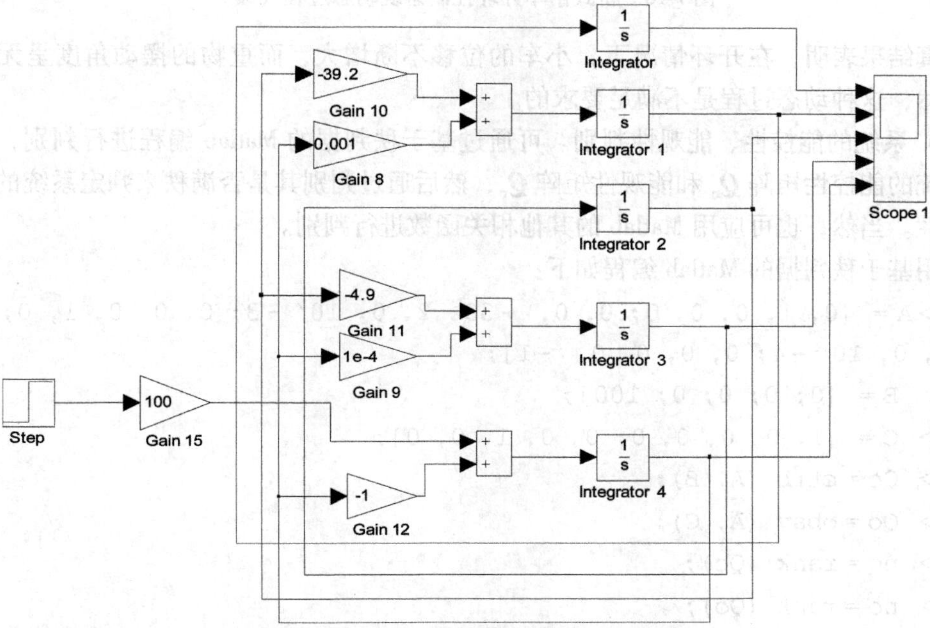


图7-9　桥式吊车小车运动开环系统的仿真结构图

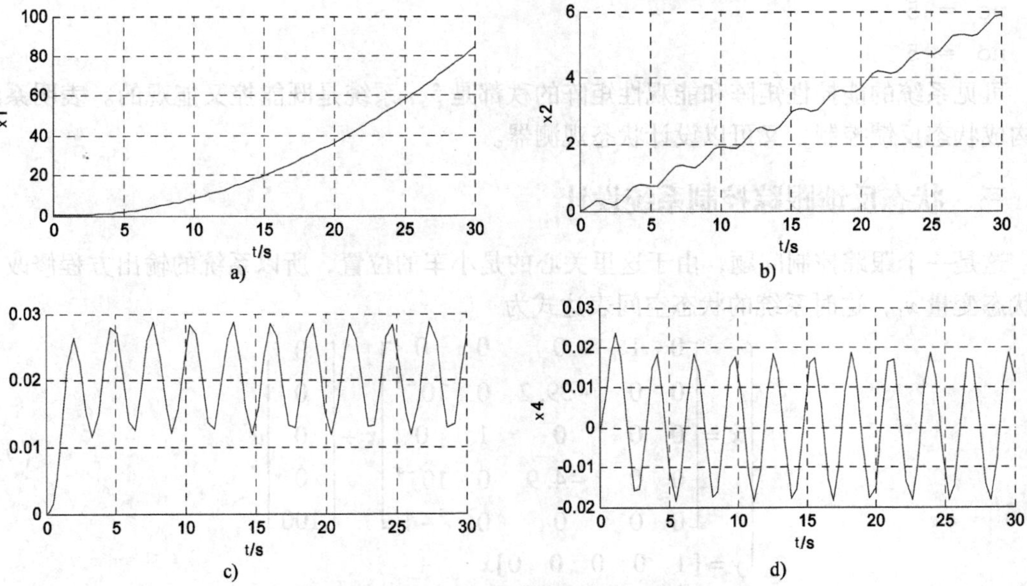


图7-10　桥式吊车开环控制系统动态过程

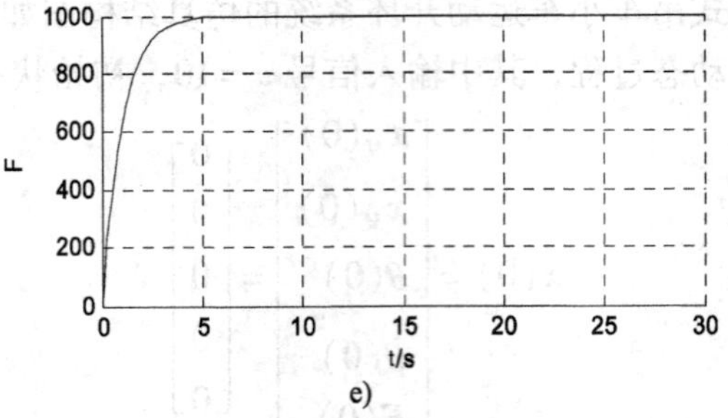


图 7-10　桥式吊车开环控制系统动态过程（续）

仿真结果表明，在开环情况下，小车的位移不断增大，而重物的摆动角度呈无阻尼振荡，显然，这种动态过程是不满足要求的。

（2）系统的能控性、能观性判别。可通过基于秩判据的 Matlab 编程进行判别，先分别求出系统的能控性矩阵 $\boldsymbol{Q}_c$ 和能观性矩阵 $\boldsymbol{Q}_o$，然后通过判别其是否满秩来判定系统的能控性和能观性。当然，也可应用 Matlab 的其他相关函数进行判别。

利用基于秩判据的 Matlab 编程如下：

```
>>A= [0, 1, 0, 0, 0; 0, 0, -39.2, 0, 10^-3; 0, 0, 0, 1, 0; 0, 0, -4.9, 0, 10^-4; 0, 0, 0, 0, -1];
>> B= [0; 0; 0; 0; 100];
>> C= [1, 0, 0, 0, 0; 0, 0, 1, 0, 0];
>> Qc=ctrb (A, B);
>> Qo=obsv (A, C);
>> nc=rank (Qc);
>> no=rank (Qo);
```

运行结果为：

```
nc = 5
no = 5
```

可见系统的能控性矩阵和能观性矩阵的秩都是 5，系统是既能控又能观的。表明系统既可构成状态反馈控制，又可以设计状态观测器。

## 三、状态反馈跟踪控制系统设计

这是一个跟踪控制问题，由于这里关心的是小车的位置，所以系统的输出方程修改为输出状态变量 $x_1$，这时系统的状态空间表达式为

$$\begin{cases}\dot{\boldsymbol{x}}=\begin{bmatrix}0 & 1 & 0 & 0 & 0\\0 & 0 & -39.2 & 0 & 10^{-3}\\0 & 0 & 0 & 1 & 0\\0 & 0 & -4.9 & 0 & 10^{-4}\\0 & 0 & 0 & 0 & -1\end{bmatrix}\boldsymbol{x}+\begin{bmatrix}0\\0\\0\\0\\100\end{bmatrix}u\\ y=[1 \quad 0 \quad 0 \quad 0 \quad 0]\boldsymbol{x}\end{cases} \tag{7-40}$$

状态量维数为 $n=5$，输入量维数为 $p=1$，输出量维数为 $q=1$。

设计具有输入变换的状态反馈跟踪控制系统。首先确定状态反馈控制，通过状态反馈控制将系统极点配置到合适的位置，除了保证系统稳定外，还使系统具有良好的动态特性。可以按下面原则安排 5 个期望的闭环极点：取一对基本决定系统动态特性的主导极点，另外 3 个闭环极点安排在这对主导极点左侧较远的地方。

根据二阶系统的分析，对于阶跃输入信号，为获得上升速度快、阻尼特性好且超调量小的响应，可选取阻尼系数 $\xi \approx 0.707$，无阻尼自然频率为 $\omega_n \approx \dfrac{4}{\xi t_s}$（误差带为 2% 的情况），其中 $t_s$ 为响应进入误差带的调节时间。该系统中，如果希望调节时间 $t_s = 25\text{s}$，则有 $\omega_n = 0.226$，主导极点决定的特征多项式为

$$s^2 + 2\xi\omega_n s + \omega_n^2 = s^2 + 0.32s + 0.051$$

解特征方程得对应的 2 个主导极点为 $-0.16 \pm \mathrm{j}0.16$，另外 3 个闭环极点按上面原则可确定都为 $-1$。

应用 Matlab 编程可方便地求得状态反馈矩阵，程序及运行结果如下：

```
>>A= [0, 1, 0, 0, 0; 0, 0, -39.2, 0, 10^-3; 0, 0, 0, 1, 0; 0, 0, -4.9, 0, 10^-4; 0, 0, 0, 0, -1];
>> B= [0; 0; 0; 0; 0.1];
>> P= [-0.16+0.16i, -0.16-0.16i, -1, -1, -1];
>> K=acker (A, B, P)
K =     0.5224    4.8327    -1420.7    -137.2    0.0232
```

即状态反馈矩阵为

$$\boldsymbol{k} = [0.5224 \quad 4.8327 \quad -1420.7 \quad -137.2 \quad 0.0232]$$

然后由式（5-88）求出输入变换系数为

$$l = \frac{1}{\boldsymbol{c}\,(\boldsymbol{bk} - \boldsymbol{A})^{-1}\boldsymbol{b}} = 0.5224$$

应用 Simulink 对系统的动态过程进行仿真，系统仿真结构图如图 7-11 所示。

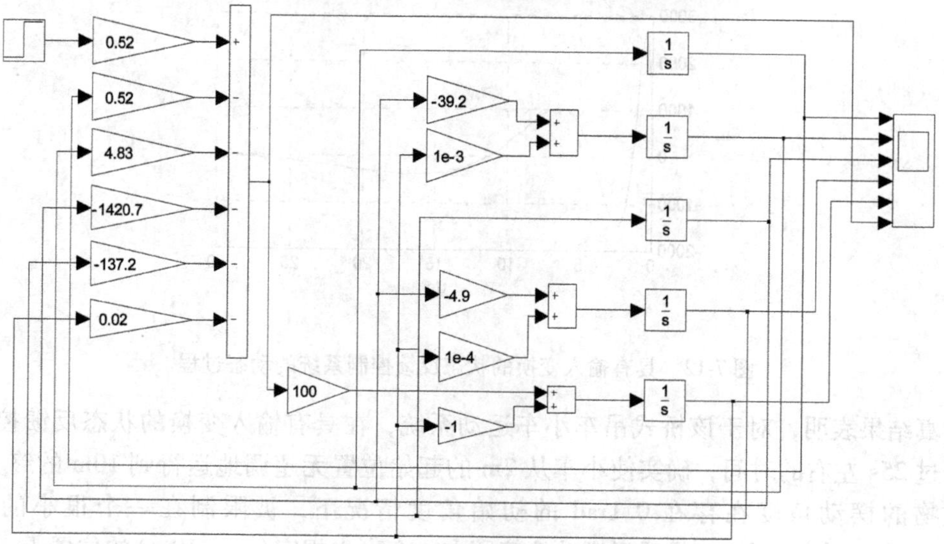


图 7-11 状态反馈控制系统仿真结构图

图 7-12 为在具有输入变换情况下状态反馈控制系统的 5 个状态变量的动态过程，初始状态为

$$x(0)=\begin{bmatrix} x_M(0) \\ \dot{x}_M(0) \\ \theta(0) \\ \dot{\theta}(0) \\ F(0) \end{bmatrix}=\begin{bmatrix} 2 \\ 0 \\ 0.1 \\ 0 \\ 0 \end{bmatrix}$$

给定输入信号为 $u=10$，表明控制系统要求小车从初始值的 2m 运动到终止值的 10m，而且重物摆动有一个 0.1rad 的初始角度。

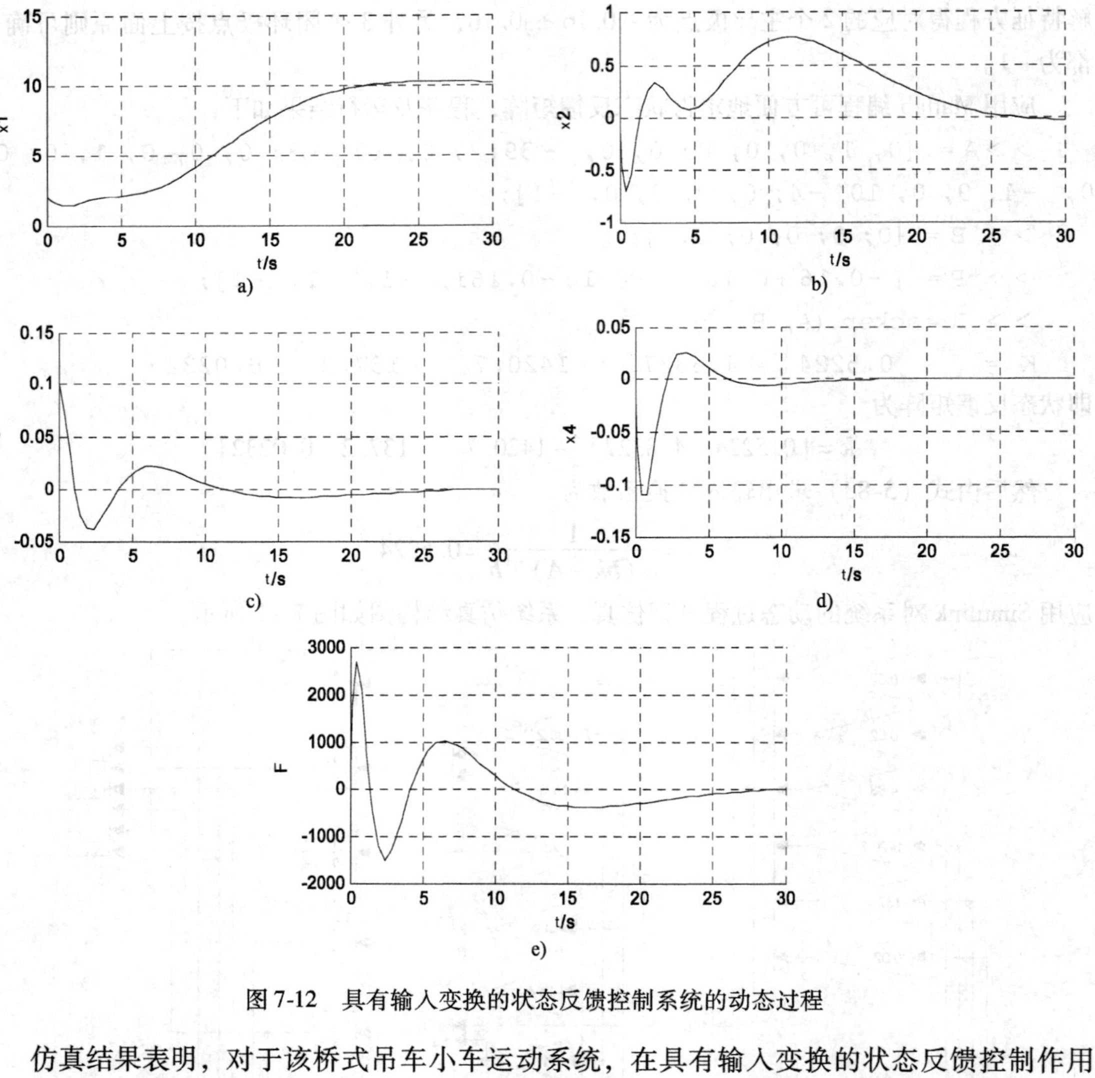


图 7-12 具有输入变换的状态反馈控制系统的动态过程

仿真结果表明，对于该桥式吊车小车运动系统，在具有输入变换的状态反馈控制作用下，经过 25s 左右的时间，确实使小车从 2m 的起始位置无超调地运行到 10m 的终止位置，而且重物的摆动角度在存在 0.1rad 的初始角度情况下，被限制在一个很小的范围内（ -0.04 ~0.1 弧度左右），最后无摆动地停留在一个事先规定（$x_M=10$m）的位置上。得到较

为满意的控制结果。

## 四、具有状态观测器的状态反馈跟踪控制系统设计

上面的控制系统采用了全状态反馈控制，前提是5个状态变量都可以直接测量。现假设除了输出量外其他状态变量不能直接测量，则必须设计合适的状态观测器对不能直接测量的状态变量进行间接观测。由式（7-39），输出量 $y_1(t)=x_1(t)=x_M(t)$、$y_2(t)=x_3(t)=\theta(t)$，分别为小车的水平位移和重物的摆动角度，如果认为这两个量可以通过位移传感器和摆角传感器方便测量得到，那么，必须设计一个3维的状态观测器，以间接获得 $x_2(t)=\dot{x}_M(t)$、$x_4(t)=\dot{\theta}(t)$、$x_5(t)=F(t)$的信息。因此，状态观测器的设计采用系统表达式（7-39）。

根据第六章第一节的介绍，对于被控系统（7-39），有 $\text{rank}C=2$，只需设计维数为3的降维状态观测器。根据观测器极点的负实部取为状态反馈系统极点的负实部的2～3倍的工程要求，现设3维降维观测器的极点安排在 $-3$、$-3\pm j2$。同上，应用Matlab设计降维状态观测器的步骤为

（1）输入系统模型的各对应矩阵及求出有关参数，编程如下：

```
>> A= [0, 1, 0, 0, 0; 0, 0, -39.2, 0, 10^-3; 0, 0, 0, 1, 0; 0, 0, -4.9, 0, 10^-4; 0, 0, 0, 0, -1];
>> B= [0; 0; 0; 0; 100];
>> C= [1, 0, 0, 0, 0; 0, 0, 1, 0, 0];
>> D= [0; 0];
>> n=length (A);
>> p=size (B, 2);
>> q=rank (C);
>> r=n-q;
```

程序运行结果为

```
n =  5
p =  1
q =  2
r =  3
```

表明状态量为5维，输入量为1维，$C$矩阵的秩为2，所需设计的降维状态观测器维数为3。

（2）确定非奇异变换矩阵及其逆阵，编程如下：

```
>> R= [0, 1, 0, 0, 0; 0, 0, 0, 1, 0; 0, 0, 0, 0, 1];
>> Q= [R; C];
>> P=inv (Q);
```

程序运行结果为

```
Q =
    0    1    0    0    0
    0    0    0    1    0
    0    0    0    0    1
    1    0    0    0    0
```

```
      0    0    1    0    0
P =
      0    0    0    1    0
      1    0    0    0    0
      0    0    0    0    1
      0    1    0    0    0
      0    0    1    0    0
```

(3) 对被观测系统（7-44）实施非奇异变换 $\boldsymbol{x}=\boldsymbol{P}\,\overline{\boldsymbol{x}}$，并得出降维状态观测器方程式 $\dot{\boldsymbol{z}}=(\overline{\boldsymbol{A}}_{11}-\boldsymbol{M}\overline{\boldsymbol{A}}_{21})\boldsymbol{z}+(\overline{\boldsymbol{B}}_1-\boldsymbol{M}\overline{\boldsymbol{B}}_2)\boldsymbol{u}+[\overline{\boldsymbol{A}}_{12}-\boldsymbol{M}\overline{\boldsymbol{A}}_{22}+(\overline{\boldsymbol{A}}_{11}-\boldsymbol{M}\overline{\boldsymbol{A}}_{21})\boldsymbol{M}]\boldsymbol{y}$ 所需的各相应矩阵，可编程如下：

```
>> [A1, B1, C1, D1] =ss2ss (A, B, C, D, Q);
>> A11 = [A1 (1: r, 1: r)];
>> A12 = [A1 (1: r, r+1: n)];
>> A21 = [A1 (r+1: n, 1: r)];
>> A22 = [A1 (r+1: n, r+1: n)];
>> B11 = [B1 (1: r, 1: p)];
>> B12 = [B1 (r+1: n, 1: p)];
```

(4) 按对偶系统的状态反馈控制极点配置方法，求取状态观测器的反馈矩阵 $\boldsymbol{M}$，编程如下：

```
>> Po= [-3, -3+2i, -3-2i];
>> K=place (A11', A21', Po);
>> M=K';
```

程序运行结果为

```
M =
   4.9801    0.1967
   0.2006    3.0199
   7921.6    783.97
```

即降维状态观测器的反馈矩阵为

$$\boldsymbol{M}=\begin{bmatrix}4.9801 & 0.1967\\ 0.2006 & 3.0199\\ 7921.6 & 783.97\end{bmatrix}$$

(5) 代入降维状态观测器方程式，得出降维状态观测器的方程式为

$$\dot{\boldsymbol{z}}=(\overline{\boldsymbol{A}}_{11}-\boldsymbol{M}\overline{\boldsymbol{A}}_{21})\boldsymbol{z}+(\overline{\boldsymbol{B}}_1-\boldsymbol{M}\overline{\boldsymbol{B}}_2)\boldsymbol{u}+[\overline{\boldsymbol{A}}_{12}-\boldsymbol{M}\overline{\boldsymbol{A}}_{22}+(\overline{\boldsymbol{A}}_{11}-\boldsymbol{M}\overline{\boldsymbol{A}}_{21})\boldsymbol{M}]\boldsymbol{y}$$

$$=\begin{bmatrix}-4.9801 & -0.1967 & 0.001\\ -0.2006 & -3.0199 & 0.0001\\ -7921.6 & -783.97 & -1\end{bmatrix}\boldsymbol{z}+\begin{bmatrix}0\\ 0\\ 100\end{bmatrix}u+\begin{bmatrix}-16.9190 & -39.9896\\ -0.8130 & -13.9810\\ -47529 & -4709.6\end{bmatrix}\boldsymbol{y}$$

(6) 由式（6-153）得出新状态空间中状态量 $\overline{\boldsymbol{x}}$ 的重构值

$$\hat{\bar{x}} = \begin{bmatrix} \hat{\bar{x}}_1 \\ \hat{\bar{x}}_2 \end{bmatrix} = \begin{bmatrix} z + My \\ y \end{bmatrix} = \begin{bmatrix} z_1 + 4.9801y_1 + 0.1967y_2 \\ z_2 + 0.2006y_1 + 3.0199y_2 \\ z_3 + 7921.6y_1 + 783.97y_2 \\ y_1 \\ y_2 \end{bmatrix}$$

进一步由式（6-154）得出原状态空间中状态量 $\boldsymbol{x}$ 的重构值

$$\hat{\boldsymbol{x}} = \begin{bmatrix} \hat{x}_1 \\ \hat{x}_2 \\ \hat{x}_3 \\ \hat{x}_4 \\ \hat{x}_5 \end{bmatrix} = \boldsymbol{P}\hat{\bar{\boldsymbol{x}}} = \begin{bmatrix} 0 & 0 & 0 & 1 & 0 \\ 1 & 0 & 0 & 0 & 0 \\ 0 & 0 & 0 & 0 & 1 \\ 0 & 1 & 0 & 0 & 0 \\ 0 & 0 & 1 & 0 & 0 \end{bmatrix} \begin{bmatrix} z_1 + 4.9801y_1 + 0.1967y_2 \\ z_2 + 0.2006y_1 + 3.0199y_2 \\ z_3 + 7921.6y_1 + 783.97y_2 \\ y_1 \\ y_2 \end{bmatrix} = \begin{bmatrix} y_1 \\ z_1 + 4.9801y_1 + 0.1967y_2 \\ y_2 \\ z_2 + 0.2006y_1 + 3.0199y_2 \\ z_3 + 7921.6y_1 + 783.97y_2 \end{bmatrix}$$

状态反馈和输入变换与前面相同。应用 Simulink 对系统的动态过程进行仿真，仿真结构图如图 7-13 所示。

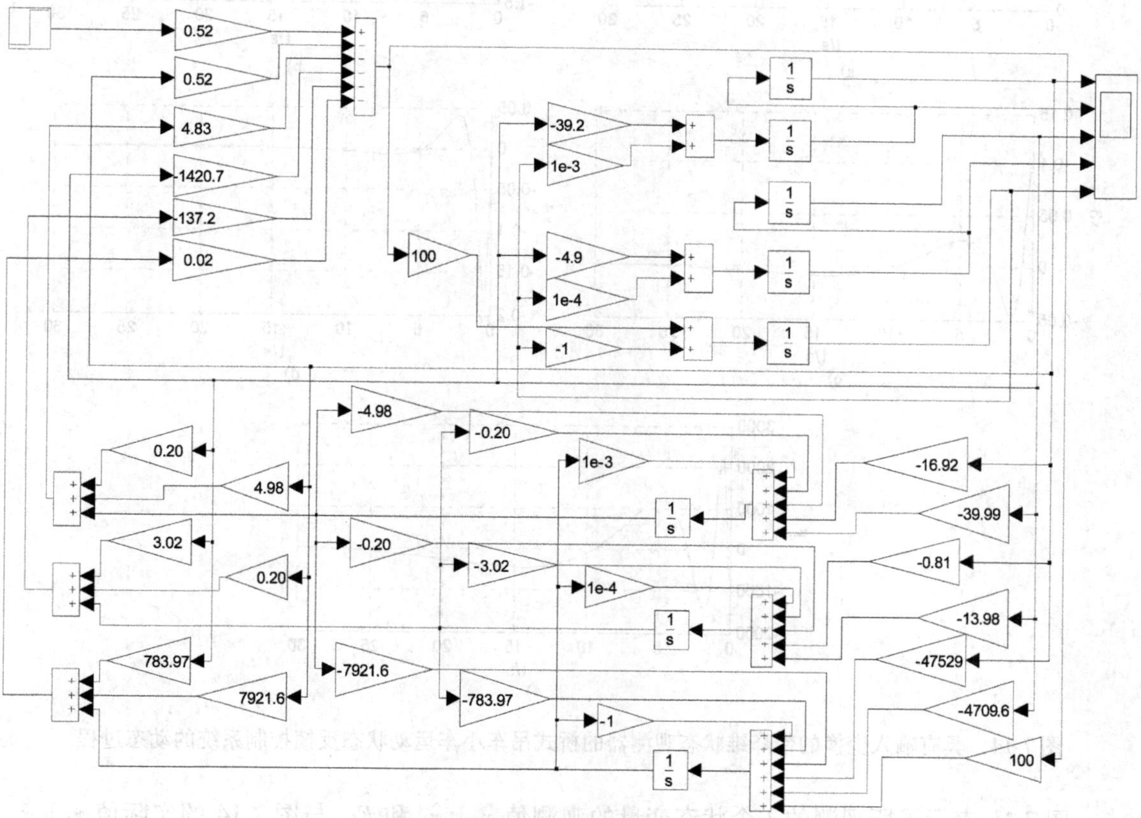


图 7-13　带降维状态观测器的状态反馈控制系统仿真结构图

图 7-14 为在具有输入变换情况下带降维状态观测器的桥式吊车小车运动状态反馈控制系统的 5 个状态变量的动态过程，其中小车位移 $x_1(t) = x_M(t)$ 和重物摆动角度 $x_3(t) = \theta(t)$

通过直接测量反馈，而其余 3 个状态变量［小车运动速度 $x_2(t)=\dot{x}_M(t)$、重物摆动角速度 $x_4(t)=\dot{\theta}(t)$、小车水平驱动力 $x_5(t)=F(t)$］通过状态观测器间接得到。初始状态仍为

$$\boldsymbol{x}(0)=\begin{bmatrix} x_M(0) \\ \dot{x}_M(0) \\ \theta(0) \\ \dot{\theta}(0) \\ F(0) \end{bmatrix}=\begin{bmatrix} 2 \\ 0 \\ 0.1 \\ 0 \\ 0 \end{bmatrix}$$

给定输入信号为 $u=10$，表明控制系统要求小车从初始值的 2m 运动到终止值的 10m，而且重物摆动有一个 0.1rad 的初始角度。

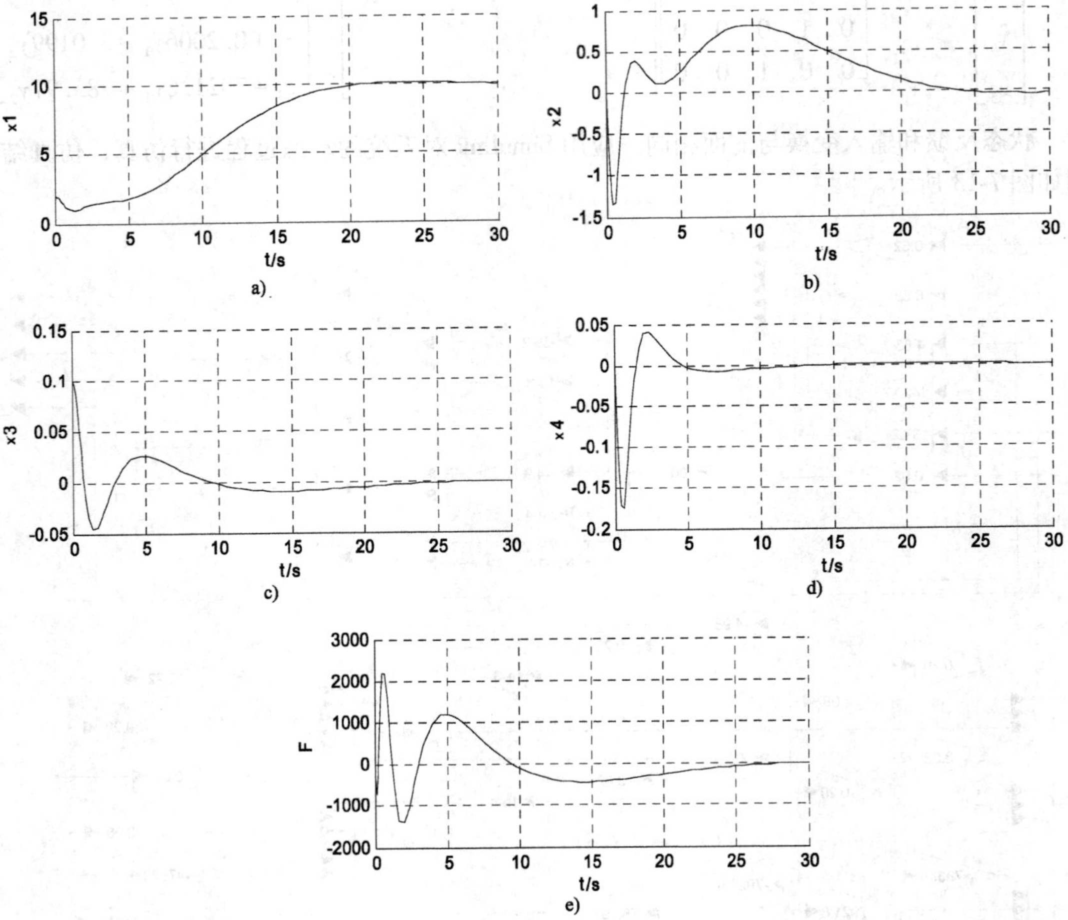


图 7-14　具有输入变换的带降维状态观测器的桥式吊车小车运动状态反馈控制系统的动态过程

图 7-15 表示了所观测的 3 个状态变量的观测值 $\hat{x}_2$、$\hat{x}_4$ 和 $\hat{F}$，与图 7-14 的实际值 $x_2$、$x_4$ 和 $F$ 比较可知，它们基本上能跟踪上实际值的变化。

图 7-14 表明，对于该桥式吊车小车运动系统，在带有降维状态观测器的状态反馈控制作用下，经过 25s 左右的时间，确实使小车从 2m 的起始位置无超调地运行到 10m 的终止位置，而且重物的摆动角度在存在 0.1rad 的初始角度情况下，被限制在一个很小的范围内

（$-0.045\sim0.1$rad 左右），最后无摆动地停留在一个事先规定（$x_M=10$m）的位置上。得到与直接状态反馈控制基本相同的控制结果。

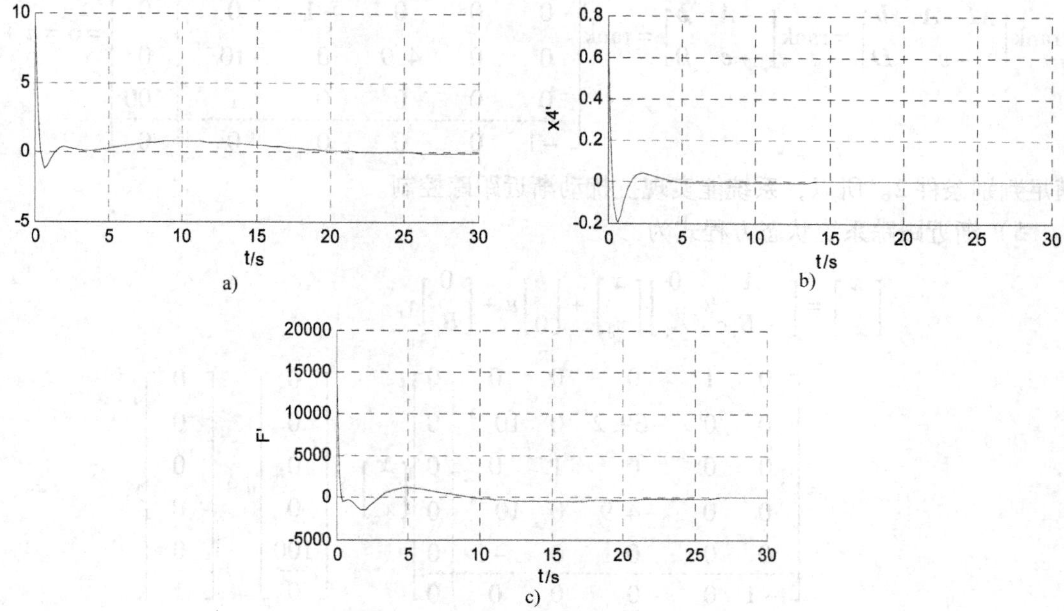


图 7-15　3 个状态变量的观测值

## 五、具有扰动抑制的渐近跟踪控制系统设计

如第五章第四节所述，这是由镇定补偿器和伺服补偿器相结合的跟踪控制方法。其中，镇定补偿器产生的控制作用 $\boldsymbol{u}_1$ 为状态反馈，使系统稳定且具有满意的动态性能；而伺服补偿器产生的控制作用 $\boldsymbol{u}_2$ 实现输出 $y$ 对给定参考信号 $y_r$ 的跟踪，保证小车高精度地停留在所给定的水平位置上。由于讨论的是跟踪控制问题，所以系统模型采用式（7-40）。下面按要求的步骤进行设计和研究。

1）判别条件 $\dim(\boldsymbol{u})\geqslant\dim(\boldsymbol{y})$ 是否满足。本问题有 $n=5$、$p=q=1$，所以有 $\dim(\boldsymbol{u})=\dim(\boldsymbol{y})=1$，即满足条件要求。

2）判别系统是否能控。系统的能控性、能观性已得到确认。

3）本问题不考虑扰动信号 $\boldsymbol{w}$，而 $y_r$ 是阶跃函数，其特征多项式为 $s$，且为不稳定的，所以不稳定部分的最小公倍式为 $\varphi(s)=s$；确定出伺服补偿器的模型为

$$\begin{cases}\dot{x}_c=0x_c+e\\ y_c=k_cx_c\end{cases}$$

即 $\boldsymbol{A}_c=0$，$\boldsymbol{B}_c=1$。

4）对 $\varphi(s)$ 的每个根 $\lambda_i$ 判别是否满足

$$\operatorname{rank}\begin{bmatrix}\lambda_i\boldsymbol{I}-\boldsymbol{A} & \boldsymbol{B}\\ -\boldsymbol{C} & \boldsymbol{D}\end{bmatrix}=n+q$$

以确定系统是否能实现抗扰动渐近跟踪控制。这里，对于 $\varphi(s)=s=0$ 的根 $\lambda=0$，有

$$\operatorname{rank}\begin{bmatrix}\lambda I-A & b\\ -c & D\end{bmatrix}=\operatorname{rank}\begin{bmatrix}-A & b\\ -c & 0\end{bmatrix}=\operatorname{rank}\left[\begin{array}{ccccc:c}0 & -1 & 0 & 0 & 0 & 0\\ 0 & 0 & 39.2 & 0 & -10^{-3} & 0\\ 0 & 0 & 0 & -1 & 0 & 0\\ 0 & 0 & 4.9 & 0 & -10^{-4} & 0\\ 0 & 0 & 0 & 0 & 1 & 100\\ \hdashline -1 & 0 & 0 & 0 & 0 & 0\end{array}\right]=6=n+q$$

满足判别条件2。所以，系统能实现抗扰动渐近跟踪控制。

5）渐近跟踪系统状态方程式为

$$\begin{bmatrix}\dot{x}\\ \dot{x}_c\end{bmatrix}=\begin{bmatrix}A & 0\\ -B_c c & A_c\end{bmatrix}\begin{bmatrix}x\\ x_c\end{bmatrix}+\begin{bmatrix}b\\ 0\end{bmatrix}u+\begin{bmatrix}0\\ B_c\end{bmatrix}y_r$$

$$=\left[\begin{array}{ccccc:c}0 & 1 & 0 & 0 & 0 & 0\\ 0 & 0 & -39.2 & 0 & 10^{-3} & 0\\ 0 & 0 & 0 & 1 & 0 & 0\\ 0 & 0 & -4.9 & 0 & 10^{-4} & 0\\ 0 & 0 & 0 & 0 & -1 & 0\\ \hdashline -1 & 0 & 0 & 0 & 0 & 0\end{array}\right]\begin{bmatrix}x\\ x_c\end{bmatrix}+\begin{bmatrix}0\\0\\0\\0\\100\\ \hdashline 0\end{bmatrix}u+\begin{bmatrix}0\\0\\0\\0\\0\\ \hdashline 1\end{bmatrix}y_r$$

6）设6个期望闭环极点为

$$\lambda_1^*=-1,\ \lambda_{2,3}^*=-2\pm j2,\ \lambda_{4,5}^*=-1\pm j,\ \lambda_6^*=-3$$

7）渐近跟踪系统的状态反馈控制 $u$ 为

$$u=\begin{bmatrix}-k & k_c\end{bmatrix}\begin{bmatrix}x\\ x_c\end{bmatrix}=\left[\begin{array}{ccccc:c}-k_1 & -k_2 & -k_3 & -k_4 & -k_5 & k_c\end{array}\right]\begin{bmatrix}x\\ x_c\end{bmatrix}$$

同上，应用Matlab编程可方便地求得状态反馈矩阵$[-k\quad k_c]$，程序及运行结果如下：

```
>> clear
>> A= [0, 1, 0, 0, 0, 0; 0, 0, -39.2, 0, 10^-3, 0; 0, 0, 0, 1,
0, 0; 0, 0, -4.9, 0, 10^-4, 0; 0, 0, 0, 0, -1, 0; -1, 0, 0, 0, 0,
0];
>> B= [0; 0; 0; 0; 100; 0];
>>P= [-1, -2+2i, -2-2i, -1+i, -1-i, -3];
>>K=acker (A, B, P)
K =
   1387.76   1194.09   -7377.55   -7930.86   0.09   -489.80
```

因为acker(　)函数返回是 $u=-kx$ 的 $k$ 值，可见，镇定补偿器为

$$u_1=-kx=-[1387.76\quad 1194.09\quad -7377.55\quad -7930.86\quad 0.09]x$$

而伺服补偿器对应的 $k_c$ 应为 $k_c=489.80$，即伺服补偿器为

$$\begin{cases}\dot{x}_c=[0]x_c+[1]e=e\\ u_2=k_c x_c=489.80x_c\end{cases}$$

应用Simulink对系统的动态过程进行仿真，仿真结构图如图7-16所示。

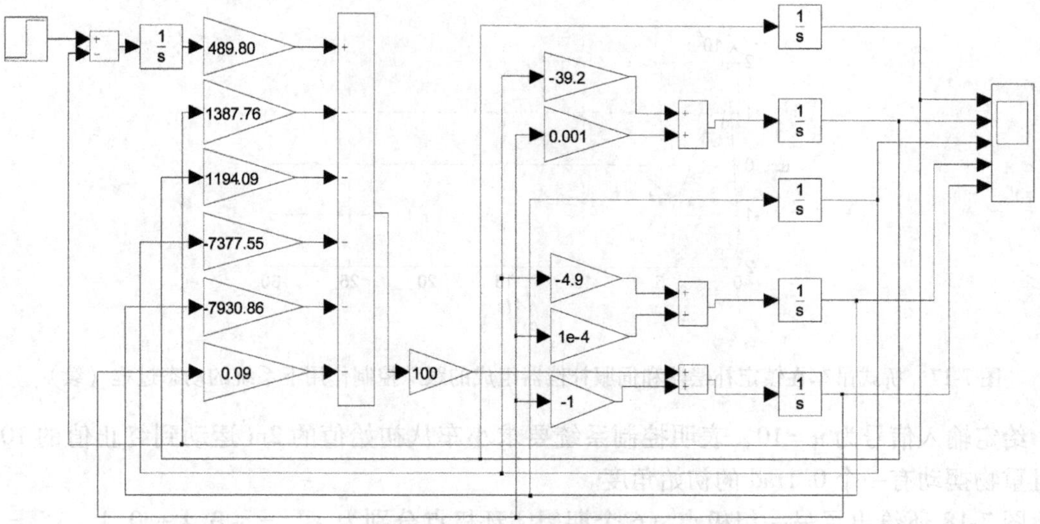


图 7-16　由镇定补偿器和伺服补偿器组成的跟踪控制系统仿真结构图

图 7-16 中，伺服补偿器是一个偏差信号的 1 阶积分控制器，它的控制作用能消除外部信号为阶跃信号时的静态误差。图 7-17 为桥式吊车在镇定补偿器和伺服补偿器组成的跟踪控制作用下系统的 5 个状态变量的动态过程，状态反馈采用状态量直接反馈形式。初始状态仍为

$$\boldsymbol{x}(0)=\begin{bmatrix} x_M(0) \\ \dot{x}_M(0) \\ \theta(0) \\ \dot{\theta}(0) \\ F(0) \end{bmatrix}=\begin{bmatrix} 2 \\ 0 \\ 0.1 \\ 0 \\ 0 \end{bmatrix}$$

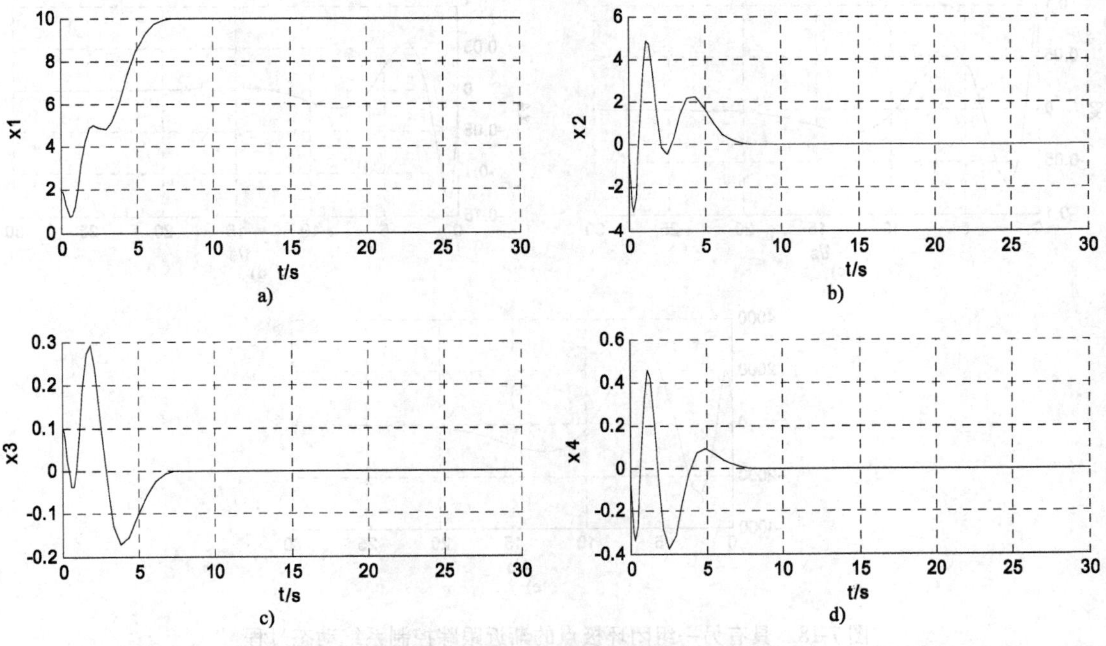


图 7-17　桥式吊车在镇定补偿器和伺服补偿器组成的跟踪控制作用下系统的动态过程

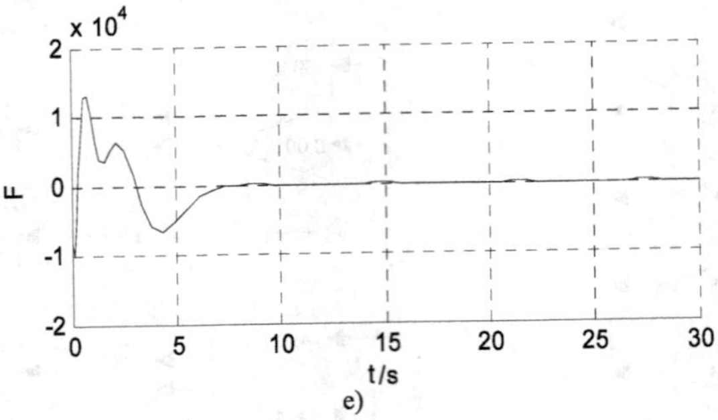


图 7-17 桥式吊车在镇定补偿器和伺服补偿器组成的跟踪控制作用下系统的动态过程（续）

给定输入信号为 $u=10$，表明控制系统要求小车从初始值的 2m 运动到终止值的 10m，而且重物摆动有一个 0.1rad 的初始角度。

图 7-18 还给出了另一组极点（6 个期望闭环极点分别为 $\lambda_{1,2}^* = -0.4 \pm j0.4$，$\lambda_3^* = \lambda_4^* = -0.5$，$\lambda_5^* = -0.3$，$\lambda_6^* = -1$）情况下各状态变量的动态过程，这时可求得镇定补偿器为

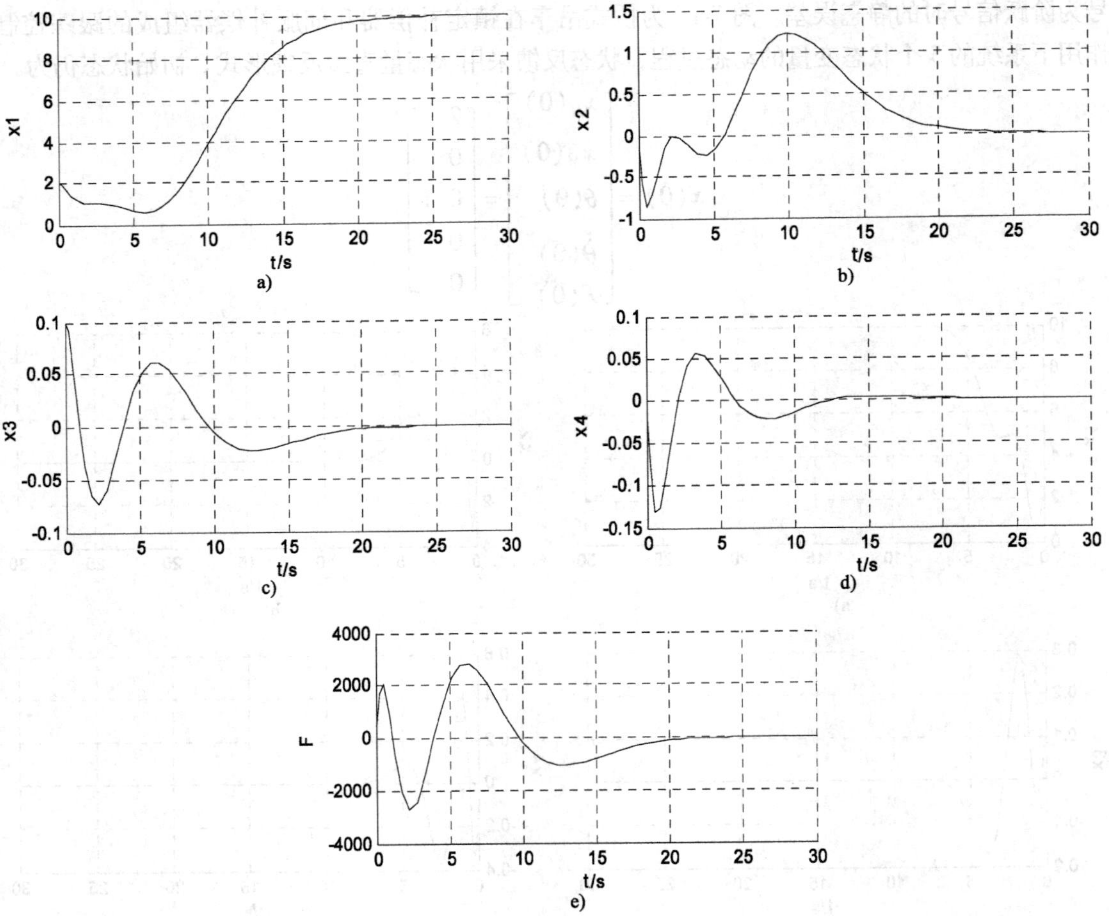


图 7-18 具有另一组闭环极点的渐近跟踪控制系统动态过程

$$u_1 = -\boldsymbol{k}\boldsymbol{x} = -[2.65 \quad 11.66 \quad -1261.43 \quad -205.58 \quad 0.02]\boldsymbol{x}$$

伺服补偿器对应的 $k_c = 0.24$，输入信号及初始状态与上面完全相同。

比较图 7-17 和图 7-18 可知，虽然两者都能达到重物无摆动的情况下保证小车高精度地停留在所给定的水平位置上的要求，而且没有超调。但是它们的动态特性存在差别：

1）情况 1 的动态响应过程只需 7s 左右时间，而情况 2 的动态响应过程需要 20s 以上的时间，从通过工作效率出发，情况 1 是有利的。

2）情况 1 中，重物摆动角度的变化范围较大（$-0.15 \sim 0.3$rad 左右），表明重物摆动较激烈，而情况 2 的重物摆动角度小（$-0.075 \sim 0.1$rad 左右）。从减少重物摆动的角度看，情况 2 是有利的。

3）情况 1 所需的对小车的水平驱动力较大（最大时达到 $1.2 \times 10^4$N），而情况 2 所需的最大水平驱动力小（$3 \times 10^3$N 左右）。从配置驱动电动机功率大小的角度看，情况 2 是有利的。

以上结论是显然的，要想加快桥式吊车对重物的装卸搬运速度，势必要增大驱动设备的功率，并在搬运过程中产生较大的重物摆动。所以，在设计桥式吊车控制系统时，要综合考虑搬运速度、重物摆动程度及驱动设备的功率等因素。

上面的控制系统采用全状态直接反馈控制，如果考虑与前面第四小节类似，即反馈所需的状态变量中 2 个状态变量（小车的水平位移 $x_1$ 和重物的摆动角度 $x_3$）由直接测量获得，其余 3 个状态变量通过状态观测器间接获得。由于第四小节中，降维观测器的极点安排在 $-3$、$-3 \pm j2$，符合工程设计要求（这里考虑系统闭环极点为 $\lambda_{1,2}^* = -0.4 \pm j0.4$、$\lambda_3^* = \lambda_4^* = -0.5$、$\lambda_5^* = -0.3$、$\lambda_6^* = -1$ 的情况 2）。所以，可将上面讨论的渐近跟踪控制情况 2 与第四小节设计的降维状态观测器结合，得到如图 7-19 所示的系统仿真结构图。

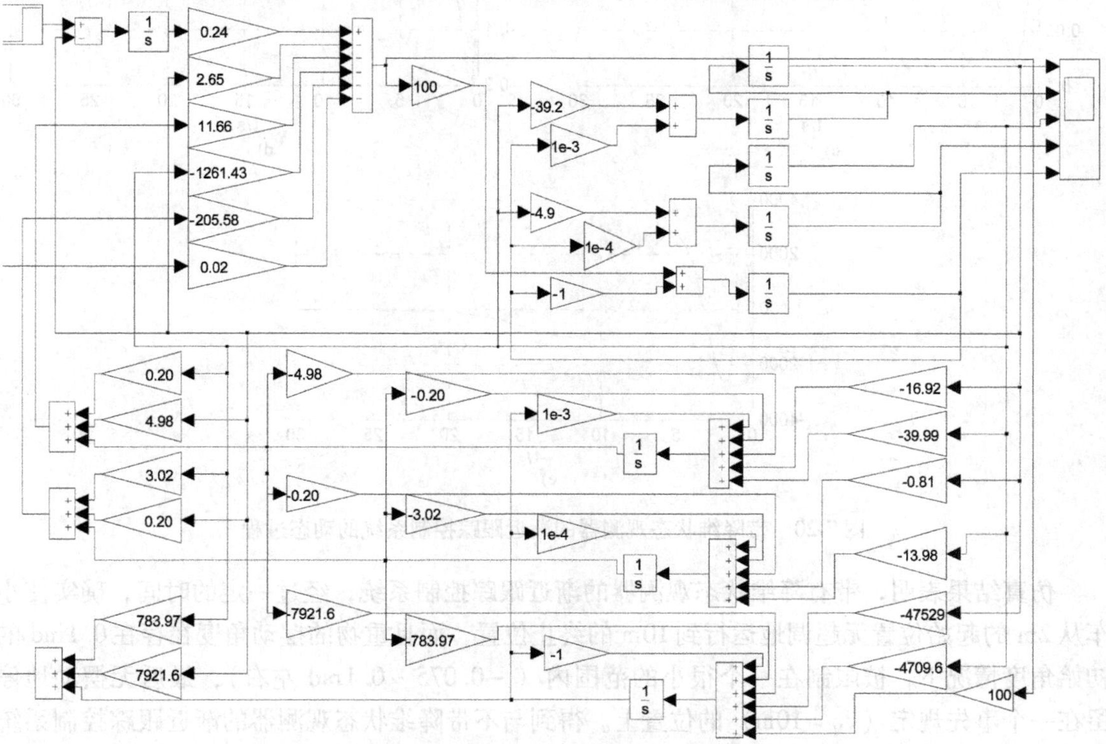


图 7-19　带降维状态观测器的渐近跟踪控制系统仿真结构图

图 7-20 为带降维状态观测器的跟踪控制系统 5 个状态变量的动态过程。初始状态仍为

$$\boldsymbol{x}(0)=\begin{bmatrix} x_M(0) \\ \dot{x}_M(0) \\ \theta(0) \\ \dot{\theta}(0) \\ F(0) \end{bmatrix}=\begin{bmatrix} 2 \\ 0 \\ 0.1 \\ 0 \\ 0 \end{bmatrix}$$

给定输入信号为 $u=10$，表明控制系统要求小车从初始值的 2m 运动到终止值的 10m，而且重物摆动有一个 0.1rad 的初始角度。

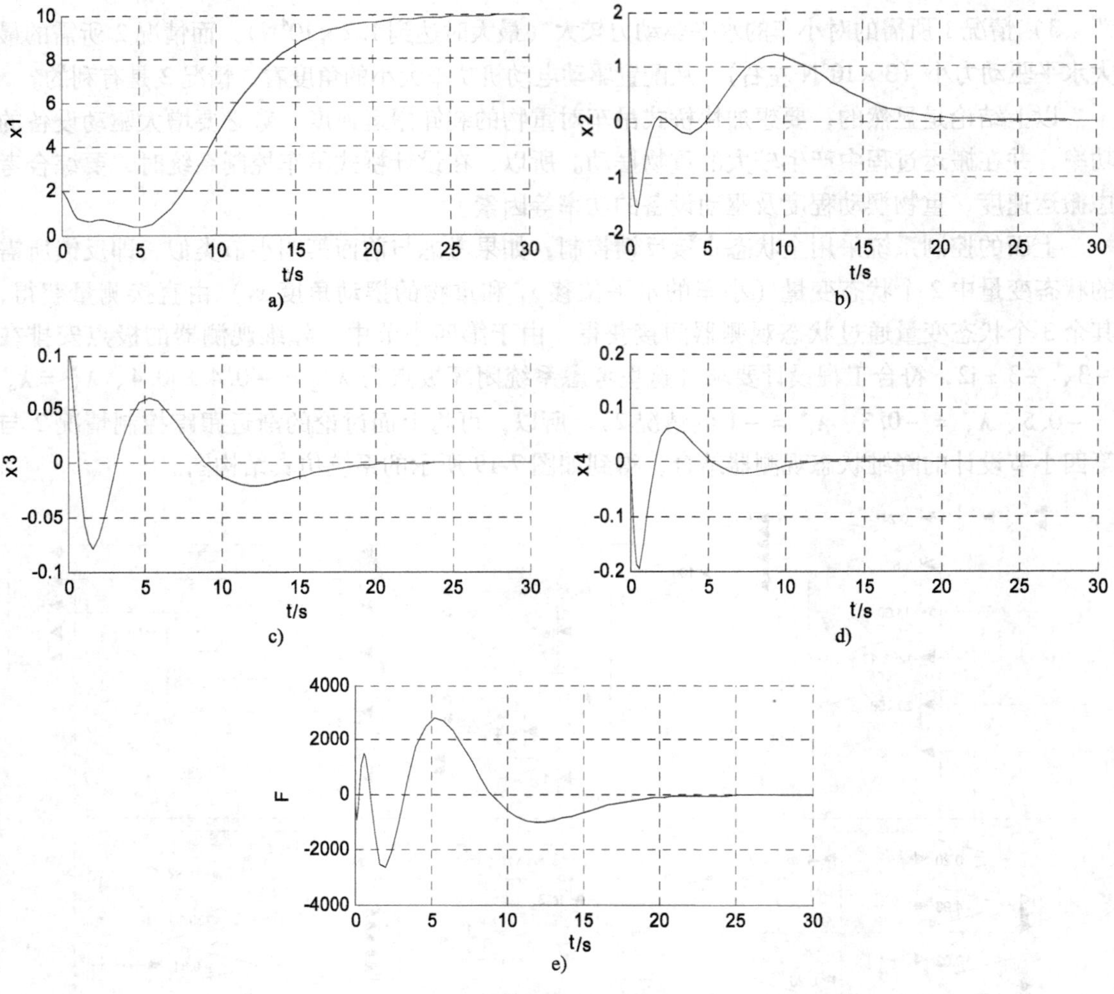


图 7-20　带降维状态观测器的渐近跟踪控制系统的动态过程

仿真结果表明，带有降维状态观测器的渐近跟踪控制系统，经过一定的时间，确实使小车从 2m 的起始位置无超调地运行到 10m 的终止位置，而且重物的摆动角度在存在 0.1rad 的初始角度情况下，被限制在一个很小的范围内（$-0.075\sim0.1$rad 左右），最后无摆动地停留在一个事先规定（$x_M=10$m）的位置上。得到与不带降维状态观测器的渐近跟踪控制系统基本相同的控制效果。

## 六、最优输出跟踪器设计

还可以从线性二次型最优控制的角度来讨论桥式吊车的跟踪控制问题，即为最优输出跟踪器问题。对于桥式吊车系统（7-40），考虑性能指标函数为

$$J(\boldsymbol{u}(t)) = \frac{1}{2}\int_0^{\infty}[\boldsymbol{e}^{\mathrm{T}}(t)\boldsymbol{Q}\boldsymbol{e}(t) + \boldsymbol{u}^{\mathrm{T}}(t)\boldsymbol{R}\boldsymbol{u}(t)]\mathrm{d}t$$

其中，$\boldsymbol{e}(t)=\boldsymbol{y}_{\mathrm{r}}(t)-\boldsymbol{y}(t)$为实际输出量$\boldsymbol{y}(t)$对给定输出量$\boldsymbol{y}_{\mathrm{r}}(t)$的跟踪偏差，可得出输出跟踪器的最优控制为

$$\boldsymbol{u}^*(t)=\boldsymbol{u}_1(t)+\boldsymbol{u}_2(t)=-\boldsymbol{R}^{-1}\boldsymbol{B}^{\mathrm{T}}\boldsymbol{P}\boldsymbol{x}^*(t)+\boldsymbol{R}^{-1}\boldsymbol{B}^{\mathrm{T}}\boldsymbol{\xi}$$

其中，$\boldsymbol{P}$矩阵满足矩阵黎卡提代数方程

$$\boldsymbol{A}^{\mathrm{T}}\boldsymbol{P}+\boldsymbol{P}\boldsymbol{A}+\boldsymbol{C}^{\mathrm{T}}\boldsymbol{Q}\boldsymbol{C}-\boldsymbol{P}\boldsymbol{B}\boldsymbol{R}^{-1}\boldsymbol{B}^{\mathrm{T}}\boldsymbol{P}=0$$

而待定向量$\boldsymbol{\xi}$为

$$\boldsymbol{\xi}=(\boldsymbol{P}\boldsymbol{B}\boldsymbol{R}^{-1}\boldsymbol{B}^{\mathrm{T}}-\boldsymbol{A}^{\mathrm{T}})^{-1}\boldsymbol{C}^{\mathrm{T}}\boldsymbol{Q}\boldsymbol{y}_{\mathrm{r}}(t)$$

可见，输出跟踪器的最优控制量$\boldsymbol{u}^*(t)$由状态反馈控制和由$\boldsymbol{y}_{\mathrm{r}}(t)$驱动的控制作用组成。性能指标函数中的权矩阵为了突出跟踪偏差$\boldsymbol{e}(t)$的响应性能分别取为$Q=3000$，$R=1$。应用Matlab求解的程序及运行结果如下：

```
>> A= [0, 1, 0, 0, 0; 0, 0, -39.2, 0, 10^-3; 0, 0, 0, 1, 0; 0,
0, -4.9, 0, 10^-4; 0, 0, 0, 0, -1];
>> B= [0; 0; 0; 0; 100];
>> C= [1, 0, 0, 0, 0];
>> D= [0];
>> Q= [3000];
>> R=1;
>> [K, P, l] =lqry (A, B, C, D, Q, R)
>> Ky=inv (R) *B'*inv (P*B*inv (R) *B'-A') *C'*Q
K =54.7723  94.8135  -616.6346   -577.7200   0.0190
P =5193.15  4494.80   -31643.03  -29065.66  0.5477
   4494.80  8270.99  -25710.00  -60694.01  0.9481
   -31643.03  -25710.00  432337.16  166880.20  -6.1663
   -29065.66  -60694.01  166880.20  501081.66  -5.7772
   0.5477   0.9481  -6.1663   -5.7772  0.0002
l=   -0.3968  + 2.2772i
     -0.3968  - 2.2772i
     -1.4919
     -0.3071  + 0.7610i
     -0.3071  - 0.7610i
Ky  =54.7723
```

即得最优控制为

$$\boldsymbol{u}^*(t)=\boldsymbol{u}_1(t)+\boldsymbol{u}_2(t)=-[54.77\quad 94.81\quad -616.63\quad -577.72\quad 0.019]\boldsymbol{x}(t)+54.77\boldsymbol{y}_{\mathrm{r}}(t)$$

而闭环系统的极点为 $-0.3968 \pm j2.2772$，$-1.4919$，$-0.3071 \pm j0.7610$。

应用 Simulink 对系统的动态过程进行仿真，仿真结构图与图 7-11 相同。图 7-21 给出了最优输出跟踪控制系统的动态过程。初始状态仍为

$$\boldsymbol{x}(0)=\begin{bmatrix} x_M(0) \\ \dot{x}_M(0) \\ \theta(0) \\ \dot{\theta}(0) \\ F(0) \end{bmatrix}=\begin{bmatrix} 2 \\ 0 \\ 0.1 \\ 0 \\ 0 \end{bmatrix}$$

给定信号为 $y_r=10$，即要求小车从初始值的 2m 运动到终止值的 10m，而且重物摆动有一个 0.1rad 的初始角度。

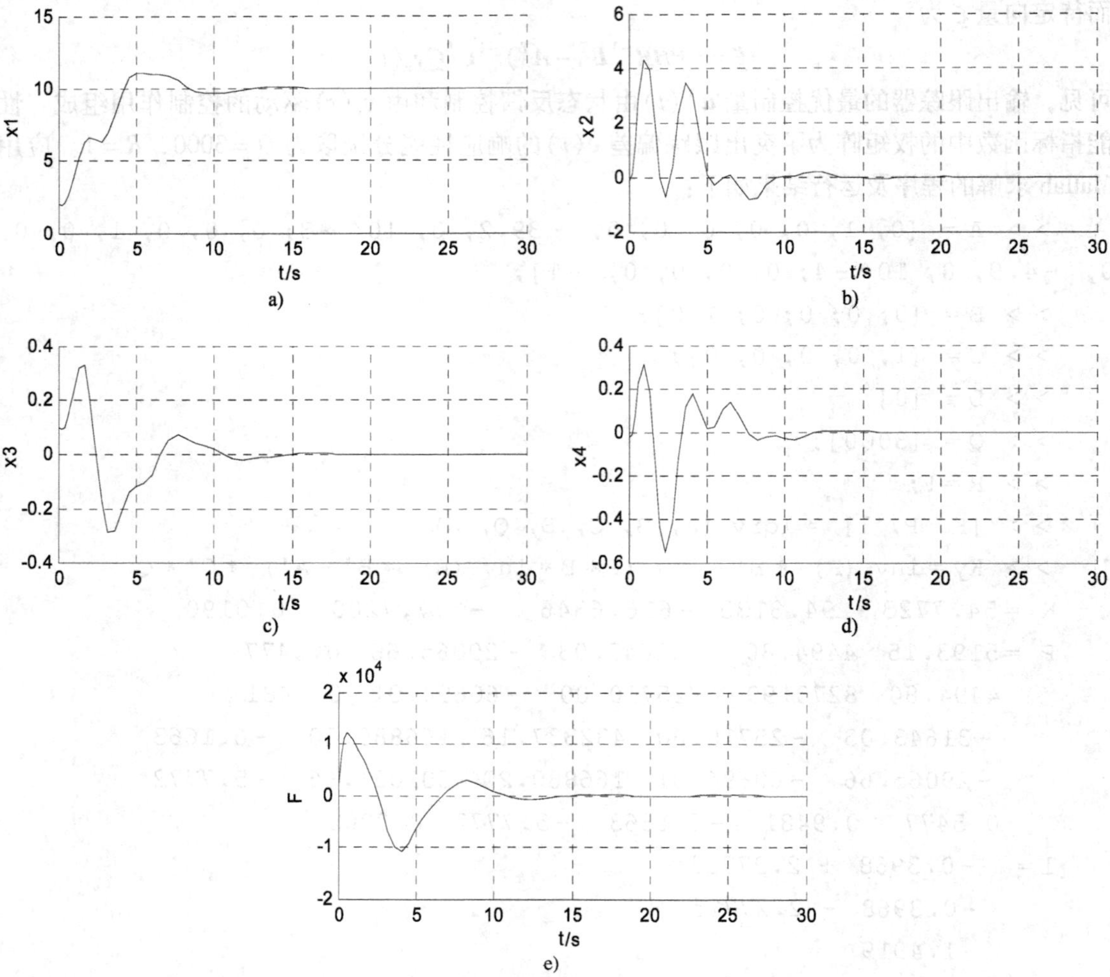


图 7-21 最优输出跟踪控制系统的动态过程

仿真结果表明，按线性二次型最优输出跟踪控制设计桥式吊车的跟踪控制也能满足任务要求，即在较短的时间内（$t<15$s）重物无摆动地（$\theta=0$）停留在一个事先规定（$x_M=10$m）的位置上。但从系统的动态过程看，小车位移存在超调，重物摆动角度的变化范围较

大（$-0.25\sim0.3$rad 左右），小车的最大水平驱动力要求也较大（$1.2\times10^4$N 左右）。这是因为仅仅强调小车位移的跟踪能力造成的。

当然，也可以通过状态观测器得到一些状态变量的观测值，然后构成带状态观测器的最优输出跟踪控制系统。

## 七、模型的进一步简化

由系统模型关系式（7-38）或式（7-39）可看出，小车驱动装置与小车运动系统（包括重物）是串联的，驱动装置是一阶惯性环节，其动力学特性很容易分析。因此，如果把系统研究的重点放在小车运动（包括重物）上，并将对小车的驱动力 $F(t)$ 视为系统的控制量，即 $u(t)=F(t)$，则可得出系统的状态空间表达式为

$$\begin{cases}\dot{\boldsymbol{x}}=\begin{bmatrix}0 & 1 & 0 & 0\\0 & 0 & -mg/M & 0\\0 & 0 & 0 & 1\\0 & 0 & -(M+m)g/Ml & 0\end{bmatrix}\boldsymbol{x}+\begin{bmatrix}0\\1/M\\0\\1/Ml\end{bmatrix}u\\ \boldsymbol{y}=\begin{bmatrix}1 & 0 & 0 & 0\\0 & 0 & 1 & 0\end{bmatrix}\boldsymbol{x}\end{cases} \tag{7-41}$$

代入实际桥式吊车系统的各具体参数，得

$$\begin{cases}\dot{\boldsymbol{x}}=\begin{bmatrix}0 & 1 & 0 & 0\\0 & 0 & -39.2 & 0\\0 & 0 & 0 & 1\\0 & 0 & -4.9 & 0\end{bmatrix}\boldsymbol{x}+\begin{bmatrix}0\\0.001\\0\\0.0001\end{bmatrix}u\\ \boldsymbol{y}=\begin{bmatrix}1 & 0 & 0 & 0\\0 & 0 & 1 & 0\end{bmatrix}\boldsymbol{x}\end{cases} \tag{7-42}$$

这样，就将 5 阶系统降为 4 阶系统，使系统的分析和综合更简单。有关简化系统的分析与综合留给读者进行。

## 本 章 要 点

（1）应用现代控制理论的基本概念、基本方法和基本理论结论解决工程技术中的控制问题是初学者面临的难题。要较好地解决这一问题，除了深刻领会现代控制理论各基本内容的工程背景，还要通过不断的实践积累实际经验。

（2）分别从系统建模、系统分析、系统综合及设计三方面提出了实际应用中要注意的要点。其中，系统建模方面介绍了线性化和降阶的应用，系统综合方面重点是控制器（或控制规律）的选择。

（3）计算机仿真技术是系统分析和综合的重要工具，Matlab 提供的 Simulink 仿真软件能方便地对线性、非线性、连续、离散等多种动态系统进行仿真分析。但要注意仿真环境应尽量符合实际系统，在条件允许的情况下，还应尽量通过实际物理系统的实验来达到认识系统特性的目的。

（4）列举了单倒立摆控制系统和桥式吊车小车运动控制系统作为例子，分别进行了模型建立、模型简化、系统特性分析、系统综合等内容的研究和讨论，并应用 Simulink 对系统特性和系统综合结果进行仿真。

## 思 考 题

1. 现代控制理论在实际工程应用中会碰到一些什么问题?

2. 为什么要对系统模型进行简化处理?一般从哪些方面入手进行模型的简化?

3. 主导度在系统模型降阶处理中起什么作用?为什么正实部的特征值必须列为主导特征值?

4. 如何完成控制系统的设计?

5. 在倒立摆控制系统中，为什么带观测器的状态反馈控制系统的动态过程比直接状态反馈控制要差?为什么最优控制（包括状态调节器、输出跟踪器）比一般控制具有更好的动态过程?

6. 在桥式吊车小车运动控制系统的数学模型式（7-38）中，除了进行了线性化处理外，还做了一些什么简化处理?

## 上机练习题

1. 针对降阶的桥式吊车系统模型式（7-41），分析系统的稳定性、能控性、能观性。

2. 针对降阶的桥式吊车系统模型式（7-41），分别设计合适的小车水平运动跟踪控制系统、带降维状态观测器的跟踪控制系统、基于线性二次型最优控制的跟踪控制系统。

# 参 考 文 献


[1] 郑大钟. 线性系统理论［M］. 2版. 北京：清华大学出版社，2002.
[2] 张嗣瀛，高立群. 现代控制理论［M］. 北京：清华大学出版社，2006.
[3] 王宏华. 现代控制理论［M］. 北京：电子工业出版社，2006.
[4] 刘豹. 现代控制理论［M］. 2版. 北京：机械工业出版社，2003.
[5] 吴麒，王诗宓. 自动控制原理［M］. 2版. 北京：清华大学出版社，2006.
[6] Katsuhiko Ogata. 现代控制工程［M］. 卢伯英，等译. 3版. 北京：电子工业出版社，2000.
[7] 王孝武. 现代控制理论基础［M］. 2版. 北京：机械工业出版社，2006.
[8] 谢克明. 现代控制理论［M］. 北京：清华大学出版社，2007.
[9] 于长官. 现代控制理论［M］. 哈尔滨：哈尔滨工业大学出版社，1988.
[10] 段广仁. 线性系统理论［M］. 哈尔滨：哈尔滨工业大学出版社，1996.
[11] 罗传翼，程桂芬. 随机信号处理与控制基础［M］. 北京：化学工业出版社，2002.
[12] Richard C Dorf, Robert H Bishop. Modern Control Systems［M］. 9版. 北京：科学出版社，2002.
[13] Graham C Goodwin, Stefan F Graebe, Mario E Salgado. Control System Design［M］. 北京：清华大学出版社，2002.
[14] Locatelli A. Optimal Control：an introduction. Birkhauser, 2001.
[15] Morris Driels. Linear Control Systems Engineering［M］. 北京：清华大学出版社，2002.
[16] Hassan K Khalil. 非线性系统［M］. 朱义胜，等译. 3版. 北京：电子工业出版社，2005.
[17] 龚乐年. 现代调节技术［M］. 南京：东南大学出版社，2003.
[18] 王枞. 控制系统理论及应用［M］. 北京：北京邮电大学出版社，2005.
[19] 赵明旺，王杰，江卫华. 现代控制理论［M］. 武汉：华中科技大学出版社，2007.
[20] 戴先中、赵光宙. 自动化学科概论［M］. 北京：高等教育出版社，2006.
[21] 教育部高等学校自动化专业教学指导分委员会. 高等学校本科自动化指导性专业规范（试行）［S］. 北京：高等教育出版社，2007.
[22] 魏克新，王云亮，陈志敏，高强. MATLAB语言与自动控制系统设计［M］. 2版. 北京：机械工业出版社，2004.
[23] 王诗宓，杜继宏，窦曰轩. 自动控制理论例题习题集［M］. 北京：清华大学出版社，2002.
[24] 胡寿松. 自动控制原理习题集［M］. 2版. 北京：科学出版社，2003.
[25] 龚乐年. 现代控制理论题解分析与指导［M］. 南京：东南大学出版社，2005.